생명과학의 이해

양성렬 · 김관천 · 나명석 · 류충호 · 이영미
이원제 · 이진종 · 조기안 · 진종언 공역

McGraw Hill Education
도서출판 동화기술

Essentials of The Living World, 4th Edition

1 2 3 4 5 6 7 8 9 10 DHT 20 15

Original: Essentials of The Living World, 4th Edition © 2013
By George Johnson
ISBN 978-0-07-352547-1

This authorized Korean translation edition is jointly published by McGraw-Hill Education Korea, Ltd. and Dong Hwa Technology Publishing Co. This editionis authorized for sale in the Republic of Korea

This book is exclusively distributed by Dong Hwa Technology Publishing Co.

When ordering this title, please use ISBN 978-89-425-1934-7

Printed in Korea

서문

생물학을 강의하는 사람은 모두가 생물학이 우리의 현대세계에서 얼마나 중요한지를 잘 알고 있다. 지구온난화부터 줄기세포 그리고 강의실에서의 지적인 디자인까지, 생물학은 새로운 사실로 충만하게 하고 학생들의 장래를 결정한다. 저자는 교수로서 강의실 앞에서 30년 이상을 어리둥절하고 때로는 흥미가 없는 학생들에게 생물학을 설명하려고 시도해왔으며, 이는 한편으로는 즐거우면서도 반면에 또한 좌절을 가져오는 경험이었다. 즐거운 이유는 생물학을 가르치는 것이 기쁘고, 아이디어와 흥미로운 개념이 풍부하며, 많은 대중적인 문제에 핵심이 되어가고 있기 때문이다. 좌절을 느끼는 이유는 모든 생물학 강의에는 항상 일부 학생들이 집중하지 않고, 즐거움을 놓칠 뿐 아니라 그들의 장래에 필수적인 도구를 획득하지 못하기 때문이다.

이 교재는 이러한 문제를 해결하기 위한 나의 시도이다. 한 학기 교재로 사용할 정도로 충분히 짧고, 경계하는 학생들을 겁내게 하는 기술적인 세부사항도 많지 않다. 저자는 강의를 하면서 학생들의 주의를 끌기 위하여 쉽고 친절하게 저술하도록 노력하였다. 이 교재의 초점은 학생들의 삶에 중요한 역할을 하는 생물학에 관한 것이다. 모든 단계에서 상세한 정보를 제공하기보다는 아이디어와 개념을 다루었으며, 단순히 부분의 이름이나 정의를 하기보다는 사물이 어떻게 작용하고 왜 일어나는지를 가르치려고 하였다.

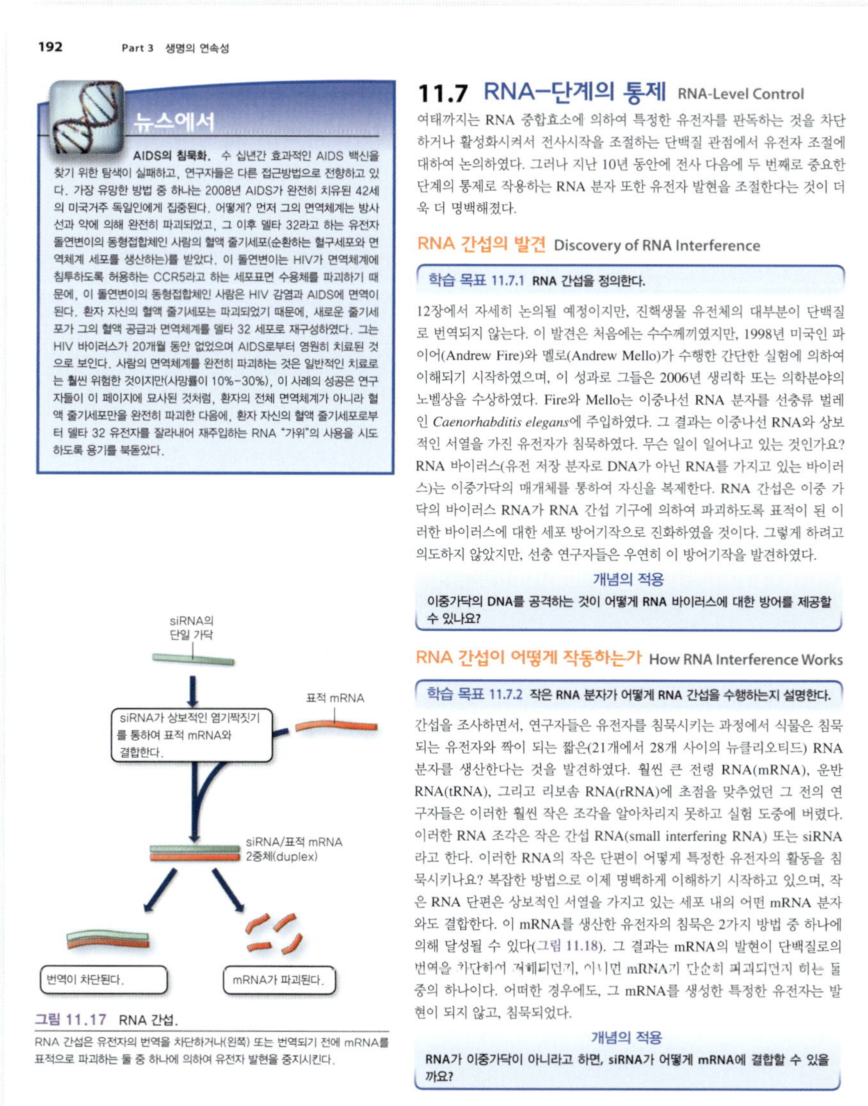

192 Part 3 생명의 연속성

뉴스에서

AIDS의 침묵화. 수 십년간 효과적인 AIDS 백신을 찾기 위한 탐색이 실패하고, 연구자들은 다른 접근방법으로 전향하고 있다. 가장 유망한 방법 중 하나는 2008년 AIDS가 완전히 치유된 42세의 미국거주 독일인에게 집중된다. 어떻게? 먼저 그의 면역체계는 방사선과 약에 의해 완전히 파괴되었고, 그 이후 델타 32라고 하는 유전자 돌연변이의 동형접합체인 사람의 혈액 줄기세포(순환하는 혈구세포와 면역체계 세포를 생산하는)를 받았다. 이 돌연변이는 HIV가 면역체계에 침투하도록 허용하는 CCR5라고 하는 세포표면 수용체를 파괴하기 때문에, 이 돌연변이의 동형접합체인 사람은 HIV 감염과 AIDS에 면역이 된다. 환자 자신의 혈액 줄기세포는 파괴되었기 때문에, 새로운 줄기세포가 그의 혈액 공급과 면역체계를 델타 32 세포로 재구성하였다. 그는 HIV 바이러스가 20개월 동안 없었으며 AIDS로부터 영원히 치료된 것으로 보인다. 사람의 면역체계를 완전히 파괴하는 것은 일반적인 치료로는 훨씬 위험한 것이지만(사망률이 10%–30%), 이 사례의 성공은 연구자들이 이 페이지에 묘사된 것처럼, 환자의 전체 면역체계가 아니라 혈액 줄기세포만을 완전히 파괴한 다음에, 환자 자신의 혈액 줄기세포로부터 델타 32 유전자를 잘라내어 재주입하는 RNA "가위"의 사용을 시도하도록 용기를 북돋았다.

그림 11.17 RNA 간섭.

RNA 간섭은 유전자의 번역을 차단하거나(왼쪽) 또는 번역되기 전에 mRNA를 표적으로 파괴하는 둘 중 하나에 의하여 유전자 발현을 중지시킨다.

11.7 RNA–단계의 통제 RNA-Level Control

여태까지는 RNA 중합효소에 의하여 특정한 유전자를 판독하는 것을 차단하거나 활성화시켜서 전사시작을 조절하는 단백질 관점에서 유전자 조절에 대하여 논의하였다. 그러나 지난 10년 동안에 전사 다음에 두 번째로 중요한 단계의 통제로 작용하는 RNA 분자 또한 유전자 발현을 조절한다는 것이 더욱 더 명백해졌다.

RNA 간섭의 발견 Discovery of RNA Interference

학습 목표 11.7.1 **RNA 간섭을 정의한다.**

12장에서 자세히 논의될 예정이지만, 진핵생물 유전체의 대부분이 단백질로 번역되지 않는다. 이 발견은 처음에는 수수께끼였지만, 1998년 미국인 파이어(Andrew Fire)와 멜로(Andrew Mello)가 수행한 간단한 실험에 의하여 이해되기 시작하였으며, 이 성과로 그들은 2006년 생리학 또는 의학분야의 노벨상을 수상하였다. Fire와 Mello는 이중나선 RNA 분자를 선충류 벌레인 *Caenorhabditis elegans*에 주입하였다. 그 결과는 이중나선 RNA와 상보적인 서열을 가진 유전자가 침묵하였다. 무슨 일이 일어나고 있는 것인가요? RNA 바이러스(유전 저장 분자로 DNA가 아닌 RNA를 가지고 있는 바이러스)는 이중가닥의 매개체를 통하여 자신을 복제한다. RNA 간섭은 이중 가닥의 바이러스 RNA가 RNA 간섭 기구에 의하여 파괴하도록 표적이 된 이러한 바이러스에 대한 세포 방어기작으로 진화하였을 것이다. 그렇게 하려고 의도하지 않았지만, 선충 연구자들은 우연히 이 방어기작을 발견하였다.

개념의 적용

이중가닥의 DNA를 공격하는 것이 어떻게 RNA 바이러스에 대한 방어를 제공할 수 있나요?

RNA 간섭이 어떻게 작동하는가 How RNA Interference Works

학습 목표 11.7.2 **작은 RNA 분자가 어떻게 RNA 간섭을 수행하는지 설명한다.**

간섭을 조사하면서, 연구자들은 유전자를 침묵시키는 과정에서 식물은 침묵되는 유전자와 짝이 되는 짧은(21개에서 28개 사이의 뉴클리오티드) RNA 분자를 생산한다는 것을 발견하였다. 훨씬 큰 전령 RNA(mRNA), 운반 RNA(tRNA), 그리고 리보솜 RNA(rRNA)에 초점을 맞추었던 그 전의 연구자들은 이러한 훨씬 작은 조각을 알아차리지 못하고 실험 도중에 버렸다. 이러한 RNA 조각은 작은 간섭 RNA(small interfering RNA) 또는 siRNA라고 한다. 이러한 RNA의 작은 단편이 어떻게 특정한 유전자의 활동을 침묵시키나요? 복잡한 방법으로 이제 명백하게 이해하기 시작하고 있으며, 작은 RNA 단편은 상보적인 서열을 가지고 있는 세포 내의 어떤 mRNA 분자와도 결합한다. 이 mRNA를 생산한 유전자의 침묵은 2가지 방법 중 하나에 의해 달성될 수 있다(그림 11.18). 그 결과는 mRNA의 발현이 단백질로의 번역을 차단하여 저해되던지, 아니면 mRNA가 단순히 파괴되던지 하는 둘 중의 하나이다. 어떠한 경우에도, 그 mRNA를 생성한 특정한 유전자는 발현이 되지 않고, 침묵되었다.

개념의 적용

RNA가 이중가닥이 아니라고 하면, siRNA가 어떻게 mRNA에 결합할 수 있을까요?

학습의 길을 따라가기

본 교재의 개정판 작업을 하면서 저자의 초점은 학습도구로서 개선하는 것이었다. 일부는 명백하고 일부는 미묘하지만 많은 수정을 하였는데, 모두 이 교재를 사용하는 학생들이 이해하기 쉽게 하고 강의에서 배운 것을 느끼고 따라서 수업에서 더 잘할 수 있게 하는데 목적을 두고 있다.

각 장은 개념적인 구획으로 나뉘어 있으며, 각 구획의 소개는 초점이 되는 개념이나 과정을 정확히 지적하는 **표적화된 학습 목표**로 시작된다. 각 구획은 학습한 것으로부터 학생들이 결론을 도출할 것을 요구하는 **"개념의 적용"**이라는 질문으로 끝나며, 이는 학습의 목표를 오랫동안 기억하도록 강화시켜준다.

각 장의 학습 목표는 따라서 학습 경로를 정의하며, 학생이 이해를 조직화하는데 이용할 수 있는 개념적인 틀을 수립하도록 설계하기 위한 일련의 아이디어와 정보를 소개한다. 학습 목표를 각 절의 앞머리에 고립시키기 보다는 직접 본문에 통합함으로써 본 교재는 표적(이해하고 학습해야 할 내용)의 정중앙에 정곡(학습 목표)을 놓는다.

가장 기초적인 수준에서, 각 장에서의 학생의 학습 경로는 학습 목표를 **현실화된 학습 결과**로 변환하는 시도의 여정이다. 이러한 변환의 성공은 각 학습 목표의 구획 끝에서 뿐만 아니라, 각 장의 마지막에 학습 결과의 요약과 이와 관련된 문제에서 평가될 수 있다.

어떻게 학습할지를 배우기

저자는 30년 이상 강의하면서 잘하는 학생과 못하는 학생들을 보았으며, 누가 잘할지를 예측하는 최선의 방법은 그 학생이 얼마나 학습준비가 잘 되어있느냐는 것이라는 것이다. 대규모 신입생 강의에 들어갈 때 학생은 어떻게 필기할지를 알까요? 학생은 이 필기를 교재와 함께 효과적으로 사용하는 방법을 알까요? 학생은 그래프를 읽을 수 있을까요?

질문과 분석

학생이 생물학 시간에서 얻을 수 있는 가장 중요한 것은 시민으로서 접하게 되는 과학적인 주장에 대하여 판단할 수 있는 능력이다. "*질문과 분석*"은 이러한 중요한 기술을 가르치는 것이다. 각 장의 마지막은 학생이 자료를 분석하고 결과를 도출하는 실제적인 과학적 탐구를 보여준다. 이 부분은 학습에서 가장 오래 지속되는 매우 중요한 가치를 제공한다.

질문과 분석

방사성 붕괴를 이용한 얼음사람의 연대 측정

1991년 가을 이탈리아와 오스트리아 산악 경계부근의 높은 고개 정상의 녹아가는 눈에서 삐져나와있는 한구의 시체를 두 사람의 오스트리아 여행자들이 발견하였다. 당장 보아도 시체는 매우 오래되었고, 오래전 피난처로 찾았던 얼음 구덩이에 얼어서 눈이 녹으면서 이제야 발견되었다. 이 놀랄만한 발견 이후 여러 해 동안 과학자들은 Otzi라 이름붙인 죽은 사람에 대하여 매우 많은 사실을 알아냈다. 나이, 건강상태, 입었던 옷, 먹은 음식, 그리고 등을 뚫고나온 화살에 의하여 사망하였다는 사실을 안다. 화살의 촉은 왼쪽 어깨의 등쪽에 묻혀있다. 치아의 화학분석으로 그 시체는 죽은 곳의 60 km 이내에서 살았다는 것도 알게 되었다.

언제 이 얼음사람이 죽었을까요? 과학자들은 Otzi의 몸에서 짧은 반감기를 가진 ^{14}C 탄소동위원소의 붕괴정도를 측정하여 이 핵심질문에 대답하였다. 대부분의 탄소 원자는 안정동위원소인 ^{12}C이지만, 매우 작은 부분은 불안정한 방사성 동위원소인 ^{14}C인데, 이는 질소-14(^{14}N) 원자가 우주선(cosmic rays)의 충격에 의하여 형성되었다. ^{14}C 부분은 식물의 광합성에 의하여 포획되어 식물을 먹은 동물 신체에 탄소 분자로서 존재한다. 식물이나 동물이 죽게되면, 더 이상 탄소를 축적하지 못하며 사망시 존재하던 ^{14}C는 시간에 따라 붕괴하여 ^{14}N으로 돌아간다. 따라서 시간에 따라 ^{12}C에 대한 ^{14}C의 비율은 감소한다. 존재하는 ^{14}C의 절반이 붕괴하는 데는 5,730년이 소요되며, 이를 ^{14}C 동위원소의 반감기(half-life)라고 한다. 반감기는 절대 변하지 않는 상수이기 때문에, 방사성 붕괴의 정도는 시료의 연대측정을 할 수 있도록 한다. 따라서 원래 ^{14}C의 1/4이 남아있는 시료는 대략 11,460년(반감기의 2배) 정도 된 것이다.

오른쪽의 그래프는 ^{14}C 탄소동위원소의 방사능 붕괴곡선을 나타낸다. 과학자들은 시료에 존재하는 ^{14}C의 절반이 질소-14(^{14}N)으로 붕괴하는데 5,730년이 소요된다는 사실을 안다. Otzi의 탄소동위원소가 분석되었을 때, 연구자들은 ^{14}C의 ^{12}C에 대한 비율을 측정하으며, 이는 $^{14}C/^{12}C$ 분율로 나타내며, Otzi 신체는 최근에 사망한 사람의 조직에서 발견된 비율의 0.435였다.

분석

1. **개념의 적용**: Otzi의 신체에 사망시 존재하던 14C의 어느 정도가 아직 존재하는가? 그가 죽었을 때는 1.0이었을 것이다.
2. **자료의 분석**: 이 비율을 위의 방사성 붕괴곡선에 표시하시오. 이 점은 반감기의 몇 배를 나타내는가?
3. **추론**: 만약 Otzi가 최근 시체이고, 발견된 높은 산 협곡의 혹독한 기상조건에 의하여 오래된 것처럼 보였다면, 14C/12C의 비율은 여러분의 신체 비율과 비교하였을 때 어떠할 것으로 예측하는가?
4. **결론의 도출**: 얼음 인간 Otzi는 언제 사망하였나요?

34

저자

George Johnson

간추린 목차

목차

Part 1 생명의 연구

Chapter 1 생물학이라는 자연과학 분야 • 1

Part 2 살아있는 세포

Chapter 2 생명의 화학 • 21

Chapter 3

생명의 분자 • 37

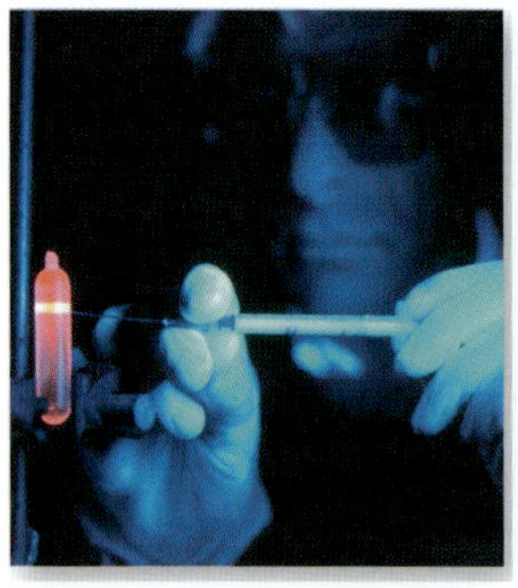

Chapter 4

세포 • 53

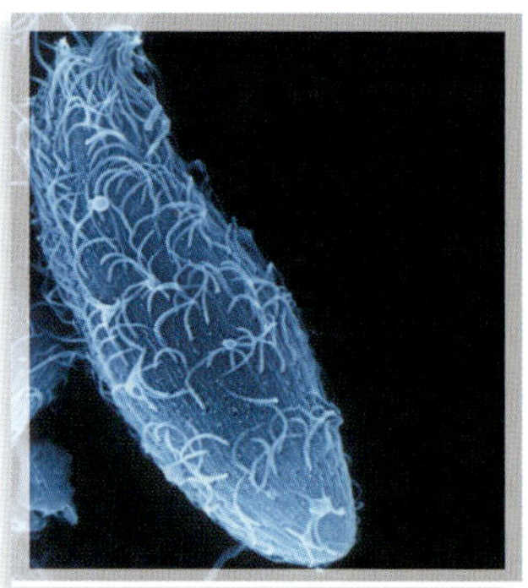

Chapter 5
에너지와 생명 • 79

Chapter 6
세포는 어떻게 음식에서 에너지를 수확하는가 • 91

Part 3 생명의 연속성

Chapter 9

유전학의 기초 • 133

Chapter 10

DNA: 유전물질 • 163

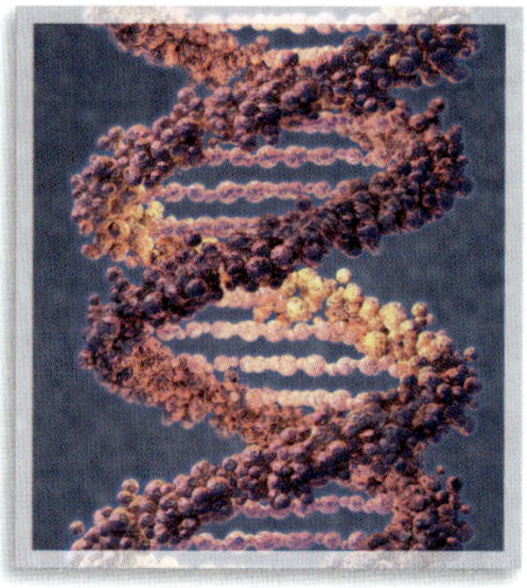

Chapter 11

유전자는 어떻게 작용하는가? • 179

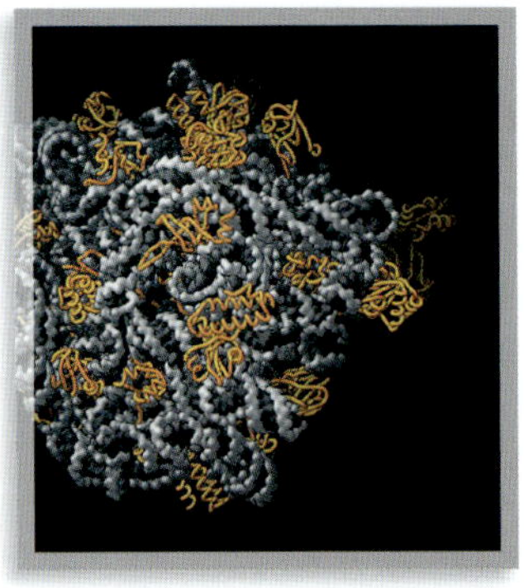

Chapter 12

생물학의 새로운 분야 • 197

Part 4 동물의 생활

Chapter 13 동물의 신체와 운동 • 223

Chapter 14 순환 • 239

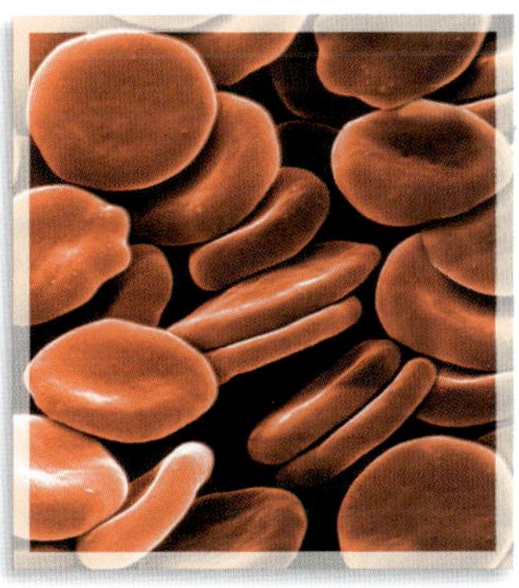

Chapter 15 호흡 • 253

Chapter 16
동물 체내를 통한 음식의 경로 • 265

Chapter 17
내부환경을 유지하기 • 281

Chapter 18
동물 신체는 어떻게 자신을 방어하는가 • 293

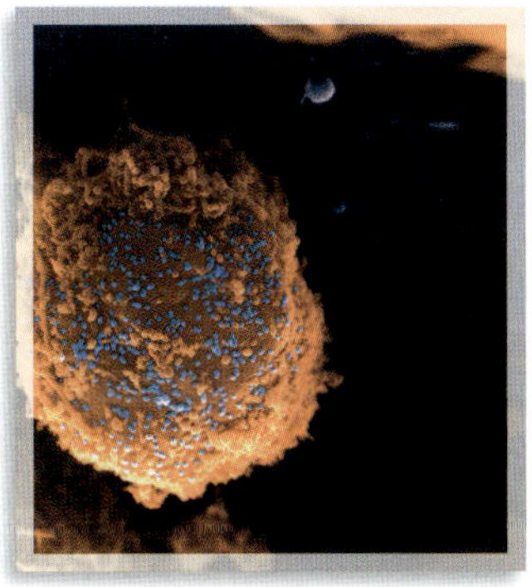

Chapter 19
신경계 • 311

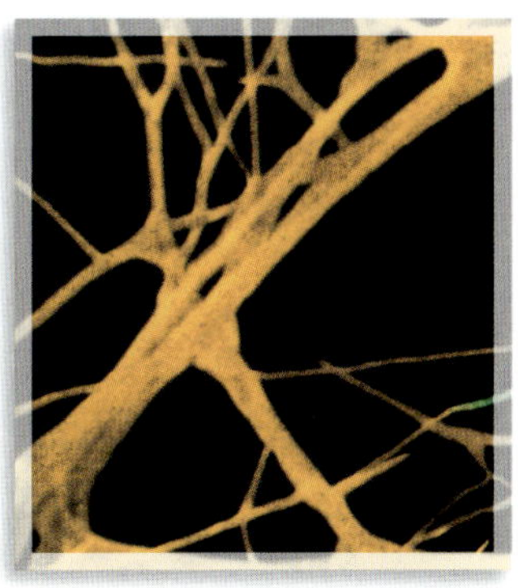

Chapter 20
동물 신체 내부에서의 화학적 신호 • 333

Chapter 21
생식과 발생 • 347

Chapter 1

생물학이라는 자연과학 분야

The Science of Biology

개관(CHAPTER AT A GLANCE)

생물학과 생명세계 Biology and the Living World

이 화살표는 무엇을 의미하나요? 이 교과서 전체에 걸쳐서 여러분들은 파란색과 녹색의 화살표와 마주치게 될 것이다. 파란색의 뒤로 돌아가는 화살표는 이전에 학습한 내용을, 녹색의 앞으로 가는 화살표는 앞으로 배우게 될 내용과 연관되어 있다. 이 화살표를 이용하면 생물학 개념의 상호 연결된 본질을 파악할 수 있다.

그림 1.1 생명의 6계(kingdom).

생물학자들은 모든 생명체를 계(kingdom)라고 하는 6개의 주된 범주에 배정한다. 각 계는 다른 계와 크게 차이가 난다.

1.1 생명의 다양성 The Diversity of Life

학습 목표 1.1.1 생명의 6개 계(kingdom)를 열거한다.

넓은 의미에서 생물학은 생명체를 연구하는 생명의 과학이다. 생명계는 고래, 조류(algae), 버섯, 세균(bacteria), 소나무 등 6개의 집단(**계**; kingdom)으로 분류될 수 있는 놀랄 만큼 다양한 생물로 구성되어 있다(그림 1.1). 한 계에 소속된 생물은 같은 계의 다른 모든 생물과 유사한 특징을 가지고 있으며 다른 계의 생물과는 매우 다르다. 생물학자들은 여러 가지 방법으로 생명의 다양성을 연구한다. 고릴라와 함께 생활하고, 화석을 수집하고, 세균을 분리하며, 유전의 분자를 연구한다. 이러한 모든 다양성의 와중에 모든 생명체는 많은 공통점을 가지고 있다는 생물학의 핵심 교훈을 잃어버리기 쉽다.

개념의 적용

여러분이 어느 계(Kingdom)에 속하는지 확인한다.

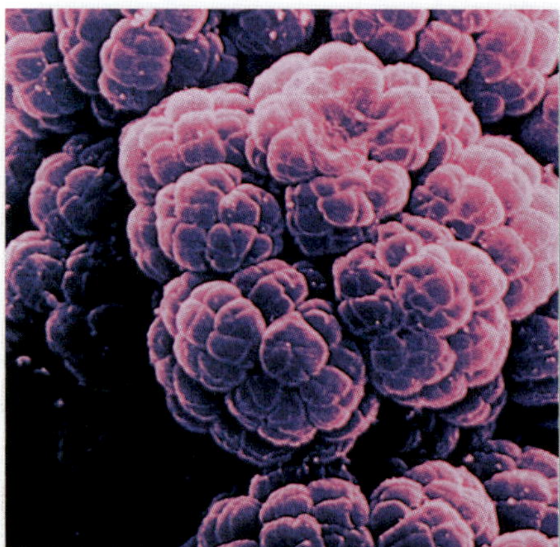

고세균(Archaea): 핵을 가지고 있지 않는 원핵세균인 고세균계는 메탄을 형성하는 메탄생성균을 포함한다.

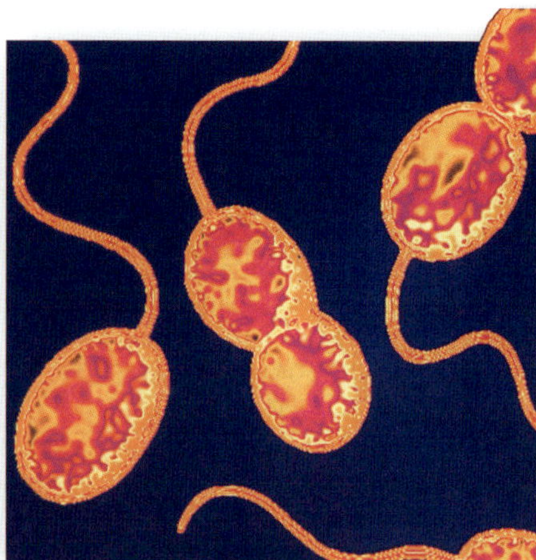

세균(Bacteria): 원핵생물계의 두 번째 집단이다. 여기에 나타낸 자색황세균은 빛 에너지를 화학적 에너지로 변환할 수 있다.

원생생물(Protista): 핵을 가지고 있는 대부분의 단세포 진핵생물과 여기에 나타낸 다세포성 조류가 포함된다.

진균(Fungi): 진균계에는 광합성을 하지 않고, 대부분 다세포이며, 먹이를 외부에서 소화하는 버섯 등이 포함된다.

식물(Plantae): 식물계는 여기에 보인 현화식물과 같이 주로 육상에 서식하는 광합성을 하는 다세포 생물을 포함한다.

동물(Animalia): 동물계는 양처럼 체내에서 음식을 소화하는 광합성을 하지 않는 다세포 생물이다.

1.2 생명의 특성 Properties of Life

학습 목표 1.2.1 모든 생명체에 공유되는 5가지의 기본적인 특성을 설명한다.

생물학은 생명에 대한 연구이다. 그렇지만 살아있다는 것은 무엇을 의미하는가? 생명체를 정의하는 특성은 무엇인가? 이 질문은 보기만큼 쉬운 질문이 아니다. 왜냐하면 생명체의 명백한 특성의 일부는 또한 무생물의 특징이기 때문이다. 예를 들면, *복잡성*(컴퓨터도 복잡함), *운동*(구름도 하늘에서 움직임), 그리고 *자극에 대한 반응*(비눗방울도 만지면 터짐) 등이다. 생명체에 공통적인 이러한 3가지 특성이 생명을 정의하는데 도움이 되지 않는 가를 알아보려면 텔레비전 옆에 있는 버섯을 상상해보시오. 텔레비전은 버섯에 비해 복잡해보이며, 텔레비전 화면의 그림은 움직이지만 버섯은 정지해있으며, 텔레비전은 리모컨에 반응하지만 버섯은 단지 정지해있다. 그렇지만 살아있는 것은 버섯이다. 모든 생명체는 5가지 기본적인 특성을 공유한다.

1. **세포 조직**(Cellular organization). 모든 생명체는 하나(그림 1.2) 또는 그 이상의 세포로 구성되어 있다. 세포는 *막*(membrane)이라고 하는 얇은 덮개가 있는 작은 구획이다. 어떤 세포는 내부가 간단하고 다른 세포는 복잡하게 조직되어 있지만, 모두 성장하고 생식할 수 있다. 인체는 크기에 따라 10조~100조의 세포를 포함한다. 이는 엄청 큰 숫자이며, 100조 cm의 끈은 지구 둘레를 1,600번 둘러쌀 수 있다.
2. **대사**(Metabolism). 모든 생명체는 에너지를 이용한다. 움직이고, 성장하고, 생각하는 모든 활동이 에너지를 필요로 한다. 이 모든 에너지는 어디에서 오는 것인가? 에너지는 광합성을 통하여 식물, 조류, 특정 세균에 의하여 포획된다. 우리 삶을 추진하는 에너지를 얻기 위해서 우리는 식물이나 다른 동물로부터 추출한다(그림 1.3). 세포에서 에너지를 하나의 형태에서 다른 형태로 변환하는 것은 *대사*의 한 가지 예이다.
3. **항상성**(Homeostasis). 환경은 자주 크게 변화하지만 생물은 *항상성*이라는 기작을 이용하여 내부 환경을 비교적 일정하게 유지한다. 예를 들어 신체는 날씨가 아무리 춥거나 더워도 상관없이 내부 체온을 37℃ 정도로 유지한다. 안정된 내부조건은 다른 복잡한 신체과정이 잘 통합되도록 해준다.
4. **성장과 번식**(Growth and reproduction). 모든 생명체는 성장하고 번식한다. 세균은 크기가 성장하면 15분에 한번씩 단순히 둘로 나뉜다. 더 복잡한 생물은 세포의 수를 증가시켜 성장하고 배우체를 생산하고 결합하여 자손을 생성하는 유성생식으로 번식한다.
5. **유전**(Heredity). 모든 생물은 *DNA*(deoxyribonucleic acid)라 불리는 긴 분자에 기초한 유전체계를 가지고 있다. 개개 생물이 어떻게 생겼을지 결정하는 정보는 DNA 분자를 형성하는 소단위의 순서에 의해 결정되는 암호에 포함되어 있다. 이는 읽고 있는 책장의 글자순서가 의미를 결정하는 것과 같다. DNA 내에 있는 지시의 각 조합을 *유전자*(gene)라고 한다. DNA는 한 세대에서 다음 세대로 충실하게 복사되며, 따라서 유전자의 어떠한 변화도 보존되어 다음 세대로 전달된다. 부모로부터 자식으로 특징의 전달이 *유전*이라고 하는 기작이다.

개념의 적용

복잡성, 운동, 그리고 자극에 대한 반응은 왜 생명을 정의하는 특성이 아닌지를 설명하시오.

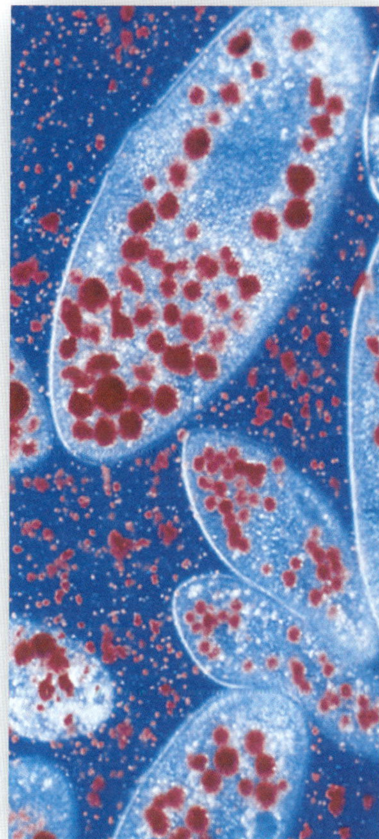

그림 1.2 세포 조직.

이 짚신벌레들은 방금 여러 효모세포를 섭취한 단세포 원생생물이다. 이 짚신벌레처럼 많은 생물은 단지 하나의 세포로 이루어져 있으며, 반면에 다른 생물들은 수조 개의 세포로 이루어져 있다.

여러분에게 의미하는 것

여러분의 신체에는 세균 세포의 수가 여러분 자신의 세포 수에 비하여 10:1로 압도적으로 많다. 이 수많은 세균이 무엇을 하고 있다고 상상하는가?

그림 1.3 대사(Metabolism).

물총새는 이동, 성장, 신체 과정을 수행하는데 필요한 에너지를 조류(algae)를 먹는 물고기를 먹어서 획득한다. 새는 세포 내에서 일어나는 화학적 과정을 이용하여 먹이를 대사한다.

1.3 생명의 조직 The Organization of Life

복잡성 증가의 계층

A Hierarchy of Increasing Complexity

학습 목표 1.3.1 생명 조직의 13개 계층 단계를 나열하고 3개의 일반적인 복잡성 단계로 구분한다.

생명체를 조직하는 핵심 요소는 복잡의 정도이다. 생명의 복잡성을 세포, 개체, 그리고 개체군의 3단계에서 검토해보자.

세포 수준(Cellular Level). 그림 1.4의 첫 번째 부분을 따라 내려가면, 여러분은 세포 내부의 구조가 점점 복잡해지는 것을 볼 수 있는데, 여기에 세포 내부에서 복잡성이 증가하는 *계층*이 있다.

> 이 책은 복잡성이 증가하는 체계를 따르고 있다. 세포단계는 2장부터 12장에서 논의되고, 개체군 단계는 13장부터 21장에서 토의된다. 개체군 단계는 번역본에서는 제외하였다.

1. **원자**(Atoms). 물질의 기본 원소는 원자이다.
2. **분자**(Molecules). 원자가 결합하여 분자라고 하는 복잡한 집합체를 형성한다.
3. **거대분자**(Macromolecules). 유전정보를 저장하는 DNA와 같은 크고 복잡한 분자를 거대분자라고 한다.
4. **소기관**(Organelles). 복잡한 생물분자는 소기관이라고 하는 세포내의 작은 구획으로 결집된다. 세포의 DNA가 저장되는 핵(nucleus)이 그 예이다.
5. **세포**(Cells). 소기관과 다른 요소들이 막으로 싸인 세포라는 단위로 결합된다. 세포는 살아있는 가장 작은 단계의 조직이다.

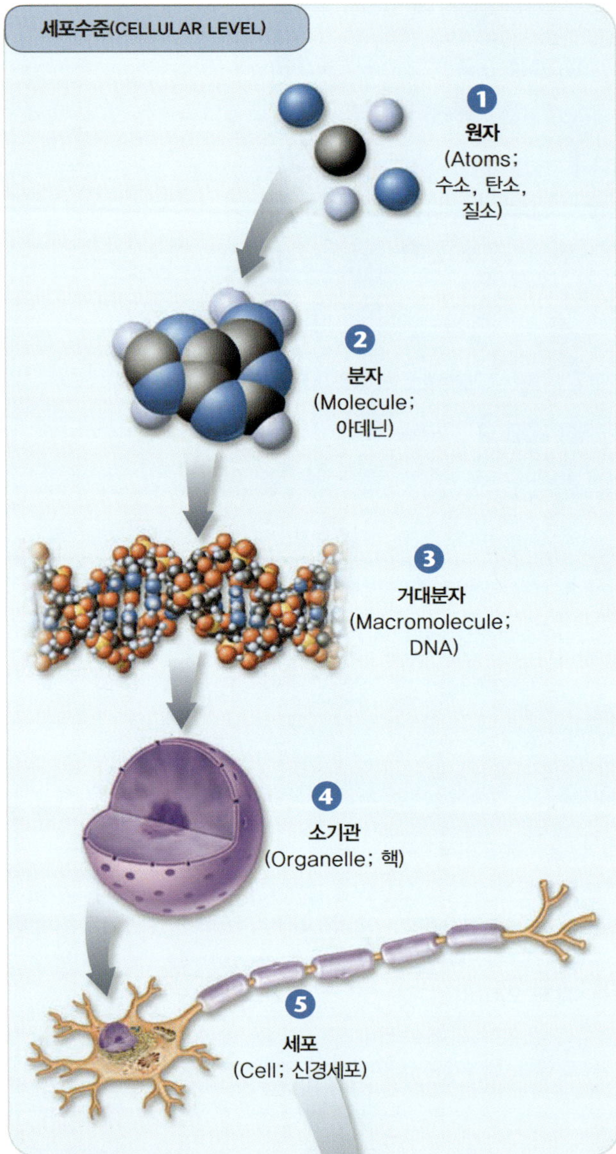

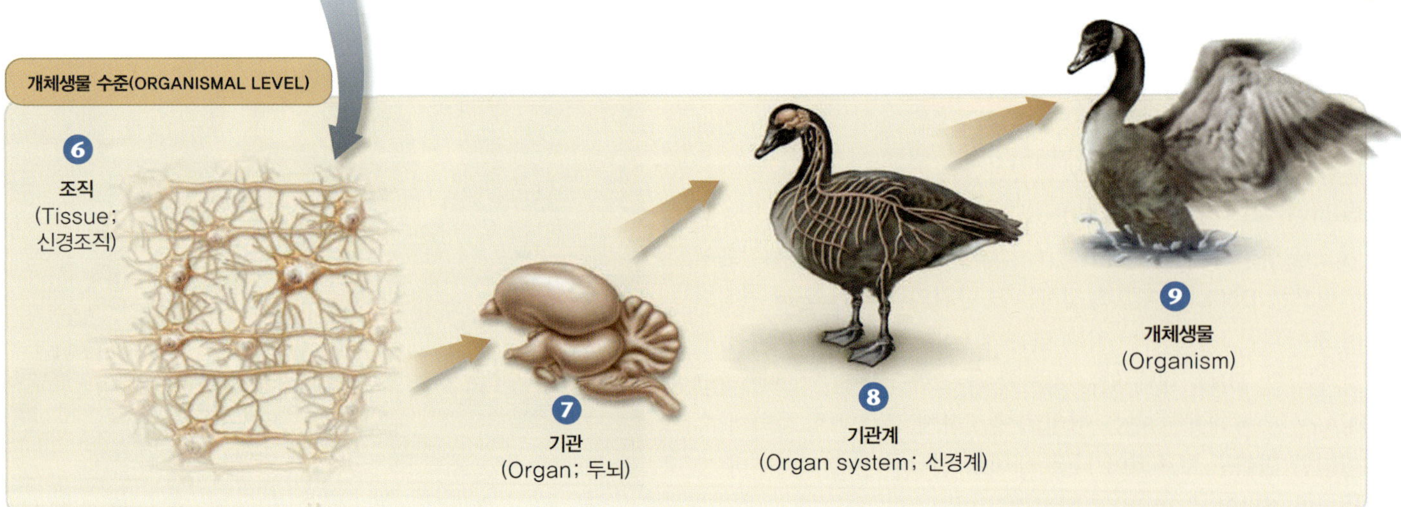

그림 1.4 조직의 단계.

생명계의 생물이 상호작용하는 많은 방법을 분류하는 전통적이고 유용한 방법은, 작고 단순한 것으로부터 크고 복잡한 순서의 조직 단계로 배열하는 것이다. 여기서는 세포, 개체, 그리고 개체군 단계 내에서 조직을 검토한다.

개체생물 수준(Organismal Level). 그림 1.4의 두 번째 부분인 개체 단계에서 세포는 4단계의 복잡성으로 조직된다.

6 **조직**(Tissues). 가장 기초 단계는 조직이며, 이는 유사한 세포들이 하나의 기능 단위로 모인 것이다. 신경조직은 전기 신호를 전달하는 뉴런(neuron)이라고 하는 세포로 구성된 한 종류의 조직이다.

7 **기관**(Organs). 조직은 구조적 기능적 단위를 형성하는 몇 종류의 다른 조직으로 구성된 신체구조인 기관으로 통합된다. 두뇌는 신경세포와 보호층과 혈액을 공급하는 다양한 조직들로 이루어진 기관이다.

8 **기관계**(Organ systems). 조직의 3단계에서 기관은 기관계로 통합된다. 예를 들어 신경계는 감각기관, 두뇌, 척수, 몸 전체로 신호를 전달하는 뉴런(neuron), 그리고 지지세포 등으로 구성되어 있다.

9 **개체생물**(Organism). 기관계는 함께 기능하여 개체생물을 형성한다.

개체군 수준(Populational Level). 개체생물은 그림에서 볼 수 있듯이 생명계 내에서 여러 개의 계층으로 조직화된다.

10 **개체군**(Population). 개체군은 같은 장소에 서식하는 같은 종의 생물집단이다. 연못에 살고 있는 한 무리의 거위는 개체군이다.

11 **종**(Species). 모습이 유사하고 교배 가능한 특정한 종류의 모든 개체군은 종을 이룬다. 모든 캐나다 거위는 *Branta canadensis*라고 하는 종의 일원이다. 캐나다 두루미는 다른 종이다.

12 **군집**(Community). 더 높은 단계의 생물학적 조직에서 군집은 한 장소에 살고 있는 모든 개체군으로 이루어진다. 예를 들어 거위는 연못을 오리, 물고기, 풀, 그리고 많은 종류의 곤충과 공유할 수 있다.

13 **생태계**(Ecosystem). 생물학적 조직의 가장 높은 단계는 생물 군집과 그들이 함께 살아가는 토양과 물과 함께 생태학적 시스템 즉 생태계(ecosystem)를 이룬다.

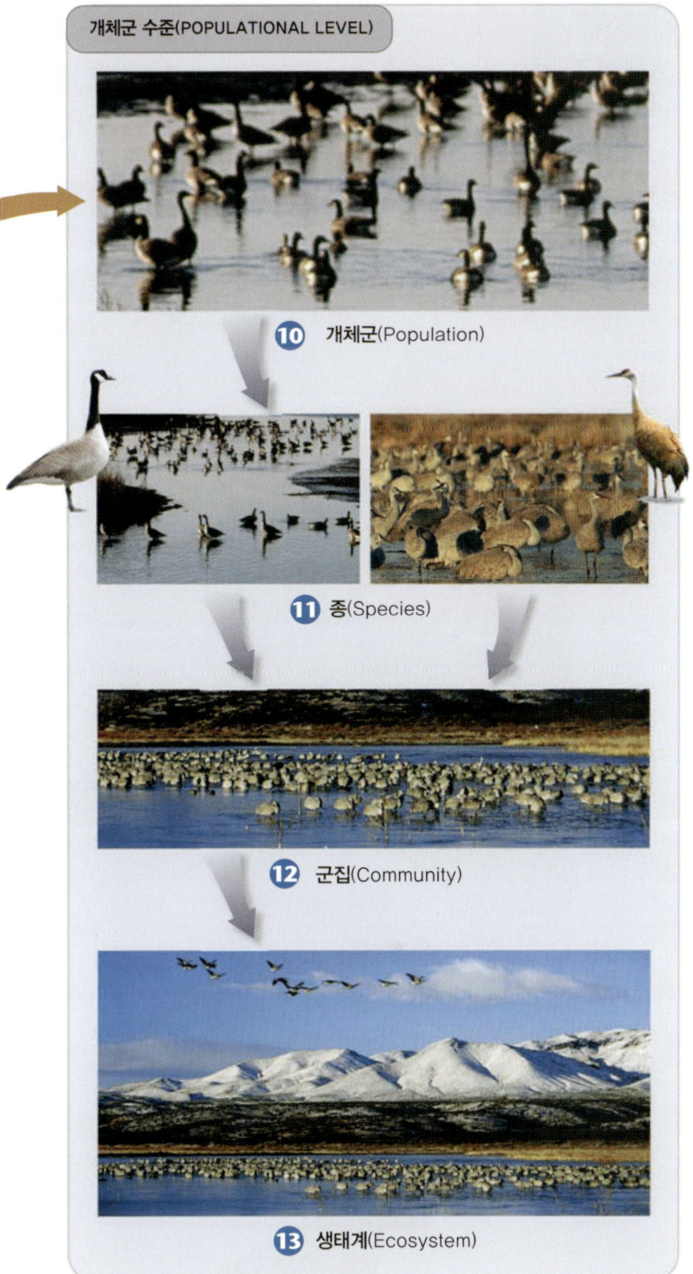

개념의 적용

피부 세포의 핵은 막으로 둘러싸여 있고 DNA를 가지고 있다. 왜 핵은 살아있는 것으로 간주되지 않는가?

창발적 특성 Emergent Properties

학습 목표 1.3.2 창발적 특성의 기원을 설명한다.

생명 단계의 각각의 높은 단계에서는 단순한 단계에서는 존재하지 않았던 새로운 특성이 나타난다. 이러한 **창발적인 특성**은 구성물질이 상호작용으로부터 비롯되고 생명의 단계적이고 구조적인 조직의 자연적인 결과이다. 구조적 특성은 더 복잡한 조직에서 나타난다. 대사(Metabolism)는 생명의 창발적 득성이다. 세쏘 내에서 일어나는 화학 반응은 세포 내부의 질서정연한 환경에 의하여 편성되는 분자사이의 상호작용으로부터 발생한다. 의식은 두뇌 다른 부분에 있는 많은 뉴런의 상호작용으로부터 발생하는 두뇌의 창발적인 특성이다.

개념의 적용

생명의 복잡성의 일반적인 3가지 단계에 대하여 각각의 창발적인 특성에 대하여 설명하시오.

진화

컴퓨터 게임의 진화. 베스트셀러 비디오 게임인 SIMS의 디자이너는 2008년 새로운 게임인 SPORE의 베일을 벗겼다. 이 게임에서 플레이어는 진화생물학에 의하여 진로가 안내되는 수십억 년에 걸쳐 전개되는 생활을 경험한다. 게임은 해양에 살고 있는 단세포 세균으로 시작하여, 육지에 정착하는 지능이 있는 다세포 생물로 진화한다. 게임 이론의 수학에 기초하여 SPORE는 자연선택의 디지털 버전을 수행하며, 플레이어가 변화하는 세계에 적응하여 생존할 수 있도록 도전한다.

1.4 생물학적 주제 Biological Themes

학습 목표 1.4.1 생물학을 자연과학으로 정의하는 5가지의 일반적인 주제를 열거하고 설명한다.

집이 침실, 주방 그리고 욕실과 같은 테마 공간으로 조직화된 것처럼, 생명계도 에너지가 한 부분에서 다른 부분으로 어떻게 흘러가는 것처럼 주요 *테마*로 조직화되어 있다. 이 책에서 생물학을 공부하면서 생물학을 통합하고 과학으로 설명해주는 5가지의 일반적인 테마가 반복하여 나타날 것이다.

진화 Evolution

진화는 종의 시간에 따른 유전적 변화이다. 영국 박물학자인 찰스 다윈(Charles Darwin)은 1859년 이러한 변화가 **자연선택(natural selection)**이라는 과정의 결과라는 아이디어를 제안하였다. 간단히 말하면 환경의 도전에 더 잘 생존할 수 있게 하는 특성이 생존하고 번식하여, 유리한 특징을 자손에게 전달할 수 있도록 한다는 것이다. 다윈은 많은 가축화되지(길들여지지) 않은 동물뿐 아니라 가축화된(길들여진, domesticated) 동물의 변이에 대하여 정통하였다. 다윈은 재배가에 의해 과장된 특성을 나타내는 다양한 비둘기가 선택될 수 있다는 것을 알고 있었으며, 이 과정을 *인위선택*(artificial selection)이라고 한다. 그림에서 극단적으로 보이는 비둘기를 볼 수 있다. 우리는 이제 이러한 선택된 특징이 DNA가 부모에서 자손으로 전달되기 때문에 세대를 통하여 전달된다는 것을 알고 있다. 다윈은 자연에서의 선택이 비둘기의 다른 변종을 만들어 낸 것과 어떻게 비슷한지에 대하여 떠올리게 되었다. 따라서 현재 우리가 지구상에서 보는 생명의 많은 형태와, 우리 자신이 구성되고 기능하는 방법은, 자연선택의 장구한 역사를 반영한다.

에너지의 흐름 The Flow of Energy

모든 생물은 신체를 구성하고 일을 하고 생각하는 모든 생명활동을 수행하는데 에너지를 필요로 한다. 대부분의 생물이 사용하는 에너지는 모두 태양으로부터 출발하여 생태계를 통하여 한 방향으로 전달된다. 생명계에서 에너지의 흐름을 이해하는 단순한 방법은 누가 에너지를 사용하는가를 보는 것이다. 에너지 여행의 첫 단계는 광합성(photosynthesis)이라는 과정을 통하여 식물, 조류(algae), 그리고 일부 세균에 의하여 포획되는 것이다. 이 과정은 태양 에너지를 이용하여 식물과 같은 광합성 생물이 체내에 저장하는 당(sugar)을 합성하는 것이다. 식물은 이어서 그들을 포식하는 동물의 생명 추진력의 근원으로 이용된다. 독수리와 같은 다른 동물은 식물포식자를 먹는다. 각 단계에서 일부 에너지는 생명의 과정에 이용되고, 일부는 전달되고, 대부분은 주로 열로서 손실된다. 에너지의 흐름은 군집 내에서 얼마나 많은 그리고 어떠한 종류의 생물이 생존하느냐에 영향을 미치는, 생태계를 형성하는 핵심적인 요소이다.

협동 Cooperation

오른쪽 그림의 협동하는 개미는 자신들이 살고 있는 식물을 포식자와 다른 식물의 그늘로부터 보호하며, 식물은 개미에게 영양분(잎의 끝에 있는 노란 구조)을 제공하여 보답한다. 이러한 개미와 식물처럼 직접 접촉하며 살아가는 2종류의 생물의 관계를 **공생**(symbiosis)이라고 한다. 많은 유형의 세포는 공생 세균의 후손인 소기관(organelle)을 가지고 있으며, 공생 진균은 식물이 바다로부터 육지로 처음 진출할 수 있도록 도와주었다. 꽃의 변화가 곤충의 진화에 영향을 미치고 교대로 곤충의 변화가 꽃의 진화에 영향을 미친, 현화식물과 곤충의 공동진화(coevolution)는 생명의 다양성에 크게 기여하였다.

구조가 기능을 결정한다 Structure Determines Function

생물학의 명백한 교훈 중 하나는 생물학적 구조가 기능에 매우 적절하다는 것이다. 이러한 사실은 조직의 모든 단계에서 볼 수 있다. 화학반응을 수행하는 세포의 거대분자인 효소(enzyme)는 조작할 화학물질의 형태와 일치하도록 정확한 구조를 가진다. 생명계의 많은 생물들 내에서 신체 구조는 기능을 수행하도록 신중하게 고안되었다. 나방이 꽃의 깊은 곳에서 꿀을 핥는 긴 혀를 예로 들 수 있다. 생명계에서 구조가 기능에 훌륭하게 맞는 것은 우연이 아니다. 생명은 생활의 도전을 이길 수 있도록 생물을 변화시키는 진화에 충분할 만큼 지구상에서 20억년 이상 존재하였다. 이러한 모든 갈고닦고 조정한 결과로 생물학적 구조가 기능을 잘 수행한다는 것은 전혀 놀랍지 않다.

항상성 Homeostasis

복잡한 생물에서 볼 수 있는 고도의 전문성은 이러한 생물이 항상성이라고 부르는 내부환경을 비교적 안정되게 유지하는 작용에 의해서만 가능하다. 이러한 일정성이 없으면 생물 내에서 일어나야하는 많은 복잡한 상호작용은 불가능할 것이다. 사람과 같은 복잡한 신체에서 항상성을 유지하는 것은 세포 사이의 수많은 신호의 상호작용을 필요로 한다. 예를 들어 항상성은 적절한 혈액의 화학조성을 유지하기 위한 물의 균형을 포함한다. 모든 복잡한 생물은 물을 필요로 한다. 하마와 같은 생물은 물을 즐기며, 물이 부족한 건조한 조건에서 사는 캥거루 쥐는 먹이에서 물을 획득하며 절대 물을 마시지 않는다.

이 책에서 이러한 5가지의 생물학적 주제를 반복적으로 접하게 될 것이다. 신출내기 건축사가 건물의 부분보다 많은 것을 배워야 하듯이, 생물학에 대한 공부도 주제, 개념, 그리고 생물 부분의 목록보다 많은 것을 가르치게 될 것이다. 생물학은 여러분의 생활에 다양한 방식으로 영향을 미치는 동적인 과학이며, 이러한 학습은 근본적인 관점에서 여러분이 배우게 될 가장 중요한 것이다.

개념의 적용

어떠한 핵심적인 능력이 당신과 같은 복잡한 신체가 항상성을 유지할 수 있도록 하는가?

과학적 과정 The Scientific Process

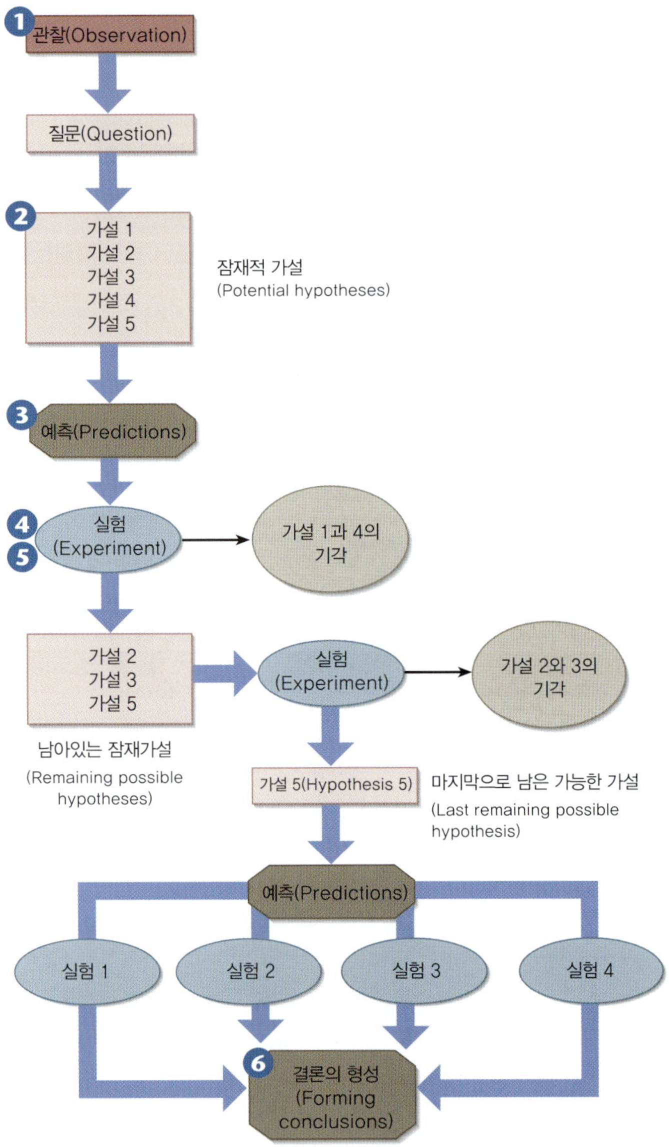

그림 1.5 과학적 과정.

이 그림은 과학적 탐구의 단계를 나타낸다. 첫째로 특정한 의문을 제기하는 관찰이 이루어진다. 그러면 질문에 대한 답을 위하여 수많은 가능성이 있는 설명(가설)이 제시된다. 그 이후 가설에 기초하여 예측이 이루어지며, 하나 또는 그 이상의 가설을 배제하기 위하여 제어된 실험을 포함한 여러 차례의 실험이 수행된다. 마지막으로 배제되지 않은 가설은 유지된다. 인정된 가설에 기초하여 새로운 예측을 하게 되며 실험에 의해 검증한다. 만약 가설이 수많은 실험에 의하여 실증되고 시간의 시험을 통과하면, 궁극적으로 이론(theory)이 된다.

1.5 과학적 탐구의 단계

Stages of a Scientific Investigation

학습 목표 1.5.1 6단계의 과학적 탐구가 어떻게 생물학자들이 특정한 사례를 면밀히 검토하여 과학적인 원리를 발견할 수 있도록 하는지 설명한다.

과학은 어떻게 이루어지는가? How Science Is Done

과학자들은 우리 주변의 세계를 설명하는 방법으로 일반적인 원리를 수립하지만, 어떻게 일반적인 원리가 가능한 여러 경우 중에서 옳다는 것을 결정하는가? 과학자들은 대체 제안을 체계적으로 검증함으로서 결정한다. 제안이 실험적 관찰과 불일치하는 것으로 판명되면 진실이 아닌 것으로 기각된다. 과학의 특정 분야를 면밀히 관찰한 후에, 과학자들은 "지식에 의한 추측"인 관찰에 대한 제안적인 설명인 가설(hypothesis)을 설정한다. 가설은 진실일 수 있는 명제(proposition)이다. 이러한 가설은 아직 기각되거나 유지되지 않았다. 가설은 알려진 사실에 부합하기 때문에 유용하지만, 새로운 정보에 비추어 보면 장차 언제든지 기각될 수 있다.

가설의 검증을 실험이라고 한다. 대체 가설을 평가하기 위하여 하나 또는 그 이상의 가설을 제거하기 위하여 고안된 실험을 수행할 것이다. 이는 다른 가설의 일부라도 진실이라는 것을 입증하지 못하며; 단지 그중의 하나가 진실이 아니라는 것을 보여줄 따름이다. 성공적인 실험은 하나 또는 그 이상의 대체 가설이 결과와 불일치하다는 것이 입증되어 배제되었을 경우이다. 이 책에서 여러분은 종종 설명이 따르는 많은 정보를 접하게 될 것이다. 이러한 설명은 실험에 의한 검증을 통과한 가설이다. 많은 가설은 계속 유지될 것이지만, 나머지는 새로운 관찰에 의하여 수정될 것이다. 생물학은 다른 과학과 마찬가지로 새로운 아이디어가 오래된 아이디어를 대체하면서 지속적으로 변화하고 있다.

과학적 과정 The Scientific Process

과학적 탐구는 그림 1.5에서와 같이 6단계로 이루어진다고 할 수 있다. ❶ 어떤 일이 일어나는 가를 관찰한다; ❷ 일련의 가설을 세운다; ❸ 예측을 한다; ❹ 예측을 검증하고 ❺ 하나 또는 그 이상의 가설이 배제될 때 까지 제어된 실험을 한다; ❻ 남아있는 가설에 기초하여 결론을 내린다.

1. **관찰**(Observation). 성공적인 과학적 탐구의 핵심은 면밀한 *관찰*이다. 과학자들은 남극 하늘을 수년간 연구하여 수많은 온도, 빛, 그리고 화학물질의 수준을 자세히 기록하였다. 만약 과학자들이 관찰한 사실을 꼼꼼하게 기록하지 않았다면, 대기의 오존 가스의 수준이 감소한다는 사실을 알지 못하였을지도 모른다.
2. **가설**(Hypothesis). 예측하지 못한 오존의 감소가 보고되었을 때, 과학자들은 원인을 추측하였으며-아마도 에어컨의 냉매, 에어로졸의 추진제, 스티로폼의 발포제로 이용되는 염화불화탄소(chlorofluorocarbon; CFC)가 원인일지 모른다고 생각하였다. 물론 이는 진정한 의미의 추측은 아니다; 과학자들은 CFC에 대한 지식이 있었고 상층 대기권에서 어떠한 작용을 할지 알고 있었다. 이러한 추측을 **가설**이라고 한다. 과학자

들이 추측한 것은 CFC의 분해산물인 염소(Cl)가 남극 상공의 오존과 화학반응을 하여(그림 1.6), 오존(O_3)을 산소기체(O_2)로 변환시켜 지구 대기에서 오존층을 제거한다는 것이었다. 종종 과학자들은 관찰한 것에 대하여 하나 이상의 추측을 할 경우 *대체 가설*을 수립한다. 이 경우 오존홀을 설명하기 위한 다른 가설들이 제시되었다. 한 가지 제안은 지구의 자전에 의한 정상적인 결과로 설명하였으며, 세탁물의 수분이 회전 과정에서 이동하는 것처럼 오존이 극지방에서 회전에 의하여 빠져나간다는 것이었다. 다른 가설은 오존홀이 단순히 태양의 흑점에 의한 것이며 곧 없어질 것이라는 것이었다.

3. **예측**(Predictions). 만약 CFC 가설이 옳다면, 몇 가지 결과가 합리적으로 예상될 수 있다. 이러한 예상된 결과를 *예측*이라고 한다. 예측은 가설이 진실이라면 발생하리라 예상되는 것이다. CFC 가설은 CFC가 오존홀의 형성에 책임이 있다면, 남극 상층 대기에서 CFC와 이로부터 방출된 오존을 파괴하는 염소(Cl)가 검출될 수 있을 것이다.
4. **검증**(Testing). 과학자들은 이러한 예측의 실증을 통한 CFC 가설 검증에 착수하였다. 이러한 가설의 검증을 *실험*(experiment)이라고 한다. 가설을 검증하기 위하여 고고도 풍선을 사용하여 10 km 고도의 성층권에서 대기 시료를 채집하였다. 시료를 분석한 결과 예측한 대로 CFC의 존재가 밝혀졌다. CFC는 오존과 상호작용을 하고 있었나요? 시료는 유리 염소와 불소를 포함하고 있었으며, 이는 CFC 분자의 분해를 확증하여 주었다. 이 실험 결과는 가설을 지지한다.
5. **대조군**(Controls). 상층 대기의 사건은 많은 요인들에 의하여 영향을 받을 수 있다. 과정에 영향을 미칠 수 있는 각각의 요인을 **변수**(variable)라고 한다. 하나의 변수에 대한 대체가설을 평가하기 위해서는 다른 영향에 의하여 오도되거나 혼동이 오지 않도록 다른 모든 변수들은 일정하게 유지되어야 한다. 이는 두 가지의 실험을 병행하여 실시함으로써 해결될 수 있다: 첫 번째 실험에서는 특정한 가설을 검증하기 위하여 하나의 변수를 변경한다; 두 번째 실험인 *대조군 실험*(control experiment)에서는 변수를 변경하지 않는다. 그 외 다른 모든 점에서는 두 실험은 동일하다. CFC 가설에 대한 추가적인 검정을 위하여, 과학자들은 실험실에서 대조군 실험을 하였으며 CFC가 존재하지 않았을 때는 오존의 감소가 관찰되지 않았다. 대조군 실험의 결과는 가설에 의한 예측과 일치하였다.
6. **결론**(Conclusion). 검증을 통하여 기각되지 않은 가설은 잠정적으로 인정된 것이다. 대기중에 배출된 CFC가 지구를 보호하는 오존층을 파괴한다는 가설은 수많은 실험 증거에 의하여 지지되고 있으며 널리 인정되고 있다. 수없이 검증되고 기각되지 않은 연관된 가설의 집합을 **학설**(이론; theory)라고 한다. 학설은 확실성이 높은 것을 나타내지만; 과학에서는 어떠한 것도 확실하지 않다. 예를 들어 오존층 이론- 상층 대기의 오존이 해로운 자외선을 흡수하여 지구표면을 보호한다는 이론-은 많은 관찰과 실험에 의해 지지되면 널리 인정되고 있다.

개념의 적용

어떠한 이론도 확실하지 않다면, 여러분은 확인될 경우 오존층 이론을 반증할 수 있는 미래의 발견을 제안할 수 있을까요?

그림 1.6 **오존홀 아래에서 생활하기.**

이 아델리 팽귄은 여러분과 다른 모든 생명체와 많은 특성을 공유하고 있다. 펭귄의 신체는 여러분과 마찬가지로 세포로 이루어져 있다. 펭귄도 가족이 있고 여러분과 부모가 닮듯이 닮은 자손을 가진다. 펭귄도 먹이가 차가운 남극 바다에서 잡히는 어류와 크릴에 제한되기는 하지만 여러분과 같이 먹어서 성장한다. 펭귄이 사는 남극 하늘도 우리가 사는 곳의 하늘과 마찬가지로 태양의 해로운 자외선을 차단한다. 그러나 여름철에는 그렇지 않다. 남극의 여름철에는 오존홀이 나타나서, 펭귄이 사는 상층 대기의 오존이 결핍되어 펭귄은 UV의 위험에 노출된다. 펭귄의 북쪽에 멀리 떨어진 인간의 활동이 펭귄의 환경에 심각한 영향을 미치는 것이 명백하다.

여러분에게 의미하는 것

만약 펭귄 상층 대기의 오존홀이 남극(때로는 남아메리카 남단) 상공에만 영향을 미친다면, 미국에 살고 있는 사람들은 왜 걱정을 해야하나요?

생물학과 여러분

오존 치료법. 일부 사람들은 오존이 놀라운 치유능과 전반적인 건강에 대한 이익이 있다고 주장한다. 예를 들어, 오존은 폐와 유방의 암세포 성장을 저해한다고 주장되고 있다. 다른 건강상의 이익과 마찬가지로 이러한 주장도 의학계에 의하여 널리 무시되고 있다. 미국 대부분의 주는 오존의 의학적 사용을 금지하고 있으며, 오존발생기를 위험하고(오존은 허파에 독성 작용이 있음) 아무런 의학적 이익도 제공하지 않는다고 간주하고 있다.

지구가 평평하다는 이론—아리스토텔레스(Aristotle)가 별자리를 이용하여 관찰을 통하여 지구가 구형이라는 증거를 제시한 기원전 330년까지는 지구가 평평하다는 생각이 일반적으로 인정되었다. 약 100년 후에 에라토스테네스(Eratosthenes)는 지구의 둘레를 추정한 정량적인 증거를 제시하였다.

태양이 지구의 주위를 회전한다는 이론(천동설)—이 우주에 대한 지구중심적 관점은 코페르니쿠스(Copernicus)가 최초로 16세기에 태양 중심의 태양계를 제안하고, 1600년대에 갈릴레오(Galileo)에 의하여 정량적인 증거에 의하여 지지될 때까지 사실로 인정되었다.

창조론(The theory of creationism)—성경에 나타난 서술에 따라 지구에서 생명의 기원과 다양성에 대한 이 설명은 널리 인정되었지만, 지구의 생명 진화에 대한 다른 설명도 제안되었다. 창조론은 의심을 받고 1859년 찰스 다윈(Charles Darwin)이 자연선택 과정에 의한 진화의 설명을 제안하여 떨쳐졌는데, 이는 현재 지구상에서 생명의 기원과 다양성에 대한 널리 인정되는 과학적 설명이다.

획득형질 이론(The theory of acquired traits)—장-밥티스트 라마르크(Jean-Baptiste Lamarck)는 다윈 이전 사람으로 진화에 대한 설명을 제안하였다. 라마르크는 한 개체의 일생동안에 획득되어 자손에게 전달된다고 하였다. 다윈은 이후 진화의 추진력으로 자연선택에 의한 설명을 제안하였다.

저온 핵융합 가설(The hypothesis of cold nuclear fusion)—핵반응이 실온과 기압 하에서 수행될 수 있다는 가설이 1989년 제시되었다. 이 결과는 에너지 산업에 혁명을 가져올 수 있었지만, 실험결과를 재연할 수 없었으며 이 가설에 대한 넓은 지지는 결코 형성되지 않았다.

그림 1.7 기각된 이론들.

실험이 어떻게 과학적인 생각을 바꾸었는지 예를 들기 위하여 한 때 진실로 인정되었던 과학적 이론들이 기각된 것을 고려하시오.

여러분에게 의미하는 것

지구온난화이론은 처음 제안되었을 때 논란이 많았지만, 최근 들어 넓은 지지를 받고 있다. 이 이론의 수용이 어떻게 여러분의 생활에 영향을 미치는가? 또는 영향을 미쳤는가?

1.6 이론과 확실성 Theory and Certainty

학습 목표 1.6.1 가설과 학설을 정의하고, 둘의 차이를 구분한다.

이론(학설)은 넓은 범위의 관찰에 대한 통합적인 설명이다. 따라서 중력이론(the theory of gravity), 진화론(the theory of evolution), 그리고 원자론(the theory of atom)에 대하여 이야기한다. 이론은 과학의 단단한 토대이며, 우리가 가장 확신한다. 그러나 과학에서 절대적인 진리는 존재하지 않으며, 불확실성의 정도에 차이만 있을 따름이다. 과학자가 이론을 받아들이는 것은 항상 잠정적인데, 그 이유는 미래의 증거에 의해서 이론이 수정될 가능성이 항상 존재하기 때문이다. 한때 인정되었던 몇몇 이론들이 그림 1.7에 논의되었다.

이라는 단어는 따라서 과학자들에게는 일반인과 매우 다르게 사용된다. 과학자에게 이론은 자신이 가장 확실한 것을 나타내지만, 일반 대중에게는 이론은 지식이 *부족*하거나 추측을 의미한다. 얼마나 많이 다른 사람들이 "이것은 단순한 이론이야!"라고 하는 말을 들었는지? 상상할 수 있듯이 종종 혼란이 야기된다. 이 책에서 이론이라는 단어는 일반적으로 인정된 과학적 원리와 관련된 과학적 의미로만 항상 사용된다.

과학적 "방법" The Scientific "Method"

한때 과학적 발전은 *과학적 방법*이라고 하는 일련의 단계를 적용한 결과라고 주장하는 것이 일반적이었다. 이는 하나의 대체가설을 배제하기 위하여 실험에 의해 검증된 논리적인 양자택일(either/or)의 예측이다. 시행착오적(trial-and-error) 검증이 필연적으로 과학적인 발전을 더디게 하는 불확실성의 미로를 통과시켜줄 것이라는 가정이 있었다. 만약 이것이 진정 사실이라면, 컴퓨터는 훌륭한 과학자가 될 수 있을 것이다. 그러나 과학은 이러한 방식으로 수행되지 않는다! 만약 성공한 과학자에게 어떻게 업적을 수행하였느냐고 물어보면 예외 없이 그 결과가 어떻게 나올지에 대해 상당히 타당한 아이디어를 가지고 실험을 고안했다는 것을 알 수 있을 것이다. 환경학자들은 CFC 가설을 세울 때 염소(Cl)와 오존의 화학을 이해하고 있었으며, CFC의 염소가 어떻게 오존 분자를 파괴할지 상상할 수 있었다. 성공적인 과학자의 가설은 단순한 가설이 아니다. 오히려 어느 것이 옳은지에 대한 느낌을 가지기 위하여 과학자가 모든 지식을 통합한 "직감" 또는 지식에 기반을 둔 추측이다. 통찰과 상상력이 매우 커다란 역할을 하기 때문에 몇몇 과학자들은 - 베토벤이나 모차르트가 다른 작곡가에 비하여 뛰어나듯이-다른 과학자들에 비하여 훨씬 뛰어나다.

과학의 한계 The Limitations of Science

과학적 연구는 우리가 관찰하고 측정할 수 있는 생물과 과정에 국한된다. 초자연적이고 종교적인 가설은 과학적으로 연구되거나, 분석되거나, 설명될 수 없기 때문에 과학적 분석의 영역을 넘어서는 일이다. 초자연적인 가설은 어떠한 결과라도 설명하는데 이용될 수는 있지만, 실험이나 관찰에 의하여 반증될 수 없다. 과학자들의 일은 관찰 가능한 현상의 객관적인 해석에 제한된다.

> 지능적인 설계(Intelligent Design)라고 불리는 비과학적인 주장이 진화론의 대안으로 제시되었다. 이러한 주장에 대한 과학적인 주장에 관한 연구와 검증은 진화론과 자연선택의 논제이다.

개념의 적용

컴퓨터는 왜 시행착오적 검증에 훌륭한데 좋은 과학자가 될 수 없는가?

내 양말은 모두 어디로 가나요?

내 일생을 통하여 내가 기억하는 한 양말을 잃어버리고 있었다. 명심할 것은 짝이 아니라 하나라는 것이다. 이 특이한 현상을 처음 인식한 것은 대학에 들어갔던 젊은 시절이었다. 1학년 추수감사절이 돌아와 집으로 엄청난 양의 세탁물을 가지고 갔다. 어머니께서는 머리를 때리는 대신에 세탁기와 건조기에 왕창 집어넣었고, 내가 알아차리지 못한 것을 발견했는데, 짝이 맞는 양말이 거의 없었다는 것이다.

이 일은 40여 년 전 일이지만 어제일 같이 느껴진다. 내 일생을 통해서 나는 꾸준히 양말을 잃어버렸다. 지난 크리스마스에 짝이 맞지 않는 양말을 한 서랍 가득 버리고 새 양말을 한 다스 세일에서 구입하였다. 지난 주에 수를 헤아려 보았는데 새 양말 3개가 짝이 맞지 않았다. 이정도면 충분하다고 생각하여, 나는 실종된 양말의 수수께끼를 풀기위해 착수하였다. 어떻게? 셜록 홈즈(Sherlock Holmes)가 하였을 과학적인 방법으로. Holmes는 진실이 아닌 것으로 판명된 가능성들을 제거하면서 작업하였다. 과학자들은 가능성을 "가설"이라고 하며 사실에 부합하지 않는 것들을 기각하였다. Holmes는 하나의 가능성만 기각되지 않고 남아있을 때, 아무리 그렇지 않을 것 같다고 하더라도, 그것은 사실이라고 하였다.

***가설 1*:** 양말이 범인이다. 최근까지 잊어버리고 있던 크리스마스 선물로 구입한 네짝의 양말이 있다. 양말들은 5개월 동안 양말 서랍 깊숙이 그대로 있었다. 만약 양말이 본질적인 성질(제조자가 새로운 양말을 팔기 위하여 없어지게 디자인하였다든지)로 사라진다면, 지금쯤 최소한 하나는 없어졌으리라 기대할 수 있다. 그러나 확인해보니 네짝 모두 온전하게 남아있었다. 그냥 놓아둔 양말은 사라지지 않는다. 따라서 양말 자체의 원인에 의하여 문제가 생겼다는 가설은 기각한다.

***가설 2*:** 변형, 공상과학 작가인 에이브람 데이비슨(Avram Davidson)이 1956 소설인 "또는 굴이 있는 모든 바다, Or All the Seas with Oysters"의 내 마음의 기발한 구석에서 꺼낼 수 없는 환상적인 제안이다. 신었던 양말을 벽장에 있는 세탁물 바구니에 버렸다. 여러 해 동안에 걸쳐 벽장에 놓았던 양말이 없어지는 것을 알아차렸다. 양말이 사라지던 그 오랜 기간 동안에 벽장 속에서 늘어나는 것이 있었는데 바로 옷걸이였다! 양말이 옷걸이의 유생이었던 것이다! 이 기발한 기설을 검증하기 위해서는 세탁물 바구니를 벽장 밖으로 꺼내놓기만 하면 되었다. 몇 달이 지난 후에도 양말은 사라졌으며, 이 가설은 기각되었다.

***가설 3*:** 정전기 부착. 사라진 양말은 셔츠나 외투의 소매, 바지가랑이, 자주 입지 않는 의복의 내부에 숨어있을 수 있다. 건조기에서 돌아가는 동안 양말은 상당한 정전기를 축적하여 다른 의복에 쉽게 달라붙을 수 있다. 셔츠나 바지의 바깥쪽에 달라붙은 양말은 금방 떨어지지지만, 소매, 바지가랑이, 또는 접힐 경우 그대로 남아있어서, 잃어버리지는 않는다. 그러나 열심히 찾아보았지만, 겨울옷 소매나 거의 입지 않는 옷에서 과거에 잃어버린 양말을 찾을 수 없었다. 따라서 이 가설도 기각한다.

***가설 4*:** 세탁소에 오고갈 때 잃어버린다. 어쩌면 세탁물 바구니로부터 세탁기/건조기로 옮기거나 양말 서랍으로 옮길 때 이따금 잃어버릴 수 있다. 이 가설을 검증하기 위하여 세탁기로 들어가는 세탁물을 모두 긁어보았다. 그러나 양말은 하나도 없었다. 어쩌면 양말은 세탁을 한 다음, 접거나 양말서랍으로 운반하는 과정에서 없어질지도 모른다. 그렇다면 건조기에서 짝 없는 양말이 나오지 않을 것이다. 그러나 짝 없는 양말은 하나도 없었다. 짝 없는 양말은 건조기에서 접기 전에 처음으로 나타났다. 따라서 세탁물을 잘못 다루어서 문제가 발생하였다는 가설은 제거하였다. 문제는 세탁소에 있는 것 같다.

***가설 5*:** 세탁하는 도중에 잃어버린다. 어쩌면 세탁기가 어떻게든 양말을 먹는다. 양말이 세탁기 안에 걸려있거나 집혀져 있는지 들여다보았지만, 가능성이 전혀 없었다. 옷은 연필보다 가는 조그마한 구멍을 통하여 물이 들어왔다 나갔다하는 밀폐된 금속용기에서 텀벙댄다. 양말은 그렇게 작은 구멍으로 빠져나갈 수 없다. 회전하는 통과 세탁기의 윗부분에 잘못되어 양말이 빠져나갈 수 있는 얇은 틈이 있기는 하지만, 내 양말은 그러기에는 너무 두툼하다. 따라서 세탁기가 범인이라는 가설도 제거한다.

***가설 6*:** 건조하는 도중에 양말을 잃어버린다. 어쩌면 건조하는 과정 어디에선가 양말이 분실된다. 건조기에 머리를 넣고 양말을 찾아보았지만 찾을 수 없었다. 그러나 자세히 보았더니 건조 바퀴의 뒤로 양말이 갈 수 있는 장소가 있었다. 건조기는 기본적으로 가운데서 건조한 바람이 부는 커다란 회전하는 통이다. 회전하는 통의 가장자리는 기계의 옆면에 강하게 밀착되지 않는다. 아마도 가끔 양말이 당겨져서 건조기의 뒤로 빨려 들어갈 수 있을지도 모른다.

이 가설을 검증하기 위해서는 건조기의 뒷면을 떼어내고 분실된 양말로 차있는지 내부를 보는 것이다. 내가 기계치임을 알고 있는 부인이 이 검증에 우호적이 아니다. 따라서 건조기가 망가져서 내가 분해할 수 있을 때까지 가설 6을 기각할 수 없을 것이다. 다른 그럴싸한 가설이 없어서 Sherlock Holmes의 충고를 받아들여 잠정적으로 건조기가 범인이라고 결론을 내린다.

생물학의 핵심적인 개념 Core Ideas of Biology

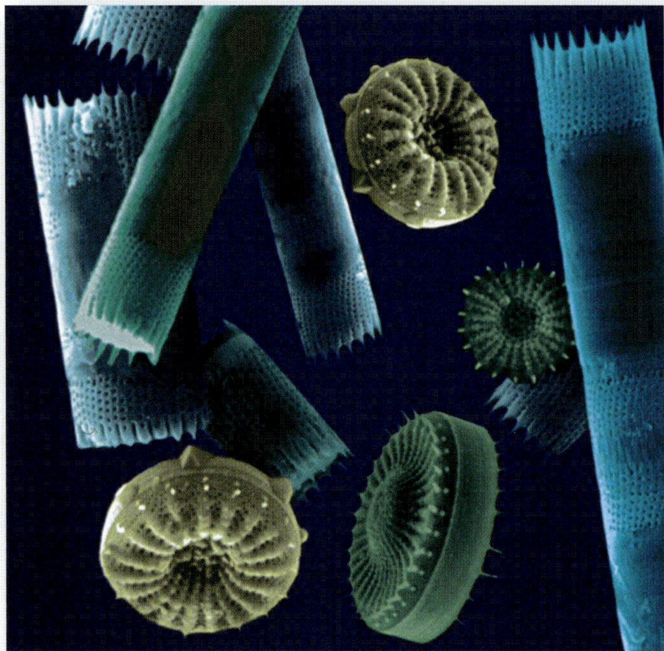

그림 1.8 한 방울의 연못물에 있는 생명.

모든 생물은 세포로 구성되어 있다. 이 원생생물을 포함한 일부 생물은 단세포이며, 식물, 동물, 그리고 진균을 포함한 다른 생물은 다세포이다.

1.7 생물학을 과학에 통합한 4가지 이론

Four Theories Unify Biology as a Science

세포 이론(Cell Theory): 생명의 조직

학습 목표 1.7.1 세포 이론을 말하고 어떻게 단계로 설정되었는지 서술한다.

모든 생물은 생명의 기본 단위인 세포로 구성되어 있다. 세포는 영국에서 1665년 로버트 훅(Robert Hook)에 의하여 발견되었다. 훅은 30배까지 확대할 수 있는 최초의 현미경 중 하나를 사용하였다. 코르크의 얇은 절편을 통해서 보면서 Hook은 수도원 수도승의 방을 연상시키는 아주 작은 방을 관찰하였다. 오래지 않아 네덜란드 과학자인 안톤 반 레벤훅(Anton van Leeuwenhoek)은 300배까지 확대할 수 있는 현미경을 사용하여 연못물 한 방울에서 단세포 생명의 놀라운 세계를 발견하였다(그림 1.8). 1839년 독일 생물학자인 마티아스 슐라이덴(Matthias Schleiden)과 테오도르 슈반(Theodor Schwann)은 그들과 다른 사람들의 수많은 관찰을 요약하여 모든 생명체는 세포로 이루어져 있다고 결론지었다. 그들의 결론은 *세포 이론*의 기초가 되었다. 세포 이론은 생물학의 기본적 개념으로 모든 생물의 번식과 생장을 이해하는 기초이다. 세포에 대해서는 4장에서 더 배우게 될 것이다.

개념의 적용

왜 17세기 말이 되어서야 세포 이론이 발달하게 되었는가?

유전자 이론: 분자와 유전

학습 목표 1.7.2 유전자 이론을 설명하고, 유전자(gene)라는 용어를 정의한다.

아무리 단순한 세포도 믿을 수 없을 정도로 복잡하며, 컴퓨터보다 더 복잡하다. 세포가 어떠한 모습일지를 구체화하는 정보-상세 계획-는 **DNA(데옥시리보핵산**, deoxyribonucleic acid)라고 하는 기다란 밧줄 같은 분자에 암호화되어 있다. 각각의 DNA 분자는 뉴클레오티드(nucleotide)라고 하는 구성체의 서로 감싸고 있는 기다란 두 줄로부터 형성된다. 그림 1.9에서와 같이 두 사슬은 서로 마주보고 있으며, 서로 손을 잡고 있는 두 열의 사람들과 같다. 사슬은 이 문장과 같은 방식으로 문자의 순서로서 정보를 저장한다. DNA에는 4종류의 뉴클레오티드가 있으며(A, T, G, C), 그들이 나타나는 순서가 정보를 암호화한다. 수백에서 수천의 뉴클레오티드의 특정한 순서가 유전정보의 개별 정보단위인 *유전자*(gene)를 이룬다. 모든 생물은 DNA의 가닥에 유전자를 암호화한다. 그림 1.10의 *유전자 이론*은 생물 유전자에 의해 암호화되는 단백질과 RNA 분자가 생물이 어떠한 모습일지를 말해준다. 유전자는 12장과 13장에서 다루어진다.

세포에서 DNA가 어떻게 기능하는지는 DNA의 구조와 직접적으로 연관되어 있으며, 3.3절과 11.3절에서 자세히 논의된다.

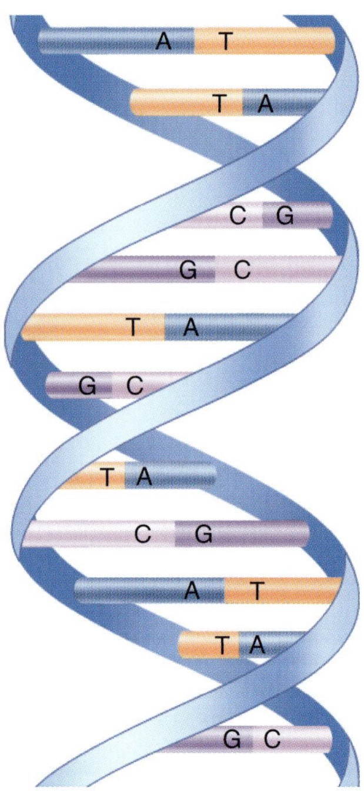

그림 1.9 유전자는 DNA로 이루어져 있다.

회전 계단의 난간처럼 서로 감겨서 두가닥의 DNA 분자는 이중나선을 형성한다. 크기와 형태로 인하여 A로 표기된 뉴클레오티드는 T로 표기된 뉴클레오티드와 짝을 이루며, 동일하게 G는 C와 짝을 이룬다.

개념의 적용

생물의 모든 세포는 동일한 유전자를 가지고 있다는 것을 상상할 수 있나요? 만약 그렇다면 생물의 신체는 어떻게 다른 종류의 세포를 가질 수 있을까요?

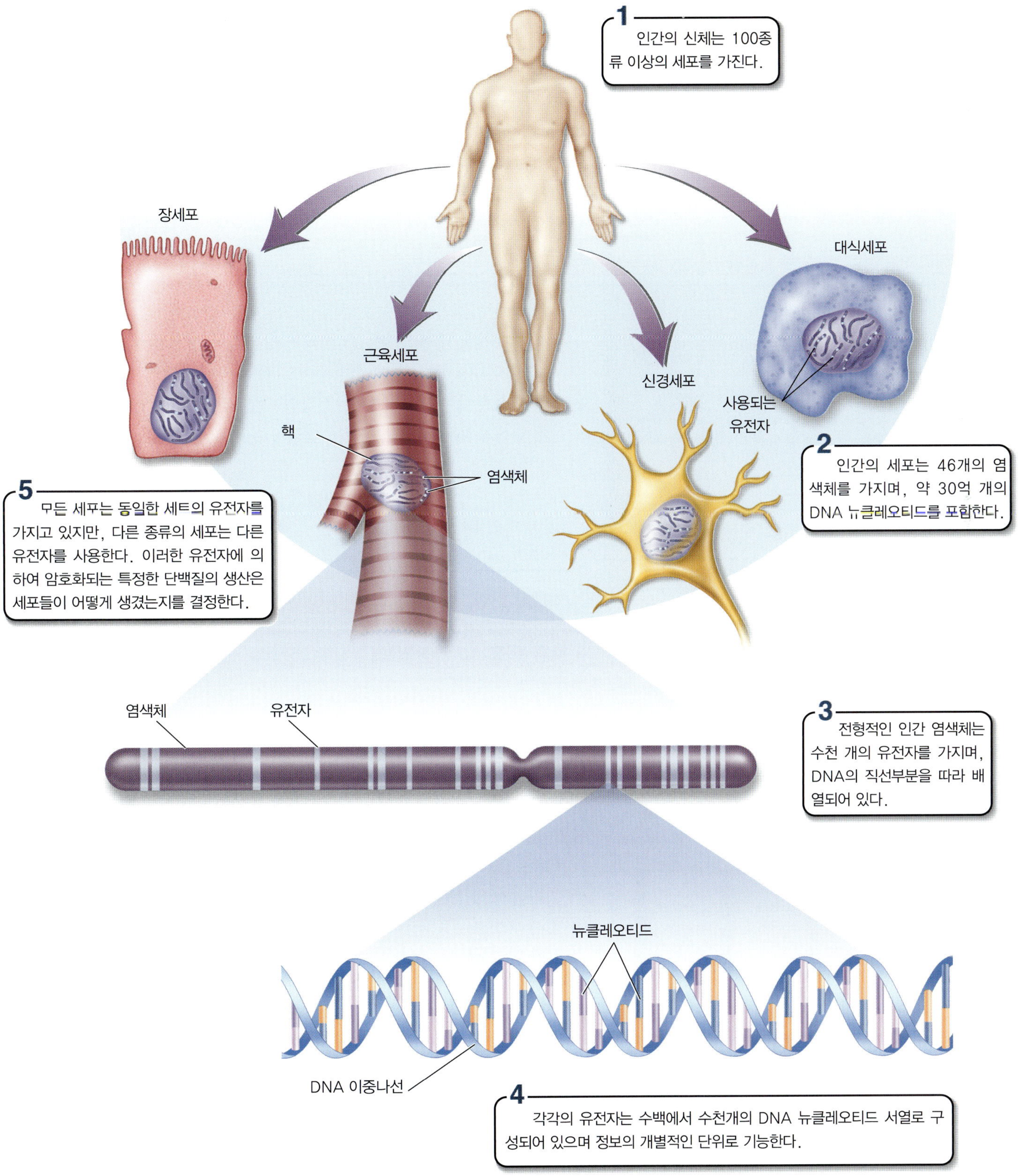

그림 1.10 유전자 이론(The gene theory).

유전자 이론은 생물이 어떠한 모습인지가 유전자에 의하여 꽤 많이 결정된다는 것이다. 여기에서 우리 신체의 많은 종류의 세포들이 특정한 종류의 세포를 생성하는데 어떠한 유전자들이 이용되는지에 의하여 결정된다는 것을 볼 수 있다.

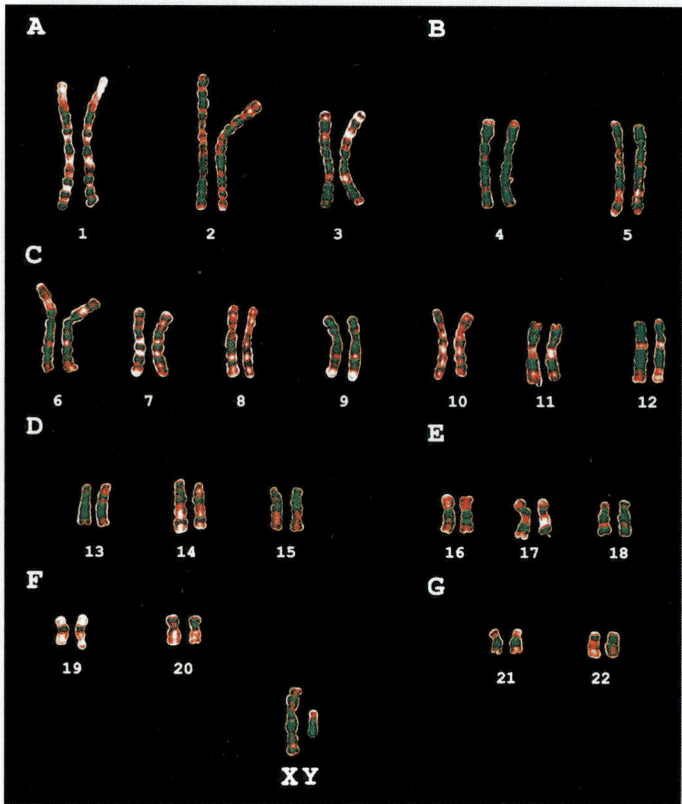

그림 1.11 인간 염색체.

유전의 염색체 이론은 유전자가 염색체 위에 있다는 것이다. 이 인간 유전자형(karyotype; 염색체의 배열)은 유전자의 집단(cluster)을 나타내는 염색체 상의 띠(banding) 모양으로 나타난다.

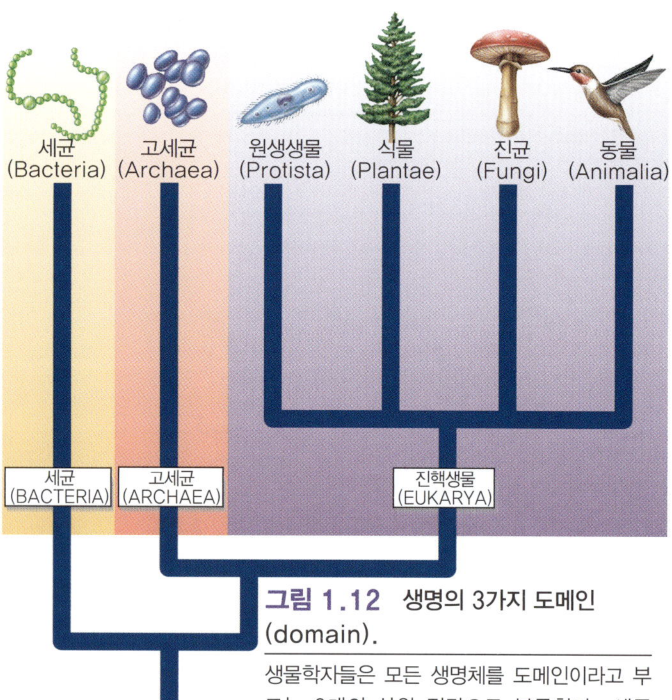

그림 1.12 생명의 3가지 도메인(domain).

생물학자들은 모든 생명체를 도메인이라고 부르는 3개의 상위 집단으로 분류한다: 세균(Bacteria), 고세균(Archaea), 그리고 진핵생물(Eukarya). 세균 도메인은 세균 계를, 고세균 도메인은 고세균 계를 포함한다. 진핵생물 도메인은 원생생물(Protista), 식물(Plantae), 진균(Fungi), 그리고 동물(Animalia) 4개의 계(kingdom)로 이루어져 있다.

유전이론(Theory of Heredity): 생명의 통합

학습 목표 1.7.3 유전이론을 서술하고 이것이 어떻게 유전의 염색체 이론과 관련되는지 설명한다.

DNA로 이루어진 유전자에 유전 정보를 저장하는 것은 모든 생명체에 공통적이다. 1865년 그레고르 멘델(Gregor Mendel)에 의하여 최초로 제기된 *유전이론*은 생물의 유전자가 개별 단위로 유전된다고 설명하였다. 유전자와 DNA가 이해되기 오래 전에 발달된 실험과학의 승리인 멘델의 유전이론은 10장의 주제이다. 멘델의 이론이 유전학 분야를 태동시킨 직후, 다른 과학자들이 *유전의 염색체 이론*을 제안하였는데, 이는 단순한 형태에서 멘델 이론의 유전자가 물리적으로 염색체에 있다는 것을 말하며, 또한 이는 멘델의 유전에서 규칙적인 양상을 보이는 복제기간 동안에 염색체가 규칙적인 방식으로 구획되기 때문이다. 현대적인 용어로 하면 두 가지 이론은 유전자가 세포 염색체의 성분이며(그림 1.11의 23쌍의 인간 염색체처럼), 유성생식 동안에 이러한 염색체의 규칙적인 복제는 멘델의 분리의 법칙이라고 하는 유전 양상의 원인이 된다.

개념의 적용

유전자가 염색체 상에 있다고 한다면, 염색체는 필연적으로 DNA를 가지고 있게 되나요?

진화론(Theory of Evolution): 생명의 다양성

학습 목표 1.7.4 진화론에 대하여 설명하고, 진화론이 어떻게 유전자 이론과 연관되는지 서술한다.

연관된 많은 생명체 사이의 어떤 중요한 특성을 유지하는 것에서 볼 수 있는 생명의 통합(the unity of life)은 진화된 많은 생명체의 믿을 수 없는 다양성과 대조된다. 생물학자들은 1.1절에서 배웠듯이 이러한 다양한 생물을 6개의 계(kingdom)로 분류한다. 같은 계에 속한 생물은 몇몇의 일반적인 특성을 공유한다. 최근에 생물학자들은 계(kingdom) 위에 세포구조의 본질적인 차이에 기초하여 분류계급을 추가하였다. 6개의 계는 *도메인*(domain)이라 부르는 세 개의 집단에 속한다: 세균(Bacteria), 고세균(Archaea), 그리고 진핵생물(Eukarya)이다(그림 1.12). 세균과 고세균은 원핵생물(prokaryote; 내부구조가 거의 없는 단세포 생물)이라고 하는 하나의 계를 이룬다. 복잡하게 조직된 세포를 가지는 나머지 4개의 계는 진핵생물(Eukarya) 도메인에 속하며 진핵생물(eukaryotes)라 한다.

진화론은 Darwin에 의하여 1859년에 제기되었으며, 생명계의 다양성을 자연선택의 결과로 본다. 다윈은 생활의 도전에 가장 잘 반응할 수 있는 생물이 더 많은 자손을 남길 수 있고, 개체군에서 그들의 특성이 가장 흔하게 된다고 주장하였다. 지구가 다양한 기회를 제공하기 때문에 그렇게 많은 생명형태를 가지고 있는 것이다. 이제 과학자들은 생물의 모든 유전자(유전체; genome)를 다 해독할 수 있다. 다윈 이후 150년 동안 과학의 가장 큰 승리 중 하나는 다윈의 진화론이 어떻게 개별 유전자의 변화에 의하여 초래된 생명의 다양성의 변화와 연관되었느냐는 유전자 이론에 대하여 자세하게 이해하게된 것이다.

개념의 적용

여러분은 어느 도메인의 구성원인가요?

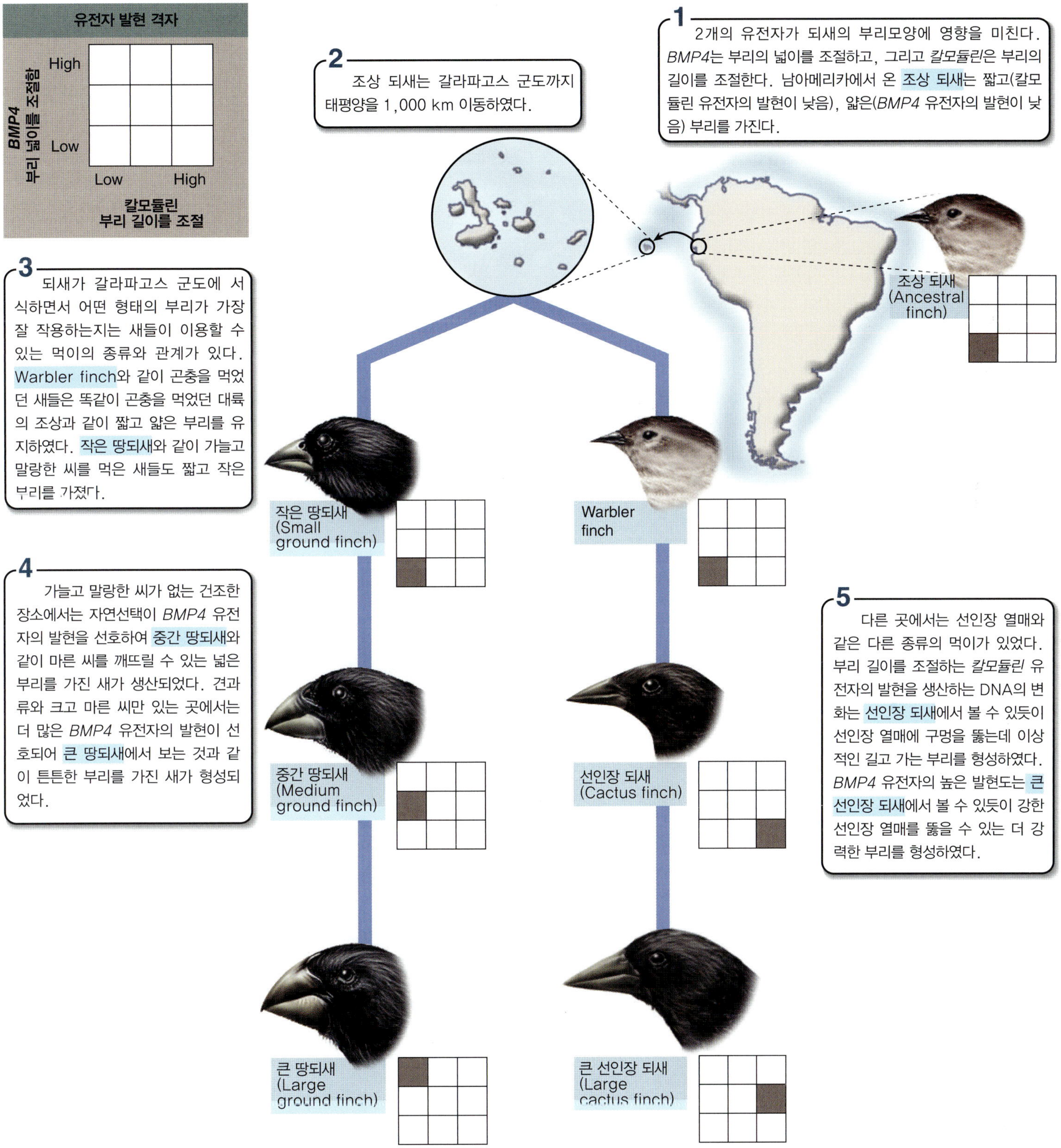

그림 1.13 **진화론(The theory of evolution).**

다윈의 진화론은 개체군의 구성원 사이에 다양한 형태의 유전자가 있다고 제안하며, 특정한 서식지에 더 적합한 구성원이 성공적으로 번식하여 그 특징이 개체군 내에서 더 흔하게 된다고 하였으며, 이를 다윈은 "자연선택(natural selection)"이라고 불렀다. 다윈이 영국군함 비글호(HMS Beagle)를 타고 세계일주를 하면서 방문하였던 갈라파고스 군도(Galápagos Islands; 거북이의 섬이란 뜻)의 되새(finch)의 다양성을 설명하는 것을 도와준 2개의 중요한 유전자가 작용하는지를 생각한 기작을 볼 수 있다. 이 진화의 예는 다윈의 생각의 핵심이다.

질문과 분석

한 종의 존재는 다른 종의 개체군 크기를 제한하는가?

다윈의 진화론은 종들이 자연에서 제한된 자원을 두고 경쟁한다는 생각을 내포하고 있다. 이것은 실제로 일어나는가? 종 사이의 경쟁에 대한 가장 좋은 증거는 실험실이 아니라 자연 개체군에서의 실험적인 현장연구에서 도출된다. 2종이 따로 또는 함께 나타나는 실험을 통하여 과학자들은 한 종의 존재가 다른 종의 개체군 크기에 부정적인 영향을 가지는지를 측정할 수 있다. 여기에서 토의하는 실험은 북아메리카 사막에서 나타나는 다양한 씨를 먹는 설치류를 대상으로 한다. 1988년 캥거루 쥐가 작은 씨를 먹는 설치류에 대한 영향을 조사하기 위하여 50 m × 50 m의 울타리를 여러 개 설치하였다. 캥거루 쥐는 절반의 울타리에서는 제거를 하였고 다른 절반의 울타리에서는 제거하지 않았다. 모든 울타리 벽에는 설치류가 드나들 수 있도록 구멍을 뚫었지만, 캥거루 쥐가 없는 곳에는 캥거루쥐가 드나들 수 없을 정도로 작게 뚫었다.

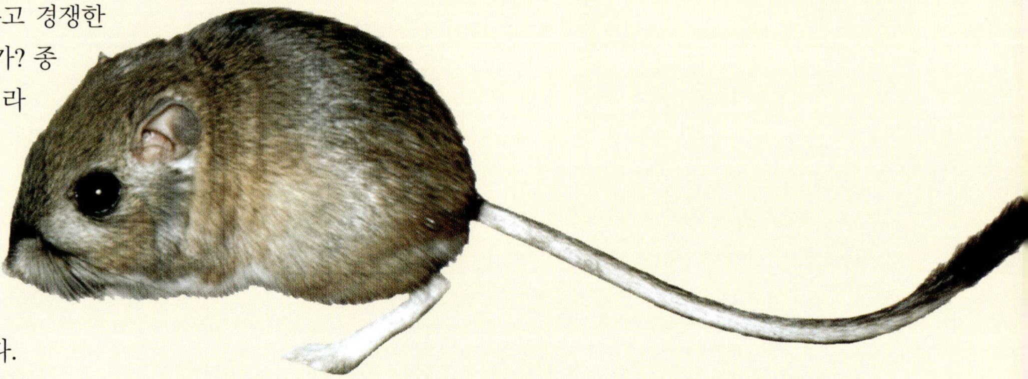

그래프는 울타리 내에 있는 설치류의 수를 3년간 관찰한 자료를 보여준다. 개체군 크기를 추정하기 위하여 연구자들은 일정한 기간 동안에 얼마나 많은 작은 설치류가 포획될 수 있는지 측정하였다. 자료는 각각의 울타리에 대하여 1988년 캥거루 쥐가 제거된 이후 바로, 그리고 3개월 간격으로 수집하였다. 그래프는 울타리의 평균 포획수인 상대적인 개체군 크기를 나타낸다. 여러분이 볼 수 있듯이 두 종류의 울타리는 동일한 개체의 작은 설치류를 수용하고 있지 않다.

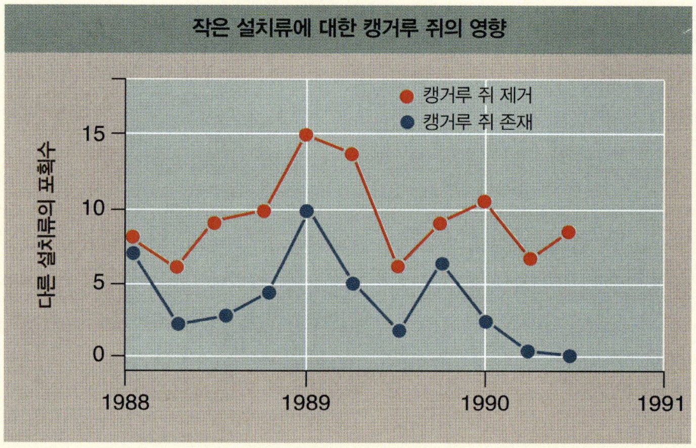

분석

1. **개념의 적용**
   - **a. 변수.** 그래프에서 무엇이 종속변수(dependent variable)인가?
   - **b. 상대적 크기.** 2종류의 울타리 중에서 어느 것이 설치류의 높은 밀도를 유지하는가? 그 울타리는 캥거루 쥐가 있는 것인가 아니면 제거된 것인가?
2. **자료의 해석**
   - **a.** 캥거루 쥐가 제거된 직후에 2개의 울타리의 작은 설치류의 평균 개체수는 각각 얼마인가? 1년 뒤에는? 2년 뒤에는?
   - **b.** 어느 시점에 두 종류 울타리의 차이가 가장 크게 나타나는가?
3. **추론하기**
   - **a.** 작은 설치류의 개체군 크기에 대한 캥거루 쥐의 관찰된 영향은 정확히 무엇인가?
   - **b.** 2개의 울타리에 있는 작은 설치류 개체 수 차이의 정도를 조사해보시오. 차이의 정도에 어떠한 경향이 있나요?
4. **결론의 도출**
   이러한 결과는 개체군 크기를 제한하기 위하여 캥거루 쥐가 다른 작은 설치류와 경쟁한다는 가설을 지지하나요?
5. **심층 분석**
   - **a.** 경쟁 이외에 이러한 결과들을 설명할 수 있는 어떤 다른 원인을 생각할 수 있나요? 이 대체가설을 잠재적으로 배제하거나 입증할 수 있는 실험을 제안해보시오.
   - **b.** 2종류의 울타리 개체군의 변화는 1년간에 걸쳐서 동시성(동시에 증가하거나 감소하는 것)을 보이나요? 그렇다면 왜 이러한 현상이 일어날까요? 여러분은 이 가설을 어떻게 검증할 수 있을까요?

학습 결과의 요약

생물학과 생명세계

생명의 다양성

1.1.1 생물학은 생명에 대한 연구이다. 생명세계가 놀랄만큼 다양하지만, 모든 살아있는 유기체는 공통의 특성을 공유한다. 생물은 생물학자에 의하여 계(kingdom)라고 하는 6집단으로 분류된다. 이 6개의 계는 세균(Bacteria), 고세균(Archaea), 원생생물(Protista), 진균(Fungi), 식물(Planta), 그리고 동물(Animalia)이다.

생명의 특성

1.2.1 모든 살아있는 유기체는 5가지의 기본적인 특징을 공유한다:

***세포조직(Cellular organization)*:** 모든 생물은 세포로 이루어져 있다.

***대사(Metabolism)*:** 모든 생물은 에너지를 이용한다.

***항상성(Homeostasis)*:** 모든 생물은 안정된 내부조건을 유지한다.

***성장과 번식(Growth and reproduction)*:** 모든 생물은 크기 성장을 하고 번식한다.

***유전(Heredity)*:** 모든 생물은 각각의 생물이 어떻게 생기고 기능할지를 결정하는 유전정보를 DNA에 가지고 있고, 이 정보는 다음 세대로 전달된다.

생명의 조직

1.3.1 생물은 세포 내(세포수준), 신체 내(개체수준), 그리고 생태계 내(개체군수준)에서 증가하는 수준의 복잡성을 나타낸다.

1.3.2 생명의 위계적인 조직은 생명세계를 특징짓는 새로운 창발적인 성질을 만들어낸다. 이러한 특징은 훨씬 더 복잡한 구조적 조직의 자연스러운 결과이다.

생물학적 주제

1.4.1 생물학의 연구에서 5개의 주제가 나타났다. (1) 진화, (2) 에너지의 흐름, (3) 협동, (4) 구조가 기능을 결정한다, (5) 항상성.

과학적 과정

과학적 탐구의 단계

1.5.1 연구를 할 때 과학자들은 관찰과 일치하지 않는 가설들을 체계적으로 배제한다. 가설은 예측에 이용되는 가능한 설명이다. 이러한 예측은 실험에 의하여 검증된다. 일부 가설들은 실험 결과에 기초하여 기각되고, 다른 가설들은 잠정적으로 채택된다.

과학적 탐구는 과학적 질문을 연구하기 위하여 과학적 과정이라고 하는 일련의 단계를 사용하기도 한다. 이러한 단계는 관찰, 가설의 형성, 예측하기, 검증, 대조군의 정립, 그리고 결론의 도출이다.

오존홀의 발견에는 대기로부터 수집된 자료를 면밀하게 관찰하는 것을 필요로 하였다. 이러한 관찰에 기초하여, 과학자들은 남극 상공의 오존 수준을 감소시키는 것이 무엇인지에 대한 설명을 제안하였다. 이러한 설명을 가설이라고 한다. 그리고 과학자들은 예측을 하고 예측을 대조군에 대하여 검증하였다. 대기 중으로 방출된 CFC가 오존을 산소 기체로 붕괴되도록 한다는 가설은 자료에 의하여 지지를 받았다. 추가적인 실험에 의하여 과학자들은 CFC가 남극상공의 오존 손실에 책임이 있다는 결론에 도달하였다.

이론과 확실성

1.6.1 오랜 시간에 걸쳐 검증을 견디어 낸 가설들은 이론(학설)이라고 하는 진술로 통합된다. 이론은 더 높은 확실성의 수준을 가지지만, 과학에서는 어떤 이론도 절대적이지 않다.

과학의 과정은 실험적으로 검증되는 일련의 양자택일의 예측으로 보여져왔다. 과거에는 과학적인 방법으로 언급되었던 이러한 불연속의 일련의 과정은, 이제는 판단과 통찰의 역할을 고려하여 종종 변형된다.

과학은 실험적으로 검증될 수 있는 것만 연구할 수 있다. 가설은 검증되고 잠재적으로 반증될 수 있을 경우에만 과학을 통하여 정립될 수 있다.

생물학의 핵심적인 개념

생물학을 과학에 통합한 4가지 이론

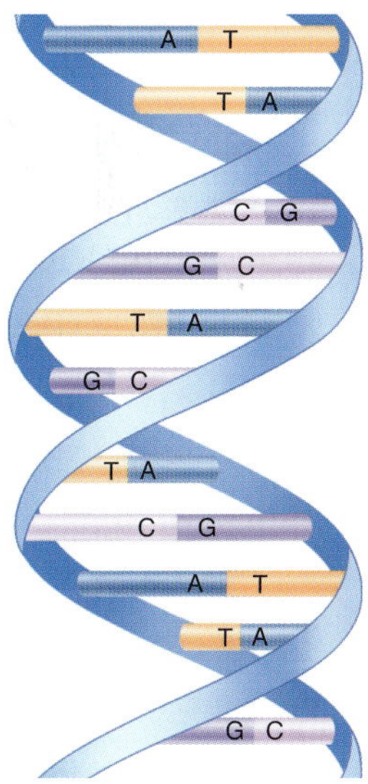

1.7.1 세포 이론은 모든 생물은 세포로 이루어져 있으며, 성장하고 번식하여 다른 세포를 형성한다고 말한다.

1.7.2 유전자 이론은 DNA의 긴 분자가 세포 구성요소들을 생산하는데 필요한 지시를 가지고 있다고 말한다. 이러한 지시는 DNA 가닥에 뉴클레오티드 서열로 암호화되어 있다. 뉴클레오티드는 유전자라고 하는 분리된 단위로 조직화되고, 유전자는 생물이 어떻게 생기고 기능하는지를 결정한다.

1.7.3 유전이론은 생물의 유전자가 독립된 단위로 부모로부터 자식으로 전달된다고 말한다.

1.7.4 생물은 유사한 특징에 기초하여 계(kingdom)로 조직화된다. 같은 계에 있는 생물은 유사성을 보이지만, 다른 계에 있는 생물과는 차이를 나타낸다. 계는 세포 특성에 기초하여 도메인(domain)이라고 하는 3가지 주된 집단으로 더 조직화된다. 이 3가지 도메인은 세균(Bacteria), 고세균(Archaea), 그리고 진핵생물(Eukarya)이다.

진화론은 부모에서 자식으로 전달되는 유전자의 변화가 미래 세대에 변화를 가져온다고 말한다. 현재의 생물학적 다양성은 오랜 진화 여정의 결과이다.

이해의 측정

1.1.1 생물학자들은 연관된 특징에 기초하여 모든 생명체를 어떤 큰 집단으로 분류하나요?

a. 계(kingdom). **c.** 군집(population).

b. 종(species). **d.** 생태계(ecosystem).

1.2.1 생명체는 무생물과 어떤 점에서 구별될 수 있나요?

a. 복잡성. **c.** 세포 조직.

b. 운동. **d.** 자극에 대한 반응.

1.3.1 생명체는 조직화되어 있다. 다음 중 작은 것부터 큰 순서로 조직화된 것은?

a. 세포, 원자, 분자, 조직, 소기관, 기관, 기관계, 생물, 개체군, 종, 군집, 생태계

b. 원자, 분자, 소기관, 세포, 조직, 기관, 기관계, 생물, 개체군, 종, 군집, 생태계

c. 원자, 분자, 소기관, 세포, 조직, 기관, 기관계, 생물, 군집, 개체군, 종, 생태계

d. 원자, 분자, 세포벽, 세포, 기관, 소기관, 생물, 종, 개체군, 군집, 생태계

1.3.2 생명체의 분류체계의 각 단계에서, 단순한 단계에서 존재하지 않았던 특성이 나타나는 것은?

a. 기발한 특성(novelistic properties).

b. 복합적 특성(complex properties).

c. 점진적 특성(incremental properties)

d. 창발적 특성(emergent properties).

1.4.1 생물학의 일반적인 주제 5가지는?

a. 진화, 에너지의 흐름, 경쟁, 구조가 기능을 결정한다, 그리고 항상성.

b. 진화, 에너지의 흐름, 협동, 구조가 기능을 결정한다, 그리고 항상성.

c. 진화, 생장, 경쟁, 구조가 기능을 결정한다, 그리고 항상성.

d. 진화, 생장, 협동, 구조가 기능을 결정한다, 그리고 항상성.

1.5.1 관찰에 대한 설명을 생각해내려고 할 때, 여러분은 보통 일련의 가능한 가설을 수립한다. 그리고 예측을 하는 경우는 각각의 가설이 참이면서 다음의 어떤 조건일 때인가?

a. 어느 가설이 참인지 결정하기 위하여 적절한 대조군을 이용하여 각각의 가설을 검증한다.

b. 가능한 많이 배제하기 위하여 적절한 대조군을 이용하여 각각의 가설을 검증한다.

c. 어느 가설이 가장 참인가를 결정하기 위하여 논리를 이용한다.

d. 가장 그럴듯하지 않은 가설을 기각한다.

1.5.1 가설에 대한 옳은 설명은?

a. 충분히 검증한 이후에 여러분은 그 가설이 참인지 결론을 내릴 수 있다.

b. 가설이 관찰을 설명할 수 있다면, 검증할 필요가 없다.

c. 충분히 검증한 이후에, 가설을 개연성이 있다고 수용할 수 있지만, 장차 수정되거나 기각될 수 있다는 것을 인지한다.

d. 여러분은 결코 어느 정도의 확실성을 가질 수 없으며, 너무 많은 변수가 있다.

1.7.1 세포설은 무엇인가?

a. 모든 생물은 다른 세포벽으로부터 기원한 세포벽을 가지고 있다.

b. 모든 세포 생물은 유성생식을 한다.

c. 모든 생명체는 에너지를 위하여 자신의 세포나 다른 생물을 섭취한 세포로부터 오는 세포를 에너지원으로 이용한다.

d. 모든 생명체는 세포로 구성되어 있으며, 모든 세포는 다른 세포로부터 기원한다.

1.7.2 유전자 이론은 세포가 무엇인지를 특정하는 모든 정보를 가지고 있으며 또한 다음을 수행한다.

a. 유전자는 생물의 각각의 세포유형마다 상이하다.

b. 유전자는 부모로부터 자식으로 변화되지 않고 전달되어 내려간다.

c. 유전자는 DNA라고 하는 긴 분자에 포함되어 있다.

d. 위의 모든 것이 다 옳다.

1.7.4 진화론은 누가 제시한 가설에 기초하나요?

a. 멘델(Mendel).

b. 왓슨과 크릭(Watson and Crick)

c. 다윈(Darwin).

d. 슐라이덴과 슈반(Schleiden and Schwann).

이해의 적용

1.5.2 여러분은 구름이 낀 날에 사람들이 보통 우산을 접거나 가방에 넣어 가지고 다니는 것을 볼 수 있다. 여러분은 또한 우산을 펼치면 교통사고가 많이 발생한다는 것도 알고 있다. 여러분은 우산을 펼치는 것이 교통사고를 유발한다는 가설을 세웠다. 이 결론에 도달하는데 여러분이 사용한 추론을 설명하고, 이러한 종류의 추론이 이 경우처럼 왜 때로는 틀린 결론을 도출할 수 있는지 설명하시오.

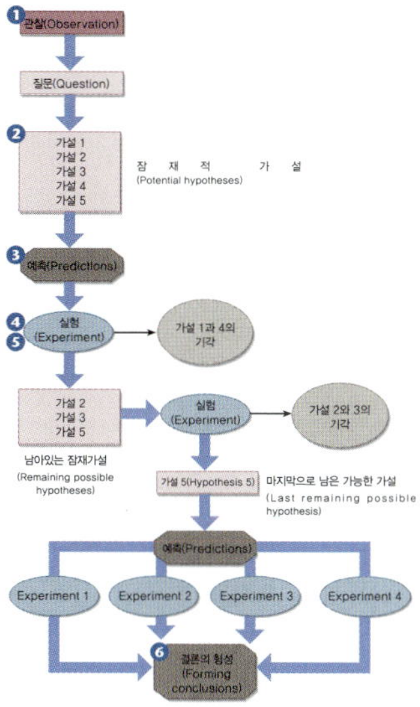

1.6.1 과거 2세기에 걸쳐 지구의 온도는 상승하였으며, 동일한 시기 동안에 해적선의 습격 건수는 꾸준히 감소하였다. 이 그래프는 해적선의 습격 건수가 온난한 온도 때문에 감소하였다고 하는 결론을 지지하나요?

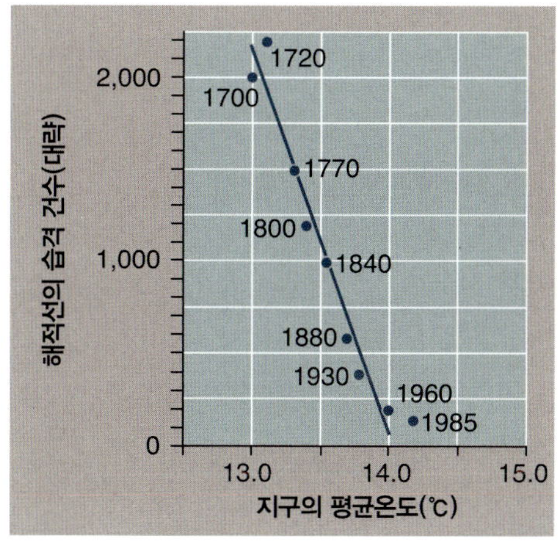

학습 내용의 종합

1.2.1 여러분은 머나먼 행성계로 여행하여 항성에 착륙한 과학자 집단의 생물학자이다. 여러분은 지구로 돌아오기 전에 생명체 시료를 채취하는데 사흘의 날짜가 있다. 여러분은 무엇이 살아있는지를 어떻게 결정할 수 있나요?

1.5.1 망종화(St. John's wort)는 수백 년간 가벼운 우울증의 치료약으로 사용되어오고 있는 식물이다. 현대의 과학은 망종화의 효과를 어떻게 연구할 수 있을까요?

Chapter 2

생명의 화학
The Chemistry of Life

개관(CHAPTER AT A GLANCE)

간단한 화학 Some Simple Chemistry

그림 2.1 전해질(Electrolytes)을 보충하기.

격렬한 운동을 하는 도중에 운동선수는 근육 수축에 중요한 역할을 하는 칼슘(calciun; Ca), 칼륨(potassium; K), 그리고 나트륨(sodium; Na)과 같은 전해질을 포함하는 음료수를 마시곤 한다. 전해질은 다른 유형의 탈수에서도 결핍될 수 있다.

2.1 원자 Atom

학습 목표 2.1.1 원자의 기본구조를 3종류의 아원자 입자(subatomic particle)의 관점에서 설명한다.

생물학은 생명의 과학이며, 모든 생명은 물론 무생물까지도 물질로 이루어져 있다. 화학은 이러한 물질의 특성을 연구하는 것이다. 따라서 생물학 교과서에서 화학을 배우는 것은 지루하고 연관이 없는 것으로 보일 수 있지만, 이는 필수적이다. 생물은 화학적인 기계이며(그림 2.1) 따라서 생물을 이해하기 위해서는 화학을 약간은 배워야 한다.

우주에서 질량을 가진 실체는 공간을 차지하며 물질(matter)로 정의된다. 물질은 **원자**(atom)라고 하는 매우 작은 입자로 이루어져 있다. 원자는 물질이 나뉘어서도 화학적 특징을 유지하는 가장 작은 입자이다.

모든 원자는 그림 2.2와 같은 동일한 기본 구조를 가진다. 모든 원자의 중심에는 **양성자**(proton; 보라색 공)와 **중성자**(neutron; 그림의 분홍색 공)의 2종류의 아원자 입자로 형성된 매우 고밀도의 **원자핵**(nucleus)으로 이루어져 있다. 핵 주위를 윙윙거리며 도는 것은 **전자**(electrom)라고 하는 3번째 종류의 궤도를 선회하는 아원자 입자이다. 중성자는 전하가 없으며, 양성자는 양으로 하전되어 있고 전자는 음으로 하전되어 있다. 전형적인 원자에서 핵의 원자 하나에 하나씩의 선회하는 전자가 있다. 전자의 음전하는 양성자의 양전하와 균형을 이루어 원자는 전기적으로 중성이다.

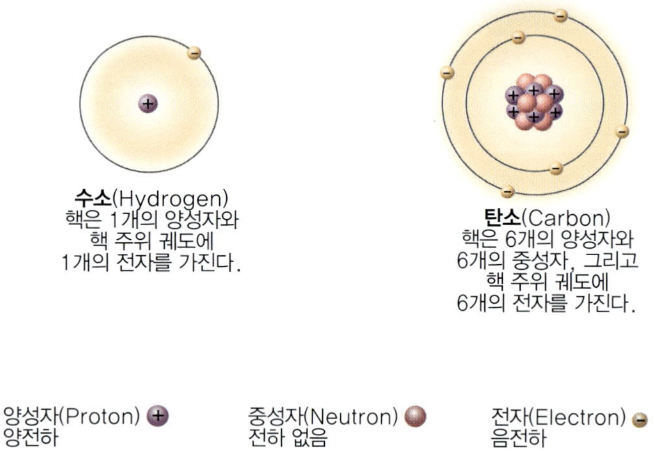

그림 2.2 원자의 기본 구조.

모든 원자는 양성자와 중성자로 이루어진 핵을 가지는데, 가장 작은 원자인 수소는 핵에 양성자만을 가지고 중성자는 없다. 예를 들어 탄소는 핵에 6개의 양성자와 6개의 중성자를 가진다. 전자는 핵에서 멀리 떨어진 궤도(orbital)를 따라 회전한다. 전자는 원자들이 어떻게 상호작용하는지를 결정한다.

원자는 핵의 양성자 수나 원자의 전체 질량으로 표시된다. 질량(mass)과 무게(weight)는 종종 교환되어 사용되기도 하지만, 약간 다른 의미를 가진다. 질량은 물질의 양을 가리키며, 반면에 무게는 물질에 작용하는 중력을 가리킨다. 따라서 어떤 물체는 지구에서나 달에서 동일한 질량을 가지지만, 무게는 지구의 중력이 달보다 크기 때문에 지구에서 더 무겁다. 예를 들어 지구에서 무게가 60 kg인 사람은 달에서는 약 10 kg이 된다. 달까지의 비행에서 무게를 잃은 것이 아니라, 단지 질량에 작용하는 중력이 작기 때문이다.

원자학의 양성자 수를 **원자번호**(atomic number)라 한다. 예를 들어 탄소(carbon)의 원자번호는 6개의 양성자를 가지고 있기 때문에 6이다. 동일한 원자번호를 가지는(즉 동일한 숫자의 양성자를 가지는) 원자는 동일한 화학적 성질을 가지며 같은 **원소**에 속한다. 원소는 일반적인 화학적인 방법에 의하여 다른 물질로 분해될 수 없는 모든 물질을 의미한다.

중성자는 질량이 양성자와 비슷하며, 핵에 있는 양성자와 중성자의 수를 **질량수**(mass number)라고 한다. 6개의 양성자와 6개의 중성자를 가지는 탄소원자는 질량수가 12이다. 전자가 전체 질량에 기여하는 것은 무시할 수 있다. 생명체에서 가장 보편적인 원소들의 원자번호와 질량수를 표 2.1에 나타냈다.

표 2.1 생명체에 공통적인 원소들

원소	기호	원자수	질량수
수소(Hydrogen)	H	1	1.008
탄소(Carbon)	C	6	12.011
질소(Nitrogen)	N	7	14.007
산소(Oxygen)	O	8	15.999
나트륨(Sodium)	Na	11	22.989
인(Phosphorus)	P	15	30.974
황(Sulfur)	S	16	32.064
염소(Chlorine)	Cl	17	35.453
칼륨(Potassium)	K	19	39.098
칼슘(Calcium)	Ca	20	40.080
철(Iron)	Fe	26	55.847

개념의 적용

표 2.1에 있는 원소들의 질량수는 원자번호의 거의 2배이다. 그 이유는?

전자는 원자가 어떠한지를 결정한다.

학습 목표 2.1.2 전자가 어떻게 원자의 화학적 행동을 결정하는지 설명한다.

전자는 양성자의 1/1,840 밖에 되지 않는 매우 작은 질량을 가진다. 여러분의 몸무게와 비교하면 전자가 기여하는 부분은 눈썹의 질량도 되지 않는다. 그렇지만 전자는 다른 것과 본질적으로 가까이 접촉하는 부분이기 때문에 원자의 화학적 행동을 결정한다. 원자의 거의 대부분은 빈 공간이다. 양성자와 중성자는 이 공간의 중심에 있으며, 선회하는 전자는 핵에서 매우 멀리 떨어져 있다. 원자가 사과 크기라면 가장 가까운 전자는 1 km보다 더 멀리 떨어져 있다.

개념의 적용

지구 질량(6 × 10^{24} kg)의 얼마가 전자인가?

전자는 에너지를 운반한다. Electrons Carry Energy

학습 목표 2.1.3 전자가 어떻게 에너지를 운반하는지 설명한다.

전자는 음으로 하전되어있기 때문에 양으로 하전된 핵에 끌리지만 음으로 하전된 다른 전자와는 서로 밀어낸다. 전자를 궤도에서 유지하기 위해서는 일이 필요한데, 이는 중력이 사과를 지면으로 끌어내리기 때문에 손에 사과를 쥐고 있기 위해서는 일이 필요한 것과 같다. 손에 있는 사과는 위치에 의하여 일을 할 수 있는 능력인 **에너지**를 가지고 있다. 사과를 놓으면 떨어질 것이다. 유사하게 전자도 위치의 에너지인 *위치에너지*(potential energy)를 가지고 있다. 핵의 끌어당기는 힘에 저항하기 위해서는 일이 필요하기 때문에, 그림 2.3의 오른쪽 화살표와 같이 전자를 핵에서 멀리 움직이기 위해서는 에너지의 유입이 필요하며 따라서 전자는 더 큰 위치에너지를 가지게 된다. 세포는 화학반응을 추진하기 위하여 원자의 위치에너지를 이용한다.

위치에너지는 5.1절에서 자세히 다룰 것이고, 6장에서는 전자의 위치에너지가 어떻게 생물 시스템에서 이용되는지를 토의할 것이다.

핵 주위의 공간에서 전자가 존재할 가능성이 높은 곳을 전자의 *궤도*(orbital)라고 한다. 원자의 각 에너지 수준은 *전자각*(전자껍질; electron shell)이라고 하며 정해진 수의 궤도를 가지며 각 각의 궤도는 2개까지의 전자를 수용할 수 있다. 어떤 원자도 첫 번째 각(shell)은 하나의 궤도를 가진다. 그림 2.4*a*의 헬륨(Helium)은 가장 낮은 에너지 수준에 해당하는 하나의 궤도를 가지는 하나의 전자각을 가진다. 궤도는 핵의 위와 아래에 보여지듯 2개의 전자를 가진다. 하나 이상의 전자각을 가지는 원자에서 두 번째 전자각은 4개의 궤도를 가지며 8개까지의 전자를 수용할 수 있다. 그림 2.4*b*의 질소는 2개의 전자각을 가지는데, 첫 번째 각은 2개의 전자로 완전히 채워져 있지만, 질소의 두 번째 각은 5개의 전자만을 가지고 있기 때문에 두 번째 전자각이 4개중 3개는 채워지지 않았다(비어있는 궤도는 점선의 원으로 나타냈음). 2개 이상의 전자각을 가지는 원자는 그 뒤의 각은 4개의 전자궤도와 최대 8개의 전자를 수용할 수 있다. 채워지지 않은 전자궤도를 가지는 원자는 가장 바깥쪽의 전자각을 채우기 위하여 전자를 잃거나, 얻거나 공유하기 때문에 반응성이 크게 나타난다. 완전히 채워진 가장 바깥쪽 전자각을 가지는 원자는 더 안정적이다.

개념의 적용

음전하를 가지는 전자는 왜 양전하를 가지는 핵에 충돌하지 않는가?

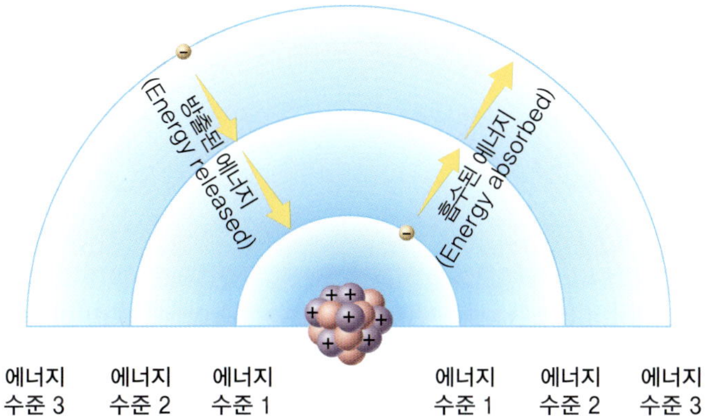

그림 2.3 원자의 전자는 위치에너지를 가진다.

핵 주위를 빠르게 회전하는 전자는 핵으로부터의 거리에 따라 많거나 적은 에너지를 가진다. 에너지 수준 1은 핵에서 가장 가깝기 때문에 에너지 수준이 가장 낮다. 전자가 에너지를 흡수하면 에너지 수준1로부터 다음 단계인 에너지 수준 2로 이동한다. 전자가 에너지를 잃으면 핵과 가까운 낮은 에너지 수준으로 떨어진다.

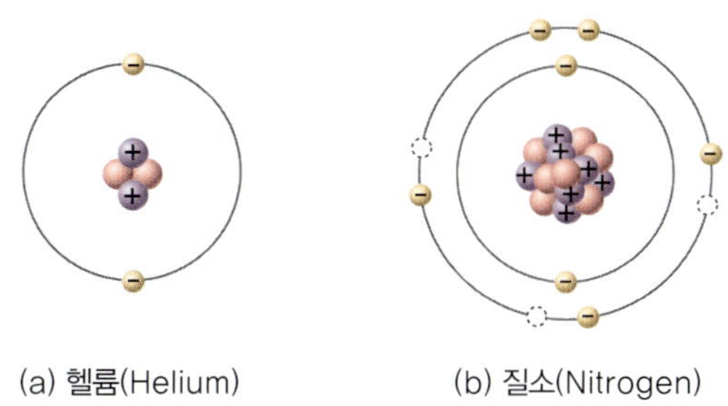

그림 2.4 전자와 전자각(껍질).

(a) 헬륨 원자는 2개의 양성자, 2개의 중성자, 그리고 2개의 전자를 가진다. 전자들은 에너지 수준이 가장 낮은 하나의 전자각이 있는 하나의 궤도를 채운다. (b) 질소 원자는 7개의 양성자, 7개의 중성자, 그리고 7개의 전자를 가진다. 2개의 전자는 가장 안쪽에 있는 전자각을 채우고, 5개의 전자는 두 번째 전자각(에너지 수준 2)을 차지한다. 두 번째 전자각의 궤도는 8개까지의 전자를 수용할 수 있기 때문에, 질소 원자의 바깥쪽 전자각에는 3개의 빈칸이 있다.

여러분에게 의미하는 것

헬륨 기체는 파티 풍선을 부풀리기 위하여 이용되곤 하며, 풍선을 놓으면 공중으로 올라간다. 파티 풍선을 질소가스로 채우면 떠오르지 않는다. 왜 파티 풍선의 반응에 차이가 있는가?

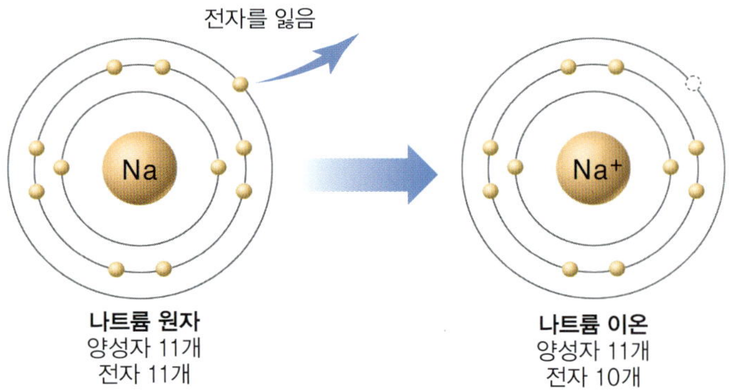

그림 2.5 나트륨 이온의 형성.

전기적으로 중성인 나트륨 원자는 11개의 양성자와 11개의 중성자를 가진다. 나트륨 이온은 이온화되어 하나의 전자를 잃게 되면 양으로 하전된다. 나트륨 이온은 11개의 양성자와 10개의 전자를 가진다.

2.2 이온과 동위원소 Ions and Isotopes

이온 Ion

학습 목표 2.2.1 양이온과 음이온을 구분한다.

때로는 원자는 바깥쪽 전자각으로부터 전자를 얻거나 잃는다(이 현상이 왜 일어나는지는 다음 절에서 다룬다). 전자의 수가 양성자의 수와 일치하지 않는 것은 전자를 얻거나 잃었기 때문이며 **이온**으로 불린다. 모든 이온은 전하를 띤다. 예를 들어 그림 2.5의 왼쪽 나트륨 원자는 전자를 잃고(오른쪽) *양이온*(cation)이라고 하는 양으로 하전된 이온(Na^+)이 된다. 11개의 양성자에 10개만의 전자를 가지고 있어 핵의 양성자 하나는 균형이 맞지 않게 된다. 음으로 하전된 이온인 *음이온*(anion)은 다른 원자로부터 하나 또는 그 이상의 전자를 얻을 때 형성된다.

개념의 적용

식염은 양이온과 음이온 중 어느 것을 많이 가지고 있나요?

동위원소 Isotope

학습 목표 2.2.2 이온과 동위원소의 차이를 구분한다.

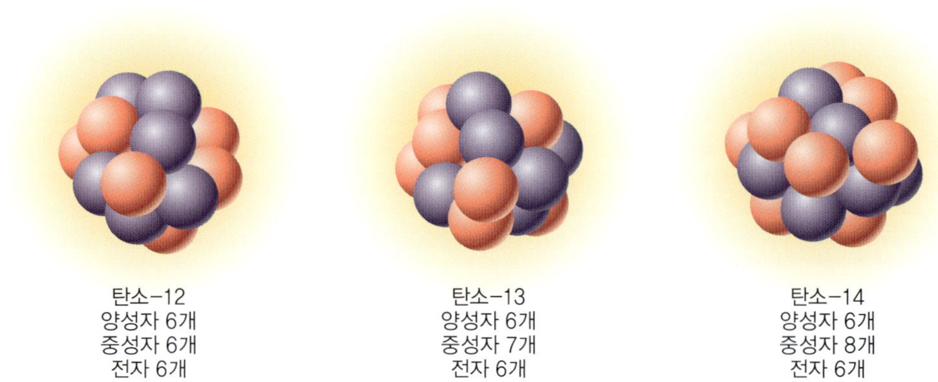

그림 2.6 탄소 원소의 동위원소.

탄소의 가장 많은 동위원소 3가지는 탄소-12, 탄소-13, 그리고 탄소-14이다. 그림에서 노란색의 구름은 선회하는 전자를 나타내며 모든 3종류의 동위원소에 동일하다. 양성자는 자주색, 그리고 중성자는 분홍색으로 나타내었다.

어떤 원소의 원자에서 중성자의 수는 원소의 화학적 성질을 변경하지 않고 변할 수 있다. 양성자 수는 같지만 중성자 수가 다른 원자를 **동위원소**라고 한다. 원자의 동위원소는 원자번호는 같지만 질량수가 상이하다. 자연계의 대부분의 원소는 다른 동위원소의 혼합물로 존재한다. 예를 들어 탄소는 3종류의 동위원소가 있는데 모두 6개의 양성자를 가진다(그림 2.6의 자주색 공). 가장 흔한 탄소 동위원소(모든 탄소의 99%)는 6개의 중성자를 가진다(분홍색 공). 질량수가 12(6개의 양성자와 6개의 중성자)이기 때문에 탄소-12(carbon-12)로 불린다. 탄소-14(carbon-14) 동위원소는 드물며(탄소원자 1조개 중 1) 불안정하여, **방사성 붕괴**라는 과정을 통하여 핵이 붕괴되어 낮은 원자번호를 가지는 입자로 변화된다. 방사성 동위원소는 이 장의 마지막에 있는 "질문과 분석"에서 토의되듯이 화석의 연대를 측정하고, 의학에 이용된다.

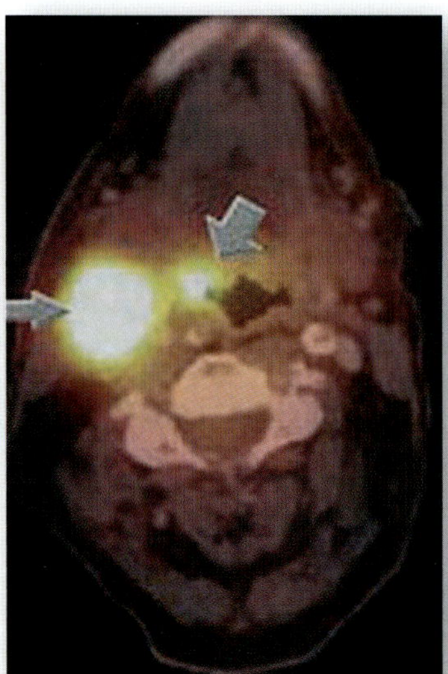

그림 2.7 암을 확인하기 위한 방사성 추적자의 사용.

어떤 의학 영상 절차에서는, 환자에게 정맥을 통하여 암세포에 의하여 많은 양 흡수되는 방사능 추적자를 주입한다. 추적자는 PET와 PET/CT 장비를 이용하여 탐지될 수 있는 방사능을 방출한다. 목의 암 부위가 밝은 노란색 영역으로 나타난다.

방사성 동위원소의 의학적 이용. 방사성 동위원소는 많은 의학적 과정에 이용된다. 신속히 붕괴되어 해가 없는 산물을 생산하는 수명이 짧은 동위원소는 신체가 흡수하여 이용하는 방사성 물질의 *추적자*(tracer)로 흔히 이용된다. 방사성 동위원소 추적자로부터 방출되는 방사선은 특수한 실험장비로 탐지될 수 있으며 신체의 기능에 대한 핵심적인 진단정보를 알려줄 수 있다. 예를 들어 PET와 PET/CT(양전자 방사 단층촬영/컴퓨터 단층촬영; positron emission tomography/computerized tomography) 영상처리는 신체의 암이 있는 부위를 확인하는데 이용될 수 있다(그림 2.7).

개념의 적용

탄소의 3가지 많은 동위원소는 왜 모두 동일한 유형의 화학결합을 형성하는가?

2.3 분자 Molecules

화학결합의 성질 Nature of the Chemical Bond

학습 목표 2.3.1 화학결합에 대한 정의를 내리고 중요한 3가지를 서술한다.

분자(molecule)는 에너지에 의하여 결합된 원자 집단이다. 에너지는 접착제 역할을 하여 다양한 원자들이 서로 달라붙게 한다. 두 원자를 함께 고정하는 에너지 또는 힘을 **화학결합**(chemical bond)이라고 한다. 3종류의 중요한 화학결합은 다음과 같다. 이온결합은 반대로 하전된 이온들의 끄는 힘에 의하여 발생된다. 공유결합은 전자를 공유함으로써 생성되며, 수소결합은 반대되는 부분 전하의 인력에 의하여 생성된다. 반데르발스 힘(van der Waals force)이라고 하는 다른 중요한 유형의 화학적 인력은 다음에 논의되지만, 이 유형의 약한 상호작용은 화학결합으로 간주되지 않는다는 것을 기억하기 바란다.

개념의 적용

분자의 일부가 아닌 원자를 열거할 수 있나요?

이온결합 Ionic Bonds

학습 목표 2.3.2 이온결합이 어떻게 결정의 형성을 촉진하는지 설명한다.

반대 전하에 의하여 서로 끌리는 원자들로부터 **이온결합**이라고 하는 화학결합이 형성된다. 자석의 양극이 다른 자석의 음극에 끌리는 것처럼, 반대의 전하를 가지고 있으면 한 원자는 다른 원자와 강한 결합을 형성할 수 있다. 전하를 띠고 있는 원자를 이온이라고 하기 때문에 이러한 결합을 이온결합이라고 한다.

일상 사용하는 식염은 이온결합의 산물이다. 식염을 형성하는 나트륨과 염소원자는 이온이다. 그림 2.8*a*의 노란 틀에서 볼 수 있듯이 나트륨은 가장 바깥쪽 전자각에 있는 홀로 있는 전자를 방출하며(따라서 바깥 전자각이 채워지게 됨), 녹색 틀의 염소는 전자를 받아들여 바깥쪽 전자각을 채우게 된다. 전자가 이동하여 식염의 나트륨 원자는 양전하를 띄는 나트륨 이온이고 염소 원자는 음전하를 띄는 염소이온이다. 각각의 이온은 주변에 있는 모든 반대로 하전된 이온과 전기적으로 끌어당기기 때문에, 나트륨 이온과 염소이온이 교대로 이온결합의 정교한 배열을 형성하여 결정을 이루게 된다(그림 2.8*b*). 이것이 바로 식염이 분말이 아닌 작은 결정으로 이루어진 이유이다.

이온결합이 결정을 형성하게 하는 2가지의 핵심적인 특성은 결합이 강하고(공유결합만큼은 강하지 않지만) 방향성이 없다는 것이다. 이온은 반대로 하전된 주변의 모든 이온에 의하여 형성되는 전기상에 끌린다. 이온결합은 방향성이 없기 때문에 대부분의 생물분자에서 중요한 역할을 하지 않는다. 생물분자는 방향성이 있는 결합에 의하여 가능하게 되는 더욱 특유한 연합을 요구한다.

개념의 적용

그림 2.8b에서 하나의 염소이온은 몇 개의 나트륨 이온과 상호작용하는가?

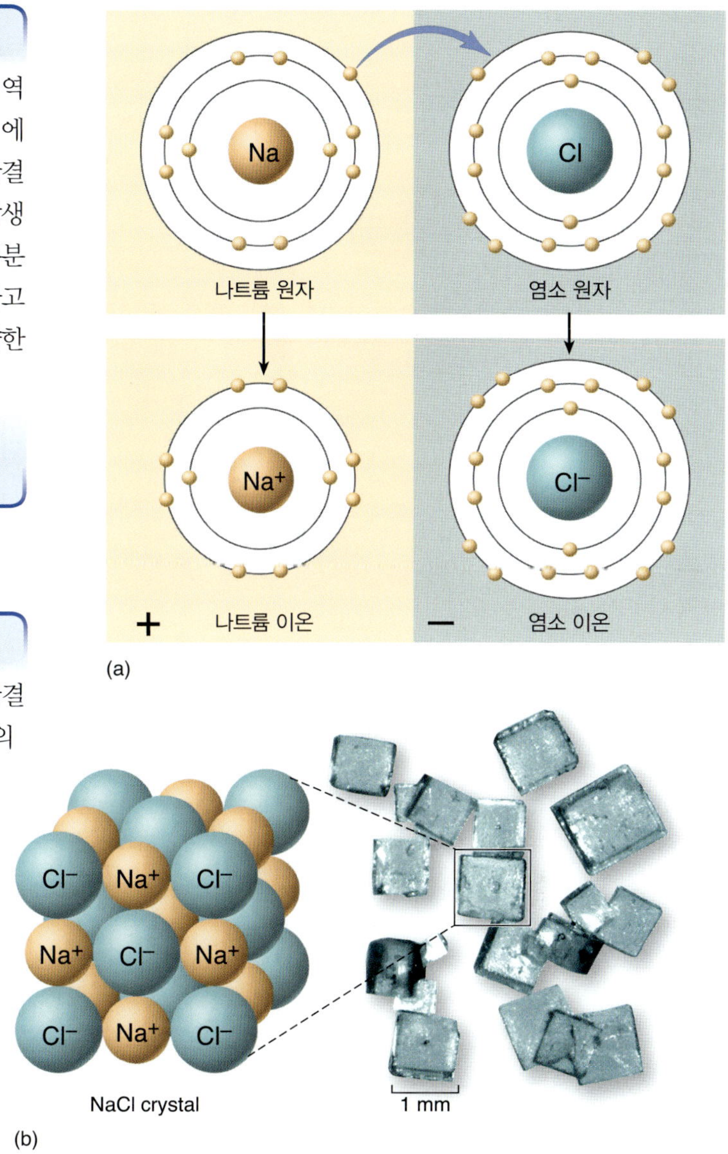

그림 2.8 식염에서 이온결합의 형성.

(a) 나트륨 원자가 염소 원자에게 전자를 제공하며, 나트륨 원자는 전자가 부족하여 양으로 하전된 나트륨 이온이 된다. 염소 원자는 추가적인 전자를 획득하여 음으로 하전된 염소 이온이 된다. (b) 염화나트륨은 나트륨 이온과 염소 이온이 교대로 나타나는 매우 규칙적인 결정을 형성한다. 여러분은 이러한 결정을 매일 식염으로서 접한다.

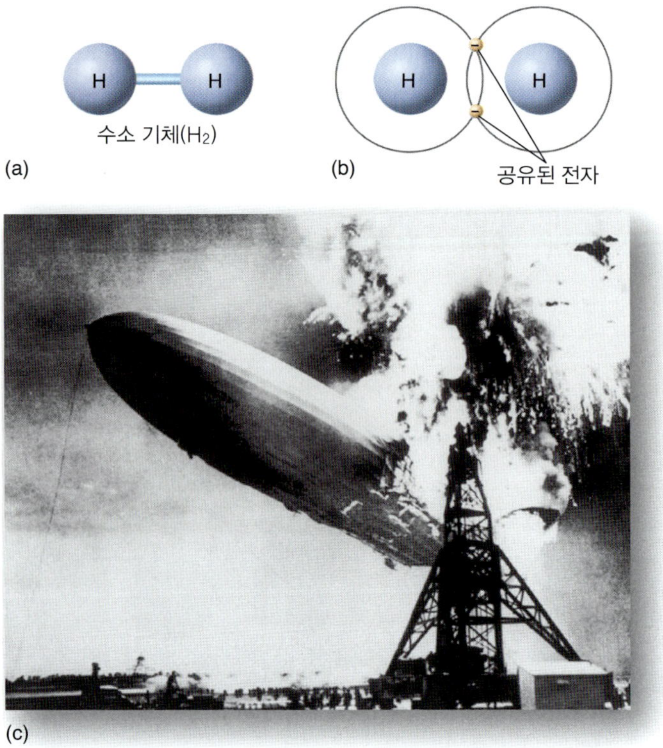

그림 2.9 공유결합은 수소 기체를 형성한다.

공유결합은 전자의 공유를 포함하며, 이는 (a)의 연한 청색의 막대로 표시되었다. 수소 기체는 수소 원자 2개로 이루어져 있으며, 각각 하나의 전자를 가진다. 공유결합은 2개의 원자가 2개의 전자를 공유할 때 형성되며, (b)에 나타내었다. 공유결합이 붕괴될 때 종종 에너지가 방출된다. (c) 비행선 *Hindenberg*호는 1937년 폭발하여 연소되었을 때 수소 기체로 채워져 있으며, 대화재의 에너지는 H_2 공유결합이 파괴되면서 나왔다.

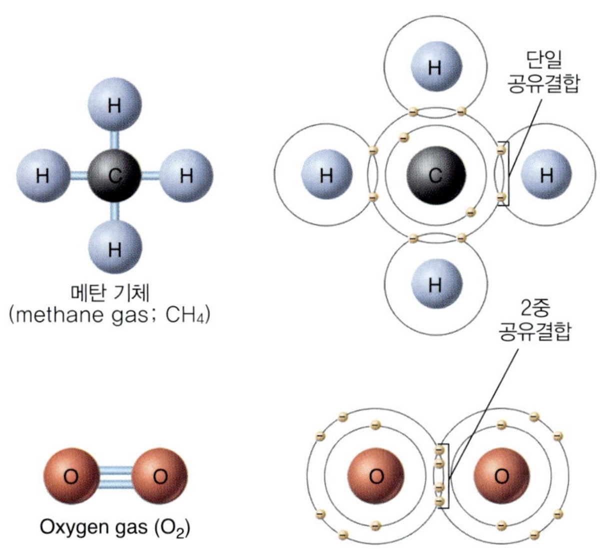

그림 2.10 단일공유결합과 이중공유결합.

단일 공유결합은 메탄(CH_4)에서와 같이 한 쌍의 전자를 공유한다. 2중 공유결합에서는 산소 기체와 같이 2쌍의 전자를 공유한다.

공유결합 Covalent Bonds

학습 목표 2.3.3 왜 생물의 화학결합은 대부분 공유결합인지 설명하고, 극성과 비극성 공유결합을 구분한다.

두 원자가 전자를 공유할 때 **공유결합**이라고 하는 강한 화학결합이 형성된다(그림 2.9). 여러분의 신체에 있는 대부분의 원자는 공유결합에 의하여 다른 원자와 결합되어 있다. 왜 분자의 원자들은 전자를 공유하는가? 모든 원자는 선회하는 전자의 가장 바깥쪽 껍질을 채우려고 한다는 것과, 모든 원자는 작은 수소와 헬륨을 제외하고는 8개의 전자가 필요하다는 것을 기억하시오. 예를 들어 바깥 전자각에 6개의 전자를 가진 원자는 바깥 전자각에 2개의 전자를 가지고 있는 원자 한 개나 하나의 전자를 가지고 있는 원자 두 개와 공유하려고 한다. 탄소원자는 가장 바깥쪽 전자각에 4개의 전자를 가지기 때문에 탄소는 가장 바깥쪽 전자각을 완전히 채우기 위해 4개까지의 공유결합을 형성할 수 있다.

> 질소기체(N_2)의 원자는 매우 강한 삼중결합에 의하여 결합되어 있다. 일부 세균들만 이 결합을 파괴하여 다른 생물들이 질소를 이용할 수 있도록 만들 수 있다.

4개의 공유결합을 형성하는 방법은 여러 가지가 있기 때문에, 탄소원자는 다양한 종류의 분자에 참여한다. 공유결합의 강도는 많은 전자들이 공유될수록 더 강해진다. 한 쌍의 전자만이 두 원자사이에 공유될 경우를 *단일공유결합*(single covalent bond)이라고 한다. 두 쌍의 전자가 공유되면 더 강한 결합인 *이중공유결합*(double covalent bond)이 된다. 세 쌍의 전자가 공유되면 매우 강한 *삼중공유결합*(triple covalent bond)이다.

공유결합이 생명계에서 분자를 형성하는 역할에 이상적으로 만드는 2가지 핵심적인 특성은 (1) 많은 에너지를 공유하는데 연관되어 있는 매우 강한 결합이다. (2) 방향성이 커서 하나의 원자가 주변의 원자에 대한 일반적인 인력을 형성하기보다는, 2개의 특정한 원자 사이의 결합을 할 수 있도록 한다. 예를 들어 그림 2.10의 메탄 분자의 공유결합과 그림 2.8의 소금 결정의 이온결합을 비교해보시오.

공유결합과 이온결합은 모두 비교적 강한 결합이지만, 그 이유는 완전히 상이하다. 한 쌍의 사람이 거리를 같이 걸어갈 때, 두 사람은 손을 잡거나 또는 서로 나란히 걸어가면서 서로 결합된다. 만약 짝이 손을 잡고 있으면 전자가 공유되고 두 원자 사이에 물리적인 결합이 형성된 공유결합과 같이 물리적으로 결합된 것이다. 그 쌍이 손을 잡지 않고 있으면, 서로를 의식하면서 한발 한발 함께 같이 간다. 이는 원자사이에 물리적인 결합이 형성되지 않았지만 반대의 전하로 인하여 서로 강하게 끌리는 이온결합과 매우 흡사하다.

극성 공유결합(Polar Covalent Bonds). 두 원자 사이에 공유결합이 형성될 때, 한 핵은 다른 핵에 비하여 공유된 전자를 끌어당기는 것이 훨씬 강할 수 있다. 물의 예를 들면, 공유된 전자는 수소 원자에 비하여 산소원자에 훨씬 더 강하게 끌린다. 이러한 현상이 일어나면, 공유된 전자는 산소 근처에서 더 많은 시간을 보내게 되어, 산소가 음으로 전하를 띄게 되며; 수소원자 부근에서는 별로 머무르지 않아 어느 정도 양으로 전하를 띄게 된다. 이러한 전하는 이온처럼 완전한 전하가 아니라 작은 부분적인 전하이다. 이 결과 분자 자석처럼 양극과 음극을 나타내게 된다. 이러한 분자를 **극성분자**라고 한다(그림 2.11).

개념의 적용

공유결합은 왜 결정의 형성을 촉진하지 않는가?

얼음, 이산화탄소, 그리고 북극곰

단순한 분자가 우리의 생활에 주요한 역할을 할 수 있다. 산소원자 하나가 수소원자 두 개와 공유결합한 물과 탄소원자 하나가 두 개의 산소원자와 공유결합한 이산화탄소의 예를 들어보자. 올해 뉴스에는 물과 이산화탄소에 대한 많은 이야기가 있다. 물의 이야기는 녹는 얼음과 극지방의 빙하가 지구에서 사라지는 것이다. 이러한 얼음 이야기의 중심에는 북극곰이 있다. 북극과 여러분이 좋아하는 동물원에 살고 있는 커다랗고 하얀 곰을 알고 있겠지요?

사람들이 북극곰에 의하여 흥미를 가지게 되고 귀엽다고 느끼는 만큼, 우리는 방원경 카메라 렌즈나 동물원의 물이 없는 해자를 건너서 멀리서 바라보는 것을 선호한다. 왜냐고요? 다른 곰들과는 달리 북극곰은 사람을 잡아먹기 때문이지요. 아무리 사랑스럽고 귀엽게 보이더라도, 북극곰의 사람에 대한 최근의 공격은 이 커다란 육상 육식동물이 얼마나 위험한지를 일깨워준다. 북극곰이 사람을 공격한 것은 최근까지 매우 드물었는데, 그 이유는 북극곰이 사람고기를 특별히 좋아하지 않아서가 아니라 사람과 접촉할 기회가 거의 없었기 때문이다.

그러나 북극권에 사는 원주민들에게는 더 이상 드문 경우가 아니다. 북극권에서 북극곰과의 조우는 더 빈번해지며, 이러한 만남은 종종 치명적이다. 3년 전에 북극곰이 캐나다 북부 Ivujivik이라는 작은 마을을 침입하였다. 북극곰이 접근했을 때 세 명의 어린 소년들이 마을의 청소년회관 밖에서 하키를 하고 있었다. 그 중 한 어린이의 어머니가 가까이 있었으며 곰이 접근하는 것을 목격하였다. 그녀는 소년들로부터 곰을 혼란시키기 위하여 달려가며 소리를 질렀다. 곰은 어머니에게로 돌려서 공격하기 시작하였다. 소년들이 이웃사람들에게 알려서 총을 쏘아 죽였다. 놀랍게도 어머니는 길거리에서 손으로 곰 발톱에 맞서 싸워서 살아남았지만, 북극곰의 습격을 받은 많은 희생자들은 행운이 따르지 않았다.

당국에서는 습격에 관련된 곰들은 추격하여 죽이지만, 생물학자로서는 북극곰을 비난하기 어렵다. 그들은 그들의 본성이 시키는 일을 하는 것이다. 최근까지 자연은 북극곰을 사람에게 그렇게 가까이 데려오지 않았다. 왜 북극곰은 이전과는 전혀 다르게 침범하는가? 답은 서식지의 중복이다. 과거에는 북극곰의 습격은 캠프장이나 인간이 곰의 서식지에 들어간 다른 지역에서 일어났다. 오늘날 우리가 보고 있는 것은 매우 다르고 새로운 것이다. Ivujivik과 다른 북극 전초지에서 북극곰은 먹이를 찾아서 그들의 통상적인 서식지를 벗어나 인간 공동체를 침입하였다.

북극곰은 방랑자이다. 북극곰은 하루에 24 km까지 여행하며, 일생동안 그들의 전체 서식범위인 북극해 빙하의 면적인 5백만 평방마일(약 1천300만 km^2)의 2%에 해당하는 10만 평방마일(약 26만 km^2)을 여행한다. 북극곰을 이동하게 하는 추진력은 끝없이 먹이를 찾는 것이다. 주된 먹이는 대부분의 시간을 물에서 보내는 바다표범이다. 먹이를 찾기 위하여 북극곰은 빙하의 구멍위에 자리를 잡는다. 바다표범이 숨을 쉬기 위하여 표면으로 떠오르면 북극곰은 잡아서 끌어낸다. 한정된 먹이와 사냥방법으로 인하여 북극곰은 유빙군이 가장 크고 두꺼운 겨울철에만 사냥을 한다. 얼음이 없는 여름철에는 해안으로 이동하여 굶으며, 얼음이 다시 형성되면 되돌아간다.

북극 빙하는 북극곰이 성공적으로 사냥을 할 수 있는 유일한 장소이다. 얼음단이 없으면 북극곰은 먹이를 구할 수 없다. 북극곰은 수영을 잘하고 큰 유빙사이로 먼 거리를 여행할 수 있지만, 물속에서는 바다표범의 속도와 민첩함을 따를 수 없어서 물에서는 바다표범을 잡아서 죽일 수 있는 희망이 거의 없다. 북극 바다얼음이 없으면 북극곰은 굶게된다. 때로는 절망 속에서 북극곰은 Ivujivik과 같은 사람들이 사는 마을로 어슬렁거리고 들어와 사람을 먹으려고 시도한다.

이것이 바로 물 분자의 이야기이다. 괴로울 정도로, 기온과 수온이 북위도에서 상승하면서 북극곰의 생존에 극히 불가결한 얼음이 녹아내린다. 그 이유가 언급한 다른 분자인 이산화탄소 때문이라는 것을 이미 알고 있는 사람도 있을 것이다. 지구 대기 중의 이산화탄소의 수준은 증가하여, 보편적으로 불리는 지구온난화(global warming)를 초래한다. 지구온난화는 석탄과 휘발유 같은 화석연료의 연소의 부산물로서 생성되는 이산화탄소와 같은 소위 온실기체(greenhouse gas)에 의하여 초래된다. 이러한 기체는 대기 중에 축적되어 태양으로부터 오는 열을 포집한다.

과학자들은 지구온난화가 진행되면서 북극 빙하의 가장자리가 일찍 후퇴하고 늦게 형성된다는 것을 발견하였다. 야생동물 통계자료에 의하면 북극곰이 육지로 일찍 이동하고 오래 머물게 한다는 것을 보여준다. 그 결과 북극곰은 사냥기간이 짧아지고 굶는 기간이 길어지게 된다.

미국 수도인 워싱턴에서 입법부 의원들은 지구온난화 입법화에 대한 지혜를 숙고하고 있다. 변화를 실행에 옮기기 전에 탄소배출을 저감하기 위한 입법의 경제적인 결과를 고려하고 있다.

그 동안에 북극곰은 무엇을 하고 있나요? 매년 여름 얼음이 더 많이 녹을수록 북극곰은 육지에 갇혀서 사냥을 하지 못한다. 매년 얼음이 다시 형성되는데 시간이 오래 걸릴수록 북극곰은 지연된 결빙을 기다리느라 굶주림에 더욱 시달린다. 얼음의 경계가 육지에서 멀어질수록 굶주리고 허약해진 북극곰은 얼음에 도달하기 위하여 더 많은 거리를 헤엄쳐야만 한다. 이는 북극곰이 이길 수 없는 당근 쫓아가기 게임이다. 궁극적으로 북극곰은 익사하게 될 것이다. 모든 북극곰들이.

북극곰이 이길 수 있는 유일한 길은 인간이 행동할 때이다. 북극곰이 당면한 도전은 인간 입법자들이 행동할 때 까지 생존하는 것이며, 그 이후 오랜 세월의 기후회복 기간 동안 계속 분투하는 것이다. 워싱턴의 입법부 의원들이 기후변화 문제에 대하여 투표를 할 때 잠시만이라도 북극곰의 관점에서 문제를 바라본다면 유익한 결과를 가져올 가능성이 높아질 것이다. 지구온난화에 의하여 위협을 받는 것은 북극곰만이 아니다. 인간도 멸종위기종이다. 북극곰이 처한 역경은 우리가 모두 함께 직면해야할 미래의 위험에 대한 인류의 관심을 집중할 수 있도록 한다.

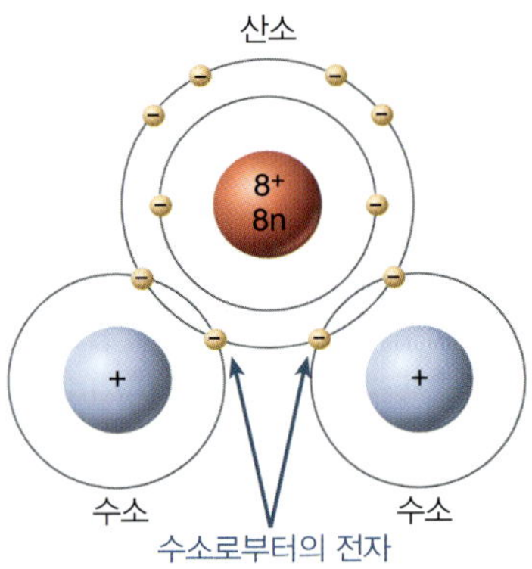

(a) 물 분자의 전자각

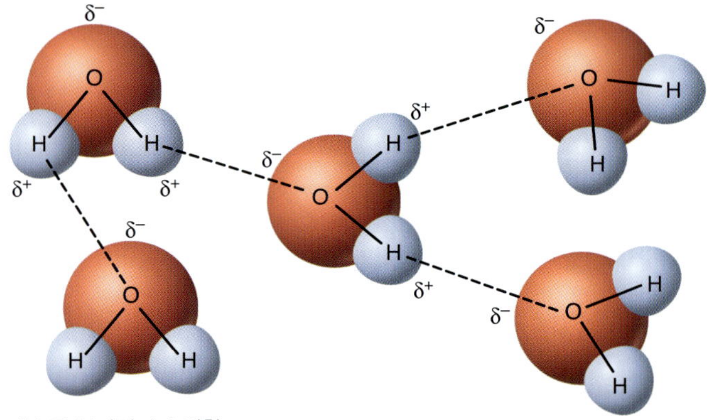

(b) 물 분자의 수소결합

(c)

그림 2.11 물 분자에서 수소결합.

(a) 물 분자는 하나의 산소원자(적색)와 두 개의 수소원자(청색)으로 이루어져 있다. (b) 전자는 수소보다 산소에 더 끌리기 때문에 공유된 전자는 산소 원자 부근에서 더 많은 시간을 보내 물 분자가 극성을 띄게 한다. 물 분자의 산소원자는 부분적으로 음전하(δ⁻)를 띄고, 수소원자는 부분적으로 양전하(δ⁺)를 띈다. 수소결합(점선)이 하나의 물 분자의 양전하 끝부분과 다른 물 분자의 음전하 끝부분 사이에 형성된다. (c) 물 분자는 서로 강한 수소결합을 형성하여 액체상 물이 많은 독특한 성질을 가질 수 있게 한다.

수소결합 Hydrogen Bond

학습 목표 2.3.4 어떤 분자가 서로 수소결합을 형성할지 예측한다.

물과 같은 극성분자는 **수소결합**이라고 하는 특별한 종류의 약한 화학결합에 의하여 서로 끌린다. 수소결합은 두 개의 자석이 서로 끌어당기듯이 극성분자의 양성 끝부분이 다른 분자의 음성 끝부분에 끌리는 것이다. 수소결합에서는 하나의 극성분자에서 전기적으로 양성인 수소가 다른 극성분자의 전기적으로 음성인 산소(O) 또는 질소(N)에 끌리는 것이다.

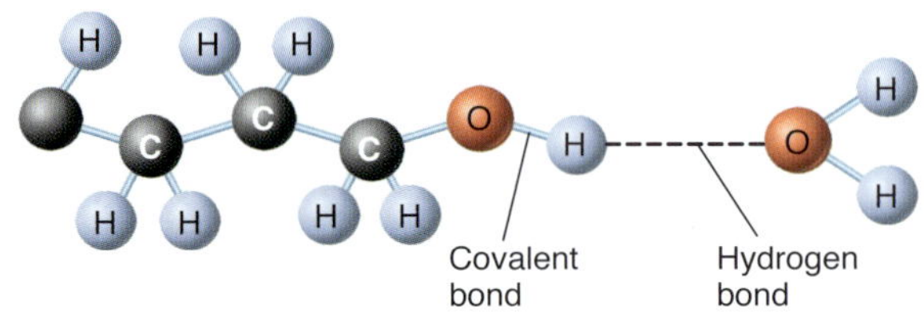

물은 물 분자의 산소 원자가 수소원자에 비하여 훨씬 전기적으로 음성(전자를 더 강하게 끌어당김)이기 때문에 매우 극성이다(그림 2.11). 물 분자에서 산소는 부분적으로 음전하(δ^-)를 가지며 수소는 부분적으로 양전하(δ^+)를 가진다. 수소결합(그림 2.11에서 점선으로 표시)은 물 분자 하나의 양성 끝부분과 다른 물 분자의 음성 끝부분 사이에 형성된다.

수소결합의 두 가지 핵심적인 특성이 생물에서 나타나는 분자의 중요한 역할을 하도록 한다. 첫째로, 수소결합은 매우 방향이 강하다. 두 번째로, 수소결합은 약하기 때문에 훨씬 강한 공유결합이나 이온결합에 비하여 먼 거리에 걸쳐 효과적이지 않다. 실질적으로 안정한 분자를 형성하기에는 너무 약해서 벨크로와 같이 작용하여, 수많은 약한 상호작용의 누적된 효과로 단단한 결합을 형성한다.

개념의 적용

나트륨 이온이 주변의 물 분자와 수소결합을 하리라 기대하나요?

반데르발스 힘 Van der Waals Force

학습 목표 2.3.5 화학결합과 반데르발스 힘을 구분한다.

다른 중요한 종류의 화학적 인력은 화학결합이라고 하기에는 너무 약한 방향성이 없는 인력인 **반데르발스 힘**이다. 이러한 화학적 힘은 두 분자가 매우 가까이 있을 때만 작용한다. 이 인력은 매우 약해서 조금만 떨어지더라도 사라진다. 이 힘은 한 분자의 수많은 원자들이 다른 분자의 수많은 원자들과 동시에 가까이 갔을 때 중요하다. 즉 두 분자들의 형태가 정확히 일치할 때이다. 예를 들어 이 상호작용은 여러분의 혈액에 있는 항체가 침입한 바이러스를 이물질로 인식하였을 때 중요하다.

개념의 적용

반데르발스 힘이 중요한 역할을 하는 다른 생물학적 기작을 생각해보세요. 이러한 모든 기작들에는 어떠한 공통점이 있나요?

저자 코너

어떻게 열대 도마뱀이 수직의 벽을 기어오를 수 있는가?

과학은 우리의 상상력을 자극할 때 가장 재미있다. 도저히 진실일 수 없다는 것을 알고 있는 것을 보았을 때 특히 그렇다. 몇 년 전에 내 부인 Barbara와 나는 열대지방으로 휴가를 떠났는데, 침대에 누워있을 때 자그마한 도마뱀이 내 옆의 벽을 걸어 올라가 천장을 가로질러 내 머리 바로 위에서 나를 내려다보고 있었다.

이것은 특수효과나 거울을 이용한 요술이 아니었다. 나의 눈으로 대낮에 내 바로위에서 보았다. 칫솔 크기의 녹색 도마뱀이 천장에서 거꾸로 서서 수 분 동안 나를 보고 웃는 것처럼 보이더니 먼 쪽 벽으로 총총걸음으로 내려갔다.

어떻게 해서 도마뱀 친구는 이러한 흥미로운 묘기를 했을까요? 연구자들은 도마뱀의 접착 특성에 대하여 수십 년간 수수께끼였다. 어떠한 힘이 중력이 도마뱀을 내 코 위로 떨어지게 하는 것을 방지하였을까요?

가장 이치에 맞는 가설은 흡인으로 보인다. 도롱뇽의 발은 흡인 컵을 형성하여 벽을 기어 올라갈 수 있도록 하기 때문에 도마뱀도 그럴 수 있다. 이것을 검증하는 방법은 공기가 없으면 부착될 수 없기 때문에 진공에서 발이 부착되는지를 보는 것이다. 도롱뇽의 발은 부착되지 않지만 도마뱀은 부착된다. 따라서 흡인은 아니다.

마찰은 어떠한가? 바퀴벌레는 암벽 등반가들이 아이젠을 이용하는 것처럼 불규칙한 표면을 잡아서 거는 조그마한 고리를 이용하여 기어오른다. 도마뱀은 바퀴벌레가 오를 수 없는 매끄러운 광택이 나는 유리벽도 멋지게 뛰어올라갈 수 있다. 따라서 마찰도 아니다.

정전기적 인력일까요? 건조기에서 옷이 서로 부비면서 발생되는 정전기에 의하여 옷이 서로 달라붙는다. 이것은 자체가 이온화되어 있는 정전기 제거제를 첨가하여 방지할 수 있다. 그러나 도마뱀의 발은 이온화된 공기에서도 부착된다. 따라서 정전기적 인력도 아니다.

접착제일 수 있을까요? 많은 곤충은 올라가는 것을 돕기 위하여 발의 분비샘에서 접착제를 분비한다. 그러나 도마뱀의 발에는 분비세포가 없어 화학물질을 분비힐 수 없다. 따라서 접착제도 아니다.

실험가들의 관심을 끄는 단서가 하나 있었다. 도마뱀은 질서정연한 분자의 표면에 더 잘 달라붙는다. 이 사실은 도마뱀이 걸어가는 표면의 분자구조에 직접 접촉(tapping)한다는 것을 암시한다.

이 단서를 추적하면서 캘리포니아대학교 버클리캠퍼스(University of California, Berkeley)의 Robert Full과 그의 연구팀은 도마뱀의 다리를 상세하게 관찰하였다. 도마뱀은 칫솔의 강모처럼 발바닥에 작은 털의 많은 줄을 가지고 있다. 각 발에는 5십 만개 정도의 털이 발뒤꿈치 방향을 향하고 있다.

이 털들을 현미경으로 보면 각각의 털은 400개에서 1,000개의 미세한 돌기가 있는데, 각 돌기는 매우 작은 빳빳한 솔처럼 끝에서 돌기가 돌출해 있다.

도마뱀이 걸어갈 때, 발바닥을 표면에 박아 넣어 뒤로 밀어낸다. 이렇게 해서 돌기의 집단을 직접 표면과 반대방향으로 밀어낸다. 2개의 원자가 원자 직경보다 가깝게 접근하면 반데르발스 힘이라고 하는 미세한 핵 인력이 작용한다. 이 힘은 개별적으로는 매우 약하지만 수많은 원자들이 함께 작용하면 제법 크게 될 수 있다.

Full과 그의 연구팀은 미세전기 기계적 센서를 이용하였는데, 이는 원래 기계적 탐지기를 이용하여 "느낌"으로서 표면의 지도를 작성하는 원자력 현미경에 이용하기 위하여 고안된 것이다. 이 센서를 이용하여 도마뱀 발의 털 하나가 작용하는 힘을 측정할 수 있었다. 그 힘은 200 μN(마이크로 뉴턴)으로 매우 작은 힘이지만, 하나의 털로서는 대단히 큰 것이다. 개미 하나는 지탱하기에 충분하다. 백만 개의 작은 털이 합치면 아이를 지탱할 수 있다. 작은 도마뱀은 200만개의 털로 천장을 걷는데, 35kg 정도의 배낭도 운반할 수 있는 너무 지나친 공학기술이라고 할 수 있다.

도마뱀이 그렇게나 잘 부착한다면, 어떻게 붙지 않게 할 수 있나요? 도마뱀의 발이 부착하기 위해서는 털의 돌기가 표면에 직각으로 곤두서야만하며, 그래야 털의 각각의 원자가 작용을 할 수 있다. 임계각인 30도를 넘어 기울어지면 털과 표면 원자 사이의 인력은 거의 발생하지 않는다. 비결은 돌기가 떨어질 때까지 발 털의 각도를 기울이는 것이다. 도마뱀은 벨크로를 떼어낼 때처럼 발끝을 말아서 벗겨내어 발을 떼어낸다. 이제 도마뱀의 비밀을 알기 때문에, 나의 작은 도마뱀 친구를 다시 보게 되면 웃을 수 있을 것이다.

물: 생명의 요람 Water: Cradle of Life

2.4 물의 독특한 성질
Unique Properties of Water

지구 표면의 3/4은 액체상 물로 덮여있다. 여러분 신체의 2/3 정도가 물이며, 물이 없이는 오래 살 수 없다. 다른 모든 생물도 물을 필요로 한다. 생명의 화학은 따라서 물의 화학이다.

물이 수소결합을 할 수 있는 능력은, 모든 세포를 둘러싸고 있는 막의 구조로부터 거대한 분자가 어떻게 접히는지 까지 대부분의 생명화학의 조직에 관계가 있다. 한 물 분자의 수소와 다른 물 분자의 산소 사이에 형성되는 약한 수소결합은 액체상 물에 수소결합의 격자를 형성한다. 각각의 수소결합은 개별적으로는 매우 약하고 1천억 분의 1초 정도밖에 지속되지 않을 만큼 매우 짧은 수명을 가진다. 그러나 이러한 결합이 수많이 집적되면 효과가 엄청나며 물의 중요한 물리적 특성의 많은 부분에 원인이 된다(표 2.2).

표 2.2 물의 성질

성질	설명
열 저장	수소 결합은 파괴되기 전에 상당한 양의 열을 요구하고, 온도 변화를 최소화 한다.
얼음 형성	얼음 결정 내의 물 분자는 수소결합 때문에 비교적 멀리 떨어져서 위치한다.
높은 기화열	물이 증발하기 위해서는 많은 수소결합이 파괴되어야 하며, 이는 상당한 양의 열을 요구한다.
응집력	수소결합은 물 분자들을 함께 유지한다.
높은 극성	물 분자는 이온이나 다른 극성 화합물에 끌린다.

열의 저장 Heat Storage

학습 목표 2.4.1 물은 왜 그렇게 천천히 가열되는지 설명한다.

물질의 온도는 물질 각각의 분자가 얼마나 빠르게 움직이는가를 측정하는 것이다. 물 분자가 서로 수많은 수소결합을 하기 때문에, 액체상 물의 조직을 교란하고 온도를 올리기 위해서는 많은 양의 열에너지가 필요하다. 이로 인하여 물은 다른 어떤 화합물보다도 늦게 가열되며 온도를 오랫동안 유지한다. 이것이 대부분이 물인 여러분의 신체가 내부온도를 비교적 일정하게 유지할 수 있도록 하는 이유이다.

개념의 적용

물이 들어있는 냄비에 식염을 첨가하는 것은 물이 난로에서 더 빨리 끓도록 할까요?

얼음의 형성 Ice Formation

학습 목표 2.4.2 얼음은 왜 뜨는지 설명한다.

온도가 충분히 낮으면 물 분자사이의 수소결합은 거의 파괴되지 않는다. 대신에 이러한 결합의 격자는 결정구조를 이루어 얼음이라고 부르는 고체를 형성한다. 흥미롭게도 얼음은 물보다 가벼워서 이는 빙산과 얼음 조각이 뜨는 이유이다. 왜 얼음은 밀도가 더 낮은가? 이는 그림 2.12와 같이 액체상 물과 얼음의 분자구조를 비교해보면 잘 이해가 된다. 빙점(0°C 또는 32°F) 이상의 온도에서 물 분자는 수소결합이 파괴되고 형성되면서 서로 움직인다(그림 2.12*a*). 온도가 떨어지면 물 분자의 운동은 감소하여, 그림 2.12*b*와 같이 물 분자의 운동이 감소하고 수소결합이 개별 분자를 멀리 떨어지게 유지한다. 이러한 안정된 격자가 얼음 구조의 밀도를 낮게 만든다.

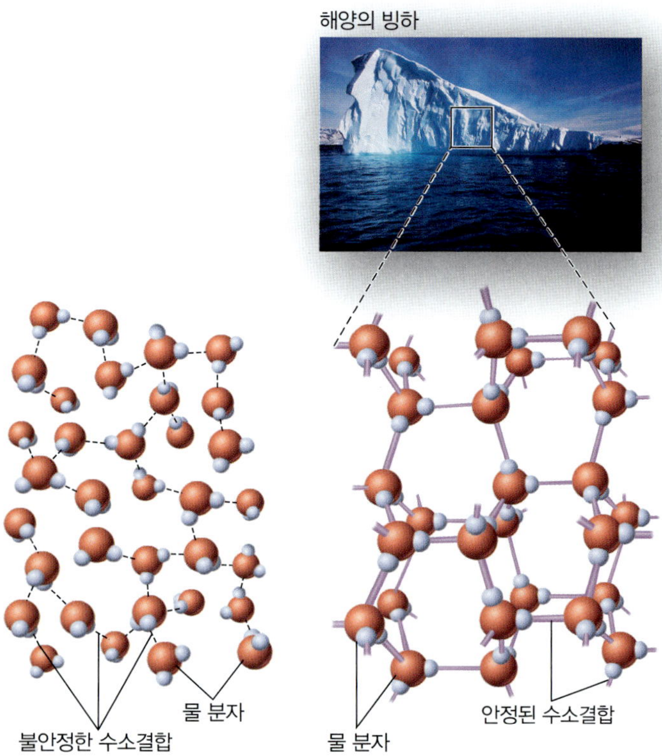

(a) 액체상 물 (b) 얼음

그림 2.12 얼음의 형성.

물(a)이 0°C 아래로 냉각되면, 떠오르는 규칙적인 결정구조(b)를 형성한다. 각각의 물 분자는 수소결합에 의하여 떨어져 배치되고 위치가 고정된다.

여러분에게 의미하는 것

지구온난화에 기인한 극지방 만년설(바다에 떠다니는 얼음)이 녹는 것은 해수면을 상승시킬까요? (힌트: 탁자 위에 얼음물 한잔을 놓아두면, 얼음이 녹으면서 잔 속의 수위가 변하나요?)

개념의 적용

병에 담겨있는 물에 식염을 가하면 병을 냉동고에 넣었을 때 얼음이 더 빨리 얼도록 할 수 있을까요?

높은 기화열 High Heat of Vaporization

학습 목표 2.4.3 왜 땀을 흘리면 시원해지는지 설명한다.

온도가 충분히 높으면 물 분자 사이의 수소결합이 파괴되어 그 결과 액체가 증기(기체)로 변화한다. 1g의 물이 여러분의 피부에서 기화할 때 2,453 줄(J; joule)의 열이 신체에서 제거되는데 이는 586g의 물을 1℃ 낮출 때 방출되는 에너지와 같은 막대한 양의 열이다. 이것이 땀을 흘리면 땀이 증발하여(기화) 에너지를 열의 형태로 가져가서 몸을 식혀서 시원하게 되는 이유이다.

개념의 적용

땀옷을 입고 있는 운동선수는 짧은 옷만을 입고 있는 사람과 같이 빠르게 시원해지나요?

응집력 Cohesion

학습 목표 2.4.4 응집력과 접착력을 구분한다.

물은 극성이 강하기 때문에 다른 극성 분자에 끌리게 되어 수소결합이 극성 분자들을 서로 결합한다. 다른 극성 분자가 물 분자일 경우 그 인력을 **응집력**이라고 한다. 물의 표면장력은 응집력에 의하여 생성된다. 표면장력은 물을 구슬처럼 만들거나 곤충의 무게를 지탱할 수 있다(그림 2.13). 다른 극성 분자가 다른 물질일 경우 그 인력은 **접착력**이라 불린다. 물은 수소결합을 형성할 수 있는 어떤 물체에도 달라붙을 수 있다. 접착은 물체를 물에 담갔을 때 젖는 이유이고, 또한 물 분자와 수소결합을 형성하지 않는 비극성 분자로 이루어진 밀랍을 입힌 물질은 젖지 않는 이유이다.

응집력과 접착력은 식물에서 뿌리에서 잎까지 물이 이동하는데 필수적인 물의 성질이다.

개념의 적용

여러분은 물위를 걸을 수 없는데 곤충은 물위를 걸을 수 있는지 설명하시오.

그림 2.13 응집력.

(a) 응집력은 물 분자들이 서로 달라붙어 물방울을 형성할 수 있도록 한다. (b) 표면장력은 응집력으로부터 나오는데, 물은 수소결합의 힘으로 인하여 강한 표면을 가진다. 그림의 소금쟁이와 같은 곤충은 문자 그대로 물위를 걸을 수 있다.

여러분에게 의미하는 것

만약 가벼운 막으로 만들어진 매우 큰 발받침(footpad)을 고안할 수 있다면 소금쟁이처럼 물위를 걸을 수 있을까요? 왜 맨발이 아니라 발받침을 착용해야 하나요?

높은 극성 High Polarity

학습 목표 2.4.5 기름은 왜 물에 녹지 않는지 설명한다.

용액상태의 물 분자는 최대한의 수소결합을 형성하여 극성 분자나 전하를 띠고 있는 분자 주위에 모인다. 예를 들어 소금 결정이 물에 용해되면 실제로 일어나는 일은 각각의 이온이 결정으로부터 떨어져 나와 물 분자에 의해 둘러싸이게 된다(그림 2.14). 물 분자는 서로 둘러싸고 배열하여 *수화껍질*을 형성하여 이온이 결정과 다시 결합하는 것을 방지한다. 이러한 방식으로 물에 녹는 극성분자를 **수용성**이라고 한다. 대조적으로 비극성분자를 물에 넣으면 물 분자들이 도망친다. 비극성분자는 서로 연합하며 **소수성**(hydrophobic; 그리스어로 *hydros*는 물을 의미하고, *phobos*는 두려워하다 임)이라고, 반면에 극성분자는 **친수성**(hydrophilic; *philic*은 그리스어로 사랑하다는 의미임)이라 불린다.

개념의 적용

식물성 기름에는 어떤 분자들이 용해될 것으로 기대하는가?

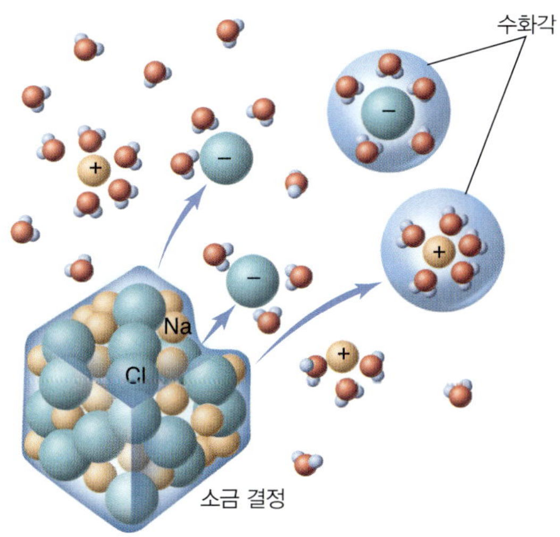

그림 2.14 소금은 어떻게 물에 용해되는가.

소금은 물 분자의 부분전하가 하전된 나트륨과 염소에 끌리기 때문에 물에 용해된다. 물 분자는 이온을 에워싸서 수화껍질을 형성한다. 모든 이온이 결정에서 분리되면 소금이 용해되었다고 한다.

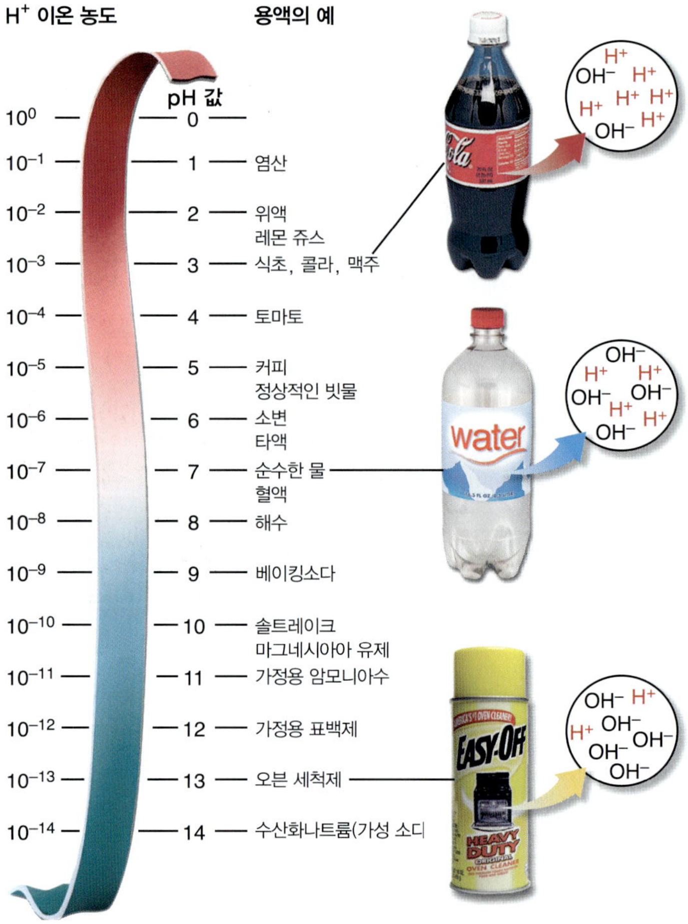

그림 2.15 pH 척도(pH scale).

액체는 1 liter내에 존재하는 수소이온의 수에 따라 값을 매긴다. 이 눈금은 지수적이며, 이는 1의 변화가 수소이온 농도의 10배 변화를 의미한다. 따라서 pH 2인 레몬주스는 pH 4인 토마토주스에 비하여 100배 많은 산성을 띠고, 바닷물은 순수한 물에 비하여 10배 더 염기성이다.

생물학과 여러분

가슴앓이(Heartburn). 여러분의 위는 많은 양의 염산을 가지고 소화에 이용한다. 때때로 이 산이 위로부터 식도로 역류하여 위에서 목구멍까지 펼쳐진다. 이러한 위로부터 산이 새어나오는 현상을 산의 역류라고 하며, 산이 식도의 내부 상피를 공격하여 고통스럽고 타들어가는 듯한 느낌을 유발한다. 식도는 심장 바로 뒤에 위치하기 때문에 타는듯한 느낌을 가슴앓이라고 말하곤 한다. 미국 성인의 거의 1/3 가까이가 최소한 1개월에 한번 어느 정도의 위산 역류를 경험한다. 사소한 가슴앓이에는 위의 산성을 상쇄하는 염기인 Tums와 같은 제산제를 복용할 수 있다.

2.5 물은 이온화한다. Water Ionizes

학습 목표 2.5.1 pH를 정의하고 pH 척도의 1 차이가 나타내는 수소이온의 변화를 예측한다.

이온화 Ionization

물 분자의 공유결합은 때때로 자연적으로 분해된다. 분해가 일어나면 양성자(수소원자의 핵)는 분자에서 해리되어 양전하를 띄는 *수소이온*(H^+)을 형성한다. 해리된 물 분자의 나머지 부분은 공유결합의 공유된 전자를 가지고 있어 음전하를 띠는 *수산이온*(OH^-)이다.

$$\underset{\text{물}}{H_2O} \longleftrightarrow \underset{\text{수산이온}}{OH^-} + \underset{\text{수소이온}}{H^+}$$

pH

용액의 수소이온 농도를 나타내는 편리한 방법은 **pH 척도**를 이용하는 것이다(그림 2.15). 이 척도는 0(수소이온이 가장 높은 농도)에서 14(수소이온이 가장 낮은 농도)까지 범위를 보인다. 순수한 물은 pH가 7이다. pH 눈금 한 단위는 *10배*의 수소이온 농도의 변화를 나타낸다. pH가 4인 용액은 pH 5인 용액에 비하여 10배의 수소이온 농도를, pH 6인 용액에 비해서는 *100배*의 농도를 가진다.

산(Acids). 물에 용해되어 수소이온 농도를 증가시키는 모든 물질을 **산**이라고 한다. 산성 용액은 pH가 7 미만이다. 산이 강할수록 H^+가 많으며 pH 값을 떨어뜨린다. 예를 들어 염산(HCl)은 위에 풍부한데 물에 완전히 용해되어 용액의 pH는 1이 된다.

염기(Bases). 물에 용해되어 H^+와 결합하는 것을 **염기**라고 한다. H^+와 결합하여 염기는 용액의 H^+ 농도를 감소시킨다. 염기성(또는 알칼리성) 용액은 따라서 pH 값이 7 이상이다. 강한 염기인 수산화나트륨(NaOH)은 pH 값이 12 이상이다.

완충제 Buffer

대부분의 모든 살아있는 세포 내부와 다세포 생물에서 세포를 둘러싸는 액체의 pH는 7에 아주 가깝다. 대사를 조절하는 많은 단백질들은 pH에 극히 민감하여 pH의 작은 변화도 분자의 형태를 변화시켜 단백질의 활동을 교란시킨다. 이러한 이유로 세포는 일정한 pH 수준을 유지하는 것이 중요하다. 예를 들어 여러분의 혈액의 pH는 7.4이며, 7.0 이하로 떨어지거나 7.8 이상으로 올라가면 몇 분밖에 생존할 수 없다.

무엇이 생물의 pH를 일정하게 유지하는가? 세포는 **완충제**라고 하는 수소이온 농도가 변화하면 수소이온을 흡수하거나 용액으로 방출하여 H^+와 OH^-의 농도변화를 최소화하는 화학물질을 포함하고 있다. 맞은편에 "생물학의 현재"에서 볼 수 있듯이 산성비나 눈이 나무나 다른 생물의 완충용량을 초과하면 사망에 이르게 될 수 있다.

개념의 적용

여러분이 콜라를 마시면 산을 소비하는 것이다. 왜 그 결과로 여러분 신체의 pH가 떨어지지 않을까요?

산성비(Acid Rain)

생물학을 공부하다보면 수소이온이 생명의 화학에 많은 중요한 역할을 한다는 것을 알 수 있다. 조건이 너무 산성이 되면(수소이온이 과다), 생물에 치명적인 피해를 초래할 수 있다. 하나의 중요한 예는 통상 **산성비**(acid rain)라고 이야기하는 산성강하(acid precipitation)이다. 산성강하는 이름 그대로 비나 눈에 산이 존재하는 것이다. 이 산은 어디에서 오는 것일까요? 석탄을 연소시키는 화력발전소는 65 m가 넘는 굴뚝을 통하여 연기를 대기 중으로 배출한다. 굴뚝이 뿜어내는 연기는 높은 농도의 이산화황(SO_2)을 포함하는데, 이는 발전소에서 연소시키는 석탄에 황이 풍부하기 때문이다. 황이 풍부한 연기는 분산되고 바람과 기류에 의하여 희석된다. 1950년 이래 미국과 유럽에서 이러한 높은 굴뚝이 대중적이 되어 미국에서만 800개 이상이 있다.

굴뚝이 도입되고 20년 후인 1970년대에 생태학자들은 높은 굴뚝이 황과 관련된 문제를 제거하는 것이 아니라 악영향을 단순히 다른 곳으로 수출할 따름이라는 증거를 보고하기 시작하였다. 미국 북동부의 호수와 삼림은 생물다양성의 급격한 감소를 겪었고, 숲이 죽어가고 호수는 생명이 없어져 갔다. 높은 굴뚝에 의하여 상부 대기권으로 도입된 SO_2는 수증기와 결합하여 황산(H_2SO_4)을 형성하였다. 나중에 이 물이 비나 눈의 형태로 지상으로 떨어지게 되면 황산도 함께 운반된다. 미국의 전국적인 프로젝트로 1989년 학생들이 자연 강우의 pH를 측정하였을 때 북동부 비와 눈의 pH는 식초보다 3배나 더 산성인 pH 2까지를 기록하기도 하였다.

50년 이상 토양에 축적된 결과 산성비의 영향은 너무나 분명하다. 산성비의 삼림에 대한 영향은 북동부에서 처음 명백해졌다. 뉴잉글랜드 지방 호수의 15% 정도가 만성적으로 산성이며 pH 수준이 5.0 이하로 떨어져 생물학적으로 죽어가고 있다. 미북동부 미국과 캐나다의 많은 삼림 또한 심각하게 피해를 받았다. 이 사진의 나무들은 산성강우의 악영향을 나타낸다. 지난 수십 년간 삼림 토양에 추가된 산은 필수적인 식물 영양소인 칼슘과 마그네슘의 절반 이상을 토양에서 손실되게 하였다. 연구자들은 과잉 산이 암석의 풍화에 의하여 보충될 수 있는 것보다 훨씬 빠른 속도로 Ca^{2+}과 Mg^{2+} 이온을 배수로 용해시키는데 책임이 있다고 한다. 이러한 양분이 없으면 나무는 성장을 멈추고 죽게된다.

30여년이 지난 지금 산성비는 미국 남동부에도 명백한 영향을 미치고 있다. 연구자들은 이러한 지연현상이 남부 토양이 북부에 비하여 두꺼워서 산을 더 많이 흡수할 수 있기 때문이라고 시사하였다. 그러나 이제는 남부 삼림 토양도 포화되기 시작하여 죽음에 이르기 시작하고 있다. 조사된 남동부 개울의 1/3에서 물고기가 감소하거나 이미 사라졌다.

해법은 직접적이다: 배출 가스를 대기 중으로 배출하지 않고 포획하여 제거하는 것이다. 점진적으로 강력한 오염방지법이 지난 30여 년간 미국의 이산화황 배출을 최대치이던 1973년의 연간 28.8 metric ton에서 40% 정도 감소시켰다. 이러한 의미 있는 진전에도 불구하고 아직 해야 할 일들이 산더미 같다. 연구자들은 배출 수준이 더 감소되지 않으면 수백 년 동안 회복되지 않을 수 있다고 예측한다.

견문이 있는 대중이 필수적이다. 교과서에서 과거에 다루던 방식은 학생들에 대한 이러한 문제의 영향을 최소화하는 경향이 있었지만 ("북미 삼림의 거의 대부분이 대체로 산성 강하로부터 악영향을 받지 않고 있다"), 우리가 이 논쟁을 정면으로 직시하고 이 심각한 문제를 다루려는 노력이 계속되도록 지지하여야한다.

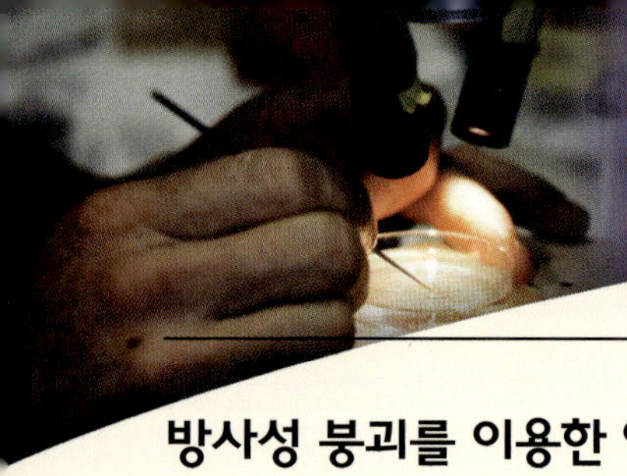

질문과 분석

방사성 붕괴를 이용한 얼음사람의 연대 측정

1991년 가을 이탈리아와 오스트리아 산악 경계부근의 높은 고개 정상의 녹아가는 눈에서 삐져나와있는 한구의 시체를 두 사람의 오스트리아 여행자들이 발견하였다. 당장 보아도 시체는 매우 오래되었고, 오래전 피난처로 찾았던 얼음 구덩이에 얼어서 눈이 녹으면서 이제야 발견되었다.

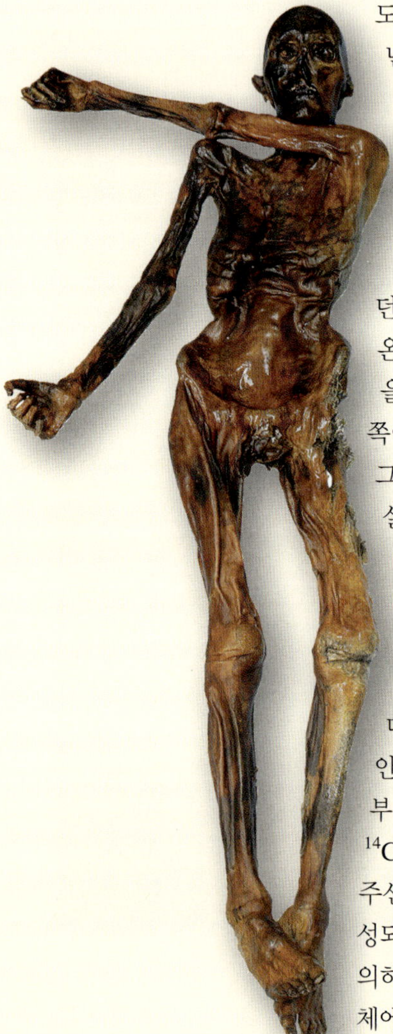

이 놀랄만한 발견 이후 여러 해 동안 과학자들은 Otzi라 이름붙인 죽은 사람에 대하여 매우 많은 사실을 알아냈다. 나이, 건강상태, 입었던 옷, 먹은 음식, 그리고 등을 뚫고나온 화살에 의하여 사망하였다는 사실을 안다. 화살의 촉은 왼쪽 어깨의 등쪽에 묻혀있다. 치아의 화학분석으로 그 시체는 죽은 곳의 60 km 이내에서 살았다는 것도 알게 되었다.

언제 이 얼음사람이 죽었을까요? 과학자들은 Otzi의 몸에서 짧은 반감기를 가진 ^{14}C 탄소동위원소의 붕괴정도를 측정하여 이 핵심질문에 대답하였다. 대부분의 탄소 원자는 안정동위원소인 ^{12}C이지만, 매우 작은 부분은 불안정한 방사성 동위원소인 ^{14}C인데, 이는 질소-14(^{14}N) 원자가 우주선(cosmic rays)의 충격에 의하여 형성되었다. ^{14}C 부분은 식물의 광합성에 의하여 포획되어 식물을 먹은 동물 신체에 탄소 분자로서 존재한다. 식물이나 동물이 죽게되면, 더 이상 탄소를 축적하지 못하며 사망시 존재하던 ^{14}C는 시간에 따라 붕괴하여 ^{14}N으로 돌아간다. 따라서 시간에 따라 ^{12}C에 대한 ^{14}C의 비율은 감소한다. 존재하는 ^{14}C의 절반이 붕괴하는 데는 5,730년이 소요되며, 이를 ^{14}C 동위원소의 반감기(half-life)라고 한다. 반감기는 절대 변하지 않는 상수이기 때문에, 방사성 붕괴의 정도는 시료의 연대측정을 할 수 있도록 한다. 따라서 원래 ^{14}C의 1/4이 남아있는 시료는 대략 11,460년(반감기의 2배) 정도 된 것이다.

오른쪽의 그래프는 ^{14}C 탄소동위원소의 방사능 붕괴곡선을 나타낸다. 과학자들은 시료에 존재하는 ^{14}C의 절반이 질소-14(^{14}N)으로 붕괴하는데 5,730년이 소요된다는 사실을 안다. Otzi의 탄소동위원소가 분석되었을 때, 연구자들은 ^{14}C의 ^{12}C에 대한 비율을 측정하으며, 이는 ^{14}C/^{12}C 분율로 나타내며, Otzi 신체는 최근에 사망한 사람의 조직에서 발견된 비율의 0.435였다.

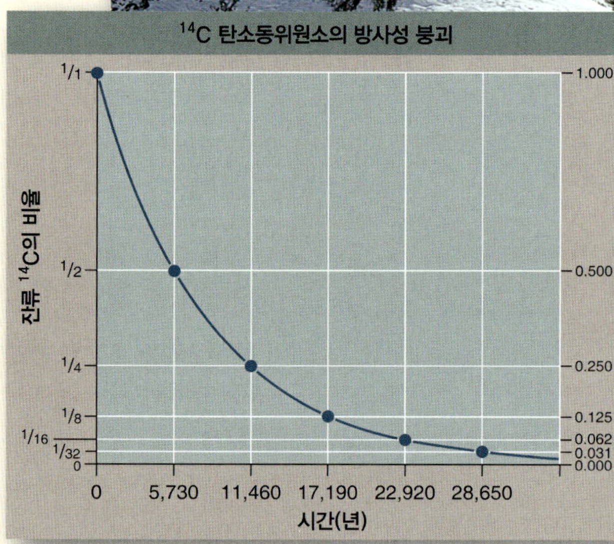

분석

1. **개념의 적용**: Otzi의 신체에 사망시 존재하던 14C의 어느 정도가 아직 존재하는가? 그가 죽었을 때는 1.0이었을 것이다.
2. **자료의 분석**: 이 비율을 위의 방사성 붕괴곡선에 표시하시오. 이 점은 반감기의 몇 배를 나타내는가?
3. **추론**: 만약 Otzi가 최근 시체이고, 발견된 높은 산 협곡의 혹독한 기상조건에 의하여 오래된 것처럼 보였다면, 14C/12C의 비율은 여러분의 신체 비율과 비교하였을 때 어떠할 것으로 예측하는가?
4. **결론의 도출**: 얼음 인간 Otzi는 언제 사망하였나요?

학습 결과의 요약

간단한 화학

원자

2.1.1 원자는 그 물질의 성질을 유지하는 가장 작은 입자이다. 원자는 양성자와 중성자의 중심핵을 가지며, 핵 주위를 전자가 회전한다. 전형적인 원자에서 전자의 수는 양성자의 수와 같다.

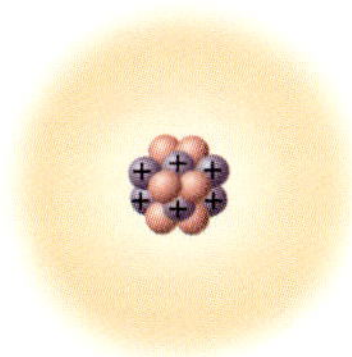

원자의 양성자 수를 원자번호라고 한다. 양성자와 중성자에 의하여 기여되는 질량을 원자의 질량번호라고 한다. 동일한 원자번호를 가지는 모든 원자는 같은 원소라고 한다.

2.1.2 양성자는 양으로 하전된 입자이며, 중성자는 전하를 가지지 않는다. 전자는 다른 에너지 수준에서 핵 주위를 선회하는 음으로 하전된 입자이다. 전자는 다른 원자와 상호작용하는 아원자 입자이기 때문에 원자의 화학적 행동을 결정한다.

2.1.3 전자를 궤도에 유지시키기 위해서는 에너지가 필요하며, 이 에너지를 위치에너지라고 한다. 전자의 위치에너지의 양은 핵으로부터 전자까지의 거리에 기초한다. 대부분의 전자각은 8개의 전자를 수용할 수 있으며, 원자는 가장 바깥쪽 껍질을 채우기 위하여 전자를 얻거나, 잃거나 공유하는 화학적 반응을 겪게 된다.

이온과 동위원소

2.2.1 이온은 하나 또는 그 이상의 전자를 얻거나(음이온) 잃은(양이온) 원자이다.

2.2.2 동위원소는 동일한 수의 양성자를 가지지만 중성자 수가 다른 원자들이다. 동위원소는 불안정할 수 있으며 방사성 붕괴라는 과정을 통하여 다른 원소로 붕괴될 수 있다. 원자의 모든 동위원소는 동일한 화학적 성질을 가진다.

분자

2.3.1 분자는 원자들이 화학결합에 의하여 연결된 것이다. 화학결합에는 3가지 주된 유형이 있다.

2.3.2 이온결합은 반대 전하를 가진 이온들이 서로 끌리는 것이다. 식염은 양전의 나트륨 이온과 음전하의 염소 이온 사이에 이온결합으로 형성된다.

2.3.3 대부분의 생물분자들은 공유결합에 의하여 지탱된다. 공유결합은 두 원자가 전자를 공유할 때 형성되며, 비어있는 전자 궤도를 채우기 위해서이다. 공유결합은 많은 전자들이 공유될수록 강하다. 여기에 나타낸 그림처럼 2중 공유결합처럼 2쌍의 전자가 공유될 때 단일 공유결합보다 강하며, 3중 공유결합은 더 강하다.

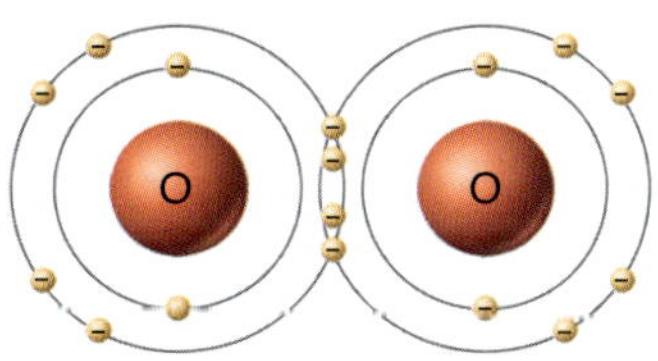

2.3.4 극성분자의 원자들은 핵 주위에 공유된 전자가 불평등하게 공유된 공유결합에 의하여 유지되며, 분자에 약간 양전하인 끝과 약간 음전하인 끝을 가지게 된다. 수소결합은 한 분자의 양전하 끝이 다른 분자의 음전하 끝에 끌릴 때 형성된다.

극성분자 사이에 형성되는 수소결합은 전형적으로 하나의 극성 분자의 전기적으로 양성인 수소원자와 다른 극성분자의 전기적으로 음성인 산소 또는 질소 원자 사이에 형성된다.

2.3.5 반데르발스 힘이라고 하는 약한 화학적 인력은 두 원자가 가까이 접촉하였을 때 일시적으로 결합된다. 그러나 반데르발스 힘은 화학결합으로 간주되지 않는다.

물: 생명의 요람

물의 독특한 성질

2.4.1 물 분자는 액체 상태에서 다른 물 분자와 수소결합의 네트워크를 형성하며, 다른 극성 분자를 용해한다. 물의 많은 핵심적인 성질들은 액체상 물의 수많은 수소결합을 파괴하기 위하여 많은 에너지가 필요한 것에서 나온다.

물 분자는 서로 수소결합에 의하여 끌리기 때문에, 분자들을 흩뜨리기 위해서는 상당한 에너지가 필요하다. 이러한 이유로 물은 서서히 가열되며 온도를 오래 유지한다.

2.4.2 물 분자들을 지탱하는 수소결합은 낮은 온도에서 더 안정적이며 그 결과 얼음이라고 하는 고체결정 구조로 물 분자를 가두게 된다. 각각의 물 분자는 수소결합의 안정된 형성으로 인하여 인접한 분자들과 정해진 거리를 유지한다. 액체상 물에서는 수소 결합이 깨지고 변형되어 각각의 물 분자가 움직일 수 있도록 하여, 분자들이 서로 가까이 근접할 수 있도록 한다. 이 결과 얼음보다 더 밀도가 높은 물질이 형성된다.

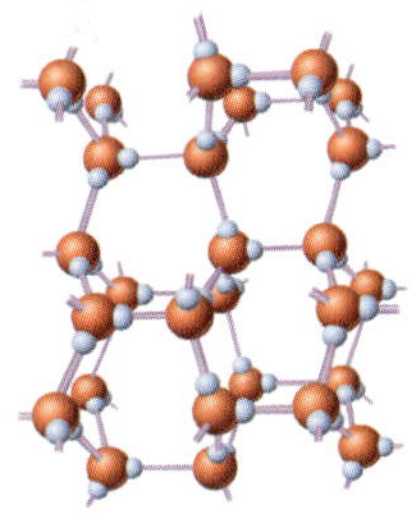

2.4.3 물이 기체로 기화하기 위해서는 수소결합을 파괴하기 위하여 상당한 양의 열에너지가 투입되어야 한다. 이 기화열은 우리 신체가 체온을 조절하는데 이용되는 물의 성질이다.

2.4.4 물 분자는 극성분자이기 때문에, 다른 극성분자들과 수소결합을 형성한다. 만약 다른 극성분자가 물 분자이면, 이 과정을 응집이라고 한다. 만약 다른 극성분자가 다른 물질이면 이 과정은 접착이라고 한다.

2.4.5 물 분자가 다른 극성분자와 수소결합을 형성할 때, 물 분자는 다른 극성분자를 둘러싸는 경향이 있어, 주위에 친수성 껍질이라는 장벽을 형성한다. 극성분자는 친수성이라고 하며 물에 용해된다. 비극성분자는 수소결합을 형성하지 않고 물에 넣으면 함께 덩어리진다. 비극성분자들은 소수성이라고 하며 물에 용해되지 않는다.

물은 이온화된다.

2.5.1 물 분자의 극히 일부분은 언제 어느 때라도 자발적으로 이온화되어 H^+와 OH^- 이온을 형성한다. 용액의 pH는 H^+ 농도의 척도이다. 낮은 pH 값은 높은 H^+ 이온 농도를 나타내며(산성용액), 높은 pH 값은 낮은 H^+ 이온 농도를 나타낸다(염기성 용액).

산은 pH가 7 미만이다. 염기는 pH가 7을 넘는다. 완충제는 산성용액에서는 초과된 H^+를 흡수하거나, 염기성 용액에서는 H^+를 방출하여 pH 변화를 최소화시키는 화학물질이다.

이해의 측정

2.1.1 물질이 나뉘어서 화학적 성질을 유지할 수 있는 가장 작은 입자는?
a. 물질 **c.** 분자
b. 원자 **d.** 질량

2.2.1 하나 또는 그 이상의 전자를 얻거나 잃은 원자는?
a. 동위원소 **c.** 이온
b. 중성자 **d.** 방사성

2.3.1 원자는 화학결합이라고 하는 힘에 의하여 함께 결합된다. 3종류의 화학적 결합은?
a. 양성, 음성, 그리고 중성
b. 소수성, 친수성, 그리고 반데르발스 힘
c. 자성, 전기성, 그리고 방사성
d. 이온, 공유, 그리고 수소

2.3.3 탄소는 바깥쪽 전자각에 4개의 전자를 가진다. 따라서 탄소는
a. 바깥쪽 전자각이 완전히 채워져 있다.
b. 4개의 단일 공유결합을 형성할 수 있다.
c. 다른 어떤 원자와도 반응하지 않는다.
d. 양전하를 띠고 있다.

2.3.3 물 분자의 부분적인 전하의 분리는
a. 전자가 산소 원자에 더 끌리기 때문에 나타난다.
b. 분자가 양전하 끝부분과 음전하 끝부분을 가지고 있다는 것을 의미한다.
c. 물 분자가 극성분자라는 것을 나타낸다.
d. 위의 모든 것이 다 맞다.

2.4.1 물은 몇가지 매우 유별난 성질을 가진다. 이러한 성질이 나타나는 이유는?
a. 개별 물 분자 사이의 수소결합 때문이다.
b. 개별 물 분자 사이의 공유결합 때문이다.
c. 개별 물 분자 내의 수소결합 때문이다.
d. 개별 물 분자 사이의 이온결합 때문이다.

2.4.3 수소결합을 파괴하기 위하여 막대한 양의 열에너지를 필요로 하는 사실과 관계가 있는 성질은?
a. 응집력과 접착력
b. 소수성과 친수성
c. 열의 저장과 기화열
d. 얼음의 형성과 높은 극성

2.4.4 물 분자가 다른 물 분자에 끌리는 것을 무엇이라고 하는가?
a. 응집력 **c.** 모세관 작용
b. 용해도 **d.** 접착력

2.5.1 물은 때때로 이온화되어 분자가 수소이온과 수산이온으로 분리된다. 다른 물질들은 물에서 분리되어 용액의 (1) 수소이온을 증가시키거나 (2) 수소이온을 감소시킬 수 있다. 이러한 결과를 무어라고 하는가?
a. (1)산 (2) 염기 **c.** (1) 중성용액 (2) 중성자 용액
b. (1) 염기 (2) 산 **d.** (1) 수소 용액 (2) 수산용액

2.5.1 다음 중 어느 것이 완충제에 대한 설명이 아닌가?
a. 완충제는 용액에서 H^+를 흡수한다.
b. 완충제는 pH를 비교적 일정하게 유지한다.
c. 완충제는 물이 이온화되는 것을 정지시킨다.
d. 완충제는 용액에 H^+를 방출한다.

이해의 적용

2.3.3 이 그림은 2개의 수소원자와 공유결합을 형성하는 산소 원자를 나타낸다. 탄소 원자는 산소와 마찬가지로 가장 안쪽 전자각에 2개의 전자를 가지고 있지만, 가장 바깥쪽 전자각에는 4개의 전자만을 가지고 있다. 이 물 분자와 그림 2.10을 참고로 하여 어떻게 탄소가 2개의 산소 원자와 공유결합을 형성하여 이산화탄소(CO_2)를 만드는지 그림을 그리시오.

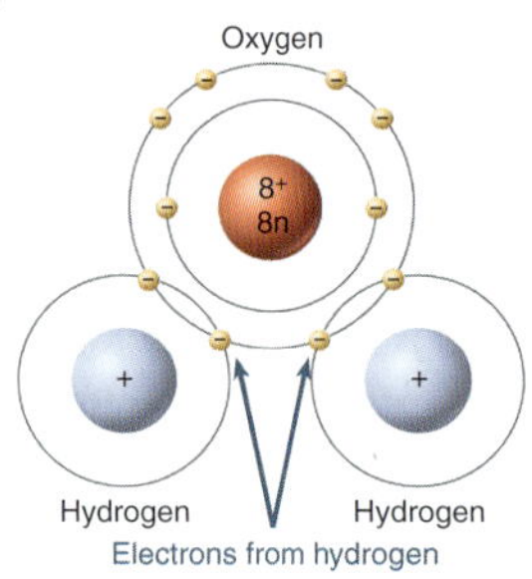

2.4.4 이 곤충은 물 위를 걷는다. 곤충은 왜 가라앉지 않을까요?

학습 내용의 종합

2.1.3 수소는 2원자 기체인 H_2(H-H)를 형성한다. 산소도 마찬가지이고(O_2, O=O), 질소도 그렇다(N_2, N≡N). 탄소는 그렇지 않다. 왜 탄소는 2원자 기체인 C_2를 형성하지 않는다고 생각하는가?

2.3.3 세균은 N_2 기체의 삼중 공유결합을 파괴할 수 있는데, 여러분이나 다른 동물들은 파괴할 수 없는지 설명하시오.

2.5.1 당신은 몇 명의 친구들과 10일간의 배낭여행을 다니고 있다. Yvonne은 표백제로 물병을 세척하였다. Yvonne가 병을 헹구기도 전에, Carlos는 덥고 목말라서 병 하나를 들어서 마시다가 떨어뜨리고 숨이 막히기 시작하였다. 무엇이 문제이고, Carlos를 위하여 당신은 무엇을 해줄 수 있는가?

Chapter 3

생명의 분자
Molecules of Life

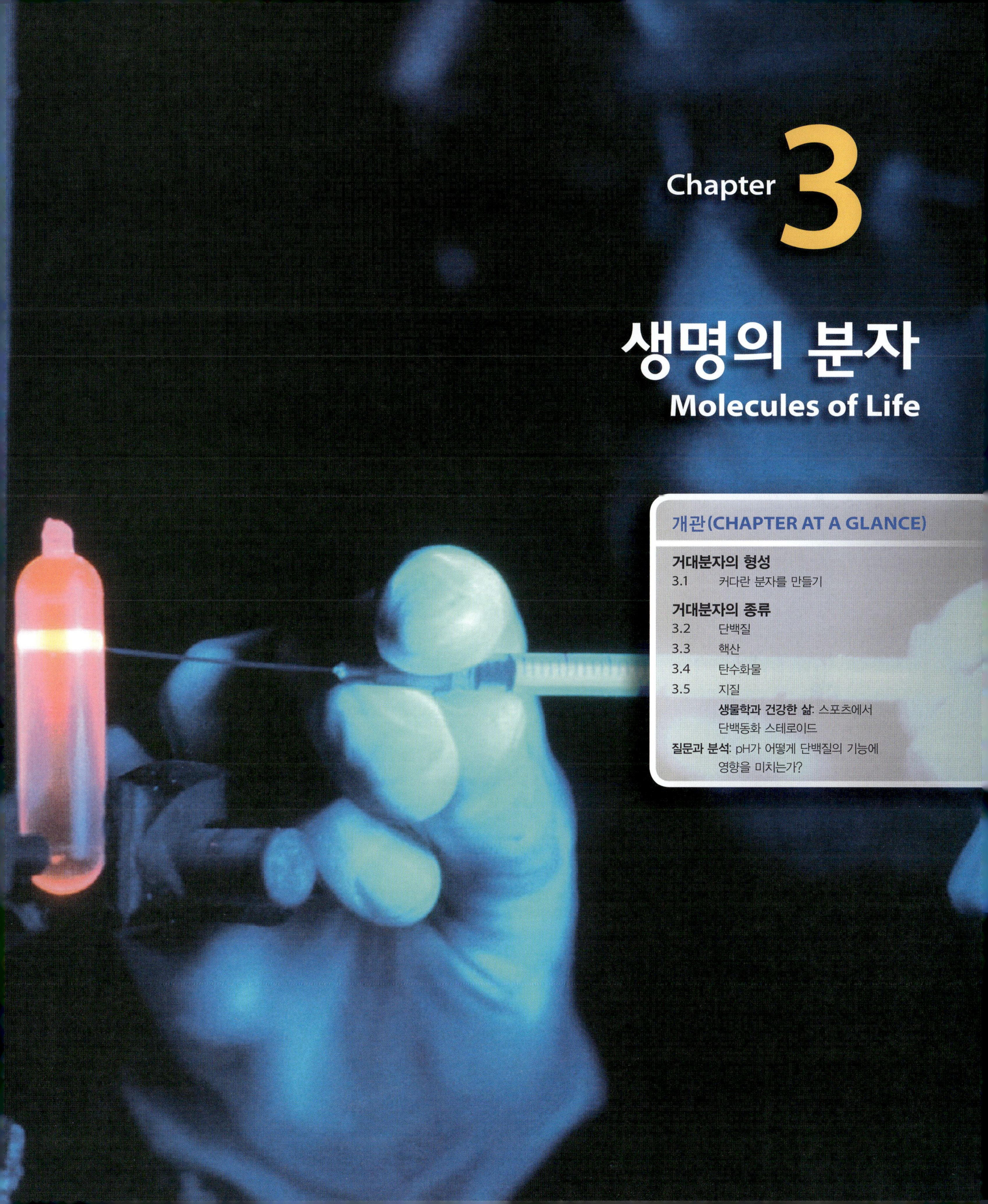

개관(CHAPTER AT A GLANCE)

거대분자의 형성 Forming Macromolecules

그림 3.1 영양성분표에는 무엇이 있는가?

지방, 콜레스테롤, 탄수화물, 그리고 단백질 - 팝콘과 다른 식품에서 나타나는 분자들의 일부 - 등이 이번 장에서 토의된다.

3.1 커다란 분자를 만들기

Building Big Molecules

학습 목표 3.1.1 중합체(polymer)와 단량체(monomer)를 구분한다.

생물의 신체는 수천 종류의 다른 분자와 원자를 포함한다. 생물은 이러한 분자들을 주변과 소비하는 것으로부터 획득한다. 그림 3.1에 볼 수 있듯이 영양표에 나열된 일부 물질에 대하여 익숙하다. 그러나 이러한 표지의 단어들은 무엇을 의미하는가? 일부는 칼슘과 철 같은 광물(미네랄; mineral)이다(13장과 15장에서 다룸). 다른 것들은 16장에서 다루게 될 비타민이다. 다른 것들이 이 장에서 다루게 될 주제인 우리가 먹는 음식에 포함되고 생물의 신체를 구성하는 단백질, 탄수화물(당을 포함), 그리고 지질(지방, 트랜스지방, 포화지방, 그리고 콜레스테롤) 등 거대분자이다. 이러한 분자들을 *유기분자*(organic molecules)라고 하며, 생명체에 의하여 생성되며, 특정한 집단이 부착된 탄소에 기초한 중심으로 구성되어있다. 이러한 원자의 집단은 특별한 화학적 성질을 *가지며 기능기*(functional groups)라고 부른다. 기능기는 그림 3.2에 열거되었듯이 화학반응 과정에서 단위로 작용을 하며 그들을 포함하는 분자에 특별한 화학적 성질을 부여한다.

생물의 신체는 수천종류의 다른 유기분자를 포함하지만, 대부분의 신체는 단백질, 핵산, 탄수화물, 그리고 지질의 4종류로만 이루어져 있다. 크기가 매우 클 수 있기 때문에 **거대분자**(macromolecules)라고 부르며, 이 4종류는 세포의 구성물질로서, 세포의 몸체를 구성하고 세포 내의 기관을 운영하는 "벽돌과 모르타르" 역할을 한다.

거대분자는 **단량체**(monomer)라고 하는 작은 단위를 결합하여 조립되며, 이는 기차가 궤도차를 연결하여 구성되는 것과 같다. 작은 소단위의 기다란 사슬로 이루어진 분자를 **중합체**(polymer)라고 한다.

기 (Group)	구조식 (Structural Formula)	공-막대 모형 (Ball-and-Stick Model)	나타나는 물질
수산기 (Hydroxyl)	—OH	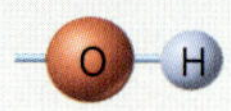	탄수화물
카르보닐기 (Carbonyl)	>C=O	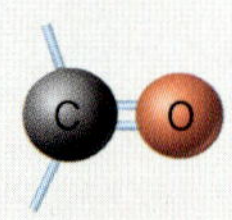	지질
카르복실기 (Carboxyl)	—C(=O)—OH	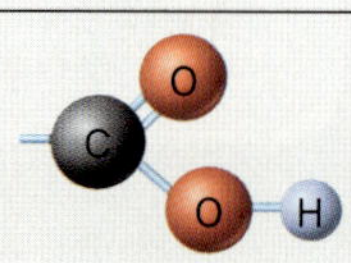	단백질
아미노기 (Amino)	—N(H)—H	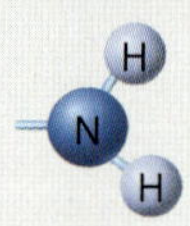	단백질
인산기 (Phosphate)	—O—P(=O)(O⁻)—O⁻	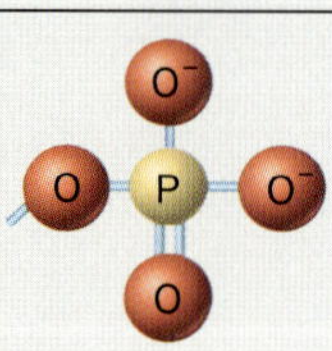	DNA, ATP

그림 3.2 5종류의 주요한 기능기.

이 기능기들은 하나의 분자에서 다른 분자로 전달될 수 있으며 유기분자에 공통적이다.

여러분에게 의미하는 것

빵과 같은 탄수화물에 존재하는 수산기는 일반적인 가정용 표백제에도 공통으로 나타난다. 여러분은 왜 빵은 먹을 수 있지만 표백제는 마실 수 없다고 생각하는가?

개념의 적용

어느 기능기가 단백질이나 탄수화물에 모두 존재하지 않는가?

거대분자의 합성과 분해

학습 목표 3.1.2 가수분해와 탈수합성을 대비한다.

4종류의 다른 거대분자들(단백질, 핵산, 탄수화물, 지질)은 다른 단량체로 구성되었지만(그림 3.3), 모두 같은 방식으로 소단위가 결합되어 있다. 두 소단위 간에 하나에서는 수산기(OH)가 제거되고 다른 하나에서는 수소(H)가 제거되어 공유결합이 형성된다. 그림 3.4*a*에 나타낸 이 과정은 *탈수합성*(dehydration synthesis)이라고 하며, 그 이유는 사실상 OH와 H의 제거는 물 분자의 제거를 나타내며 – *탈수*(dehydration)라는 단어는 물을 빼앗아 간다는 의미이다. 이 기작은 올바른 화학결합들이 변형되고 파괴될 수 있도

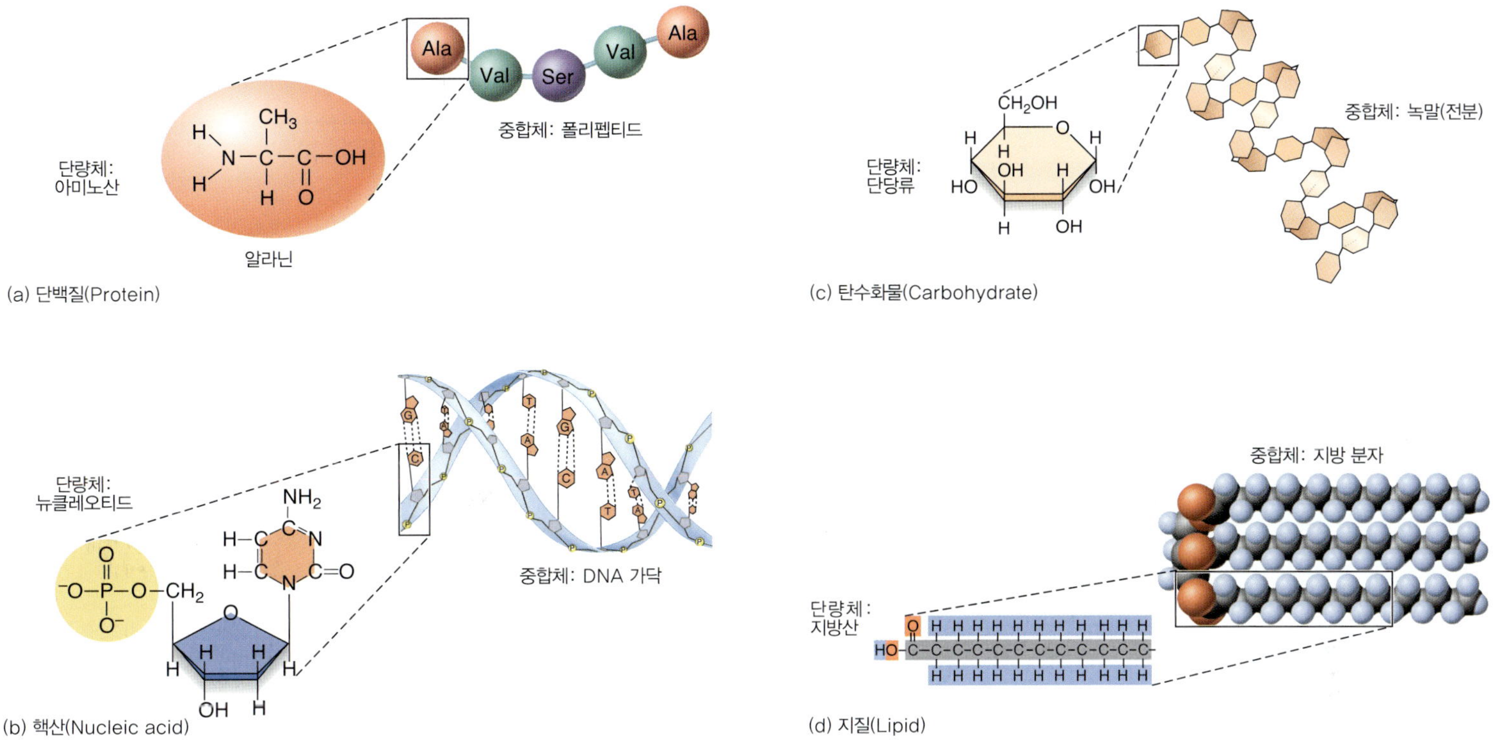

그림 3.3 중합체는 단량체로부터 만들어졌다.

각각의 거대분자 중합체는 다른 단량체로 구성되었다. (a) 단백질 중합체는 폴리펩티드라고 하며 아미노산 단량체로 구성되었다. (b) DNA 사슬과 같은 핵산 중합체는 뉴클레오티드 단량체로 구성되었다. (c) 녹말 분자와 같은 탄수화물 중합체는 단당류 단량체로 구성되었다. (d) 지방 분자와 같은 지질 중합체는 지방산으로 구성되었다.

록 분자들의 위치를 용이하게 해주는 **효소**(enzymes)라고 불리는 단백질의 도움을 필요로 한다. 여러분이 먹는 음식에 포함되어 있는 단백질이나 지방과 같은 분자를 분해하는 과정은 탈수합성의 역반응이며, 물 분자를 제거하는 대신에 추가한다. 물 분자가 들어오면 그림 3.4*b*에서 볼 수 있듯이, 수소는 하나의 소단위에 그리고 수산기는 다른 소단위에 부착되고, 공유결합이 파괴된다. 이러한 방식의 중합체의 분해를 **가수분해**(hydrolysis)라고 한다.

2.5절에서 물 분자가 이온화되는 과정을 기억하면, 분자가 H^+와 OH^- 이온으로 해리된다. 효소는 이 과정을 용이하도록 도와주며 그에 따라 세포에서 탈수와 가수분해 반응이 용이하도록 한다.

개념의 적용

단백질의 가수분해도 탈수합성처럼 효소를 필요로 한다고 생각하나요? 그 이유를 설명하시오.

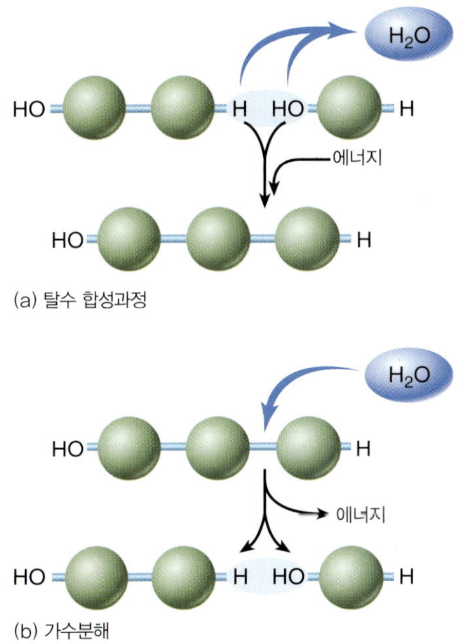

그림 3.4 탈수와 가수분해.

(a) 생물학적 분자는 탈수 합성과정에 의하여 공유결합으로 소단위를 연결하여 형성되며, 그 과정에서 물 분자가 방출된다. (b) 이러한 결합을 파괴하기 위해서는 가수분해라고 하는 물 분자를 추가하는 반응이 필요하다.

거대분자의 종류 Types of Macromolecules

3.2 단백질 Proteins

학습 목표 3.2.1 단백질의 5가지 기능집단을 열거하여 단백질이 무엇을 하는지 설명한다.

단백질이라고 불리는 복잡한 거대분자는 모든 생물의 체내에서 중요한 생물학적 거대분자이다. 단백질에서 가장 중요한 종류의 하나는 세포가 특정한 화학반응을 수행하도록 도와주는데 핵심적인 역할을 하는 효소(enzyme)이다. 다른 단백질들은 구조적인 역할을 한다. 연골, 뼈, 그리고 힘줄은 모두 콜라겐이라고 하는 구조 단백질을 포함하고 있다. 다른 구조 단백질인 케라틴은 털, 코뿔소의 뿔, 그리고 깃털을 형성한다. 다른 단백질들은 두뇌와 몸 전체에 걸쳐 화학적 전령 역할을 한다. 그림 3.5는 단백질의 다양한 범주의 기능을 개략적으로 보여주고 있다.

개념의 적용

그림 3.5에 있는 5가지의 단백질 기능기 중에서 여러분의 작은 손가락에 없는 것이 있나요?

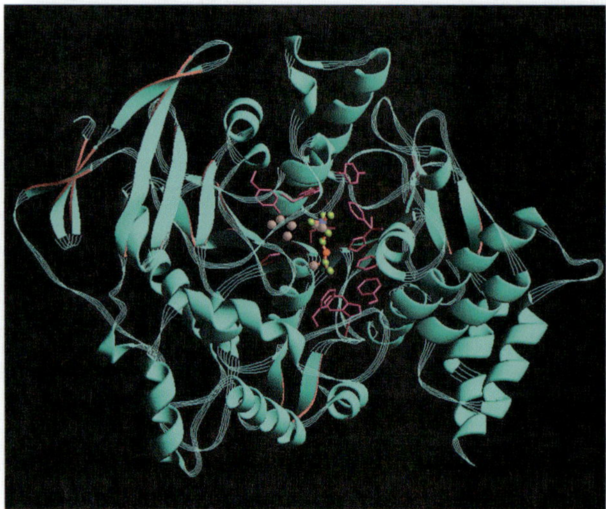

(a) **효소:** 효소라고 하는 구형단백질은 많은 화학반응에서 핵심역할을 한다. 이 그림은 효소의 컴퓨터 모형이다.

(b) **구조단백질(케라틴):** 케라틴은 털, 손톱, 깃털, 그리고 뿔의 성분이다.

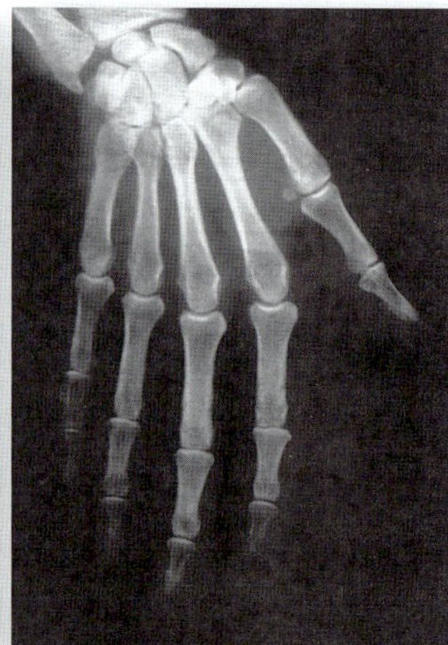

(c) **구조단백질(콜라겐):** 콜라겐은 뼈, 힘줄, 그리고 연골에 존재한다.

(d) **수축단백질:** 액틴과 미오신이라 불리는 단백질은 근육에 존재한다.

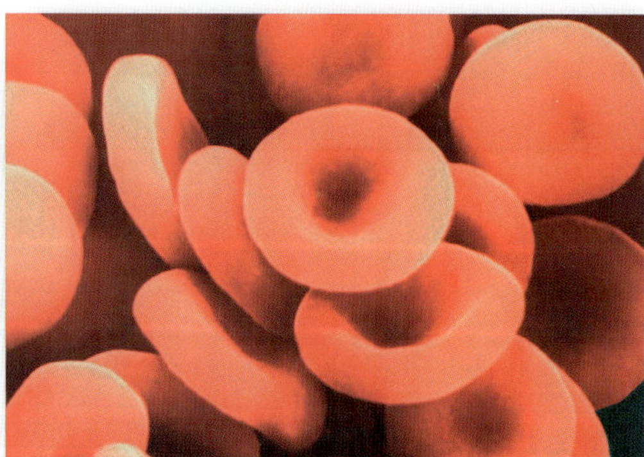

(e) **운반단백질:** 적혈구는 헤모글로빈 단백질을 가지고 있으며, 이는 몸에서 산소를 운반한다.

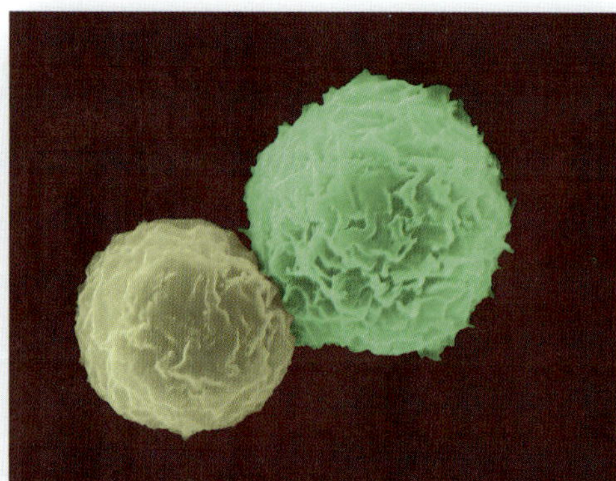

(f) **방어단백질:** 백혈구는 신체에서 이질 세포를 파괴하며 침입자를 공격하는 항체단백질을 만든다.

그림 3.5 단백질의 여러 가지 종류.

아미노산 Amino Acid

학습 목표 3.2.2 아미노산의 구조와 펩티드 결합의 형성을 그린다.

다양한 기능에도 불구하고 모든 단백질은 동일한 기본구조를 가진다: 아미노산이라고 하는 소단위로 구성된 긴 중합체 사슬이다. **아미노산**은 간단한 기본구조를 가진 작은 분자이다: 중앙의 탄소 분자에 아미노기(−NH_2), 카복실기(−COOH), 수소 원자(H), 그리고 기능기(R)가 부착되어 있다.

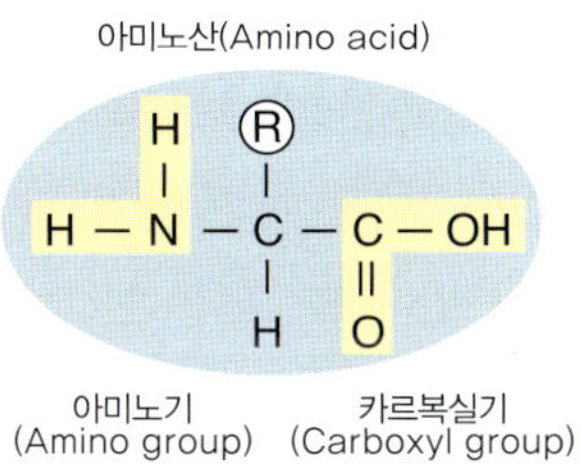

아미노산에는 R 기능기의 차이에 의하여 구별되는 20종류의 공통적인 아미노산이 있다. 아미노산의 R기는 크게 아미노산의 화학적 성질을 결정한다. 어떤 아미노산은 R기가 극성이어서 물과 상호작용을 하며; 일부는 비극성이어서 물을 피하고; 다른 아미노산은 단백질 사슬간의 연결을 형성하거나 단백질의 형태에 비틀림을 가져와 중요하다.

아미노산의 연결. 각각의 단백질은 특정한 아미노산을 특정한 순서로 연결하여 만들어지는데, 이는 단어가 알파벳 글자를 특정한 순서로 배열하여 만들어지는 것과 같다. 2개의 아미노산을 연결하는 공유결합을 **펩티드 결합**(peptide bond)이라고 한다. 아래 그림에서 볼 수 있듯이 펩티드 결합이 형성되면 물 분자가 방출된다. 펩티드 결합으로 연결된 아미노산의 긴 사슬을 **폴리펩티드**(polypeptide)라고 한다.

개념의 적용

아미노산의 아미노기는 왜 모든 단백질을 극성으로 만들지 않는가?

뉴스에서

치명적인 아기 식품. 전 세계의 아기들은 단백질, 지방, 그리고 다른 양분이 풍부한 우유를 먹고 산다. 중국에서 2008년 수천 명의 아기들이 먹은 분유로 인하여 심각하게 병을 앓았다. 왜 아기들이 아프게 되었는가? 아기 분유 제조사는 분유를 만들 우유를 우유 상인으로부터 구입하였다. 우유 상인들은 소농민들로 부터 원유를 구입하여 되팔기 위하여 혼합하였다. 이윤을 최대화하기 위하여, 일부 상인들은 양을 늘리기 위하여 물을 타기도 하였다. 중국의 분유제조사들은 정기적으로 우유가 포함하고 있는 질소의 양을 측정하여 단백질 수준을 확인한다. 단백질은 우유에서 유일한 질소의 중요한 근원이며 따라서 질소는 단백질 수준을 나타낸다. 희석된 우유는 정상적인 질소의 양보다 낮게 나타나기 때문에 거절될 것이다. 이를 회피하기 위하여 일부 상인들은 희석된 우유에 화학물질인 멜라민을 첨가하였다. 플라스틱과 비료를 만드는데 사용되는 멜라민($C_3H_6N_6$)은 질소가 풍부하기 때문에, 희석된 우유가 제조사의 시험을 속일 수 있도록 하였다. 비극적으로 멜라민은 유아의 신장에 문제를 일으킨다. 미국에서 상업용 우유는 더 세심하게 확인된다. 앞으로는 중국에서도 제대로 확인될 것이다.

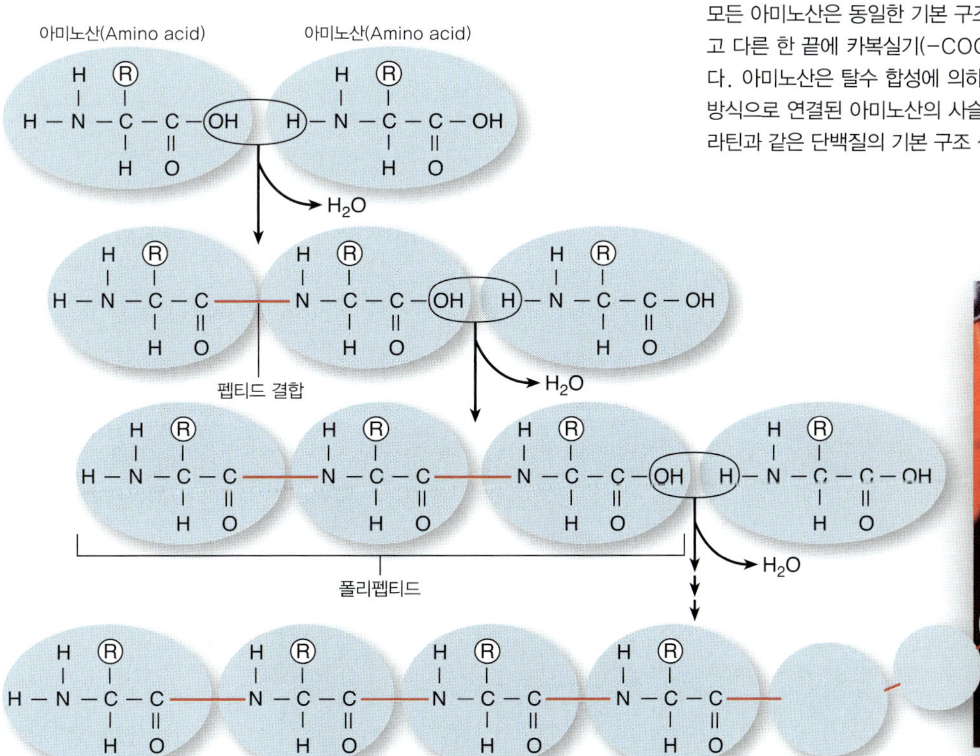

그림 3.6 펩티드 결합의 형성.

모든 아미노산은 동일한 기본 구조를 가지는데, 한 끝에 아미노기(−NH_2) 그리고 다른 한 끝에 카복실기(−COOH)이다. 유일한 변수는 기능기 또는 "R"기이다. 아미노산은 탈수 합성에 의하여 펩티드 결합을 형성하여 연결된다. 이러한 방식으로 연결된 아미노산의 사슬을 폴리펩티드라고 하며 사람의 털에 있는 케라틴과 같은 단백질의 기본 구조 성분이다.

단백질의 구조 Protein Structure

학습 목표 3.2.3 단백질 구조의 4가지 일반적 수준과, 물의 극성이 어떻게 그들에 영향을 미치는지 기술한다.

기능이 있는 폴리펩티드는 보통 단백질로 불린다. 어떤 단백질은 예를 들어 인간의 털에 있는 케라틴은 길고 가는 섬유를 형성하는 반면, 다른 것들은 구형이며 자신의 가닥에 꼬이고 다시 접힌다. 단백질의 형태는 단백질의 기능을 결정하기 때문에 매우 중요하다. 단백질의 구조에는 4개의 일반적인 단계가 있다. 1차, 2차, 3차, 그리고 4차이다(그림 3.7). 모두 궁극적으로 아미노산의 서열에 의하여 결정된다.

1차 구조(Primary Structure). 폴리펩티드 사슬에서 아미노산의 순서를 폴리펩티드의 **1차 구조**라고 한다. 아미노산은 펩티드 결합에 의하여 서로 연결되어, 구슬을 꿴 줄과 같은 긴 사슬을 형성한다. 단백질의 1차 구조는 아미노산의 서열이며 단백질 구조의 다른 모든 단계를 결정한다. 아미노산은 어떠한 순서로도 조립될 수 있기 때문에, 단백질의 매우 큰 다양성이 가능하다.

2차 구조(Secondary Structure). 폴리펩티드 사슬의 다른 부분 사이에 형성되는 수소 결합은 폴리펩티드의 접힘을 안정시켜준다. 그림에서 볼 수 있듯이 붉은 점으로 표시된 안정화시키는 수소결합은 R기와 연관되지 않고, 폴리펩티드 골격과 연관되어 있다. 초기의 접힘이 단백질의 **2차 구조**이다. 2차 구조 내에서의 수소결합은 폴리펩티드가 α-나선이라고 하는 나선모양과 β-주름판이라고 하는 판 모양으로 접힐 수 있도록 한다.

3차 구조(Tertiary Structure). 일부 아미노산은 비극성이기 때문에 폴리펩티드 사슬은 극성이 강한 물 속에서 접혀서 비극성 아미노산 기능기를 물 환경에서 멀리 밀어낸다. 최종적인 3차원적인 형태, 또는 **3차 구조**는 폴리펩티드 사슬의 정확히 어느 부분에 비극성 아미노산이 나타나느냐에 따라 결정된다.

4차 구조(Quaternary Structure). 단백질이 하나 이상의 폴리펩티드 사슬로 구성되어 있을 때, 여러 구성요소의 공간적인 배열을 단백질의 **4차 구조**라고 한다. 예를 들어 헤모글로빈의 4차 구조는 4개의 소단위가 형성한다. 소단위로 구성된 단백질에서 소단위 사이의 상호작용은 종종 비극성 부분과 연관되어 있지만, 소단위의 극성 부분도 종종 수소결합에 연관되어 있다.

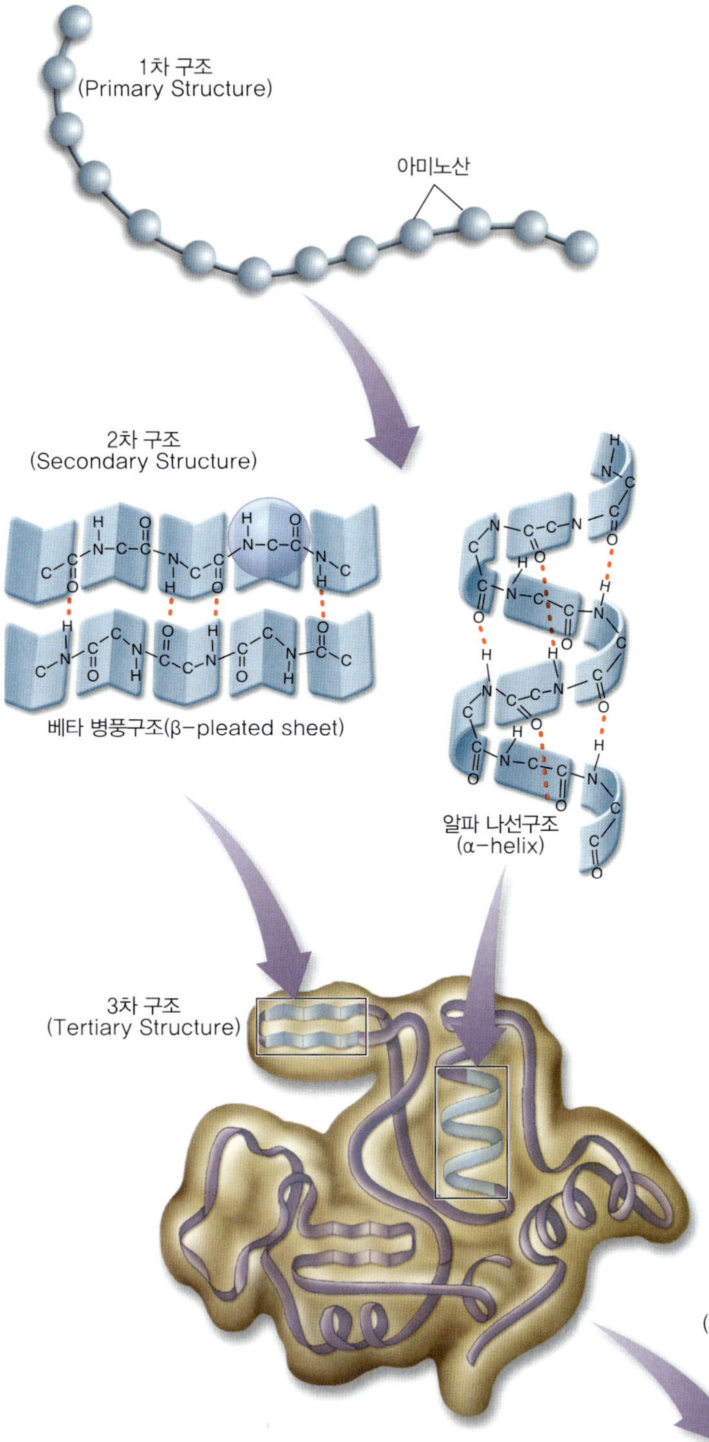

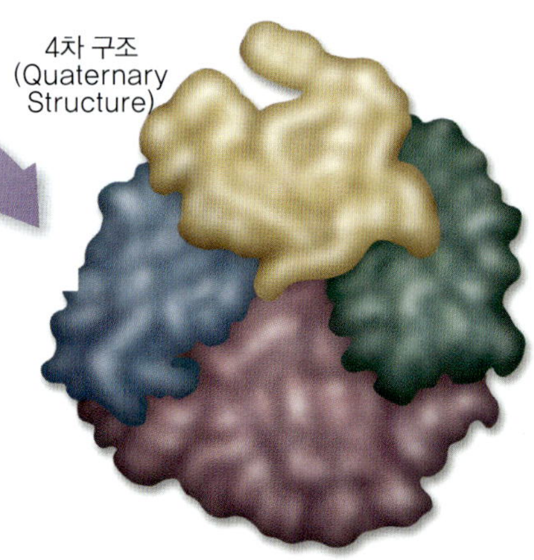

그림 3.7 단백질 구조의 단계.

단백질의 1차 구조는 아미노산의 서열이다. 아미노산 사슬의 꼬임이나 주름은 2차 구조라고 하는데 각 사슬 내에서 국부적인 수소결합(붉은색 점)의 형성에 기인한다. 사슬의 더 복잡한 접힘을 3차 구조라고 한다. 2개 이상의 폴리펩티드 사슬이 함께 연합하여 4차 구조를 형성한다.

개념의 적용

어떤 힘이 헤모글로빈 같은 단백질의 소단위를 함께 유지하는가?

단백질의 접힘과 변성(Denaturation)

학습 목표 3.2.4 단백질의 변성을 일으키는 힘들에 대하여 설명한다.

세포 내 물 환경의 극성 성질은 어떻게 폴리펩티드가 기능적인 단백질로 접히는지에 영향을 미친다. 그림 3.8의 단백질은 기능을 수행할 수 있도록 접혔다. 수소결합에 영향을 미치는 온도를 올리거나 pH를 낮추어 단백질 환경의 극성 성질이 변화하면, 단백질은 그림의 오른쪽 아래와 같이 풀리게 될 수 있다. 단백질의 이러한 현상을 *변성*(denaturation)되었다고 한다. 단백질이 변성되면 적절한 기능을 하지 못하게 된다. 용매의 극성 성질이 재설정되면 일부 단백질은 자발적으로 다시 접힐 수 있지만, 대부분은 그러지 못한다. 달걀을 요리하는 것이 다시 접히지 않는 단백질 변성의 예이다. 온도가 상승하면 계란 단백질은 변성되며, 식히더라도 다시 접히지 않고 영구적으로 변성된다. 또한 단백질 변성은 식품을 보존하는 전통적인 방법의 근거이다. 냉장고나 냉동고가 가용하기 전에 음식에서 미생물이 자라는 것을 막는 실질적인 방법은 절임(pickling)이라고 하는 처리로, 고농도의 식초를 포함한 용액에 음식을 보관하는 것이었다. 식초의 낮은 pH는 미생물의 단백질을 변성시켜 음식에서 성장할 수 없도록 한다.

> 5.4절에서 효소의 작용이 어떻게 온도와 pH에 의하여 영향을 받는지 알 수 있다. 대부분의 효소는 온도와 pH의 적정 범위를 가진다. 이 범위의 위와 아래에서는 효소의 기능이 간섭을 받을 수 있다.

개념의 적용

왜 대부분의 열 변성된 단백질은 실온으로 다시 냉각되었을 때 자발적으로 다시 접히지 않는가?

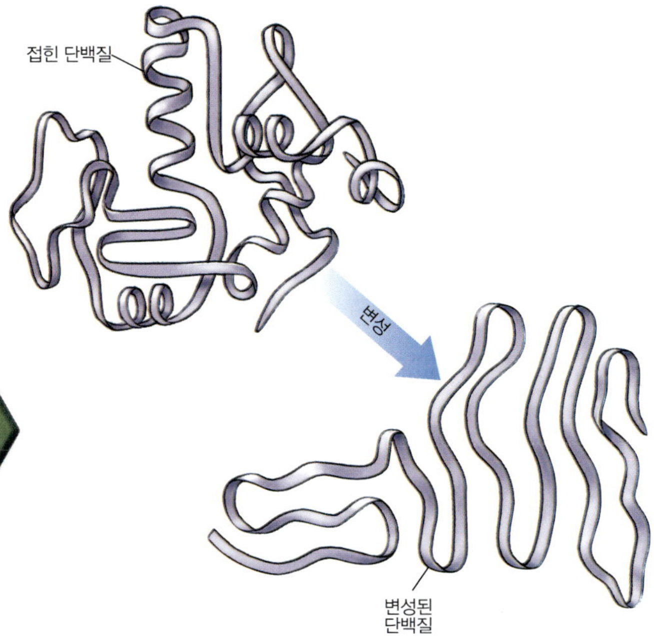

그림 3.8 단백질 변성.

온도나 pH의 변화 같은 단백질 환경의 변화는 변성이란 과정을 통하여 풀리고 형태를 잃게 된다. 이러한 변성된 상태에서 단백질은 생물학적으로 불활성이다.

여러분에게 의미하는 것

호랑이는 생고기를 맛있게 먹지만, 사람들은 대부분 스테이크 요리를 선호한다. 이 것은 단지 맛의 문제인가요, 아니면 먹기 전에 고기를 요리하는 것은 어떠한 이득이 있나요?

단백질의 구조는 기능을 결정한다.

학습 목표 3.2.5 단백질의 구조가 어떻게 화학반응을 촉매할 수 있도록 하는지 설명한다.

단백질의 3차원적 형태는 단백질의 기능을 결정한다. 예를 들어, 많은 구조단백질은 세포 내에서 건축적인 역할을 할 수 있도록 긴 밧줄과 같은 형태를 가진다(그림 3.9*a*). *효소*는 세포 내에서 특정한 화학반응이 일어나도록 도와주는 구형 단백질이다. 폴리펩티드가 제대로 접히면 효소의 표면은 특정한 분자에 정확히 맞도록 홈이나 오목한 형태를 가진다. 예를 들어 그림 3.9*b*에서 효소의 표면에 있는 홈에 결합한 붉은색 분자는 설탕이다. 홈 내로 들어가면 분자는 화학반응을 겪도록 유도되는데, 예를 들면 공유결합이 형성되거나 파괴된다. 두 원자를 서로 가까이 가져옴으로써 효소는 원자들이 전자를 공유하기 쉽도록 하여 공유결합을 형성할 수 있도록 한다. 다른 효소들은 특정한 결합에 변형작용을 가하여 결합이 파괴될 수 있도록 분자를 배치하여 기능한다.

단백질의 1차 구조(아미노산의 서열)는 단백질이 어떻게 기능적인 형상으로 접히는지를 결정하기 때문에, 아미노산 하나의 변화만으로도 단백질의 형태에 심한 영향을 미칠 수 있으며, 따라서 적절한 기능을 할 수 있는 능력에도 영향을 미친다.

개념의 적용

어떤 종류의 화학물질이 특정한 효소의 작용을 저해하는 역할을 하지만 다른 효소에는 영향을 미치지 않는가?

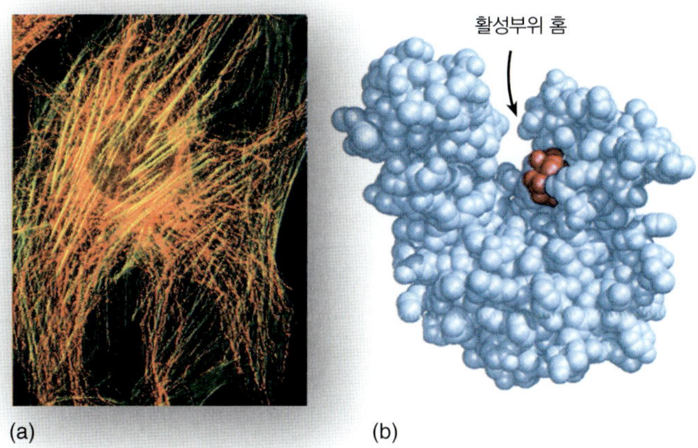

그림 3.9 단백질의 구조는 기능을 결정한다.

(a) 세포 내부의 형광 표지된 구조 단백질
(b) 효소는 세포에서 일어나는 화학반응을 도와주는 구형 단백질이다. 이 효소(청색)은 효소의 표면 부분에 특정한 화학물질(적색)과 결합하는 활성부위라고 부르는 깊은 홈을 가진다.

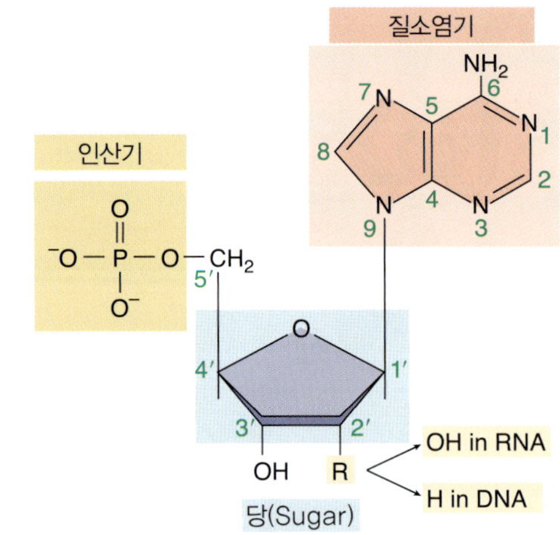

(a) 뉴클레오티드의 구조

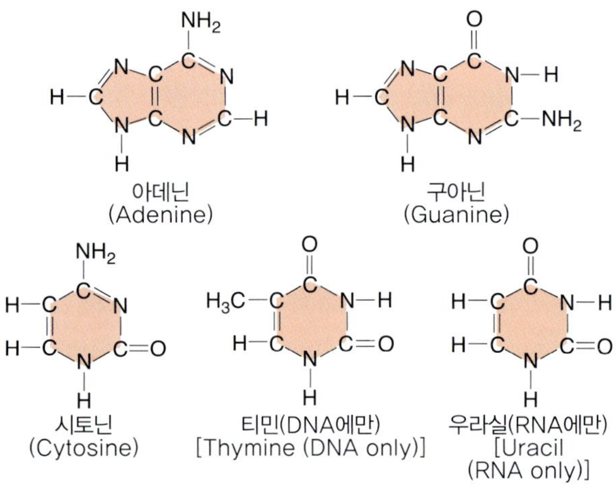

(b) 질소염기

그림 3.10 뉴클레오티드의 구조.

뉴클레오티드는 3부분으로 이루어져 있다: 5탄당, 인산기, 그리고 유기 질소염기이다. 질소염기는 (b)에서처럼 5가지가 있다.

3.3 핵산 Nucleic Acid

뉴클레오티드 Nucleotide

학습 목표 3.3.1 뉴클레오티드 3부분의 이름을 안다.

핵산(nucleic acids)이라 불리는 매우 긴 중합체는 DVD나 하드디스크가 컴퓨터가 사용하는 정보를 저장하는 것처럼, 세포의 유전정보를 저장하는 기구 역할을 한다. 핵산은 **뉴클레오티드**라 불리는 반복되는 소단위의 긴 중합체이다. 각각의 뉴클레오티드는 그림 3.10*a*에서 볼 수 있듯이 5탄당(청색), 인산기(노란색, PO_4), 그리고 유기 질소를 포함하는 염기(오렌지색)의 3부분으로 이루어진 복잡한 유기분자이다. 핵산을 형성하는 과정에서, 질소염기와 결합된 각각의 당은 직선상으로 인산기의 탈수반응을 통하여 매우 긴 **폴리뉴클레오티드 사슬**로 연결된다(오른쪽). 질소염기는 사슬의 중추에서 전개되어 나온다.

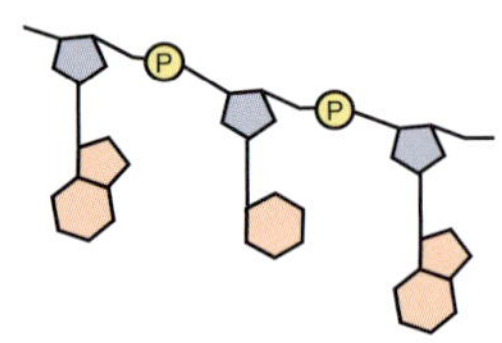

어떻게 긴 사슬형태 구조의 핵산이 생물이 어떻게 생길지를 특정하는데 필요한 정보를 저장할 수 있도록 하는가? 만약 핵산이 단순히 동일한 단위가 반복되는 중합체였다면 생명의 메시지를 암호화할 수 없었을 것이다. 빈칸이나 구두점이 없이 글자 *E*만을 사용하여 이야기를 적으려 하는 것을 상상해 보시오. 말할 수 있는 것은 단지 "EEEEEEEE..." 밖에 없을 것이다. 의사소통을 위해서는 한 글자 이상이 필요하며, 영어는 26글자를 사용한다. 핵산은 한 종류 이상의 뉴클레오티드를 가지고 있기 때문에 정보를 암호화할 수 있다. 핵산에는 5종류의 뉴클레오티드가 있는데: 아데닌(adenine; A)과 구아닌(guanine; G) 질소염기를 가진 2종류의 커다란 뉴클레오티드와(그림 3.10*b*의 윗줄), 그리고 시토신(cytosine; C), 티민(thymine; T), 그리고 우라실(uracil; U)의 질소염기를 가진 3종류의 작은 뉴클레오티드이다(아랫줄). 핵산은 중합체의 각 위치에 뉴클레오티드 종류를 변화시켜 정보를 암호화한다.

개념의 적용

다섯 글자만을 사용하여 10단어 문장을 작성해보시오.

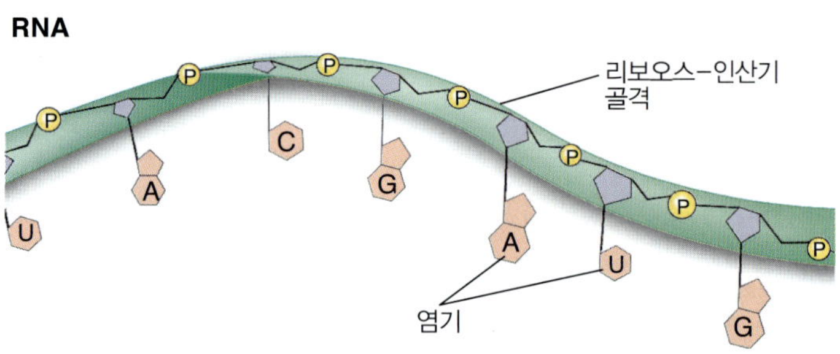

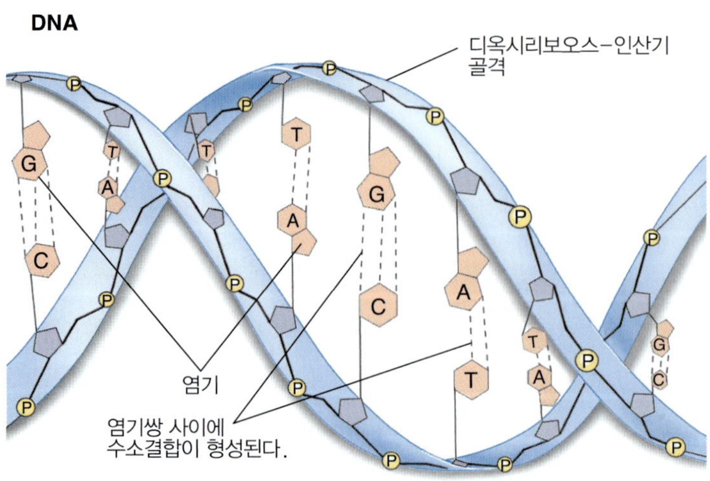

그림 3.11 DNA 구조는 RNA와 어떻게 다른가?

RNA는 우라실을 포함하는 단일사슬 리보뉴클레오티드이다(왼쪽). DNA는 티민을 포함하고 서로 감싸고 있는 이중사슬 디옥시리보뉴클레오티드이다. A는 T와 G는 C와 짝을 이룬다(오른쪽).

DNA와 RNA

학습 목표 3.3.2 DNA와 RNA 사이의 2가지 주요한 화학적 차이를 서술한다.

핵산에는 **디옥시리보핵산**(deoxyribonucleic acid; DNA)과 **리보핵산**(ribonucleic acid; RNA)의 2종류가 있다. 둘 다 뉴클레오티드의 중합체이지만 세포 내에서 다른 기능을 하며 구조도 상이하다. RNA는 DNA와 유사하지만, 2가지 주요한 화학적인 차이가 있다. 첫 번째로, RNA 분자는 리보오스당을 가지고 있으며, 2′ 탄소(그림 3.10*a*의 2′으로 표시된 탄소)가 수산기(-OH)에 결합되어 있다. 두 번째로, DNA는 티아민(T) 뉴클레오티드를 포함하고 있지만, RNA 분자는 티아민을 가지고 있지 않고 그 대신 우라실(U)을 포함하고 있다. 구조적으로도 RNA는 다르다. RNA는 기다란 뉴클레오티드의 단일가닥이며(그림 3.11), 반면에 DNA는 서로 꼬인 진주목걸이처럼 서로 감겨져 있는 2개의 폴리뉴클레오티드의 **이중나선**(double helix)으로 구성되어 있다(그림 3.11과 3.12). DNA의 뉴클레오티드 서열은 단백질의 1차구조에서 아미노산의 순서를 결정한다. RNA는 DNA의 정보가 어떻게 이용되는지를 조절하고, 이 정보를 DNA로부터 세포의 단백질을 생산하는 기관으로 운반한다.

개념의 적용

무엇이 RNA가 DNA처럼 이중나선을 형성하는 것을 방해하는가?

이중나선 Double Helix

학습 목표 3.3.3 어떠한 2가지의 염기쌍이 DNA에서 가능한지 확인하고, 다른 4가지의 잠재적인 염기쌍이 나타나지 않는지 설명한다.

DNA는 어떻게 이중나선을 형성하나요? 그림 3.12의 DNA 구조를 세밀하게 살펴보면 각 사슬의 염기는 서로 안쪽으로 향하고 있다. 두 사슬의 염기는 두 줄로 도열한 사람들이 손을 잡고 있는 것처럼 수소결합에 의하여 분자의 중앙에서 연결되어 있다(그림 3.11도 참조). DNA의 이중나선 구조를 이해하는 핵심은 뉴클레오티드의 염기를 살펴보아 알려졌으며, *단지 2가지의 염기쌍만이 가능하다.* DNA 2가닥 사이의 거리는 일정하기 때문에, 2개의 큰 염기는 너무 커서 서로 짝을 이룰 수 없으며, 작은 2개의 염기도 나선이 안으로 조여 들도록 하기 때문에 짝을 이룰 수 없다. 따라서 이중나선을 형성하기 위해서는 큰 염기 하나와 작은 염기 하나를 짝을 지어야만 한다. *모든 DNA 이중나선에서 아데닌(A)은 티아민(T)과 짝을 이루고 구아닌(G)은 시토신(C)과 짝을 이룬다.* A가 C와 그리고 G와 T가 짝을 이루지 않는 이유는 이러한 짝은 전자를 공유하는 원자들이 서로 정렬이 되지 않아서 적절한 수소결합을 형성할 수 없기 때문이다. DNA 이중나선 내부에서 단순한 A-T와 G-C 염기쌍은 세포가 매우 단순한 방식으로 정보를 복사할 수 있도록 한다. 나선을 풀어서 각각의 가닥에 상보적인 염기의 뉴클레오티드를 추가하기만 하면 된다! 이는 이중나선의 커다란 이점이며 DNA는 실제로 정보의 2개 사본을 포함하고 있으며 하나는 다른 하나에 대한 거울상이다. 만약 한 사슬의 서열이 ATTGCAT이라면, 나선 짝의 서열은 TAACGTA이어야만 한다.

개념의 적용

DNA 가닥의 하나의 사슬이 ACCTGGAAT 서열을 가지고 있으면, 다른 가닥의 서열은 어떻게 될까요?

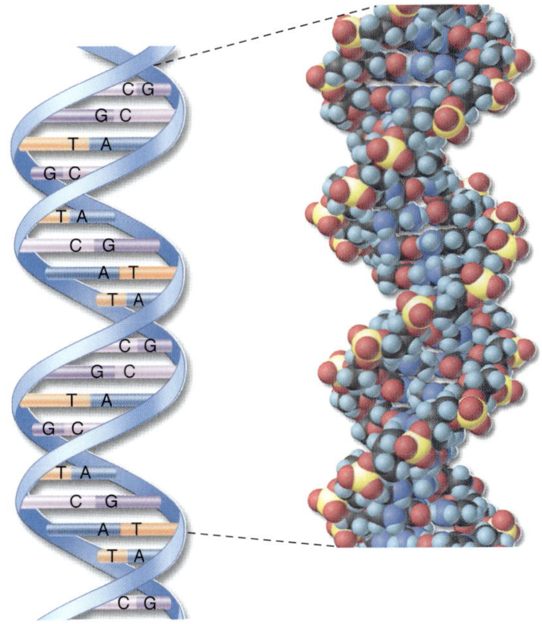

그림 3.12 DNA 이중나선(double helix).

DNA 분자는 서로 꼬여서 이중나선을 형성하는 2개의 폴리뉴클레오티드로 구성되어 있다. 이중나선의 두 사슬은 A-T와 G-C 염기쌍 사이의 수소결합에 의하여 연결되어 있다. 오른쪽의 DNA 단편은 원자들을 색깔 있는 공으로 나타낸 DNA의 공간채움 모형이다.

그림 3.13 DNA의 추출.

형광등 아래에서 작업하는 연구자는 연구를 위하여 추출하려고 하는 DNA의 빛나는 띠에 주사기를 삽입하고 있다. DNA를 포함하고 있는 관은 밀도경사를 형성하기 위하여 연구자가 고속으로 원심분리한 DNA를 포함하고 있다. 관 내부에서 DNA 분자는 DNA의 밀도와 일치하는 경사위치로 이동하였다. 이 DNA는 형광표지를 하였기 때문에, DNA의 위치는 형광등에서 빛을 내는 띠처럼 나타난다. DNA의 연구는 과학자들이 유전자가 어떻게 세포의 형태를 결정하는지를 연구하는 것을 도와준다.

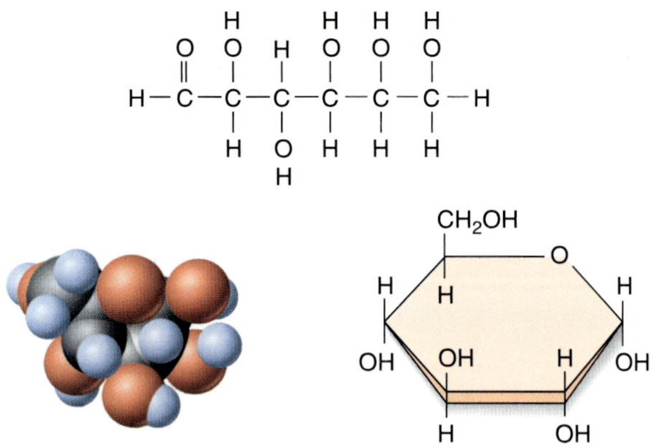

그림 3.14 포도당의 구조.

포도당은 단당류이며 물속에서는 고리를 형성하는 탄소 6개를 가진 직선 분자이다. 이 도해는 포도당을 그림으로 나타낼 수 있는 3가지 방법을 보여준다. 위쪽 그림의 긴 탄소원자의 사슬은 포도당의 전형적인 화학구조이다. 물에 넣으면 오른쪽 아래와 같이 사슬이 고리구조로 접혀진다. 각각의 원자는 왼쪽 아래에 3차원 공간 채움 모형(3-D space-filling model)으로 나타내었다.

여러분에게 의미하는 것

많은 비타민과 과일주스는 완전한 천연식품이고 정제 설탕이 포함되지 않았기 때문에 건강하다고 시중에서 팔리고 있다. 영양사실 표지를 읽어보면 355 ml 병에 29 g의 당분이 종종 과당 콘 시럽의 형태로 들어있다고 알려준다. 이러한 천연 당이 정제된 당과 어떻게 다르다고 생각하나요?

3.4 탄수화물 Carbohydrate

학습 목표 3.4.1 탄수화물을 정의한다. 단당류와 다당류를 구분한다.

탄수화물(carbohydrates)이라는 중합체는 특정 세포의 구조적인 틀에 이용되며 에너지를 저장하는데 중요한 역할을 한다. 탄수화물은 탄소, 수소, 그리고 산소를 1 : 2 : 1로 포함하고 있는 분자이다. 일부 탄수화물은 작은 단량체이거나 이량체이며 단순탄수화물이라 불린다. 다른 것들은 긴 중합체이며 복합탄수화물이라고 한다. 탄수화물은 많은 탄소-수소(C–H) 결합을 가지고 있어서 에너지 저장에 매우 적합하다. 이러한 C–H 결합은 에너지를 획득하기 위하여 생물이 가장 많이 파괴하는 결합이다. 표 3.1에 탄수화물의 예를 나타내었다.

단순탄수화물 Simple Carbohydrate

가장 단순한 탄수화물은 *단순당* 또는 **단당류**(monosaccharides; 그리스어의 *mono*는 하나, *saccharon*은 달다는 의미임)이다. 이러한 분자들은 하나의 소단위로 이루어져있다. 예를 들어 포도당은 우리 몸의 세포에 에너지를 공급해주는데, 6개의 탄소로 이루어져 있으며 화학식은 $C_6H_{12}O_6$이다. 포도당 분자를 그림 3.14에 여러 형태로 나타내었다. 다른 유형의 단순탄수화물은 **이당류**(disaccharide)인데 이는 2개의 단당류가 탈수반응에 의하여 결합된 것이다. 설탕(sucrose) 6탄당인 포도당과 과당이 결합된 이당류이다(표 3.1).

복합탄수화물 Complex Carbohydrate

생물은 수용성인 설탕을 신체의 특정한 저장 영역에 저장할 수 있는 불용성 형태로 변환하여 대사 에너지를 저장한다. 이 계략은 설탕을 **다당류**(polysaccharides)라고 하는 긴 중합체 사슬로 연결하여 달성된다. 식물과 동물은 포도당으로부터 형성된 다당류로 에너지를 저장한다. 식물이 이용하는 포도당의 다당류는 *전분*(starch; 녹말)이라고 하며, 이는 감자가 전분식품으로 불리는 이유이다. 동물에서는 에너지가 글리코겐(glycogen)으로 저장되는데, 이는 포도당 다당류로 형성되는 매우 불용성 고분자물질로 매우 길고 녹말과 달리 가지가 매우 많이 있다.

식물과 동물은 세포의 구조물질로도 포도당 사슬을 이용하는데, 대부분의 효소가 인식할 수 있는 다른 방향으로 소단위들을 연결한다. 이러한 구조다당류는 동물에서는 *키틴*(chitin)이고 식물에서는 *셀룰로오스*(cellulose)이다. 그림 3.15와 같이 식물의 세포벽에 축적된 셀룰로오스는 사람이 소화시킬 수 없으며 우리의 식단에서 섬유소를 구성한다. 소와 말의 소화기관에 있는 미생물은 그러나 사람에게 없는 셀룰로오스 소화효소를 가지고 있다. 미생물 효소는 포도당 분자를 연결하고 있는 결합을 파괴하여 동물세포가 에너지를 위하여 사용할 수 있도록 한다. 이러한 동물들은 풀을 먹고 연명할 수 있지만, 사람은 그렇지 않다. 사람은 나무 가지나 목재를 먹고 살 수 없지만, 흰개미(termites)도 이러한 효소를 가지고 있어서 나무를 먹을 수 있다.

> 진균(fungi)은 셀룰로오스를 분해할 수 있는 효소를 가지고 있으며, 그로 인해 진균은 죽은 나무에서 자랄 수 있다. 일부 세균도 셀룰로오스를 분해할 수 있으며 26.3절에서 논의되듯이 특정 동물의 소화기계에 서식한다.

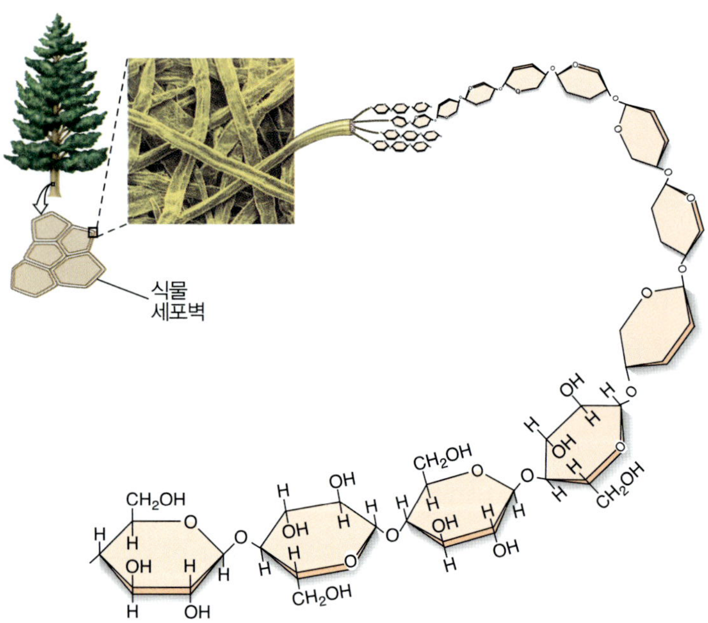

그림 3.15 다당류: 셀룰로오스.

다당류인 셀룰로오스는 식물 세포의 세포벽에서 나타나며 포도당 소단위로 구성되어 있다.

개념의 적용

여러분은 왜 녹말은 분해할 수 있지만 셀룰로오스는 분해할 수 없는가?

표 3.1 탄수화물과 기능

탄수화물(Carbohydrate)	예(Example)	설명(Description)
운반 이당류(Transport Disaccharides)		
	젖당(유당; Lactose) 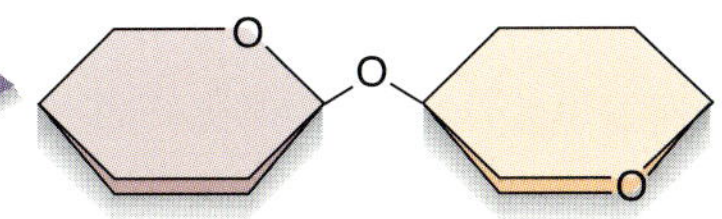	포도당은 일부 생물에서는 이당류의 형태로 운반된다. 이 형태는 생물에서 일반적인 포도당을 이용하는 효소는 2개의 단당류 소단위를 연결하는 결합을 파괴할 수 없기 때문에 쉽게 이용되지 않는다. 이당류의 한 종류는 젖당(lactose)이다. 많은 포유류는 새끼에게 젖에서 나타나는 젖당의 형태로 에너지를 공급한다. 다른 운반 이당류는 설탕(sucrose)이다. 많은 식물은 설탕의 형태로 포도당을 운반하며, 사탕수수로부터 이것을 수확하여 과립상의 설탕을 제조한다.
	설탕(Sucrose) 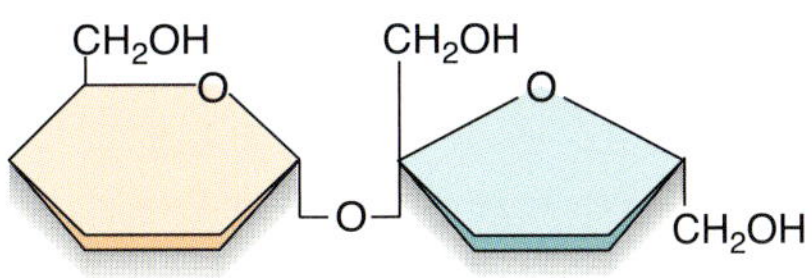	
저장 다당류(Storage Polysaccharides)		
	녹말(전분; Starch) 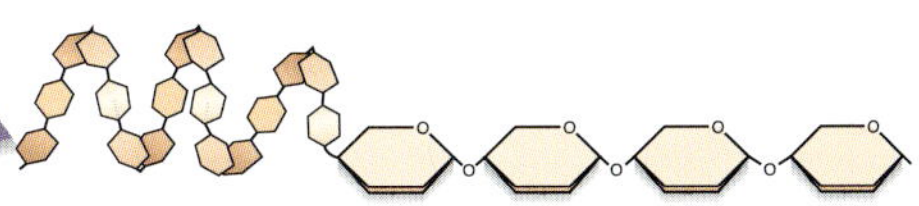	생물은 다당류라고 하는 포도당 분자의 긴 사슬에 에너지를 저장한다. 이 사슬은 물에서 나선을 형성하여 용해되지 않게 하기 때문에 저장하는데 이상적이다. 식물에서 나타나는 저장 다당류는 녹말이며 분지되거나 분지되지 않은 형태이다. 녹말은 감자와 옥수수와 밀 같은 곡물에서 나타난다.
	글리코겐(Glycogen) 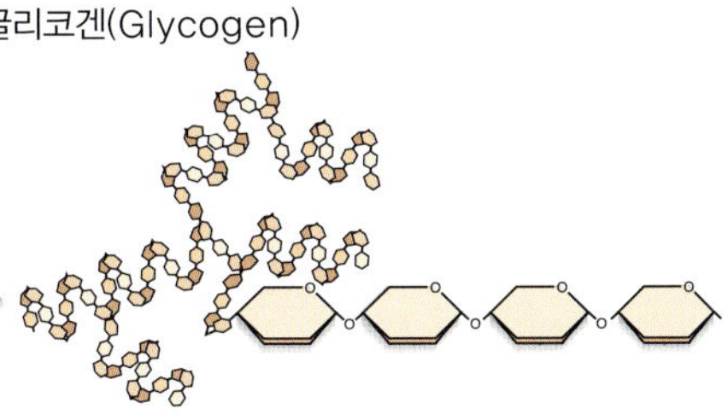	동물은 포도당을 글리코겐으로 저장한다. 글리코겐은 물에서 나선을 형성하여 용해되지 않는 포도당의 긴 사슬로 구성되어 있다는 점에서 녹말과 유사하다. 그러나 글리코겐 사슬은 훨씬 길고 가지가 많이 쳐져있다. 글리코겐은 근육과 간에 저장될 수 있다.
구조 다당류(Structural Polysaccharides)		
	셀룰로오스(Cellulose) 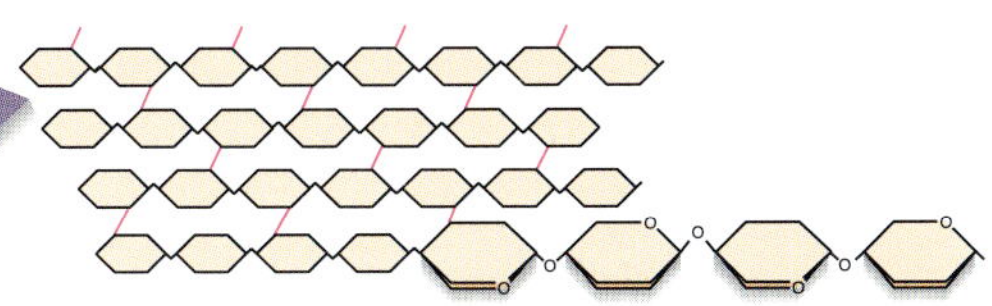	셀룰로오스는 식물의 세포벽에서 나타나는 구조 다당류이다. 포도당 소단위는 쉽게 분해될 수 없는 방식으로 연결되어 있다. 셀룰로오스의 포도당 소단위 연결을 나누기 위해서는 대부분의 생물이 가지고 있지 않은 효소를 필요로 한다. 소와 같은 일부 동물은 소화관에 서식하면서 필요한 효소를 제공하는 세균과 원생동물을 이용하여 셀룰로오스를 소화할 수 있다.
	키틴(Chitin) 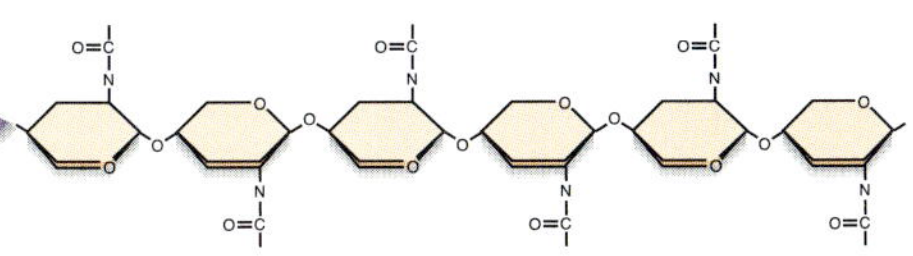	키틴은 곤충과 갑각류를 포함한 많은 무척추동물의 외부골격과 진균류의 세포벽에서 나타나는 구조 다당류이다. 키틴은 포도당 단위에 질소기가 첨가되어 변형된 형태의 셀룰로오스이다. 단백질과 교차결합을 형성하면 강하고 저항성이 큰 표면물질을 형성한다.

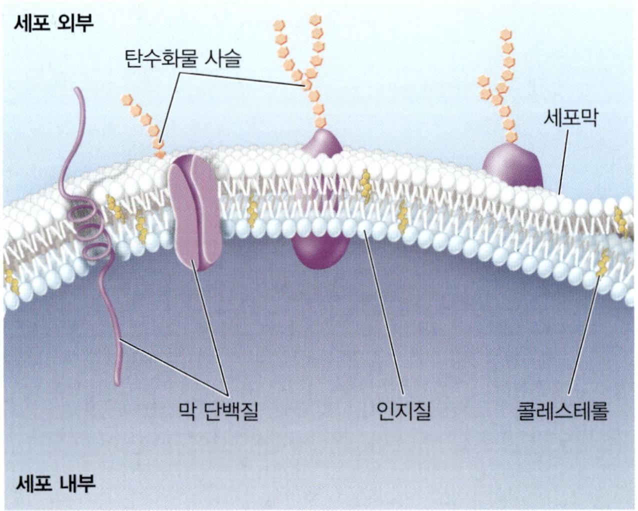

그림 3.16 지질은 생물 막의 핵심적인 구성요소이다.

지질은 신체에서 가장 보편적인 분자 중 하나인데, 그 이유는 모든 세포의 막이 인지질로 구성되어 있기 때문이다. 막은 다른 유형의 지질인 콜레스테롤도 포함하고 있다.

3.5 지질

학습 목표 3.5.1 포화지방과 불포화지방을 구분하고, 실온에서 왜 하나는 고체이고 다른 하나는 액체인지를 설명한다.

장기적인 에너지 저장을 위하여 생물은 보통 포도당을 탄수화물보다 에너지가 풍부한 C-H 결합을 더 많이 포함하고 있는 다른 종류의 저장 분자인 지방으로 변환한다. 지방과 다른 물에 용해되지 않는 모든 생물학적 분자들을 **지질**(lipid)이라고 한다. 지질은 비극성이며, 물 분자와 수소결합을 형성할 수 없기 때문에 물 속에서 지질 분자들은 서로 덩어리를 이룬다. 이것이 물과 기름을 혼합할 때 기름이 물의 위에 층을 형성하는 이유이다. 인지질(phospholipid)이라고 하는 특별한 유형의 지질은 세포에서 막이라고 하는 경계층을 형성하기 때문에 중요하다(그림 3.16).

지방 Fat

지방 분자는 지방산과 글리세롤의 2종류의 소단위로 구성된 지질이다. *지방산*(fatty acid)은 탄소와 수소원자의 기다란 사슬이다. 글리세롤(glycerol)은 3개의 탄소를 포함하고 있으며 3개의 지방산이 탈수반응에 의하여 부착될 수 있는 지주를 형성한다.

지방 분자를 형성하는 지방산의 화학적 조성은 지방의 물리적 특성에 영향을 미칠 수 있다. 최대의 수소원자를 포함하는 지방산 사슬로 이루어진 지방은 *포화되었다*(saturated)라고 한다(그림 3.17*a*). 포화지방은 실온에서 고체이다. 동물성 지방은 종종 포화되었으며 단단한 지방으로 나타난다. 반면에 하나 이상의 탄소원자 쌍 사이에 이중결합을 가진 최대치보다 작은 수의 수소원자를 포함하는 지방산으로 이루어진 지방은 *불포화되었다*(unsaturated)라고 한다(그림 3.17*b*). 불포화지방은 실온에서 액체이다. 대부분의 식물성 지방은 불포화되었으며 기름형태로 나타난다. 식품에서 불포화지방은 인공적으로 *수소화되어*(hydrogenated), 땅콩버터와 같은 식품의 보존기간을 연장할 수 있다. 어떤 경우에 수소화는 트랜스지방을 생성할 수 있으며, 이러한 유형의 불포화지방은 심장질환과 관련이 있다.

2.3절에서 논의된 공유결합은 원자들이 전자를 공유할 때 형성된다. 포화지방에서 나타나는 단일공유결합은 탄소가 한 쌍의 전자를 공유할 때 나타난다. 불포화지방의 이중공유결합은 탄소원자들 사이에 두 쌍의 전자들이 공유될 때 나타난다.

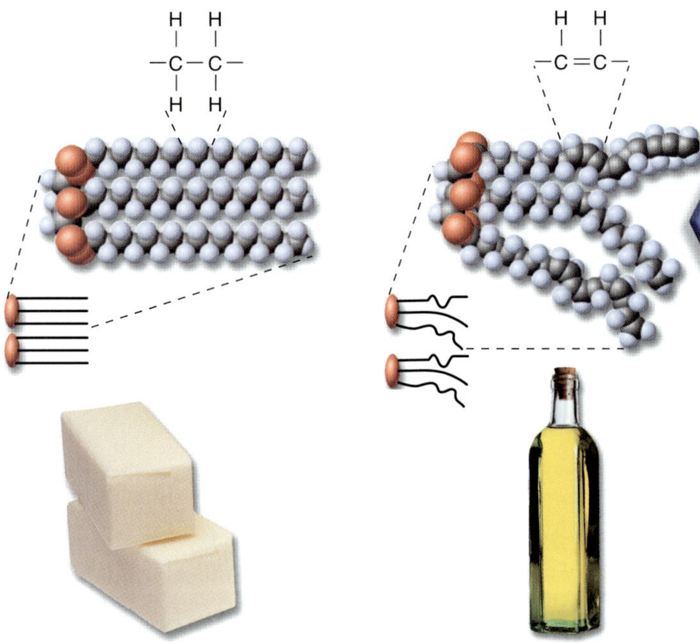

(a) 고체 지방(포화되었음): 모든 탄소 쌍 사이에 단일결합을 가진 지방산

(b) 기름(불포화되었음): 하나 이상의 탄소 쌍 사이에 이중결합을 포함하고 있는 지방산

그림 3.17 포화지방과 불포화지방.

지방분자는 각각 3개의 지방산 꼬리가 부착된 3탄소 글리세롤을 포함하고 있다. (a) 대부분의 동물 지방은 포화되어 있다(모든 탄소원자가 최대한의 수소를 가지고 있다). 동물성 지방산 사슬은 서로 밀접히 붙어서 고체 지방이라고 하는 움직이지 않는 층을 형성한다. (b) 대부분의 식물성 지방은 불포화되어 있으며, 이는 사슬 사이에 밀접한 결합을 방해하여 기름을 형성한다.

다른 유형의 지질

다른 유형의 지질에는 인지질과 콜레스테롤이 포함되며, 이들은 여러분 신체의 모든 세포를 둘러싸는 막에서 핵심적인 역할을 한다. 콜레스테롤은 *스테로이드*(steroid)라고 하는 지질의 한 유형이다. 콜레스테롤은 생물 막에서 핵심적인 역할을 하며, 막의 유연성을 유지시켜준다. 남성과 여성의 성호르몬인 테스토스테론(testosterone)과 에스트라디올(estradiol)도 스테로이드이다. 스테로이드의 화학구조는 닭장망의 부분처럼 보이는 여러 개의 탄소 고리로 구성되어 있다. 고무, 왁스, 그리고 빛을 흡수하는 색소도 다른 중요한 생물학적 지질이다.

개념의 적용

불포화지방에 수소를 첨가하면, 그 처리는 지방을 더 고체로 만드는가? 그 이유를 설명하시오.

스포츠에서 단백동화 스테로이드

최근의 가장 악명 높은 지질의 하나는 단백동화 스테로이드(anabolic steroid)로 알려진 합성호르몬의 종류이다. 1950년대 이후 일부 운동선수들은 근육을 형성하고 따라서 운동능력을 증대시키기 위하여 이러한 화학물질을 섭취하였다. 잠재적인 불공평과 건강에 위험으로 인하여 스포츠에서 단백동화 스테로이드의 사용은 수십 년간 금지되었다. 프로야구에서 이러한 약물의 이용에 대한 논란은 단백동화 스테로이드가 다시 미국 신문의 1면을 장식하게 하였다.

홈런타자인 본즈(Barry Bonds)는 2006년 스테로이드 물의에 관련되었다.

단백동화 스테로이드는 1930년대에 남성의 정소가 정상적인 생장과 성 발달을 가져오는 테스토스테론 호르몬을 충분하게 생산하지 못하는 생식선저하증(hypogonadism)을 치유하기 위하여 개발되었다. 과학자들은 곧 테스토스테론의 화학구조를 약간 변형하여 실험동물에서 골격근의 생장을 용이하게 하는 합성 호르몬을 만들 수 있다는 것을 발견하였다. 단백동화(동화작용; anabolic)는 생장 또는 만드는 것을 의미한다. 구조를 더 변형하였을 때는 이 새로운 화학물질이 성 발달에 영향을 미치는 정도가 감소하였다. 100종류 이상의 단백동화 스테로이드가 개발되었으며, 대부분은 효과를 나타내기 위해서는 주사되어야 한다. 미국에서 합법적으로 이용되기 위해서는 의사의 처방이 필요하며, 모든 프로, 대학, 그리고 중고등학교 스포츠에서 금지되어 있다.

테스토스테론의 신체 수준을 증가시키는 다른 방법은 자체로는 단백동화 기능이 없지만 신체가 테스토스테론으로 변환할 수 있는 화학물질을 이용하는 것이다. 이러한 화학물질 중 하나가 4-안드로스테네디온(4-androstenedione)이며 보통 "안드로(andro; 남성이라는 뜻의 접두어)"라고 불린다. 안드로는 1970년대에 운동선수의 올림픽 성적을 향상시키기 위하여 동독 과학자들에 의하여 최초로 개발되었다. 안드로는 단백동화 스테로이드와 같은 부작용이 없기 때문에, 2004년까지는 합법적으로 가용하였다. 안드로는 맥과이어(Mark McGwire; 미국의 홈런타자)에 의하여 이용되었지만, 이제는 모든 운동에서 금지되었으며, 안드로를 소지하는 것은 미국에서 연방범죄이다.

단백동화 스테로이드는 근육세포가 더 많은 단백질을 합성하도록 신호하여 작용한다. 스테로이드는 근육조직 세포내에 있는 특별한 "안드로겐 수용체" 단백질에 결합한다. 부지깽이로 찌르는 것처럼, 이 결합은 수용체가 작용하도록 자극하며, 세포의 염색체 상에 있는 근육조직 단백질을 생산하는 유전자를 활성화시켜, 단백질 합성의 증가를 유발한다. 동시에 단백동화 스테로이드 분자는 세포의 "코르티솔(cortisol; 부신피질에서 분비되는 스테로이드 호르몬) 수용체"라고 하는 단백질에 결합하여 수용체가, 근육세포가 염증을 억제하고 운동하는 동안에 단백질의 이용을 촉진하는 방법인, 단백질의 분해를 하지 못하도록 방지한다. 근육세포에서 운동 후에 단백질 합성을 증가시키고 단백질의 분해를 저해하여, 단백동화 스테로이드는 운동선수의 근육조직 질량을 뚜렷하게 증가시킨다.

단백동화 스테로이드가 여러분의 신체에 미치는 유일한 영향이 근육 질량을 증가시켜 여러분의 운동능력을 향상시키는 것이라고 할지라도, 그럼에도 불구하고 이를 이용하는 것은 공정성이라고 하는 매우 단순하고 중요한 이유 하나만으로도 옳지 않다. 단백동화 스테로이드를 몰래 사용하여-"도핑(doping)"이라고 함-경쟁에서 이익을 얻는 것은 쉽게 말해서 부정행위이다. 이것이 바로 이러한 약품이 스포츠에서 금지된 이유이다.

운동선수와 다른 사람들에 의한 단백동화 스테로이드의 사용은 잘못일 뿐 아니라 불법인데, 그 이유는 근육질량을 증가시키는 것이 이러한 화학약품의 유일한 효과가 아니기 때문이다. 청소년의 경우에는 단백동화 스테로이드가 청소년기의 급성장을 조기에 종료시킬 수도 있으며, 따라서 남은 일생동안 스테로이드 사용자는 약을 먹지 않았을 경우보다 키가 작게 된다. 청소년과 성인은 또한 다음의 방법에 의하여 스테로이드에 의하여 영향을 받는다. 단백동화 스테로이드는 잠재적으로 치명적인 간 낭포증과 간암을 유발할 수 있고(간은 신체에서 혈액의 해독을 하는 기관이다), 콜레스테롤 변화와 고혈압(둘 다 심장마비와 뇌졸중을 촉진할 수 있다), 그리고 여드름을 유발할 수 있다. 남성에서 스테로이드 이용의 증후는 고환 크기의 축소, 대머리, 그리고 가슴의 발달 등을 포함한다. 여성에서는 안면 털이 자라게 되고, 목소리가 낮아지며, 월경중지 등의 증후를 포함한다.

2003년 가을 체육협회는 일부 운동선수들이 THG(tetrahydrogestrinone; 테트라하이드로게스트리논)이라고 하는 표준 금지약물 검사(antidoping test)에서 탐지되지 않는 새로운 능력을 증진시키는 단백동화를 사용한다는 것을 알게되었다. THG의 사용은 익명의 코치가 사용한 주사기를 미국 금지약물 공무원에게 보내서 발견되었다. THG의 화학구조는 골반염증을 치료하는데 사용되는 약인 게스트리논과 유사하며, 이 약에 쉬운 화학적인 작업인 수소원자 4개만 추가하여 합성할 수 있다. THG는 표준방법에 의한 분석을 위하여 준비할 때 쉽게 분해되며, 따라서 금지약물 검사에서 탐지할 수 없다. THG에 대한 새로운 소변검사가 2004년 개발되어 영국 운동선수인 챔버스(Dwain Chambers), 야구 홈런타자인 팔메이로(Rafael Palmeiro), 그리고 프랑스 프로 사이클 선수 등을 포함한 유명한 스포츠 스타들을 잡아내는데 이용되고 있다.

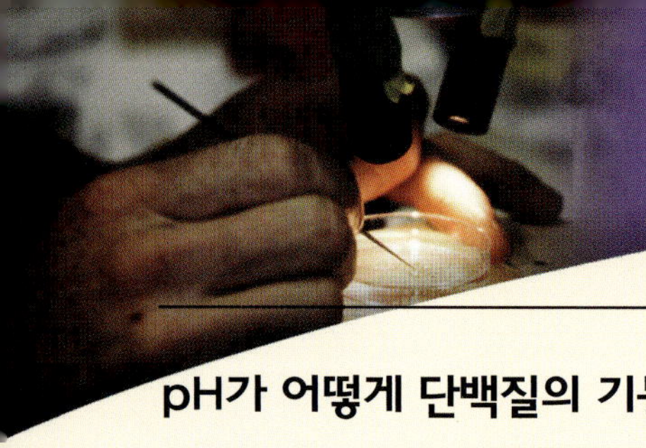

질문과 분석

pH가 어떻게 단백질의 기능에 영향을 미치는가?

오른쪽 아래 그림의 적혈구는 신체의 모든 부분에 산소를 운반한다. 적혈구는 *헤모글로빈*(hemoglobin)이라고 부르는 철이 풍부한 단백질로 가득 찬 커다란 굄목 모양이기 때문에 붉은 색으로 보인다. 헤모글로빈 분자의 철 원자는 산소 기체분자가 단백질에 부착하도록 장소를 제공한다. 폐에서처럼 산소 분압이 높을 때에는, 산소원자가 헤모글로빈에 단단히 부착되고, 세포 내의 많은 부분의 헤모글로빈 분자가 산소원자와 결합된다. 신체의 조직에서와 같이 산소 분압이 낮을 경우에는, 헤모글로빈은 산소와 단단히 부착하지 않고 따라서 헤모글로빈은 조직에 산소를 방출한다. 허파와 조직 사이에 어떻게 헤모글로빈이 산소와 결합하고 산소를 방출하는 방식을 다르게 하는 것이 무엇인가? 산소 농도가 유일한 원인은 아니다. 단백질의 기능은 pH에 의해 영향을 받을 수 있으며, 예를 들어 혈액의 pH 또한 허파와 신체 조직 사이에 차이가 있다(pH는 용액 내에 있는 H^+ 이온이 얼마나 많은가를 나타내는 것이다). 조직이 약간 더 산성이다(H^+ 이온이 많아서 pH가 낮다). 조직의 대사활동은 혈액에 CO_2를 방출하며, CO_2는 빠르게 탄산으로 변환되어 pH를 낮춘다.

오른쪽의 그래프는 헤모글로빈이 산소와 결합하는 효율을 나타내는 "산소 부하 곡선"을 나타낸다. 결합이 효율적일수록 헤모글로빈이 완전히 산소와 결합할 때까지 적은 양의 산소가 필요하고, 곡선은 왼쪽으로 치우친다. 이 기작에 pH가 미치는 영향을 평가하기 위하여 3개의 다른 혈액 pH에서 산소 부하 곡선을 측정하였다. 그래프에서 혈액의 산소 수준은 x 축에 나타내었고, 각각의 데이터 점에 대하여 상응하는 헤모글로빈의 백분율(percentage; %) 포화도는 y 축에 나타내었다. 산소부하 곡선은 휴식, 운동, 매우 활발한 근육에서 나타날 것으로 기대되는 pH 값인 7.6, 7.4, 그리고 7.2에서 반복되었다.

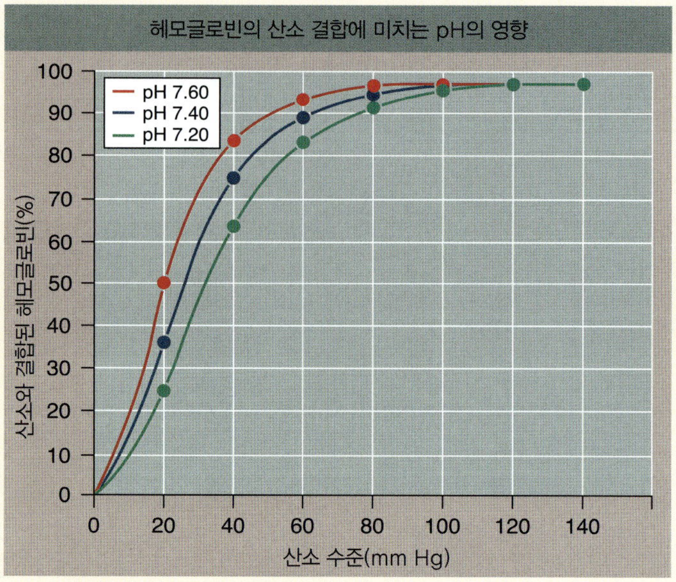

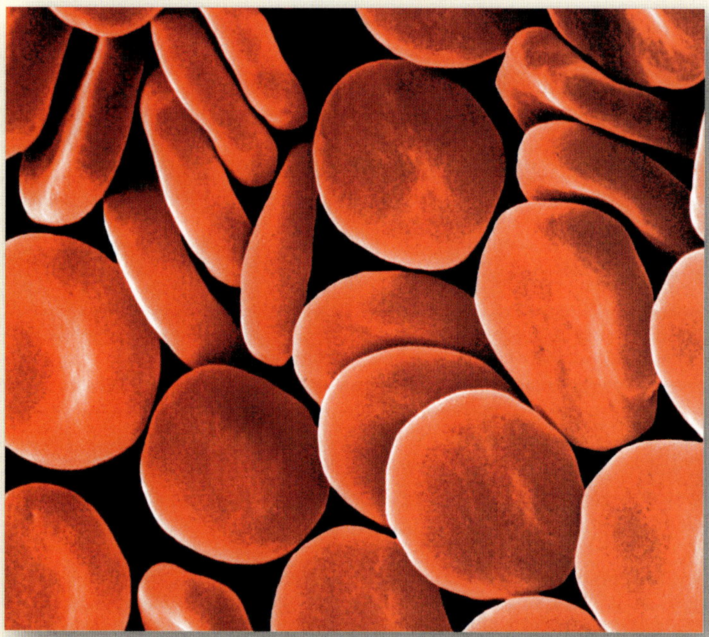

0.8 μm

분석

1. **개념의 적용:** 셋 중에서 어느 pH 값이 가장 높은 수소이온 농도를 나타내는가? (어떤 물질의 농도는 일정한 부피에 있는 물질의 양을 말한다.) 이 값은 다른 둘에 비하여 더 산성인가 아니면 더 알칼리성인가?
2. **자료의 해석:** 포화되었을 때 세 pH 값에서 산소와 결합된 헤모글로빈의 비율은 각각 어떻게 되는가? 산소 수준이 20 mm Hg? 40 mm Hg? 60 mm Hg? 에서는?
3. **추론:** 산소 수준이 40 mm Hg일 때, 헤모글로빈은 pH가 7.8과 7.0 중에서 언제 더 단단하게 결합할 것인가?
4. **결론의 도출:** pH는 헤모글로빈에서 산소의 방출에 어떻게 영향을 미치는가?

학습 결과의 요약

거대분자의 형성

커다란 분자를 만들기

3.1.1 살아있는 생물은 유기 거대분자를 생산하는데, 이들은 큰 탄소에 기반을 둔 분자이다. 이러한 분자들의 화학적 특성은 탄소 핵심에 부착된 독특한 기능기에 기인한다.

3.1.2 거대분자는 단량체라고 하는 소단위를 서로 연결하여 형성되며, 중합체라고 하는 긴 사슬을 형성한다. 아미노산은 폴리펩티드를 형성하기 위하여 서로 연결되는 소단위이다. 뉴클레오티드 단량체는 서로 연결되어 핵산을 형성한다. 단당류 단량체는 서로 연결되어 탄수화물을 형성한다. 지방산은 서로 연결되어 지방이라고 하는 지질의 종류를 형성하는 단량체이다.

중합체는 그림 3.4와 같이 탈수 반응에 의하여 형성된다. 탈수반응은 단량체를 서로 연결하는 공유결합을 생성한다. 이 반응은 결합이 생성될 때 물 분자가 제거되기 때문에 탈수반응이라고 한다.

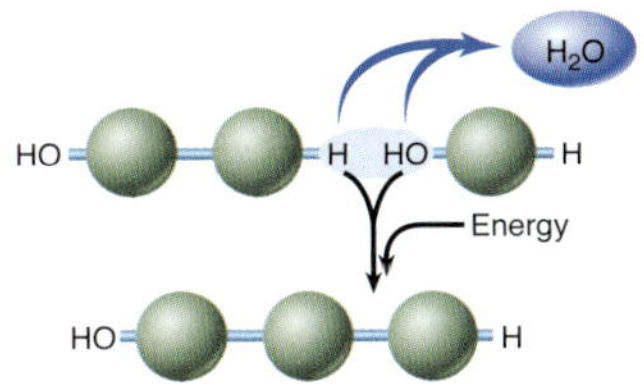

거대분자의 분해는 가수분해 반응을 포함하는데, 물 분자가 다시 첨가되어 결합이 파괴되도록 한다.

거대분자의 종류

단백질 Protein

3.2.1 단백질은 복잡한 형태로 접히는 아미노산의 긴 사슬이다.

3.2.2 단백질에는 20여 종류의 다른 아미노산이 나타난다. 모든 아미노산은 동일한 기본적인 핵심 구조를 가진다. 아미노산들은 핵심에 부착된 기능기의 종류가 다르다. 기능기는 R기로 불린다. 몇몇 기능기는 극성이고, 몇몇은 비극성이며, 다른 것들은 아미노산에 독특한 화학적 성질을 부여한다. 아미노산은 펩티드 결합이라고 하는 공유결합에 의하여 서로 연결된다.

3.2.3 폴리펩티드 내에서 아미노산의 서열은 단백질의 1차 구조이다. 아미노산의 사슬은 2차 구조로 꼬일 수 있는데, 나선형의 α-나선(α-helix) 또는 판모양의 β-주름판(β-pleated sheets)의 폴리펩티드 일부분을 수소결합이 유지하는 것이다. 폴리펩티드를 더 구부리거나 접으면 3차 구조를 나타낸다. 둘 이상의 폴리펩티드가 단백질을 구성할 때 이러한 폴리펩티드 소단위의 상호작용을 4차 구조라고 한다.

3.2.4 수소결합을 붕괴시키는 환경조건의 변화는 단백질을 풀리게 할 수 있으며 이 과정을 변성(denaturation)이라고 한다. 그림 3.9에서 발췌한 효소와 같은 구형 단백질은 변성이 되면 기능을 할 수 없다. 일부 변성된 단백질은 기능이 있는 형태로 다시 접힐 수 있다.

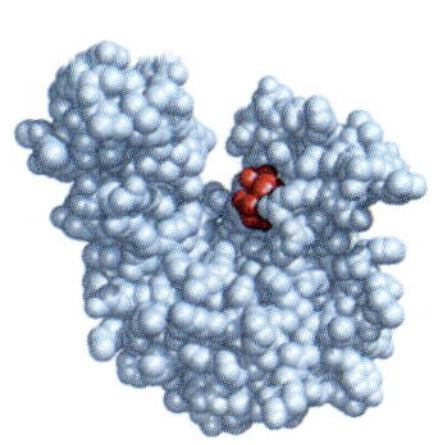

3.2.5 단백질의 아미노산 서열은 단백질이 어떻게 3차원적 형태로 접히는가를 결정하며, 따라서 세포내에서 단백질의 기능을 결정한다.

핵산 Nucleic Acid

3.3.1 DNA와 RNA 같은 핵산은 뉴클레오티드의 긴 사슬이다. 뉴클레오티드는 5탄당, 인산기, 그리고 질소 염기의 3부분으로 구성된다. DNA와 RNA는 세포에서 정보의 저장 및 검색 기능을 하며, 단백질을 만드는데 필요한 정보를 가지고 있다. 이 정보는 단백질에서 아미노산의 순서를 결정하는 뉴클레오티드의 다른 서열로 저장된다.

3.3.2 DNA와 RNA는 DNA에서 나타나는 당은 디옥시리보오스(deoxyribose)이고 RNA에서는 리보오스(ribose)라는 점에서 화학적으로 차이가 있다. DNA의 질소 염기는 시토신, 아데닌, 구아닌, 그리고 티민이고, RNA에서는 티민이 우라실로 대체되는 것 외에는 동일한 염기가 나타난다.

DNA와 RNA는 구조적으로도 다르다. DNA는 서로 감겨있는 뉴클레오티드의 2가닥으로 이루어져 있으며, 이중나선이라고 한다. 그림 3.11에서 발췌한 RNA는 뉴클레오티드의 단일 가닥이다.

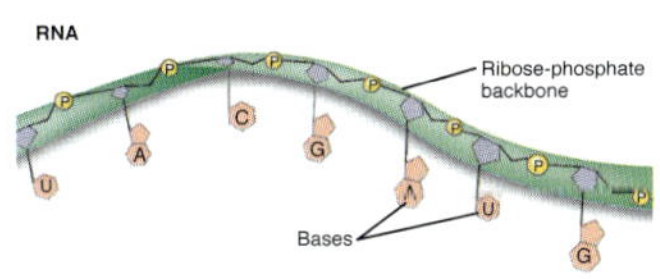

3.3.3 DNA 이중 나선의 두 뉴클레오티드 가닥은 질소 염기 사이의 수소결합에 의하여 함께 지탱된다. 아데닌(A)은 티민(T)과 짝을 이루며, 시토신(C)은 구아닌(G)과 짝을 이룬다.

탄수화물 Carbohydrate

3.4.1 탄수화물은 C, H, O 원자를 1:2:1로 포함하고 있는 거대분자이다. 탄수화물은 세포에서 2가지의 주된 기능을 하는데, 구조적 골격과 에너지 저장이다. 하나 또는 둘만의 단량체로 구성된 탄수화물을 단순탄수화물이라고 하며, 그림 3.14에서 발췌한 포도당 단당류와 이당류가 있다. 긴 단당류로 이루어진 탄수화물은 복합탄수화물 또는 다당류라고 한다.

녹말이나 글리코겐과 같은 다당류는 세포에서 에너지를 저장하는 수단을 제공한다. 에너지가 필요한 경우에는 세포 내에서 분해된다. 셀룰로오스와 키틴 같은 탄수화물은 구조적 완전성을 제공하며 필요한 효소가 결핍되어 있어 동물에 의해서 분해되지 않는다. 일부 동물의 소화관에 있는 미생물은 셀룰로오스를 분해할 수 있다.

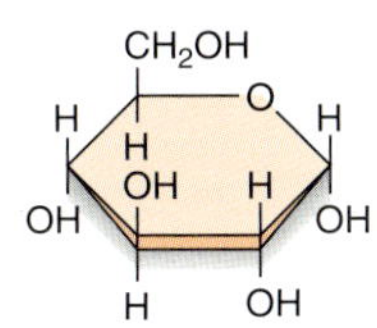

지질 Lipid

3.5.1 지질은 물에 용해되지 않는 커다란 비극성 분자이다. 인지질이라고 하는 지질은 생물막의 성분이다. 지방이라고 하는 지질은 장기간 에너지 저장 기능을 한다. 지방에는 포화지방과 불포화지방이 있다. 포화지방은 실온에서 고체이며 동물에서 나타나고, 불포화지방은 실온에서 액체(기름)이고 식물에서 나타난다.

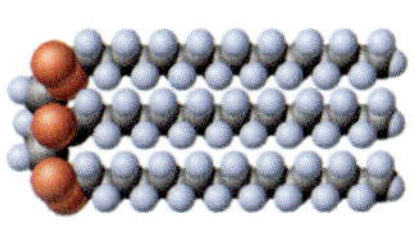

그 외의 지질은 스테로이드(성 스테로이드와 콜레스테롤), 고무, 그리고 색소를 포함한다.

이해의 측정

3.1.1 4종류의 유기 거대분자는?

a. 수산기, 카르복실기, 아미노기, 인산기
b. 단백질, 탄수화물, 지방, 핵산
c. DNA, RNA, 단순당, 아미노산
d. 탄소, 수소, 산소, 질소

3.1.2 유기분자는 단량체로 이루어져 있다. 다음 중 어느 것이 유기 분자의 단량체가 아닌가?

a. 아미노산 **c.** 폴리펩티드
b. 단당류 **d.** 뉴클레오티드

3.2.2 펩티드 결합은 어떻게 형성되는가?

a. 물 분자를 제거하여
b. 탈수 반응에 의하여
c. 두 아미노산 사이에
d. 위의 모두 맞음.

3.2.5 여러분의 신체는 많은 종류의 단백질로 채워져 있다. 각각의 종류는 특정한 아미노산 서열을 가지고 있으며 이는 단백질의 독특한 ____과(와) ____을(를) 결정한다.

a. 수, 무게 **c.** 구조, 기능
b. 길이, 질량 **d.** 전하, pH

3.3.1 핵산은?

a. 우리 몸의 에너지원이다.
b. 다른 분자에 작용하여, 다른 분자들을 분해하거나 기능을 위한 새로운 분자를 만든다.
c. 신체의 일부 전문화된 장소에서만 발견된다.
d. 신체의 세포에서 발견되는 정보를 저장하는 장치이다.

3.3.3 DNA 분자의 2가닥은 뉴클레오티드 염기사이의 수소 결합에 의하여 결합된다. 다음 중에서 어느 것이 DNA의 염기쌍을 가장 잘 나타내는가?

a. 아데닌(A)은 티민(T)과 수소결합을 형성한다.
b. 아데닌(A)은 시토신(C)과 수소결합을 형성한다.
c. 시토신(C)은 티민(T)과 수소결합을 형성한다.
d. 구아닌(G)은 아데닌(A)과 수소결합을 형성한다.

3.4.1 탄수화물은 어느 목적으로 이용되는가?

a. 구조와 에너지 **c.** 지방 저장과 모발
b. 정보 저장 **d.** 호르몬과 효소

3.4.1 다음 탄수화물 중 식물에서 나타나지 않는 것은?

a. 글리코겐 **c.** 녹말(전분)
b. 셀룰로오스 **d.** 셋 모두 식물에서 나타난다.

3.5.1 지방 분자에 공통적인 특징은?

a. C-H 결합의 긴 사슬을 포함한다.
b. 물에 용해되지 않는다.
c. 글리세롤 뼈대를 가진다.
d. 위의 셋 모두 지방 분자의 특징이다.

3.5.1 지질은 어느 목적으로 이용되는가?

a. 운동과 방어
b. 정보 저장
c. 에너지 저장과 일부 호르몬
d. 효소와 일부 호르몬

이해의 적용

3.2.2 아래 왼쪽 분자는 아미노산 단량체로 이루어진 펩티드이다. 아래 오른쪽 분자는 단순당 단량체로 이루어진 이당류이다. 두 분자 모두 공통적인 화학반응을 이용하여 합성되었다. 이러한 분자를 형성한 화학반응은 무엇이고 이 반응들의 공통적인 부산물은 무엇인가?

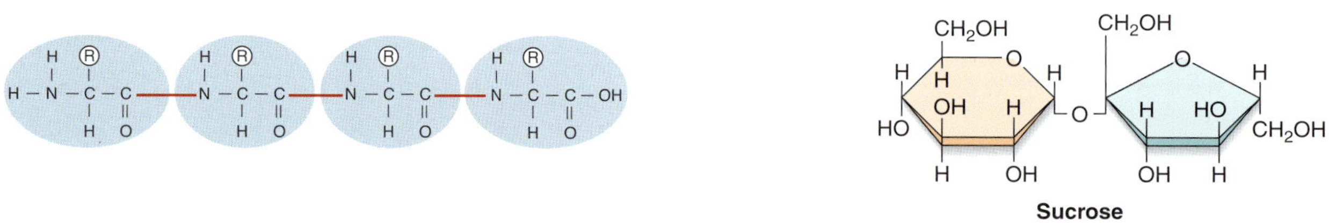

3.5.1 아래 그림은 2개의 지질 분자이다. 왼쪽의 지질은 포화지방이고 오른쪽은 불포화지방이다. 지방산 꼬리의 화학적 구조의 차이점은 무엇이고, 이는 두 지질의 물리적 특성에 어떻게 영향을 미치는가?

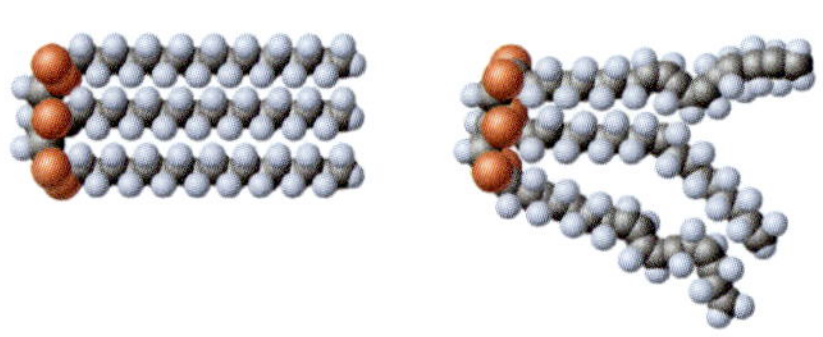

학습 내용의 종합

3.2.2 15개 아미노산 길이의 폴리펩티드를 분해하는데 몇 분자의 물이 이용되나요?

3.4.1 여러분의 몸에 존재하는 아밀라제 효소는 녹말에 있는 포도당 단량체 사이의 결합을 파괴할 수는 있지만 셀룰로오스에 있는 포도당 단량체 사이의 결합을 파괴할 수는 없다. 효소는 어떤 분자에 결합할지에 대하여 매우 특이적이다. 표 3.1에 있는 녹말과 셀룰로오스의 화학구조를 검토하고 녹말을 분해할 수 있는 동일한 효소가 셀룰로오스는 분해할 수 없는지 설명하시오.

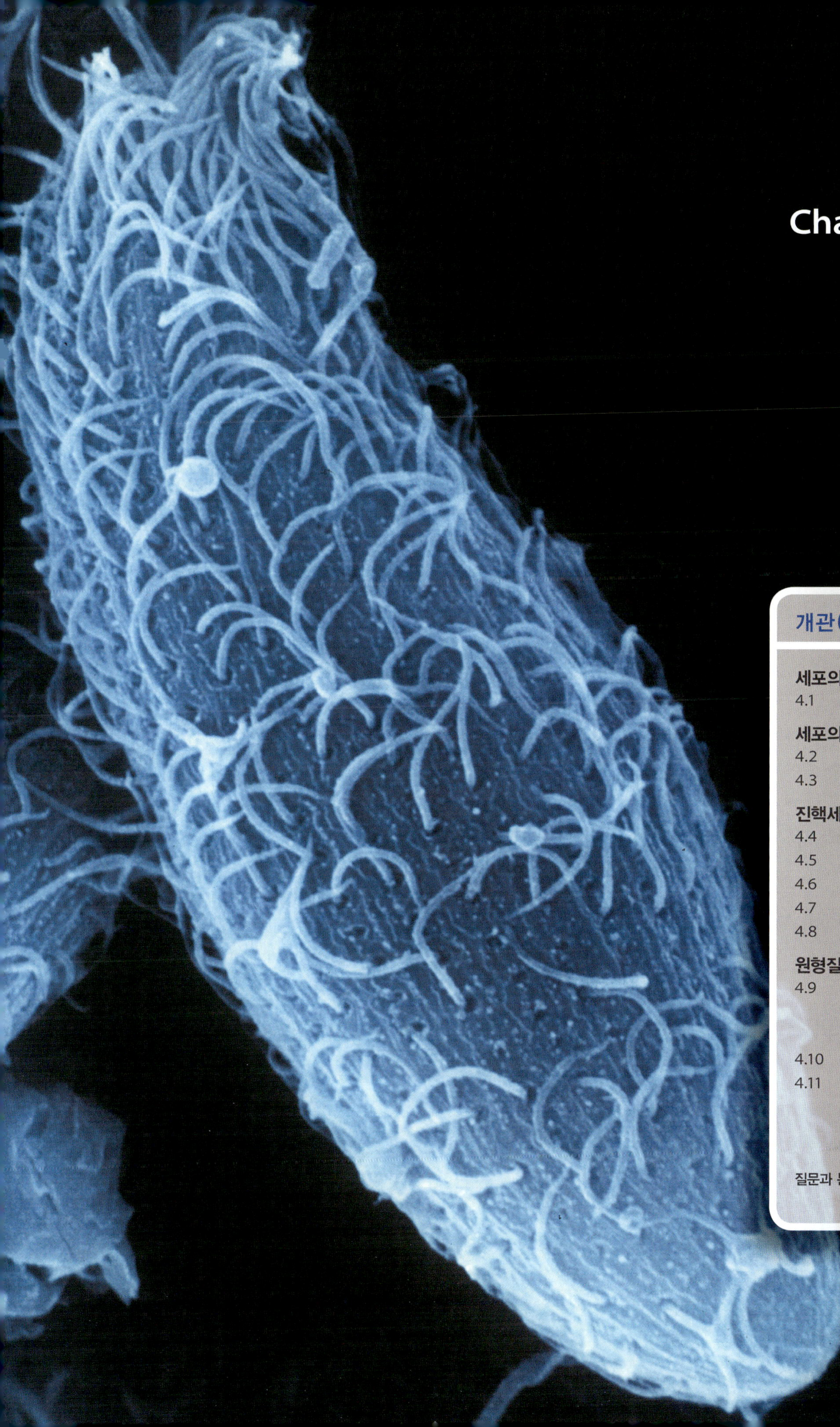

Chapter 4

세포

Cells

개관(CHAPTER AT A GLANCE)

세포의 세계 The World of Cells

4.1 세포 Cell

학습 목표 4.1.1 세포설과 세포설의 3가지 원칙에 대한 개요를 설명한다.

손가락을 들어서 가까이 살펴보세요. 무엇이 보이나요? 피부가 보이지요. 피부는 견고하고 부드럽게 보이며, 선들로 주름져있고 만지면 유연하지요. 그러나 약간을 떼어내서 현미경으로 관찰하면 매우 다르게 보입니다. 그림 4.1에서 손가락 끝으로 여행을 떠납니다. 그림 ❸과 ❹에서 볼 수 있는 가득 찬 몸체는 타일바닥처럼 전개된 피부 세포입니다. 여행을 더 계속하여 세포 내부로 들어가면 세포소기관(organelle)이 보이는데, 이 구조들은 특정한 기능을 수행한다. 더 들어가면 그림 ❽과 ❾에서 구조들을 구성하는 분자와 마지막으로 원자까지 볼 수 있다. 어떤 생물들은 하나의 세포로 이루어져 있지만, 여러분의 신체는 수많은 세포들로 구성되어 있다. 인간의 신체는 은하에 있는 별 숫자만큼 크기에 따라서 10조에서 100조개로 이루어져 있다. 그러나 여러분 신체의 세포는 크기가 작다. 이 장에서는 세포를 더 자세히 살펴보고 내부구조에 대하여 알아보고 환경과 어떻게 교신을 하는지 알아본다.

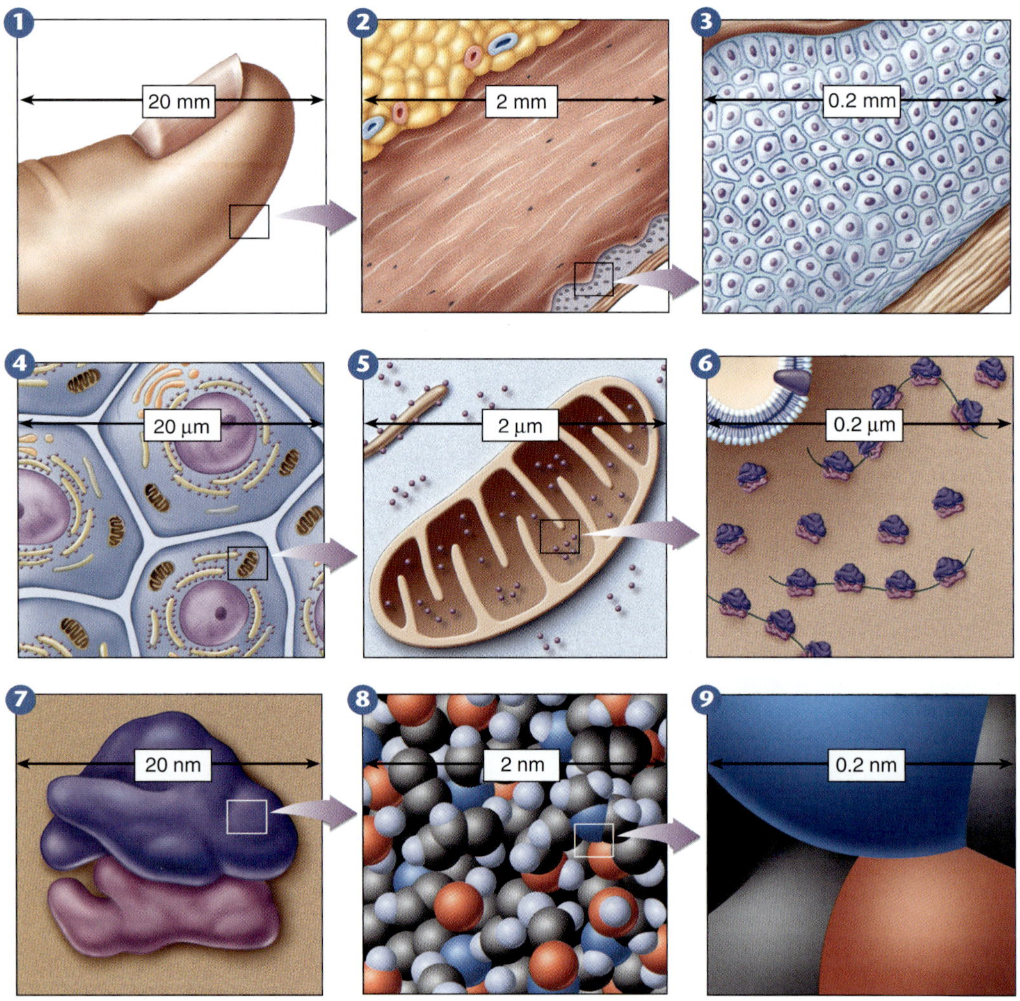

그림 4.1 세포의 크기와 내용물.

이 그림은 인간의 피부세포, 세포소기관, 그리고 분자의 크기를 보여준다. 일반적으로 인간 피부세포의 직경은 20 마이크로미터(μm) 미만이고, 미토콘드리아는 2 μm, 리보솜은 20 나노미터(nm), 단백질 분자는 2 nm, 그리고 원자는 0.2 nm이다.

세포설 The Cell Theory

세포는 매우 작기 때문에 17세기 중반에 현미경이 발명되기 전까지는 아무도 관찰할 수 없었다. 훅(Robert Hooke)이 1665년 최초로 세포를 기술하였는데, 그는 죽어있는 식물 조직인 코르크의 얇은 조각을 관찰하기 위하여 자신이 만든 현미경을 사용하였다. Hooke은 작고 비어있는(세포가 죽었기 때문에) 벌집 모양의 칸막이를 관찰하였다. Hooke은 코르크의 칸막이를 cellulae(라틴어로 작은 방이라는 뜻)로 이름 지었으며, 이 용어가 **세포**(cell)로 전해내려 왔다. 그 이후 150년 동안이나 생물학자들은 세포의 중요성을 인식하지 못하였다. 1838년 식물학자인 슐라이덴(Matthias Schleiden)은 식물 조직을 세심하게 연구하여 세포설에 대한 첫 번째 의견을 전개하였다. Schleiden은 모든 식물은 "세포라고 하는 완전히 개별적이고, 독립적이고, 분리된 실체의 집합이다"라고 하였다. 1939년 슈반(Theodor Schwann)이 모든 동물 조직도 개별적인 세포로 이루어져 있다고 발표하였다.

생물은 세포로 구성되어 있다는 생각을 세포설이라고 한다. 현대 생물학에서 세포학은 다음 3가지 원칙을 포함한다.

1. 모든 생물은 하나 또는 그 이상의 세포로 이루어져 있으며, 세포 내에서 생

명의 과정이 일어난다.

2. 세포는 가장 작은 생명체이다. 세포보다 작은 것은 어느 것도 살아있는 것으로 간주되지 않는다.
3. 세포는 오로지 그 전에 존재하던 세포의 분열에 의해서만 생겨난다. 생명이 초기 지구의 환경에서 자연발생적으로 진화하였을 것으로 생각되지만, 생물학자들은 현재에는 그 이상 추가적으로 세포가 자연발생적으로 생겨나지 않는다고 결론을 내렸다. 오히려 지구상의 생명은 초기세포의 연속 계열의 후손을 나타낸다.

개념의 적용

일부 바이러스는 작은 세포보다 크다. 바이러스는 생명이 있나요?

대부분의 세포는 매우 작다 Most Cells Are Very Small

학습 목표 4.1.2 대부분의 세포가 왜 그렇게 작은지 설명한다.

세포는 모두 크기가 같지는 않다. 예를 들어 해조류의 경우 여러분의 새끼손가락 크기인 5 cm 길이가 되기도 한다. 대조적으로, 여러분 몸의 세포는 직경이 대체적으로 5에서 20 마이크로미터(μm) 정도이며, 너무 작아서 맨눈으로 볼 수 없다. 핀 머리의 직경에 100에서 400개 정도의 사람 세포가 필요하다. 세균의 세포는 여러분의 세포보다 작은 단지 수 μm 정도의 두께이다(그림 4.2).

대부분의 세포는 왜 그렇게 작을까요? 큰 세포는 능률적으로 기능하지 못하기 때문에 대부분의 세포는 작다. 모든 세포의 중앙에는 세포의 모든 부분에 명령을 내리는 통제소가 있는데, 특정한 효소의 합성, 외부에서 이온과 분자의 출입, 그리고 새로운 세포 부분을 조립하는 등의 지시를 한다. 이러한 명령은 중심에서 세포의 모든 부분으로 전달되어야 하며, 큰 세포의 주변까지 도달하기 위해서는 긴 시간이 걸린다. 이러한 이유로 비교적 작은 세포로 구성된 생물은 큰 세포로 구성된 생물에 비하여 이점을 가진다.

세포가 크지 않은 다른 이유는 커다란 표면적을 가지는 이점이다. 세포의 표면은 세포 내부가 환경과 상호작용할 수 있는 유일한 기회를 제공하는데, 이는 표면이 물질이 세포 안팎으로 출입할 수 있는 유일한 통로를 제공하기 때문이다. 세포가 커지면 내부 면적은 표면적에 비해 훨씬 빠르게 증가하여, 그 결과 각 단위 부피에 대하여 제공할 수 있는 표면적이 훨씬 줄어든다. 같은 방식으로, 비행기와 기차가 발명되기 이전에는 도시의 크기는 주변의 교외가 대도시에 있는 사람을 부양할 수 없었기 때문에 제한되었다. 도시와 연결될 수 있는 도로가 건설될 수 있는 만큼만, 도시에서 이용할 수 있는 농장이 가깝게 있었기 때문이다.

몇몇 큰 세포들은 표면적을 증가시키는 구조적 특성을 가졌기 때문에 매우 효율적으로 기능한다. 신경계의 세포들은 1m 이상 길이가 되는 액손(axon)이라는 긴 실 같은 구조를 가지고 있는데, 매우 가늘기 때문에 세포의 내부는 어느 곳에서도 표면에서 멀리 떨어져 있지 않다. 같은 이유로, 신체의 많은 세포들은 평평하거나 접시 모양이다. 표면적을 증가시키는 다른 구조적 특징은 미세융모(microvilli)라고 하는 작은 손가락 같은 돌기인데, 이들은 세포의 표면적을 극적으로 증가시킨다.

개념의 적용

왜 여러분의 신체가 그렇게 많은 평평한 접시 모양의 세포로 이루어져 있는 것이 유리한가?

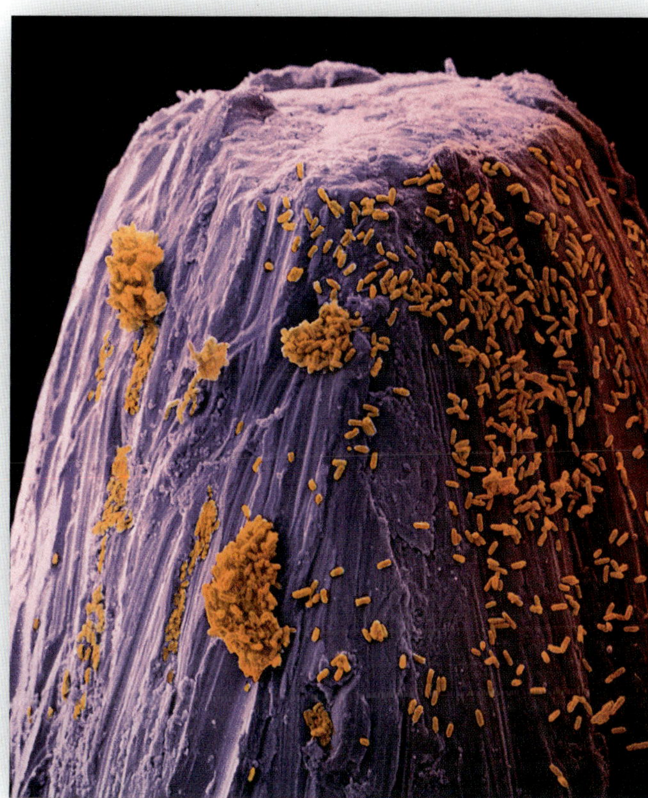

그림 4.2 핀 끝 위에 있는 세균(175x).

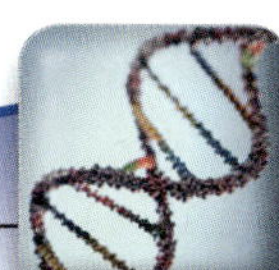

뉴스에서

고화질 TV. 새로운 세대의 고화질 텔레비전은 매우 높은 해상력의 놀라운 영상을 제공한다. 컴퓨터와 텔레비전 공학자들은 해상노를 여러분이 볼 수 있는 각각의 점이나 색깔(픽셀, pixel)로 간단히 정의한다. 전통적인 480개의 수직선에 각각 640개의 점을 표시하며, 해상도 480이라고 한다. 최근까지 DVD 디스크가 TV 화면에 가장 좋은 해상도를 제공하였다. DVD는 적색 레이저빔을 이용하여 720개의 수직선을 읽고 투영할 수 있다. 이것이 인접한 레이저빔이 두 점이 겹치지 않고 읽을 수 있는 최대이다. 훨씬 좁은 청색 레이저의 발명으로 훨씬 가깝게 점을 압축해 넣어 1,080 수직선과 200만 색깔의 점을 투영할 수 있는 진정한 고화질 HD TV 스크린이 가능하게 되었다. 이는 여러분의 눈이 전달할 수 있는 것과 구별하기 어려운 생생한 선명도의 영상을 만들어 낸다.

세포를 시각화하기 Visualizing Cells

학습 목적 4.1.3 세포를 영상화하는 것에 대하여 설명한다.

우리가 세포와 같이 작은 물체를 볼 수 없는 이유는 인간 눈의 제한된 해상도 때문이다. 해상도는 두 점이 떨어져 있으면서 두 개의 독립된 점으로 구별될 수 있는 최소한의 거리로 정의된다. 인간 눈의 해상도의 한계는 약 100 μm이다. 두 물체가 100 μm 보다 가까이 있으면, 각각의 물체에서 반사된 빛이 눈 뒤쪽에 있는 같은 탐지 세포에 충돌한다.

현미경. 해상도를 높이는 한 가지 방법은 배율을 증가시켜, 작은 물체가 크게 보이게 하는 것이다. 현대의 광학현미경은 영상을 확대하고 눈의 뒤에 있는 수용체 세포에 초점을 맞추어 매우 높은 배율과 선명도를 얻기 위하여 2개의 확대렌즈(다양한 보정렌즈와 함께)를 사용한다. 여러 렌즈를 단계적으로 이용하여 확대하는 현미경을 **복합현미경**이라고 한다. 복합현미경은 200 나노미터(nm) 떨어진 구조를 구별할 수 있다.

해상도를 높이기. 광학현미경은 복합현미경이라 할지라도, 세포 내에 있는 많은 구조를 식별하기에 충분하지 않다. 그러면 왜 또 다른 확대렌즈를 현미경에 추가하여 해상도를 높이지 않나요? 그 이유는 두 물체가 수백 nm보다 가까우면, 두 영상으로부터 반사되는 빛이 겹치기 시작한다. 겹치는 것을 피하는 한 가지 방법은 광선을 이용하는 대신 전자선을 이용하는 것이다. 전자는 훨씬 짧은 파장을 가지며, 전자선을 이용하는 현미경은 광학현미경 해상도의 1,000배가 된다. **투과전자현미경**(transmission electron microscope, **TEM**)은 수소 원자 직경의 겨우 2배인 0.2 nm 크기의 물체까지도 식별할 수 있다(그림 4.3). 두 번째 유형의 전자현미경인 **주사전자현미경**(scanning electron microscope, **SEM**)은, 전자를 표본의 표면에 발사한다. 전자선은 표면의 원자에서 전자를 떨어뜨리며, 이 전자가 확대되고, 영상이 생성되어 스크린에 투시되고 사진을 찍어, 종종 놀랄만한 2차원 사진이 만들어진다.

개념의 적용

왜 여러분은 광학현미경으로 리보솜을 관찰할 수 없는가?

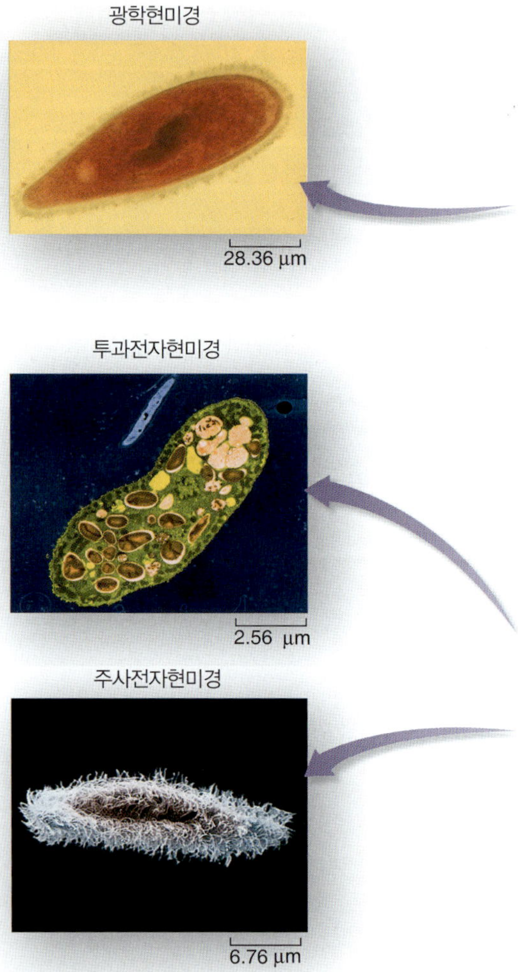

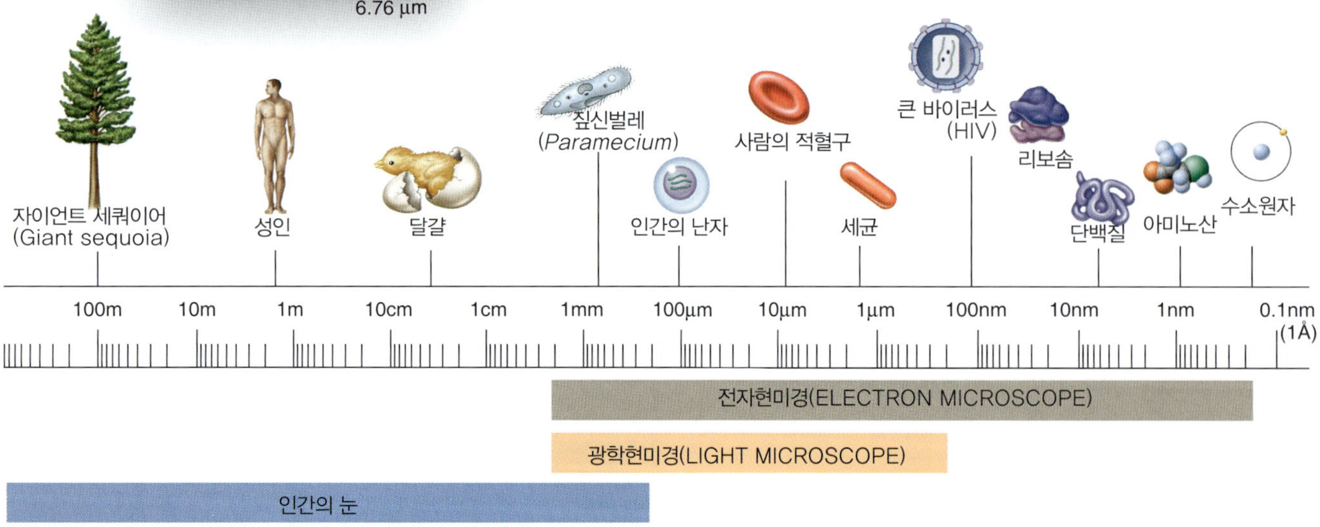

그림 4.3 가시도의 척도.

대부분의 세포는 크기가 현미경적인데, 일부 척추동물 배우체는 맨눈으로도 볼 수 있다. 세균의 세포는 일반적으로 직경이 1 μm에서 2 μm 정도이다.

세포의 종류 Kinds of Cells

4.2 원핵세포 Prokaryotic Cells

학습 목표 4.2.1 원핵세포의 내부를 설명한다.

원핵생물(prokaryoes)과 진핵생물(eukaryotes), 2종류의 세포가 존재한다. 원핵생물은 내부 막에 의하여 분리된 구획으로 나뉘어 있지 않은 비교적 균일한 내보를 가지고 있다. 원핵생물은 예를 들면 세포소기관(organelle)이나 핵(nucleus; 유전정보를 보관하는 막으로 둘러싸인 구획)과 같은 특별한 막으로 둘러싸인 구획을 가지고 있지 않다. 1장 그림 1.11에서 토의하였듯이, 원핵생물에는 세균과 고세균의 2가지 주된 집단이 있으며, 그 외의 모든 생물은 진핵생물이다.

원핵생물은 가장 단순한 세포생물이다. 5,000종 이상이 분류되었으나, 이보다 몇 배 많은 수가 실제로 존재하지만 아직 확인되지 않았다. 이 종들은 형태가 다양하지만, 조직은 기본적으로 유사하다: 단세포 생물이다; 세포가 작다(보통 1 μm에서 10 μm 두께); 세포는 원형질막으로 둘러싸여 있다; 그리고 명확한 내부 구획이 없다. 거의 대부분의 세균과 고세균의 외부에는 세포벽이 있으며, 다른 집단은 다른 분자로 이루어져 있다. 일부 세균에서는 협막(capsule)이라고 하는 다른 층이 세포벽을 둘러싼다. 고세균은 매우 다양하며 다양한 환경에 서식한다. 세균은 매우 많이 존재하며 많은 생물학적 기작에 중요한 역할을 한다. 세균은 그림 4.4*a*, *b*에서처럼 소시지나 나선모양 등 다양한 형태를 가진다. 그림 4.4c에서처럼 집단이나 사슬을 형성할 수 있지만, 개체세포들은 다른 세포들과 독립적으로 기능을 한다.

그림 3.16에서 설명된 원형질막은 2개의 층으로 배열된 인지질로 구성되어 있으며, 극성 머리는 외부로 향하고 비극성 꼬리는 막의 내부루 연장된다.

여러분이 원핵세포 내부를 들여다볼 수 있다면, 단순한 조직에 놀랄 것이다. 세포 내부 전보가 하나의 단위이며, 막으로 둘러싸인 내부 구획이나 내부지지 구조가 전혀 없다(그림 4.5의 자줏빛의 단단한 세포벽이 세포의 형태를 지지한다). 리보솜(ribosome)이라고 하는 작은 구조가 원핵생물 세포질에 분산되어 있다: 그림 4.5의 세포 내부에 작은 구형 구조이다. 리보솜은 단백질이 만들어지는 곳이지만, 막 경계가 결여되어 있기 때문에 세포소기관으로 간주되지 않는다. 원핵생물의 DNA는 핵양체 영역이라고 불리는 세포질 영역에서 나타난다. DNA가 세포질의 일부분에 국한되어 있기는 하지만, 핵으로 간주되지는 않는데, 그 이유는 그림 4.5에서 볼 수 있듯이 핵양체 영역과 연관된 DNA가 내부 막 내에 싸여있지 않기 때문이다.

일부 원핵생물들은 운동을 위하여 편모(flagellum, 복수형인 flagella)를 이용한다. 편모는 길고 실 같은 구조이며, 세포 표면에서 돌출되어 나온 단백질 섬유로 이루어져 있다. 세균은 편모를 스구루처럼 회선시켜 매조 세포 직경의 20배까지의 속도로 수영할 수 있다. 일부 원핵세포는 짧은(길이가 수 μm밖에 되지 않고 두께는 7.5 nm에서 10 nm 정도인) 편모인 선모(pili, 단수형은 pilus)를 가지고 있다. 선모는 원핵세포가 적절한 기질에 부착될 수 있도록 도와주고 세포 사이에 유전정보를 교환할 수 있도록 돕는다.

개념의 적용

세균 세포의 내부에는 막으로 둘러싸인 세포소기관이 있나요?

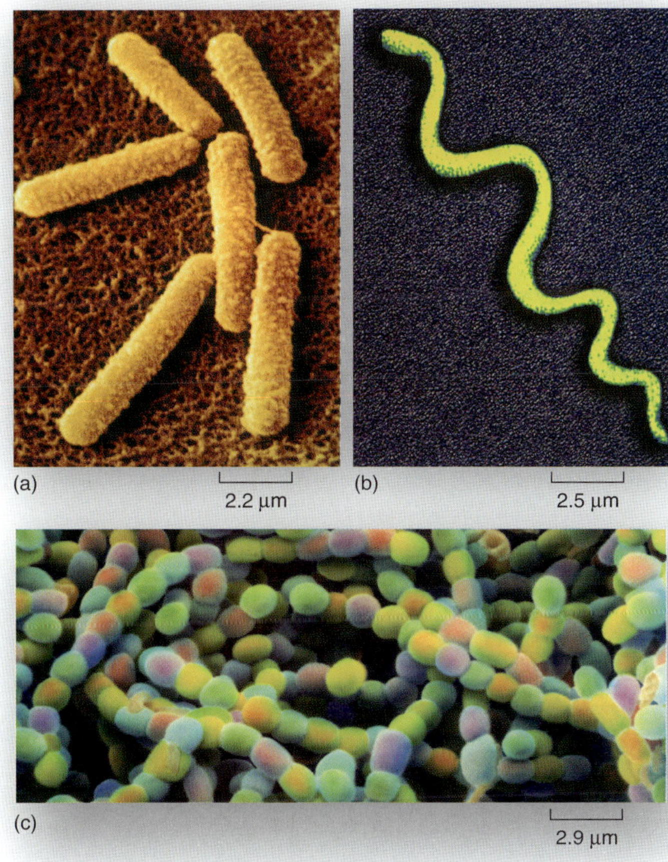

그림 4.4 세균 세포는 다른 형태를 가지고 있다.

(a) *Bacillus*는 막대모양의 세균이다. (b) *Treponema*는 나선 모양의 세균이며; 내부 필라멘트의 회전으로 인하여 나선상의 운동을 한다. (c) *Streptomyces*는 세포들이 사슬형태로 붙어있는 어느 정도 구형의 세균이다.

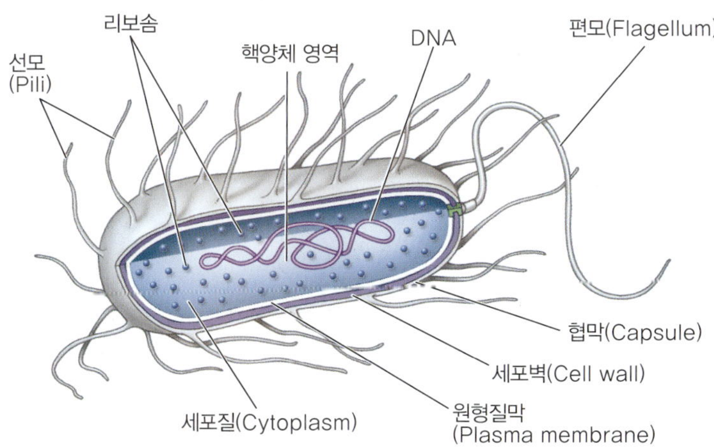

그림 4.5 원핵세포의 조직.

원핵세포는 내부 구획이 없다. 모든 원핵세포가 그림에 나타낸 것처럼 편모나 협막(capsule)을 가지고 있는 것은 아니지만, 모두 핵양체 영역, 리보솜, 원형질막, 세포질, 그리고 세포벽을 가지고 있다.

4.3 진핵세포 Eukaryotic Cells

학습목표 4.3.1 진핵세포에 독특한 세포소기관을 나열하고, 그 중에 어느 것이 식물세포에 존재하지 않는지 알아본다.

진핵세포는 원핵세포에 비하여 훨씬 크고 완전히 다르고, 복잡한 내부 조직을 가지고 있다. 그림 4.6과 4.7은 이상적인 동물과 식물 세포의 내부 단면도를 보여준다. 여러분이 볼 수 있듯이, 진핵세포의 내부는 그림 4.5의 원핵세포에 비하여 훨씬 복잡하다. **원형질막**❶(plasma membrane)은 **세포질**❷(cytoplasm)이라고 하는 반유동성 기질을 싸고 있고, 그 안에 세포소기관이라고 하는 핵과 다양한 세포 구조를 포함하고 있다. **세포소기관**은 그 내부에서 특정한 세포 기작이 일어나는 전문화된 구조이다. 예를 들어 **미토콘드리아**❸(mitochondrion; 복수형은 mitochondria)와 같은 각각의 소기관은, 진핵세포에서 특정한 기능을 가진다. 세포소기관들은 **세포골격**❹(cytoskeleton)이라고 하는 단백질 섬유의 내부 비계에 의하여 세포질의 특정한 장소에 닻을 내리고 있다.

현미경으로 관찰하면 이 중 하나가 현저하게 나타나는데, 복숭아 구멍처럼 세포의 중앙을 채우고 있는 **핵**❺(nucleus, 복수형은 *nuclei*)이며, 라틴어의 핵심에서 온 말이다. 핵 안에는, DNA가 단백질 주위를 단단하게 감고 있으며 염색체라고 하는 밀집한 단위로 포장되어 있다. 이것이 **진핵생물**의 이름을 가져온 핵인데, 그리스어로 *eu*는 진짜이고, *karyon*은 핵심이라는 뜻이다. 그 전에 진화한 세균과 고세균은 원핵생물(prokaryotes)이며 "핵심 이전"이라는 의미이다.

그림 4.6 동물세포의 구조.

이 그림은 동물세포의 일반적인 도해이다. 원형질막이 세포를 둘러싸고 있으며, 그 안에 세포골격과 다양한 세포소기관과 내부구조가 세포질이라고 하는 반유동성 기질에 떠있다. 어떤 종류의 동물세포는 미세융모라고 하는 손가락 같은 돌기를 가지고 있다. 여러 원생생물 세포처럼 다른 유형의 진핵세포는 운동을 돕는 편모나 다른 많은 기능을 가질 수 있는 섬모를 가지고 있기도 한다.

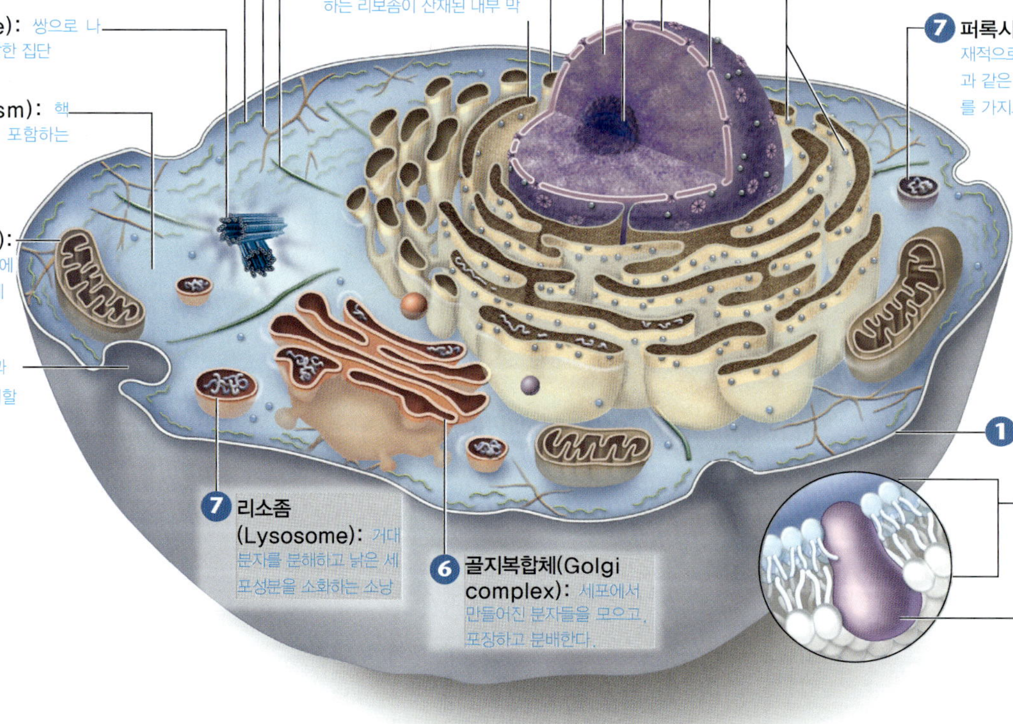

그림 4.6과 4.7의 세포소기관을 검토하면, 대부분 세포질 내에 별도의 구획을 형성하고, 자신의 막으로 둘러싸여져 있음을 알 수 있다. 진핵세포의 특징이 이 구획화이다. 이러한 내부의 구획화는 세포 내부를 누비는 방대한 **내막시스템**⑥에 의하여 달성된다.

소낭⑦(물질을 저장하고 운반하는 작은 막으로 둘러싸인 작은 주머니)은 세포 내에 폐쇄된 구획을 형성하여, 집의 방처럼 서로 간섭하지 않고 다른 기작들이 동시에 진행될 수 있도록 한다. 예를 들어, 리소좀이라고 하는 세포소기관은 오래된 세포소기관들이 분해되어 그 성분 분자들이 재순환되는 산성 내부 환경을 가지는 재생센터이다. 이 산은 세포질로 방출되면 매우 파괴적이 될 수 있다.

그림 4.6을 그림 4.7과 비교하면, 여러분은 동일한 세포 소기관 조합과 함께 몇 가지 흥미로운 예외를 볼 수 있을 것이다. 예를 들면 식물, 진균, 그리고 많은 원생생물의 세포는 셀룰로오스나 키틴 섬유로 이루어진 강한 외부 **세포벽**⑧을 가지고 있지만, 동물세포는 세포벽이 결여되어 있다. 모든 식물과 원생생물의 많은 유형은 **엽록체**⑨를 가지고 있으며, 엽록체 내부에서 광합성이 일어난다. 동물세포나 진균세포는 엽록체를 가지고 있지 않다. 식물세포는 또한 물을 저장하는 커다란 **중심 액포**⑩와, 세포 사이에 세포질 연결을 형성하는 세포벽이 열린 부분인 **원형질 연락사**(plasmodesmata)⑪를 가지고 있다. 다음에 다루어지게 될 **중심체**⑫(centriole)는 동물세포에 존재하지만 식물세포나 진균세포에는 존재하지 않는다.

개념의 적용

만약 중심 액포가 작용을 그렇게 잘 한다면, 동물세포는 왜 중심 액포를 이용하지 않는가?

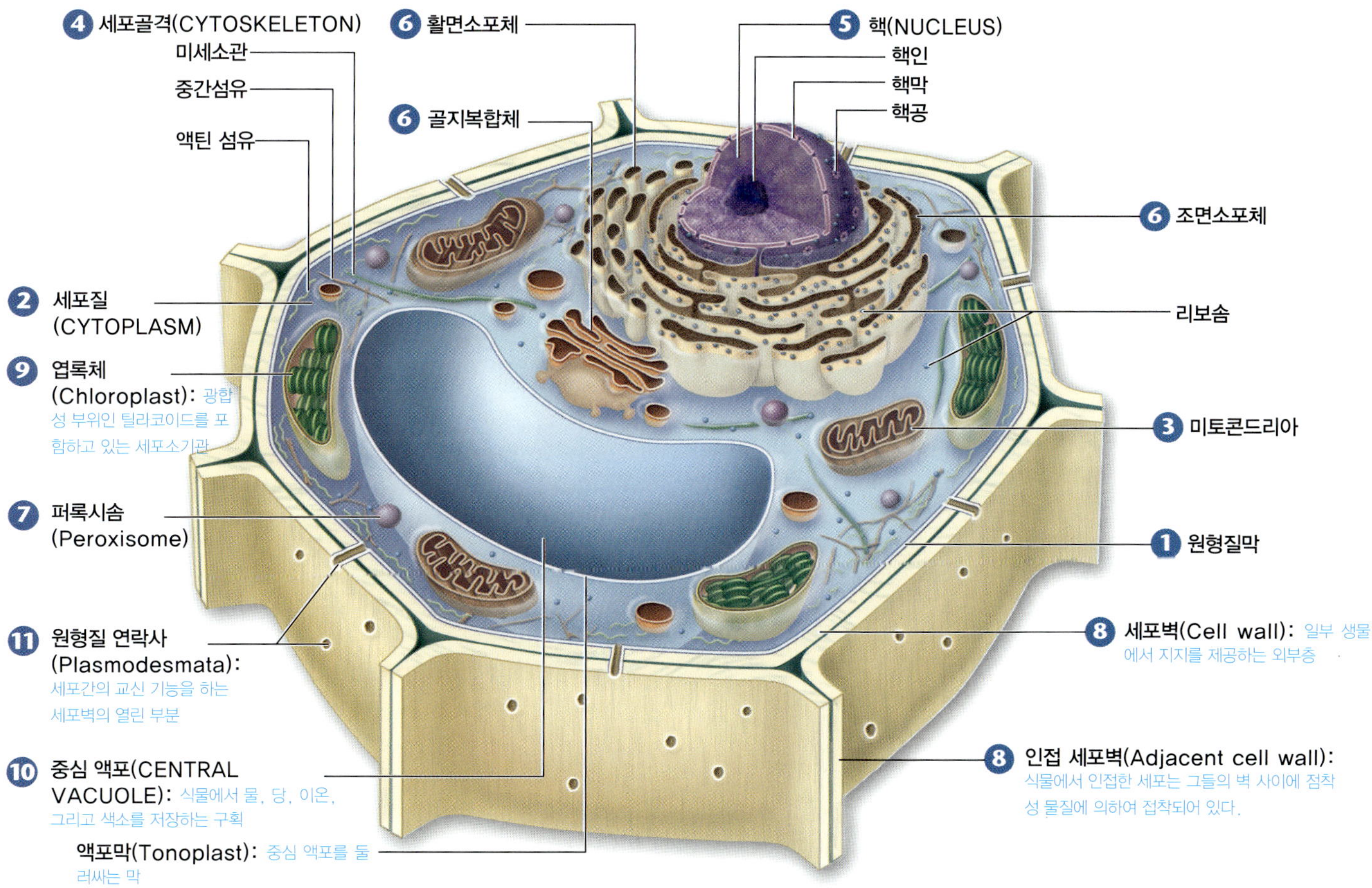

그림 4.7 식물세포의 구조.

대부분의 성숙한 식물세포는 세포 내부 체적의 주된 부분을 차지하는 커다란 중심액포와, 광합성이 일어나는 엽록체(chloroplast)라는 세포소기관을 가지고 있다. 식물, 진균, 그리고 일부 원생생물은 성분이 그룹에 따라 다른 세포벽을 가지고 있다. 식물세포는 세포벽의 열린 부분을 통한 세포질의 연결되는 원형질 연락사(plasmodesmata)를 가지고 있다. 편모는 일부 식물 종의 정자에 나타나지만, 그 외에는 식물과 진균 세포에 존재하지 않는다.

진핵세포로의 견학 Tour of a Eukaryotic Cell

4.4 원형질막 The Plasma Membrane

학습 목표 4.4.1 어떻게 지질 2중층이 자발적으로 형성되고, 어떻게 단백질이 그 내부에 고정되는지 설명한다.

모든 세포를 둘러싸고 있는 것은 **원형질막**이라고 하는 분자의 섬세한 층이다. 이 책 종이의 두께와 같아지려면 두께가 5 nm 정도인 이러한 분자 층을 만개 이상 쌓아야 한다. 그러나 이러한 층은 비눗방울 막처럼 간단한 구조가 아니다. 오히려 연못의 표면에 떠도는 작은 배처럼 지질 구조 안에 떠있는 다양한 종류의 단백질로 이루어져 있다. 원형질막이 싸고 있는 세포의 종류와 상관없이, 모든 원형질막은 **유동 모자이크 모델**(fluid mosaic model)이라고 하는 지질의 층에 단백질이 내재된 동일한 기본 구조를 가지고 있다.

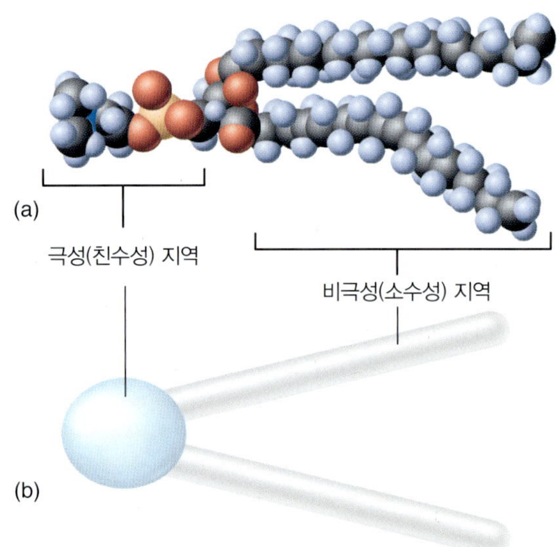

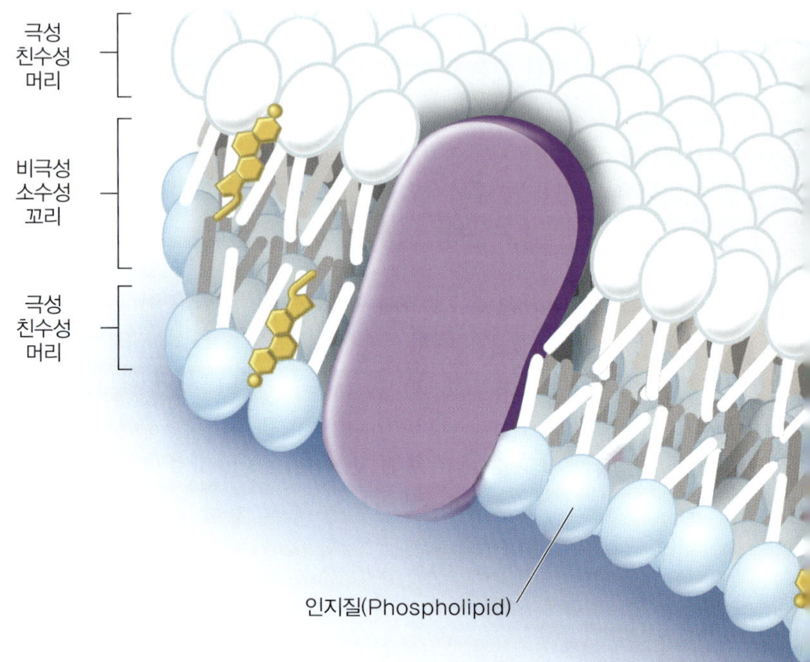

원형질막의 기초를 형성하는 지질층은 **인지질**이라고 하는 변형된 지방분자로 구성되어 있다. 인지질 분자는 위의 그림처럼 2개의 비극성 꼬리가 부착된 극성 머리로 생각할 수 있다. 인지질 분자의 머리는 인산기가 연결되어 매우 극성이 강하고 따라서 수용성이다. 인지질 분자의 다른 끝은 아주 긴 2개의 지방산 사슬로 이루어져 있다. 3장에서 지방산은 수소이온이 부착된 매우 긴 탄소원자의 사슬이라는 것을 기억하시오. 탄소 원자는 회색공이다. 지방산 꼬리는 비극성이 강하며 따라서 물에 용해되지 않는다. 인지질은 종종 2개의 꼬리가 달린 공의 그림으로 표현되기도 한다.

인지질 분자의 집합을 물에 넣었을 때 어떤 일이 일어날지 상상해 보시오. **지질 2중층**이라는 구조가 자발적으로 형성된다. 어떻게 이러한 일이 일어날 수 있나요? 인지질 분자의 긴 비극성 꼬리는 주위를 둘러싸는 물 분자에 의해 밀려나며, 물 분자가 수소결합을 할 수 있는 짝을 찾으면서 옆으로 밀어젖혀진다. 인지질 분자는 2중층이라고 하는 이중의 층을 형성한다. 위 그림에서 볼 수 있듯이, 원형질막의 내부와 외부의 물 환경은 2중층의 내부로 비극성 꼬리를 밀어낸다. 꼬리가 서로 마주보는 2개의 층이 있기 때문에, 꼬리는 물과 전혀 접촉하지 않고, 기름 층이 물방울을 통과시키지 않는 것처럼, 통과하려고 하는 수용성 분자를 모두 저지한다(이것이 오리가 물에 젖지 않는 이유이다).

다른 비극성 지질 분자인 콜레스테롤은 2중층의 내부에 위치한다. 콜레스테롤은 막의 유동성에 영향을 미치는 여러 개의 고리를 가진 분자이다. 콜레스테롤은 원형질막의 완전성을 유지하는데 중요하지만, 혈관에 축적되어 심혈관계 질환을 일으키는 플라크를 형성할 수 있다.

막 내부의 단백질

모든 생물학적 막의 두 번째 중요한 성분은 지질 2중층 내부에서 떠도는 **막 단백질**의 집합이다. 막 단백질은 운반자, 수용체, 그리고 세포 표면의 표지로서의 기능을 한다. 그림에서 볼 수 있듯이, 일부 단백질은(자주색 구조) 지질 2중층을 통과하여 분자와 정보가 통과할 수 있는 통로를 제공한다. 일부 막 단백질은 위치가 고정되어 있지만, 나머지는 자유롭게 움직인다.

많은 막 단백질은 부표처럼 원형질막의 표면에서 돌출하며, 종종 탄수화물 사슬이나 지질을 그 끝에 깃발처럼 부착하고 있다. 이러한 세포표면 단백질은 특정한 종류의 세포를 인식하는 표지로, 또는 세포에 특정한 호르몬이나 단백질을 결합하는 신호 역할을 한다.

2중층을 관통하는 단백질은 이온이나 물과 같은 극성분자가 세포를 드나들 수 있도록 통로를 제공할 수 있다. 이러한 막을 관통하는 단백질은 물이 기름에 떠다니듯 막 표면에 떠있지 않고 어떻게 막에 걸쳐있을 수 있는가? 지질 2중층을 실제로 횡단하는 단백질의 부분은 - 그림에서 막관통 단백질의 적색 나선지역인 - 특별히 만들어진 비극성 아미노산의 나선이다. 물은 이러한 비극성 아미노산에 대하여 비극성 지질 사슬과 똑같이 반응하며, 그 결과 나선은 2중층의 지질 내부에 유지되며, 물이 이러한 비극성 아미노산에 접촉하지 않으려는 강한 경향에 의하여 고정된다.

18.4절에서 논의되는 MHC 단백질이라고 하는 세포 표면 표지는 면역계가 자신의 세포를 공격하지 않도록 개인의 세포를 인식한다. 신경세포에 막관통 단백질이 존재하며 그림 19.4에서 논의되듯이 이온 운반체로서 기능한다.

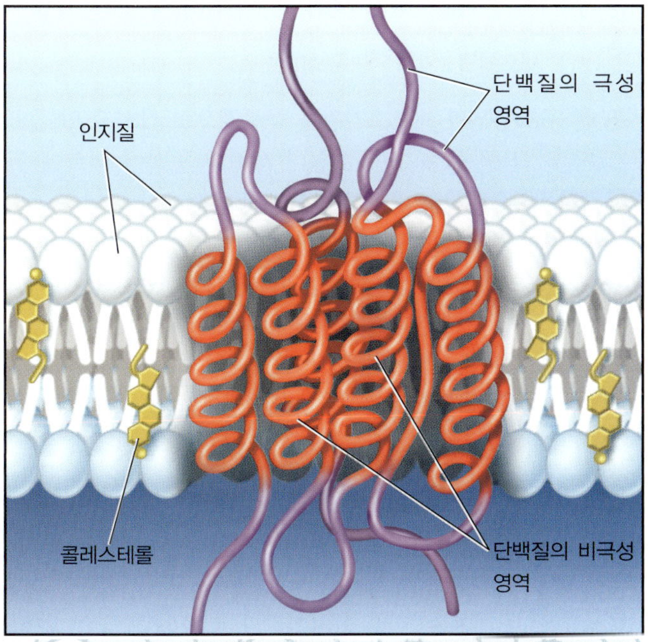

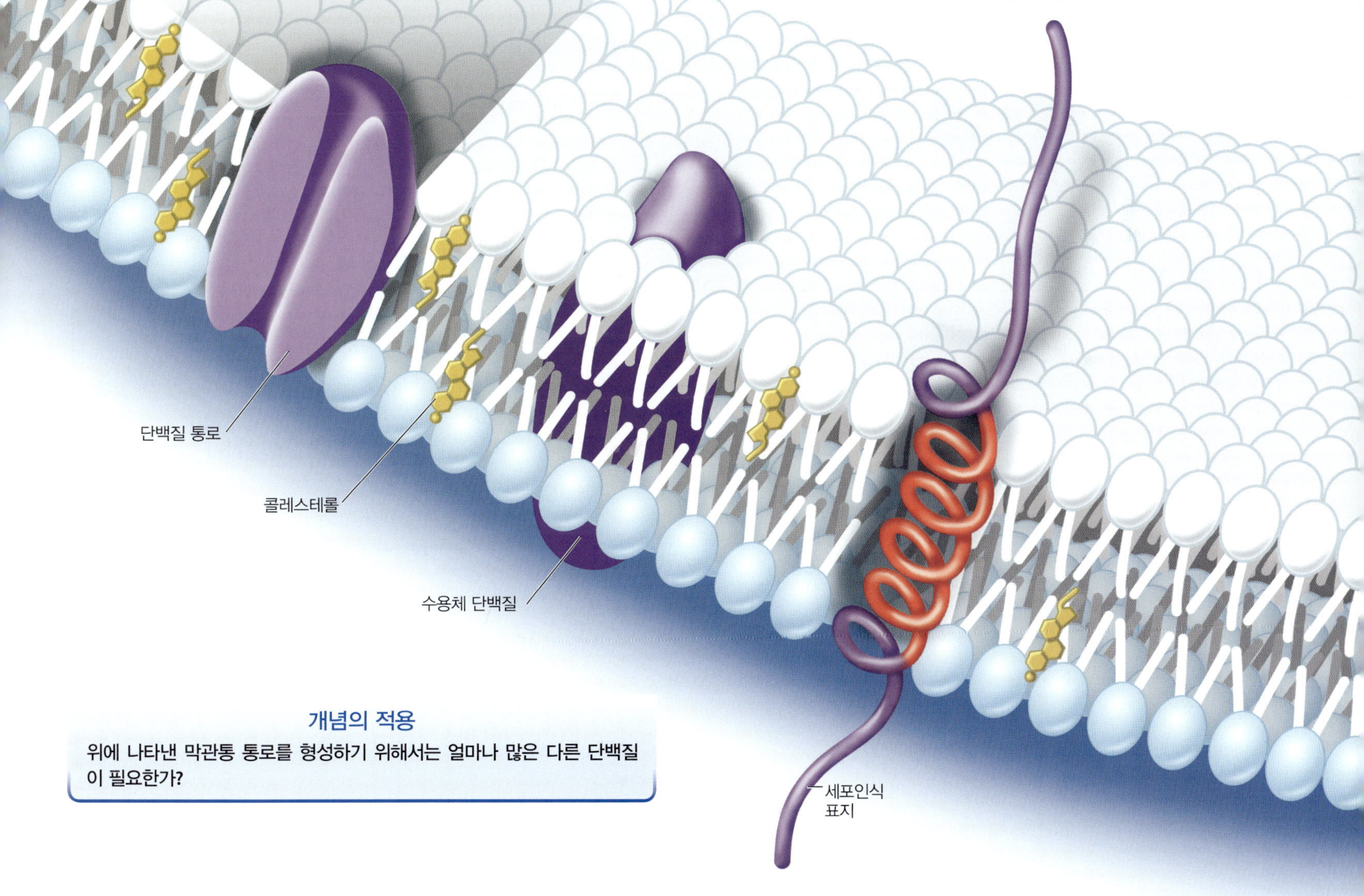

개념의 적용

위에 나타낸 막관통 통로를 형성하기 위해서는 얼마나 많은 다른 단백질이 필요한가?

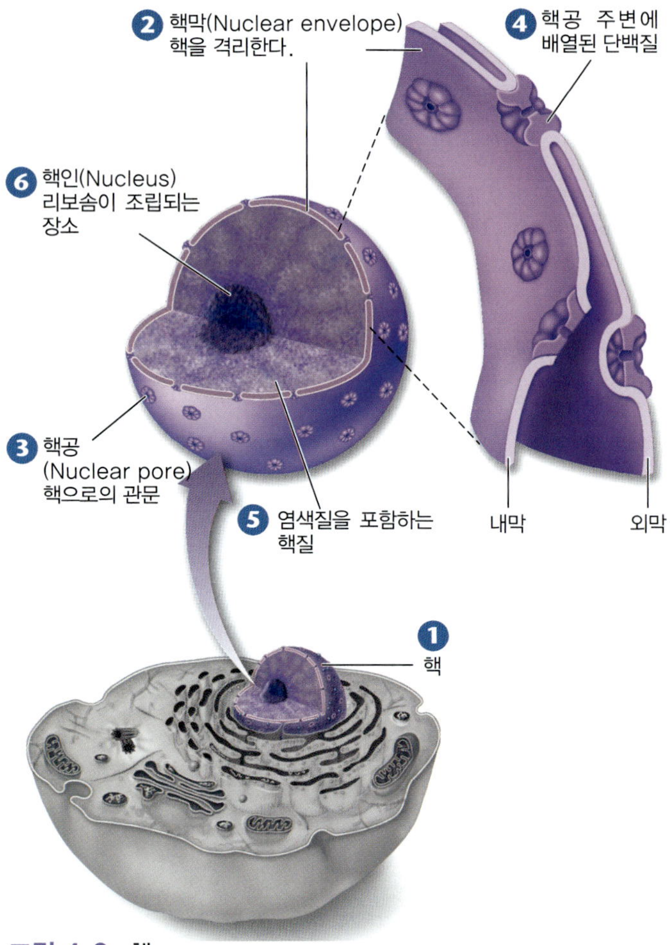

그림 4.8 핵.

핵은 핵막이라고 하는 2중막으로 구성되어 있으며, 염색체를 포함하는 액체로 채워진 내부를 싸고 둘러있다. 단면을 보면, 각각의 핵공이 막의 2개 막층에 연장되어 있다. 핵공은 단백질로 배열되어 있으며, 단백질은 핵공에 접근하는 것을 통제한다.

4.5 핵: 세포의 통제소
The Nucleus: The Cell's Control Center

학습 목표 4.5.1 세포핵의 2가지 기능을 상술한다.

진핵세포는 많은 구조성분과 세포소기관을 공통적으로 가지고 있다(표 4.1). 세포 내부로 충분히 깊이 들어가면, 마침내 세포의 중심에 이르게 될 것이다. 그곳에 바구니에 든 공처럼 미세한 실모양의 망상조직 안에 담겨있는 **핵** ❶(nucleus)을 발견할 수 있을 것이다(그림 4.8). 핵은 세포의 지휘통제소이며, 세포의 모든 활동을 지시한다. 또한 유전 정보가 저장되어 있는 유전자 도서관이기도 하다.

핵막 Nuclear Membrane

핵의 표면은 **핵막**❷(nuclear envelope)이라고 하는 특별한 종류의 막으로 둘러싸여 있다. 핵막은 셔츠 위에 스웨터를 입은 것처럼, 하나의 막 바깥에 다른 막이 있는 실제로는 2개의 막이다. 핵막은 핵과 세포질 사이의 장벽으로 작용하지만, 물질들이 막을 통과할 필요가 있다. 물질의 교환은 막의 표면에 흩어져 있는 열린 부분을 통하여 일어난다. **핵공**❸(nuclear pore)이라고 불리는 구멍은 핵막의 2개의 막층이 합쳐져서 형성된다. 핵공은 비어있는 구멍이 아니라, 단백질과 RNA가 핵으로 드나들 수 있도록 하는 많은 단백질이 내재되어있다❹.

염색체 Chromosomes

원핵생물과 진핵생물 둘 다 세포 구조와 기능을 특징짓는 모든 유전정보는 DNA에 암호화되어 있다. 그러나 닫힌 원형인 원핵생물 DNA와 달리 진핵생물은 몇 개로 나누어지고 단백질과 결합하여 **염색체**를 형성한다. 염색체에 있는 단백질은 DNA가 세포분열동안 단단히 감겨서 응축될 수 있도록 한다. 광학현미경 아래에서 이 응축된 염색체는 분열하는 세포에서 진하게 염색된 막대모양으로 보인다. 세포분열이 끝나면, 진핵생물 염색체는 **염색질** ❺(chromatin)이라고 불리는 풀리고 완전히 늘어난 실 같은 가닥이 되어, 더 이상 핵질 내에서 광학현미경으로 구분될 수 없다. 일단 나선이 풀리면 염색질은 단백질을 합성할 수 있다. 이 과정은 핵의 DNA로부터 유전자의 RNA 사본이 만들어질 때 시작된다. RNA 분자는 핵공을 통하여 핵을 떠나며 단백질이 합성되는 장소인 세포질로 들어간다. 다양한 기능을 수행하는 단백질들은 세포가 어떻게 생기는지 결정한다.

리보솜 Ribosomes

세포는 많은 단백질을 만들기 위하여 **리보솜**이라는 특별한 구조를 사용하는데, 이곳이 단백질이 만들어지는 무대이다. 리보솜은 유전자의 RNA 사본을 읽고 이 정보를 이용하여 단백질을 만들도록 지시한다. 리보솜은 *리보솜 RNA*(*rRNA*)라고 하는 특별한 형태의 RNA가 수십여 가지의 다른 단백질과 결합된 것이다. 리보솜 소단위는 핵 내의 **핵인**❻(nucleolus)이라고 하는 곳에서 조립된다.

개념의 적용

리보솜은 세포의 어느 곳에서 조립되고, 어느 곳에서 기능하는가?

표 4.1 진핵세포 세포소기관과 기능

구조		설명	기능
구조 요소			
세포벽(Cell wall)		셀룰로오스 또는 키틴의 외부층; 동물세포에는 존재하지 않는다.	보호, 지지
세포골격(Cytoskeleton)	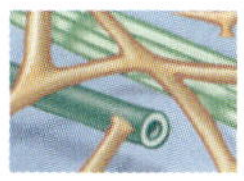	단백질 섬유의 망상구조	구조적 지지; 세포 운동
편모(Flagella)와 섬모(Cilia)		미세소관 쌍의 9+2 배열을 가진 세포 연장부	운동이나 표면 위로 액체의 이동
생물의 원형질막과 내막계			
원형질막(Plasma membrane)	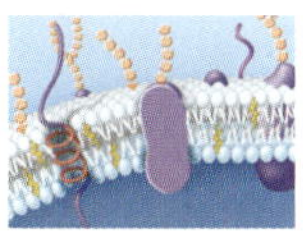	단백질이 내재된 지질 이중층	무엇이 세포를 드나드는지를 조절한다; 세포-세포 사이의 인식
소포체(Endoplamic reticulum)	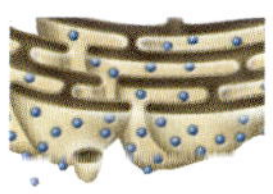	내부 막의 망상구조	구획과 액포를 형성한다; 단백질과 지질의 합성에 참여한다.
핵(Nucleus)		이중막으로 둘러싸인 염색체를 포함하는 보통 구형의 구조	세포의 통제소; 단백질 합성과 세포 복제를 지시한다.
골지복합체(Golgi complex)		편평한 액포의 더미	세포로부터 수출하기 위한 단백질을 포장한다; 분비소포를 생성한다.
리소좀(Lysosome)		가수분해 소화효소를 포함하고 있는 골지복합체에서 유도된 액포	낡은 세포소기관과 세포 부스러기를 소화한다; 세포사멸에 역할을 한다.
에너지를 생산하는 세포소기관			
미토콘드리아(Mitochondrion; 복수형은 Mitochondria)		이중막을 가진 세균과 같은 요소	산화대사가 일어나는 부위; 세포 에너지를 위하여 ATP를 제공한다.
엽록체(Chloroplast)		식물과 조류에서 발견되는 세균같은 구조; 액포가 쌓인 복잡한 내부망	광합성이 일어나는 부위
유전자 발현의 세포소기관			
염색체(Chromosome)	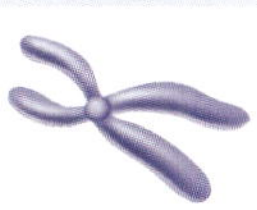	단백질과 복합체를 형성하는 DNA의 긴 가닥	유전정보를 포함한다.
핵인(Nucleolus)		rRNA 합성을 위한 유전자 부위	리보솜을 조립한다.
리보솜(Ribosome)		단백질과 RNA의 작고 복잡한 조립물; 종종 소포체에 결합되어 있다.	단백질 합성 부위

4.6 내막계 The Endomembrane System

진핵세포 내부에서 핵을 둘러싸고 있는 것은 단단히 채워져 있는 막의 집단이다. 막은 세포를 채우고, 구획으로 나누며, 세포 내부를 통한 분자의 수송 경로 역할을 하고 효소가 작용할 수 있는 표면을 제공한다. 진핵세포에서 이러한 막에 의하여 생성되는 내부 구획은 진핵과 원핵세포 사이의 가장 근본적인 차이점을 나타낸다.

그림 4.9 소포체(Endoplasmic reticulum, ER).

소포체는 물질을 합성하고 운반하는데 이용되는 내부 막의 방대한 시스템을 세포에 제공한다. 리보솜은 조면소포체의 한쪽 면에만 연관되어 있으며, 반대쪽 면은 리보솜이 분비하기 위하여 새로 만든 단백질을 밀어내는 분리된 구획의 경계이다. 활면소포체는 결합된 리보솜이 없거나 극히 적다.

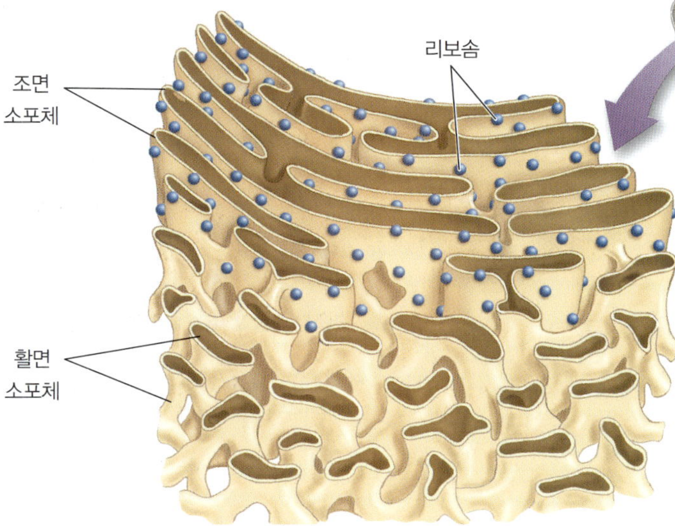

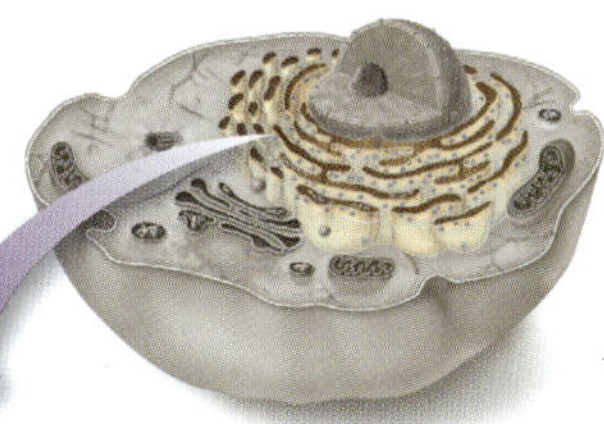

소포체: 수송계 Endoplasmic Reticulum: Transportation System

학습 목표 4.6.1 조면소포체와 활면소포체를 구별한다.

내부 막의 방대한 시스템은 **소포체**(endoplasmic reticulum)라고 하며 종종 **ER**로 단축된다. *endoplasmic*이란 용어는 세포질 내부를 의미하며, *reticulum*이라는 용어는 라틴어로 작은 그물이라는 뜻이다. 그림 4.9의 넓고 얇은 막이 세포의 내부를 누비고 있는 것을 보면 ER이라는 이름을 얻게 된 이유를 알 수 있을 것이다. 소포체는 일련의 통로와 연결을 형성하며, 또한 일부 공간을 **소낭**이라고 하는 막으로 둘러싸인 주머니로 고립시킨다.

소포체의 표면은 세포가 퍼뜨리기 위하여 단백질을 만드는 곳이다(세포 표면으로부터 분비되는 효소와 같이). 수송되는 단백질의 합성을 전담하는 소포체의 이러한 부분은 리보솜이 많이 산재되어 있어, 전자현미경으로 관찰하면 사포의 표면처럼 자갈투성이로 보인다. 이러한 이유로 이 지역은 **조면소포체**(rough ER)로 불린다. 소포체에 결합된 리보솜이 비교적 드문 지역은 이와 대응하여 **활면소포체**(smooth ER)라고 부른다. 활면소포체의 표면은 탄수화물과 지질을 제조하는 것을 도와주는 효소가 내재되어 있다.

개념의 적용

세포 밖으로 전달하기 위한 단백질은 조면소포체에서 만들어지지만, 세포질에서 필요한 단백들은 왜 그렇지 않은지 설명하시오.

그림 4.10 골지복합체(Golgi complex).

소낭을 형성하는 시스템은, 발견자의 이름을 따라 골지복합체라고 하는데, 세포의 내부 막 시스템의 전체를 구성하는 부분이다. 골지복합체는 다른 지역으로 운반하거나 세포 밖으로 수출하기 위하여 물질을 처리하고 포장한다. 골지체는 한쪽 면에서는 운반소낭 내에서 물질을 받아 처리하고 다른 쪽 면에서는 분비소낭에서 포장된 물질을 보낸다.

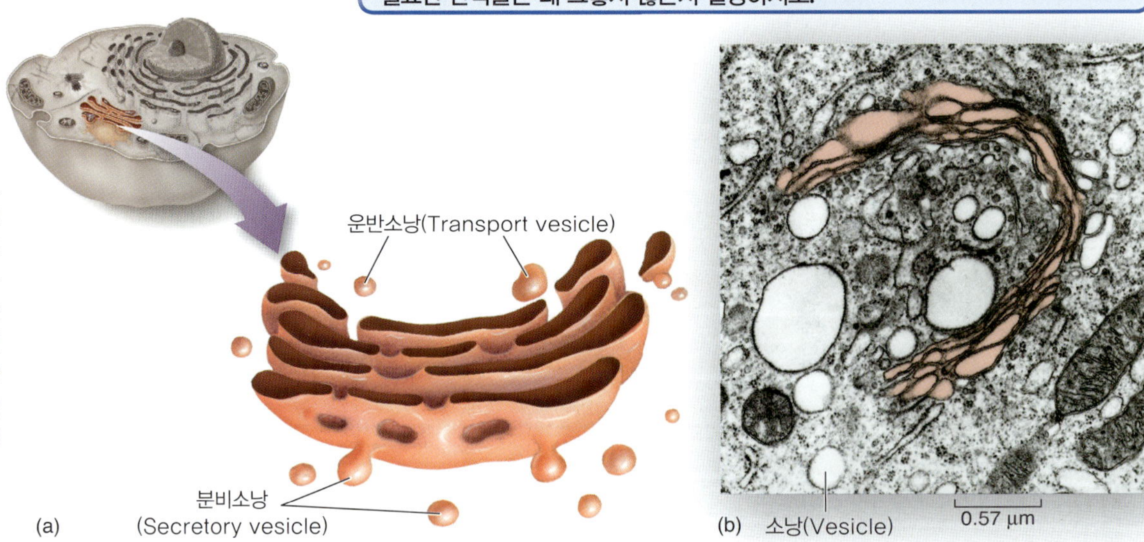

골지복합체: 운반시스템

The Golgi Complex: Delivery System

학습 목표 4.6.2 골지체가 어떻게 소포체에서 만들어진 물질을 정확하게 배달하는 것을 보장하는지 설명한다.

새로운 분자가 소포체의 표면에서 만들어지면, 그들은 소포체에서, 팬케이크가 여러 겹 쌓인 것 같은 형태의 골지복합체라고 불리는 평평한 막의 더미로 전달된다(그림 4.10). 세포내 골지체의 수는 원생생물에서는 수 개, 동물세포에서는 20개, 그리고 어떤 식물세포에서는 수백 개에 이른다. 골지체는 세포에서 만들어진 분자들을 수집하여, 포장하고, 분배한다. 세포질 내에 산개된 골지체는 집합적으로 **골지복합체**로 불린다.

조면소포체, 활면소포체, 그리고 골지체는 세포에서 함께 내막수송시스템으로 작용한다. 그림 4.11은 분자들이 소포체에서 골지체를 거쳐 최종목적지까지 나가는 경로를 보여준다. 소포체 막에서 만들어진 단백질과 지질은 소포체의 통로를 통하여 운반되어 운반소낭으로 포장되어 소포체에서 싹처럼 떨어져 나온다❶. 골지체 내에서 분자들은 그림 4.11의 가지친 화살이 나타내듯이 많은 경로중 하나를 택할 수 있다. 이러한 분자들은 대다수 탄수화물로 표지가 된다. 분자들은 골지체의 막주름의 끝에서 수집되는데, 이 주름들을 유미조(cisternae; 라틴어로 수집용기라는 의미)라고 한다. 유미조에서 떨어져 나온 소낭들은 분자들을 세포의 다른 구획인 ❸과 ❹로 운반하거나, 원형질막의 내부 표면으로 운반하여, 분자가 분비되거나 밖으로 방출될 수 있도록 한다.❺

리소좀(Lysosome)이라 불리는 다른 세포소기관은 골지복합체에서 나타나며(❸의 밝은 오렌지색 소낭 발아) 조면소포체에서 만들어진 거대분자를 분해하는 강력한 효소들이 농축된 혼합물을 포함하고 있다. 리소좀은 세포의 재활용 센터이며, 세포 내부의 결점이 있는 소기관과 다른 구조들을 분해하고, 낡은 세포 구성요소를 소화하며, 오래된 부분의 단백질과 다른 물질을 재활용한다.

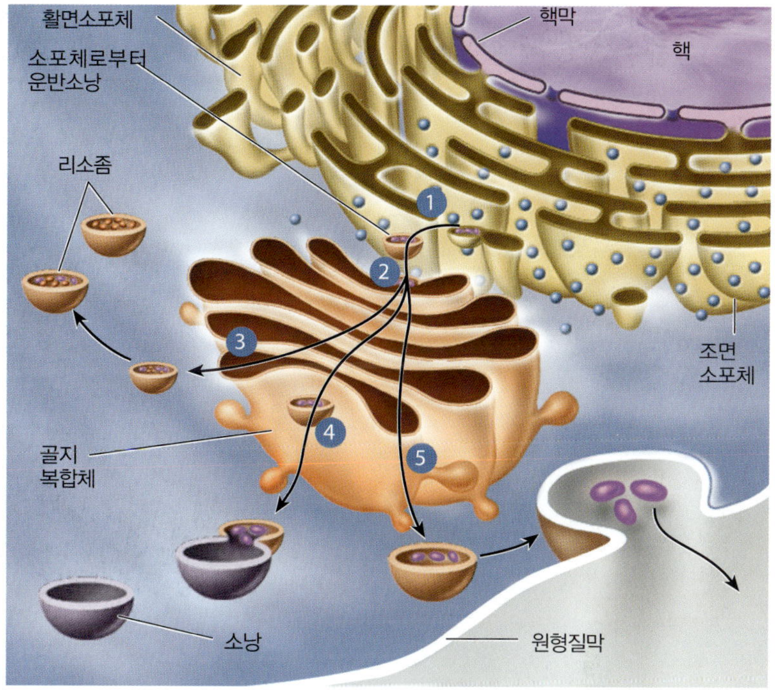

그림 4.11 내막 시스템은 어떻게 작동하는가?

세포내에서 매우 효율적인 고속도로 시스템인 내막시스템은 소포체에서 골지체로, 그리고 골지체에서 다른 목적지로 물질을 운반한다.

개념의 적용

골지복합체에서 떨어져 나온 소낭은 어떻게 어디로 가야할지 목적지를 알 수 있나요?

액포: 저장 구획 Vacuoles: Storage Compartments

학습 목표 4.6.3 식물 액포의 기능에 대하여 서술한다.

식물과 많은 원생생물 세포의 내부는 액포라고 하는 막으로 둘러싸인 저장구획을 가지고 있다. 그림 4.12에 나타낸 식물세포의 중앙에는 다른 모든 식물세포와 마찬가지로 *중심 액포*(Central vacuole)라고 하는 커다랗고 겉보기에 비어있는 공간을 포함하고 있다. 이 액포는 실제로는 비어있지 않고, 많은 양의 물과 당, 이온, 그리고 색소와 같은 다른 물질들을 함유하고 있다. 중심 액포는 이러한 중요한 물질들의 저장 중심으로 기능한다.

개념의 적용

액포가 막으로 둘러싸여 있을 것으로 생각하나요? 그 이유를 설명하시오.

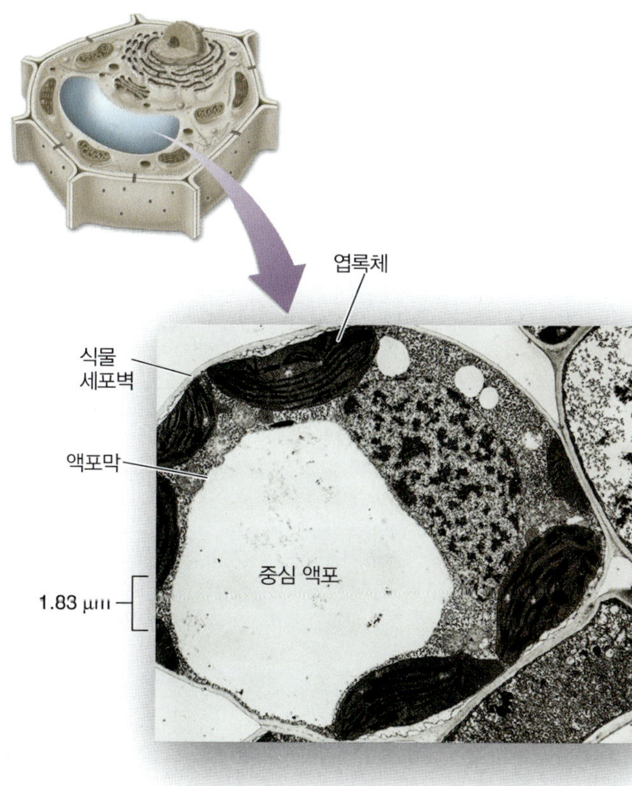

그림 4.12 식물의 중심 액포.

식물의 중심 액포는 용해된 물질을 저장하며 식물세포의 표면적을 늘리기 위하여 크기를 키울 수 있다.

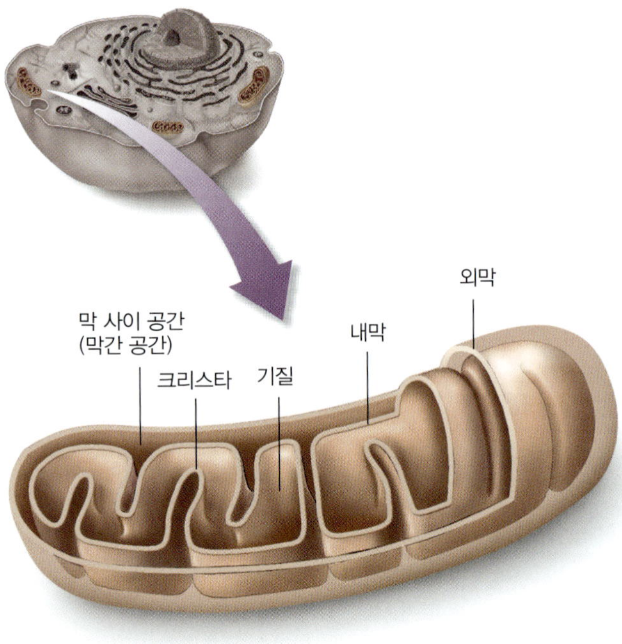

(a)

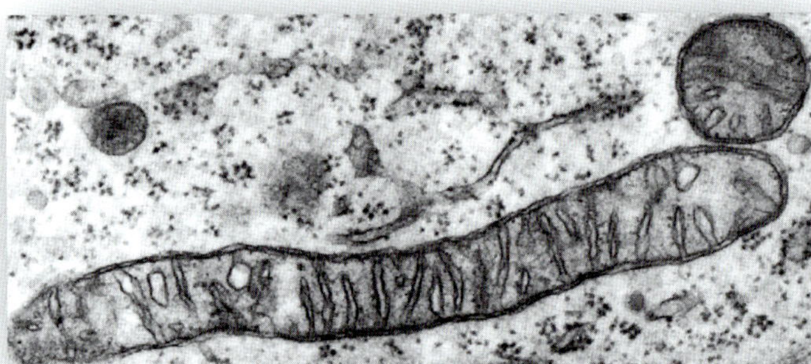

(b)

그림 4.13 미토콘드리아.

세포의 미토콘드리아는 산화대사가 일어나는 소세지 모양의 세포소기관인데, 에너지는 산소를 이용하여 식품에서 추출된다. (a) 미토콘드리아는 2중 막을 가지고 있다. 내부 막은 크리스타(crista)라고 하는 주름으로 형성되어 있다. 크리스타 내부의 공간을 기질이라고 한다. 크리스타는 산화대사를 위하여 표면적을 크게 늘려준다. (b) 2개의 미토콘드리아 현미경 사진인데, 하나는 횡단면이고, 다른 하나는 종단면이다.

여러분에게 의미하는 것

미토콘드리아 의학은 미토콘드리아가 제대로 작용하지 못하여 발생하는 질병에 대한 빠르게 발전하는 의학 전문분야이다. 이 질병은 거의 모든 기관에 영향을 미치는데, 거의 대부분의 기관에 사용하는 에너지를 미토콘드리아에 의존한다는 단순한 이유에서이다. 어떠한 기관에 가장 심각한 미토콘드리아 질환을 나타내리라고 기대하는가? 왜 그 기관을 선택하였는지 설명하시오.

4.7 에너지를 수확하는 세포소기관

Organelles That Harvest Energy

학습 목표 4.7.1 미토콘드리아와 엽록체를 구별한다.

진핵세포는 자신의 DNA를 가지고 있고 원시의 세균으로부터 유래된 것 같은 복잡하고 에너지를 수확하는 세포소기관을 몇 종류 포함하고 있다. 이 세균들은 조상 진핵세포에 의해 먼 과거에 흡수되어 숙주세포 내에서 삶을 지속하면서, 공생이라고 하는 관계를 형성하였다. 이러한 세포소기관에는 미토콘드리아(mitochondria; 극히 일부를 제외한 모든 진핵세포에서 나타남)와 엽록체(chloroplast; 조류와 식물세포에서만 나타나고 동물이나 진균 세포에서는 나타나지 않음)가 포함된다.

미토콘드리아: 세포의 발전소

Mitochondria: Powerhouses of the Cell

진핵생물은 유기분자("식품")로부터 **산화대사**라고 하는 화학반응이라는 복잡한 개념으로 에너지를 추출하는데, 이는 단지 미토콘드리아에서만 일어난다. **미토콘드리아**(micochondria; 단수형은 mitochondrion)는 세균 세포크기의 소시지 모양의 세포소기관이다. 미토콘드리아는 2개의 막으로 싸여있다. 바깥쪽 막은 그림 4.13에 일부 잘라서 보이는데, 매끈하고 오래전에 처음으로 세균을 흡수한 숙주세포의 원형질막에서 유도된 것 같다. 안쪽 막은 미토콘드리아를 형성한 세균의 원형질막으로 보이는데, **크리스타**(cristae; 단수형은 cristae)라고 하는 다양한 세균 집단의 접힌 원형질막을 닮은 수많은 주름으로 접혀져 있다. 그림의 단면도는 크리스타가 어떻게 미토콘드리아를 내부 **기질**과 **막사이 공간**이라고 하는 외부 구획으로 분할하는 가를 보여준다. 7장에서 배우게 되겠지만, 이 구조는 산화대사를 성공적으로 수행하는데 불가결하다.

미토콘드리아가 세포에 존재한 지난 15억년 동안 미토콘드리아의 대부분의 유전자는 숙주세포의 염색체로 양도되었다. 그렇지만 미토콘드리아는 아직 원래 유전자를 일부 가지고 있으며, 이는 세균의 원형 DNA 분자를 흡사하게 닮은 원형의 닫히고 노출된 DNA 분자(*미토콘드리아 DNA*, *mtDNA*)에 포함되어 있다. 이 mtDNA에는 산화대사에 필수적인 일부 단백질을 생산하는 몇 가지 유전자가 존재한다. 미토콘드리아와 세균 둘 다 이 원형 DNA 분자는 분열하는 과정 중에 복제된다. 미토콘드리아가 분열할 때, 기질에 위치한 DNA를 복제하고 단순한 분열에 의하여 둘로 나뉘는데, 이는 세균이 분열하는 것과 같다.

엽록체: 에너지 포획 중심

Chloroplasts: Energy-Capturing Centers

식물과 조류의 모든 광합성은 **엽록체**라고 하는 다른 세균처럼 생긴 세포소기관 안에서 일어난다(그림 4.14). 엽록체도 미토콘드리아와 마찬가지로 공생에 의해 세균으로부터 유래되었다는 강력한 증거가 있다. 엽록체도 미토콘드리아처럼 2개의 막으로 둘러싸여 있는데,

엽록체의 틸라코이드(thylakoid)에 내재된 단백질은 태양으로부터의 에너지를 이용하여 ATP와 NADPH의 두 분자를 형성한다(광합성의 빛 의존 반응). 이러한 분자들은 당 분자를 합성하는데 이용된다.

안쪽 막은 원래의 세균에서 유래했고 바깥 쪽 막은 숙주세포의 소포체와 닮았다. 엽록체는 미토콘드리아보다 크고 조직도 복잡하다. 엽록체 내부에는 서로 융합되어 **틸라코이드**(thylakoid)라고 하는 폐쇄된 소낭의 더미를 형성하는 다른 일련의 막이 있다. 광합성의 에너지 수확반응은 틸라코이드 내부에서 일어난다. 틸라코이드는 서로 싸여서 **그라나**(grana; 단수형은 granum)라고 하는 기둥을 형성한다. 엽록체의 내부는 **스트로마**(stroma)라고 하는 반액체성 물질로 잠겨져 있다.

미토콘드리아와 마찬가지로, 엽록체도 원형의 DNA 분자를 가지고 있다. 이 DNA는 광합성을 수행하는데 필수적인 단백질을 암호화하는 많은 유전자를 포함한다. 식물 세포는 종에 따라서 하나에서 수백 개 까지를 가질 수 있다. 미토콘드리아나 엽록체는 무세포 배양이 불가능하다. 그들은 공생하는 숙주세포에 완전히 의존적이다.

개념의 적용

미토콘드리아는 살아있는 세포에서 정확이 무엇을 얻어야만 하는가?

내부공생 Endosymbiosis

학습 목표 4.7.2 미토콘드리아가 원시 세균으로부터 유래되었다는 증거를 서술한다.

공생(symbiosis)은 함께 사는 다른 종의 생물 사이의 밀접하고 통합된 관계이다. **공생이론**은 현재의 진핵세포 세포소기관이 원핵생물 한 종의 세포 하나가 진핵생물의 선구자였던 다른 원핵생물 종에 삼켜져 내부에 살게 된 공생에 의하여 진화하였다고 제안한다. 그림 4.15는 어떻게 이것이 일어났을지 보여준다. 많은 세포들은 먹이나 다른 물질을 세포내 이입(endocytosis)을 통하여 흡수하는데, 이 과정은 세포의 원형질막이 물질을 둘러싸고, 세포 내부의 소낭으로 포함하는 것이다. 내부공생 이론에 의하면 삼켜진 원핵생물은 그들의 특별한 대사능력과 관련한 어떤 이들을 숙주에게 제공하였다. 방금 서술된 2종류의 진핵생물 세포소기관들은 이러한 내부공생 원핵생물의 후손일 것으로 믿어진다. 미토콘드리아는 산화 대사를 수행할 수 있는 세균으로서 기원했고, 엽록체는 광합성 세균에서 기원하였다고 생각된다.

내부공생 이론은 많은 증거에 의하여 지지되고 있다. 미토콘드리아와 엽록체 둘 다 2개의 막에 의하여 둘러싸여 있으며, 내부 막은 삼켜진 세균의 원형질막에서부터 진화하였을 것이고, 외부 막은 숙주의 원형질막이나 소포체에서 유래하였을 것이다. 미토콘드리아는 대부분의 세균과 크기가 비슷하며, 크리스타는 다양한 집단의 접혀진 막을 닮은 내부막으로 부터 형성되었다. 미토콘드리아 리보솜 또한 크기와 구조에서 세균 리보솜과 유사하다. 미토콘드리아와 엽록체 둘 다 세균 DNA와 유사한 원형 분자의 DNA를 포함하고 있다. 마지막으로, 미토콘드리아는 세균 세포와 동일하게 이분법에 의하여 분열하며, 명백하게 세균과 같은 방식으로 DNA를 복제하고 분할한다.

개념의 적용

미토콘드리아와 세균의 주된 차이점은 무엇인가?

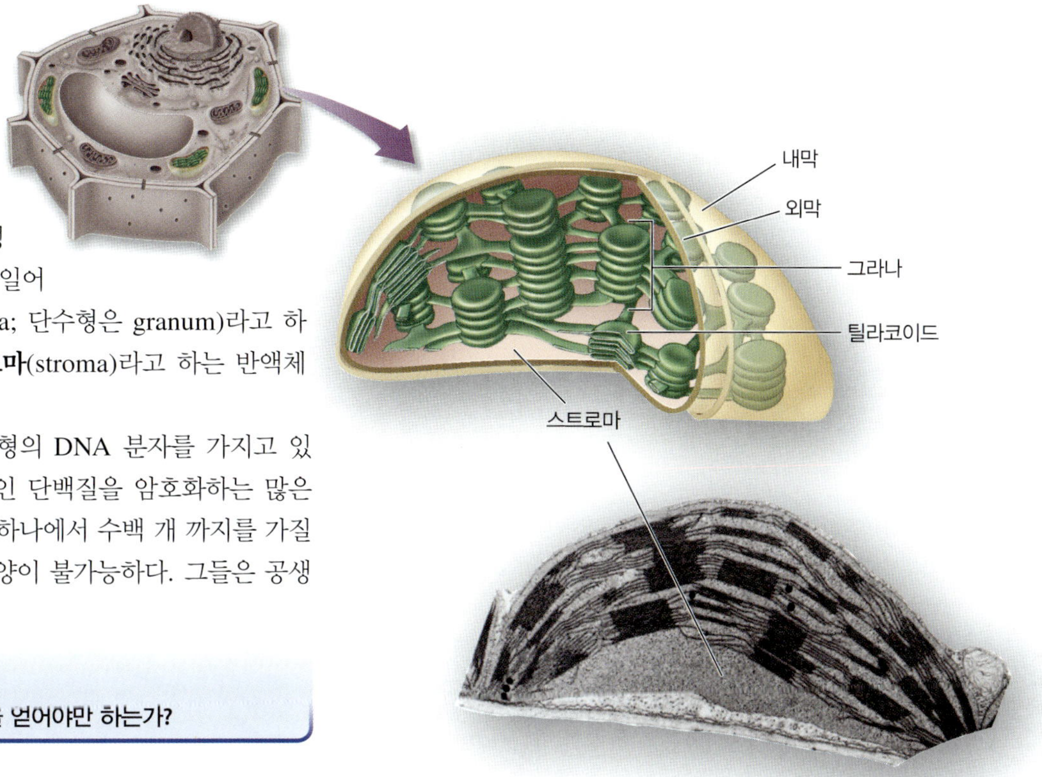

그림 4.14 엽록체(Chloroplast).

엽록체라고 하는 세균과 비슷한 세포소기관은 광합성 진핵생물에서 광합성이 일어나는 장소이다. 미토콘드리아와 마찬가지로 엽록체는 화학반응이 일어나는 내부 막의 복잡한 시스템을 가지고 있다. 엽록체의 내부 막은 융합되어 틸라코이드라고 하는 폐쇄된 소낭의 더미를 형성한다. 광합성은 이러한 틸라코이드 내부에서 일어난다. 틸라코이드는 서로 쌓여서 그라나(grana)라고 불리는 기둥을 형성한다. 엽록체의 내부는 스트로마(stroma)라고 하는 반액체성 물질로 둘러싸여 있다.

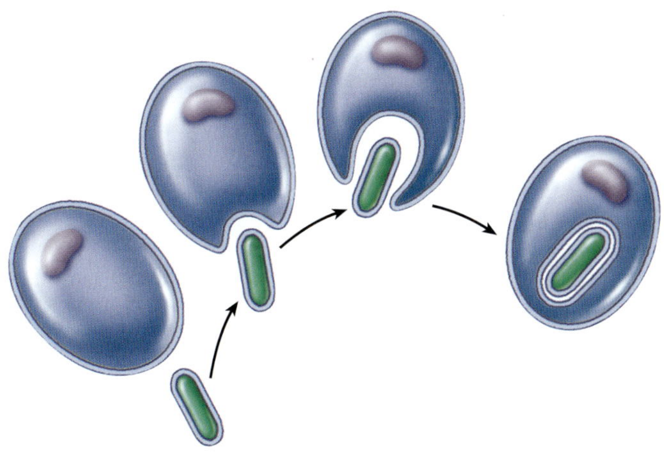

그림 4.15 내부공생.

이 그림은 미토콘드리아와 엽록체의 공생 기원 동안에 2중막이 어떻게 형성되었을지 보여준다.

여러분에게 의미하는 것

Amherst 대학의 마굴리스(Lynn Margulis) 교수가 처음 제안하였을 때, 내부공생 이론은 터무니 없는 추론이라고 널리 조롱을 받았는데, 분자적인 증거가 발견되어 지지받기 시작하였다. Margulis 교수의 최근 이론인 우리 행성이 하나의 초생물(super-organism)이라는 가이아 가설(Gaia hypothesis)도 비슷하게 무시되고 있다. 여러분은 이 아이디어에 대하여 어떻게 느끼나요?

4.8 세포골격: 세포의 내부 뼈대 The Cytoskeleton: Interior Framework of the Cell

학습 목표 4.8.1 세포골격의 단백질 섬유에 대하여 서술한다.

여러분이 축소되어 진핵세포의 내부로 들어간다면, 여러분에게 보이는 것은 여기에 보여준 삽화와 비슷할 것이다. **세포골격**이라고 불리는 단백질 섬유의 치밀한 그물구조는 세포의 형태를 지탱하는 뼈대를 제공한다. 세포골격은 또한 미토콘드리아 같은 세포소기관을 세포 내 고정된 장소에 고정시킨다. 세포골격의 단백질 섬유는 동적인 시스템이어서, 지속적으로 형성되고 분해된다. 세포골격을 이루는 단백질 섬유에는 3종류가 있으며, 아래쪽에 확대하여 나타내었다.

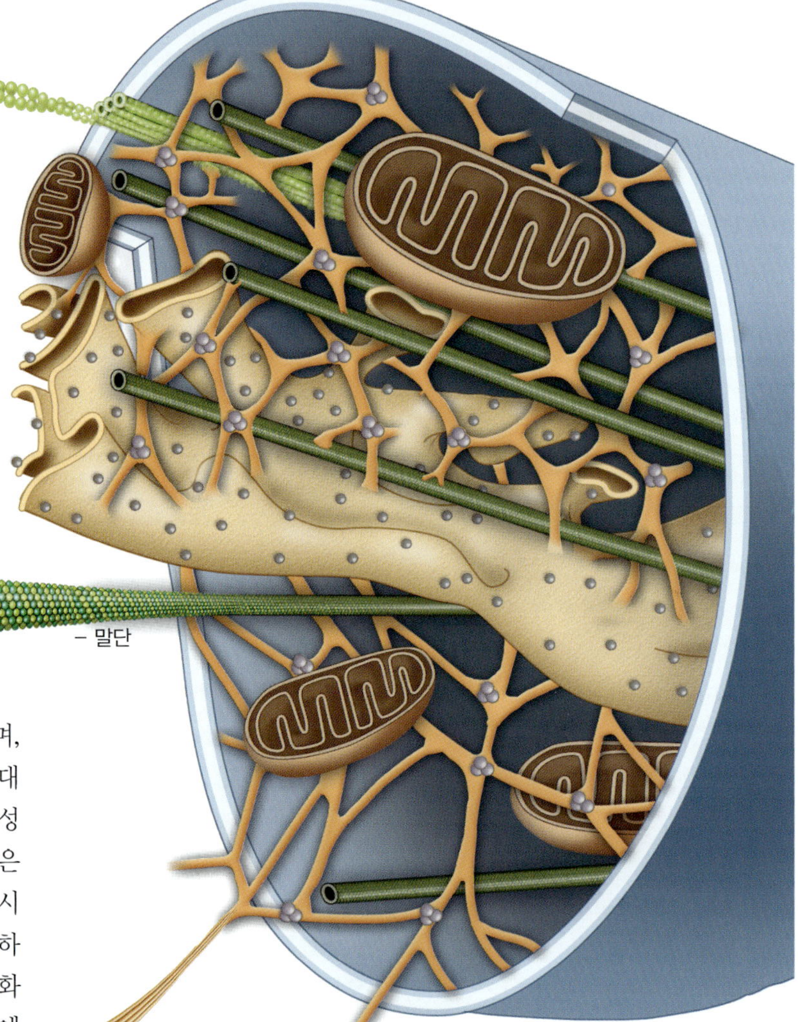

미세섬유(Microfilament; 액틴 섬유) 액틴 섬유는 직경이 약7 nm인 기다란 섬유이다. 각각의 섬유는 두 가닥의 진주와 같이 서로 느슨하게 감겨진 2개의 단백질 사슬로 이루어져 있다. 사슬에 있는 각각의 "진주" 또는 소단위는 구형 단백질인 **액틴**(actin)이다. 액틴 섬유는 세포 전체에 걸쳐 발견되지만 원형질막의 바로 안쪽에 가장 밀집되어 있다. 액틴 섬유는 수축, 기어가기, 분열시 조이기(pinching), 그리고 세포 연장부의 형성 등을 담당한다.

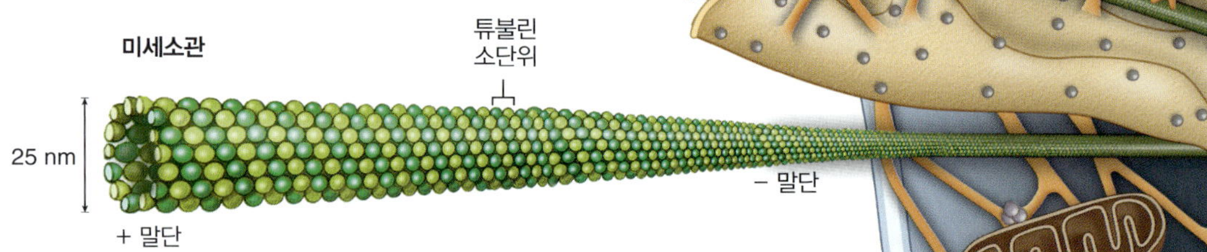

미세소관(Microtubule) 미세소관은 직경이 약 25 nm인 빈 관이며, 튜불린 단백질 소단위들이 서로 나란히 배열되어 관을 형성한다. 대부분의 세포에서 미세소관은 세포의 중앙부분 가까이에 있는 핵형성 중심에서 형성되어 주변으로 방사상으로 퍼진다. 미세소관의 말단은 "+"(핵형성 중심에서 멀어짐) 또는 "-"(핵형성 중심으로 향함)로 표시된다. 미세소관은 비교적 딱딱한 세포골격 요소이며 대사를 조직화하고 분열하지 않는 세포에서 세포내 운반을 하며 세포 구조를 안정화시키는 역할을 한다. 미세소관은 또한 유사분열 때 염색체의 이동에 책임이 있다.

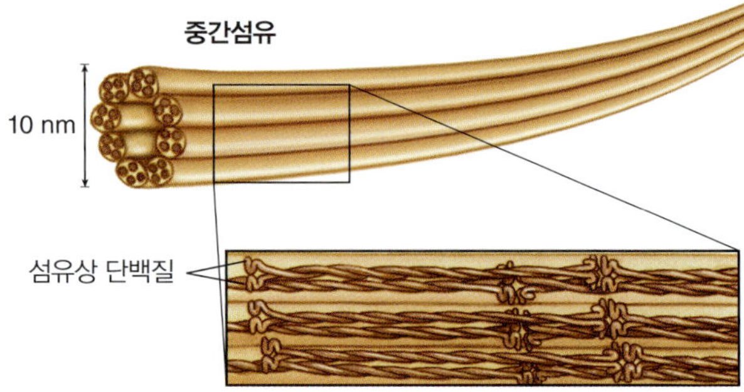

중간섬유(Intermediate filament) 중간섬유는 중첩되고 엇갈린 단백질의 4량체(tetramet)로 구성되어 있다. 이러한 4량체는 밧줄처럼 다발을 이룬다. 이러한 분자구조는 세포에 엄청나게 큰 기계적 강도를 주는 밧줄 같은 구조가 될 수 있도록 한다. 중간섬유는 직경이 8 nm에서 10 nm 정도로, 액틴섬유와 미세소관의 중간 크기이다. 중간섬유는 일단 형성되면 안정되고 보통 분해되지 않는다. 중간섬유는 세포와 세포소기관에 구조적인 보강을 제공한다.

중심소체 Centriole

중심소체라고 하는 복잡한 구조는 동물과 대부분의 원생동물 세포에서 튜불린(tubulin) 소단위로부터 미세소관을 조립한다. 중심소체는 세포질 내에서 쌍으로 나타나며, 그림 4.16에서와 같이 다른 것에 대하여 보통 직각으로 위치한다. 보통 핵막 주위에서 나타나며 세포에서 가장 구조적으로 복잡한 미세소관 조립물이다.

중심소체는 세포분열 도중에 염색체에 부착하여 분리시키는 미세소관 망상구조의 조립에 관여한다. 미세소관의 망상구조는 방추체(spindle)라고 하며 7장과 8장에서 자세히 다룬다.

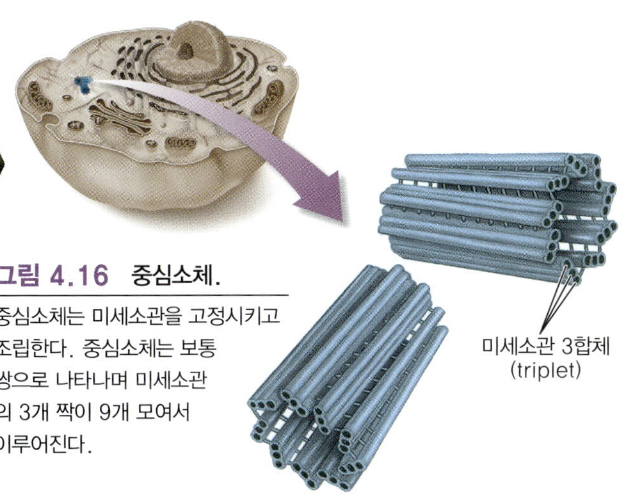

그림 4.16 중심소체.

중심소체는 미세소관을 고정시키고 조립한다. 중심소체는 보통 쌍으로 나타나며 미세소관의 3개 짝이 9개 모여서 이루어진다.

개념의 적용

세포골격의 3가지 섬유 중에서 어느 것이 가장 두꺼운가?

세포 운동 Cell Movement

학습 목표 4.8.2 동물세포가 어떻게 움직이는지 설명한다.

근육을 뼈에 고정시키는 힘줄처럼, 중간섬유는 세포내 힘줄 역할을 하여 세포가 지나치게 늘어나는 것을 방지한다. 액틴 미세섬유는 세포의 형태를 결정하는데 주된 역할을 한다. 근본적으로 모든 세포 운동은 액틴 미세섬유 또는 미세소관 또는 둘 모두의 운동에 연결되어 있다. 액틴 미세섬유는 매우 빠르게 형성과 용해를 할 수 있기 때문에, 이들은 일부 세포들이 신속하게 형태를 바꾸고 이곳저곳 이동할 수 있도록 한다.

어떤 세포는 기어간다. 세포질 내에서 액틴 미세섬유의 배열은 세포가 문자 그대로 기어갈 수 있도록 한다. 기어가는 것은 중요한 세포현상으로, 염증반응, 응고, 상처의 회복, 그리고 암의 전파에 필수적이다. 백혈구 세포가 특히 이러한 능력을 보인다. 골수에서 생산되어 백혈구는 순환계로 방출되어 궁극적으로 모세혈관에서 기어 나와 잠재적인 병원균을 파괴하기 위하여 조직으로 들어간다. 기어가는 기작은 세포 협동작용의 정교한 사례이다.

편모(Flagella)와 섬모(Cilia)로 헤엄치기. 일부 진핵세포는 **편모**(flagella; 단수형은 flagellum)라는 세포 표면에서 돌출되는 미세하고 긴 실 같은 세포소기관을 가진다. 그림 4.17a는 **기저 소체**라고 하는 미세소관 구조로부터, 3열로 배열된 미세소관의 집단으로, 편모가 어떻게 형성되는 지를 단면도로 보여준다. 이러한 미세소관의 일부는 편모까지 연장되는데, 편모는 2개의 중앙 미세소관을 둘러싸는 9개의 미세소관 쌍의 원형으로 이루어진다. 이러한 **9 + 2 배열**은 진핵생물의 근본적인 특징이며 진핵생물 역사의 초기에 진화한 것으로 보인다. 인간에서는 정자를 수영하는 운동으로 추진하는 하나의 긴 편모를 볼 수 있다. 편모가 수많이 그리고 밀집한 열로 조직되면 **섬모**라고 한다(그림 4. 17b). 섬모는 편모와 구조가 다르지 않지만, 섬모가 보통 짧다. 인간에서 섬모의 밀집된 매트가 기관(trachea)이라고 하는 호흡관에 배열된 세포로부터 돌출되어 나와서, 근육을 움직이고 먼지 입자를 호흡관으로 부터 목으로 배출하며, 우리는 침을 뱉거나 삼켜서 이러한 오염물을 배출한다. 원핵생물 편모는 그림 4.2의 세균 편모와 유사한 기능을 하지만, 구조적으로는 매우 다르다.

개념의 적용

세포골격의 어떠한 요소가 백혈구 세포가 기어가는 데 작용하는가?

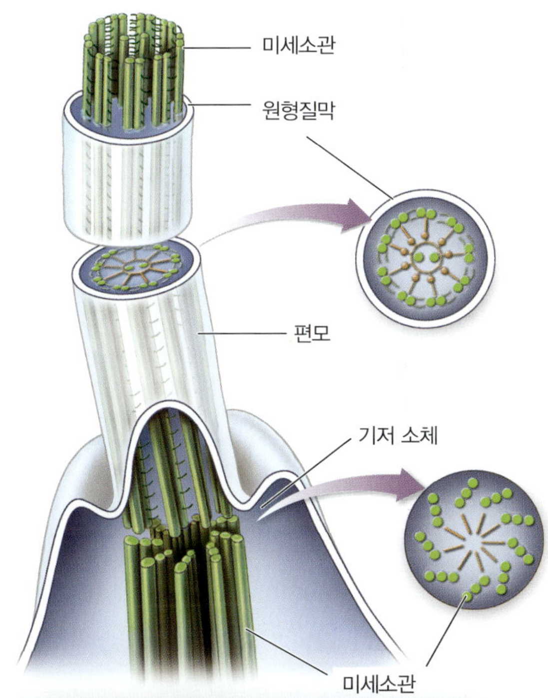

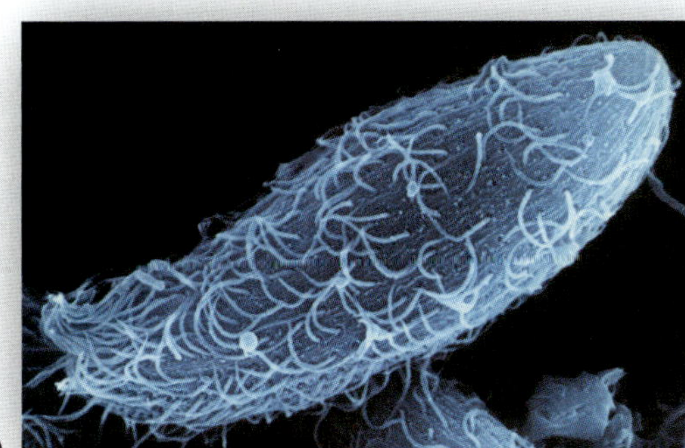

그림 4.17 편모와 섬모.

(a) 진핵생물 편모는 기저 소체로부터 직접 나오며 중심에 2개의 미세소관이 있는 9개의 미세소관의 고리로 구성된다. (b) 섬모충류인 *Dileptus*의 표면은 밀집한 섬모의 숲으로 덮여 있으며, 섬모는 자신을 추진하는데 이용된다.

원형질막을 가로지르는 운반 Transport Across Plasma Membranes

필수 생물학적 과정 4A

확산

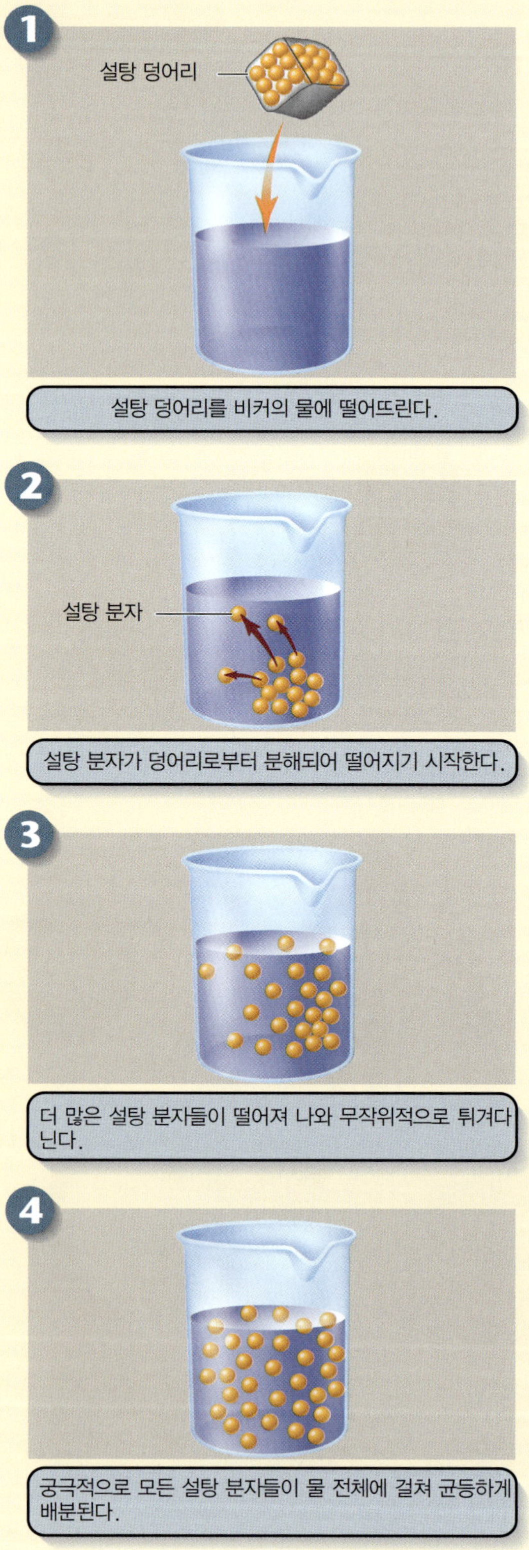

4.9 확산과 삼투 Diffusion and Osmosis

세포가 생존하기 위해서는 영양분, 물, 그리고 다른 물질들이 세포 내로 전달되고, 폐기물이 제거되어야만 한다. 세포의 원형질막을 가로지르는 출입은 모두 다음 3가지 중 하나의 방법으로 일어난다. (1) 물과 다른 물질은 막을 통하여 확산된다, (2) 음식 입자는 원형질막이 그 둘레를 접어서 삼킨다, 또는 (3) 막에 있는 단백질이 특정한 분자만 허용하는 문 역할을 한다.

확산 Diffusion

학습 목표 4.9.1 확산을 정의하고 왜 확산은 농도 경사를 내려 가면서만 일어나고, 올라가면서는 일어나지 않는가를 설명한다.

분자가 어떻게 운동하는지 또는 어디로 가는지는 컵에서 구슬을 흔드는 것처럼 완전히 무작위적이어서, 2종류의 분자가 합쳐지면 곧바로 혼합된다. 분자의 무작위적 운동은 물질이 농도가 높은 곳으로부터 농도가 낮은 곳으로(농도 경사를 내려감) 운동하기 때문에 균질한 혼합물을 생성하는 경향이 있다. 분자는 어떻게 어느 방향으로 운동할지를 아는가? 분자는 아무것도 알지 못한다. 분자는 어느 방향으로도 동등하게 움직이려고 하며 끊임없이 임의로 방향을 변경한다. 분자들이 흔한 곳에서 더 드문 곳에 비하여 움직일 수 있는 분자들이 단순히 더 많이 있을 따름이다. 확산(*필수 생물학적 과정 4A*)은 무작위적 운동의 결과로 농도경사를 따라 아래로 낮은 농도 지역으로의(분자가 상대적으로 더 적게 있는 곳) 순운동이다. 예를 들어 물이 들어있는 **비커**에 떨어뜨린 설탕 덩어리는 무작위적으로 움직이는 각각의 설탕 분자로 분해될 것이다. 그러나 설탕 분자는 높은 농도 지역(설탕 덩어리)으로부터 낮은 농도 지역(**비커**의 다른 부분)으로 움직일 것이다. 궁극적으로 물질은 평형상태를 이루는데, 이때는 어느 특정한 방향으로 순운동이 전혀 없다(**panel 4**). 물질의 개별 분자들은 계속 운동하지만, 어느 방향으로도 순변화가 일어나지 않는다.

개념의 적용

극성 분자가 비극성 분자에 비하여 물에서 더 완전하게 확산이 될까요? 그 이유를 설명하시오.

삼투 Osmosis

학습 목표 4.9.2 삼투를 정의하고 생물이 삼투 평형을 유지할 수 있는 3가지 방법을 토의한다.

이온과 극성분자는 막 2중층의 지질 중심에서 발견되는 매우 비극성 환경을 통과할 수 없다. 그러나 강한 극성을 띠는 물 분자의 운동은 봉쇄되지 않고 원형질막을 자유롭게 가로질러서 확산된다. 어떻게 이러한 일이 가능할까요? 물 분자는 막을 가로지르는 **아쿠아포린**(aquaporin)이라고 하는 작은 통로를 통과한다. 이러한 물 통로는 매우 선택적이어서 물 분자보다 훨씬 작은 양성자(수소 이온)의 통과마저도 봉쇄한다. 구멍에 나열한 양으로 하전된 아미노산의 집단이 똑같이 양으로 하전된 양성자를 격퇴한다.

확산에서처럼, 물은 **삼투**(osmosis; *필수 생물학적 과정 4B*)라는 과정으로 농도경사를 내려 세포막을 통과할 수 있다. 어떻게 물이 세포를 드나들 수 있는지 이해하기 위하여, 먼저 세포 내부에 이미 존재하고 있는 물 분자에 초점을 맞추어보자. 물 분자는 무엇을 하고 있는가? 물 분자의 대부분은 내부의 당, 단백질, 그리고 다른 극성 분자들과 상호작용을 하고 있다. 물은 자체가 극성이 강하며 다른 극성 분자들과 쉽게 상호작용한다. 자유롭게 돌아다니는 대신에, 물 분자의 껍질이 세포내의 각각의 극성분자 주위에 집단지어 머무른다. 그 결과 무작위 운동에 의하여 세포 내로 들어온 물 분자는 자유롭게 나가지 못할 수 있다. 예를 들어 *필수 생물학적 과정 4B*처럼 극성 용질을 비커의 오른쪽에 첨가하는 것은 자유 물 분자의 수를 감소시키는데, 이는 세포 내부라고 생각될 수 있다. 세포의 외부(왼쪽)는 결합되지 않은 물 분자가 더 많기 때문에 물은 확산에 의하여 세포(오른쪽)로 들어간다.

용액에 용해된 모든 분자의 농도(**용질**)를 용액의 삼투 농도라고 한다. 만약 두 용액의 삼투 농도가 같으면 그 용액들은 **등장**(isotonic; 그리스어로 iso는 같다는 뜻임)이다. 만약 두 용액이 상이한 삼투 농도를 가지고 있다면 높은 삼투 농도를 가지고 있는 용액은 **고장**(hypertonic; 그리스어로 hyper는 더 많다는 뜻임)이고, 낮은 농도를 가지고 있는 용액은 **저장**(hypotonic; 그리스어로 hypo는 더 적다는 뜻임)이다.

삼투에 의해 물이 세포 내부로 들어가면 삼투압이라고 하는 압력을 생성하는데, 삼투압은 세포가 부풀어 터지게 한다(그림 4.18). 대부분의 동물 세포는 원형질막이 팽창에 저항할 수 있도록 강화되어있지 않으면 삼투압을 견딜 수 없다. 순수한 물에 동물 세포를 놓아두면 지나치게 팽창된 풍선처럼 금방 터지게 될 것이다. 그 때문에 많은 생물 종의 세포는 외부를 딱딱하게 하기 위한 세포벽을 가지고 있다. 사실상 이 삼투압은 식물에서 팽압(turgor pressure)라고 하는데, 식물 세포가 형태를 유지하는데 중요하다. 세포 내부에 적절한 물이 없으면 식물은 시들게 된다. 동물에서 세포를 감싸고 있는 액체는 세포와 마찬가지로 많은 극성 분자들을 용해하고 있어, 등장액이 되며, 따라서 문제가 발생하지 않는다.

개념의 적용

물이 어떻게 원형질막을 가로질러 확산되는지 설명하시오.

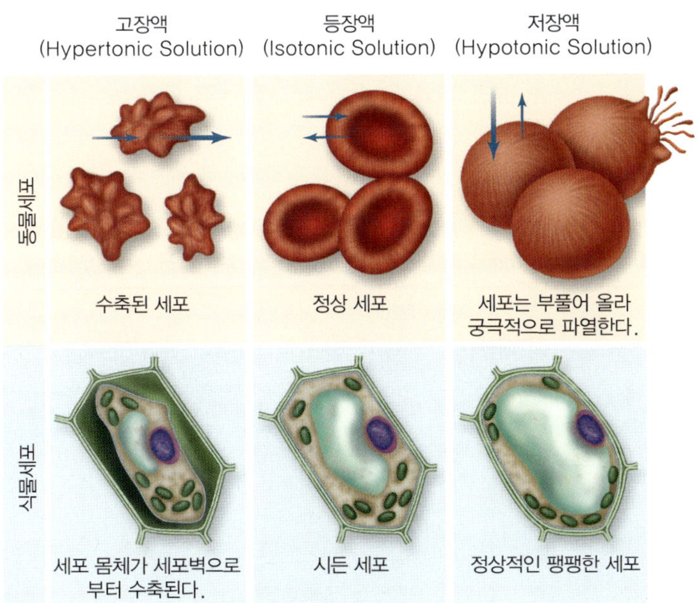

그림 4.18 동물세포와 식물세포에서 삼투압.

필수 생물학적 과정 4B

삼투

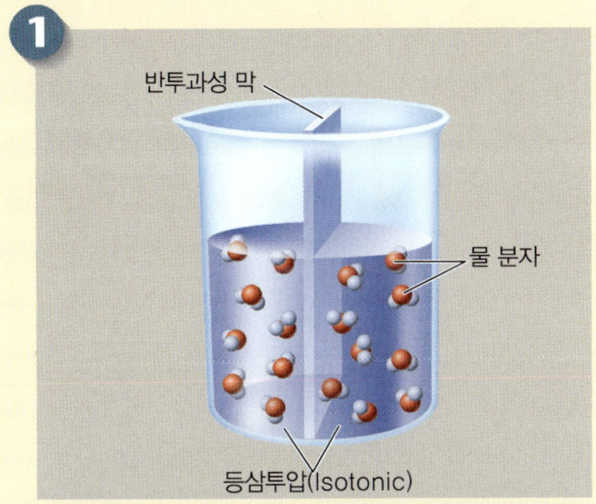

확산은 물 분자가 자체적으로 반투과성 막의 양쪽에 동등하게 배분되도록 한다.

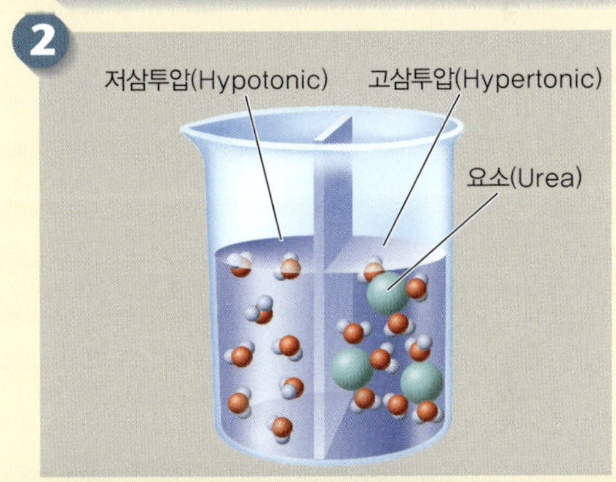

막을 투과할 수 없는 용매 분자를 추가하면 물 분자가 용매에 결합하여, 그 쪽의 자유 물 분자 수를 감소시킨다.

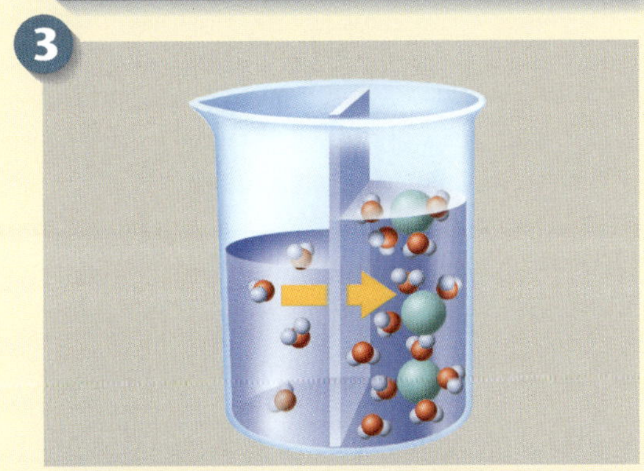

그러면 확산에 의하여 자유 물 분자가 물 분자의 농도가 높은 쪽으로부터 물 분자의 농도가 낮은 용매 쪽으로 이동한다.

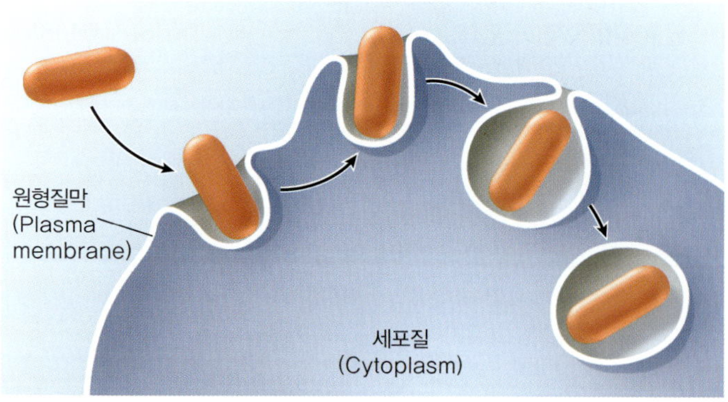

(a) 식세포작용(Phagocytosis)

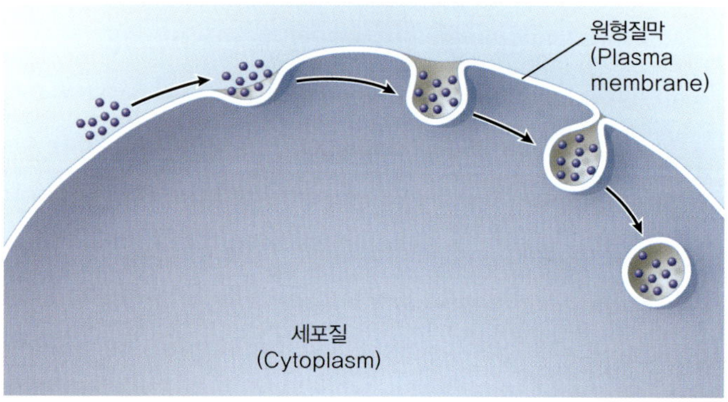

(b) 음세포작용(Pinocytosis)

그림 4.19 세포내 이입(Endocytosis)

세포내 이입은 물질을 원형질막을 접어 둘러싸고 액포를 형성하여 삼키는 과정이다. (a) 그 물질이 생물이거나 유기물의 비교적 큰 부스러기일 경우 이 과정은 식세포작용(phagocytosis)으로 불린다. (b) 그 물질이 액체이면 음세포작용(pinocytosis)이라고 한다.

생물학과 여러분

스타틴(Statin): 높은 콜레스테롤 수준은, 동맥의 표면을 덮어 심장마비를 일으킬 수 있는데, 종종 콜레스테롤의 세포내 이입을 차단하는 유전적 결함(세포이물 흡수를 유발하는 단백질에 결함이 있음)에 의하여 나타난다. 세포에 의하여 흡수되지 않아 콜레스테롤이 혈류에 축적된다. 스타틴 약은 신체에서 콜레스테롤을 합성하는 것을 억제하여 콜레스테롤 축적을 막아 이러한 상황에 대해 싸운다.

4.10 세포 안팎으로 큰 물질의 통과

Bulk Passage into and out of Cells

학습 목표 4.10.1 식세포작용과 음세포작용을 구별한다.

세포내 이입 Endocytosis

많은 진핵생물은 원형질막을 음식 입자 쪽으로 확장하여 음식물을 흡수한다. 원형질막은 입자를 삼키고 막으로 둘러싸인 소낭을 주변에 형성한다. 이 과정을 세포이물 흡수라고 한다(그림 4.19).

세포가 섭취하는 물질이 그림 4.19a의 붉은색 세균처럼 생물이거나 유기물의 부스러기와 같은 미립자(분리된 입자로 구성됨)일 경우, 이 과정을 **식세포작용**(phagocytosis; 그리스어로 *phagein*은 "먹다"이고, *cytos*는 "세포"임), 세포가 흡수하는 것이 그림 4.19b에서처럼 액체이거나 액체에 용해되어 있는 물질일 경우에는 **음세포작용**(pinocytosis; 그리스어로 *pinein*은 마시다는 뜻임)이라고 한다. 음세포작용은 동물세포에서 공통적으로 일어난다. 예를 들어 포유동물의 난세포(알세포; egg cell)는 주변 세포로부터 보살핌을 받는다. 주변의 세포들은 성숙한 난세포가 음세포작용에 의하여 흡수할 수 있는 영양분을 분비한다. 거의 모든 진핵세포는 끊임없이 이러한 세포이물 흡수작용을 수행하며, 액포에 입자와 세포외 액체를 끌어들여서 소화한다. 세포내 이입 속도는 세포 종류에 따라서 변화한다. 세포내 이입의 속도는 놀랄 정도로 빠를 수 있으며, 어떤 종류의 백혈구는 시간당 자신 체적의 25%까지 섭취할 수 있다.

세포외 유출 Exocytosis

세포내 이입의 역작용이 **세포외 유출**이며, 이는 세포 표면의 액포에서 물질을 배출하는 것이다. 그림 4.20의 액포는 세포로부터 배출 또는 방출할 물질을 포함하고 있다. 자주색 입자는 액포가 원형질막과 융합될 때 액포 내에서 부유되어 있다. 액포를 형성하는 막은 인지질로 형성되어 있으며, 원형질막과 접촉하게 되면 두개의 막은 상호작용하여, 액포의 내용물이 외부로 나갈 수 있는 작은 구멍을 형성한다. 식물세포에서 세포외 유출은 원형질막 밖에 있는 세포벽을 형성하는데 필요한 물질을 수출하는 중요한 방법이다. 동물세포에서 외포작용은 많은 호르몬, 소화효소, 그리고 다른 물질을 분비하는 기작을 제공한다.

개념의 적용

여러분은 입자 운동의 방향을 제외하고 세포내 이입(세포이물 흡수; endocytosis)과 세포외 유출(exocytosis) 사이에 어떠한 기본적인 차이점을 볼 수 있나요?

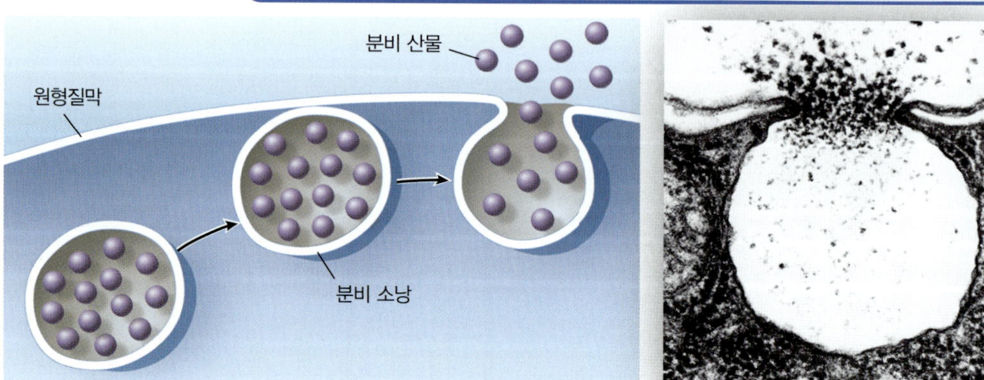

그림 4.20 세포외 유출(Exocytosis).

세포외 유출은 세포 표면에서 액포로 부터 물질이 방출되는 것이다. 단백질과 다른 분자들은 분비소포라고 하는 작은 주머니 형태로 세포에서 분비되는데, 분비소포의 막이 원형질막과 융합하여 분비소포가 내용물을 세포표면으로 방출할 수 있도록 한다. 현미경 사진에서 세포외 유출이 폭발하는 것처럼 일어나는 것을 볼 수 있다.

4.11 선택적 투과 Selective Permeability

학습 목표 4.11.1 선택적 확산(selective diffusion)과 촉진확산(facilitated diffusion)을 구별한다.

능률적인 관점에서 보았을 때, 세포내 이입의 문제는 세포가 많은 막을 만들고 운반해야하기 때문에 수행하는데 비용이 많이 든다는 것이다. 또한 세포내 이입은 선택성이 없다는 것인데, 특히 음세포작용의 경우 액체를 삼킬 때 세포는 어떤 분자가 들어올지를 선택할 수 없다. 세포는 이러한 문제를 원형질막에 있는 단백질을 분자가 세포로 드나들 수 있도록 하는 통로로 이용하여 해결한다. 각 종류의 통로는 특정한 종류의 분자만 통과할 수 있도록 허용하기 때문에, 세포는 어떤 물질이 드나들지를 통제할 수 있으며, 이를 **선택적 투과**(selective permeability)라고 한다.

선택적 확산 Selective Diffusion

어떤 통로는 개방된 문처럼 작용한다. 분자가 통로에 맞기만 하면 어느 방향으로도 자유롭게 통과할 수 있다. 확산은 막의 양쪽에 있는 그러한 분자들의 농도를 동등하게 해주는데, 분자들은 희소한 쪽으로 움직인다. 이러한 운반의 기작을 **선택적 확산**이라고 한다. 선택적 개방 통로의 한 가지 종류는 막을 관통하는 이온통로로 이루어져 있다. 작은 구멍에 적합한 이온들은 막을 통하여 어느 방향으로도 확산될 수 있다. 이러한 이온통로들은 신경계에 의한 신호전달에 필수적인 역할을 수행한다.

촉진확산 Facilitated Diffusion

대부분의 확산은 특별한 운반단백질을 이용하여 일어난다. 이러한 단백질은 특정한 당, 아미노산, 또는 이온 등 특정한 종류의 분자들만 결합한다. 분자들은 운반단백질에 막의 한쪽에서 결합하여 반대쪽에서 방출된다. 분자 순운동의 방향은 막을 가로지르는 농도경사에 관계한다. 막 외부의 농도가 높으면 *필수 생물학적 과정 4C*에서 보듯이 분자가 수송단백질의 막 세포외부 쪽에 결합하고 세포질 쪽에서 방출될 가능성이 더 높다. 만약 분자의 농도가 세포 내부에서 더 높을 경우에는, 순운동은 내부에서 외부 쪽이 될 것이다. 따라서 단순 확산과 마찬가지로 순운동은 항상 농도가 높은 곳에서 낮은 쪽으로 일어나지만, 그 과정이 운반단백질에 의하여 촉진된다. 이러한 이유로 운반의 이러한 기작은 **촉진확산**이라는 특별한 이름으로 불린다.

운반단백질에 의한 수송의 특징적인 점은 속도가 포화될 수 있다는 것이다. 물질의 농도가 점진적으로 증가하면, 물질의 운반속도는 특정한 속도까지는 증가하다 일정하게 유지된다. 막에 있는 운반단백질의 수에 제한이 있기 때문에, 운반되는 물질의 농도가 충분히 증가하면, 모든 운반단백질이 이용된다. 이때 운반시스템이 포화되었다고 한다. 연구자가 특정한 물질이 운반단백질에 의하여 막을 통과하여 운반되거나 확산되는지를 알고 싶으면, 운반시스템이 포화되는지를 보기위한 실험을 수행한다. 포화될 수 있으면, 그 물질은 운반체에 의하여 중개되는 것이며, 포화되지 않으면 그렇지 않은 것이다.

개념의 적용

포화가 왜 운반단백질의 작용을 나타내는지 설명하시오.

필수 생물학적 과정 4C

촉진확산

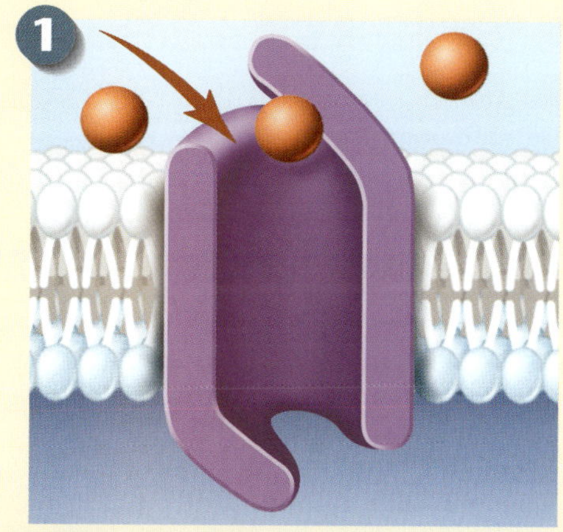

특정한 분자는 원형질막에 있는 특별한 운반단백질에 결합할 수 있다.

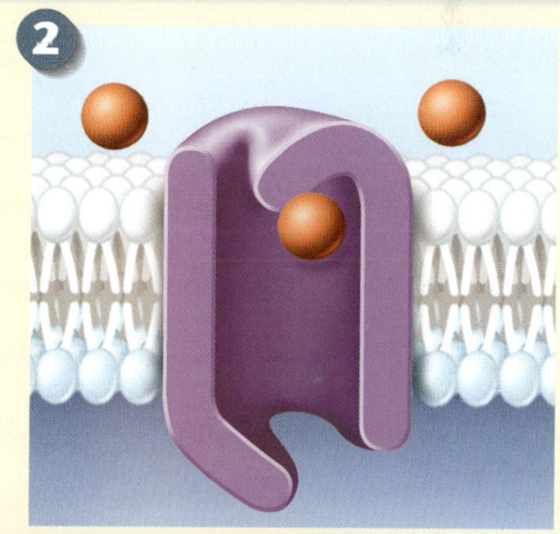

단백질 운반체는 확산과정을 도와주며(촉진) 에너지를 필요로 하지 않는다.

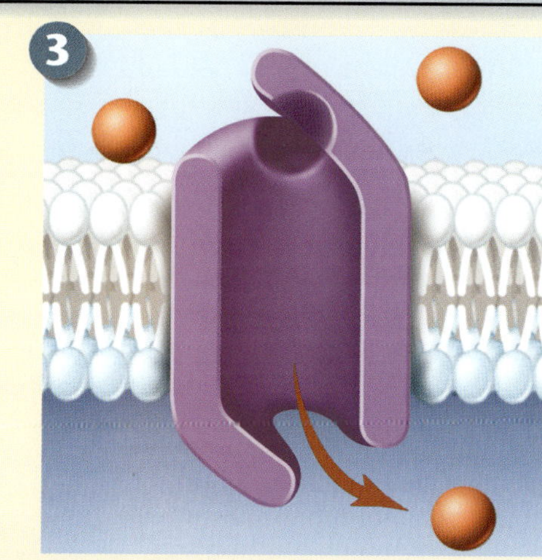

분자는 막의 다른 쪽에서 방출된다. 단백질 운반체는 특정한 분자만 막을 가로질러 운반하지만, 낮은 농도 쪽으로 어느 방향으로든 운반한다.

생물학의 최신동향

막의 결함은 질병을 유발할 수 있다.

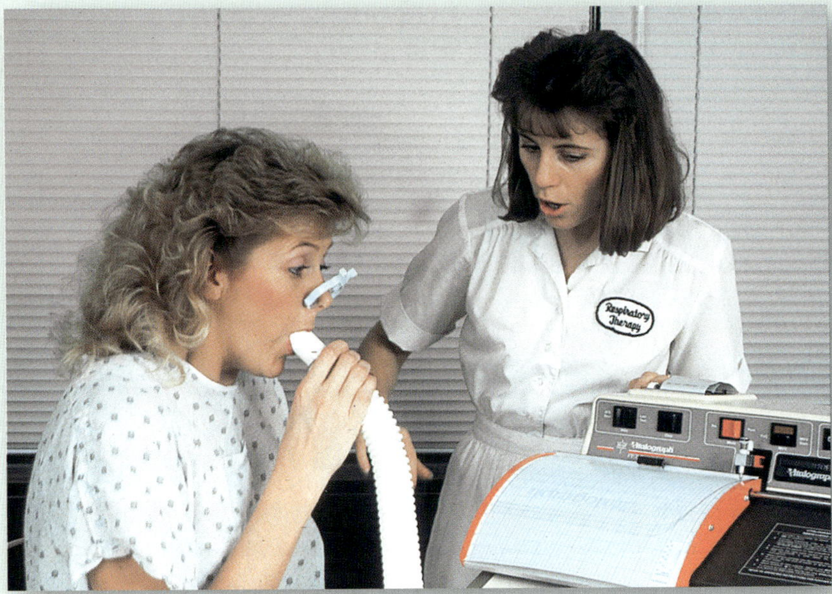

1993년은 인간의 질병 치료에 중요한 이정표가 세워진 해이다. 치명적인 유전병인 **낭포성 섬유증**(cystic fibrosis)을 건강한 유전자를 아픈 개인에게 전달하여 치료하는 최초의 시도가 1993년에 이루어졌다. 낭포성 섬유증은 병에 걸린 사람의 신체 세포가 허파의 기도를 막는 진한 점액질을 분비하는 치명적인 질병이다. 그림의 낭포성 섬유증 환자는 폐의 기능을 측정하는 장치인 Vitalograph에 호흡을 불어넣고 있다. 이러한 분비물은 췌장과 간의 도관을 폐색시켜 폐질환으로 죽지 않은 소수의 환자들을 간 기능부전으로 죽게 한다. 낭포성 섬유증은 최근까지도 성인이 될 때까지 생존한 사람이 거의 없었기 때문에, 일반적으로 소아질병으로 생각되었다. 오늘날까지도 절반 정도가 20대 중반 이전에 사망한다. 이 병에 대해서는 알려진 치료방법이 없다.

낭포성 섬유증은 부모로부터 자식으로 전달되는 한 개의 유전자 결함으로 발병한다. 낭포성 섬유증은 백인에게 가장 흔한 치명적인 유전질환이다. 20명중 한명은 결함 유전자의 최소한 하나의 복사본을 가진다. 이러한 개인들의 대부분은 질병에 걸리지 않고, 부모 모두로부터 결함 유전자를 유전 받은 어린이만 질병에 걸리는데, 그 비율은 2,500명의 유아 중 한명 꼴이다.

낭포성 섬유증은 연구하기 어려운 것으로 판명되었다. 많은 기관들이 영향을 받고, 최근까지 질병에 책임이 있는 결함 유전자의 본질을 확인하는 것이 불가능하였다. 1985년 최초로 단서가 획득되었다. 퀸톤(Paul Quinton)이라는 연구자는 낭포성 섬유증 환자의 흔히 관찰되는 특징인 땀이 비정상적으로 짜다는 점에 착안하여 다음의 실험을 수행하였다. Quinton은 작은 피부 조각으로부터 땀관을 분리하여 도관 내부보다 NaCl 농도가 3배가 되는 소금(NaCl)용액에 담갔다. 그리고 이온의 운동을 관찰하였다. 외부 이온농도가 높기 때문에 확산은 나트륨 이온(Na^+)과 염소 이온(Cl^-)을 모두 도관 쪽으로 운반한다. 정상적인 사람으로부터 분리된 피부는 예측했던 대로 Na^+와 Cl^- 모두 도관 안으로 유입되었다. 낭포성 섬유증 환자에서 분리된 피부에서는 그러나 Na^+만 유입되고 Cl^-은 전혀 유입되지 않았다. 처음으로 낭포성 섬유증의 분자적인 본질이 명백해졌다. 물은 염소를 동반하고, 염소가 도관으로 들어가지 않기 때문에 진한 점액을 생성한다. 낭포성 섬유증은 평소에 신체의 세포 내외로 Cl^-의 통과를 조절하는 CFTR(cystic fibrosis transmembrane conductance regulator; 낭포성 섬유증 막관통 전도 조절자)이라고 불리는 원형질막 단백질의 결함이다.

결함이 있는 *cf* 유전자는 1987년 분리되었는데, 특정 인간 염색체(염색체 7) 상의 위치는 1989년에 정확히 밝혀졌다. 흥미롭게도 많은 낭포성 섬유증 환자는 정상적인 아미노산 서열을 가지고 있는 CFTR 단백질을 생산한다. 이 경우 *cf* 돌연변이는 CFTR 단백질이 어떻게 접히는가를 간섭하여 기능이 있는 형태로 접히는 것을 방해하는 것 같다.

cf 유전자가 분리된 바로 뒤에, 유전자 치료요법을 이용하여 낭포성 섬유증을 치료하는 것이 가능할지에 대한 실험이 시작되었는데, 이는 결함이 있는 세포에 건강한 *cf* 유전자를 전달하는 것이다. 1990년 유전자를 세포에 전달하기 위하여 감기 바이러스인 아데노 바이러스(adenovirus)를 이용하여 작용을 하는 *cf* 유전자를 조직배양에서 생육하고 있는 인간의 폐세포에 성공적으로 이식하였다. CFTR 결함이 있는 세포는 치유되어, 원형질막을 통과하여 염소 이온을 운반할 수 있게 되었다. 그리고 1991년 연구팀은 정상적인 인간의 *cf* 유전자를 살아있는 쥐의 폐 세포에 성공적으로 이식하였다. 아데노바이러스가 감기 바이러스라서 폐 세포를 쉽게 감염시키기 때문에 유전자는 처음에 아데노바이러스 유전체에 삽입되었다. 아데노바이러스 유전체에 편승한 *cf* 유전자는 쥐의 폐 세포로 들어가서 정상적인 인간의 CFTR 단백질을 생산하기 시작했다!

이러한 결과는 매우 고무적이어서, 처음으로 모든 낭포성 섬유증 환자의 미래가 밝아보였다. 건강한 *cf* 유전자를 낭포성 섬유증 환자에게 도입하기 위하여 아데노바이러스를 이용한 임상실험은 화려한 팡파르와 함께 1993년 시작되었다.

임상실험은 성공적이지 못하였다. 13장에 상세히 설명된 것처럼, 낭포성 섬유증 환자에게 *cf* 유전자를 운반하기 위하여 사용된 아데노바이러스에 극복할 수 없는 문제가 있었다. 낭포성 섬유증 연구자들에게 어렵고 좌절감을 주는 도전은 아직 끝나지 않았다. 임상문제에 관한 연구는 종종 시간이 걸리고 좌절감을 주는 기획이지만, 이 경우보다 심한 것은 없었다. 최근에 건강한 *cf* 유전자를 도입하는 새로운 방법들이 시도되어 좋은 결과를 가져왔다. 치료를 향한 길고 더딘 여행은 치료가 이제 바로 가까이에 있다는 가정으로 비약하지 말라는 교훈을 주었다. 그러나 연구자들의 꾸준한 지구력은 먼 길을 이끌어 왔으며, 낭포성 섬유증 환자의 미래는 다시 밝아 보인다.

능동수송 Active Transport

학습 목표 4.11.2 **능동수송을 정의하고, ATP의 역할을 포함하여 나트륨-칼륨 펌프(sodium-potassium pump; Na-K pump)의 작용에 대해 설명한다.**

다른 종류의 원형질막을 관통하는 운반단백질은 닫힌 문이다. 이러한 단백질들은 에너지가 제공될 때만 열린다. 그들은 세포가 어떤 분자들을 높거나 낮은 농도로 유지할 수 있도록 하는데, 이는 세포외부에 존재하는 것에 비하여 훨씬 많거나 적게 한다. 모터에 의해 구동되는 회전식 출입문처럼, 이러한 운반단백질은 농도 경사에 반하여 특정한 물질을 운반하도록 작용한다. 이러한 한 방향의 에너지를 필요로 하는 단백질의 작용은 **능동수송**을 결과하는데, 에너지를 소비하여 분자를 농도가 높은 지역으로 막을 가로질러 운반한다.

여러분은 원형질막이 당, 아미노산, 그리고 다른 분자들을 운반하는 모든 종류의 운반단백질을 가지고 있다고 생각하겠지만, 실제로는 세포 능동수송의 대부분은 나트륨-칼륨 펌프라고 하는 한 종류의 운반체에 의해서 수행된다.

나트륨-칼륨 펌프. 가장 중요한 능동수송 단백질은 *나트륨-칼륨*(Na^+-K^+) 펌프인데, 이는 능동적으로 나트륨 이온(Na^+)을 세포 밖으로, 그리고 칼륨 이온(K^+)을 세포 안으로 펌핑하는데 대사 에너지를 소비한다(*필수 생물학적 과정 4D*). 여러분의 신체에서 소비되는 모든 에너지의 1/3 이상이 Na^+-K^+ 펌프 단백질을 구동하는데 사용된다. 이 에너지는 *아데노신삼인산*(adenosine triphosphate, ATP)으로부터 파생되는데, ATP에 대해서는 5장에서 더 배우게 된다. 2종류의 다른 이온을 반대방향으로 운반하는 것은, 에너지가 단백질 운반체의 형태를 변경하기 때문에 일어난다. 오른쪽의 그림판은 펌프의 한 주기를 보여준다. 각각의 운반단백질은 최대로 작용할 때 매초 300개 이상의 나트륨 이온을 운반할 수 있다. ATP 분자의 형태로 상당한 대사 에너지를 소비하여 유지되는 농도 경사는 세포에 의하여 여러 방법으로 이용된다. 가장 중요한 2가지는 (1) 신경세포를 따라 신호의 전도(29장에서 자세히 토론됨)와 (2) 당이나 아미노산과 같은 가치 있는 분자들을 농도 경사에 거슬러서 세포 내부로 끌어당기는 것이다.

잠시 동안 2번째 기작에 대해 초점을 맞추어본다. 많은 세포의 원형질막은 촉진확산 운반단백질이 박아져 있는데, 이들은 Na^+-K^+ 펌프에 의하여 밖으로 배출된 나트륨 이온이 다시 확산되어 들어올 수 있는 경로를 제공한다. 여기에 함정이 있는데, 이러한 운반단백질은 나트륨 이온이 통과하기 위해서는, 댄스파티에서 남녀쌍만 통과를 시켜주듯이, 짝이 필요한데, 그것이 바로 *짝진*(coupled) 운반단백질로 불리는 이유이다. 짝진 운반단백질은 나트륨 이온이 다른 분자를 달고 함께 손잡고 가지 않으면 통과할 수 없도록 한다. 어떤 경우에는 짝 분자가 당이고, 다른 경우에는 아미노산이나 다른 분자가 된다. 나트륨 이온의 농도경사가 매우 크기 때문에, 많은 나트륨 이온들이 다시 돌아가려고 하며, 이러한 확산압은 다른 짝 분자들을 그들이 세포 내부에 이미 높은 농도로 존재하더라도 끌고 들어간다. 이러한 방식으로 당과 다른 능동수송되는 분자들은 특별한 짝진 운반단백질 통로를 통하여 세포로 유입된다.

개념의 적용

세포는 세포질 내에 당을 이미 높은 농도로 가지고 있음에도 불구하고 어떻게 당을 흡수할 수 있는지 설명하시오.

필수 생물학적 과정 4D

나트륨-칼륨 펌프

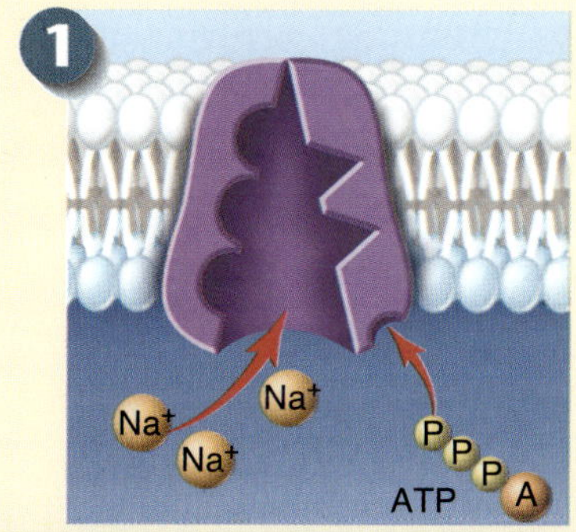

나트륨-칼륨 펌프는 3개의 나트륨 이온과 한 분자의 ATP와 결합하는 운반단백질을 이용한다.

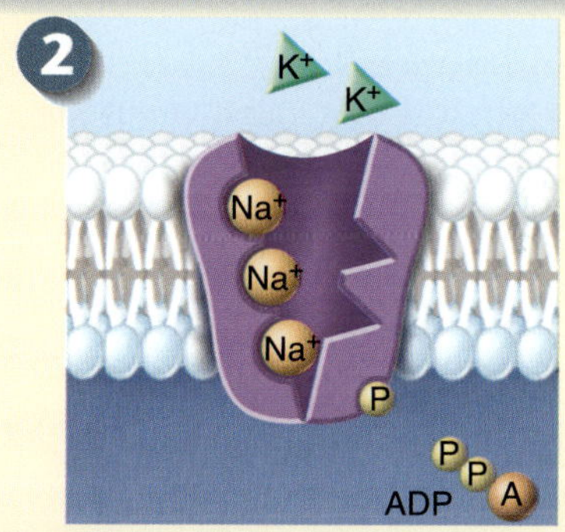

ATP의 분해는 운반단백질의 형태를 변화시키기 위한 에너지를 제공한다. 나트륨 이온은 펌프를 통하여 추진된다.

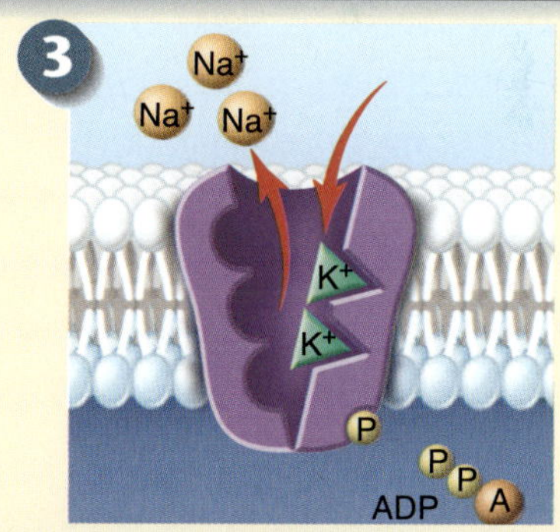

나트륨 이온은 막의 외부로 방출되며, 새로운 형태의 펌프가 2개의 칼륨 이온이 결합될 수 있도록 한다.

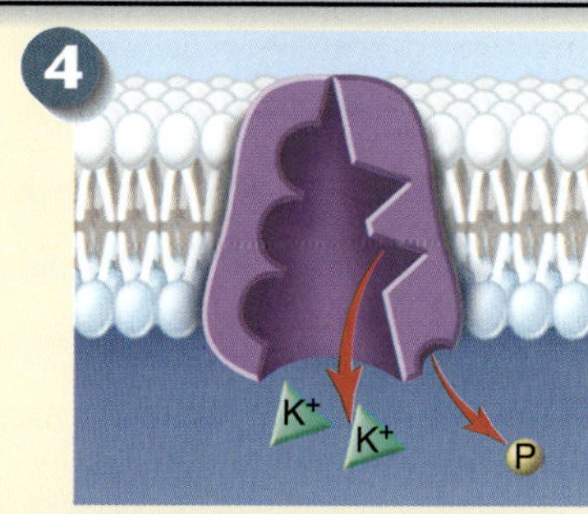

인산의 방출은 나트륨-칼륨 펌프의 운반단백질이 원래의 형태로 복원되도록 하며, 막의 내부로 칼륨 이온을 방출한다.

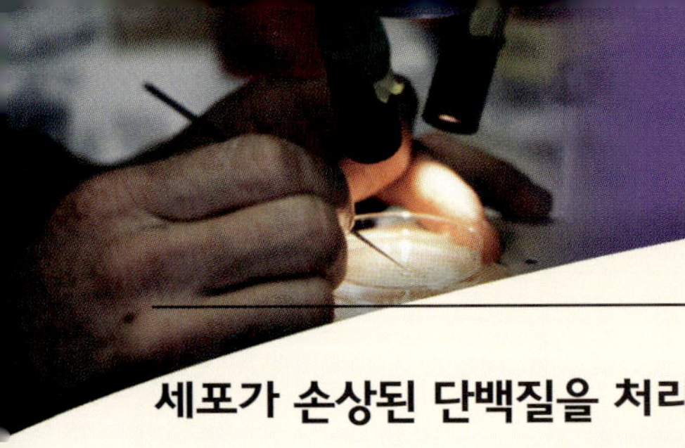

질문과 분석

세포가 손상된 단백질을 처리하는데 왜 에너지가 소비될까요?

현대 생물학의 대부분은 어떻게 세포가 물질을 생성하느냐는 것을 배우는데 몰두되고 있다. 어떻게 DNA에 암호화된 정보가 세포에 의하여 우리를 구성하는 단백질을 제조하는데 이용되느냐 하는 것이다. 2004년도 노벨 화학상은 이와 반대인 매력적이 아닌 과정이 작동하는 것을 발견한 연구자들에게 수여되었다. 세포가 어떻게 손상되었거나 필요한 것보다 더 오래 존재한 단백질을 분해하여 재활용하느냐 하는 것에 대한 연구이다.

세포가 단백질을 재활용하는 것은 쓰레기통에서 꺼내는 것보다 훨씬 대단한 일이다. 특정한 분자는 종종 빠르게 제거되며, 세포는 언제 특정한 기능을 수행할지 시간을 측정하고, 언제 분열하고, 심지어는 언제 죽을지 까지 등 수많은 세포 활동을 제어하는데 이러한 표적된 제거를 이용한다. 여러분의 DNA에 있는 25,000개의 유전자 중에서 약 1,000 종류가 이 단백질 재활용 시스템에 참여한다.

어떻게 이 시스템이 작용하는지에 대한 이해는 1950년대에 처음 주목을 받은 수수께끼로부터 시작되었다. 음식을 소화하는 효소를 포함한 단백질을 분해하는 대부분의 효소들은 작용하는데 에너지를 필요로 하지 않는다. 그러나 자신의 단백질을 세포가 재순환하는 데는 에너지를 소비한다. 연구자들은 왜 에너지가 필요한지에 대해 전혀 아이디어가 없었다.

이 수수께끼에 대한 해답은 예측하지 못한 방향에서 나왔다. 1975년 과학자들은 송아지의 두뇌에서 단지 76개의 아미노산으로 이루어진 작은 단백질을 발견하였다. 곧 과학자들은 정확이 같은 단백질이 효모에서 인간까지 모든 진핵생물에서 발견된다는 것을 알게되었다. 과학자들은 도처에 있는(ubiquitous) 단백질을 *유비퀴틴*(ubiquitin)으로 이름 지었다.

1980년대 초에 연구자들은 ubiquitin이 세포가 파괴를 위하여 단백질에 부착하는 표지라는 것을 알게 되었는데, 즉 "죽음의 키스" 분자인 것이다. Ubiquitin을 부착하는 과정에는 에너지가 필요한데, 이것이 단백질을 재활용하는데 왜 에너지가 필요한지에 대한 수수께끼를 해결하였다. 표지된 단백질은 *프로테아솜*(proteasome)이라고 하는 세포질에 있는 통모양의 방으로 운반되어, 단백질이 소단위로 분해되어 새로운 단백질을 만드는데 재활용된다.

위 그래프는 ubiquitin의 핵심적인 역할을 밝혀낸 단백질 재활용 실험을 보여준다. 실험에서는 실험실 플라스크에서 배양되는 인간 세포 내에서 세포분열에 연관된 특별한 단백질(표적단백질)의 수준을 관찰하였다. 2개의 배양이 나란히 관찰되었는데, 붉은 점으로 표시된 배양에서는 세포가 기능이 있는 ubiquitin 유전자를 가지고 있고(ubi^{+}), 파란 점으로 표시된 배양에서는 DNA로부터 ubiquitin 유전자가 제거되었다(ubi^{-}). 20분 후에 ATP 형태로 에너지를 성장하는 세포에 공급하였는데, 그 전까지는 에너지를 굶주리게 하였다.

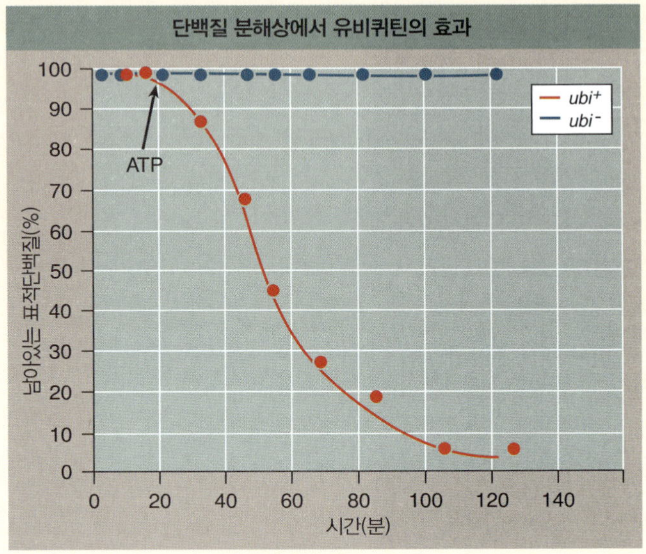

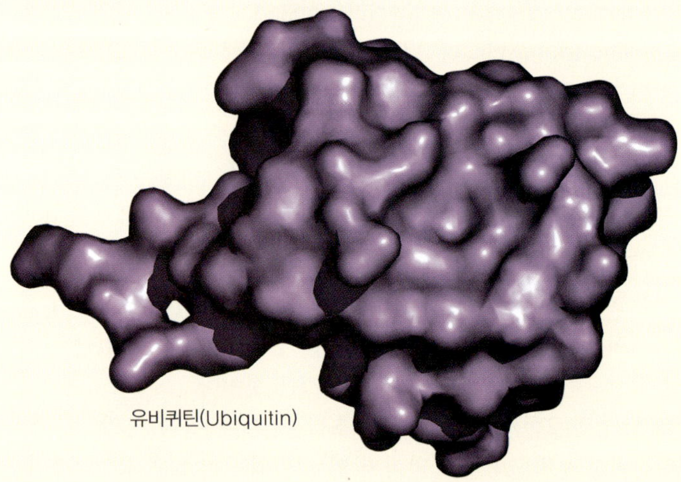

유비퀴틴(Ubiquitin)

분석

1. 개념의 적용

a. 변수. 그래프에서 무엇이 종속변수인가?

b. 농도. 100분 뒤에 두 배양 중에서 어느 것이 높은 표적단백질 농도를 나타내는가?

2. 자료의 해석: ATP의 첨가는 두 배양 중에서 하나에서라도 표적단백질의 수준에 영향을 미치는가? 영향을 미친다면 어느 배양인가?

3. 추론: 이 배양은 다른 것과 어떻게 차이가 있는가? 왜 ATP가 이 배양에서는 표적단백질의 제거를 촉진하는데, 다른 배양에서는 그렇지 않는가?

4. 결론의 도출: 그래프의 정보를 이용하여 왜 ubiquitin의 기능이 표적단백질을 효율적으로 제거하기 위하여 에너지를 필요로 하는지를 제안하시오.

학습 결과의 요약

세포의 세계

세포 Cell

4.1.1 세포는 가장 작은 살아있는 구조이다. 세포는 원형질막에 둘러싸인 세포질로 구성되어 있다. 모든 생명체는 하나 또는 그 이상의 세포로 구성되어 있다.

4.1.2 작은 세포는 물질은 세포 전반에 걸쳐 운반하는 것부터 물질을 원형질막을 가로질러 운반하는 것까지, 더 효율적으로 기능한다. 작은 세포는 부피 대비 표면적 비율이 크기 때문에, 물질이 통과할 수 있는 면적을 증가시킨다.

4.1.3 대부분의 세포와 이들의 구성성분은 매우 작기 때문에 현미경으로만 볼 수 있다. 현미경에는 수많은 종류가 있으며, 각각은 약간 다른 관점을 제공한다. 광학현미경은 확대하고 해상도를 높여준다. 투과전자현미경과 주사전자현미경은 해상도를 증가시킨다.

세포의 종류

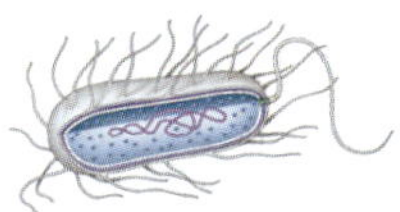

원핵세포 Prokaryotic Cells

4.2.1 원핵세포는 핵과 다른 내부 세포소기관이 결여된 난순한 난세포 생물이며, 보통 견고한 세포벽으로 싸여있다. 원핵세포는 형태가 다양하며, 일부는 그림 4.5처럼 외부 구조를 가지고 있다.

진핵세포 Eukaryotic Cells

4.3.1 진핵세포는 원핵세포에 비하여 더 크고 구조적으로 복잡하다. 진핵세포는 내부 막 시스템과, 핵처럼 세포내부를 기능적인 구획으로 나누는 세포소기관을 가지고 있다.

진핵세포로의 견학

원형질막 Plasma Membrane

4.4.1 모든 세포는 원형질막이라고 하는 지질의 섬세한 2중막 내부에 싸여있으며, 세포표지나 막을 통하여 운반하는 역할을 하는 단백질들이 내재되어 있다. 원형질막의 이러한 구조를 묘사하는 제안을 유동 모자이크모델(fluid mosaic model)이라 부른다.

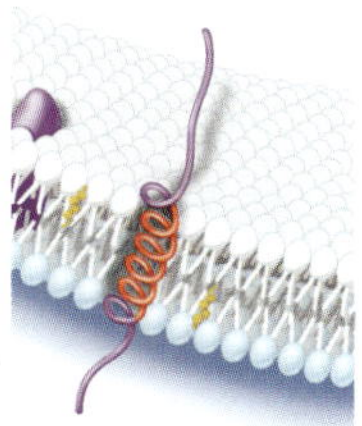

원형질막의 지질 2중층은 인지질이라고 하는 특별한 지질분자로 이루어져 있으며, 인지질은 극성(수용성) 말단과 비극성(불수용성) 말단을 가지고 있다. 2중층은 비극성 말단이 물의 주변으로부터 멀리 떨어져 형성되며, 2개의 층을 형성한다. 막단백질은 일반적으로 막에 내재되어 있다. 막관통단백질은 아미노산의 비극성 구역과 2중층의 내부 지질 부분 사이의 상호작용에 의하여 고정되어 있다.

핵: 세포의 통제소

4.5.1 핵은 세포의 지휘통제소이다. 핵은 세포의 DNA를 포함하며, DNA는 세포를 운영하는 유전정보를 암호화한다. DNA의 RNA 사본은 세포활동을 수행하는 단백질의 생산을 안내한다.

내막계

4.6.1 내막 시스템은 세포의 내부를 기능적인 구획으로 조직하고 분할하는 내부 막의 방대한 시스템이다. 소포체(endoplasmic reticulum; ER)는 ER에서 생산된 단백질과 다른 분자들을 변형하고 골지복합체로 이동하는 운반시스템이다.

4.6.2 골지복합체는 분자를 세포 표면으로 운반하여 외부로 방출되도록 하는 배달시스템이다.

4.6.3 리소좀과 액포는 세포의 다른 구획들이다. 리소좀은 닳아빠진 세포소기관을 소화하는 효소를 포함하고 있다. 액포는 저장구획이다.

에너지를 수확하는 세포소기관

4.7.1 그림 4.13의 미토콘드리아는 에너지를 추출하는 과정인 산화 대사가 일어나는 장소이기 때문에 세포의 발전소로 불린다. 엽록체는 광합성이 일어나는 장소이며 식물과 조류(algae) 세포에 존재한다.

4.7.2 미토콘드리아와 엽록체는 자신의 DNA를 가지고 있는 세포같은 세포소기관이며, 초기 진핵세포와 내부공생관계를 형성한 고대 세균으로 보인다.

세포골격: 세포의 내부 뼈대

4.8.1 세포의 내부는 세포골격이라고 하는 단백질 섬유의 격자구조를 포함하는데, 이는 세포의 형태를 결정하고 세포소기관들을 세포질 내의 특정한 장소에 고정한다. 중심소체는 세포에서 미세소관을 조립한 짝 구조이다.

4.8.2 섬모(Cilia)와 편모(Flagella)는 세포를 환경을 통과하여 추진시킨다.

원형질막을 가로지르는 운반

확산과 삼투 Diffusion and Osmosis

4.9.1 분자의 무작위 운동은 농도가 낮은 지역으로 분자가 이동하게 하며, 이 과정을 확산이라고 한다.

4.9.2 극성 용액과 결합된 물 분자는 자유롭게 확산할 수 없어서, 자유수가 적은 쪽으로 막을 가로지르는 순운동을 일으키는데, 이 과정을 삼투라고 한다.

세포 안팎으로 큰 물질의 통과

4.10.1 원형질막은 세포내 이입(endocytosis)에 의하여 물질을 삼킬 수 있는데, 막을 물질 주위에 접어서 액포 내로 집어넣는다. 세포외 유출(exocytosis)은 세포내 이입의 반대이며, 세포로부터 물질을 방출하기 위하여 액포를 이용한다.

선택적 투과

4.11.1 막을 가로지르는 물질의 선택적 운반은 촉진확산과 능동수송에 의하여 달성된다.

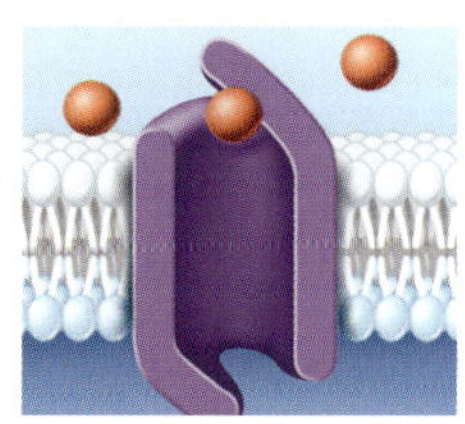

촉진확산은 농도 경사에 의하여 추진되며, 농도경사를 따라 낮은 곳으로 물질을 운반하지만, 막을 가로질러 통과하기 위해서는 운반체라고 하는 막수송체에 물질이 결합되어야만 한다.

4.11.2 능동수송은 농도경사와 반대로(높은 쪽으로) 물질을 운반하기 위하여 에너지의 유입이 관련되어 있다. 예를 들면 나트륨-칼륨 펌프인데, 나트륨을 세포 밖으로 칼륨을 세포 안으로 펌핑한다. 짝진 운반단백질은 나트륨-칼륨 펌프의 작용에 의하여 생성되는 커다란 나트륨 농도 경사에 의하여 동력을 얻는다.

이해의 측정

4.1.1 세포설은 다음 중 어느 원칙을 포함하는가?
- **a.** 세포는 가장 작은 생명체이다; 세포보다 작은 것은 어느 것도 살아있다고 간주되지 않는다.
- **b.** 모든 세포는 세포를 보호하는 세포벽으로 둘러싸여 있다.
- **c.** 모든 생물은 특화되고 기능을 가진 집단으로 배열된 많은 세포로 이루어져 있다.
- **d.** 모든 세포는 세포소기관이라고 하는 막으로 경계가 지어진 구조를 포함한다.

4.2.1 비교적 균질한 세포질을 가지고 핵이 없는 세포를 가진 생물을 ____, 세포소기관과 핵을 가지고 있는 생물을 _____(이)라고 한다.
- **a.** 셀룰로오스, 핵
- **b.** 진핵생물, 원핵생물
- **c.** 편모, 스트렙토코커스
- **d.** 원핵생물, 진핵생물

4.4.1 원형질막은?
- **a.** 세포를 보호하기 위하여 세포집단을 둘러싸고 있는 탄수화물 층
- **b.** 모든 세포를 개별적으로 둘러싸고 있는 단백질이 내재된 2중 지질층
- **c.** 세포질을 둘러싸는 구조단백질의 얇은 판
- **d.** 보호 장벽을 형성하는 단백질로 이루어져 있다.

4.5.1 세포의 핵 내부에서 볼 수 있는 구조는?
- **a.** 핵인(nucleolus)
- **b.** 세포골격(cytoskeleton)
- **c.** 미토콘드리아(mitochondria)
- **d.** 위의 모든 것 다.

4.6.1 세포 내부에 있는 내부막 시스템에 포함되는 것은?
- **a.** 세포골격과 리보솜
- **b.** 원생생물과 진핵생물
- **c.** 소포체와 골지 복합체
- **d.** 미토콘드리아와 엽록체

4.7.1 한때는 각 세포의 핵에만 DNA가 포함되어 있다고 생각되었다. DNA가 발견되는 세포 내 다른 장소는 어떤 것이 있나요?
- **a.** 세포골격과 리보솜
- **b.** 원핵생물과 진핵생물
- **c.** 소포체와 골지 복합체
- **d.** 미토콘드리아와 엽록체

4.8.1 다음의 어떤 구조가 세포골격의 구성요소가 아닌가?
- **a.** 미세소관
- **b.** 크리스타
- **c.** 중간섬유
- **d.** 액틴

4.9.1 식품 색소 한 방울을 한 잔의 물에 떨어뜨리면, 색소 방울은 어떻게 되는가?
- **a.** 잔 바닥으로 떨어져서 물을 저어주지 않으면 그대로 머무른다. 그 이유는 수소결합 때문이다.
- **b.** 물을 저어주지 않으면 기름처럼 물 위에 뜨게 된다. 그 이유는 표면장력 때문이다.
- **c.** 즉시 물 전체에 분산된다. 그 이유는 삼투현상 때문이다.
- **d.** 서서히 물 전체에 분산된다. 그 이유는 확산 때문이다.

4.10.1 음식 입자와 같은 큰 분자가 세포로 들어가기 위해서는, 원형질막을 쉽게 통과할 수 없기 때문에, 다음의 어떤 과정을 통하여 막을 가로질러 이동할 수 있는가?
- **a.** 확산과 삼투
- **b.** 세포내 이입과 식세포작용
- **c.** 세포외 유출과 음세포작용
- **d.** 촉진확산과 능동수송

4.11.2 특정 분자의 능동수송은 다음의 어떠한 것을 포함하는가?
- **a.** 촉진확산
- **b.** 세포내 이입과 음세포작용
- **c.** 에너지와 전문화된 펌프 또는 운반단백질
- **d.** 투과성과 농도 경사

이해의 적용

4.1.3 최초의 현미경은 약 1590년에 사용되었다. 전자현미경은 70년 전에 일반적으로 사용되기 시작하였다. 100여 년 전 까지만 하더라도 대부분의 의사들은 누가 방금 사망하였거나 또는 심하게 아팠더라도 환자 사이에 세척을 하지 않았다. 과거의 의사들은 왜 손을 세척하는 것을 중요하게 생각하지 않았는지 설명하시오.

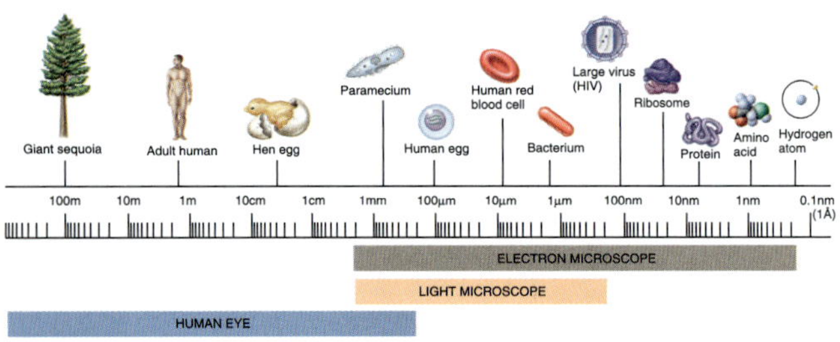

4.11.1 허파에는 산소와 이산화탄소의 농도 경사가 매우 커서 허파에 배열된 세포들의 원형질막을 가로질러 많은 수의 분자들이 이동할 수 있다. 이러한 분자들은 단순 확산에 의하여 원형질막을 통과한다. 이 과정은 산소와 이산화탄소 분자들이 촉진확산에 의하여 막을 가로질러 통과하더라도 똑같이 효율적일까요? 왜 그런지 또는 왜 그렇지 않은지 설명하시오.

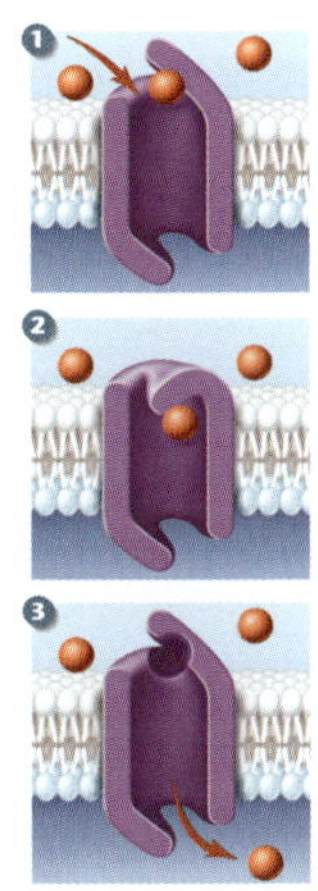

학습 내용의 종합

4.1.2 여러분은 새로운 단세포 생물을 디자인하기 위하여 컴퓨터 프로그램을 사용한다. 왜 작은 세포가 큰 세포에 비하여 물질을 운반하는 데 더 효율적인지 토의하시오.

4.2.1 항생제는 척추동물에서 세균 감염을 표적으로 하는 약이다. 어떻게 항생제는 모든 세균세포를 살해하지만 척추동물 세포에는 해를 끼치지 않는가? 힌트: 항생제는 세균세포의 어느 부분을 표적으로 해야 하는가?

4.3.1 세포의 세포소기관과 다른 구조들을 도시의 부분과 비교하시오. 예를 들면 핵은 시청이고 DNA는 도시의 법과 명령이다.

4.5.1 리보솜은 2개의 소단위를 포함한다. 리보솜 소단위는 핵에서 조립되지만, 세포질에서 작용한다. 소단위들이 어떻게 핵에서 나와서 세포질로 들어간다고 추측하나요?

Chapter 5

에너지와 생명
Energy and Life

개관(CHAPTER AT A GLANCE)

세포와 에너지 Cells and Energy

(a) 위치에너지
(Potential energy)

(b) 위치에너지(Potential energy)

(c) 운동에너지(Kinetic energy)

그림 5.1 위치에너지와 운동에너지(Potential and kinetic energy).

운동할 수 있는 능력은 가지고 있지만 움직이지 않고 있는 물체는 위치에너지를 가지고 있는 반면에 움직이고 있는 물체는 운동에너지를 가지고 있다. (a) 스케이트보드를 타고 있는 사람의 운동에너지는 경사로의 정상에서 위치에너지가 된다. (b) 공을 언덕위로 올리는데 필요한 에너지는 위치에너지로 저장된다. (c) 이 저장된 에너지는 공이 언덕을 굴러 내려올 때 운동에너지로 방출된다.

5.1 생명체에서 에너지의 흐름

The Flow of Energy in Living Things

학습 목표 5.1.1 에너지를 정의하고 운동에너지와 위치에너지를 구별한다.

모든 생명은 에너지에 의하여 구동된다. 이 장과 다음 장에서 토의되는 개념과 과정은 생명에 핵심이다. 인간은 화학적 기계이며, 화학적 에너지에 의하여 동력을 얻는다. 성공적인 경주차 운전자가 어떻게 차의 엔진이 작동하는가를 배워야만 하는 것과 동일한 이유로, 우리는 세포 화학에 대하여 살펴보아야 한다. 진실로 우리가 우리 자신을 이해하려고 한다면, 우리는 우리 세포의 화학적 기계의 후드 아래를 살펴보고 어떻게 작동하는지를 알아야만 한다.

2장에서 서술되었듯이 **에너지**는 일을 할 수 있는 능력으로 정의된다. 에너지는 2가지 상태로 존재한다. 즉 운동(역학적)에너지와 위치(잠재)에너지이다. **운동에너지**(kinetic energy)는 움직임의 에너지이다. 움직이고 있지는 않지만 움직일 수 있는 능력을 가지고 있는 물체는 **위치에너지**(potential energy) 또는 저장된 에너지를 가지고 있다(그림 5.1*a*). 언덕 꼭대기에 위치한 둥근 돌(그림 5.1*b*)은 위치에너지를 가지고 있다. 사람이 둥근 돌을 밀면 돌은 언덕을 굴러 내려오기 시작하며(그림 5.1*c*), 위치에너지의 일부가 운동에너지로 변환된다. 생물에 의해 수행되는 모든 일들도 또한 위치에너지가 운동에너지로 변환되는 것을 포함한다.

에너지는 기계적, 열, 소리, 전류, 빛, 또는 방사능 등 다양한 형태로 존재한다. 다양한 형태로 존재할 수 있기 때문에 에너지를 측정하는 방법도 여러 가지가 있다. 가장 편리한 것이 열의 단위인데, 이는 모든 다른 형태의 에너지가 열로 변환될 수 있기 때문이다. 따라서 에너지에 관한 학문을 "열이 변한다"라는 뜻인 *열역학*(thermodynamics)이라고 한다.

에너지는 지구에 지속적인 빛의 광선을 비추는 태양으로부터 생물계로 흘러들어간다. 태양은 1년에 13 × 10^{23} 칼로리(calories) 이상, 또는 매초 4경(4 × 10^{16}) 칼로리를 지구에 제공한다. 식물, 조류(algae), 그리고 특정한 종류의 세균은 광합성을 통하여 이 에너지의 일부를 포획한다. 광합성에서는 태양으로부터 얻은 에너지가 작은 분자(물과 이산화탄소)들을 더 복잡한 분자(당)으로 결합하는데 이용된다. 이러한 복잡한 당 분자들은 원자배열로 인하여 위치에너지를 가지게 된다. 이 잠재에너지는 화학적 에너지의 형태이며, 궁극적으로 세포가 일을 하는데 이용된다. 2장에서 공유결합은 2개의 원자핵이 전자를 공유할 때 형성되는 것을 상기하시오. 이러한 결합을 파괴하기 위해서는 핵을 떼어놓기 위하여 에너지를 필요로 한다. 실제로 공유결합의 강도는 결합을 파괴하는데 소요되는 에너지의 양으로 측정된다. 예를 들면 1몰(6.023 × 10^{23}개)의 탄소-수소(C-H) 결합을 파괴하기 위해서는 98.9 kcal이 소요된다.

세포 내에서 일어나는 모든 화학적 활동은 분자들 사이의 일련의 화학반응으로 볼 수 있다. **화학반응**(chemical reaction)은 화학적 결합을 형성하거나 파괴하는 것인데, 즉 새로운 분자를 형성하기 위하여 원자들을 결합하거나, 분자를 부수고 때로는 조각을 다른 분자에 부착하는 것이다.

개념의 적용

고에너지 food bar에 있는 에너지는 운동에너지인가요 아니면 위치에너지인가요?

5.2 열역학의 법칙들

The Laws of Thermodynamics

달리고, 생각하고, 노래하고 이 단어들을 읽는 생명체의 모든 활동은 에너지의 변화를 포함한다. 열역학의 법칙이라고 부르는 보편적인 법칙의 집합은 우주에서 모든 에너지의 변화를 지배한다.

열역학의 제1법칙 The First Law of Thermodynamics

학습 목표 5.2.1 열역학의 제1법칙을 진술한다.

이러한 보편적인 우주 법칙의 첫 번째인 **열역학의 제1법칙**은 우주에 있는 에너지의 양에 관계된다. 이 법칙은 에너지는 하나의 상태에서 다른 상태로 변경될 수 있지만(예를 들면 위치에너지에서 운동에너지로) 절대로 파괴되거나 새로운 에너지가 생성될 수 없다고 주장한다. 우주에 있는 에너지의 총량은 일정하게 유지된다.

그림 5.2의 밀 낱알을 먹는 들쥐는 에너지를 획득하는 과정이다. 쥐는 새로운 에너지를 생성하는 것이 아니라, 낱알의 조직에 저장된 잠재에너지의 일부를 자신의 몸으로 단순히 이전하는 것이다. 어떤 생명체에서도 이 화학적 잠재에너지는 다른 분자로 전이되어 화학결합으로 저장되거나, 또는 운동에너지로 변환되거나, 또는 다른 형태의 에너지로 변화될 수 있다. 각각의 변환이 일어날 때 에너지의 일부는 분자의 무작위 운동의 척도인 열로서 환경으로 분산되다(열도 따라서 운동에너지의 한 척도임). 에너지는 생물계에서 한 방향으로 연속적으로 흘러가는데, 태양으로부터 오는 새로운 에너지가 열로 분산되는 에너지를 대체하기 위하여 시스템으로 끊임없이 들어온다.

개념의 적용

푸홀스(Albert Pujols; 미국 메이저리그 역대 최고의 우타자)가 방망이가 야구공을 때릴 때, 야구공에 일어나는 것은 화학반응인가요?

열역학의 제2법칙 The Second Law of Thermodynamics

학습 목표 5.2.2 열역학의 제2법칙을 진술한다.

열역학의 제2법칙은 위치에너지가 열 또는 무작위적 분자운동으로 변환되는 것과 관련된다. 제2법칙은 우주와 같은 폐쇄계에서의 무질서도는 꾸준히 증가한다고 주장한다. 간단히 말하면, 무질서가 질서보다 더 쉽게 일어난다. 예를 들면, 벽돌기둥이 무너지는 것이 벽돌 더미가 자발적으로 정렬하여 기둥으로 변하는 것보다 더 가능성이 크다. 또한 십대 소년(또는 부모)의 에너지 유입이 없으면 그림 5.3의 방은 무질서하게 된다. 에너지의 입력이 한 지역에 국한되면 그 지역은 무질서한 주변에 비하여 더 조직화되는데, 이는 지저분한 집에서 방 하나를 청소하는 것과 같다. 정확히 이러한 방식으로 세포는 에너지를 이용하여 주변보다 더 조직화되어 있다.

엔트로피(Entropy)는 시스템의 무질서도의 측정이며, 따라서 열역학의 제2법칙은 간단히 "엔트로피가 증가한다"라고도 할 수 있다.

개념의 적용

생물이 죽으면 생물의 엔트로피에는 무슨 일이 일어날까요?

그림 5.2 에너지의 획득.

진화(EVOLUTION)

창조론자와 열역학 법칙. 창조론자들이 진화론에 대하여 제기하는 하나의 반론은 진화론이 열역학의 제2법칙을 위반한다는 것이다. 우주에서 무질서가 끊임없이 증가하여, 질서보다 무질서가 더 가능하게 하기 때문에, 더 질서 있는 시스템(세포)은 지시가 없으면 자발적으로 일어날 수 없다고 창조론자들은 주장한다. 진화론을 믿는 생물학자들은 이 비판에 대하여 창조론자들의 반론이 "폐쇄된 시스템"이라는 핵심 조항을 빠뜨려서 열역학의 제2법칙을 잘못 진술하였다고 지적한다. 생명계는 결코 폐쇄계가 아닌데, 그 이유는 에너지가 태양에 의하여 끊임없이 공급되기 때문이다. 광합성에 의하여 포획된 에너지가 우리가 생명이라고 부르는 조직화된 시스템에 동력을 공급한다. 진화론은 어떤 의미에서도 어떤 경우에도 열역학의 제2법칙에 위반되지 않는다.

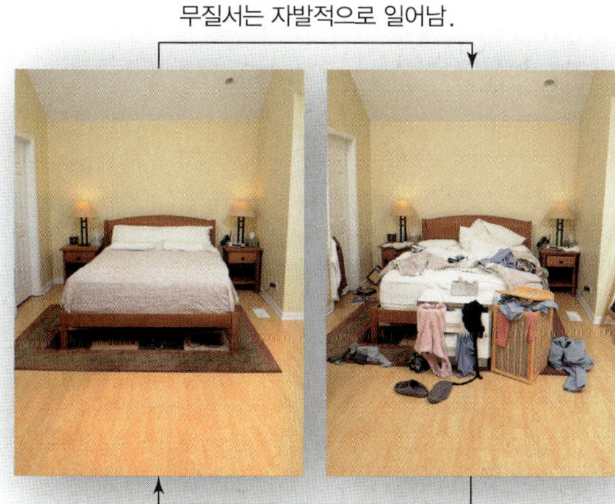

그림 5.3 엔트로피의 작용.

시간이 경과하면서, 10대 소년의 방은 점점 비조직화되어 간다. 방을 청소하기 위해서는 에너지가 필요하다.

세포화학 Cell Chemistry

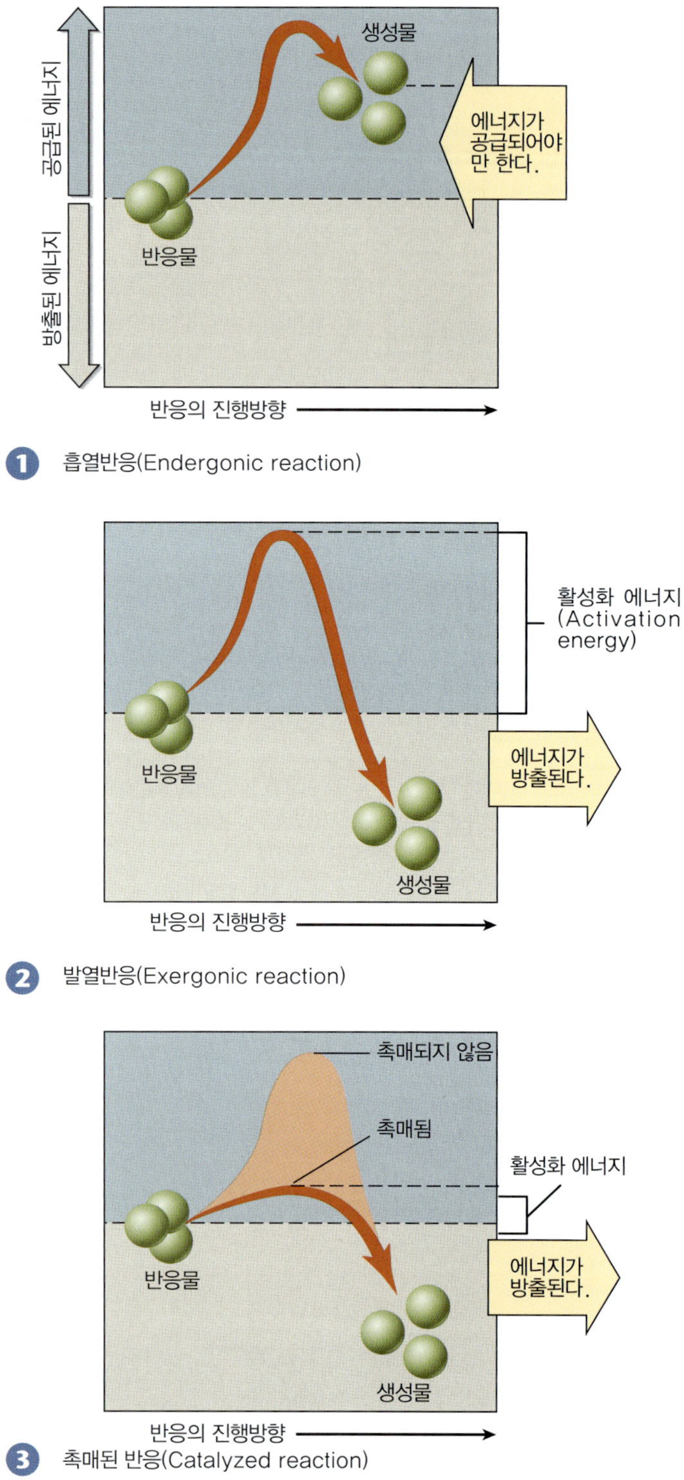

그림 5.4 화학반응과 촉매현상.

① 에너지 흡수반응의 생성물은 반응물에 비하여 더 많은 에너지를 포함하고 있다. ② 에너지 방출반응의 생성물은 반응물에 비하여 적은 에너지를 가지고 있지만, 에너지 발열반응은 시작되게 하기 위하여 에너지가 필요하기 때문에 꼭 빨리 일어나지는 않는다. 이 에너지 그림에서 언덕은 존재하고 있는 화학결합을 불안정하게하기 위하여 공급되어야 할 에너지를 나타낸다. ③ 촉매된 반응은 반응을 개시하는데 필요한 활성화 에너지의 양, 즉 극복해야할 에너지 언덕의 높이가 낮추어져서 반응이 빨리 일어난다.

5.3 화학반응 Chemical Reactions

학습 목표 5.3.1 에너지 흡수(endergonic)반응과 에너지 방출(exergonic) 반응을 구별한다.

화학반응에서 반응이 일어나기 전의 원래 분자들을 **반응물**(reactants) 또는 **기질**(substrate)이라고 하며, 반응이 일어난 이후의 분자를 **생성물**(products)이라고 한다. 모든 화학반응들이 똑같은 가능성으로 일어나지 않는다. 둥근 돌은 언덕을 올라가기보다는 내려가기가 쉬우며, 따라서 반응들은 에너지를 방출하는 것이 에너지 공급을 필요로 하는 것보다 일어나기 쉽다. 그림 5.4의 화학반응들이 어떻게 일어나는지 고려해 보시오①. 둥근 공을 언덕 위로 굴리는 것처럼, 반응의 산물이 반응물보다 더 많은 에너지를 가지고 있기 때문에 에너지가 공급되어야 한다. 이러한 유형의 화학반응은 **에너지 흡수반응**(endergonic)이라고 하며, 자발적으로 일어나지 않는다. 대조적으로, ②에 나타낸 것처럼 모든 **에너지 방출반응**(exergonic)은 산물이 반응물에 비하여 에너지가 적기 때문에, 둥근 돌이 언덕을 내려가는 것과 같이 자발적으로 일어나게 된다.

개념의 적용

에너지 방출반응이 자발적으로 일어난다면, 왜 모두 일어나지 않았을까? 무엇이 전세계에 있는 휘발유가 연소되는 것을 방지하는가?

활성화 에너지 Activation Energy

학습목표 5.3.2 활성화 에너지와 촉매현상을 정의한다.

만약 에너지를 방출하는 모든 화학반응들이 자발적으로 일어나는 경향이 있다면, "왜 모든 에너지 방출반응들은 이미 일어나지 않았나요?"라는 질문이 당연히 나올 수 있다. 그 이유는 모든 화학반응은 시작되기 위하여 에너지의 유입이 필요하기 때문이다. 처음에 반응물에 존재하는 화학결합을 파괴하는 것이 필요하며, 여기에는 에너지가 필요하다. 존재하는 화학결합을 불안정하게 하고 화학반응을 시작하게 하는 추가적인 에너지를 **활성화 에너지**(activation energy)라고 하는데, 그림 5.4의 ②와 ③에 나타내었다. 공을 아래로 굴리기 위해서는 먼저 구멍에 있는 둥근 공을 조금 밀어주어야 한다. 활성화 에너지는 단순히 화학적인 밀어주기 이다.

촉매현상 Catalysis

반응이 일어나도록 만들어주는 하나의 방법은 필요한 활성화 에너지를 낮추어 주는 것이다. 공의 아래 땅을 파주는 것처럼, 활성화 에너지를 낮추어주면 반응이 시작되는데 필요한 밀어주기를 낮출 수 있다. 반응의 활성화 에너지를 낮추어주는 과정을 **촉매현상**(catalysis)이라고 한다. 촉매현상은 에너지 흡수반응을 자발적으로 일어나게 할 수는 없다. 에너지 공급의 필요를 피할 수는 없지만, 촉매현상은 흡열반응이던지 발열반응이던지 훨씬 더 빠르게 일어나게 한다. 두 번째와 세 번째 그림판의 활성화 에너지 수준을 비교하라. 촉매된 반응 ③은 극복해야 할 장벽이 낮다.

개념의 적용

화학반응의 속도는 왜 반응을 시작하는데 필요한 에너지의 양에 의하여 영향을 받는가?

효소 Enzymes

5.4 효소는 어떻게 작용하는가

학습 목표 5.4.1 활성부위(active site)와 기질결합부위의 차이를 구별한다.

효소라 불리는 거대분자는 특정한 화학반응을 유발하기 위하여 세포가 이용하는 단백질 촉매이다. 어떠한 효소가 존재하는지, 언제 효소가 작용하는지를 조절하여, 세포는 내부에서 무엇이 일어날지를 조절할 수 있는데, 이는 지휘자가 어느 악기가 언제 연주할지를 지시하여 오케스트라가 공연하는 음악을 조절하는 것과 같다.

효소는 특정한 반응이 더 일어날 수 있도록 특정한 분자와 결합하여 작용한다(*필수 생물학적 과정 5A*). 이러한 작용에서 핵심은 효소의 형태이다. 효소는 특정한 반응물 또는 기질에 특이성을 가지는데, 그 이유는 효소의 표면이 원하는 반응물의 형태에 매우 가깝게 부합될 수 있도록 틀을 제공하기 때문이다. 예를 들어 그림 5.5의 청색 라이소자임 효소는 특정한 당 분자(노란색의 반응물)에 맞도록 윤곽이 되어있다. 여기에 잘 맞지 않는 다른 분자들은 효소의 표면에 부착될 수 없다. 반응물이 맞는 부분을 **활성부위**(active site)라고 한다. 효소의 결합하는 반응물 부분을 **결합부위**(binding site)라고 한다. 그림 5.5*b*에서 라이소자임의 주변은 당 분자를 껴안아서, 효소와 반응물 사이에 손으로 야구공을 감싸는 것처럼 유도적합(induced fit)을 가져온다. 효소는 화학반응에 의하여 영향을 받지 않으며 다시 이용될 수 있다.

효소는 특정한 반응의 활성화 에너지를 낮추어 준다. 라이소자임의 경우 사람의 눈물에서 발견되는데, 항세균 기능을 가지고 있어서 세균 세포벽을 형성하는 분자의 특정한 화학결합을 파괴하는 것을 돕는다. 효소는 이 결합에 있는 일부 전자를 떼어놓아 결합을 약하게 한다.

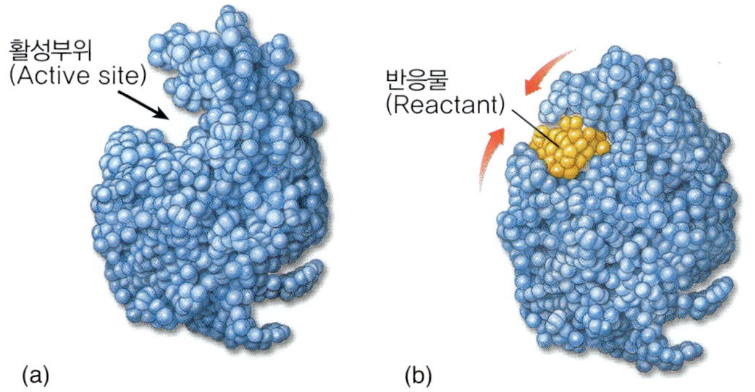

그림 5.5 효소의 형태는 효소의 활성도를 결정한다.

(a) 라이소자임 효소를 따라 이 경우에는 당 사슬인 반응물의 형태에 맞는 홈이 있다. (b) 맞는 당 사슬이 홈에 들어가면 단백질의 형태가 약간 변하도록 하여 기질을 더 밀접하게 감쌀 수 있도록 한다. 유도적합은 사슬 내 당 분자 사이의 화학결합을 약하게 하여 파괴되도록 한다.

여러분에게 의미하는 것

시카고 대학의 연구원들은 단백질 키나아제 C(우울증에 관련된 효소)의 활성도 수준 10대 자살 청소년의 두뇌에서 매우 낮다는 것을 발견하였다. 이 효소와 10대 청소년의 자살 사이의 연관을 알아보기 위해 여러분은 어떠한 종류의 조사를 제안하겠는가?

필수 생물학적 과정 5A

효소는 어떻게 작용하는가

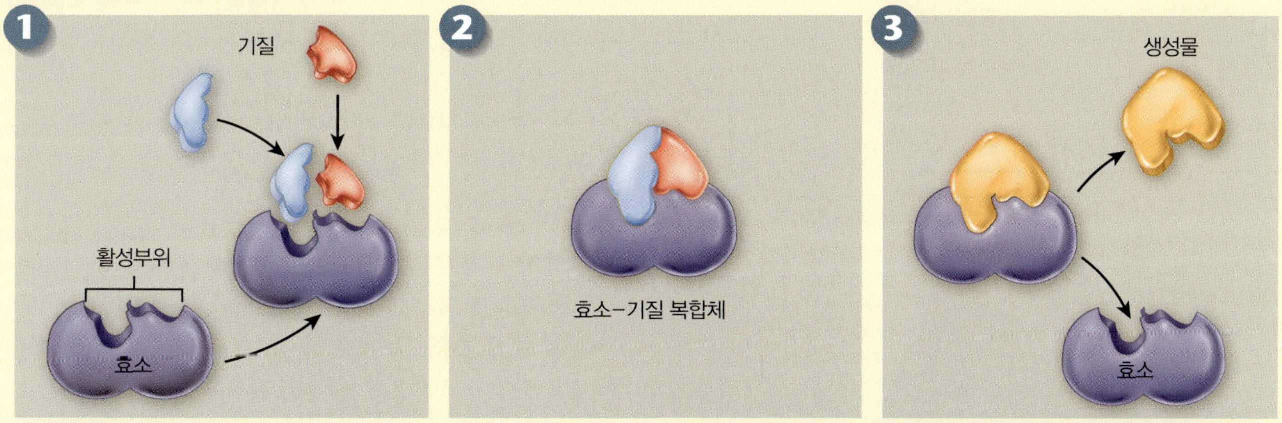

효소는 특정한 반응물(효소의 기질)이 들어맞는 장갑 속의 손과 같은 복잡한 3차원적 표면을 가지고 있다.

효소와 기질은 서로 꼭 결합하여 효소–기질 복합체를 형성한다. 이 결합은 핵심 원자들을 서로 오게 하여 핵심적인 공유결합에 스트레스를 준다.

그 결과 활성부위 내에서 화학반응이 일어나 생성물이 형성된다. 생성물은 확산되어 가고, 효소는 다시 작용할 수 있도록 자유롭게 된다.

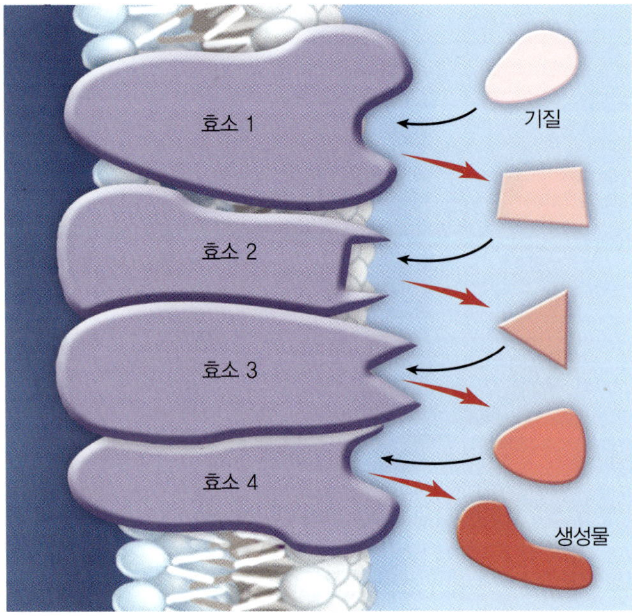

그림 5.6 생화학적 경로.

원래의 기질이 효소 1의 작용을 받고, 효소 2에 의해 인식되는 새로운 형태로 기질이 변형된다. 경로에서 각각의 효소는 그전 단계의 산물에 작용한다.

생화학적 경로 Biochemical Pathways

모든 생물은 함께 어리둥절할 만큼 다양한 반응을 촉매하는 수천 종류의 효소를 가지고 있다. 종종 이들 몇몇은 **생화학적 경로**라고 하는 정해진 순서로 나타나는데, 하나의 반응의 산물은 다음 산물의 기질이 된다. 그림 5.6에서 보듯이 최초의 기질이 효소 1에 의하여 변형되어 다른 효소의 활성부위에 들어맞게 되어 효소 2의 기질이 되고, 이 과정이 최종 산물이 생성될 때까지 반복된다. 이 반응들은 순서대로 일어나기 때문에, 관련된 효소들은 세포 내에서 종종 서로 가깝게 위치한다. 예를 들면, 그림 5.6의 생화학적 경로에 관련된 효소들은 서로 가까이 막에 내재되어 있다. 효소가 서로 가까이 있으면 생화학적 경로의 반응들이 더 빨리 일어날 수 있도록 한다. 생화학적 경로는 대사의 조직화된 단위이다.

> 캘빈 회로(Calvin cycle)는 광합성에서 어떤 반응의 산물이 다음 반응의 반응물이 되는 생화학적 경로(biochemical pathway)이다. 유사하게 6.2절의 해당작용(glycolysis)과 6.3절의 크렙스 회로(Krebs cycle)도 생화학적 경로이다.

개념의 적용

효소가 어떻게 화학반응의 활성화 에너지를 낮추어 주는지 설명하시오.

효소 활성도에 영향을 미치는 요인들

학습 목표 5.4.2 효소에 의하여 촉매되는 반응에 온도와 pH가 미치는 영향에 대하여 설명한다.

효소의 활성도는 효소의 3차원 형태를 변경하는 조건의 변화에 영향을 받는다. 이러한 이유로 온도와 pH는 효소의 작용에 중요한 영향을 미친다.

온도. 온도가 증가하면 효소의 형태를 결정하는 결합이 적절한 위치를 유지하기에 너무 약해져서 효소가 변성된다. 그 결과 효소의 기능은 최적 온도 범위에서 가장 기능을 잘하는데, 이 범위는 대부분의 사람이 가지고 있는 효소에서 비교적 좁다. 그림 5.7*a*의 갈색 곡선에서 보여주듯, 인간의 신체에서 효소는 정상적인 체온인 37°C 부근에서 가장 잘 작용한다. 또한 효소 작용의 속도는 고온에서 급격히 떨어지는데, 이때 효소의 접힘이 풀리기 시작한다. 그것이 극히 높은 온도가 사람에게 치명적인 이유이다. 그러나 온천 세균에서 발견되는 효소의 형태는 더 안정적이어서 효소가 훨씬 높은 온도에서도 기능을 할 수 있도록 한다(붉은색 곡선). 이로 인하여 세균은 70°C 가까이에서도 생존할 수 있다.

pH. 온도에 추가하여, 대부분의 효소는 최적 pH 범위에서 기능을 하는데, 효소의 형태를 결정하는 극성 상호작용이 수소이온(H^+)의 농도에 매우 민감하기 때문이다. 사람 효소의 대부분은 단백질을 분해하는 트립신과 같이 pH 6에서 8 사이에서 가장 작용을 잘한다. 혈액은 pH가 7.4이다. 그러나 소화효소인 펩신(옅은 청색 곡선)과 같이 일부 효소는 위와 같은 강산성 환경에서 기능을 할 수 있지만, 트립신이 가장 잘 작용하는 높은 pH에서는 기능을 하지 못한다.

(a)

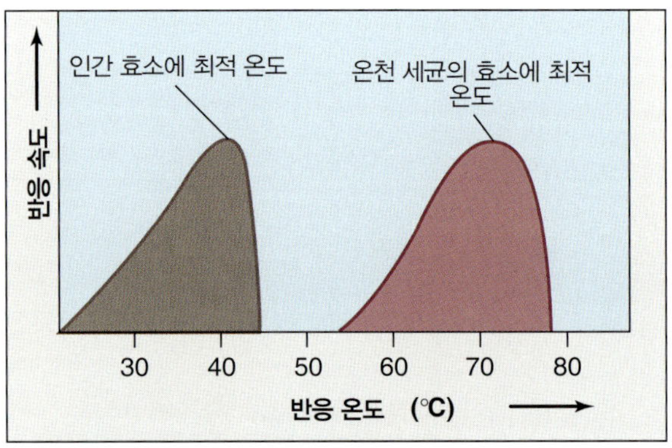

(b)

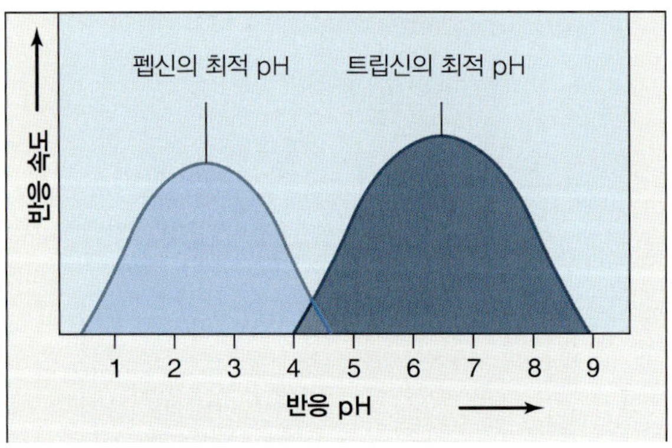

그림 5.7 효소는 환경에 민감하다.

효소의 활성도는 (a) 온도와 (b) pH에 의해 영향을 받는다. 사람 효소의 대부분은 37°C 부근과 pH 6에서 8 범위에서 가장 잘 작용한다.

개념의 적용

온천 세균은 어떻게 목욕하는 사람을 죽일 수 있는 비등점 부근의 물(70°C = 158°F)에서 살 수 있는가?

필수 생물학적 과정 5B

효소 활성도를 조절하기

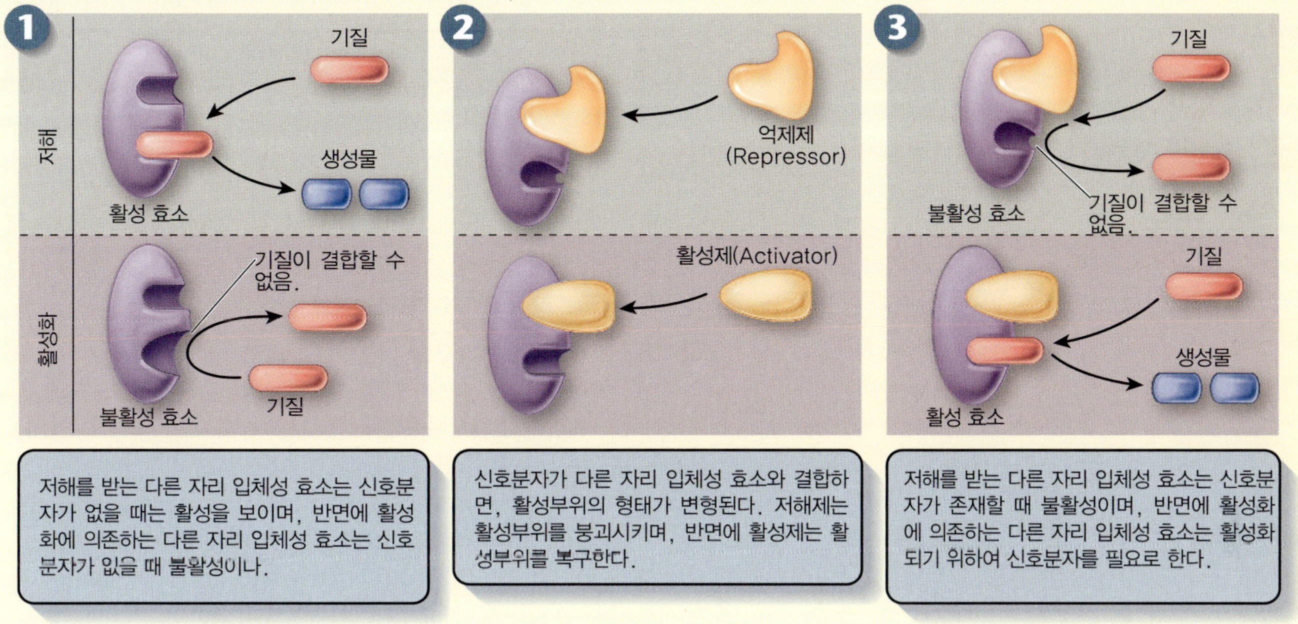

5.5 세포는 어떻게 효소를 조절하는가

How Cells Regulate Enzymes

학습 목표 5.5.1 억제제가 효소의 다른 자리 입체성 자리와 어떻게 상호작용을 하고 이 상호작용의 결과에 대하여 설명한다.

효소는 정확하게 작용하기 위하여 정확한 형태를 가져야만하기 때문에, 세포는 그 형태를 변경시켜 언제 효소가 활성을 가질지를 통제할 수 있다. 많은 효소는 표면에 신호분자를 부착하여 더 잘 작용하거나(활성화, activation) 또는 작용이 잘 안되게 할 수 있는(저해, inhibition) 변경될 수 있는 형태를 가지고 있다. 예를 들어 *필수 생물학적 과정 5B*의 위쪽 그림판은 저해된 효소를 보여준다. **억제제**(repressor)라고 하는 신호분자의 결합은 효소의 활성부위를 변경시켜 기질과 결합할 수 없도록 한다. 다른 경우는 신호분자가 결합되지 않으면 효소는 반응물과 결합할 수 없다. 아래 그림판은 **활성제**(activator)로 작용하는 신호분자를 보여준다. 기질은 활성제가 먼저 자리 잡지 않으면 효소의 활성부위에 결합할 수 없다.

효소는 종종 되먹임 저해라고 하는 기작에 의해 조절되는데, 반응의 산물이 억제제로 작용한다. **되먹임 저해**(feedback inhibition)는 2가지 방법으로 일어날 수 있는데, *경쟁적(competitive)* 저해와 훨씬 더 흔한 *비경쟁적(noncompetitive)* 저해가 있다. 그림 5.8*a*의 청색 분자는 경쟁적 저해제로 기능하며, 활성부위를 차단하여 기질이 결합할 수 없도록 한다. 그림 5.8*b*의 노란색 분자는 비경쟁적 저해제이다. 비경쟁적 저해제는 다른 자리 입체성 부위에 결합하여 효소의 형태를 변화시켜 기질과 결합할 수 없도록 한다.

개념의 적용

한 종류의 신호분자가 어떤 효소는 활성화시키고 다른 효소는 억제할 수 있을까요?

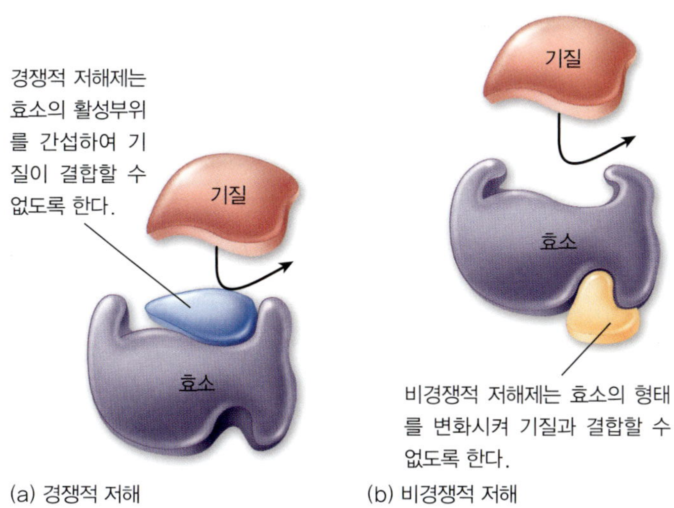

그림 5.8 효소가 어떻게 저해될 수 있는가.

(a) 경쟁적 저해에서 저해제는 효소의 활성부위를 간섭한다. (b) 비경쟁적 저해에서 저해제는 활성부위에서 떨어진 효소부위에 결합하여, 효소의 형태적 변화에 영향을 미쳐 기질과 더 이상 결합할 수 없도록 한다.

여러분에게 의미하는 것

많은 항생제는 효소를 저해하여 작용한다. 페니실린 항생제는 세균이 세포벽을 형성하는데 이용하는 효소를 저해한다. 환자인 여러분이 당황하여 페니실린 약을 착각하여 한 번에 두세 배 이상 복용하였다고 가정해보시오. 여러분은 심각한 피해를 입을 수 있을까요? 그 이유에 대하여 설명하시오.

세포는 어떻게 에너지를 이용하는가 How Cells Use Energy

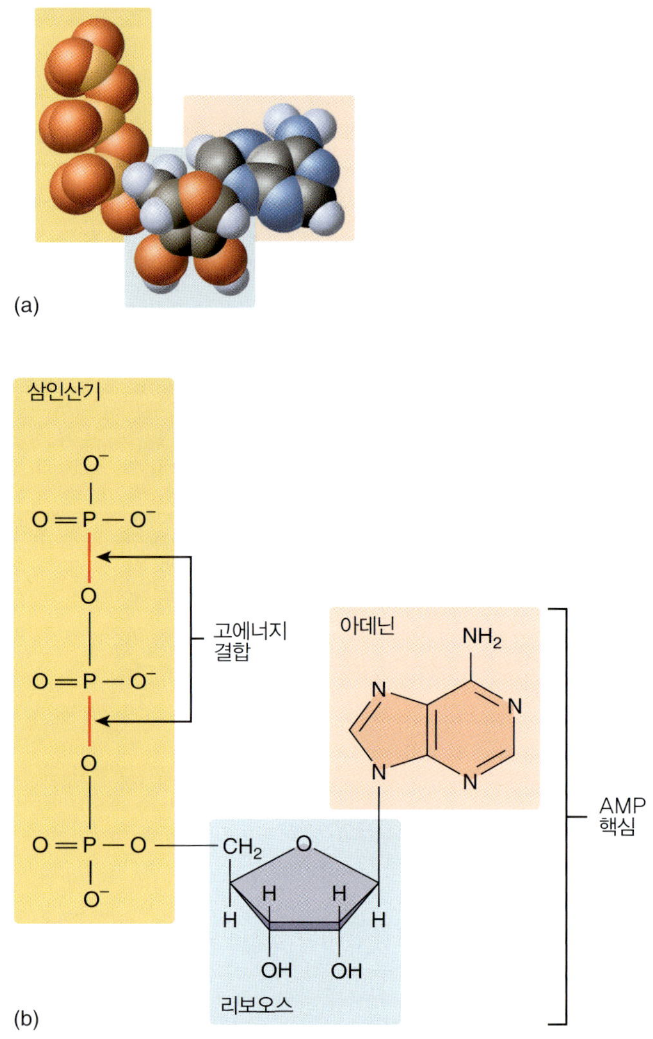

그림 5.9 ATP 분자의 부분들.

모형(a)와 구조도(b)는 모두 3개의 인산기가 리보오스(5탄당) 분자에 부착된 것을 보여준다. 리보오스 분자도 아데닌 분자(DNA와 RNA의 질소염기 중 하나)에 부착되어 있다. 맨 끝의 인산기가 ATP 분자로부터 분리되면 상당한 양의 에너지가 방출된다.

5.6 ATP: 세포의 에너지 화폐

ATP: The Energy Currency of the Cell

학습 목표 5.6.1 인산기가 어떻게 위치(잠재)에너지를 저장하고, 생물은 어떻게 이 에너지를 에너지 흡수반응을 추진하는데 이용하는가에 대하여 설명한다.

세포는 일을 요구하는 모든 것을 수행하는데 에너지를 이용하지만, 세포는 어떻게 세포 활동의 동력을 얻는데 태양으로 부터의 에너지나 분자에 저장된 잠재에너지를 이용하는가? 태양의 복사 에너지와 분자에 저장된 에너지는 에너지원이기는 하지만, 주식이나 채권 또는 부동산에 투자된 돈처럼, 이러한 에너지원은 주식에 투자된 돈으로 상점에서 사탕을 사는데 이용할 수 없는 것처럼 세포를 운영하는데 직접 이용될 수 없다. 사용할 수 있기 위해서는 태양이나 음식 분자의 에너지는, 주식이나 채권을 현금으로 바꾸는 것처럼, 세포가 이용할 수 있는 에너지원으로 먼저 변환시켜야만 한다. 신체에서 "현금" 분자는 **아데노신삼인산**(adenosine triphosphate, ATP)이다.

ATP 분자의 구조 Structure of the ATP Molecule

ATP 분자는 3부분으로 구성되어 있다(그림 5.9): (1) 다른 2개의 분자들이 부착할 수 있는 등뼈 역할을 하는 당(청색), (2) DNA와 RNA에서도 질소염기 역할을 하는 아데닌(복숭아색), 그리고 (3) 고에너지 결합을 포함하는 3개 인산의 사슬(노란색)이다. 그림에서 볼 수 있듯이, 인산기는 음전하를 가지고 있으며, 따라서 ATP의 끝에 3개의 인산기를 보유하기 위해서는 상당한 화학적 에너지가 필요하다. 수축된 스프링처럼 인산기는 떨어질 준비태세를 취하고 있다. 이러한 이유로 인산을 연결하는 화학결합은 매우 화학적으로 반응성이 큰 결합이다. 맨 끝에 있는 인산기가 ATP 분자로부터 떨어져 나오면, 상당한 양의 에너지가 방출된다. 이 반응은 ATP를 아데노신이인산(adenosine diphosphate, ADP)와 무기인산염(inorganic phosphate, P_i)으로 변환시킨다.

$$\text{ATP} \longleftrightarrow \text{ADP} + P_i + \text{에너지}$$

화학반응은 활성화 에너지를 필요로 하며, 에너지를 흡수하는 반응은 더 많은 에너지의 투입을 필요로 하기 때문에, 이러한 반응들은 보통 ATP의 인산기 결합의 절단과 결합되어 있으며, 이를 *결합반응*이라고 한다. 세포에서 일어나는 대부분의 화학반응은 ATP의 분해에 의해 방출되는 에너지보다 더 적은 에너지를 요구하기 때문에, ATP는 많은 세포활동에 동력을 제공할 수 있다. 표 5.1은 ATP의 분해에 의하여 동력이 제공되는 많은 핵심적인 세포활동의 일부를 소개한다. ATP는 ATP-ATP 회로를 통하여 끊임없이 ADP와 P_i로부터 재생된다(그림 5.10).

세포는 2개의 다른 그러나 서로 보완적인 과정을 이용하여 태양에너지와 음식에 저장된 에너지를 ATP의 화학결합에 저장된 잠재에너지로 변환한다. 어떤 세포들은 태양으로부터의 에너지를 **광합성**(photosynthesis)이라는 과정을 통하여 ATP 분자에 저장한다. 이 ATP는 당 분자를 합성하는데 이용되는데, ATP의 에너지를 당 분자의 원자들을 붙들어 두는 결합에 저장된 잠재에너지로 변환한다. 모든 세포는 세포호흡(cellular respiration)을 통하여 당과 같은 음식물 분자에서 나타나는 위치에너지를 ATP로 변환하며, 이는 6장의 주제이다.

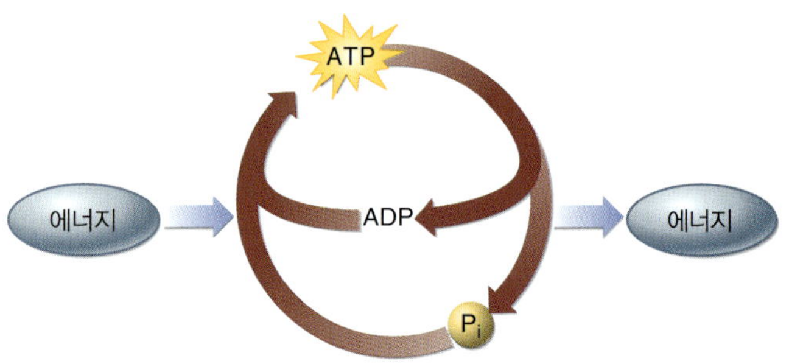

그림 5.10 ATP-ADP 회로.

개념의 적용

ATP를 DNA와 RNA에서 볼 수 있는 뉴클레오티드와 비교하고 차이점을 대조해 보시오.

표 5.1 세포는 세포의 일에 동력을 제공하기 위하여 어떻게 ATP 에너지를 이용하는가

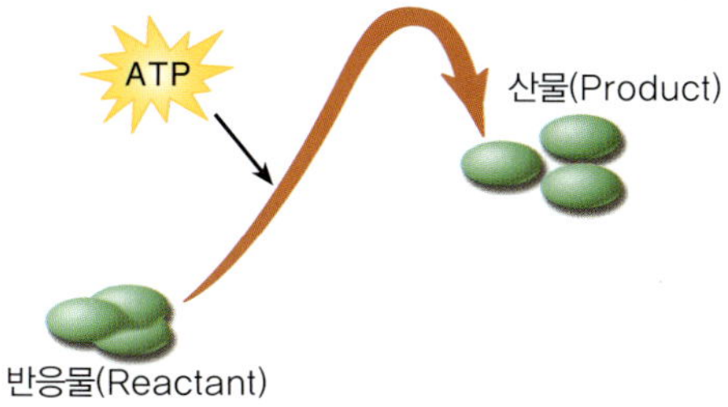

생합성(Biosynthesis)

세포는 ATP의 에너지 방출 가수분해에 의하여 방출되는 에너지를 이용하여 단백질 합성과 같은 에너지 흡수 반응을 추진하는데, 이는 에너지 결합이라고 한다.

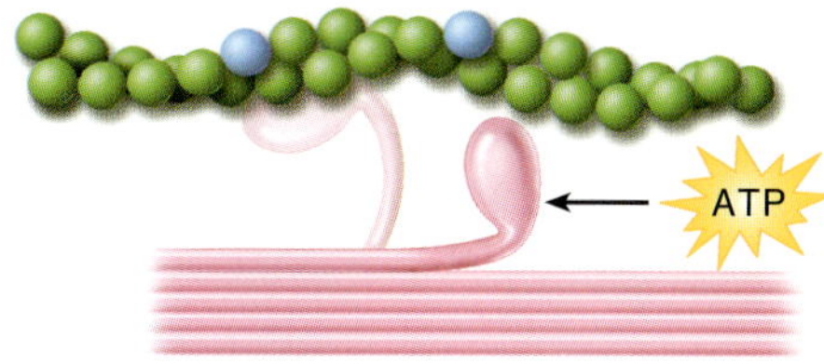

수축(Contraction)

근육세포에서 단백질의 섬유는 세포의 수축을 달성하기 위하여 서로 반복적으로 미끄러진다. 섬유가 원위치로 가서 다시 미끄러지기 위해서는 에너지가 필요하다.

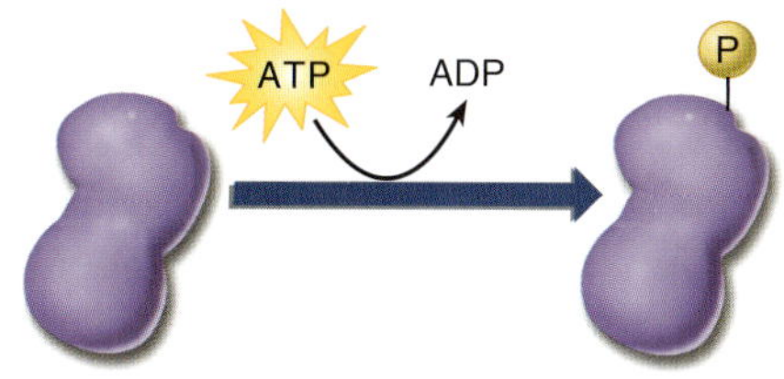

화학적 활성화(Chemical Activation)

단백질은 ATP로부터 고에너지 인산기가 부착되면 활성화된다. 다른 종류의 분자들도 ATP로부터 인산기가 전달되어 인산화 될 수 있다.

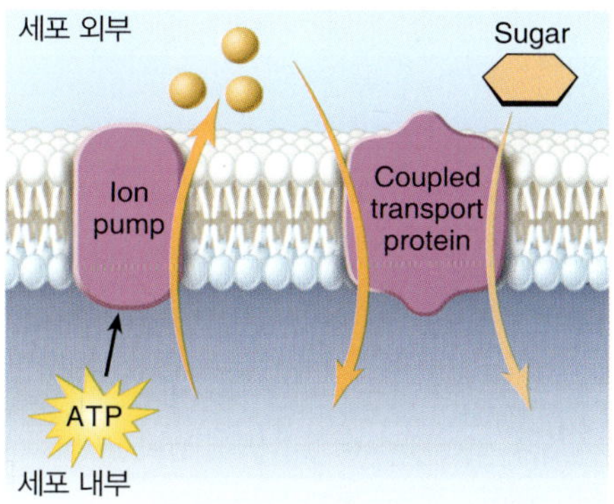

대사물질의 수출(Importing Metabolites)

아미노산과 당과 같은 대사물질 분자는 농도경사에 거슬러서 세포 내부로 운반될 수 있다. 이는 대사물을 농도가 낮은 쪽으로 이동하는 이온의 흡수와 결합하여 이루어지는데, 이와 같은 이온의 경사는 ATP를 이용하여 설정된다.

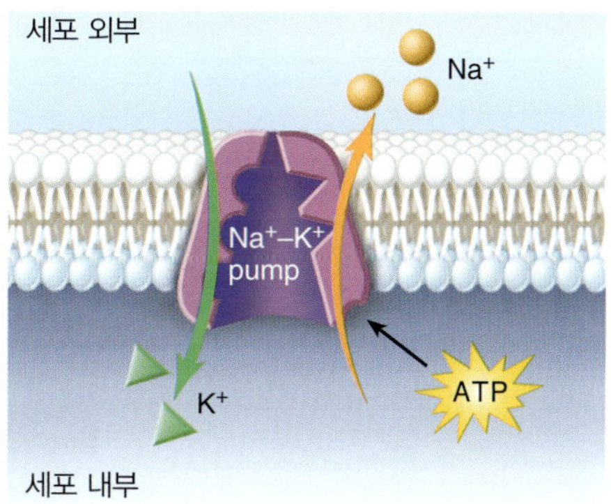

능동수송(Active Transport): 나트륨-칼륨 펌프

대부분의 동물세포는 주변에 비하여 낮은 Na^+ 이온 농도를 유지하고 높은 K^+의 내부농도를 유지한다. 이는 나트륨-칼륨 펌프를 이용하여 달성되는데, ATP의 에너지를 이용하여 Na^+는 세포 밖으로 K^+는 세포 안으로 펌핑한다.

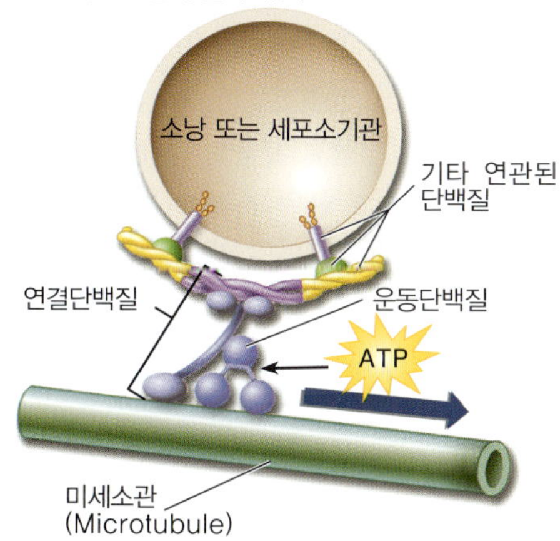

세포질 운반(Cytoplasmic Transport)

세포의 세포질 내에서 소낭이나 세포소기관은 분자 운동단백질을 이용하여 미세소관 길을 따라 끌어당겨질 수 있는데, 분자 운동단백질은 연결단백질로 소낭이나 세포소기관과 연결되었다. 운동단백질은 운동을 하기 위하여 ATP의 에너지를 이용한다.

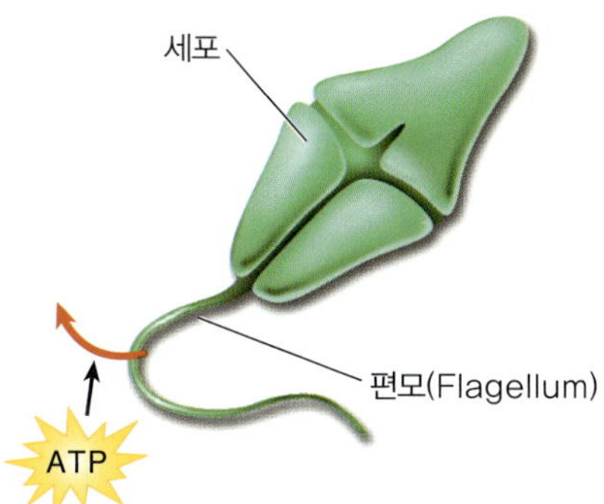

편모 운동(Flagellar Movement)

편모 내부에 있는 미세소관은 편모 운동을 하기 위하여 서로 미끄러진다. ATP는 미세소관의 미끌어지는 운동에 동력을 제공한다.

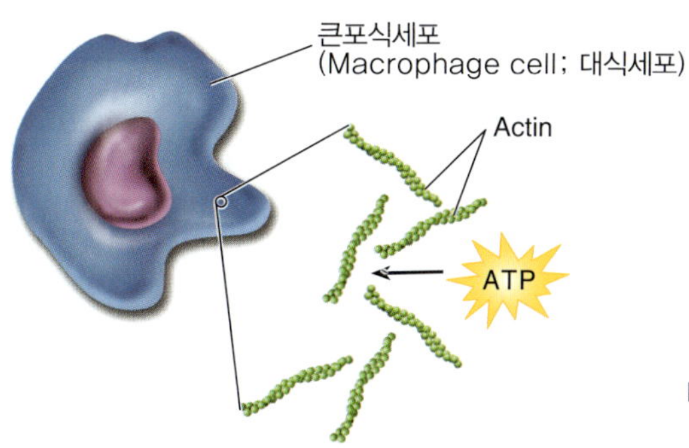

세포의 기어가기(Cell Crawling)

세포의 세포골격에 있는 액틴 섬유는 세포가 형태를 변화시키고 다른 물질을 기어 넘어가거나 물질을 삼키기 위하여 끊임없이 조립과 해체를 거듭한다. 액틴의 활동적인 특징은 액틴 섬유에 결합된 ATP 분자에 의하여 통제된다.

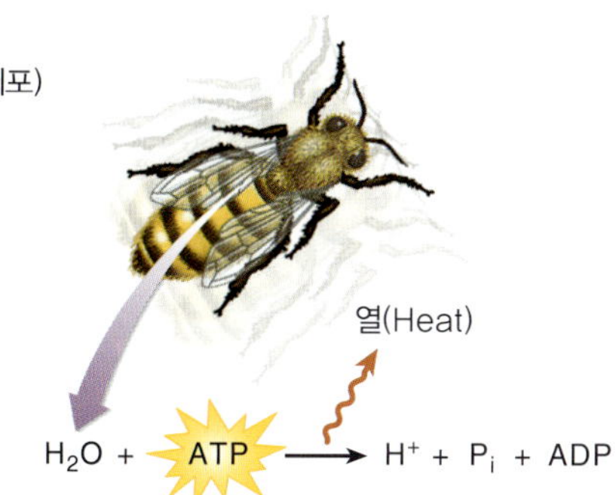

열 생산(Heat Production)

ATP 분자의 가수분해는 열을 방출한다. ATP를 가수분해하는 반응은 종종 미토콘드리아나 수축하는 근육세포에서 일어나는데 다른 반응과 짝지어지기도 한다. 이러한 반응에 의하여 발생되는 열은 생물의 온도를 유지하는데 이용될 수 있다.

질문과 분석

효소는 기질에 물리적으로 부착되는가?

과학자들이 생물의 화학적 활동을 최초로 연구하기 시작하였을 때, 아무도 생화학적 반응이 효소에 의하여 촉매된다는 사실을 알지 못하였다. 최초의 효소는 1833년 프랑스 화학자인 파얜(Anselme Payen)에 의하여 발견되었다. Payen은 맥주가 어떻게 보리로부터 만들어지는지 연구하였다. 처음 보리는 압착되고 서서히 가열되어 전분이 2당류 단위로 분해되도록 한다. 그 후에 효모는 이 단위를 에탄올로 변환시킨다. Payen은 초기의 분해는 살아있지 않은 화학적 요소를 필요로 한다는 것을 발견하였으며, 이는 촉매로서 과정 도중에 소모되지 않는다는 것을 발견하였다. Payen은 이 최초의 효소를 *디아스타제*(diastase; 현재는 아밀라아제, amylase라고 부름)라고 이름 지었다.

이 촉매는 주변 분의 온도를 올리면 반응속도가 증가하는 것처럼 멀리에서 작용하여 주변의 반응속도를 증가시켰나요? 아니면 반응이 촉매되는 분자(기질)에 실제적으로 부착되어 물리적인 접촉에 의하여 작용했나요?

이에 대한 답은 1903년 프랑스 화학자인 앙리(Victor Henri)가 찾아냈다. Henri는 효소가 물리적으로 기질과 결합한다는 가설은 명백하고 검증 가능한 예측을 만든다는 것을 알았다. 기질과 효소의 용액에는 최대 반응속도가 있어야만 한다. 모든 효소 분자들이 최대로 작용하고 있으면, 아무리 기질을 용액에 더 첨가하더라도 반응은 더 이상 빠르게 진행할 수 없다. 이 예측을 검증하기 위하여 Henri는 다른 기질 농도(S)에서 디아스타아제의 반응속도(V)를 측정하기 위한 실험을 하여 그래프와 같은 결과를 얻었다.

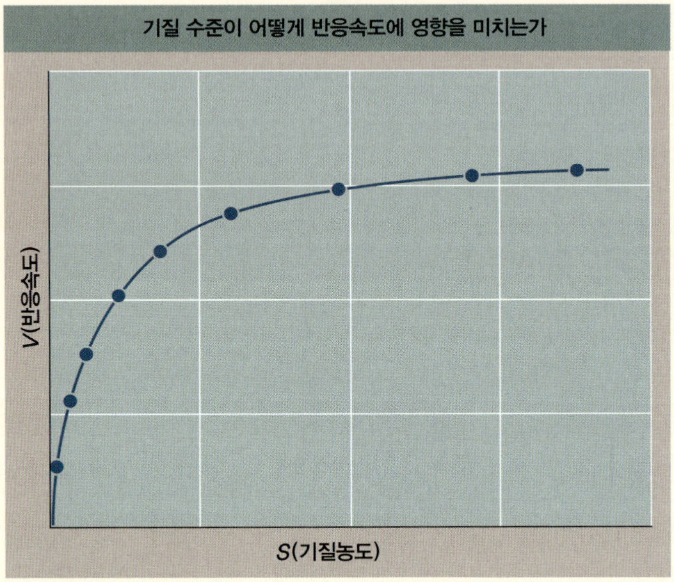

시도	S	$1/S$	V	$1/V$
1	5	0.200	7.7	0.130
2	10	____	15.4	____
3	25	____	23.1	____
4	50	____	30.8	____
5	75	____	38.5	____
6	125	____	40.7	____
7	200	____	46.2	____
8	275	____	47.7	____
9	350	____	48.5	____

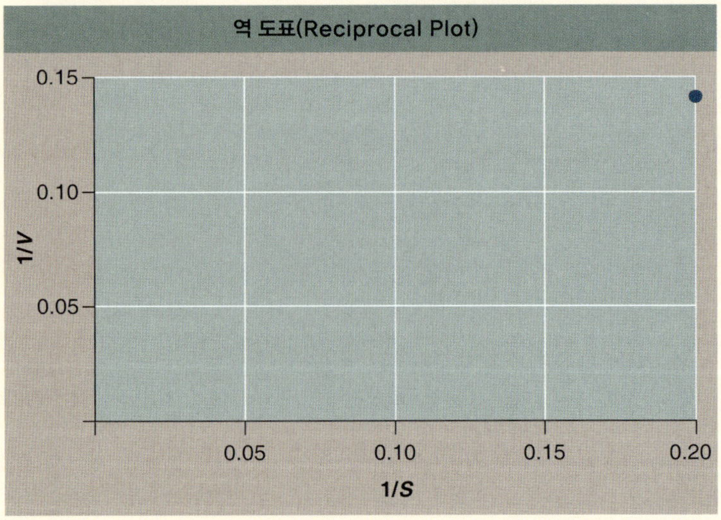

분석

1. **추론:** 기질농도(S)가 증가하면 V도 증가하나요? 만약 그렇다면 어떠한 방식인가요? 서서히 아니면 조금씩 조금씩? 최대 반응속도가 있나요?
2. **결론의 도출:** 이 결과는 효소가 기질에 물리적으로 결합한다는 가설에 대해 지지를 제공하나요? 그 이유를 설명하시오. 만약 가설이 그르다면, 여러분은 그래프가 어떻게 나타날 것이라고 기대하나요?
3. **심층 분석:** 만약 V의 작은 증가가 높은 S에서 순전히 작은 수의 점유되지 않은 효소의 가용도의 결과라면, Henri의 실험 곡선은 V의 순수한 지수적 감소를 보일 것이다. 이는 수학적으로 역수 도표($1/V$ 대 $1/S$)가 직선이 되어야 한다는 것을 의미한다. 만약 기질 농도에 대하여 다르게 반응하는 다른 요인이 작용한다면, 역수 도표는 위쪽이나 아래쪽으로 굽어질 것이다. 오른쪽 표의 역수 값을 기입하고, 아래 그래프에 값을 표시하시오(x축에 $1/S$ 그리고 y축에 $1/V$). Henri의 자료의 역수 도표는 직선인가요?

학습 결과의 요약

세포와 에너지

생명체에서 에너지의 흐름

5.1.1 에너지는 일을 할 수 있는 능력인데, 운동에너지처럼 활동적이거나, 위치(잠재)에너지처럼 나중에 이용할 수 있는 형태로 저장된 것이다.

운동에너지는 움직이는 에너지이다. 위치에너지는 그림 5.1의 언덕 꼭대기에 준비하고 있는 공처럼, 움직이지는 않지만 운동할 수 있는 능력을 가진 물체에 존재하는 저장된 에너지이다. 살아있는 생물에 의하여 수행된 일은 잠재에너지를 운동에너지로 변환시키는 것을 포함한다. 에너지는 우주에서 빛, 전기, 또는 열에너지처럼 다른 형태로도 존재한다.

에너지는 태양에서 지구로 흐르며, 광합성 생물에 의하여 잠재에너지로 탄수화물에 저장된다. 이 에너지는 화학적 반응 과정에서 전달되는데, 원자를 연결하는 공유결합이 형성되거나 파괴될 경우에 일어난다.

열역학의 법칙들 The Laws of Thermodynamics

5.2.1 열역학의 법칙들은 우주에서 에너지의 변화에 대하여 서술한다. 열역학의 제1법칙은 에너지가 생성되거나 파괴될 수 없으며, 단지 하나의 형태에서 다른 형태로 변하기만 한다고 설명한다. 우주에 있는 에너지의 총량은 항상 일정하게 유지된다.

5.2.2 열역학의 제2법칙은 우주의 무질서가 증가하는 경향을 보인다고 한다. 이는 잠재에너지를 무작위적 분자운동으로 변환시키는 것이 끊임없이 증가한다는 것이다. 이러한 에너지의 변환은 질서정연하지만 덜 안정된 형태에서 무질서하지만 안정된 상태로 진행한다. 시스템의 무질서도의 척도인 엔트로피(entropy)는 끊임없이 증가한다. 이러한 경향에 대항하고 질서를 유지하기 위해서는 에너지가 이용되어야만 한다.

세포화학

화학반응

5.3.1 화학반응은 공유결합의 파괴와 형성을 포함한다. 시작되는 물질을 반응물이라고 하며, 반응에 의하여 생성되는 분자를 산물이라고 한다. 산물이 반응물보다 더 많은 잠재에너지를 포함하는 화학반응을 에너지 흡수(흡열; endergonic)반응이라고 한다. 에너지를 방출하는 화학반응을 에너지 방출(발열; exergonic)반응이라고 하며, 일어나기가 더 용이하다.

5.3.2 모든 화학반응은 에너지의 투입을 요구한다. 반응을 시작하는데 요구되는 에너지를 활성화 에너지라고 하며 여기에 나타낸 그림 5.4의 화학반응에서 붉은 화살표로 표시되어 있다.

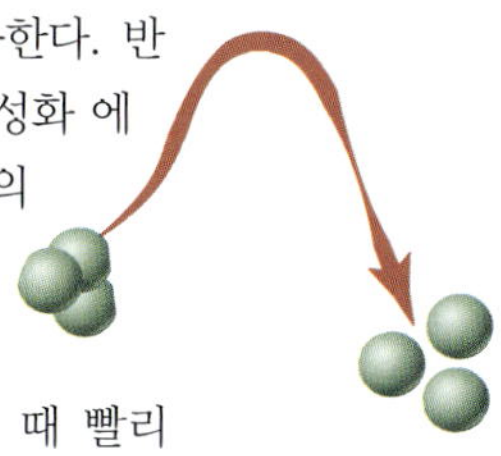

화학반응은 활성화 에너지가 낮아졌을 때 빨리 진행되며, 이 과정을 촉매현상이라고 한다.

효소 Enzymes

효소는 어떻게 작용하는가

5.4.1 효소는 세포의 화학반응의 활성화 에너지를 낮추어 세포 촉매의 역할을 하는 분자이다.

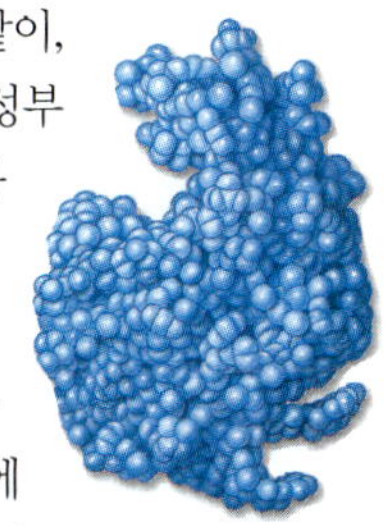

효소는 여기에 나타낸 그림 5.5의 라이소자임과 같이, 반응물 또는 기질과 결합한다. 기질은 효소의 활성부위에 결합한다. 효소는 반응물 주위에 틀을 형성하며 공유결합에 스트레스를 가하거나 원자를 가까이 접근시킨다. 효소의 작용은 화학결합이 파괴되거나 형성될 수 있는 가능성을 증가시킨다. 효소는 반응의 활성화 에너지를 감소시킨다. 효소는 반응에 의하여 영향을 받지 않으며 반복하여 사용될 수 있다. 때때로 효소는 생화학적 경로라고 하는 일련의 반응으로 작용한다. 한 반응의 산물은 다음 반응의 기질이 된다. 관련된 효소들은 보통 세포 내에서 서로 가까이 위치한다.

5.4.2 세포 내에서, 화학반응은 어떤 효소가 작용하는가를 통제하여 조절된다. 온도와 pH 같은 다른 요소들도 효소의 형태와 활성도에 영향을 미친다. 대부분의 효소는 최적의 온도와 pH 범위를 가진다. 고온은 효소를 적절한 형태로 유지시키는 결합을 교란시켜 화학반응을 촉매하는 능력을 감소시킨다. 효소의 형태를 유지시키는 결합은 수소이온 농도에 의해서 영향을 받기 때문에, pH를 증가시키거나 감소시키면 효소의 기능을 중단시킬 수 있다.

세포는 어떻게 효소를 조절하는가

5.5.1 효소는 일시적으로 효소의 형태를 변경시켜 세포 내에서 저해되거나 활성화될 수 있다. 효소는 저해제라는 분자가 효소에 결합하여 활성부위의 형태를 변경시켜 기질과 결합할 수 없도록 하여 저해될 수 있다. 일부 효소들은 기질과 결합하기 위하여 활성화될 필요가 있다. 활성제라고 하는 분자는 효소와 결합하여 활성부위의 형태를 기질과 결합할 수 있도록 변형시킨다. 이와 같이 조절되는 효소를 다른 자리 입체성 효소라고 한다.
저해제 분자는 효소의 활성부위에 결합하여 차단할 수 있다. 이를 경쟁적 저해라고 한다. 비경쟁적 저해에서는 저해제가 효소의 다른 부위에 결합하여, 활성부위의 형태를 변경하여 기질과 결합할 수 없도록 한다.

세포는 어떻게 에너지를 이용하는가

ATP: 세포의 에너지 화폐

5.6.1 세포는 화학에너지를 ATP 분자에 저장한다.

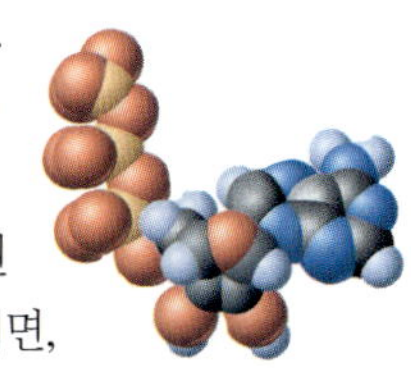

ATP는 그림 5.9처럼 당, 아데닌, 그리고 3개의 인산기 사슬을 가지고 있다. 3개의 인산기는 고에너지 결합에 의하여 함께 유지된다. 가장 말단에 있는 인산기 결합이 파괴되면, 상당한 양의 에너지가 방출된다. 세포는 이 에너지를 이용하여 세포내의 다른 화학반응과 ATP의 분해를 결합하여 세포 내의 반응을 추진한다.

이해의 측정

5.1.1 일을 할 수 있는 능력은 무엇의 정의인가?
a. 열역학 **c.** 에너지
b. 복사선 **d.** 엔트로피

5.2.1 열역학의 제1법칙은 무엇인가?
a. 에너지는 끊임없이 재순환되어, 생물이 이용하고 다시 이용한다.
b. 엔트로피 또는 무질서도는 폐쇄계에서 꾸준히 증가한다.
c. 엔트로피를 측정하는 공식이다.
d. 에너지는 형태를 바꿀 수는 있지만, 생성되거나 파괴될 수 없다.

5.2.2 열역학의 제2법칙은 무엇인가?
a. 에너지는 끊임없이 재순환되어, 생물이 이용하고 다시 이용한다.
b. 엔트로피 또는 무질서도는 폐쇄계에서 꾸준히 증가한다.
c. 엔트로피를 측정하는 공식이다.
d. 에너지는 형태를 바꿀 수는 있지만, 생성되거나 파괴될 수 없다.

5.3.1 자발적으로 일어나는 화학반응을 무엇이라고 하는가?
a. 에너지 방출반응이며 에너지를 방출한다.
b. 에너지 방출반응이며 산물이 더 많은 에너지를 포함한다.
c. 에너지 흡수반응이며 에너지를 방출한다.
d. 에너지 흡수반응이며 산물이 에너지를 더 많이 포함한다.

5.4.1 생물이 필요한 화학반응을 수행하도록 도와주는 촉매는 무엇인가?
a. 호르몬 **c.** 반응물
b. 효소 **d.** 기질

5.4.2 효소의 활성도에 영향을 미치는 요인에 포함되는 것은?
a. 펩티드와 에너지
b. 활성화 에너지
c. 온도와 pH
d. 엔트로피와 열역학

5.5.1 효소가 올바르게 작용하기 위하여 필요한 것은 무엇인가?
a. 특정한 형태를 가져야만 한다.
b. 온도가 특정한 범위 내에 있어야만 한다.
c. pH가 특정한 범위 내에 있어야만 한다.
d. 위의 모든 것이 다 필요하다.

5.5.1 경쟁적 저해에서
a. 효소 분자는 필요한 기질을 얻기 위해 다른 효소 분자와 경쟁해야 한다.
b. 효소 분자는 필요한 에너지를 얻기 위해 다른 효소 분자와 경쟁해야 한다.
c. 저해제 분자가 효소의 활성부위를 두고 기질과 경쟁한다.
d. 2개의 다른 산물들이 효소의 동일한 활성부위를 두고 경쟁한다.

5.6.1 다음 중 어느 것이 ATP의 구성성분이 아닌가?
a. 활성부위 **c.** 아데닌
b. 리보오스 **d.** 인산기

5.6.1 에너지 흡수 반응은 다음 어느 것과 결합되어 세포에서 일어날 수 있는가?
a. ATP의 인산기 결합의 파괴
b. 촉매되지 않은 반응
c. 활성제
d. 위의 모든 것

이해의 적용

5.4.2 여기에 보여준 그래프를 검토하시오. 온도가 50℃일 때 사람의 효소에는 어떠한 일이 일어나는지 설명하시오. 그래프 (b)에서 주변의 수소이온 농도가 증가하면 트립신의 기능할 수 있는 능력에는 어떠한 일이 일어나는가? pH가 4에서 3으로 변화하면 펩신은 어떻게 반응할 것인가?

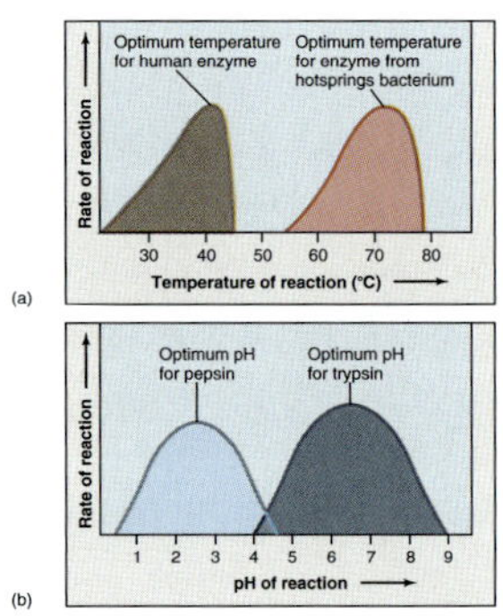

5.6.1 ATP는 주로 포도당의 분해에서 형성된다. 만약 여러분의 혈당 수준이 감소하면, 여러분의 몸에서 어떤 종류의 문제를 발생시킬 수 있나요?

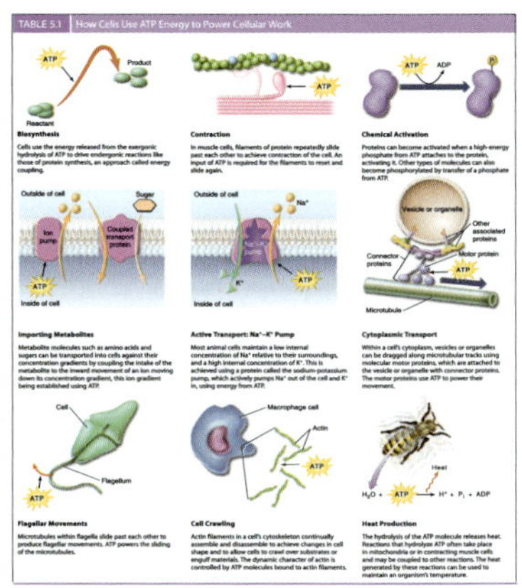

학습 내용의 종합

5.1.1 식물, 조류, 그리고 세균과 같은 광합성 생물은 태양에너지를 포획하여 다른 생물들이 이용할 수 있는 당 분자를 합성한다. 이러한 분자의 형성은 에너지 흡수반응이다. 이것이 무엇을 의미하는지와 당 분자의 어디에 태양에너지가 저장되는지 설명하시오.

5.2.1 투수가 던진 야구공이 강타자가 휘두른 방망이와 접촉하였을 때, 야구공의 운동에너지에는 어떤 일이 일어나는가? 방망이의 운동에너지에는 어떤 일이 일어날까요?

5.4.1 엔도뉴클리아아제 제한효소는 GATTC와 같이 DNA의 특정하고 유일한 서열을 자르는 효소이다. 이 특정한 제한효소는 표적 서열을 찾았다는 것을 어떻게 알 수 있을까요?

Chapter 6 세포는 어떻게 음식에서 에너지를 수확하는가

How Cells Harvest Energy from Food

개관(CHAPTER AT A GLANCE)

세포호흡의 개관 An Overview of Cellular Respiration

그림 6.1 에너지를 획득하는 인간.

이 10대 청소년이 먹고 있는 햄버거로부터 추출하는 에너지는 그가 생각하는 것에 동력을 제공하고, 달릴 때 연료를 공급하며, 성장하도록 한다.

6.1 음식의 어디에 에너지가 있는가?

Where Is the Energy in Food?

학습 목표 6.1.1 산화와 환원을 구별하고, 포도당의 산화에 대한 화학 방정식을 작성한다.

식물과 동물에서, 사실상 거의 모든 생물에서, 생명에 필요한 에너지는 원래 식물, 조류, 그리고 특정한 세균 등 광합성 생물에 의하여 생산된 유기 분자의 분해에 의하여 획득된다. 유기물을 형성하는데 투자된 에너지는 에너지가 충만한 전자를 떼어내고 이로부터 ATP를 만드는 **세포호흡**(cellular respiration)이라고 부르는 과정에 의하여 회수된다. 세포호흡을 여러분의 허파가 수행하는 단순히 호흡이라고 하는 산소 기체를 호흡하는 것과 혼돈하지 않기 바란다.

모든 세포는 생물적 기능의 동력원으로 ATP를 사용한다. 이러한 일부 기능의 깊이와 넓이에 대하여 표 5.1에서 도표로 나타내었다.

식물의 세포는 광합성을 통하여 생산하는 당과 다른 분자를 세포호흡에서 분해하여 자신의 활동에 연료를 공급한다. 비광합성 생물들은 식물을 먹고, 세포호흡을 이용하여 식물세포로부터 에너지를 추출한다. 그림 6.1의 햄버거를 먹어치우는 10대 청소년처럼 다른 동물들은 이러한 동물들을 먹는다.

진핵생물은 ATP의 대부분을 음식 포도당 분자의 화학 결합으로부터 전자를 수확하여 생산한다. 이러한 전자는 전자전달계를 따라 전달되어 궁극적으로 산소에 제공된다. 화학적으로 세포 내에서의 이 과정과 벽난로에서 나무를 연소시키는 것과는 차이가 거의 없다. 두 가지 경우 모두 반응물은 탄수화물과 산소이며, 이산화탄소, 물, 그리고 에너지를 생산한다.

$$C_6H_{12}O_6 + 6\,O_2 \longrightarrow 6\,CO_2 + 6\,H_2O + \text{에너지 (열 또는 ATP)}$$

화학반응에서 원자나 분자가 전자를 잃으면 산화되었다고 하며, 이 과정을 **산화**(oxidation)라고 한다. 이 이름은 생물학적 시스템에서 산소가 전자를 강하게 잡아당기며, 가장 보편적인 전자 수용체라는 것을 반영한다. 이는 세포호흡에서 특히 그러한데, 산소가 최종 전자수용체이다. 반대로 원자나 분자가 전자를 획득하면 **환원**(reduction)되었다고 하며 이 과정을 환원이라고 한다. 산화와 환원은 항상 동시에 일어나는데, 그 이유는 산화에 의하여 잃게 되는 모든 전자는 환원에 의해 다른 원자가 획득하게 된다. 따라서 이러한 종류의 화학반응은 **산화-환원(redox) 반응**이라고 불린다. 산화환원 반응에서 에너지는 그림 6.2처럼 전자를 따라간다.

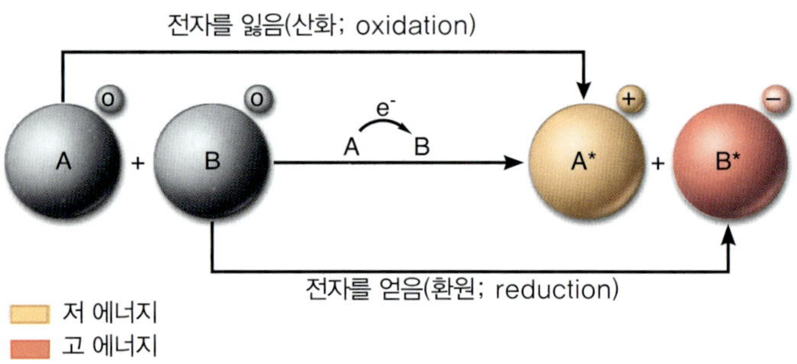

그림 6.2 산화환원 반응.

산화는 전자를 잃는 것이고, 환원은 전자를 얻는 것이다. A와 B 분자의 전하는 각 분자의 우상단에 작은 원으로 표시되어 있다. A 분자는 전자를 잃으면서 에너지를 잃고, 반면에 B 분자는 전자를 얻으면서 에너지를 획득한다.

세포호흡은 그림 6.3에서처럼 2단계로 일어난다. *해당작용*(glycolysis)라고 하는 단계는 세포질에서 일어난다(그림 6.3의 청색 지역). 중요하게 해당작용은 혐기성(anaereobic; 산소를 요구하지 않음)이다. 이 고대의 에너지를 추출하는 과정은 20억 년 전에 지구 대기에 산소가 없었을 때 진화한 것으로 생각된다.

2번째 단계는 호기적(aerobic; 산소를 필요로 함)이고 미토콘드리아(mitochondrion; 그림 6.3의 황갈색 소시지 모양의 구조)에서 일어난다. 이 단계의 중심부는 *크렙스 회로*(Krebs cycle)이며, 여기에서 C—H 화학결합의 전자를 수확하여 에너지가 풍부한 전자를 운반분자인 NADH와 $FADH_2$

에 전달한다. NADH와 $FADH_2$ 분자는 전자전달계에 전자를 배달하며, 전자전달계는 이 에너지를 ATP를 생산하는데 동력을 공급한다. 전자의 수확은 산화의 형태이며, 음식 분자로부터 에너지를 회수하는데 있어서 해당작용에 비하여 훨씬 강력하며, 진핵생물이 이용하는 대부분의 에너지가 음식 분자에서 추출되는 방법이다.

개념의 적용

크렙스 회로는 어느 종류의 화학결합에서 전자를 수확하나요? 그 결합의 탄소 원자는 산화되나요 아니면 환원되나요?

그림 6.3 세포호흡의 개관.

C—H 화학결합으로부터 수확된 전자는 최초로 NADH와 $FADH_2$에 전달된다. NADH와 $FADH_2$는 왼쪽의 긴 붉은색의 화살표로 표시된 것과 같이 전자를 전자전달계로 전달한다. 에너지가 고갈된 전자는 최종적으로 양성자와 함께 산소에 전달되어 물 분자를 형성한다.

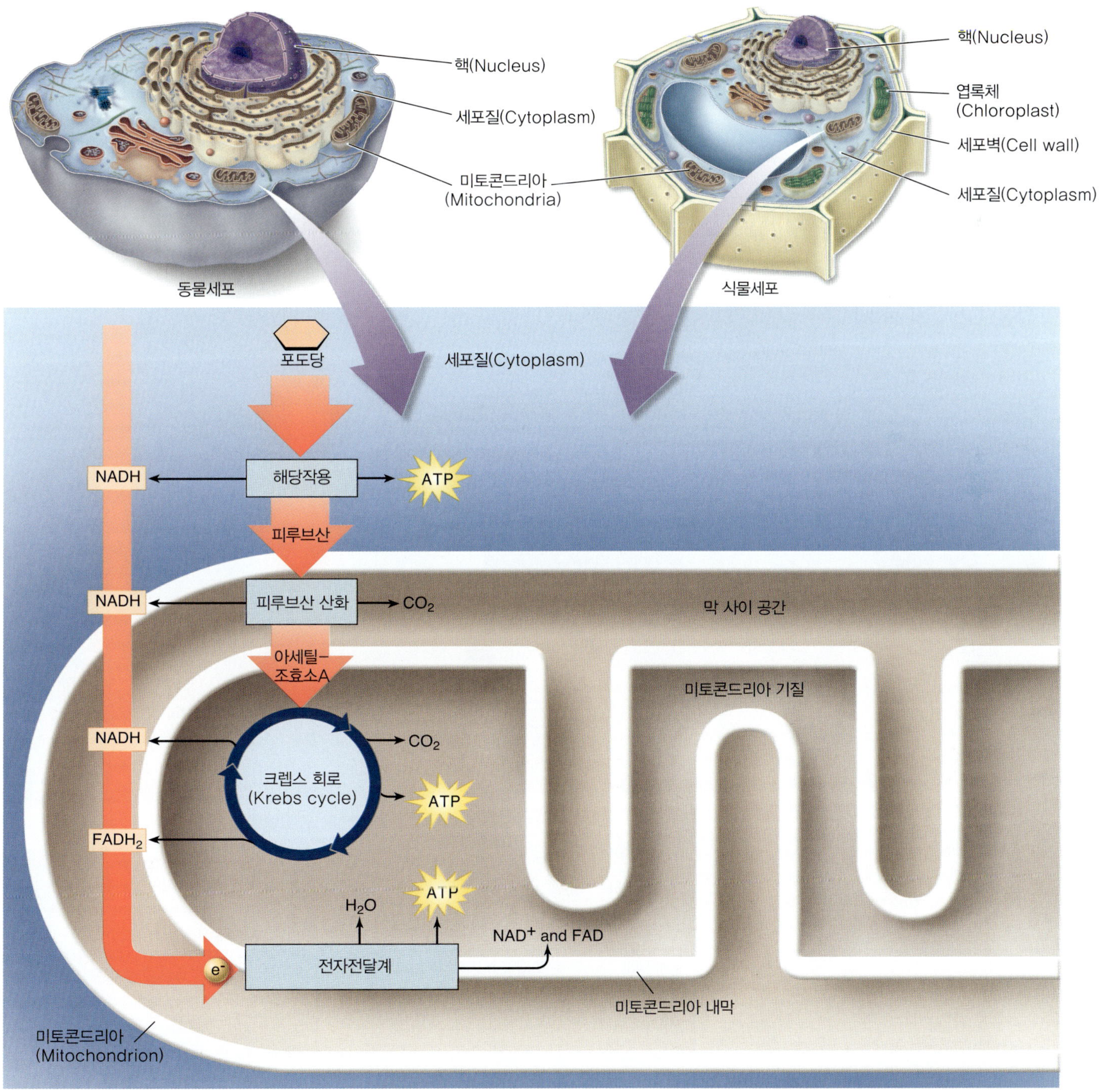

무산소 호흡: 해당작용 Respiration Without Oxygen: Glycolysis

6.2 ATP를 만들기 위하여 결합반응을 사용함 Using Coupled Reactions to Make ATP

학습 목표 6.2.1 결합반응을 정의하고 해당작용이 포도당으로부터 ATP를 생산하기 위하여 결합반응을 이용하는지 설명한다.

세포호흡에서 첫 번째 단계는 6탄당인 포도당이 2개의 3탄소 분자인 피루브산(pyruvate)으로 쪼개지는 **해당작용**(glycolysis; *필수 생물학적 과정 6A*)이라고 불리는 10개의 반응이다. 에너지는 어디에서 추출되는가? 2개의 결합된 반응의 각각에서 화학결합의 파괴는 ADP로부터 ATP를 형성하는 것을(에너지 흡수 반응) 추진할 충분한 에너지를 방출한다. 기질로부터 ADP로 고에너지 인산기를 전달하는 것을 **기질수준의 인산화**(substrate-level phosphorylation)라고 한다. 산소가 없을 때 해당작용은 생물이 음식으로부터 에너지를 얻을 수 있는 유일한 방법이다.

개념의 적용

산소가 없을 때 포도당으로부터 몇 개의 ATP가 만들어지는가?

필수 생물학적 과정 6A

해당작용(Glycolysis)

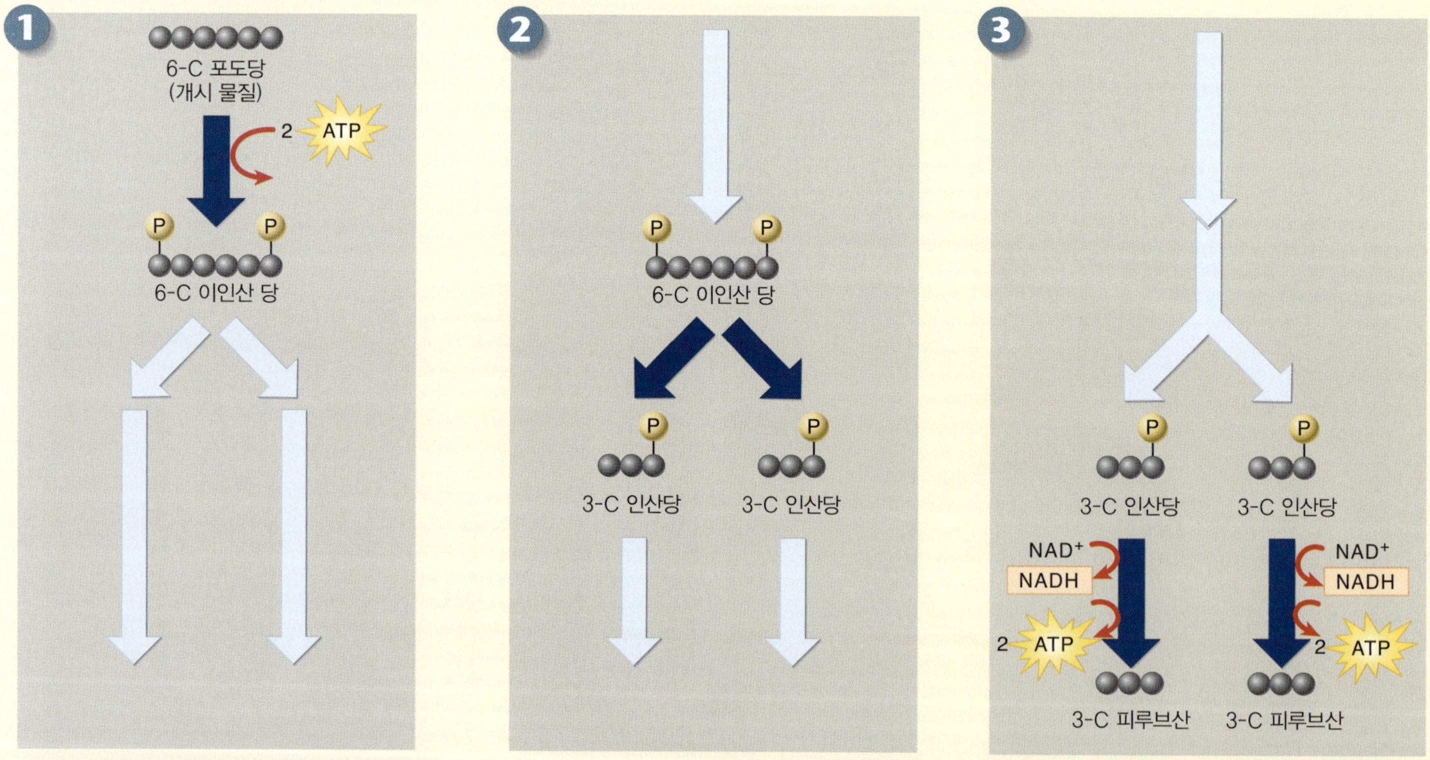

장전 반응(Priming reactions). 해당작용은 에너지를 첨가하는 것으로 시작된다. 2분자의 ATP로부터 2개의 고에너지 인산기가 6탄소 포도당 분자에 추가되어, 2개의 인산기를 가지는 6탄소 분자를 생성한다.

분할 반응(Cleavage reactions). 그 이후에 인산화된 6탄소 분자는 둘로 쪼개져서 2개의 3탄소 당 인산염을 형성한다.

에너지 수확 반응(Energy harvesting reactions). 마지막으로, 일련의 반응을 통해, 각각의 2개의 3탄소 당 인산염은 피루브산으로 변환된다. 이 과정에서 에너지가 풍부한 수소는 NADP로 수확되며, 각각의 피루브산으로부터 2개씩의 ATP 분자가 형성된다.

산소 호흡: 크렙스 회로 Respiration with Oxygen: The Krebs Cycle

6.3 화학결합으로부터 전자의 수확
Harvesting Electrons from Chemical Bonds

학습 목표 6.3.1 피루브산으로부터 CO_2를 제거하는 효소의 이름을 알고 설명한다.

미토콘드리아에서 산화적 호흡의 첫 단계는 해당작용의 최종 산물인 피루브산이라고 하는 3탄소 분자를 산화하는 것이다. 세포는 피루브산으로부터 전자를 2단계를 거쳐 수확한다. 첫 단계는 피루브산을 산화하여 아세틸-조효소A(acetyl-CoA)를 형성하며, 다음에는 아세틸-조효소A를 크렙스 회로에서 산화하는 것이다.

단계 1: 아세틸–조효소A의 생성

> 이산화탄소는 세포호흡의 부산물이며 생물로부터 폐기물로 방출된다. 15.4절에서 볼 수 있듯이 척추동물은 이 폐기물을 허파로부터 이산화탄소 기체로 배출한다.

피루브산은 피루브산의 3개 탄소 중에서 하나를 잘라내는 하나의 반응에 의하여 산화된다. 피루브산에서 CO_2를 제거하는 효소 복합체인 피루브산 탈수소효소는 알려진 가장 큰 효소 중의 하나이다. 소단위를 60개나 포함하고 있다! 반응과정에서 수소 하나와 전자가 피루브산에서 제거되어 NAD^+에 제공되어 NADH를 형성한다. *필수 생물학적 과정 6B*는 효소가 이 산화환원 반응을 촉매하는지 보여준다. 모든 산화환원 반응과 마찬가지로, 산화와 환원반응은 결합되어 있다. 피루브산은 전자가(에너지도 함께) 수소원자와 함께 NAD^+로 전달될 때 산화되며, NAD^+는 NADH로 환원된다. 이제 그림 6.4에 집중하자. 피루브산에서 CO_2를 제거하고 남은 2탄소 부분은 피루브산 탈수소효소에 의하여 조효소A(CoA)라는 공동인자와 결합하여 **아세틸-조효소A**를 형성한다. 만약 세포가 충분한 ATP 공급을 가지고 있으면, 아세틸-조효소A는 지방 합성에 이용되며, 에너지가 높은 전자는 나중에 이용되기 위하여 보존된다. 만약 세포가 ATP를 필요로 하면, 아세틸-조효소A는 크렙스 회로로 들어간다.

개념의 적용
피루브산의 산화는 에너지를 수확하나요? 그렇다면, 어떻게 에너지를 수확하는 지요?

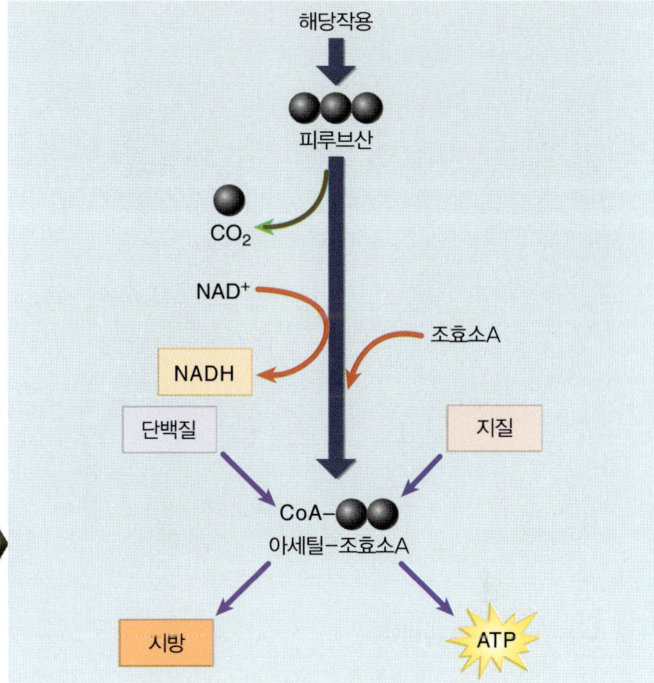

그림 6.4 아세틸–조효소A를 생산하기.
해당과정의 3탄소 산물인 피루브산은 2탄소 분자인 아세틸–조효소A로 산화되며, 이 과정에서 탄소 하나를 CO_2로 그리고 전자 하나를 잃는다(전자는 NAD로 제공되어 NADH를 형성한다). 여러분에 음식으로 사용하는 거의 모든 분자는 아세틸–조효소A로 변환된다. 아세틸–조효소A는 여러분 신체의 필요에 따라 지방의 합성이나 ATP 생산에 이용된다.

여러분에게 의미하는 것
여러분은 무엇이 얼마나 많은 아세틸–조효소A를 지방으로 변환시키느냐를 것을 결정한다고 생각하나요?

필수 생물학적 과정 6B

수소 원자의 전달

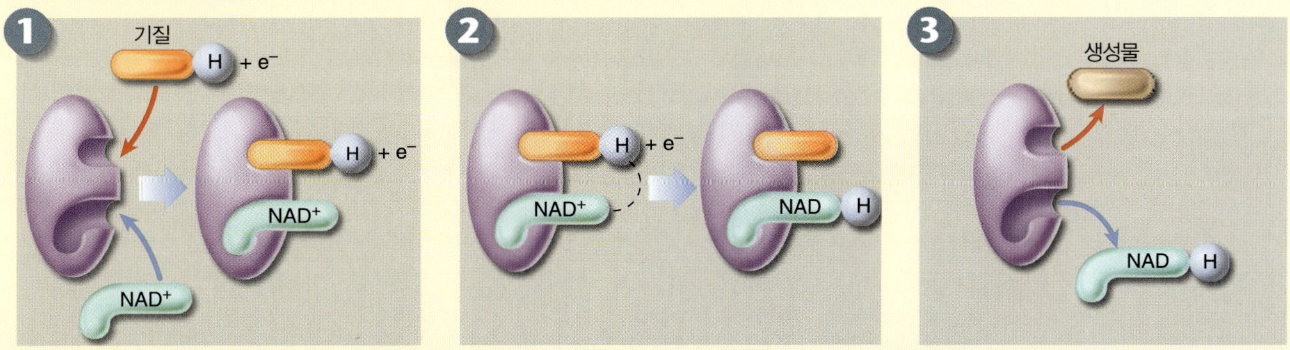

1. 수소 원자를 수확하는 효소는 기질 결합부위 부근에 위치한 NAD^+ 결합부위를 가지고 있다.
2. 산화–환원반응에서 수소 원자와 전자는 NAD^+에 전달되어 NADH를 형성한다.
3. NADH는 확산되어 다른 분자에게 수소를 제공할 수 있다.

그림 6.5 음식을 일로 바꾸기.

이 줄다람쥐는 볼 가득히 도토리를 물고 있다. 최근까지 오크나무의 일부였던 도토리는 곧 다람쥐 생명의 일부가 될 운명이다. 나무를 오르고, 도토리를 깨물어 먹고, 주변을 보고 냄새 맡고 듣고, 다람쥐가 생각하는 것에 대한 생각을 생각하는 모든 것들이 먹이로부터 형성된 ATP에 의하여 동력이 공급된다.

단계 2: 크렙스 회로 Krebs Cycle

학습 목표 6.3.2 9개 반응의 크렙스 회로의 전반적인 기질과 산물을 확인한다.

산화적 호흡의 다음 단계는 발견한 사람의 이름을 따서 **크렙스 회로**(Krebs cycle)이라고 한다. 크렙스 회로는 미토콘드리아 내부에서 일어난다.

1단계. 크렙스 회로는 피루브산으로부터 생성된 2탄소 아세틸-조효소A 조각이 4탄소 당과 결합하여 6탄소 분자를 형성한다(*필수 생물학적 과정 6C*).

2단계. 그 이후 잇단 순서로 탄소 2개가 CO_2로 제거되면서 전자는 NAD^+로 제공되며, 4탄소 분자가 남게 된다. 한 분자의 ATP도 생성된다.

3단계. 이 모든 것이 끝나면 2원자의 탄소는 CO_2로 제거되었고, 더 에너지가 충만한 전자들은 추출되어 NADH나 $FADH_2$로 제거되고, 결국은 처음 시작하였던 4탄소 당이 남게 된다.

이 과정은 9개 반응의 원으로 이루어진 회로이다. 회로가 한번 돌때마나 새로운 아세틸기 하나가 2분자의 CO_2를 대체하고, 많은 전자들이 추출된다. 세포호흡 과정에서 포도당이 완전히 소비된다. 포도당 분자가 6개의 CO_2 분자로 되면서 남은 흔적은 오로지 에너지이며(그림 6.5), 에너지는 4개의 ATP 분자(해당작용에서 2, 크렙스 회로에서 2)와 10개의 NADH와 2개의 $FADH_2$ 운반체에 의하여 운반된 전자이다.

개념의 적용

왜 크렙스 회로는 산소가 없으면 기능을 할 수 없는가?

필수 생물학적 과정 6C

크렙스 회로

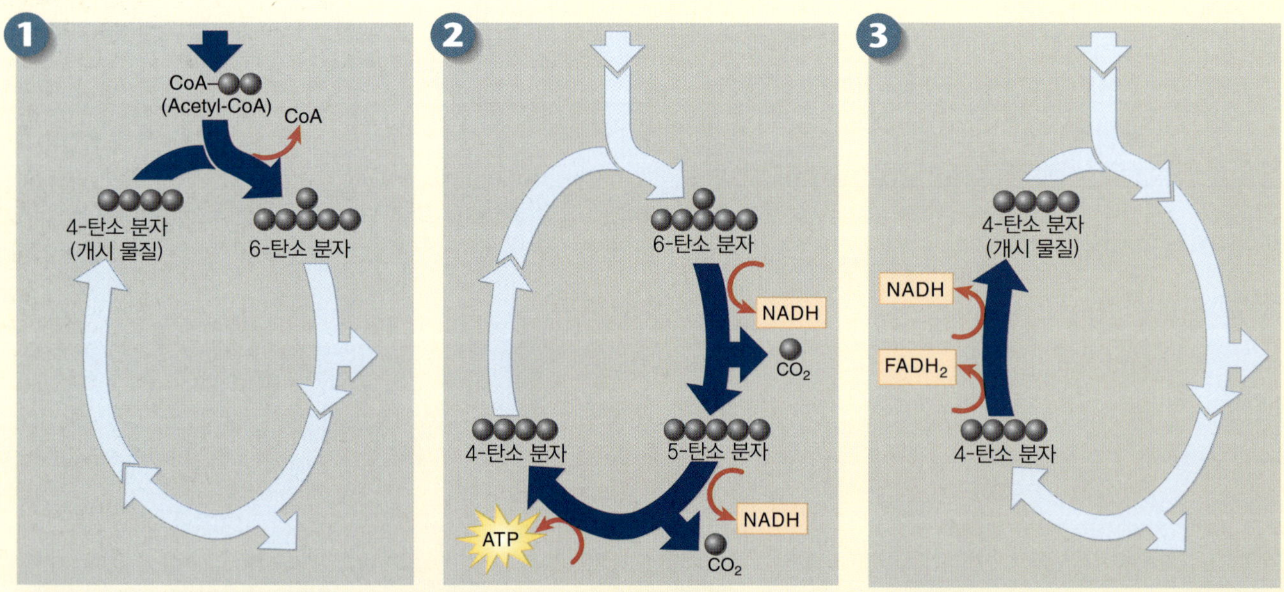

크렙스 회로는 2탄소 조각이 아세틸-조효소A로부터 4탄소 분자(개시 물질)로 전달되면서 시작된다.

그 이후 6탄소 분자는 산화되고(전자는 제거되어 NADH를 형성함) 탈탄산화된다(탄소가 제거되어 CO_2를 형성함). 다음에, 5탄소 분자는 다시 산화되고 탈탄산화되고, 결합반응은 ATP를 생성한다.

마지막으로 생성된 4탄소 분자는 더 산화된다(수소가 제거되어 $FADH_2$와 NADH를 형성함). 그 결과 4탄소 개시 물질이 생성되고 회로가 완결된다

대사 효율성과 먹이 사슬의 길이

지구 생태계에서 광합성을 수행하는 생물은 종종 다른 생물에 의하여 먹이로 소비된다. 이러한 유기물을 먹는 생물을 *종속영양생물*(heterotrophs)라고 한다. 인간은 종속영양생물이며 어느 인간도 광합성을 할 수 없다.

최초의 종속영양생물은 광합성이 아직 해양과 대기로 충분한 산소를 도입하지 않았떤 세계에서 살던 원시 세균으로 생각된다. 먹이로부터 화학에너지를 수확하기 위하여 고대 세균이 가지고 있던 유일한 기작은 해당작용이었다. 산소를 발생하는 광합성이나 세포호흡의 산화단계는 아직 진화되지 않았다. 해당작용만 할 수 있었던 종속영양생물은 소비하는 먹이에 있는 에너지의 3.5%만 포획할 수 있다. 따라서 그러한 종속영양생물이 소비하는 광합성생물에 있는 에너지의 3.5%만 보존할 수 있다면, 첫 번째 종속영양생물을 소비하는 다른 종속영양생물은 해당작용에 의하여 3.5%만 포획할 수 있으며, 최초의 광합성생물에 가용하였던 에너지의 0.12%만 포획할 수 있다. 따라서 작은 수의 종속영양생물을 지탱하는 데에도 매우 큰 광합성생물의 기반이 필요하게 된다.

생물이 산화적 세포호흡으로 유기분자로부터 에너지를 추출할 수 있게 되면서, 이러한 제한은 훨씬 가벼워졌는데, 그 이유는 산화적 호흡의 효율이 약 32%로 추정되기 때문이다. 이러한 효율성의 증가는 해당작용에 비하여 하나의 영양단계에서 다음 단계로 훨씬 많은 에너지를 전달할 수 있게 하였다. (*영양단계*는 생태계를 통한 에너지 이동의 단계이다.) 산화적 세포호흡의 효율성은 먹이사슬의 진화를 가능하게 하였는데, 먹이사슬에서 광합성생물은 종속영양생물에 의하여 소비되며, 종속영양생물은 다른 종속영양생물에 의해 소비되는 것이 반복된다.

이러한 매우 효율적인 산화대사에도 불구하고, 가용한 에너지의 약 2/3이 각 영양단계에서 손실되어, 먹이사슬의 길이를 제한하게 된다. 대부분의 먹이사슬은 여기에 나타낸 동아프리카 초원생태계처럼, 3단계 또는 드물게 4개의 영양단계를 포함한다. 각 전달단계에서 너무 많은 에너지가 손실되어 먹이사슬이 더 이상 길어질 수 없다. 예를 들면, 동아프리카의 초원지대에서 포획된 사자를 먹어서는 많은 수의 인구가 생존할 수 없으며, 그곳에서 가용한 초본의 양은 인구를 지탱하기 위하여 필요한 사자의 수를 유지하는데 필요한 얼룩말과 다른 초식동물을 지탱할 수 없을 것이다. 따라서 세상의 생태학적 복잡성은 산화적 세포호흡에 의하여 근본적인 면에서 고정되어 있다.

광합성생물(Photosynthesizers). 노란색 해열나무 아래에 있는 풀은 뜨거운 우기에 활발하게 성장하여, 태양에너지를 포획하여 포도당 분자로 저장하며, 포도당은 녹말로 변환되어 풀에 저장된다.

초식동물(Herbivores). 얼룩말은 풀을 소비하여 저장된 에너지의 일부를 자신의 신체로 전달한다.

육식동물(Carnivores). 사자는 얼룩말이나 다른 동물을 포식하고, 그들의 저장된 에너지의 일부를 포획하여 자신의 신체에 저장한다.

부식동물(썩은 고기를 먹는 동물; Scavengers). 하이에나와 독수리는 먹이사슬에서 사자와 동일한 단계를 점하고 있다. 그들은 또한 사자가 먹다 버린 죽은 얼룩말의 시체를 소비한다.

쓰레기 섭식자(Refuse utilizers). 대부분 Precis octavia인 나비는 하이에나가 먹이를 먹고 소화관을 통과한 이후에 배설물에 남겨진 물질을 먹는다.

동아프리카 사바나(개방된 초원)의 먹이사슬. 먹이사슬의 각 단계에서 존재하는 1/3 또는 그보다 작은 양의 에너지가 소비자에 의하여 이용된다.

6.4 ATP를 만들기 위하여 전자를 사용함

Using the Electrons to Make ATP

전자전달계(Electron Transport Chain)를 통한 전자의 이동

학습 목표 6.4.1 전자전달계의 구성요소를 서술한다.

진핵생물에서 호기성 호흡은 거의 모든 세포에 존재하는 미토콘드리아 내부에서 일어난다. 미토콘드리아의 내부 구획 또는 **기질**(matrix)는 크렙스 회로를 수행하는 효소들을 포함하고 있다. 앞에서 언급되었듯이 산화적 호흡에 의하여 수확된 전자는 전자전달계를 따라 전달되는데, 전자가 방출하는 에너지는 양성자를 기질로부터 **막사이 공간**(intermembrane space)으로 운반한다.

호기성 호흡의 첫 단계에서 형성된 NADH와 $FADH_2$ 분자는 각각 NAD^+와 FAD가 환원될 때 획득하였던 전자와 수소를 가지고 있다(그림 6.3 참조). NADH와 $FADH_2$ 분자는 전자를 미토콘드리아 내막으로 운반하여(아래 그림의 막의 확대된 부분), **전자전달계**(Electron Transport Chain)이라고 하는 일련의 막과 결합된 분자로 전자를 전달한다. 전자전달계는 광합성의 전자전달계와 매우 유사하게 작용한다.

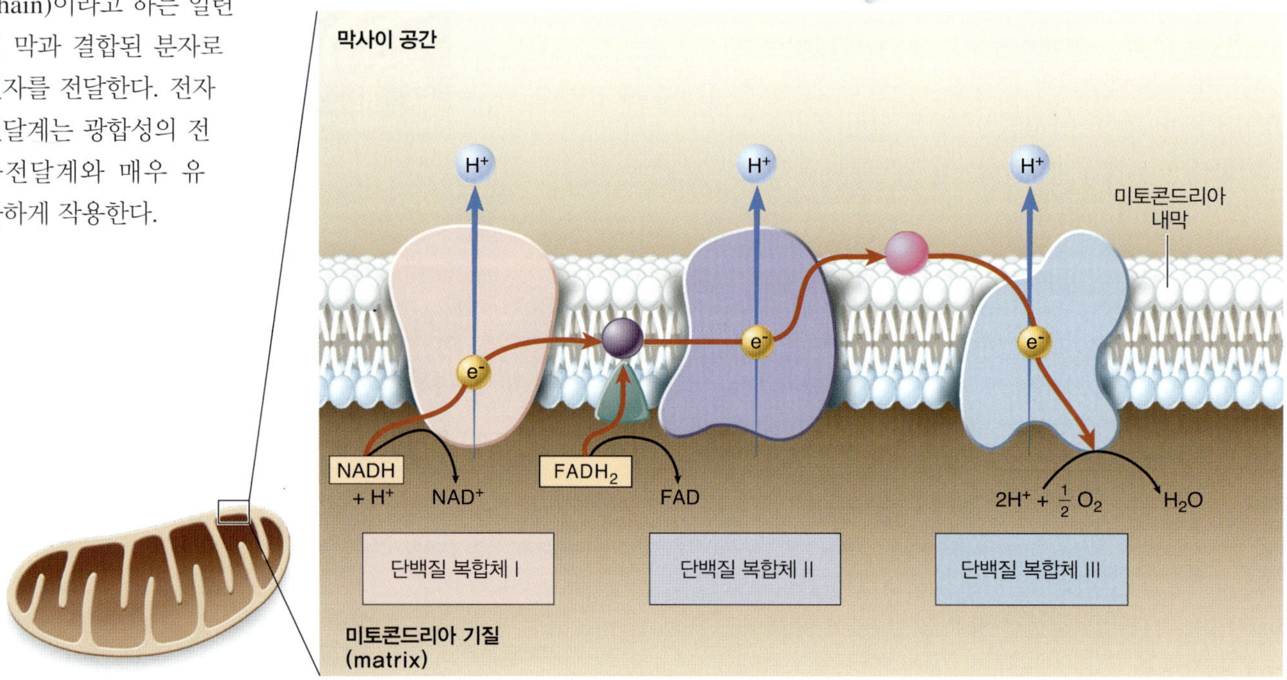

위 그림에 연한 분홍빛 구조로 나타낸 단백질 복합체는 전자를 수용하여, 분자 운반체를 이용하여 전자를 자주색 구조로 나타낸 두 번째 단백질 복합체로 전달한다. 이 단백질 복합체는 전자전달계의 다른 복합체와 함께 양성자 펌프를 작동하는데, 전자의 에너지를 이용하여 막을 통과하여 막사이 공간으로 양성자를 배출한다. 화살표는 막사이 공간인 그림의 윗부분으로 양성자의 운반을 나타낸다. 전자는 다른 운반체에 의하여 연한 청색구조로 나타낸 세 번째 단백질 복합체로 운반된다. 이 복합체는 전자를 이용하여 산소원자와 수소원자를 결합하여 물 분자를 형성한다. 산소와 같은 전자수용체 분자가 충분히 공급될 수 있을 때 산화적 호흡이 가능하다.

호기성 호흡에서 사용되는 전자전달계는 광합성에서 사용되는 전자전달계와 유사하며 아마도 거기에서 진화하였을 것이다. 광합성은 생화학 경로의 진화에서 세포호흡보다 먼저 일어났을 것으로 생각되며, 세포호흡에서 필요한 산소를 생산한다. 자연선택은 요행으로 시작하여 세포호흡의 생화학적 경로를 새롭게 고안한 것이 아니다. 그 대신 먼저 존재하고 있던 많은 동일한 반응을 사용하는 광합성 경로 위에 구성되었다.

개념의 적용

NADH는 $FADH_2$가 할 수 없는 어떠한 일을 할 수 있나요? 왜 $FADH_2$는 이 일을 할 수 없나요?

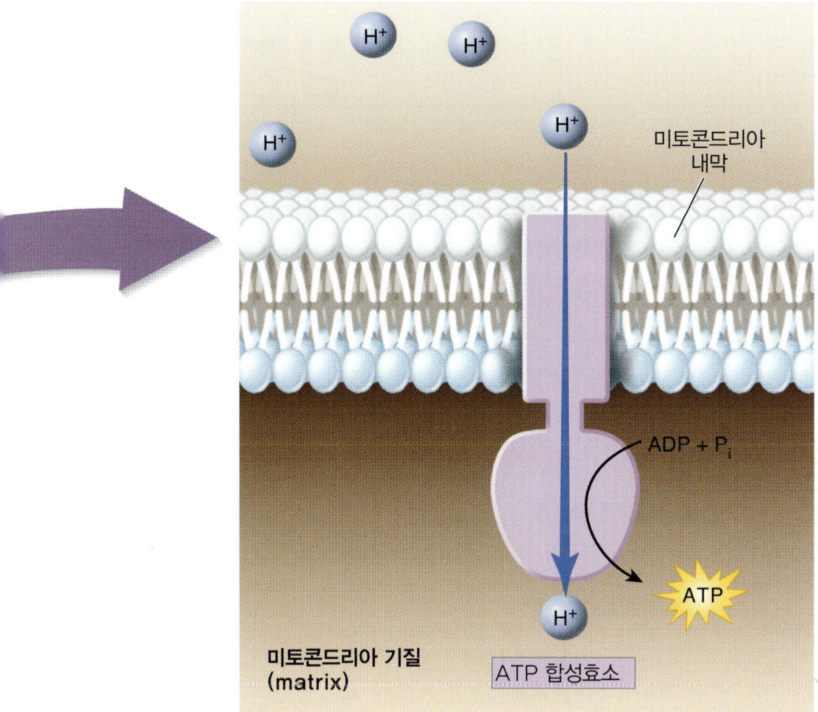

ATP의 생산: 화학삼투

학습 목표 6.4.2 산소가 있을 때와 없을 때 세포가 포도당 분자로부터 얼마나 많은 ATP 분자를 수확할 수 있을지 계산하시오.

막사이 공간의 양성자 농도가 기질에 비하여 높아지면, 농도 경사는 양성자가 **ATP 합성효소**(ATP synthase)라고 하는 특별한 양성자 통로를 통해 확산에 의하여 다시 기질로 들어가도록 유도한다. ATP 합성효소 통로는 그림처럼 미토콘드리아 막의 내부에 내재되어 있다. 양성자가 통과하면서 이 통로는 기질 내에서 ADP와 P_i로부터 ATP를 합성한다. 이 ATP는 촉진확산에 의하여 미토콘드리아에서 나와 세포질로 들어간다. 이러한 ATP 합성 과정은 광합성과 동일한 화학삼투 현상이다.

전자전달과 화학삼투를 별개의 과정으로 설명하였지만, 세포 내에서 둘은 아래 왼쪽처럼 통합되어 있다. 전자전달계는 해당작용에서 수확된 2개의 전자, 피루브산의 산화로부터 2개, 호기성 호흡에서 수확된 8개의 전자(붉은 화살표)를 이용하여 많은 수의 양성자를 미토콘드리아 내막을 통과하여 밖으로 펌핑한다(아래 그림판의 우상부). 뒤이어 일어나는 전자의 미토콘드리아 기질로 재진입은 화학삼투 현상에 의하여 34 분자의 ATP 합성이 일어나게 한다. 해당작용의 결합반응에서 2개의 ATP가 추가로 수확되었고, 크렙스 회로에서 2개가 추가되었다. 능동수송에 의하여 NADP를 미토콘드리아로 운반하기 위하여 2개의 ATP가 소비되기 때문에, 수확된 ATP의 총합은 36 분자가 된다.

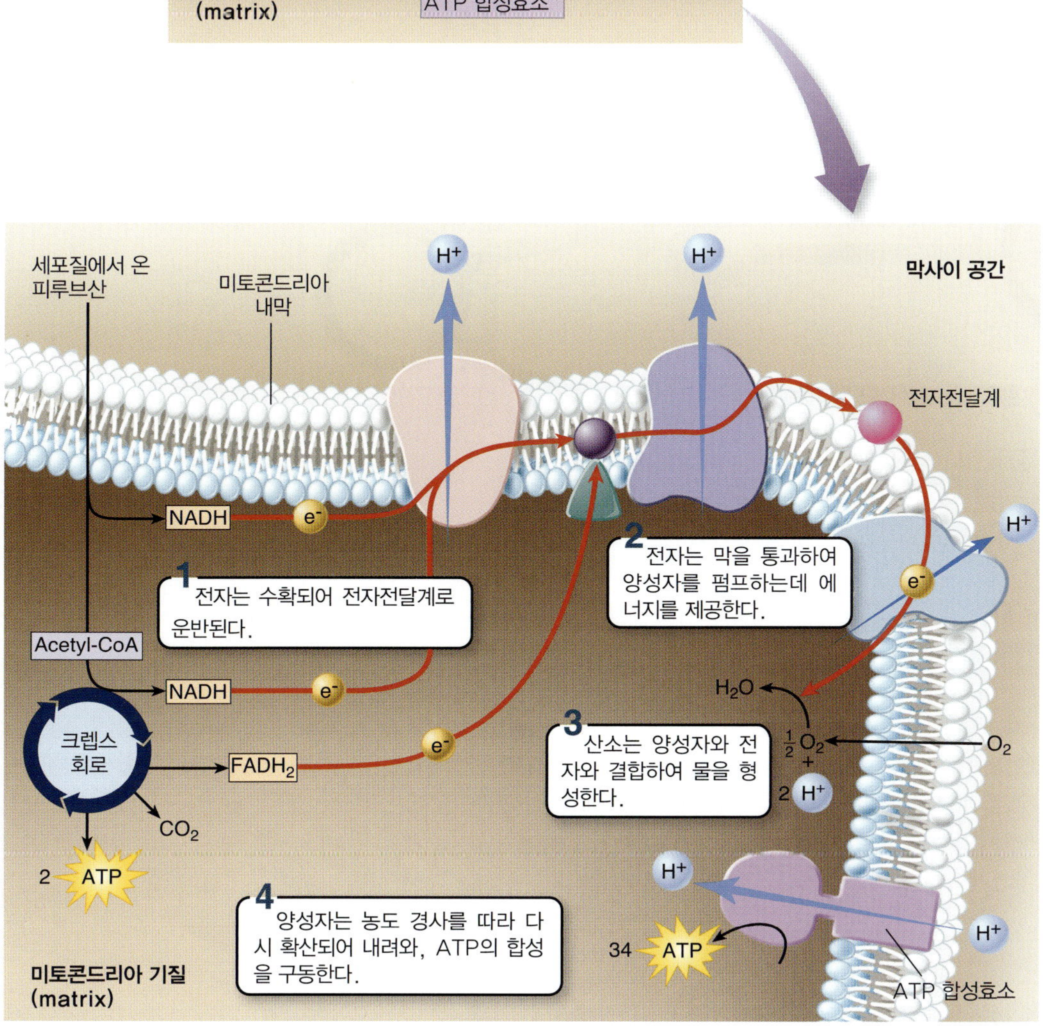

개념의 적용

만약 전자전달계가 C-H 결합에서 수확된 에너지를 양성자를 기질로부터 운반하는데 이용한다고 하면, 그 결과 생성되는 ATP 분자는 어떻게 하여 기질 내에서 나타나는가?

산화환원 회로

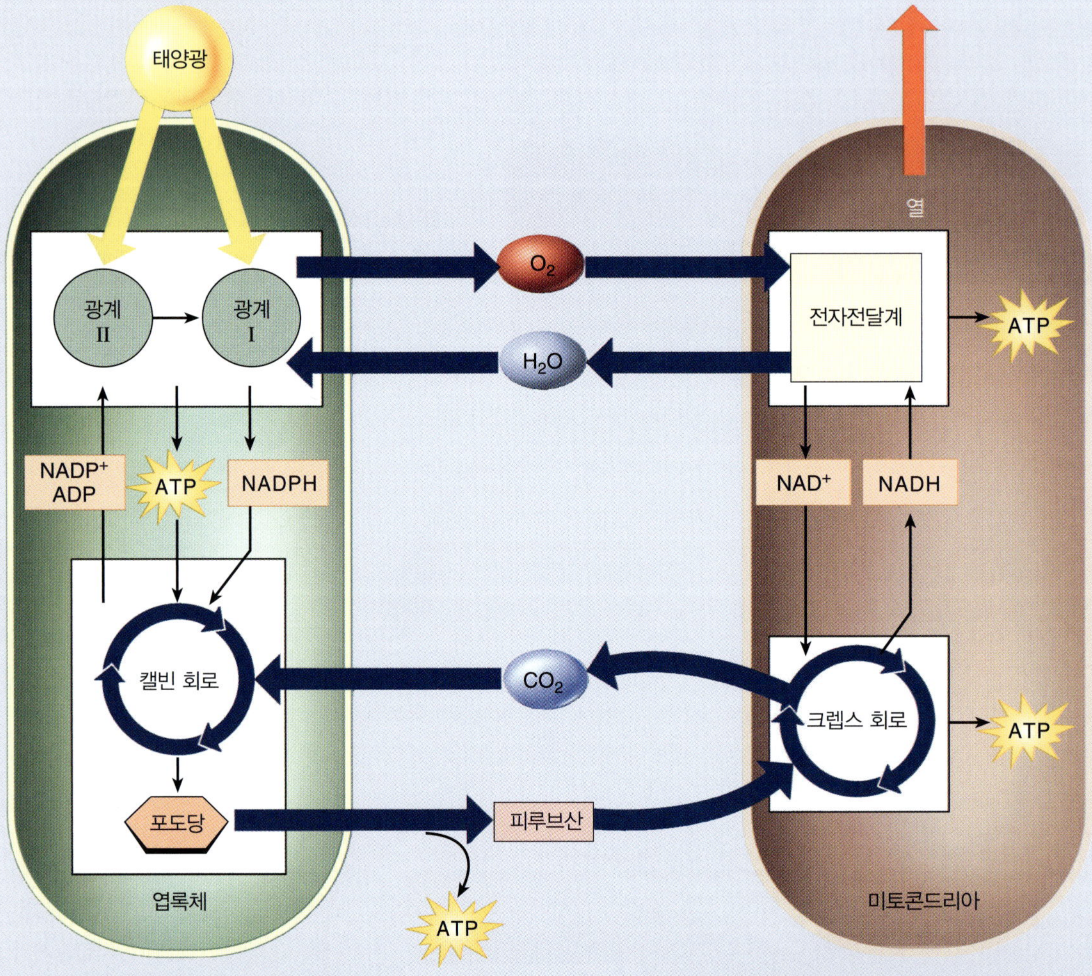

엽록체의 에너지 포획 대사와 미토콘드리아의 에너지 사용 대사는 밀접하게 연관되어 있다. 엽록체에 의하여 수행되는 광합성은 시작 물질로 세포호흡의 산물을 이용하며 수소 원자를 추가하여 산소를 환원시킨다. 미토콘드리아에 의하여 수행되는 세포호흡은 시작 물질로 광합성 산물을 사용하며 수소 원자를 제거하여 탄소를 산화시킨다. 광합성과 세포호흡은 위의 그림처럼 함께 산화-환원 회로를 형성한다. 엽록체와 미토콘드리아 사이를 순환하는 것은 전자라는 것을 주목하시오. 에너지는 산화환원 회로를 통과하여, 태양으로부터 회로로 들어가서, 새로 조립된 분자를 통과하여, 궁극적으로 열로서 회로에서 빠져나온다.

산화환원 회로의 진화역사는 구성요소에서 볼 수 있다. 광합성의 캘빈 회로는 세포호흡의 해당작용의 일부를 역으로 수행하여 포도당을 생산한다. 엽록체의 전자전달계에 관련된 주된 단백질들은 미토콘드리아의 단백질과 연관이 되어 있으며, 많은 경우 동일하다. 세포호흡의 해당작용 단계는 세포질에서 일어나는데, 포도당을 피루브산으로 변환하고 산소를 필요로 하지 않아, 가장 오래된 산화환원 회로일 것으로 생물학자들은 믿는다. 엽록체의 산소를 발생하는 광합성은 그 이후에 일어났고, 미토콘드리아 세포호흡의 산화반응이 뒤따랐다.

무산소 환경에서 전자의 수확: 발효 Harvesting Electrons Without Oxygen: Fermentation

6.5 무산소 환경에서 세포는 음식을 대사할 수 있다. Cells Can Metabolize Food Without Oxygen

학습 목표 6.5.1 발효를 정의하고, 에탄올 발효와 젖산 발효를 구별한다.

발효 Fermentation

산소가 없으면 호기성 호흡(크렙스 회로와 전자전달계)은 일어날 수 없으며, 세포는 ATP를 생산하기 위하여 오로지 해당작용에 의존해야한다. 이러한 조건에서는 해당과정에서 NAD^+의 NADH로의 환원에 연관되었던 수소원자와 전자는 전자전달계 대신에 유기분자로 공여되며, 이를 **발효**(fermentation)라고 한다. 발효는 NAD^+를 재활용하여 해당작용에 계속될 수 있도록 한다.

에탄올 발효. 세균은 십여 가지 이상의 발효를 수행하는데, 모두 NADH로부터의 수소 원자를 수용하기 위하여 유기분자를 이용한다. 대조적으로 진핵세포는 단지 몇 종류의 발효만을 할 수 있다. 그 중 하나는 효모라고 하는 단세포 진균에서 일어나는데, NADH로부터 수소를 수용하는 것은 해당작용의 최종산물인 피루브산으로부터 유도되었다. 효모의 효소는 탈탄산작용을 통하여 피루브산으로부터 CO_2기를 제거하여 아세트알데히드라는 2탄소 분자를 생산한다. 방출된 는 효모로 만든 빵을 부풀게 하는 반면, 효모 없이 만든 빵(발효시키지 않은 빵)은 부풀어 오르지 않는다. 아세트알데히드는 NADH로부터 수소분자를 받아들여서 NAD^+와 에탄올을 생성한다(그림 6.6의 *위 그림판*). 이 종류의 발효는 인간에게 매우 유용한데, 그 이유는 이것이 포도주와 맥주에 있는 알코올의 근원이기 때문이다. 에탄올은 실제로 효모에 독성을 가지는 발효의 부산물이묘, 12%에 달하면 효모가 죽게 된다. 그 이유로 자연적으로 발효된 포도주는 12% 이상의 알코올을 함유할 수 없다.

인간은 효모(yeast)를 빵과 알코올을 만드는데 수천 년간 이용하고 있었다.

젖산 발효. 대부분의 동물 세포는 두 번째 유형의 발효에 의하여 NAD^+를 재생하는데, 이는 젖산 탈수소화효소를 이용하여 NADH로부터 수소를 해당작용에 의하여 생산되는 피루브산으로 다시 전달하는 것이다. 이 반응은 피루브산을 젖산으로 변화하며 NADH로부터 NAD^+를 재생한다(그림 6.6의 아래 그림판). 따라서 이 과정은 대사회로를 완결시키며, 포도당이 가용할 때까지는 해당작용이 계속될 수 있도록 한다.

개념의 적용

NAD^+가 재생되지 않는다면 해당작용에는 어떤 일이 일어날까요?

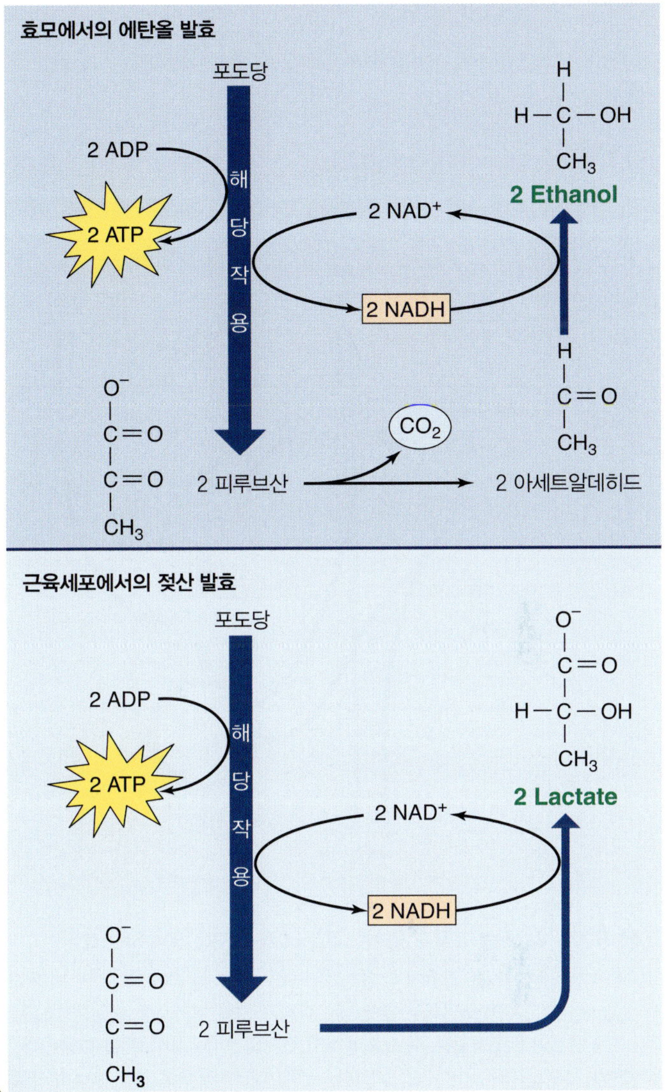

그림 6.6 발효.

효모는 피루브산을 에탄올로 변환한다. 근육세포는 피루브산을 에탄올보다 훨씬 독성이 약한 젖산으로 변환한다. 두 가지 경우 모두 NAD^+가 재생되어 해당작용이 계속될 수 있도록 해준다.

여러분에게 의미하는 것

우리가 아무리 노력해도 대부분은 가끔 약간 과음을 하게되어 다음날 아침 숙취에서 깨어나게 된다. 골치가 아프고, 메스껍고, 떨리고, 가끔 입이 탄다. 이러한 증상은 대부분 탈수의 결과이다. 이러한 탈수 가설은 숙취를 예방하기 위하여 어떠한 예방책이 좋으리라고 암시하나요?

에너지의 다른 원천 Other Sources of Energy

6.6 포도당이 유일한 음식 분자가 아니다.

Glucose Is Not the Only Food Molecule

학습 목표 6.6.1 세포가 어떻게 단백질과 지방으로부터 에너지를 저장하는지 설명한다.

세포호흡에서 단순당인 포도당 분자의 운명에 대하여 자세히 알아보았다. 그러나 여러분이 먹는 것 중에서 어느 정도가 당인가요? 좀 더 현실적으로 무엇을 먹는지 예로 즉석식품인 햄버거를 알아봅시다. 햄버거는 주로 탄수화물, 지방, 그리고 단백질로 이루어져 있다. 복잡한 분자의 다양한 집단이 위와 장에서 소화과정을 통하여 단순한 분자로 분해된다. 탄수화물은 단순당으로, 지방은 지방산으로, 그리고 단백질은 아미노산으로 분해된다. 핵산도 먹는 음식에 포함되어 있지만, 이 거대분자는 신체가 실질적으로 이용하는 에너지를 거의 저장하지 않고 있다.

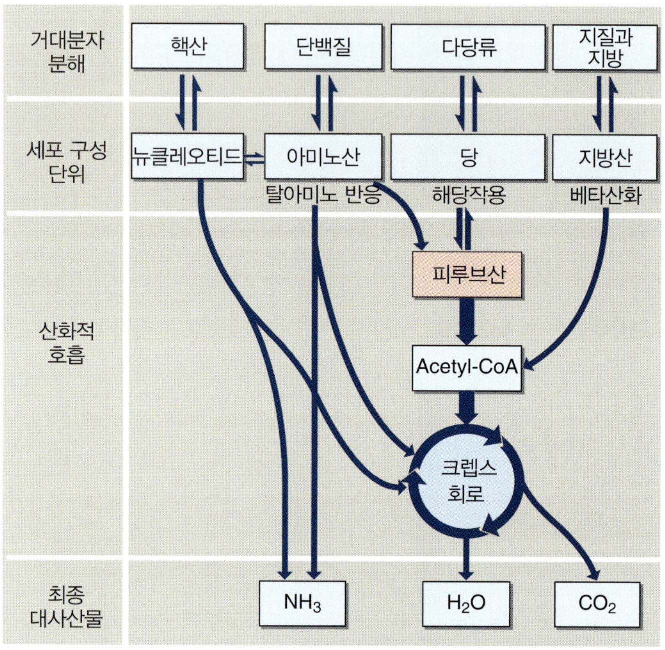

그림 6.7 세포는 어떻게 음식으로부터 에너지를 획득하는가.

대부분의 생물은 산화를 통하여 유기분자로부터 에너지를 추출한다. 이 과정의 첫 단계인 거대분자를 소단위로 분해하는 과정은 거의 에너지를 산출하지 않는다. 다음 단계인 세포호흡은 주로 고에너지 전자의 형태로 에너지를 추출한다. 대부분의 탄수화물의 소단위인 포도당은 쉽게 해당작용으로 들어가서 산화적 호흡이라는 생화학적 경로를 통과한다. 그러나 다른 거대분자들의 소단위는 산화적 호흡에서 나타나는 생화학적 경로에 들어갈 수 있는 산물로 변화되어야만 한다.

여러분에게 의미하는 것

많은 편식 다이어트는 반대쪽에 있는 고단백질, 저 탄수화물 식단이 체중을 감소시켜줄 수 있다고 주장한다. 여러분은 그러한 다이어트를 시도해본 경험이 있나요? 체중이 감소하였는지요? 감소하였다면 얼마나 오래 유지되었나요?

단백질의 세포호흡

단백질(그림 6.7의 2번째 범주)은 먼저 개별적인 아미노산으로 분해된다. 일련의 *탈아미노* 반응에 의하여 질소 곁사슬기(아미노기)가 제거되고 나머지 부분은 크렙스 회로에 참여하는 분자로 변환된다. 예를 들어 알라닌은 피루브산으로, 글루탐산은 α-케토글루타르산으로, 그리고 아스파르트산은 옥살로아세트산으로 변환된다. 크렙스 회로의 반응에서는 이러한 분자들에서 고에너지 전자를 추출하여 ATP를 만드는데 사용한다.

지방의 세포호흡

지질과 지방(그림 6.7의 4번째 범주)은 먼저 지방산으로 분해된다. 지방산은 보통 $—CH_2$의 16개 또는 그 이상의 긴 꼬리를 가지고 있으며, 긴 꼬리의 C—H 결합은 에너지를 풍부하게 가지고 있다. 미토콘드리아 기질에 있는 효소는 먼저 지방산 꼬리의 끝에서 하나의 2탄소 아세틸기를 제거하고, 계속 반복하여 2개씩 탄소를 제거한다. 궁극적으로 전체 지방산 꼬리가 아세틸기로 변환된다. 각각의 아세틸기는 조효소A와 결합하여 아세틸-조효소A(acetyl-CoA)를 형성하여 크렙스 회로로 들어간다. 이것이 *베타산화(ß-oxidation)*이다.

3.5절 지질에 관한 설명에서 지방은 3개의 지방산 꼬리에 부착된 3탄소 글리세롤 등뼈로 구성되어 있다. 지방의 분해는 지방산으로부터 한번에 2개씩의 탄소가 제거되면서 일어난다.

개념의 적용

산소가 없으면 햄버거의 어느 부분에서 에너지를 산출할 수 있나요?

생물학과 건강한 삶

편식 다이어트와 불가능한 꿈

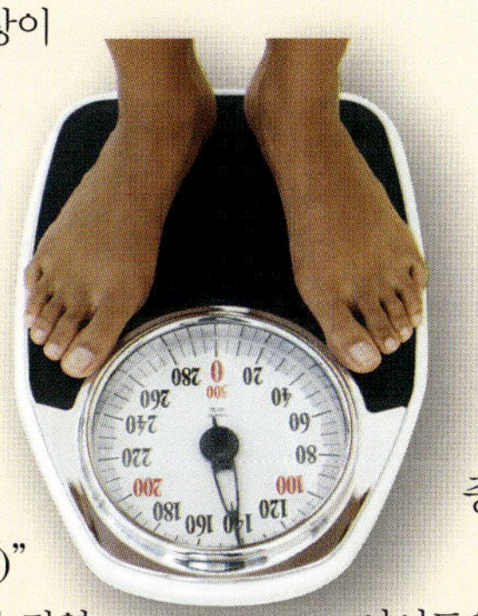

대부분의 미국인들은 중년기에 체중이 늘어, 서서히 15kg 이상이 증가한다. 사람들은 그 체중을 요구하지 않았고, 원하지 않고, 끊임없이 체중을 줄일 것만 추구한다. 이것은 혼자만의 외로운 탐색이 아니라, 홍조를 띤 젊음을 지난 모든 사람들이 체중을 감량하려는 것처럼 보인다. 많은 사람들이 편식 다이어트의 유혹에 넘어가서 희망을 가졌지만 결과는 좌절만 남았다. 많이 논의된 앗킨스(Atkins) 다이어트는 많은 사름들이 시도한 편식 다이어트이다.

"앗킨스 박사의 다이어트 혁명(Dr. Atkins' Diet Revolution)"은 역사적으로 10위 내의 베스트셀러였으며, 서점에 눈에 띄게 진열되었다. 이 다이어트가 약속한 고통 없는 체중 감량을 성취할 수 없는 이유는 과학에서는 잘 이해되지만, 대부분의 일반대중은 이해를 하지 못하고 있다. 희망과 속임수만이 이 책을 영원한 베스트셀러로 만들고 있다.

Atkins 다이어트의 비밀은 간단히 말해서 탄수화물을 피하는 것이다. Atkins의 기초적인 제안은 여러분의 신체가 혈당(탄수화불 대사에서 유래한)을 감지하지 못하면, 굶고 있다고 생각해서 체지방을 태우기 시작한다는 것인데, 이는 혈관에 이미 많은 지방이 순환되고 있어도 그렇다는 것이다. 여러분은 스테이크와 계란과 버터와 치즈 같은 지방과 단백질을 원하는 만큼 모두 먹더라도, 빵, 파스타, 감자, 과일, 또는 사탕과 같은 탄수화물만 먹지 않으면 지방을 태워서 체중을 줄일 수 있다는 것이다. 기초적인 저탄수화물 다이어트는 1세기도 전인 1860년대에 영국 관 제작자인 밴팅(William Banting)에 의해서 그의 베스트셀러인 "비만에 대한 편지(Letter on Corpulence)"에서 홍보되었다. 그 이후 저탄수화물 다이어트를 홍보하는 책들은 계속 베스트셀러가 되고 있다.

Atkins 다이어트를 시도한 사람들은 종종 2~3주에 4 kg 정도를 감량한다. 3개월이 지나면 다시 원래 체중으로 돌아오고, 일부 늘기도 한다. 도대체 무슨 일이 일어난 것인가요? 어디로 체중이 빠져나갔고, 왜 다시 원상복구가 되었나요? 일시적인 체중 감량은 간단히 설명이 된다. 탄수화물은 여러분의 신체에서 물을 흡수하는 스펀지 역할을 하기 때문에, 몸에서 탄수화물이 결핍되면 물도 감소되도록 한다. 이 다이어트에서 4kg의 감량은 지방 무게가 아니라 물 무게이며, 따라서 처음 전분 음식을 먹으면 빨리 회복된다.

Atkins 다이어트는 미국 심장협회(the American Heart Association)가 피하라고 이야기하는 종류의 다이어트이며(포화지방과 콜레스테롤도 함께), 계속 유지하기가 어렵다. 이 다이어트에 몰두하면 체중은 감소하지만 단순히 적게 먹기 때문이다. 요즈음 인기 있는 다이어트인 시어스 박사(Dr. Barry Sears)의 띠(The Zone) 다이어트와 아갓스턴 박사(De. Arthur Agatston)의 남부 해변 다이어트(The South Beach Diet)도 저탄수화물 다이어트이지만, Atkins 다이어트만큼은 극단적이지 않다. 앗킨스의 다이어트와 마찬가지로 그러한 다이어트는 기안자들이 주장하는 것 같은 기괴한 이유로 작용하는 것이 아니라, 단순히 저칼로리 다이어트이기 때문이다.

어떠한 다이어트도 성공적으로 위반할 수 없는 2가지 기본적인 법칙이 있다.

1. 모든 칼로리는 동일하다.
2. (칼로리 유입량) – (칼로리 유출량) = 지방.

Atkins 다이어트, Zone 다이어트, South Bay 다이어트, 그리고 실로 모든 편식 다이어트의 근본적인 오류는 어쨌든 탄수화물 칼로리가 지방과 단백질 칼로리와 다르다는 것이다. 이는 과학적으로 어리석은 것이다. 여러분이 먹는 모든 칼로리는 탄수화물, 지방, 또는 단백질 어느 것으로부터 왔던지 상관없이 궁극적으로 체중으로 균등하게 분배된다.

어느 정도까지는 이러한 다이어트가 작용을 하는데, 그 이유는 다이어트의 2번째 법칙을 따르기 때문이다. 유입되는 칼로리를 줄이면 지방이 감소한다. 그것이 모든 것이라면, 다이어트 책을 사서 보도록 하세요. 불행히도 체중을 줄이는 것은 그렇게 간단하지가 않으며, 심각하게 시도해본 사람은 누구나 그 사실을 이미 알고 있다. 문제는 여러분의 몸이 협조를 하지 않는다는 것이다.

여러분이 운동하고 적게 먹어서 체중을 줄이려고 하면, 여러분의 신체는 더 효율적으로 대사를 하여 이를 보상하려고 시도할 것이다. 신체는 비만 연구자들이 "설정점(set point)"이라고 하는 고정된 체중을 가지고 있어서, 신체는 이 체중으로 되돌아가려고 계속 시도한다. 수년전에 뉴욕 록펠러 대학(Rockefeller University)의 연구진은 획기적인 연구에서 여러분의 체중이 감소하면 대사작용이 감소하여 더 효율적이 되어, 같은 일을 하는데 적은 칼로리를 소모한다. 여러분의 신체는 체중을 다시 회복하기 위하여 할 수 있는 모는 일을 할 것이다. 유사하게 체중이 증가하면 대사작용이 빨라진다. 이러한 방식으로 여로분의 신체는 체중을 설정점에 유지하도록 자연적인 체중조절 시스템을 이용한다. 체중을 감소하는 것이 그렇게 어려운 것은 전혀 놀라운 일이 아니다.

명백히 우리의 신체는 모든 성인에게 하나의 체중만을 유지하게 하지 않는다. 여러분의 신체는 지방 자동조절기를 조정하는데, 설정점은 나이, 음식의 섭취, 운동량에 따라 조절된다. 이러한 조정은 매우 느리지만, 신체의 설정점을 낮추는 것 보다는 올리는 것이 훨씬 쉽게 보인다. 명백하게 높은 지방 수준은 얼마나 효율적으로 지방을 소모하느냐를 통제하는 렙틴(leptin)호르몬에 대한 신체의 감수성을 감소시킨다. 그러한 이유로, 체중 증가에 저항하는 설정점에도 불구하고 체중이 증가한다. 여러분의 신체는 대사를 촉진하라는 렙틴 경고를 보내지만, 여러분의 두뇌는 과거처럼 감수성을 가지고 반응하지 않는다. 더 뚱뚱해 질수록 여러분의 체중조절 시스템은 덜 효과적이 된다.

이 사실은 여러분이 포기하고 지방을 좋아하는 것을 배우라는 의미는 아니다. 그보다는 이제 여러분은 체중 증가에 대한 생물학을 이해하기 시작했기 때문에, 다이어트의 2가지 법칙의 요구를 피할 수 없다는 힘든 사실을 수용해야만 한다는 것이다. 진정한 비결은 포기하지 않는 것이다. 적게 먹고 많이 운동하고, 그 것을 계속 유지하라. 1년 뒤, 또는 2년 뒤, 또는 3년 뒤에 여러분의 신체는 꾸준한 노력으로 새로 설정한 새로운 현실을 반영하여 설정점을 조정할 것이다. 체중을 감소하는 데에는 솔직히 쉬운 방법이 없다.

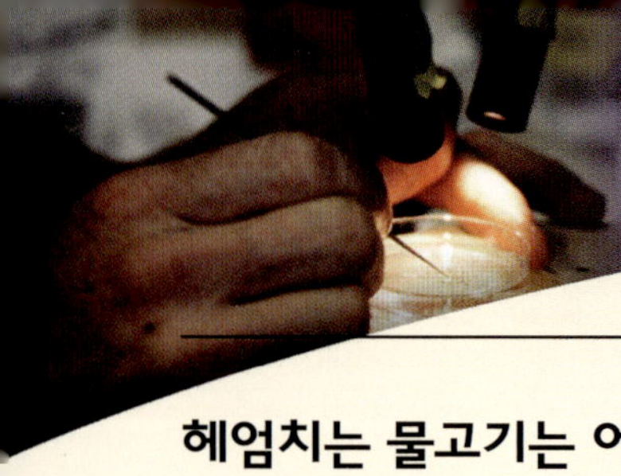

질문과 분석

헤엄치는 물고기는 어떻게 혈액의 낮은 pH를 피할 수 있나요?

호수 저층의 산소가 없는 진흙에서 사는 벌레처럼 산소가 빈약한 환경에서 사는 동물들은, 크렙스 회로로부터 근육 운동에 필요한 에너지를 획득할 수 없다. 그들의 세포는 음식 분자에서 제거한 전자를 수용하는데 필요한 산소가 부족하다. 그 대신에 이러한 동물들은 ATP를 획득하기 위하여 해당작용에 의존하는데, 피루브산에 전자를 제공하여 젖산을 형성한다. 크렙스 회로에 비교하여 훨씬 비효율적이지만, 해당작용은 산소를 필요로 하지 않는다. 산소가 충분한 경우에도, 활동적인 동물은 혈류에 의하여 공급될 수 있는 것보다 빠르게 산소를 소모해서, 지속적인 수축을 위해 필요한 ATP를 생성하기 위하여 일시적으로 해당작용에 의존하도록 강요될 수 있다.

이는 물고기에 특별히 문제를 일으킬 수 있다. 어류의 피는 사람에 비해 훨씬 낮은 이산화탄소를 가지고 있으며, 그 결과 어류의 혈액에서 완충제 역할을 하는 중탄산나트륨의 농도도 훨씬 낮다. 이제 여러분이 송어이고 저녁으로 하루살이를 잡기 위하여 갑자기 매우 빠르게 수영을 해야 한다고 상상해보세요. 이러한 격렬한 수영은 완충력이 약한 혈액에 근육이 많은 양의 젖산을 방출하게 하여, 이는 혈액의 산-염기 균형을 교란하여 먹이가 잡히기 전에 헤엄치는 근육의 수축을 방해할 것이다.

오른쪽의 그래프는 송어가 어떻게 이 난관을 해결하는지를 연구하기 위하여 고안한 실험결과를 보여준다. 실험에서 송어가 실험실 수조에서 15분 동안 격렬하게 헤엄치도록 하였고, 그 후 하루 동안 회복하도록 하였다. 혈중 젖산 농도를 헤엄치는 동안과 회복기 동안에 주기적으로 측정하였다.

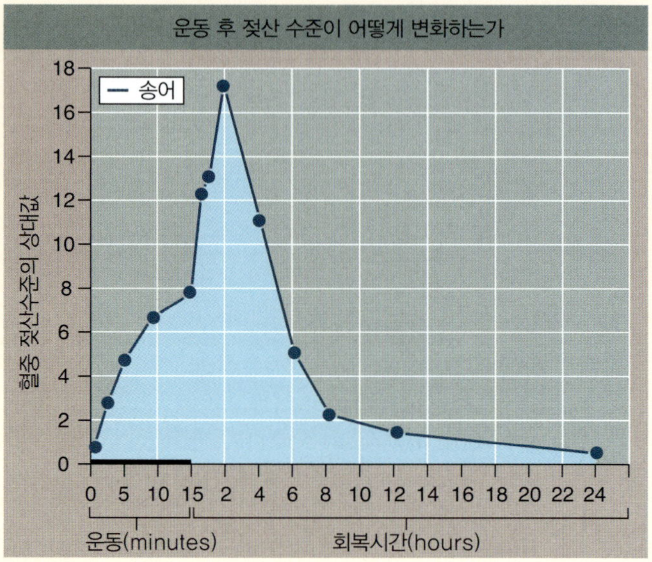

분석

1. **개념의 적용:** 헤엄칠 때와 회복기에 대하여 젖산 수준을 표시하였다. 헤엄칠 때의 시간 단위는 무엇으로 자료가 나타내었는가? 회복기의 자료는?
2. **자료의 해석:** 운동이 송어 혈액의 젖산에 미치는 영향은 무엇인가? 운동을 멈춘 이후에 젖산의 수준은 어떻게 변화하는가?
3. **추론하기:** 격렬하게 헤엄친 결과 생성된 젖산의 어느 정도가 운동이 끝난 이후에 방출되었는가? [힌트: x축의 눈금이 분에서 시간으로 변경된 것을 주목하시오.]
4. **결론의 도출:** 이 결과는 어류가 근육으로부터 젖산의 방출을 지연시켜 혈액의 pH 수준을 유지한다는 가설과 일치하나요? 이 사실은 왜 어류에게 유익할까요?

학습 결과의 요약

세포호흡의 개관

음식의 어디에 에너지가 있나요?

6.1.1 비광합성 생물은 음식을 저장하는 식물을 먹거나 식물을 먹은 동물을 먹어서 이 음식을 분해하여 에너지를 획득한다. 탄수화물 분자에 저장된 에너지는 세포호흡 과정을 통하여 추출되며 ATP로서 세포에 저장된다.

산화-환원반응이라고 하는 결합된 반응은 전자를 하나의 원자나 분자에서 다른 원자나 분자로 전달하는 것을 포함한다. 전자를 잃은 원자나 분자는 산화되었다고 하며 에너지를 잃게 된다. 전자를 얻은 원자나 분자는 환원되었다고 하며 에너지를 얻는다. 세포호흡은 세포질에서 일어나는 해당작용과 미토콘드리아에서 일어나는 산화의 2단계로 일어난다.

무산소 호흡: 해당작용

ATP를 만들기 위하여 결합반응을 사용함

6.2.1 해당작용은 포도당의 화학적 결합을 주고받으며 기질수준 인산화에 의하여 2분자의 순 ATP를 생산하는 에너지를 추출하는 일련의 10개의 화학적 반응이다(*필수 생물학적 과정 6A*). 포도당에서 추출된 전자는 NAD$^+$라는 운반분자에 제공되어 NADH를 형성한다. NADH는 전자를 운반하며 수소이온은 이후의 산화적 호흡단계에서 이용된다.

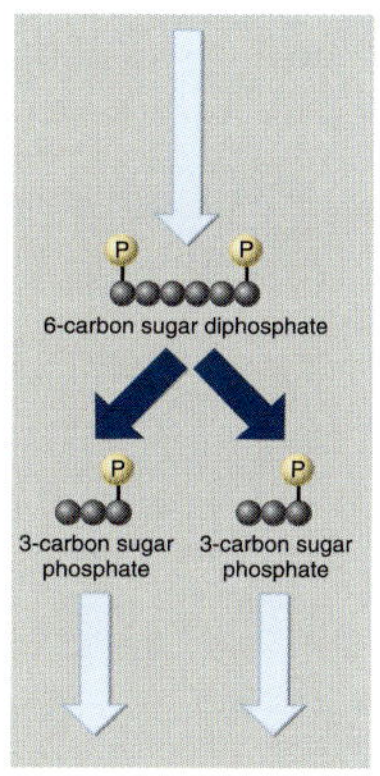

산소 호흡: 크렙스 회로

화학결합으로부터 전자의 수확

6.3.1 해당작용에서 형성된 2분자의 피루브산은 미토콘드리아로 전달되어 2분자의 아세틸-조효소A로 변환된다. 이 과정에서 다른 분자인 NADH가 형성된다. NADH의 운명은 세포의 요구에 따라 결정된다. 세포에 ATP가 충분하면 아세틸-조효소A는 지방 분자를 합성하는데 이용된다. 세포가 에너지를 필요로 하면 아세틸-조효소A는 크렙스 회로로 들어간다.

NADH의 형성은 효소에 의해 촉매되는 반응이다(*필수 생물학적 과정 6B*). 효소는 기질과 NAD$^+$를 근접시킨다. 산화환원 반응을 통하여 수소 원자와 전자가 NAD$^+$로 전달되어 NADH로 환원시킨다. NADH는 전자와 수소원자를 산화적 호흡의 다음 단계로 운반한다.

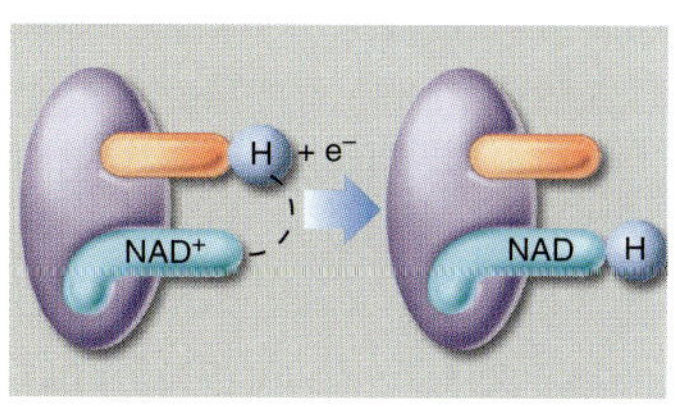

6.3.2 아세틸-조효소A는 크렙스 회로라고 하는 일련의 화학반응으로 들어가서 결합반응에서 한 분자의 ATP가 생성된다. 에너지는 또한 전자의 형태로도 수확되어 NAD$^+$와 FAD로 전달되어 각각 NADH와 $FADH_2$를 생성한다. 크렙스 회로는 산화되는 포도당 한 분자에 대하여 2바퀴 회전한다.

ATP를 만들기 위하여 전자를 사용함

6.4.1 음식 분자를 산화시켜 수확되는 전자는 화학삼투 작용으로 ATP 생성을 구동하는 양성자 펌프에 에너지를 공급하기 위하여 사용된다. 해당작용과 크렙스 회로에서 생성된 NADH와 $FADH_2$ 분자는 전자를 미토콘드리아 내막으로 운반한다. 여기에서 NADH와 $FADH_2$는 전자를 전자전달계에 전달한다. 전자는 가지고 있는 에너지와 함께 전자전달계를 따라 지나간다. 전자의 에너지는 H^+를 기질로부터 막사이 공간으로 미토콘드리아 내막을 가로질로 펌핑하는 양성자 펌프를 구동하여, H^+ 농도 경사를 생성한다.

전자가 전자전달계의 끝에 도달하면 산소와 수소와 결합하여 물 분자를 형성한다.

6.4.2 ATP는 미토콘드리아에서 화학삼투 작용을 통하여 생성된다. 막사이 공간의 H^+ 농도경사는 ATP 합성 통로를 통하여 미토콘드리아 내막을 가로질러 기질로 되돌아 간다(그림). 통로를 통한 H^+의 운동에서 오는 에너지는 ATP의 화학결합으로 전달된다.

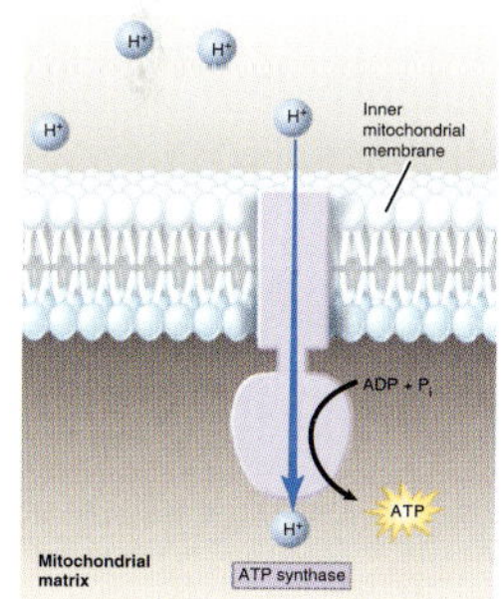

무산소 환경에서 전자의 수확: 발효

무산소 환경에서 세포는 음식을 대사할 수 있다.

6.5.1 산소가 없을 때 다른 분자들이 전자수용체로 사용될 수 있다. 전자수용체가 유기분자일 경우 이 과정을 발효라고 부른다. 어떤 종류의 유기분자가 전자를 수용하느냐에 따라서 에탄올, 초산, 또는 젖산이 형성된다.

에너지의 다른 원천

포도당이 유일한 음식 분자가 아니다.

6.6.1 포도당 외에 다른 음식원이 산화적 호흡에 이용된다. 단백질, 지질, 그리고 핵산과 같은 거대분자들은 그림 6.7에서와 같이 세포호흡의 다른 반응단계에 공급되는 중간산물로 분해된다.

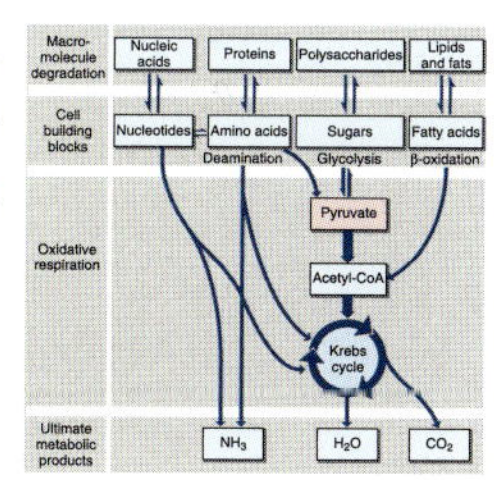

이해의 측정

6.1.1 동물에서 생활의 에너지는 세포호흡에서 획득되며 다음을 포함한다.
- **a.** 소비된 유기분자를 분해한다.
- **b.** 식물로부터 광자를 포획한다.
- **c.** 식물로부터 ATP를 획득한다.
- **d.** 식물에 의하여 생산된 CO_2를 분해한다.

6.2.1 해당과정에서 ATP는 어떻게 형성되는가?
- **a.** 피루브산의 분해
- **b.** 화학삼투 현상
- **c.** 기질수준의 인산화
- **d.** NAD^+

6.2.1 산소가 없을 때 다음 중 어떤 과정이 일어나는가?
- **a.** 크렙스 회로
- **c.** 화학삼투
- **b.** 해당작용
- **d.** 위의 모든 것

6.2.1 지구상의 모든 생명체는 비효율적인 생화학적 과정인 해당작용을 수행할 수 있는데, 해당과정을 바르게 설명한 것은?
- **a.** ATP로부터 에너지를 이용하여 포도당을 생성한다.
- **b.** 포도당을 반으로 분해하여 에너지를 포획하여 ATP를 생성한다.
- **c.** ATP를 인산화하여 ADP를 생성한다.
- **d.** 산소와 이산화탄소를 이용하여 포도당을 생성한다.

6.3.1 해당작용 이후에 피루브산 분자의 운명은?
- **a.** 세포의 핵으로 가서 에너지를 제공한다.
- **b.** 세포막으로 가서 CO_2의 존재 하에서 더 많은 ATP를 생성한다.
- **c.** 세포의 미토콘드리아로 가서 O_2의 존재 하에서 분해되어 더 많은 ATP를 생성한다.
- **d.** 골지 복합체로 가서 포장되어 필요할 때까지 저장된다.

6.3.2 크렙스 회로에서 생성된 전자는 어느 곳으로 운반되어 어디로 가는가?
- **a.** NAD^+, 산소
- **b.** NAD^+, 전자전달계
- **c.** NADH, 산소
- **d.** NADH, 전자전달계

6.4.2 세포에서 생성된 대부분의 ATP는 어떻게 생성되는가?
- **a.** 피루브산 산화과정에서
- **b.** 해당작용 과정에서
- **c.** 크렙스 회로 과정에서
- **d.** 전자전달계 과정에서

6.5.1 NAD^+는 어떤 과정에서 재활용되는가?
- **a.** 해당작용
- **c.** 크렙스 회로
- **b.** 발효
- **d.** 아세틸-CoA의 형성

6.5.1 젖산 발효의 최종전자수용체는?
- **a.** 피루브산
- **c.** 젖산
- **c.** NAD^+
- **d.** O_2

6.6.1 세포는 포도당 이외에 다른 음식물에서 추출될 수 있는데, 그 이유는?
- **a.** 단백질, 지방, 그리고 핵산은 포도당으로 변환되어 산화적 호흡으로 들어간다.
- **b.** 각각의 거대분자들은 자신만의 산화적 호흡 경로를 가지고 있다.
- **c.** 각각의 거대분자들은 소단위로 분해되어, 산화적 호흡 경로로 들어간다.
- **d.** 모두 해당작용 경로로 들어갈 수 있다.

이해의 적용

6.4.2 여기에 나타낸 단면도처럼 미토콘드리아의 구조를 고려하시오. 만약 미토콘드리아에 구멍을 뚫더라도 산화적 호흡을 계속 수행할 수 있을까요? 이유를 설명하시오. 미토콘드리아의 부분도 산화적 호흡을 수행할 수 있을까요? 그 이유를 설명하시오.

6.6.1 여러분의 친구가 아직 가지고 있는 어린이 비만을 줄이기 위하여 저탄수화물 다이어트를 하려고 한다. 친구가 여러분의 조언을 구하면 무슨 말을 할 것인가요?

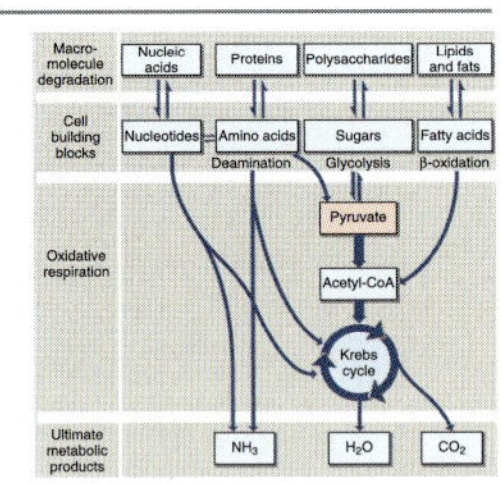

학습 내용의 종합

6.3.1 포도당 대신에 피루브산으로 식사를 한 사람의 세포에서는 얼마나 적은양의 ATP가 생성될까요? (1몰 당으로 계산하시오.)

6.4.1 전자수송체인 cytochrome *c*는 많은 다양한 cytochrome 단백질의 하나이지만, 다른 것들과는 달리 cytochrome *c*의 아미노산 서열은 모든 종에서 거의 동일하다. 왜 그렇다고 생각하나요? 인간 중에서 cytochrome *c*와 관련된 유전적 장애는 전혀 보고되지 않았다. 여러분은 그 이유가 무엇이라고 생각하나요?

6.5.1 청량음료는 인공적으로 탄산을 주입하였기 때문에 거품이 일어난다. 맥주와 발포성 포도주는 자연적으로 탄산이 주입되었다. 이러한 자연적인 탄산 주입은 어떻게 일어나는가?

6.6.1 탄수화물, 단백질, 또는 지방 중에서 어느 것이 가장 많은 ATP를 생성할까요? 해당작용, 크렙스 회로, 그리고 전자전달계가 모두 제대로 작동하며, 음식을 동일한 양 섭취하였다고 가정하시오.

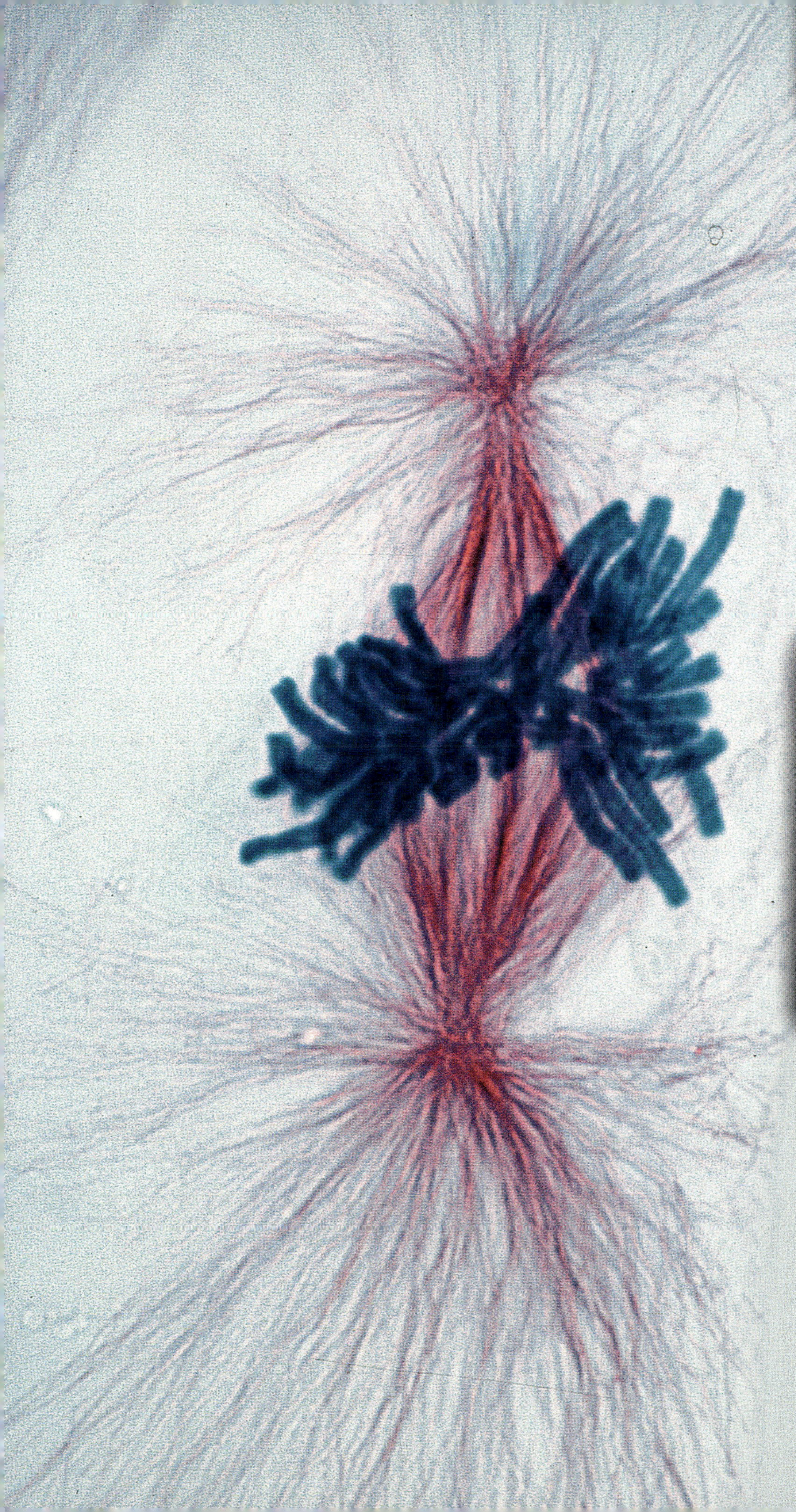

Chapter 7

유사분열
Mitosis

개관(CHAPTER AT A GLANCE)

세포분열 Cell Division

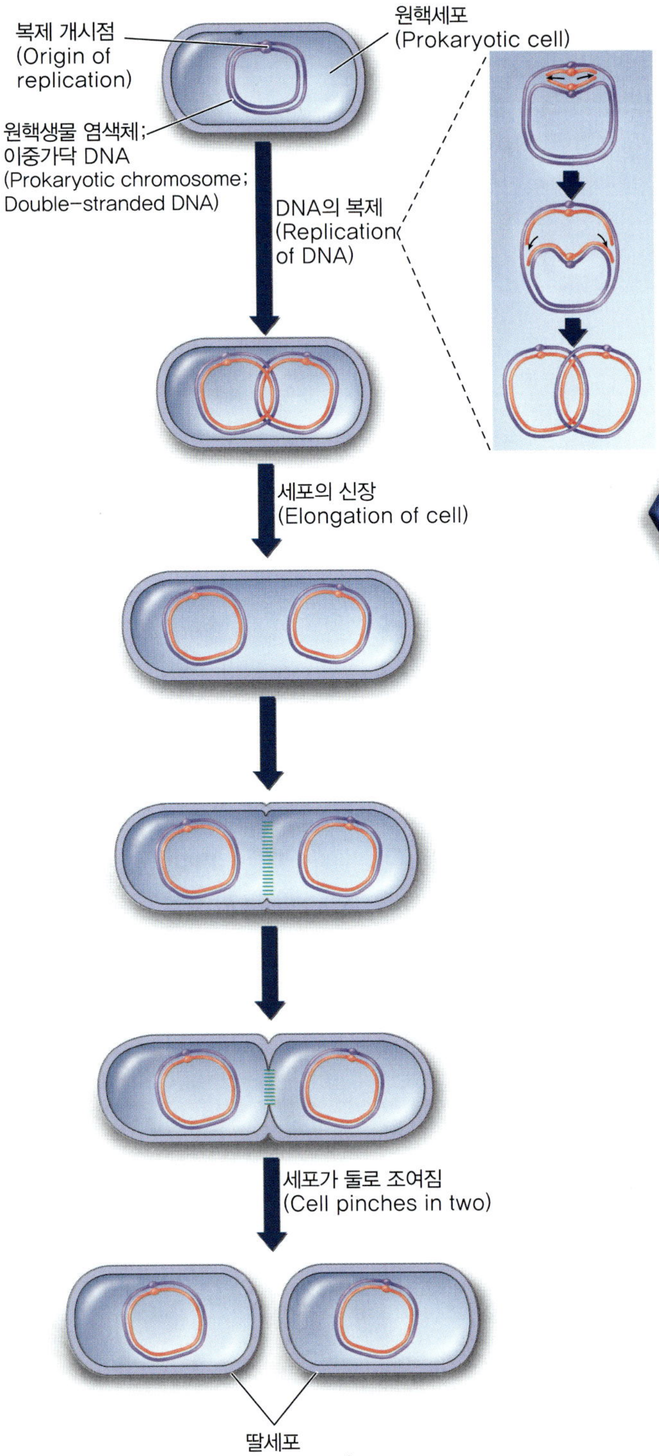

7.1 원생생물은 단순한 세포주기를 가진다. Prokaryotes Have a Simple Cell Cycle

학습 목표 7.1.1 원핵생물의 세포주기, DNA 복제의 확인, DNA 분배, 그리고 세포 융합을 도해한다.

모든 종은 번식하고, 자손에게 유전물질을 전달한다. 원핵생물에서 유전정보(원핵생물을 특정 짓는 유전자)는 원핵생물 염색체라고 하는 하나의 원형 DNA에 암호화되어 있다. 원핵세포가 번식하기 위하여 분열하기 전에, 원형 DNA는 *복제*(replication)라고 하는 과정을 통하여 자신의 복사본을 만든다. 복제시작점인 한 점에서 시작하여 DNA의 이중나선이 풀리기 시작하여 두 가닥이 노출된다. 그림 7.1*a*의 오른쪽에 확대된 부분은 어떻게 DNA가 복제되는지를 보여준다. 새로 형성된 DNA는 각각의 노출된 가닥에 상보적인 뉴클레오티드(A는 T, G는 C와)가 배치되어 형성된다. DNA 복제는 10장(DNA)에서 자세하게 토의될 것이다. 이중나선의 풀림이 원을 다 돌고나면, 세포는 유전정보의 사본을 2개 가지게 된다.

3.3절에서 설명되었듯이 DNA는 핵산의 일종이다. 유전정보는 기다란 이중나선 DNA 분자를 형성하는 뉴클레오티드의 순서에 의하여 DNA 분자에 암호화되어 있다.

DNA가 복제되고 나면, 세포는 성장하여 길이가 길어진다. 새로 복제된 DNA 분자는 세포의 양 끝으로 분할된다. 이 분할과정은 복제시작점 부근의 DNA 서열이 포함되며, 이 서열이 막에 부착하게 된다. 세포가 적당한 크기에 도달하면, 원핵세포는 2개의 동일한 크기로 분리되기 시작하며, 이 과정을 **이분법**(binary fission)이라고 한다. 새로운 원형질막과 세포벽이 2개의 DNA 사본이 분할된 곳 사이에 추가된다(그림 7.1*a*의 녹색 칸막이). 성장하는 원형질막이 안쪽으로 밀리면서 세포는 둘로 조여지어, 궁극적으로 2개의 *딸세포*(daughter cell)가 형성된다. 각각의 딸세포는 모세포와 유전적으로 동일한 원핵생물 염색체를 포함하며 자체로서 완전한 생명을 가진 세포이다.

개념의 적용

분열하는 세균 세포는 어떻게 하나의 염색체 사본이 각각의 딸세포로 전달될 수 있도록 보장하는가?

(b)

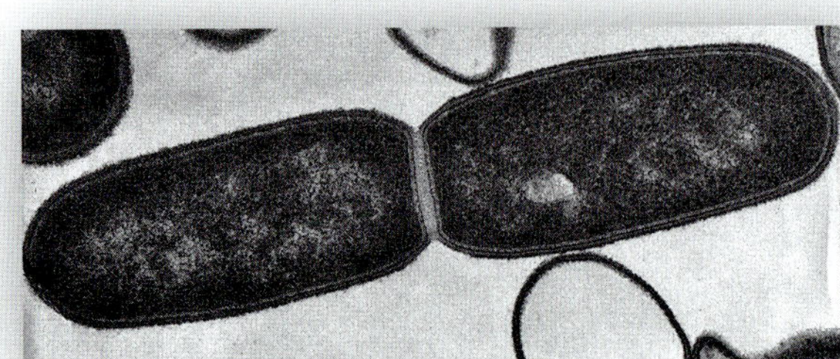

그림 7.1 원핵생물 세포주기.

원핵세포는 이분법에 의하여 분열한다. (a) 세포가 분열하기 전에 원핵생물의 원형 DNA 분자는 복제시작점이라고 하는 한곳에서 복제가 시작되어 양쪽 방향으로 진행한다. 두 복제점이 이동하여 분자의 먼 쪽에서 만나게 되면 복제는 완결된다. 세포는 이분법을 수행하여 2개의 딸세포로 분열된다. (b) 여기에서 원핵세포는 둘로 분열되고 원형질막이 성장하여 조여져 쪼개지려고 한다.

7.2 진핵생물 세포주기 Eukaryotic Cell Cycle

학습 목표 7.2.1 진핵생물 세포주기의 단계를, 간기의 3단계를 포함하여 나열하고 서술한다.

원핵생물의 세포분열은 진핵생물에 비하여 더 복잡하다. 진핵생물은 원핵생물에 비하여 훨씬 많은 DNA를 포함하고 있으며, 진핵생물 DNA는 단백질 둘레를 단단하게 감아서 촘촘한 형태로 응축된 진핵생물 **염색체**로 존재한다. 진핵생물의 세포는 DNA를 분할하기 위하여 유사분열 또는 감수분열을 한다. **유사분열**은 *체세포*(somatic cell)라고 하는 비생식세포에서 일어나는 세포분열 기작이다. **감수분열**은 유성생식을 하는 *생식세포* 계열의 세포(germ-line cell)에서 DNA를 분할한다.

*필수 생물학적 과정 7A*는 진핵생물의 세포주기의 개요를 보여준다.

간기(Interphase). 간기는 3단계로 이루어져 있다.

G_1기. 첫 번째 간기는 세포가 주된 성장을 하는 단계이다. 대부분의 생물에서 이 단계가 세포 생활기의 대부분을 차지한다.

S기. 이 합성(synthesis) 단계에서는 DNA가 복제되어 각각 염색체의 2개의 사본을 생성한다.

G_2기. 두 번째 간기 단계는 미토콘드리아의 복제, 염색체의 응축, 그리고 미세소관의 형성 등으로 세포분열 준비가 시작된다.

M기. 유사분열(mitosis)기는 연속적이지만 4단계로 일어나는 것으로 생각할 수 있으며, 미세소관 기구가 염색체에 부착하여 염색체를 분리한다.

C기. 세포질분열(cytokinesis)기에는 세포질이 분할되어 2개의 딸세포를 생성한다.

개념의 적용

진핵세포의 염색체는 복제되기 전에 응축되나요?

뉴스에서

알츠하이머병(Alzheimer's Disease)은 세포주기와 연관되어 있다. 알츠하이머병은 노인층에 흔하며 뇌 신경세포의 퇴화를 포함한다. 죽어가는 세포는 아밀로이드 반점(amyloid plaque)이라고 하는 생성 원인을 모르는 단백질 덩어리로 막히게 된다. 최근 몇 군데 연구실에서 이러한 중요한 점에 대하여 해결의 실마리를 던져주는 발견을 보고하였다. 그들의 보고는 알츠하이머병의 신경세포 퇴화는 세포주기의 부적절한 조절에 의한 질병으로 보인다는 것이다. 최초로 아밀로이드 침적물이 나타나기 6개월 이전에, cyclin이라고 하는 단백질 같은 세포주기와 관련된 단백질들이 뇌의 전면 피질의 영향을 받는 신경세포 내부에 나타난다. 주목하여야할 중요한 것은 성인의 뇌세포는 정상적으로 분열하지 않는다는 것인데, 발생기 이후 세포는 휴지상태로 들어간다. 명백하게 세포주기의 개시는 아밀로이드 침적과 세포주기에 재진입한 신경세포는 분열하기보다는 죽게 되기 때문에 세포의 사망을 가져온다. 이러한 발견은 유사분열의 변화를 방지하는데 표적을 둔 치료요법은 알츠하이머병의 진행에 중요하고 긍정적인 영향을 미칠 수 있다.

필수 생물학적 과정 7A

세포주기

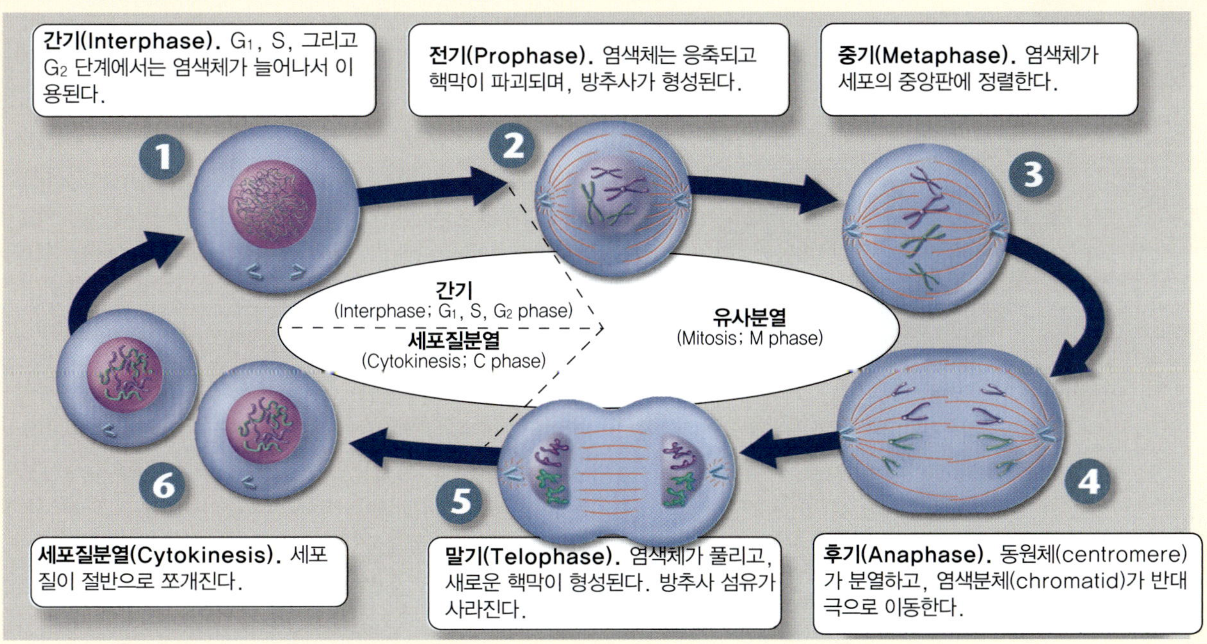

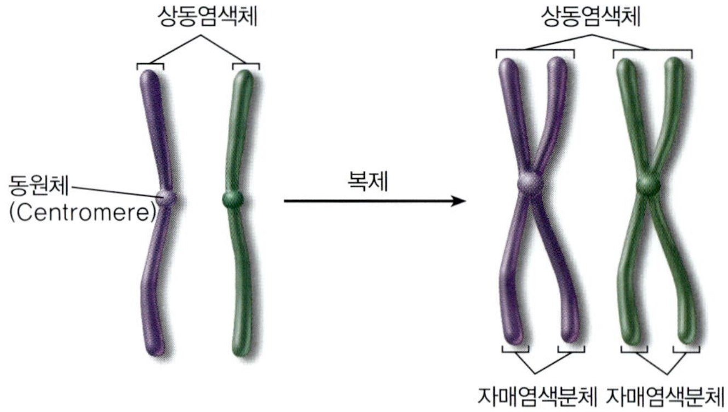

그림 7.2 상동염색체와 딸 염색분체의 차이점.

상동염색체는 동일한 염색체의 짝이다. 자매염색분체는 DNA 복제 이후에 하나의 염색체의 두 복제체가 동원체에 의하여 결합되어 있는 것이다. 복제된 염색체는 X자 형태로 보인다.

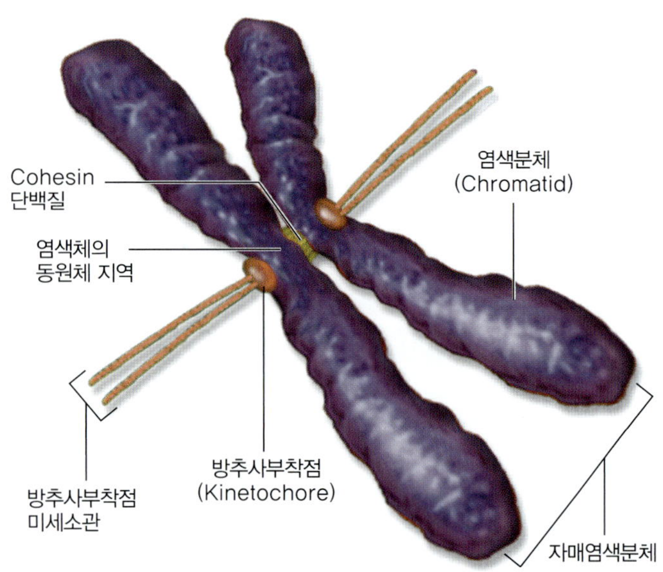

그림 7.3 동원체의 근접한 모습.

동원체는 특정한 단백질에 결합하는 어떤 반복된 DNA 서열을 포함하는 염색체 상의 협착된 부분이다. 이러한 단백질은 동원체라고 하는 판모양의 구조로 이루어져 있으며, 세포분열 중에 염색체를 분리시키는 미세소관이 결합되어 있다. 두 딸 염색분체의 동원체 부분은 cohesin이라고 하는 접착제와 같은 단백질에 의하여 결합되어 있다.

7.3 염색체 Chromosomes

학습 목표 7.3.1 상동염색체와 자매염색분체를 구별한다.

염색체는 1879년 독일 발생학자인 프레밍(Walther Flemming)에 의하여 도롱뇽 유생의 빠르게 분열하는 세포를 검사하면서 최초로 관찰되었다. Flemming이 원시적인 광학현미경으로 세포를 관찰하였을 때, 핵 내에서 길이로 분열하는 것으로 보이는 미세한 실을 보았다. Flemming은 그 분열을 그리스어로 "실"이라는 의미인 *mitos*에 기초하여 *유사분열*(mitosis)이라고 불렀다.

염색체 수 Chromosome Number

최초로 발견된 이후 염색체는 조사한 모든 진핵세포에서 발견되었다. 그 수는 종에 따라서 크게 변화할 수 있다. 오스트레일리아의 개미인 *Myrmecia* spp., 북아메리카 사막에서 자라는 해바라기의 일종인 *Haplopappus gracilis*, 그리고 진균인 *Penicillium*(푸른곰팡이)은 한 쌍의 염색체만을 가지고 있으며, 일부 양치류는 500쌍 이상을 가지고 있다. 대부분의 진핵생물은 세포 내에 10개에서 50개의 염색체를 가진다.

상동염색체 Homologous Chromosomes

염색체는 체세포에서 **상동염색체**(homologous chromosomes) 또는 **상동체**(homologues)라고 불리는 짝으로 존재한다. 상동염색체는 서로 정보가 다를 수 있지만 각각의 염색체의 동일한 위치에 동일한 형질에 관한 정보를 운반한다(9장에서 자세하게 다루게됨). 각각 유형의 염색체를 2개씩 가지고 있는 세포를 **배수체 세포**(diploid cells)라고 부른다. 각 쌍의 하나의 염색체는 어머니로부터 유전되었으며(그림 7.2의 녹색), 다른 하나는 아버지로부터 유전되었다(자주색). 세포분열 전에 각각의 상동염색체는 복제되어 **자매염색분체**(sister chromatids)라고 하는 동일한 사본을 형성한다. 딸 염색분체는 **동원체**(centromere)라고 하는 각각의 염색체 중앙에 있는 원형 손잡이 같은 구조를 가진 특별한 연결부위에 의하여 복제된 이후에도 서로 연결되어 있다(그림 7.3). 인간의 체세포는 23쌍의 상동염색체인 총 46개의 염색체를 가지고 있다. 유사분열 전 복제된 상태에서 세포는 아직 23쌍의 상동염색체를 가지고 있지만, 각각의 염색체는 복제되어 2개의 딸 염색분체로 구성되어, 총 92개의 염색분체를 가진다. 복제된 자매염색분체는 생물에서 염색체의 수를 세는데 혼란을 가져올 수 있지만, 동원체의 수는 복제에 의하여 증가하지 않는다는 것을 명심하고, 따라서 염색체의 수는 항상 단순히 동원체의 수를 세는 것으로 측정할 수 있다.

46개의 인간 염색체는 크기, 형태, 동원체의 위치 등을 비교하여 상동염색체로 짝지어질 수 있다. 염색체의 배열을 **핵형**(karyotype)이라고 한다. 인간 핵형의 예를 그림 7.4에 나타내었다. 인간이 생존하기 위해서는 염색체 46개가 모두 필요하다. 하나의 염색체만 부족하더라도 이를 홑염색체(monosomy)라고 하며, 배의 발달단계에서 보통 생존하지 못한다. 염색체 중 하나라도 사본이 하나 더 있으면 3염색체성(trisomy)라고 하는데, 이 또한 인간의 배아가 올바르게 발달할 수 없다. 일부 치명적이지 않은 매우 작은 염색체에서도 3염색체는 심각한 문제를 초래할 수 있다.

개념의 적용

여러분의 손가락 세포는 몇 개의 염색체를 가지고 있을까요?

염색체의 구조 Chromosome Structure

학습 목표 7.3.2 염색체를 도해하고 그 기능에 대하여 토의한다.

염색체는 **염색질**(chromatin)로 이루어져 있으며, 염색질은 40% 정도가 DNA이고 60% 정도가 단백질인 DNA와 단백질의 복합체이다. 염색체는 RNA 합성이 일어나는 장소이기 때문에 염색체에는 상당한 양의 RNA도 결합되어 있다. 염색체의 DNA는 염색체 전체 길이에 걸쳐 끊어져 있지 않고 연장되어 있는 매우 긴 2가닥의 섬유이다. 전형적인 인간 염색체는 DNA에 1억4천만(1.4×10^8) 개의 뉴클레오티드를 포함하고 있다. 더 나아가, 염색체 하나의 DNA 가닥을 일직선으로 펼치면 길이가 5cm에 이른다. 인간 염색체 하나가 가지고 있는 정보량은 인쇄된 1천 쪽의 책 2천 권에 해당하는 방대한 양이다! 이러한 가닥을 핵에 집어넣는 것은 야구공에 축구장 길이의 선을 억지로 밀어 넣는 것이며, 이는 46개 염색체 중에서 단지 하나에 해당하는 것이다. 그렇지만 세포 내에서 DNA는 감겨서 다른 방법으로는 불가능한 작은 공간에 들어가도록 허용된다.

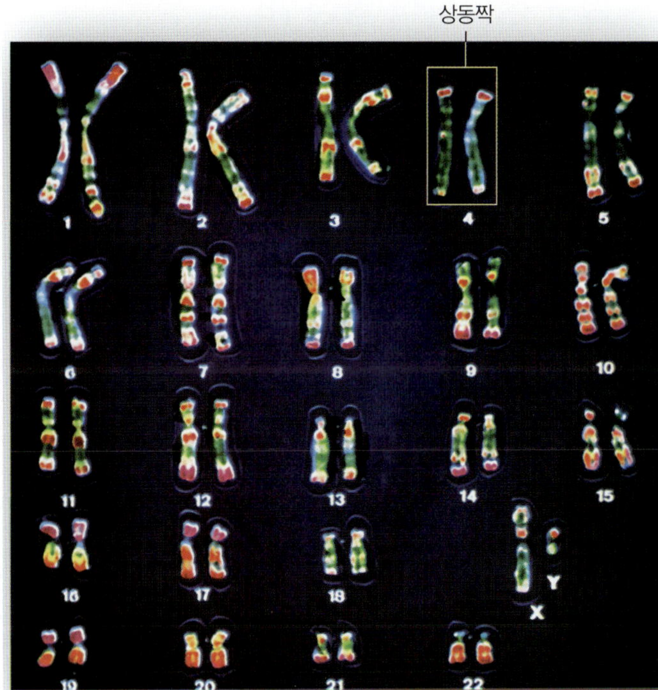

그림 7.4 인간의 46개의 염색체.

이 사진에는 인간 남성 염색체 각각의 사진을 오려내어 서로의 상동염색체와 짝지어서 핵형이라고 부르는 조직화된 전시를 하였다. 염색체는 복제된 상태이며, 대부분의 상동염색체 짝에서 딸 염색분체를 볼 수 있다. 염색체들의 상이한 크기와 형태는 과학자들이 상동짝을 찾을 수 있도록 한다. 에를 들어, 1번 염색체는 14번 염색체에 비하여 크며, 동원체가 염색체의 중앙에 가깝게 위치한다.

염색체의 감기 Chromosome Coiling

진핵생물 DNA는 그림 7.4의 딸 염색분체에서 볼 수 있듯이 긴 DNA 가닥을 훨씬 촘촘한 형태로 감고 꼬아서 염색체를 형성한다. DNA를 감는 것은 흥미있는 도전이다. DNA 분자의 인산기는 음전하를 가지고 있기 때문에, 음전하는 서로 반발하여 DNA를 단지 단단하게 감는 것은 불가능하다. 그림 7.5에서 볼 수 있듯이, DNA 2중 나선은 **히스톤**(histone)이라고 하는 양전하를 가진 단백질 둘레를 둘러싼다. 히스톤의 양전하는 DNA의 음전하를 상쇄하여 복합체는 순전하를 가지지 않는다. 200개의 뉴클레오티드마다 DNA 2중 나선은 8개의 히스톤 단백질 핵심에 감겨서 **뉴클레오솜**(nucelosome)이라고 하는 복합체를 형성한다. 뉴클레오솜은 관형의 코일로 더 감긴다. 관형의 코일은 고리모양의 영역으로 조직화된다. 염색체의 최종 조직은 알려져 있지 않지만, 이미 존재하는 단백질 비계 주위에 장미꽃 형태로 방사선으로 고리를 형성하는 것을 포함하는 것으로 보인다. DNA와 히스톤 단백질의 복합체는 단단하게 감겨서 촘촘한 염색체를 형성한다.

개념의 적용

DNA가 감기기 위해서는 왜 양으로 하전된 히스톤(histone) 단백질이 필요한가?

그림 7.5 진핵생물 염색체 조직의 단계.

촘촘하고 막대모양의 염색체는 사실상 고도로 감긴 DNA 분자이다. 여기에 나타낸 배열은 수많은 가능성 중에서 하나이다.

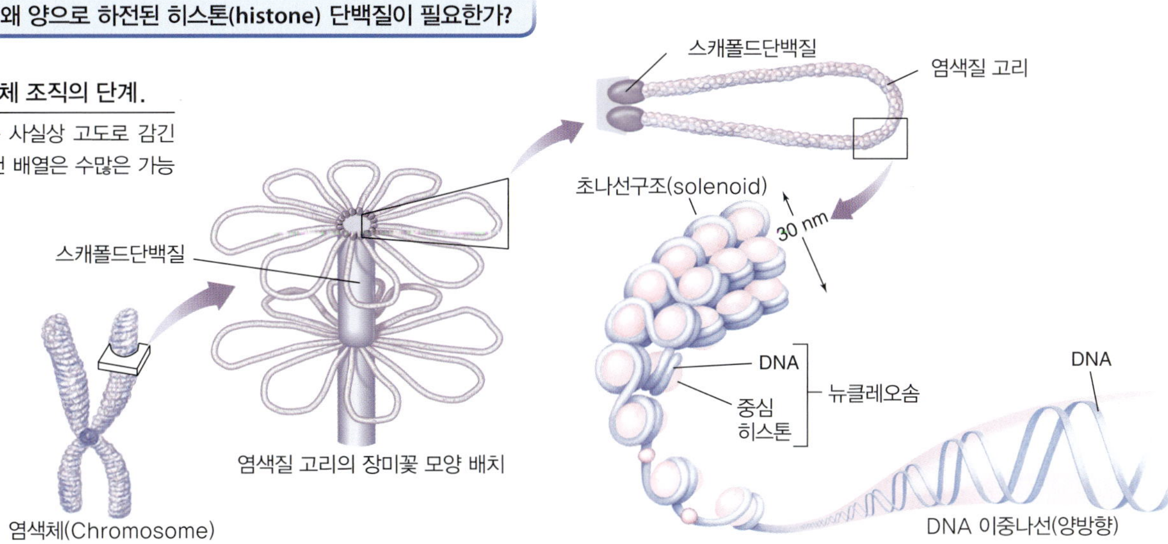

필수 생물학적 과정 7B

세포분열

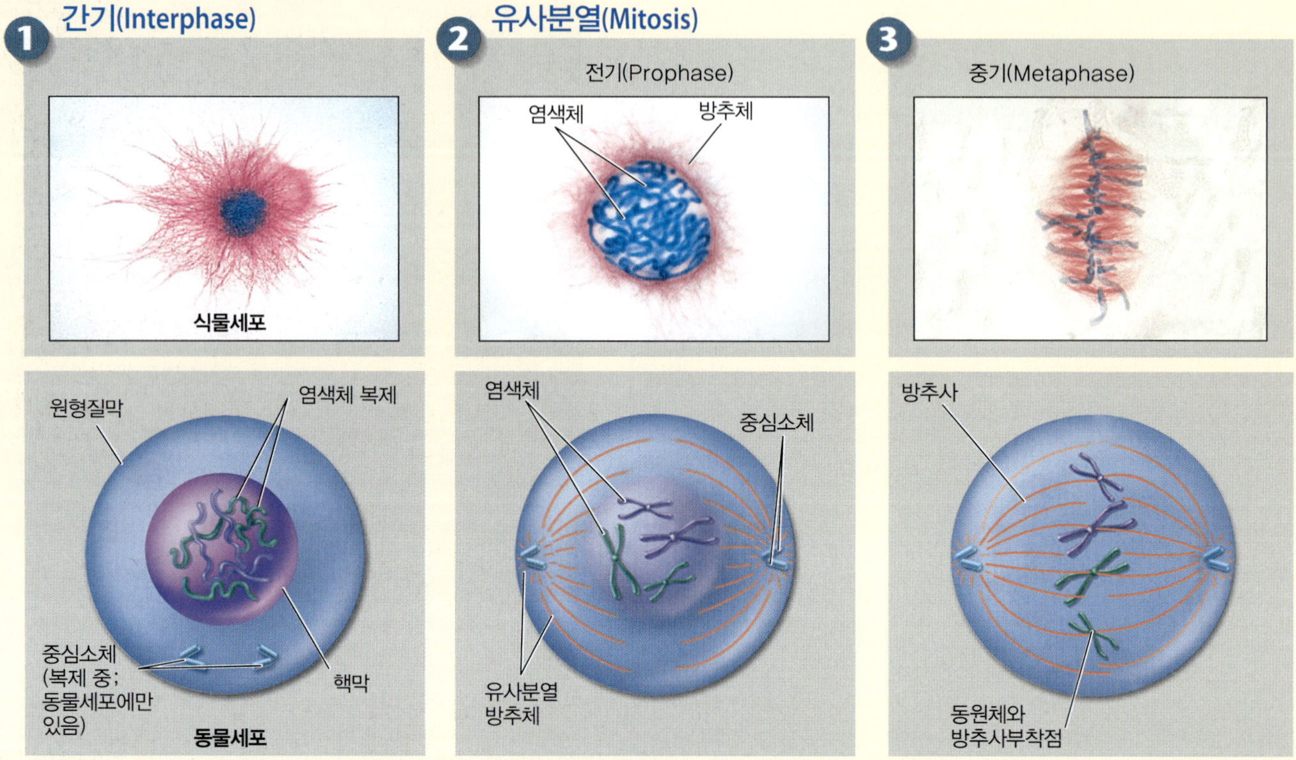

DNA가 복제되고 응축되기 시작한다. 중심체도 존재하면 복제되며, 세포는 분열을 위한 준비를 한다.

핵막이 해체되기 시작한다. DNA는 더욱 응축되어 염색체가 된다. 유사분열 방추체가 형성되기 시작하며, 전기의 후반부에 완결된다.

염색체는 세포 중앙의 판에 정렬한다. 방추사는 중심립의 반대편에 있는 동원체에 부착된다.

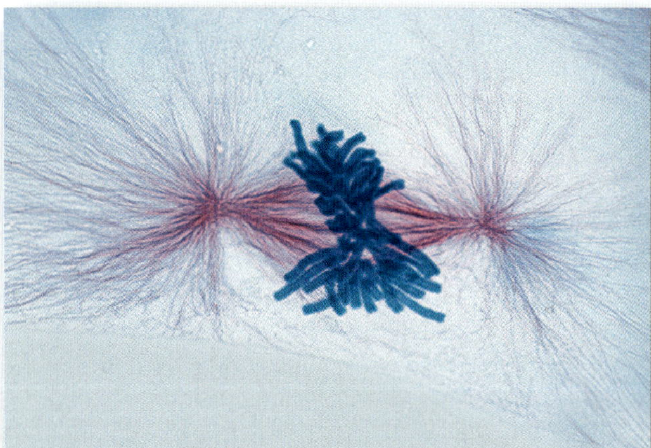

그림 7.6 중기 때의 세포의 염색체.

위의 세포는 오레곤 소형 도롱뇽인 *Taricha granulosa*의 분열하는 세포이다. 사진은 중기의 세포에서 푸른색으로 염색된 모든 염색체들이 적도판에 정렬한 모습이다. 곧 붉은 색으로 염색된 방추사가 상동염색체의 복제된 염색체들을 세포의 반대쪽 극으로 당기게 된다.

7.4 세포분열 Cell Division

학습 목표 7.4.1 유사분열의 단계를 설명한다.

간기 Interphase

간기에 세포분열이 시작하면(*필수 생물학적 과정 7B의 그림판 1*), 염색체는 먼저 복제되며, **응축**(condensation) 과정에 의하여 단단하게 감기기 시작한다. 염색체는 간기에는 보통 현미경으로 관찰이 되지 않는다.

유사분열 Mitosis

전기(Prophase): **유사분열의 시작**. **전기**에는(*그림판 2*) 각각의 응축된 염색체가 광학현미경으로 처음 보이기 시작한다. 복제된 염색체가 응축되면, 세포는 핵막을 해체하며 2개의 동원체(동물에서는 중심소체)는 복제된 딸 염색분체를 반대쪽 말단(극)으로 당기는데 이용될 기구를 조립하기 시작한다. 동물세포의 중앙에서는, 중심소체의 쌍이 분리되어 세포의 반대 극으로 이동하여, 그들 사이를 분리하는 **방추체**(spindle)라고 하는 단백질 밧줄의 망을 형성한다. 각각의 밧줄은 *방추사*(spindel fiber)라고 하며 미세소관이라

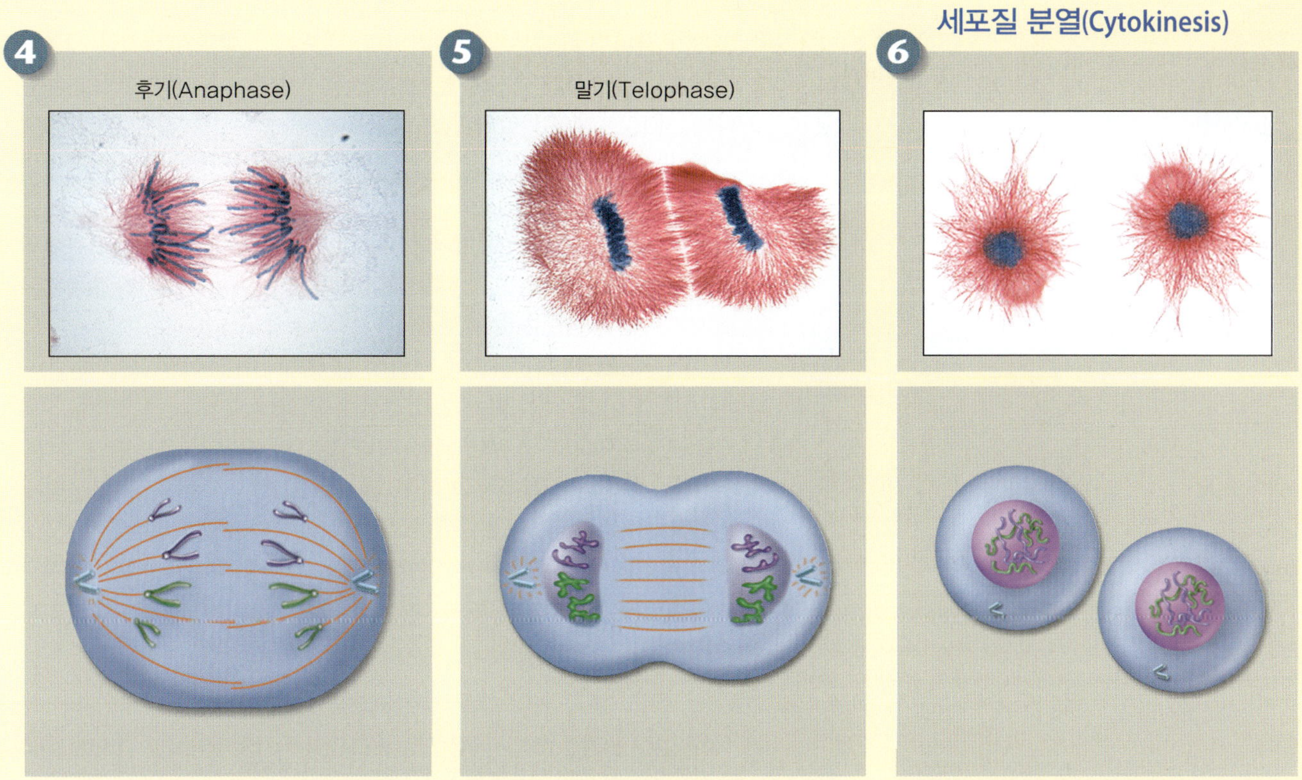

중심립이 복제된다. 딸 염색분체는 분리되어 반대편 글으로 이동한다.

핵막이 다시 나타난다. 염색체가 응축된다. 말기가 진행하면서 세포질분열도 나타난다.

세포질분열에서 2개의 딸세포가 형성된다. 각각의 딸세포는 모세포의 복제이며 2배체이다.

고 하는 매우 길고 비어있는 단백질 관으로 이루어져 있다. 식물세포는 중심소체가 없으며 방추체의 끝을 극 쪽으로 떠받친다. 방추사는 염색체에 부착되며, 이 과정이 완결되면 각 쌍의 하나의 딸 염색분체는 미세소관에 의하여 하나의 극에 부착되며 다른 딸 염색체는 다른 극에 부착된다.

중기(Metaphase): **염색체의 정렬**. 유사분열의 두 번째 단계인 **중기**는 각각 한 쌍의 딸 염색분체로 구성된 염색체는, 적도판이라고 하는 세포를 반으로 분할하는 상상의 판을 따라, 세포 가운데에 정렬한다. 동원체에 부착된 미세소관은 세포의 반대쪽 극으로 다시 신장된다(그림 7.6).

후기(Anaphase): **염색분체의 분리**. **후기**에는 동원체가 분리되며 딸 염색분체는 서로 자유로워진다. 세포분열은 이제 미세소관을 감아 들여서 염색분체(이제는 딸 염색체로 불림)를 극으로 끌어당기는 일만 남았다.

말기(Telophase): **핵의 재형성**. **말기**에는 유사분열 방추체가 해체되고, 염색체가 다시 풀리기 시작하면서 주변에 핵막이 형성된다. 핵인도 다시 나타난다.

개념의 적용

간기 이후에 세포는 얼마나 많은 수의 염색분체를 가지게 되는가?

진화

초미소 벌이 분열하는 세포를 공격한다. 암은 세포주기를 조절하는 유전자가 손상을 입어, 보통은 세포분열을 억제하는 제동장치가 풀릴 때 발생한다. 2011년에 워싱턴 대학의 연구자들은 빠르게 분열하는 암세포를 직접 공격하는 강력하고 새로운 암 치료법을 발표하였다. 그 연구는 벌이 침의 희생양에게 주입하는 멜리틴(melittin)이라는 단백질의 특히 강력한 독을 이용하였다. 연구자들은 이 독을 나노 크기의 입자(지질로 코팅된 과불화탄소 구슬)에 부착하였다. 독소가 부착된 나노입자가 종양에 주입되면, 암세포는 입자를 흡수한다. 세포 안으로 일단 들어가면, melittin 단백질은 내부막에 구멍을 뚫어서 세포가 사멸될 때까지 세포의 내부를 갉아먹는다. 암세포가 대부분의 항암제에 대하여 내성을 발달시키지만, melittin이 세포를 파괴하기 위하여 사용하는 기작을 회피하는 방법을 찾기는 어렵다. 이러한 초미세 벌을 이용하여 연구자들은 이미 흑색종 종양의 크기를 88% 감소시키는데 성공하였다.

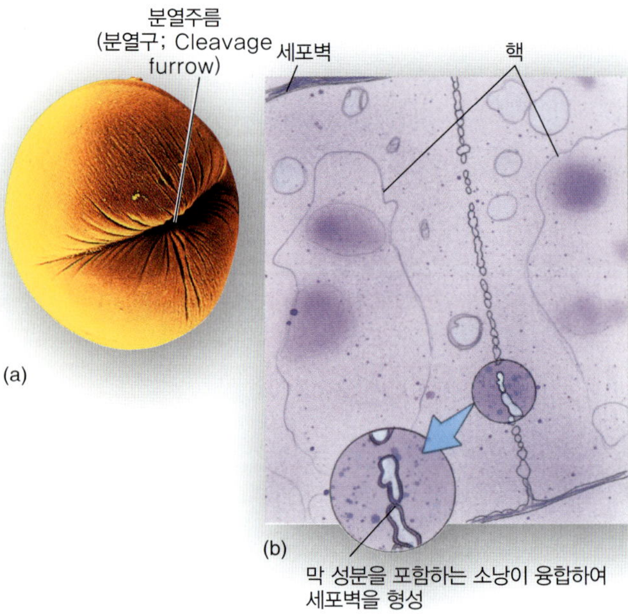

그림 7.7 세포질 분열(Cytokinesis).

유사분열 이후에 일어나는 세포질 분열은 세포를 대략 절반으로 쪼갠다. (a) 성게 알과 같은 동물세포에서는, 분열주름이 분열하는 세포 주면에 형성된다. (b) 분열하는 식물세포에서는 새로 생성되는 딸세포 사이에 세포판이 형성된다. 납작한 액포가 이중막을 형성하여, 이중에 하나는 각각 딸세포의 일부분이 되는 것을 주목하시오.

세포질 분열 Cytokinesis

학습 목표 7.4.2 식물세포와 동물세포의 세포질 분열을 대조한다.

말기가 끝나면 유사분열이 완결된다. 세포는 복제된 염색체를 세포의 반대쪽 끝에 위치한 2개의 핵으로 분리한다. 유사분열이 끝나면 세포질 분열이 일어나며, 세포는 거의 동일한 반으로 쪼개진다. *필수 생물학적 과정 7B*의 마지막 그림판에 나타낸 2개의 딸세포의 형성으로 세포분열이 끝나게 된다.

동물세포에서는 세포벽이 없으며, 세포질 분열은 수축하는 액틴 섬유에 의하여 세포가 둘로 조여져서 이루어진다(그림 7.7*a*). 수축이 진행되면 *분할주름*이 세포의 주변으로 명확하게 나타나며, 액틴 띠의 직경이 감소하면서 점진적으로 안쪽으로 조여지게 된다.

식물세포는 액틴 섬유에 의하여 변형되기에는 너무 강한 단단한 세포벽을 가지고 있다. 따라서 세포질 분열을 위하여 다른 접근방법이 진화하였다. 식물세포는 유사분열 방추체와 직각으로 막 성분을 조립한다. 그림 7.7*b*에서 서로 융합되는 액포에 의하여 딸세포 사이에 새로운 막이 어떻게 축적되는가를 볼 수 있다. *세포판*이라고 하는 확장되는 구획은 바깥쪽으로 성장하여 원형질막의 내부 표면에 도달하여 융합하며, 이 시점에서 세포는 둘로 실제적으로 분할되었다. 새로운 막에 셀룰로오스가 축적되어 2개의 새로운 세포에 세포벽을 형성한다.

개념의 적용

여러분은 그림 7.7*b*에서 형성되는 세포판이 각각의 딸세포에 대하여 2개의 세포벽을 어떻게 분할하여 형성한다고 생각하는가?

세포의 사멸 Cell Death

학습 목표 7.4.3 계획된 세포 사멸이 인간 개인의 생명에 작용하는 역할에 대하여 설명한다.

분열할 수 있는 능력에도 불구하고 어떤 세포도 영원히 생존할 수 없다. 삶의 파괴행위는 세포의 기계를 서서이 벗겨나간다. 손상된 부분은 어느 정도까지는 대체될 수 있지만, 어느 대체과정도 완벽하지 못하다. 음식물의 공급이 차단되면, 동물세포는 리소좀 막을 유지하는데 필요한 에너지를 획득하지 못하여, 자신의 효소에 의해 내부로부터 소화되어 사멸하게 된다.

태아기 발달하면서 많은 세포들은 계획적으로 사망하게 된다. 인간의 배아에서 손과 발은 처음에는 주걱(그림 7.8)처럼 나타나지만, 뼈 사이의 피부세포가 죽어서 분리된 발가락과 손가락을 형성하도록 예정되어 있다. 오리에서는 이러한 세포의 사망이 발달단계에 포함되어 있지 않기 때문에, 오리는 물갈퀴로 되어있는 발을 가지게 된다.

인간의 세포는 유전자에 적혀있는 계획에 따라서, 정해진 횟수만큼만 분열을 하고 사망하도록 예정되어 있다. 조직배양에서 세포계열은 약 50회 정도 분열을 하고, 전체 세포가 사망한다. 일부 세포를 여러해 동안 냉동하더라도, 해동하면 그만둔 곳에서 다시 시작하여 계획에 따라 사망한다. 오로지 암세포만이 이러한 지시에 맞서서 끝없이 분열하는 것으로 보인다. 여러분 신체에 있는 그 외의 모든 다른 세포들은 세포분열 횟수를 측정하여 시간을 재는 숨겨진 시계를 포함하고 있어서, 알람이 울리면 세포는 사멸하게 된다.

개념의 적용

만약 인간의 세포가 50번만 분열한다고 하면, 최초 하나의 세포로부터 성인에 있는 100조 개의 세포를 생성하는데 충분한가요?

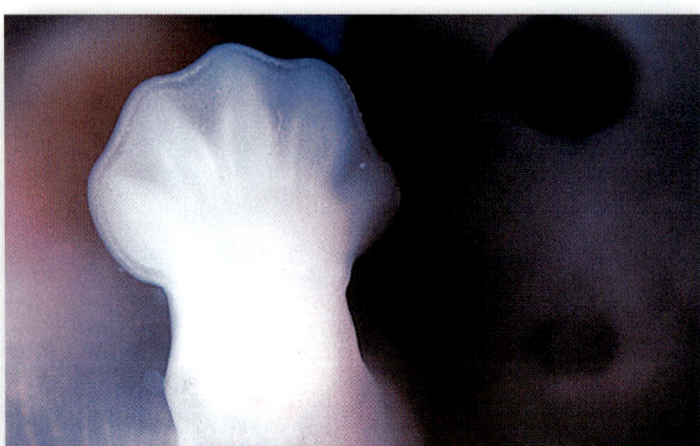

그림 7.8 계획된 세포 사멸.

인간의 배아에서 계획된 세포 사멸은 주걱 같은 손과 발로부터 손가락과 발가락이 형성될 수 있도록 한다.

암과 세포주기 Cancer and the Cell Cycle

7.5 암은 무엇인가? What Is Cancer?

학습 목표 7.5.1 돌연변이가 어떻게 암과 연관이 되어있는지 설명하고, 가장 많이 관련된 유전자들을 기술한다.

암(Cancer)는 세포 성장에 혼란이 오는 것이다. 암은 겉보기에 정상적인 세포가 통제할 수 없는 방식으로 분열을 시작할 때 발생한다. 그 결과 지속적으로 크기가 확장되는 **종양**(tumor)이라고 불리는 세포의 집단이 초래된다. 그림 7.9의 분홍색 폐 세포 무리는 *암종*(carcinoma)이라고 하는 악성 종양을 형성하기 시작하였다. 악성종양은 침투성이 있으며, 세포가 종양에서 떨어져 나와, 혈류로 들어가서 신체의 다른 부위로 전파되어(그림 7.10), 멀리 떨어진 장소에 **전이**(metastasis)라고 하는 새로운 종양을 형성한다.

암은 어쩌면 가장 파괴적이고 치명적인 질병일 것이다. 우리들의 대부분은 암에 영향을 받은 가족이나 친구를 가지고 있다. 2010년에 미국인의 1백50만 명의 남녀가 암 진단을 받았으며, 그 해에 50만 명의 미국인이 암으로 사망하였다. 미국인 둘 중 한명은 일생을 거쳐 결장암, 직장암, 유방암 등 어느 종류든 암 진단을 받을 것이다. 암 사망의 대부분을 차지하는 폐암은 대체적으로 예방이 가능하며, 대부분의 경우 흡연에 의하여 초래된다. 결장직장암은 미국에서 매우 선호되는 육식 식단에 의하여 촉진되는 것으로 보인다. 유방암의 원인은 아직까지 수수께끼이다.

당연히 연구자들은 암의 원인을 규명하기 위하여 엄청난 노력을 경주하고 있다. 과학자들은 지난 30년 동안에 분자생물학적 기술을 이용하여 괄목할만한 진보를 이루었으며, 이제 대략적인 이해를 하기 시작하고 있다. 우리는 암이 체세포의 유전적인 장애이며, 손상을 받은 유전자들이 세포 성장과 분열을 적절히 통제할 수 없는 것이다. 세포분열 주기는 성장인자라고 하는 복잡한 단백질의 집단에 의하여 조절된다. 암은 이러한 단백질을 암호화하는 유전자의 결함으로 초래된다. 이러한 유전자에 대한 손상과 같은 DNA의 손상은 **돌연변이**(mutation)라고 불린다. 담배 연기의 타르와 같은 DNA를 변형시키는 화학물질(흡연과 폐암과의 관계에 대해서는 15장 "호흡; Respiration"에서 자세히 다루기로 한다), 자외선과 같은 DNA를 손상시키는 환경요인, 또는 어떤 경우에는 세포의 정상적인 생장과 분열 통제를 회피할 수 있는 바이러스 등에 의하여 유발될 수 있다.

> 돌연변이는 10장 DNA에서 자세하게 다루게 될 DNA의 오류이다. DNA의 손상은 DNA 복제시에 종종 부정확한 뉴클레오티드가 삽입되는 것을 포함하며, 이는 DNA에 암호화된 정보를 변경시킨다.

보통 암과 관련된 성장인자 유전자에는 원종양유전자(proto-oncogene)와 종양억제유전자(tumor-suppressor) 2종류의 일반적인 계열이 있다. **원종양유전자**(proto-oncogene)로 알려진 유전자는 세포분열을 자극하는 단백질을 암호화한다. 이러한 유전자를 활성화시키거나 기능을 증진시키는 돌연변이는 세포분열을 가속화하여, 돌연변이 세포가 과도하게 분열하도록 한다. 돌연변이를 일으킨 원종양유전자는 **종양유전자**(oncogene)라고 하는 암을 유발하는 유전자가 된다.

두 번째 계열의 암을 유발하는 유전자는 **종양억제유전자**(tumor-suppressor gene)라고 한다. 건강한 세포에서는 보통 종양억제유전자에 의하여 암호화된 단백질에 의하여 세포분열이 일어나지 않도록 통제된다. 이러한 유전자의 돌연변이는 세포분열의 제동장치를 해제하여, 이러한 돌연변이 유전자를 가진 세포가 통제되지 않고 분열하도록 한다. 암세포 계열에서는 세포 주기가 절대로 멈추지 않는다.

개념의 적용

어떤 것들이 암을 시작하게 하는 DNA의 손상을 가져올 수 있는가?

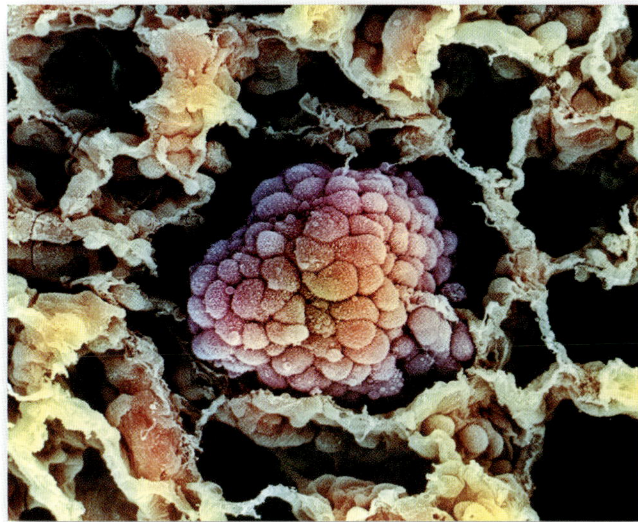

그림 7.9 폐암 세포(300x).

이 세포들은 사람 허파의 폐포(alveolus)에 위치한 종양에서 온 것이다.

여러분에게 의미하는 것

2010년 미국에서 157,300명이 폐암으로 사망하였으며, 그들 거의 대부분이 흡연자였다. 하루에 한갑을 피우는 흡연자의 7.5%가 처음 흡연을 시작하고 30년 이내에 사망한다. 이는 13명 중 한명이다. 여러분은 흡연을 하나요? 여러분의 친구는? 이러한 위험을 정당화할 수 있는 이유를 생각할 수 있나요?

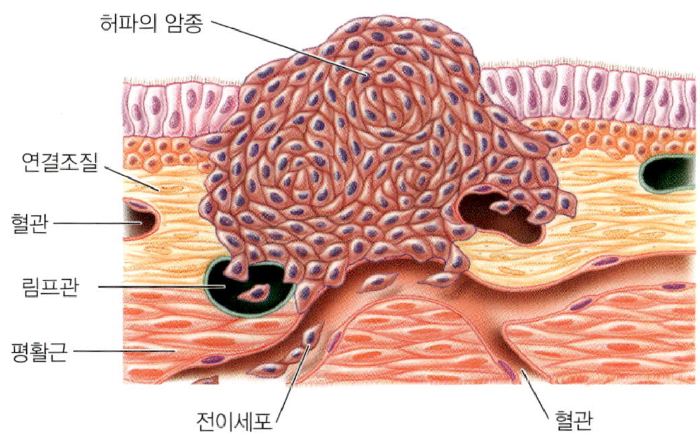

그림 7.10 종양의 묘사.

이 세포의 덩어리는 사람 허파의 내부 표면에 배열되어 있는 상피세포에서 발달하고 있는 암종(carcinoma)이다. 세포의 덩어리가 성장하면서, 주변 조직을 침투하며, 궁극적으로는 허파 내부에 풍부한 림프관과 혈관을 침투한다. 이러한 혈관은 전이성 암세포를 온몸에 운반하며, 자리를 잡고 성장하여 새로운 암 조직의 덩어리를 형성한다.

암 치료

미국인의 절반은 생애의 어느 시기에는 암과 직면하게 될 것이다. 잠재적인 암 치료요법이 많은 방면에서 개발되고 있다. 어떤 것들은 세포 내에서 암이 시작되지 않도록 방지하는 작용을 한다. 다른 방법은 외부에서 작용하여, 종양이 성장하고 전파되는 것을 방지한다. 오른편 그림은 암 치료법 개발을 위한 표적 영역을 나타낸다. 이러한 각각의 영역에 대하여 검토해본다.

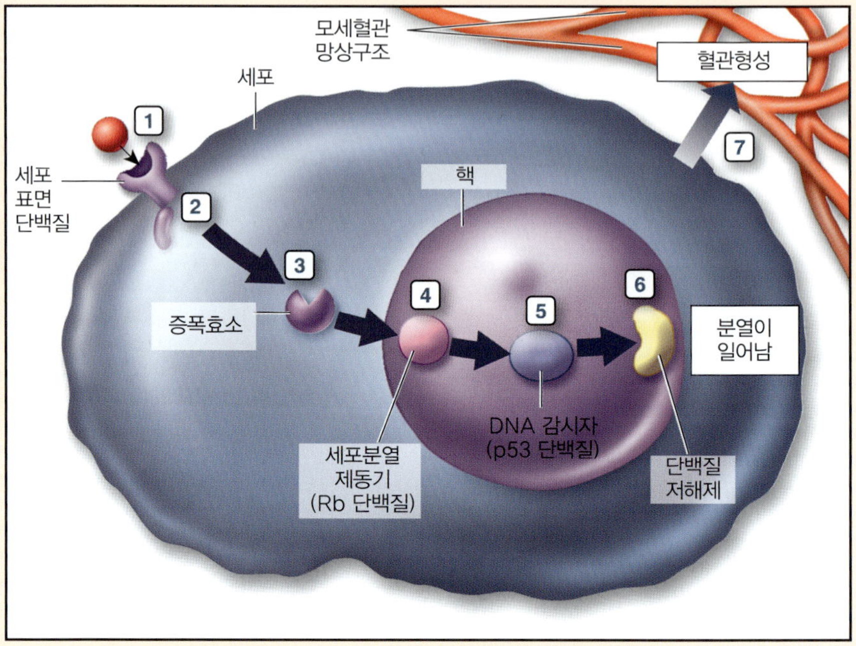

암 과정에서 7가지 다른 단계

(1) 세포 표면에서 생장인자의 분열 신호가 증가한다. (2) 세포 내부에서 분열신호를 전달하는 단백질 중계스위치가 항상 켜져 있다. (3) 세포질에서 신호를 증폭하는 효소가 훨씬 더 증폭된다. 핵에서 (4) DNA 복제를 방지하는 제어장치가 동작하지 않거나, (5) DNA 손상을 검사하는 단백질이 불활성화 되거나, 그리고 (6) 염색체 끝의 신장(elongation)을 저해하는 다른 단백질들이 파괴된다. (7) 새로운 종양이 성장을 촉진하는 새로운 혈관의 형성(angiogenesis)을 촉진한다.

암의 시작을 방지하기

많은 유망한 암 치료요법은 잠재적인 암세포 내에서 작용하여, 세포가 분열할지를 결정하는 과정의 다양한 단계에 초점을 맞춘다.

1 분열 신호를 수용하기. 결정 과정의 첫 단계는, 보통 인접한 세포에서 방출되는 성장인자라고 하는 작은 단백질 분자인 분열 신호를 수용하는 것이다. 그림의 #1의 붉은색 공으로 나타낸 성장인자는 세포 표면의 단백질 수용체에 의하여 수용된다. 문을 두드리는 것처럼, 성장인자가 도착하면 분열할 때라는 것을 신호한다. 세포 표면의 수용체 숫자를 증가시키는 돌연변이는 분열 신호를 증폭하여 암을 발생시킨다. 유방암의 20% 이상은 상피성장인자(epidermal growth factor, EGF) 수용체와 연관된 HER2라는 단백질을 과잉생산하는 것으로 증명되었다.

결정과정의 이 단계에 목표를 둔 치료요법은 암세포를 공격하는 인간의 면역시스템을 이용한다. 유전공학에 의하여 생성된 *단일클론 항체*라고 불리는 특별한 단백질 분자가 치료제이다. 이러한 단일클론 항체는 HER2를 추적하여 부착하도록 고안되었다. 붉은 깃발을 흔드는 것처럼, 단일클론 항체의 존재는 면역체계가 HER2 세포를 공격하도록 한다. 유방암 세포는 HER2를 과잉생산하기 때문에, 우선적으로 살해된다. 생물공학 연구회사인 Genentech의 herceptin이라고 하는 최근에 승인된 단일클론 항체는 임상실험에서 가능성이 있는 결과를 도출하였다.

직장암, 전립선암, 폐암, 그리고 두경부암의 70% 정도까지는 연관된 수용체인 HER1이라고 하는 상피성장인자1의 사본을 과잉으로 가지고 있다. 단일클론 항체인 C225는 HER1을 겨냥하며, 초기 임상 시도에서 과거에는 불치성의 진행된 직장암을 22% 수축하는데 성공하였다. HER1을 봉쇄하는 것은 암세포가 화학요법이나 방사선요법으로부터 회복하는 능력을 방해하는 것으로 보인다.

2 중계스위치를 통하여 신호를 통과시키기. 결정과정의 두 번째 단계는 신호를 세포 내부의 세포질로 통과시키는 것이다. 이는 정상세포에서 중계스위치로 작용하는 그림의 #2인 Ras라는 단백질에 의하여 수행된다. 성장인자가 EGF와 같은 수용체와 결합하면, 인접한 Ras 단백질은 자극을 받은 것처럼 새로운 형태로 변형된다. 새로운 형태는 화학적으로 활성을 가지며, 분열 신호를 핵의 내부로 전달하는 반응의 연쇄작용을 시작한다. 변형된 형태의 Ras 단백질은 작동 위치에 고정된 중계스위치처럼 행동하여, 분열하지 않아야할 세포가 계속 분열하도록 지시를 한다. 모든 암의 30%가 변형된 형태의 Ras를 가지고 있다. 현재까지 이 과정을 표적으로 하는 효과적인 치료법은 개발되지 않았다.

3 신호의 증폭. 결정과정의 세 번째 단계는 세포질 내부에서 신호를 증폭하는 것이다. 원거리에서 TV 신호를 수신하려면 증폭이 필요한 것처럼, 분자 규모에서는 매우 긴 여행인 세포 내부에 있는 핵에 도달하기 위해서는 분열 신호의 증폭이 꼭 필요하다. 신호를 핵까지 보내기 위해서 세포는 일종의 조랑말 속달우편을 채택한다. 이 경우 조랑말은 *티로신 키나아제*라고 하는 #3의 효소이다. 이 효소는 단백질 집단에 인산기를 첨가하는데, 오로지 tyrosine이라고 하는 아미노산에만 첨가한다. 세포의 어느 다른 효소도 이러한 작용을 하지 않으며, 티로신 키나아제는 주변에서 일어나는 무수한 다른 분자활동에 혼선되지 않는 선발된 신호수송체의 군단을 형성한다.

세포는 신호가 핵으로 이동하면서 증폭하기 위하여 교묘한 요술을 이용한다. Ras는 켜져 있을 때, 최초의 단백질 키나아제를 활성화시킨다. 이 단백질 키나아제는 다른 단백질 키나아제를 활성화시키며, 활성화된 단백질 키나아제는 다른 효소를 활성화시킨다. 이 요술은 일단 단백질 키나아제가 일단 활성화되면 귀신처럼 작용하여 매초 수많은 다른 단백질을 활성화시킨다. 활성화된 모든 단백질들은 각각 더 많은 단백질을 활성화시켜, 폭포처럼 계속 증가하는 효과를 나타낸다. 중계되는 각 단계에서 신호는 수천 배로 확대된다.

단백질 키나아제의 어느 것이라도 자극하는 돌연변이는 이미 증폭된 신호를 위험수준으로 증가시켜 암을 유발한다. 32개의 내부 티로신 키나아제 중에서 15개 정도는 암에 관련되어 있는 것으로 나타났다. 모든 암의 5%는 예를 들면 단백질 키나아제인 Src의 과잉활동성 돌연변이를 가지고 있다. 문제는 돌연변이가 티로신 키나아제 하나를, 현관의 초인종이 들러붙어 계속 울리는 것처럼, "ON"위치에 고정되도록 할 때 시작된다.

암을 치료하기 위해서는 초인종을 끌 방법을 찾아야만 한다. 각각의 신호운반체는 상이한 문제점을 나타내기 때문에, 세포가 필요로 하는 다른 모든 신호경로를 제거하지 않고 조용하게 해야만 한다. 단일클론 항체인 Gleevec이라고 하는 암 치료제는 abl이라고 하는 티로신 키나아제의 홈에 맞도록 정확한 형태를 가지고 있다. abl을 작동위치에 고정시키는 돌연변이는 백혈구 암의 치명적인 형태인 만성 골수성 백혈병에 책임이 있다. Gleevec은 abl을 완전히 무력화시켰다. 임상실험에서 90% 이상의 사례에서 백혈구 수치가 정상으로 회복되었다.

4 제동장치를 해제하기. 결정과정의 네 번째 단계는 세포가 세포분열을 억제하기 위하여 사용하는 제동장치를 제거하는 것이다. 건강한 세포에서 제동장치인 Rb라고 하는 종양억제 단백질은 E2F라고 하는 그림의 #4 단백질의 활동을 차단한다. 정상적인 세포분열은 Rb가 저해되어 E2F를 놓아줄 때 시작이 유발된다. Rb를 파괴하는 돌연변이는 E2F의 조절을 완전히 자유롭게 해방하여, 끊임없이 세포분열이 일어나도록 한다. 모든 암의 40%가 결함이 있는 Rb를 가지고 있다.

이 단계를 지향하는 치료요법은 이제야 시도되고 있다. 과학자들은 E2F를 저해할 수 있는 약에 초점을 맞추고 있으며, 불활성 Rb로부터 종양이 성장하는 것을 멈출 수 있으리라 생각한다. E2F 유전자가 파괴된 쥐를 이용한 실험은 이러한 약을 연구하는 모델 시스템을 제공하며, 현재 활발하게 연구되고 있다.

5 모든 것이 준비되었는지 확인하기. 결정과정의 다섯 번째 단계는 DNA가 손상을 입지 않고 분열할 준비가 되어있는 것을 보장하는데 세포가 이용하는 기작이다. 이 일은 건강한 세포에서 종양억제 단백질인 p53에 의하여 수행되는데, 그림의 #5와 같이 DNA의 완전성을 검사한다. p53 단백질이 손상되거나 외부 DNA가 발견되면 p53 단백질이 분열을 중지시키고 세포의 DNA 수리 시스템을 활성화시킨다. 손상이 합당한 시간에 수선되지 않으면, p53 단백질은 원조를 중단하고 세포를 사멸시키는 사건을 개시한다. 이러한 방식으로 암을 발생시킬 수 있는 돌연변이가 수리되거나 돌연변이를 포함하고 있는 세포가 제거된다. 만약 p53 단백질 자체가 돌연변이에 의하여 파괴되면, 그 이후의 손상은 수리되지 않고 축적된다. 이러한 손상 중에 암을 유발하는 돌연변이가 있다. 모든 암의 50%는 p53의 장애를 가지고 있다. 70%에서 80%의 폐암이 p53을 불활성화 시키는 돌연변이를 가지고 있으며, 담배연기에 있는 벤조피렌(benzopyrene)은 p53의 강력한 돌연변이원이다.

6 가속페달을 밟기. 세포분열은 DNA 복제로 시작된다. 건강한 세포에서 다른 종양억제제는 *텔로머라아제*(telomerase)라는 효소의 생산을 저해하여 DNA 복제과정을 위한 연료통을 기의 비게 만든다. 이 효소가 없으면 세포의 염색체는 *말단소립*(telomere)이라고 하는 끝 부분의 물질을 잃게 된다. 염색체가 복제될 때 마다 매번 더 많은 말단 물질이 감소한다.

30회의 분열을 하게 되면 너무 많은 말단소립이 손실되어 더 이상 복제를 할 수 없다. 성인의 조직 세포는 보통 25회 이상을 분열을 수행하였다. 암은 다섯 번 밖에 남지 않은 세포분열로는 크게 성장할 수 없기 때문에, telomerase를 저해하는 방법은 암의 과정에서 매우 효율적인 자연적인 제어장치이다(그림의 #6). 거의 대부분의 암은 telomerase 저해제를 파괴하는 돌연변이를 가지고 있어서 제어장치를 해제하여 암이 가능하도록 만든다고 생각된다. 이 저해를 다시 적용하여 암을 차단하는 것이 가능할 것이다. Telomerase를 저해하는 암치료요법은 임상실험을 바로 시작하고 있다.

암의 전파를 방지하기

7 암 성장을 정지시키기. 세포가 일단 암 성장을 시작하면 확장되는 종양을 형성한다. 종양이 더욱 커지게 되면, 음식과 영양분의 공급을 많이 요구하게 되며, 이는 신체의 혈액으로부터 획득된다. 이러한 영양분의 획득을 용이하게 만들기 위하여 종양은 혈관형성(angiogenesis)을 촉진하는 물질을 주변 조직에 방출한다(그림의 #7). 이 과정을 저해하는 화학물질을 *혈관형성 저해제*라고 한다. 2종류의 천연 혈관형성 저해제인 안지오스타틴(angiostatin)과 엔도스타틴(endostatin)은 쥐에서는 종양을 현미경적인 크기로 퇴화되도록 하였으나, 최초의 인간 실험은 기대에 어긋났다.

천연저해제보다 실험실 약이 더 유망해 보인다. Avastin이라는 단일클론 항체약은 혈관내피성장인자(vascular endothelial growth factor; VEGF)라고 하는 혈관 성장촉진 물질을 표적으로 하고 있는데, VEGF가 혈관을 형성하는 능력을 파괴한다. 대규모 임상실험의 일환으로 수백명의 진행된 결장암 환자에게 투여하였는데, Avastin은 화학요법에 비하여 환자의 생존가능성을 50% 향상시켰다.

질문과 분석

인간 세포는 왜 노화되는가?

인간 세포는 정해진 수명이 있는 것으로 보인다. 1961년 세포생물학자인 해이플릭(Leonard Hayflick)은 아래 사진의 플라스크에서 성장하는 것처럼, 조직배양에서 성장하는 피부세포가 정해진 횟수만 분열하지 못한다는 놀랄만한 결과를 보고하였다. 50번의 개체군 배가(doubling) 후에 세포분열은 중단되었다. 세포 시표가 20회 배가 후에 채취되어 냉동되었을 경우, 해동하면 성장을 재개하여 30회 더 배가된 다음에 정지한다. "Hayflick 한계"에 대한 설명은 1986년 연구자들이 최초로 염색체의 말단에서 여분 길이의 DNA를 관측하였을 때 제안되었다. *말단소립*(telomere)이라고 부르는 이 여분의 길이는 TTAGGG의 단순한 DNA 서열이 1천 번 정도 반복되어 이루어져 있다. 중요한 사실은 오래된 신체 조직에서 말단소립은 상당히 짧게 나타났다. 이는 약 16개의 TTAGGG의 길이는 중합효소라고 하는 DNA 복제효소가 DNA에 처음 정착하는 곳이며(16개의 TTAGGG는 효소의 발자국 크기이다), 효소의 결합부분이기 때문에 중합효소는 그 부분을 복제할 수 없다. 따라서 약 100개 염기의 말단소립 부분

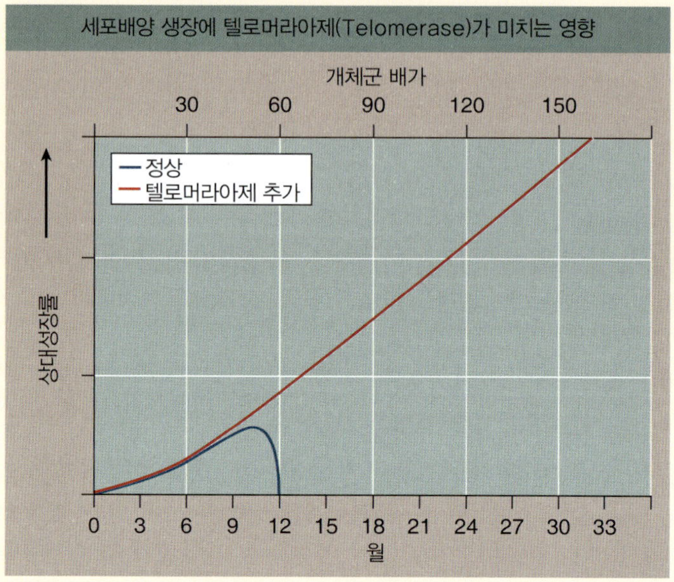

TTAGGG TTAGGG TTAGGG TTAGGG TTAGGG--------

은 DNA 복제가 일어날 때 매번 염색체로부터 손실되게 된다. 궁극적으로 대략 50회의 배가 회로가 끝나면 말단소립은 소진되어 DNA 복제효소가 결합될 곳이 없어진다. 그렇게 되면 세포계열은 노화에 들어가게 되어 더 이상 증식할 수 없다.

이 가설은 1998년 검증되었다. 유전공학을 이용하여 연구자들은 모든 세포가 가지고 있지만 어느 체세포도 이용하지 않는 텔로머라아제 효소를 발현하는 유전자를 새로 확립한 인간 세포 배양 조직에 전달하였다. 이 효소는 말단소립의 끝에 TTAGGG 서열을 다시 추가하여, 실질적으로 말단소립의 손실된 부분을 재건하였다. 텔로머라아제 유전자를 추가한 세포계열과 추가하지 않은 정상 세포의 실험실 배양 세포계열을 여러 세대동안 관찰하였다. 위 도표는 실험 결과를 보여준다.

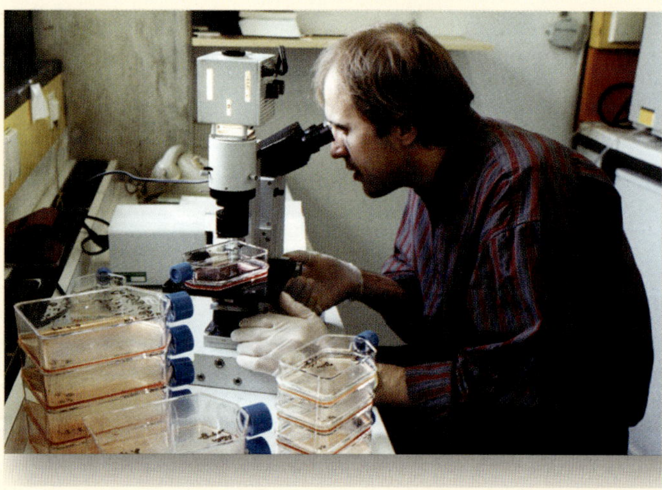

분석

1. **개념의 적용:** 연속적인 과정을 비교하면, 정상적인 피부세포(청색선)은 텔로머라아제가 유전자가 추가된 세포(적색선)에 비교하여 성장 역사가 어떻게 차이가 나는가?
2. **자료의 분석:** 몇 회 분열한 다음에 정상세포는 분열을 정지하는가? 텔로머라아제가 추가된 세포는?
3. **추론하기**: 9회의 배기 이후에, 두 배양사이의 세포분열 속도는 차이가 있나요? 15회 분열 이후에는? 그 이유는 무엇인가?
4. **결론의 도출:** 텔로머라아제 유전자를 추가하면 조직배양에서 성장하는 피부세포의 노화에 어떻게 영향을 미치는가? 이 결과는 실험에서 검증하려고 하였던 텔로머라아제 가설을 확증해주나요?

학습 결과의 요약

세포분열

원핵생물은 단순한 세포주기를 가진다.

7.1.1 원핵세포는 DNA 복제와 뒤따르는 이분법의 2단계 과정으로 분열한다. 원핵세포의 유전정보는 DNA의 단일 고리로 존재한다. DNA 복제는 복제개시점이라고 하는 장소에서 시작된다. DNA 이중 나선이 풀리고, 원래 가닥을 따라 새로운 가닥이 형성되어 세포의 끝부분으로 분리되는 2개의 원형 원핵세포 염색체를 생산한다. 새로운 원형질막과 세포벽이 세포의 중앙에 추가되어 세포를 2개로 분할한다(그림 7.1). 이러한 세포분열은 이분법이라고 하는데 모세포와 유전적으로 동일한 2개의 딸세포를 생산한다.

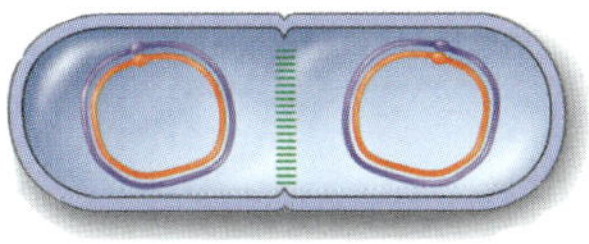

진핵생물 세포주기

7.2.1 진핵생물에서 세포분열은 진핵세포가 많은 DNA를 포함하고 있고 또한 직선상의 염색체로 포장되어 있기 때문에 원핵생물에 비하여 복잡하다.

진핵세포는 유사분열과 감수분열의 2가지 방법 중 하나로 분열한다. 유사분열은 체세포라고 하는 비생식세포에서 일어난다. 감수분열은 유성생식에 관여하는 세포에서 일어나며, 정자와 난자 같은 생식계 세포를 형성한다.

진핵세포의 복잡한 세포주기는 간기, M기, 그리고 C기 등 몇 단계로 세분화될 수 있다. 간기는 세포주기의 첫 부분이다. 간기도 몇 단계로 나눈다, G_1기는 성장하는 단계이며 세포 생활주기의 대부분을 차지한다. S기는 합성기이며 이때 DNA가 복제된다. G_2기는 미토콘드리아의 복제, 염색체의 응축, 그리고 미세소관의 합성 등으로 세포분열을 위한 최종 준비를 포함한다.

M기에 염색체는 세포의 반대쪽으로 배분된다. C기에는 세포가 세포질을 2개의 딸세포로 분리한다.

염색체

7.3.1 모든 진핵세포는 염색체에 유전정보를 저장한다. DNA를 염색체로 감아서 핵에 들어갈 수 있도록 한다. 염색체의 수는 종에 따라서 크게 변화한다. 대부분의 원핵생물은 10개에서 20개 사이의 염색체를 가진다.

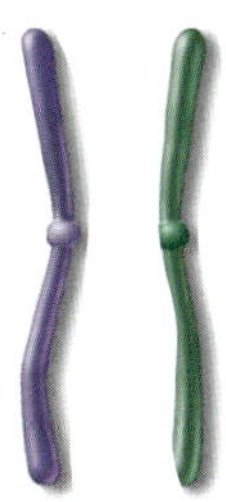

염색체는 세포 내에서 상동염색체라고 하는 쌍으로 존재한다. 동일한 유전자의 사본을 가지고 있는 그림 7.2와 같은 2개의 염색체를 상동염색체라고 한다.

세포분열 전에 DNA가 복제되어 각 염색체에 대하여 딸염색분체라고 하는 동일한 사본을 형성한다. 자매염색분체는 중심세립에서 연결되어 있다. 인간의 체세포는 46개의 염색체를 가지고 있으며, DNA 복제 이후에는 92개의 자매염색분체가 있다.

염색체는 균일하지 않고 크기, 형태, 그리고 중심세립의 위치가 다르다. 이러한 변이는 연구자들이 상동체를 짝지어서 핵형이라고 하는 배열을 할 수 있도록 하며, 상동체는 서로 옆에 위치한다.

7.3.2 염색체의 DNA는 하나의 긴 이중가닥 섬유이다. DNA가 복제된 이후에 단백질과 결합하여 염색질을 형성한다. 염색질응 응축이라는 과정을 통해 감기기 시작한다. 음으로 하전된 DNA는 양으로 하전된 히스톤 단백질의 주위를 감싸기 때문에 단단하게 감길 수 있다. 염색체의 조직화에는 여러 단계가 있다. DNA는 히스톤 복합체를 감싸서 뉴클레오솜을 형성하며 더 접히고 자체적으로 고리를 형성하여 촘촘한 염색체를 형성한다.

세포분열

7.4.1 간기에 염색체는 복제되고 응축되기 시작한다. 뒤따르는 유사분열에서 염색체는 미세소관에 의하여 세포의 반대쪽으로 끌리게 된다.

전기(Prophase)는 유사분열의 시작을 알린다. 간기에 복제되었던 DNA는 염색체로 응축된다. 자매염색분체는 중심세립에 부착된 채로 있다. 핵막이 사라진다. 중심체가 존재할 경우에는 극이라고 하는 세포의 반대쪽으로 이동하여 방추체를 형성하기 시작한다. 방추체를 형성하는 미세소관은 극으로부터 신장되어 중신세립에서 염색체에 부착하여 자매염색분체를 반대쪽 극에 고정시킨다.

중기(Metaphase)에는 자매염색분체가 적도판을 따라 배열된다.

후기(Anaphase)에는 중심세립이 분할되어 자매염색분체를 자유롭게 한다. 미세소관이 짧아져서 자매염색분체를 반대쪽 극으로 분리한다.

말기(Telophase)는 핵분열의 완료를 알린다. 미세소관 방추체는 해체되고, 염색체는 풀리기 시작하며, 핵막이 형성된다.

7.4.2 유사분열 이후에 세포는 세포질분열 과정에서 2개의 딸세포로 분리된다. 동물세포에서 세포질분열은 세포가 궁극적으로 2개의 세포로 분할될 때까지 세포주가 조여지는 과정을 포함한다. 식물세포에서 세포질분열은 양극 사이에 원형질막과 세포벽이 조립되어 궁극적으로 2개의 분리된 세포를 형성한다.

7.4.3 대부분의 세포들은 발달과정의 부분으로 또는 특정한 횟수의 세포분열(보통 약 50회 분열) 이후에 사멸되도록 계획되어 있다. 암세포만이 끝없이 분열하는 것으로 보인다.

암과 세포주기

암은 무엇인가?

7.5.1 암은 세포의 성장 혼란이다. 암의 통제되지 않는 세포 성장과 분열은 세포주기를 조절하는 하나 또는 그 이상의 유전자에 의하여 유발된다. 이러한 종류의 DNA 돌연변이를 가진 세포는 통제되지 않은 방식으로 분열을 시작하여 그림 7.10에서와 같이 종양이라고 하는 세포집단을 형성한다. 종양 덩어리에서 세포가 분리된 세포가 다른 조직으로 전파될 때 전이가 일어난다.

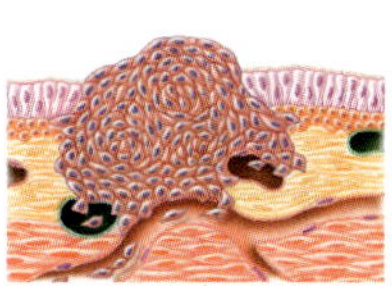

이해의 측정

7.1.1 원핵생물은 어떻게 번식하는가?
a. DNA를 복사하고 이분법을 경험한다.
b. 반으로 분리된다.
c. 유사분열을 수행한다.
d. DNA를 복사하고 M기를 경험한다.

7.2.1 진핵생물 세포주기가 원핵생물 세포분열과 다르지 않은 점은?
a. 세포에 존재하는 DNA의 양
b. DNA가 어떻게 포장되어 있는지
c. 유전적으로 동일한 딸세포를 생산하기
d. 미세소관의 관련성

7.3.1 진핵생물에서 유전물질은 염색체에서 발견되며, 염색체는?
a. 생물이 복잡할수록 염색체 쌍이 더 많이 있다.
b. 많은 생물은 하나의 염색체만을 가진다.
c. 대부분의 진핵생물은 10~50 쌍의 염색체를 가진다.
d. 대부분의 진핵생물은 2~10 쌍의 염색체를 가진다.

7.3.1 상동염색체의 특징은?
a. 자매염색분체라고도 불린다.
b. 유전적으로 동일하다.
c. 염색체 상의 동일한 장소에 동일한 형질에 관한 정보를 운반한다.
d. 중심세립에서 서로 연결되어 있다.

7.3.2 염색체는 무엇으로 구성되어 있는가?
a. DNA **c.** 염색질
b. 단백질 **d.** 위의 모든 것.

7.4.1 유사분열에서 복제된 염색체가 세포의 중앙에 배열되는 시기는?
a. 전기 **c.** 후기
b. 중기 **d.** 말기

7.4.2 진핵생물 세포주기에서 세포질의 분열을 무엇이라고 하나요?
a. 간기 **c.** 세포질분열
b. 유사분열 **d.** 이분법

7.4.3 다음 짝짓기 중 맞는 것은?
a. 세포 사멸/세포질분열
b. 동물세포/세포판
c. 식물세포/분열주름
d. 간기/DNA 복제

7.5.1 세포주기는 다음 중 어느 것에 의하여 통제되는가?
a. 성장요인 **c.** 중심세립
b. 히스톤 **d.** 위의 모든 것.

7.5.1 세포분열이 조절되지 않고 세포 집단이 정상적인 통제와 상관없이 성장하는 현상을 무엇이라고 하나요?
a. 돌연변이 **c.** 전이
b. 암 **d.** 종양유전자

이해의 적용

7.3.1 이 핵형은 한 개인의 인간 염색체의 완전한 세트를 보여준다. 세포주기의 어느 단계에서 이러한 사진을 찍었는가? 이유를 설명하시오.

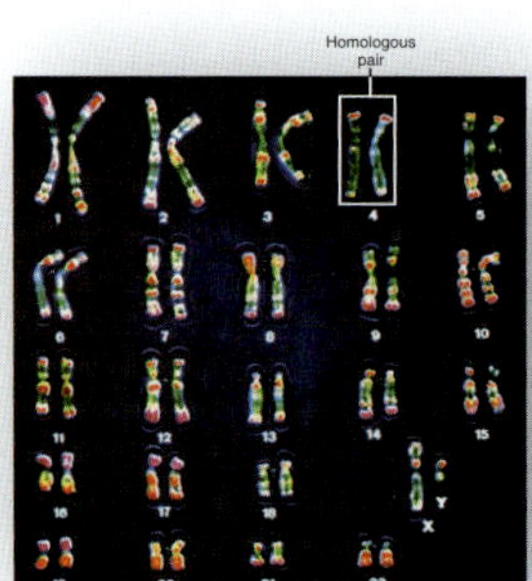

7.3.2 간기에 DNA는 현미경으로 관찰할 수 없다. 왜 DNA가 보이지 않으며, 왜 이러한 경우가 나타난다고 생각하는가?

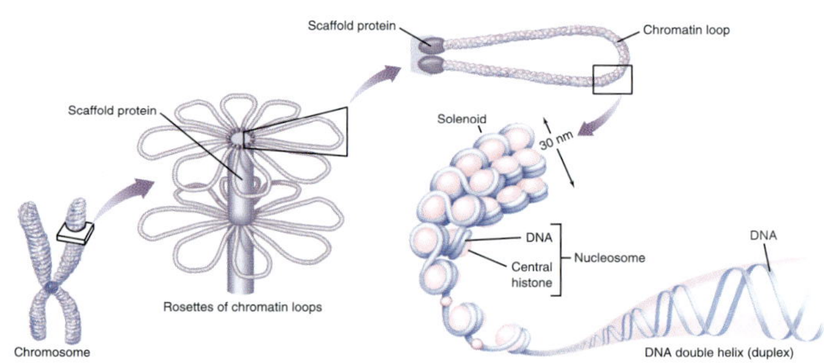

학습 내용의 종합

7.4.1 세포의 DNA는 왜 길고 이중나선의 염색질 분자에서 단단히 감긴 염색체로 주기적으로 변화해야만 하는가? 하나의 구조는 다른 구조에서 수행할 수 없는 어떠한 기능을 수행하는가?

7.5.1 우리가 암에 대하여 현재 알고 있는 모든 사실에도 불구하고, 일부 유형의 암은 아직도 빈도가 증가하고 있다. 여성의 폐암이 그 중의 하나이다. 이러한 증가하는 문제의 이유가 무엇이라고 생각하는가? 여러분은 해결책을 제시할 수 있나요?

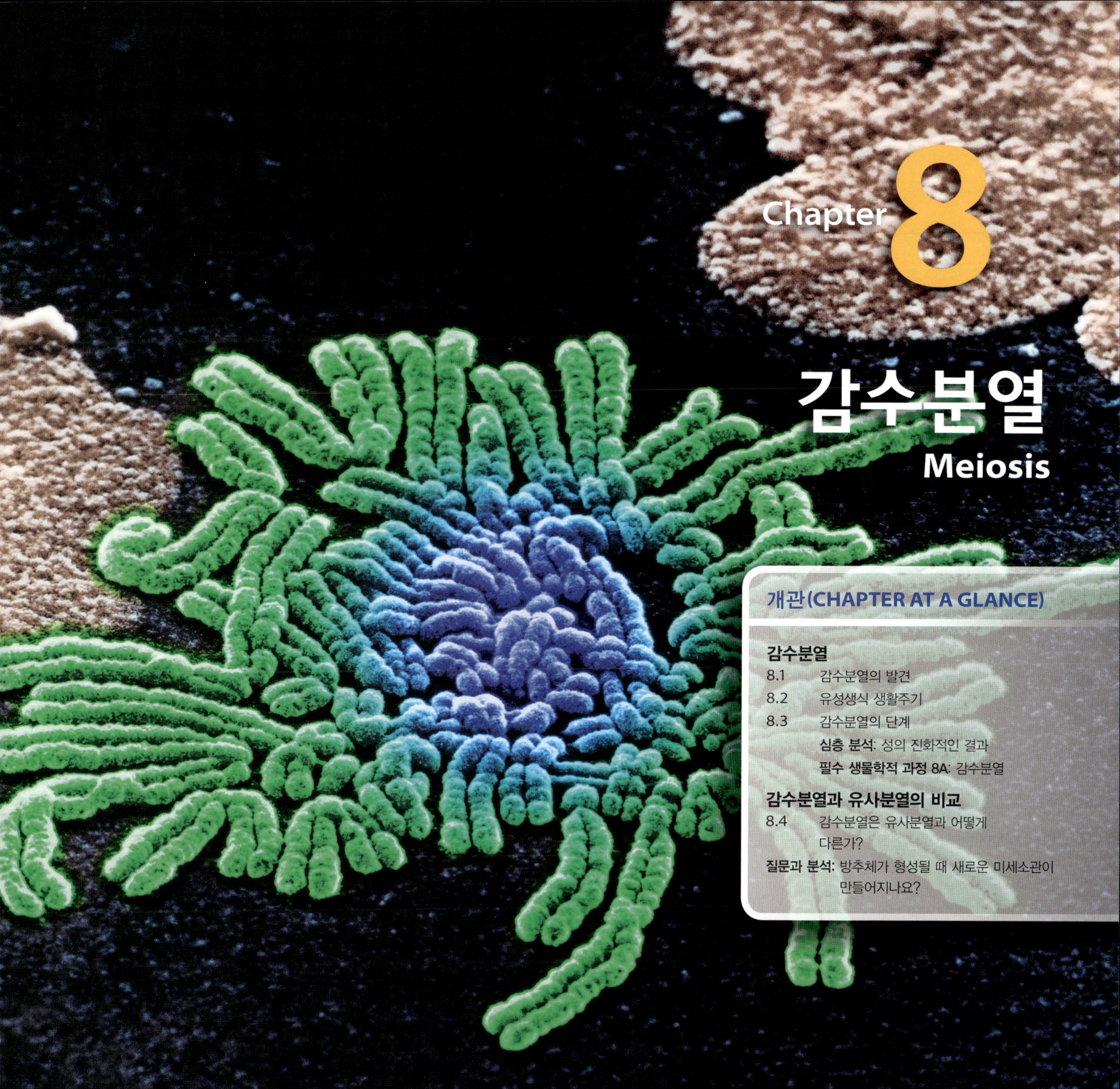

Chapter 8

감수분열

Meiosis

개관(CHAPTER AT A GLANCE)

감수분열 Meiosis

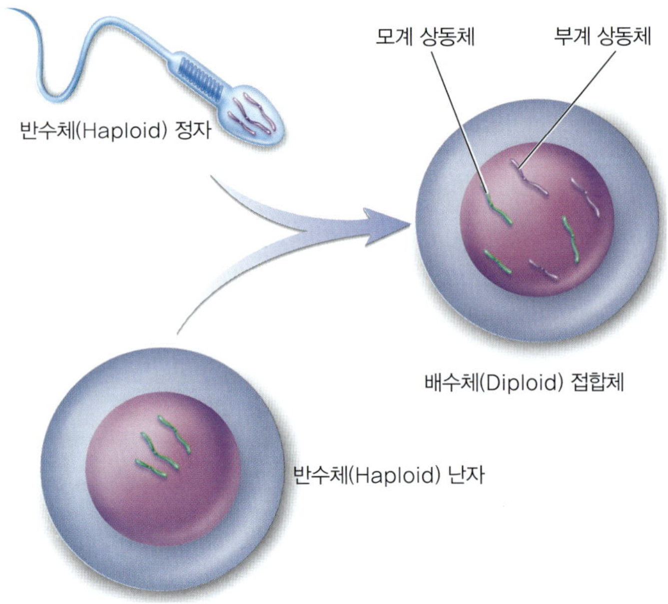

그림 8.1 이배체 세포는 양쪽 부모로부터 받은 염색체를 가지고 있다.

이배체 세포는 각각의 염색체에 대하여 2가지 형의 염색체를 포함하고 있는데, 하나는 어머니의 반수체 난자로부터 기여된 모계 상동염색체와 다른 하나는 아버지의 반수체 정자로부터 기여된 부계 상동염색체이다.

여러분에게 의미하는 것

베트남 전쟁의 많은 남성 퇴역군인들은 전쟁 때 고엽제로 사용되었던 제초제인 Agent Yellow에 의하여 수년 뒤에 태어난 자식들의 선천적 결손증이 유발되었다고 주장한다. 선천적 결손을 유발하기 위해서는 화학물질이 이러한 남성들에게 있어서 어떤 유형의 세포에 영향을 미쳤을 것인가? 이러한 세포들은 어떻게 화학물질에 노출되었을까요?

그림 8.2 유성생식과 무성생식.

생물에서의 번식은 항상 유성생식 또는 무성생식 중 하나만의 선택이 아니다. 딸기는 무성생식(포복경; 기는 줄기)과 유성생식(꽃) 모두를 이용하여 번식한다.

8.1 감수분열의 발견 Discovery of Meiosis

학습 목표 8.1.1 유성생식과 무성생식, 반수체와 배수체, 그리고 감수분열과 유사분열을 구분한다.

1879년 플레밍(Walther Flemming)이 염색체를 발견하고 몇 년 되지 않아 벨기에의 세포학자인 반 베네덴(Pierre-Joseph van Beneden)이 환형동물인 *Ascaris*의 다른 종류의 세포에서 다른 숫자의 염색체를 발견하고 놀랬다. 구체적으로 이야기하면 van Beneden은 난자와 정자와 같은 **배우자**(생식체; gametes)는 각각 2개의 염색체를 가지고 있고, 배아와 성숙한 개체의 세포는 각각 4개의 염색체를 가지고 있다는 것을 관찰하였다. 이러한 관찰로부터 van Beneden은 1887년 난자와 정자는 다른 세포에서 발견되는 염색체의 절반을 가지고 있으며, 서로 융합되어 **접합체**(zygote)라고 하는 하나의 세포를 만든다고 제안하였다. 접합체는 궁극적으로 여기에서 유도되는 모든 체세포와 동일하게 각 염색체의 2개의 사본을 가진다. 배추체가 융합되어 하나의 새로운 세포를 형성하는 과정을 **수정**(fertilization) 또는 **배우자합체**(syngamy)라고 한다.

감수분열에 의하여 해결된 문제

초기 연구자들에게 까지도 배우체의 형성은 염색체의 수를 다른 세포에서 나타나는 염색체의 절반으로 감소시키는 어떠한 기작이 연관되어 있어야 한다는 것이 명백했다. 그렇지 않을 경우 수정될 때마다 염색체 수가 배가되어 몇 세대 이후만 되어도 각각의 세포에 있는 염색체의 수가 불가능하게 커지게 될 것이다. 예를 들면 1세대 이후에는 인간의 세포에 있는 46개의 염색체는 92(46×2^1)으로 증가하고, 2세대 이후에는 184, 10세대에는 47,000(46×2^{10}) 개로 증가할 것이다.

배우체 형성시 특별한 감수 분열이 일어나서 정상 염색체의 절반을 가지는 세포를 생산하여, 이러한 방식으로 염색체 수가 폭발하지 않는다. 이어 일어나는 이러한 세포 2개의 융합은 한세대에서 다음세대로 일관된 염색체 수를 보장한다. 이러한 과정을 **감수분열**(meiosis)이라고 한다.

유성생식 Sexual Reproduction

감수분열과 수정은 함께 생식 주기를 구성한다. 성체의 체세포에는 염색체 2세트가 존재하여, **이배체**(diploid; *di*는 그리스어로 2를 의미하며, $2n$으로 표기한다. 여기서 n은 염색체 세트의 수이다.) 세포가 되며, 배우체에는 2세트만 있어서 **반수체**(haploid; *haploos*는 그리스어로 1을 의미하며, $1n$으로 표기되기도 한다)가 된다. 예를 들어 아버지로부터 받은 3개의 염색체를 포함하고 있는 정자 세포가 어머니로부터 받은 3개의 염색체를 가진 난자와 융합하면, 6개의 염색체를 가진 2배체 접합체가 생기게 된다(그림 8.1). 이러한 감수분열과 수정의 교대를 포함하는 생식을 **유성생식**(sexual reproduction)이라고 한다. 어떤 생물들은 그러나 유사분열에 의해서만 번식을 하고 배우체의 융합을 포함하지 않는다. 이러한 생물들에서 일어나는 번식을 **무성생식**(asexual reproduction)이라고 한다. 일부 생물들은 무성생식과 유성생식을 모두 이용하여 번식할 수 있다(그림 8.2).

개념의 적용

사람의 배우체에는 몇 개의 염색분체가 있나요?

8.2 유성생식 생활주기

학습 목표 8.2.1 원생생물, 식물, 그리고 동물의 생활 주기를 비교하고, 체세포 계열과 생식세포 계열의 세포들을 구분한다.

세대교번 Alternation of Generations

유성생식으로 번식하는 생물의 생활주기는 배수체와 반수체 염색체수 사이를 교대하는 동일한 기본 양상을 따른다(그림 8.3). 그림 8.4*a*의 원생생물과 같은 단세포 진핵생물은 개체가 대부분의 생활사에서 반수체이다. 환경적인 스트레스를 받게 되면, 반수체 세포는 때때로 다른 반수체 세포와 융합하여 배수체 세포를 형성한다. 나중에 융합된 세포는 감수분열을 통하여 반수체 상태를 재형성한다.

그림 8.4*b*의 개구리처럼 대부분의 동물에서 수정은 배수체 접합체를 형성하게 된다. 하나의 배수체 세포는 유사분열에 의하여 분열되어 성체 개구리를 형성한다. 모든 동물의 거의 대부분은 생활주기의 다세포 단계 동안에 배수체이다.

그림 8.4*c*의 고사리 같은 식물은 반수체와 배수체 개체가 교대를 한다. 반수체 개체의 특정한 세포는 감수분열을 통하여 반수체 배우체를 형성하며 이는 유사분열에 의한 분열을 거듭하여 다세포 반수체 개체를 형성한다. 반수체 개체의 일부 세포는 궁극적으로 난자와 정자로 분화되며, 융합하여 배수체 접합체를 형성한다. 유사분열에 의하여 분열하면서 접합체는 배수체 개체를 형성한다.

생식계열 조직 Germ-Line Tissues

동물에서 궁극적으로 감수분열을 통하여 배우체를 생성하게 될 세포들은 발달과정의 초기단계에서 다른 세포들과 구분되어진다. 신체의 세포는 **체세포**(somatic cells, 라틴어의 몸이란 의미에서 왔음)로 부르고, 배우체를 형성하는 세포는 암컷과 수컷의 생식기관에 위치하는데 이를 **생식계열**(germ-line) 세포라고 한다. 체세포와 배우체를 생산하는 생식계열 세포는 모두 배수체이다. 체세포는 유사분열을 통하여 유전적으로 동일한 배수체 딸세포를 형성한다. 생식계열 세포는 감수분열을 통하여 반수체 배우체를 생산한다.

개념의 적용

식물의 유성생식 생활주기는 동물의 유성생식 생활주기와 어떻게 다른가?

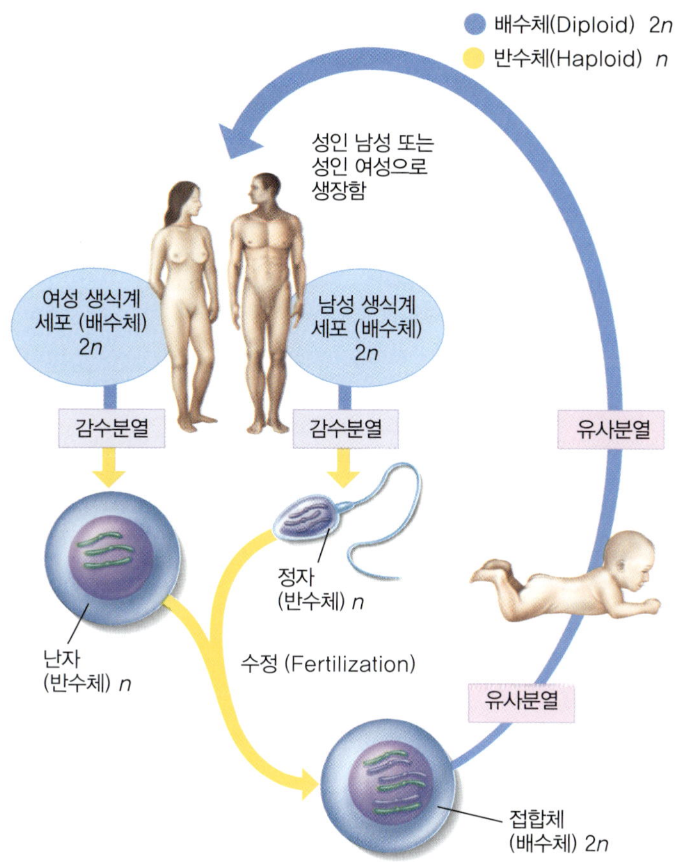

그림 8.3 동물에서 유성생식 생활주기.

동물에서 감수분열이 완료되면 바로 수정이 뒤따른다. 따라서 생활주기의 대부분이 배수체 상태에서 일어난다. 이 책에서 *n*은 반수체를 나타내고 2*n*은 배수체를 나타낸다. 생식계열 세포는 발상단계의 초기에 구분되어 반수체 배우체(난자 또는 정자)를 형성하기 위하여 감수분열을 겪게 된다. 그 외의 다른 신체세포를 체세포라고 한다.

(a) 원생생물: 생활주기의 대부분을 반수체 개체로 보낸다.
(b) 동물: 생활주기의 대부분을 배수체 개체로 보낸다.
(c) 식물: 생활주기의 상당한 부분을 반수체와 배수체 개체로 보낸다.

그림 8.4 3가지 유형의 유성생식 생활주기.

유성생식에서 반수체 세포 또는 생물은 배수체 세포 또는 생물과 교대된다.

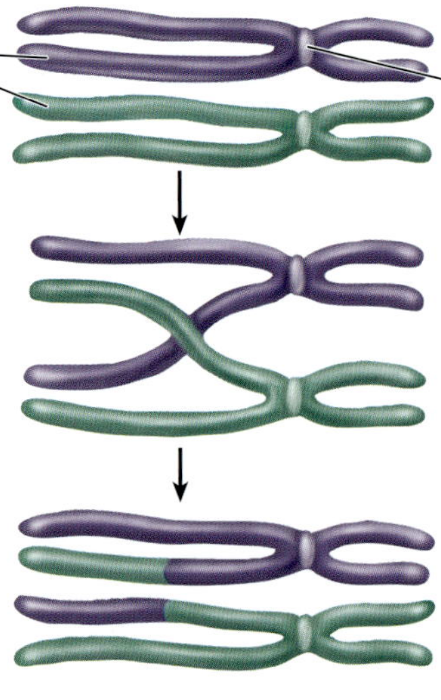

그림 8.5 교차(Crossing over).

교차에서는 염색체의 2 상동체가 부분을 교환한다. 교차과정에서 서로 옆에 있는 비자매염색분체 염색체의 일부를 서로 교환한다.

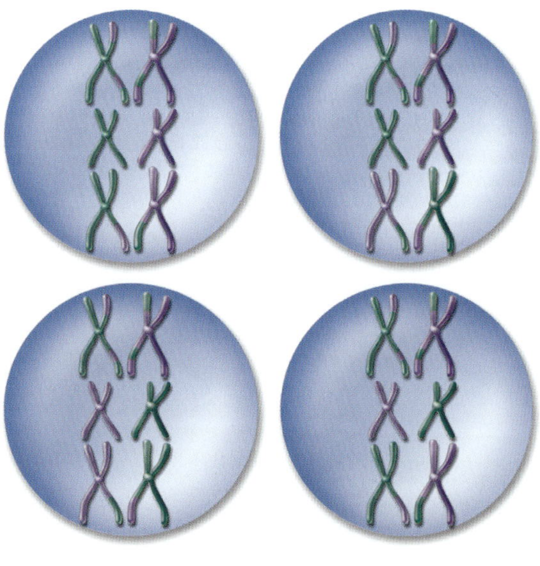

그림 8.6 독립유전(Independent assortment).

독립유전은 중기판의 염색체 방향이 임의적이기 때문에 일어난다. 여기 보여진 것은 가상세포에서 염색체의 4가지 가능한 방향을 보여준다. 많은 가능한 방향성은 각각 부모 염색체의 상이한 조합을 가진 배우체를 초래한다.

여러분에게 의미하는 것

배우체의 상이한 조합의 수는 2^n으로 표시할 수 있는데, 여기서 "n"은 염색체 쌍의 수이다. 여러분 집에서 기르는 개는 39쌍의 염색체를 가지고 있으며, 여러분은 23쌍을 가지고 있다. 단지 배우체에 상동염색체의 독립유전만 고려하면, 여러분이 기르는 개는 여러분에 비하여 얼마나 더 많은 유전적으로 상이한 배우체를 형성할 수 있을까요?

8.3 감수분열의 단계 The Stages of Meiosis

이제 감수분열의 과정을 더 자세히 살펴보자. 유사분열에서와 마찬가지로 감수분열이 시작되기 전에 염색체가 복제되며, 이 시기를 간기라고 한다. 감수분열의 2번의 분열 중에서 첫 번째를 **감수분열 I**(meiosis I)이라고 하며, 상동염색체를 분리한다. 두 번째 분열은 **감수분열 II**(meiosis II)라고 하며 *자매염색분체*를 분리한다. 따라서 감수분열이 완료되면 하나의 배수체 세포로 시작해서 4개의 반수체 세포가 형성된다. DNA 복제는 한번 일어났지만 세포분열은 두 차례 일어났기 때문에, 이 과정은 염색체 수를 절반으로 감소시킨다.

감수분열 I meiosis I

학습 목표 8.3.1 감수분열 I의 4단계에서 무엇이 일어나는지 개요를 이야기하고, 교차 과정을 설명한다.

감수분열 I은 전통적으로 4단계로 나뉜다(*필수 생물학적 과정 8A*).

1. **전기 I(Prophase I).** 각각 염색체의 2가지 형이 짝을 짓고 분절을 교환한다.
2. **중기 I(Metaphase I).** 염색체가 중심판에 정렬한다.
3. **후기 I(Anaphase I).** 2개의 자매염색분체가 아직 부착된 하나의 상동체는 세포의 극으로 이동하고, 다른 상동체는 반대쪽 극으로 이동한다.
4. **말기 I(Telophase I).** 개개의 염색체는 두 극에서 집결한다.

전기 I에서 DNA가 점점 더 단단하게 감기면서 현미경으로 개별 염색체를 최초로 관찰할 수 있다. DNA는 감수분열이 시작하기 전에 복제되기 때문에, 각각의 실 같은 염색체는 실제로는 길이로 조합되어 중심세립에서 결합된 2개의 자매염색분체로 이루어져 있다. 그러나 이제 감수분열은 유사분열과 차이를 보이기 시작한다. 전기 I에서 2개의 상동염색체는 그림 8.5처럼 물리적으로 서로를 접촉하면서 옆으로 정렬한다. 이 시점에서 **교차**(crossing over)가 시작되는데, 이 때 염색체는 비자매염색분체 2개의 모두에서 동일한 장소가 쪼개지고 상동염색체 사이에 염색체 부분이 교환되어 일부는 모계 염색체(녹색부분)이고 일부는 부계 염색체(자주색 부분)인 잡종 염색체가 생성된다.

> 상동염색체 사이의 교차는 상동체가 염색체 상의 동일한 장소에 동일한 형질에 관한 정보를 가지고 있기 때문에 일어날 수 있지만, 상동체 사이에 정보의 세부적인 내용은 변화할 수 있다.

중기 I에서 방추체 기구가 형성되지만, 상동체가 교차에 의하여 가까이 있기 때문에 방추사는 각각의 중심세립의 바깥을 향하는 부분에만 부착될 수 있다. 각 쌍의 상동체에 대하여 중기 판의 방향은 무작위적이다. 상동체의 방향에 따라서 배우체는 부모 염색체의 다른 조합을 가지게 된다. 이 과정을 **독립유전**(independent assortment)이라고 한다(그림 8.6).

후기 I에 방추체의 부착이 완결되고, 상동체는 당겨져서 반대편 극으로 이동한다. 후기의 끝 무렵에는 감수분열이 시작할 때 세포 내에 존재하던 염색체 수와 비교하여, 각각의 극은 절반의 염색체를 가지고 있다. 염색체는 복제되었고 따라서 감수분열이 시작하기 전에는 2개의 자매염색분체를 가지고 있었다는 것을 기억하시오. 그렇지만 자매염색분체는 분리된 염색체로 계산되지 않는다. 유사분열과 마찬가지로 염색체의 수를 측정하기 위해서는 중심세립의 수를 세도록 하세요.

성의 진화적인 결과

감수분열은 유사분열에 비하여 훨씬 더 복잡하다. 진화는 왜 이런 많은 수고를 하였는가? 감수분열과 성이 어떻게 진화하였는지에 대한 인간의 지식은 미완성이지만, 감수분열과 유성생식이 어떻게 종이 현재까지 진화하도록 영향을 미쳤는지에 대하여는 매우 명확한데, 그 이유는 새로운 유전적 조합을 빠르게 생성할 수 있는 능력 때문이다. 독립유전, 교차, 그리고 무작위 수정의 3가지 기작이 각각 핵심적인 기여를 한다.

독립유전(Independent Assortment)

감수분열 기간에 일어나는 유전물질의 재조합은 과거 15억년 동안 진핵생물의 진화가 당혹케 할 정도로 다양한 형태로 일어나는 것이 가능하도록 한 주된 요인이다. 유성생식은 유전적 변이를 일으키는 생물의 능력을 크게 진보시킨 것을 대표한다. 이것을 이해하기 위하여 대부분의 생물은 한쌍 이상이 염색체를 가지고 있다는 것을 기억하시오. 아래 그림에 나타낸 생물은 각각의 부모로부터 받은 3쌍의 염색체를 가지고 있는데, 3개는 아버지로부터 3개는 어머니로부터 왔다. 자손은 배우체를 형성하지만, 상동체를 배우체로 분배하는 과정은 완전히 무작위적이다. 배우체는 모든 상동체를 부계기원으로부터 받을 수도 있고(왼쪽 끝), 모두 모계기원으로부터 받을 수도 있고(오른쪽 끝), 또는 어떠한 조합으로도 받을 수 있다. 독립유전만으로도 이 예에서 8가지의 가능한 배우체 조합을 가져온다. 인간에서 각각의 배우체는 23개 염색체에서 각각 하나의 상동체를 받지만, 특정한 염색체에서 어느 것을 받느냐는 것은 완전히 무작위적이다. 23쌍의 염색체는 각각 독립적으로 이동하며 2^{23}(8백만 개 이상) 개의 상이한 가능한 종류의 배우체가 생성될 수 있다.

이 점을 교수가 수업에 적용하여 동전을 23번 던져서(23개의 염색체가 독립적으로 이동하는 것처럼) 앞면과 뒷면(염색체가 어느 극으로 이동할 것인지와 같은 양자택일)이 나올 모든 조합을 적을 수 있는 학생에게 A학점을 주겠다고 하였다. 어떤 학생도 A 학점을 받지 못하였다. 가능성이 8백만을 넘기 때문이다.

교차(Crossing Over)

비자매염색분체 부분의 교차로 일어나는 DNA 교환은 감수분열 후기에 나타나는 염색체의 독립유전에 훨씬 많은 재조합을 추가한다. 따라서 배우체 사이에서 일어날 수 있는 가능한 유전자 조합의 수는 사실상 무제한이다.

무작위 수정(Random Fertilization)

또한 새로운 개체를 형성하는 접합체는 서로 독립적으로 생성되는 2 배우체의 융합에 의해 형성되기 때문에, 수정은 가능한 결과의 곱으로 나타난다($2^{23} \times 2^{23}$ = 70 조).

다양성(Diversity) 생성의 중요성

역설적으로 진화과정은 혁명적이면서 보수적이다. 진화적 변화의 속도가 유전적 재조합에 의하여 촉진된다는 점에서 혁명적이며, 이는 대부분 유성생식의 결과이다. 변화가 항상 선택에 의하여 선호되지 않고, 대신 존재하는 유전자의 조합을 보존할 수 있다는 점에서는 보수적이다. 보수적인 압력은 일부 무성생식을 하는 자유롭게 돌아다니니 않고 특히 극심한 환경에서 서식하는 생물에서 가장 크게 나타난다. 척추동물에서는 반면에 진화의 포상은 다능성에 있는 것으로 보이며, 유성생식이 번식의 지배적인 형태이다.

유성생식을 일으킨 원동력이 무엇이든지 간에, 유성생식의 진화적인 결과는 매우 의미심장하다. 어떠한 유전적 과정도 다양성을 더 빨리 생성할 수 없으며, 유전적 다양성은 진화의 원료이며, 진화를 추진하는 동력이고 잠재적인 방향을 결정한다.

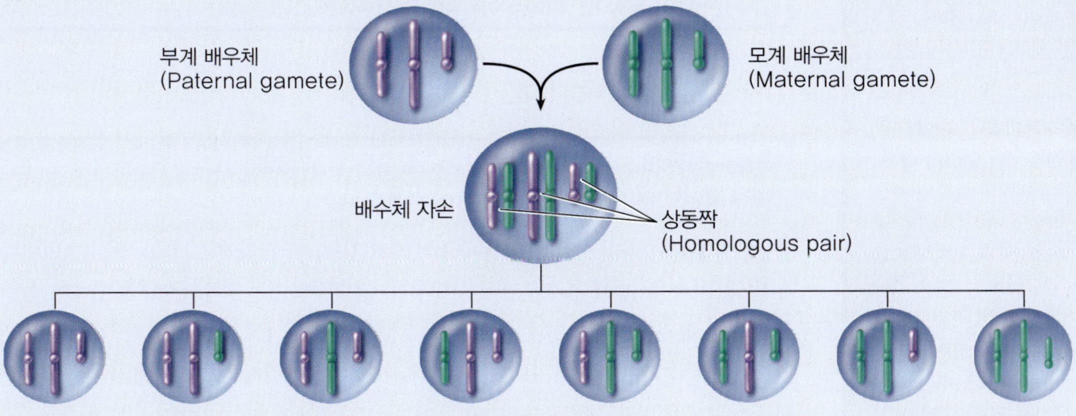

독립유전은 유전적 변이를 증가시킨다.

독립유전은 중기판에서 염색체의 방향성이 무작위적이기 때문에 다음세대로의 새로운 유전자 조합에 기여한다. 그림의 3개의 염색체 쌍을 가진 세포에서, 8가지 다른 배우체가 나타날 수 있으며, 각각은 부모 염색체의 상이한 조합을 가지고 있다.

필수 생물학적 과정 8A

감수분열 Meiosis

감수분열 I

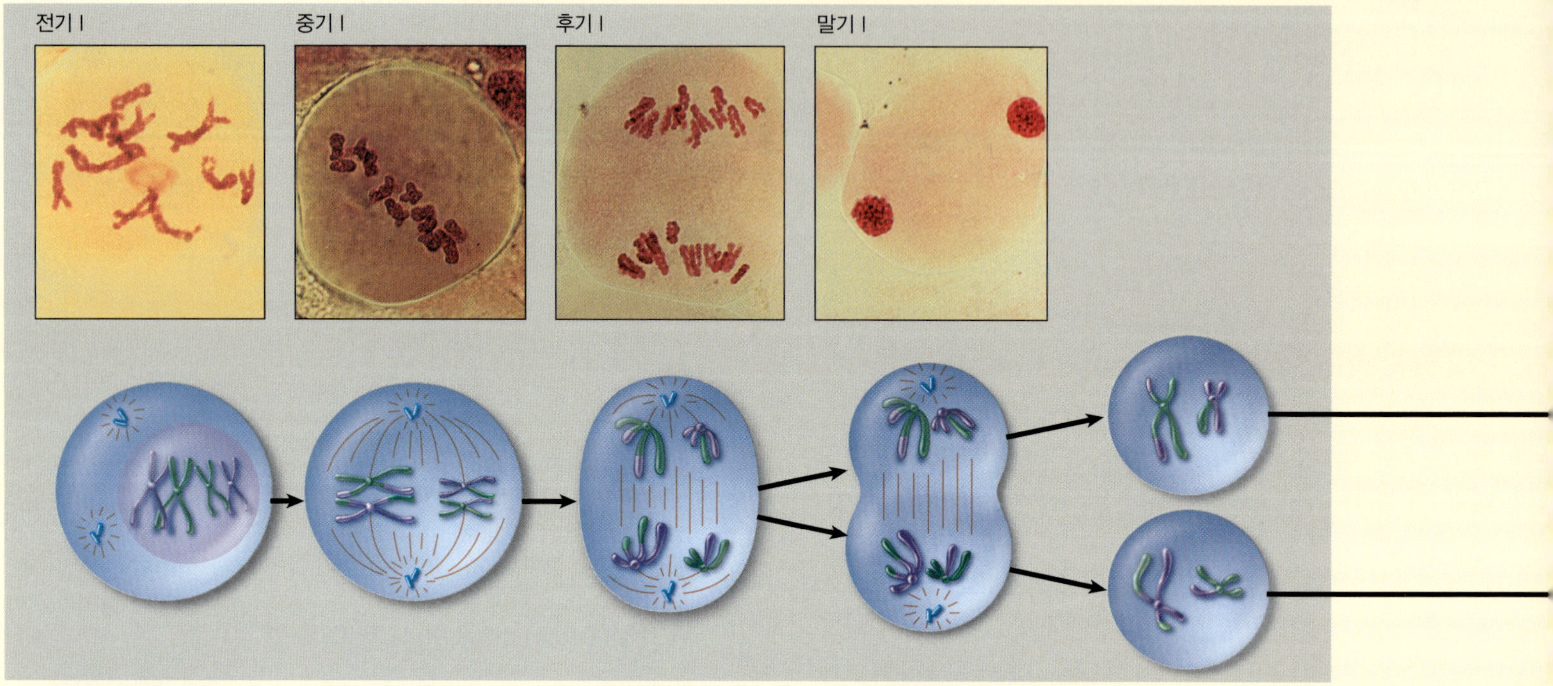

상동염색체는 쌍으로 더욱 응축된다. 교차가 일어난다. 방추사가 형성된다.

미세소관 방추체 기구가 염색체에 부착한다. 상동체 쌍이 방추체 적도를 따라 정렬한다.

염색체 상동체 쌍이 분리되어 반대 극으로 이동한다.

복제된 상동체의 한 세트가 각각의 극에 도착하고, 핵분열이 시작된다.

뉴스에서

블룸 증후군(Bloom's syndrome) 희귀한 유전 질병인 Bloom 증후군은 오랫동안 연구자들에게 수수께끼였다. 증상을 가진 사람은 심각한 성장결함을 가지고, 다양한 종류의 암에 걸리기 쉽고, 종종 생식능력이 없는, 매우 불행한 상태를 보인다. 어떠한 종류의 유전적 장애가 이러한 다양한 종류의 결함을 가져올 수 있을까요? 최근의 보고에 의하면 감수분열의 초기에 문제가 있다. Bloom 증후군 환자의 결함된 유전자는 감수분열 전기 I의 초기에 상동체와 결합하는 BLM이라는 단백질을 암호화 하는 것으로 규명되었다. 적절하게 기능하는 BLM이 교차 동안에 서로 결합된 상동체를 방출하는데 필요하며, 이는 후기 I에서 상동염색체를 분리하는 준비를 한다. Bloom 증후군을 겪는 개인은 BLM 단백질에 결함이 있어서 교차 동안에 생성된 교차결합을 제거할 수 없기 때문에, 상동염색체가 분리될 때 틈과 균열이 생기는 확률이 높아진다.

말기 I에 염색체는 각각의 극에서 2개의 염색체 집단을 형성한다. 약간의 간격을 두고 감수분열 II가 일어나는데, 이때는 유사분열처럼 자매염색분체가 분리된다.

개념의 적용

감수분열 I이 끝날 때 자매염색분체는 아직 부착되어 있나요?

감수분열 II Meiosis II

학습 목표 8.3.2 감수분열 II의 사건을 간략하게 설명하고, 마지막에 각각 염색체의 얼마나 많은 사본이 존재하는지 서술한다.

감수분열 I에 뒤이어, 세포는 짧은 간기에 들어가며, 이 시기에는 DNA 합성이 일어나지 않고, 바로 두 번째 감수분열이 시작된다. 감수분열 II는 감수분열 I의 상물이 관련된 단순한 유사분열이다(*필수 생물학적 과정 8A*). 말기 I이 끝날 즈음에, 각각의 극은 염색체의 반수체를 가지고 있지만, 각각은 아직 중심세립에 부착된 2개의 자매염색분체로 이루어져 있다. 감수분열 I과 마찬가지로, 감수분열 II도 4단계로 구분된다.

1. **전기 II(Prophase II).** 세포의 두 극에서 염색체 집단은 짧은 전기 II에 진입하며, 여기에서 새로운 방추체가 형성된다.

감수분열 II

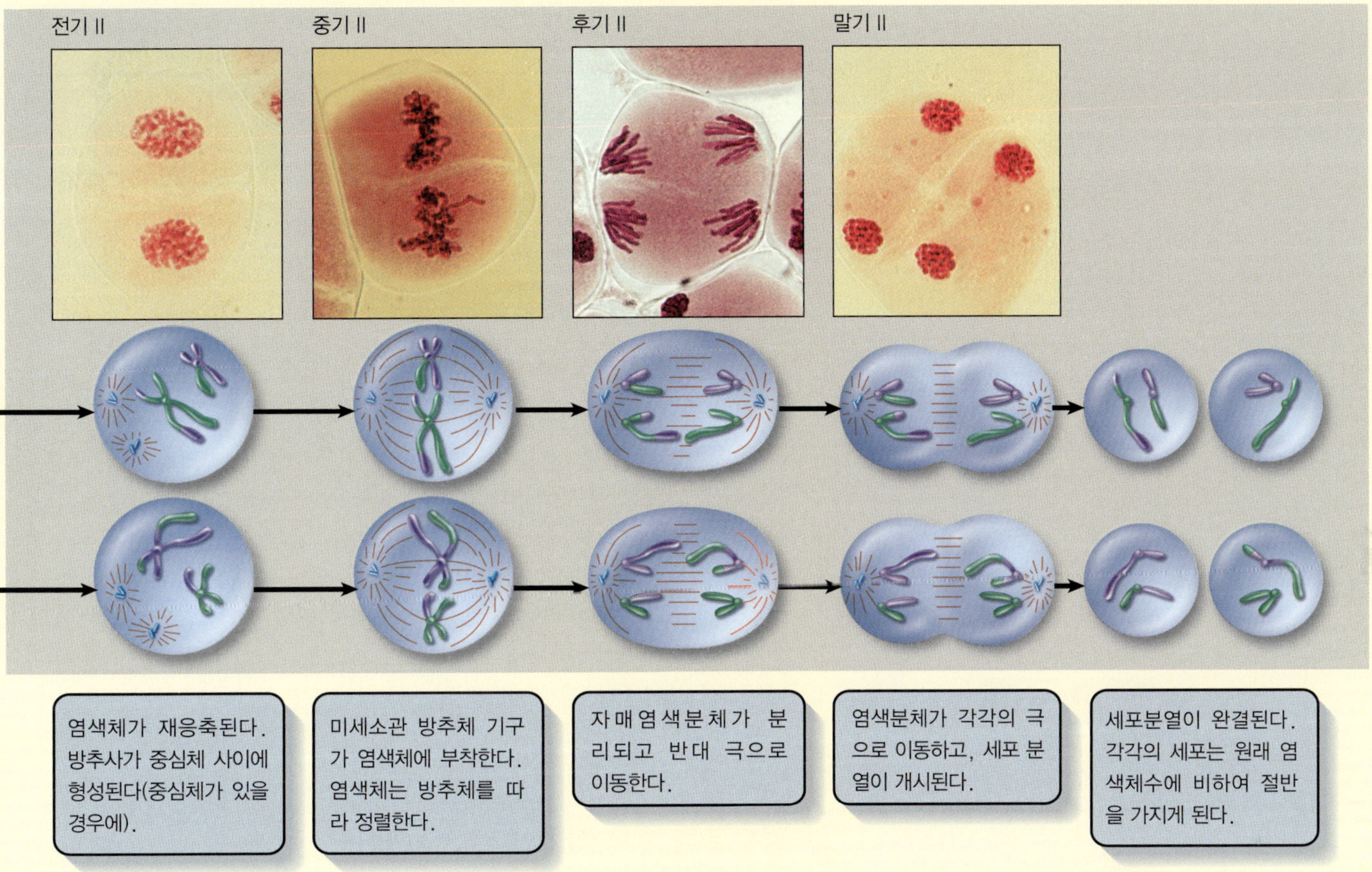

2. **중기 II(Metaphase II).** 방추사가 중심세립의 양쪽 면에 결합하며, 염색체는 중앙판을 따라 정렬한다(그림 8.7).
3. **후기 II(Anaphase II).** 방추사가 짧아지고, 중심세립을 분리하여 자매염색분체를 반대편 극으로 이동한다.
4. **말기 II(Telophase II).** 마지막으로, 핵막이 4세트의 딸염색체 주변에 재형성된다.

감수분열 II 4단계의 주된 성과는 자매염색분체를 분리시키는 것이다. 이 분열의 최종 결과는 반수체 염색체 세트를 포함하고 있는 4개의 세포이다. 전기 I에서 교차로 인하여 서로 같은 세포는 하나도 나타나지 않는다.

생각해보면, 감수분열의 핵심은 각각 염색체의 자매염색분체가 처음 분열에서는 분리되지 않고, 전기 I에서 나타난 교차에 의하여 방지되었다. 두 사람이 가까이서 춤추는 것을 상상해보시오. 각 개인의 허리띠 뒤쪽에 밧줄을 묶을 수 있지만, 춤추는 두 사람이 서로 마주보고 있고 매우 가깝기 때문에 앞에 있는 허리띠 버클에 두 번째 밧줄을 묶을 수는 없다. 똑같은 방식으로, 교차가 춤추는 짝처럼 상동염색체를 함께 지탱하고 있기 때문에 미세소관은 두 자매염색분체를 떼어내기 위하여 중심소립의 안쪽에 부착될 수 없다.

개념의 적용

자매염색분체는 감수분열 I 또는 II에서 분리되나요?

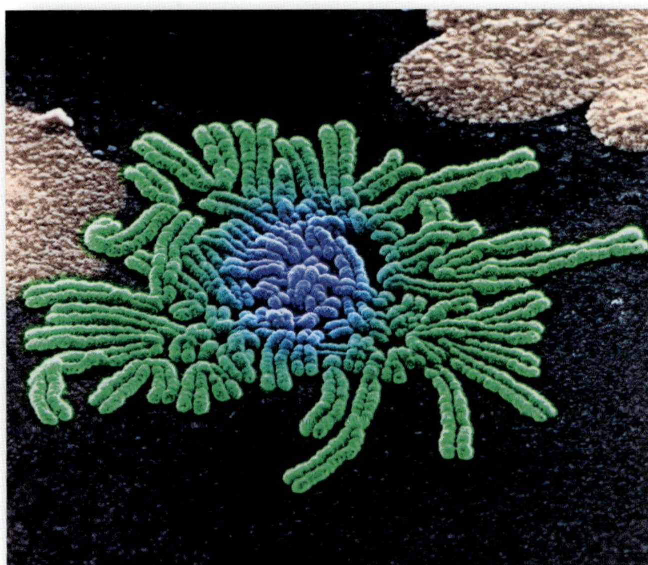

그림 8.7 분열하기 위한 준비.

이 그림의 인간 중기 염색체는 분열하기 위하여 정렬하고 있다. 자매염색분체가 아직 서로 분리되지 않았다는 것을 주목하시오.

감수분열과 유사분열의 비교 Comparing Meiosis and Mitosis

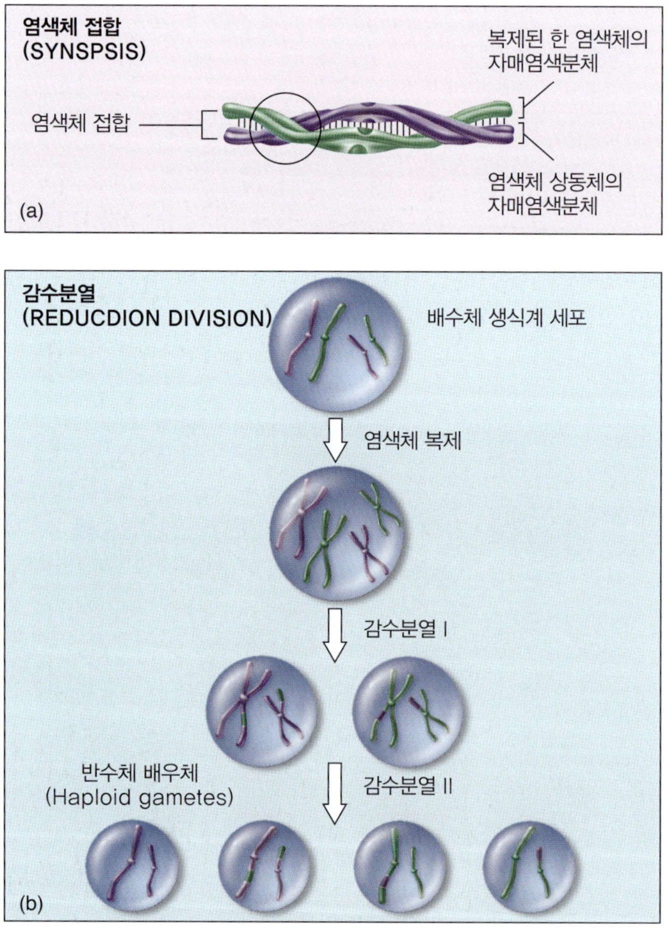

그림 8.8 감수분열의 고유한 특성.

(a) 염색체 접합은 상동염색체를 서로 끌어당기는데, 모두 길이에 따라 일어나, 두 상동체가 교차라고 하는 일부분의 물리적인 교환을 할 수 있는 환경이 조성된다(원으로 표시됨). (b) 감수분열은 감수분열 II 전에 염색체 복제가 일어나지 않아 반수체 배우체를 생성하며, 따라서 수정 이후에 염색체의 수가 부모와 동일하게 유지될 수 있도록 보장한다.

8.4 감수분열은 유사분열과 어떻게 다른가?

학습 목표 8.4.1 감수분열을 유사분열로부터 구분하는 2가지 고유한 특징을 설명한다.

감수분열의 세세한 점에서는 진핵생물 사이에 차이점이 있기는 하지만, 모든 진핵생물의 감수분열 과정에는 염색체 접합과 감수분열이라는 2가지 일관성 있는 특징이 나타난다. 실제로 이러한 2가지의 고유한 특성은 감수분열을 유사분열로부터 구별하는 핵심적인 차이이다.

염색체 접합 Synapsis

두 가지 특징 중 첫 번째는 첫 번째 핵분열 동안에 일찍 나타난다. 염색체 복제에 뒤이어, 상동염색체는 *길이를 따라 모두 짝*을 이루고, 자매염색분체는 cohesin이라고 하는 단백질에 의하여 결합된다. 상동체가 물리적으로 결합되어 있는 동안에, *그들 사이에 한군데 이상에서 유전자 교환이 일어난다*. 이러한 상동염색체의 복합체가 형성되는 과정을 **염색체 접합**(synapsis)이라고 하며, 짝을 이룬 상동체 사이의 교환과정을 교차라고 한다. 그림 8.8*a*는 상동염색체가 어떻게 DNA 부분을 물리적으로 교환할 수 있을 정도로 가깝게 유지되는지를 보여준다. 자매염색분체는 첫 번째 핵분열에서는 분리되지 않기 때문에, 각각의 상동체는 중심세립에서 결합된 2개의 염색분체로 이루어져, 아직까지 하나의 염색체로 간주된다.

감수분열 Reduction Division

감수분열의 두 번째 고유한 특성은 *염색체 상동체가 두 번의 핵분열 사이에 복제되지 않고*, 따라서 두 번째 분열의 염색체 분류는 각각 염색체의 자매염색분체를 다른 딸세포로 분리한다.

대부분의 관점에서, 두 번째 감수분열은 정상적인 유사분열과 동일하다. 그러나, 첫 번째 분열에서 나타난 교차로 인하여, 감수분열 II에서의 자매염색분체는 서로 동일하지 않다. 또한 감수분열 II 초기에 각각의 세포에는 상동체가 하나씩 밖에 존재하지 않기 때문에 염색체의 수가 절반밖에 없다. 그림 8.8*b*는 감수분열이 어떻게 일어나는지를 보여준다. 그림의 배수체 세포는 4개의 염색체(2개의 상동짝)를 가지고 있다. 감수분열 I 이후에, 세포는 단지 2개의 염색체만을 가진다(자매염색분체는 분리된 염색체로 간주되지 않기 때문에 *중심세립*(centromere)의 수를 헤아린다는 것을 기억하시오). 감수분열 II 동안에, 자매염색분체는 분리되지만, 각각의 배우체는 2개의 염색체만을 가지고 있으며, 이는 생식계열 세포의 절반에 해당한다.

유사분열과 감수분열이 유사한 용어를 사용하기 때문에, 두 과정을 혼돈하기기 쉽다. 그림 8.9는 두 과정을 서로 비교하였다. 두 과정 모두 배수체 세포로 시작하지만, 감수분열 I의 초기단계에 교차가 일어나며, 그 결과 개별 중심세립이 아닌 상동짝이 감수분열 I 중기판을 따라 정렬한다. 이러한 2가지의 차이점으로 인해 결과적으로 감수분열에서는 반수체 세포가 그리고 유사분열에서는 배수체 세포가 형성된다

개념의 적용

감수분열 II에 진입하는 2개의 자매염색분체는 어떻게 차이가 있는가?

감수분열(MEIOSIS)	유사분열(MITOSIS)
상동염색체가 짝을 이룬다	상동염색체가 보통 짝을 이루지 않는다.
교차가 일어난다.	교차가 일어나지 않는다.
2번의 세포분열	1번의 세포분열
4개의 딸세포	2개의 딸세포
딸세포가 반수체(*n*)	딸세포가 배수체(2*n*)

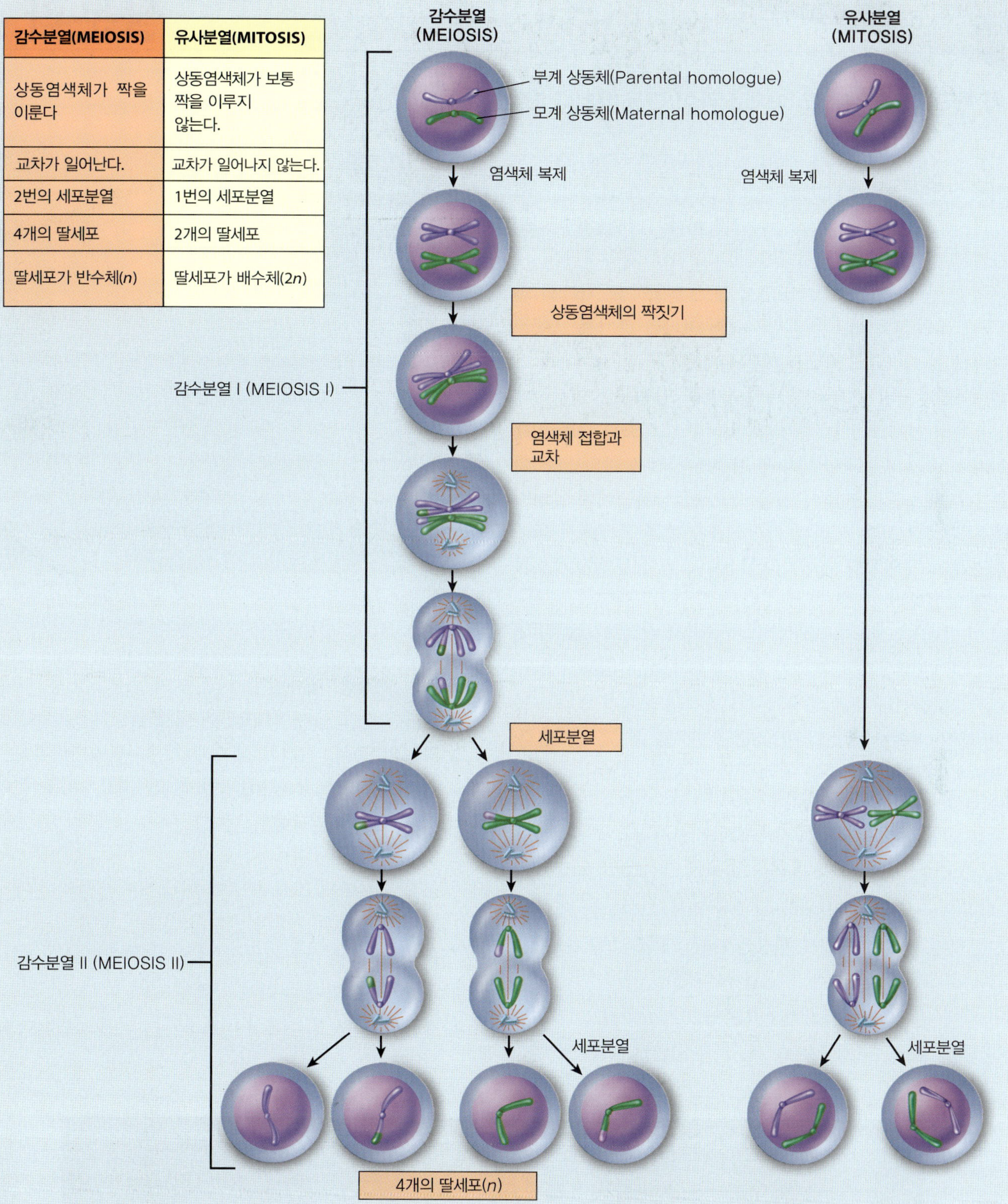

그림 8.9 감수분열과 유사분열의 비교.

감수분열은 유사분열과 몇 가지 핵심적인 부분에서 차이가 있으며, 노란색 상자에 강조되어 있다. 감수분열은 그 중간에 DNA 복제가 없는 두 차례의 핵분열을 포함한다. 따라서 4개의 딸세포를 생성하며, 각각의 딸세포는 원래 염색에의 절반을 가지고 있다. 또한 감수분열의 전기 I 단계에서 교차가 일어난다. 유사분열은 DNA 복제 이후에 한차례의 핵분열을 포함한다. 따라서 유사분열은 원래 염색체 수를 포함하고 있는 2개의 딸세포를 생성하며, 이들은 모체 세포와 유전적으로 동일하다.

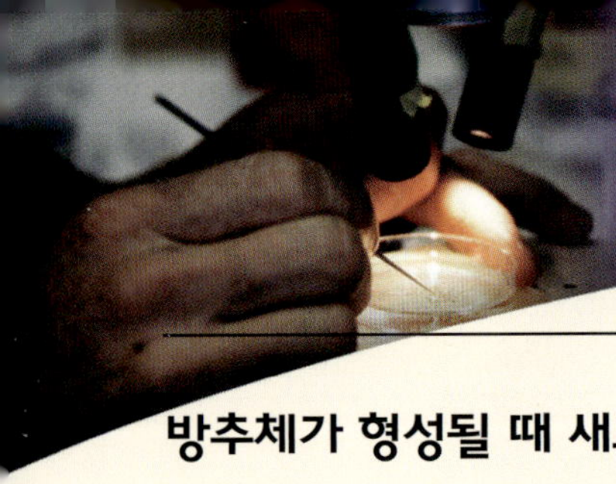

질문과 분석

방추체가 형성될 때 새로운 미세소관이 만들어지나요?

간기동안 감수분열이 시작되기 전에, *중심체*(centrosome; 동물세포에서 미세소관이 조직화되는 중심소체 주변 지역)로부터 세포 주변으로 단지 몇 개의 긴 미세소관이 연장된다. 대부분의 미세소관과 마찬가지로, 이들은 재합성되어 느린 속도로 재충전된다. 그러나 전기의 후반에 중심체가 나타나서 둘로 분열하고, 각각의 딸 중심체로부터 수많은 미세소관이 방사되는 커다란 증가를 보이는 극적인 변화를 볼 수 있다. 새로운 미세소관의 2개 집단은 아래 초기 간기의 현미경 사진처럼 두 세트의 자주색 염색체를 연결하는 녹색의 섬유처럼 쉽게 확인할 수 있다. 이러한 미세소관 집합의 대발생은 전기와 중기의 특징인 방추체 형성의 시작을 나타낸다. 이러한 새로운 미세소관의 집락이 처음 세포생물학자들에게 알려졌을 때, 세포생물학자들은 이러한 미세소관이 방추체 내에서 존재하던 미세소관이 재배치된 것인지, 아니면 새로 합성된 미세소관인지 질문을 하였다.

우상부의 그래프는 이 질문에 답하기 위하여 설계된 실험의 결과를 보여준다. 포유동물 세포배양에 형광염료(**fluorescent dye;** 형광염료는 자외선이나 짧은 파장의 가시광선을 쪼이면 빛나는 물질임)가 부착된 미세소관 소단위(tubulin 단백질)를 주입하였다. 형광 소단위가 세포의 미세소관에 통합된 이후에, 세포의 좁은 지역에 있는 모든 형광이 강한 레이저 광선으로 탈색하여, 그곳에 있던 미세소관을 파괴하였다. 그 이후 탈색된 지역에서의 미세소관의 어떠한 재조립도 세포에 존재하는 형광 소단위를 가지고 있어야 하기 때문에, 탈색된 지역에서 형광이 회복되도록 할 것이다. 그래프는 간기와 중기 세포에서 시간에 따른 회복을 보여준다. 점선은 형광이 50% 회복된 시간인 $t_{1/2}$를 보여준다. $t_{1/2}$은 이 지역에서 절반의 미세소관이 재합성되는데 소요되는 시간이다.

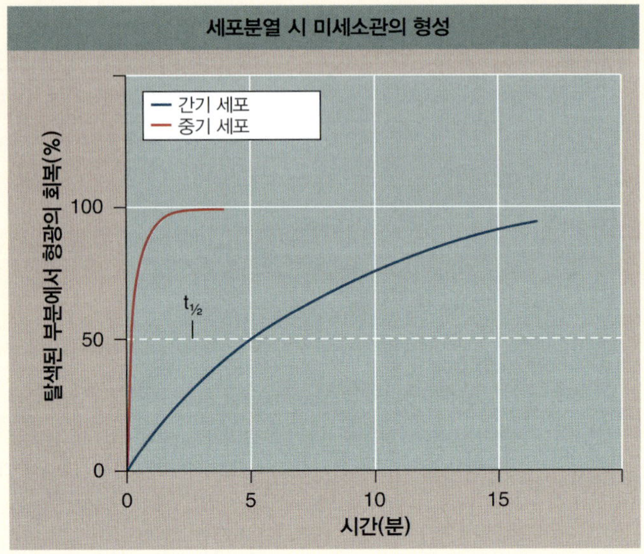

분석

1. **개념의 적용**: 대체합성의 $t_{1/2}$은 어느 정도 되는가? 중기에 미세소관이 새로 합서되나요? 이 대체 합성의 $t_{1/2}$은 어떻게 되나요?
2. **자료의 분석**: 간기와 중기에 미세소관이 합성되는 속도에 차이가 있나요? 그 차이는 얼마나 큰지요? 무엇이 이러한 차이를 가져오게 할까요?
3. **추론하기**:
   - **a.** 감수분열의 전과 도중에 미세소관 생성의 상재적인 속도와 관련하여 어떠한 일반적인 설명을 할 수 있을까요?
   - **b.** 이 실험을 추가적으로 15분 더 진행할 경우 미세소관 합성의 최종 양에 차이가 있을까요?
4. **결론의 도출**: 방추체의 미세소관은 언제 조립되나요?

학습 결과의 요약

감수분열 Meiosis

감수분열의 발견

8.1.1 감수분열은 배우체 형성 동안에 염색체의 수가 절반이 되는 세포분열의 한 형태이다. 유성생식으로 번식하는 생물에서, 수컷의 배우체는 암컷의 배우체와 융합하여 접합체라고 하는 세포를 형성한다. 이 과정을 수정 또는 배우자 합체라고 한다(그림 8.1). 배우체의 염색체 수는 자손에서 정확한 수의 염색체를 유지하기 위하여 반으로 감소하여야만 한다.

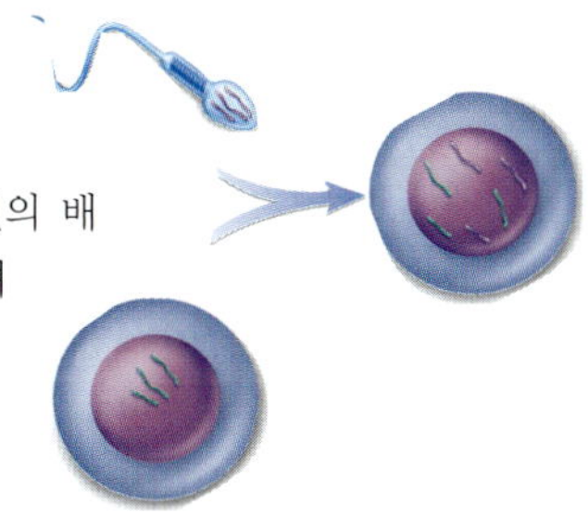

염색체의 전체 세트인 각각의 염색체의 2개의 사본을 가지고 있는 세포를 배수체 세포라고 한다. 배우체처럼 각각 염색체의 하나의 사본만을 가지고 있는 세포를 반수체 세포라고 한다.

유성생식은 감수분열을 포함하지만, 일부 생물은 유사분열이나 이분법에 의하여 번식하는 무성생식을 하기도 한다.

유성생식 생활주기

8.2.1 유성생식 생활주기에서 배수체 단계와 반수체 단계의 교대가 일어나는데, 각 단계의 시간에는 차이가 있다. 3가지 유형의 유성생식 생활주기가 존재한다. 많은 원생생물에서는 생활주기의 대부분이 반수체 단계이고, 대부분의 동물은 생활주기의 대부분 기간을 배수체로 보내며, 식물에서는 생활주기에서 반수체와 배수체 단계가 거의 비슷하게 나뉘어 있다.

생물의 생식계열 세포는 배수에이지만 감수분열을 통하여 반수체 배우체를 생성한다.

감수분열의 단계

8.3.1 감수분열은 감수분열 I과 감수분열 II라는 2번의 핵분열을 가지며, 각각은 전기, 중기, 후기, 그리고 말기를 포함하고 있다. 유사분열과 마찬가지로 감수분열이 시작하기 전인 간기에 DNA가 합성된다. 핵분열은 두 번 일어나지만 DNA 복제는 한번밖에 일어나지 않기 때문에, 4개의 딸세포가 포함하고 있는 염색체의 수는 모세포에 비하여 절반이다.

감수분열 I에서 상동염색체는 세포의 반대쪽 극으로 이동한다. 감수분열 I은 전기 I, 중기 I, 후기 I, 말기 I로 나뉜다. 전기 I은 교차라는 과정을 통하여 상동염색체 사이에 유전물질의 교환이 일어나는 것으로 특징지어진다. 이 과정에서 상동염색체는 서로 길이에 따라 정렬되며, 비자매염색분체의 부분이 물리적으로 교환된다(그림 8.5). 이 과정에 의하여 염색체에 포함된 유전정보가 재결합된다.

중기 I 동안에는 방추체 기구의 미세소관이 상동염색체에 부착하고, 염색체 쌍은 중기 판을 따라 정렬한다. 염색체의 정렬은 무작위적이며, 중기 판을 따라 부계와 모계 염색체가 뒤섞여서 배우체로 염색체가 독립적으로 분류될 수 있도록 한다.

상동염색체는 후기 I 동안에 방추체 기구에 의하여 각각 상응하는 극으로 당겨 떨어져서 분리된다. 이는 자매염색분체가 후기에 분리되는 유사분열과 감수분열 II와 다른 점이다.

말기 I에서 염색체는 극에 모인다. 이는 감수분열 II라고 하는 다음 단계로 인도한다.

8.3.2 감수분열 II는 유사분열과 동일하게 전기 II, 중기 II, 후기 II, 그리고 말기 II를 거쳐 자매염색분체를 분리하는 과정을 포함한다. 감수분열 II는 감수분열 II 이전에 DNA 복제가 일어나지 않는다는 점에서 유사분열과 상이하다. 상동 짝이 감수분열 I에서 분리되었기 때문에, *필수 생물학적 과정 8A*의 말기 II에서 형성되는 각각의 딸세포는 염색체 수가 절반밖에 되지 않는다(필수 생물학적 과정 8A). 또한 감수분열 II 마지막에 딸세포의 염색체는 교차로 인하여 유전적으로 동일하지 않다.

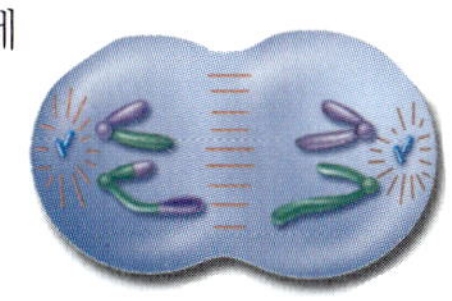

감수분열과 유사분열의 비교

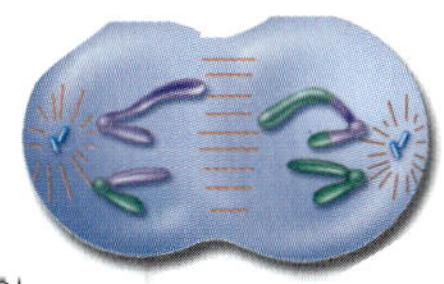

감수분열은 유사분열과 어떻게 다른가?

8.4.1 감수분열을 유사분열로부터 구분하는 2개의 과정은 염색체접합을 통한 교차와 감수분열이다.

상동염색체가 전기 I 기간에 가까이 다가오면, 길이를 따라 서로 결합하며, 이 과정을 염색체접합이라고 한다. 염색체접합은 유사분열에서는 일어나지 않는다. 염색체접합 도중에 상동염색체의 일부분은 교차에 의하여 물리적으로 교환된다. 교차는 딸세포가 모세포나 서로 간에도 유전적으로 동일하지 않도록 한다. 대조적으로 유사분열은 모세포와 서로 유전적으로 동일한 딸세포를 결과한다.

감수분열은 감수분열에서도 유사분열과 상이한데, 딸세포는 모세포에 비하여 절반의 염색체를 포함한다. 그림 8.8*b*에서 감수분열이 두 번의 핵분열(처음은 감수분열 I에서 모세포가 둘로 분할될 때, 두 번째는 감수분열 I에서 생성된 세포가 4개의 딸세포로 분열하는 감수분열 II에서 일어남)이 일어나지만, 간기에 한번만의 DNA 복제가 일어나기 때문에 염색체 수가 감소한다.

감수분열과 유사분이 차이가 나는 가장 주요한 이유는 전기 I에서 상동염색체의 염색체접합에서 기인한다. 염색체접합으로 인하여 상동염색체의 일부분은 교차가 일어날 수 있을 정도로 가까이 접근한다. 또한 염색체접합에서 상동염색체의 긴밀한 결합은 미세소립의 내부가 방추체와 결합하는 것을 차단한다. 그 결과, 자매염색분체는 감수분열 I에서 분리되지 않아 감수분열이 초래된다.

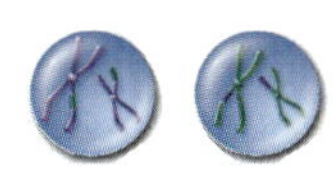

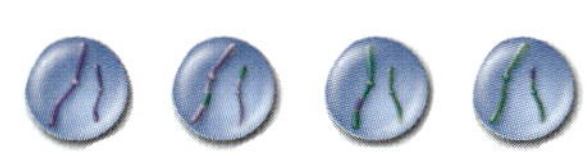

이해의 측정

8.1.1 난자와 정자는 결합하여 새로운 생물을 형성한다. 새로운 생물이 부모에 비하여 2배의 염색체를 가지지 않기 위해서는?

a. 새로운 생물의 염색체 절반이 빠르게 해체되어 맞는 수를 남긴다.
b. 난자에서 온 염색체의 절반과, 정자에서 온 염색체의 절반이 새로운 세포에서 방출된다.
c. 크기가 큰 난자가 모든 염색체를 포함하고, 크기가 작은 난자는 일부 DNA만 기여한다.
d. 난자와 정자는 감수분열로 인하여 부모에 비하여 절반의 염색체 수를 가진다.

8.1.1 인간 염색체의 배수체 수는 46이다. 반수체의 수는?

a. 138 **c.** 46
b. 92 **d.** 23

8.2.1 유성생식 생활주기를 가지는 생물은 어떤 양상을 보이나요?

a. $1n$ 배우체(반수체), 뒤따라 $2n$ 접합체(배수체)가 온다.
b. $2n$ 배우체(반수체), 뒤따라 $1n$ 접합체(배수체)가 온다.
c. $2n$ 배우체(배수체), 뒤따라 $1n$ 접합체(반수체)가 온다.
d. $1n$ 배우체(배수체), 뒤따라 $2n$ 접합체(반수체)가 온다.

8.3.1 전기 I에서 교차가 일어나는데 이는 언제 일어나나요?

a. 상동염색체가 염색체의 일부분을 교환한다.
b. 상동염색체가 세포의 반대편으로 교차된다.
c. 자매염색분체가 유전정보를 교환한다.
d. 동원체에 부착된 2개의 자매염색분체를 형성하는 DNA 복제가 일어난다.

8.3.1 감수분열 I에서 일어나는 것은?

a. 모든 염색체가 복제된다.
b. 상동염색체가 중기 판에 무작위적으로 배열한다(독립유전).
c. 복제된 자매염색분체가 분리된다.
d. 원래의 세포가 4개의 배수체 세포로 분열한다.

8.3.1 염색체접합은 감수분열의 어느 단계에서 일어나나요?

a. 전기 I **c.** 중기 II
b. 후기 I **d.** 간기

8.3.2 감수분열 II에서는 다음 중 어떤 일들이 일어나나요?

a. 모든 염색체가 복제된다.
b. 상동염색체가 중기 판에 무작위적으로 배열한다(독립유전).
c. 복제된 자매염색분체가 분리된다.
d. 유전적으로 동일한 딸세포가 생성된다.

8.4.1 염색체접합은 어떤 과정인가?

a. 염색체의 상동짝이 분리되어 극으로 이동한다.
b. 상동염색체가 염색체 물질을 교환한다.
c. 상동염색체가 가까이 연합한다.
d. 딸세포가 모세포 염색체의 절반을 포함한다.

8.4.1 유사분열은 _______을 결과하고, 반면에 감수분열은 _____을 결과한다.

a. 모세포와 유전적으로 동일한 세포/반수체 세포
b. 반수체 세포/배수체 세포
c. 4개의 딸세포/2개의 딸세포
d. 모세포의 염색체의 절반을 가진 세포/염색체 수가 변화하는 세포

8.4.1 자매염색분체는 왜 감수분열 I에서 분리되지 않나요?

a. 염색체접합에 의하여 결합되어 있기 때문에
b. 교차로 인하여
c. 방추사가 중심세립의 바깥쪽에만 부착될 수 있기 때문에
d. 위의 모든 것이 맞음.

이해의 적용

8.3.1 감수분열에서는 어떻게 모두 유전적으로 서로 다른 2개의 딸세포가 생성될 수 있나요?

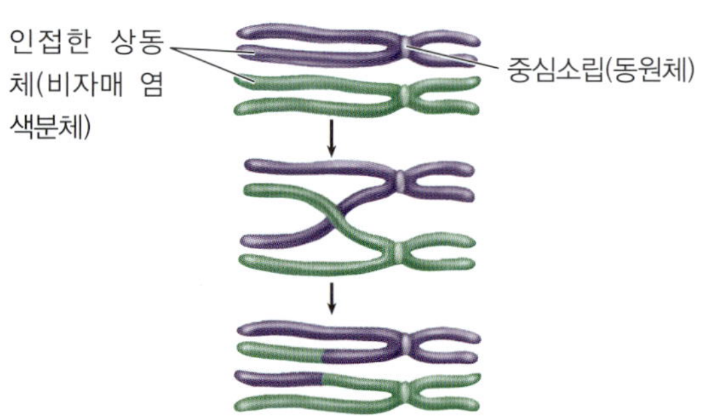

8.4.1 여기에 나타낸 전기 I의 상동염색체가 중기 I 동안에 염색체접합 상태를 유지하는데, 자매염색분체가 왜 유사분열에서처럼 감수분열 I에서는 분리되지 않는지 설명하시오.

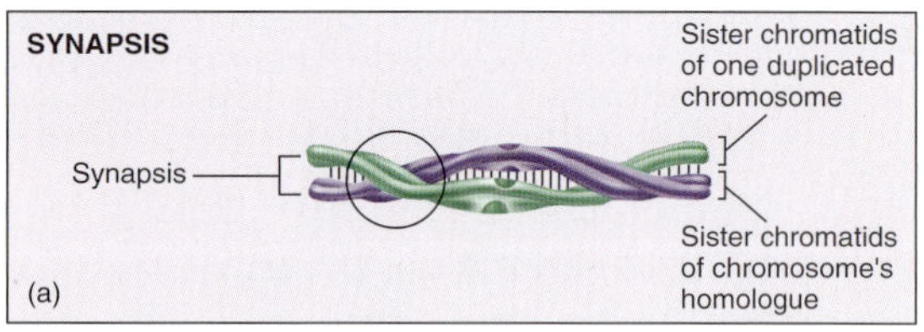

학습 내용의 종합

8.1.1 여러분의 신체가 수행하는 모든 일을 위하여 단지 한 세트의 지시만이 필요한 것으로 보인다. 그런데 왜 생물은 생활사 전체에 걸쳐서 단지 반수체로만 지내지 않을까요?

8.2.1 여러분 신체의 배우체는 반수체인가요 배수체인가요? 왜 다른 쪽이 아닐까요?

8.4.1 어느 생물이 반수체 시기에 56개의 염색체를 가지고 있다. 다음 세포에 몇 개의 염색체가 있는지, 그리고 그 이유가 무엇인지 설명하시오.

a. 체세포 **c.** 중기 II
b. 중기 I **d.** 배우체

Chapter 9

유전학의 기초
Foundations of Genetics

개관(CHAPTER AT A GLANCE)

멘델 Mendel

9.1 Mendel과 완두

Mendel and the Garden Pea

학습 목표 9.1.1 나이트(T.A. Knight)와 멘델(Gregor Mendel)의 실험을 대조한다.

그림 9.1 가족은 서로 닮는다.

이 두 젊은 여인은 어머니와 딸이다. 둘이 서로 많이 닮는 것은 우연한 일이 아닌데, 그 이유는 딸이 어머니 유전자의 절반을 공유하기 때문이다.

여러분에게 의미하는 것

가족의 모든 구성원이 이처럼 많이 닮지 않을 수 있다.

여러분이 태어났을 때 여러분의 많은 부분이 어머니나 아버지를 닮았다(그림 9.1). 특징이 부모로부터 자식으로 전달되는 경향을 **유전**(heredity)이라고 한다. *특징*(trait)은 성격의 표현 또는 유전되는 생김새이다. 어떻게 유전이 일어나는가? DNA와 염색체가 발견되기 전에, 이 수수께끼는 과학의 가장 큰 신비 중의 하나였다. 이 수수께끼를 이해하는 핵심은 멘델(Grogor Mendel)이라고 하는 수도사에 의해 1세기 이상 전에 오스트리아의 정원에서 발견되었다. 멘델의 유전의 수수께끼에 대한 해답은 유전을 이해하는 여행의 첫걸음이었고 또한 과학사에서 가장 지적인 성취의 하나였다.

유전에 대한 초기의 생각 Early Ideas About Heredity

Mendel이 강낭콩을 교차 재배하여 유전을 이해하려고 시도한 최초의 인물은 아니었다(그림 9.2). 200년 이상 전에 영국의 농부들이 교차재배를 하여 멘델과 유사한 결과를 얻었다. 그들은 2가지 유형을 교차 재배하였을 때(예를 들어 큰 콩 나무와 작은 콩 나무), 첫 번째 세대에는 한 유형만 나타나고, 다음 세대에 가서 다른 유형도 다시 나타난다는 것을 관찰하였다. 1790년대에 영국의 농부인 나이트(T.A. Knight)는 자주색 꽃과 흰색 꽃을 가진 완두를 교차 재배하였다. 이 교차재배의 결과 모두 자주색 꽃을 가진 자손이 나타났다. 그러나 이 자손을 교차 재배하였더니, 일부 자손은 흰색 꽃을 피웠다. Knight는 자주색이 흰색에 비하여 발현되는 경향이 강하다고 기록하였지만, 각각 자손의 숫자는 헤아리지 않았다.

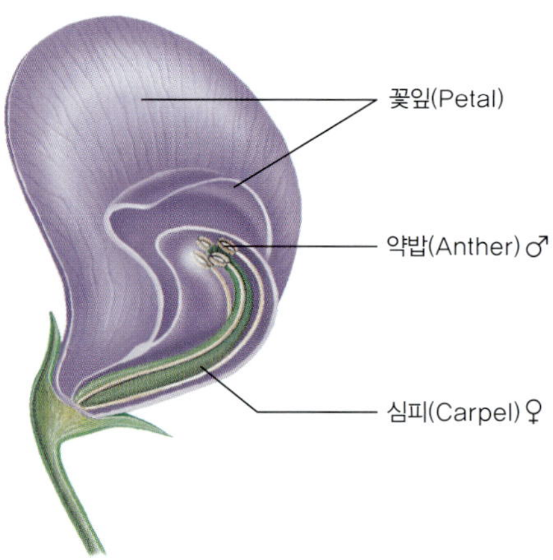

Gregor Mendel

그림 9.2 완두 꽃.

재배하기 쉽고 다양한 특성이 있는 변종이 많아서 완두인 *Pisum sativum*은 Mendel의 연구가 수행되기 1세기 전부터서도 유전연구의 실험적인 주제로 인기가 높은 선택이었다. 여기에 나타낸 꽃은 내부 구조를 보여주기 위해 부분적으로 잘라내었다.

Mendel의 실험 Mendel's Experiments

Mendel은 1822년 농부의 아들로 태어나 수도원에서 교육을 받았다. Mendel은 수도사가 되어 비엔나 대학으로 과학과 수학을 배우기 위해 보내졌다. 과학자와 교사가 되기를 갈망하였지만, 대학 시험에 실패하여 다시 수도원으로 돌아와서 여생을 보냈으며, 결국 대수도원장이 되었다. 수도원에 돌아와서 Mendel은 비공식적인 인근 과학클럽에 가입하였다. 지역 귀족의 후원 하에, 회원들은 개별적으로 과학 조사를 수행하고, 회의에서 토의하고 클럽의 회지에 출판하였다. Mendel은 Knight가 수행한 고전적인 완두콩 나무의 교차 재배를 반복하여 수행하였는데, 이번에는 어떤 일이 일어나는지에 대하여 힌트를 얻을 수 있으리라는 희망에서 각 종류의 자손의 수를 헤아리기고 계획하였다. 당시 유럽에서는 측정하고 계산하는 과학의 정량적인 접근법이 유행이었다.

개념의 적용

여러분은 Knight가 Mendel과 동등하게 언급되지 않는 것이 공평하다고 생각하나요? 여러분의 답에 대하여 이유를 설명하시오.

Mendel의 실험 시스템: 완두콩

Mendel's Experimental System: The Garden Pea

학습 목표 9.1.2 완두가 Mendel이 연구하기에 쉽게 한 2가지 특성을 열거하고, Mendel의 실험 설계를 묘사한다.

Mendel은 완두가 가진 연구하기 용이한 몇 가지 특성 때문에 완두를 선택하였다.

1. 많은 변종을 이용할 수 있었다. Mendel은 쉽게 식별할 수 있는 특징을 지닌 7쌍의 계열을 선택하였다(Knight가 60년 전에 연구하였던 흰 꽃과 자주색 꽃을 포함하여).
2. Mendel은 Knight와 다른 사람들의 연구로부터 한 세대에서는 사라졌다가 다음 세대에서는 다시 나타나는 드문 특성을 기대할 수 있었다. 다른 말로 표현하면, Mendel은 무언가 셀 수 있는 것을 얻을 수 있다는 것을 알았다.
3. 강낭콩 나무는 작고 재배하기 쉬우며, 많은 자손을 생산하고, 빨리 성숙한다.
4. 강낭콩의 생식기관은 꽃 안에 감싸져 있다(그림 9.2). 그대로 두면 꽃은 열리지 않는다. 강낭콩은 자신의 꽃가루(수컷 배우체)로 자가수분을 한다. 교차수분을 위해서 Mendel은 단지 꽃잎을 가위로 잘라서 때내고, 수컷 기관(수술)을 잘라낸다. 그리고 다른 나무의 꽃가루를 암컷 기관(암술 잎의 끝)에 묻혀서 교차수분을 한다.

> 꽃은 속씨식물(피자식물; angiosperm) 집단의 생식구조이다. 속씨식물의 생식은 꽃의 수분(가루받이; pollination)과 수정을 통하여 일어난다.

Mendel의 실험 설계 Mendel's Experimental Design

Mendel의 실험 설계는 Knight의 설계와 동일하지만, 단지 Mendel은 나무의 숫자를 세었다. 교차수분은 그림 9.3에서처럼 3단계로 수행되었다.

❶ Mendel은 먼저 각각의 품종을 여러 세대 자가 수분하였다. 이는 각각의 품종이 순종이 되도록 보장하여, 다른 품종의 특징을 포함하지 않아 자가수분하였을 때 동일한 품종의 자손만을 생산하게 된다. 예를 들어 흰 꽃 품종은 각 세대에 자주색 꽃은 하나도 없이 흰 꽃만을 피웠다. Mendel은 이를 P 세대(P; 부모, parental)라고 하였다.

❷ Mendel은 그 이후 실험을 수행하였다. 그는 흰 꽃과 자주색 꽃과 같은 양자택일의 특징을 가진 두 품종을 교차수분하였다. 그 결과 얻은 자손을 Mendel은 F_1 세대라고 하였다(F_1 = 첫 번째 자손 세대; F는 라틴어로 아들 또는 딸을 의미하는 "filial"임).

❸ 마지막으로 Mendel은 2단계 교배를 자가수분하도록 하여, F_2에 세대에 나타난 각 종류의 자손의 수를 세었다. Knight에 의해 보고되었고 3단계에서 볼 수 있듯이, F_2 세대에서 흰 꽃이 다시 나타났지만, 자주색 특징을 지닌 꽃만큼은 많이 나타나지 않았다.

개념의 적용

Mendel의 교차재배에서, F_1 세대의 자손이 F_2 세대를 생산하기 위하여 자가수분을 하였다. Mendel은 왜 F_1 세대를 생산하기 위하여 부모는 자가수분을 하지 않았는가?

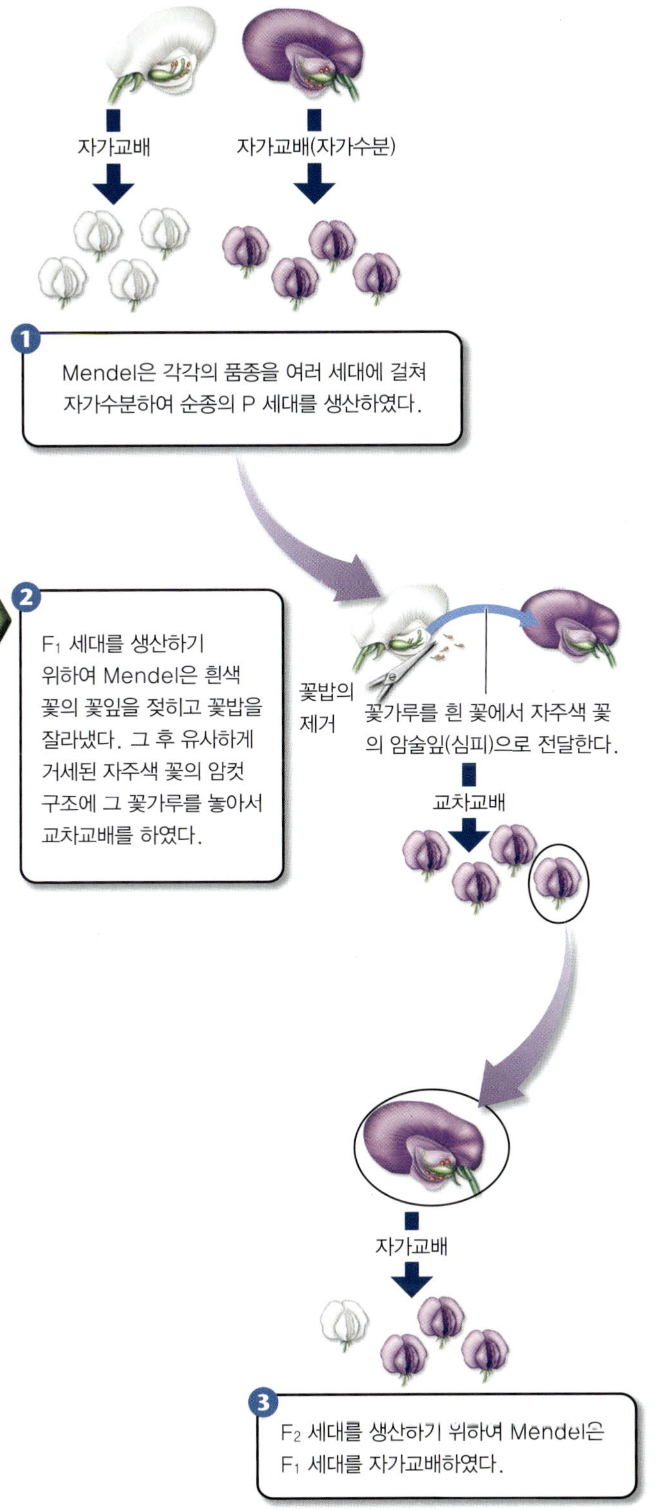

그림 9.3 Mendel이 실험을 수행한 방법.

그림 9.4 완두나무의 꼬투리.

9.2 Mendel이 관찰한 사실 What Mendel Observed

학습 목표 9.2.1 Meddel이 2가지 대조적인 특질을 교배할 때 관찰한 사실을 설명한다.

Mendel은 정원 강낭콩의 다양한 특질을 가지고 실험하였음(그림 9.4) 반복하여 유사한 관찰을 하였다. 모두 Mendel은 7쌍의 대조적인 특질을 조사하였다(표 9.1). 대조적인 각 쌍의 특질에 대하여 Mendel은 교배를 하였으며, 그림 9.3에서 보여준 것처럼, F_1 세대에서 나타는 형질이 F_2 세대에서 다시 나타나는 동일한 결과를 관찰하였다. Mendel이 꽃 색깔로 교배한 실험을 자세하게 검토해보기로 한다.

F_1 세대 The F_1 Generation

꽃 색깔의 사례에서 Mendel이 자주색과 흰색 꽃을 교배하였을 때, F_1 세대는 모두 자주색으로 관찰되었으며, 흰색 꽃의 대조 특질은 발견할 수 없었다. Mendel은 F_1 식물에서 표현된 특질을 **우성**(dominant)으로 발현되지 않은 특질을 **열성**(recessive)으로 불렀다. 이 경우 자주색 꽃은 우성이고 흰색

표 9.1 Mendel에 실험에서 연구한 7가지 특성

	형질				F_2 세대	
	우성형	×	열성형		우성 : 열성	비율
	자주색 꽃	×	흰색 꽃		705 : 224	3.15 : 1 (3/4 : 1/4)
	노란색 씨앗	×	녹색 씨앗		6022 : 2001	3.01 : 1 (3/4 : 1/4)
	둥근 씨앗	×	주름진 씨앗		5474 : 1850	2.96 : 1 (3/4 : 1/4)
	녹색 콩깍지	×	노란색 콩깍지		428 : 152	2.82 : 1 (3/4 : 1/4)
	부푼 콩깍지	×	수축된 콩깍지		882 : 299	2.95 : 1 (3/4 : 1/4)
	축 개화	×	말단 개화		651 : 207	3.14 : 1 (3/4 : 1/4)
	큰 나무	×	작은 나무		787 : 277	2.84 : 1 (3/4 : 1/4)

꽃은 열성이었다. Mendel은 꽃 색깔 외에도 몇 가지 다른 특징을 연구하였는데, 조사한 대조형질의 모든 쌍에 대하여 하나는 우성이고 다른 하나는 열성이었다. 연구한 각각 형질의 우성형질과 열성형질을 표 9.1에 나타내었다.

그림 9.5 둥근 씨앗과 주름진 씨앗.

Mendel이 연구한 강낭콩 나무 품종의 차이 중 하나는 씨앗의 형태였다. 어떤 품종에서는 씨앗이 둥글고, 다른 품종에서는 주름진 씨앗이었다.

F_2 세대 The F_2 Generation

F_1 세대가 성숙하고 자가교배하도록 한 이후에 Mendel은 각각의 완두에서 씨앗을 수집하여 심어서 F_2 세대가 어떻게 나타나는지 보았다. Mendel은 Knight가 이전에 발견한 것과 같이 일부 F_2 식물이 열성형질인 흰색 꽃을 나타낸다는 것을 발견하였다. 열성형질은 F_1 세대에서 사라졌다 F_2 세대에서 다시 나타났다. 열성형질은 발현되지 않았지만 F_1 개체에서 어떻게든 존재하고 있는 것이 분명하다.

이 단계에서 Mendel은 실험 설계를 급진적으로 변경하였다. 그는 F_2 자손에서 각 유형의 수를 세었다. Mendel은 F_2 유형의 비율이 유전의 기작에 대한 단서를 제공해줄 수 있으리라 믿었나. 자주색 F_1의 교배에서 929개의 F_2 개체가 나타났다(표 9.1). 이 중에서 705(75.9%) 개체가 자주색이었으며 224(24.1%) 개체가 흰 꽃이었다. F_2 개체의 대략 1/4 정도가 열성형질을 나타냈다. Mendel은 둥근 씨앗과 주름진 씨앗처럼 다른 형질을 가지고 유사한 실험을 수행하였으며(그림 9.5), 동일한 결과를 얻었다. F_2 세대의 3/4가 우성형질을 나타내었으며, 1/4가 열성형질을 나타냈다. 다른 말로하면 F_2 세대의 우성:열성 비율은 항상 대략 3:1로 나타났다.

숨겨진 1 : 2 : 1 비율 A Disguised 1:2:1 Ratio

Mendel은 F_2 세대를 한 세대 더 자가수분하여 F_2 세대의 1/4인 열성이 순종이라는 것을 발견하였다. 즉 그 이후 세대가 열성만을 나타내었다. 따라서 흰색의 F_2 개체는 F_3 세대에서 흰 꽃만을 나타냈다(그림 9.6의 오른쪽). F_2 세대에서 우성형질을 보인 3/4의 개체 중에서, 1/3만이 F_3 세대에서 순종이었다(그림 9.6의 왼쪽). 다른 개체들은 F_3 세대에서 두가지 형질을 다 보여주었으며(그림 9.6의 중앙), 숫자를 세어보니 우성 : 열성 비율이 3 : 1로 나타났다! 이러한 결과로부터 Mendel은 F_2 세대에서 관찰한 3:1의 비율은 사실상 숨겨진 1:2:1 비율이라고 결론지었다.

1		2		1
순종 true-breeding	:	비순종 not-true-breeding	:	순종 true-breeding
우성 dominant		우성 dominant		열성 recessive

개념의 적용

F_2 개체를 임의로 선택하였을 때, 선택한 개체가 비순종일 확률은 얼마인가?

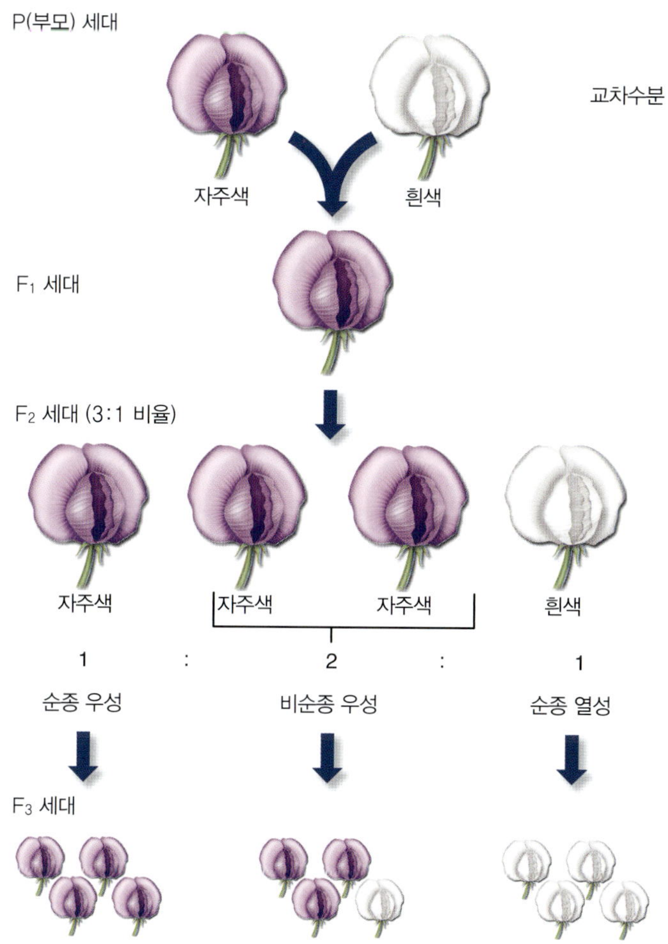

그림 9.6 F_2 세대는 숨겨진 1:2:1 비율이다.

F_2 세대를 자가수분하여, Mendel은 자손인 F_3 세대에서 F_2 세대의 비율은 순종 우성 1, 잡종 우성 2, 그리고 순종 열성 1이라는 것을 발견하였다.

생물학과 여러분

닮은꼴 측정기. 여러분은 어머니와 아버지 중에서 누구를 더 닮았는지 궁금하게 생각한 적이 있나요? 최첨단 인식기술을 이용하여 인터넷에서 매우 객관적으로 이러한 질문에 답을 찾을 수 있습니다. 카메라를 정면으로 바라보고 있는 여러분의 얼굴 사진과, 유사한 부모님의 사진을 올리면, 이 사진들을 분석하여 여러분 자신의 유사도를 제공해준다. 보통 어머니의 사진은 측정기 왼쪽에, 아버지의 사진은 오른쪽에 나타낸다. 만약 여러분이 부모를 동등하게 닮았다면, 측정기의 바늘은 중앙(수직)을 가리킬 것이다. 만약 한 쪽 부모를 다른 쪽보다 더 닮았다면 바늘은 닮은 쪽으로 기울 것이다. 더 많이 닮을수록 바늘은 그쪽으로 더 가까이 간다. 탐 크루스(Tom Cruise)와 케이티 홈스(Katie Holmes)의 어린 딸을 이러한 방법으로 아래의 닮은꼴 측정기로 분석하였을 때, Suri는 Tom을 15% 더 닮게 결과가 나왔다. 여러분은 왜 Suri가 엄마보다 아빠를 더 닮는 것이 가능하다고 생각하는가? Suri는 각각의 부모로부터 절반씩의 유전자를 물려받지 않았나요?

9.3 Mendel이 제안한 이론

Mendel Proposes a Theory

학습 목표 9.3.1 Mendel 이론의 5가지 가설을 서술하고, 유전자와 대립유전자, 유전자형과 표현형을 구분한다.

실험 결과를 설명하기 위하여 Mendel은 그가 관찰한 결과를 정확히 예측할 수 있는 5가지 간단한 가설을 제안하였다. 현재 Mendel의 유전이론이라고 불리는 이 가설은 과학사에서 가장 유명한 학설의 하나가 되었다.

가설 1: 부모는 자손에게 형질을 직접 전달하지 않는다. 오히려 형질에 대한 정보를 전파하는데, Mendel은 독일어로 요인이라고 하는 "merkmal"로 불렀다. 이러한 요인들은 나중에 자손에서 형질을 생산하기 위하여 작용한다. 현대의 용어로 Mendel의 요인을 **유전자**(gene)라고 한다.

가설 2: 각각의 부모는 각각의 형질을 지배하는 요인의 사본을 2개씩 가지고 있다. 2개의 사본은 같을 수도 있고 다를 수도 있다. 요인의 2개의 사본이 동일할 경우(둘 다 자주색 꽃 또는 둘 다 흰색 꽃을 암호화하는 경우) 그 개체를 **동형접합체**(homozygous)라고 한다. 만약 요인의 2개의 사본이 상이할 경우에는(하나는 자주색을, 다른 하나는 흰색을 암호화하는 경우), 그 개체를 **이형접합체**(heterozygous)라고 한다.

가설 3: 요인의 대체 형태는 대체 형질을 나타낸다. 요인의 대안적인 형태를 **대립형질**(또는 대립유전자; allele)이라고 한다. Mendel은 열성 대립형질을 나타내기 위하여 소문자를, 우성형질을 나타내기 위하여 대문자를 사용하였다. 현대의 용어로 개체의 외형을 **표현형**(phenotype)이라고 한다. 외형은 각 개체가 부모로부터 유전자의 어떠한 대립형질을 받았느냐에 의해서 결정되며, 이러한 특정한 대립형질을 개체의 **유전자형**(genotype)이라고 한다. 따라서 강낭콩 나무는 흰 꽃의 표현형을 가지고 유전형은 pp를 가지게 된다.

가설 4: 개체가 보유하고 있는 2개의 대립형질은 서로 영향을 미치지 않으며, 이는 편지함에 있는 2개의 편지가 서로의 내용을 변경하지 않는 것과 같다. 각각의 대립형질은 개체가 성숙하여 배우체(난자와 정자)를 형성할 때 변하지 않고 전달된다. 그 당시 Mendel은 이러한 요인들이 부모로부터 자손으로 염색체로 전달된다는 사실을 알지 못하였다.

가설 5: 대립형질이 존재한다고 하여서 그 형질이 형질을 가지고 있는 개체에서 표현된다는 보장은 없다. 이형접합체에서 우성 대립형질만이 발현되며, 열성 대립형질은 존재하지만 표현되지 않는다.

위의 5가지 가설은 함께 Mendel의 유전 과정의 모델을 형성한다. 인간의 많은 형질들은 Mendel이 강낭콩에서 연구한 형질과 유사하게 우성 또는 열성 유전을 나타낸다(표 9.2).

표 9.2 인간의 몇 가지 우성형질과 열성형질

열성형질	표현형(Phenotypes)
일반적인 대머리	나이가 들어가면서 머리선이 M자형으로 빠짐.
색소결핍증	멜라닌 색소의 결핍.
알캅토뇨증	페놀산(석탄산)의 일종을 대사할 수 없음.
적록색맹	빛의 적색과 녹색을 구별할 수 없음.
우성형질	**표현형(Phenotypes)**
손가락 중간 털	손가락 마디의 중간에 털이 있음
단지증	짧은 손가락
페닐티오카바미드(PTC) 민감도	PTC의 쓴맛을 느끼는 정도
굴지증	새끼손가락을 반듯이 펼 수 없음
다지증	추가적인 손가락과 발가락

개념의 적용

여러분의 가족에서 나타나는 열성대립형질이 있나요?

Meldel의 결과를 분석하기 Analyzing Mendel's Results

학습 목표 9.3.2 Punnett의 사각형 분석을 이용하고, 3:1 Mendel 비율의 기초를 설명한다.

Mendel의 결과를 분석하기 위해서는 각각의 특질이 부모로부터, 즉 하나는 어머니, 다른 하나는 아버지로부터, 온 대립형질의 유전에 의하여 결정된다는 것을 기억하는 것이 중요하다. 이러한 대립형질은 염색체 상에 존재하며, 감수분열 시에 배우체에 배분된다. 각각의 배추에는 각각의 염색체의 하나의 사본을 받으며, 따라서 대립형질의 하나의 사본을 받게 된다.

유성생식 동안에 8.1절에서 논의되었듯이, 각각의 형질에 대하여 하나의 대립유전자를 가지고 있는 반수체 배우자는 결합하여 배수체 자손을 형성한다. 자손의 유전적 조성은 따라서 반은 모계이고 반은 부계이다.

다시 한번 Mendel의 자주색 꽃과 흰색 꽃의 교배를 고찰해보시오. Mendel과 마찬가지로 대문자 P를 자주색 꽃을 피게 하는 우성 대립형질에 배정하고, 소문자 p를 흰색 꽃을 피게 하는 열성 대립형질에 배정한다.

이 시스템에서 열성 흰색 꽃 특징을 나타내는 순종 개체의 유전자형은 pp가 되며, 대립형질의 둘 다 흰색의 표현형을 특징 짓는다. 유사하게, 순종 자주색 꽃의 개체의 유전자형 PP로, 이형접합체는 Pp(우성 대립형질을 앞에 표기함)가 될 것이다. 이러한 규칙을 이용하고, 두 품종간의 교배를 x로 표기하면, Mendel의 최초의 교배는 $pp \times PP$로 부호화할 수 있다.

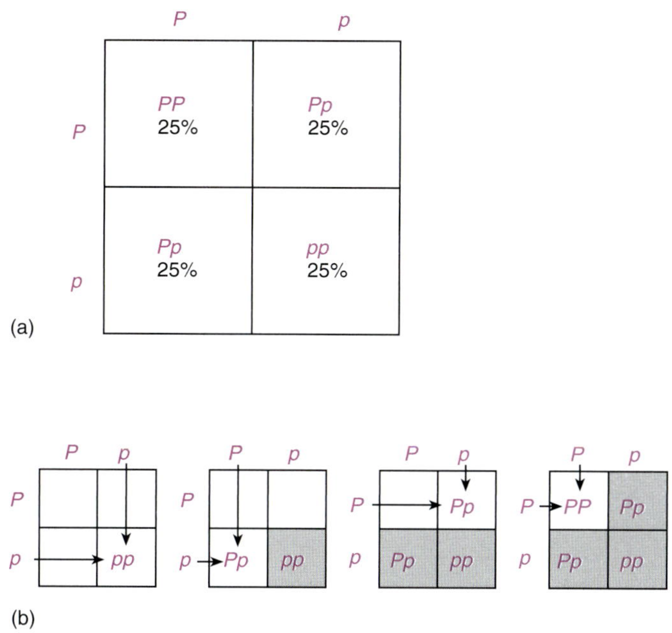

그림 9.7 푸네트 사각형(Punnett square) 분석.

(a) 각각의 사각형은 교배로부터 1/4 또는 25%의 자손을 나타낸다. (b)의 사각형은 모든 가능한 자손의 유전자형을 예측하는데 어떻게 이용되는가를 보여준다.

푸네트 사각형 Punnett Squares

순종 흰색 꽃 강낭콩 나무(pp)와 순종 자주색 꽃 강낭콩 나무(PP) 사이의 교배에서 나타날 수 있는 결과는 **Punnett 사각형**으로 나타낼 수 있다. Punnett 사각형에서, 한 개체의 가능한 배우체는 사각형의 수평면에 따라 나열되고, 다른 개체의 가능한 배우체는 수직면을 따라 나열될 수 있다. 잠재적인 자손의 유전자형은 사각형 내의 구획에 나타낸다. 그림 9.7은 꽃 색깔이 이형접합체($Pp \times Pp$)인 두 강낭콩 나무의 교배에 대한 Punnett 사각형을 완성하는 것을 보여준다.

자손에서 이러한 유전자형이 출현하는 빈도는 보통 **확률(probability)**로 표시된다. 예를 들어, 동형접합체 흰색 꽃 강낭콩(pp)과 동형접합체인 자주색 강낭콩(PP)의 교배에서 F_1 세대에서는 Pp가 모든 개체에서 유일하게 가능한 유전자형이다(그림 9.8의 왼쪽 Punnett 사각형). P가 p에 대하여 우성이기 때문에 F_1 세대의 모든 개체는 자주색 꽃을 가지게 된다. F_1 세대의 개체를 교배하면, 그림 9.8의 오른쪽 Punnett 사각형에서 보듯이, 개체가 동형접합체 우성(PP)을 획득할 확률은 25%이다. 유사하게, F_2 세대에서 동형접합체 열성(pp)의 확률도 25%이다. 이형접합체 유전자형은 나타날 수 있는 2가지 가능한 방법이 있기 때문에(Pp와 pP, 그러나 둘 다 Pp로 표기함), 사각형 내의 절반의 구획에서 나타나며, 이형접합체(Pp) 개체를 획득할 확률은 50% (25% + 25%)이다.

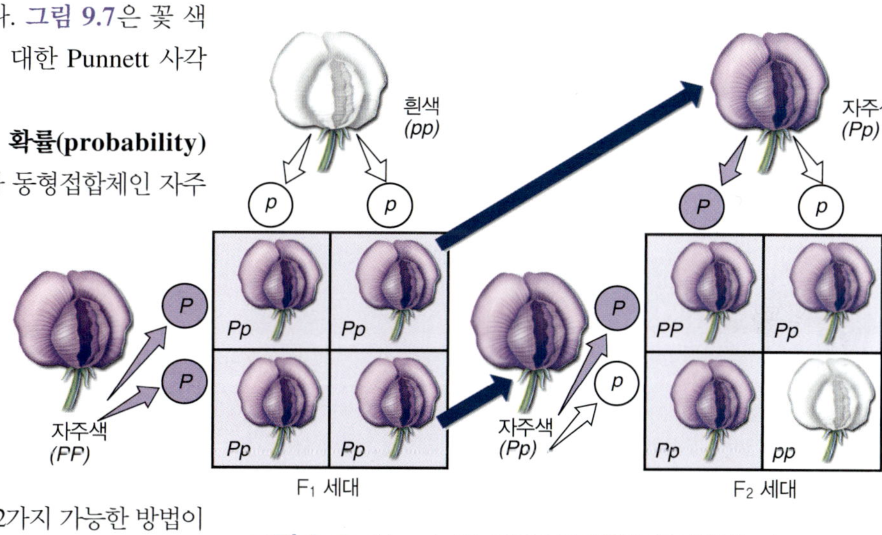

그림 9.8 Mendel은 어떻게 꽃 색깔을 분석하였는가.

첫 번째 교배의 유일하게 가능한 자손은 Pp 이형접합체이며, 자주색이다. 이 개체들을 F_1 세대라고 한다. 2개체의 이형접합체 F_1을 교배하면, PP 동형접합체(자주색 꽃), 두가지 방법으로 나타날 수 있는 Pp 이형접합체(또한 자주색 꽃), 그리고 pp 동형접합체(흰색 꽃) 등 3종류의 자손이 가능하다. F_2세대라고 하는 이 개체들 중에서 우성 표현형의 열성 표현형에 대한 비율은 3:1이다.

개념의 적용

이형접합체 F_2 개체를 획득하지 못할 확률은 얼마나 되나요?

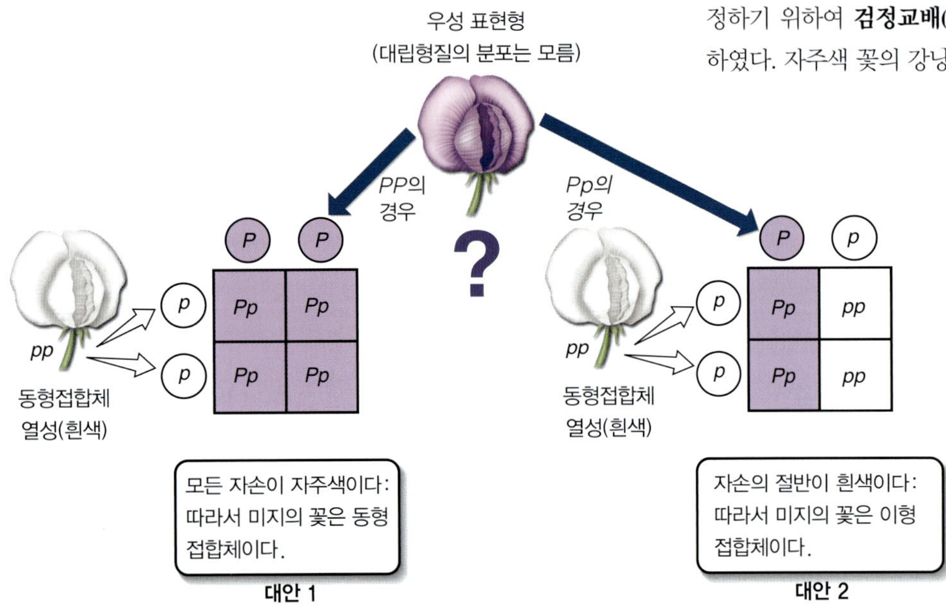

그림 9.9 Mendel은 이형접합체를 탐지하기 위하여 검정교배를 어떻게 이용하였는가?

자주색 꽃처럼 우성 표현형을 나타내는 개체가 우성 대립유전자에 대하여 동형접합체인지(*PP*) 아니면 이형접합체인지(*Pp*)를 결정하기 위하여 Mendel은 교차검정을 고안하였다. Mendel은 의문의 개체를 이 경우에는 흰 꽃을 가진 동형접합체인 열성(*pp*)과 교배하였다.

검정교배(검정교잡) The Testcross

학습 목표 9.3.3 검정교배가 어떻게 우성 표현형을 나타내는 개체의 유전자형을 알아낼 수 있는지 그림으로 표시한다.

어떻게 Mendel은 F_2 세대(또는 F_1 세대)의 자주색 개체 중 어느 것이 동형접합체(*PP*)이고 어느 것이 이형접합체(*Pp*)인지 알 수 있었을까요? 단지 살펴보는 것만으로는 차이를 알 수 없다. 이러한 이유로 Mendel은 개체의 실제 유전 조성을 측정하기 위하여 **검정교배(Testcross)**라는 간단하면서도 설득력 있는 방법을 고안하였다. 자주색 꽃의 강낭콩 나무를 고려해보세요. 단순히 표현형만으로 유전자형을 결정하는 것은 불가능하다. 유전자형을 알기 위해서는 어떤 다른 강낭콩 나무와 교배를 해보아야만 한다. 동형접합체의 우성 개체와 교배를 하면 시험 강낭콩 나무가 동형접합체이든 이형접합체이든 관계없이 모두 우성 표현형을 가진 자손만을 나타낼 것이다. 또한 이형접합체와 교배하여 두 가지의 시험 강낭콩 사이의 유전자형을 구분하는 것도 불가능하지는 않지만 쉬운 일은 아니다. 그러나 동형접합체인 열성 개체와 시험 강낭콩을 교배하면 두 종류의 가능한 시험 강낭콩의 유전형은 완전히 다른 결과를 나타낼 것이다. 어떻게 이러한 방법이 작용하는지를 보기 위하여, 자주색 꽃 강낭콩과 흰색 꽃 강낭콩 사이의 검정교배를 따라가 보자. 그림 9.9는 두 가지 양자택일을 보여준다.

대안 1 (왼쪽): 미지의 강낭콩이 동형접합체(*PP*)인 경우. *PP* × *pp:* 모든 자손은 4개의 자주색 사각형과 같이 자주색 꽃(*Pp*)을 나타낼 것이다.

대안 2 (오른쪽): 미지의 강낭콩이 이형접합체(*Pp*)인 경우. *PP* × *pp:* 2개의 흰색 사각형과 2개의 자주색 사각형으로 나타낸 것처럼, 자손의 절반은 흰색 꽃을 나타내고(*pp*) 다른 절반은 자주색 꽃(*Pp*)을 나타낼 것이다.

검정교배 중 하나에서 Mendel은 우성형질을 나타내는 F1 개체를 열성 형질을 보이는 부모 동형접합체와 거꾸로 교잡을 하였다. Mendel은 우성형질과 열성형질이 1:1로 나타날 것으로 예측하였으며, 대안 2에서 볼 수 있듯이 그렇게 관찰되었다.

검정교배는 2개의 유전자가 관련된 개체의 유전자형을 결정하는 데에도 이용될 수 있다. Mendel은 수많은 2개 유전자 교잡을 수행하였으며, 그 중 일부에 대해서 곧 토의할 예정이다. Mendel은 특정한 우성을 보이는 F_2 개체의 유전자형을 검증하기 위하여 검정교배를 종종 사용하였다. 따라서 둘 다 우성형질(*A_ B_*)을 보여주는 F_2 개체는 *AABB, AaBB, AABb,* 또는 *AaBb* 유전자형 중 하나를 가지게 될 것이다. 우성형질을 나타내는 F_2 개체를 동형접합체인 열성개체와 교잡하여(*A_ B_* × *aabb*), Mendel은 자손에서 하나 또는 둘 모두의 형질이 순종인지 아닌지를 결정할 수 있었다. 우성형질만 출현했을 경우에는 이형접합체가 될 수 없으며, 따라서 F_2 부모의 유전형을 결정할 수 있다.

개념의 적용

Mendel은 어떻게 F_2 세대 강낭콩이 이형접합체인지를 알 수 있었나요?

생물학과 여러분

여러분의 래브라도(Labrador) 강아지는 동형접합체인가요? 래브라도 리트리버(캐나다 원산의 사냥개)에서 검은색의 털은 갈색의 털에 대하여 우성이다. 검은색 털을 가진 강아지는 두 대립형질 모두 동형인 순종이거나, 대립형질 하나는 검은색이고 다른 하나는 갈색인 이형접합체일 수 있다. 여러분의 검은색 래브라도 강아지의 유전적인 조성을 알기 위하여, 성장한 다음 갈색의 털을 가지고 갈색 털의 대립형질 2개를 가지고 있는 초콜릿 색 래브라도와 교미를 시킬 수 있다. 만약 자손이 모두 검은색이라면, 여러분의 개는 검은색 털에 대한 2개의 대립형질을 모두 가지고 있는 순종임이 틀림없다. 만약 새끼 중 일부가 초콜릿 갈색을 보이면 여러분의 개는 검은색 털과 갈색 털의 대립형질을 각각 한 개씩 가지고 있는 이형접합체가 틀림없다. 노란색 래브라도는 반면에 색소에 대한 대립형질을 가지고 있지 않아서, 밝은 색 털을 가지게 된다.

9.4 Mendel의 법칙 Mendel's Laws

학습 목표 9.4.1 Mendel의 제1법칙과 제2법칙을 서술하고, 법칙5들이 어떻게 그의 실험결과를 설명하는지 보여준다. 양성잡종(2인자) 교배에 대하여 설명한다.

Mendel의 제1법칙: 분리 Segregation

Mendel의 모델은 훌륭하게 교배의 결과를 예측하였고, 관찰한 비율을 깔끔하고 만족하게 설명하였다. 유전의 유사한 양상은 그 이후 다른 생물에서 셀 수 없이 관찰되었다. 이러한 유전 양상을 나타내는 특징을 *멘델의 특질(Mendelian traits)*이라고 한다. 압도적인 중요성으로 인하여 Mendel의 이론은 Mendel의 제1법칙 또는 **분리의 법칙**이라고 한다. 현대적인 관점에서 보면, Mendel의 제1법칙은 *특징의 2가지 대립형질이 배우체를 형성하면서 분리된다는 것이며, 따라서 배우체의 절반은 하나의 사본을 가지고 다른 절반은 다른 사본을 가지게 된다.*

Mendel의 제2법칙: 독립 유전 Independent Assortment

Mendel은 꽃 색깔과 같은 한 요인의 유전이 나무 크기와 같은 다른 요인의 유전에 영향을 미치는지 알아보았다. 이 물음에 대한 연구를 위하여 Mendel은 **양성잡종** 교배(dihybrid cross; *di*는 2를 의미, *monohybrid* cross는 하나의 형질을 조사하는 것임)라고 하는 두 가지의 분리된 형질의 유전을 추적하였다. Mendel은 먼저 7쌍의 특징 중에서 2개의 형질이 상이한 일련의 강낭콩 순종 계열을 정립하였다. 그림 9.10은 둥글고 노란색 열매를 가진 동형접합체(그림에서 *RRYY*) 개체로 이루어진 P(부모) 세대가 주름진 녹색의 동형접합체(*rryy*) 개체와 교배된 실험을 나타낸다. 이 교배는 두 형질 모두에 대하여 이형접합체(*RrYy*)인 둥글고 노란색 열매를 가진 F_1 개체를 생산한다. 감수분열에 의하여 배우체에 할당된 염색체는 이러한 2가지 형질에 대하여 4가지 유형을 나타낸다.

그 이후 Mendel은 양성잡종 개체를 자가수분하였다. 열매의 형태에 영향을 미치는 대립유전자와 열매의 색깔에 영향을 미치는 대립유전자의 분리가 독립적이라면, 특정한 짝의 열매형태 대립유전자가 특정한 짝의 열매 색깔 대립유전자와 함께 나타날 확률은 각각의 짝이 분리되어 나타날 확률들의 곱이 될 것이다. 예를 들어, 주름지고 녹색 열매가 F_2 세대에서 나타날 확률은 주름진 열매의 개체가 나타날 확률(1/4)과 녹색 열매가 나타날 확률(1/4)을 곱한 1/16이 될 것이다.

이러한 양성잡종 교배에서 Mendel은 F_2 자손의 표현형 빈도는 그림 9.10의 Punnett 사각형에서 예측된 9:3:3:1의 비율에 가깝게 나타난다는 것을 발견하였다. Mendel은 연구한 형질의 짝에서 하나의 형질의 유전은 다른 하나의 형질의 유전에 영향을 미치지 않는다고 결론을 지었는데, 이는 종종 Mendel의 제2법칙 또는 **독립유전의 법칙**(law of independent assortment)이라고 한다. 이제는 이러한 결과는 유전자가 동일한 염색체에서 가까이 있지 않는 경우에만 유효하다는 것을 알고 있다. 현대의 용어로 Mendel의 제2법칙은 다음과 같이 이야기할 수 있다. *다른 염색체에 위치한 유전자는 서로 독립적으로 유전된다.*

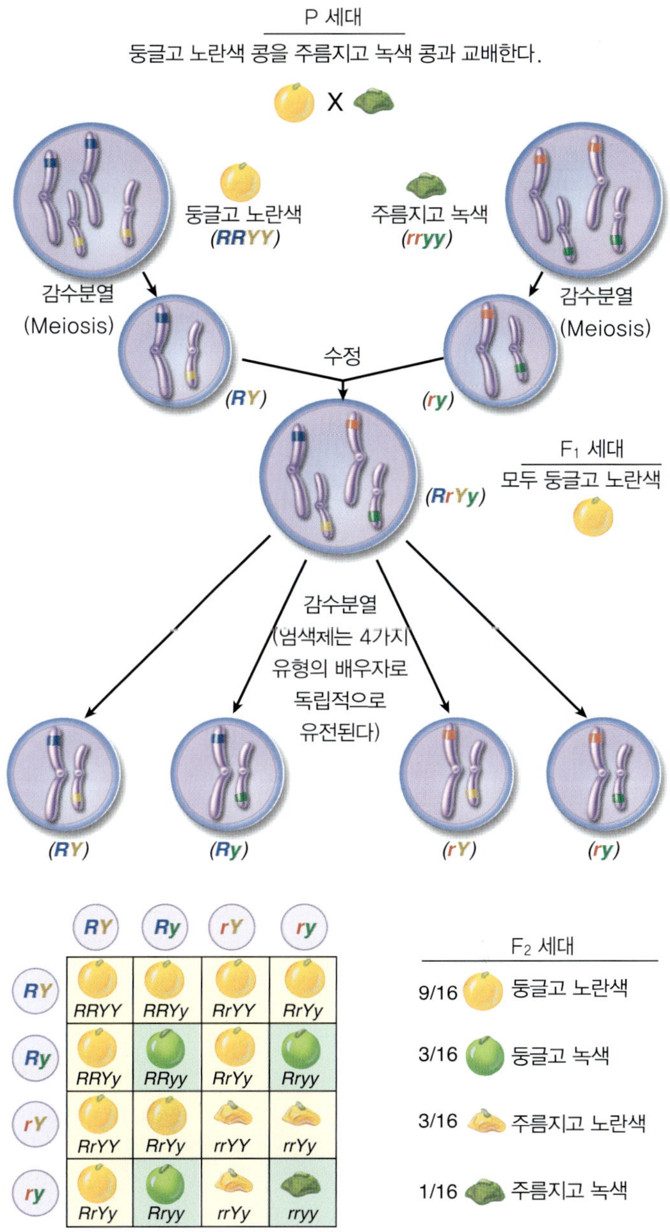

그림 9.10 양성잡종 교배의 분석.

둥근(*R*) 대 주름진(*r*) 열매와 노란색(*Y*) 대 녹색(*g*) 열매의 양성잡종 교배를 보여준다. F_2 세대에서 가능한 표현형의 비율은 9:3:3:1로 예측된다.

개념의 적용

만약 2개의 유전자가 염색체에 가까이 위치하고 있다면, 이러한 각각의 유전자의 열성대립형질은 양성잡종 교배의 F_2 세대에서 여전히 3:1인 Mendel의 비율을 보일까요?

유전형에서 표현형으로 From Genotype to Phenotype

생물학과 여러분

겸상빈혈(Sickel-Cell Disease). 유전적인 혈액병인 겸상빈혈은 아프리카계 미국인의 천 명 중 3명(또는 375명 중 1명)에서 나타난다. 심각한 형태는 5만 명 이상에게 영향을 미친다. 겸상빈혈로 불렸던 병은 1910년 시카고 외과의사인 헤릭(James Herrick)이 서인도 출생의 20세 흑인 남성의 증상에서 최초로 설명하였다. 1904년 Herrick의 인턴이었던 아이언 박사(Dr. Ernest Iron)가 환자의 혈구를 현미경으로 관찰하면서 "길고 불규칙한 낫 모양의 적혈구"를 서술하였다. 이러한 변형된 낫 모양세포는 혈관을 막을 수 있어서 궁극적으로 기관의 손상이 종종 나타나고는 한다. 가장 크게 영향을 받는 기관은 비장(면역계 기관)이며, 따라서 영향을 받은 개인은 심각한 감염을 일으킬 수 있다. 겸상빈혈을 일으키는 단일 뉴클레오티드의 변경은 신체 전체의 건강에 광범위한 영향을 미칠 수 있다.

헤모글로빈의 구조

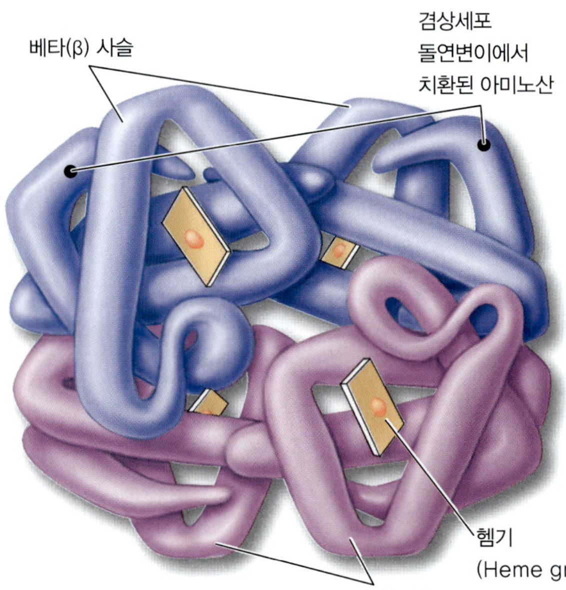

9.5 유전자는 어떻게 형질에 영향을 미치는가 How Genes Infl uence Traits

학습 목표 9.5.1 유전자형이 어떻게 표현형에 영향을 미치는지를 설명한다.

Mendel 유전학을 더 고려하기 전에 유전자가 어떻게 작용하는지 간단히 알아보는 것이 유용할 것이다. 이를 마음에 두고 Mendel의 형질이 어떻게 특정한 유전자에 의해 영향을 받는지 큰 그림을 그려보자. 그림 9.11의 헤모글로빈 단백질을 예로 들어보자.

DNA에서 단백질까지 From DNA to Protein

개체의 각각의 신체 세포는 유전체(genome)라고 하는 동일한 세트의 DNA 분자를 가지고 있다. 인간의 유전체에는 20,000에서 25,000개의 유전자가 23쌍의 염색체에 포장되어 포함되어 있다. 그림 9.11에서 볼 수 있듯이 헤모글로빈 유전자(*Hb*)는 11번 염색체에 위치한다.

각각의 유전자는 유전자 서열의 RNA 전사체를 생성하는 효소에 의하여 염색체 DNA로부터 읽혀진다. 불필요한 부분을 제거한 이후에, 이 헤모글로빈 유전자의 RNA 전사체는 전령 RNA(messenger RNA; mRNA) 형태로 핵을 떠나서 세포질의 리보솜으로 배달된다. 각각의 리보솜은 작은 단백질 조립공장이며, mRNA의 뉴클레오티드 서열을 이용하여 특정한 폴리펩티드의 아미노산 서열을 결정한다. 베타-헤모글로빈의 경우 mRNA는 146개의 아미노산을 가닥을 암호화한다.

단백질은 어떻게 표현형을 결정하나요 How Proteins Determine the Phenotype

베타-헤모글로빈 아미노산 사슬은 그림에서 끈으로 꿴 구슬을 닮았으며, 자발적으로 복잡한 3차원 형태로 접힌다. 이 베타-헤모글로빈은 다른 베타 사슬과 2개의 알파 사슬과 협력하여 적혈구에서 산소를 결합하는 활성이 있는 4개 소단위의 헤모글로빈 단백질을 형성한다. 일반적인 법칙으로 유전자는 신체에 존재하는 단백질의 종류를 특정지어 표현형에 영향을 미치며, 표현형은 신체가 어떻게 생기고 기능하는지를 대체적으로 결정한다.

돌연변이는 어떻게 표현형을 변경하나요 How Mutation Alters Phenotype

유전자 내의 단일 뉴클레오티드의 동일성이 변화하는 돌연변이는, 새로운 단백질이 다르게 접히도록 하여 기능을 변경시키거나 파괴하는 커다란 영향을 미칠 수 있다. 예를 들어 헤모글로빈이 산소를 운반하는 책임을 잘 수행하는 가는 단백질 소단위가 접힐 때 정확한 형태를 유지하는가에 달려있다. 베타헤모글로빈의 6번째 아미노산이 글루탐산에서 발린으로 바뀌면 헤모글로빈 분자가 산소를 효율적으로 운반할 수 없는 낫 모양으로 변경시킨다. 그 결과 나타나는 겸상빈혈은 치명적일 수 있다.

개념의 적용

베타헤모글로빈의 유전자에 하나의 뉴클레오티드 변화가 어떻게 기관의 손상이나 사망을 가져올 수 있는지 설명하시오.

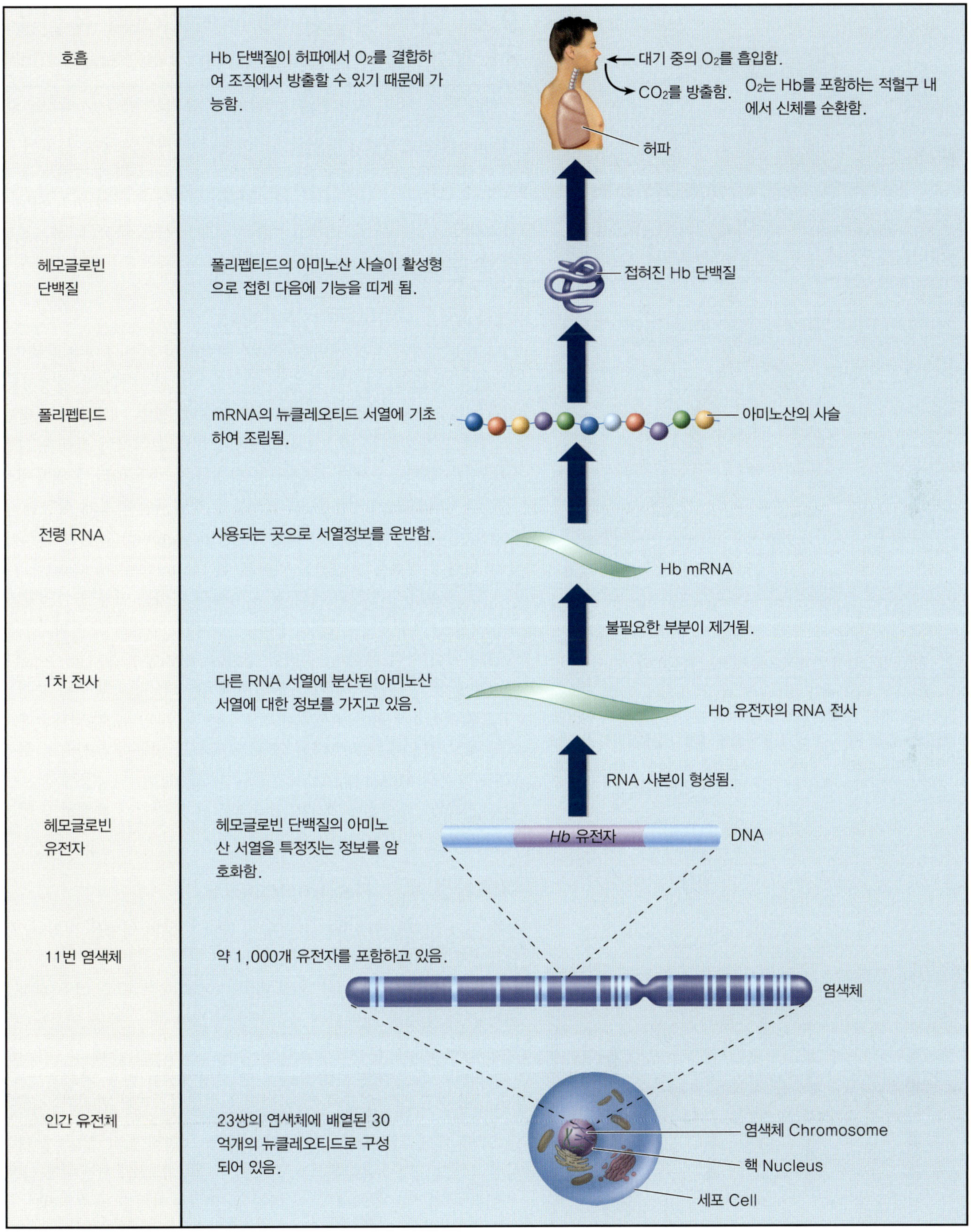

그림 9.11 DNA로부터 표현형까지의 여행.

생물이 어떻게 생겼는지는 대체로 유전자에 의해 결정된다. 여기에서 여러분은 인간 유전체의 2만개에서 2만5천개의 유전자 중 하나가 여러분의 신체 곳곳에 어떻게 산소를 운반하도록 핵심적인 역할을 하는지 볼 수 있다. 10장과 11장에서의 주제는 유전자로부터 형질까지의 수많은 단계의 여행이다.

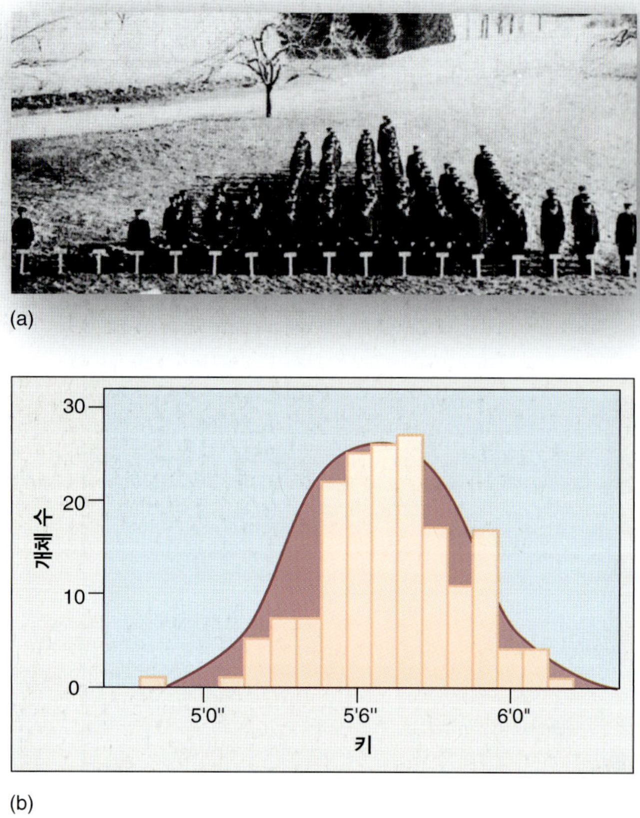

그림 9.12 키는 인간에서 연속적으로 변하는 특징이다.

(a) 이 사진은 코네티컷 농업대학의 1914년도 졸업생의 키의 변이를 보여준다. 많은 유전자들이 키에 기여하며 서로 독립적으로 분리되기 때문에, 이러한 유전자들의 조합에는 많은 경우수가 있다. (b) 키에 대한 대립유전자의 상이한 조합의 누적적인 기여는 가능한 키의 연속적인 범위를 형성하여, 중간 값보다 극단은 훨씬 드물다. 이는 Mendel의 F_2 강낭콩에서 볼 수 있는 3:1 비율과 매우 다르다.

9.6 일부 형질은 왜 Mendel의 유전을 보이지 않는가 Why Some Traits Don't Show Mendelian Inheritance

학습 목표 9.6.1 Mendel의 대립형질 분리를 가장하는 5가지 요인을 열거한다.

Mendel의 이론을 확인하려고 시도하는 과학자들은 종종 보고된 것과 동일한 단순한 비율을 얻는데 어려움을 겪는다. 유전자형의 발현은 종종 간단하지 않다. 대부분의 표현형은 많은 유전자의 작용을 반영한다. 어떤 표현형은 완전한 우성이 결여된 대립유전자에 의해 영향을 받거나, 환경요인의 영향을 받거나, 또는 함께 발현된다.

연속 변이 Continuous Variation

키나 몸무게처럼 여러 개의 유전자가 연합하여 특징에 영향을 미칠 때, 특징은 작은 변화들의 범위를 종종 나타낸다. 이러한 표현형을 결정하는 모든 유전자들은 서로 독립적으로 분리되기 때문에, 많은 개체를 조사하면 점진적인 차이의 정도를 볼 수 있다. 이러한 변이의 고전적인 사례가 그림 9.12의 1915년도 대학졸업생의 사진이다. 학생들은 키에 따라서 왼쪽에서 오른쪽으로 배치되었다. 여러분은 이 학생들의 개체군에서 키에 상당한 변이가 있다는 것을 알 수 있다. 이를 **다중유전자**(pogygenic) 유전이라고 하며, 이러한 표현형의 점진적인 변화를 **연속변이**(continuous variation)라고 한다.

그림 9.12*a*의 개인의 키와 같은 특징의 변이를 어떻게 설명할 수 있을까요? 개인은 매우 작은 키부터 매우 큰 키까지 범위를 보이며, 평균 키가 양극단에 비하여 더 흔하다. 이러한 변이를 종종 범주로 나눌 수 있다. 인치로 나타낸 각각의 키는 개별적인 표현형 범주이다. 각각 범주의 수를 도표화하여 그림 9.12*b*와 같은 막대그래프로 나타낼 수 있다. 이 막대그래프는 이상적인 종모양의 곡선을 보이며, 변이는 곡선의 평균과 분산으로 특징지을 수 있다. 이것을 Mendel의 강낭콩 키와 비교해보면, 강낭콩에서는 단지 하나의 유전자가 그 형질을 통제하였기 때문에 중간키가 존재하지 않고 크거나 작은 것만 존재하였다.

다발현성 효과 Pleiotropic Effects

종종 개개의 대립유전자는 표현형에 하나 이상의 영향을 미친다. 이러한 대립유전자를 **다발현성**(pleiotropic)이라고 한다. 선구적인 프랑스 유전학자인 꾸에노(Lucien Cuenot)가 우성형질인 쥐의 노란 털을 연구할 때, 노란 쥐 개체를 다른 것과 교배하여 순수혈통의 노란 쥐 가계를 획득할 수 없었다. 노란색 대립유전자의 동형접합체 개체는 사망하였는데, 그 이유는 노란색 대립유전자가 노란색을 발현하고 또한 치명적인 발생 결함을 나타내는 다발현성이었기 때문이다. 다발현성 유전자의 변경은 하나의 표현형 결과(노란 털)에 대해서는 우성이고, 다른 표현형(치명적 발달 결함)에 대해서는 열성일 수 있다. 다발현성에서는 하나의 유전자가 많은 형질에 영향을 미치며, 이는 여러 유전자가 하나의 특징에 영향을 미치는 다중유전과 극히 대조적이다. 다발현성 효과는 예측하기 어려운데, 그 이유는 특징에 영향을 미치는 유전자가 때로는 우리가 전혀 알지 못하는 다른 기능을 수행하기 때문이다.

낭포성 섬유증은 원형질막의 염소통로 기능을 방해하는 단 하나의 유전자의 돌연변이에 의해 기인한다. 이 대립유전자는 염소통로가 신체의 많은 유형의 세포에서 나타나기 때문에 다발현성 효과를 가진다.

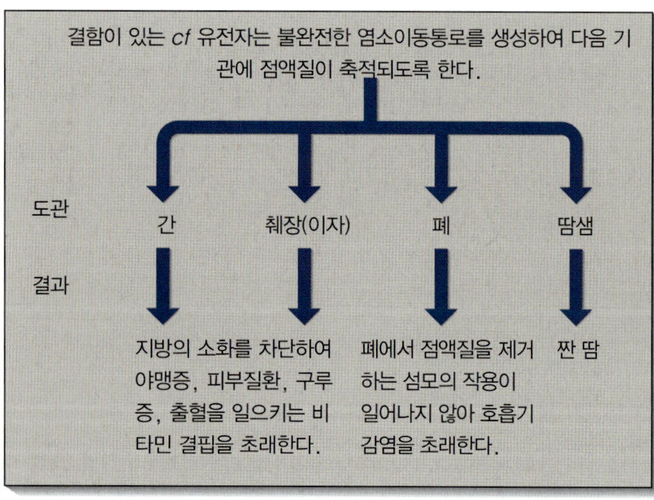

그림 9.13 낭포성 섬유증(cystic fibrosis; *cf*)의 다발현성 효과.

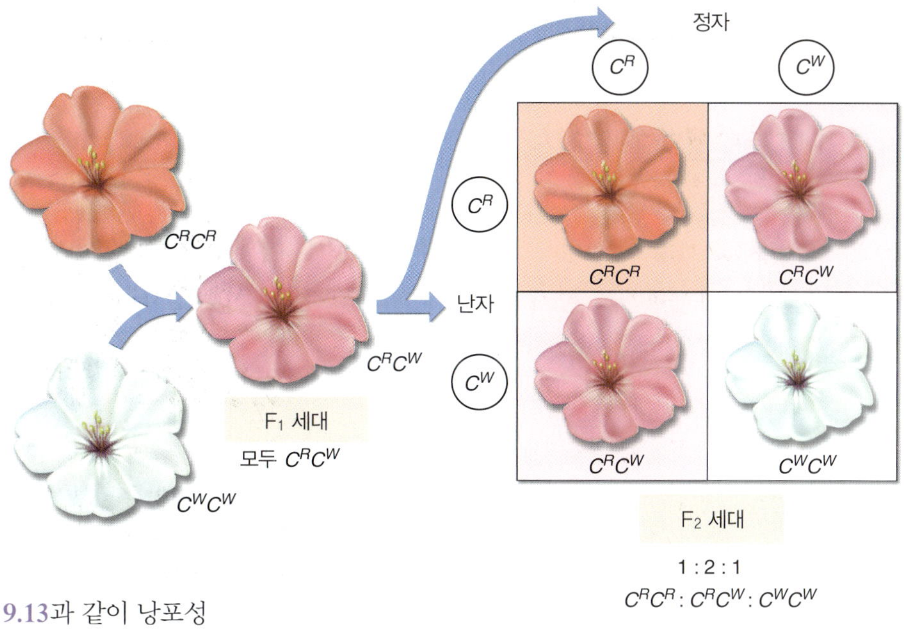

그림 9.14 불완전 우성.

유전형이 C^RC^R인 붉은색 분꽃과 흰색(C^WC^W) 분꽃의 교배에서 어느 대립유전자도 우성이 아니다. 이형접합체 자손은 분홍꽃을 나타내며 유전자형은 C^RC^W이다. 이러한 이형접합체가 교배되면 자손의 표현형은 1:2:1(붉은꽃 : 분홍꽃 : 흰색꽃)의 비율로 나타난다.

여러분에게 의미하는 것

팔로미노(Palomino)는 황금색 가죽색깔을 나타내는 말이다. 황금색은 붉은색 기반의 가죽에 "크림"이라고 하는 유전자의 대립형질 하나의 작용에 의하여 생성된다. 2개의 크림 대립형질은 "cremello"라고 하는 거의 흰색의 말을 생성한다. 여러분이 말 육종가라고 생각하시오. 여러분이 palomino 말의 순종을 확립하는 것이 가능할까요? 그 이유를 설명하시오.

다발현성 효과는 낭포성 섬유증과 겸상빈혈과 같은 많은 유전적 질병의 특징이다. 이러한 질병에서 여러 증상은 유전자 하나의 결함으로 추적될 수 있다. 그림 9.13과 같이 낭포성 섬유증 환자는 과도하게 끈적끈적한 점액, 짠 땀, 간과 췌장의 결함, 그리고 수많은 다른 증상을 나타낸다. 모두 염소이온의 막투과 통로를 암호화하는 유전자 하나의 결함을 가져오는 단일 돌연변이의 결함에 따른 다발현성의 영향이다. 겸상빈혈에서 산소를 운반하는 헤모글로빈 분자의 결함은 빈혈, 심장 결함, 신장 결함, 비장의 비대, 그리고 다른 많은 증상을 유발한다.

불완전 우성 Incomplete Dominance

모든 양자택일의 대립유전자가 이형접합체에서 전적으로 우성이거나 열성이지 않다. 일부 대립유전자 짝은 이형접합체 표현형이 부모의 중간적인 특징을 나타내는 **불완전 우성**(incomplete dominance)을 보인다. 예를 들어 그림 9.14에서와 같이 붉은 색과 흰색의 분꽃을 교배하면 F_2 세대에 붉은색, 분홍색, 그리고 흰색이 1:2:1로 나타나는데, 이형접합체는 중간색을 나타낸다. 이는 이형접합체가 우성 표현형을 나타내는 Mendel의 강낭콩이 불완전 우성을 나타내지 않는 것과 차이를 보인다.

환경의 영향 Environmental Effects

많은 대립유전자가 발현되는 정도는 환경에 영향을 받는다. 예를 들어 어떤 대립유전자는 열에 민감하다. 이러한 대립유전자에 의해 영향을 받는 형질은 다른 대립유전자의 산물에 비하여 온도나 빛에 더 민감하다. 그림 9.15의 북극여우는 날씨가 따뜻할 때에만 털의 색소를 형성한다. 여러분은 이 형질이 여우에게 유리하다고 생각되는 이유를 알 수 있나요? 이러한 형질을 가지지 않는 여우가 연중 흰색일 경우를 상상해보세요. 이 경우 여름철에 어두운 주변에 비해 두드러져서 포식자에게 쉽게 노출될 것이다. 유사하게 히말라야 토끼와 샴 고양이는 어두운 색소인 멜라닌의 생성을 중재하는 효소인 열 민감성 티로시나아제(tyrosinase)의 *ch* 대립유전자를 암호화한다. 효소의 ch 변형은 33°C 이상의 온도에서 불활성화 된다. 몸체와 머리의 표면에서 온도는 33°C 이상이 되어 tyrosinase 효소는 불활성화 되고, 귀와 꼬리의 끝에서는 효소가 활성화된다. 이 효소가 생산하는 어두운 멜라닌 색소는 귀, 주둥이, 발, 그리고 꼬리가 검은색을 띠게 한다.

그림 9.15 대립형질에 대한 환경의 영향.

(a) 북극여우는 겨울철에 거의 흰색의 털을 가지기 때문에 눈 배경에서 여우를 찾는 것이 어렵다. (b) 여름에는 여우의 털이 붉은 갈색으로 진해져서 주변의 툰드라 색깔과 닮게 된다.

생물학의 최신 동향

환경이 I.Q.에 영향을 미치나요?

유전적 형질의 발현에 대한 환경의 영향은 I.Q. 연구에서 가장 논쟁이 많았다. I.Q.는 많은 사람들이 백인 중산층 미국인에 편향되었다고 느끼는 논란이 많은 척도이다. 그러나 I.Q.는 어느 정도 지능을 측정하며, 개인의 I.Q.는 대체로 그의 유전자에 의하여 결정된다고 상당기간 믿어져왔다.

과학은 어떻게 이런 결과를 도출하였는가? 과학자들은 분산이라고 하는 당혹스런 통계적 측정값을 이용하여 유전자가 다중 유전자 형질에 미치는 정도를 측정한다. 분산은 표준편차의 제곱으로 정의되며(평균값으로부터 숫자의 집단이 흩어진 정도를 측정하는 것임), 이는 더해지는 매우 바람직한 성질을 가지고 있어서, 전체 분산은 그에 영향을 미치는 요인들의 분산의 합과 같다.

어떠한 요인들이 I.Q. 점수의 전체 분산에 기여를 할 수 있을까요? 세가지 요인을 볼 수 있다. 1. 첫 번째 요인은 유전자 수준의 변이이며, 어떤 유전자의 조합은 높은 I.Q.를 나타낸다. 2. 두 번째 요인은 환경 수준의 변이이며, 어떠한 환경은 다른 환경에 비하여 높은 I.Q.를 나타낸다. 3. 세 번째 요인은 통계학자들이 공분산이라고 하는 것으로, 환경이 유전자에 영향을 미치는 정도이다.

유전자가 I.Q.와 같은 형질에 영향을 미치는 정도인 I.Q의 유전력은 부호 H로 나타내며 전체 분산 중에서 유전이 차지하는 부분으로 간단히 정의된다.

그러면 I.Q.의 유전력은 어떻게 되나요? 유전학자들은 I.Q. 점수의 전체 분산에서 환경과 유전적 기여를 측정하여 I.Q.의 유전력을 추정한다. I.Q. 분산에 대한 환경적 기여도는 서로 함께 양육된 일란성 쌍둥이의 I.Q. 점수와 서로 떨어져서 양육된 일란성 쌍둥이의 I.Q. 점수를 비교하여 측정된다(어떠한 차이도 환경적인 영향을 반영한다). 유전적인 기여도는 함께 양육된 일란성 쌍둥이(유전적으로 100% 동일함)를 함께 양육된 이란성 쌍둥이(유전적으로 50% 동일함)와 비교하여 측정될 수 있다. 어떠한 차이도 유전자를 반영하는데, 그 이유는 쌍둥이들이 자궁 내에서 동일한 태아기 조건을 가졌고 사실상 동일한 환경에서 양육되었기 때문이다. 따라서 형질이 일란성 쌍둥이에서 이란성 쌍둥이보다 더 공통적으로 공유된다면, 그 차이는 유전적일 가능성이 크다.

이러한 종류의 쌍둥이 연구가 과거에 수행되었을 때, 연구자들은 한결같이 I.Q.의 H 값이 0.7 정도로(매우 높은 값임) 유전력이 매우 높다고 보고하였다. 그 당시에는 중요하다고 생각되지 않았지만, 그 동안의 쌍둥이 연구는 대부분 중산층이나 부유층에서 나왔다.

I.Q.의 연구는 논란이 있음이 증명되었는데, 그 이유는 사회적 또는 인종적 집단을 비교하였을 때 다르게 나타났기 때문이다. 가난한 아이들의 I.Q. 점수가 중산층과 부유층 가족의 아이들에 비하여 집단적으로 보았을 때 낮게 측정된다는 관찰이다. 이러한 차이는 일부 사람들에 의하여 가난한 사람이 유전적으로 열등하다는 논란이 있는 제안을 하게 하였다.

그렇게 거슬리는 결론으로부터 무엇을 얻어야 할까요? 판단을 위하여 I.Q.의 유전력에 대한 측정들은 모두 이러한 연구를 하는 개체군 유전학자들이 강력하게 반대하는 위험한 가정을 하였다는 사실에 잠시 주목할 필요가 있다. 그 가정은 환경이 유전자 발현에 영향을 미치지 않으며, 공분산은 I.Q. 점수의 전체 분산에 기여를 전혀 하지 않아서 H에 대한 공분산의 기여는 0이라는 것이다.

연구에 의하여 이러한 가정을 직접적으로 측정할 수 있게 되었다. 중요한 것은 이는 완전히 오류로 판명되었다.

2003년 11월, 과학자들은 1960년대에 수행되었던 쌍둥이 자료를 분석하여 보고하였다. 미국 국립보건연구원에 의하여 지원을 받아 국가 공동의 태아 연구과제는 미국의 여러 주요 도시에서 대부분 흑인이고 매우 가난한 5만 명에 가까운 임산부를 등록하였다. 연구자들은 방대한 자료를 수집하였으며, 아이들에게 7년 후에 I.Q. 측정을 하였다. 쌍둥이를 연구하기 위하여 고안하지 않았지만, 이 연구는 너무 방대하여 623명의 많은 쌍둥이가 태어났다. 7년 후에 이중 320명을 찾아서 I.Q. 측정을 하였다. 이는 방대한 쌍둥이 연구이며, 가난한 계층의 I.Q.를 측정한 최초의 사례이다.

자료를 분석하였을 때, 그 결과는 전에 보고되었던 것들과는 상이하였다. I.Q.의 유전력은 상이한 환경에서 다르게 나타났다! 특히 현저하게, I.Q.에 대한 유전자의 영향은 빈곤조건에서 훨씬 작았으며, 환경적인 제한이 유전적 잠재력의 발현을 차단하는 것으로 보인다. 특히 사회경제적 지위가 높은 가족에서는 H가 0.72로 과거의 연구보고와 유사하였지만, 빈곤층 가족에서는 H가 0.10으로 매우 낮았으며, 이는 유전자가 관찰된 I.Q. 점수에 거의 기여를 하지 않는다는 것을 나타낸다. 아이의 사회경제적 지위가 낮을수록, 유전자가 I.Q.에 미치는 영향이 작게 나타났다.

이러한 자료는 매우 명쾌하게 I.Q.에 대한 유전적 기여도는 빈곤한 환경에서는 의미가 별로 없다는 것을 말해준다.

어린 시기의 빈곤이 어떻게 뇌에 영향을 미칠까요? 신경과학자들은 2008년 많은 매우 가난한 가정에서 자란 아이들이 빈약한 영양고 스트레스 호르몬의 건강하지 못한 수준을 경험하여, 둘 다 신경발달을 손상한다고 보고하였다. 이는 그 아이들의 평생을 통하여 언어발달과 기억력에 영향을 끼친다.

명백히 가난한 아이들의 성장과 학습 환경을 개선하면 그들의 I.Q. 점수에 중대한 영향을 미치리라고 기대할 수 있다. 추가하여 이러한 자료는 보고된 평균 I.Q. 점수의 인종 집단 간 논란이 있는 차이는 단지 빈곤만을 반영할 따름이며, 더 이상 필연적인 것이 아니라는 것을 주장한다.

공동우성 Codominance

유전자는 개체군에서 둘 이상의 대립형질을 가질 수 있으며, 사실상 대부분의 유전자는 몇 개의 상이한 대립형질을 가지고 있다. 이형접합체에서 종종 우성 대립형질이 없고, 대신에 대립형질의 영향이 모두 발현된다. 이 경우 대립형질을 공동우성(codominance)이라고 한다. 공동우성은 말이나 소의 일부 품종에서 얼룩무늬와 같은 색깔의 유형에서 볼 수 있다. 얼룩무늬 동물은 두 대립형질 모두 발현되기 때문에 흰색과 색깔이 있는 털이 모두 나타난다. 그림 9.16의 회색 말은 얼룩무늬 양상을 나타낸다. 회색 털을 가진 것처럼 보이지만 가까이에서 털을 관찰한다면, 여러분은 흰색 털과 검은색 털을 모두 볼 수 있을 것이다.

하나 이상의 우성 대립형질을 나타내는 인간 유전자는 ABO형 혈액형을 결정하는 유전자이다. 이 유전자는 적혈구의 표면에 있는 지질에 당 분자를 추가하는 효소를 암호화한다. 이러한 당은 면역계에서 세포의 인식표지로 작용하며 세포표면 항원으로 불린다. 이 효소를 암호화하는 유전자는 I로 표기하며 3개의 공동적인 대립형질을 가진다. I^B는 갈락토오스를 추가하고, I^A는 갈락토사민을 추가하며, 그리고 i는 당을 추가하지 않는다.

각각의 개인은 어느 하나의 대립형질에 대하여 동형접합체이거나 두 개의 대립형질에 대하여 이형접합체일 수 있기 때문에 서로 다른 개인에서 3가지 I 유전자의 상이한 조합이 나타난다. I^A와 I^B의 대립형질에 대하여 이형접합체인 개체는 두가지 형태의 효소를 모두 형성하며 적혈구의 표면에 갈락토오스와 갈락토사민을 모두 추가한다. 이형접합체에서 두 개의 대립형질이 모두 발현되기 때문에, I^A와 I^B의 대립형질은 공동우성이다. I^A와 I^B의 대립형질은 당을 추가하고 i 대립형질은 당을 추가하지 않기 때문에 I^A와 I^B는 둘 다 i에 대하여 우성이다. 3가지 대립형질의 상이한 조합은 4가지의 상이한 표현형을 생산한다(그림 9.17).

1. A형의 개체는 단지 갈락토사민만 추가한다. 그들은 I^AI^A 동형접합체이거나 I^Ai 이형접합체일 수 있다(3개의 진한 상자).
2. B형의 개체는 단지 갈락토오스만 추가한다. 그들은 I^BI^B 동형접합체이거나 I^Bi 이형접합체일 수 있다(3개의 옅은 색 상자).
3. AB형의 개체는 2가지 당을 모두 추가하며, I^AI^B 이형접합체이다(2개의 중간색 상자).
4. O형의 개체는 당을 전혀 추가하지 않으며, ii 동형접합체이다(1개의 흰색 상자).

이러한 4종류의 세포 표면 표현형을 **ABO 혈액형(blood group)**이라고 한다. 사람의 면역계는 이러한 4가지 표현형을 구분할 수 있다. A형의 개인이 B형의 피를 수혈 받으면, 수혈받은 사람의 면역계는 B형의 적혈구 세포가 외부 항원(갈락토오스)을 가지고 있다고 인식하여 수혈된 혈구세포를 공격하여 적혈구가 엉기거나 점착되도록 한다. 이는 공여된 혈액이 AB형일 경우에도 나타난다. 그러나 공여된 혈액이 O형일 경우에는 적혈구의 표면에 갈락토오스나 갈락토사민 항원이 없기 때문에 이러한 항원에 대한 면역반응이 유도되지 않는다. 이러한 이유로 O형의 사람은 종종 "만능 공여자"로 불린다. AB형의 개체에서는 갈락토오스나 갈락토사민 모두 이물질로 인식되지 않기 때문에, AB형의 개체는 어떤 유형의 혈액도 수혈 받을 수 있는 "만능 수여자"이다.

개념의 적용

사람의 A형 혈액형은 B형에 비하여 우성인가요? 그 이유를 설명하시오.

그림 9.16 색깔 유형에서 공동우성.

얼룩말은 털 색깔에 대하여 이형접합체이다. 흰색의 동형접합체와 검은색의 동형접합체 사이의 교배에 의한 자손은 2가지 표현형을 모두 발현한다. 몸에 있는 털의 일부는 흰색이고 다른 일부는 검은색이다.

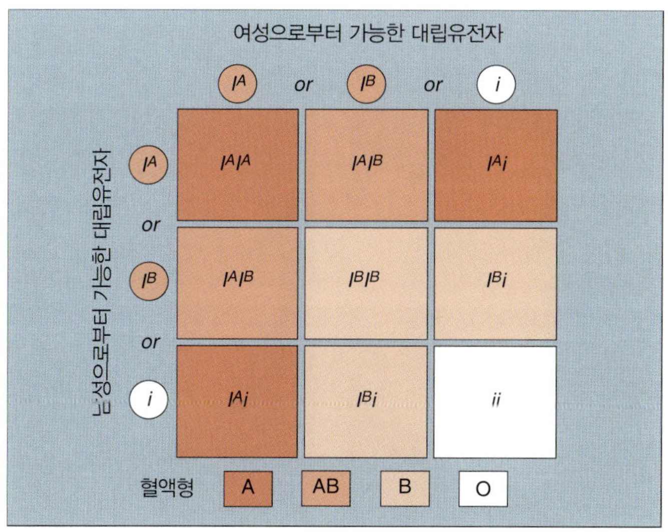

그림 9.17 ABO 혈액형을 통제하는 여러개의 대립형질.

세 가지의 공통적인 대립형질이 ABO 혈액형을 통제한다. 3가지 대립형질의 상이한 조합은 혈액형의 4가지 표현형을 나타낸다. A형 (I^AI^A 동형접합체이거나 I^Ai 이형접합체), B형 (I^BI^B 동형접합체이거나 I^Bi 이형접합체), AB형 (I^AI^B 이형접합체), 그리고 O형(ii 동형접합체)이다.

염색체와 유전 Chromosomes and Heredity

9.7 염색체는 Mendel 유전의 운반체이다.

학습 목표 9.7.1 Morgan의 흰색 초파리에 대한 놀라운 관찰을 서술하고 이것이 어떻게 유전의 염색체 이론으로 검증되었는지 설명한다.

유전의 염색체 이론 The Chromosomal Theory of Inheritance

유전에서 염색체의 중심적인 역할은 1900년 독일의 유전학자인 코렌스(Karl Correns)에 의하여 Mendel의 업적을 재발견한 것을 발표한 논문에서 최초로 제시되었다. 감수분열 시에 서로 짝을 이룬 유사한 염색체의 관찰이 *유전의 염색체 이론*을 이끌어 냈는데, 최초로 미국의 서튼(Walter Sutton)에 의하여 1902년 공식화되었다.

몇 가지의 증거가 Sutton의 이론을 지지한다. 하나는 번식은 난자와 정자 두 세포만의 최초의 결합을 포함한다는 것이었다. 이배체 개체는 상동염색체 쌍의 2개의 사본을 가지고 있지만, 배우체는 하나만을 가지고 있다. 이러한 관찰은 배수체 개체는 각각의 우전되는 유전자의 2개의 사본을 가지고 있고 배우체는 하나만을 가지고 있다는 Mendel의 모델과 일관성이 있다. 더욱 흥미로운 것은 염색체가 감수분열시 분리되며, 상동체의 각 쌍은 서로 독립적으로 중기 판에 배열한다. 분리와 독립유전은 Mendel의 모델에서 유전자의 2가지 중요한 측성이었다.

염색체 이론의 문제점 Problems with the Chromosomal Theory

그러나 연구자들은 이 이론에 대하여 문제점 하나를 지적하였다. 만약 Mendel의 형질이 염색체 상에 위치하는 유전자에 의하여 결정되고, Mendel의 형질의 독립유전이 감수분열 시에 염색체의 독립유전을 반영한다면, 어떤 생물에서 독립적으로 유전되는 형질의 숫자가 생물이 가지고 있는 염색체 쌍의 숫자보다 훨씬 많나요? 이는 치명적인 반대이론이며, 많은 연구자들이 Sutton의 이론에 심각한 유보를 하도록 하였다.

모건의 흰 눈 초파리 Morgan's White-Eyed Fly

유전의 염색체 이론이 본질적으로 타당하다는 것은 한 마리의 작은 초파리에 의하여 입증되었다. 1910년 모건(Thomas Hunt Morgan)은 *Drosophila melanogaster* 초파리를 연구하면서 정상적인 초파리와 매우 다른 눈 색깔이 붉은색이 아니라 흰색인 돌연변이 수컷을 발견하였다(그림 9.18).

Morgan은 바로 이 새로운 형질이 Mendel 방식으로 유전될지를 측정하기 위한 실험을 하였다. Morgan은 붉은 눈 색깔이 우성인지를 알아보기 위하여 돌연변이 수컷을 정상 암컷과 교배하였다. F_1 자손은 모두 붉은 눈을 가져 Morgan은 붉은 눈 색깔이 흰 눈 색깔에 대해 우성이라는 결론을 내렸다. Mendel이 오래전 설정한 실험과정을 따라서 Morgan은 F_1 세대의 붉은 눈 초파리를 서로 교배하였다. Morgan이 조사한 4,252개체의 F_2 자손 중에서, 782개체(18%)는 흰색이었다. F_2 자손의 붉은 눈의 흰 눈에 대한 비율이 3:1보다 크게 나타났지만, 교배의 결과는 그럼에도 불구하고 눈 색깔이 분리된다는 명백한 증거를 제공하였다. 그러나 Mendel의 이론에서 전혀 예측하지 못한 이상한 결과가 있었는데, 그것은 흰 눈의 F_2 세대 초파리가 모두 수컷이었다는 것이다.

뉴스에서

질병을 치료하기 위하여 인공 염색체를 추가하기 유전자요법(결함이 있는 유전자의 건강한 사본을 추가하는 것)으로 유전병을 치료하기 위한 시도는 대부분 성공적이 아니었다. 한 가지 문제점은 환자의 세포로 유전자를 운반하기 위하여 사용된 바이러스가 인간 염색체의 엉뚱한 곳에 유전자를 삽입하는 것이며, 이로 인하여 암이 유발될 수 있다. 새로운 접근방법에서는 연구자들이 치료 유전자를 전달하기 위하여 인공 염색체를 생성하는 것이다. 이 방법은 바이러스를 이용할 필요가 없기 때문에, 유전자가 환자의 염색체에 삽입되지 않고, 따라서 암도 유발되지 않는다. 캐나다 브리티시컬럼비아(British Columbia)의 과학자들은 정상적인 쥐 염색체의 핵심적인 요소로부터 인공염색체를 만들어서, 그 유전자를 인간의 에리스로포이에틴(erythropoietin; 적혈구의 생성을 유발하는 혈액 호르몬)에 추가하였다. 인공 염색체를 가지고 있는 세포를 쥐에 주사하였더니, 쥐는 인간의 호르몬을 생산하여 적혈구 수치가 상승하였다. 인공 염색체는 정상적인 염색체와 똑같이 행동한다. 세포분열시 염색체도 복제되어 다음 세대로 전달되었다. 인간에게 이 접근방법을 시도하는 계획이 수립되었다.

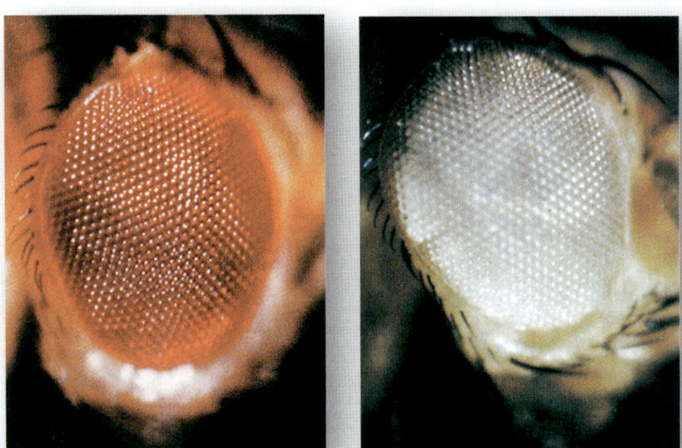

그림 9.18 붉은 눈(야생) 초파리와 흰 눈(돌연변이) 초파리 *Drosophila*.

흰 눈의 결함(*오른쪽* 그림)은 유전적이며, X 염색체 상에 위치한 유전자의 돌연변이에 의한 결과이다. 이 돌연변이를 연구하여 Morgan은 최초로 유전자가 염색체 상에 있다는 것을 증명하였다.

이 결과는 어떻게 설명될 수 있을까요? 아마도 흰 눈의 암컷은 알 수 없는 이유로 인하여 생존력이 없어서 존재가체가 불가능할지도 모른다. 이 생각을 검증하기 위하여 Morgan은 암컷 F_1 자손을 원래의 흰 눈 수컷과 검정교배하였다. Morgan은 흰 눈과 붉은 눈의 수컷과 암컷을 1:1:1:1 비율로 얻었는데, 이는 Mendel의 이론에서 예측한 것과 같다. 따라서 암컷도 흰 눈을 가질 수 있었다. 그렇다면 왜 원래 교배에서는 자손 중 흰 눈의 암컷이 하나도 나타나지 않았을까요?

성연관은 염색체 이론을 확증한다.

Sex Linkage Confirms the Chromosomal Theory

이 수수께끼에 대한 해답은 성을 포함한다. 초파리에서 개체의 성별은 개체가 가지는 X 염색체 사본의 숫자에 의하여 결정된다. 2개의 X 염색체를 가지는 초파리는 암컷이고, 단지 하나만의 X 염색체를 가지는 초파리는 수컷이다. 수컷에서 하나의 X 염색체는 크고 형태가 다른 짝인 Y 염색체와 짝을 이룬다. 암컷은 따라서 X 배우체만을 생산하는 반면, 수컷은 X와 Y 배우체를 모두 생산한다. 수정이 X 정자와 관련되면 그 결과는 XX 접합체이며, 이는 암컷으로 발달하고, 수정이 Y 정자와 연관되면, 그 결과는 XY 접합체이며, 이는 수컷으로 발달한다.

Morgan의 수수께끼에 대한 해답은 초파리에서 흰 눈 형질을 나타나게 하는 유전자는 X 염색체 상에서만 존재한다는 것이다. 흰 눈 유전자는 Y 염색체에는 존재하지 않는다. (현재 초파리의 Y 염색체는 기능이 있는 유전자를 거의 가지고 있지 않다는 것을 알고 있다.) 성염색체 상에 있는 유전자에 의하여 결정되는 형질을 **성연관(sex-linked)**이라고 부른다. 흰 눈 형질이 붉은 눈 형질에 대하여 열성이라는 것을 알기 때문에, 우리는 이제 Morgan의 결과가 염색체의 Mendel식 분리의 자연적인 결과라는 것을 알 수 있다(그림 9.19). 이 실험에서 F_1 세대는 모두 붉은 눈을 가졌으며, 반면에 F_2 세대는 흰 눈의 초파리를 포함하였지만 그들은 모두 수컷이었다. 이러한 처음에는 놀라운 결과는 흰 눈 형질의 분리가 X 염색체의 분리와 1:1로 대응되었기 때문에 나타난다. 다른 말로 표현하면 흰 눈의 유전자는 X 염색체 상에 있다.

Morgan의 실험은 Sutton이 제안한 바와 동일하게, Mendel의 형질을 결정하는 유전자가 염색체 상에 존재한다는 최초의 명백한 증거를 제시하였다. Mendel이 강낭콩 나무에서 대립형질의 분리를 관찰하였을 때, 그는 관찰하고 있던 특징을 포함하는 염색체의 감부숨열 분리가 반영된 것을 관찰하고 있었다.

만약 유전자가 염색체 상에 위치한다면, 동일한 염색체 상에 있는 2개의 유전자는 함께 분리되리라 예측할 수 있다. 그러나 두 유전자가 염색체에서 서로 멀리 떨어져 있다면(그림 9.20의 *A* 유전자와 *I* 유전자처럼), 둘 사이의 교차가 나타날 가능성은 매우 높아서 독립유전이 일어날 수 있다. 반대로 두 유전자가 염색체에서 가까이 위치한다면(그림 9.20의 *I* 유전자와 *T* 유전자처럼), 그들 사이에 교차가 일어날 가능성은 희박하다. 서로 가깝게 위치하는 유전자들은 대부분 함께 분리가 되며, 따라서 함께 유전된다. 가까이 위치하는 유전자들이 함께 분리되는 경향을 **연관(linkage)**이라고 한다.

9.3절에서 논의된 교차는 감수분열에서 상동염색체가 물리적으로 부분을 교환할 때 일어난다. 그 결과 하나의 염색체 상에 위치한 내립형질은 상동체에 진될되며, 대립형질이 독립적으로 분리되게 한다.

개념의 적용

만약 흰 눈 유전자가 Y 염색체 상에도 존재한다면 Morgan은 어떠한 현상을 발견하였을까요?

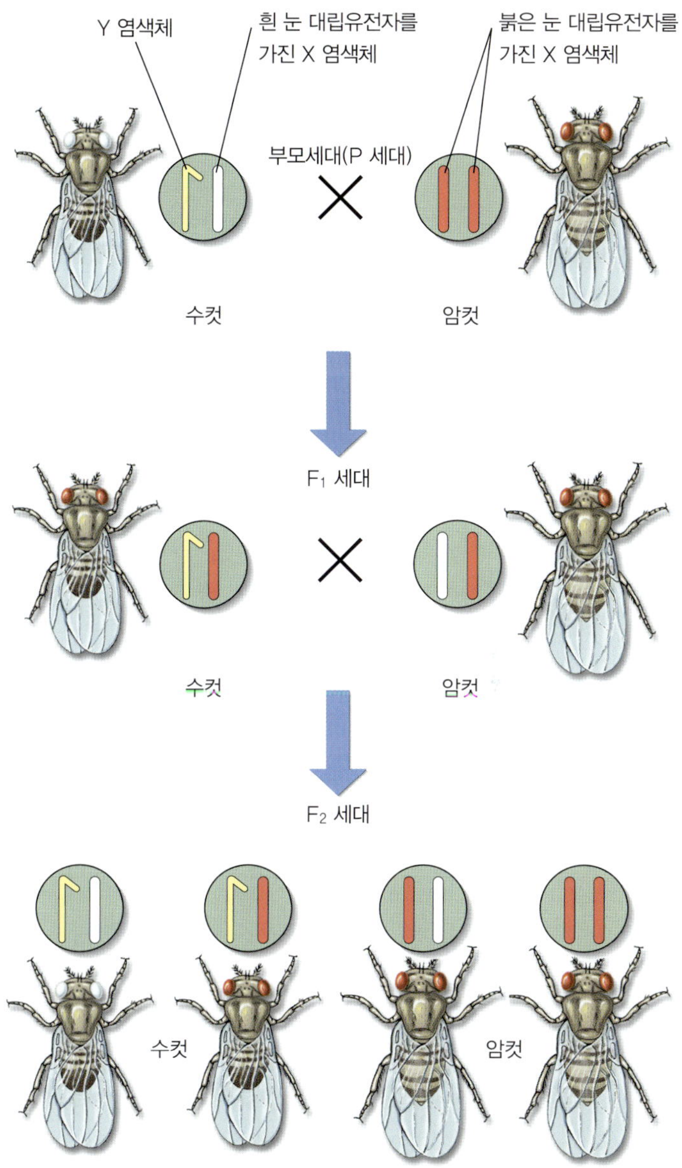

그림 9.19 성연관의 염색체 기초를 증명하는 Morgan의 실험.

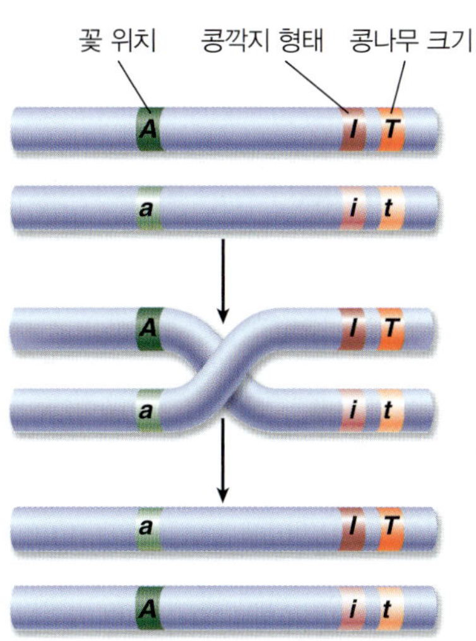

그림 9.20 연관(Linkage).

Mendel의 강낭콩에서 꽃 위치를 나타내는 유선사(*A*)와 꼬투리 형태를 나타내는 유전자(*I*)와 같이 멀리 떨어진 유전자는 이러한 대립형질의 재조합에서 교차가 일어나 독립적으로 유전된다. 꼬투리 형태(*I*)와 강낭콩 나무의 키(*T*)는 아주 가까이 존재하여 교차가 보통 일어나지 않는다. 이러한 유전자는 연관되었다고 하며 독립유전을 따르지 않는다.

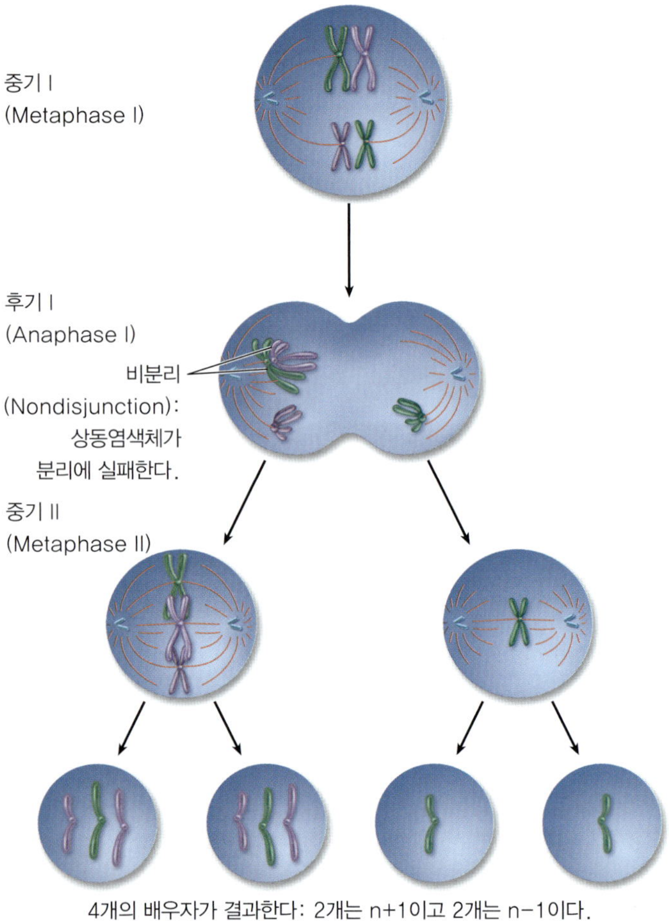

그림 9.21 말기 I에서 비분리.

감수분열 I에서 일어나는 비분리의 경우, 말기 I에 상동염색체 중에 한 쌍이 분리되지 않아서 하나 더 많거나 하나 더 작은 염색체를 가지는 배우체가 나타난다. 비분리는 감수분열 II에서도 나타날 수 있는데, 이 경우는 말기 II 동안에 자매염색분체가 분리되지 않을 경우이다.

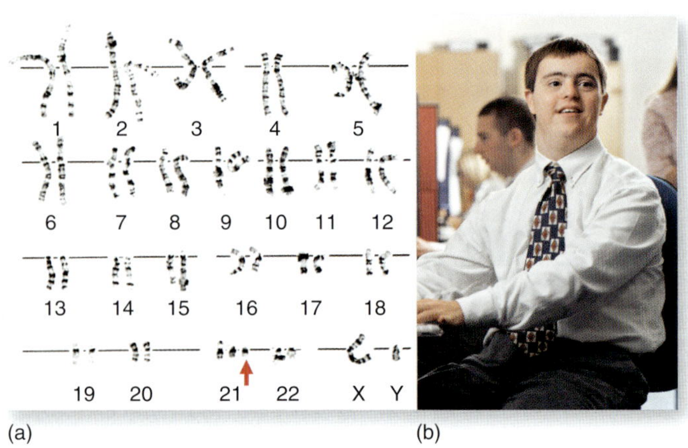

그림 9.22 다운 증후군(Down syndrome).

(a) Down 증후군을 보이는 남성의 핵형에서 21번 염색체의 3염색체성을 명백하게 확인할 수 있다. (b) Down 증후군 증상을 보이는 청년.

9.8 인간 염색체 Human Chromosome

학습 목표 9.8.1 이수성과 비분리, 1염색체성과 3염색체성, 그리고 클라인펠터 증후군(Klinefelter syndrome)과 터너 증후군(Turner syndrome)을 대비한다.

사람 체세포는 각각 보통 46개의 염색체를 가지고 있으며, 감수분열시에 23쌍을 형성한다. 상동염색체는 크기, 형태, 그리고 겉모습에 의하여 확인될 수 있다. 23쌍의 인간 염색체 중에서 22쌍은 남성과 여성에서 완벽하게 부합되며 **상염색체**(autosome)라고 한다. 나머지 한 쌍은 **성염색체**(sex chromosome)라고 하며, 여성에서는 2개의 유사한 염색체로, 남성에서는 2개의 상이한 염색체로 구성되어 있다. 사람에서 여성은 XX로 남성은 XY로 표시된다. Y 염색체 상에 존재하는 유전자가 "남자다움"을 결정하며 Y 염색체를 유전받은 사람은 남성으로 발달한다.

최근의 증거는 *SRY*라 불리는 *"Y 염색체 상의 성 결정 구역"*은 남자다움을 발현하는데 책임이 있다는 것을 시사한다. 이는 21.1절에서 자세하게 다룬다.

비분리 Nondisjunction

감수분열 시에 가끔 중기에 짝을 이룬 자매염색분체의 상동염색체가 분리되지 않고 서로 달라붙어 있는 경우가 나타난다. 감수분열 I이나 II에서 염색체가 정확하게 분리되지 않는 현상을 **비분리**(nondisjunction)라고 한다. 비분리는 **이수성**(aneuploidy)을 가져오는데, 이는 염색체의 비정상적인 숫자를 나타내는 것이다. 그림 9.21에서 볼 수 있는 비분리는 말기 I에서 큰 염색체의 상동 짝이 분리에 실패하여 나타나는 결과이다. 이 분열에 의하여 형성된 배우체는 불균등한 숫자의 염색체를 가지고 있다. 정상적인 감수분열에서 그림 9.21의 모든 배우체는 2개의 염색체를 가지고 있으리라 예상되지만, 그림에서 볼 수 있듯이 2개의 배우체는 3개의 염색체를 가지고 있고, 나머지 2개의 배우체는 1개의 염색체만을 가지고 있다.

거의 대부분의 사람은 단순히 다른 배열은 제대로 작동하지 않기 때문에 동일한 핵형을 가진다. 상염색체의 사본 하나만이라도 손실되면(**1염색체성**; monosomic) 사람은 발달과정에서 생존할 수 없다. 극히 일부를 제외하고는 추가적인 상염색체(**3염색체성**; trisomic)를 획득한 사람도 생존할 수 없다. 그러나 가장 작은 5개의 염색체(13, 15, 18, 21, 그리고 22)의 사본을 3개 가진 개체는 어느 기간 동안은 생존할 수 있다. 13, 15, 그리고 18번 염색체를 추가로 가졌을 때는 심각한 발달 결함이 일어나, 이러한 유전적 조성을 가지고 있는 태아는 수개월 내에 죽게 된다. 대조적으로 21번 염색체와 더 드물게 22번 염색체를 추가로 가지고 있는 개인은 보통 성년까지 생존한다. 이러한 개인에서 골격계의 성숙이 지연되어 키가 작고 빈약한 근육을 가지게 된다. 정신적인 발달도 영향을 받게 되어 21번 염색체나 22번 염색체의 3배체 어린이는 모두 지적으로 장애를 가진다.

다운 증후군(Down syndrome). 21번 염색체의 3염색체성에 의하여 생성되는 발달 결함은 그림 9.22의 핵형의 21번째 염색체에 추가적인 사본이 있는데, 1866년 다운(J. Langdon Down)에 의하여 최초로 묘사되었으며 이러한 이유로 Down 증후군이라고 한다. 어린이 750명 중 1명에서 Down 증후군이 나타나며, 모든 인종집단에서 빈도가 유사하다. 산모의 나이가 많은 아이들에서는 더 흔하게 나타난다. 그림 9.23의 그래프를 보면 산모의 나이가 증가하면서 발생빈도가 증가하는 것을 알 수 있다. 어머니의 나이가 30 미만인 경우에는 1천 명 당 0.6명에 불과한데(1,500명의 신생아에 1명꼴), 어머니가 30세에서 35세 사이에서는 1천 명 당 1.3명(750명의 신생아에 1명꼴)으로 배가된다. 어머니의 나이가 45세를 넘게 되면 위험은 1천 명 당 63명(16명의 신생아에 1명꼴)으로 매우 높아진다. 나이든 산모가 Down 증후군 가능성이 높아지는 이유는 여성이 평생 동안 생산할 모든 난자는 그녀가 출생할 때 난소에 존재하고 있으며, 나이가 들어갈수록 비분리를 초래할 수 있는 손상이 축적될 수 있기 때문이다.

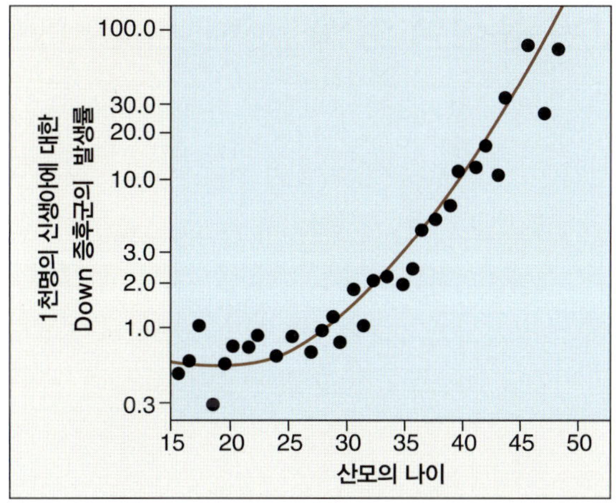

그림 9.23 산모의 나이와 Down 증후군 출현 사이의 상관관계.

여성이 나이를 들면 Down 증후군을 가진 아이를 잉태할 확률이 증가한다. 여성의 나이가 35세에 도달한 이후에는 Down 증후군의 빈도가 급격하게 증가한다.

성염색체와 관련된 비분리

Nondisjunction Involving the Sex Chromosomes

23쌍의 염색체 중에서 22쌍은 남성과 여성에서 완벽하게 일치하며 상염색체라고 한다. 나머지 한 쌍은 성염색체인 X와 Y이다. 인간에서는 초파리에서와 마찬가지로(그러나 다른 배수체 종에서 모두 같은 것은 아님), 여성은 XX이고 남성은 XY이며, 최소한 하나의 Y 염색체를 가지는 개체는 남성이다. 대부분의 생물에서 Y 염색체는 고도로 응축되어 있으며 기능이 있는 유전자를 거의 가지고 있지 않다. Y 염색체가 보유하는 일부 활동성 유전자는 "남성다움"과 관련된 특징에 관련이 있다. 성염색체를 획득하거나 잃은 개체는 상염색체의 변화에 의해서 유발되는 것 같은 심각한 발달이상을 보통 겪지 않게 된다. 이러한 개체들은 성숙에 도달할 수 있지만, 약간 비정상적인 외모를 가지게 된다.

X 염색체의 비분리. X염색체가 감수분열 시에 분리되지 않으면 배우체의 일부는 X 염색체 2개를 가지는 염색체를 생성하여 XX 배우체가 되며, 다른 배우체는 성염색체가 없어서 "O"로 표기된다.

그림 9.24는 X 염색체의 비분리에서 발생한 배우체가 정자와 결합할 때 어떤 현상이 일어나는지를 보여준다. XX 난자가 X 정자와 결합하면 그 결과 나타나는 XXX 접합체는 키는 평균보다 크기만 다른 증상은 크게 변화할 수 있는 여성으로 발달한다. 일부는 대부분의 관점에서 정상이지만, 일부는 낮은 읽기와 언어 능력을 가지고, 다른 일부는 지적으로 뒤질 수 있다. XX 난자가 Y 정자와 결합하여 나타나는 XXY 접합체는 여성의 특징을 많이 가지는 불임의 남성으로 발달하거나, 어떤 경우에는 지적 능력이 감소되기도 한다. *클라인펠터 증후군*(Klinefelter syndrome)이라고 하는 이러한 상태는 남자아이 500명에 한명 꼴로 나타난다.

O 난자가 Y 정자와 융합하면 OY 접합체는 X 염색체 상의 유전자가 결여되어 생존력이 없고 더 이상 발달하지 못한다. O 난자가 X 정자와 융합하면 XO 접합체는 키가 작은 불임의 여성으로 발달하며, 그물 목과 사춘기에 변화하지 않는 미성숙한 성기를 가지게 된다. XO 개체의 지적 능력은 언어학습은 정상이지만 비언어/수학 기반 문제해결 능력은 낮게 나타난다. *터너 증후군*(Turner syndrome)이라고 부르는 이러한 상태는 5천명의 여아 출생에서 한번 꼴로 나타난다.

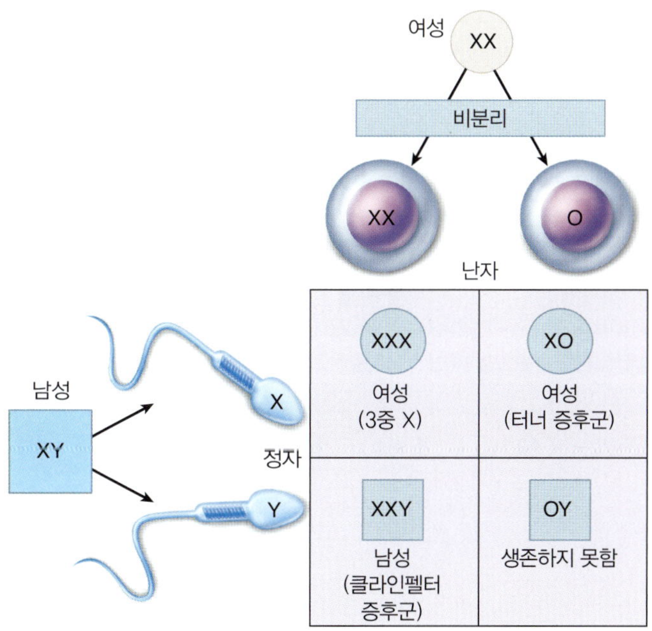

그림 9.24 X 염색체의 비분리.

X 염색체의 비분리는 성 염색체 수가 비정상인 염색체 이수성을 생성할 수 있다.

Y 염색체의 비분리. Y 염색체도 감수분열시 분리가 일어나지 않아 YY 정자가 형성될 수 있다. 이러한 정자가 X 난자와 결합하면, XYY 접합체는 정상적인 외모를 가진 생식력이 있는 남성으로 발달한다. XYY 유전자형의 빈도는 1,000명의 남자 신생아에서 1명 꼴로 나타난다.

개념의 적용

여성이 Klinefelter 증후군을 가질 수 있나요? 그 이유를 설명하시오.

인간의 유전적 장애 Human Hereditary Disorders

9.9 가계도의 연구 Studying Pedigrees

학습 목표 9.9.1 인간의 가계도를 분석하기 위한 3가지 질문을 열거한다.

인간의 유전을 연구하기 위하여 과학자들은 이미 이루어진 교배의 결과를 조사한다. 과학자들은 **가계도**(pedigree)라고 하는 가족의 나무를 연구하여 어떤 친척들이 형질을 나타내는지 확인한다. 과학자들은 그러한 형질을 발생하는 유전자가 성연관인지(X 염색체 상에 위치하는지) 또는 상염색체인지, 그리고 형질의 발현이 우성인지 열성인지를 결정할 수 있다. 가계도는 빈번하게 연구자가 가족의 어떤 개인이 그 형질을 특정 짓는 대립형질에 대하여 동형접합체이고 어떤 개인이 이형접합체인지 추정하는데 도움이 된다.

선천성 색소결핍증 가계도의 분석 Analyzing a Pedigree for Albinism

색소결핍증을 보이는 개인은 모든 색소가 결여되어 머리카락과 피부가 완전히 흰색이다. 미국에서 백인 38,000명중 한명과 아프리카계 미국인 22,000명중 한명이 색소결핍증이다. 그림 9.25에 나타낸 호피(Hopi) 인디언의 가족의 색소결핍증 가계도에서 각각의 부호는 가족사의 한 개인을 나타내는데, 원은 여성을 나타내고 사각형은 남성을 나타낸다. 이 가계도에서 연구되는 형질인 색소결핍증을 보이는 개체는 채워진 부호로 나타내었으며, 이형접합체인 정상적인 표현형을 나타내는 보인자는 절반 채워진 부호로 나타내었다. 결혼은 원과 사각형을 연결하는 수평선의 결합으로 나타내었으며, 이로부터 내려오는 수직선은 왼쪽에서 오른쪽으로 출생의 순서로 배열된 자식을 나타낸다. 이 색소결핍증 가계도를 분석하기 위하여 유전학자들은 전통적으로 3가지 질문을 한다.

1. *색소결핍증은 성연관인가요 아니면 상염색체성인가요?* 만약 형질이 성연관이라면 보통 남성에서만 나타나며; 상염색체성이라면 양 성에 거쳐서 비교적 균등하게 출현한다. 아래의 가계도에서 영향이 있는 남성의 비율(12명중 4명, 33%)은 영향을 받은 여성의 비율(19명 중 9명, 42%)와 비교적 유사하다. 가계도에서 영향을 받은 개체를 셀 때에는 I세대의 부모와 가족과 결혼한 외부인을 제외한다. 이 결과로부터 색소결핍증을 상염색체성으로 결론 내리는 것은 합리적이다.
2. *색소결핍증은 우성인가요 열성인가요?* 만약 그 형질이 우성이라면 모든 색소결핍증 아이는 색소결핍증 부모를 가지게 될 것이다. 그러나 만약 열성이라면 색소결핍증 아이의 부모는 정상으로 나타날 수 있으며, 그 이유는 양 부모가 모두 이형접합체 보인자일 수 있기 때문이다. 아래의 가계도에서 색소결핍증 아이의 대부분의 부모는 이 형질을 발현하지 않기 때문에, 색소결핍증은 열성이라는 것을 나타낸다. 한 가족의 4명의 아이들은 색소결핍증 부모를 가지고 있다. 이 대립유전자는 Hopi 인디언 사이에 매우 흔하며, 거기에서 이 기계도가 도출되었기 때문에, 이러한 색소결핍증 부모와 같은 동형접합체 개체가 충분히 존재하기 때문에 서로 결혼하는 경우도 가끔 있다. 이 가족에서 부모가 모두 색소결핍증이며 4명의 자식 모두 색소결핍증인데, 이는 색소결핍증이 열성이고, 부모 모두 대립유전자에 대하여 동형접합체이라는 것과 일관성이 있다.

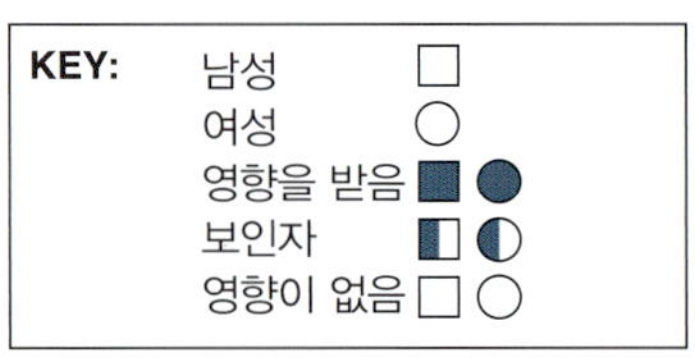

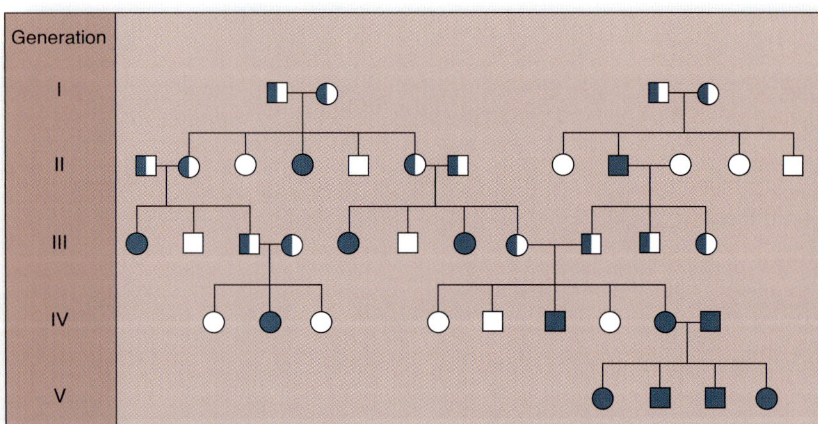

그림 9.25 색소결핍증의 가계도.

이 사진에서 Hopi 인디언 가족의 세 소녀 중 한명이 색소결핍증이다(IV 세대의 맨 왼쪽 가족). 이 가계도는 이 가족에서 색소결핍증을 유발하는 유전자의 유전을 색소결핍증인 사람을 채워진 푸른색 부호로 나타냈다.

3. *색소결핍증 형질은 하나의 유전자에 의하여 결정되나요, 아니면 여러 유전자에 의하여 결정되나요?* 만약 그 형질이 하나의 유전자에 의하여 결정된다면 이형접합체 부모에서 태어나는 정상 대 색소결핍증의 자손 비율은 3:1이 될 것이며, 이는 교배에서 Mendel의 분리법칙을 반영한다. 따라서 아이들의 25% 정도가 색소결핍증이어야 한다. 그러나 만약 그 형질이 여러 유전자에 의하여 결정된다면, 색소결핍증은 적은 비율에서만 나타날 것이다. 이 가계도에서 이형접합체에서 태어난 24명의 자식 중에서 33%인 8명이 색소결핍증을 보이기 때문에, 이는 단지 하나의 유전자만이 교배에서 분리된다는 것을 강하게 암시한다.

색맹 가계도의 분석 Analyzing a Pedigree for Color Blindness

방금 조사한 색소결핍증 가계도 분석은 색소결핍증이 하나의 유전자에 의하여 통제되는 상염색체성 열성 형질이라는 것을 나타낸다. 이제 다른 형질을 분석해보자. 적록색맹은 드물지 않지만 흔하지 않은 인간의 유전형질이며, 남성의 5%에서 9%에 영향을 미친다. 색맹은 사람이 특정한 색이나 색의 음영을 구별할 수 없는 시력 장애의 일종이다. 이는 흑백만으로 볼 수 있다는 것이 아니라, 색깔을 보지만 일부 다른 색깔이 동일하게 보이는 것이다. 눈의 망막에 있는 특별한 유형의 세포는 빛의 다른 색깔과 다른 음영을 탐지한다.

색소결핍증과 마찬가지로 색맹의 유전 양상을 밝히기 위하여 가계도를 이용할 수 있다. 아래 그림 9.26의 가계도에서 적록색맹의 남자가 그 유전자에 대하여 이형접합체인 여성 사이에 5명의 자식을 두었다. 채워진 부호는 적록색맹을 나타내는 영향을 받은 개체를 나타낸다. 반 채워진 부호는 형질을 보유하고 있지만 발현하지는 않는 이형접합체 개체를 나타낸다.

이 가계도를 분석하기 위하여 앞과 동일한 3가지 질문을 한다.

1. *적록색맹은 성연관인가요, 아니면 상염색체성인가요?* 영향을 받은 5명의 개인은 모두 남성이다. 따라서 이 형질은 명백하게 성연관이다.
2. *적록색맹은 우성인가요, 아니면 열성인가요?* 만약 색맹형질이 우성이라면, 모든 색맹 아이들은 색맹 부모를 가지게 될 것이다. 이 가계도에서는 그러나 원래 남성 뒤로는 어느 가족에서도 사실이 아니다. 이 형질은 명백히 열성이다.
3. *적록색맹 형질은 단일 유전자에 의하여 결정되나요?* 만약 그렇다면 이형접합체 부모에서 태어나는 자식들은 Mendel의 분리의 법칙인 3:1 비율을 반영하여 25% 정도가 색맹이 되어야 한다. 이 가계도에서 이형접합체 부모의 자식 14명 중 4명인 28%가 색맹이어서 단일 유전자가 분리된다는 것을 나타낸다. 아버지가 색맹 형질에 대하여 동형접합체이기 때문에 I 세대 5명의 자녀는 계산하지 않아야 한다.

이 가계도의 결과는 색맹이 단일 성연관 열성유전자에 의하여 기인한다는 것을 나타낸다. 이는 여성이 색맹이 될 수 없다는 것을 의미하지는 않고, 여성이 색맹이 되기 위해서는 두 개의 X 염색체 모두 색맹유전자를 가져야하는데 이는 여성의 단지 0.5%에서만 나타난다.

개념의 적용

가계도에서 영향을 받은 개체를 계산할 때, I 세대 부모는 왜 계산하지 않나요?

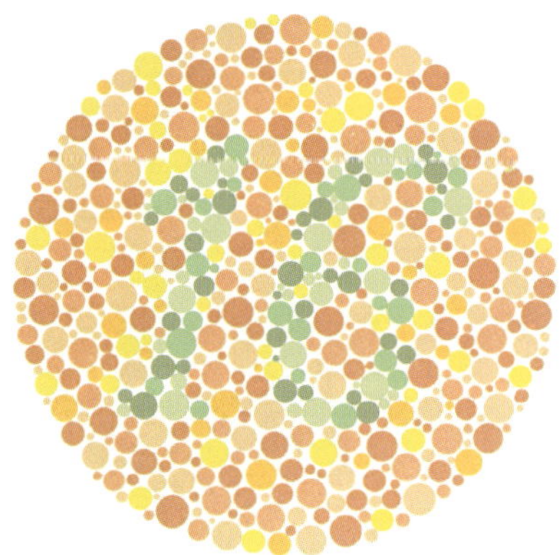

출처: 이 영상은 일본 동경의 KANEHARA TRADING INC.에서 출판한 색 결핍에 대한 이시하라(Ishihara) 검정에서 재생된 것임. 그러나 색 결핍의 측정은 이 영상으로 수행될 수 없다. 정확한 검정을 위해서는 원판을 사용하여야 한다.

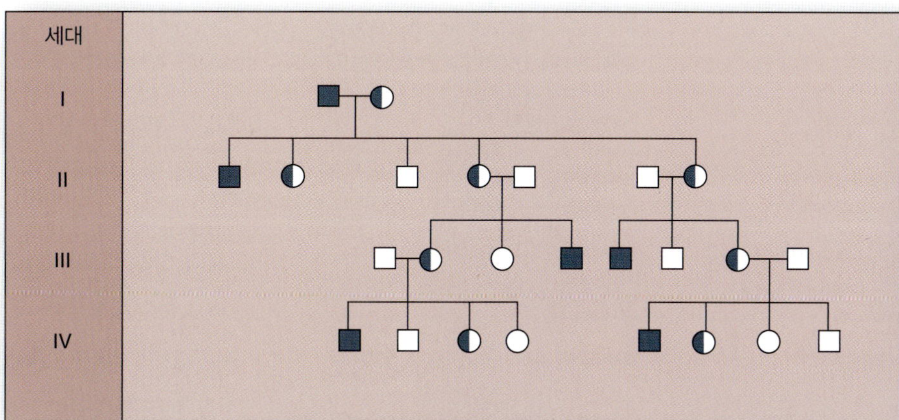

그림 9.26 색맹의 가계도.

Ishihara 판이라고 하는 검정 시료를 사용하여 색맹인지를 측정하였다. 검정 판은 종종 숫자인 어떤 형태를 나타내도록 배열된 다른 색깔의 점들을 포함하고 있다. 적록색맹인 사람은 이 검정 판에 있는 숫자를 볼 수 없는데, 모든 점들이 같은 색깔로 보이기 때문이다. 이 그림의 가계도는 가족의 4세대까지 적록색맹을 추적한다.

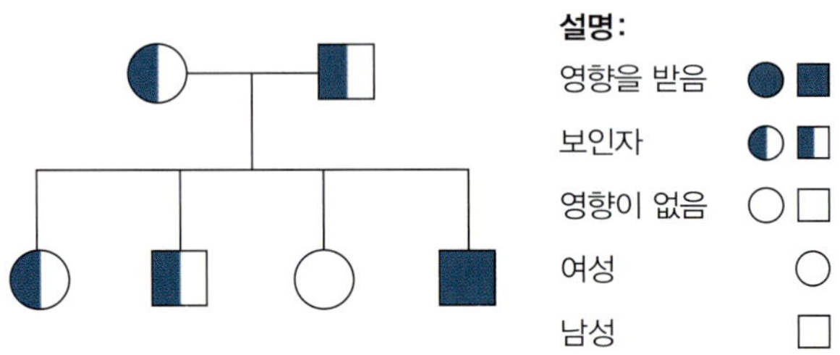

그림 9.27 일반적인 가계도.

이 가계도는 열성형질의 유전과 일치한다.

9.10 인간 유전에서 돌연변이의 역할

학습 목표 9.10.1 혈우병, 겸상빈혈, 테이-색스병, 그리고 헌팅턴병의 유전을 대비한다.

여러분의 대부분의 유전자에 의하여 암호화되는 단백질은 적절히 발생하고 신체의 많은 복잡한 과정들이 정확하게 기능하기 위하여 아주 정밀한 방식으로 기능해야만 한다. 불행하게도 유전자는 종종 손상을 입거나 부정확하게 복사된다. 이러한 유전자의 우발적인 변화를 **돌연변이(mutation)**라고 한다. 돌연변이는 매우 드물게 일어나는데, 그 이유는 세포가 유전자를 경비하여 마주치게 되는 어떠한 돌연변이도 교정하료고 시도하기 때문이다. 그럼에도 일부 돌연변이는 일어난다. 돌연변이의 대부분은 어떠한 방식으로든 여러분에게 해롭다. 그 이유는 쉽다. 돌연변이는 무작위적으로 유전자에 부딪힌다. 제트전투기의 설계의 부품 번호를 임으로 변경시킨다고 상상해보시오. 유전자의 무작위적인 돌연변이가 그 단백질의 성능을 향상시킬 확률은 임의로 선택된 부품이 제트기를 빠르게 날 수 있도록 하는 확률과 비슷하다.

돌연변이는 체세포와 생식계열 세포에서 모두 일어날 수 있다. 모두 극적인 효과를 나타낼 수 있지만, 생식계열 세포의 돌연변이만이 자손에게 전달되어 다음 세대에 영향을 미친다.

인간 개체군에서 대부분의 돌연변이는 드문 일이다. 거의 대부분의 결과는, 열성 대립형질의 이형접합체인 대부분의 개체에서 발현되지 않기 때문에, 진화의 힘에 의하여 개체군에서 제거되지 않는다. 왜 이러한 돌연변이가 대부분 이형접합체에서 나타날까요? 돌연변이 대립형질은 드물기 때문에, 돌연변이 대립형질의 사본을 가진 사람이 같은 돌연변이 대립형질의 사본을 가진 사람과 결혼한다는 것은 거의 불가능하다. 대부분의 돌연변이가 정상적인 기능에 해롭고 보통 열성이지만, 모든 돌연변이가 바람직하지 않은 것은 아니다. 일부 돌연변이는 강화된 기능을 가져올 수 있다. 또한 모든 돌연변이가 열성은 아니고, 드물게 우성 대립형질로 나타나는 경우도 있다.

표 9.3 일부 중요한 유전적 질환

질환	증상	결함	우성/열성	사람의 출생
낭포성 섬유증	점액질이 폐, 간, 그리고 췌장을 막히게 함.	염소 이온 운반 기작의 실패	열성	1/2,500 (백인)
겸상빈혈	빈약한 혈액순환	비정상적 헤모글로빈 분자	열성	1/625 (아프리카계 미국인)
태이-색스 질환	유아기 중추신경계의 악화	효소 결함 (hexosaminidase A)	열성	1/3,500(독일·폴란드·러시아계 유태인)
페닐케톤뇨증(PKU)	유아기 두뇌발달의 실패	효소결함 (phenylalanine hydroxylase)	열성	1/12,000
혈우병	혈액응고의 실패	혈액응고요소 VIII의 결함	성연관 열성	1/10,000 (백인 남성)
헌팅턴병	중년에 뇌 조직이 점진적으로 악화됨	뇌세포 대사의 저해제가 생산됨	우성	1/24,000
근위축증 (뒤센느형)	근육이 소비되어 없어짐.	근육을 자극사는 신경의 미엘린 수초가 퇴화됨.	성연관 열성	1/3,700 (남성)
선천적 갑상선 기능부전	출생체중의 증가, 부은 얼굴, 변비, 무기력	갑상선의 적절한 발달 실패	열성	1/1,000 (히스패닉) 1/700 (미국 원주민)
과콜레스테롤혈증	혈중 과다한 콜레스테롤 수준이 심장변으로 이어짐.	콜레스테롤 세포표면 수용체의 기형	우성	1/500

어떤 경우 특정한 돌연변이 대립형질이 인간 개체군에서 더 흔해진 경우가 있다. 이러한 경우 돌연변이 대립형질이 생성하는 해로운 영향을 *유전병*이라고 한다. 가장 흔한 유전병의 일부를 표 9.3에 나타내었다. 앞 절에서 언급하였듯이, 과학자들은 특정한 유전적 질환을 생성하는 유전자가 성연관인지 또는 상염색체성인지 그리고 그 질환이 우성인지 열성인지를 결정하기 위하여 가계도를 연구한다. 그림 9.27은 열성형질의 일반적인 가계도를 보여준다. 앞에서 언급하였듯이 가계도에서 여성은 원으로 남성은 사각형으로 표시한다. 선은 부모를 연결하고 자손을 보여준다. 채워진 형태는 질병에 의하여 영향을 받은 개체를, 절반 채워진 형태는 보인자(이형접합체인 개체), 채워지지 않은 형태는 영향을 받지 않은 개체를 나타낸다.

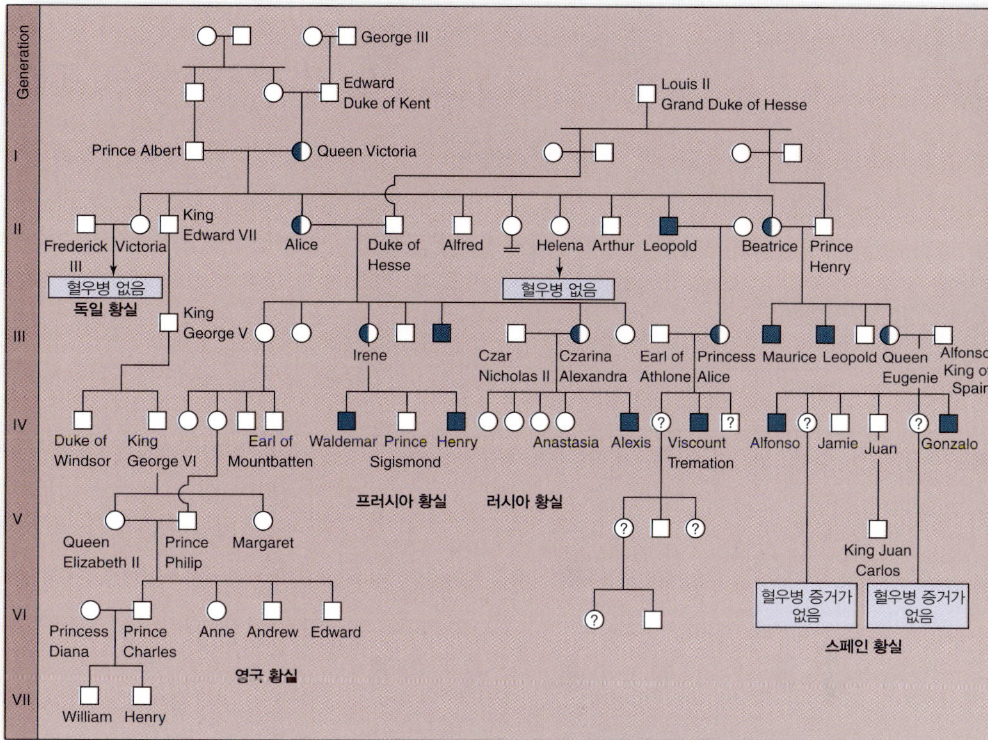

혈우병: 성연관 특징

베인 곳의 혈액은 혈액 내에서 순환하는 단백질 섬유의 중합체 형성에 의하여 응고된다. 이 과정에 12종류의 단백질이 관여하며, 혈액응고가 형성되기 위해서는 모든 단백질이 적절히 기능해야만 한다. 이중 어느 단백질이라도 활성도를 잃게 하는 돌연변이는 **혈우병**(hemophilia)이라고 하는 혈액 응고가 지연되거나 전혀 응고되지 않는 유전적인 상태를 초래한다.

혈우병은 열성 질환이며, 정상 대립유전자를 전혀 가지지 않고 따라서 응혈에 필요한 단백질 중 하나를 생산할 수 없는 개인에게서만 나타난다. 혈액응고 단백질을 암호화하는 대부분의 유전자는 상염색체 상에 있지만, *VIII*와 *IX* 유전자는 X 염색체 상에 위치한다. 이 두 유전자는 성연관이다(9.7절 참조). 돌연변이 대립형질은 유전 받은 남성은 모두 혈우병을 나타내는데, 그 이유는 다른 성염색체인 Y 염색체가 이러한 유전자의 대립형질를 가지고 있지 않기 때문이다.

혈우병의 가장 유명한 예는 종종 왕실 혈우병이라고 부르는, 영국의 왕실 가족에서 나타나는 성연관 형태이다. 이 혈우병은 영국 빅토리아 여왕(Queen Victoria; 1819-1901)의 부모중 하나에서 발생한 *IX* 유전자의 돌연변이에 의하여 유발되었다. 그림 9.28의 가계도는 빅토리아 여왕 이후 6세대에서, 10명의 남성 자손이 혈우병을 앓았다(채워진 사각형). 현재의 영국 왕실 가족은 빅토리아 여왕의 아들인 에드워드 7세 국왕(King Edward VII)이 결함이 있는 대립유전자를 유전받지 않아서 질환에서 벗어났으며, 그 이후 영국의 모든 통치자들은 에드워드 7세 국왕의 후손이다. 빅토리아 여왕의 9명의 자식 중에서 3명이 결함이 있는 대립형질을 물려받았지만, 그들은 유럽의 다른 왕가와 결혼을 하여 유전자를 전달하였다. 12장에서 배우게 될 것이지만, 이러한 유형의 혈우병은 유전자요법을 이용하여 성공적으로 치료되고 있다.

그림 9.28 왕실의 혈우병 가계도.

Victoria 여왕의 딸인 Alice는 러시아와 프러시아 왕실에 혈우병을 도입하였으며, Beatrice는 스페인 왕실에 도입하였다. Victoria 여왕의 아들인 Leopold는 자신도 희생자이면서, 3세대에 질환을 전파하였다. 절반 채워진 부호는 정상 대립형질과 결함이 있는 대립형질을 각각 하나씩 가지고 있는 보인자이며. 완전히 채워진 부호는 영향을 받은 개인이다. 사각형은 남성을, 원은 여성을 나타낸다. 이 사진에서 영국의 Victoria 여왕은 1984년 자손들에 의하여 둘러싸여 있다. 여왕의 뒤에 서서 깃털이 달린 배를 쓰고 있는 사람은 여왕의 손녀들이며 Alice의 딸들인 프러시아의 Irene 공주(오른쪽)와, 곧 러시아의 황후가 될 Alexandra(왼쪽)이다. Irene와 Alexandra는 둘 다 혈우병 보인자였다.

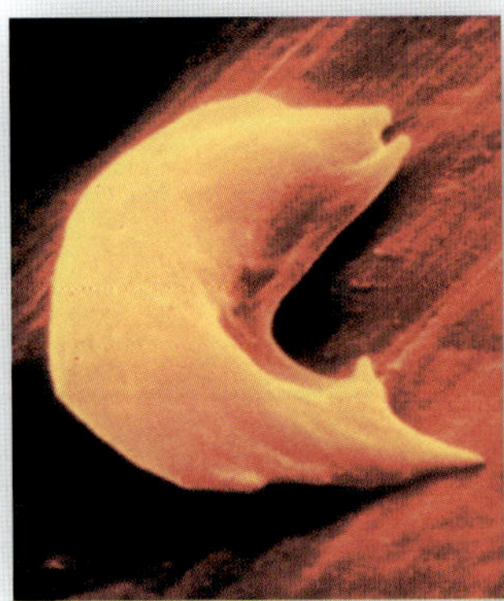

겸상(낫모양) 적혈구

정상 적혈구

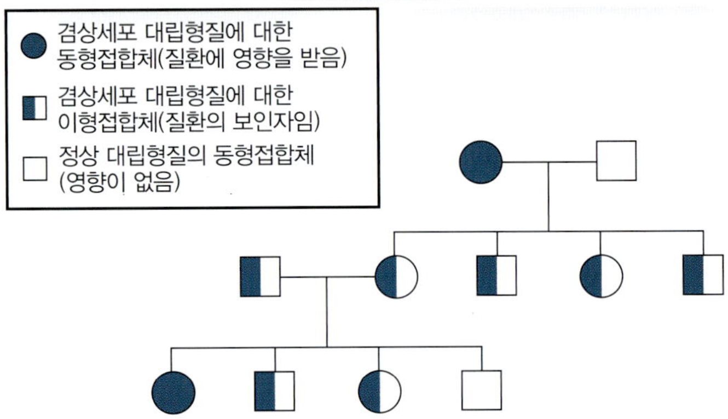

그림 9.29 겸상빈혈의 유전.

겸상빈혈은 열성 상염색체 질환이다. 부모중 하나가 열성 형질에 대한 동형접합체일 경우에, 자손은 모두 Mendel의 검증교배의 F_1 세대럼 보인자(이형접합체)가 될 것이다. 정상적인 적혈규구는 납작하게 만든 공 같은 형태를 가진다. 겸상빈혈 형질에 대하여 동형접합체인 개체는 적혈구의 대부분이 낫 모양을 가진다.

겸상빈혈: 열성형질 Sickle-Cell Disease: Recessive Trait

겸상빈혈(Sickle-cell disease)은 열성의 유전질환이다. 겸상빈혈의 유전은 그림 9.29에 영향을 받은 개체는 동성접합체이며 돌연변이 유전자의 사본을 2개 가지고 있다. 영향을 받은 개체는 결함이 있는 헤모글로빈 분자(적혈구 내에서 산소를 운반함)를 가지고 있다. 그 결과 겸상빈혈이 나타난 개체는 조직으로 산소를 적절하게 운반할 수 없다.

이러한 결함이 있는 적혈구의 헤모글로빈은 베타헤모글로빈의 146개 아미노산 소단위 중에서 단지 하나만 정상 적혈구와 차이가 난다. 결함이 있는 헤모글로빈에서 2개의 단백질 베타-소단위에서 발린 아미노산이 글루탐산을 대체한다. 흥미롭게도 변화가 일어난 장소는 철을 포함하는 헴기가 산소를 결합하는 헤모글로빈의 활성부위로부터 멀리 떨어진 곳이다. 대신에 변화는 헤모글로빈 분자의 4개의 소단위 바깥 구석에서 일어난다. 그런데 왜 결과가 그렇게도 비극적일까요? 이 겸상세포 돌연변이는 매우 비극성인 아미노산(발린)을 헤모글로빈 단백질의 표면에 삽입하여 끈끈한 조각을 생성하여 다른 조각에 부착한다. 물과 같은 극성환경에서 비극성 아미노산은 서로 연합하는 경향이 있다. 결함이 있는 헤모글로빈 분자는 서로 부착되어 사슬을 형성한다. 이러한 헤모글로빈 사슬은 뻣뻣하고 막대모양의 구조를 형성하여 적혈구가 낫 모양(겸상)이 되도록 한다(그림 9.29). 이러한 뻣뻣함과 불규칙적인 형태로 인하여 겸상 세포는 모세혈관을 통과하여 이동하는데 어려움이 있고, 혈관에 축적되어 덩어리를 형성하는 경향이 있다. 겸상 적혈구를 많은 비율 가지고 있는 사람은 간헐적인 병치레와 단축된 수명을 가지게 된다.

겸상 대립형질에 대한 이형접합체인 개인은 정상적인 사람과 일반적으로 구분이 어렵다. 그러나 적혈구의 일부는 낮은 산소수준에 노출되면 낫 모양 특성을 나타낸다. 겸상빈혈에 책임이 있는 대립유전자는 겸상세포 대립형질이 아프리카에 더 흔하기 때문에 아프리카 출신의 후예에서 특히 흔하게 나타난다. 아프리카계 미국인의 약 9% 정도가 이 대립형질에 대하여 이형접합체이며, 약 0.2%가 동형접합체이기 때문에 질환을 가지게 된다. 아프리카의 어떤 집단의 경우 개인의 45% 정도까지가 이형접합체이며, 6%가 동형접합체여서 질환을 나타낸다. 어떠한 요인이 아프리카에서 겸상빈혈의 높은 빈도를 결정할까요? 겸상빈혈 대립형질의 이형접합은 말라리아에 대한 내성을 증가시키는 것으로 판명되었는데, 말라리아는 중앙아프리카에서 흔하고 심각한 질병이다. 그림 9.30에 있는 2개의 지도를 비교하면, 겸상빈혈 형질의 지역이 말라리아의 발생과 잘 일치하는 것을 볼 수 있다. 겸상빈혈과 말라리아의 상호작용에 대해서는 13장에서 깊게 다룰 것이다.

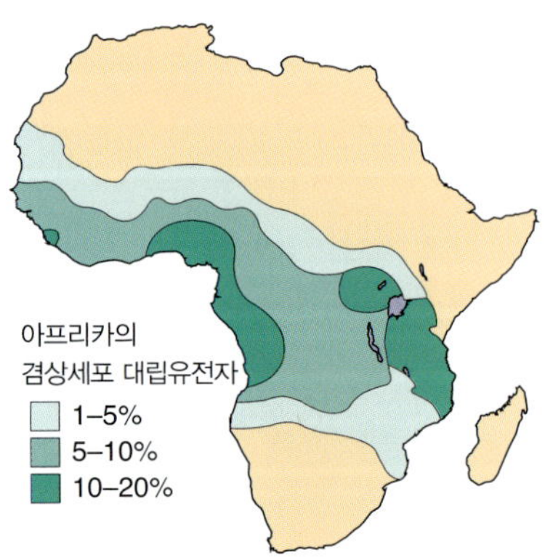

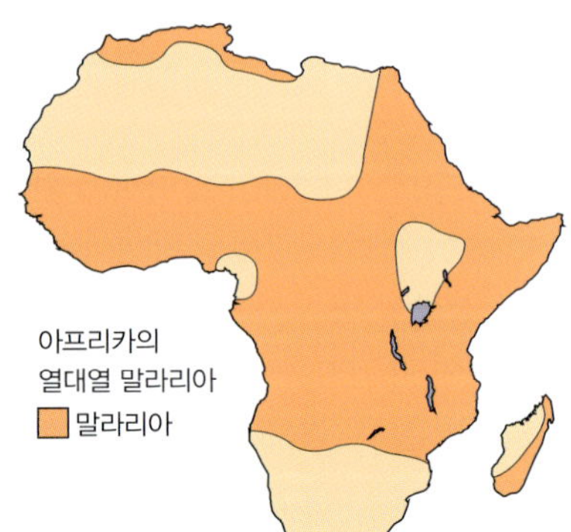

그림 9.30 겸상세포 대립유전자는 말라리아에 내성을 부여한다.

겸상빈혈의 분포는 중앙아프리카에서 말라리아의 발현과 밀접하게 일치한다. 이는 우연이 아니다. 겸상세포 대립유전자는 이형접합체일 경우 매우 심각한 질병인 말라리아에 내성을 부여한다.

태이-삭스병: 열성 형질 Tay-Sachs Disease: Recessive Trait

태이-삭스병(Tay-Sachs disease)은 두뇌가 악화되는 불치의 유전질환이다. 영향을 받은 어린이는 출생 시에는 정상으로 보이며 18개월 때 까지는 증상이 발달하지 않다가, 그 이후에 지적인 저하가 나타난다. 아이는 출생 후 1년 이내에 눈이 멀게 되며, 좀처럼 다섯 살을 넘기지 못한다.

태이-삭스 대립유전자는 hexosaminidase A라는 효소의 기능이 없는 형태를 암호화하여 질병을 생산한다. 이 효소는 두뇌 세포의 리소좀 내에서 나타나는 지방의 일종인 *강글리오시드*(galglioside)를 분해한다. 그 결과 리소좀은 강글리오시드로 가득 차서 부풀어 올라 궁극적으로는 파열하여 세포를 사멸시키는 산화효소들을 방출하게 된다. 이 질환에 대해서는 알려진 치료법이 없다.

> 리소좀은 내막시스템의 구성요소이다. 리소좀은 세포 파편들을 분해하는 강력한 효소를 포함하고 있는 막으로 둘러싸인 소낭이다. 만약 리소좀 효소가 새어나온다면, 세포를 내부로부터 사멸시키게 될 것이다.

태이-삭스병은 인간 개체군에서 드룸려, 미국에서 30만 명 출생에 한명 꼴로 나타난다. 그러나 동부와 중부 유럽의 유태인(아슈케나지; Ashkenazi)과 90%가 동부와 중부유럽 기원의 조상을 가지고 있는 미국 유태인들 사이에서는 높은 비율로 나타난다. 이러한 개체군에서 28명 중 1명이 태이-삭스병의 이형접합체 보인자이며, 유아의 3,500명 중 한 명이 이 질병을 가지고 있다. 이 질병은 열성 대립유전자에 의하여 유발되기 때문에, 결함이 있는 대립유전자를 가지고 있는 사람의 대부분은, 그림 9.31의 가운데에서 볼 수 있듯이, 정상적인 유전자 하나가 신체가 정상적으로 기능하도록 유지하는데 충분한 효소활성도(50%)를 생산하기 때문에 이 질환의 증상을 나타내지 않는다.

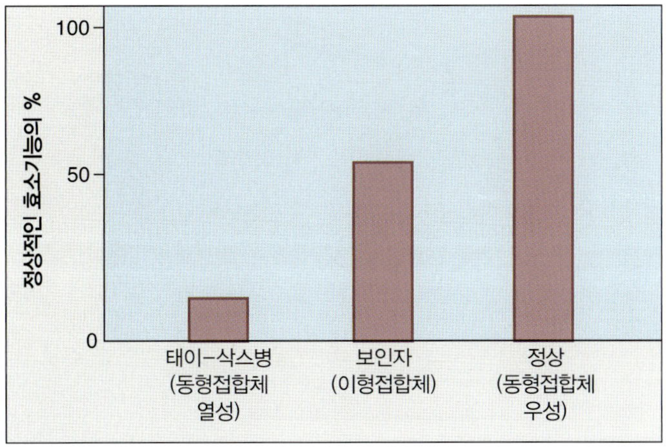

그림 9.31 태이-삭스병.

동형접합체 개체(*왼쪽 막대*)는 일반적으로 정상 hexosaminidase A 수준의 10% 미만을 가지고 있는 반면, 이형접합체 개체(*가운데 막대*)는 정상 수준의 50%를 가지고 있어서 중추신경계의 악화를 방지하기에 충분하다.

여러분에게 의미하는 것

태이-삭스병은 이 질환의 표지인 망막의 선홍색 반점을 최초로 발견한 안과의사인 태이(Warren Tay)와, 두뇌의 변화와 Ashkenazi 유태인 사이에서의 이환율을 최초로 서술한 신경학자인 삭스(Bernard Sachs)를 따서 이름지어졌다. 여러분은 발견자의 이름을 따서 지어진 최근 뉴스에 자주 나온 질환을 생각할 수 있나요?

헌팅턴병: 우성 형질 Huntington's Disease: Dominant Trait

모든 유전질환이 열성인 것은 아니다. **헌팅턴병**(Huntington's disease)은 두뇌 세포의 점진적인 악화를 초래하는 우성 대립형질에 의하여 초래되는 유전적인 상태이다. 대략 2만4천 명 중 1명이 이 질환을 나타낸다. 이 대립유전자는 우성이기 때문에 이 대립유전자를 가지고 있는 개인은 질환이 발현된다. 그럼에도 불구하고 이 질병은 증상이 30살 이상 되기 전까지는 발현되지 않기 때문에. 그 시기가 되면 대부분의 개인은 이미 자식을 가지게 되어, 이 질병이 인간 개체군에서 지속되고 있다. 그 결과 그림 9.32의 가계도에서 보여주듯이 이 대립유전자는 종종 치명적인 상태가 발달하기 전에 전파된다.

개념의 적용

헌팅턴병이 우성 대립유전자에 의해 유발되고 치명적이라면, 왜 이 질환은 인간 개체군에서 소멸되지 않을까요?

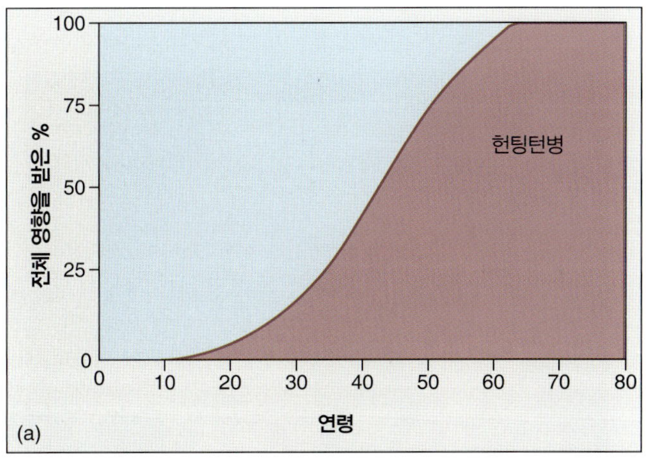

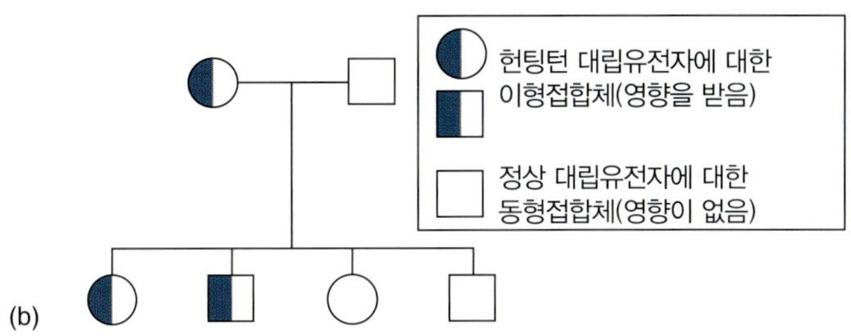

그림 9.32 헌팅턴병은 우성 유전질환이다.

(a) 헌팅턴병이 시작되는 나이가 늦기 때문에, 이 질환을 유발하는 대립유전자가 우성이면서 치명적임에도 불구하고 지속되고 있다. (b) 가계도는 우성의 치명적인 대립유전자가 어떻게 한 세대에서 다음 세대로 전달될 수 있는지를 보여준다. 어머니가 질환에 걸렸지만, 만약 그녀가 동형접합체였다면 자식들이 모두 질환에 걸렸을 것이므로, 그녀가 이형접합체라고 말할 수 있다. 그러나 그녀가 질병을 가지고 있다는 것을 알았을 때는, 아마도 이미 자식을 출산한 이후가 될 것이다. 이러한 방식으로 형질이 치명적임에도 불구하고 다음 세대로 전달될 수 있다.

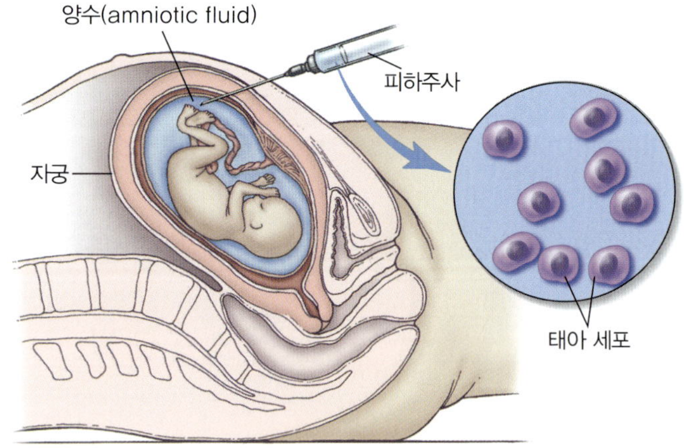

그림 9.33 양수천자(Amniocentesis).

양막강에 바늘을 삽입하여, 태아에서 기원한 자유세포를 포함하는 양수 시료를 주사기에 채취한다. 태아 세포를 배양하여 핵형과 많은 대사기능을 검사한다.

여러분에게 의미하는 것

양수천자와 관련된 감염, 천공 투출, 또는 다른 합병증에 의한 유산의 위험은 600분의 1로 낮은 것으로 추정된다. 대조적으로 임신초기 융모검사에 의한 유산의 위험은, 시료채취를 4주 정도 먼저 할 수 있지만, 대략 100분의 1 정도이다. 여러분이 자식을 가지게 된다면, 여러분과 여러분의 배우자는 유전학적 스크리닝을 선택하리라 기대하나요? 만약 그렇다면 어떤 절차를 사용하기를 희망하나요? 그 이유는?

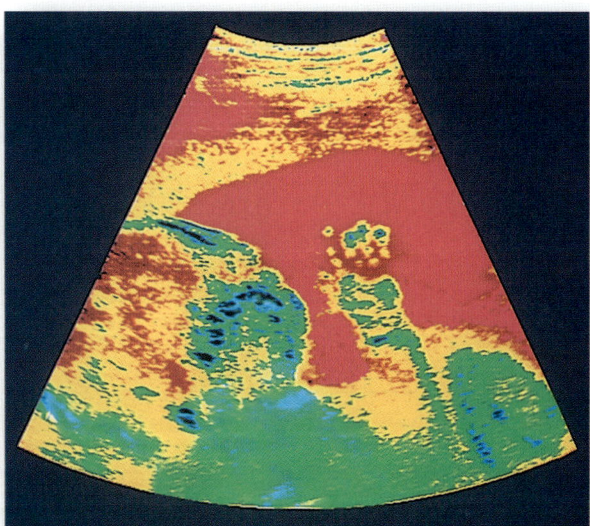

그림 9.34 태아의 초음파 사진.

임신 4개월에 양수천자가 정상적으로 수행되면, 태아는 활발하게 운동한다. 태아의 머리부분은 오른쪽에 있다(녹색으로 나타남).

9.11 유전적 상담과 치료법

Genetic Counseling and Therapy

학습 목표 9.11.1 유전학자들이 양수천자를 통하여 세포에서 검사하는 3가지를 기술한다.

유전적 결함을 가진 자식을 낳을 수 있는 부모의 위험을 확인하고 초기 배아의 유전적인 상태를 평가하는 과정을 **유전적 상담**(genetic counseling)이라고 한다. 유전적 상담은 유전적 질환을 가진 자식을 가질 위험을 측정하고, 태어나지 않은 태아에서 유전적 질환이 측정되었을 때 의학적 처리나 선택에 대하여 조언을 하여 장래의 부모를 도와줄 수 있다.

유전학적 스크리닝 Genetic Screening

임신이 위험도가 높은 것으로 진단되면, 많은 여성들은 많은 유전적 질환을 진단할 수 있도록 하는 과정인 **양수천자**(amniocentesis)를 실시한다. 그림 9.33은 양수천자가 어떻게 수행되는지를 보여준다. 임신 4개월째에 멸균된 피하주사 바늘을 산모의 확장된 자궁으로 삽입하여 태아가 잠겨있는 양수 시료를 조금 제거한다. 액체 안에는 태아로부터 기인한 자유롭게 떠다니는 세포가 존재하며, 일단 제거되면 이 세포들은 실험실에서 배양될 수 있다. 양수천자 과정에서 바늘과 태아의 위치는 보통 **초음파**(ultrasound)에 의하여 관찰된다. 그림 9.34의 초음파 영상은 자궁 내에서 태아의 위치를 명확하게 나타낸다.

최근에 외과의사들은 **임신초기 융모검사**(chorionic villus sampling)라고 하는 다른 침습적인 유전학적 스크리닝 과정에 더 의존하고 있다. 이 절차에서 외과의사는 태아에 영양분을 제공하는 태반의 막 부분인 융모막에서 세포를 제거한다. 이 과정은 임신의 초기에(8주) 사용될 수 있으며 양수천자에 비하여 훨씬 신속한 결과를 제공하지만, 유산의 가능성을 증가시킬 수 있다.

유전학적 상담가는 양수천자나 임신초기 융모검사 시료에서 획득된 세포의 배양에서 3가지 사실을 검사한다.

1. **염색체의 핵형(Chromosomal karyotype).** 핵형의 분석은 염색체의 이수성(추가적이거나 부족한 염색체 수)과 전체적인 변경을 밝혀낼 수 있다.
2. **효소 활성도(Enzyme activity).** 많은 경우에 유전적 질환과 관련된 효소가 적절히 기능하는지 직접적으로 시험할 수 있다. 정상적인 효소 활성도의 결여는 질환의 존재를 알려준다.
3. **유전적 표지(Genetic markers).** 유전학적 상담가는 알려진 유전적 표지와 연관성을 살펴볼 수 있다. 겸상빈혈, 헌팅턴병, 그리고 근위축증의 한 가지 형태(약화된 근육으로 특징지어지는 유전적 질환)에 대하여 조사자들은 우연히 동일한 유전자 상에 다른 돌연변이가 이러한 질환을 유발하는 돌연변이와 거의 같은 장소에서 발견된다는 거을 발견하였다. 이러한 다른 돌연변이의 존재여부를 검사하여 유전학적 상담가는 개인에서 질환을 유발하는 돌연변이 존재의 여부를 높은 확률로 확인할 수 있다.

개념의 적용

출생전 진단을 위하여 양수천자 대신에 초음파를 이용하지 않나요? 초음파가 덜 안전한가요?

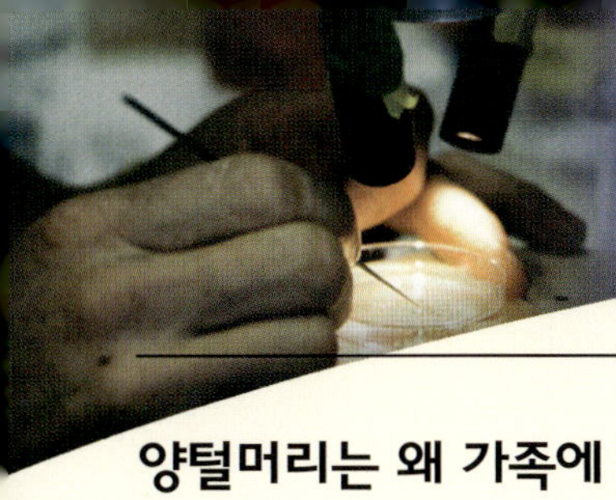

질문과 분석

양털머리는 왜 가족에 나타나는가

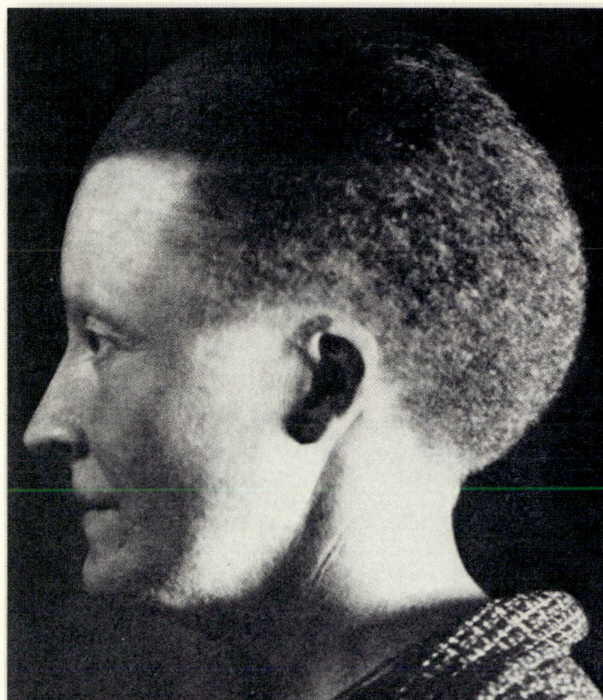

오른쪽 사진의 여성은 머리를 자르지 않는다. 그녀의 머리카락은 자라면서 자연적으로 부러져서 자라지 않도록 유지한다. 그녀 가족의 다른 구성원들도 동일한 종류의 머리카락을 가지고 있어서 유전적인 형질임을 암시한다. 이러한 곱슬머리면서 솜털 같은 짜임새로 인하여 이러한 형질은 양털머리카락이라는 이름을 얻게 되었다.

양털머리카락의 형질은 드물지만, 특정한 가족에서는 폭발적으로 나타난다. 아래의 방대한 가계도는(2세대와 다름 세재의 큰 가족을 수용하기 위하여 곡선으로 그렸음) 한 노르웨이 가족의 5세대에 걸친 양털머리의 발현을 기록하고 있다(세대는 왼쪽에 로마숫자로 표기하였음). 규칙에 따라 영향을 받은 개체는 채워진 부호로, 원은 여성을 그리고 사각형은 남성을 나타낸다. 가계도를 보면 이 형질이 가족 내에서 어떻게 유전되는지를 알 수 있는 모든 정보를 제공해줄 것이다.

분석

1. **개념의 적용:** 아래의 도표에서 몇 명의 개인이 기록되었는가? 그들은 모두 관련이 되어있나요?
2. **자료의 해석**
   - **a.** 양털머리 형질은 남성과 여성에 균등하게 나타나나요?
   - **b.** 모든 양털머리 자식은 양털머리 부모를 가지고 있나요?
   - **c.** 양털머리 부모로부터 태어난 자손의 몇%가 양털머리를 가지고 있나요?
3. **추론하기**
   - **a.** 양털머리는 성연관인가요, 아니면 상염색체성인가요?
   - **b.** 양털머리는 우성인가요, 아니면 열성인가요?
   - **c.** 양털머리는 단일 유전자에 의하여 결정되나요, 아니면 여러 유전자에 의하여 결정되나요?
4. **결론의 도출**
   - **a.** 어느 사람의 머리에 감지할 수 있는 변화를 생산하기 위해서는 양털머리 대립유전자의 사본이 몇 개 필요한가요?
   - **b.** 가계도에 양털머리 동형접합체 개인이 존재하나요? 그 이유를 설명하시오.

어느 노르웨이 가족에서의 양털머리 가계도

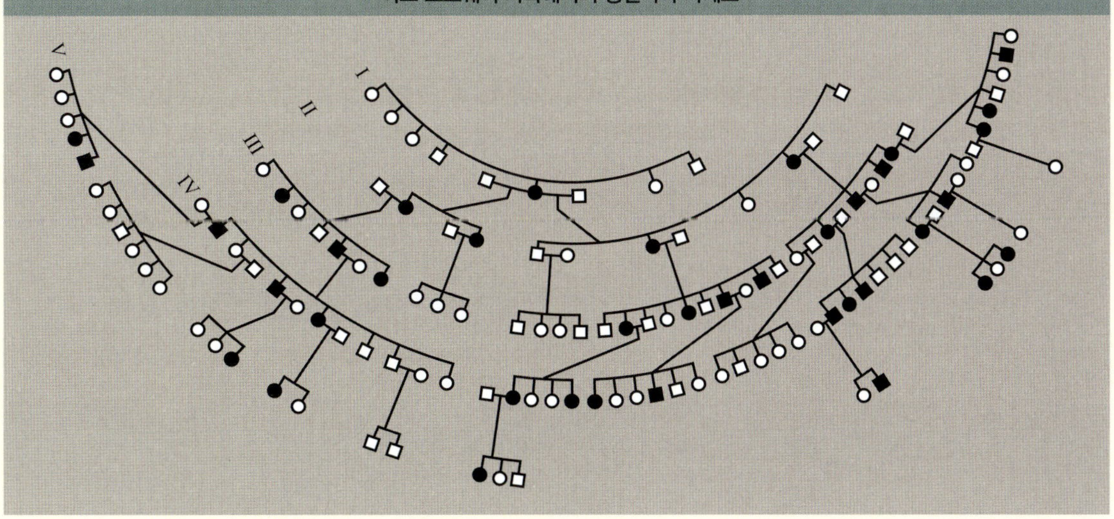

학습 결과의 요약

멘델

Mendel과 완두

9.1.1 Mendel은 완두와 그 결과의 집계를 포함하는 실험 시스템을 이용하여 유전을 연구하였다.

9.1.2 Mendel은 대체 형질을 쉽게 계산할 수 있는 순종 강낭콩 나무를 교배하였으며 이 교배의 자손을 자가수분하여 각각의 유형의 자손의 수를 계수하였다.

Mendel이 관찰한 사실

9.2.1 Mendel의 실험에서, 첫 번째 세대(F_1)의 나무는 모두 우성형질이라고 하는 동일한 양자택일의 형태를 표현하였다. 두 번째 세대(F_2)에서 자손의 3/4는 우성형질을 표현하였고 1/4은 열성형질이라고 부르는 다른 형질을 나타냈다. Mendel은 그가 연구한 모든 7가지 형질의 F_2 세대에서 이 3:1 비율을 발견하였다. Mendel은 이어 이 3:1의 비율이 실제로는 1:2:1 비, 즉 1은 순종 우성, 2는 잡종 우성, 그리고 1은 순종 열성이라는 것을 발견하였다.

Mendel이 제안한 이론

9.3.1 Mendel의 유전이론은 특징이 부모에서 자손으로 전달되며, 하나의 판(대립유전자)가 각각의 부모에서 유전된다고 제안하였다. 만약 대립유전자의 둘 모두 동일하면, 개체는 그 형질에 대하여 동형접합체이다. 만약 개체가 우성 대립유전자와 열성 대립유전자를 하나씩 가지고 있으면 그 형질에 대하여 이형접합체이다. 개체의 대립유전자는 유전자형이며, 이러한 대립유전자의 발현이 표현형이다.

9.3.2 Punnett 사각형은 교배의 자손에서 특정한 유전자형과 표현형이 유전되는 확률을 예측하는데 이용될 수 있다. 대립유전자는 우성 대립유전자는 대문자로 그리고 열성 대립유전자는 소문자로 표기한다.

9.3.3 검정교배는 미지의 유전형을 가진 개체와 동형접합체 열성의 개체를 교배시켜, 우성형질을 나타내지 않는 자손이 있는지를 보아서, 우성형질의 표현형을 나타내는 개체의 유전자형을 결정한다.

Mendel의 법칙

9.4.1 Mendel의 분리의 법칙은 대립유전자가 배우체로 분배되어 배우체의 절반은 형질의 하나의 사본을 가지고 나머지 배우체는 형질의 다른 사본을 가지게 된다고 서술한다. Mendel의 독립유전의 법칙은 한 가지 형질의 유전은 다른 형질의 유전에 영향을 미치지 않는다고 서술한다. 상이한 염색체 상에 위치한 유전자는 서로 독립적으로 유지되며, 이는 그림 9.10과 같은 양성잡종 교배에서 나타난다.

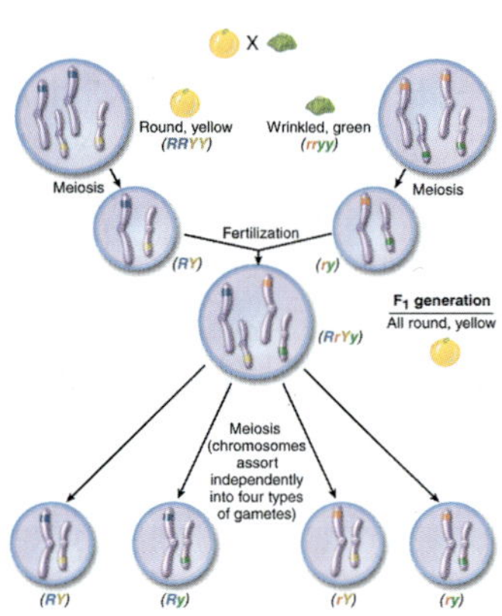

유전자형에서 표현형으로

유전자는 어떻게 형질에 영향을 미치는가

9.5.1 유전자는 DNA가 단백질의 아미노산 서열을 암호화하고, 단백질은 유전자의 외부로의 표현이기 때문에 표현형을 결정한다.

일부 형질은 왜 Mendel의 유전을 보이지 않는가

9.6.1 모든 형질이 Mendel에 의해 설명된 유전양상을 나타내지는 않는다. 연속변이는 하나 이상의 유전자가 누적적으로 표현형에 기여하여 표현형질의 연속적인 배열을 가져올 때 나타난다. 이러한 유전의 양상을 다유전자성이라고 한다. 다발현성 효과는 하나의 유전자가 하나 이상의 형질에 영향을 미칠 때 결과한다. 불완전우성은 양자택일의 대립유전자가 완전히 우성이거나 완전히 열성이 아니어서 이형접합체의 개체가 우성과 열성 표현형의 중간적인 표현형을 나타내는 것이다. 하나의 사례는 그림 9.14의 분꽃이다. 일부 유전자의 발현은 열민감성 대립유전자에 의해 유발되는 모피색깔의 변화와 같이 환경적인 요인에 의해 영향을 받는다. 공동우성은 우성 대립유전자가 없을 경우에 두 대립유전자 모두 표현형의 발현이 일어나는 경우에 나타난다.

염색체와 유전

염색체는 Mendel 유전의 운반체이다

9.7.1 유전자는 감수분열시 배우체 사이에 분리되는 염색체 상에 위치하기 때문에 분리된다. Morgan은 초파리에서 X 염색체 연관 유전자를 이용하여 이를 증명하였다. 그러나 두 유전자가 염색체 상에서 멀리 떨어질수록 교차에 의하여 독립적으로 유전될 가능성이 커진다.

인간 염색체

9.8.1 인간은 23쌍의 상동염색체를 가지고 있으며 총 46개의 염색체를 가진다. 그 중에 22쌍은 상염색체이며 한쌍은 성염색체이다. 비분리는 자매염색분체 또는 상동짝이 감수분열시 분리가 되지 않을 때 나타나며, 너무 많거나 너무 적은 염색체를 가진 배우체가 초래된다. 상염색체의 비분리는 보통 치명적이며, 예외는 Down 증후군이지만, 성염색체의 비분리에 의한 영향은 덜 심각하다.

인간의 유전적 장애

가계도의 연구

9.9.1 가족 나무의 연구는 유전된 형질이 단일 유전자에 의하여 유발되는지, 그 유전자가 X 염색체 상에 존재하는지, 그리고 돌연변이 대립형질이 열성인지를 밝혀줄 수 있다.

인간의 유전에서 돌연변이의 역할

9.10.1 돌연변이는 혈우병, 겸상빈혈, 테이-삭스병, 그리고 헌팅턴병과 같은 유전적 질환을 초래할 수 있다.

유전적 상담과 치료법

9.11.1 일부 유전적 질환은 임신기에 양수천자나 임신초기 융모검사를 통하여 탐지될 수 있다.

이해의 측정

9.1.2 Mendel은 왜 완두를 연구하였나요?

a. 강낭콩 나무는 작고, 기르기 쉽고, 빨리 자라며, 많은 꽃과 열매를 생산한다.

b. 수백 년간 완두로 연구한 것을 알고 있었기 때문에, 그 연구를 계속하여 수학적인 계수와 차이점을 기록하려고 하였다.

c. 현저한 특징을 가진 많은 품종이 있다는 것을 알고 있었다.

d. 위의 모든 것이 해당됨.

9.2.1 Mendel은 꽃 색깔과 같은 7가지 특성을 연구하였다. 그는 자주색 꽃과 흰색 꽃과 같은 2가지 다른 형태의 특징을 가진 식물을 교배하였다. 꽃 색깔의 교배에서 자손의 1세대(F_1)은 어떤 형질을 나타냈나요?

a. 모두 자주색 꽃.

b. 절반은 자주색 꽃 그리고 절반은 흰색 꽃.

c. 3/4는 자주색 꽃 그리고 1/4는 흰색 꽃.

d. 모두 흰색 꽃

9.2.1 위의 문제에 이어서 Mendel이 F_1 세대를 자가수분하였을 때 F_2 세대의 자손은?

a. 모두 자주색 꽃.

b. 절반은 자주색 꽃 그리고 절반은 흰색 꽃.

c. 3/4는 자주색 꽃 그리고 1/4는 흰색 꽃

d. 모두 흰색 꽃

9.3.1 Mendel은 실험 결과를 연구하여 설명을 위한 가설들을 제안하였다. 이러한 가설들의 기반은 부모가 다음을 전달한다는 것이다.

a. 형질을 직접 자손에게 전달하여 발현된다.

b. 형질에 대한 어떤 요인 또는 정보를 자손에게 전달하여, 그 것이 발현되거나 또는 발현되지 않는다.

c. 형질에 대한 어떤 요인 또는 정보를 자손에게 전달하여, 항상 발현된다.

d. 형질에 대한 어떤 요인 또는 정보를 자손에게 전달하여, 모든 형질이 모든 세대에서 발현되며, 어쩌면 다른 부모로부터의 정보가 혼합되어 나타난다.

9.4.1 2개체간의 교배의 결과 4가지 가능한 표현형 조합의 비율이 9:3:3:1로 나타났다. 이는 다음 중 무엇의 예인가?

a. 양성잡종 교배 **c.** 검정교배

b. 단성잡종 교배 **d.** 모두 맞지 않음.

9.6.1 사람의 키는 아주 작은 키부터 매우 큰 키까지 연속적인 변이를 나타낸다. 키는 무엇에 의하여 통제될 가능성이 가장 큰가요?

a. 단일 유전자 **c.** 성연관 유전자

b. 환경 요인 **d.** 다중 유전자

9.6.1 사람의 ABO형 혈액 집단에서, 4가지 기본적인 혈액의 유형은 A형, B형, AB형, 그리고 O형이다. A형과 B형을 생성하는 효소는 다음 어느 것인가?

a. 단순한 우성과 열성 형질 **c.** 공동우성 형질

b. 불완전 우성 형질 **d.** 성연관 형질

9.7.1 어떠한 발견이 최종적으로 유전자가 염색체 상에서 운반된다고 확정하였는가?

a. 모피 색깔을 결정하는 특정 효소의 열민감성

b. 초파리에서 성연관 눈 색깔

c. 완전 우성의 발견

d. 가계도의 정립

9.8.1 비분리(Nondisjunction)는?

a. 상동 염색체 또는 자매염색분체가 감수분열시 분리되지 않았을 때 일어난다.

b. Downs 증후군을 일으킬 수 있다.

c. 이수성을 초래한다.

d. 위의 모든 것이 다 맞다.

9.11.1 다음 분석중 어느 것이 이수성을 탐지할 수 있나요?

a. 효소 활성도 **c.** 가계도

b. 염색체의 핵형파악 **d.** 유전적 표지

이해의 적용

9.4.1 F_1 세대에서 나타난 4개의 배우체를 이용하여 얼마나 많은 교배가 가능한가요? 배우체 유형은 같은 유형과도 서로 교배될 수 있다는 것을 기억하시오($RY \times RY$). 각각의 교배에 대하여 Punnett 사각형을 그리고 그 교배의 F_2 세대에 대한 유전자형과 표현형의 비율을 열거하시오.

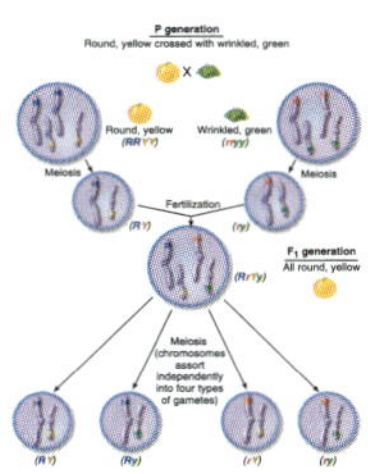

9.6.1 이 그림과 관련하여 푸네트 사각형을 이용하여 A형 혈액형의 여성과 B형 혈액형의 남성이 O형 혈액형의 자녀를 가질 수 있는지 설명하시오.

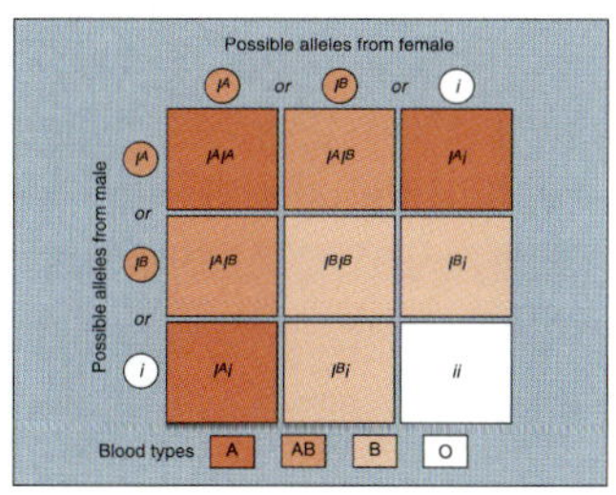

학습 내용의 종합

9.4.1 Mendel이 유전을 이해하려고 분투하고 법칙을 형성할 때, 만약 Mendel이 동일한 염색체에 의하여 운반되고 서로 가까이 위치한 두 형질을 선택했다면 결과는 어떻게 달라졌을까요?

9.7.1 Kim과 Su-Ling은 생물학 시간에 초파리 교배를 하고 있다. Kim은 그들의 암컷이 붉은 눈에 대하여 동형접합체인지 이형접합체인지를 붉은 눈의 수컷과 교배하여 검정하려고 한다. Su-Ling은 어떻게 하면 Kim에게 어려운 점을 설명할 수 있을까요?

9.9.1 여러분의 생물학 시간에서 유전에 관한 정보를 수집하고 있다. Michael은 자신이 네 형제 중 3명과 함께 색맹이라는 것을 알았지만, 4명의 자매들은 색맹이 아니고, 부모나 조부모 누구도 색맹이

아니다. 여러분은 Michael에게 무슨 일이 일어났는지 이해하도록 도와줄 수 있나요?

9.11.1 Kuzungu는 그녀의 모국에서 내전에 의하여 고아가 되어서 수용시설에서 자랐다. 그녀는 겸상빈혈이고 AB형 혈액형이다. 그녀의 조부모라고 믿는 2쌍의 사람이 유전학적 상담가인 여러분에게 진짜 조부모가 누구인지를 결정하도록 도와달라고 요청하였다. 여러분은 무엇을 제안할 것인가?

추가적인 유전학 문제

다음의 유전학 문제는 여러분이 Mendel의 실험의 광범위한 영향을 볼 수 있도록 할 것이다. 도움이 필요하면 답은 www.mhhe.com/tlwessentials4에서 찾을 수 있다.

1. 닭의 비단 깃털은 반짝이는 깃털을 생산하는 영향을 가진 단일유전자 열성형질이다.

  a. 만약 이 유전자에 대하여 이형접합체인 개체 사이의 교배로부터 108마리의 닭이 양육되었다면 얼마나 많은 수가 비단 깃털이고 얼마나 많은 수가 정상일까요?

  b. 정상 깃털의 닭이 있다면 여러분은 비단 대립유전자에 대하여 동형접합체인지 이형접합체인지 결정하기 위하여 어떻게 가장 쉽게 교배를 할 수 있을까요?

2. 헤리포드종의 소(Hereford cattle) 중에는 *뿔이 없는* 대립형질을 가진 우성 대립유전자가 있다. 여러분이 세심하게 검사하여 전체가 뿔이 없는 소떼를 가지고 있다고 가정하시오. 그러나 그 해에 태어난 송아지는 뿔을 가지고 있는 것들이 있다. 무리에서 뿔이 있는 송아지를 제거하고 뿔이 있는 어미 소들이 초원에 들어오지 않게 하였다. 여러분의 노력에도 불구하고 다음 해에 뿔을 가진 송아지가 더 태어났다. 이러한 뿔을 가진 송아지가 나타나는 이유는 무엇인가요? 여러분의 목표가 뿔이 없는 소로만 구성된 소떼를 유지하는 것이라면, 어떻게 해야할까요?

3. 노르웨이인 사이에 유전되는 형질의 하나는 영향을 받은 개인이 양과 다르지 않게 심한 곱슬머리를 가지게 하는 것이다. *양털*이라고 하는 이 형질은 가족에서 나타날 때 매우 명확하다. 부모 중 최소한 한쪽이라도 양털머리를 가지고 있지 않으면 자식 중에서 한명도 양털머리가 나타나지 않는다. 여러분이 노르웨이의 판사이고, 양털머리를 가진 남성이 첫 번째 아이는 양털머리를 가지고 있지만 두 번째 아이는 정상 머리를 가지고 있다고 정상 머리를 가진 부인에게 이혼소송을 제기하였다. 남편은 이 사실이 부인의 간통 증거라고 주장한다. 여러분은 그 남성의 주장을 받아들이나요? 여러분의 결정을 정당화해보시오.

4. 단지(짧은 손가락)증은 손가락의 길이를 1/3으로 감소시키는 드문 사람의 형질이다. 의학 기록을 살펴보면 단지증 사람과 정상 사람 사이의 결혼에 따른 자손은 반은 정상이고 반은 단지증이었다. 단지증 두 사람 사이의 자손은 어느 비율이 단지증이라고 기대할 수 있을까요?

5. 많은 동식물은 동형접합체 개체가 특정한 색소가 결여된 *무색소증*(albimism)에 대한 열성 대립유전자를 가지고 있다. 예를 들어 무색소증 식물은 엽록소를 가지고 있지 않아 백색이며, 무색소증 사람은 멜라닌을 가지고 있지 않다. 동일한 무색소증 대립유전자에 대하여 이형접합체인 2사람이 결혼했을 때, 자식의 어느 비율이 무색소증을 나타내리라 기대하나요?

6. 여러분이 경주마를 상속받아 종마로 사용하기로 하였다. 종마에 관한 책을 보면서 그러나 여러분은 그 말의 증조부가 부스러지기 쉬운 뼈를 나타내는 드문 질병이 있었다는 것을 알게 되었다. 이 질병은 유전적이고 열성 대립유전자의 동형접합체로부터 초래된다. 여러분의 말이 이 대립유전자에 대하여 이형접합체라면, 유전적 결함이 전달될 수 있기 때문에 그 말을 종마로 사용할 수 없을 것이다. 여러분의 말이 이 대립유전자를 가지고 있는지 어떻게 결정할 수 있을까요?

7. 여러분의 선생님께서 흰 눈의 초파리(*Drosophila*)와 다른 동형접합체의 초파리 뿐 아니라 붉은 눈의 초파리를 제공하였다. 여러분은 *Drosophila*의 흰 눈은 열성 대립유전자의 동형접합체에 의하여 초래된다는 것을 알고 있다. 여러분은 붉은 눈의 초파리가 흰 눈 대립유전자의 이형접합체라는 것을 어떻게 결정할 수 있나요?

8. 혈우병(Hemophilia)은 혈액이 정상적으로 응고되지 않도록 하는 열성의 성연관 인간 혈액질환이다. 한 가지 형태의 혈우병은 영국 황실이 근원이며, 유럽의 황실들로 퍼져나갔다. 이 문제의 목적을 위하여 혈우병이 알버트 왕자(Prince Albert) 또는 부인인 빅토리아 여왕(Queen Victoria)의 돌연변이에서 기원하였다고 가정하자.

  a. Albert 왕자는 혈우병을 가지고 있지 않았다. 혈우병이 성연관 열성 이상이라면 성연관 열성형질을 나타냈으리라고 예상되는 남성인 Albert로부터 기원하였을까요?

  b. 러시아의 니콜라스 2세 황제(Czar Nicholas II)와 알렉산드라 황후(Empress Alexandra; Victoria 여왕의 손녀) 사이의 아들인 알렉시스(Alexis)는 혈우병을 앓았지만, 딸인 아나스타시아(Anastasia)는 혈우병이 아니었다. Anastasia는 아이를 낳기 전에 러시아 혁명의 희생자로 사망하였다. 여러분은 Anastasia가 혈우병의 보인자였으리라고 가정할 수 있나요? Nicholas 2세나 Alexandria 황후가 혈우병을 앓았다면 여러분의 답은 달랐을까요?

9. 정상적으로 색소를 가지고 있는 남성이 무색소증 여성과 결혼하였다. 그들 사이에 3자녀가 태어났으며, 그 중 한명이 무색소증이다. 부친의 유전형은 무엇일까요?

10. 어느 남성이 원자력 발전소에서 근무하는데, 그는 매일 저수준의 배경 방사능에 노출된다. 여러해 뒤에 그는 X염색체의 돌연변이에 의하여 유발되는 열성 유전결함인 뒤센형 근위축증(Duchenne muscular dystrophy)을 가진 자녀를 가지게 되었다. 부모나 조부모 누구도 이 질병을 가지고 있지 않다. 그 남성은 회사를 소송하여, 자식의 이상이 그의 배우체의 방사선에 의하여 유발된 돌연변이의 직접적인 결과라고 주장하며, 회사는 그를 이러한 방사선으로부터 보호해주었어야 한다고 주장한다. 결론에 도달하기 전에 판사는 아이의 성별을 알려줄 것을 주장한다. 어느 성이 손상의 결과를 더 초래하게 되며, 그 이유는 무엇인가?

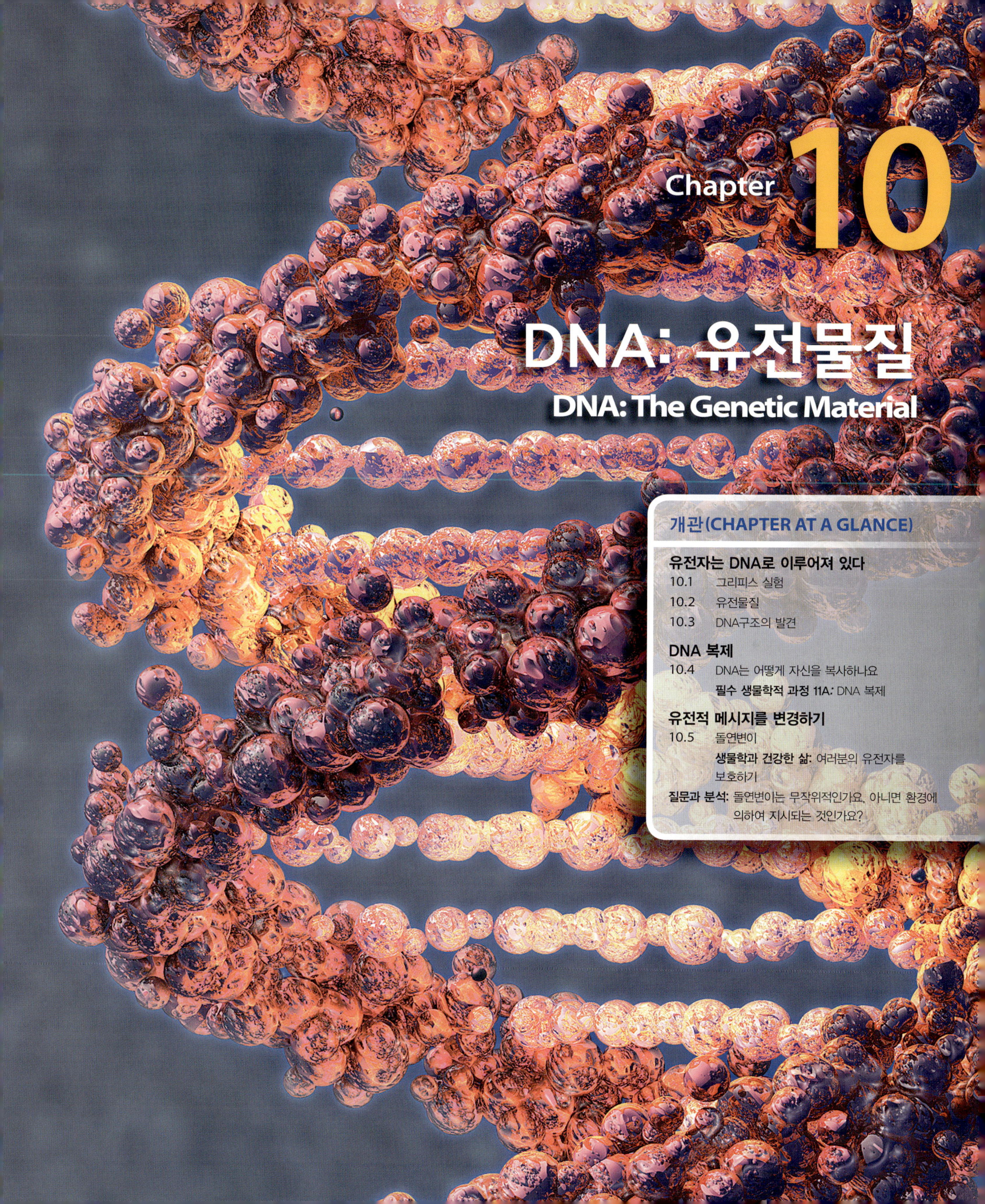

Chapter 10

DNA: 유전물질

DNA: The Genetic Material

개관(CHAPTER AT A GLANCE)

유전자는 DNA로 이루어져 있다 Genes Are Made of DNA

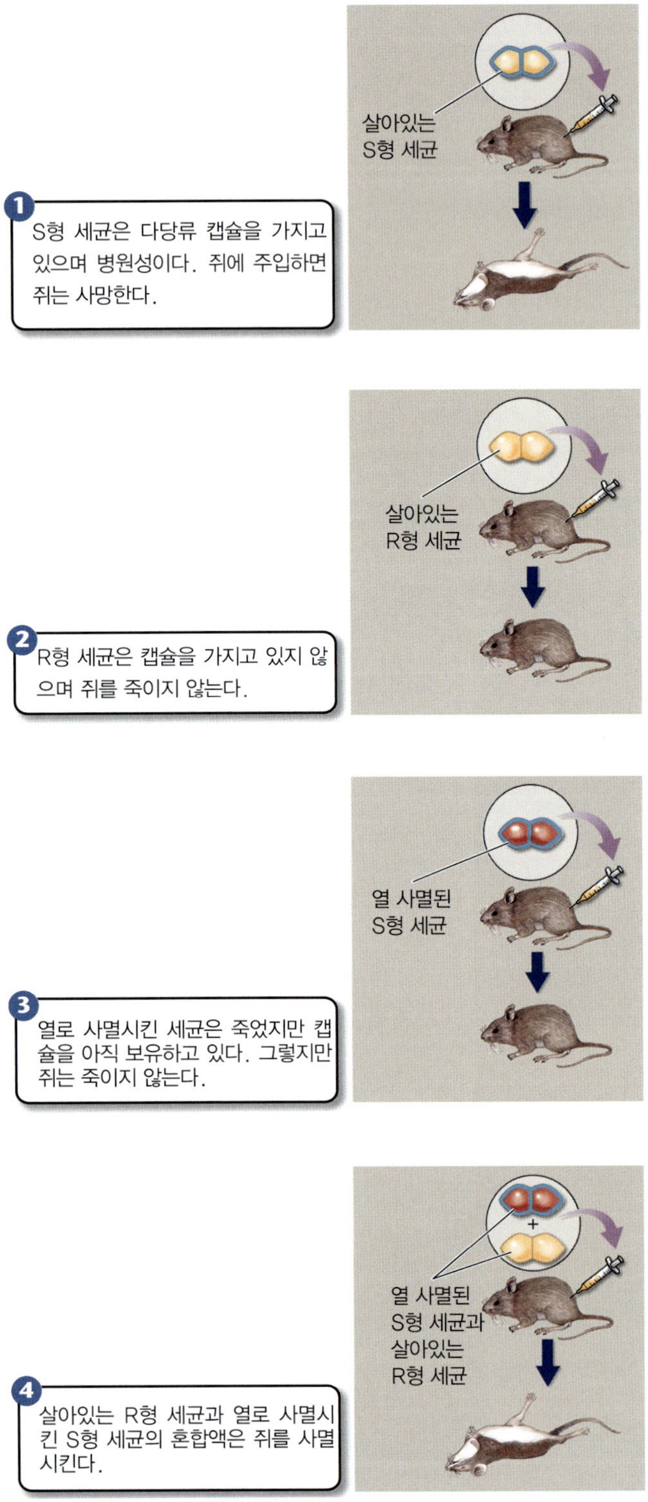

그림 10.1 Griffith는 어떻게 형질전환을 발견하였는가.

Griffith는 *Streptococcus pneumoniae* 세균의 사멸된 병원성 균주의 추출물이 살아있는 해가 없는 균주를 살아있는 병원성 균주로 형질전환 시킬 수 있다는 것을 발견하였다.

10.1 그리피스 실험 The Griffi th Experiment

학습목표 10.1.1 형질변환을 나타내는 그리피스의 실험을 설명한다.

앞에서 배웠듯이 염색체는 유전자를 포함하고 있으며, 유전자는 유전정보를 가지고 있다. 그러나 Mendel의 연구는 핵심적인 문제에 대하여 답을 남겨두었다: 유전자란 무엇인가?

생물학자들이 유전자를 탐색하면서 염색체를 연구할 때, 그들은 염색체가 **단백질**(protein; *아미노산의 소단위*의 긴 사슬이 한 줄로 연결된 것)과 **DNA**(**디옥시리보핵산;** deoxyribonucleic acid- *뉴클레오티드* 소단위의 긴 사슬이 한 줄로 연결된 것)로 이루어졌다는 것을 곧 알게 되었다. 유전자를 이루고 있는 2가지 물질 중에서 정보는 다른 아미노산의 서열이나, 또는 다른 뉴클레오티드의 서열 어느 것에도 정보가 저장될 수 있다는 것을 상상할 수 있다. 그러나 유전자의 단백질 또는 DNA 중의 어느 것이 유전물질인가? 이 질문은 다양한 실험에 의하여 명백하게 대답이 되었는데, 모든 실험은 동일한 기본적인 설계를 공유하였다. 각각의 염색체에서 단백질로부터 DNA를 분리하면, 이 중 어느 물질이 다른 개체의 유전자를 변화시킬 수 있느냐는 것이다.

그리피스 실험 The Griffith Experiment

1928년 핵심적인 실험에서 영국의 미생물학자인 그리피스(Frederick Griffith)는 병원성 세균을 가지고 실험하면서 예측하지 못하였던 일련의 관찰을 하였다. 그림 10.1은 Griffith의 발견을 단계적으로 보여준다. 그가 쥐를 *Streptococcus pneumoniae*(당시에는 *Pneumococcus*로 알려졌음) 세균으로 감염시켰을 때 쥐는 혈액 독성으로 인하여 죽었다❶. 그러나 비슷한 쥐를 독성 균주의 다당류 캡슐(협막)을 가지고 있지 않은 *S. pneumoniae* 변이주로 감염시켰을 때 쥐는 아무런 병 증세를 보이지 않았다❷. 캡슐은 명백하게 감염에 필수적이었다. 이 세균의 정상적인 병원성 형태는 배양접시에서 매끄러운 군락을 형성하기 때문에 S형으로 불린다. 돌연변이 형은 다당류 캡슐을 형성하는데 필요한 효소가 결여되어 있으며, 거친 군락을 형성하기 때문에 R형으로 불린다.

다당류 캡슐 자체가 독성효과가 있는지를 측정하기 위하여 Griffith는 독성 S 균주의 사멸된 세균을 쥐에 주입하였으며, 쥐는 완벽하게 건강을 유지하였다❸. 마지막으로 그는 쥐에 사멸된 S형 세균(병원성 균주)과 살아있는 캡슐이 없는 R형 세균을 주입하였는데, 둘은 따로는 쥐에 해를 미치지 않는다. 예상과는 달리 쥐는 질병 증상을 발생하여 대부분이 사망하였다❹. 죽은 쥐의 혈액에는 살아있는(R이었던) 균주의 표면단백질 특성을 가지는 *Streptococcus* S형 독성 균주가 높은 수준으로 존재하는 것을 발견하였다. 어떻게든지 하여 다당류 캡슐을 특징 짓는 정보가 혼합액에서 사멸된 독성의 S형 세균으로부터 캡슐이 없는 R형 세균으로 전달되어, 캡슐이 없는 R형 세균을 영구적으로 독성이 있는 S형으로 변환시켰다. Griffith는 이러한 과정을 **형질 변환**(transformation)이라고 이름 지었다.

개념의 적용

해가 없는 두 세균(캡슐을 가진 사멸된 세균과 캡슐이 없는 해가 없는 세균)을 혼합하면 왜 치명적이 되는가?

10.2 유전물질 The Hereditary Material

에이버리 실험 The Avery Experiment

학습 목표 10.2.1 에이버리의 형질변환 원칙이 DNA를 닮은 방법을 열거한다.

*Streptococcus*를 형질전환 시킨 책임이 있는 매개체는 1944년까지 발견되지 않았다. 고전적인 일련의 실험에서, 에이버리(Oswald Avery)와 공동 연구자인 맥레오드(Colin MacLeod)와 매카시(Maclyn McCarthy)는 "형질전환 원칙"이라고 부른 특징을 기술하였다. 그들은 Griffith가 사용하였던 것과 동일한 사멸된 S형 *Streptococcus*와 살아있는 R형 *Streptococcus*의 혼합액을 준비하였지만, 사멸된 S형 *Streptococcus*에서 먼저 최대한 많은 단백질을 제거하여 궁극적으로 99.98% 순도를 달성하였다. 사멸된 S형 *Streptococcus*에서 단백질을 제거하였음에도 불구하고, 형질변환 활성도는 감소되지 않았다. 더욱이 형질전환 원칙의 화학적 특성은 DNA를 닮았으며, 단백질을 소화하는 효소는 원칙의 활성도에 영향을 미치지 않은 반면에, DNA 소화효소는 모든 형질변환 활성도를 파괴하였다. 그들은 디옥시리보오스 형태의 핵산이 *Pneumococcus* III 유형의 형질전환 원칙의 근본 단위라고 결론지었다. 본질적으로 DNA가 유전물질이다.

개념의 적용

만약 대부분 사람들이 생각했던 것처럼 단백질이 유전물질이었다면 Avery의 결과는 어떻게 달라졌을까요?

허쉬–체이스 실험 The Hershey-Chase Experiment

학습 목표 10.2.2 Hershey와 Chase가 어떻게 DNA가 유전물질이라는 것을 증명하였는지 설명한다.

Avery의 결과는 처음에는 널리 높게 평가되지 않았는데, 그 이유는 대부분의 생물학자들이 유전자가 단백질로 이루어져 있다는 생각을 선호하였기 때문이다. 그러나 1952년 허쉬(Alfred Hershey)와 체이스(Martha Chase)에 의하여 수행된 단순한 실험은 무시하는 것이 불가능하다. 그 연구팀은 세균을 감염시키는 바이러스의 유전자를 연구하였다. 이 바이러스는 세균의 표면에 부착하여 유전자를 내부로 주입하였다. 일단 내부로 들어가면 주입된 바이러스 유전자는 세균 세포의 유전적 기작을 장악하여 수백개의 새로운 바이러스를 생산하였다. 이러한 세균감염 바이러스는 단백질 외투로 둘러싸인 DNA 핵심으로 이루어진 매우 단순한 구조를 가진다.

그들의 실험에서(그림 10.2) Hershey와 Chase는 바이러스의 DNA와 단백질을 표지하기 위하여 방사성 동위원소를 사용하였다. DNA는 방사성 인(^{32}P)으로 표지되었고, 단백질은 방사성 황(^{35}S)로 표지되었다. 표지된 바이러스가 세균을 감염시키게 한 다음, Hershey와 Chase는 현탁액을 강하게 흔들어서 세균의 표면에서 공격하는 바이러스를 제거하였다. 그리고 나서 고속원심분리기를 이용하여 세균을 분리하였고, 간단한 질문을 하였다. 바이러스는 세균의 세포에 단백질 또는 DNA 중에서 어느 것을 주입하였나요? 그들은 ^{32}P로 표지된 바이러스에 감염된 세균 세포가 표지된 추적자를 세포 내부에 가지고 있다는 것을 발견하였으며, ^{35}S로 표지된 추적자를 포함한 바이러스에 감염된 세균 세포는 내부에 방사성 추적자를 가지고 있지 않다는 것을 발견하였다. 새로운 바이러스를 특징 짓는 유전자는 단백질이 아니라 DNA로 이루어져 있다.

개념의 적용

만약 Hershey와 Chase가 세균과 바이러스 혼합액을 흔들기 전에 오래 기다렸다면, 이는 결과를 변경시켰을까요?

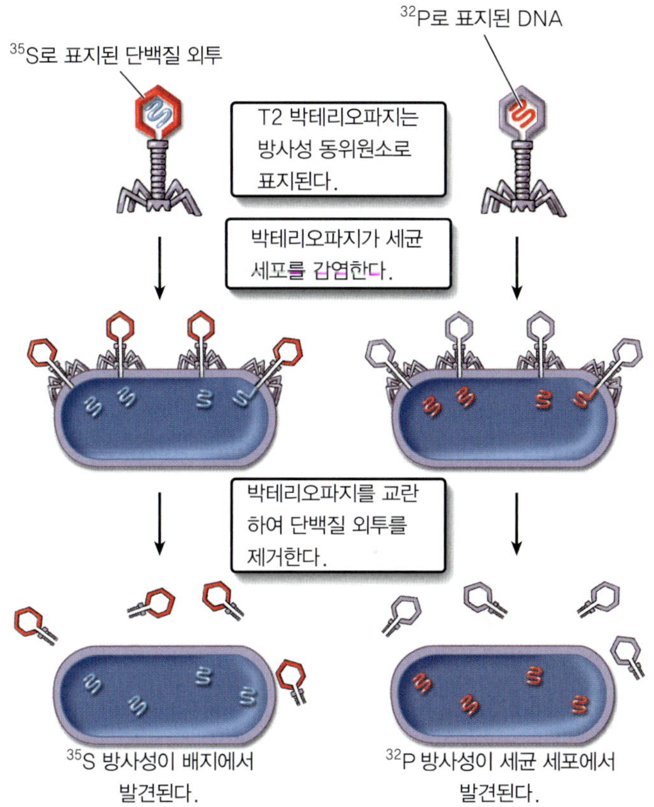

그림 10.2 Hershey와 Chase의 실험.

대부분의 생물학자들에게 DNA가 유전물질이라는 것을 확신시킨 실험은 연구자들이 일반적으로 방사성 동위원소를 처음으로 사용할 수 있게 되었던 이차세계대전 직후에 수행되었다. Hershey와 Chase는 단백질과 DNA에 꼬리표를 달아 추적하기 위하여 다른 동위원소로 표지를 하였다. 그들은 세균 바이러스가 새로운 바이러스의 생산을 유도하기 위하여 세균에 바이러스 유전자를 삽입하였을 때, 삽입된 물질은 단백질이 아닌 DNA였다는 것을 발견하였다. 더 구체적으로 이야기하면, ^{35}S 방사성은 감염된 세균 세포로 들어가지 않았으며 ^{32}P 방사성은 세포 내로 들어갔다. 명백히 바이러스 단백질이 아닌 바이러스 DNA가 새로운 바이러스의 생산을 지휘하는데 책임이 있었다.

여러분에게 의미하는 것

가정용 연기탐지기는 매우 소량의(1g의 3백만분의 1) 플루토늄의 붕괴산물인 아메리슘–241(Americium–241)이라는 방사성 동위원소를 포함하고 있다. Am–241은 공기 중에서 산소와 질소 원자를 이온화시키는 알파입자의 흐름을 방출하여, 작지만 꾸준한 전류를 형성한다. 연기가 연기탐지기에 들어가면, 연기입자는 알파입자를 흡수하여 이온의 형성을 중단시켜 전류가 떨어지게 하여 경보를 울린다. 여러분은 왜 다른 저렴한 동위원소 대신에 Am–241이 사용된다고 생각하는가?

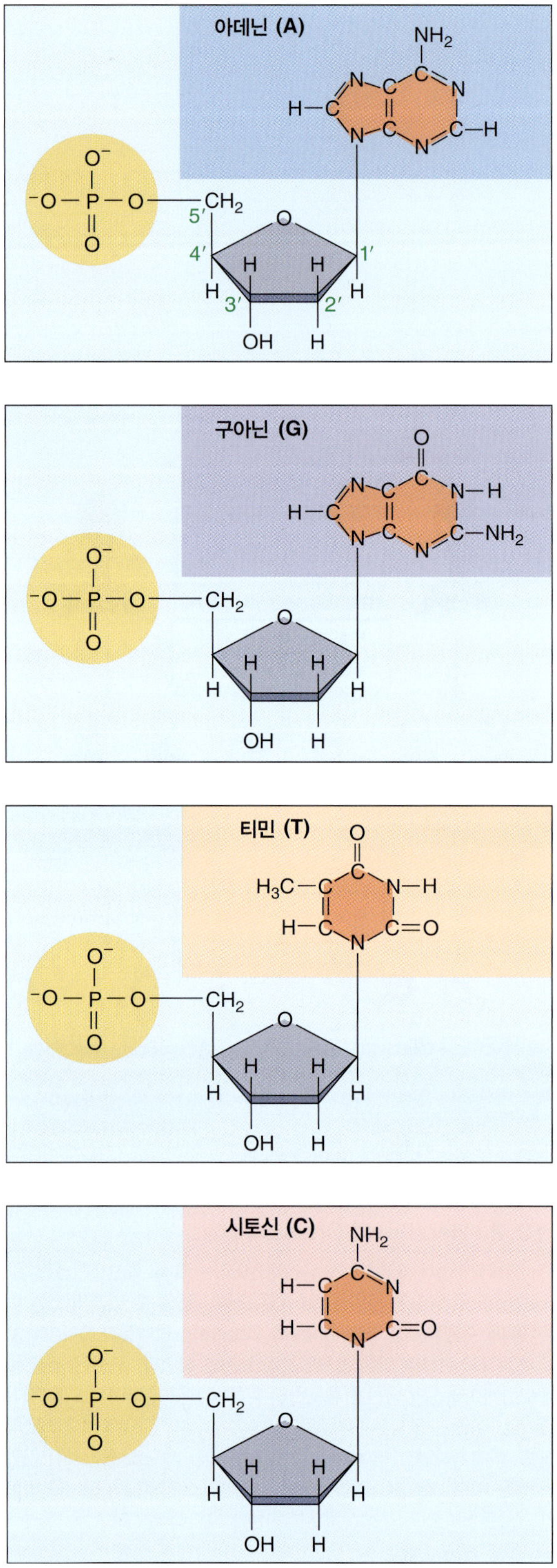

그림 10.3 DNA를 구성하는 4종류의 뉴클리오티드 소단위.

DNA의 뉴클레오티드 소단위는 디옥시리보오스라고 하는 중앙의 5탄소 당, 인산기, 그리고 질소를 포함하는 유기염기의 3부분으로 구성되어 있다.

10.3 DNA구조의 발견

Discovering the Structure of DNA

학습 목표 10.3.1 Watson과 Crick이 제안한 DNA 구조가 어떻게 Chargaff의 규칙을 설명하였는지를 설명한다.

DNA가 유전정보를 저장한다는 사실이 명백해지면서, 연구자들은 어떻게 DNA 같은 분자가 유전의 복잡한 기능을 수행할 수 있는지에 대하여 의문을 가지기 시작하였다. 당시의 과학자들은 DNA 분자가 어떻게 생겼는지에 대하여 알지 못하였다.

우리는 이제 **뉴클레오티드**(nucleotide)라는 소단위로 이루어진 길고 사슬모양의 분자라는 것을 안다. 그림 10.3에서 볼 수 있듯이 각각의 뉴클레오티드는 세 부분으로 이루어져 있다. 디옥시리보오스라는 중앙의 당에 인산(phosphate; PO_4)기와 유기 염기가 부착되어 있다. 당(연보라색 오각형 구조)과 인산기(노란색 원형구조)는 모든 DNA의 뉴클레오티드에서 동일하다. 그러나 염기에는 이중고리 구조를 가진 큰 것 2종류와 단일 고리를 가진 작은 것 2종류의 4가지 다른 종류가 있다. 커다란 염기는 **퓨린**(purine)이라고 하는데 아데닌(**A;** adenine)과 구아닌(**G;** guanine)이며, **피리미딘**(pyrinidine)이라고 부르는 작은 염기에는 시토신(**C;** cytosine)과 티민(**T;** thymine)이 있다. 디옥시리보오스 당을 구성하는 탄소 원자는 위 그림판에 보이듯이 1′부터 5′까지 번호가 붙여진다. 인산기는 5′ 탄소에 결합되며 유기 염기는 1′ 탄소에 결합한다. 이 번호 시스템의 중요성에 대해서는 다음에 배우기로 한다.

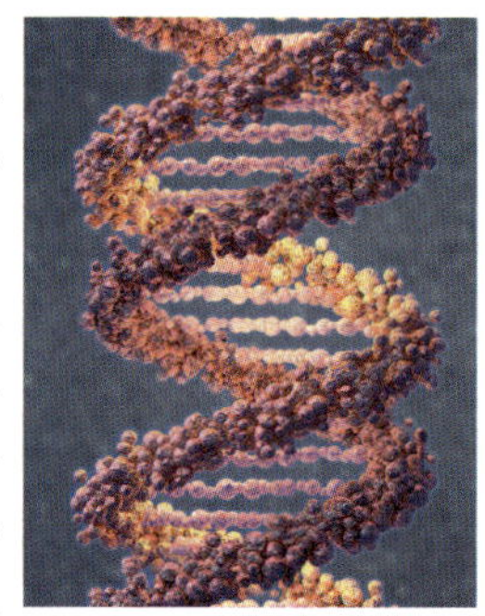

DNA 분석의 초기에 핵심적인 관찰은 샤르가프(Erwin Chargaff)에 의하여 이루어졌다. 그는 DNA 분자가 항상 동일한 양의 퓨린과 피리미딘을 가지고 있다는 것을 알아냈다. 사실상 측정의 부정확으로 인한 약간의 변이가 있지만, A의 양은 T의 양과 항상 같고, G의 양은 C의 양과 항상 동일하다. 이 발견(A=T, G=C)은 **Chargaff의 법칙**이라고 하는데, DNA가 규칙적인 구조를 가진다는 것을 암시하였다.

1950년대 초반에 영국의 화학자인 윌킨스(Maurice Wilkins)와 프랭클린(Rosalind Franklin)은 최초의 DNA X선 회절실험을 수행하였다. 그들의 실험에서 X선 광선으로 충돌시킨 DNA 분자는 사진 필름에 잔잔한 호수에 돌을 던져서 형성되는 잔물결처럼 보이는 무늬를 생성하였다(그림 10.4*a*). Wilkins와 Franklin의 결과는 DNA 분자가 코르크마개 뽑이처럼 생긴 **나선**(helix)형의 꼬인 용수철 같은 형상을 하고 있다는 것을 연상시켰다.

Franklin의 연구는 출판되기 전에 캠브리지 대학의 크릭(Francis Crick)과 왓슨(James Watson) 두 연구자와 공유되었다. 염기의 Tinkertoy(집을 짓는 장난감 상품) 같은 모형을 이용하여 Watson과 Crick은 DNA의 구조를 추정하였다(그림 10.4*b*). DNA 분자는 **이중나선**(double helix)이며 나선형 계단을 닮은 구조이다(그림 10.4*c*). 당과 인산기는 계단의 옆대를 형성하고, 뉴클레오티드의 염기는 계단을 형성한다. Chargaff 규칙의 의미는 이제 명백하며, 이 구조를 직접적으로 반영하여, 한 가닥의 큰 퓨린 염기는 다른 가닥의 가는 피리미딘 염기와 짝을 이룬다. 구체적으로는 A는 T와 짝을 이루고, G는 C와 짝을 이룬다.

개념의 적용

DNA 이중나선에서, 퓨린인 아데닌 염기는 왜 피리미딘 시토신 염기와 짝을 이루지 않나요?

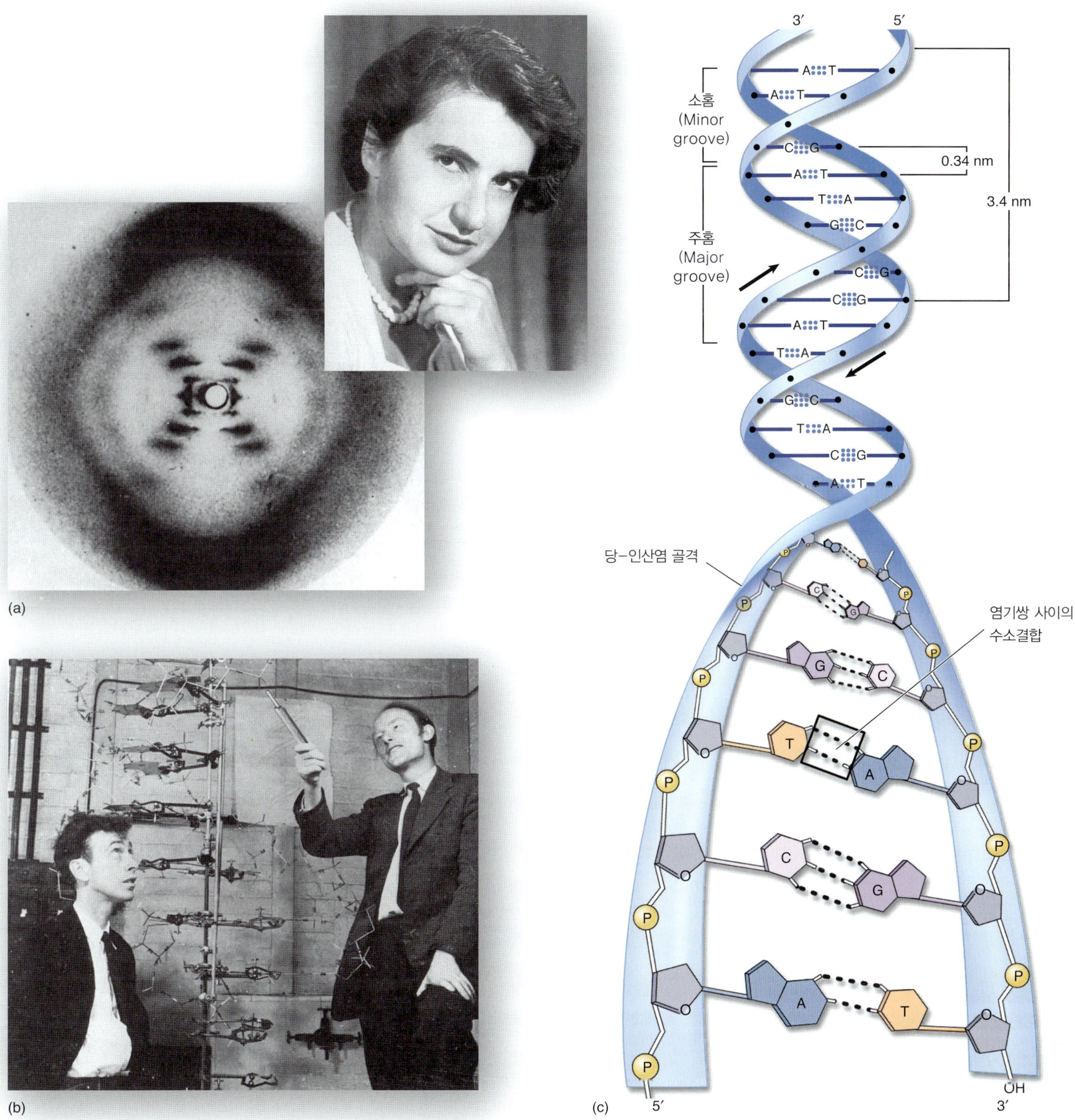

그림 10.4 DNA 이중나선.

(a) 이 X선 회절 사진은 1953년 프랭클린(Rosalind Franklin, 삽입사진)에 의하여 윌킨스(Maurice Wilkins)의 실험실에서 촬영되었다. 이 사진은 Watson과 Crick에게 DNA 분자가 나선식 계단과 같은 나선이라는 것을 암시하였다. (b) 1953년 Watson과 Crick은 DNA의 구조를 밝혔다. James Watson(앉아서 DNA 분자의 손으로 만든 모형을 올려다보고 있는 사람)은 젊은 미국의 박사후 과정 학생이었으며, Francis Crick(가리키고 있는 사람)은 영국의 과학자였다. (c) 이중 나선의 규모는 X선 회절연구에서 제시되었다. DNA 2중 분자에서 아데닌(A)과 티민(T) 그리고 구아닌(G)와 시토신(C) 두 종류의 염기쌍만이 가능하다. G-C 염기쌍은 3개의 수소결합을, A-T 염기쌍은 단지 2개의 수소결합만을 가지고 있다.

DNA 복제 DNA Replication

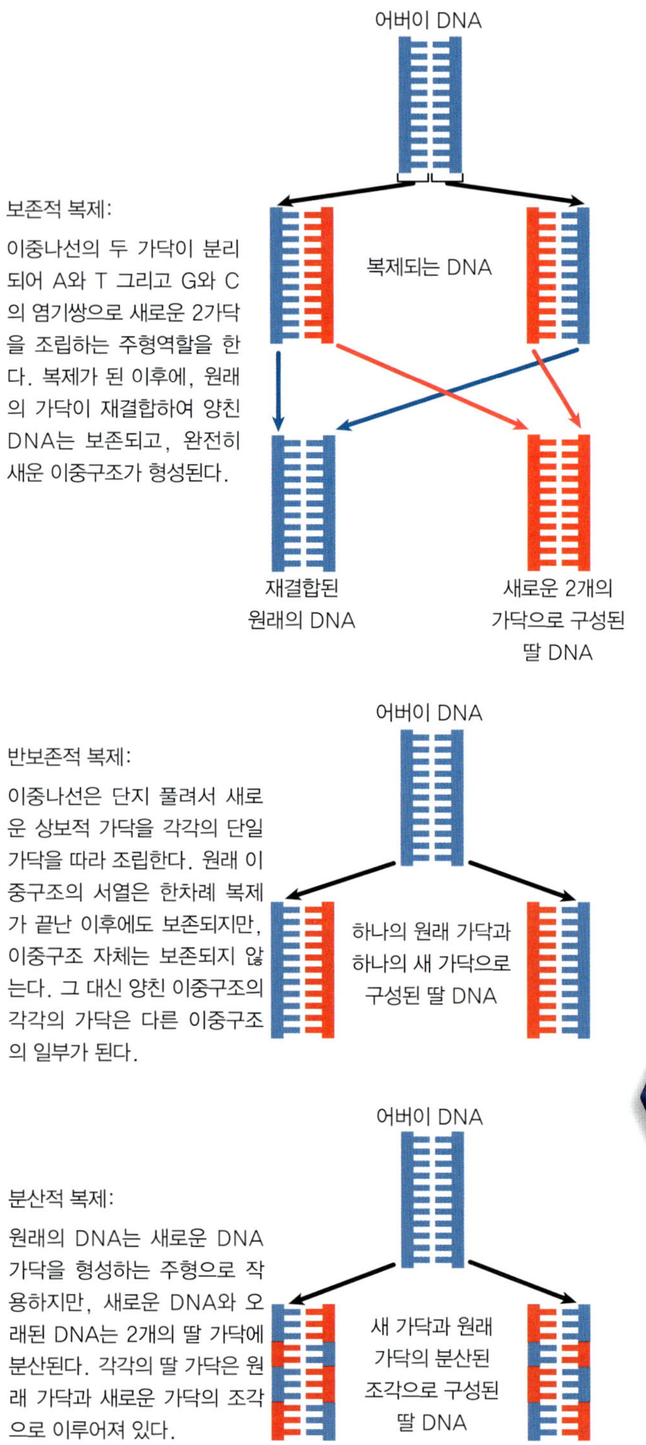

그림 10.5 DNA 복제의 대체 기작들.

DNA가 새로운 DNA 분자를 조립하는데 주형으로 작용할 수 있는 3가지의 가능한 대안이 있다. 세 가지 모두에서 원래의 DNA 가닥은 파란색으로, 새로 합성된 가닥은 붉은색으로 나타냈다.

10.4 DNA는 어떻게 자신을 복사하나요

How DNA Copies Itself

학습 목표 10.4.1 DNA 상보성이 DNA 복제과정에서 달성될 수 있는 3가지 방법을 설명한다.

무엇이 두 가닥의 DNA를 지탱하나요? 접착제는 두 가닥에서 서로 마주보는 염기사이의 약한 수소결합에 의하여 제공된다. 그것이 왜 A가 C가 아닌 T와 짝을 이루는 이유이다. A 염기는 T 염기하고만 수소결합을 형성할 수 있다. 유사하게 G는 T가 아닌 C와 수소결합을 형성할 수 있다. DNA의 Watson-Crick 모형에서 두 가닥의 이중나선은 서로 *상보적*(complementary)이라고 한다. 나선의 각각의 사슬은 서로 상보적인 거울상이다. 이러한 상보성이 DNA 분자가 세포분열시 직접적인 방법으로 자신을 복제하는 것이 가능하게 한다. 그러나 DNA 복제가 일어날 수 있는 몇 가지 다른 기작이 있다. 그림 10.5에서 DNA 복제의 3가지 가능한 기작을 보여준다.

개념의 적용

만약 한 가닥의 DNA 서열이 GTCCATCG라고 하면, 상보적인 가닥의 서열은 어떻게 될까요?

메셀슨-스탈 실험 The Meselson-Stahl Experiment

학습 목표 10.4.2 Meselson-Stahl 실험이 어떻게 DNA 복제의 진정한 방식을 밝혔는지 설명한다.

DNA 복제의 3가지 대체 가설이 1958년 캘리포니아 공과대학의 메셀슨(Matthew Meselson)과 스탈(Franklin Stahl)에 의하여 검증되었다. 두 과학자는 세균을 질소의 무거운 동위원소인 ^{15}N을 포함하는 배지에서 성장시켜 세균 DNA의 염기에 포함되도록 하였다(그림 10.6). 몇 세대 이후에 배양액에서 시료를 채취하여 정상적인 가벼운 ^{14}N 동위원소를 포함한 배지에서 성장시켜 새로 복제되는 DNA에 병합되도록 하였다. 세균시료는 ^{14}N 배지에서 주기적으로 채취되었다. 옮긴 직후에 채취한 DNA는 시험관 ❷에 나타낸 것처럼 모두 밀도가 높았다. 그러나 세균이 한번의 DNA 복제를 마친 다음에는 시험관 ❸에 나타낸 것처럼 ^{14}N-DNA와 ^{15}N-DNA의 중간 값으로 감소하였다. 왜냐고요? 첫 번째의 복제 이후에 각각의 딸 DNA 이중구조는 하나는 양친 분자의 무거운 가닥을 가지고 다른 하나는 가벼운 가닥을 가진 합성물이기 때문이다. 나중에 이 합성 이중구조가 복제되면, 시험관 ❹에서와 같이 하나의 무거운 가닥은 다른 잡종 이중구조를 형성하는데 기여하고 가벼운 가닥 하나는 가벼운 가닥을 형성하는데 기여한다. 따라서 이 실험은 보존적인 DNA 복제와 분산적인 DNA 복제를 명확하게 배제하여, DNA가 반보존적인 방식으로 복제된다는 것을 확인하였다.

> 2.2절에서 논의되었듯이, 동위원소는 상이한 수의 중성자를 가지는 원자이다. 동위원소는 동일한 원자번호를 가지지만 질량수는 상이하다. 이 실험에서 ^{15}N은 ^{14}N에 비하여 중성자를 하나 더 가지고 있으며 따라서 더 무겁다. ^{15}N을 포함하는 DNA는 무겁다.

개념의 적용

만약 DNA 복제가 반보존적이 아니라 보존적이었다면, Meselson과 Stahl의 결과는 어떻게 나타났을까요?

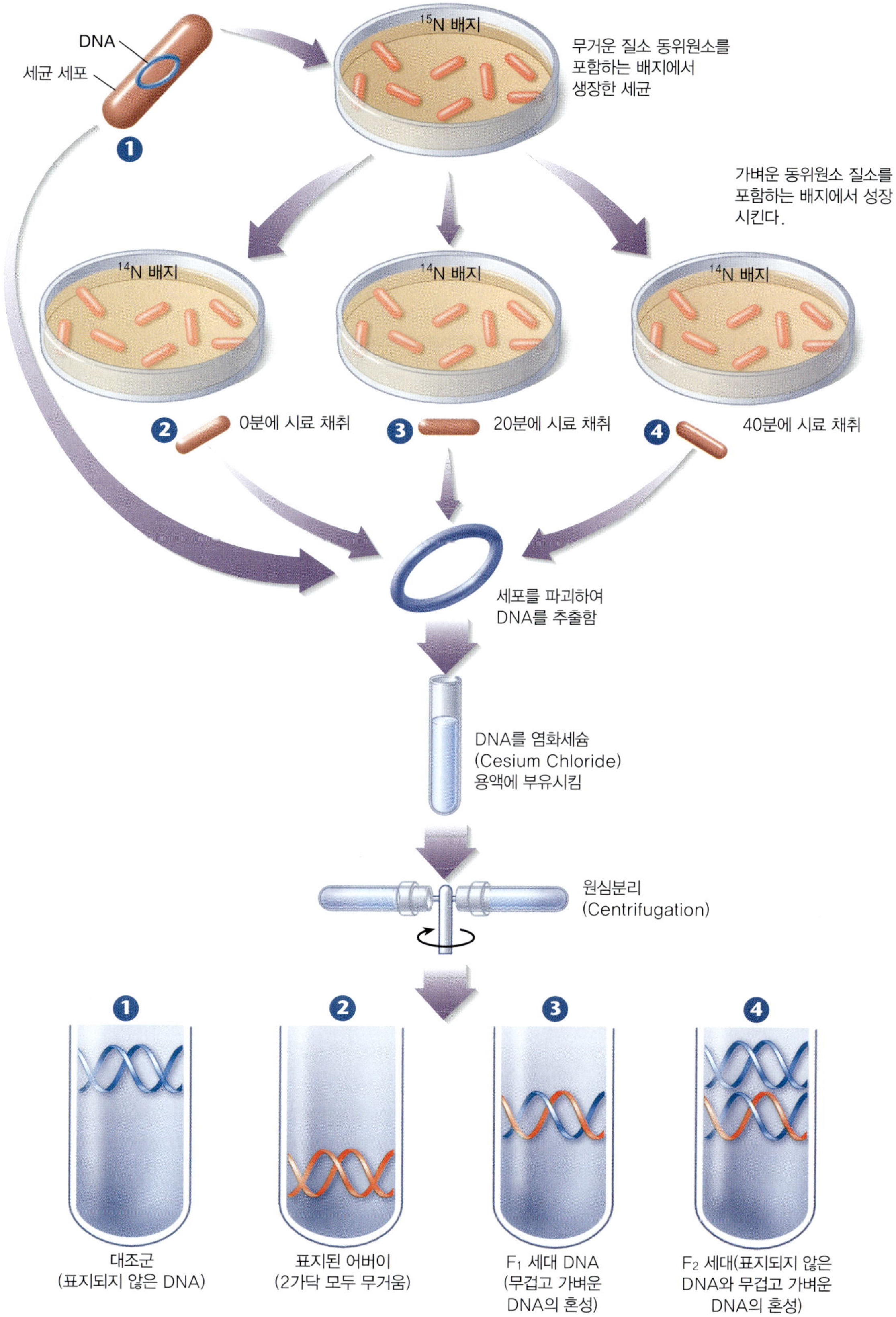

그림 10.6 Meselson-Stahl 실험.

세균 세포를 무거운 질소 동위원소(^{15}N)를 포함한 배지에서 여러 세대 성장하여 정상적인 가벼운 동위원소(^{14}N)를 포함한 배지로 옮겼다. 그 이후 다양한 시간에 세균 시료를 채취하여 DNA를 염화세슘 용액에 용해하여 원심분리기고 빠르게 회전시켰다. 원심력은 무거운 세슘 이온을 원심분리관의 바닥으로 이동시켜, 세슘농도의 경사를 생성하고 따라서 밀도 변화를 가져오게 된다. 2개의 무거운 가닥을 가진 DNA는 시험관의 바닥 쪽으로 가라앉는다. 2개의 가벼운 가닥을 가진 DNA는 시험관의 위쪽에 정착한다. 무거운 가닥과 가벼운 가닥을 하나씩 가지고 있는 DNA는 둘 사이에 정착한다.

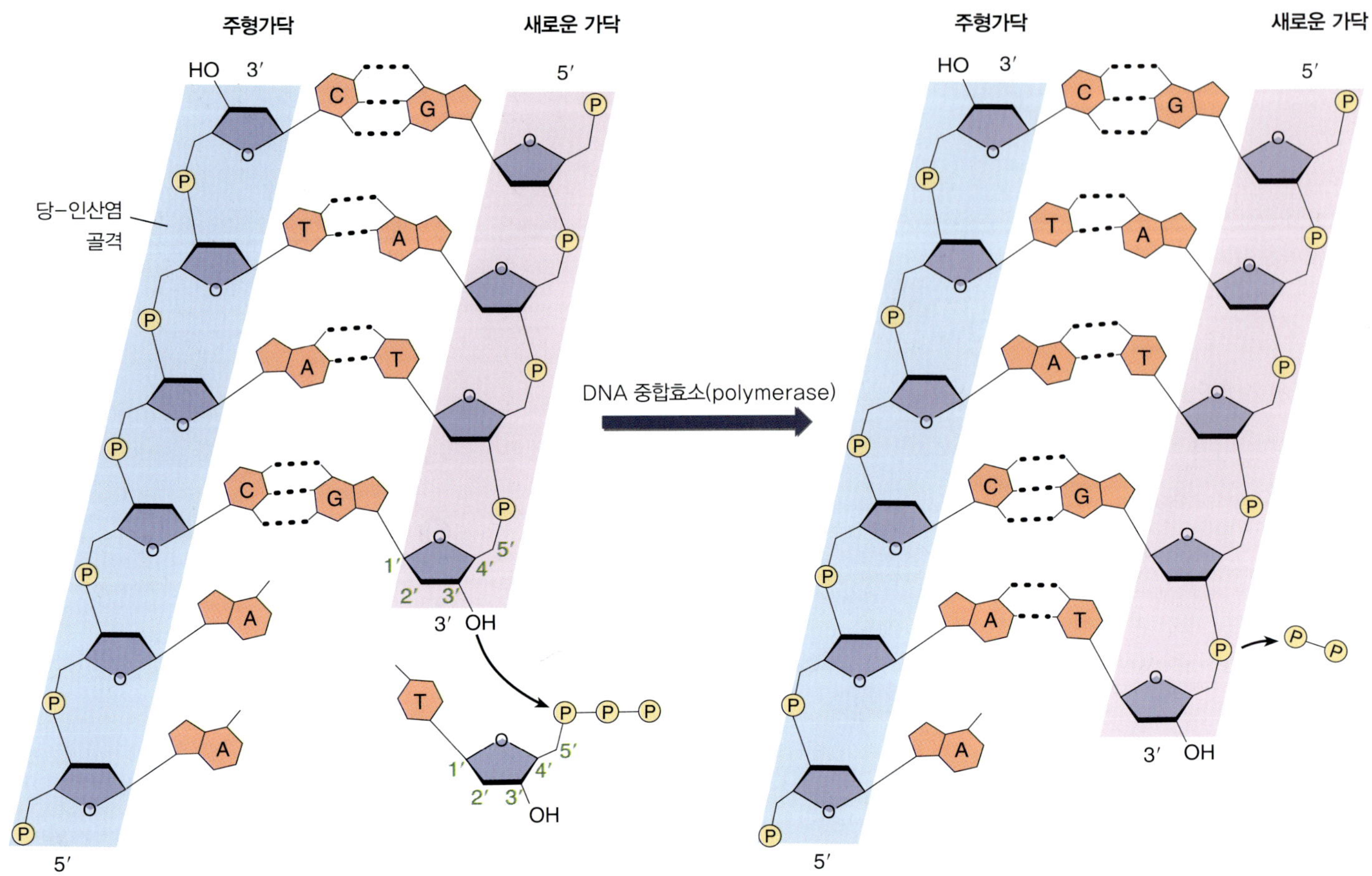

그림 10.7 뉴클레오티드는 어떻게 DNA 복제에 추가되는가.

뉴클레오티드는 DNA 중합효소에 의하여 새로 성장하는 DNA 가닥에 추가된다. 뉴클레오티드의 추가는 염기짝짓기를 따른다.

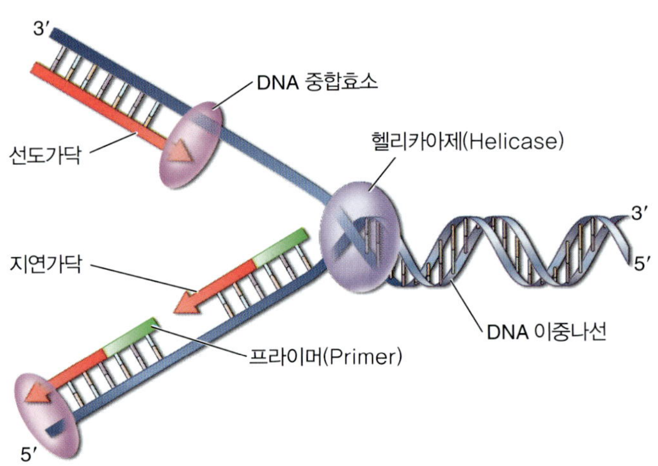

그림 10.8 선도가닥과 지연가닥을 만들기.

DNA 중합효소는 선도가닥을 복제분기로 5′에서 3′ 방향으로 연속적인 가닥으로 형성하지만, 지연가닥 또한 5′에서 3′으로 성장하지만 복제분기에서 멀어지면서 부분별로 각각 primer로 시작하여 조립된다.

DNA는 어떻게 자신을 복사하나요

학습 목표 10.4.3 DNA 복제의 과정을 묘사하고, 선도가닥과 지연가닥을 구분한다.

세포 분열 이전에 일어나는 DNA의 복사를 **DNA 복제**(DNA replication)라고 하며 *DNA 중합효소*(DNA polymerase)라는 효소에 의해 수행된다. *헬리카아제*(helicase)라는 효소가 먼저 DNA 이중나선을 풀고, DNA 중합효소가 각각의 단일 가닥(그림 10.7의 파란색 가닥) 을 읽어서 이동하면서 각각의 위치에 정확한 상보적인 뉴클레오티드(A는 T, G는 C와 짝을 이룸)을 추가하여, 상보적인 가닥(분홍색 가닥)을 생성한다.

> 2가닥의 DNA 분자를 풀고 분리하는 과정은 단백질 합성에서 다시 일어난다. 유전자를 포함하는 DNA의 부분이 전사시에 열리고 다른 효소에 의해서 DNA의 RNA 사본이 형성된다.

그러나 DNA 중합효소의 작용에는 몇 가지 제한이 있다. 이 효소는 기존의 가닥에 추가만 할 수 있고 새로운 가닥을 시작하지는 못한다. 다른 효소가 *프라이머*(primer)라고 불리는 뉴클레오티드의 부분에서 새로운 가닥을 시작하여 이러한 어려움을 회피한다.

이들은 그림 10.8에서 녹색 부분이다. 이는 양친 DNA 분자가 풀리는 곳에서 일어나며, 이를 *복제 분기*(replication fork)라고 한다. 복제분기에서 중합효소는 매우 활발하게 수백 개의 뉴클레오티드를 하나의 가닥에 운반하여 **선도가닥**(leading strand)이라고 하는 새로운 DNA 가닥을 형성하여, primer에 연속적으로 추가한다. 선도가닥은 그림 10.8의 위쪽 붉은색 가닥이며 primer는 이 그림의 왼쪽 틀 밖에 멀리 존재한다. 새로운 가닥은 5′ 말단이라고 하는 뉴클레오티드의 인산기가 성장하는 가닥의 끝에 있는 3′ 말단이라고 하는 당의 말단에 부착될 때 형성된다. 뉴클레오티드 당 구성요소의 탄소 원자는 그림 10.7(또는 10.3)에서와 같이 번호 체계가 있다.

뉴클레오티드에서 인산기는 당의 5′ 탄소 원자에 부착되며, OH기는 3′ 탄소원자에 부착된다. 따라서 모든 뉴클레오티드는 5′ 말단과 3′ 말단을 가지며, 뉴클레오티드가 서로 부착되어 기다란 사슬을 형성할 때, 사슬의 한쪽에는 5′ 인산 말단이 있고 다른 쪽에는 3′ OH 말단이 있다. DNA 이중나선에서 두 가작의 뉴클레오티드는 반대 방향으로 짝을 이루는데, 한 가닥은 5′에서 3′으로 다른 가닥은 3′에서 5′으로 배열된다.

새로운 가닥을 형성할 때의 방향성은 그림 10.7에서 명백한데, 들어오는 T 뉴클레오티드의 인산기는 G 뉴클레오티드의 당의 OH기에 부착된다. 새로운 가닥은 5′에서 3′ 방향으로 조립되며, 새로운 뉴클레오티드는 기존 가닥의 3′ 말단에만 추가될 수 있다. 이는 두 번째 제한을 드러내게 한다. DNA 중합효소는 DNA 가닥을 한 방향으로만 조립할 수 있어서, **지연가닥**(lagging strand)이라고 하는 다른 DNA 가닥은 조각으로 조립하게 된다. 각각의 지연가닥 조각은 primer(그림 10.8에서 보는 녹색 조각)로 시작하며, DNA 중합효소는 복제분기에서 멀리 떨어져 이전의 부분과 만날 때까지 조립한다.

진핵생물 염색체는 각각 하나의 매우 긴 DNA 분자를 포함하고 있어, 하나의 복제분기로는 한 끝에서 다른 끝까지 복사하기에 너무 길다. 각각의 진핵생물 염색체는 그 대신 약 10만 개의 뉴클레오티드 부분으로 복사되며, 각각은 자신의 복제시작점과 복제분기를 가지고 있다.

새로 형성된 DNA 분자가 이중나선 형태로 다시 감기기 전에, primer는 제거되어야 하며 지연가닥의 부분별로 조립된 DNA 조각도 서로 공유결합으로 연결되어야 한다. 이러한 밀봉하는 기능을 수행하는 효소는 DNA 연결효소(DNA ligase)이다. DNA 연결효소는 새로 합성된 DNA 조각의 말단을 primer가 제거된 이후에 연결하여, 하나의 연속된 DNA 가닥을 형성한다. 이 과정은 *필수 생물학적 과정 10A*에 요약되었으며, 그림판 3에서 DNA 연결효소가 지연가닥의 DNA 부분 사이의 틈을 밀봉하는 것을 보여준다.

여러분의 신체 세포 내에 있는 막대한 양의 DNA는 하나의 수정란 DNA로부터 시작하여, DNA 복제의 기나긴 연속을 나타낸다. 살아있는 세포는 DNA 복제시 오류를 피하고 손상으로부터 DNA를 보존하기 위한 많은 기작을 발전시켰다. DNA 수복기작은 각각의 DNA 분자의 가닥을 다른 가닥과 비교하여 정확성을 교정하고 오류를 수정한다. 그러나 교정이 완벽한 것은 아니다. 만약 완벽하다면 돌연변이와 같은 실수는 일어나지 않을 것이다. 돌연변이는 다음 장과 13장에서 더 상세히 다룰 것이며, 거기에서 돌연변이를 진화의 재료로 간주할 것이다.

개념의 적용

만약 DNA 중합효소가 가닥을 시작할 수 없다면, DNA 복제는 어떻게 시작될 수 있나요?

필수 생물학적 과정 10A

DNA 복제

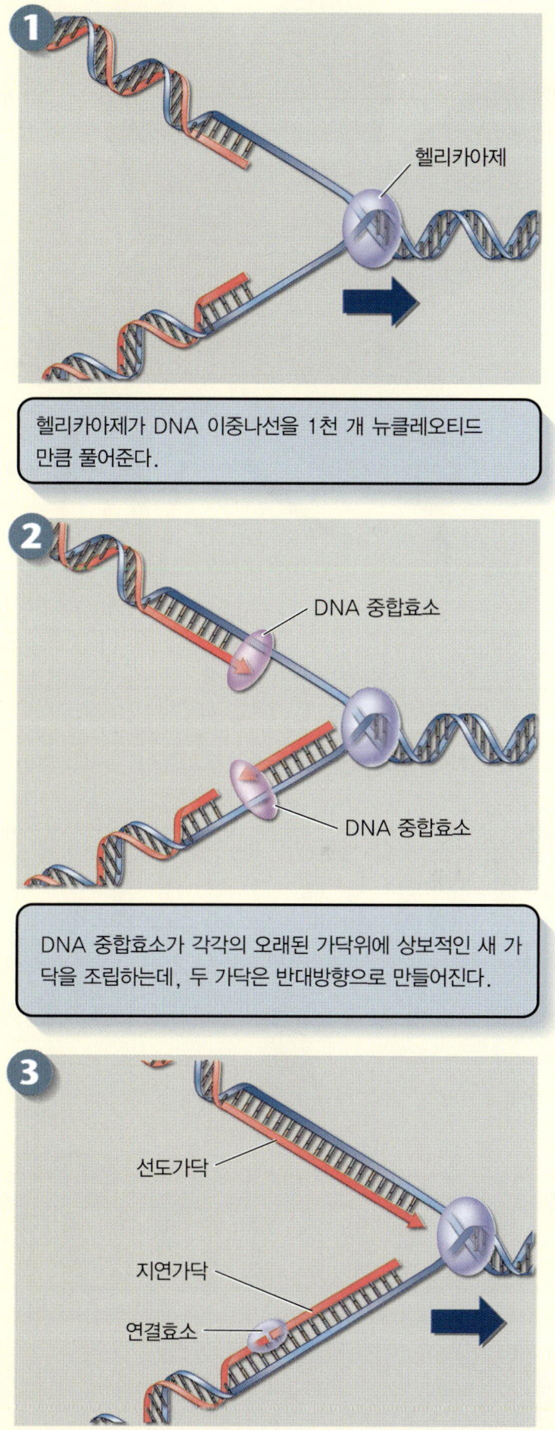

헬리카아제가 DNA 이중나선을 1천 개 뉴클레오티드 만큼 풀어준다.

DNA 중합효소가 각각의 오래된 가닥위에 상보적인 새 가닥을 조립하는데, 두 가닥은 반대방향으로 만들어진다.

DNA 연결효소는 지연가닥의 이전에 복제된 부분에 새로운 가닥을 부착하며, 헬리카아제는 다른 부분을 풀어준다.

유전적 메시지를 변경하기 Altering the Genetic Message

그림 10.9 돌연변이(Mutation).

초파리는 보통 가슴에서 뻗어나오는 한 쌍의 날개를 가지고 있다. 그림의 초파리는 가슴이 2개인 bithorax 돌연변이이다. 발달의 결정적인 단계를 조절하는 유전자의 돌연변이로 인하여, 이 초파리는 2개의 흉부를 가지고 따라서 2쌍의 날개를 가진다.

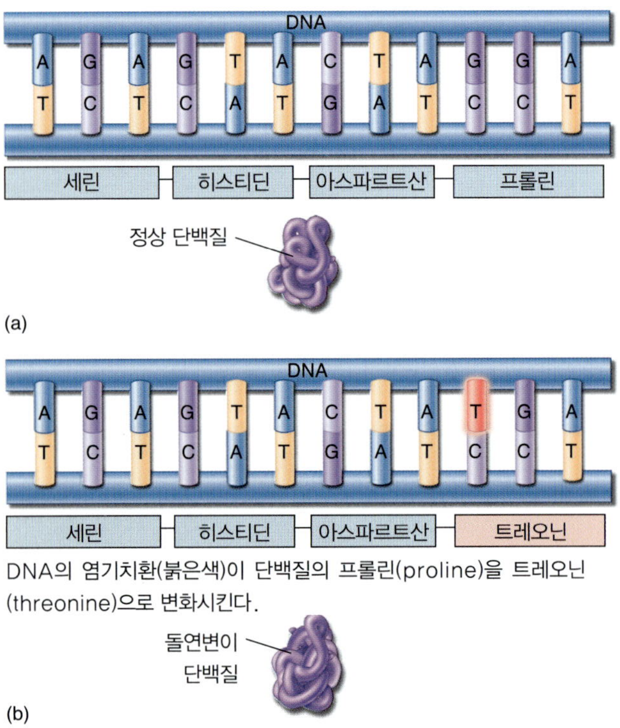

그림 10.10 염기치환 돌연변이.

(a) 종종 DNA 서열은 특정한 단백질을 암호화한다. (b) 하나의 염기를 다른 염기로 치환하는 돌연변이는 하나의 아미노산의 변화를 초래할 수 있다. 이는 정상적인 단백질과 동일하게 작용하지 않을 수 있는 돌연변이 단백질을 생산할 수 있다.

10.5 돌연변이 Mutation

학습 목표 10.5.1 체세포와 생식계열 세포의 돌연변이의 유전을 대조하고, 이를 유발할 수 있는 4가지의 분자적 사건을 열거한다.

유전적인 메시지 내용인 유전자의 염기서열의 변화를 **돌연변이**(mutation)라고 한다. 앞 절에서 배웠듯이 DNA는 분리될 때 한 가닥의 DNA를 따라 상보적인 가닥을 형성하여 자신을 복사한다. 주형 가닥은 새로운 가닥의 형성을 감독한다. 그러나 이 복제과정은 확실한 것이 아니다. 때로 오류가 발생하며 이를 돌연변이라고 한다. 일부 돌연변이는 특정한 뉴클레오티드의 동일성을 변경하지만, 다른 돌연변이는 유전자의 뉴클레오티드를 제거하거나 추가한다. 진핵생물의 세포는 막대한 양의 DNA를 포함하고 있으며, DNA를 보호하고 교정하는 기작은 완벽하지 못하다. 만약 완벽하다면 어떠한 변이도 생성되지 않을 것이다.

오류는 일어나기 마련이다

사실상 세포는 그림 10.9에서처럼 복제시 오류를 형성한다. 담배연기 등에 포함된 화학물질, 또는 태양이나 일광욕용 침대에서 발생하는 자외선과 같은 복사선에 의하여 DNA 변경에 따라 다른 돌연변이도 일어난다. 그렇지만 돌연변이는 드물게 일어난다. 인간에게서 전체 가족의 유전체의 서열분석에 의하여 30억 개의 뉴클레오티드 중에서 단지 60개만이 각 세대에서 돌연변이에 의해 변경된다는 것이 밝혀졌다. 만약 변화가 더 흔하다면 DNA에 암호화된 유전적 지시는 금방 무의미한 알 수 없는 말로 타락하게 될 것이다. 제한적으로 보이겠지만, 그러나 꾸준히 조금씩 일어나는 변화는 진화의 중요한 원료이다. 다른 생물을 특징짓는 유전적 메시지의 모든 차이는 유전적인 변화의 결과로 나타났다.

유전자의 발현은 2단계로 일어난다. 전사는 DNA 분자의 뉴클레오티드 메시지를 RNA 분자로 전달한다. 번역에서 뉴클레오티드 메시지는 단백질을 구성하는 아미노산의 서열로 변환된다.

돌연변이의 종류

DNA가 유전자에 가지고 있는 메시지는 어떻게 단백질을 만들 것인지에 대한 지시이다. DNA 가닥의 뉴클레오티드 서열은 단백질을 구성하는 아미노산의 서열로 번역된다. 이 과정은 9.5절에서 소개되었다. 만약 DNA의 핵심 메시지가 그림 10.10에서처럼 DNA 복제시 G 뉴클레오티드 대신에 T 뉴클레오티드가 삽입되듯이 변경되면, 단백질 산물도 변경될 수 있으며, 때로는 더 이상 적절히 기능하지 못하는 단계까지 이를 수 있다. 돌연변이는 세포의 DNA에서 무작위적으로 일어날 수 있기 때문에, 대부분의 돌연변이는 해로우며, 이는 컴퓨터 프로그램의 임의적인 변경이 대개 실행을 악화시키는 것과 똑같다. 해로운 돌연변이의 결과는 변경된 유전자의 기능에 따라서 사소하거나 또는 재앙이 될 수 있다.

> 유전자의 발현은 2단계로 일어난다. 전사는 DNA 분자의 뉴클레오티드 메시지를 RNA 분자로 전달한다. 번역에서 뉴클레오티드 메시지는 단백질을 구성하는 아미노산의 서열로 변환된다.

생식계열 조직에서의 돌연변이. 돌연변이의 영향은 돌연변이가 발생한 세포의 정체에 따라 결정적으로 의존한다. 모든 다세포 생물의 배아 발생기에는, 배우체(생식계열 세포)를 형성할 운명에 있는 세포들이 세포에서 유래된 배우체의 유전적인 재능의 일부로 격리된 세대에 도달하게 되는 경우가 있다. 생식계열 조직의 돌연변이는 자연선택이 진화적인 변화를 생산할 수 있는 원재료를 제공하기 때문에 생물학적으로 거대한 중요성을 가진다.

체세포 조직에서의 돌연변이. 새롭고 상이한 조합이 오래된 것을 대체하도록 가용할 경우에만 변화가 이러날 수 있다. 돌연변이는 새로운 대립형질을 생산하며, 재조합은 대립형질을 함께 상이한 조합으로 할당한다. 동물에서는 생식계열 조직에서 이러한 두 가지 과정의 출현이 진화에 중요한데, 그 이유는 체세포의 돌연변이는 한 세대에서 다른 세대로 전달이 되지 않기 때문이다. 그렇지만 체세포 돌연변이는 돌연변이가 일어난 개체생물에게는 극적인 영향을 미칠 수 있는데, 그 이유는 원래의 돌연변이 세포에서 그 자손의 모든 세포에게 전달될 수 있기 때문이다. 따라서 돌연변이 폐 세포가 분열하면 이로부터 유래된 모든 세포는 돌연변이를 가지게 된다. 폐 세포의 체세포 돌연변이는 폐암의 주된 원인이다.

DNA의 서열을 변경하기. 한 가지 범주의 돌연변이적인 변화는 메시지 자체에 영향을 미쳐서, DNA 뉴클레오티드의 서열에 변경을 가져온다(표 10.1). 만약 변화가 암호 서열의 하나 또는 몇 개의 염기쌍만을 포함할 경우에는 **점 돌연변이**(point mutation)라고 한다. 때로는 뉴클레오티드의 정체가 변화하며(*염기 치환*; base substitution), 다른 경우에는 하나 또는 몇 개의 뉴클레오티드가 추가(*삽입*; insertion)되거나 손실(*결손*; deletion)된다. 만약 삽입이나 결손이 유전자 메시지를 해독하는 것을 목록에서 벗어나게 하면 **틀이행 돌연변이**(frame-shift mutation)가 초래된다. 그림 10.10은 아미노산 하나를 프롤린에서 트레오닌으로 변화시키는 염기치환 돌연변이를 보여준다. 이는 사호한 변화이거나 재앙이 될 수 있다. 그러나 시토신 염기 뉴클레오티드가 복제 도중에 건너 뛴 염기의 결손이었다고 가정해보시오. 이는 DNA 메시지의 목록을 이동시켜서 (예를 들면 이 문장에서 "w"가 제거되어 "*This oulds hiftt her egistero fth eDN Amessag*")라고 되었다면 여러분은 문제의 심각성을 알 수 있을 것이다.

대부분의 점 돌연변이는 복사선이나 화학물질 같은 돌연변이원에 의하여 유발되는 DNA의 손상에서 초래된다. 화학물질은 현대의 산업화된 사회는 많은 화학적 돌연변이원을 종종 환경으로 방출하기 때문에 특히 중요하다.

유전적 변화의 중요성

모든 진화는 새로운 대립형질을 생성하거나 염색체 상의 유전자 조직을 변화시키는 유전적 메시지의 변경으로부터 시작된다. 생식계열 조직의 일부 변화는 생물이 더 많은 자손을 남길 수 있도록 하는 변화를 생산하며, 이러한 변화는 다음 세대에 유전적인 재산으로 보존되는 경향이 있다. 다른 변화는 생물이 자손을 남기는 능력을 감소시킨다. 이러한 변화는 손실되는 경향이 있는데, 그 이유는 이러한 변화를 가지는 생물은 다음 세대에 적은 수의 자손을 기여하기 때문이다. 진화는 대안의 저장소에서 특정한 조합의 대립형질을 선택하는 것으로 볼 수 있다. 진화의 속도는 이러한 대안들이 생성되는 속도에 의하여 궁극적으로 제한된다. 돌연변이와 재조합에 의한 유전적 변화는 진화에 원재료를 제공한다.

개념의 적용

만약 체세포 돌연변이가 유전되지 않는다면, 왜 중요한가?

표 10.1 돌연변이의 몇 가지 범주

돌연변이	예시 결과
돌연변이 없음 	*B* 유전자에 의해 정상적인 B 단백질이 생산됨.
서열의 변화 염기치환 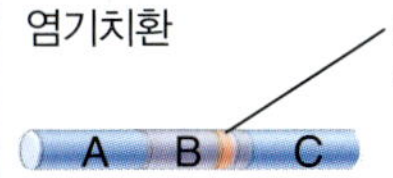 하나 또는 몇 개의 염기를 치환함.	아미노산 서열의 변화가 기능을 방해하여 B 단백질이 불활성화 됨.
삽입 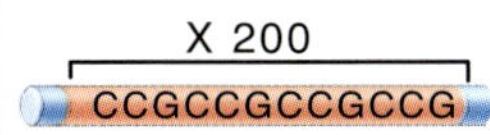 반복되는 3염기 서열의 추가적인 사본	삽입된 물질이 적절한 형태를 교란하여 B 단백질이 불활성화 됨.
결손 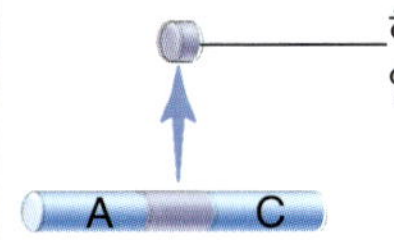 하나 또는 몇 개의 염기를 잃음	단백질의 일부가 결여되어 B 단백질이 불활성화 됨.
유전자 위치의 변화 염색체 재배열 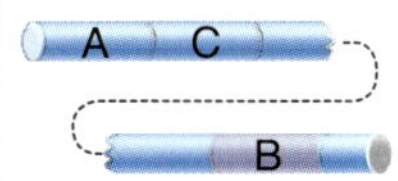	*B* 유전자가 염색체 상의 새로운 위치에서 불활성화 되거나 다르게 조절됨.
삽입성 불활성화 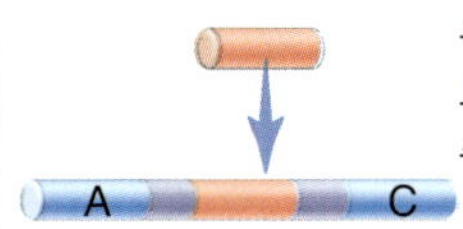 유전자 내에 트랜스포존의 추가	삽입된 물질이 유전자의 번역이나 단백질의 기능을 방해하여 B 단백질이 불활성화 됨.

생물학과 여러분

거의 대부분의 유전되는 돌연변이는 남성에게서 출현한다. DNA의 분자학적 분석은 돌연변이가 어머니에게서 일어났는지 아니면 아버지에게서 일어났는지를 측정할 수 있도록 한다. 그 결과는 극적이다. 기원이 되는 부모를 결정하기 위한 연구에서 총 92개의 새로운 인간 돌연변이가 분석되었는데, 이들 모두 아버지로부터 왔다. 남성에서 여성보다 훨씬 높은 돌연변이율을 어떻게 설명해야할까요? 이에 대한 설명은 남성 생식계열에서 훨씬 많은 수의 세포분열에 있는 것으로 보인다. 여성에서 생식세포의 분열은 출생 시 정지되지만, 남성에서 세포분열은 연속하여 일어나며, 따라서 성인 남성의 정자가 생산되기 전에 많은 분열이 일어났다.

여러분의 유전자를 보호하기

이 책에서 유전자의 변화인 돌연변이에 대한 토의는 주로 유전, 즉 DNA에 암호화된 정보의 변화가 어떻게 자손에 영향을 미치는지에 대하여 초점을 맞추었다. 그러나 유전되는 돌연변이는 난자와 정자를 생산하는 세포인 생식계열 조직에서만 발생한다는 것을 인식하는 것이 중요하다. 신체의 다른 세포 즉 체세포에서 일어나는 돌연변이는 유전되지 않는다. 이는 그렇지만 그러한 돌연변이가 중요하지 않다는 것을 의미하지는 않는다. 사실상 체세포 돌연변이는 암을 유발할 수 있기 때문에 여러분의 건강에 재앙적인 영향을 미칠 수 있다. 해로운 돌연변이로부터 여러분의 세포에 있는 DNA를 보호하는 것이 아마도 여러분의 수명을 연장하기 위하여 할 수 있는 가장 중요한 일일 것이다. 여기에서는 두 가지의 잠재적인 위협을 검토한다.

흡연과 폐암 Smoking and Lung Cancer

담배 연기에 있는 특정한 화학물질, 특히 강력한 발암원인 화학물질과 폐암의 관련은 일찍부터 연구자들이 폐암이 최소한 부분적으로라도 화학물질이 허파에 있는 세포에 작용하여 유발될 수 있을 것으로 의심하게 하였다.

담배의 화학물질이 암을 유발한다는 가설은 영국 내과의사인 힐 박사(Dr. John Hill)에 의하여 200여년 이상 전인 1761년 최초로 주장되었다. Hill 박사는 지나친 코담배 흡연자의 코에서 특이한 종양을 주목하였으며 담배가 이러한 암을 유발하였다고 의심하였다. 1775년 런던의 외과의사인 팟 경(Sir Percivall Pott)은 유사한 관찰을 하였으며, 굴뚝 청소를 하는 사람이 음낭에 빈번한 암을 나타낸다는 것에 주목하였다. Pott 경은 검댕과 타르가 원인일지 모른다고 시사하였다. 이러한 관찰은 폐암이 담배 연기에 있는 타르와 다른 화학물질의 작용에 의하여 유발된다는 가설을 도출하게 하였다.

이 가설을 직접적으로 검증한 것은 1세기 이전이다. 1915년 일본 의사인 야마기와(Katsusaburo Yamagiwa)는 타르 추출물을 137마리의 토끼 피부에 2~3일 간격으로 3개월 동안 발라주었다. 그리고 무슨 일이 일어나는지 기다렸다. 1년 후 7마리의 토끼에서 타르를 바른 곳에서 암이 나타났다. Yamagiwa는 타르로 암을 유발하였으며, 이는 화학적 발암에 대한 최초의 직접적인 실증이다. 그 이후 수십 년에 걸쳐서 이 접근방법은 많은 화학물질이 암을 유발할 수 있다는 것을 입증하였다.

그렇지만 이러한 실험실 연구가 사람에게도 적용될까요? 담배연기의 타르는 사람에게 실제로 폐암을 유발할까요? 1949년 미국 내과의사인 윈더(Ernst Winder)와 영국 전염병 학자인 달(Richard Doll)은 폐암이 폐로 타르를 유입시키는 흡연과 강한 연관이 있다는 것을 보여주는 결과를 독립적으로 보고하였다. Winder는 684명의 폐암 환자와 600명의 정상적

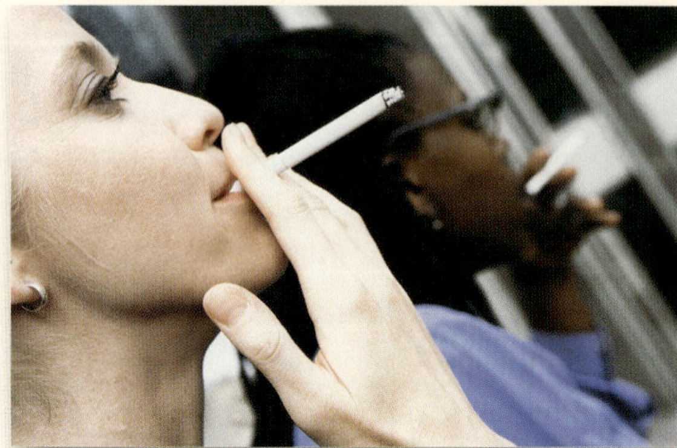

인 대조군을 흡연을 한 적이 있는지를 물어보면서 면접을 하였다. 골초가 비흡연자에 비하여 암 발생률이 40배나 높게 나타났다. 이러한 연구로부터 50년 전부터 담배 연기에 포함된 타르와 다른 화학물질이 지속적인 흡연자의 폐에 암을 유발한다는 것으로 보였다. 이러한 제시가 담배산업으로부터 저항을 받았지만, 이 선구적인 연구이후 축적된 증거는 명백한 사례를 형성하며, 더 이상 의심의 여지가 없다. 담배연기의 화학물질은 암을 유발한다.

15장 호흡에서 배우게 되겠지만, 담배연기에 있는 타르와 다른 화학물질은 DNA를 돌연변이시켜, 정상적인 폐 세포에서 세포분열을 억제하는 유전자를 무력화시킨다. 이러한 제한이 없어지면, 변화된 폐 세포는 끊임없이 분열을 시작하여 폐암이 초래된다. 2012년 15만 7천명 이상의 미국인이 폐암으로 사망하였으며, 그들의 거의 대부분은 흡연자였다.

흡연이 그렇게 위험하다면, 수많은 미국인들은 왜 담배를 피울까요? 미국 남자의 23%와 여성의 18%가 흡연을 한다. 그들은 위험성을 알지 못하고 있을까요? 물론 알고 있습니다. 그렇지만 끊을 수 없습니다. 흡연은 매우 중독성이 강한 니코틴이라는 다른 화학물질도 포함하고 있습니다. 기본적으로 일어나고 있는 일은 흡연자의 두뇌는 니코틴의 영향을 극복하기 위하여 생리적인 보상을 하고 있으며, 일단 이러한 적응이 이루어지고 나면 두뇌는 니코틴이 없이는 정상적으로 기능하지 않는다. 신체의 니코틴에 대한 생리적인 반응은 지대하며 피할 수 없다. 정신력으로 니코틴 중독을 방지할 수 있는 방법은 없다.

금연을 시도하는 많은 사람들은 도움을 위하여 니코틴을 포함하고 있는 패치를 이용하는데, 이 아이디어는 니코틴을 제공하여 담배에 대한 갈망을 제거한다는 것이다. 이는 사실이며, 여러분이 패치를 계속 사용하는 한 작용한다. 사실상 이러한 패치를 사용하는 것은 덜 위험한 것으로 용인된 하나의 니코틴 공급원으로 다른 것을 대체하는 것이다. 금연을 하려고 한다면, 여러분이 중독된 약물인 니코틴을 제거하는 필요성을 피하는 방법이 없다. 쉬운 출구는 없다. 금연하는 유일한 방법은 금연하는 것이다.

명백히 여러분이 흡연을 하지 않는다면 시작하지 않아야한다. 미국인의 건강을 개선하는데 가장 중요한 세 가지가 무엇인지 물어보았을 때, 저명한 내과의사는 다음과 같이 답변하였다. "금연하시오. 금연하시오. 금연하시오."

햇볕에 태우기와 피부암 Tanning and Skin Cancer

인간 신체의 거의 대부분의 세포는 세포분열을 수행하며, 닳아진 세포를 교체한다. 일부 성인 세포는 매우 빈번하게 분열하고, 다른 세포는 거의 분열하지 않는다. 피부 세포는 매우 빈번하게 분열한다. 수많은 손상에 노출되어 피부세포는 사멸되거나 손상을 입은 세포를 교체하기 위하여 대략 27일에 한 번씩 분열한다. 피부는 표면에서 죽은 세포를 벗겨내고 그 아래에서 새로운 세포로 교체한다. 평균적으로 사람은 70살이 될 때까지 약 50 kg 정도의 피부를 잃게 된다.

피부는 다양한 방법으로 손상을 입을 수 있지만, 가장 오랜 기간에 걸쳐 영향을 미치는 손상은 태양에 의하여 초래된다. 피부는 자외선에 노출되면 멜라닌이라는 색소를 생산하는 멜라닌 세포(melanocyte)를 가지고 있다. 멜라닌은 피부에 노란색에서 갈색의 색소를 형성한다. 멜라닌의 유형과 생성되는 양은 유전적으로 결정된다. 진한 피부유형의 사람은 멜라닌 세포를 많이 가지고 있으며 색깔이 진한 갈색의 멜라닌을 생성한다. 자외선을 흡수하는 멜라닌에 의해 보호되어 진한 피부를 가진 사람은 거의 햇볕에 타지 않는다. 살갗이 흰 사람은 멜라닌 세포를 적게 가지고 있으며 색깔이 노란색에 가까운 멜라닌을 생산한다. 멜라닌에 의해 보호되지 않아 살갗이 흰 사람은 쉽게 햇볕에 타고 드물게 갈색으로 변한다. 신체 표면의 세포가 태양에 의해 심하게 손상을 입으면 이를 햇볕에 탔다고 하며, 세포가 벗겨진다. 여러분이 심하게 햇볕에 탔을 때 경험하였던 피부가 벗겨지는 것을 상기해보시오.

20세기 초반까지만 하더라도 그을리는 것은 사람들이 최대한 피하려했던 상태였다. 그을린 신체는 태양 아래서 일해야 했던 노동자 계층의 신호였다. 부유한 엘리트층은 태양을 피했으며, 창백한 피부가 유행이었다. 1920년대에 들어서 이러한 모든 것이 변하여, 부유한 사람들은 한 겨울에도 따뜻하고 태양이 빛나는 목적지로 여행할 수 있어서, 그을린 피부는 신분의 상징이 되었다. 태양에 여러 시간동안 앉아있어야 얻을 수 있는 그을린 갈색의 건강한 혈색은 건강하고 매력적인 것으로 생각되었다.

1970년대에 의사들은 치명적인 형태의 피부암인 흑색종(melanoma)의 사례수가 상승하는 것을 보기 시작하였다. 새로운 사례가 매년 6% 정도씩 증가하였다. 연구자들은 태양으로부터 오는 자외선이 이 유행성의 피부암의 잠재적인 원인이라고 제안하였고 가능하면 태양을 피하고 햇볕 화상 방지제로 자신을 보호하라고 경고하였다.

악성 흑색종은 초기에 발견되면 치료될 수 있기는 하지만, 가장 치명적인 피부암이다. 흑색종은 멜라닌 세포의 암이다. 흑색종 상해는 황갈색, 갈색 그리고 검은색의 음영으로 나타나고 종종 검은 점 안이나 부근에서 시작되기 때문에, 검은 점의 변화는 흑색종의 증상이다.

대중은 태양 노출을 피하라는 경고에 반응이 느렸는데, 아마도 햇볕에 태우기의 미용적인 혜택은 즉각적인데 반해서 건강에 대한 위해는 훨씬 지연되기 때문일 것이다. 그러한 그을리고 갈색의 몸을 달성하기 위한 욕구는 변함없이 강렬하다.

잘 그을리기 위해서는 이를 유지하기 위하여 규칙적으로 태양에 노출하는 것이 필요하기 때문에, 실내 태닝살롱이 대중적이 되었다. 태닝침대는 양쪽에서 집중적으로 자외선을 방출하여 짧은 시간에 모든 기상조건에서(해가 뜨거나, 비가 오고나, 눈이 내리더라도) 태닝을 할 수 있도록 한다. 실내 태닝 사업은 미국에서 년간 $20억(2조원에 해당)의 산업으로 성장하였으며, 매년 2천 8백만으로 추산되는 미국인이 태닝을 한다.

사람들은 태닝침대를 이용하여 그을림을 축적하는 것은 피부가 화상을 입는 것을 보호하고 자외선 조사에 대한 노출시간을 감소시켜서 피부암의 위험을 감소시킬 것으로 기대하였다. 그러나 최근의 연구는 이러한 가정을 지지하지 않는다. 2003년 10만 6천명의 스칸디나비아 여성을 대상으로 한 연구는 한 달에 한번만 태닝침대에서 자외선에 노출시키더라도 흑색종의 위험을 55% 증가시킬 수 있으며, 특히 초기 성인기에 노출되었을 때 더욱 그러하였다. 20대의 여성이 태양등을 사용하였을 때 태닝침대를 사용하지 않은 여성에 비하여 150% 높은 위험도를 보였다. 다른 연구와 마찬가지로 창백한 피부를 가진 여성이 가장 큰 위험도를 나타냈다. 사실상 태닝침대는, 쉽게 그을리는 사람에게 까지도, 사람들이 태닝베드를 년 중 사용하기 때문에 누적 노출을 증가시켜서 피부암의 비율을 높이게 된다.

여러분의 유전자를 보호하기 위해서는 태닝침대를 피하라는 결론을 회피하는 것이 어렵다. 흡연과 마찬가지로 지나친 태닝은 여러분의 생명을 가지고 도박하는 것이다.

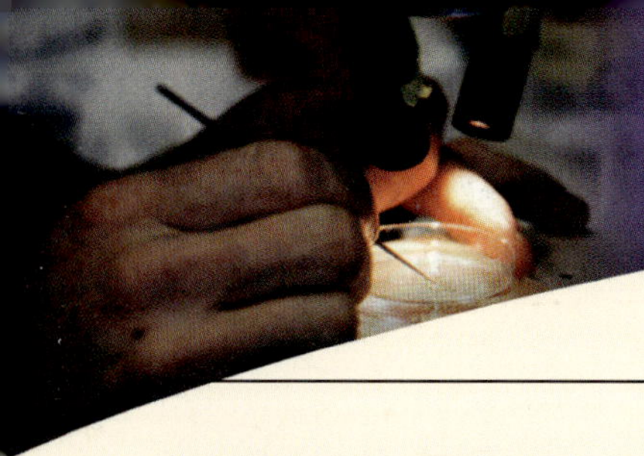

질문과 분석

돌연변이는 무작위적인가요, 아니면 환경에 의하여 지시되는 것인가요?

생물학자들이 Mendel 형질이 사실은 돌연변이에서 결과한 DNA 서열의 대안 판(version)이라고 이해하고 나자, 매우 중요한 질문이 제기되고 또한 대답이 필요했다. 돌연변이는 DNA 염색체 상의 어느 곳에서도 일어날 수 있는 무작위적인 과정인가요, 아니면 어느 정도 환경에 의하여 지시되는 것인가요? 예를 들면 담배에 있는 돌연변이원은 무작위적으로 DNA를 손상시키나요, 아니면 세포 주기를 조절하는 것 같은 특정한 부위를 우선적으로 찾아서 변경시키나요?

이 핵심적인 질문은 1943년 분자유전학의 두 선구자인 루리아(Salvadore Luria)와 델브룩(Max Delbruck)에 의해 수행된 멋지고 기만적으로 단순한 실험에 의하여 착수되어 문제가 풀렸다. 그들은 세균 *E. coli*의 실험실 균주에서 발생하는 특정한 돌연변이를 조사하기로 선택하였다. 이 세균세포는 T1 바이러스에 감수성이 있는데, 바이러스는 아주 작은 화학적 기생충으로 세균을 감염시키고, 그 안에서 증식하여, 사멸시킨다. 10^5개의 세균세포가 10^{10}개의 T1 바이러스에 노출되고 혼합물을 배양접시에 살포하였을 때, 단 하나의 세포도 성장하지 않고 모든 *E. coli* 세포는 감염되고 사멸되었다. 그러나 실험을 10^9개의 세균세포를 이용하여 반복하였을 때, 수많은 세포들이 생존하였다! 검사해보니 생존한 세포들은 T1 감염에 내성을 가진 돌연변이로 판명되었다. 문제는 T1 바이러스가 돌연변이를 유발하였는지, 아니면 돌연변이가 처음부터 이미 존재하고 있었지만, 너무 드물어서 10^5개의 세포에는 존재하지 않았지만 10^9개의 세균세포에는 존재할 정도로 충분하게 흔했느냐는 것이다?

이 질문에 대한 해답을 얻기 위하여 Luria와 Delbruck은 여기에 도해되어 있는 "변동 검정"이라 불리는 간단한 실험을 고안하였다. 독립적인 4개의 세균 배양에 각각에 대하여 세포의 5세대를 나타내었으며, 5세대에서 모든 세포의 내성을 검정하였다. 만약 T1 바이러스가 돌연변이를 유발한다면(위쪽 열), 각각의 배양은 변동이 작은(4개의 배양사이의 변화) 어느 정도 동일한 수의 내성 세포를 가질 것이다. 반면에 만약 돌연변이가 자발적이고 따라서 어느 세대에서도 균일하게 발생하게 된다면, T1 내송 돌연변이가 이른 세대에 일어난 세균 배양에서는 돌연변이가 나중 세대에서 일어난 배양에 비하여 5세대에서는 훨씬 많은 내성 세포를 가지게 될 것이며, 그 결과 4개의 배양 사이에 커다란 변동을 보이게 될 것이다. 표에서 그들이 20개의 개별적인 배양에서 획득한 자료를 나타내었다.

T1 바이러스에 내성인 세균의 수

배양 번호	발견된 내성 군락	배양 번호	발견된 내성 군락
1	1	11	107
2	0	12	0
3	3	13	0
4	0	14	0
5	0	15	1
6	5	16	0
7	0	17	0
8	5	18	64
9	0	19	0
10	6	20	35

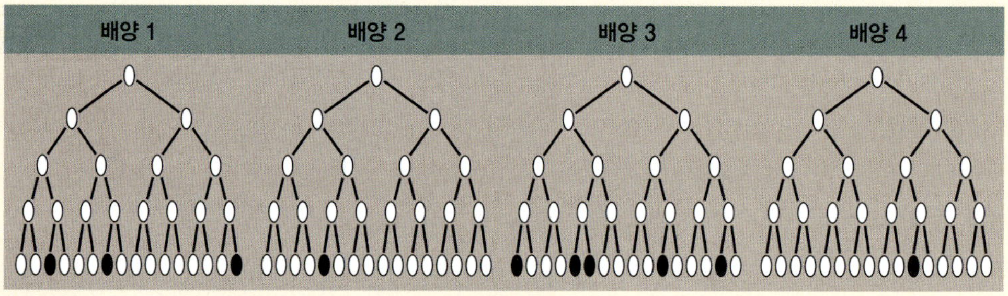

(a)

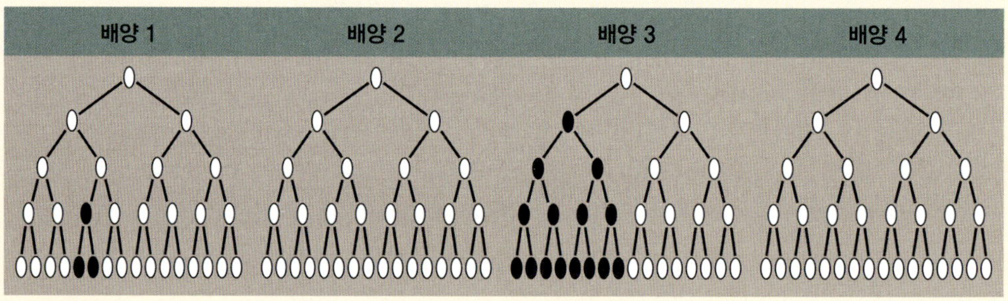

(b)

분석

1. **자료의 해석:** 20개의 개별적인 배양에서 발견된 T1 내성 박테리아의 평균 숫자는 어떻게 되나요?
2. **추론하기**
   - **a.** 20개의 개별적인 배양을 비교하였을 때, 배양들은 유사한 수의 T1 내성 세균 세포를 나타내나요?
   - **b.** 위에 도해한 두 가지 대안 결과인 (a)와 (b) 중에서 어느 것이 Luria와 Delbruck이 이 실험에서 획득한 결과와 더 유사한가요?
3. **결론의 도출:** 이러한 자료는 *E. coli* 세균에서 T1 내성 돌연변이가 T1 바이러스에 대한 노출에서 기인한다는 가설과 일치하나요? 그 이유를 설명하시오.

학습 결과의 요약

유전자는 DNA로 이루어져 있다

그리피스 실험

10.1.1 *Streptococcus pneumoniae* 세균을 이용하여 Griffith는 물리적인 형질을 통제하는 유전정보는 하나의 세균에서 다른 세균으로 전달될 수 있으며, 죽은 세균으로부터도 전달될 수 있다고 보여주었다.

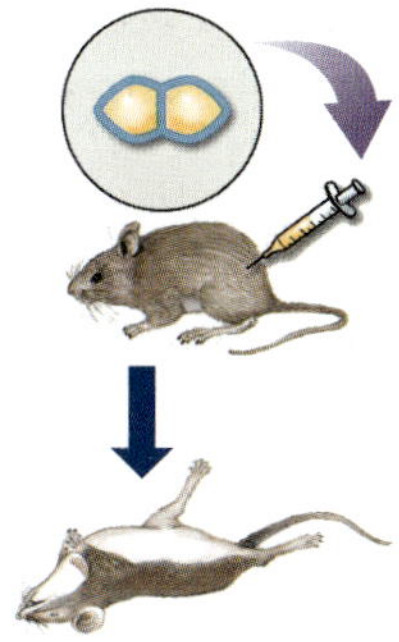

다른 균주의 *S. pneumoniae*를 쥐에 주입하여 Griffith는 일부 균주는 병원성이고 주의 사망을 가져온다고 측정하였다. 병원성 균주의 세균은 그림 10.1에 나타낸 세균처럼 다당류 캡슐을 포함하고 있고(S strain), 반면에 캡슐을 가지지 않은 세균(R strain)은 치명적이 아니었다. Griffith가 보통 사망을 초래하지 않는 사멸된 병원성 세균(S)를 살아있는 비병원성 세균(R)과 혼합하여 쥐에 주입하였을 때, 쥐는 사망하였다.

무언가가 사멸된 치사성 세균으로부터 살아있는 비치사성 세균으로 전달되어, 병원성 세균으로 변형시켰다.

유전물질

10.2.1 Avery와 동료들은 단백질이 이러한 형질전환의 기원이 아니라고 보여주었다. 그들은 Griffith의 실험을 반복하였는데 준비하는 과정에서 모든 단백질을 제거하였다. 단백질을 제거한 독성 세균도 비독성 세균을 형질전환 시킬 수 있었다. 이 실험결과는 단백질이 아니라 DNA가 형질전환 원칙이라는 가설을 지지하였다.

10.2.2 박테리아성 바이러스를 이용하여 Hershey와 Chase는 유전자가 단백질이 아닌 DNA에 의하여 운반된다는 것을 보여주었다. 그들은 그림 10.2처럼 하나는 DNA, 다른 하나는 단백질, 두 가지의 다른 방사능으로 표지된 표본을 이용하였다. 각각의 표본은 세균을 감염시키는데 이용되었다. 그들이 두 가지의 세균 배양을 검사하였을 때, 감염된 세균은 방사능으로 표지된 DNA를 포함하고 있었다.

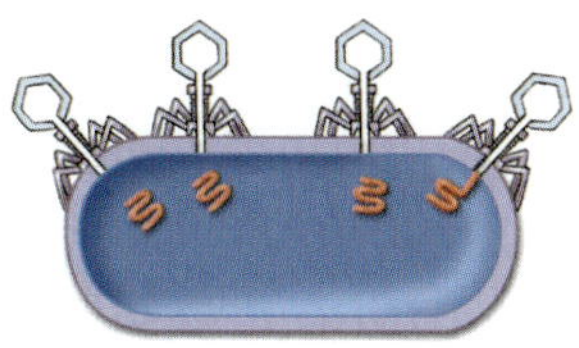

DNA구조의 발견

10.3.1 DNA의 구조는 알려지지 않았었다. DNA의 기본적인 성분은 뉴클레오티드인 것으로 판명되었다. 각각의 뉴클레오티드는 디옥시리보오스 당이 인산기와 4가지 유기 염기중 하나와 결합된 유사한 구조를 가지고 있다.

Erwin Chargaff는 DNA 분자에 2 세트의 염기가 항상 동일한 양으로 존재한다는 것을 관찰하였다(A 뉴클레오티드의 양은 T 뉴클레오티드의 양과 같고, C 뉴클레오티드의 양은 G 뉴클레오티드의 양과 같다). 이 관찰은 Chargaff의 규칙이라고 하는데 DNA의 구조에 대하여 어떤 규칙성이 있다는 통찰력을 제공하였다.

X선 회절을 이용하여 Rosalind Franklin와 Maurice Wilkons는 DNA의 그림을 형성할 수 있었다. 그 영상은 DNA 분자가 나선이라고 불리는 감겨진 형태라는 것을 암시하였다.

Chargaff와 Franklin의 연구를 이용하여, Watson과 Crick은 DNA가 이중나선이고, 뉴클레오티드 염기 사이의 염기 짝에 의하여 연결되어 있다면 그들의 자료가 가장 잘 설명될 수 있을 것이라고 주장하였다. 하나의 가닥에 있는 A 뉴클레오티드는 다른 가닥의 T와 짝을 짓고, 유사하게 G는 C와 짝을 짓는다.

DNA 복제

DNA는 어떻게 자신을 복사하나요

10.4.1 DNA 복제가 대단한 정확성을 가지는 기본은 상보성이다(A는 오로지 T하고만 짝을 짓고 C는 G하고만 짝을 짓는다). 만약 한 가닥의 서열을 안다면 다른 가닥의 서열은 완전히 결정된다. 그러나 하나의 DNA 가닥이 다른 가닥을 생산하는 주형으로 작용할 수 있는 데에는 몇 가지 방법이 있다.

10.4.2 Meselson과 Stahl은 DNA가 각각의 원래 가닥이 새로운 가닥을 형성하는 주형으로 이용하여, 반보존적으로 복제한다는 것을 보여주었다. 반보존적 복제에서 DNA의 새로운 가닥은 각각 양친 DNA에서 온 주형가닥과 주형가닥에 상보적인 새로 합성된 가닥으로 구성되어 있다.

10.4.3 복제에서 DNA 분자는 먼저 helicase라고 하는 효소의 작용에 의하여 풀리게 된다. 그러면 각각의 DNA 가닥은 DNA 중합효소의 작용에 의하여 복사된다. 2개의 원래 가닥은 새로운 가닥의 주형 역할을 한다. DNA 중합효소는 뉴클레오티드를 원래의 단일 가닥과 상보적인 새로운 DNA 가닥에 추가한다. DNA 중합효소는 기존에 존재하는 가닥에만 추가할 수 있기 때문에, 새로운 가닥은 primer라고 하는 핵산의 부분이 추가된 이후에 시작된다. 다른 효소가 primer를 형성한다. 뉴클레오티드는 성장하는 가닥에 5′에서 3′ 방향으로 추가된다.

DNA가 분리되는 점을 복제분기라고 한다. 뉴클레오티드는 성장하는 DNA 가닥의 3′ 말단에만 추가될 수 있기 때문에, DNA는 선도가닥이라고 하는 하나의 가닥에서는 연속적인 방식으로 복사가 되지만, 지연가닥이라고 하는 다른 가닥에서는 불연속적인 방식으로 복사된다. 지연가닥에서 primer가 복제분기에 삽입되고, 뉴클레오티드는 *필수 생물학적 과정 10A*의 아래 가닥에서 보여주는 것처럼, 부분으로 추가된다. 새로운 DNA 가닥들이 되감기기 전에, primer는 제거되고 DNA 조각들은 DNA 연결효소에 의하여 서로 결합된다.

DNA 복제과정에서 오류가 일어날 수 있다. 세포는 DNA 손상이나 복제 도중에 일어난 오류를 수정하는 많은 기작을 가지고 있다. 이러한 교정 과정은 하나의 가닥을 상보적인 가닥과 비교하여 오류를 교정하지만, 이 시스템이 확실한 것은 아니다.

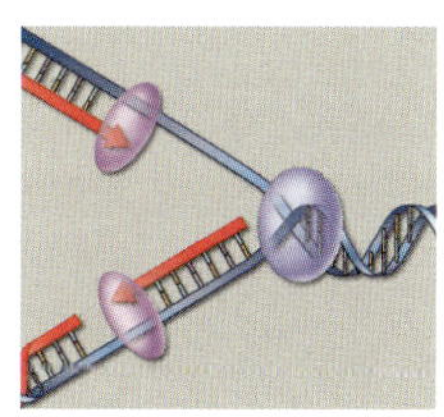

유전적 메시지를 변경하기

돌연변이

10.5.1 돌연변이는 유전적 메시지의 뉴클레오티드 서열의 변화이다. 하나 또는 몇 개의 뉴클레오티드의 변화를 가져오는 돌연변이는 점 돌연변이라고 한다. 어떤 돌연변이는 단지 사소한 변화를 유발하지만 다른 돌연변이는 급격한 결과를 가질 수 있다.

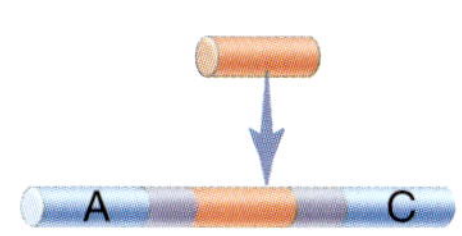

이해의 측정

10.1.1 그리피스(Frederick Griffith)가 실험에서 발견한 것은?

a. 세포 내의 유전정보는 변경될 수 없다.
b. 유전정보는 다른 세포로부터 추가될 수 있다.
c. 살아있는 R 균주로 감염된 쥐는 죽었다.
d. 열로 사멸시킨 S 균주로 감염된 쥐는 죽었다.

10.2.2 허쉬(Alfred Hershey)와 체이스(Martha Chase)가 수행한 실험에서 바이러스가 새로운 바이러스를 특정 짓는데 사용한 분자가 무엇이라고 밝혔나요?

a. 단백질 **c.** ATP
b. 탄수화물 **d.** DNA

10.3.1 샤르가프(Erwin Chargaff), 프랭클린(Rosalind Franklin), 크릭(Francis Crick), 그리고 왓슨(James Watson)은 모두 다음 무엇과 관련된 연구를 하였나요?

a. DNA의 구조 **c.** DNA의 유전
b. DNA의 기능 **d.** DNA의 돌연변이

10.3.1 4종류의 뉴클레오티드는 어느 면에서 서로 모두 상이한가?

a. 크기
b. 염기쌍과 형성하는 수소결합의 수
c. 질소염기의 종류
d. 당의 종류

10.3.1 다음 중 어느 것이 퓨린 뉴클레오티드에서 발견되는 유기염기인가?

a. 아데닌과 시토신 **c.** 시토신과 티민
b. 구아닌과 티민 **d.** 아데닌과 구아닌

10.4.1 한 가닥의 DNA 분자가 ATTGCAT 염기서열을 가지고 있다면, 이에 상보적인 가닥이 나타내는 서열은 어느 것인가?

a. ATTGCAT. **c.** GCCATGC.
b. TAACGTA. **d.** CGGTAGC.

10.4.2 DNA 복사와 관련하여 각각의 이중 나선은?

a. 복제된 이후에 재형성된다.
b. 중간을 두 개의 단일 가닥으로 쪼개어, 각각의 가닥은 상보적인 가닥을 만드는 주형으로 작용한다.
c. 작은 덩어리로 조각나서 복사되고 재조립된다.
d. 다른 유형의 DNA에 대하여 모든 것이 사실이다.

10.4.3 DNA 중합효소는 기존하는 사슬에만 뉴클레오티드를 추가할 수 있기 때문에, 다음의 무엇이 필요한가?

a. 프라이머(primer) **c.** 지연가닥
b. 헬리카아제(helicase) **d.** 선도가닥

10.5.1 유전적 메시지는 두 가지 방법으로 변경될 수 있다.

a. 반보존적 복제 또는 보존적 복제를 통하여.
b. 염색체나 또는 단백질을 통하여.
c. 돌연변이 또는 형질변환에 의하여.
d. 활성화 또는 억제에 의하여.

10.5.1 돌연변이는 어디에서 일어날 수 있나요?

a. 생식계열 조직에서 일어나고 다음 세대로 전달됨.
b. 체세포 조직에서 일어나고 다음 세대로 전달됨.
c. 생식계열 조직에서 일어나지만 체세포 조직에서는 일어나지 않음.
d. 체세포 조직에서는 일어나지만 생식계열 조직에서는 일어나지 않음.

이해의 적용

10.5.1 만약 붉은색 화살표로 표시된 시토신 뉴클레오티드가 실수로 아데닌 뉴클레오티드로 교체되었다면 발생될 수 있는 가능한 문제점들은 무엇인가?

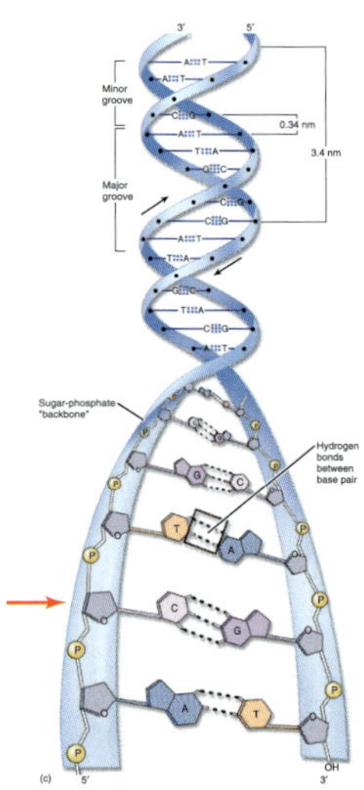

10.5.1 표에 보여준 돌연변이 중에서 어느 것이 DNA 해독틀의 변화를 가져올까요? 그 이유를 설명하시오.

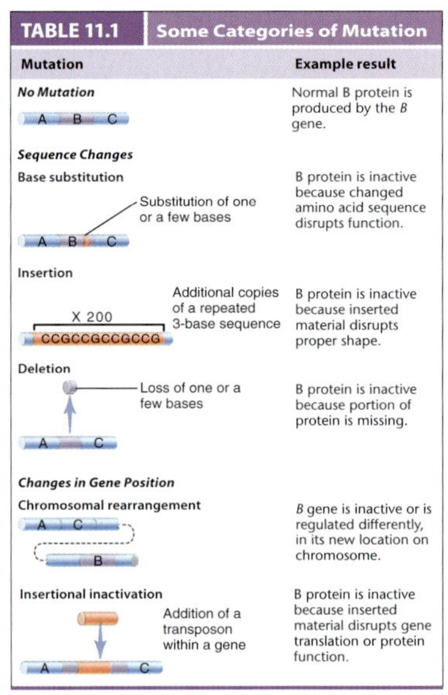

TABLE 11.1 Some Categories of Mutation

Mutation	Example result
No Mutation (A B C)	Normal B protein is produced by the *B* gene.
Sequence Changes	
Base substitution — Substitution of one or a few bases (A B C)	B protein is inactive because changed amino acid sequence disrupts function.
Insertion — X 200, CCGCCGCCGCCG — Additional copies of a repeated 3-base sequence	B protein is inactive because inserted material disrupts proper shape.
Deletion — Loss of one or a few bases (A C)	B protein is inactive because portion of protein is missing.
Changes in Gene Position	
Chromosomal rearrangement (A C … B)	*B* gene is inactive or is regulated differently, in its new location on chromosome.
Insertional inactivation — Addition of a transposon within a gene (A C)	B protein is inactive because inserted material disrupts gene translation or protein function.

학습 내용의 종합

10.2.1 DNA가 유전물질이라는 것을 발견한 것은 통찰력의 번쩍임 이라기보다는 실험의 여정이었다. 1676년 뉴튼 경(Sir Isaac Newton)이 이야기한 [일부 사람은 샤트레스의 버나드(Bernard of Chartres; 12세기 프랑스의 철학자)가 훨씬 오래전인 1130년에 최초로 이 말을 하였다고는 하지만] "난쟁이가 거인의 어깨 위에 우뚝 서듯이" 과학자들이 새로운 아이디어를 세웠다는 말에 대하여, 개별적인 실험을 강조하면서, 여정을 이용하여 방어하시오.

10.5.1 어떤 균주의 세균은 테트라사이클린 항생제에 내성을 가지고 다른 균주는 감수성이 있다. 테트라사이클린 내성이 내성균주의 DNA에 의하여 지정된 유전된 형질인지 아닌지를 해결하기 위하여 여러분이 수행할 실험을 설계하시오.

Chapter 11

유전자는 어떻게 작용하는가?

How Genes Work

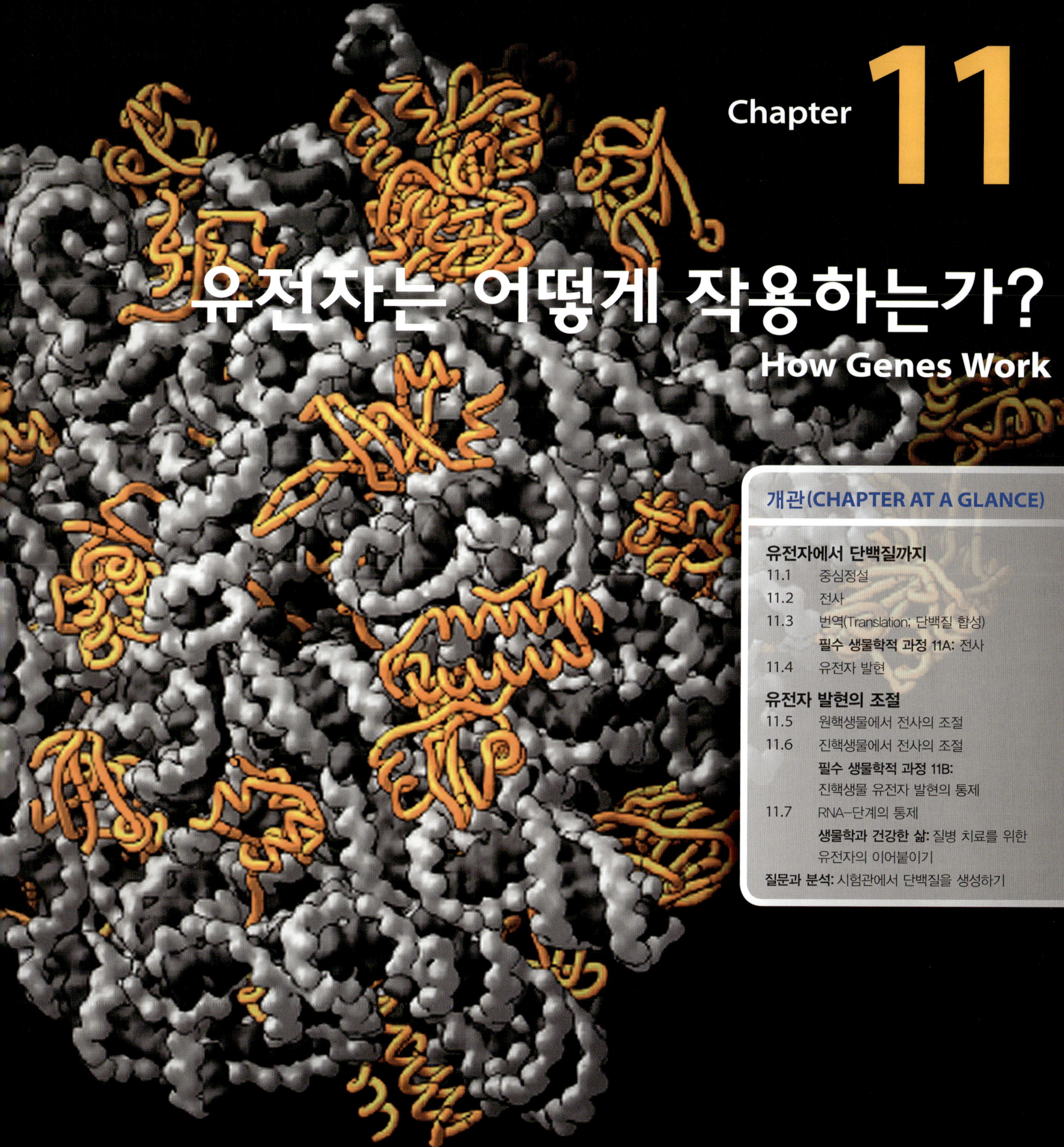

개관(CHAPTER AT A GLANCE)

유전자에서 단백질까지 From Gene to Protein

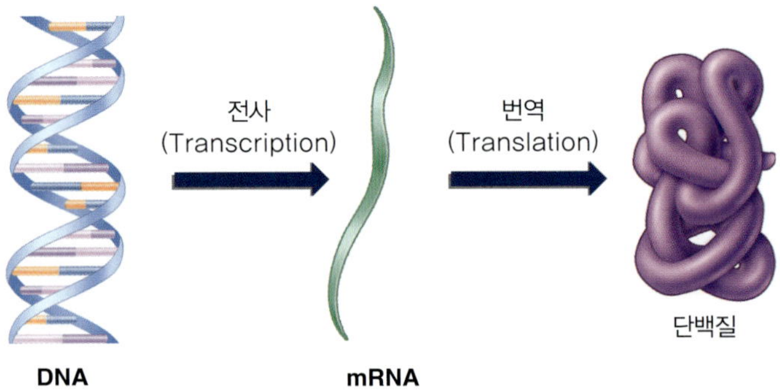

그림 11.1 중심정설: DNA에서 RNA로, 그리고 단백질로.

11.1 중심정설 The Central Dogma

학습 목표 11.1.1 "중심정설(central dogma)"을 설명한다.

10장에서 토의하였듯이 유전자가 DNA로 구성되었다는 사실의 발견은 DNA 안의 정보가 어떻게 이용되는지에 대한 질문에는 대답하지 않고 남겨두었다. 나선 분자에 있는 뉴클레오티드의 실이 어떻게 여러분이 붉은 머리카락을 가지는지를 결정하나요? 우리는 DNA의 정보가 사전의 표제어처럼 작은 덩어리로 배열되어 있다는 것과, 각각의 덩어리가 폴리펩티드의 아미노산 서열을 특정 짓는 유전자라는 것을 알고 있다. 이러한 폴리펩티드는 특정한 세포가 어떻게 생길지를 결정하는 단백질을 형성한다.

모든 생물은 가장 단순한 세균에서부터 인간까지 유전자를 읽고 표현하는 동일한 기본적인 기작을 사용하며, 생명에 매우 기초적이기 때문에 이를 중심정설이라고 부른다. 정보는 유전자(DNA)로부터 유전자의 RNA 사본으로 전달되며, RNSA 사본은 뒤따르는 아미노산의 사슬의 조립을 감독한다(그림 11.1). 간단히 말해서, **DNA ⟶ RNA ⟶ 단백질이다.**

세포는 단백질 합성에 전령 RNA(messenger RNA; mRNA), 간섭 RNA(small interfering RNA 또는 silencing RNA; siRNA) 리보솜 RNA(ribosomal RNA; rRNA) 그리고 운반 RNA(transfer RNA; tRNA)의 4종류의 RNA를 이용한다. 이러한 RNA 종류는 이 장의 뒤에서 자세히 다룬다.

전사: 개요 Transcription: An Overview

중심 정설의 첫 번째 단계는 DNA에서 RNA로 정보의 전달이며, 이는 유전자의 mRNA 사본이 생성될 때 일어난다. 유전자에 있는 DNA 서열이 RNA 서열로 전사되기 때문에 이 단계를 *전사*(transcription)라고 한다. 전사는 *RNA 중합효소*(RNA polynerase)가 *프로모터*(promoter)라고 하는 유전자의 시작부분에 있는 특별한 뉴클레오티드 서열에 결합될 때 개시된다. 여기에서 시작하여 RNA 중합효소는 가닥을 따라 유전자 안쪽으로 이동한다(그림 11.2). 중합효소가 각각의 DNA 뉴클레오티드와 마주칠 때마다 대응하는 상보적인 RNA 뉴클레오티드를 성장하는 mRNA 가닥에 추가한다. 이 사슬은 자신이 복사된 유전자에 상보적인 전사물이다.

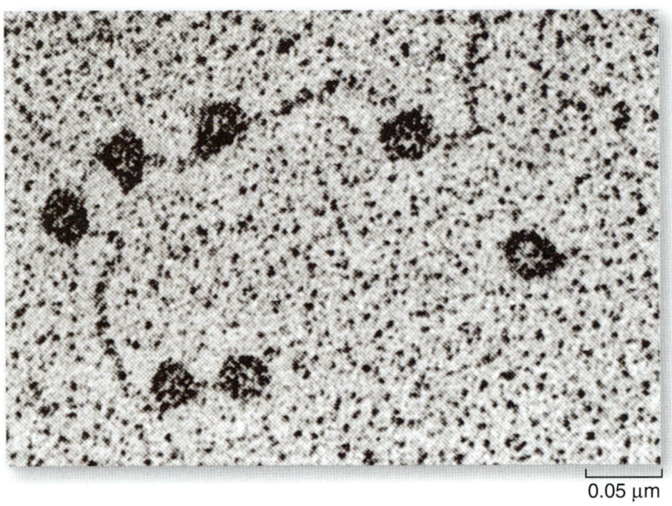

그림 11.2 RNA 중합효소.
이 전자현미경 사진에서 어두운 원들이 DNA 주형으로부터 RNA를 합성하는 RNA 중합효소 분자들이다.

번역: 개요 Translation: An Overview

중심정설의 두 번째 단계는 RNA로부터 단백질로 정보를 전달하는 것이며, 이는 mRNA 전사물에 포함된 정보가 리보솜에 의하여 폴리펩티드를 합성하는 과정에서 아미노산의 서열을 지시하는데 이용될 때 일어난다. 이 과정은 mRNA 전사물의 뉴클레오티드 서열이 폴리펩티드의 아미노선 서열로 번역되기 때문에 *번역*(translation)이라고 부른다. 번역은 리보솜 내에 있는 rRNA 분자가 mRNA의 "시작"서열을 인식하고 결합할 때 시작된다. 3개 뉴클레오티드의 각각의 집단은 성장하는 폴리펩티드 사슬에 어떤 아미노산이 추가될지를 특정 짓는 암호이며, 특정한 tRNA 분자에 의하여 인식된다. 작은 siRNA 분자는 어떤 전사물이 번역될지에 영향을 끼쳐 세포가 유전자 사용을 미세조정하는 것을 돕는다. 특정한 폴리펩티드의 합성을 감독하기 위하여 DNA의 정보를 이용하는 것을 **유전자 발현**(gene expression)이라고 한다.

개념의 적용
유전자 발현에서 RNA가 하는 네 가지 역할은 무엇인가요?

11.2 전사 Transcription

학습 목표 11.2.1 mRNA 사슬이 전사 동안에 조립되는 화학적인 지시를 가리킨다.

건축가가 건설 계획을 중앙의 장소에 안전하게 보관하여 분실이나 손상으로부터 보호하고 현장 작업자에게는 청사진 사본만 발행하는 것처럼, 여러분의 세포도 DNA 지시를 중앙 DNA 저장소인 핵 안에 안전하게 보관하여 보호한다. DNA는 절대로 핵을 떠나지 않는다. 그 대신 **전사**(transcription) 과정에서 특정한 유전자의 청사진 사본이 생성되어 단백질의 조립을 감독하기 위하여 세포로 내보내진다(그림 11.3). 이러한 유전자의 작업 사본은 DNA가 아니라 리보핵산(ribonucleic acid; RNA)로 구성된다(그림 3.10과 3.11 참조).

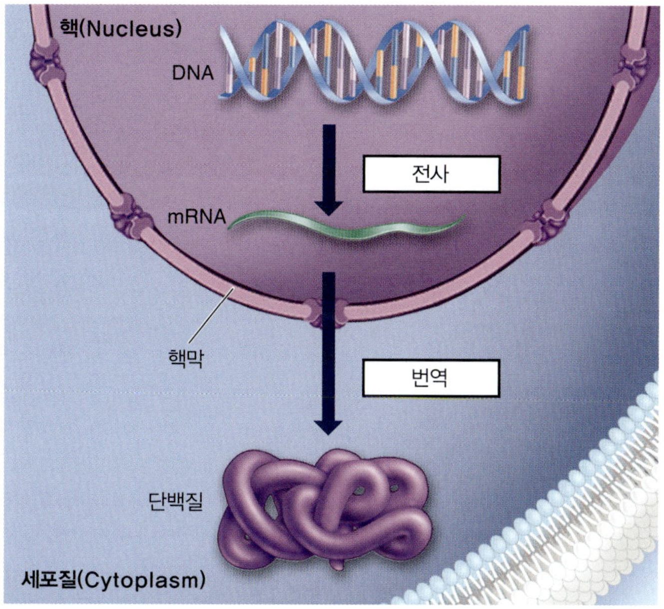

그림 11.3 진핵생물 세포에서 유전자 발현의 개관.

전사과정 The Transcription Process

세포가 폴리펩티드를 생산하는데 사용되는 유전자의 RNA 사본을 **전령 RNA**(messenger RNA; mRNA)라고 하며, 이는 핵으로부터 세포질로 정보를 운반하는 전령이다. mRNA를 형성하는 복사 과정을 전사라고 하는데, 이는 수도원의 수도승이 글자 하나하나 충실하게 필기하여 필사본의 사본을 만드는 것과 같이, 여러분 세포의 핵에 있는 효소들은 각각의 뉴클레오티드를 충실하게 보충하여 여러분 유전자의 mRNA 사본을 만든다.

여러분의 세포에서 전사기는 **RNA 중합효소**(RNA polymerase)라고 하는 크고 매우 정교한 단백질이다. RNA 중합효소는 DNA 이중나선 중 한 가닥의 promoter 부분에 결합하여 궤도이 있는 기차엔진처럼 DNA 가닥을 따라 이동한다. DNA는 이중가닥이지만 두 가닥은 동일한 서열이 아니라 상보적인 서열을 가지고 있기 때문에, RNA 중합효소는 두 가닥의 DNA 중에서 오로지 한 가닥에만(RNA 중합효소가 인식할 수 있는 promoter 부위 서열을 가지고 있는) 결합할 수 있다. RNA 중합효소가 복사하는 DNA 가닥을 따라 가면서, 각각의 뉴클레오티드를 상보적인 RNA 형으로 짝 짓는다(G와 C, A와 U; RNA는 T 대신에 U를 사용한다). mRNA 사슬은 5′에서 3′ 방향으로 형성된다(그림 11.4).

> 전사 시에 RNA 분자의 생산은 DNA의 복제과정과 유사하며, 뉴클레오티드의 RNA 사슬이 그림 10.7의 DNA 합성에서 보듯이 5′에서 3′ 방향으로 성장한다.

개념의 적용

mRNA 사슬은 왜 한 방향으로만 조립되나요?

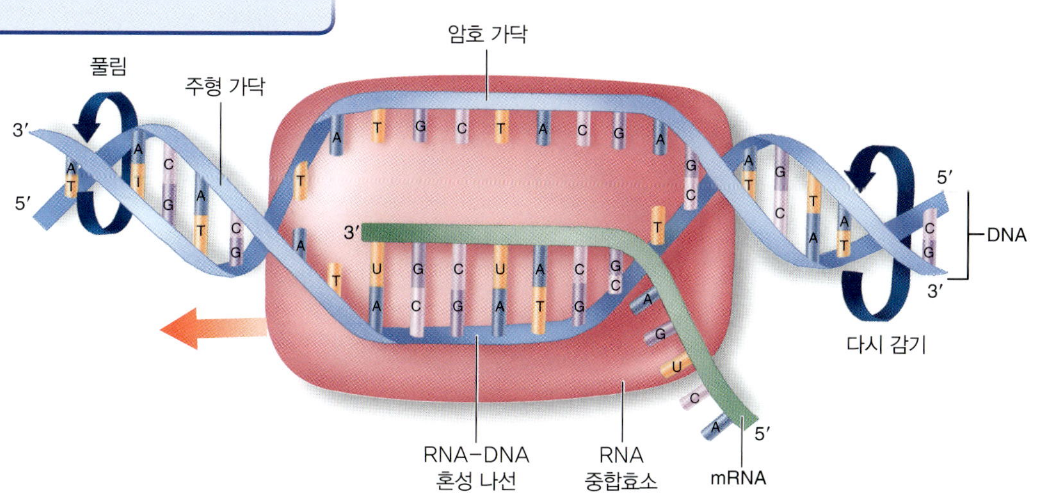

그림 11.4 전사(Transcription).
DNA의 한 가닥은 mRNA 중합효소가 DNA 가닥을 따라 이동하면서 뉴클레오티드 성분들이 mRNA로 조립되는 주형역할을 한다.

11.3 번역(단백질 합성) Translation

유전 암호 The Genetic Code

학습 목표 11.3.1 암호를 정의하고 어떻게 해독할 것인지 설명한다.

유전학의 핵심적인 교훈은 유전적 형질을 결정하는 정보가 암호화된 정보이며, 유전자라는 덩어리에 염색체 내에 써져있다는 것이다. 유전자를 읽기 위해서는 세포는 DNA에 암호화된 정보를 단백질의 언어로 번역해야 하는데, 즉 유전자의 뉴클레오티드 순서를 **번역**(translation)이라는 과정을 통하여 폴리펩티드의 아미노산 순서로 변환해야만 한다. 이 번역을 지배하는 규칙을 **유전 암호**(genetic code)라고 한다.

mRNA의 뉴클레오티드 서열은 리보솜에 의해 **코돈**(codon)이라고 부르는 3개의 뉴클레오티드 단위로 읽힌다. 생물학자들은 시험관 내에서 수행된 시행착오를 거친 실험을 통하여 어느 코돈이 어느 아미노산에 상응하는지 알아냈다. 이 실험에서 연구자들은 시험관에서 폴리펩티드의 합성을 지시하기 위하여 인공 mRNA를 사용하였으며, 새로 형성된 폴리펩티드에서 아미노산의 서열을 확인하였다. 예를 들어 UUUUUU... 열의 mRNA는 페닐알라닌(Phe) 아미노산의 열로 이루어진 폴리펩티드를 생성하였다. 대부분의 아미노산은 하나 이상의 코돈으로 지정된다. 전체 유전암호 사전을 그림 11.5에 나타내었다.

유전 암호는 보편적이며, 실질적으로 모든 생물에 공통적이어서, GUC는 세균, 초파리, 독수리, 그리고 여러분의 세포에서도 발린(Val)을 암호화한다. 생물학자들이 발견한 이 법칙의 유일한 예외는 DNA를 가지고 있는 세포소기관(미토콘드리아와 엽록체)과 몇몇 현미경적 원생생물이 "중지(stop)" 코돈을 읽는 것이다. 그 외의 모든 경우에는 동일한 유전 암호가 모든 생명체에 의하여 사용되고 있다.

개념의 적용

얼마나 많은 코돈이 아미노산을 암호화하지 않나요?

그림 11.5 유전 암호(RNA 코돈).

코돈은 순서대로 읽히는 3개의 뉴클레오티드로 구성되어 있다. 예를 들어 ACU는 트레오닌을 암호화한다. 어느 아미노산이 어느 코돈에 상응하는지 결정하기 위하여 먼저 표를 왼편으로 내려가고, 그 다음에 위쪽으로 건너가고, 다음에 오른편으로 내려오시오.

유전 암호

첫번째 글자	두번째 글자 U		두번째 글자 C		두번째 글자 A		두번째 글자 G		세번째 글자
U	UUU	Phenylalanine	UCU	Serine	UAU	Tyrosine	UGU	Cysteine	U
	UUC		UCC		UAC		UGC		C
	UUA	Leucine	UCA		UAA	Stop	UGA	Stop	A
	UUG		UCG		UAG	Stop	UGG	Tryptophan	G
C	CUU	Leucine	CCU	Proline	CAU	Histidine	CGU	Arginine	U
	CUC		CCC		CAC		CGC		C
	CUA		CCA		CAA	Glutamine	CGA		A
	CUG		CCG		CAG		CGG		G
A	AUU	Isoleucine	ACU	Threonine	AAU	Asparagine	AGU	Serine	U
	AUC		ACC		AAC		AGC		C
	AUA		ACA		AAA	Lysine	AGA	Arginine	A
	AUG	Methionine; Start	ACG		AAG		AGG		G
G	GUU	Valine	GCU	Alanine	GAU	Aspartate	GGU	Glycine	U
	GUC		GCC		GAC		GGC		C
	GUA		GCA		GAA	Glutamate	GGA		A
	GUG		GCG		GAG		GGG		G

RNA 메시지를 번역하기 Translating the RNA Message

학습 목표 11.3.2 유전암호를 읽는데 있어서 tRNA와 리보솜의 역할을 대조한다.

전사과정의 마지막 결과는 유전자의 mRNA 사본의 생산이다. 사진과 마찬가지로 mRNA는 원본의 손상 없이 사용될 수 있다. 유전자의 전사가 끝나면, mRNA는 핵막에 있는 구멍을 통하여 핵에서 나와 세포질로 들어간다. 세포질에서 유전 메시지의 번역이 일어난다. 번역에서는 **리보솜**이라고 하는 세포소기관이 유전암호를 따라 전사에 의하여 생성된 mRNA를 이용하여 폴리펩티드의 합성을 지시한다.

단백질 생산 공장. 리보솜은 세포의 폴리펩티드 생산 공장이다. 리보솜은 50여 가지의 단백질(그림 11.6 위쪽의 황금색)과 3천여 개의 뉴클레오티드(회색)로 이루어진 **리보솜 RNA**(rRNA)로 이루어져서 매우 복잡하다. 전통적으로 리보솜의 단백질은 조립과정을 촉매하는 효소작용을 하고, RNA는 단백질의 위치를 정하는 비계역할을 한다고 가정되었다. 해상도가 높은 원자해상 X선 회절연구에 의하여 예상외로 리보솜의 대부분의 단백질이 크리스마스 트리 장식처럼 표면에 흩어져 있는 것을 밝혀냈다. 이러한 단백질의 역할은 RNA 사슬의 많은 굴곡과 비틀림을 안정화시키는 것으로 보인다. 중요한 것은 단백질 합성의 화학작용이 일어나는 리보솜의 내부에는 단백질은 없고 RNA 나선만 있다. 리보솜의 단백질이 아니라 리보솜의 RNA가 단백질의 합성을 촉매하는 것이다!

리보솜은 2개의 소단위로 이루어져 있으며, 여러분이 주먹을 손에 넣는 것처럼 하나는 다른 하나 안에 둥지를 틀고 있다. "주먹"은 두 소단위 중 작은 것이며 그림 11.6에서 분홍색으로 나타냈다. 작은 소단위의 rRNA는 표면에 노출된 짧은 뉴클레오티드 서열을 가지고 있다. 노출된 서열은 모든 유전자의 시작지점에서 나타나는 선도영역과 동일한 서열이다. 이로 인하여 파리가 파리잡이 끈끈이에 달라붙는 것처럼 mRNA 분자는 작은 소단위의 노출된 rRNA에 결합한다.

tRNA의 핵심적인 역할. 노출된 rRNA 서열 바로 인접하여 A, P, E 부위로 지정된 작은 주머니 또는 움푹한 곳이 리보솜 표면에 있다(그림 11.6). 이 부위는 세 번째 종류의 RNA 분자인 **운반 RNA**(tRNA)와 결합하기 위한 최적의 형태를 가지고 있다. tRNA 분자가 단백질을 형성하는데 이용되는 아미노산을 리보솜으로 가져오는 것이다. tRNA 분자는 80개의 뉴클레오티드 길이의 사슬이다. 뉴클레오티드 줄은 자체적으로 접혀져서 그림 11.7a와 같은 세 개의 고리구조를 형성한다. 고리구조는 더 접혀져서 그림 11.7b와 같은 조밀한 형태가 되고, 3개의 뉴클레오티드 서열(분홍색 고리)이 아래에 위치하고 아미노산 부착부위는 위에 위치한다(3'말단).

안티코돈(anticodon)이라고 하는 tRNA 상의 3개의 뉴클레오티드 서열은 매우 중요하다. 이는 유전암호의 64개 코돈 중 하나에 대한 상보서열이다! 활성화효소라고 하는 특별한 효소가 세포질의 아미노산을 상응하는 tRNA와 결합시킨다. 안티코돈은 특정한 tRNA에 어떠한 아미노산이 부착될지를 결정한다. A 부위(아미노산을 부착한 tRNA가 결합하는 부위)라고 하는 리보솜의 첫 번째 움푹한 곳은 mRNA가 tRNA와 결합하는 바로 옆에 있으며, mNA의 세 개의 뉴클레오티드가 tRNA의 안티코돈과 바로 마주보고 위치한다. 편지 위의 주소처럼, 안티코돈은 리보솜이 폴리펩티드를 조립하는 mRNA 상의 정확한 주소로 아미노산이 배달될 수 있도록 보장한다.

개념의 적용

세포는 몇 가지의 다른 활성화효소를 필요로 하나요?

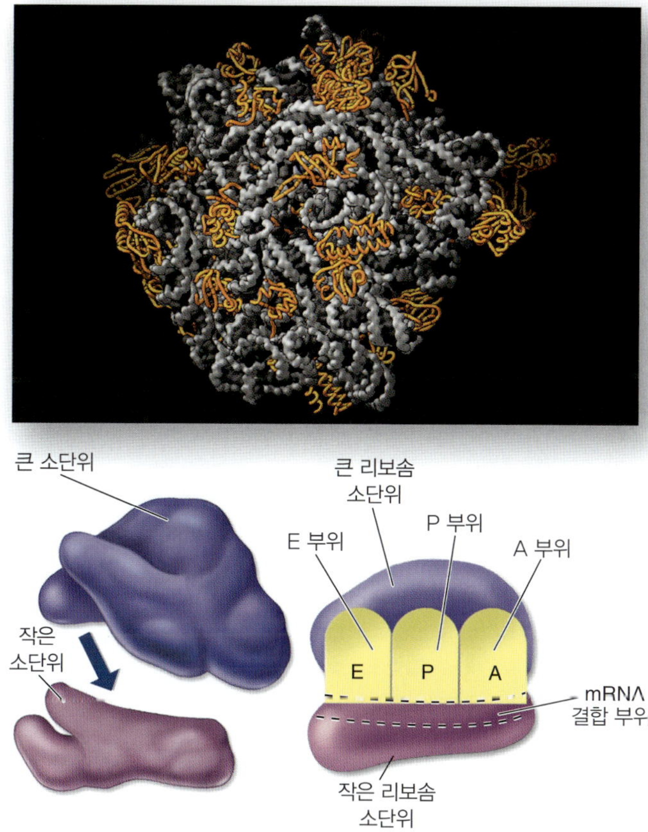

그림 11.6 리보솜은 2개의 소단위로 구성되어 있다.

작은 소단위는 큰 소단위의 오목한 부분에 들어맞는다. 리보솜 상에 있는 A, P, E 부위는 단백질 합성에서 핵심적인 역할을 한다.

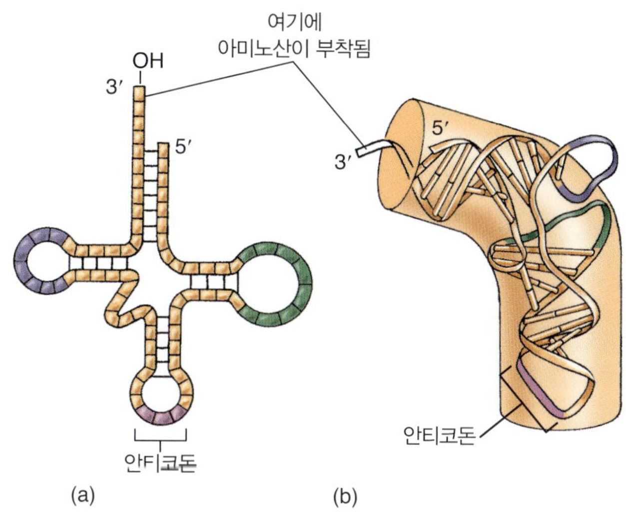

그림 11.7 tRNA의 구조.

tRNA도 mRNA처럼 뉴클레오티드의 긴 가닥이다. 그러나 mRNA와는 달리 자신의 뉴클레오티드 사이에 수소결합이 형성되어 (a)처럼 머리핀 고리를 형성한다. 고리는 다시 서로 접어져서 (b)처럼 조밀한 3차원 구조를 나타낸다. 아미노산은 tRNA 분자의 자유로운 단일가닥 — OH 말단에 부착된다. 안티코돈이라고 하는 tRNA 아래쪽 고리에 있는 3개의 뉴클리오티드 서열은 mRNA 상의 상보적인 코돈과 상호작용한다.

필수 생물학적 과정 11A

전사

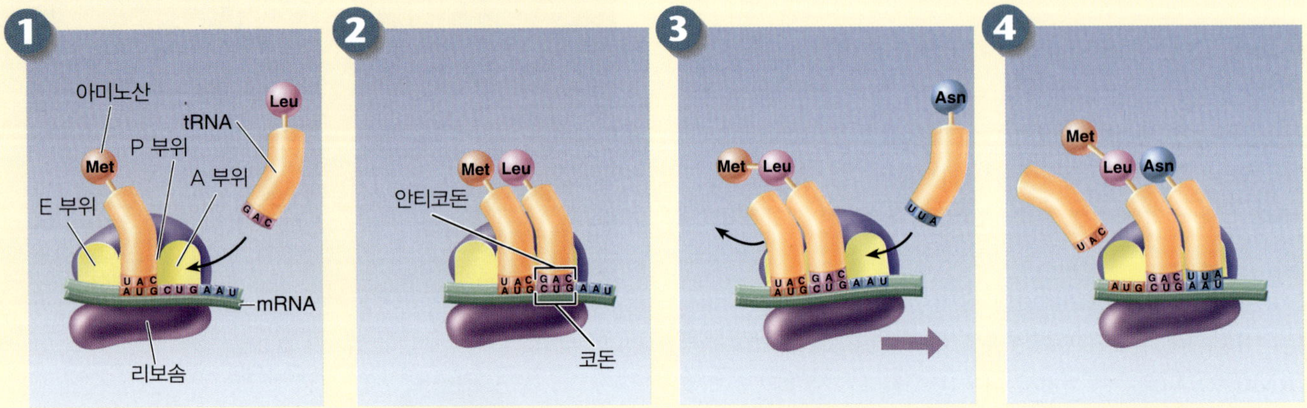

1. 최초의 tRNA는 리보솜 상의 P 부위를 차지한다. 그 뒤에 오는 아미노산을 결합한 tRNA는 처음에 A 부위에서 리보솜으로 들어간다.
2. A 부위에 결합하는 tRNA는 mRNA 상의 코돈과 상보적인 안티코돈을 가진다.
3. 최초의 아미노산이 P 부위의 두 번째 아미노산으로 전달되면 리보솜은 3개의 뉴클레오티드 길이만큼 오른쪽으로 이동한다.
4. 개시하는 tRNA는 E 부위에서 리보솜을 떠나며, 다음 tRNA가 A 부위로 진입한다.

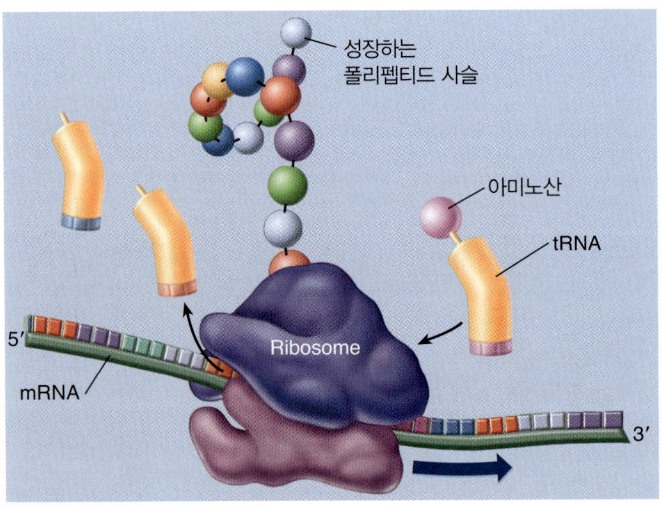

그림 11.8 리보솜이 번역 과정을 안내한다.

tRNA는 안티코돈 서열에 의하여 결정된 대로 아미노산과 결합한다. 리보솜은 아미노산이 부착된 tRNA를 mRNA 가닥의 상보적인 서열에 결합한다. tRNA는 아미노산을 성장하는 폴리펩티드 사슬에 추가하고, 폴리펩티드 사슬은 완성된 단백질로 방출된다. 유전정보의 전반적인 흐름은 DNA로부터 mRNA 그리고 단백질 순서이다. 예를 들어 필수적인 생물학적 과정 11A에서 형성되는 폴리펩티드의 예를 보면 DNA 뉴클레오티드 서열 TACGACTTA로 시작하여, mRNA의 AUGCUGAAU 서열로 전사된다. 이 서열은 메티오닌(Met)– 류신(Leu)– 아스파라긴(Asn)으로 구성된 폴리펩티드로 번역된다.

폴리펩티드를 생성하기 Making the Polypeptide

학습 목표 11.3.3 리보솜이 어떻게 번역 과정을 인도하는지 자세히 설명한다.

일단 mRNA 분자가 작은 리보솜 소단위에 결합하면, 다른 큰 리보솜 소단위도 결합하여, 완전한 리보솜을 형성한다. 리보솜은 이제 번역과정을 시작하며, *필수 생물학적 과정 11A*의 **1번 그림판**은 도넛 모양의 구멍을 통하여 실이 통과하는 것처럼 mRNA 가닥이 어떻게 리보솜을 통과하는지 보여준다.

새로운 tRNA가 아미노산을 A 부위에 나타난 새로운 코돈으로 가져오면, 그 전 코돈과 짝을 이루었던 이전의 tRNA는 P 부위로 전달되어 새로 들어오는 아미노산과 성장하는 폴리펩티드 사슬 사이에 펩티드 결합이 형성된다. P 부위의 tRNA는 궁극적으로 E 부위(출구, exit 부위)로 이전되고(**3번 그림판**), 가지고 있던 아미노산은 성장하는 아미모산 사슬의 끝에 부착된다.

그림판 4에서 tRNA는 방출된다. 따라서 리보솜이 mRNA를 따라 내려갈 때, tRNA가 mRNA 코돈의 서열에 부합하도록 하나씩 선택되어 리보솜으로 들어가서, 성장하는 폴리펩티드 사슬은 리보솜 밖으로 신장된다(**그림 11.8**).

펩티드 결합은 폴리펩티드의 두 아미노산 사이에 형성되는 화학결합의 이름이다(그림 3.6).

번역은 폴리펩티드의 끝을 신호하는 "정지"코돈과 마주칠 때까지 계속된다. 리보솜 복합체는 분리되며, 새로 생성된 폴리펩티드는 세포 내로 방출된다.

개념의 적용

리보솜의 A, P, E 부위는 특정한 아미노산에 의하여 어떤 순서로 점유되는가?

11.4 유전자 발현 Gene Expression

11.1절에서 논의된 중심정설은 모든 생물에서 동일하다. 그림 11.9는 DNA 복제, 전사, 그리고 번역의 핵심적인 과정에 필요한 요소들의 개관을 보여준다. 일반적으로 원핵생물이든 진핵생물이든 요소들도 동일하고, 과정들도 동일하고, 그리고 생성물도 동일하다. 그러나 두가지 유형의 세포 사이에는 유전자의 발현에서 약간의 차이점이 있다.

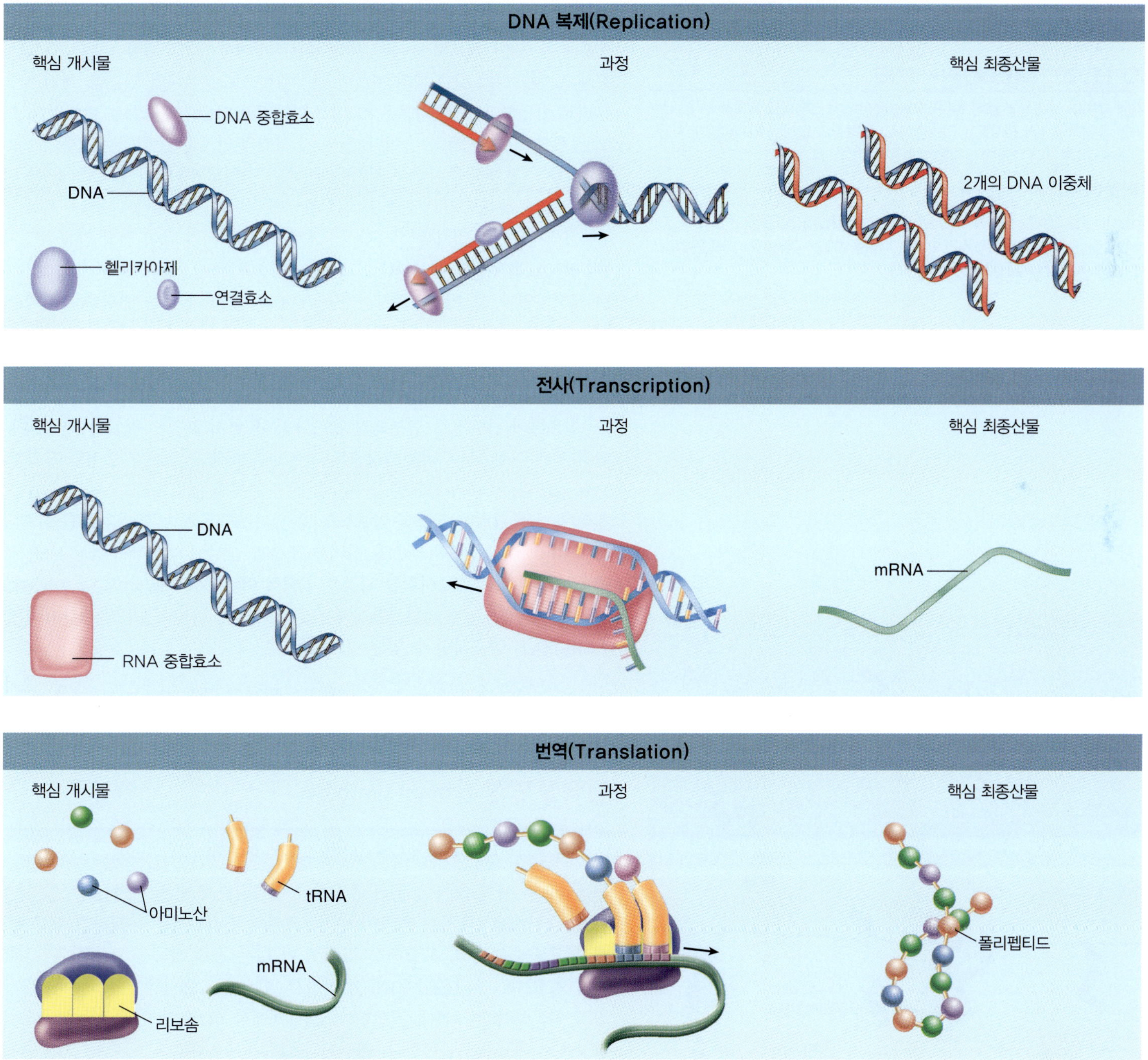

그림 11.9 DNA 복제, 전사, 그리고 번역의 과정.

이 과정들은 원핵생물과 진핵생물에서 일반적으로 동일하다.

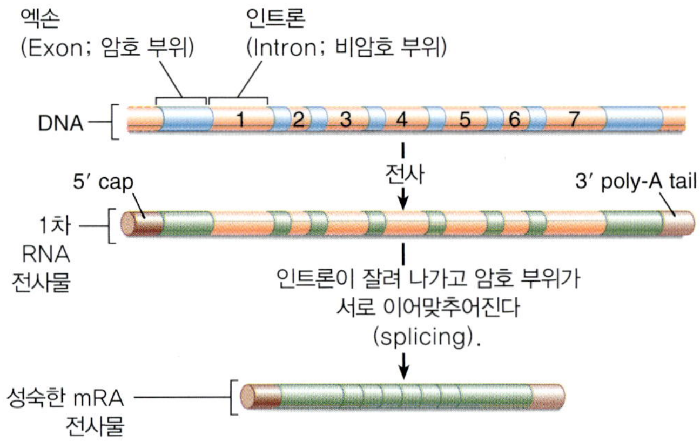

그림 11.10 진핵생물 RNA의 가공.

여기에 보이는 유전자는 난백 알부민(ovalbumin) 단백질을 암호화한다. 난백 알부민 유전자와 1차 전사물은 리보솜이 그 단백질의 합성을 지시하는데 사용하는 mRNA에 없는 7개의 분절을 포함하고 있다.

여러분에게 의미하는 것

여러분이 매일 접하는 일부 화학물질은 돌연변이원인데, 이들은 유전자의 DNA 성질을 변경시킬 수 있지만, 이러한 많은 변화는 여러분의 세포 단백질에 현저한 변화를 일으키지 않고 지나간다.

유전자의 구조 Architecture of the Gene

학습 목표 11.4.1 원핵생물과 진핵생물 유전자의 구조를 비교하고, 인트론이 어떻게 선택적 이어맞추기를 허용하는지 설명한다.

원핵생물에서 유전자는 DNA 뉴클레오티드가 연속적으로 늘어져 있는 것이며, 전사물은 아미노산을 만들기 위하여 한번에 3개의 뉴클레오티드 씩 읽힌다. 진핵생물에서는 대조적으로 유전자가 나뉘어져 있다. 진핵생물의 이러한 더 복잡한 유전자 내에는, 폴리펩티드의 아미노산 서열을 암호화하는 DNA 뉴클레오티드의 서열인 **엑손**(exon)이, 관계없는 뉴클레오티드인 "여분의 성분"인 **인트론**(intron)에 의하여 빈번하게 가로막힌다. 그림 11.10의 DNA 단편에서 엑손은 파란색으로 인트론은 오렌지색으로 표시된 영역이다. 위성에서 고속도로를 보는 것을 상상해 보세요. 콘크리트 실을 따라 차들이 무작위적으로 분산되어 있는데, 어떤 차들은 무리로 이동하고, 어떤 차들은 한 대씩 다니지만 대부분의 도로는 비어있다. 이것이 진핵생물 유전자의 모습이다. 훨씬 긴 서열의 인트론 안에 엑손이 흩어져서 끼워져 있다. 전형적인 사람 유전자에서 DNA 서열의 5%만이 폴리펩티드를 암호화하는 엑손에 배당되고, 95%는 암호화되지 않은 인트론이다!

진핵세포가 유전자를 전사할 때, 그림 11.10에서와 같이 먼저 전체 유전자의 **1차 RNA 전사물**을 생산한다. 그림에서 엑손은 녹색으로 인트론은 오렌지색으로 표시하였다. 효소는 5′모자와 *5′poly-A* 꼬리라고 불리는 변경을 추가하는데, 이들은 RNA 전사물이 손상되는 것으로부터 보호한다. 1차 전사물은 다음과 같이 가공된다. 효소-RNA 복합체가 인트론을 잘라내고 엑손을 함께 결합하여 아미노산으로 실제로 번역될 수 있는 더 짧고 성숙한 RNA 전사물을 형성한다.

인트론이 단백질로 번역되지 않는다면 왜 가지고 있는 것일까요? 대부분의 인간 엑손은 한 가지 방법 이상으로 이어맞추어 질 수 있는 기능적인 모듈인 것으로 보인다. 하나의 모듈은 단백질의 직선 부분을 암호화하고, 다른 모듈은 곡선이나 다른 평평한 장소를 암호화할 수 있다. Tinkertoy 장난감 부품을 혼합하듯이, 여러분은 동일한 엑손을 상이한 조합과 순서로 이용하여 매우 다른 조립품을 제작할 수 있다. 이러한 과정은 **선택적 이어맞추기**(alternative splicing)이라고 하며, 인간 유전체의 2만개에서 2만5천개의 유전자는 12만개까지의 상이한 mRNA를 암호화할 수 있는 것으로 보인다.

개념의 적용

RNA 전사물은 원핵생물과 진핵생물에서 어떻게 차이가 나는가?

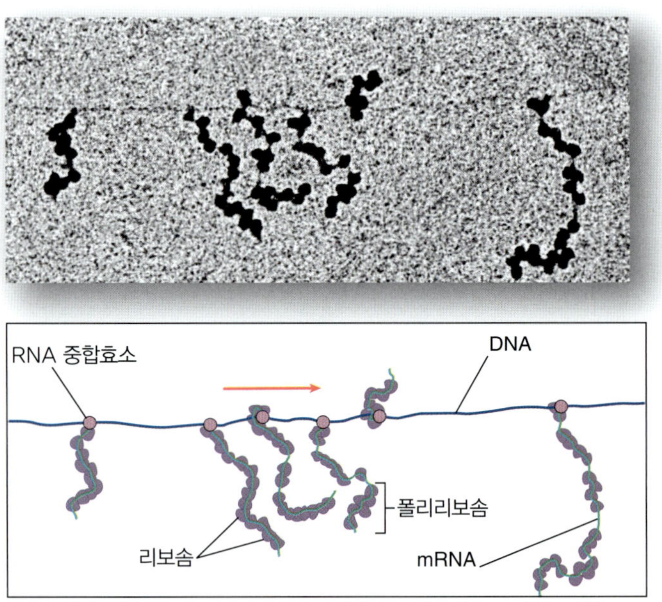

그림 11.11 원핵생물에서 전사와 번역.

리보솜은 mRNA가 형성되면서 바로 부착되어, 유전자가 전사되면 바로 번역하는 폴리리보솜을 생성한다.

단백질 합성 protein synthesis.

학습 목표 11.4.2 진핵생물 단백질 합성의 6단계를 설명한다.

원핵세포는 핵이 없기 때문에 유전자가 전사되면서 바로 번역될 수 있다(그림 11.11). 진핵세포에서는 핵막이 번역으로부터 전사과정을 분리하기 때문에, 단백질 합성이 훨씬 더 복잡해진다. 그림 11.12는 전체 과증을 보여준다. 전사(❶단계)와 RNA 가공(❷단계)은 핵 안에서 일어난다. ❸단계에서 mRNA는 세포질로 이동하여 리보솜과 결합한다. ❹단계에서 tRNA가 안티코돈에 상응하는 알맞은 아미노산에 결합한다. ❺단계와 ❻단계에서 tRNA는 리보솜으로 아미노산을 운반하며 mRNA는 폴리펩티드로 번역된다.

개념의 적용

단백질 합성은 왜 진핵생물에서 더 복잡한가?

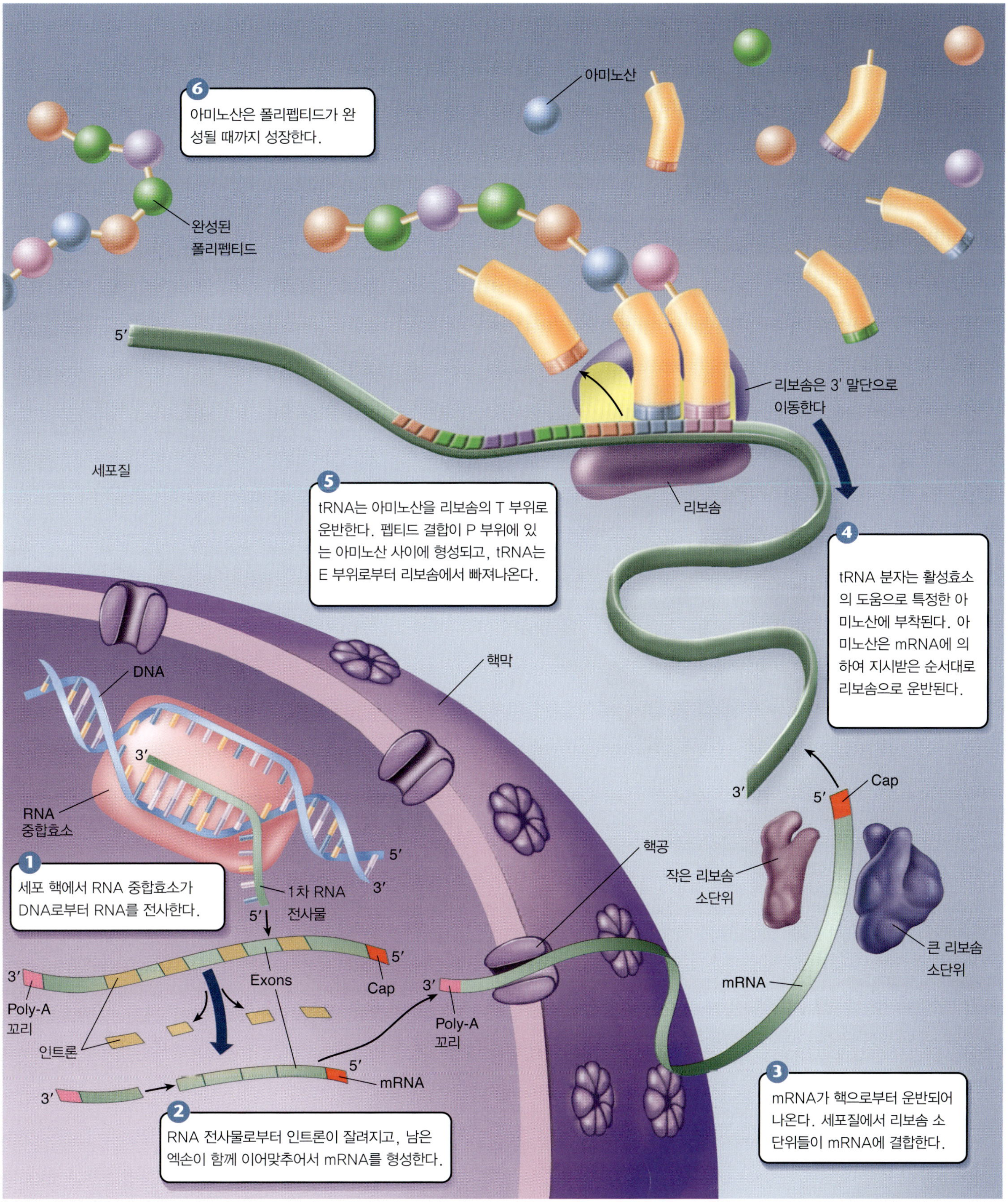

그림 11.12 진핵생물에서 단백질 합성이 작용하는 방식.

유전자 발현의 조절 Regulating Gene Expression

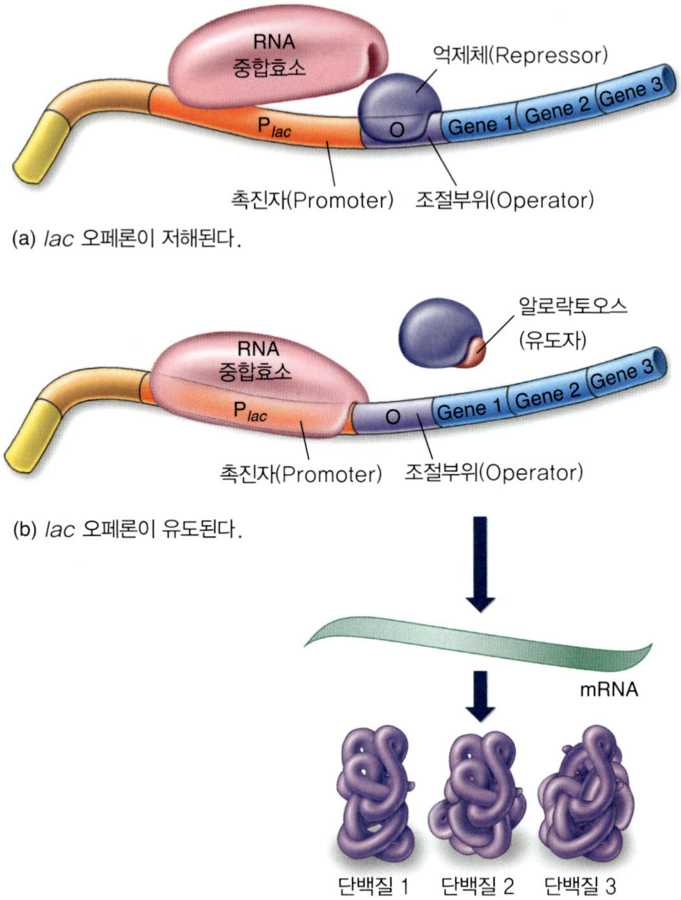

그림 11.13 *lac* 오페론은 어떻게 작동하는가.

(a) *lac* 오페론은 operator 부위에 억제 단백질(repressor protein)이 결합되면 폐쇄된다("억제된다"). promoter와 operator 부위가 중복되기 때문에, RNA 중합효소와 repressor는 동시에 결합할 수 없다. (b) *lac* 오페론은 allolactoser가 억제 단백질과 결합하여 형태를 변화시켜서 중합효소가 operator 부위에 정착하지 못하게 하여 결합을 방해할 때 전사된다("유도된다; induced").

여러분에게 의미하는 것

어떤 항생제는 세균의 전사나 번역에 간섭함으로써 작용한다. 리파마이신(rifamycin)은 여러분이 허파의 세균 감염인 폐결핵을 앓을 때 처방을 받게 될 수 있는 약의 집단이다. DNA의 operator 부위에 결합하는 *lac* 오페론의 저해제(repressor)와는 달리, 리파마이신은 세균 RNA 중합효소에 결합한다. 이것은 폐결핵과 같은 세균 감염을 어떻게 효과적으로 치료할 수 있을까요?

11.5 원핵생물에서 전사의 조절

학습 목표 11.5.1 원핵생물에서 전사 조절의 근본적인 목표를 설명한다.

유전자를 폴리펩티드로 번역하는 것은 유전자 발현의 일부분에 불과하다. 모든 세포는 특정한 유전자가 이용될 때 조절할 수 있어야만 한다. 연주회에서 모든 관악기는 온 힘을 다하여 불고 모든 북은 최대한 빠르고 크게 두드리는 등, 모든 악기가 최대한의 음량으로 계속해서 연주되는 것을 상상해보시오. 어느 교향악단도 이러한 방식으로 연주하지 않는데, 그 이유는 음악이 단순한 소음이 아니라 소리의 통제된 표현이기 때문이다. 같은 방식으로 성장과 발달도 유전자의 통제된 발현에 기인하며, 정확하고 미묘한 효과를 달성하기 위해서는 각각이 적합한 순간에 작용되도록 해야 한다.

유전자 발현의 통제는 원핵생물과 복잡한 다세포 생물에서 매우 다르게 달성된다. 원핵세포는 진화에 의해서 최대한 빨리 성장하고 분열하도록 만들어졌으며, 일시적인 자원을 활용할 수 있도록 한다. 원핵생물의 단백질은 빠르게 회전된다. 이는 유전자 발현의 양상을 변화시켜 외부 환경의 변화에 신속하게 반응할 수 있도록 한다. 원핵생물에서 유전자 통제의 주된 기능은 세포의 활동을 당면한 환경에 적응시키는 것이다. 유전자 발현의 변화는 가용한 영양분의 양과 종류 그리고 산소 존재량에 반응하여 세포 내에 어떤 효소가 존재할지를 변경한다. 이러한 변화의 거의 대부분은 완전히 가역적이며, 환경변화에 따라 세포가 효소의 수준을 증감시킬 수 있도록 한다.

개념의 적용

여러분의 신체는 상당히 일정한 내부 조건을 유지한다. 원핵세포의 유전자 조절은 왜 여러분에게 적합하지 않을 수 있을까요?

원핵생물이 어떻게 유전자를 켜고 끄는가

학습 목표 11.5.2 활성제(activator)와 억제제(repressor)가 어떻게 함께 작용하여 전사를 조절하는지 설명한다.

원핵생물은 유전자 발현의 조절을 주로 언제 개개의 유전자가 전사될지를 명령하여 통제한다. 각각의 유전자의 시작부분에는 통제점으로 작용하는 특별한 조절부위가 있다. 세포 내에 있는 조절단백질이 이 부위에 결합하여, 유전자의 전사를 끄거나 켠다.

유전자가 전사되기 위해서는, RNA 중합효소는 **촉진자**(promoter)라고 하는 유전자의 시작을 신호하는 DNA 상의 특별한 뉴클레오티드의 서열에 결합한다. 유전자는 DNA에 promoter에 접근을 차단하는 **억제체**(repressor) 단백질이 결합하여 꺼진다. 유전자는 **활성제**(activator)의 결합에 의하여 켜지는데, 이는 RNA 중합효소가 promoter에 접근이 더 용이하도록 한다.

억제체(Repressors). 대부분의 원핵생물 유전자는 소극적으로 통제된다. 필요할 때 외에는 항상 꺼져 있다. 이러한 유전자에서 조절 부위는 RNA 중합효소가 DNA에 결합하는 장소(promoter 부위)와 유전자의 시작되는 끝 사이에 위치한다. 억제체(repressor)라 불리는 조절단백질이 *조절부위*(operator)에 결합되면, repressor는 중합효소가 유전자 쪽으로 이동하는 것을 차단한다

(그림 11.13). 만약 여러분이 앉아서 저녁을 먹으려 하는데 누군가가 이미 여러분의 자리에 앉아있다고 생각해보세요. 여러분은 그 사람이 여러분의 자리에서 떠날 때까지 식사를 시작할 수 없지요. 이것과 같은 방식으로, 중합효소는 억제체 단백질이 제거되기 전까지는 전사를 시잘할 수 없다.

전사가 억제체에 의하여 차단된 유전자를 켜기 위해서, 세포는 특별한 신호 분자를 사용한다. 신호분자는 repressor에 결합하여 DNA에 맞지 않게 형태를 왜곡시킨다. 억제체가 떨어져 나오고, 전사의 장벽이 제거된다.

억제체(repressor) 단백질이 어떻게 작동하는지를 보여주는 특별한 사례는 *Escherichia coli* 세균의 *lac* 오페론이라고 하는 유전자 세트이다. **오페론**은 단위로서 전사되는 유전자의 집단을 포함하는 DNA의 분절이다. 그림 11.13의 *lac* 오페론은 단백질을 암호화하는 유전자(유전자 1, 2, 3으로 표시된 젖당의 분해에 관련된 효소를 암호화하는 유전자)와 연합된 조절 요소들(operator, promoter, 그리고 다른 결합부위)를 모두 가지고 있다. *E. coli*가 젖당(lactose)을 만나면 allolactose라고 하는 당이 억제체 단백질에 결합하여 형태를 비틀리게 하여 repressor가 DNA로부터 떨어지게 한다(그림 11.13b). RNA 중합효소는 더 이상 차단되지 않아 에너지를 얻기 위하여 젖당을 분해하는데 필요한 유전자의 전사를 시작한다.

활성제(Activators). RNA 중합효소가 DNA 이중나선의 한가닥 상에 있는 특별한 promoter 부위에 결합하기 때문에, 중합효소 단백질이 적절하게 안착할 수 있기 위해서는 DNA 이중나선이 이 부위 근처에서 풀려야만 한다. 이중나선의 풀림은 활성제(activator)라고 하는 주변의 DNA에 결합하여 풀림을 도와주는 조절단백질의 도움을 필요로 한다. 세포는 활성제 단백질에 신호분자를 결합하여 유전자를 켜고 끌 수 있다. *lac* 오페론에서 이화생성물 활성제 단백질(catabolite activator protein; CAP)이라고 하는 단백질이 활성제로 작용한다. CAP는 DNA와 결합되기 전에 신호분자인 cAMP와 결합을 해야만 한다. 그림 11.14와 같이 일단 CAP/cAMP 복합체가 형성되면, DNA에 결합하여 promoter에 RNA 중합효소가 접근하기 용이하게 한다.

> 그림 11.8의 토의에서 DNA가 헬리카아제(helicase) 효소에 의하여 풀린다는 것을 상기하세요. DNA가 풀리면 DNA 중합효소가 DNA에 접근할 수 있으며 복제할 수 있다. 유사하게 활성제(activator)는 RNA 중합효소가 유전자에 접근할 수 있도록 허용한다.

왜 활성제(activator)로 성가시게 하는가? 만약 여러분이 음식을 볼 때 마다 꼭 먹어야만 한다면 어떨지 상상해보세요! 활성제 단백질은 세포가 이런 종류의 문제를 극복할 수 있도록 한다. 활성제와 억제체는 전사를 통제하기 위하여 함께 작용한다. 어떻게 하는지를 이해하기 위하여 그림 11.15에서 *lac* 오페론을 다시 고찰해보자. 세균이 젖당을 만나면, 그림판 ❶처럼 이미 포도당의 형태로 많은 에너지를 가지고 있어서, 젖당을 더 이상 분해할 필요가 없을 수 있다. CAP는 포도당 수준이 낮을 때에만 결합하여 유전자 전사를 활성화시킬 수 있다. RNA 중합효소는 활성제의 기능을 필요로 하기 때문에, *lac* 오페론은 발현되지 않는다. 또한 포도당은 존재하지만 젖산이 없을 때에는, 그림판 ❷처럼 활성제인 CAP이 결합되지 못할 뿐 아니라, 억제체도 promoter를 차단한다. 포도당과 젖당이 모두 없을 경우에는 낮은 포도당 수준을 신호하는 분자인 cAMP(그림판 ❸과 ❹의 녹색의 파이처럼 생긴 조각)가 CAP에 결합하여 CAP는 DNA에 결합될 수 있다. 그러나 아직도 억제체가 그림판 ❸처럼 전사를 차단하고 있다. 포도당은 없고 젖산만 있는 경우에는, 그리고 오직 그 경우에만, 그림판 ❹처럼 억제체가 제거되고 활성제(CAP)이 결합되어 전사가 진행된다.

개념의 적용

젖산이 성장배지에 추가되면, 젖산을 대사하는 효소를 전혀 가지고 있지 않던 세균 세포는 돌연히 효소를 가지게 된다. 이러한 효소 유도(enzyme induction)은 어떻게 발생하는가?

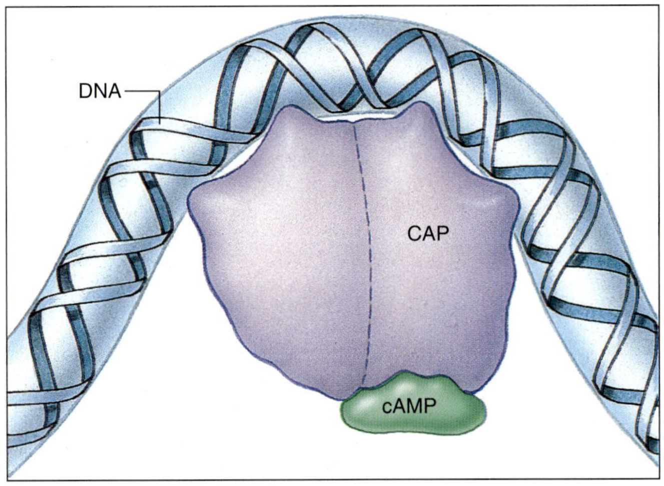

그림 11.14 활성제(activator)는 어떻게 작용하는가.
이화 생성물 활성제 단백질(CAP) 복합체가 DNA에 결합하면 DNA가 그 주위로 구부러지게 한다. 이는 RNA 중합효소의 활성도를 증가시킨다.

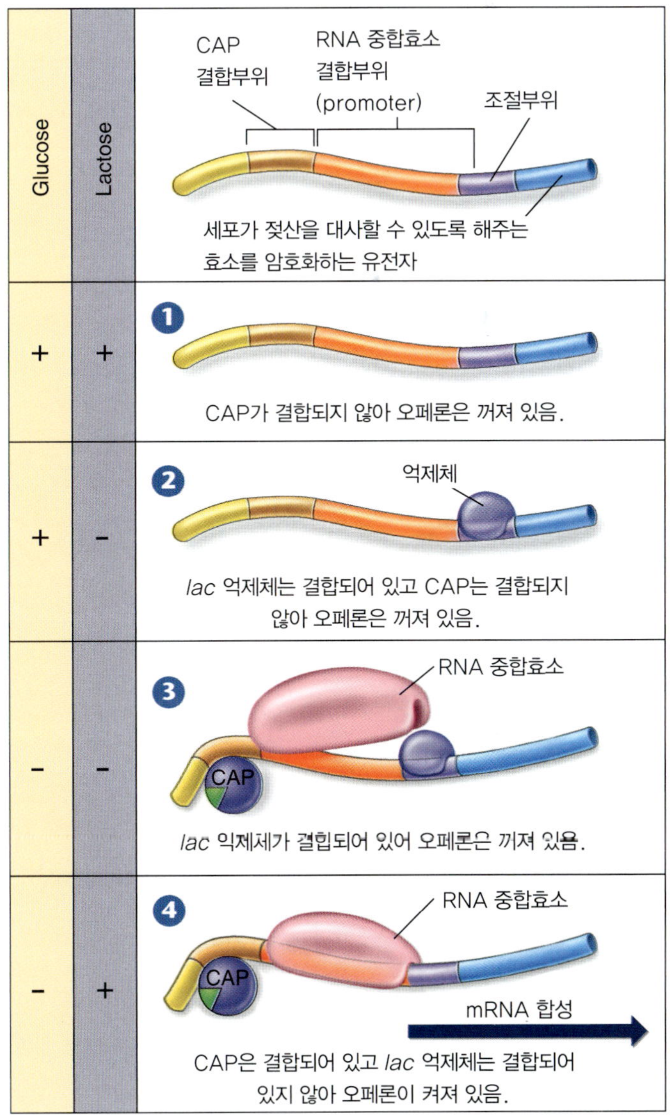

그림 11.15 *lac* **오페론에서 활성제와 억제체.**

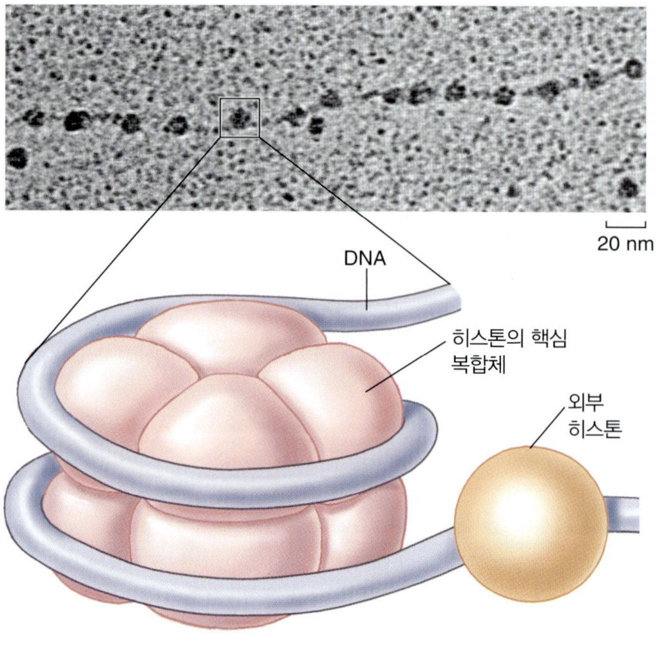

그림 11.16 DNA는 히스톤 주위를 감는다.

염색질에서 DNA는 뉴클레오솜으로 포장되어 있다. 전자현미경에서(위), DNA는 부분적으로 풀려서 개별 뉴클레오솜을 볼 수 있다. 뉴클레오솜에서는 DNA 이중나선이 8개 히스톤의 핵심복합체 주위를 감고, 하나의 추가적인 히스톤이 뉴클레오솜 외부체 결합한다.

11.6 진핵생물에서 전사의 조절

염색질 구조 Chromatin Structure

학습 목표 11.6.1 진핵생물에서 히스톤의 조절 역할과 DNA 메틸화를 서술한다.

상대적으로 일정한 내부환경을 가지고 있는 다세포 생물에서, 세포의 유전자 통제의 주된 기능은 신체를 전체로 조절하는데 참여하는 것이다. 유전자 발현에서 이러한 변화의 일부는 신체의 생리적 조건의 변화를 보상한다. 다른 변화들은 궁극적으로 신체를 생산하는 결정을 중재하며, 발달과정에 맞는 유전자가 바른 세포에서 정확한 시간에 발현되도록 보장한다.

진핵생물 유전자를 전사하는데 있어서 RNA 중합효소가 당면하는 첫 번째 장애물은 유전자에 접근하는 것이다. 7장 유사분열에서 설명하였듯이 진핵생물 염색체는 DNA와 단백질의 복합체인 염색질(chromatin)로 이루어져 있다. 염색질에서 DNA는 히스톤 단백질과 함께 뉴클레오솜(nucleosome)으로 포장된다(그림 11.16). 유사분열 동안에 뉴클레오솜은 감기고, 비틀리고, 꼬여서 염색체가 되지만, 전사가 일어나는 간기에서 까지도, DNA의 일부 부분은 뉴클레오솜의 부분으로 남아있다. 이러한 뉴클레오솜은 RNA 중합효소와 전사 요소(transcription factor)라고 불리는 다른 단백질이 promoter 부위에 결합하는 것을 차단하는 것으로 보인다. 히스톤은 화학적으로 변형되어 염색질이 더 크게 응축되도록 할 수 있어, 접근이 더 어렵게 한다. 메틸기(—CH_3)를 시토신 뉴클레오티드에 추가하는 DNA의 또 다른 화학적 변경은 꺼진 유전자의 돌발적인 전사를 차단한다. DNA의 메틸화는 일단 유전자가 꺼지면 확실하게 계속 꺼져 있도록 보장한다.

개념의 적용

여러분은 메틸화된 유전자가 뉴클레오솜에서 발견된다고 생각하나요?

전사 요소와 증진제 Transcription Factors and Enhancers

학습 목표 11.6.2 전사 요소와 증진제가 진핵생물에서 어떻게 유전자 발현을 조절하는지 설명한다.

진핵생물의 전사는 RNA 중합효소 분자만을 필요로 할 뿐 아니라, 중합효소와 상호작용하여 *개시복합체*(initiation complex)를 *형성하는 전사 요소*(transcription factors)라고 하는 다른 다양한 단백질도 필요로 한다. 전사요소는 개시 복합체를 조립하고 RNA 중합효소를 promoter에 보충하는데 필수적이다(그림 11.17).

원핵세포 유전자의 조절부위가 암호 부위의 바로 위쪽에 위치해 있지만, 진핵세포는 유전자에서 멀리 떨어진 곳에 위치한 조절부위를 가질 수 있다. 진핵생물 활성제는 **증진제**(enhancer)하고 하는 멀리 떨어진 부위에 결합할 수 있으며, DNA가 구부려져 고리를 형성하여 활성제가 RNA 중합효소/개시복합체와 접촉할 수 있도록 한다(그림 11.17).

복잡한 전사의 조절은 진핵생물 유전자 조절의 단지 한가지 면이다. 유전자 silencing, 단백질 합성, 그리고 전사 후 변경과 같은 전사와 연관된 다른 기작들이 *필수 생물학적 과정 11B*에 설명되어 있으며, 세포에 환경과 발달 신호에 정교하게 선별된 반응을 생성할 수 있는 능력을 제공한다.

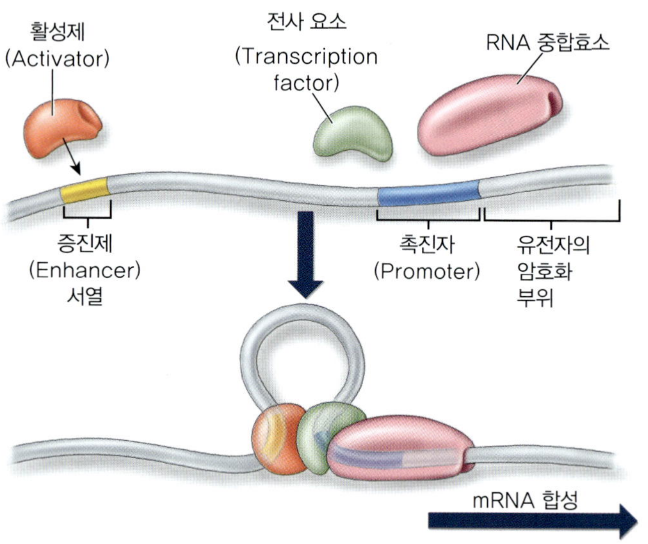

그림 11.17 전사 요소와 증진제(Transcription factors and enhancers).

활성제 결합 부위 또는 증진제(enhancer)는 종종 유전자에서 멀리 떨어져 위치하고 있다. 중합효소의 개시를 위해서는 활성제 단백질이 전사 요소에 결합하는 것이 요구된다.

필수 생물학적 과정 11B

진핵생물 유전자 발현의 통제

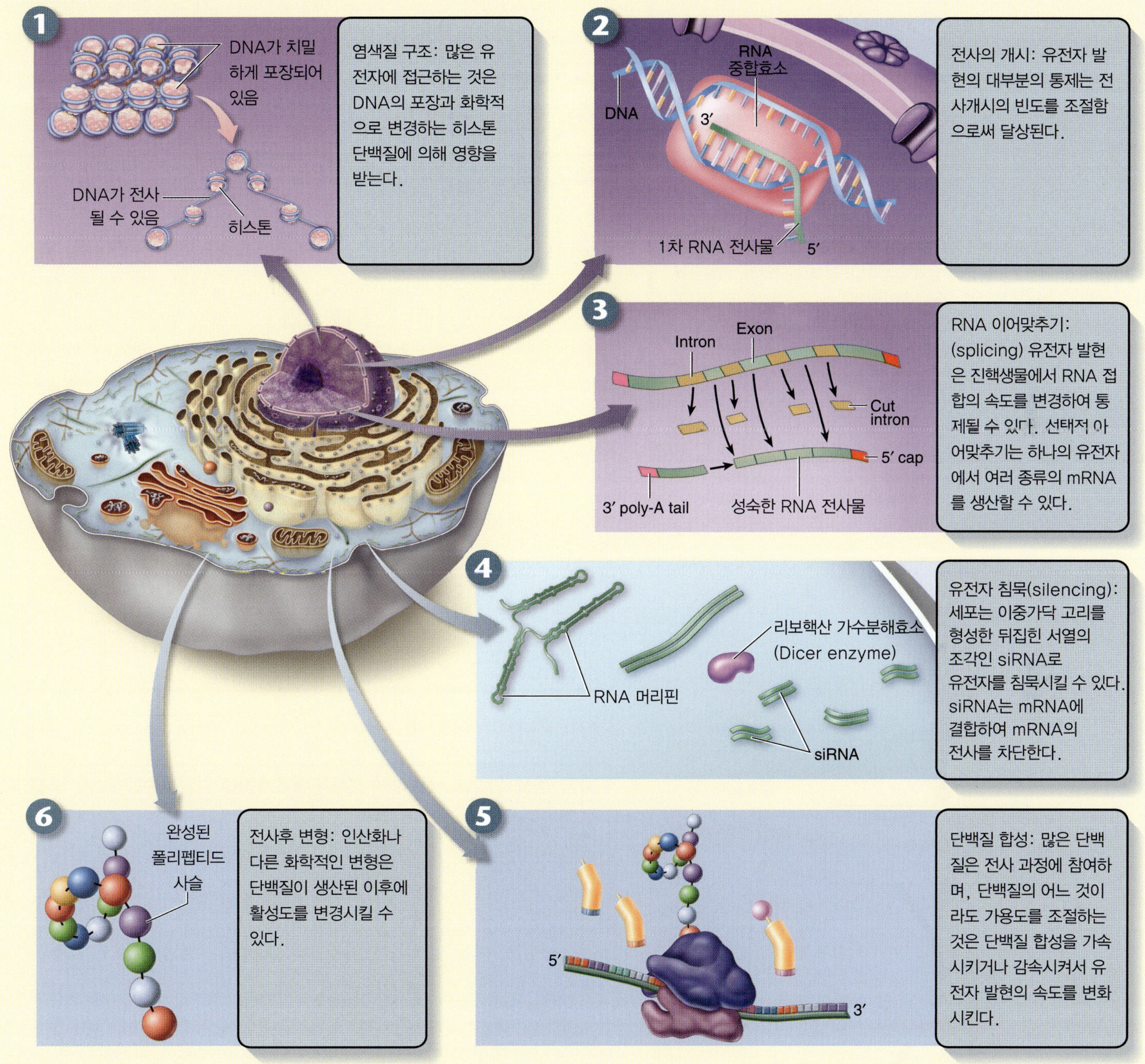

개념의 적용

만약 증진제가 유전자로부터 멀리 떨어져서 위치한다면, 어떻게 유전자의 전사를 통제할 수 있을까요?

뉴스에서

AIDS의 침묵화. 수 십년간 효과적인 AIDS 백신을 찾기 위한 탐색이 실패하고, 연구자들은 다른 접근방법으로 전향하고 있다. 가장 유망한 방법 중 하나는 2008년 AIDS가 완전히 치유된 42세의 미국거주 독일인에게 집중된다. 어떻게? 먼저 그의 면역체계는 방사선과 약에 의해 완전히 파괴되었고, 그 이후 델타 32라고 하는 유전자 돌연변이의 동형접합체인 사람의 혈액 줄기세포(순환하는 혈구세포와 면역체계 세포를 생산하는)를 받았다. 이 돌연변이는 HIV가 면역체계에 침투하도록 허용하는 CCR5라고 하는 세포표면 수용체를 파괴하기 때문에, 이 돌연변이의 동형접합체인 사람은 HIV 감염과 AIDS에 면역이 된다. 환자 자신의 혈액 줄기세포는 파괴되었기 때문에, 새로운 줄기세포가 그의 혈액 공급과 면역체계를 델타 32 세포로 재구성하였다. 그는 HIV 바이러스가 20개월 동안 없었으며 AIDS로부터 영원히 치료된 것으로 보인다. 사람의 면역체계를 완전히 파괴하는 것은 일반적인 치료로는 훨씬 위험한 것이지만(사망률이 10%–30%), 이 사례의 성공은 연구자들이 이 페이지에 묘사된 것처럼, 환자의 전체 면역체계가 아니라 혈액 줄기세포만을 완전히 파괴한 다음에, 환자 자신의 혈액 줄기세포로부터 델타 32 유전자를 잘라내어 재주입하는 RNA "가위"의 사용을 시도하도록 용기를 북돋았다.

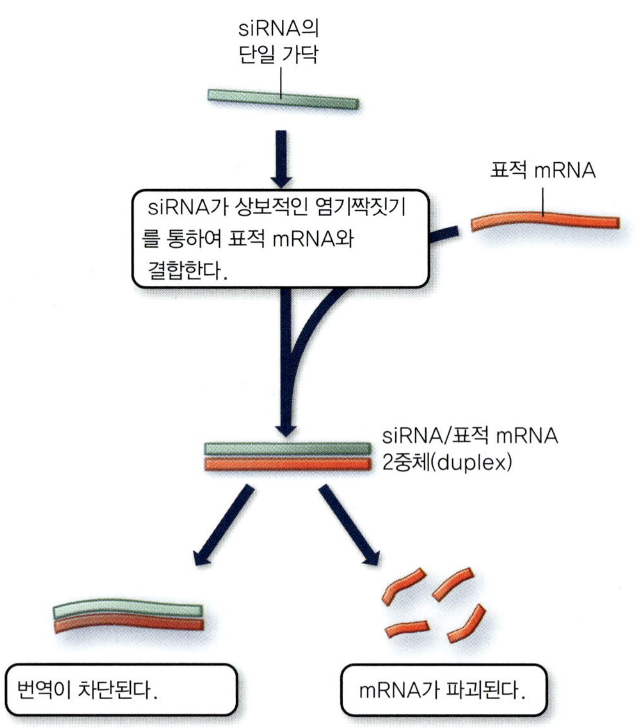

그림 11.17 RNA 간섭.

RNA 간섭은 유전자의 번역을 차단하거나(왼쪽) 또는 번역되기 전에 mRNA를 표적으로 파괴하는 둘 중 하나에 의하여 유전자 발현을 중지시킨다.

11.7 RNA–단계의 통제 RNA-Level Control

여태까지는 RNA 중합효소에 의하여 특정한 유전자를 판독하는 것을 차단하거나 활성화시켜서 전사시작을 조절하는 단백질 관점에서 유전자 조절에 대하여 논의하였다. 그러나 지난 10년 동안에 전사 다음에 두 번째로 중요한 단계의 통제로 작용하는 RNA 분자 또한 유전자 발현을 조절한다는 것이 더욱 더 명백해졌다.

RNA 간섭의 발견 Discovery of RNA Interference

학습 목표 11.7.1 **RNA 간섭을 정의한다.**

12장에서 자세히 논의될 예정이지만, 진핵생물 유전체의 대부분이 단백질로 번역되지 않는다. 이 발견은 처음에는 수수께끼였지만, 1998년 미국인 파이어(Andrew Fire)와 멜로(Andrew Mello)가 수행한 간단한 실험에 의하여 이해되기 시작하였으며, 이 성과로 그들은 2006년 생리학 또는 의학분야의 노벨상을 수상하였다. Fire와 Mello는 이중나선 RNA 분자를 선충류 벌레인 *Caenorhabditis elegans*에 주입하였다. 그 결과는 이중나선 RNA와 상보적인 서열을 가진 유전자가 침묵하였다. 무슨 일이 일어나고 있는 것인가요? RNA 바이러스(유전 저장 분자로 DNA가 아닌 RNA를 가지고 있는 바이러스)는 이중가닥의 매개체를 통하여 자신을 복제한다. RNA 간섭은 이중 가닥의 바이러스 RNA가 RNA 간섭 기구에 의하여 파괴하도록 표적이 된 이러한 바이러스에 대한 세포 방어기작으로 진화하였을 것이다. 그렇게 하려고 의도하지 않았지만, 선충 연구자들은 우연히 이 방어기작을 발견하였다.

개념의 적용

이중가닥의 DNA를 공격하는 것이 어떻게 RNA 바이러스에 대한 방어를 제공할 수 있나요?

RNA 간섭이 어떻게 작동하는가 How RNA Interference Works

학습 목표 11.7.2 **작은 RNA 분자가 어떻게 RNA 간섭을 수행하는지 설명한다.**

간섭을 조사하면서, 연구자들은 유전자를 침묵시키는 과정에서 식물은 침묵되는 유전자와 짝이 되는 짧은(21개에서 28개 사이의 뉴클리오티드) RNA 분자를 생산한다는 것을 발견하였다. 훨씬 큰 전령 RNA(mRNA), 운반 RNA(tRNA), 그리고 리보솜 RNA(rRNA)에 초점을 맞추었던 그 전의 연구자들은 이러한 훨씬 작은 조각을 알아차리지 못하고 실험 도중에 버렸다. 이러한 RNA 조각은 작은 간섭 RNA(small interfering RNA) 또는 siRNA라고 한다. 이러한 RNA의 작은 단편이 어떻게 특정한 유전자의 활동을 침묵시키나요? 복잡한 방법으로 이제 명백하게 이해하기 시작하고 있으며, 작은 RNA 단편은 상보적인 서열을 가지고 있는 세포 내의 어떤 mRNA 분자와도 결합한다. 이 mRNA를 생산한 유전자의 침묵은 2가지 방법 중 하나에 의해 달성될 수 있다(그림 11.18). 그 결과는 mRNA의 발현이 단백질로의 번역을 차단하여 저해되던지, 아니면 mRNA가 단순히 파괴되던지 하는 둘 중의 하나이다. 어떠한 경우에도, 그 mRNA를 생성한 특정한 유전자는 발현이 되지 않고, 침묵되었다.

개념의 적용

RNA가 이중가닥이 아니라고 하면, siRNA가 어떻게 mRNA에 결합할 수 있을까요?

질병 치료를 위한 유전자의 이어붙이기

진핵생물이 선택적으로 특정한 유전자 전사물을 침묵시켜 유전자를 통제할 수 있다는 최근의 발견은 생물학자들을 흥분시켰는데, 이는 질병과 감염을 치료하는 신나는 가능성을 열었기 때문이다. 많은 질병은 하나 또는 여러 유전자의 발현에 의해 유발된다. AIDS를 예로 들면 HIV 바이러스의 여러 유전자의 발현을 필요로 한다. 많은 만성적인 인간의 질병은 지나치게 활발한 유전자로 인하여 초래된다. 의사들이 어떻게든지 이러한 유전자들을 끌 수 있다면 어떨까요?

아이디어는 단순하다. 여러분이 질환에 연관된 유전자를 분리하고 서열을 분석할 수 있다면, 원칙적으로 반대 서열 또는 "앤티센스(antisense)"가닥을 가진 RNA 분자를 합성할 수 있다. 이 RNA는 따라서 그 유전자에 의하여 생성되는 전령 RNA(mRNA)와 상보적인 서열을 가지게 된다. 이 합성 RNA는 세포내로 유입되면 mRNA와 결합하여 리보솜이 읽을 수 없는 이중가닥의 RNA를 생성할 것이다. 만약 앤티센스 요법이 작동할 수 있게 되고 실제적이고 저렴하게 달성될 수 있다면 AIDS 유행은 진로가 중단될 수 있을 것이다. 실로 어떤 바이러스 감염도 이 방법으로 방지될 수 있다. 인플루엔자는 아마도 모든 감염성 질병 중에서 가장 사망자가 많을 것이다. 작동할 수 있는 앤티센스 치료법은 바이러스가 확산되기 전에 조류독감 유행을 근절할 수 있을 것이다.

앤티센스 유전침묵 치료법의 가장 흥미로운 약속은 실질적인 암 요법의 가능성이다. 7장에서 논의되었듯이 암은 다른 어떤 질병보다 많은 사망자를 보인다. 우리는 이제 어떻게 암이 발생되는지 상당히 자세하게 알고 있다. RNA 유전자침묵 치료법의 가장 큰 약속은 하나 이상의 "분할"신호의 효율성을 증가시키는 암을 유발하는 유전자의 돌연변이에서 온다. 만약 이러한 돌연변이 유전자들이 침묵될 수 있다면 암은 퇴치될 수 있다.

골치아픈 유전자를 침묵시키기 위하여 상보적 RNA를 사용하는 것의 전망은 지난 수년 동안에 진핵생물의 독특한 바이러스 방어체계의 발견으로부터 엄청난 추진력을 얻었다. RNA 바이러스 감염으로부터 자신을 보호하기 위하여, 세포는 바이러스를 탐지하고, 공격하고 파괴하는 복잡한 체계를 가지고 있다. 이 체계는 감염성 바이러스의 미묘한 취약성을 이용한다. 어떤 시점에 감염된 세포 내에서 증식하기 위하여 바이러스는 자신의 유전자를 발현해야만 하는데, 즉 바이러스 단백질의 생산을 지시하기 위하여 전령 RNA로 작용할 수 있는 유전자의 상보적인 사본을 생산해야만 한다. 이 시점인 바이러스 RNA 분자가 이중가닥일 때가 바이러스가 공격에 취약하다. 세포 내의 다른 어느 곳에서도 보통은 이중가닥 RNA가 발견되지 않기 때문에, 이중가닥 RNA를 즉각적인 파괴의 표적으로 삼아서 세포는 바이러스 감염을 퇴치할 수 있다.

RNA 간섭(RNA interference)이라고 하는 상보적인 RNA로 유전자를 침묵시키는 것은 문자 그대로 우리의 현관계단에 있을지 모르는 많은 질병들을 성공적으로 치료할 수 있다는 흥분되는 희망을 제공한다. 먼저 그러나 과학자들은 어떻게 RNA 간섭 치료법을 작동하게 할 수 있을지를 해결해야만 한다. 그들은 일부 매우 어려운 기술적인 문제점들을 직면하고 있는데, 그 중

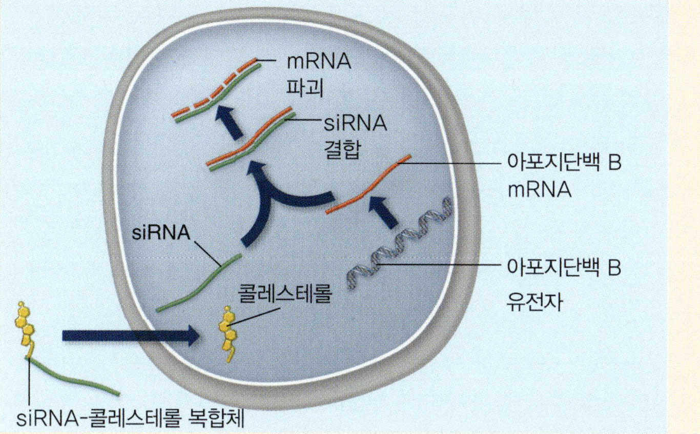

에 쉽지 않은 것이 간섭 RNA를 표적 세포로 그리고 내부로 운반하는 방법을 찾는 것이다. 문제는 RNA가 혈류 내에서 빠르게 분해되고, 표적세포까지 도달하더라도 세포까지 대부분의 신체의 세포가 쉽게 흡수하지 않는다는 것이다. 바이러스를 이용한 유전자 치료의 접근방법이 면역반응을 유발시켜 암을 유발할 수 있음에도 불구하고, 일부 연구자들은 RNA를 바이러스에 포장하려고 시도한다. 유전자 치료 연구자들은 더 안전한 바이러스 유전자 배달 매개체를 찾고 있으며, 그들이 배운 것은 확실하게 좋은 효과가 있을 것이다.

흥미로운 하나의 대안적인 접근법은 RNA를 보호하고 세포에 의해 더 용이하게 흡수될 수 있도록 RNA를 변형시키는 것이다. 이 연구는 콜레스테롤 대사에 관련되어 있는 아포지단백질 B를 암호화하는 mRNA에 초점을 맞추고 있다. 높은 아포지단백질의 수준은 콜레스테롤 수준이 높은 사람에게서 발견되며, 관상심장질병 위험의 증가와 연관되어 있다. 아포지단백질 B mRNA를 표적으로 하는 간섭 RNA는 mRNA를 파괴하고, 콜레스테롤 수준을 낮춘다. 간섭 RNA를 효율적으로 신체조직에 배달하기 위하여 연구자들은 콜레스테롤 분자를 각각의 간섭 RNA 분자에 부착하였다(위의 도표). 아포지단백질 B의 수준은 50-70% 감소되었으며, 혈중 콜레스테롤 수준도 급격히 떨어져서, 아포지단백질 B 유전자가 제거된 세포에서 보이는 수준과 동일하게 나타났다. 이러한 접근방법이 다른 많은 RNA에도 작동이 될지는 명백하지 않지만, 매우 가능성이 높아 보인다.

다루기 힘든 유전자의 RNA 침묵에 기반을 둔 성공적인 치료법을 개발하는 것을 추구하는 사람들에게 당면한 두 번째 주된 문제는 특이성의 하나이다. 오로지 표적 유전자만이 침묵되어야 하는 것이 매우 중요하다. 많은 사람들이 연관된 임상실험을 수행하기 전에, 간섭 RNA가 표적 바이러스나 암 유전자 외에 필수적인 인간 유전자를 폐쇄시키지 안도록 확실하게 하지 않으면 안 된다. 일부 연구는 이것은 문제가 되지 않으리라고 시사하지만, 다른 연구에서는 표적 외에 다양한 유전자가 영향을 받는 것으로 보인다. 이러한 가능성은 새로 개발되는 각각의 치료법에 대하여 면밀하게 평가되어야 할 것이다.

질문과 분석

시험관에서 단백질을 생성하기

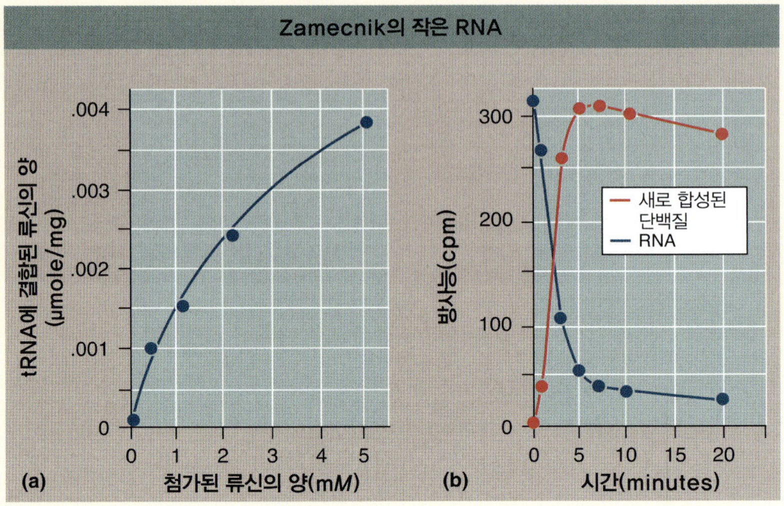

단백질을 생성하기 위하여 세포에 의해서 이용되는 복잡한 기작은 한 번에 모두 발견되지 않았다. 이에 대한 이해는 조금씩 더 알려주는 일련의 긴 실험을 통하여 축적되며 서서히 이루어졌다. 이러한 실험적 여정의 증가하는 본성을 약간은 느끼고, 각 단계가 가져오는 흥분을 음미하기 위해서는, 알려진 것은 거의 없고 나아가야 할 길은 명확하지 않았던 시대로 조사자들의 족적을 따라 가보는 것이 유용할 것이다.

우리가 따라갈 족적은 단백질 합성 연구의 초기 선구자인 자메스닉(Paul Zamecnik)이다. 1950년대 초반에 매사추세츠 종합병원의 동료들과 연구하면서, Zamecnik은 처음으로 가장 직접적인 질문을 하였다. 세포의 어디에서 단백질이 합성되는가? 알아보기 위하여 그들은 방사성 아미노산을 쥐에 주입하였다. 몇 시간이 지난 뒤에, 방사성 표지된 아미노산은 쥐의 간에서 새로 형성된 단백질의 일부분으로 발견되었다. 그리고 주입한 뒤 몇 분만에 간을 제거하여 확인해보니 방사성 표지된 단백질은 세포질의 작은 단백질과 결합되어서만 발견되었다. 단백질과 RNA로 이루어진 이 입자들은 나중에 리보솜으로 명명되었으며, 수 년 전에 세포 구성분의 전자현미경 연구에서 발견되었었다. 이 실험은 리보솜이 세포에서 단백질 합성이 일어나는 부위라는 것을 확인하였다.

수 년 동안의 시행착오를 거친 어설픈 작업을 통해, Zamecnik과 그의 동료들은 시험관에서 단백질의 합성을 할 수 있는 무세포(cell-free) 단백질 합성 시스템을 만들어낼 수 있었다. 여기에는 리보솜, mRNA, 그리고 에너지를 공급하기 위한 ATP가 포함되었다. 여기에는 어떻게 해서든 리보솜과 함께 작용하여 단백질 합성이 일어나게 한 균질화된 쥐 세포에서 분리된 필수적인 용존 요소들의 수집도 포함되었다. Zamecnik 팀이 이러한 필수적인 요소들을 특징지었을 때, 그들은 예상했던 대로 대부분이 단백질 이었지만, 전혀 예상치 못하게 그 혼합물 안에는 작은 RNA도 포함되어 있었다.

이 작은 RNA가 무엇을 하고 있었는지 알아보기 위하여, 그들은 다음의 실험을 수행하였다. 시험관에 다양한 양의 14C-류신(방사성 표지된 류신 아미노산)을 용존 인자, 리보솜, 그리고 ATP를 포함한 무세포 시스템에 추가하였다. 잠시 기다린 뒤에, 혼합물에서 작은 RNA를 분리하여 방사성을 측정하였다. 위의 그래프 (a)에서 그 결과를 볼 수 있다.

후속 실험에서 그들은 이 실험에서 생성된 방사성 류신과 작은 RNA의 복합체를 온전한 소포체(막에 리보솜이 있는 단백질을 형성할 수 있는 세포 시스템)를 포함하는 세포 추출물과 혼합하였다. 이제는 방사성 표지가 어디로 갔는지를 보기 위하여, 작은 RNA 뿐 아니라 새로 형성된 단백질[그래프 (b)에서 붉은색]도 분리하였다.

분석

실험 A, 그래프 (a)

1. **자료의 해석:** 시험관에 추가한 류신의 양은 작은 RNA에 결합되어 나타나는 류신의 양에 영향을 미치나요?
2. **추론하기:** 작은 RNA에 결합된 류신의 양은 혼합물에 추가된 류신의 양과 비례하나요?
3. **결론의 도출:** 이 결과로부터 여러분은 합리적으로 류신 아미노산이 작은 RNA에 결합한다고 결론 지을 수 있나요?

실험 B, 그래프 (b)

1. **자료의 해석**
   - **a.** 방사성 류신과 작은 RNA 복합체를 세포추출물에 추가한 20분 간 방사성을 모니터링한 결과, 작은 RNA(파란색)의 방사성 수준에 어떤 일이 일어났나요?
   - **b.** 같은 기간 동안에 새로 형성된 단백질(붉은색)의 방사성 수준에는 어떤 일이 일어났나요?
2. **추론하기:** 작은 RNA에서 손실된 방사성과 동일한 양이 새로 형성된 단백질에 의하여 얻어졌나요?
3. **결론의 도출**
   - **a.** 작은 RNA가 아미노산을 성장하는 단백질에 제공한다고 결론 내리는 것이 합리적인가요? [힌트: 이 실험의 결과 작은 RNA를 운반 RNA로 부른다.]
   - **b.** 여러분이 20분 후에 이 실험에서 형성된 단백질을 분리한다면, 어느 아미노산이 방사성으로 표지되어 있을까요? 그 이유를 설명하시오.

학습 결과의 요약

유전자에서 단백질까지

중심정설 The Central Dogma

11.1.1 DNA는 세포에서 유전정보의 저장 장소이다. 유전자 발현과정인 DNA에서 RNA 그리고 단백질까지를 중심정설이라고 한다(그림 11.1).

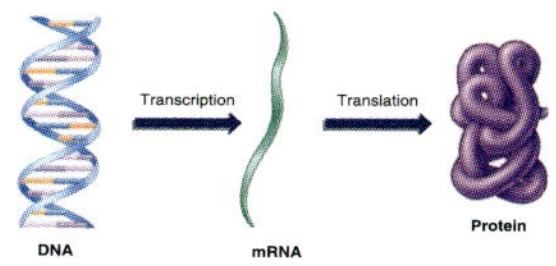

유전자 발현은 여러 종류의 RNA를 이용하여 2단계에 걸쳐서 일어난다. 전사에서는 DNA로부터 mRNA 사본이 형성되며, 번역에서는 mRNA의 정보가 rRNA와 tRNA를 이용하여 단백질로 번역된다.

전사 Translation

11.2.1 전사는 DNA 메시지를 읽는 과정이다. 전사에서 DNA는 RNA 중합효소에 의하여 mRNA 합성이 일어날 때 주형 역할을 한다. RNA 중합효소는 프로모터(promoter) 부위에서 한 가닥의 DNA와 결합한다. RNA 중합효소는 성장하는 mRNA에 상보적인 뉴클레오티드를 추가한다.

번역 Translation

11.3.1 mRNA 내의 메시지는 뉴클레오티드 서열에 암호화되어 있으며, 이는 코돈(codon)이라고 하는 3개의 뉴클레오티드 단위로 읽힌다. 코돈은 특정한 아미노산에 대응한다. mRNA 상의 코돈의 번역을 통제하는 규칙을 유전자 암호라고 한다.

11.3.2 번역에서 mRNA는 세포질로 메시지를 전달한다. rRNA는 단백질과 결합하여 리보솜이라고 하는 단백질이 조립되는 기반인 리보솜이라고 하는 구조를 형성한다.

리보솜은 하나의 작은 소단위와 하나의 큰 소단위를 포함한다. 번역은 mRNA가 작은 리보솜 소단위와 결합하면서 시작되며, 이는 큰 소단위가 작은 소단위와 결합하도록 유발하여 완전한 리보솜을 형성한다. 리보솜은 A, P, 그리고 E라고 하는 3개의 부위를 가지고 있으며, 이 곳에 3번째 유형의 RNA인 운반 RNA(transfer RNA; tRNA)가 결합한다. tRNA 분자는 그림 11.7처럼 폴리펩티드 사슬을 형성하기 위하여 리보솜으로 아미노산을 운반한다. rRNA에 부착되는 아미노산은 안티코돈이라고 하는 tRNA 상의 3개의 뉴클레오티드 서열에 의하여 결정된다.

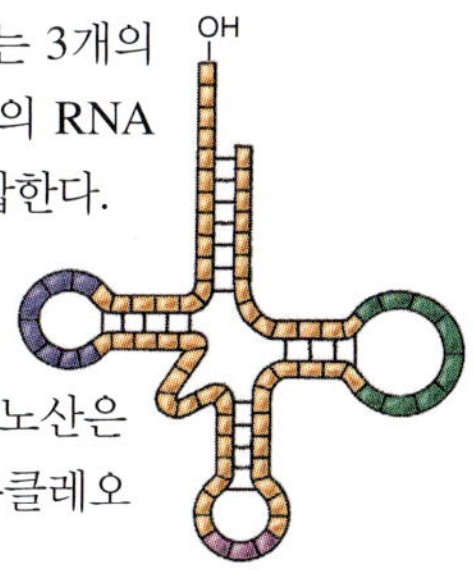

11.3.3 리보솜은 mRNA를 따라 이동하며, 코돈에 상보적인 안티코돈을 포함하는 tRNA 분자는 적절한 아미노산을 리보솜으로 운반한다. 진입하는 tRNA는 먼저 A 부위에 부착하여 리보솜이 이동함에 따라 P와 E 뷔치로 이동하여, 다음 tRNA가 진입할 수 있도곡 A 부위를 비워둔다. 아미노산은 성장하는 폴리펩티드 사슬에 추가된다. “정지”코돈에 도달하면 리보솜은 분해되며 폴리펩티드를 세포 내로 방출한다.

유전자 발현 Gene Expression

11.4.1 원핵생물 유전자는 전부가 전사되고 번역되는 하나의 DNA stretch 내에 포함되어 있다.

진핵생물 유전자는 조각으로 되어있으며, 엑손이라고 하는 암호부위와 인트론이라고 하는 비암호 부위를 포함한다. 전체 진핵생물 유전자는 RNA로 전사되지만, 인트론은 번역되기 전에 꼬아잇기에서 제거된다(그림 11.10).

엑손은 선택적 이어맞추기(alternative splicing)에 의하여 여러 방법으로 이어맞추기를 하여, 동일한 DNA 부분으로 부터 상이한 단백질들을 형성한다.

11.4.2 단백질 합성과정은 진핵생물과 원핵생물이 다르다. 원핵생물에서 전사와 번역은 동시에 일어난다. 리보솜은 전사되면서 mRNA에 부착되며, 전사가 완료되기 전에 번역이 시작된다. 진핵생물에서 RNA 전사가 먼저 생성되고 핵에서 처리된다(인트론이 제거된다). 그 후에 mRNA는 세포질로 이동하여 폴리펩티드로 번역된다.

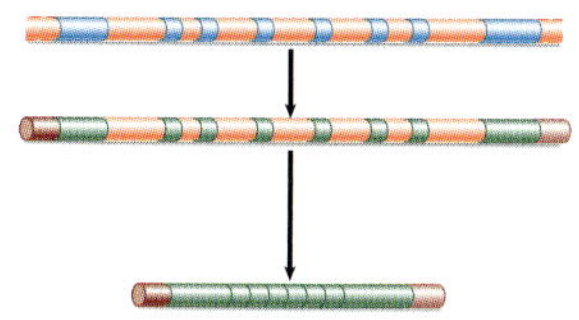

유전자 발현의 조절

원핵생물에서 전사의 조절 Transcriptional Control in Prokaryotes

11.5.1 원핵생물은 언제 전사될 것인지를 결정하여 유전자의 발현을 통제한다.

11.5.2 원핵세포에서 억제자 단백질이 operator 부위에 결합하여 촉진자(promoter)를 차단할 때 유전자가 꺼진다(그림 11.13).

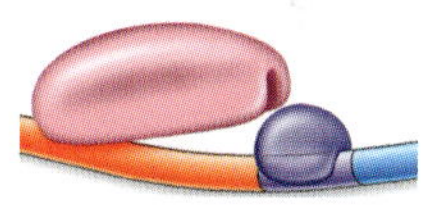

일부 유전자는 활성제 단백질이 DNA에 결합하여 RNA 중합효소가 촉진자에 결합할 수 있도록 이중나선을 풀어줄 때만 켜질 수 있다.

lac operon은 젖당의 분해에 관련된 유전자의 집단을 포함한다. *lac* operon 유전자에 의하여 생산되는 단백질이 필요할 때, 유도자(inducer) 분자는 억제자 단백질에 결합하여 DNA에 부착될 수 없어서, RNA 중합효소가 결합할 수 있도록 촉진자를 자유롭게 한다. lac operon은 활성제에 의해서도 통제된다. 활성제는 DNA의 형태를 변경하여 DNA에 RNA 중합효소가 부착될 수 있도록 한다. 활성제가 DNA에 부착되고 억제제가 제거될 때만 RNA 중합효소가 촉진자에 결합할 수 있다.

진핵생물에서 전사의 조절 Transcriptional Control in Eukaryotes

11.6.1 DNA가 히스톤 주위를 감아서 RNA 중합효소가 DNA에 접근하지 못하도록 제한한다. 유전자 발현의 통제는 히스톤의 화학적 변형이나 유전자를 끄게 하는 DNA 자체의 메틸화이다.

11.6.2 진핵세포에서 전사는 RNA 중합효소가 촉진자(promoter)에 부착하기 전에 전사요소들의 결합을 필요로 한다. 진핵생물 유전자는 증진제(enhancer)에 의해 원거리에서 통제된다. 조절단백질은 유전자에서 멀리 떨어진 증진제에 결합하며 DNA는 고리를 형성하여(그림 11.17) 멀리 떨어진 증진제 구역이 전사요소들과 접촉할 수 있도록 한다. 진핵세포는 몇 개의 유전자 발현 단계를 가진다.

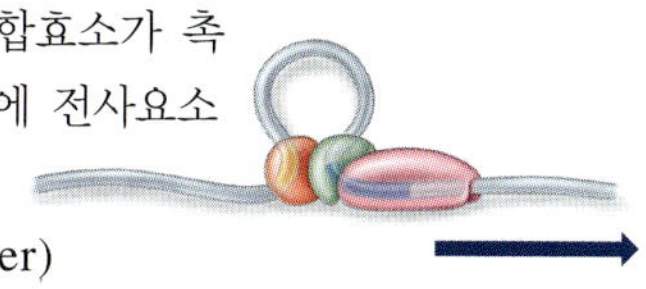

RNA-단계의 통제 RNA-Level Control

11.7.1 RNA 간섭은 전사를 차단하여 유전자를 침묵시키는 것이다.

11.7.2 RNA 간섭에서 siRNA라고 하는 작은 RNA 조각이 세포질 내의 mRNA에 결합하여 전사를 차단하거나 mRNA를 파괴한다.

이해의 측정

11.1.1 다음 중 RNA의 종류가 아닌 것은?

a. nRNA(핵 RNA) **c.** rRNA(리보솜 RNA)
b. mRNA(전령 RNA) **d.** tRNA(운반 RNA)

11.1.1 RNA 중합효소가 DNA 분자에 부착하여 RNA 분자의 형성을 시작하는 부위는?

a. 촉진자(promoter) **c.** 인트론(intron)
b. 엑손(exon) **d.** 증진제(enhancer)

11.2.1 유전자에서 정보의 사본을 전령 RNA의 가닥으로 획득하는 과정은?

a. 중합효소 **c.** 전사
b. 발현 **d.** 번역

11.3.1 폴리펩티드의 각각의 아미노산은 무엇에 의해 특정되는가?

a. 증진제(enhancer) **c.** rRNA 분자
b. 촉진자(promoter) **d.** 코돈(codon)

11.3.1 유전자 암호에 대하여 올바른 서술은?

a. 모든 코돈은 아미노산을 암호화한다.
b. 각각의 아미노산은 단지 하나의 코돈에 의해서만 암호화된다.
c. 코돈은 3개의 뉴클레오티드로 이루어진다.
d. 코돈과 상보적인 안티코돈은 동일한 서열을 가진다.

11.3.2 mRNA의 코돈이 UAC라면, 상보적인 안티코돈은 무엇인가?

a. TUC **c.** AUG
b. ATG **d.** UAC

11.3.3 mRNA의 가닥에서 정보를 취하여 아미노산 사슬을 형성하는 과정은?

a. 중합효소 **c.** 전사
b. 발현 **d.** 번역

11.4.1 진핵생물 유전자 발현에 대하여 옳은 진술은?

a. mRNA는 인트론(intron)을 이어맞추어 제거한다.
b. mRNA는 오직 하나만의 유전자의 전사물이다.
c. 인트론은 전형적인 인간 유전자의 95%를 차지한다.
d. 위의 모든 것이 옳다.

11.5.1 다음 중 어느 것이 원핵세포의 유전자 조절을 정확하게 설명하는가?

a. 모든 유전자는 모든 세포에서 항상 켜져 있어서, 필요한 아미노산 서열을 만든다.
b. 일부 유전자는 프로모터가 켜지 않으면 항상 꺼져 있다.
c. 일부 유전자는 프로모터가 끄지 않으면 항상 켜져 있다
d. 일부 유전자는 억제자가 결합되어 있는 한 꺼진 상태를 유지한다.

11.6.2 다음 중 진핵세포에서 유전자 발현을 통제하는 기작이 아닌 것은?

a. siRNA로 번역을 차단한다.
b. 증진제(enhancer)를 활성화시킨다.
c. 전사되면서 유전자를 번역한다.
d. 1차 RNA 전사물을 선택적으로 이어맞춘다(alternative splicing).

이해의 적용

11.1.1 중심정설 그림은 원핵생물과 진핵생물에서 유전자 발현의 일반적 과정을 나타낸다. 그러나 이 과정은 진핵세포에서 약간 더 복잡하다. 진핵세포에서 나타나는 것 중에서 원핵세포에서 나타나지 않는 것은 무엇인가?

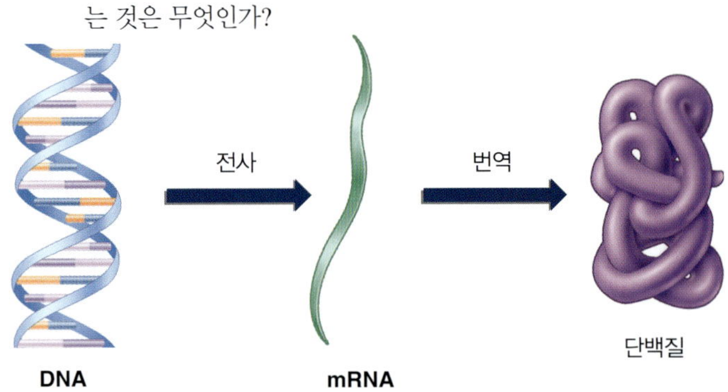

11.5.2 1, 2, 3 유전자는 전사될 수 있나요? 세포 내에 유도자(inducer) 분자가 있다면 무슨 일이 일어날까요?

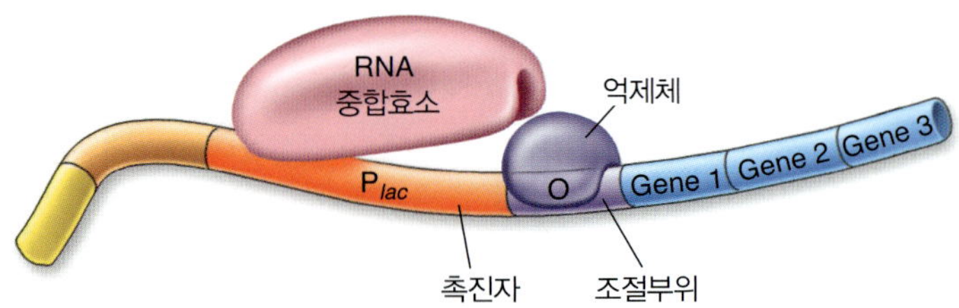

학습 내용의 종합

11.3.1 X Files 텔레비전 프로그램에서 스컬리 요원(Agent Scully)이 인간과 같은 DNA 유전체를 가지지만 지구생물이 가지고 있는 3글자 유전암호 대신 4글자 유전암호를 가지고 있는 외계생물을 발견하였다. 이 외계 유전암호는 얼마나 많은 다른 아미노산을 특정할 수 있을까요(외계 행성에 그만큼 많은 아미노산이 가용하다고 가정하시오). 지구상에는 22종류의 아미노산만이 흔한데 지구의 유전암호는 왜 64개의 조합을 가지고 있을까요? 왜 지구상에는 20개의 아미노산만 흔히 나타난다고 생각하나요?

11.3.1 가상적인 유전자의 뉴클레오티드 서열이 다음과 같다:

TACATACTTAGTTACGTCGCCCGGAAATAT

a. 전사된 mRNA의 서열은 어떻게 될까요?
b. 번역되었을 때 단백질의 아미노산 서열은 어떻게 될까요?
c. 강조된 뉴클레오티드가 돌연변이를 일으켜서 A 뉴클레오티드로 변화되었을 때 아미노산 사슬에는 어떤 일이 일어날까요?

11.5.1 세포의 모든 유전자가 항상 활동을 한다면 어떤 일이 일어날까요?

Chapter 12

생물학의 새로운 분야

The New Biology

개관(CHAPTER AT A GLANCE)

전체 유전체의 서열분석 Sequencing Entire Genomes

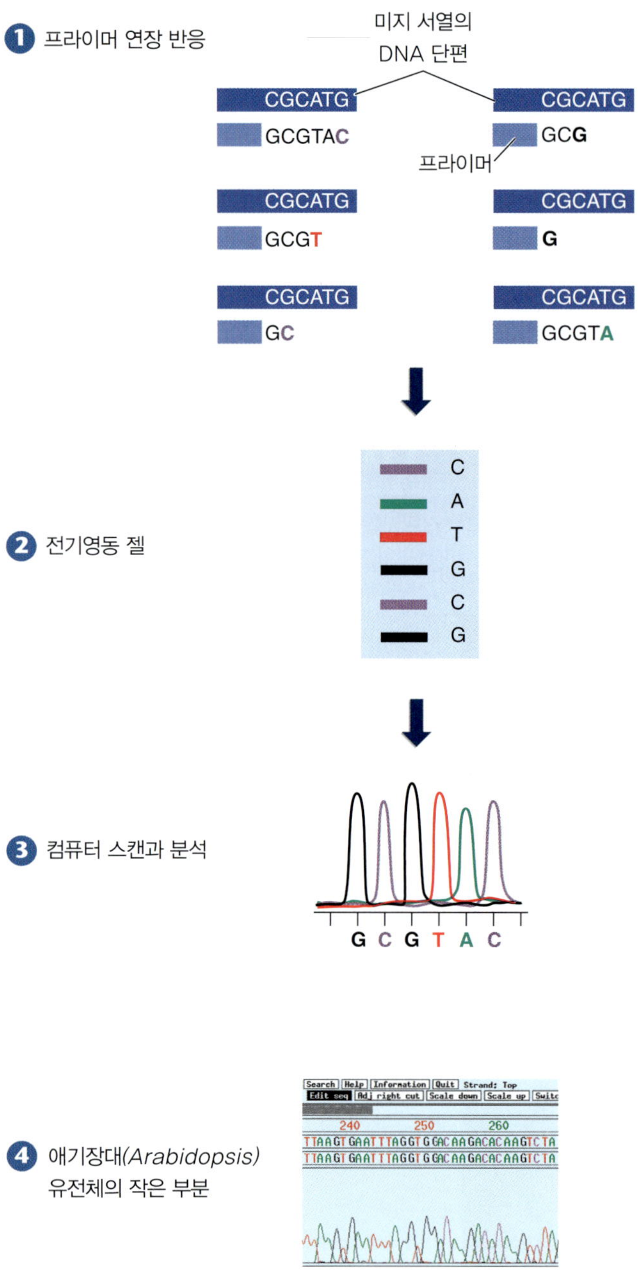

그림 12.1 DNA 서열분석을 어떻게 하는가.

❶ DNA는 단일가닥 단편에 상보적인 염기를 추가하여 서열을 분석한다. DNA 합성은 뉴클레오티드 대신에 화학적 표지가 삽입될 때 중지되며, 상이한 길이의 DNA 단편을 만든다. ❷ 상이한 길이의 DNA 단편들은 젤 전기영동에 의하여 분리되며, 작은 단편이 젤에서 멀리 아래도 이동한다. (글자들은 1단계에서 복제과정을 중지시킨 추가된 화학적 표지를 나타낸다.) ❸ 컴퓨터는 젤을 작은 것부터 큰 단편 순으로 스캔하여 색깔을 가진 일련의 봉우리로 표시한다. ❹ 자동화된 DNA 서열분석 결과는 *Arabidopsis*(애기장대 식물)의 유전체의 작은 부분의 뉴클레오티드 서열을 보여준다.

12.1 유전체학 Genomics

학습 목표 12.1.1 DNA 서열분석의 4단계를 설명한다.

유전자와 다른 DNA를 포함한 한 생물의 유전정보의 완전한 전량을 **유전체**(genome)라고 한다. 유전체를 연구하기 위해서는 먼저 DNA 서열분석을 하는데, 이는 DNA 가닥의 각각의 뉴클레오티드를 순서대로 읽을 수 있도록 하는 것이다. 최초로 서열분석을 한 유전체는 매우 단순한 ϕ-X174라고 하는 작은 세균성 바이러스였다. 생거(Frederick Sanger)는 최초로 DNA 서열분석을 하는 실용적인 방법을 발명하였으며, 1977년 ϕ-X174 바이러스의 5,375개의 뉴클레오티드 유전체의 서열을 획득하였다. 이 후에 수십 종류의 원핵생물 유전체의 서열분석이 이루어 졌다. 최근 들어 자동화된 DNA 서열분석 장비의 출현으로 사람을 포함한 훨씬 더 큰 진핵생물의 DNA 서열분석도 가능하게 되었다(표 12.1).

DNA 서열분석 Sequencing DNA

DNA 서열분석을 하려면 미지의 DNA는 먼저 조각으로 잘라진다. 각각의 DNA 조각은 복사되고(증폭되고), 따라서 수천 개의 조각 사본이 생기게 된다. DNA 조각은 DNA 중합효소, primer, 4종류의 뉴클레오티드 염기의 공급, 그리고 4종류의 사슬을 종료시키는 화학적 표지와 혼합된다. 화학적 표지는 DNA 합성에서 4가지 염기의 하나로 작용하며, 상보적인 염기짝짓기를 한다. 먼저 이중가닥 DNA 단편을 변성시키기 위하여 열을 가한다. 용액은 이제 냉각시켜서 프라이머(primer; 그림 12.1 ❶의 연한파란색 상자)가 DNA의 한 가닥에 결합하도록 하며, 상보적인 가닥의 합성이 진행된다. 뉴클레오티드 염기 대신에 화학적 표지가 추가되면 그림처럼 합성이 중단된다. 예를 들어 3번의 정상적인 뉴클레오티드 다음에 종결시키는 붉은색 "T"가 추가되어 합성이 중단되었다. 뉴클레오티드에 비하여 화학적 표지의 농도가 상대적으로 낮기 때문에, 예를 들어 DNA 단편의 G에 결합하는 표지는 첫 번째 G 부위에 필연적으로 결합되지는 않은 것이다. 따라서 혼합물은 상이한 길이의 일련의 이중가닥 DNA 단편을 포함할 것이며, 이들은 중합효소가 primer로부터 사슬을 종결시키는 표지가 결합될 때까지 이동한 거리에 상응한다(그림 ❶에 6개를 나타내었음).

일련의 단편들은 젤 전기영동에 의하여 길이에 따라 분리된다. 단편들은 사다리의 가로대처럼 서로 아래에 있는 것보다 염기 하나가 더 긴 순으로 정렬된다. ❶에서 염기의 길이와 ❷의 젤 상에서의 위치를 비교하시오. 가장 짧은 단편은 프라이머에 단 하나의 뉴클레오티드(G)만이 추가되었으며, 따라서 젤에서 맨 아래에 위치한다. 자동화된 DNA 서열분석에서는 단편에 표지를 하기 위하여 형광색의 화학적 표지가 이용되며, 각 종류의 뉴클레오티드에 한 가지 색깔이 이용된다. 컴퓨터는 젤 상의 색깔을 판독하여 DNA 서열을 결정하며 이 서열을 일련의 색깔을 가진 봉우리로 나타낸다(❸과 ❹). 1990년대 중반에 개발된 자동 서열분석기는 커다란 진핵생물 유전체의 서열분석이 가능하도록 하였다. 수백여 개의 이러한 자동분석기를 보유한 실험실에서는 매일 1억 개의 염기쌍을 분석할 수 있으며, 사람이 단지 15분 정도만 관심을 기울이면 된다.

개념의 적용

이 과정은 AUG 세 개의 부호를 포함하는 DNA 단편의 완전한 뉴클레오티드 서열을 얻을 수 있도록 할까요?

표 12.1 일부 진핵생물 유전체

생물		유전체 추정 크기 (Mbp)	유전자의 수 (× 1,000)	유전체의 성질
척추동물				
	*Homo sapiens* (인간)	3,200	20 – 25	최초로 서열분석이 이루어진 대형 유전체; 전사될 수 있는 유전자의 수는 예상했던 것보다 훨씬 적었다; 유전체의 대부분은 반복되는 DNA 서열이 차지하고 있다.
	*Pan troglodytes* (침팬지)	2,800	20 – 25	침팬지와 인간 유전체 사이에는 염기 치환이 2% 미만으로 매우 적지만, 두 종이 발산진화하면서 많은 DNA의 작은 서열이 손실되었고, 종종 중요한 영향을 나타냈다.
	*Mus musculus* (생쥐)	2,500	25	생쥐 유전자의 80% 정도가 인간 유전체에 기능적인 등가물을 가지고 있으며; 생쥐와 인간의 비암호 DNA의 많은 부분이 보존되었다. 전반적으로 설취류(생쥐와 쥐)의 유전체는 유인원(사람과 침팬지)의 유전체에 비하여 2배 이상 빠르게 진화하는 것으로 보인다.
	*Gallus gallus* (닭)	1,000	20 – 23	인간 유전체의 1/3 크기. 사육되는 닭의 유전적인 변이는 인간 유전자 변이에 비하여 훨씬 높은 것으로 보인다.
	*Fugu rubripes* (복어)	365	35	복어 유전체는 인간 유전체의 1/9 밖에 되지 않지만, 유전자는 10개 이상 더 가지고 있다.
무척추동물				
	*Caenorhabditis elegans* (선충류)	97	21	*C. elegans*의 모든 세포가 동정되었기 때문에 유전체는 발달생물학에서 특히 유력한 도구이다.
	*Drosophila melanogaster* (초파리)	137	13	*Drosophila*의 말단소립(telomere) 영역은 대부분의 진핵생물 말단소립의 특징인 단순 반복부위가 없다. 유전체의 1/3 정도는 유전자가 빈약한 중앙 이질염색질 (heterochromatin)로 구성되어 있다.
	*Anopheles gambiae* (모기)	278	15	모기와 초파리 사이의 유사성은 사람과 복어 사이의 유사성과 거의 비슷하다.
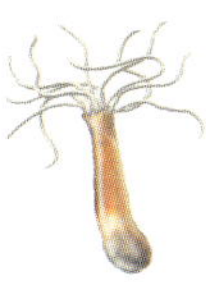	*Nematostella vectensis* (말미잘)	450	18	이 자포동물(cnidarian) 유전체는 진화에 의하여 간소화된 선충이나 곤충 유전체에 비하여 척추동물과 훨씬 유사하다.
식물				
	*Oryza sativa* (벼)	430	33 – 50	벼 유전체는 인간 유전체에 비하여 13%밖에 DNA를 가지고 있지 않지만, 2배 정도의 유전자를 가지고 있다. 인간 유전체와 마찬가지로 반복되는 DNA가 풍부하다.
	*Populus trichocarpa* (미루나무)	500	45	성장이 빠른 미루나무는 목재와 제지 산업에 널리 이용된다. 소나무 유전체의 1/50 정도인 유전체는 1/3 정도가 이질염색질이다.
진균				
	*Saccharomyces cerevisiae* (양조용 효모)	13	6	*S. cerevisiae*는 유전체 서열분석이 완료된 최초의 진핵세포이다.
원생생물				
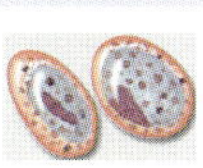	*Plasmodium falciparum* (말라리아 기생충)	23	5	*Plasmodium* 유전체는 아데닌과 티민의 비율이 현저하게 높다. 진핵세포에 필수적인 겨우 5천개의 유전자를 포함하고 있다.

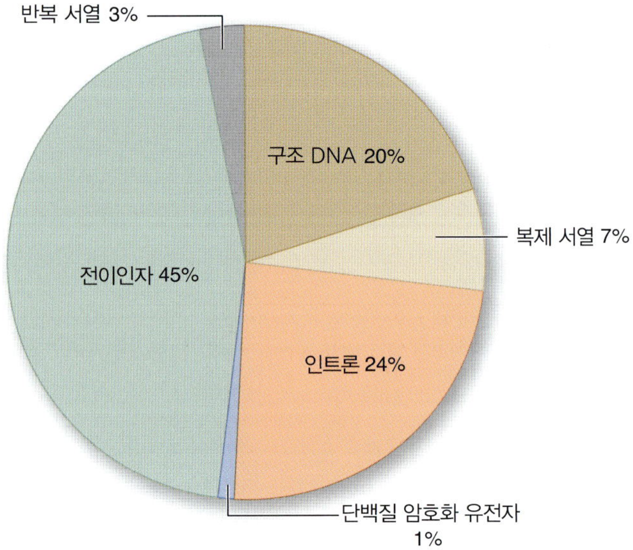

그림 12.2 인간 유전체.

파이 차트의 연한 파란색 부분으로 나타낸 것처럼 인간 유전체의 극히 일부만이 단백질을 암호화하는 유전자에 기여한다.

12.2 인간 유전체 The Human Genome

학습 목표 12.2.1 인간 유전체의 서열분석에서 발견된 3가지의 주요한 놀라운 사실을 서술한다.

2000년 6월 26일 유전학자들은 인간 유전체 전부를 서열분석하였다고 발표하였다. 이 노력은 대단한 도전을 나타냈는데, 인간 유전체는 그 당시까지 서열분석된 유전체 중에서 가장 큰 20억개 이상의 염기쌍을 가지고 있는 거대한 유전체이기 때문이다. 이 과제의 규모에 대한 아이디어를 얻기 위해서는, 32억개의 염기쌍을 모두 책에 적는다면, 50만 쪽이 될 것이며, 1초에 5개의 염기쌍을 읽는다면 매일 하루에 8시간씩 작업할 때 약 60년이 소요될 것이다. 인간 유전체를 최초로 해독하면서 유전학자들은 3가지 커다란 놀라움에 직면하게 되었다.

유전자의 수가 놀랄 정도로 적었다.

인간 유전체 서열은 유전체의 1%만인 2만 개에서 2만5천개의 단백질을 암호화하는 유전자를 포함하고 있다(그림 12.2). 표 12.1에서 볼 수 있듯이, 이는 선충류(2만1천개 유전자)와 큰 차이가 없으며, 초파리(1만 3천개 유전자)의 두배도 되지 않는다. 연구자들은 네배 이상을 확실하게 예상하였는데, 그 이유는 인간의 세포에서 10만 종류 이상의 전령 RNA(mRNA)가 발견되었고, 확실하게 그만한 수의 유전자가 필요할 것으로 생각하였기 때문이다.

인간의 세포는 어떻게 유전자보다 mRNA를 더 많이 포함하고 있을까요? 11장에서 전형적인 인간 유전자에서, 단백질을 특정 짓는 DNA 뉴클레오티드의 서열은 번역되지 않는 훨씬 긴 DNA 부분인 인트론 사이에 분산된 많은 조각의 엑손으로 나뉘어 있다는 것을 기억하시오. 이 절을 인간 유전자라고 상상하면, 글자 "ㅁ"을 포함하는 단어는 엑손으로 간주될 수 있고, 그 나머지는 인간 유전체의 24%를 차지하는 비암호 인트론일 것이다.

세포가 단백질을 만들기 위하여 인간의 유전자를 사용할 때, 먼저 유전자의 사본을 만들고, 엑손을 이어맞추고, 이 과정에 인트론 서열을 제거한다. 여기에 연구자들이 예측하지 못하였던 사건이 있다. 인간 유전자 전사물의 엑손 부분은 선택적 이어맞추기에 의하여 다른 방식으로 이어맞추어진다. 11장에서 논의하였듯이 각각의 엑손은 실질적으로 하나의 단위이고, 하나의 엑손은 단백질의 한 부분을 다른 엑손은 단백질의 다른 부분을 암호화할 수 있다. 엑손 전사물들이 다른 방식으로 혼합되면 매우 상이한 단백질 형태가 조립될 수 있다.

> 그림 11.10에서 서술된 선택적 이어맞추기는 어떻게 작은 수의 유전자가 많은 mRNA 분자를 암호화할 수 있는지 설명한다. 그림 11.10에 나타낸 mRNA는 모든 엑손으로 이루어져 있다. 만약 mRNA를 만들기 위하여 엑손의 절반만이 사용되었다면 어떻게 다른 mRNA가 형성될지 상상할 수 있을 것이다.

선택적 이어맞추기에 의하면 2만 5천개의 유전자가 4배 많은 단백질을 어떻게 암호화할 수 있는지 쉽게 알 수 있다. 인간 단백질의 복잡성의 추가는 유전자 부분이 새로운 방식으로 조립될 수 있기 때문에 일어난다. 위대한 음악도 이와 같은 방식으로 간단한 선율로 이루어진다.

일부 염색체는 매우 적은 유전자를 가지고 있다.

엑손을 유전체 모든 곳에 분산시켜서 유전자를 조각내는 것에 추가하여, 다른 흥미있는 유전체의 조직화 관점이 있다. 유전자는 유전체에 걸쳐 균등하게 분포되지 않는다. 작은 19번 염색체는 유전자, 전사요소, 그리고 다른 기능적 요소로

> 전사인자는 그림 11.17에서와 같이 진핵생물 유전자 발현에 연관된 단백질이다. 전사인자의 개입이 없으면 전사는 일어날 수 없다.

생물학과 여러분

암 환자의 유전체를 서열분석하기 2008년 세인트루이스 워싱턴 대학(Washington University in Saint Louis)의 과학자들은 급성 골수빈혈병(acute myeloid leukemia; AML)을 앓고 있는 여성 암환자의 전체 유전체를 서열분석하였다. 이는 암환자의 모든 유전체가 조사된 최초이며, 의학연구자들이 암을 유발하고 진행시키는 유전자의 무엇이 변화되었는지를 정확하게 볼 수 있는 최초의 경우였기 때문에 매우 중요한 획기적인 사건이었다. 연구자들은 환자의 암종양에서 세포의 유전적인 변화를 발견하였다. 돌연변이는 모든 종양세포에 존재하였지만 신체의 다른 세포에는 존재하지 않았다. 그러나 중요한 것은 인간에서 매우 드물고 그 전에는 AML과 전혀 연관이 없었던 8개의 다른 돌연변이가 있었다. 그녀의 암에는 중여하지만, 다른 사람의 AML을 예측하는 데는 상관이 없었다. 핵심은 돌연변이 유전자가 그녀의 다른 2만개의 유전자와 어떻게 상호작용하느냐는 것으로 보인다. 우리는 유전자가 상호작용하는 복잡한 방식에 대하여 거의 알지 못하기 때문에, 예측을 하는 것은 아직 어렵다. 변경된 유전자를 확인하여 세포의 잠재적인 암 발생을 예측하려는 시도는 셰익스피어의 희곡에 포함된 단어들로부터 햄릿을 이해하려는 것과 유사하다. 의미는 그러한 단어들이 어떻게 조합되는지에 의해서 결정된다.

빽빽하게 차있다. 대조적으로 훨씬 큰 4번과 8번 염색체는 사막에 분산된 고립된 작은 마을들처럼 유전자를 별로 가지고 있지 않다. 대부분의 염색체 상에 불모처럼 보이는 방대한 DNA 가닥이 유전자가 풍부한 집단 사이의 염색체를 채우고 있다.

유전체의 대부분은 비암호 DNA이다

인간 유전체의 세 번째 중요한 특징은 놀랄 만큼 많은 비암호 DNA의 존재이다. 인간 유전체의 1%에서 1.5%만이 단백질을 암호화하는 유전자에 기여하는 암호 DNA이다. 여러분의 세포에는 1.8 m 정도 길이의 DNA가 들어있지만, 이 중에 2.5 cm 미만 정도만 유전자에 기여한다. 여러분 세포의 거의 99%가 여러분을 형성하는 지시를 내리는데 거의 아무런 역할을 하지 않는다(표 12.2).

비암호 인간 DNA에는 4개의 주된 유형이 있다.

유전자 내의 비암호 DNA. 앞에서 토의하였듯이, 인간 유전자는 단백질 암호정보를 가진 수많은 조각(엑손)이 비암호 DNA(인트론)의 훨씬 큰 기질 내에 파묻혀 있다. 인트론은 인간 유전체의 24% 정도를 차지하지만 엑손은 단지 1%만을 차지한다.

구조 DNA. 염색체의 어떤 지역은 고도로 응축되고, 치밀하게 꼬여 있으며 세포주기 동안 줄곧 전사되지 않는 상태로 존재한다. 이 부분은 DNA의 20% 정도를 차지하는데, 염색체의 중심소립(동원체; centromere) 주위 또는 끝부분인 말단소립 부근에 위치한다.

반복 서열. CA 또는 CGG처럼 2개 또는 3개의 뉴클레오티드가 밍가진 레코드판처럼 수천 번 이상 염색체에 반복적으로 분산되어 있다. 이들은 인간 염색체의 3% 정도를 이루고 있다. 추가적인 7%는 다른 종류의 중복된 서열에 기여한다. C와 G를 많이 포함하는 반복적인 서열은 전사된 유전자 주변에서 나타나는 경향이 있으며, 반면에 A와 T가 많은 반복서열은 비유전자 사막에 지배적으로 나타난다. 염색체 핵형 상의 옅은 띠는 GC와 유전자가 풍부한 구역이다. A와 T가 풍부한 어두운 띠는 유전자가 희박한 구역을 나타낸다. 그림 12.3의 2개의 인간 염색체를 검사해보자. 8번 염색체는 어두운 띠로 나타낸 많은 비유전자 구역을 포함하고 있으며, 반면에 19번 염색체는 유전자 밀도가 높고 따라서 어두운 띠가 별로 없다.

전이인자(Transposable Elements). 인간 유전체의 45%는 전이인자라고 불리는 이동성 기생성 DNA 조각으로 구성되어 있다. 맥클린톡(Barbara McClintock; 이 발견으로 1983년 노벨 생리의학상을 수여하였음)에 의하여 1950년 발견된 전이인자는 멕시코산 등대풀의 분자 축소판처럼 염색체 상의 한 장소에서 다른 장소로 건너 뛸 수 있는 DNA 조각이다. 건너 뛸 때 복사본을 남기기 때문에, 세대가 지날수록 유전체 내에서 그들의 숫자는 증가한다. 인간 유전체 내에는 *Alu*라고 하는 고대의 전이인자의 복사본이 수십만 개가 있으며, 이는 인간 유전체의 10%를 차지한다. 종종 유전자로 바로 건너뛰어 들어갈 수 있기 때문에 *Alu* 전이인자는 많은 해로운 돌연변이를 유발한다.

전이인자(트랜스포존; transposon)은 11.5절과 표 10.1에서 토의되었듯이 유전자의 가운데에 바로 삽입되었을 때 매우 해롭다.

개념의 적용

인간과 생쥐 유전체의 비암호 부분은 암호부분에 비하여 보존되어 왔다. 여러분은 이 사실을 어떻게 설명할 것인가?

표 12.2 인간 유전체에서 나타나는 DNA 서열의 유형

종류	빈도	설명
단백질 암호화 유전자	1–1.5%	번역되는 엑손. 염색체에 분산된 2만 5천개의 유전자 내에 존재함.
인트론 (Introns)	24%	대부분 유전자의 큰 부분을 차지하는 비암호 DNA
구조 DNA	20%	동원체와 말단소립 부근에 위치한 DNA
반복 서열	3%	수천 번 이상 반복되는 몇 개의 뉴클레오티드의 단순한 서열(Simple sequence repeats; SSRs)의 반복
복사된 서열	7%	SSR이 아닌 다른 복사된 서열
전이인자	45%	20%는 긴 흩뿌려진 핵인자(long interspersed nuclear elements; LINEs)인 활동적인 전이인자; 15%는 긴 종말반복서열(long terminal repreats; LTRs)을 포함하는 그 외의 전이인자; 10%는 수십만 개의 사본이 존재하는 Alu의 기생성 시열임.

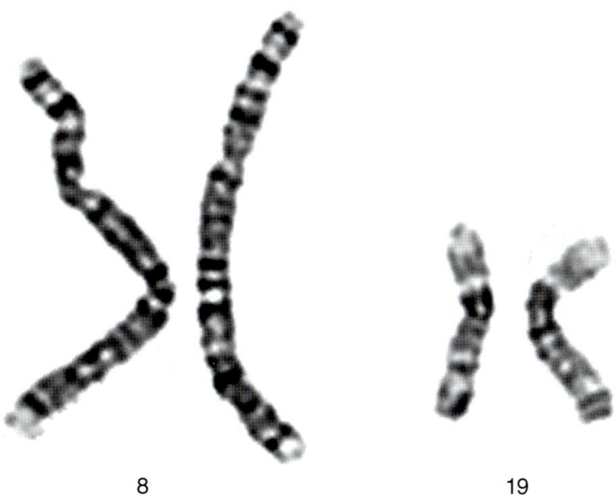

그림 12.3 핵형으로 나타낸 염색체 상의 띠 형성.

어두운 띠는 A와 T 뉴클레오티드가 풍부한 구역이며 번역되지 않는 부분이다. 염색체의 밝은 유전자가 많은 구역은 C와 G 뉴클레오티드를 포함하는 반복적인 서열이 풍부하다.

유전공학 Genetic Engineering

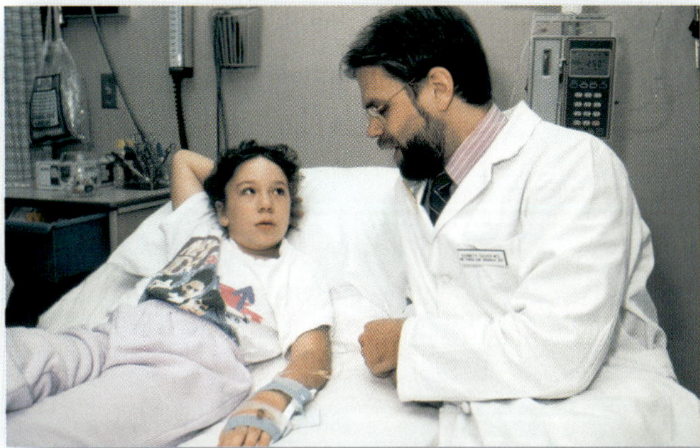

질병의 치료. 결함있는 유전자의 건강한 사본을 체내에 전달하여 유전적인 질병을 치료한 두 소녀 중의 한명. 유전자 전달은 1990년 성공적으로 수행되었으며, 20년 후에도 소녀들은 건강을 유지하고 있다.

수확량의 증대. 오른쪽의 유전공학적으로 처리된 연어는 생산 주기가 짧아서 유전자 변형을 하지 않은 왼쪽의 같은 나이의 연어보다 무게가 더 나간다.

식물의 해충방제. 유전공학적으로 변형된 오른쪽의 목화나무는 바구미의 포식을 저해하는 유전자를 가지고 있다. 왼쪽의 목화나무는 이 유전자가 결여되어 있어서, 훨씬 적은 목화 꼬투리를 생산한다.

그림 12.4 유전공학의 예

12.3 과학 혁명 A Scientific Revolution

최근에 유전자를 조작하고 한 생물에서 다른 생물로 유전자를 이동할 수 있는 능력인 **유전공학**(genetic engineering)은 의학과 농업분야에 커다란 진보를 가져왔다(그림 12.4). 당뇨병 치료에 이용되는 인슐린은 대부분 인간의 인슐린 유전자를 포함한 세균에서 획득되고 있다. 이 장에서 배우게 되겠지만, 재배되는 식물과 동물은 해충에 저항성을 가지고, 크게 자라고, 또는 빨리 성장하도록 유전적으로 강화될 수 있다.

제한효소 Restriction Enzymes

학습 목표 12.3.1 제한효소를 정의하고, 제한효소가 생물 사이에 유전자를 전달하는데 어떻게 이용될 수 있는지 설명한다.

어느 유전공학 실험에서도 첫 단계는 원천 DNA를 쪼개서 전달하려고 하는 유전자의 사본을 얻는 것이다. 이 첫 번째 단계는 유전자를 성공적으로 전달하는데 가장 핵심이며, 이를 배움으로서 유전혁명이 달성되었다. 어떻게 DNA 분자를 자르느냐에 책략이 있다. 자르는 것은 잘려진 DNA 단편이 나중에 다른 DNA 분자와 결합될 수 있는 "끈끈한 말단"을 가지도록 이루어져야 한다.

이 특별한 형태의 분자적 외과수술은 **제한효소**(restriction enzyme) 또는 *제한 핵산중간분해효소*(restriction endonucleases)라고 하는 DNA 상의 특정한 짧은 서열(일반적으로 4개에서 6개의 뉴클레오티드 길이)에 결합하는 특별한 효소에 의하여 수행된다. 이러한 서열은 두 가닥의 DNA 중복이 반대방향으로 배열된 동일한 뉴클레오티드 서열을 가지는 대칭서열이라는 점에서 매우 색다르다. 예를 들면 그림 12.5의 서열은 GAATTC이다. 반대 가닥의 서열을 적어보면 CTTAAG로서 동일한 서열이 거꾸로 적혀있다. 이 서열은 *EcoRI*이라고 하는 제한효소에 의하여 인식된다. 다른 제한효소들은 다른 서열들을 인식한다.

DNA 조각에 접착력을 부여하는 것은 대부분의 제한효소가 서열의 중간에서 자르는 것이 아니라 한쪽을 잘라내기 때문이다. 그림 12.5 ❶의 서열에서 절단은 두 가닥에서 모두 G/AATTC처럼 G와 A 사이에서 이루어진다. 이는 각각의 끝에 짧은 단일가닥 DNA가 매달린 형태의 갈라진 틈을 형성한다. 두 개의 단일가닥 끝은 서열이 상보적이기 때문에 짝을 이루고 밀봉효소의 도움으로 틈을 복구할 수 있다. 또는 그들은 모두 동일한 단일 가닥의 끈끈한 끝을 가지고 있기 때문에, 동일한 효소에 의하여 생성된 어떤 다른 DNA 단편과도 짝을 이룰 수 있다. 그림 12.5 ❷는 *EcoRI*에 의하여 잘린 다른 기원의 DNA가 어떻게 원래 기원의 DNA와 동일한 끈끈한 말단을 가지게 되는지를 보여준다. GAATTC 서열을 공격하는 효소에 의하여 생성된 어느 생물의 어떤 유전자의 단편도 동일한 끈끈한 말단을 가지고 있어서, **DNA 접합효소**(DNA ligase)라고 하는 밀봉효소의 도움에 의하여 서로 결합될 수 있다.❸

3.3절 핵산에서 토의되었듯이, DNA 2가닥은 뉴클레오티드의 상보적 염기짝으로 결합되어 있다. 염기짝은 보편적이며, DNA가 세균 세포나 인간 세포에 있든지 똑 같아서, 제한효소가 어느 DNA에도 작용하는 이유이다.

개념의 적용

GAATTC 서열의 A와 T 사이를 절단하는 제한효소는 G와 A 사이를 절단하는 효소와 마찬가지로 유전공학에 유용할까요? 그 이유를 설명하시오.

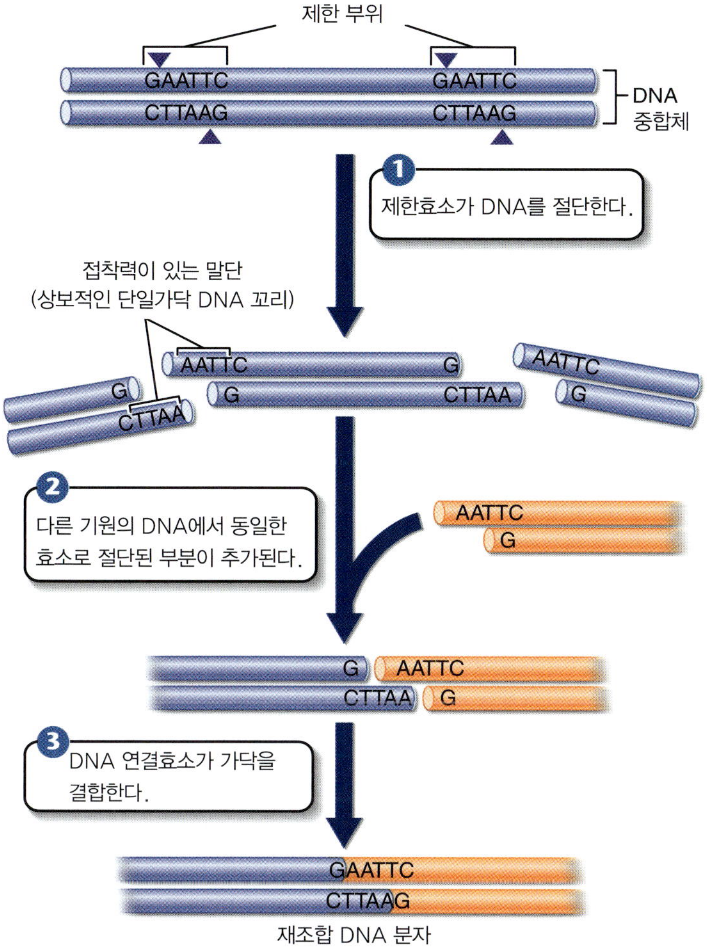

그림 12.5 제한효소는 어떻게 접착력이 있는 말단을 가지는 DNA 단편을 생성하는가.

*Eco*RI 제한효소는 항상 GAATTC 서열의 G와 A 사이를 절단한다. 두 가닥 모두 동일한 서열을 가지고 있기 때문에 둘 다 절단된다. 그러나 두 서열은 서로 반대방향으로 배열되어 있다. 그 결과 서로에게 상보적인, 또는 접착력이 있는, 단일가닥의 꼬리가 생성된다.

여러분에게 의미하는 것

제한효소는 세균이 침입하는 바이러스의 DNA를 파괴하기 위한 방법으로 진화하였다. 세균에서 2,500종류의 다른 제한효소가 분리되었으며, 이들은 200가지의 4개에서 8개의 염기를 가진 인식 서열을 이용한다. 각각의 경우 세균은 메틸기(−CH_3)를 동일한 4개에서 8개의 염기서열에 추가하는 효소도 가지고 있다. 세균은 왜 항상 두 효소의 쌍을 가지고 있고, 절대로 제한효소 하나만을 가지고 있지는 않을까요? 힌트: 제한효소가 인식서열을 찾기 위하여 보아야할 많은 바이러스 DNA가 존재한다. 이 과정을 촉신시킬 수 있는 것이 있을까요?

cDNA의 형성 Formation of cDNA

학습 목표 12.3.2 학습 목표 cDNA가 세균에서 진핵생물 단백질을 생산하는데 왜 필요한지 설명하시오

앞에서 논의하였듯이 진핵생물 유전자는 인트론이라고 하는 수많은 번역되지 않는 서열사이에서 서로 분리되어 있는 엑손이라는 부분에 암호화되어 있다. 전체 유전자는 RNA 중합효소에 의하여 전사되어 1차 RNA 전사물을 생성한다(그림 12.6). 진핵생물 유전자가 단백질로 번역되기 전에, 인트론은 1차 전사물에서 제거되어야 한다. 남은 단편들은 이어맞추기를 통하여 mRNA를 형성하며, 궁극적으로 세포질에서 번역된다. 진핵생물 유전자를 세균에 전달할 때는, 세균은 인트론을 제거할 수 있는 효소가 없기 때문에 인트론 정보를 전달하는 DNA에서 제거하는 것이 필수적이다. 세균 유전자는 인트론을 포함하지 않고 있다. 인트론이 없는 진핵생물 DNA를 생산하기 위해서는, 먼저 특정한 유전자에 상응하는 처리된 mRNA를 세포에서 분리해야한다. 그 후에 *역전사효소*(reverse transcriptase)라고 하는 효소가 mRNA에 상보적인 DNA를 만드는데 이용되며, 이로부터 상보적 DNA(complementary DNA, 또는 cDNA)라고 하는 이중가닥의 DNA 분자가 형성된다.

개념의 적용

인간 세포배양에서 세균 단백질을 생산하려고 한다면, cDNA를 이용할 필요가 있을까요? 그 이유를 설명하시오.

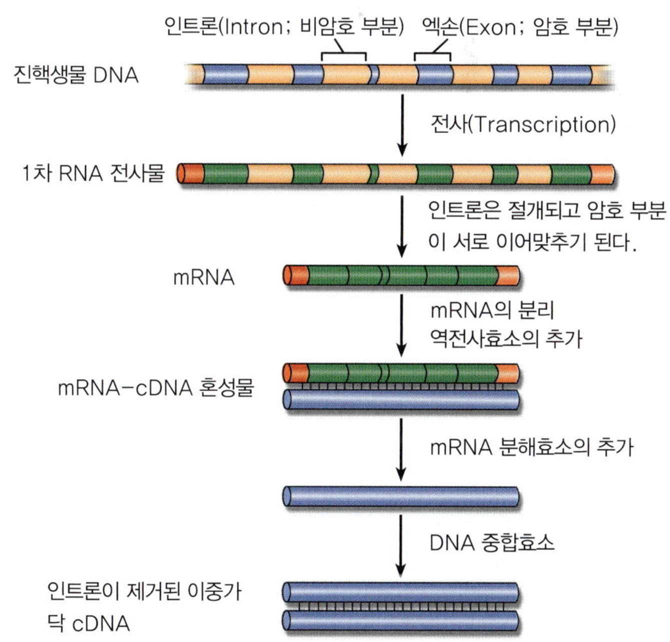

그림 12.6 cDNA: 유전공학을 위하여 인트론이 없는 진핵생물 유전자를 생산하기.

진핵세포에서 1차 RNA 전사물은 mRNA로 처리되고, 그로부터 단백질이 합성된다. 세균이 단백질로 번역할 수 있는 유전자를 얻기 위해서는, 진핵세포에서 mRNA를 분리하여 cDNA로 변환시켜야 한다. 그 이후 cDNA는 세균 세포로 전달되어, 원하는 단백질의 합성을 지시하는데 이용될 수 있다.

탐침 1은 강간범과 피의자의 동일한 단편을 표지하지만, 희생자의 다른 DNA 단편을 표지한다. 이 탐침은 강간범과 피의자가 일치한다는 것을 나타낸다.

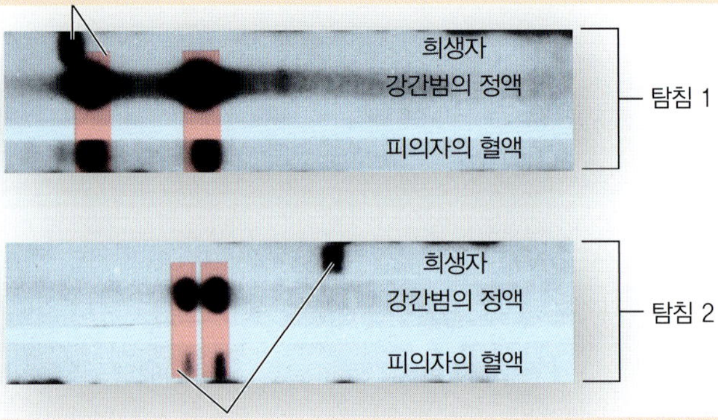

탐침 1과 마찬가지로 탐침 2도 강간범과 피의자의 동일한 DNA 단편을 표지하지만 희생자의 다른 DNA 단편을 표지한다. 이 탐침은 강간범과 피의자가 일치한다는 또 다른 증거를 제시한다.

그림 12.7 유죄판결을 이끌어낸 DNA 지문법.

여기에 나타낸 2개의 DNA 탐침은 희생자, 강간범이 남긴 정자, 그리고 피의자의 혈액에서 분리된 DNA를 특징 짓기 위하여 사용되었다. 피의자의 DNA와 강간범의 정자 DNA는 명백히 일치한다.

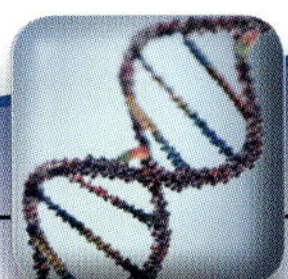

뉴스에서

기소를 위한 식물 증거 살인자가 식물의 DNA 증거에 의하여 유죄 판결된 최초의 사례는 아리조나주 피닉스에서 일어났다. 젊은 여인의 살인 현장에 남겨진 무선호출기는 경찰이 주된 용의자를 찾을 수 있도록 하였다. 그는 희생자를 술집에서 알게 되었다고 인정하였지만, 자신의 지갑과 호출기를 도둑맞았다고 주장하였다. 현장감식반은 피의자의 픽업트럭을 조사하여 앞 바퀴덮개에 끼어있는 꼬투리를 수집하였는데, 나중에 사막의 콩과 관목(palo verde tree; *Cercidium spp.*)의 열매로 밝혀졌다. 감식반 요원 한명이 살인현장으로 다시 돌아가서 많은 관목을 발견하였으며 이중 하나는 최근에 차에 의하여 손상되었다. 만약 피의자 차의 꼬투리가 범죄현장의 손상된 나무와 연결될 수 있으면 범인을 잡은 것이다. 현장을 지휘하는 형사는 그 꼬투리가 다른 나무가 아닌 바로 그 나무에서 나왔다는 증거를 법정에서 증명하기 위하여 아리조나 대학의 유전학자와 접촉하였다. 먼저 결정적으로 각각의 콩과 식물이 DNA의 독특한 양상을 가지고 있다는 것을 확립하는 것이 필수적이었다. 살인현장과 다른 곳에서 다른 콩과식물을 채취하여 신속하게 각각의 나무가 독특한 DNA 양상을 가지고 있다는 것을 확립하였다. 다음에 피의자의 트럭에서 발견된 꼬투리의 DNA 양상을 살인현장의 손상된 나무의 DNA 양상과 비교하였다. 둘은 동일하였다. 이는 살인현장의 피의자에 하등의 의문을 남기지 않았으며, 피의자는 유죄판결을 받았다.

DNA 지문법과 법과학 DNA Fingerprinting and Forensic Science

학습 목표 12.3.3 DNA 변이가 어떻게 범죄수사에서 범죄자를 확인하는데 이용될 수 있는지 설명한다.

DNA 지문법은 DNA 시료를 비교하는데 이용되는 과정이다. 각각의 사람은 다른 사람과 많은 방식에서 유전적으로 차이가 나기 때문에, 두 사람으로부터 채취한 DNA 시료를 비교하여 탐정이 지문을 이용하듯이 그들을 구분하는 도구로 이용할 할 수 있다.

DNA 지문법의 공정은 인간 유전체의 수천 개의 다른 서열로부터 특정한 서열을 찾아내기 위하여 탐침(probe)을 이용한다. 대상자의 DNA 단편이 볼 수 있도록 방사성 표지된 짧고 확정된 DNA 단편인 "탐침"에 노출된다. 탐침과 상보적인 서열을 가진 DNA 단편은 탐침과 결합하여 자가방사법(autoradiographic) 필름에서 어두운 띠로 볼 수 있다. X-선 필름 상에 나타나는 평행한 막대의 양상은 잡화의 가격표에서 볼 수 있는 양상과 유사하며, 본질적으로 범죄수사와 다른 신원확인에 적용될 수 있는 DNA 지문법이다.

그림 12.7은 1987년의 강간 재판에서 검사가 제출한 DNA 지문을 보여준다. 이 재판은 법정에서 DNA 증거가 이용된 최초의 사례이다. 보통 DNA 시료의 출처를 확인하기 위하여 6개에서 8개의 DNA 탐침이 이용되며, 이중 2개를 그림 12.7에 나타내었다. 탐침은 인간 DNA의 비암호 구역에서 발견되는 DNA의 암호 구역에서 보다 개인에 따라 더 빈번하게 변화하는 독특한 DNA서열이다. 일란성 쌍둥이를 제외하고 두 개인이 이 비암호 서열의 동일한 제한양상을 가질 가능성은 사용된 탐침의 수에 따라서 80만분의 1에서 10조분의 1 사이를 보인다. 1987년 이후 DNA 지문법은 수천 건의 법정에서 증거로 채택되었다.

개념의 적용

만약 1987년 강간 재판에서 용의자가 무죄였다면, 그림 12.7의 탐침에서 여러분은 어떠한 차이를 볼 수 있으리라고 기대하는가?

PCR 증폭 PCR Amplification

학습 목표 12.3.4 머리카락 하나에 있는 아주 작은 양의 DNA가 어떻게 과학수사 분석에 충분할 수 있는지 설명한다.

한 가닥의 인간 머리카락에서 발견되는 정도의 아주 작은 DNA 시료는 **PCR**(중합효소 연쇄반응; Polymerase Chain Reaction)이라고 하는 과정에 의하여 수백만 개의 사본으로 증폭될 수 있다. 과학수사 분석에서 DNA의 이용은 종종 PCR 기술에 결정적으로 의존한다. PCR에서 이중가닥의 DNA 조각은 단일가닥이 되도록 가열된다. 각각의 가닥은 DNA 중합효소에 의하여 복사되어 2개의 이중가닥 조각을 생성한다. 이 조각들을 다시 가열하고 복사하여 4개의 이중가닥 조각을 생성한다. 이 주기를 여러 차례 반복하여, 매번 사본의 숫자가 배가되어 분석에 충분한 DNA 사본을 생성한다.

PCR은 매우 강력하여 머리카락 하나면 충분하다. 생물학자들은 머리카락의 뿌리세포에만 DNA가 존재한다고 생각하였다. 그러나 이제는 모낭세포가 성장하는 머리카락 줄기에 병합되어 DNA가 케라틴 단백질에 의하여 밀봉된다는 것을 알고 있다.

개념의 적용

PCR 주기가 20분 소요된다면 하나의 DNA 단편 사본을 백만 개의 사본으로 변환하는데 얼마나 걸릴까요?

12.4 유전공학과 의학

Genetic Engineering and Medicine

학습 목표 12.4.1 유전공학이 어떻게 의학적으로 중요한 단백질의 생산을 용이하게 하였는지 설명한다.

유전공학에 대한 많은 흥분은 질병을 치료하고 예방할 수 있도록 하는 의학의 발전에 대한 잠재력에 초점이 맞추어져 있다. 질병을 치료하는데 이용되는 단백질을 생산하고, 감염에 대항할 새로운 백신을 생성하는 분야에 커다란 진보가 있었다.

"마술 총알"의 제조 Making "Magic Bullets"

유전적 결함은 대부분 우리 신체가 필수적인 단백질을 생산할 수 없기 때문에 일어난다. 유아기 당뇨병이 그러한 질환이다. 그들의 신체는 필수적인 단백질인 인슐린을 생산할 수 없기 때문에 혈당 수준을 통제할 수 없다. 이러한 기능부전은 신체가 부족한 단백질을 공급받을 수 있으면 극복될 수 있다. 공여된 단백질은 진정한 의미에서 신체가 자신을 조절할 수 없는 상황에 대해 싸울 수 있는 "마술 총알"이다.

> 인슐린은 신체의 한 부분에서 소량으로 생산되어 혈류를 따라서 신체 곳곳으로 운반되는 호르몬이라고 하는 화학물질의 한 종류이다. 인슐린은 그림 17.3과 그림 20.10에서와 같이 세포가 혈액으로부터 당을 흡수할 수 있도록 도와준다.

최근까지 조절 단백질을 사용하는 주된 문제는 단백질을 생산하는 것이었다. 신체의 기증을 조절하는 단백질은 일반적으로 체내에 매우 작은 양만 존재하기 때문에, 이로 인하여 대량으로 획득하는 것은 어렵고 비용이 많이 소요되었다. 유전공학 기술로 희귀한 단백질을 대량으로 획득하는 문제가 거의 극복되었다. 의학적으로 중요한 단백질을 암호화하는 유전자의 cDNA를 세균에 도입한다. 숙주 세균은 저렴하게 배양할 수 있기 때문에, 원하는 단백질을 쉽게 대량으로 분리할 수 있다. 1982년 미국 식품의약국(Food and Drug Administration)은 유전공학적으로 조작된 세균에서 생산된 인간 인슐린의 사용을 승인하였으며, 이는 유전공학의 최초 상업적인 제품이다.

세균에서 유전공학 기술의 사용은 치료 단백질을 충분하게 공급하였지만, 적용범위는 세균을 넘어서 확장된다. 오늘날 전 세계의 수백여 의약품 회사들은 이러한 유전공학 시술을 확장하는 다른 의학적으로 중요한 단백질을 바쁘게 생산하고 있다. 그림 12.8 오른쪽 그림의 생쥐의 DNA에 추가된 인간 유전자는 인간 성장호르몬을 생산하여 생쥐가 쌍둥이에 비하여 크게 자라도록 한다.

유전공학을 이용하는 이점은 혈액응고를 촉진하는 단백질인 VIII 인자에서 명백하게 볼 수 있다. VIII 인자의 결핍은 출혈이 지속되는 특징을 가지는 유전적 질환인 혈우병을 유발한다. 오랫동안 혈우병 환자들은 제공된 혈액에서 분리된 VIII 인자를 제공받았다. 불행히도 일부 제공된 혈액이 HIV와 B형 간염과 같은 바이러스에 감염되어, 수혈을 받는 사람에게 모르고 전달되었다. 오늘날 실험실에서 유전공학적으로 생산되는 VIII 인자를 사용하여 다른 개인으로부터 획득된 혈액 제재와 연관된 위험을 제거하였다.

개념의 적용

인간의 유전자가 생쥐의 DNA에 추가될 때, 유전자를 포함하는 DNA 단편으로 제공되나요, 아니면 cDNA 형태로 제공되나요? 그 이유를 설명하시오.

생물학과 여러분

충치를 제거하기. 사람의 입에는 300종 이상에 속하는 수십억 개체의 세균이 살고 있지만, 그 중에서 한 종인 *Streptococcus mutans*가 충치를 유발하는 주된 원인균이다. 이 세균은 치아의 표면을 둘러싸는 유기물 막 위에서 성장하며, 그 과정에서 치아를 보호하는 상아질 피막을 서서히 용해하는 부식성 화학물질인 젖산을 다량으로 생성한다. 유전공학자들은 해로운 *S. mutants*를 구강에 우호적인 유전적으로 변형된 종으로 대체하여 이 경로를 차단하는 방법을 고안하였다. 이를 위하여 그들은 우레아제(urease)라는 효소의 생산을 증가시키는 유전자를 *S. mutans*에 전달하였다. 이 효소는 입안에 풍부한 요소를 산을 중화하고 치아 상아질의 형성을 증강하는 조건을 생성하는 염인 암모니아로 변환시킨다. 실험실 생쥐의 입을 공학적으로 변형된 *S. mutans* 변이주로 접종하였을 때, 훨씬 충치가 적게 발생하였다. 물론 이러한 사실은 사람에게도 작용된다는 것을 의미하지는 않는다. 만약 가능하다고 하더라도 쥐의 구취를 확인해본 사람이 있나요?

그림 12.8 유전공학적으로 생산된 인간 성장호르몬.

두 생쥐는 유전적으로 동일하지만, 큰 생쥐는 인간 성장호르몬을 암호화하는 유전자를 추가로 가지고 있다. 이 유전자는 유전공학에 의하여 생쥐의 유전자에 추가되었으며, 이제는 생쥐 유전자의 안정된 부분을 이루고 있다. 인간에서 성장호르몬은 다양한 형태의 왜소 발육증(dwarfism)을 치료하는데 이용된다.

생물학의 최신 동향

DNA와 결백 프로젝트

모든 사람의 DNA는 자신에게 독특하며, 다른 어느 사람에게서도 발견되지 않는 뉴클레오티드 서열을 가진다. 분자 주민등록번호처럼 수십억 자리가 되는 개인의 유전자의 긴 뉴클레오티드의 서열은 범죄현장에 남겨진 강간범이나 살인범의 DNA로부터 명백한 신원확인을 제공할 수 있다. 이 증거는 지문보다 더 신뢰성이 있고, 증인보다 신뢰성이 있으며, 피의자의 자백보다도 훨씬 신뢰성이 있다.

2006년 5월 16일 뉴욕주의 로체스터 법정에서 보다 더 명확하게 이를 증명한 사례는 없었다. 판사는 유죄가 선고된 살인자인 워니(Douglas Warney)를 10년의 수형생활 후에 석방하였다.

살인은 1996년 정초에 발생하였다. 유망한 사회활동가인 비슨(William Beason)의 피투성이 시체가 그의 침대에서 발견되었다. 경찰은 희생자와 친분이 있는 것으로 알려진 모든 통상적인 피의자를 소환하였다. Warney는 34세의 실업자로 중학교 2학년을 중퇴하였으며, 도둑 전과가 있고, 남자 매춘부로 일하였는데, 형사가 살인에 대하여 이야기 하고 싶다는 것을 알고서 경찰서로 심문을 받으러 갔다. 몇 시간도 지나지 않아서 그는 살인으로 기소되었다.

Warney의 심문은 녹음되지 않았지만, 형사가 Warney가 말했다고 한 말에 기초하여 서명된 자백을 얻어냈는데, 이 자백은 대중에게 알려지지 않은 살인현장의 정확한 세부사항을 포함하고 있었다. Warney는 희생자가 잠옷을 입고 냄비에 닭을 요리하고 있었으며, 살인자가 30cm 길이의 톱니가 있는 칼을 사용하였다고 말하였다. 법정에서 Warney에 대한 불리한 증거는 거의 전적으로 이 생생한 세부사항에 의존하였다. Warney가 재판에서 그의 자백을 부인하였지만, 그의 자백의 정확성은 죄를 모면할 수 없도록 하였다. 형사에게 제공한 Warney의 자백의 자세함은 범죄현장에 있었던 사람으로 부터서만 올 수 있는 것이었다.

Warney의 자백에는 문제점이 있어서 재판에서 제기되었다. 그날 밤의 사건에 대한 서명된 진술서에는 3가지의 요소가 명백히 사실이 아니었다. 진술서에는 Warney가 형의 차를 운전해서 희생자의 집에 갔다고 되었지만, 그의 형은 차를 소유하지 않았다. 또한 Warney가 칼로 찌른 이후에 그의 피 묻은 옷을 집 뒤에 있는 쓰레기통에 버렸다고 되어있지만, 쓰레기통은 범죄가 일어난 날부터 눈에 묻혀 있었는데, 피 묻은 옷이 없었다. 진술서에는 Warney의 친척이 공범으로 지목되었는데, 그 친척은 그날 안전한 재활센터에 있었다.

진술된 자백과 일치시키기 위하여 가장 어려운 증거는 현장에서 발견된 희생자의 것이 아닌 혈흔이었다. 마룻바닥과 수건에서 두 번째 사람의 혈흔이 발견되었다. 어려운 부분은 혈액이 Warney와 다른 혈액형이었다는 것이다.

재판에서 검사는 혈액이 자백서에서 언급된 공범에서 왔을 것이라고 지적을 하였으며, 자백서의 상세한 내용은 범죄의 직접적인 지식에서만 올 수 있다는 점에 대해서만 맹공격을 하였다.

단기간의 재판에서 Douglas Warney는 William Beason의 살해에 대하여 유죄판결을 받았으며 25년형을 선고받았다.

항소심에서도 패하자 Warney는 2004년 잘못 유죄판결을 받은 개인을 확인하여 자유를 찾는 것을 도와주는 비영리 법률 상담소인 결백 프로젝트(Innocence Project)의 도움을 구하였다. 법조인인 쉑(Barry Scheck)과 뉴펠드(Peter Neufeld)에 의하여 뉴욕의 카르도조 법학대학(Benjamin N. Cardozo School of Law)에 설치된 결백 프로젝트는 결백을 증명하기 위하여 DNA 기술을 사용하는데 전문이다.

결백 프로젝트의 직원은 상이한 평결을 내리게 되었을지도 모르는 증거를 밝혀낼 수 있을지 모른다고 주장하면서 새로운 고감도의 DNA 탐침을 사용하여 추가적인 DNA 검사를 할 것을 법정에 탄원하였다. 판사는 범죄현장에서 발견된 혈흔이 뉴욕주 자료은행에 이미 있는 범죄자의 것과 일치할 가능성이 새로운 검사를 할 사유로는 "매우 불확실하고 있을법하지 않다고"판단하여 기각하였다.

그러나 검찰청의 누군가가 설득되었음이 분명하다. Warney의 변호팀인 결백 프로젝트나 법정에 통보하지 않고, 이 선한 사마리아 사람은 범죄현장에서 발견된 핏방울에 대하여 새로운 DNA 검사를 준비하였다. 뉴욕주의 범죄 DNA 데이터베이스와 비교하였을 때 매우 유력한 일치가 나타났다. 그 혈액은 Beason이 살해되기 2주 전에 여자 집주인의 목을 베어 수감되어있던 존슨(Eldred Johnson)의 혈액이었다.

대면조사에서 수감자 Johnson은 Beason을 찌른 것을 순순히 인정하였다. Johnson은 자신이 유일한 살인자였으며, Douglas Warney를 만난 적이 없다고 말하였다.

이는 어떻게 Warney의 서명된 자백서가 범죄현장에 대하여 그렇게 정확한 정보를 포함할 수 있었는지에 대한 흥미로운 의문을 남겼다. Warney는 범죄현장의 결정적인 상세점에 대하여 수사를 지휘한 살인전담 형사인 그롭(Gropp) 경사에 의하여 제공된 것으로 보인다. Gropp의 파트너가 자백을 얻을 때 일부 서류를 얻기 위하여 잠시 자리를 뜬 것으로 보인다. Gropp 경사는 2006년 3월 사망하였다.

DNA 검사는 미국 범죄 재판제도에서 중추역할을 하게 되었다. DNA 검사는 수천 명의 피의자들의 죄를 어떠한 의심의 여지가 없이 증명하였으며, 여기에서 볼 수 있듯이 범죄 재판제도가 결백한 사람을 때때로 유죄판결을 선고한 것에 대한 증거를 제공하였다. 10년 이상을 통하여 결백 프로젝트와 다른 유사한 노력은 수백 명의 유죄선고를 받은 사람의 결백을 입증하여, 잘못된 유죄판결이 단절되거나 희귀한 사건이 아니라는 것을 강력히 증명하였다. DNA 검사는 잘못된 유죄판결에 대하여 희망의 창문을 열었다.

DNA 역사연표

2000년 셀레라의 벤터(Craig Ventor of Celera), 클린턴 대통령, 그리고 인간 유전체 프로젝트의 콜린스(Francis Collins)는 인간유전체를 발표하였다.

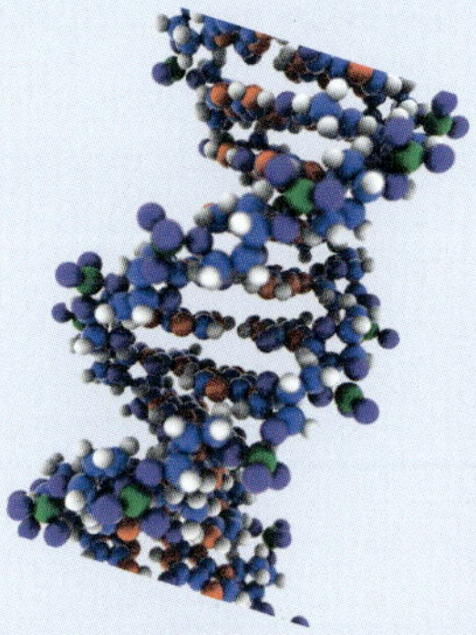

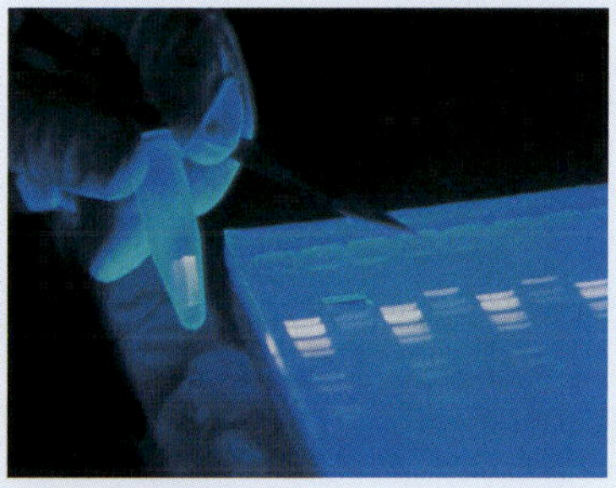

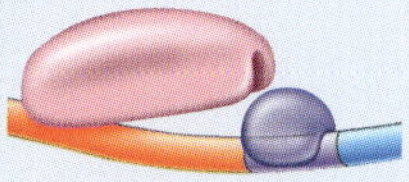

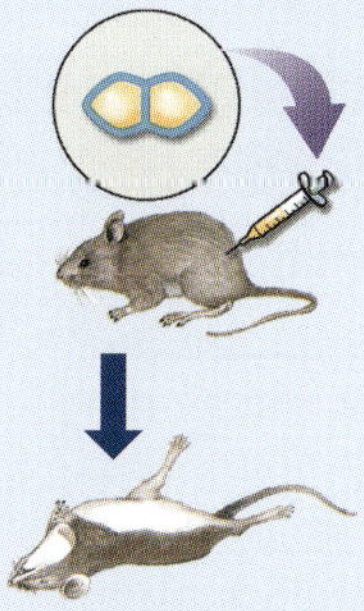

1869년 독일의 화학자인 미스커(Friedirch Miescher)는 정자의 핵에서 분리되고 약간 산성이어서 핵산이라고 불리는 DNA를 발견하였다.

1928년 영국의 미생물학자인 그리피스(Frederick Griffith)는 사멸한 세균으로부터 유래한 물질로 살아있는 세균을 형질변환시키는 것을 발견하였다.

1944년 미국의 생화학자인 에이버리(Oswald Avery)는 그리피스(Griffith)의 형질변환 원칙을 정제하여, 결정적으로 DNA라는 것을 증명하였지만, 이 결론은 처음에는 제대로 평가받지 못하였다.

1950년 대학원생인 고슬링(Ray Gosling)은 연국 생화학자인 윌킨스(Maurice Wilkins)의 실험실에서 일하면서 최초로 선명한 DNA의 X-선 회절 패턴을 획득하였다. 그 후 2년에 걸쳐 프랭클린(Rosalind Franklin)과 Gosling은 더 선명한 사진을 생산하였다.

1952년 허쉬(Alfred Hershey)와 체이스(Martha Chase)는 바이러스가 번식하기 위하여 단백질이 아니라 DNA를 세균에 주입한다는 것을 보여주었다. 이는 대부분의 생물학자들에게 DNA가 유전물질이라는 것을 확신시켜주었다.

1953년 왓슨(James Watson)과 크릭(Francis Crick)은 DNA 분자가 이중나선이며, 각각의 뉴클레오티드 서열은 서로 상보적이라는 제안을 하였다.

1956년 잉그람(Vernon Ingram)은 겸상빈혈병이 헤모글로빈 단백질에서 하나의 아미노산의 변화를 가져오는 DNA 돌연변이에 기인한다는 것을 밝혔다.

1964년 니렌버그(Marshall Nirenberg)와 코라나(Har Khornana)는 유전자 암호를 해독하여, DNA의 어느 3글자 암호가 단백질의 각각의 아미노산과 상응하는 지를 알아냈다.

1973 Herbert Boyer and Stanley Cohen invent genetic engineering, successfully inserting an amphibian RNA gene into a different organism.

1983년 멀리스(Kary Mulllis)는 중합효소 연쇄반응(polymerase chain reaction; PCR)을 개발하여 하나의 인간 머리카락에서 발견되는 것과 같은 미량의 DNA 흔적을 증폭하여 분석이 가능하도록 하였다.

1985년 영국의 유전학자인 제프리스(Alec Jefferys)는 DNA 지문법을 발명하여, 사람을 범죄현장에서 발견된 생물학적 조직에 일치시키는 법의학적 분석에 DNA를 이용한다.

1992년 법률가인 쉑(Barry Scheck)과 뉴펠드(Neufeld)는 결백 프로젝트를 시작하여, 그들의 노력은 DNA 기술을 이용하여 120명 이상의 잘못된 유죄판결을 받은 사람들의 결백을 입증하였다.

1995년 벤터(Craig Venter)는 생물의 최초 유전체인 단세포 세균인 Haemophilus influenzae의 서열분석을 한다.

1996년 윌멋(Ian Wilmut)은 성체 세포의 핵을 사용하여 성공적으로 "Dolly"양을 복제한다.

1998년 파이어(Andrew Fire)와 멜로(Craig Mello)는 RNA 간섭을 발견하여 불과 8년 뒤에 노벨상을 수여한다.

2000년 벤터(Craig Venter)와 콜린스(Francis Collins)가 이끈 두 팀이 인간 유전체의 초안 서열을 완성한다.

2006년 일본의 세포생물학자인 야마나카(Shinya Yamanaka)는 4개의 전사인자만을 사용하여 성인 피부세포를 배아줄기세포로 재프로그램하여, 윤리적인 치료복제의 가능성을 열었다.

강력한 새로운 백신 Powerful New Vaccines

학습 목표 12.4.2 편승하는(piggyback) 백신이 어떻게 구성되고 사용되는지 서술한다.

유전공학의 잠재적인 중요성을 포함하는 다른 분야는 질병을 유발하는 바이러스에 대항하여 **소단위 백신**(subunit vaccine)을 생산하는 것이다. 단순 허피스나 B형 간염 바이러스의 단백질-다당류 외투의 부분을 암호화하는 유전자가 박시니아(우두) 바이러스 유전체의 단편에 이어맞추기 된다(그림 12.9). 박시니아 바이러스는 인간에게 전혀 해가 없는데, 천연두에 대한 선구적인 백신접종으로 200년 전에 영국의 내과의사인 제너(Edward Jenner)에 의하여 이용되었다. 이러한 방식으로 생산된 백신은 **편승하는 백신**(piggyback vaccine)이라고도 하는데, 질병을 유발하는 바이러스의 외투에 대한 수여자의 면역반응을 유발한다.

1995년에 **DNA 백신**이라고 하는 새로운 종류의 백신에 대한 임상실험이 최초로 시작되었다. 바이러스 유전자를 포함하는 DNA를 신체에 주입하여 흡수시키고, 유전자가 발현된다. 감염된 세포는 세포의 면역반응을 유발하며, 살해 T 세포라고 하는 혈액세포가 감염된 세로를 공격한다. 최초의 DNA 백신은 독감 바이러스 유전자를 플라스미드에 이어맞추기 하였으며, 생쥐에 주입하였다. 생쥐는 독감에 대하여 강한 세포 면역반응을 발달하였다. 이 접근방법은 커다란 희망을 제공한다.

2010년 최초의 효과가 있는 **암 백신**이 발표되었다. 암 백신은 예방책이라기 보다는 치료목적이며, 침입하는 미생물이 공격당하는 것과 같은 방식으로 면역계가 종양을 공격하도록 자극한다. 임상실험에 이용하도록 승인된 최초의 암 백신은 전립선암 종양을 공격하는 면역체계를 유도하는 전립선 암세포로의 단백질을 채용하였다.

개념의 적용

암 백신도 편승하는 백신인가요?

그림 12.9 단순 허피스 바이러스에 사용되는 소단위 또는 편승 백신의 구성.

무해한 우두 바이러스는 단순 허피스 바이러스 외투 유전자를 소단위 백신 또는 편승 백신에 운반하기 위하여 이용될 수 있다. 이러한 백신 소단위를 구성하는 것은 ❶ 단순 허피스 바이러스 DNA를 추출하고 ❷ 바이러스 표면에 있는 단백질을 암호화하는 유전자를 분리하는 것으로 시작된다. 우두 바이러스 DNA를 추출하고 쪼개서 ❸, 허피스 유전자를 우두 DNA와 결합한다 ❹. 재조합 DNA를 우두 바이러스에 삽입한다. 허피스 바이러스의 외부 외투를 가지는 재조합 바이러스의 복사본이 많이 생성된다. 이 재조합 바이러스를 사람에게 주입하면 ❺, 면역체계는 재조합 바이러스의 외투에 대항하는 항체를 생산한다 ❻. 사람은 따라서 바이러스에 대하여 면역을 발달한다.

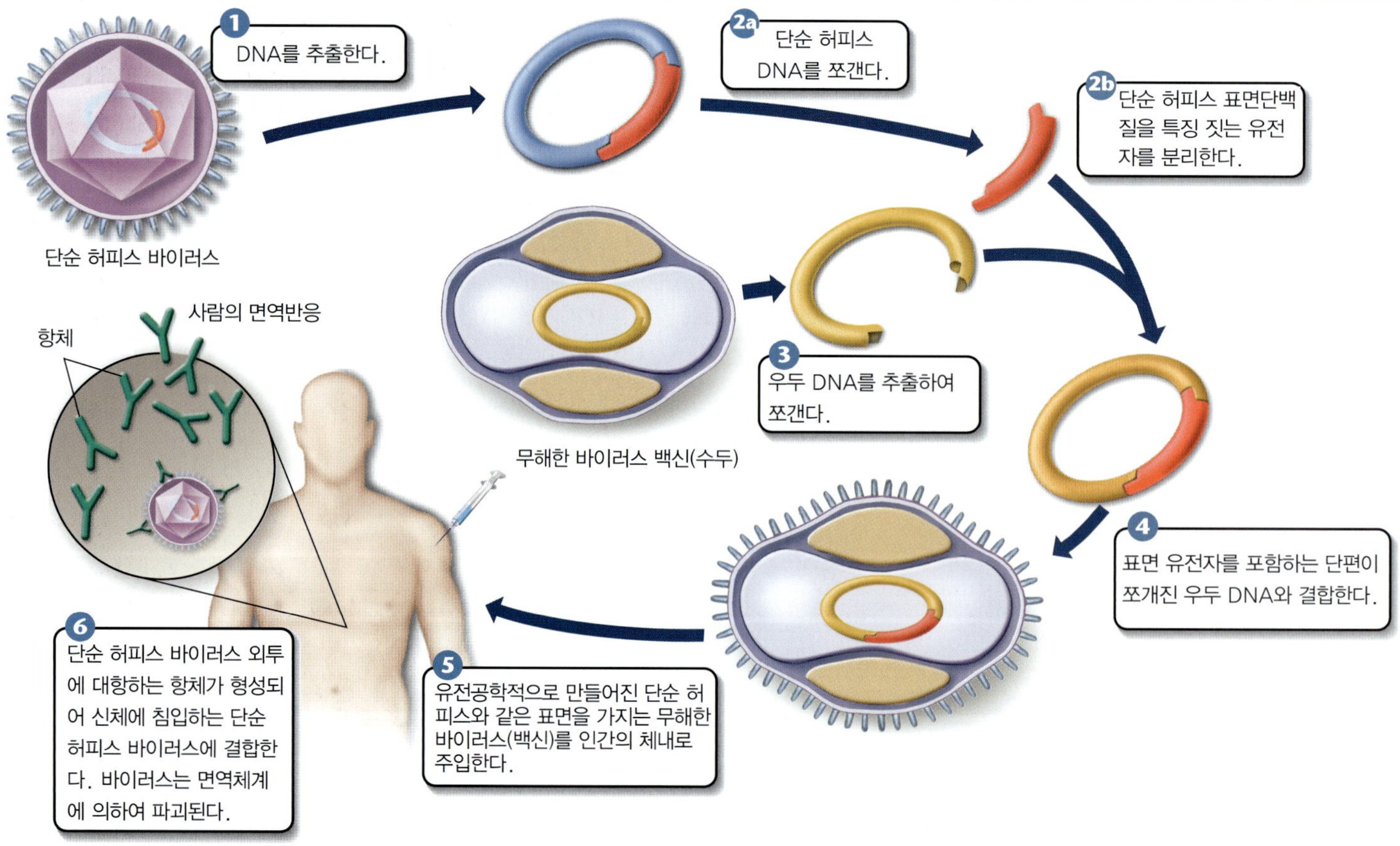

12.5 유전공학과 농업

학습 목표 12.5.1 유전공학이 어떻게 식량생산을 증가하기 위하여 이용되는지 설명한다.

해충 저항성 Pest Resistance

농업에서 유전공학자들의 중요한 노력의 하나는 살충제를 살포하지 않고 해충에 내성이 있는 작물을 생산하여 환경을 보호하는 것이다. 목화의 예를 들어보자. 목화의 섬유는 전 세계에서 옷감을 생산하는 원재료의 주된 기원이지만, 나무 자체는 수많은 곤충의 공격으로 인하여 밭에서 생존하기가 어렵다. 오늘날 사용되는 화학적 살충제의 40% 이상은 목화나무를 먹는 곤충을 죽이기 위하여 사용된다. 지구의 환경은 이러한 수천 톤의 살충제가 필요하지 않게 된다면 커다란 혜택을 받을 것이다.

하나의 성공적인 대안은 작물 해충이 먹으면 독성을 나타내는 단백질을 생산하는 *Bacillus thuringiensis* (Bt)라는 토양 세균의 한 종류를 이용한다. Bt 단백질을 생산하는 유전자를 토마토의 염색체에 삽입하면, 토마토 나무는 Bt 단백질을 생산하기 시작한다. 인간에게는 해가 없지만, 이 단백질은 토마토가 상업적 토마토 작물에 가장 심각한 해충의 하나인 박각시의 유충과 목화 작물의 주된 해충인 목화 천공충에 매우 강한 독성을 나타내도록 한다.

제초제 저항성 Herbicide Resistance

주요한 진보는 대부분의 활발하게 생장하는 식물을 죽이는 강력한 생분해성 제초제인 *글리포세이트*(glyphosate)에 대하여 저항성이 있는 작물을 생산한 것이다. 글리포세이트는 과수원과 농경지에서 잡초를 통제하기 위하여 사용된다. 생장하는 식물은 많은 양의 단백질을 생산해야하며, 글리포세이트는 방향족 아미노산(고리구조를 포함하는 아미노산)을 생산하는데 필수적인 효소를 파괴하여 단백질을 생성하는 것을 중지시킨다. 인간은 방향족 아미노산을 생성하지 않고 먹는 식물에서 획득하기 때문에 글리포세이트에 의하여 영향을 받지 않는다! 작물 식물이 이 강력한 식물 살해자에 내성을 가지도록 하기 위하여, 유전공학자들은 수천 종의 생물을 선별하여 글리포세이트가 존재하더라도 방향족 아미노산을 형성할 수 있는 세균 종을 발견하였다. 유전공학자들은 저항성 효소를 암호화하는 유전자를 분리하여 식물의 유전자에 성공적으로 도입하였다. 그들은 유전자 총이라고도 불리는 입자 총을 이용하여 유전자를 식물에 삽입하였다. 그림 12.10은 DNA 입자 총이 어떻게 작용하는지를 보여준다. 작은 텅스텐 또는 금 알갱이를 관계가 있는 유전자를 포함한 DNA로 포장하여(그림의 붉은색) DNA 입자 총에 넣는다. DNA 총은 문자 그대로 유전자가 식물 유전체에 병합되어 발현될 식물 세포 내부로 사격한다. 이러한 방식에 의하여 유전공학적으로 변형된 식물들을 그림 12.11에 나타내었다. 위의 두 나무는 글리포세이트에 저항을 가지도록 유전공학적으로 변형된 것이며, 아래의 두 나무는 제초제에 의하여 죽은 것이다.

개념의 적용

어떤 종류의 세균 유전자가 글리포세이트가 존재할 때 세균 세포가 방향족 아미노산을 생성할 수 있도록 하는가?

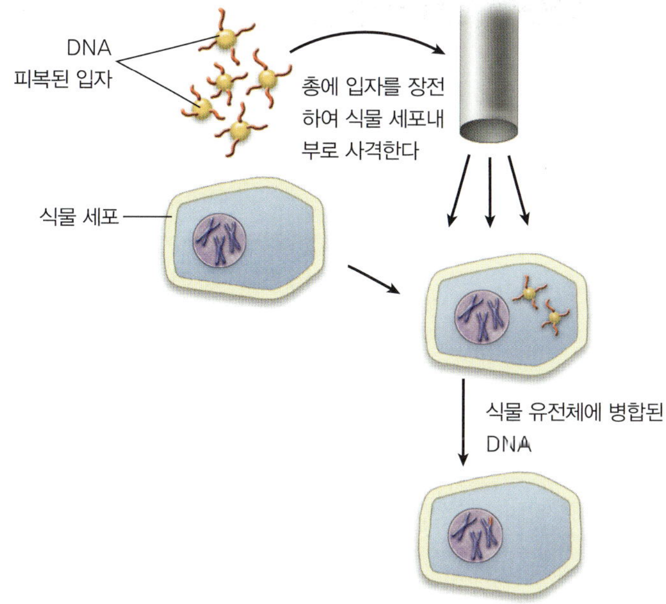

그림 12.10 세포 내로 유전자를 사격하기.

DNA 입자 총은 유전자 총이라고도 하며 DNA로 코팅된 텅스텐이나 금 입자를 식물세포 내부로 사격한다. DNA 코팅된 입자는 세포벽을 통과하여 세포내로 들어가서 DNA가 식물 세포의 DNA에 병합된다. DNA에 의해 암호화된 유전자는 발현된다.

그림 12.11 유전공학적으로 변형된 제초제 저항성.

네 그루의 피튜니아 나무는 같은 양의 제초제에 노출되었다. 위의 두 그루는 제초제의 활성 성분인 글리포세이트에 저항성을 가지도록 유전공학적으로 변형되었고, 아래의 죽은 나무들은 변형되지 않았다.

영양가가 높은 작물 More Nutritious Crops

학습 목표 12.5.2 **연구자들이 어떻게 더 영양가가 높은 종류의 벼를 유전공학적으로 변형하였는지 서술한다.**

유전적으로 변형된(genetically modified; GM) 옥수수, 목화, 콩, 그리고 다른 식물들(표 12.3)의 재배는 미국에서 평범한 일이 되었다. 2010년 미국에서 재배되는 콩의 90%는 제초제 저항성을 가지도록 유전적으로 변형된 씨앗을 뿌렸다. 그 결과 경작지가 덜 필요하게 되었으며 토양 침식이 크게 감소되었다. 해충에 저항성이 있는 GM 옥수수는 2010년 미국에서 재배되는 모든 옥수수의 86% 이상을 차지하였으며, 해충 저항성 GM 목화는 모든 목화의 93%를 차지하였다.

식물 유전공학의 진정한 약속은 직접적으로 소비자에게 혜택을 줄 수 있는 바람직한 특징을 가지는 유전적으로 변형된 식물을 생산하는 것이다. 최근의 진보의 하나인 영양적으로 개선된 황금 쌀은 무엇이 올지에 대한 힌트를 준다. 개발도상국에서 많은 사람들은 철분과 비타민 A가 빈약한 단순한 식단에 의존하여 살아가고 있다. 철분 결핍은 세계 인구의 30%에 영향을 미치며, 2천 5백만으로 추산되는 아동들이 비타민 A 결핍이다. 이러한 결핍은 주된 식량이 쌀인 개발도상국에서 특히 가혹하다.

쌀을 먹는 사람들 사이에서 식사의 철분 결핍 문제를 해결하기 위하여 유전공학자들은 먼저 쌀이 왜 그렇게도 빈약한 식사 철분의 근원인지에 대한 질문을 하였다. 문제와 이에 대한 해답은 세 부분으로 나눌 수 있다.

1. *철분이 너무 적다.* 쌀 내배유의 단백질은 비정상적으로 낮은 철분을 함유하고 있다. 이 문제를 해결하기 위하여 콩으로부터 페리틴(ferritin) 유전자(그림 12.12의 *Fe*)를 벼에 전달하였다. 페리틴은 이례적으로 높은 철분을 함유하고 있는 단백질이며, 따라서 쌀의 철분 함량을 크게 증가시켰다.
2. *장에서 철분흡수의 저해.* 쌀은 비정상적으로 높은 파이테이트(phytate)라는 화학물질을 가지고 있는데, 이는 장에서 철분의 흡수를 저해하여 쌀에 있는 철분을 신체가 흡수하는 것을 중지시킨다. 이 문제를 해결하기 위하여 파이테이트를 파괴하는 파이타아제(phytase) *Pt* 라는 효소를 암호화하는 유전자를 곰팡이로부터 쌀에 전달하였다.
3. *철분의 효율적인 흡수에 너무 부족한 황.* 인간의 신체는 철분을 흡수하기 위하여 황을 필요로 하는데, 쌀은 황이 거의 가지고 있지 않다. 이 문제를 해결하기 위하여 황이 풍부한 단백질을 암호화하는 유전자(*S*)를 야생 벼로부터 벼로 전달하였다.

비타민 A 결핍 문제를 해결하기 위하여 동일한 접근 방법이 사용되었다. 먼저 문제가 확인되었다. 벼는 비타민 A를 만들기 위하여 일부분만을 수행한다. 벼에는 마지막 네 단계를 촉매하는 효소가 없다. 이 문제를 해결하기 위하여 수선화에서 4효소를 암호화하는 유전자(A_1 A_2 A_3 A_4 유전자)를 벼에 추가하였다.

개념의 적용

7개의 유전자가 GM 황금 쌀에 전달되었다. 연구자들은 어떻게 이 유전자들이 벼 세포에서 발현되는 것을 보장할 수 있는가?

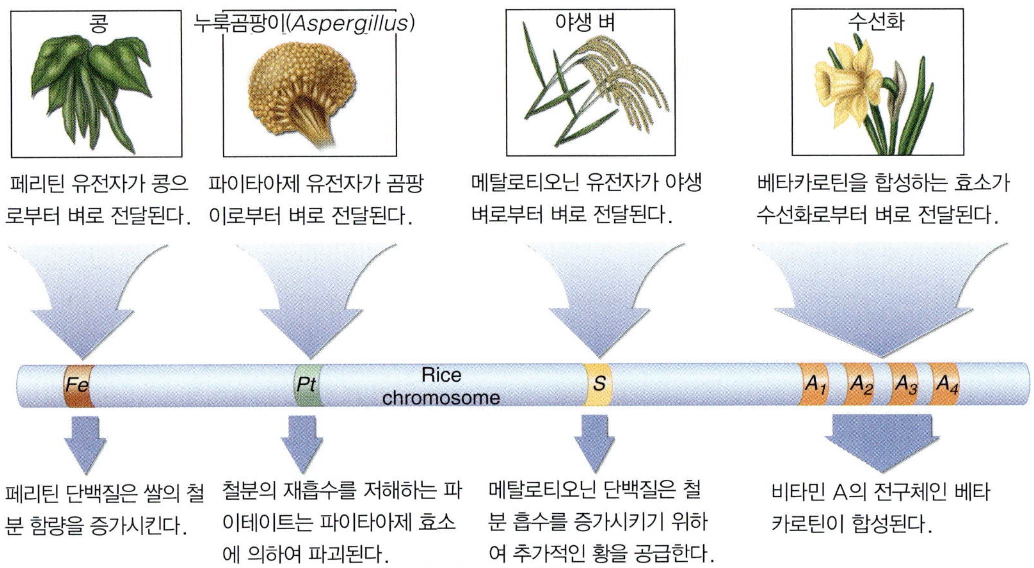

그림 12.12 유전자 변형 황금 쌀.

황금 쌀은 세계의 주요한 식품 작물의 하나인 쌀에서 심각한 영양결핍에 대응하기 위하여 먼 길을 걸어왔다. 연구자에 의한 이러한 유전자변형 쌀의 개발은 진정한 전진을 위한 첫 번째의 핵심적인 발걸음이다. 황금 쌀 유전자를 지역 조건에 적응된 계열로 품종개량을 하기 위해서는 여러 해가 소요될 것이다.

여러분에게 의미하는 것.

인터넷 상의 "무료 쌀 게임(www.freerice.com)"은 여러분에게 퀴즈 질문을 한다. 한 문제를 맞힐 때마다 기아의 종식을 돕기 위하여 UA 세계 식량계획에 20 낱알의 쌀이 기부된다. 2007년 게임이 시작된 이래, 500조 낱알이 넘는 쌀이 기부되었으며, 이는 하루에 2천만 개의 낱알에 해당한다. 여러분이 정답을 맞힐 때마다, 더 어려운 질문에 봉착하게 된다. 여러분은 연달아 몇 개의 질문에 정답을 맞힐 수 있다고 생각하나요? (평균은 4임.)

유전자 변형 작물의 잠재적인 위해를 어떻게 측정할 것인가?

학습 목표 12.5.3 GM 식품이 먹기에 안전한가를 평가하고, GM 작물이 환경에 해로운지를 평가한다.

유전적으로 변형된 식품을 먹는 것은 위험한가요? 대부분의 소비자들은 유전공학자들이 새로운 유전자를 GM 작물에 도입할 때 우리가 먹는 식품에 위험한 결과가 초래될지 염려한다. 콩에 글리포세이트 저항성을 도입하는 것이 하나의 예이다. 콩은 영양적으로 차이를 보이나요? 아닙니다. 그러나 GM 콩을 글리코포세이트 저항성으로 만드는 효소와 같은 단백질의 도입이 일부 사람들에게 치명적인 면역반응을 유발할 수 있을까요? 알레르기 반응의 잠재적인 위험은 상당히 현실적이기 때문에, GM 작물에 단백질을 암호화하는 유전자가 도입될 때마다 도입된 단백질의 알레르기원 잠재성을 광범위하게 시험하는 것이 필수적이다. 현재 미국에서 생산되는 어느 GM 작물도 사람에게 알레르기원으로 작용하는 단백질을 포함하지 않는다. 이 점에서 식품 공급에 대한 유전공학의 위험은 경미한 것으로 보인다.

GM 작물은 환경에 해로운가요? GM 작물의 광범위한 사용에 대하여 우려하는 사람들은 3가지의 적절한 우려를 제기한다.

1. *다른 생물에 해를 끼친다.* 소규모 실험실 실험의 결과는 Bt 옥수수의 꽃가루는 왕나비의 유충에 해를 끼칠 수 있다는 것을 시사한다. 이러한 예비 보고서가 상당히 널리 알려졌지만, 후속 연구는 해의 가능성이 거의 없는 것으로 나타났다. 왕나비는 옥수수가 아닌 유액을 분비하는 식물에 산란을 하며, 옥수수 밭 안이나 주변에는 유액을 분비하는 식물이 거의 없다.
2. *저항성.* 농업에 사용되는 모든 살충제나 제초제는 항생제에 내성인 세균 군집이 진화하는 것처럼, 저항성이 있는 해충이 진화한다는 문제점을 공유한다. 저항성을 방지하기 위해서는 Bt 작물과 함께 선택압력을 받지 않는 피난처를 곤충에게 제공하고 그렇게 함으로써 내성의 발달을 더디게 하기 위하여 최소한 20%의 비 Bt 작물을 재배하는 것이 필요하다. 그 결과 1996년 이래 옥수수, 콩, 그리고 목화와 같은 Bt 작물의 광범위한 재배에도 불구하고 경작지에서 Gt 식물에 저항성을 발달한 곤충의 사례가 몇 되지 않는다. 불행히도 그러한 동일한 제한이 글리포세이트 제초제를 사용하는 농부들에게는 요구되지 않아서 상이한 결과를 초래하였다. 2010년에 22개 주에서 글리포세이트 내성 잡초가 농민들을 망치게 한 사례가 보고되었다.
3. *유전자의 흐름.* 도입된 유전자가 GM 작물의 야생 또는 잡초성 동류에게 전달될 가능성은 어떠한가? 주된 GM 작물에서 GM 작물의 변형된 유전자를 받을 수 있는 주변의 잠재적인 야생 동류 식물이 없다. 예를 들면 유럽에는 콩의 야생 동류가 존재하지 않는다. 따라서 GM 콩으로부터 유전자의 탈출은 여러분의 유전자가 애완 개나 고양이로 흘러갈 가능성만큼이나 전혀 없다. 그렇지만 이제 유전적으로 변형되기 시작하고 있는 2차 작물들에 대해서는, 매우 가능성이 낮지만, 연구결과 GM 작물이 주변의 동류와 교배되어 새로운 잡종을 생성하는 것을 방지하는 것은 어려울 것이라는 것을 암시한다.

개념의 적용

글리포세이트 저항성 잡초를 경험한 농부들에게 농경지에 여러분은 무엇을 추천할 것인가?

표 12.3	유전적으로 변형된 작물
벼 	상업적인 벼에 비타민 A를 생산하기 위하여 수선화의 유전자가 추가되었다'철분을 공급하기 위하여 콩, 곰팡이, 그리고 야생 벼의 유전자가 추가되었다. 추위에 내성이 있는 유전자변형 품종이 개발 중에 있다.
밀 	글리포세이트에 내성이 있는 밀의 신품종은 필요한 경작지의 면적을 크게 줄여주어 표층토양의 손실을 감소시킨다.
콩 	동물의 주요한 사료 작물인 글리포세이트 제초제에 저항성이 있는 콩은 2010년 미국 콩 재배면적의 90% 이상을 점하고 있다. Bt 유전자를 포함하는 변종이 작물을 화학적 제초제 없이 해충으로부터 보호하기 위하여 개발되고 있다. 콩 작물의 영양가는 높은 트립토판을 함유한 변종(콩은 이 아미노산의 함량이 빈약함), 트랜스 지방의 감소, 그리고 생선 기름에는 흔하지만 식물에는 낮은 오메가-3 지방산의 증가 등 몇 가지 방법으로 유전공학자들에 의하여 개선되고 있다.
옥수수 	해충에 저항성이 있는 옥수수 변종(Bt 옥수수)이 널리 재배되고 있으며(미국 재배면적의 86%); 글리포세이트 제초제에 내성이 있는 변종이 최근에 개발되었다. 가뭄에 저항성이 있는 변종이 개발되고 있으며, 또한 리신, 비타민 A, 그리고 해로운 콜레스테롤을 감소시켜 동맥경화를 방지하는 불포화 지방인 올레산을 많이 포함하는 영양적으로 개선된 계열이 개발되고 있다.
목화 	목화 작물은 목화 솜벌레, 그리고 다른 나비목 곤충에 의하여 공격을 받으며, 세계적으로 사용되는 화학적 살충제의 40% 이상이 목화에 살포되고 있다. 모든 나비목에 독성을 가지지만 다른 곤충에게는 해가 없는 Bt 유전자의 형태가 화학적 제초제가 거의 필요가 없는 작물로 목화를 변형시켰다. 미국 목화 경작면적의 93% 이상이 Bt 목화이다.
땅콩 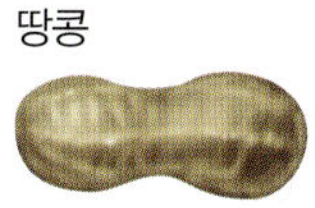	작은 옥수수 줄기 천공곤충이 땅콩 작물에 심각한 피해를 끼친다. 해충에 저항성이 있는 변종이 해충을 통제하기 위하여 유전공학자에 의하여 개발되고 있다. 진균 질병인 감자 잎마름병은 감자의 수분을 전도하는 조직을 감염시켜 생산량을 40%로 감소시킨다. 알팔파의 항진균 유전자는 감염을 6배 감소시킨다.
감자 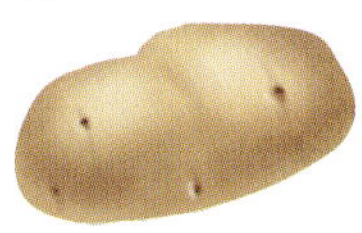	시듦병(진균병)은 감자의 수관조직을 감염하여 작물 수확을 40% 감소시킨다. 알팔파의 항진균 유전자는 감염을 6배 감소시킨다.
카놀라 	주요한 식물성 기름과 동물 사료 작물인 카놀라는 보통 거의 경작을 하지 않고 좁은 열로 생육하며, 잡초를 제어하기 위하여 화학적 제초제를 광범위하게 살포한다. 새로운 글리포세이트 저항성 변종은 훨씬 적은 양의 화학적 처리를 필요로 한다. 미국 카놀라 경작지의 93%가 유전자 변형 카놀라를 재배하고 있다.

세포 기술의 혁명 The Revolution in Cell Technology

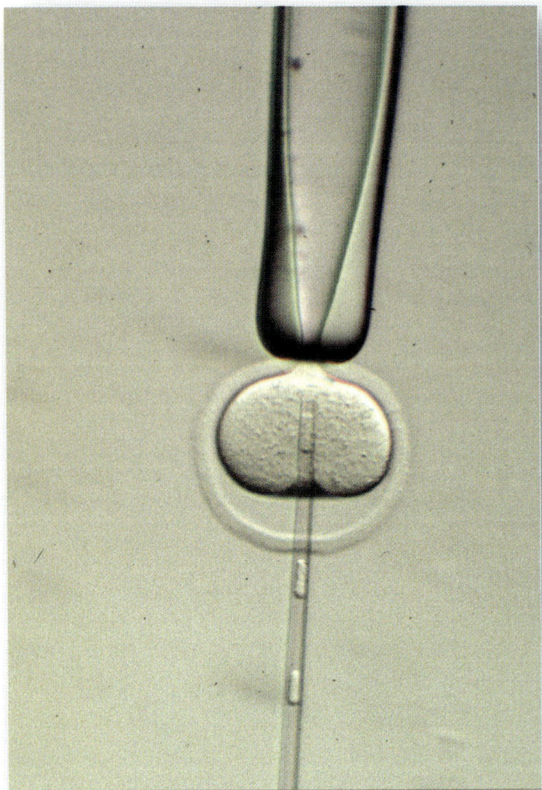

그림 12.13 복제 실험.

이 그림에서 핵이 마이크로피펫으로부터(아래) 피펫에 의하여 자리잡고 있는 핵을 제거한 난자로 주입된다.

12.6 번식 복제 Reproductive Cloning

학습 목표 12.6.1 성체 조직으로부터 동물을 복제할 수 있는 가능성을 입증한 실험에 대하여 서술한다.

생물학의 매우 활발하고 흥미 있는 분야의 하나는 최근에 개발된 동물 세포를 조작하는 접근 방법을 포함한다. 이 절에서 여러분은 세포 기술의 기념비적인 진보가 일어나고 있는 3분야인 사육 동물의 번식 복제, 줄기세포 연구, 그리고 유전자 치료법을 접하게 될 것이다. 세포 기술의 진보는 우리의 삶에 혁명을 가져다주는 희망을 유지시킨다.

동물을 복제하려는 아이디어는 난세포에서 핵을 제거하고(무핵 난을 생성함) 그 자리에 다른 세포의 핵을 집어넣는 "환상적인 실험"으로 부른 제안을 한 현대 발생학의 아버지로 불리는 독일 발생학자인 슈페만(Hans Spemann)에 의하여 1938년 최초로 제의되었다. 여러 해가 지난 다음에 시도되었을 때(그림 12.13) 이 실험은 개구리, 양, 원숭이, 그리고 많은 다른 동물에서 실제로 성공하였다. 그러나 초기 배아에서 추출된 공여핵만이 작동을 하였다. 성체 세포의 핵을 이용하여 실패를 거듭한 끝에, 많은 연구자들은 발달 중인 배아의 처음 몇 번의 세포 분열을 지나면 동물 세포의 핵은 발달 경로에 비가역적으로 맡겨진다는 것을 확신하게 되었다.

윌멋의 새끼 양 Wilmut's Lamb

1990년대에 농업 동물의 세포주기를 연구하는 전문가인 유전학자인 캠벨(Keith Campbell)에 의하여 스코틀랜드에서 핵심적인 통찰이 이루어졌다. 7장에서 진핵세포의 분열주기는 몇 단계로 진행된다는 것을 기억하시오. Campbell은 난자와 제공된 핵은 세포주기의 동일한 단계에 있어야할 것으로 추론하였다. 이는 핵심적인 통찰로 판명되었다. 1994년 연구자들은 먼저 세포를 굶겨서 세포 주기의 시작단계에서 정지하도록 하여 발달된 배아에서 가축을 복제하는데 성공하였다. 2개의 굶긴 세포가 세포 주기의 동일한 시점에 동기화되었다.

Campbell의 동료인 윌멋(Ian Wilmut)은 핵심적인 돌파구를 시도하였

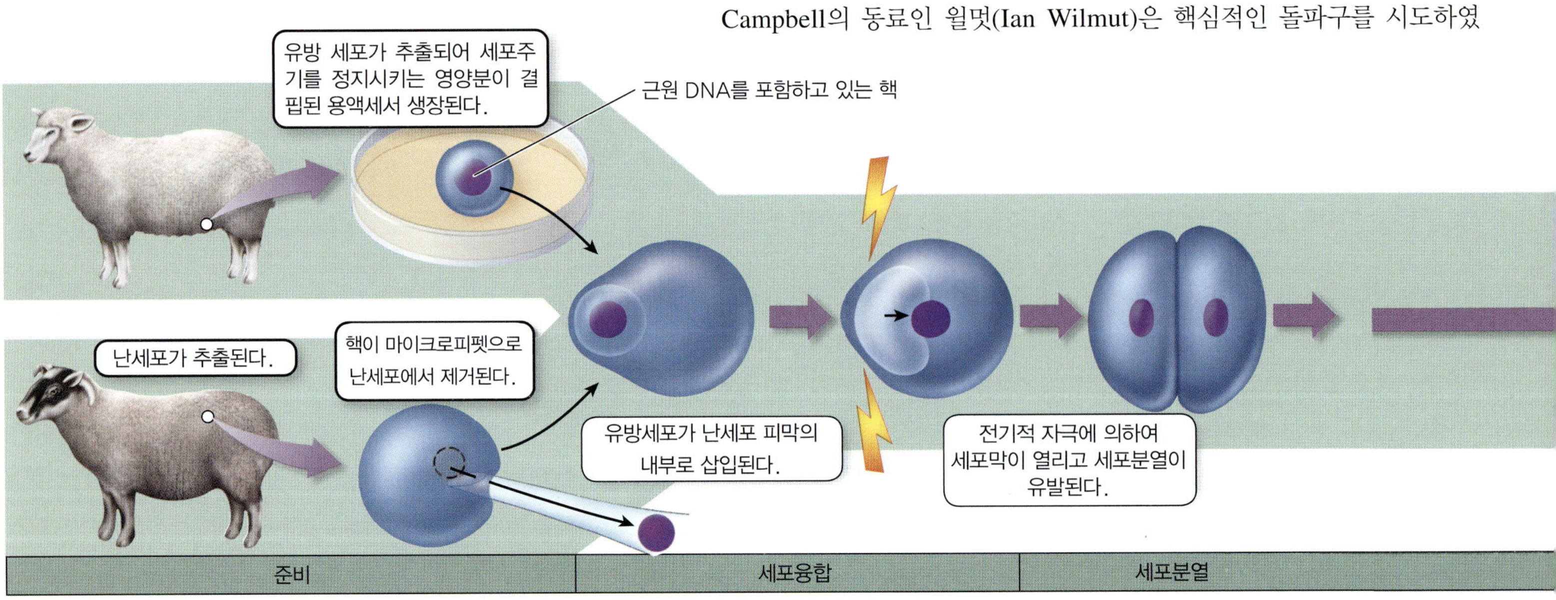

그림 12.14 Wilmut의 동물 복제 실험.

는데, 이 실험은 연구자들을 현혹시켜왔다. Wilmut은 성체의 분화된 세포의 핵을 핵을 제거한 난자에 전달하도록 준비하여, 그 배아를 대리모 안에서 생장하고 발달하도록 하여, 건강한 동물이 생산되기를 희망하였다(그림 12.14). 약 5개월 뒤인 1996년 7월 5일 엄마 양은 새끼 양을 출산하였다. "돌리(Dolly)"라고 하는 이 새끼양은 성체 동물세포로부터 생성된 최초의 성공적인 복제물이었다. Dolly는 건강한 성체로 성장하여, 이 장의 처음에 있는 그림에서 볼 수 있듯이, 모든 면에서 정상인 건강한 자손을 생산하였다.

번식복제의 진보 Progress with Reproductive Cloning

Dolly가 1996년 태어난 이후 과학자들은 소, 돼지, 염소, 말, 그리고 당나귀와 같은 가축과 애완동물인 고양이와 개를 포함하여 원하는 특징을 가진 다양한 종류를 성공적으로 복제하였다. 그림 12.15의 강아지인 스너피(Snuppy)가 최초로 복제된 개다. 대부분의 가축에서 복제 과정은 Dolly 이후에 매우 효율적이 되었다. 그러나 복제동물을 성체까지 발달시키는 것은 예상외로 복잡하게 되었다. 거의 대부분이 정상적인 수명을 누리지 못하였다.

그림 12.15 애완동물의 복제.

"스너피(Snuppy)"라고 이름 붙여진 이 강아지는 복제된 최초의 개다. Snuppy의 왼쪽 옆에 복제된 피부세포를 제공한 수컷이 있다. 오른쪽 사진의 개는 Snuppy의 대리모이다.

여러분에게 의미하는 것

여러분은 개나 고양이를 키우고 있나요? 여러분은 오랫동안 동반의 즐거움을 연장할 수 있도록 이들이 나이가 들면 복제를 하는 것이 윤리적이라고 생각하나요? 그러면 나중에 복제동물을 또 복제하나요? 이러한 과정에 어떠한 제한을 두려고 하는지요? 이에 대하여 토의하시오.

유전자 재프로그램의 중요성 The Importance of Gene Reprogramming

무엇이 잘못되었나요? 포유류 난자나 정자가 성숙하면서 그들의 DNA는 부모에 의하여 재프로그램이라고 하는 과정인 조건화되는 것으로 판명되었다. 특정한 유전자가 발현될 때 뉴클레오티드 서열을 변화시키지 않고 DNA를 변경시키는 화학적인 변화가 이루어진다. Dolly 이후로 과학자들은 **후생유전학**(epigenetics)이라고 하는 유전자 재프로그램에 대하여 많은 것을 배웠다. 후생유전학은 세포가 특정한 유전자를 해독하는 능력을 차단하여 작용한다. 유전자는 메틸기(—CH_3)를 일부 시토신 뉴클레오티드에 추가하여 꺼짐 위치에 고정되게 된다. 유전자가 이와 같이 변경된 이후에는 유전자를 읽을 수 있는 중합효소 단백질은 더 이상 이를 인식할 수 없다. 유전자는 정지되었다.

우리는 이제야 어떻게 인간 DNA를 재프로그램할지 배우기 시작하고 있으며, 인간을 복제하려는 어떠한 시도도 어둠 속에서 돌을 던져서 우리가 볼 수 없는 목표를 맞히기를 희망하는 것과 같다. 이러한 이유와 다른 많은 이유로 인하여 인간의 번식 복제는 매우 비윤리적인 것으로 간주된다.

개념의 적용

배우체 DNA의 유전자 재프로그램은 Dolly의 성공적인 복제를 방지하지 않았나요?

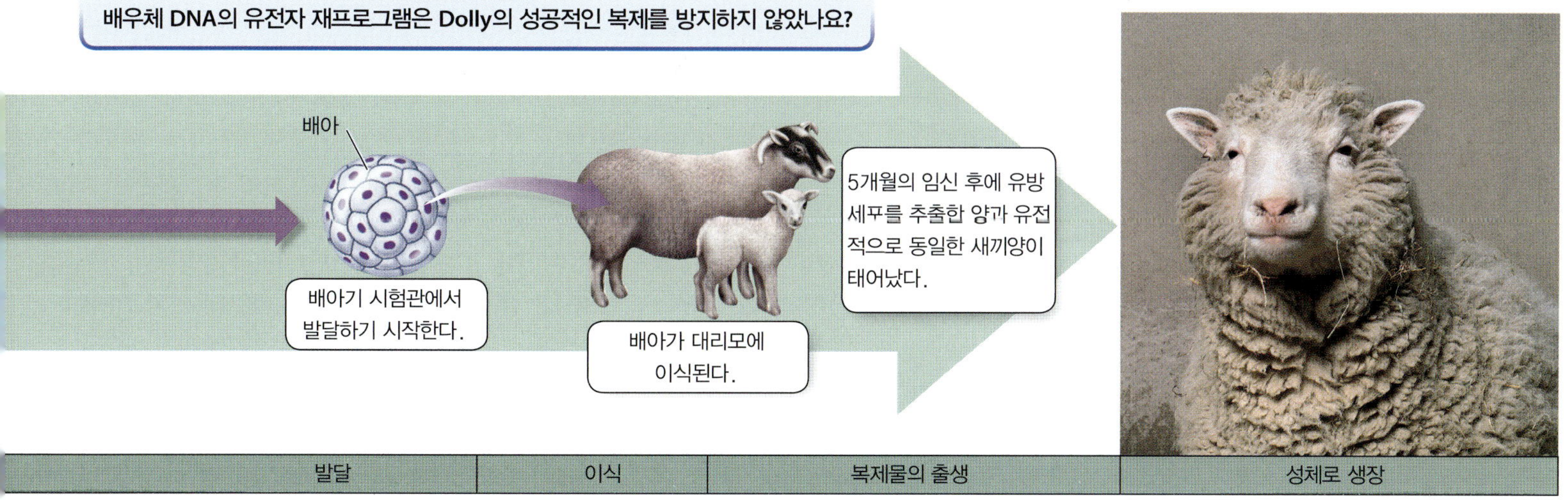

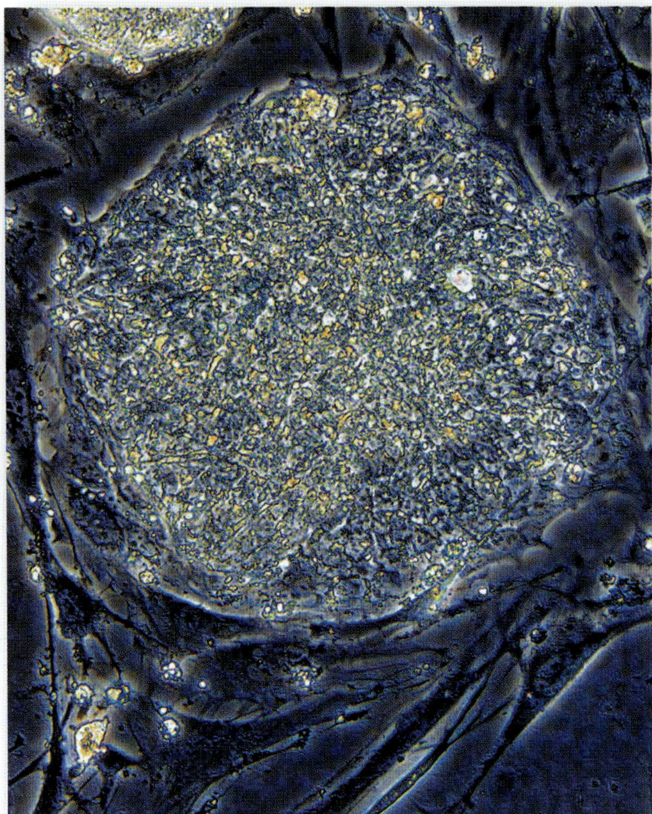

그림 12.16 인간의 배아줄기세포(×20).

이 덩어리는 조직배양에서 생장되고 있는 분화되지 않은 인간배아세포의 집락이며, 급이층으로 작용하는 섬유아세포(fibroblast)에 의하여 둘러싸여 있다.

그림 12.17 파킨슨병의 치료를 위한 홍보.

"Back to the Future"영화와 "*Family Ties*"TV 극에서 스타로 익숙한 Michael J. Fox는 파킨슨병의 희생자이며 이 병을 앓고 있는 사람들을 위한 뛰어난 대변인이다. 이 사진에서 Fox는(동료 옹호자인 Mary Tyler Moore와 함께) 파킨슨병 치료법을 찾기 위한 연구를 지원하기 위한 강력한 노력의 필요성에 대하여 미상원에서 증언을 하고 있다.

12.7 줄기세포 치료법 Stem Cell Therapy

학습 목표 12.7.1 줄기세포가 어떻게 손상된 인간 조직을 대체할 수 있는 가능성을 제공하는지 서술한다.

여러분은 그림 12.16에서 인간 배아줄기세포의 집단을 볼 수 있다. 대부분은 어느 신체조직이나 심지어는 완전한 성체동물을 형성할 수 있는 **전체형성능(totipotent)**이다. 배아줄기세포는 무엇이며, 이것은 왜 전체형성능을 가지는가? 이 질문에 대하여 답하기 위해서는 먼저 배아가 어디에서 왔는지를 잠시 생각해봐야 한다. 인간 생활의 여명기에 정자는 난자와 수정되어 아이로 운명 지어진 하나의 세포를 형성한다. 발달이 시작하면서 그 세포는 분할하기 시작하며 4번의 분열 후에는 **배아줄기세포**(embryonic stem cell)라고 하는 16개의 작은 집단을 형성한다. 이 배아줄기세포의 각각은 모두 정상적인 개체를 생성하는데 필요한 모든 유전자를 가지고 있다.

발달이 진행하면서 이 배아줄기세포의 일부는 신경조직과 같은 특정한 유형의 조직에 전념하게 되며, 이 단계 이후에는 다른 종류의 세포는 결코 생성할 수 없다. 예를 들면 신경조직에서 그들은 *신경줄기세포*(nerve stem cell)라고 불린다. 다른 세포들은 혈액세포로 특화되고, 다른 세포들은 근육 조직을 생산하게 되고, 또 다른 세포들은 신체의 다른 조직들을 형성하게 된다. 각각의 주요 조직은 자신의 조직에 특이한 **성체줄기세포**(adult stem cell)로부터 형성된다. 성체줄기세포는 오로지 한 종류의 조직만 형성하기 때문에 전체형성능이 아니다.

손상된 조직을 수리하기 위한 줄기세포의 이용 Using Stem Cells to Repair Damaged Tissues

줄기세포는 손상된 조직을 복구할 수 있는 흥미로운 가능성을 제공한다. 배아줄기세포가 어떻게 손상된 조직을 수선하는데 이용될 수 있는지를 이해하기 위해 그림 12.18을 따라간다. 수정후 며칠이 지나면 포배기라 불리는 배아단계가 형성된다 ❶. 배아줄기세포는 내부 세포 집단이나 다음 단계인 ❷의 세포로부터 수확된다. 이러한 배아줄기세포는 조직배양(그림 12.16)에서 생장될 수 있으며 원칙적으로 신체의 어느 유형의 조직이든지 형성하도록 유도될 수 있다 ❸. 이 결과 형성된 건강한 조직은 환자에 주입되어 생장하여 손상된 조직을 대체할 수 있다 ❹. 선택적으로 가능한 경우에 성체줄기세포가 분리되어 신체로 다시 주입되면 특정한 유형의 조직세포를 형성할 수 있다.

성체와 배아줄기세포의 전달실험은 생쥐에서 성공적으로 수행되었다. 성체 혈액줄기세포는 백혈병을 치료하기 위하여 이용되었다. 생쥐 배아줄기세포에서 성장된 심장 근육세포는 살아있는 생쥐의 손상된 심장조직을 성공적으로 대체하였다. 다른 실험들에서 손상된 척수 뉴런이 부분적으로 수선되었다. 생쥐 두뇌에서 점진적으로 손실되면 파킨슨병을 일으키는 DOPA-생성 뉴런이 배아줄기세포로 성공적으로 대체되었으며, 손실되면 유아 당뇨병을 유발하는 췌장의 섬 세포도 대체되었다. 발달의 과정은 모든 포유류에서 널리 유사하기 때문에, 생쥐에서의 이러한 실험은 인간에서 줄기세포 치료법의 흥분되는 가능성을 시사한다. 파킨슨병(그림 12.17)과 같은 상태에 있는 개인이 줄기세포 치료법에 의하여 부분적으로나 또는 완전히 치료될 수 있으리라는 것이 희망이다. 상상할 수 있겠지만, 이 분야의 연구는 집중적으로 진전되고 있다.

배아줄기세포를 이용하는데 대하여는 윤리적인 반대가 있지만, 새로운 실험적인 결과는 이러한 윤리적인 미로를 회피할 수 있는 힌트를 준다. 2007년에 두 곳의 독립적인 실험실에서 정상적인 성인 피부세포로부터 배아줄기세포와 유사

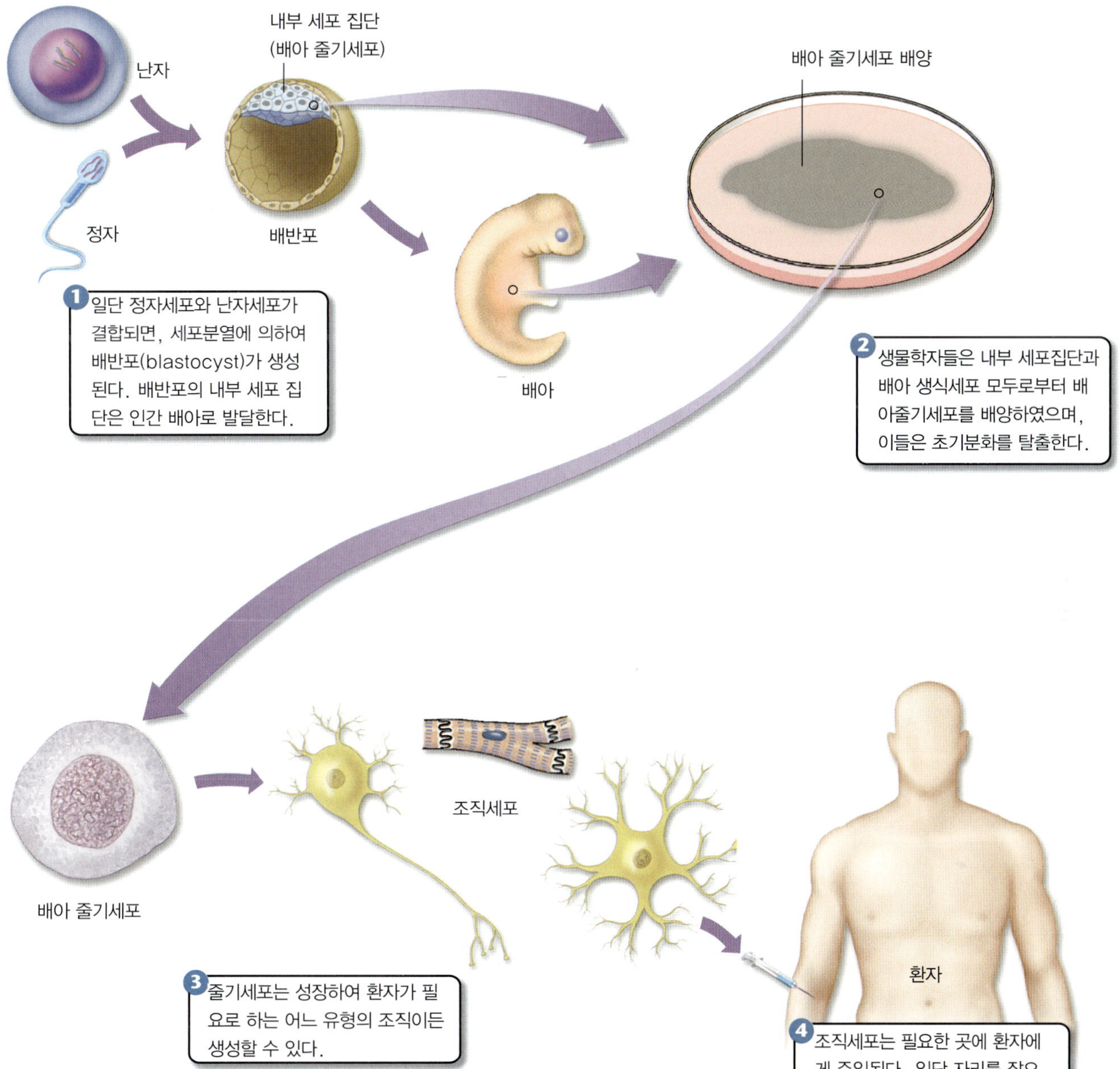

그림 12.18 손상된 조직을 회복하기 위한 배아줄기세포의 이용. 배아줄기세포는 어떠한 신체조직으로도 발달할 수 있다. 조직을 배양하여 다발성 경화증 환자의 두뇌 세포, 심장 근육, 그리고 척수 신경과 같은 성인의 손상된 조직을 수선하기 위하여 사용하기 위한 방법들이 개발되고 있다.

한 세포를 만들었다고 보고하였다. 그들이 생성한 세포는 다능성으로 많은 다른 세포유형으로 분화될 수 있었다. 다능성이 전체능으로 확장할 수 있을지에 대해서는 아직 연구가 진행되고 있다. 이러한 세포들은 어떻게 변형되었을까요? 본질적인 단서는 6년 전에 얻어졌는데, 성체세포를 배아줄기세포와 융합하였을 때 성체세포가 다능성으로 변형되었으며, 이는 다능성을 부여하는 요인이 성체세포로 전달된 것 같았다. 그리고 2006년에 결정적인 진전이 있었는데, 일본 세포생물학자인 야마나카(Shinya Yamanaka)가 성체 포유류 피부세포에 배아줄기세포 전체 내용물이아니라 4개 전사인자들의 유전자만을 도입하였다. 유전자들은 바이러스에 편승하여 피부세포로 전달되었다. 내부로 들어가서 4개의 인자들은 일련의 사건을 유발하여 성체피부세포를 다능성으로 변환시켰다. 실제적으로 Yamanaka는 성체세포를 배아줄기세포로 재프로그램할 수 있는 방법을 발견한 것이다. 실험실 배양접시에서의 원칙의 증명으로부터 실제적인 의학적 적용으로 가는 것은 아직 커다란 도약이 필요하지만, 가능성은 매우 흥분되게 한다.

개념의 적용

여러분은 Michael J. Fox의 파킨슨병을 그의 피부에서 얻어진 다능성세포로 치료하는데 윤리적인 반대를 가지고 있나요?

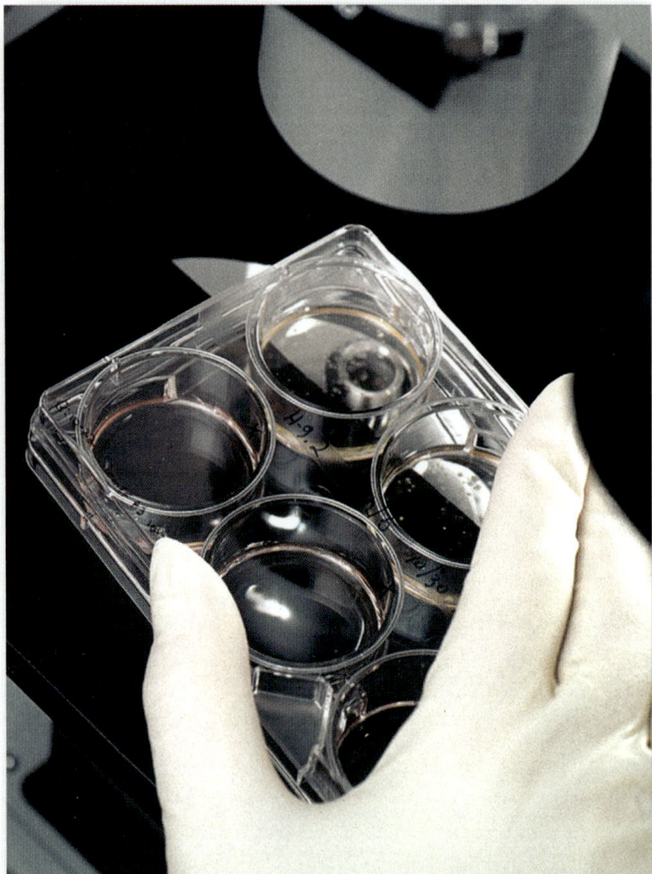

그림 12.19 세포배양에서 생장하는 배아줄기세포.

이러한 배아줄기세포는 초기 인간 배아에서 유도되었으며 조직배양에서 무한히 생장할 것이다. 이식을 하면 때때로 놓여있는 성체조직의 새로운 세포를 형성하도록 유도될 수 있다. 이는 흥미로운 치료적인 이용을 암시한다.

12.8 치료 복제 Therapeutic Cloning

학습 목표 12.8.1 번식 복제와 치료 복제를 구분한다.

흥미롭기는 하지만 백혈병, I형 당뇨병, 파킨슨병, 손상된 심장근육, 그리고 손상된 신경조직의 치료에 줄기세포 치료법을 이용한 것은 모두 기능하는 면역체계가 없는 생쥐의 품종을 이용하여 수행된 실험에서 성취되었다. 이것이 왜 중요한가? 만약 생쥐가 완전히 기능하는 면역체계를 가지고 있었다면, 그들은 거의 확실하게 이식된 기관을 이물질로 거부했을 것이다. 정상적인 면역체계를 가진 인간에서 그들의 신체는 이식된 줄기세포를 단순히 다른 개인에서 왔다는 이유로 거부할 것이다.

면역수용을 달성하기 위한 복제

2001년 초에 Rockefeller 대학의 연구진은 이러한 잠재적으로 심각한 문제를 우회할 수 있는 방법을 보고하였다. 그들의 해결책은 무엇인가요? 그들은 먼저 생쥐에서 피부세포를 분리하여, Dolly를 생성한 것과 동일한 과정을 이용하여, 120세포의 배아를 생성하였다. 그 배아는 파괴되었고, 배아줄기세포를 수확하여 배양하였다(그림 12.19). 이 과정은 **치료복제**(therapeutic cloning)라고 불린다. 치료복제와 Dolly를 생성하기 위하여 사용된 과정인 **번식복제**(reproductive cloning)을 그림 12.20에 대비하였다. ❶부터 ❺까지는 두 과정이 본질적으로 동일하다는 것을 볼 수 있지만, 두 방법은 그 이후 약간 다르게 진행된다. 번식복제에서 ❺단계의 배반포는 ❻-❽ 단계에서 대리모에 이식되어, 핵 공여자와 유전적으로 동일한 태아로 발달한다 ❼a. 대조적으로 치료복제에서는 ❺단계의 배반포에서 유래한 줄기세포는 제거되어 ❻단계의 배지에서 생장된다. 이러한 줄기세포는 췌장의 섬세포와 같은 특정한 조직유형으로 발달하여, 당뇨병 환자와 같은 특정한 조직세포를 필요로 하는 환자에 주입되거나 이식되어, 새로운 섬 세포는 인슐린을 생산하기 시작할 수 있다.

치료복제 또는 좀 더 기술적으로 *체세포핵전달*(somatic cell nuclear transfer)은 배아줄기세포가 손상된 인간 조직을 수선하기 위해 이용될 수 있기 이전에 해결되어야할 핵심적인 문제인 면역수용에 성공적으로 대응한다. 치료복제에서 줄기세포는 신체 자체의 조직에서 복제되기 때문에, 그들은 면역체계의 "자기"신원 확인을 통과하며, 신체는 그들을 기꺼이 수용한다.

면역수용을 달성하기 위한 유전자 재프로그램

치료복제에서 복제된 배아는 배아줄기세포를 획득하기 위하여 파괴된다. 6일된 인간 배아의 도독적 위치는 무엇인가? 배아를 살아있는 개체로 생각하여, 많은 사람들은 치료복제를 윤리적으로 수용할 수 없다고 간주한다. 앞쪽에서 논의된 최근의 연구는 이 문제를 회피할 수 있는 대안적인 접근방법을 시사한다. 즉 성체세포에 몇 개만의 유전자를 도입하여 성체세포를 배아줄기세포와 유사하게 재프로그램하는 것이다. 이 유전자들을 전사인자라고 부르며, 성체세포의 발달과정에서 나타났던 후생유전학적 변화를 차단하는 것을 반대로 하는 역할을 하는 핵심적인 유전자를 켜는 것이다.

개념의 적용

유전자 재프로그램은 어떠한 방식으로 그림 12.20에 나타낸 실험적 과정을 변경시키는가?

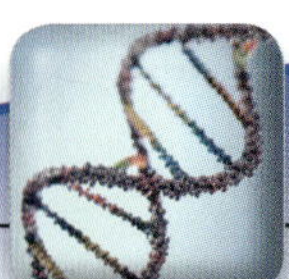

뉴스에서

하나의 세포유형을 다른 유형으로 변화시키기. 2008년 보스턴 아동병원의 의사들은 인슐린을 생산하는데 필요한 췌장의 베타세포가 결여된 개인에서 나타나는 유형 I 당뇨병의 치료를 시작하였다. 2년간 그들은 정상적인 췌장세포를 베타세포로 변환시키는 인자를 찾기 위하여 1천 종류 이상의 전사인자를 선별 조사하였다. 결국 단지 3개의 인자만이 이 일에 필요하다는 것을 발견하였다. 이 3종류의 인자를 섬세포가 파괴된 살아있는 생쥐에 주입하였을 때, 췌장의 정상세포는 인슐린을 생산하는 베타세포로 변형되었다. 추가된 인슐린은 혈당 수준을 유의성 있게 저하시켰지만, 당뇨병을 치료하기에는 충분한 세포가 변형되지 않았다. 새로운 베타세포는 수개월 동안 안정되게 유지되었다. 효율성을 개선하기 위한 연구가 필요하고, 생쥐가 인간은 아니지만, 이 결과는 원칙적으로 성체세포 형질변환이 조직 질환을 치료하는데 작동할 수 있다는 증거이다.

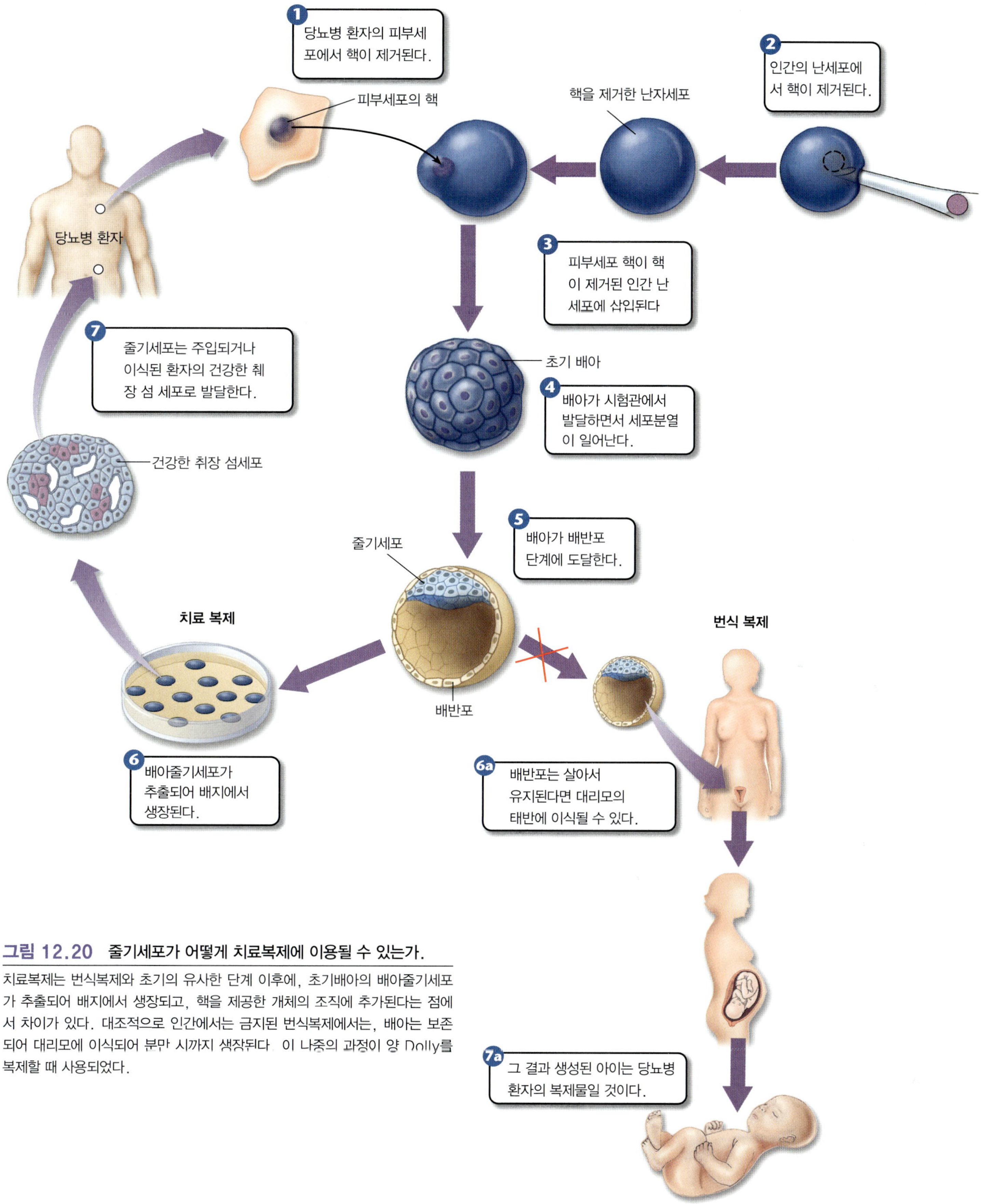

그림 12.20 줄기세포가 어떻게 치료복제에 이용될 수 있는가.

치료복제는 번식복제와 초기의 유사한 단계 이후에, 초기배아의 배아줄기세포가 추출되어 배지에서 생장되고, 핵을 제공한 개체의 조직에 추가된다는 점에서 차이가 있다. 대조적으로 인간에서는 금지된 번식복제에서는, 배아는 보존되어 대리모에 이식되어 분만 시까지 생장된다. 이 나중의 과정이 양 Dolly를 복제할 때 사용되었다.

뉴스에서

유전자를 세포에 쏘기. 이 쪽에서 배우게 되지만, 성공적인 유전자 치료법의 주된 장애물 중 하나는 환자에 해를 끼치지 않고 원하는 유전자를 환자의 세포 내로 들여보내는 것이다. 일반적인 바이러스 매개체는 문제가 많은 것으로 판명되었고, 종종 암을 유발한다. 독일에서 식물 생물공학자들이 남긴 새로운 방법을 시도하였다(그림 12.10). 이 연구자들은 문자 그대로 유전자를 환자의 조직에 사격하였다. 식물 생물공학자들은 식물 세포벽을 뚫기 위하여 금 탄환을 사용해야만 하였지만, 독일의 과학자들은 환자 세포의 원형질막을 통과하여 단순히 유전자를 분사하였다. 보호하는 바이러스 외투가 없이 "벌거벗은" 유전자를 고압으로 미세한 물 흐름의 형태로 제트 분사하는 것은 유전자를 손상시키지 않고 또한 조직세포에 의하여 잘 용인되는 것으로 보였다. 중요한 것은 이러한 방식으로 사람 조직 내에 유전자를 도입하는 것은 안전하다. 환자의 DNA가 변경되지 않기 때문에, 보통 이용되는 아데노바이러스 매개체와 같은 암의 위험이 전혀 없다.

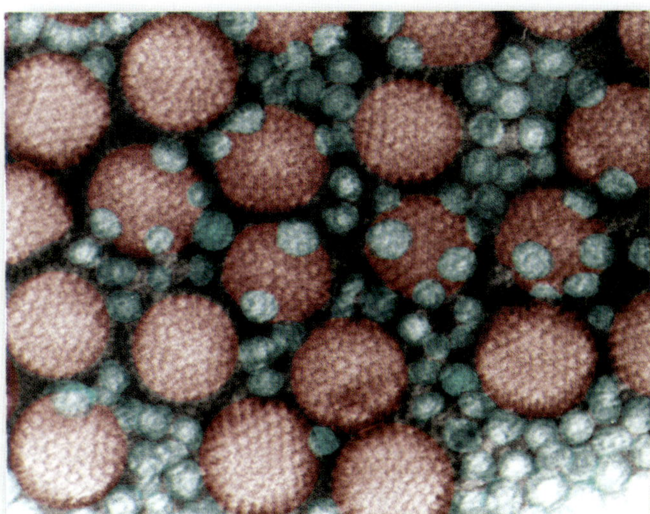

그림 12.21 아데노바이러스와 AAV 매개체(×200,000).

위의 붉은색 입자인 아데노바이러스는 유전자 치료법의 임상실험에서 건강한 유전자를 운반하는데 이용되어 왔다. 그러나 아데노바이러스를 매개체로 이용하는 것은 문제가 있다. 여기에 아데노바이러스와 연관되어 보이는 훨씬 작은 청록색 바이러스인 AAV(adeno-associated virus)는 아데노바이러스의 많은 문제점을 가지고 있지 않으며 유전자 전달 매개체로 훨씬 더 유망하다.

12.9 유전자 치료법 Gene Therapy

학습 목표 12.9.1 건강한 유전자를 영향을 받은 조직세포에 전달하여 낭포성 섬유증과 같은 유전질환을 치료하기 위한 시도에 대하여 설명하고, 그 방법들이 왜 실패했는지 설명한다.

세포 기술에서 세 번째로 주된 진보는 건강한 유전자를 결여된 세포에 도입하는 것을 포함한다. 수십 년 동안 과학자들은 결함이 있는 유전자를 기능이 있는 유전자로 대체시켜서 낭포성 섬유증, 근위축증, 그리고 다발성 경화증과 같은 종종 치명적인 유전질환의 치료방법을 찾기 위하여 노력하였다.

초기의 성공 Early Success

성공적인 유전자 전달 치료과정은 1990년 최초로 증명되었다(12.3절). 아데노신 탈아미노효소의 결함유전자에 의해 기인되는 희귀한 혈액병을 앓고 있던 두 명의 수녀가 치료되었다. 과학자들은 이 유전자의 작동하는 사본을 분리하여 소녀들로부터 취한 골수세포에 도입하였다. 유전자 변형된 골수세포는 증식하여 소녀들에게 다시 주입되었다. 소녀들은 회복되어 건강을 유지하였다. 최초로 유전질환이 유전자 치료요법에 의하여 치유되었다.

낭포성 섬유증 치료를 위한 돌진 The Rush to Cure Cystic Fibrosis

연구자들은 재빨리 많은 사망자를 나타내는 낭포성 섬유증(cystic fibrosis)에 적용하기 위한 새로운 접근방법을 시도하기 시작하였다. cf로 명명된 결함 유전자는 1989년 분리되었다. 5년 뒤인 1994년 연구자들은 건강한 cf 유전자를 결함이 있는 유전자를 가진 생쥐에 성공적으로 전달하였으며, 생쥐의 낭포성 섬유증을 유효하게 치유하였다. 그들은 이 괄목할만한 성과를 생쥐의 폐 세포를 감염시키는 바이러스에 cf 유전자를 추가하여, "편승(piggyback)" 형태로 유전자를 폐 세포로 운반하였다. "매개체(vector)"로 선택된 바이러스는 아데노바이러스였으며(그림 12.21의 붉은색 바이러스), 이 바이러스는 감기를 유발하며 폐 세포에 감염성이 강하다. 생쥐를 이용한 예비 시도에 의하여 매우 고무되어, 몇 실험실에서 같은 방식으로 cf 유전자의 건강한 사본을 인간 환자에 전달하여 낭포성 섬유증 치료를 시작하였다. 그러나 환자 폐의 유전자 변형된 세포는 환자의 자체 면역체계의 공격을 받게되었다. 건강한 cf 유전자는 상실되었고 치유의 기회도 함께 사라졌다.

매개체의 문제점들 Problems with the Vector

회상해보면 당시에는 명백하지 않았지만, 초기 시도의 문제점은 예측 가능했던 것으로 보인다. 아데노바이러스는 감기를 유발한다. 여러분은 한 번도 감기에 걸리지 않았던 사람을 알고 있나요? 감기에 걸리면 신체는 감염에 대항하기 위하여 항체를 생산하며, 따라서 우리는 모두 아데노바이러스를 목표로 하는 항체를 가지고 있다. 우리는 우리 신체가 파괴하도록 준비된 매개체에 유전자를 도입하였던 것이다.

> 인간의 면역반응은 18장에서 토의되며, 1차 면역반응에서 바이러스에 최초로 노출된 이후에 신체를 준비시켜, 동일한 유형의 바이러스에 의한 차후의 감염에 신속하게 싸울 수 있는 2차 면역반응이 일어날 수 있도록 한다.

두 번째로 심각한 문제는 아데노바이러스가 세포를 감염시키면, 바이러스는 자신의 DNA를 인간 염색체에 삽입한다. 불행히도 이 삽입은 무작위적인 장소에 일어난다. 이는 삽입에 의하여 돌연변이를 유발할 수 있으며, 만약 바이러스 DNA가 유전자의 중간에 삽입되면 유전자를 불활성화시킬 수 있다. 아데노바이러스의 삽입되는 지점이 무작위적이기 때문에, 돌연변이는 암을 유발할 수 있으리라 예측될 수 있으며, 수용할 수 없는 결과는 1999년 최초로 보고되었다.

2003년 중증 복합면역 부전증(severe combined immune deficiency; SCID)의 치료를 위한 유전자 치료법의 임상실험이 실험 대상의 20명 환자 중에 5명에서 백혈병이 발병하여 중단되었다. 명백하게 매개체는 백혈병을 유발하는 인간 유전자와 DNA가 유사한 작은 단편을 포함하고 있었다. 매개체가 그 곳에 삽입되었을 때, 백혈병 유발 유전자가 활성화되었다.

새로운 매개체의 성공 Success With New Vectors

연구자들은 이제 훨씬 더 유망한 단지 2개의 유전자만을 가지는 아데노 연관 바이러스(adeno-associated virus; AAC, 그림 12.21의 작은 청록색의 바이러스)라고 불리는 작은 바이러스를 연구하고 있다. 유전자 전달 매개체를 생성하기 위하여 연구자들은 AAV 유전자 2개를 모두 제거하였다. 남아있는 외투는 아직 전염성이 상당히 있으며 유전자를 환자에게 운반할 수 있다(그림 12.22). AAV는 강한 면역반응을 유도하지 않고, AAV에 감염된 세포는 환자의 면역체계에 의하여 제거되지 않는다.

2011년 AAV를 매개체로 사용한 연구자들은 혈우병(9장에서 X-연관 열성 돌연변이에 의하여 유발되는 혈액응고 이상 질환)을 치료하는 시도를 성공하였다. 연구자들은 매개체의 AAV 유전자를 제거하여, 상대적으로 작은 IX 인자 유전자로 대체하였으며, 재조합 매개체를 환자에게 주입하였다. 한 번의 주입으로 6명중 4명의 환자가 1년에 30만 달러가 소요되는 통상적인 IX 인자의 주사를 중지시킬 수 있었으며, 자신이 22개월간 충분한 양의 IX 인자를 생산하였다(다른 두 환자들은 계속해서 주사를 필요로 하였지만 빈도는 낮아졌다). AAV를 매개체로 사용하는 시도가 다양한 종류의 질환에 대하여 행해지고 있다.

또한 2011년에 연구자들은 생쥐의 혈우병을 매개체를 전혀 사용하지 않고 치유하였다. 그 대신에 그들은 결함된 유전자의 정확한 장소에 교정된 유전자를 삽입하기 위하여 제한효소를 사용하였으며, 삽입을 안내하기 위하여 "아연핑거(zinc finger)"라고 하는 DNA-결합 단백질을 사용하였다. 다른 많은 치료의 표준 모델인 개에서 실험이 현재 진행 중에 있다.

개념의 적용

여러분은 AAV 임상실험의 개선된 매개체가 낭포성 섬유증의 치유 수단으로 작용할 수 있으리라고 생각하나요? 그 이유를 설명하시오.

그림 12.22 개의 망막퇴화 질환을 치유하기 위한 유전자 치료법의 이용.

연구자들은 건강한 개의 유전자를 이용하여 유전적인 망막퇴화 질환으로 눈이 멀게 된 개의 시력을 회복할 수 있었다. 이 질환은 사람의 유아에서도 발생하며 조기 시력상실, 망막의 퇴화, 그리고 눈이 보이지 않게 하는 결함이 있는 유전자에 의하여 유발된다. 유전자 치료법 실험에서 질병이 없는 개의 유전자❶가 AAV 매개체❷에 자리 잡고 결함이 있는 유전자를 가진 것으로 알려진 3개월 된 개들에게 삽입되었다❸. 개들은 모두 선천적으로 눈이 먼 것으로 알려졌다. 치료 6주 후에 개들의 눈은 정상적인 형태의 유전자의 단백질 산물을 생성하였으며, 3개월 후에❹ 개의 시력이 회복된 것으로 측정되었다.

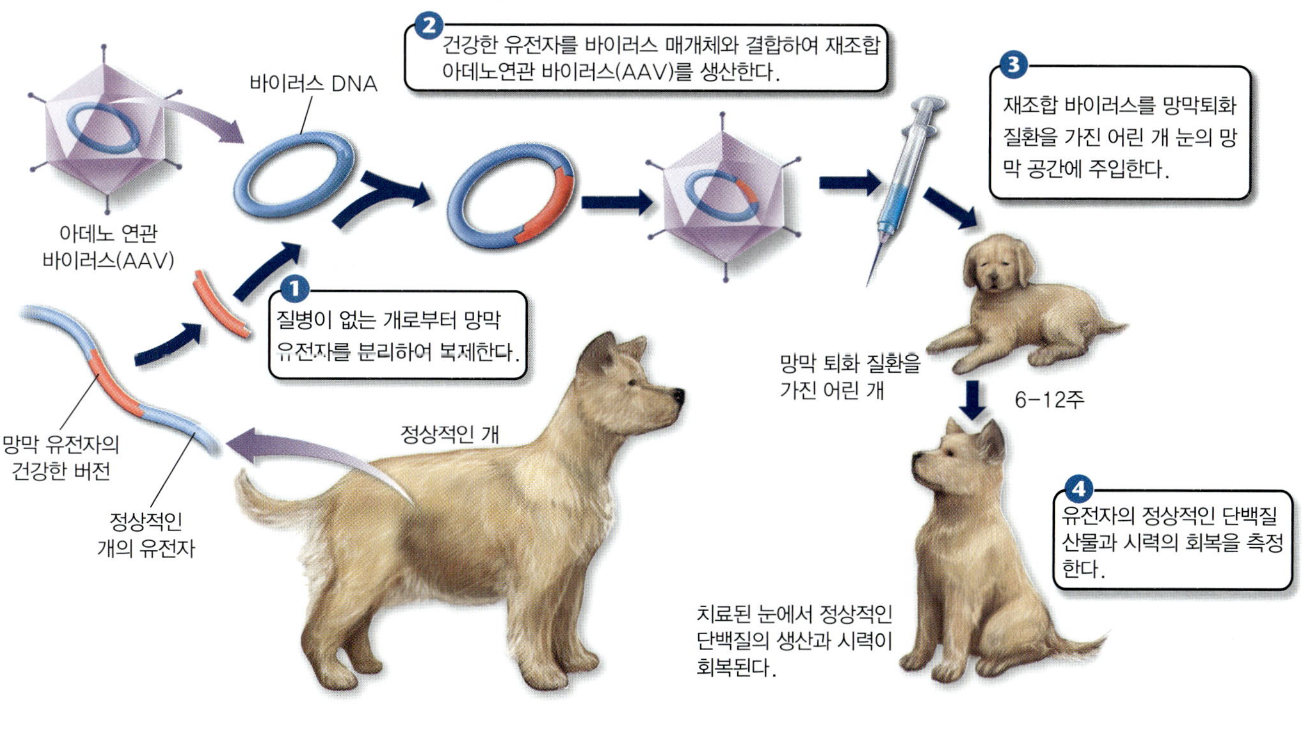

변형된 유전자가 GM 작물로부터 탈출할 수 있을까요?

12.5.3에서 GM 작물로부터의 유전자 흐름이 환경에 문제를 야기할 수 있는지에 대한 질문이 토의되었다. 2004년 미국 환경보호청(Environmental Protection Agency; EPA)에 의하여 수행된 현장실험에서 유전적으로 변형된 골프장 잔디에서 다른 식물로 유전자가 도입될 수 있는 가능성을 평가하였다. 조사자들은 제초제 저항성을 부여하는 유전자(글리포세이트에 저항성을 가지는 EPSP 합성효소 유전자)를 골프장 겨이삭띠인 *Agrostis stolonifera*에 도입하여, GM 잔디로부터 동일한 종의 다른 식물이나 또한 다른 연관된 종으로 유전자가 흘러가는지를 살펴보았다.

아래의 지도는 상세한 현장조사의 설정을 나타낸다. *A. stolonifera* 식물은 골프장의 외부에 위치하였으며 대부분 바람이 불어가는 쪽에 식재하였다. 추가적으로 69그루의 겨이삭띠가 바람이 불어가는 방향에서 이미 자라고 있었으며, 그들의 대부분은 관련된 *A. gigantea* 종이었다. 각각의 식물에서 씨를 채집하여 이들의 DNA에 GM 골프장 잔디에 도입된 유전자의 존재여부를 측정하였다. 그래프에서 위의 붉은색 막대그래프는 골프장의 다양한 거리에서 발견된 *A. stolonifera* 식물의 상대적인 빈도를 나타낸다. 아래의 파란색 막대그래프는 *A. gigantea*에 대하여 동일한 것을 나타낸다.

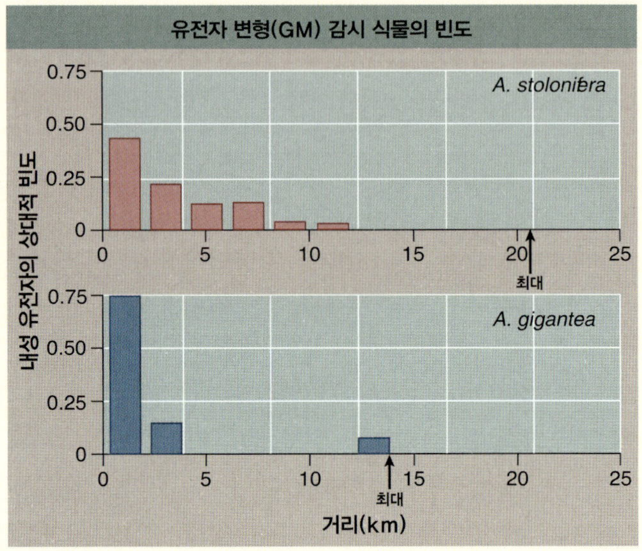

분석

1. 개념의 적용

a. 막대그래프를 읽기. 제초제에 저항성을 부여하는 유전자는 *A. stolonifera* 종의 다른 식물에 전달되나요? 관련된 종인 *A. gigantea*의 다른 개체에게도 전달되나요?

b. 제초제 저항성이 이 종의 다른 식물에 전달되는 최대 거리는 어떻게 되나요? 관련된 종에 대한 최대 거리는?

2. 자료의 해석

a. 제초제 저항성 유전자가 다른 식물에 전달될 가능성에 미치는 거리의 영향에 대하여 어떠한 일반적인 진술을 할 수 있나요?

b. *A. stolonifera* 개체에 대한 유전자 흐름과 관련된 종인 *A. gigantea* 개체에 대한 유전자 흐름에는 유의성 있는 차이가 있나요?

3. 추론하기: 이러한 유전자 흐름에 대하여 여러분은 어떠한 기작을 제안할 수 있나요?

4. 결론의 도출: 유전적으로 변형된 형질이 작물에서 다른 식물로 전달될 수 있다고 결론 내리는 것이 정당한가요? 여러분에 결론에 대하여 어떠한 자격을 부여하려고 하나요?

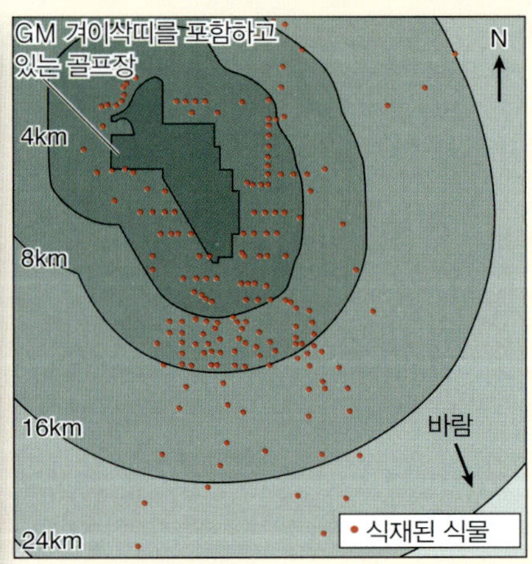

학습결과의 요약

전체 유전체의 서열분석

유전체학 Genomics

12.1.1 생물의 유전적인 정보, 유전자와 다른 DNA에 대한 것을 유전체라고 한다. 유전체의 서열분석과 연구는 유전체학이라고 하는 생물학의 분야이다.

전체 유전체의 서열분석은 자동화 시스템으로 인하여 신속하게 이루어졌다.

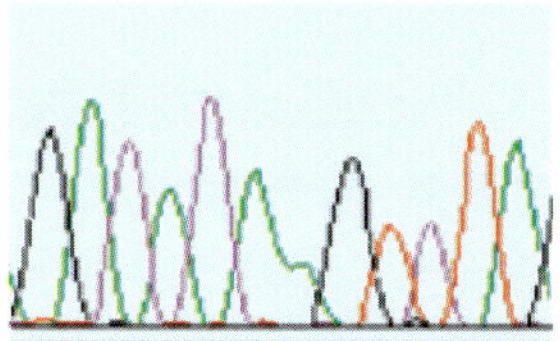

인간 유전체 The Human Genome

12.2.1 32억 염기쌍의 인간 유전체는 약 2만개에서 2만 5천개의 유전자를 가지고 있는데, 이는 인간 세포에 존재하는 독특한 mRNA 분자의 수에 기초하여 예측한 것에 비하여 훨씬 적다.

유전자는 유전체에서 다른 방식으로 조직되어 있으며, 인간 유전체의 거의 99%가 비암호 부분을 포함하고 있다.

유전공학

과학 혁명

12.3.1 유전공학은 유전자를 하나의 생물에서 다른 생물로 이동하는 과정이다. 핵심적인 도구는 소위 제한효소라고 하는 특정한 짧은 DNA 서열에 결합하여 자르는 특별한 종류의 효소이다. 절단된 단편은 종종 접착력이 있는 말단을 형성하는 엇갈리게 배치된 단일가닥 DNA 단면이다. 접착성 말단의 중요성은 동일한 제한효소로 절단된 2개의 DNA 분자는 동일한 접착성 말단 서열을 가지게 된다는 것이다. 이는 2가지 출처의 DNA가 접착성 말단의 동일한 염기짝을 통하여 결합할 수 있도록 한다.

12.3.2 진핵생물 유전자를 세균 세포에 전달하기 전에, 인트론 부분은 제게되어야만 한다. 이는 cDNA라고 하는, 인트론을 포함하지 않은, 이중가닥의 DNA를 형성하기 위하여 가공된 mRNA의 사본을 이용하여 달성된다.

12.3.3 DNA 지문법은 2개의 DNA 시료를 비교하기 위하여 탐침(probe)를 사용하는 과정이다. 탐침은 DNA 시료에 결합하여, 비교될 수 있는 제한 양상을 형성한다. 동일한 제한양상을 가진 2개의 DNA는 동일한 출처에서 왔을 가능성이 높다.

12.3.4 PCR 기술은 아주 작은 시료에 있는 DNA의 양을 크게 증폭시킨다.

유전공학과 의학

12.4.1 유전공학은 의학적으로 중요한 단백질을 생산하는데 이용된다. 단백질을 암호화하는 유전자를 환자에게 투여할 수 있는 대량의 단백질을 생산하는 세균에 삽입한다.

12.4.2 백신은 유전공학을 이용하여 개발된다. 병원성 바이러스의 바이러스 단백질을 암호화하는 유전자가 매개체로 작용하는 무해한 바이러스의 DNA에 삽입된다(그림 12.9). 재조합 DNA를 운반하는 매개체는 사람에게 주입된다. 매개체는 신체를 감염시키고, 복제되고, 신체는 바이러스 단백질에 대하여 면역반응을 유도하여, 병원성 바이러스에 의한 감염으로부터 나중에 사람을 보호한다.

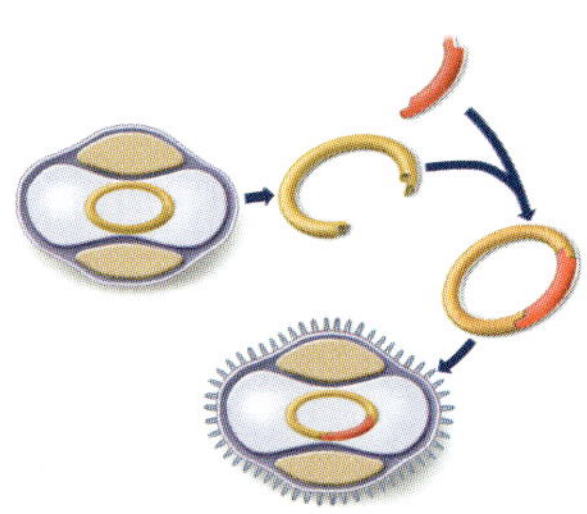

유전공학과 농업

12.5.1 유전공학은 작물 식물에 이용되어 재배의 경비 효율성은 높이고 영양가를 증가시킨다.

12.5.2 GM 벼는 영양가를 크게 증진시키도록 변경되었다.

12.5.3 현재까지 GM 식품은 섭취하기에 안전하지만, 어떤 경우에 경작지에서 의도하지 않은 잡종을 생성할 수 있다.

세포 기술의 혁명

번식 복제

12.6.1 성체 세포의 핵을 제거한 난세포에 넣어서 동물을 복제하는 아이디어는 새로운 것이 아니지만, 초기의 복제시도는 혼재된 결과를 나타냈다. 1996년 윌멋(Ian Wilmut)과 그의 동료들은 공여된 핵과 난세포를 세포주기의 동일한 단계로 동기(synchronize)시켜서 양을 복제하는데 성공하였다(그림 12.14).

다른 동물들도 성공적으로 복제되었지만, 후생유전학적 재프로그램이라고 부르는, 유전자를 켰다 껐다하는 DNA가 변경되지 않을 경우에는 문제점과 복잡성이 발생한다.

줄기세포 치료법

12.7.1 배아줄기세포는 전능성(totipotent) 세포이며, 분열하여 신체의 어느 유형의 세포나 또는 완전한 개체로 발달할 수 있는 능력을 가지고 있다. 이러한 세포들은 초기 배아에 존재한다(그림 12.18). 배아줄기세포는 이러한 다능성으로 인하여 손실되거나 손상된 조직을 대체하는데 이용될 수 있다.

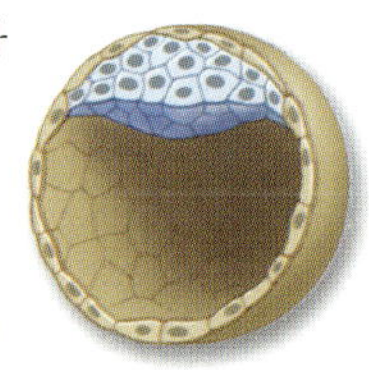

치료 복제 Therapeutic Cloning

12.8.1 손상된 조직을 대체하는데 배아줄기세포를 이용하는 것은 조직거부라고 하는 주요한 단점을 가지고 잇다. 배아줄기세포는 환자의 신체에 의하여 외부세포로 간주되어 거부된다. 치료복제라고 하는 과정은 이러한 문제를 경감시켜줄 수 있다.

치료복제는 조직 기능을 상실한 개체의 세포가 복제되어, 개인과 유전적으로 동일한 배아를 생성하는 과정이다. 배아줄기세포는 복제된 배아에서 수확되어 동일한 개인에게 주입된다. 배아줄기세포는 면역반응을 유발하지 않고 손실되거나 손상된 조직을 재성장시킨다. 그러나 이 과정은 배아줄기세포를 이용하는 다른 것과 마찬가지로 논란의 여지가 있다. 후생유전학적으로 재프로그램되어 배아줄기세포와 같이 행동하는 성체세포가 받아들일 수 있는 치료방법이 될 수 있다.

유전자 치료법

12.9.1 유전자 치료는 유전적 질환을 가지고 있는 환자가 결함이 있는 유전자를 건강한 유전자로 대체하여 치료하는 것이다. 이론적으로는 이 방법이 작용해야만하지만, 낭포성 섬유증을 치료하기 위한 초기의 시도는 환자에게 건강한 유전자를 운반하기 위하여 사용된 아데노바이러스 매개체에 대한 면역학적 작용에 의하여 실패하였다.

유전자 치료의 최근의 관심사는 새로운 매개체를 찾는 것이었다. 아데노연관 바이러스(AAV)라 불리는 바이러스를 이용한 실험의 유망한 결과로 과학자들은 새로운 매게체가 아데노바이러스에서 나타났던 문제점을 제거할 수 있으리라고 희망하고 있다.

이해의 측정

12.1.1 모든 유전자와 다른 DNA를 포함하는 생물 내의 DNA 전체는?

a. 유전 **c.** 유전체

b. 유전학 **d.** 유전체학

12.2.1 인간이 과학자들이 예상하였던 것에 비하여 훨씬 적은 수의 유전자를 가지고 있는데 대한 가능한 이유는 무엇인가?

a. 사람은 기능을 하기 위하여 25,000개 이상의 유전자를 필요로 하지 않는다.

b. 특정한 mRNA를 형성하는 엑손은 다른 단백질을 만들기 위하여 재배열될 수 있다.

c. 인간 유전체를 서열분석하기 위한 시료의 크기가 충분히 크지 않아서 추정된 유전자의 숫자가 작을 수 있다.

d. 과학자들이 비암호 DNA들이 실질적으로 하는 모든 것을 알게 되면 유전자의 숫자는 증가할 것이다.

12.3.1 DNA를 특정한 DNA 염기서열에서 자르는 특별한 종류의 단백질은?

a. DNase **c.** 제한효소

b. DNA 연결효소 **d.** DNA 중합효소

12.3.2 상보적 DNA(cDNA)는 어떻게 생성되는가?

a. 세균 세포에 유전자를 삽입한다.

b. 원하는 진핵생물 유전자의 mRNA를 역전사효소에 노출시킨다.

c. 원천 DNA를 제한효소에 노출시킨다.

d. 원천 DNA를 탐침(probe)에 노출시킨다.

12.3.3 다음 중 옳은 문장은?

a. DNA 지문법은 법정에서 인정되지 않는다.

b. DNA 지문법은 2개의 DNA 시료가 동일한 사람에게서 왔다고 100% 확실하게 증명할 수 있다.

c. DNA 지문법은 많은 탐침이 사용될수록 더 신뢰성이 높아진다.

d. 어떠한 두 사람도 동일한 제한양상을 가지지 않는다.

12.4.1 유전공학적으로 변형된 세균에 의하여 생산된 약품의 사용은?

a. 과거에 비하여 훨씬 대량으로 생산될 수 있다.

b. 인간이 자신의 시스템에서 손실된 유전자의 영향을 영구히 교정할 수 있도록 한다.

c. 인간이 낭포성 섬유증을 치료할 수 있도록 한다.

d. 위의 모든 것이 다 맞다.

12.5.1 농업에 유전적으로 변형된 생물을 이용하는 이점은?

a. 수확량의 증가. **c.** 단백질의 대량생산.

b. 현재의 영양가를 유지함. **d.** 유전적 질병의 치료.

12.5.3 유전자 변형 작물을 사용하는데 우려되는 사항이 아닌 것은?

a. 섭취한 후에 인간에 대한 잠재적인 위험성

b. 해충 종에서 발달하는 살충제 저항성

c. GM 작물과 연관된 자연종으로의 유전자의 흐름

d. 돌연변이로 인한 작물 자체에 대한 위해

12.8.1 배아줄기세포를 이용하여 손상된 조직을 대체할 때 발생하는 주요한 생물학적 문제는?

a. 환자에 의한 조직의 면역학적 거부.

b. 줄기세포가 적합한 조직을 표적으로 하지 않음.

c. 충분한 양의 조직을 배양하는데 소요되는 시간.

d. 선택된 줄기세포의 유전적 돌연변이가 장래 문제를 일으킬 수 있음.

12.9.1 유전자 치료에서 건강한 유전자를 결함이 있는 유전자를 가진 세포에 주입하는 방법은?

a. DNA 입자총.

b. 마이크로피펫(바늘).

c. 바이러스.

d. 세포는 유전적으로 변형되지 않는다. 대신 건강한 조직이 배양되어 환자에게 이식된다.

이해의 적용

12.1.1 미지의 DNA 부분을 다음의 DNA 분석결과에서 획득된 DNA 단편으로부터 서열분석할 수 있나요?

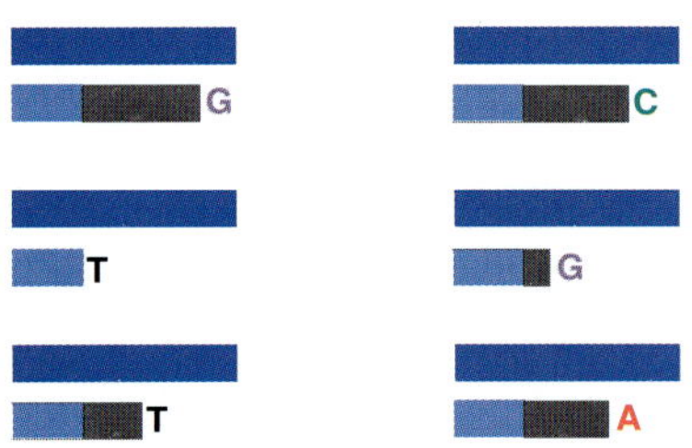

12.6.1 여러분의 친구인 토머스는 왜 과학자들이 난세포를 핵이 온전한 채로 충격을 가하여 세포분열을 일으키지 않는지 알고 싶어 한다. 여러분은 그에게 무어라고 대답할 것인가요?

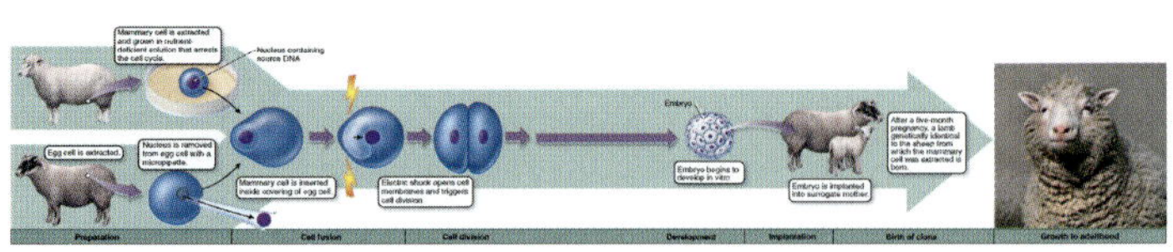

학습 내용의 종합

12.5.1 GM 식품을 생산하는 기술의 대부분은 자신들이 생산한 것에 대한 지적소유권을 유지하려고 하는 다국적 기업이 소유하고 있다. 그중 한 기업이 농부들에게 글리포세이트 저항성 콩을 이듬해 다시 뿌리기 위하여 저장하는 것을 금지하는 계약서에 서명할 것을 요구한다. 그 회사는 이를 어기는 사람들에게 공격적으로 법적인 조치를 취한다. 반면에, 회사는 생산품으로부터 이윤을 추구할 수 있기를 바라며, GM 식품의 개발비는 엄청나다. 잠재적인 이익이 없다면, 장래 GM 작물은 개발되지 않을 것이다. 반면에, 세계의 인구가 많은 대부분의 지역에서, 작물의 경작이 실패하면 매년 종자를 구입할 비용을 감당할 수 없어서 사람들은 기아에 직면하게 될 것이다. 여러분은 이러한 도전적인 문제가 어떻게 해결되기를 원하나요?

12.8.1 치료적 복제의 이면에 있는 목표는 사고나 비유전적인 질병에 의하여 손상된 조직을 대체하는 것이다. 여러분은 그림 12.20의 치료복제가 유전적 질환에 의하여 손상된 조직을 대체할 수 있다고 생각하나요?

12.9.1 유전적 질환인 낭포성 섬유증 환자에게 희망은 치료를 위하여 유전자 치료법을 이용할 수 있게 되는 것이다. 유전자 치료법의 사용이 가능하게 된다면, 환자들은 자식들에게 *cf* 유전자를 더 이상 전달하지 않게 될까요?

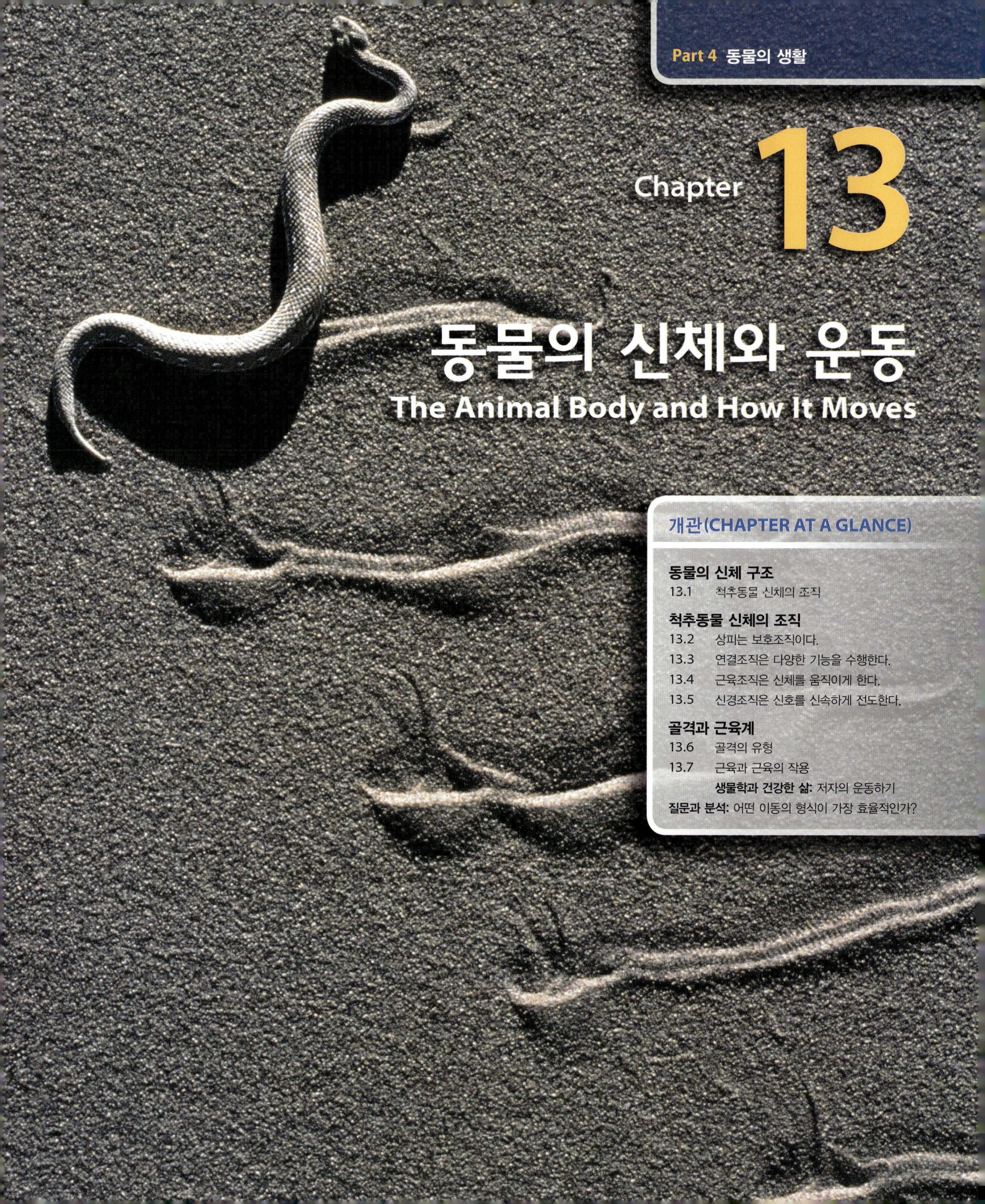

Chapter 13

동물의 신체와 운동
The Animal Body and How It Moves

개관(CHAPTER AT A GLANCE)

동물의 신체 구조 The Animal Body Plan

13.1 척추동물 신체의 조직

학습 목표 13.1.1 일반적인 4종류의 조직과, 조직이 어떻게 기관으로 조직화되는지 설명한다.

모든 척추동물들과 다른 체강동물들은 동일한 일반적인 구조를 가진다. 입에서부터 항문까지 연장된 내부 관(장 또는 소화계)을 가지며, 이는 *체강*(coelom)이라고 하는 내부체 강에 매달려 있다. 대부분의 육상 척추동물의 체강은 심장과 폐를 포함하는 *흉강*(thoracic cavity)과 위, 내장, 그리고 간을 포함하는 *복강*(abdominal cavity)의 2부분으로 나뉘어 있다. 척추동물의 신체는 연결된 뼈와 연골로 이루어진 내부 비계 또는 골격으로 지탱된다.

모든 동물과 마찬가지로 척추동물의 신체는 세포로 구성되어 있으며, 여러분의 신체에는 10조에서 100조개의 세포가 있다. 이 숫자가 실제로 얼마나 큰지는 가늠하기가 어렵다. 10조대의 차의 행렬은 지구에서 태양까지 100번을 왕복할 수 있는 길이이다. 물론 여러분의 신체 내에 있는 모든 세포들이 동일한 것은 아니다. 만약 그렇다면 여러분은 신체가 아니라 무정형의 덩어리에 불과할 것이다. 척추동물의 신체는 100 종류 이상의 상이한 세포를 포함하고 있다.

조직 Tissues

동일한 유형의 세포 집단은 신체 내에서 **조직**(tissues)으로 조직화되어 있으며, 조직은 척추동물 신체의 구조적 그리고 기능적 단위이다. 조직은 같은 종류의 세포 집단이 특정한 기능을 수행하는 것이다. 100가지 세포유형으로부터 많은 다양한 조직을 조합하는 것이 가능하지만, 생물학자들은 전통적으로 *상피*(epithelial), *연결*(connentive), *근육*(muscle), 그리고 *신경*(nerve) 조직의 4가지로 성체의 조직을 나누었다(그림 13.1).

기관 Organs

기관(organs)은 몇 종류의 다른 조직이 함께 모여서 이루어진 더 큰 구조적 기능적 단위로 구성되어 있으며, 이는 다른 일을 하는 사람들이 함께 일하여 어떤 물건을 생산하는 공장과 같다. 심장은 하나의 기관이다. 심장은 연결조직에 둘러싸인 심장근육조직을 포함하며 많은 신경에 결합되어 있다. 이러한 조직들은 모두 함께 작용하여 혈액을 신체 전체로 펌프한다. 심장근육조직이 수축하여 심장을 쥐어짜서 혈액을 밀어내며, 연결조직은 심장이 적절한 형태를 갖추도록 잡아주고 심장의 다른 방들이 올바른 순서로 죄어지도록 하는 주머니 역할을 하며, 신경은 심장이 박동하는 속도를 통제한다. 어느 조직도 혼자서 심장의 일을 수행할 수 없으며, 이는 피스톤 하나가 자동차 엔진의 일을 할 수 없는 것과 같다.

개념의 적용

심장 외에 다른 인간의 기관의 이름을 대시오. 이 기관은 무슨 조직으로 구성되어 있나요?

그림 13.1 척추동물 조직의 유형.

4종류의 기본적인 조직은 상피(epithelial), 신경(nerve), 연결(connective), 그리고 근육(muscle)이다.

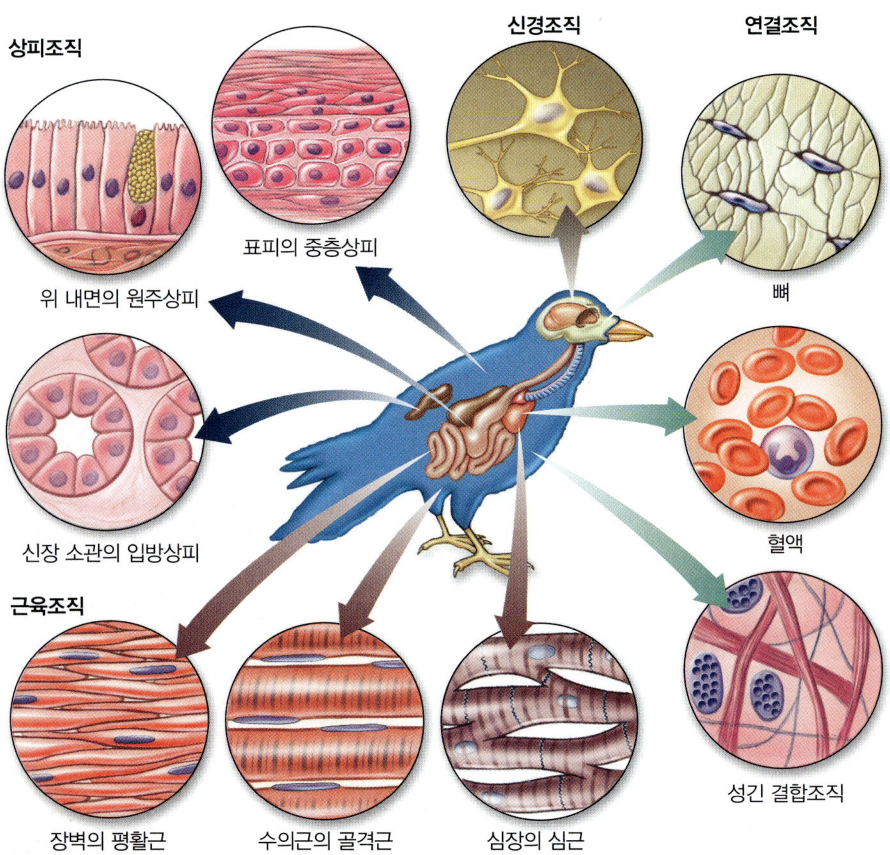

기관계 Organ Systems

학습 목표 13.1.2 척추동물 신체의 주요한 기관계를 서술한다.

기관계(organ system)는 중요한 기능을 수행하기 위하여 함께 작용하는 기관의 집단이다(그림 13.2). 예를 들면 척추동물의 소화계는 음식을 분쇄하고(부리 또는 치아), 음식을 위로 전달하고(식도), 음식을 분해하고(위와 장), 음식을 흡수하고(장), 고형 찌꺼기를 방출하는(직장) 각 기관으로 구성된 기관계이다. 이들 기관들이 임무를 제대로 수행하면 신체는 음식으로부터 에너지와 필수적인 구성 재료를 획득한다. 소화계는 많은 다양한 종류의 세포들로 이루어진 많은 다양한 기관들이 모두 함께 작용하여 복잡한 기능을 수행하는 특별히 복잡한 기관계이다.

척추동물 신체는 11가지의 주요한 기관계를 가지고 있다.

1. **골격(Skeletal).** 척추동물 신체의 가장 현저한 특징은 연골과 뼈로 이루어진 내부골격이다. 골격계는 신체를 보호하고 이동과 운동에 대한 지지를 제공한다. 골격계의 주요한 구성요소는 뼈, 연골, 그리고 인대이다. 절지동물과 마찬가지로 척추동물도 팔, 손, 다리, 그리고 발과 같은 관절이 있는 부속지를 가지고 있다.

> 결합된 부속지는 척추동물에서 유지된 절지동물의 진화적인 혁신이었다. 절지동물이라는 용어는 그리스어인 arthros(결합된)과 podes(발)에서 유래한다.

2. **순환(Circularory).** 순환계는 신체의 세포로 산소, 영양분, 그리고 화학적 신포를 운반하며, 이산화탄소, 화학적 노폐물, 그리고 물을 제거한다. 순환기의 주요한 구성요소는 심장, 혈관, 그리고 혈액이다.
3. **내분비(Endocrine).** 내분비계는 호르몬의 방출을 통하여 신체의 활동을 조화시키고 통합한다. 내분비계의 주요 구성요소는 뇌하수체, 부신, 갑상선, 그리고 다른 관이 없는 내분비샘들이다.
4. **신경(Nervous).** 신체의 활동은 신경계에 의하여 조화를 이룬다. 신경계의 주요한 구성요소는 신경, 감각기, 두뇌, 그리고 척수이다.
5. **호흡(Respiratory).** 호흡계는 산소를 포획하고 기체를 교환하며 폐, 기관, 그리고 다른 기체 통로로 구성되어 있다.
6. **면역(Immune).** 면역계는 림프구와 대식세포와 같은 특별한 세포를 이용하여 혈류로부터 이물체를 제거한다.
7. **소화(Digestive).** 소화계는 섭취된 음식으로부터 용해성 양분을 포획한다. 소화계의 주요 구성요소는 입, 식도, 위, 장, 간, 그리고 췌장이다.
8. **비뇨기(Urinary).** 비뇨기계는 혈류로부터 대사 노폐물을 제거한다. 비뇨기계의 주요 구성요소는 신장, 방광, 그리고 연관된 도관이다.
9. **근육(Muscular).** 근육계는 체내와 부속지의 운동을 생성한다. 근육계의 주요 구성요소는 골격근, 심근, 그리고 평활근이다.
10. **생식(Reproductive).** 생식계는 생식을 수행한다. 생식계의 주요 구성요소는 남성의 고환, 여성의 난소, 그리고 연관된 생식구조이다.
11. **외피(Integumentary).** 외피계는 신체를 둘러싸고 보호한다. 외피계의 주요 구성요소는 피부, 털, 손톱, 그리고 땀샘이다.

개념의 적용

어떤 기관계가 인간 신체의 모든 주요한 부분에 걸쳐 펼쳐져 있나요?

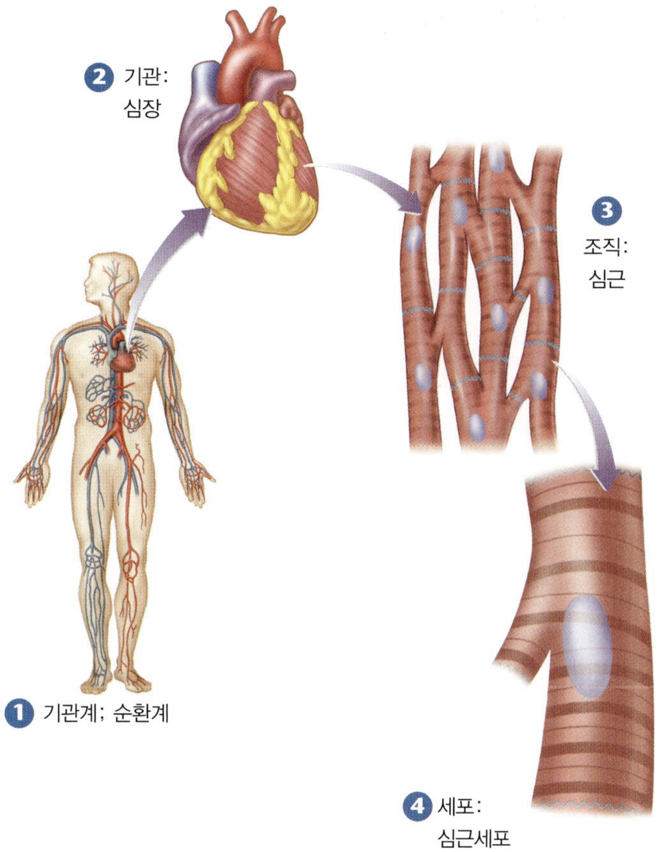

그림 13.2 척추동물 신체 내의 조직화 단계.

❶ 그림에서 볼 수 있는 순환계는 기관계의 예이다. ❷ 심장은 신체의 순환기능을 수행하기 위하여 함께 일하는 여러 기관 중 하나이다. ❸ 심장과 같은 기관의 내부에는 심근과 같은 개별 조직이 다른 조직들과 함께 기능한다. ❹ 심근세포와 같은 특정한 세포 유형은 다른 유사한 유형의 세포와 함께 작동하여 각 종류의 조직을 형성한다.

진화

복잡한 기관의 재생. 영원(작은 도롱뇽)과 같은 대부분의 척추동물은 신체의 손상된 부분을 재생할 수 있지만, 사람과 같은 포유류는 재생할 수 없다. 포유류가 재생할 수 있는 유일한 크고 복잡한 기관은 뿔의 성장이다. 사슴의 뿔은 살아있는 뼈, 연골, 혈관, 그리고 섬유조직으로 이루어진 피부로 둘러싸인 큰 기관이다. 매년 뿔은 여름에 성장하고(녹용이라고 함) 가을에 죽고(단단한 뼈는 싸우는데 이용된다), 겨울에 떨어지고, 봄에 다시 재재생한다. 도롱뇽의 재상과정과 다르게, 뿔의 성장은 분화단계의 역과정을 포함하지 않고, 줄기세포의 국지적인 활성화이다. 이를 이해하기 위한 연구는 언젠가는 손상된 인간 조직의 기관 재생을 활성화가 가능하게 할 수 있다는 희망에서 진행되고 있다.

척추동물 신체의 조직 Tissues of the Vertebrate Body

그림 13.3 상피는 탈수를 방지한다.

미국 독도마뱀의 단단하고 비늘을 가진 피부는 탈수와 상해로부터 보호하는 층을 제공한다. 모든 육상에 서식하는 척추동물은 표면 상피(표피)의 상대적인 불투수성은 탈수와 공기로 운반되는 병원체에 대한 중요한 보호를 제공한다.

13.2 상피는 보호조직이다.

학습 목표 13.2.1 척추동물 상피세포의 3가지 유형과 어떻게 기능하는지를 서술한다.

조직은 동물 신체의 기본적인 구성단위이다. 조직에 대한 논의를 신체의 표면에 위치한 조직인 상피로부터 시작한다. 상피세포는 신체의 파수꾼이고 보호자이다. 상피세포는 신체의 내부와 외부 표면을 덮고 있으며, 신체로 어떠한 물질이 들어가고 들어가지 않을지를 결정한다. 신체의 상피층은 3가지 방식으로 기능한다.

1. 상피세포는 아래 조직을 수분손실과 기계적 손상으로부터 *보호*한다. 상피는 신체의 모든 표면을 싸기 때문에, 신체를 드나드는 모든 물질은, 그림 13.3의 독이 있는 큰 도마뱀처럼 두꺼운 상피까지도, 상피층을 가로질러야만 한다.
2. 상피세포는 *감각표면을 제공*한다. 척추동물의 감각기관은 대부분 변형된 상피세포이다.
3. 상피세포는 *물질을 분비*한다. 대부분의 분비샘은 배아 발달과정에 함께 죄어진 상피세포로 이루어진 주머니로부터 파생되었다.

상피세포와 상피조직의 유형

상피세포는 형태에 따라 비늘형(squamous), 입방형(cuboidal), 그리고 원주형(columnar)의 3가지 유형으로 구분된다. 상피세포의 층은 보통 하나에서 몇 개의 세포 두께이다. 각각의 상피세포는 소량의 세포질을 가지고 있고 대사율이 비교적 낮다. 모든 상피세포의 특징은 세포의 면이 서로 단단히 결합되어 있으며 그 사이에 공간이 거의 없다. 이것이 그들의 기능에 핵심적인 장벽을 형성한다.

> 동물과 마찬가지로 식물도 보호 상피세포의 표면층을 가지고 있으며, 그들 중 일부는 공변세포와 모상체(trichome) 등 다른 기능으로 분화되어 있다.

상피층의 세포는 생물의 일생을 통하여 끝임 없이 대체된다. 예를 들어 소화관의 안에 있는 세포는 며칠마다 연속적으로 교체된다. 피부를 형성하는 상피인 표피(epidermis)는 2주마다 갱생된다.

상피조직에는 일반적으로 2종류가 있다. 첫 번째로, 폐와 신체의 주요 공동(cavity)에 늘어선 막은 세포 한 층의 두께인 **단순상피**(simple epithelium)이다. 이 단세포 층은 세포의 구획을 드나드는 많은 물질들이 통과해야만 한다. 두 번째로, 피부 또는 표피는 여러층의 두께인 더 복잡한 상피세포로 이루어진 **층상상피**(stratified epithelium)이다. 적절한 완충과 보호를 제공하고 피부가 연속적으로 세포를 교체할 수 있도록 하기 위하여 다층이 필수적이다.

분비기능을 가지는 단순상피조직의 종류는 입방형 상피이며, 신체의 **분비샘**(gland)에서 발견된다. 내분비샘은 호르몬을 혈액으로 분비한다. 외분비샘(신체의 외부로 열린 도관을 가지고 있는)은 땀, 젖, 그리고 소화효소를 분비한다.

개념의 적용

어떤 면에서 여러분의 피부는 나무의 껍질과 같나요? 이들은 어떤 면에서 서로 다른가요?

생물학과 여러분

비듬(dandruff). 비듬이 생긴 적이 있나요? 옷깃과 어깨에 떨어지는 흰색의 엷은 조각들. 당신만 그런 것이 아니지요. 많은 미국사람들은 한때 비듬을 경험합니다. 비듬은 두피에서 죽은 피부세포가 과다하게 탈피하는 것이다. 피부세포가 죽어 조각으로 떨어져 나와 보기 어려울 정도로 작은 얇은 조각을 생성하는 것은 정상적이다. 상피층은 내부로부터 연속적으로 자신을 대체하며, 바깥쪽으로 세포를 밀어내어 궁극적으로 죽어서 떨어져 나온다. 그러나 비듬이 있는 사람은 이 과정이 매우 가속되어, 비듬이 없는 사람이 한 달에 한번 탈피하는 데 비하여 이틀에서 일주일 만에 피부세포가 성숙하여 탈피한다. 죽은 세포가 너무 빨리 축적되어 하얀 조각으로 보이는 크고 기름기 있는 덩어리로 탈피한다. 무엇이 비듬을 유발하나요? 두피 진균인 *Malassezia globosa* 입니다. 진균은 피부의 기름을 대사하여 감수성이 있는 사람에게 염증반응을 유발하는 부산물을 생성하여 피부세포의 분열을 가속화시킨다. 샴푸는 비듬을 상이한 방법으로 통제한다. 세불렉스(Sebulex; 상표명)는 살리실산을 이용하여 두피에서 죽은 피부세포를 제거하고 세포분열을 둔화시킨다. 헤드 & 숄더(Head & Shoulder; 상표명)는 아연 피리티온을 이용하여 *Malassezia* 진균을 죽인다. 셀슨 블루(Selsun Blue)는 셀렌황화물을 이용하여 살리실산과 아연 피리티온 모두의 결과를 달성한다. 모두 비듬을 극적으로 감소시킨다.

13.3 연결조직은 다양한 기능을 수행한다.

학습 목표 13.3.1 연결조직의 3가지 기능적 범주와 구조적 특징을 설명한다.

연결조직(connective tissue)의 세포는 척추동물에 구조적 구성단위이며 가장 강력한 방어를 제공한다. 연결세포는 때로는 밀집하게 배치되어 있고 때로는 느슨하게 배열되어 있다. 매우 다양하지만 모든 연결조직은 중요한 공통적인 구조적 특징을 공유한다. 연결세포는 널리 펼쳐진 세포 사이에 풍부한 세포외 **기질**(matrix)을 가지고 있다.

면역 연결세포는 신체를 방어한다

면역계의 세포인 다양한 종류의 백혈구는 혈류 내에서 신체를 돌아다닌다. 백혈구는 침입하는 미생물과 암세포의 이동성 사냥꾼이다. 면역계 세포의 중요한 2종류는 침입하는 미생물을 삼키고 소화시키는 **대식세포**(macrophage)와 바이러스에 감염된 세포를 공격하거나 파괴하기 위하여 세포를 표지하는 항체를 만드는 **림프구**(lymphocyte)이다. 면역세포는 혈장(*plasma*; 또는 림프장)이라고 하는 액체상 기질 내에서 신체로 운반된다.

골격 연결조직은 신체를 지탱한다

섬유상 연결조직, 연골, 그리고 뼈의 3가지 연결조직이 골격계의 주요한 구성성분이다. 유사한 세포로 구성되어 있지만, 각각의 세포사이에 가로놓인 기질의 성질에서 차이가 있다.

1. **섬유상 연결조직.** 척추동물 신체에서 가장 흔한 종류의 연결조직은 섬유상 연결조직이다. 섬유상 연결조직은 **섬유아세포**(fibroblast)라고 하는 세포 사이 공간에 콜라겐과 같은 구조적을 강한 단백질을 분비하는 편평하고 불규칙한 가지를 가진 세포로 이루어져 있다. 섬유아세포는 상처를 치유하는데 작용하며, 예를 들어 흉터 조직은 콜라겐 기질을 가지고 있다.
2. **연골.** 연골에는 연골세포(엄밀히 말하면 *chondrocytes*) 사이에 콜라겐 기질이 기계적 압박을 따라 길고 평행하게 형성된다. 그 결과 강한 힘을 가진 안정되고 유연한 조직이 형성되며(그림 13.4), 이는 나일론 분자의 가닥이 길고 평행한 배열을 이루어 강하고 유연한 밧줄을 형성하는 것과 같다.
3. **뼈.** 뼈는 연골과 유사하지만, 콜라겐 섬유가 인산칼슘염으로 피복되어 있어 조직이 단단하게 하는 점에서 차이가 있다.

혈액과 지방 세포: 운반과 저장

세 번째 종류의 연결조직은 특정한 분자를 축적하고 운반하는데 특화된 세포로 이루어져 있다. 여기에는 지방을 축적하는 **지방조직**(adipose tissue)과 **적혈구**(erythrocyte)가 있으며, 운반과 저장 기능을 한다. 여러분 혈액 1 ml에 약 50억 개의 적혈구가 들어있다.

개념의 적용

모든 연결조직의 공통적인 구조적 특징은 무엇인가?

생물학과 여러분

살찌기. 과식을 하면 살찐다는 것은 전혀 놀라운 일이 아니다. 과식이 지방 세포를 더 많이 생산하도록 유발하여 그런가요, 아니면 지방 세포가 커지기 때문인가요? 두 가지 상황이 다 발생하는 것으로 밝혀졌다. 여러분은 예정된 숫자의 지방세포를 가지고 태어났으며, 여자가 남자보다 더 만이 물려받았다. 그 숫자는 사춘기 후반까지 증가하며, 그 이후에는 거의 변하지 않는다. 비만한 사람과 그렇지 않은 사람과의 유일한 차이는 비만한 사람의 지방세포는 용량까지 채워졌다고 일반적으로 생각되었다. 과체중인 사람이 체중을 줄이면 지방세포를 비우기만 하고 지방세포는 없어지지 않는다. 지방세포는 다시 채워지기를 기다리는 스펀지처럼 그대로 있다. 이제는 사람들이 성인기에도 지방세포가 더 늘어날 수 있고 늘어난다는 것을 알고 있으며, 과체중과 비만한 사람은 실제로 더 많은 지방세포를 가지고 있다. 지방세포가 최대 크기로 확장되면, 세포분열을 유발하여 지방세포의 숫자가 실제로 증가한다. 이러한 새로운 세포는 체중을 줄이더라고 없어지지 않는다는 것은 다이어트를 하는 사람의 저주이다. 다이어트는 세포를 수축시킬 수는 있지만, 더 빠르게 체중이 증가된다. 여러분이 많은 추가적인 지방세포를 가지게 되었다면, 과체중을 줄이기 위해서는 여윈 사람보다 더 열심히 노력해야 한다. 이는 공평하지 않은 것 같고, 즐거운 일도 아니지만, 건강에는 중요하다. 체중을 빼고 유지하기 위해서는 헌신과 결심이 필요하다.

그림 13.4 연골: 골격 연결조직.

이 카리브해 산호초 상어의 전체 골격은 강하지만 유연한 종류의 연결조직인 연골로 이루어져있다. 다른 척추동물에서 연골은 관절, 코, 그리고 외이에서 발견된다.

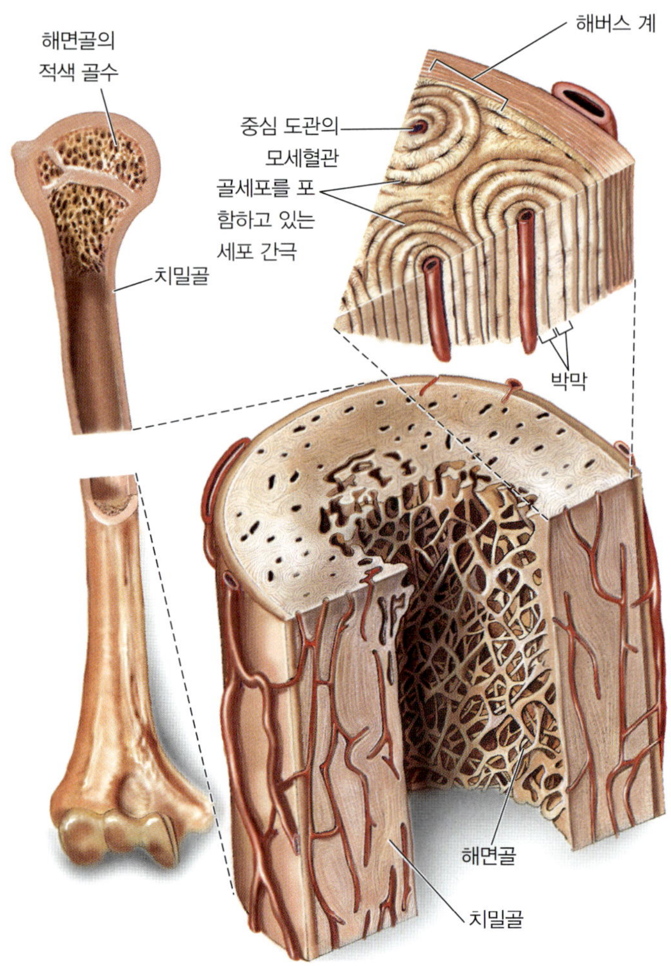

그림 13.5 뼈의 구조.

뼈의 일부는 밀도가 높고 치밀하여 뼈에 강도를 준다. 다른 부분은 해면상으로 개방된 격자를 가지고 있으며; 골수에서는 적혈구가 생성된다. 성숙한 조골세포인 골세포는 세포 간극(lacuna)이라고 하는 치밀한 공간에 위치한다.

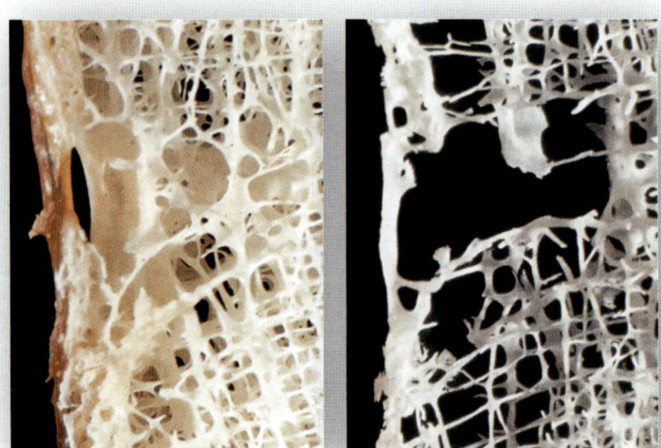

(a) 정상적인 뼈 조직 (b) 진행된 골다공증

그림 13.6 골다공증(Osteoporosis).

나이든 여성에 흔한 골다공증은 뼈가 점진적으로 미네랄을 상실하는 뼈 질환이다.

뼈의 자세한 관찰 A Closer Look at Bone

학습 목표 13.3.2 뼈의 역학적인 구조를 설명하고, 골아(조골)세포와 파골세포를 대비한다.

뼈는 하이드록시아파타이트(hydroxyapatite)라고 하는 인산칼슘염으로 덮인 콜라겐 구조단백질로 이루어진 불활성의 기질 내에 파묻혀 있는 살아있는 뼈세포로 구성되어 있다. 왜 콜라겐을 칼슘염으로 씌우나요? 뼈의 구조는 에폭시 접착제에 파묻힌 유리섬유로 구성된 복합재료인 유리섬유의 구조와 유사하다. 작고 바늘 모양의 하이드록시아파타이트 결정이 뼈 내부에서 콜라겐 섬유를 둘러싸고 스며들게 한다. 단단한 하이드록시아파타이트 결정을 파괴하는 압력이 콜라겐 기질에 전달되면 콜라겐 기질은 다른 결정과 마주치기 전에 압력을 분산시키기 때문에, 뼈에 난 금은 깊숙이 침투할 수 없다.

대부분의 사람들은 뼈가 견고하고 바위 같다고 생각한다. 그러나 실제로 뼈는 끊임없이 재구성되는 동적인 조직이다. 그림 13.5의 뼈의 단면도는 뼈의 외부층은 **치밀골**(compact bone)이라고 부르며 밀도가 높고 치밀하다. 내부는 덜 치밀하고 개방된 결자구조를 가지며 **해면골**(sponge bone)이라고 한다. 새로운 뼈는 2단계로 형성된다. 먼저 콜라겐이 압력을 따라 섬유기질을 축적하는 **조골세포**(골아세포; osteoblast)로부터 콜라겐이 분비된다. 그리고 나면 칼슘 미네랄이 섬유에 스며든다. 뼈는 오래된 관의 페인트 층처럼 얇은 동심원의 층으로 싸인다. 이 층은 **중심도관**(central canal) 또는 *해버스 관*(Haversian canal)이라고 하는 좁은 도관 주위에 일련의 관을 형성하며, 뼈의 길이를 따라 평행하게 뻗는다(그림 13.5). 뼈 내부에 있는 많은 중심 도관은 모두 연결되어 있으며 살아있는 뼈를 형성하는 세포의 생명선을 제공하는 혈관과 신경을 포함하고 있다.

뼈가 배아에서 처음 형성될 때, 조골세포는 뼈 형성을 위한 원형으로 연골 골격을 이용한다. 유년기에는 뼈가 활발하게 성장한다. 대조적으로 건강한 젊은 성인의 총 뼈 중량은 해에 따라 그다지 증가하지 않는다. 이는 변화가 일어나지 않는다는 것을 의미하지는 않는다. 많은 양의 칼슘과 수천 개의 **골세포**(osteocyte; 성숙한 조골세포)는 끊임없이 제거되고 대체되지만, 총 뼈 중량은 축적과 제거가 거의 비슷한 속도로 일어나기 때문에 변하지 않는다.

이러한 동적인 뼈의 리모델링에는 2가지 종류의 세포가 책임이 있다. *조골세포*(*골아세포*; osteoblast)는 뼈를 축적하며, **파골세포**(osteoclast)는 뼈의 유기기질을 소화하는 효소를 분비하여, 혈류에 재흡수 될 수 있도록 칼슘을 유리시킨다. 뼈의 동적인 리모델링은 작업부하량에 따라 뼈의 강도를 조절하며, 압력을 따라 새로운 뼈가 형성된다. 뼈가 압착을 받게 되면, 조골세포에 의한 미네랄의 축적은 파골세포에 의한 인출을 초과한다. 이는 장거리 주자가 서서히 주행거리를 증가할 수 있도록 하는 이유인데, 압력을 따라서 뼈가 강해지도록 하여 피로 골절이 뼈를 손상시키지 않도록 한다.

> 뼈는 칼슘이온을 대량으로 저장하고 있으며, 그림 20.12와 같이 신체는 기능을 위하여 필요할 때 저장된 칼슘을 인출한다. 혈액 내의 칼슘 수준이 감소하면, 신체는 실질적으로 뼈 조직을 분해하여 칼슘을 방출한다.

사람이 나이을 들어가면서, 등뼈와 다른 뼈들의 무게가 감소한다. 과도한 뼈의 손실을 **골다공증**(osteoporosis)이라고 한다. 골다공증이 시작된 이후에는, 칼슘과 다른 미네랄의 보충은 인출을 따라가지 못하며, 골 조직이 점진적으로 파괴되도록 한다. 그림 13.6*a*의 정상적인 뼈와 그림 13.6*b*의 골다공증인 사람의 뼈를 비교하시오. 결국에는 뼈가 부서지기 쉽게 된다. 여성이 남성보다 골다공증이 발생할 확률이 4배나 된다.

개념의 적용

주자의 다리뼈는 어떻게 작업하중에 따라 강도를 조절하나요?

13.4 근육조직은 신체를 움직이게 한다.

학습 목표 13.4.1 평활근, 골격근, 그리고 심근을 비교한다.

근육 세포는 척추동물의 원동력이다. 근육세포의 현저한 특징은 내부에 많은 수축가능한 단백질 섬유를 가지고 있다는 것이다. 이러한 섬유는 **근필라멘트**(근미사; myofilament)라고 하며 액틴과 미오신 단백질로 이루어져 있다. 밧줄의 섬유처럼 꽉 채워져서, 근필라멘트는 실질적으로 근육세포의 전체 부피를 차지한다. 액틴과 미오신이 서로 미끌려 질 때, 근육은 수축한다. 용수철 문을 쾅 닫는 것처럼, 근육세포 내에 있는 모든 섬유를 한꺼번에 수축시키면상당한 힘을 생산할 수 있다. 근육 수축의 이 과정은 이 장의 뒤에서 논의될 예정이다.

평활근 Smooth Muscle

평활근(smooth muscle)은 길고 방추처럼 생겼으며, 각각 하나의 핵을 포함하고 있다. 평활근 조직은 세포의 판으로 조직되어 있다. 어떤 조직에서는 평활근 세포는 신경이나 호르몬에 의하여 자극될 때만 수축한다. 예는 혈관벽에 나열된 근육과 척추동물 눈의 홍채를 형성하는 근육이다. 내장의 벽에서 나타나는 것과 같은 평활근 조직에서 각각의 세포는 자발적으로 수축하여, 느리고 꾸준한 수축을 가져온다.

골격근 Skeletal muscle

골격근(skeletal muscle)은 골격의 뼈에 부착되어 신체가 움직일 때 수축하여 뼈를 움직인다(그림 13.7) 골격 근육세포는 발생 때 여러 세포가 끝에서 융합되어 원래의 핵 모두를 아직 포함하고 있는 매우 긴 섬유를 형성하여 생성된다. 각각의 **근섬유**(muscle fiber)는 액틴과 미오신 단백질의 근필라멘트로 구성된 다수의 긴 **근원섬유**(myofibril)로 이루어져 있다(그림 13.8). 액틴과 미오신의 배열은 근섬유에 띠 모양의 *줄무늬*(striation)를 형성한다.

심근 Cardiac Muscle

척추동물의 심장은 골격근의 섬유와 매우 상이하게 배열된 줄이 있는 **심근**(cardiac muscle)으로 구성되어 있다. 근육의 길이를 따라 뻗은 매우 길고 다핵의 세포 대신에, 심근은 단일 세포의 사슬로 구성되어 있으며, 가지치고 서로 연결된 섬유로 조직되어 격자를 형성한다. 이 격자구조는 심근이 기능하는데 결정적인 방식이며, 전기 자극이 틈새이음(gap junction)이라고 하는 작은 구멍을 통하여 세포에서 세포로 전달되어, 심장이 질서정연한 맥박을 이루며 수축할 수 있도록 한다.

개념의 적용

근필라멘트와 근원섬유의 차이는 무엇인가?

그림 13.7 이동(Locomotion).

동물 신체는 환경을 통과하여 나아가게 하기 위하여 신경, 근육, 그리고 뼈의 활동을 조화시켜 복잡한 활동인 이동을 달성한다. 동물은 한 장소에서 다른 장소로 이동하고, 수영하고, 굴을 파고, 기고, 미끄러져 나가고, 미끄러지고, 걷고, 뛰고, 달리고, 활강하고, 치솟고, 그리고 나는 능력에서 생명계의 어느 생물보다도 뛰어나다. 이 방울뱀은 조화된 일련의 근육 수축을 통하여 사막의 모래 위를 놀랍도록 빠르게 이동할 수 있으며, 긴 신체를 일련의 물결모양의 곡선으로 던진다.

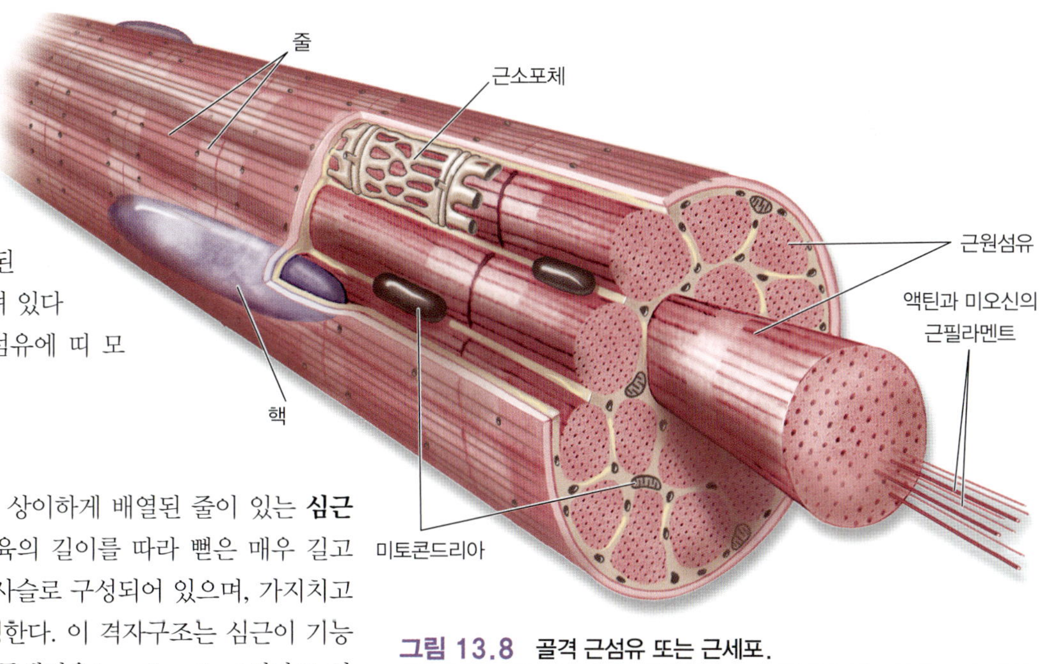

그림 13.8 골격 근섬유 또는 근세포.

각각의 근육은 근세포의 다발 또는 섬유로 구성되어 있다. 각각의 섬유는 많은 근원섬유로 이루어져 있으며, 근원섬유는 차례로 근필라멘트로 구성되어 있다. 근육세포는 근육에서 칼슘이온을 조절하는데 연관된 근소포체(sarcoplasmic reticulum)라고 하는 변형된 소포체를 가지고 있다.

표 13.1 뉴런의 유형

뉴런	대표적인 위치	기능
❶ 감각뉴런 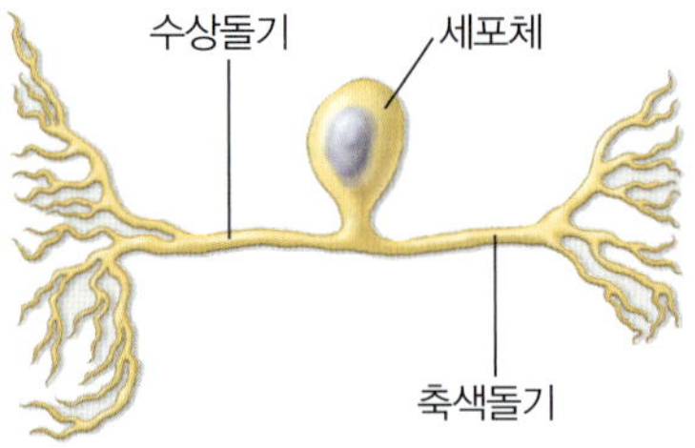	눈, 귀, 피부 표면	신체의 상태와 외부 환경에 대한 정보를 받아들임. 감각 수용기의 자극을 중추신경계에 보냄.
❷ 운동뉴런 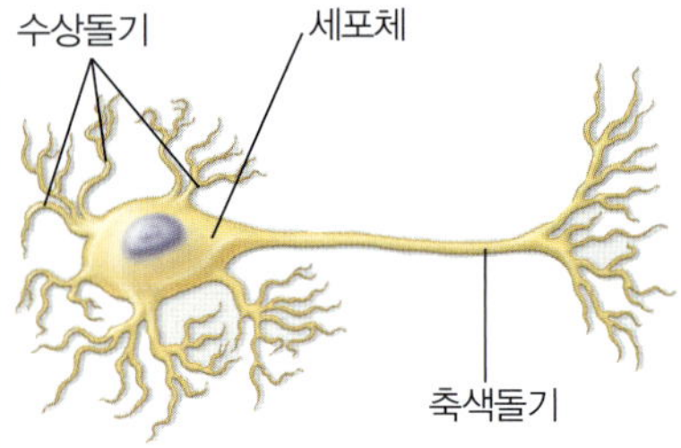	두뇌와 척수	근육과 분비샘을 자극함. 중추신경계로부터의 자극을 근육과 분비샘에 전달함.
❸ 연합뉴런 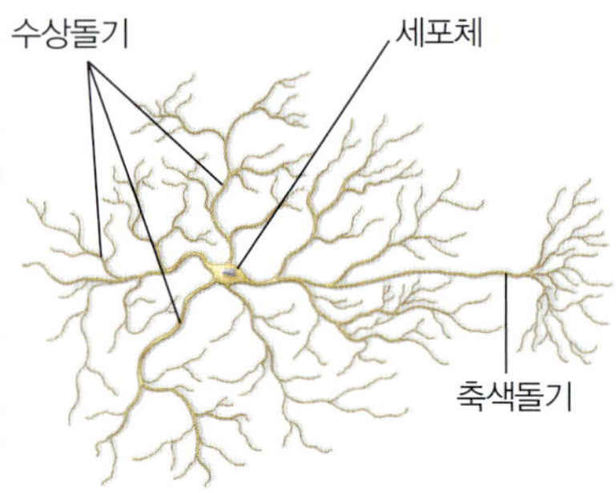	두뇌와 척수	정보를 종합함. 중추신경계 내의 뉴런사이에 자극을 전달함.

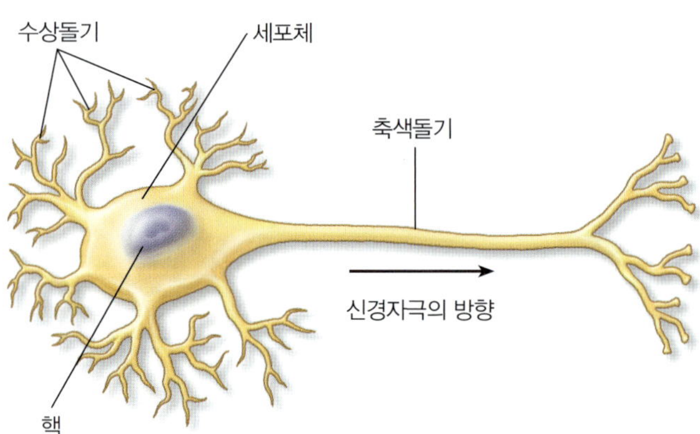

그림 13.9 뉴런은 신경자극을 전달한다.

뉴런은 전기 신호인 신경자극을 시작점인 수상돌기에서 세포체로 그리고 축색돌기를 따라서 전달하며, 축삭돌기에서 인접한 세포로 신호를 전달할 수 있다.

13.5 신경조직은 신호를 신속하게 전도한다. Nerve Tissue Conducts Signals Rapidly

학습 목표 13.5. 전형적인 뉴런의 3부분으로 이루어진 몸체를 설명하고, 뉴런의 3가지 일반적인 유형의 기능을 개관한다.

척추동물 조직의 4번째 주요한 종류인 신경조직은 2종류의 세포로 구성되어 있다. (1) **뉴런**(neuron)은 신경 자극을 한 기관에서 다른 기관으로 빠르게 전달하도록 전문화되어 있으며, (2) 보조하는 **교의세포**(glial cell)은 뉴런에 영양분, 지지, 그리고 절연을 제공한다.

뉴런은 신체를 전체에 신로를 신속하게 전도할 수 있도록 하는 고도로 전문화된 세포 구조를 가지고 있다. 뉴런의 원형질막은 건전지와 대등하게 세포의 내부와 외부 사이에 전압을 유지시키는 이온선택성 통로가 풍부하다. 원형질막의 국부적인 지역에서 이온통로가 열리면, 이온은 외부에서 쇄도해 들어와 일시적으로 전하차이를 없앤다. 이 과정은 탈분극(depolarization)이라고 하며 뉴런 원형질막의 주변 전압민감성 통로를 개방하여, 신경자극의 형태로 전기활동의 파동이 뉴런의 전체 길이를 이동하도록 한다.

이온은 세포에서 드나든다. 그림 19.4에서 논의되듯이, Na^+와 K^+ 이온 경사는 Na^+/K^+ 펌프에 의하여 설정된다. Na^+는 세포에서 밖으로 펌프되고 K^+는 세포 내로 펌프된다. 특정한 이온통로가 열리면, 이온은 농도경사를 따라 아래쪽으로 흘러간다.

각각의 뉴런은 그림 13.9와 같이 3부분으로 구성되어 있다. (1) **세포체**(cell body)는 핵을 포함하고 있으며, (2) **수상돌기**(dendrite)는 세포체에서 돌출되어, 안테나 역할을 하며, 다른 세포나 감각계로부터 세포 내로 신경자극을 받아들인다. (3) **축색돌기**(axon)이라고 하는 하나의 긴 신장부분은 세포체로부터 신경자극을 운반한다. 축색돌기는 신경자극을 종종 상당히 멀리 운반한다. 기린의 두개골에서 골반으로 연장된 축색돌기는 약 3m나 된다!

신체에는 다양한 크기와 형태의 뉴런이 있다. 일부는 매우 작으며 몇 개의 돌기만을 가지고 있고, 다른 것들은 많은 돌기를 가지고 텁수룩하며, 다른 일부는 수m 길이가 되는 신장부분을 가지고 있다. 그렇지만 보두 표 13.1처럼 3가지 범주 중 하나에 속한다. *감각뉴런*(Sensory neuron ❶)은 일반적으로 신체에서 두뇌와 척수와 같은 중추신경계(central nervous system; CNS)로 전기 자극을 운반한다. *운동뉴런*(Motor neuron❷)은 일반적으로 전기 자극을 중추신경계에서 근육으로 전달한다. *연합뉴런*(Association neuron❸)은 중추신경 내에서 나타나며 감각뉴런과 운동뉴런의 연결자 역할을 한다. 이에 관해서는 19장 신경계에서 논의될 것이다. 뉴런은 보통 서로 직접 접촉하지 않는다. 대신 **시냅스**(synapse)라고 부르는 미세한 틈이 뉴런들을 분리한다. 뉴런은 간격을 가로질러 **신경전달물질**(neurotransmitter)이라고 하는 화학적 신호를 통과시켜 다른 뉴런과 소통한다.

척추동물 신경은 맨눈으로 보면 미세한 흰색의 실로 보이지만, 실제로는 축삭돌기의 다발로 구성되어 있다. 장거리 전화 케이블처럼, 신경은 많은 수의 독립적인 통신 통로를 포함하며, 수백 개의 축삭돌기로 이루어진 다발은 각각 신경세포를 근육 섬유나 다른 종류의 세포에 연결한다. 신경과 뉴런을 혼돈하지 않는 것이 중요하다. 신경은 많은 뉴런의 축삭돌기로 이루어져 있으며, 이는 전화 케이블이 많은 전선으로 이루어진 것과 같다.

개념의 적용

여러분이 근육조직 내의 가느다란 신경섬유를 자르게 되면 뉴런의 어느 부분이 손상되나요?

골격과 근육계 The Skeletal and Muscular Systems

13.6 골격의 유형 Types of Skeletons

학습 목표 13.6.1 동물 골격계의 3가지 주된 유형을 설명하고 대비한다.

근육만으로는 동물 신체는 움직일 수 없다. 동물은 쓸데없이 근육을 수축했다 이완했다 하면서 단순히 진동만 하게 될 것이다. 근육이 운동을 하게 하려면, 힘을 다른 물체에 대항하여 나아가게 해야만 한다. 동물들은 근육의 반대쪽이 딱딱한 비계(scaffold) 또는 **골격**(skeleton)에 부착되어, 근육이 대항하여 끌 수 있는 것이 있기 때문에 움직일 수 있다. 동물계에는 수력골격, 외골격, 그리고 내골격의 3가지 유형이 있다.

수력골격(Hydraulic skeleton)은 지렁이나 해파리 같은 연체무척추동물에서 발견된다. 이 경우 액체가 채워진 체강은 수축할 때 액체의 압력을 상승시키는 근육섬유로 둘러싸여 있다. 그림 13.10의 지렁이는 앞쪽에서 시작하여 신체를 압축하는 환상근의 수축 파동에 의하여 전진하며, 따라서 액체압이 앞으로 전진시킨다. 종주근의 수축은 신체의 나머지 부분을 끌어당긴다.

외골격(Exoskeleton)은 단단한 상자처럼 신체를 둘러싸며 근육이 내부에서 부착된다. 근육이 수축되면 근육이 부착된 외골격 부분이 움직인다. 갑각류와 같은 절지동물(그림 13.11)과 곤충은 *키틴*(chitin)이라는 다당류로 이루어진 외골격을 가진다. 외골격을 가진 동물은 붕괴되는 것을 방지하기 위하여 외골격이 두꺼워지고 무거워져야 하기 때문에 크기가 제한된다. 만약 곤충이 코끼리만큼 크다면 외골격이 너무 두껍고 무거워져야 해서 이동이 불가능하게 될 것이다.

내골격(Endoskeleton)은 척추동물과 극피동물에서 발견되며, 근육이 부착된 단단한 내부 골격이다. 척추동물은 신축성이 있어서 골격의 운동을 수용할 수 있는 부드럽고 유연한 외부를 가지고 있다. 일부 척추동물의 내골격은 연골로 이루어져 있지만 대부분은 뼈로 구성되어 있다(그림 13.12). 키틴과 달리 뼈는 성장하고, 자체적으로 수선하고, 또한 물리적 스트레스에 대하여 반응하여 리모델링할 수 있는 세포로 이루어진 살아있는 조직이다.

개념의 적용

여러분의 골격이 뼈가 아니라 키틴으로 이루어져 있다면, 여러분의 체력훈련은 어떻게 달라질까요?

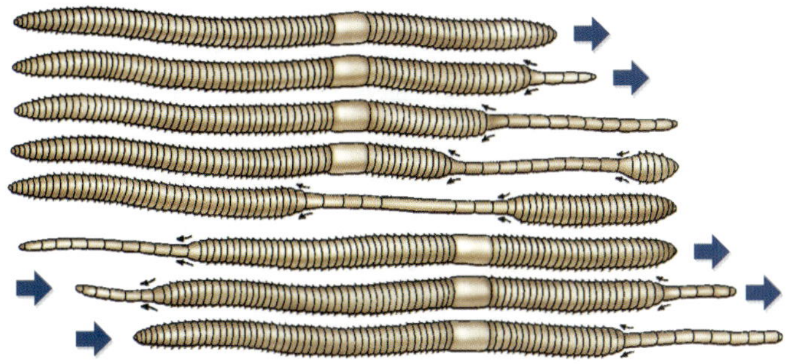

그림 13.10 지렁이는 수력골격을 가지고 있다.

지렁이의 환상근이 수축할 때, 내부 액체는 종주근을 압박하며, 이는 지렁이의 분절을 늘려서 길게 만든다. 지렁이의 신체를 따라 내려가는 수축 파동은 전진 운동을 생성한다.

그림 13.11 갑각류는 외골격을 가지고 있다.

이 돌게의 외골격은 밝은 오렌지색이다.

그림 13.12 뱀은 내골격을 가지고 있다.

대부분의 척추동물의 내골격은 뼈로 이루어져 있다. 뱀의 골격은 신속한 측면운동을 할 수 있도록 전문화되어 있다.

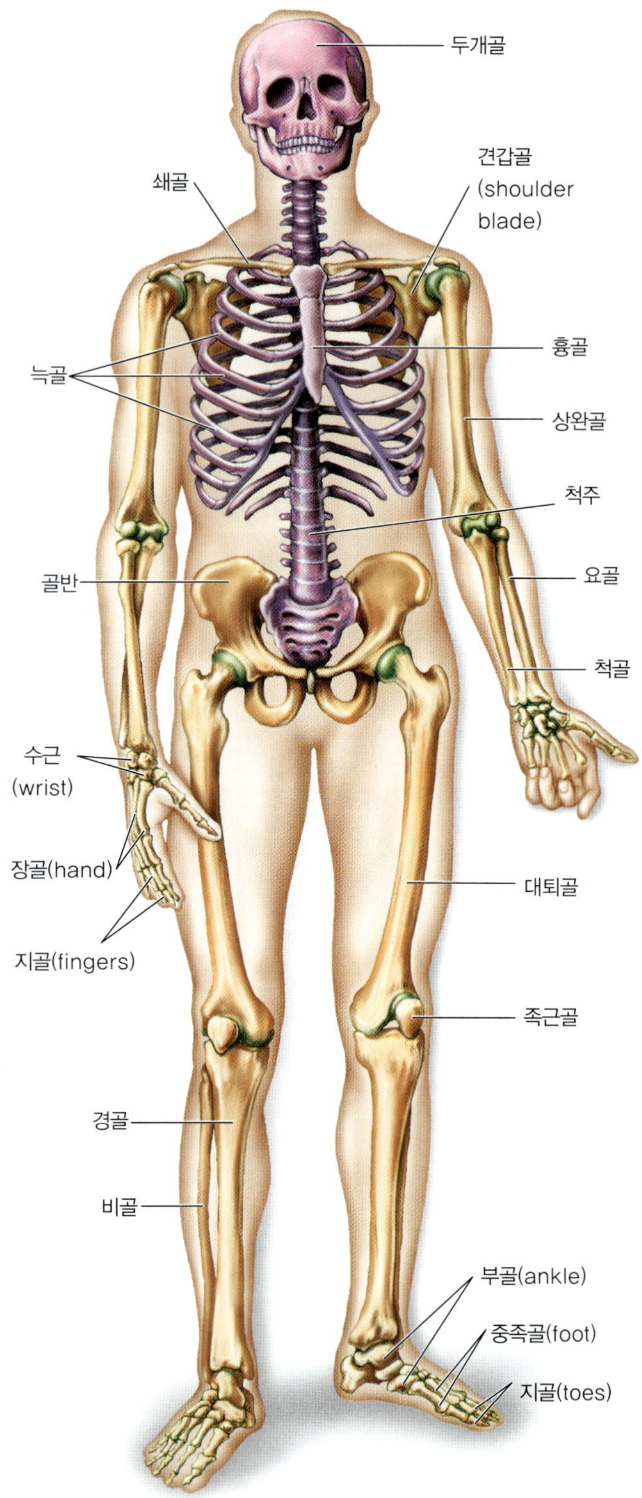

그림 13.13 중축골격과 사지골격

중축골격은 자주색으로 나타냈으며, 사지골격은 갈색으로 나타냈다. 일부 관절은 녹색으로 표시하였다.

척추동물의 내골격: 인간의 골격

학습 목표 13.6.2 인간의 중축골격과 사지골격 그리고 관절의 주요한 종류를 대비한다.

인간의 골격은 206개의 개별적인 뼈로 이루어져 있다. 골격이 뒤범벅이 된 뼈의 더미로 되어 있다면, 무엇인지 알아내기가 어려울 것이다. 골격을 이해하기 위해서는, 206개의 뼈를 기능과 신체에서의 위치에 따라 집단으로 나누는 것이 필요하다. **중축골격**(axial skeleton)의 80개 뼈는 그림 13.13에 자주색으로 표시되어 있으며, 주된 신체의 축을 지탱하며, 나머지 126개의 **사지골격**(appendicular skeleton)은 갈색으로 표시되어 있으며 팔과 다리를 지탱한다. 이 두 종류의 골격은 어느 정도 독립적으로 기능한다. 즉 중축골격(자세골격)을 통제하는 근육은 사지를 통제하는 근육(조종근육)과 분리되어 두뇌에 의하여 관리된다.

중축골격 Axial Skeleton

중축골격은 머리, 척추(등뼈), 그리고 흉골을 포함하는 흉곽으로 이루어져 있다. 머리의 28개 뼈 중에서 8개만이 두뇌를 둘러싸는 두개골을 형성하며, 나머지는 안면 뼈와 중이 뼈이다.

머리는 등뼈라고도 하는 척추의 위 끝에 부착되어 있다. 척추는 척추골이라고 하는 26개의 개별적인 뼈로 이루어져 있으며, 척수를 둘러싸고 보호하는 유연한 기둥을 제공하기 위하여 하나의 뼈 위에 다른 하나의 뼈가 차곡차곡 쌓여있다. 척추골로부터 앞으로 12쌍의 굽은 갈비뼈가 나와 있으며, 앞에는 흉골 또는 가슴뼈에 부착되어, 심장과 폐의 둘레에 보호하는 뼈대를 형성한다.

사지골격 Appendicular Skeleton

사지골격의 126개 뼈는 어깨와 엉덩이에서 중추골격에 부착되어 있다. 어깨 또는 **흉대**(pectoral girdle)는 2개의 커다랗고 편평한 어깨뼈(견갑골)로 구성되어 있으며, 각각의 어깨뼈는 가늘고 굽은 쇄골(빗장뼈; clavicle)로 흉골의 위에 연결되어 있다. 팔은 흉대에 부착되어 있으며, 각각의 팔과 손은 30개의 뼈를 포함한다. 쇄골은 신체에서 가장 빈번하게 부러지는 뼈이다. 여러분은 왜 그런지 이유를 짐작할 수 있나요? 여러분이 팔을 벌리고 넘어지면 힘의 대부분은 쇄골이 전달되기 때문이다.

요대(**하지대**; pelvic girdle)는 다리에 강한 연결을 제공하는 사발을 형성하며, 이는 신체의 무게를 견뎌야 한다. 각각의 다리와 발은 총 30개씩의 뼈를 포함한다.

관절(Joint)은 2개의 뼈가 만나는 점이다. 관절은 단단한 내골격에 유연성을 부여하며, 관절의 유형에 따라 허용되는 운동의 범위가 결정된다. 운동성에 기초하여 3가지 종류의 주된 관절이 있다. *고정관절*(Immovable joint)는 두개골의 봉합과 같이 운동이 거의 없거나 전혀 없는 것이다. *약간 움직일 수 있는 관절*(Slightly movable joint)은 척추의 척주골 사이의 관절과 같이 뼈가 약간 움직일 수 있도록 허용한다. *자유롭게 움직일 수 있는 관절*(Freely movable joint)는 팔다리(어깨, 팔꿈치, 엉덩이, 무릎), 턱, 그리고 손가락과 발가락에서 볼 수 있는 것처럼 상당한 운동을 허용하는 것이다. 관절의 유형에 따라 뼈는 관절에서 연골, 섬유상 연결조직, 또는 윤활액체로 채워진 섬유상 막낭(capsule)으로 함께 지탱된다.

개념의 적용

두개골 봉합이 움직일 수 없다면, 왜 가지고 있는가?

13.7 근육과 근육의 작용

학습 목표 13.7.1 골격근과 필라멘트의 구조와 기능을 설명한다.

3종류의 근육이 함께 척추동물의 근육계를 형성한다. 앞에서 논의하였듯이, 척추동물의 신체는 골격근이 뼈를 상당한 힘으로 당기기 때문에 움직일 수 있다. 심장은 심근의 수축으로 인하여 펌프한다. 음식은 평활근의 주기적인 수축으로 인하여 장을 통하여 이동한다.

골격근의 운동 Actions of Skeletal Muscle

골격근은 골격의 뼈를 움직인다. 중요한 인간 근육의 일부를 그림 13.14의 오른쪽에 표지하였다. 근육은 **건**(힘줄; tendon)이라고 하는 밀집한 연결조직의 끈으로 뼈에 부착되어 있다. 뼈는 관절이라고 하는 유연한 연결부 주위를 회전하며, 관절에 부착된 근육에 의하여 앞뒤로 당겨진다. 각각의 근육은 특정한 뼈를 당긴다. 근육의 한쪽 끝인 *근원*(origin)은 수축하는 동안 정지되어 있는 뼈에 힘줄에 의하여 부착되어 있다. 이는 근육이 대항하여 당길 수 있는 물체를 제공한다. 근육의 반대쪽 끝인 *부착점*(insertion)은 근육이 수축할 때 움직이는 뼈에 부착되어 있다. 예를 들어 봉공근(sartorius muscle)의 근원과 부착점이 그림 13.14의 왼쪽에 표지되어 있다. 이 근육은 엉덩이에서 다리를 굽힐 수 있도록 도와주며, 무릎을 가슴으로 당겨준다. 근육의 근원은 엉덩이에 있으며 정지된 상태로 유지된다. 부착점은 무릎 바로 아래에 있으며, 따라서 근육이 수축하면 무릎은 가슴 쪽으로 당겨진다.

근육은 밀지 못하고 당길 수만 있는데, 그 이유는 근원섬유가 늘어나지 않고 수축하기 때문이다. 이러한 이유로 척추동물의 움직일 수 있는 관절을 가로질러 신장되는 근육은 굴근과 신근이라고 하는 반대되는 짝으로 부착되기 때문이다. 그림 13.15에서 보듯이 상부 다리의 뒤쪽에 있는 **굴근**(flexor)이 수축하면, 하부 다리는 넓적다리에 가깝게 이동한다. 상부 다리의 앞에 있는 **신근**(extensor)이 수축하면 하부 다리는 반대방향으로 넓적다리에서 멀어진다.

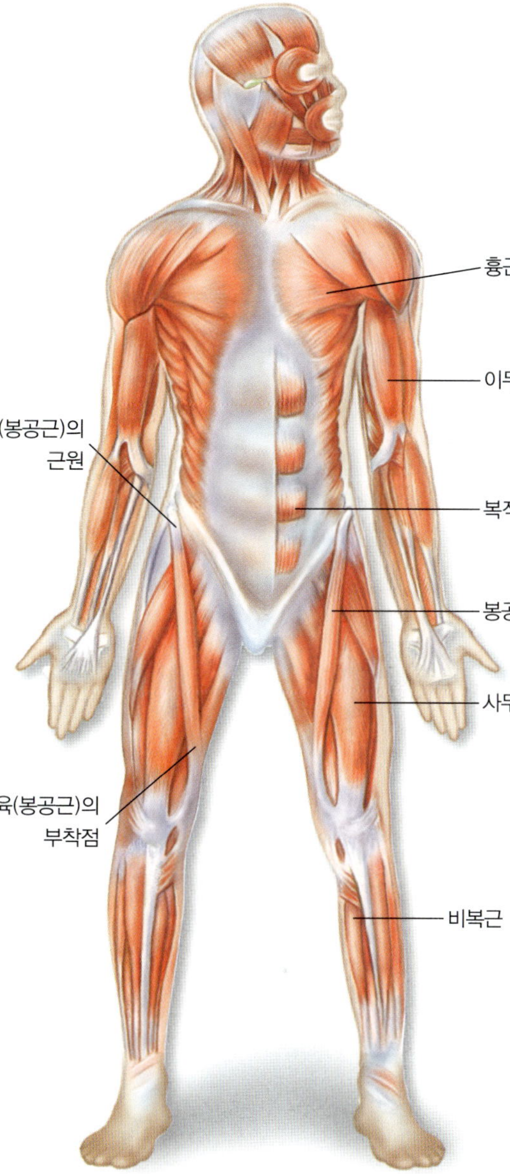

그림 13.14 근육계.

인체의 일부 주요 근육(오른쪽)과 근원과 부착점(왼쪽)을 보여준다.

근육 필라멘트 Muscle Filaments

그림 13.8에서 근원섬유는 근필라멘트의 다발로 구성되어 있다. 맨눈으로 보기에는 너무 미세하지만, 척추동물 근육의 각각의 근필라멘트는 8~12 nm 두께밖에 되지 않는다. 각각은 액틴 또는 미오신 단백질의 기다란 실 같은 섬유이다. **액틴 섬유**(actin filament)는 서로 감싸고 있는 액틴 분자의 2개의 끈으로 구성되어 있으며, 이는 2가닥의 진주가 서로 느슨하게 감겨있는 것과 같다. **미오신 섬유**(myosin filament)는 액틴 섬유의 2배 정도 길이이며 미오신 분자의 다발로 구성되어 있다. 미오신 분자는 서로 감고 있는 2대의 폴리펩티드 사슬로 구성되어 있다. 각각의 폴리펩티드 사슬은 골프채와 비슷한 형태를 가지고 있는데, 구형의 "머리"부분을 가지고 있는 매우 긴 막대같이 생겼다. 이 기묘한 구조는 근육이 어떻게 작용하는가에 대한 열쇠이다.

액틴은 근육세포에서만 발견된다. 모든 동물세포는 세포골격의 구성요소로서 약간의 액틴섬유를 포함한다. 세포골격은 동물세포의 형태를 유지하는데 도움을 준다.

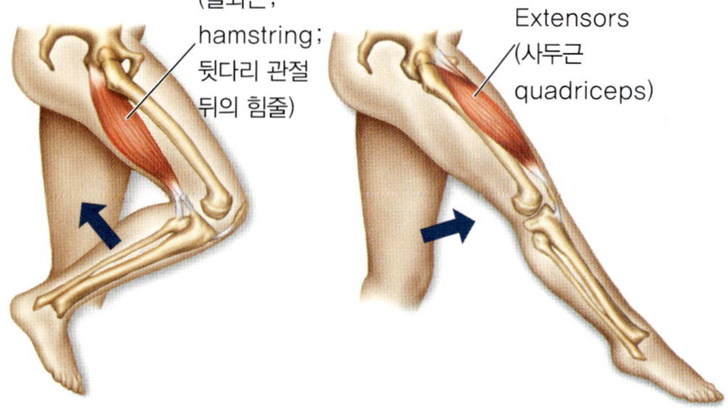

그림 13.15 굴근과 신근.

팔다리의 운동은 항상 근 수축의 결과이며, 절대 근 신장의 결과가 아니다. 팔다리를 끌어당기는 근육을 굴근이라고 하며, 팔다리를 펴는 근육을 신근이라고 한다.

개념의 적용

근육은 왜 당길 수만 있고 밀 수는 없나요? 여러분의 팔 근육이 밀 수 없다면, 팔은 어떻게 그렇게 할 수 있나요?

저자의 운동하기

나의 복부를 장식하는 지방 고리를 보는 사람은 누구도 내가 달리기를 한다고 생각하지 않을 것이다. 나의 기억에만 내가 울새와 함께 일어나서 운동화의 끈을 매고, 현관으로 뛰어나가 출근하기 전에 워싱턴 대학 주변의 거리를 달린다. 이제 나의 5km 달리기는 30년이 지난 기억이다. 나의 달리기 경주에 대한 어떠한 언급도 내 딸로부터 웃음의 비명과, 아내의 깔보는 표정만 자아낼 따름이다. 기억은 정확할 때 가장 잔혹하다.

나는 내가 달리기를 중단한 날을 명확하게 기억한다. 그 때는 1978년 시원한 가을 아침이었으며, 나는 초보자의 5km 경주를 달리는 집단의 일원이었으며, 대학 부근의 언덕을 굽이칠 때였다. 나는 무릎 아래의 다리에 순간적인 고통을 느끼기 시작하였으며, 정강이 외골종 같았지만 이보다 훨씬 나빴다. 뼈에 불이 퍼붓는 것을 상상해보시오. 내가 달리기를 중단했을까요? 중단하지 않았지요. 나는 돌대가리처럼 고통을 무릅쓰고 계속 달렸으며 경주를 끝마쳤습니다. 그 이후 나는 절대 달리지 않았습니다.

나는 넓적다리의 근육을 당겼는데, 이는 고통을 일부 유발하였다. 그러나 그것이 전부는 아니었다. 아래 다리의 통증은 정강이 외골종이 아니었으며, 통증은 사라지지 않았다. 의사에게 진찰을 받아보니 양쪽 다리에 다수의 피로골절이 드러났다. 다리 X선 사진은 각각의 뼈의 축을 작은 실들이 감고 있는 것처럼 보였으며, 이는 이발소 표지막대기의 붉은색 띠와 같았다. 고통 없이 걷게 될 때는 그 다음 여름이었다.

무엇이 잘못되었을까요? 달리기는 좋은 것이 아니었던가요? 만약 부적절하게 달리면 좋은 것이 아니지요. 건강하기 위한 열의에서, 나는 간단한 규칙을 일부 무시하였으며 대가를 치렀다. 내가 무시한 생물학 교훈은 뼈가 어떻게 성장하느냐는 것과 관련이 있다. 여러분 다리의 긴뼈는 돌로 만들어져 있지 않으며, 단단하거나 영구적이 아니다. 뼈는 동적인 구조이며, 여러분이 부여하는 압박에 반응하여 끊임없이 재형성되고 강화된다.

뼈가 어떻게 성장하는지 이해하기 위해서, 우리는 먼저 뼈가 어떻게 생겼는지 기억을 되살려야 한다. 이 장에서 배웠듯이 뼈는 서로 결합하여 연골을 형성하는 유연한 단백질인 콜라겐의 섬유로 이루어져 있다. 여러분의 신체가 발달하면서, 콜라겐 섬유는 인산칼슘의 바늘모양 결정으로 스며들게 되며, 연골은 뼈로 변화한다. 결정은 부서지기 쉽지만 딱딱하며 뼈에 큰 강도를 준다. 콜라겐은 유연성이 있지만 약하지만, 유리섬유의 에폭시처럼 응력을 많은 결정에 분산시키는 역할을 하여, 뼈가 골절에 저항을 가지게 한다. 그 결과 뼈는 강하면서 유연하다.

여러분이 신체의 뼈에 스트레스를 가하면, 예를 들어 달리는 것처럼, 뼈는 더 큰 작업부하를 견디기 위하여 성장한다. 뼈는 어떻게 어디에 더 많은 물질을 추가할지를 아나요? 스트레스가 다리뼈의 콜라겐 섬유를 변형시키면, 외투를 열어서 셔츠를 노출시키는 것처럼 콜라겐 섬유의 내부가 노출된다. 내부의 섬유는 미세한 전하를 생성한다. 밤에 불빛에 끌리는 벌레처럼 섬유아세포가 전기에 끌려서 더 많은 콜라겐을 분비한다. 그 결과 새로운 콜라겐 섬유는 스트레스를 받는 곳을 따라서 축적된다. 서서히 수개월에 걸쳐서 인산염칼슘 결정이 새로운 콜라겐을 새로운 뼈로 변환시킨다. 여러분의 다리에 뼈의 축을 따라 굽어 내려가는 스트레스 선을 따라 새로운 뼈가 형성된다.

이제 30년 전으로 돌아가서 매일 아침 콘크리트 포장도로를 행복하게 때리는 내 자신을 마음속에 그려보자. 나는 최근에 보도로 달리는 것을 시작하였으며, 한 번에 한 시간 남짓 달렸다. 아침에 걷는 모든 걸음은 정강이뼈에 충격을 주었으며, 뼈가 스트레스의 나선을 따라 콜라겐을 형성하는 반응을 시작하였다. 더 부드러운 표면 위를 달렸더라면 매일 받는 스트레스는 훨씬 덜 심각했을 것이다. 점진적으로 달리기를 늘려갔더라면 새로운 뼈가 추가된 스트레스에 반응하여 적절하게 형성될 시간이 있었을 것이다. 나는 다리뼈에 커다란 스트레스를 주었지만, 반응할 시간은 주지 않았다. 나는 뼈를 너무 강하게 그리고 너무 빠르게 밀어붙여서, 뼈는 무너졌다.

나의 그릇된 달리기는 다리뼈에 과도한 스트레스를 주는 것으로 끝나지 않았다. 넓적다리 근육을 결린 것을 기억하나요? 과도한 의욕으로 나는 달리기 전에 준비운동을 하지 않았다. 나는 그러한 세세한 사항에까지 신경 쓰기에는 너무 재미있었다. 이제는 현명해져서, 당겨진 넓적다리 근육이 적절하게 기지개를 하지 않은 직접적인 결과라고 확신하며 따라서 달리기 전에 준비운동을 한다.

최근에 내 부인의 친구가 스트레칭이나 준비운동을 하지 않고 이른 아침에 오래 달리기를 시작하는지를 설명하는 것을 들으면서 근육 결림이 상기되었다. 나의 마음속에 추운 아침 따뜻하게 차려입고 건강을 찾아서 포장도로를 뛰는 열성적인 아프리카 영양을 마음속으로 볼 수 있다. 부인의 친구가 나보다 분별력을 더 사용하지 않는다면 건강을 찾을 수 없을 것이다.

근필라멘트가 어떻게 수축하는가

학습 목표 13.7.2 근육 수축의 활주 필라멘트 모델을 설명한다.

그림 13.16에 나타낸 근육 수축의 **활주필라멘트 모델**(sliding filament model)은 액틴과 미오신이 어떻게 근육이 수축되게 하는지를 설명한다. 그림판 1의 손잡이처럼 생긴 미오신 머리에 초점을 맞추시오. 근육 수축이 시작되면, 액틴에 부착된 미오신 필라멘트의 머리가 먼저 움직인다. 손목에서 손을 아래로 굽히는 것과 마찬가지로, 그림판 2와 같이 미오신의 머리는 뒤로 그리고 안쪽으로 굽혀진다. 이는 미오신 머리가 구부러지는 방향으로 막대기 같은 뼈대에 더 가까이 접근하도록 한다. 자체로서는 미오신 머리가 굽혀지는 것은 아무런 것도 달성하지 못하지만, 미오신 머리가 액틴 필라멘트에 부착되어 있기 때문에, 미오신 머리가 굽혀지면서 액틴 필라멘트가 따라서 당겨진다. 이는 액틴 필라멘트가 굽혀지는 방향으로 미오신 필라멘트와 미끄러지게 한다(그림판 2의 화살표). 미오신 머리가 하나하나 연속해서 굽혀지면, 미오신은 사실상 액틴을 따라 한발자국씩 걷게 되는 것이다

> ATP는 세포의 에너지 화폐이다(그림 5.10). ATP 분자는 인산기를 잡고 있는 고에너지 결합을 포함한다. 가장 바깥쪽의 인산결합을 파괴하녀 미오신 머리를 복원하는 에너지의 폭발을 방출한다.

각 단계는 다음의 구부림을 위하여 액틴에 다시 부착되기 전에, 미오신 머리를 재장전하기 위하여 한분자의 ATP를 사용한다(그림판 3). ATP 가수분해는 주기에서 힘의 타격과 동시에 일어나지 않는다는 것을 주목해야 한다. 미오신 머리를 당기기 위한 ATP의 가수분해는 구식 리볼버 총의 스프링 장전 공이를 손가락으로 당기는 것과 같으며, 이 에너지는 나중에 방아쇠를 당길 때 이용된다.

이러한 액틴이 미오신 머리와 활주하는 것이 근원섬유를 수축시키고 근육 세포가 이동하게 하는가? 액틴 필라멘트는 Z선이라고 하는 횡문근에서 한 끝에 고정되어 있는데, 그림 13.17의 가장자리 쪽의 연보라색 막대로 표시되어 있다. 액틴과 미오신 필라멘트를 사이에 가지고 있는 2개의 Z선은 **근절**(sacromere)라고 하는 수축단위를 형성한다. 이렇게 매어져 있기 때문에 액틴은 쉽게 빠져나갈 수 없다. 대신 액틴은 앵커를 당기게 된다! 액틴이 미오신을 지나갈 때 Z선을 미오신 쪽으로 당긴다. 근육 수축의 비밀은 각각의 미오신이 2쌍의 액틴섬유 사이에 끼워져 있고, 액틴 필라멘트는 양끝이 모두 Z선에 고정되어 있다는 것이다(그림 13.17의 그림판 1). 하나는 왼쪽으로 다른 하나는 오른쪽으로 이동하면서 두 쌍의 액틴 분자는 미오신 핵심을 미끄러지면서 Z선을 서로 당긴다(그림판 2). Z선이 서로 가까이 당겨지면, Z선이 부착된 원형질막이 서로 당겨져서 세포가 수축한다.

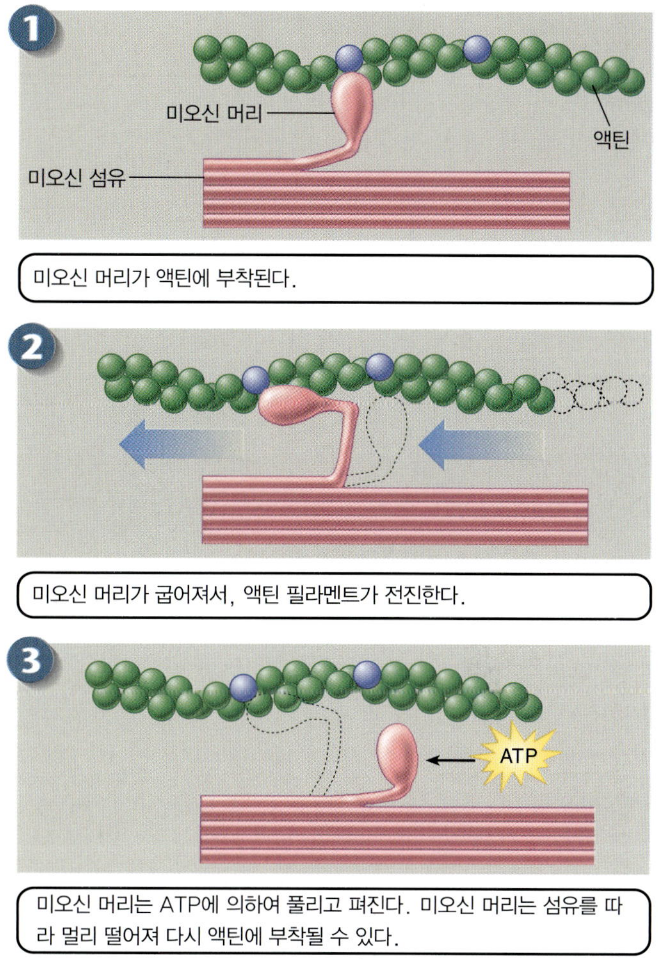

그림 13.16 근필라멘트 수축이 어떻게 작용하는가.

개념의 적용

ATP는 근육섬유의 어느 분자에 에너지를 제공하며, 정확히 어떤 일을 하는가?

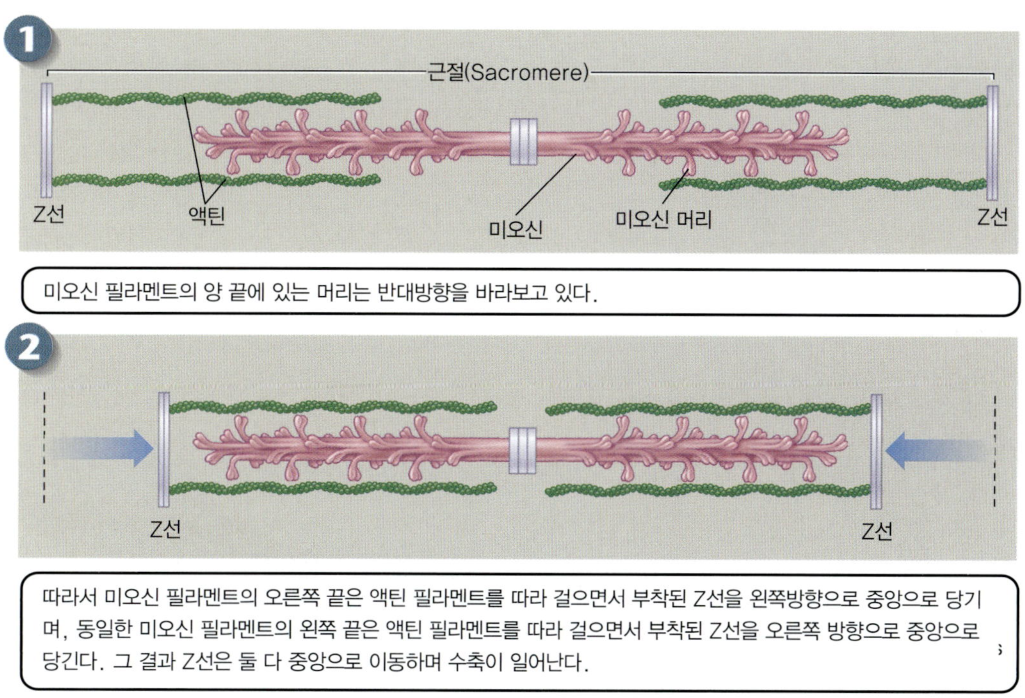

그림 13.17 근육 수축의 활주필라멘트 모델.

질문과 분석

어떤 이동의 형식이 가장 효율적인가?

달리기, 날기, 그리고 헤엄치는 가만히 있는 것보다 많은 에너지를 필요로 하지만, 이들을 비교하면 어떻게 될까요? 육상, 공중, 그리고 수중에서 움직이는 것들 사이의 가장 큰 차이는 지탱과 물과 공기에 의하여 제공되는 운동에 대한 저항이다. 헤엄치는 동물의 무게는 주변의 물에 의하여 전적으로 지지되며 신체를 지탱하기 위하여 노력이 전혀 필요하지 않지만, 달리거나 나는 동물은 신체의 전체 체중을 지탱해야만 한다. 반면에, 물은 운동에 대하여 상당한 저항을 제시하지만, 공기는 매우 적기 때문에, 나는 것과 달리는 것은 매질을 밀어내는데 적은 에너지를 필요로 한다.

다른 동물이 운동하는데 소요되는 비용을 비교하는 간단한 방법은 움직이기 위하여 얼마나 많은 에너지가 소비되는지를 측정하는 것이다. 달리기, 날기 또는 헤엄치기의 에너지 비용은 이동형태에 따른 각각의 경우의 단위 질량당 단위 거리를 이동하는데 필요한 에너지이다. 에너지는 미터법에서 킬로칼로리(kcal) 또는 전문적으로 4.184 킬로줄(kJ)이다. 오른쪽의 그래프는 이러한 운동비용 연구의 3가지를 보여준다. 파란색 사각형은 달리기, 빨간색 원은 날기, 그리고 녹색 삼각형은 수영이다. 각각의 연구에서 점들의 통계적인 최적선을 그었다. 사람과 같은 일부 동물의 자료는 달릴 때(잘함)와 헤엄칠 때(잘 못함)의 두 선을 나타냈다. 오리는 날뿐 아니라(가장 잘함) 달리고 헤엄칠 수도 있기 때문에(잘 못함), 세 가지 선을 모두 가지고 있다.

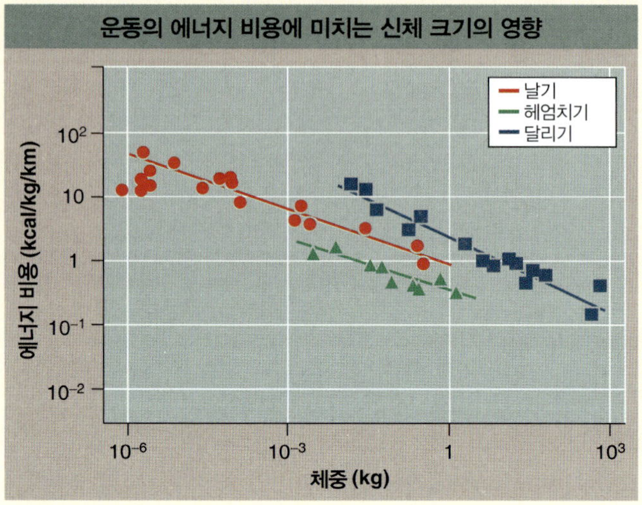

분석

1. **개념의 적용:** 세 가지 방식의 운동은 동일한 비용을 가지나요, 아니면 서로 상이한 비용을 가지나요?

2. **자료의 해석**
   - **a.** 어떤 주어진 방식의 운동에서, 신체 질량이 운동비용에 미치는 영향은 무엇인가요?
   - **b.** 신체 질량의 영향은 세 가지 방식의 운동에 대하여 모두 동일한가요? 만약 그렇지 않다면 어떤 방식의 비용이 신체 질량에 의하여 가장 작게 영향을 받나요? 여러분은 왜 그렇다고 생각하나요?

3. **추론하기**
   - **a.** 동일한 신체 질량을 가지는 동물이 달리는 것과 나는 것의 에너지 비용을 비교하면, 어느 방식의 운동이 더 고비용인가요? 여러분은 왜 그러하리라 예상하나요?
   - **b.** 헤엄치는 것과 나는 것의 에너지 비용을 비교하면, 어느 것이 적은 에너지를 사용하나요? 여러분은 왜 그리하리라 예상하나요?

4. **결론의 도출:** 일반적으로 어느 방식의 운동이 가장 효율적인가요? 어느 방식이 가장 비효율적인가요? 여러분은 왜 그렇다고 생각하나요?

학습결과의 요약

동물의 신체 구조

척추동물 신체의 조직

13.1.1 모든 척추동물과 일부 무척추 동물은 동일한 일반적인 구조를 가진다. 하나의 관(내장 또는 소화계)이 대부분의 육상 척추동물은 흉강과 복강으로 나눠어져 있는 체강(공동; coelom)에 매달려 있다.

척추동물 신체는 증가하는 단계의 구조적 기능적 복잡성을 보이는 세포로 구성되어 있다.

13.1.2 조직으로 집단화된 세포는 기능적 단위로 작용한다. 신체의 기관은 함께 작용하여 높은 단계의 기능을 수행하는 몇 가지 다른 종류의 조직으로 이루어져 있다. 기관은 대규모 신체 기능을 수행하기 위해 기관계를 형성한다.

척추동물 신체의 조직

상피는 보호조직이다

13.2.1 상피조직은 상이한 유형의 상피세포로 구성되어 있다. 상피조직은 신체의 내부와 외부표면을 싸고 있으며 보호를 제공한다.

상피의 구조는 기능을 결정한다. 일부 유형의 상피는 물질이 통과할 수 있는 단일층의 세포이다. 다른 상피는 층을 이루어 보호를 제공한다. 입방형상피는 신체의 분비샘에 배열되어 있으며 분비기능을 가지고, 호르몬을 생산하여 혈액으로 배출한다.

연결조직은 다양한 기능을 수행한다

13.3.1 신체의 연결조직은 구조와 기능에서 매우 다양하지만, 모두 세포외기질에 파묻혀 있는 세포로 구성되어 있다. 기질은 뼈에서와 같이 단단하거나, 섬유상 연결조직, 지방조직, 그리고 연골, 또는 혈액의 액체처럼 유연할 수 있다.

면역 연결세포는 혈장에 떠돌면서 감염으로부터 신체를 보호하는 백혈구를 포함한다.

골격 연결조직은 섬유상 연결조직, 연골(상어의 골격을 구성, 그림 13.4), 그리고 뼈를 포함하며, 신체에 구조적 지지를 제공한다.

지방조직은 지방 축적물을 저장하며, 적혈구(erhthrocyte)는 신체 전반에 물질을 운반한다.

13.3.2 뼈는 살아있는 조직이다. 골아세포(조골세포; osteoblast)는 섬유상 기질을 축적한다. 칼슘 미네랄은 이때 섬유 스며들어 기질이 치밀한 뼈로 경화되도록 한다.

근육조직은 신체를 움직이게 한다

13.4.1 근육조직은 동적인 조직이며, 수축하여 신체가 움직이도록 한다. 근육조직에는 평활근, 골격근, 그리고 심근의 3가지 유형이 있다. 모든 3가지 유형의 근육은 액틴과 미오신 필라멘트를 가지고 있지만 근필라멘트의 조직에서 차이가 있다.

평활근 세포는 길고 방추체처럼 생긴 판으로 조직화된 세포이다. 평활근은 혈관벽, 척추동물 눈의 홍채, 그리고 소화계의 벽에서 발견된다.

골격근 세포는 긴 섬유로 융합되어 있다. 골격근은 골격에 부착되어 근육이 수축할 때 골격이 움직인다.

심장에서 발견되는 심근의 세포는 질서정연한 맥박으로 함께 수축하도록 서로 연결되어 있다.

신경조직은 신호를 신속하게 전도한다

13.5.1 신경조직은 뉴런과 지지하는 교의세포로 구성되어 있다. 뉴런은 분지된 수상돌기, 핵을 포함하고 있는 세포체, 그리고 긴 축색돌기의 3부분을 가지고 있다. 뉴런은 신체의 한 부분에서 다른 부분으로 전기 자극을 운반한다. 전기자극은 원형질막을 통한 이온의 운동에 의하여 축색돌기를 따라 아래로 이동한다. 뉴런에는 중추신경계로 자극을 전달하는 감각뉴런, 중추신경계에서 근육으로 자극을 전달하는 운동뉴런, 그리고 중추신경계 내부에서 연결자로 작용하는 연합뉴런의 3가지 범주가 있다.

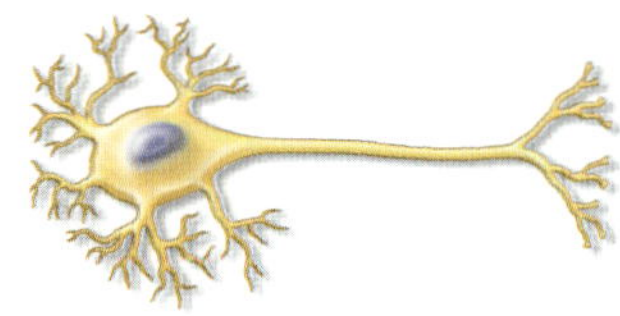

골격과 근육계

골격의 유형

13.6.1 골격계는 근육이 신체를 움직이기 위해 작용하는 뼈대를 제공한다. 연체 무척추동물은 수력골격을 가지고 있으며, 근육은 액체로 채워진 체강 위에 작용한다.

절지동물은 외골격을 가지고 있으며, 근육은 단단한 신체의 외부 덮개 안쪽에 부착된다.

13.6.2 척추동물과 극피동물은 내골격을 가지고 있으며, 근육은 체내에서 뼈나 골격에 부착된다. 인간의 골격은 중축골격과 사지골격을 구성하는 206개의 개별적인 뼈를 가지고 있다.

근육과 근육의 작용

13.7.1 골격근은 골격에 두 지점에서 부착한다. 정지된 뼈에 부착하는 말단은 근원이라고 한다. 근육은 관절을 통과하여 부착점이라는 장소에서 다른 뼈에 부착한다. 근육이 수축하면, 부착점은 근원에 가까이 당겨져 관절이 굽혀진다. 근육은 관절을 굽히거나 펴기 위하여 반대적인 짝으로 작용한다.

13.7.2 근원섬유는 액틴과 미오신 다발로 구성되어 있다. 근육이 수출할 때 미오신은 액틴에 부착한다(그림 13.16).

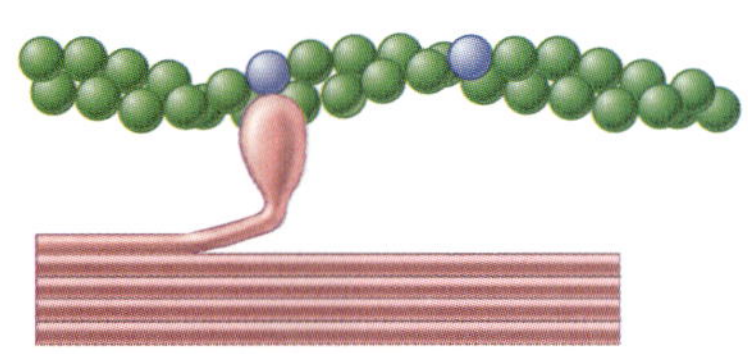

굽혀지는 미오신 필라멘트는 길이를 따라 액틴을 잡아당겨서, 근필라멘트가 서로 미끄러지게 한다. 액틴 근필라멘트는 Z선이라고 하는 구조의 각 끝에 고정되어 있다. 액틴이 미오신을 따라 활주하면서, 고정점은 서로 가까이 당겨져서, 근육이 단축되게 된다. ATP의 에너지가 근필라멘트가 분리되고 재설정되게 하여, 다시 활주운동을 유발한다.

이해의 측정

13.1.1 척추동물 신체의 다음 어느 것이 심장과 허파를 포함하는가?
a. 체강(coelom) **c.** 흉강(thoracic cavity)
b. 내장(gut) **d.** 복강(abdominal cavity)

13.1.2 다음 중 어느 것이 동물에서 작은 것에서 큰 것의 순서로 조직의 순서를 올바르게 배열하였는가?
a. 세포, 조직, 기관, 기관계, 생물
b. 생물, 기관계, 기관, 조직, 세포
c. 조직, 기관, 세포, 기관계, 생물
d. 기관, 조직, 세포, 생물, 기관계

13.2.1 다음 중 상피조직의 기능이 아닌 것은?
a. 물질의 분비
b. 감각 표면의 제공
c. 신체의 운동
d. 손상과 탈수로부터 아래 조직을 보호

13.3.1 연결조직의 예는?
a. 손가락의 신경세포 **c.** 뇌세포
b. 피부 세포 **d.** 적혈구

13.3.2 골다공증의 사람은 _______의 일이 ____의 일보다 더디다.
a. 파골세포; 조골세포 **c.** 조골세포; 파골세포
b. 파골세포; 콜라겐 **d.** 조골세포; 콜라겐

13.4.1 걸을 때 다리를 움직이는데 이용되는 근육의 유형은?
a. 골격근 **c.** 평활근
b. 심근 **d.** 위의 모두 다

13.5.1 신경 자극은 무엇에 의하여 하나의 신경세포에서 다른 세포로 전달되는가?
a. 호르몬(hormone) **c.** 페로몬(pheromone)
b. 신경전달물질(nuerotransmitter) **d.** 칼슘이온

13.6.2 척주(vertebral column)는 어느 것의 일부인가?
a. 사지골격 **c.** 수력골격
b. 중축골격 **d.** 외골격

13.7.1 두 방향으로 팔다리를 움직이는 것은 왜 근육 짝을 필요로 하는가?
a. 하나의 근육은 당기기만 하고 밀지는 못하기 때문에.
b. 하나의 근육은 밀기만 하고 당기지는 못하기 때문에.
c. 팔다리를 움직이기 위해서는 근육하나보다 더 많은 힘을 필요로 하기 때문에.
d. 위의 아무 것도 맞는 답이 없다.

13.7.2 ATP는 근육 수축에 왜 필요한가요?
a. 액틴을 미오신 섬유를 따라 당기기 위하여.
b. 미오신을 액틴 섬유를 따라 당기기 위하여.
c. 액틴에 다시 부착할 수 있도록 미오신 머리를 재설정하기 위하여.
d. 위의 모든 것이 다 맞다. ATP는 근육 수축의 여러 다른 단계에서 요구된다.

이해의 적용

13.3.2 정상적인 뼈의 면적은 칼슘을 포함한 개방된 격자골격으로 이루어져 있다. 왜 뼈가 고체로 이루어진 것이 더 사리에 맞지 않을까요?

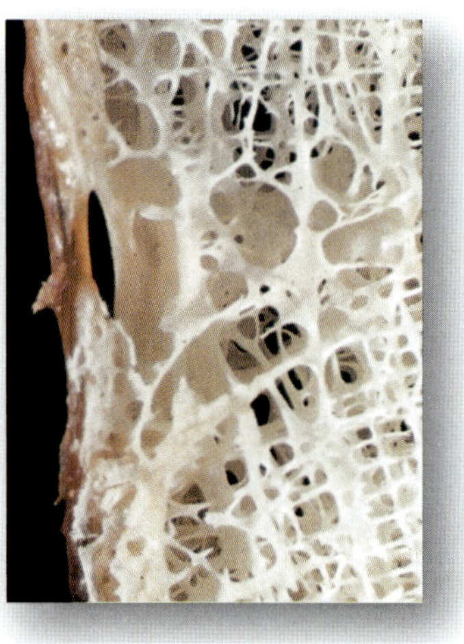

13.6.2 여러분 머리와 몸체의 뼈는 두개골, 흉곽, 그리고 하지대(요대)의 3개의 새장 같은 구조를 형성한다.

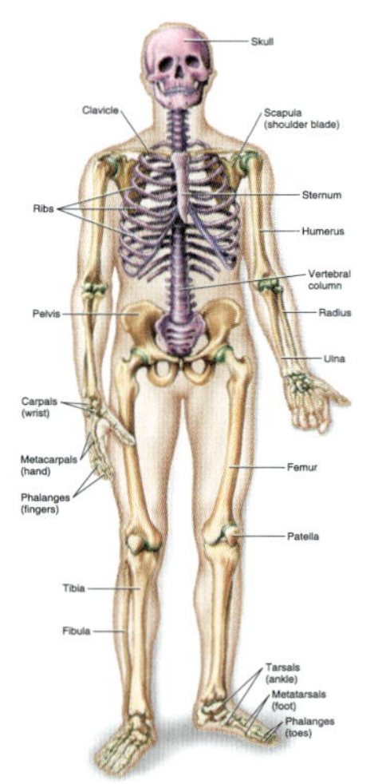

학습 내용의 종합

13.1.1 여러분이 어떤 종류의 척추동물 생명체를 설계한다고 상상하시오. 네 종류의 조직이 왜 설계에 필요한지 간단히 설명하시오.

13.7.2 여러분이 테니스를 하거나, 빠른 음악에 맞추어 춤을 추거나, 에어로빅을 하는 것처럼 빠르게 운동할 때, 여러분의 숨이 빨라지고 심박동이 증가한다. 계속하면 숨이 가빠지고 상기될 것이다. 여러분의 몸은 왜 이러한 방식으로 반응할까요?

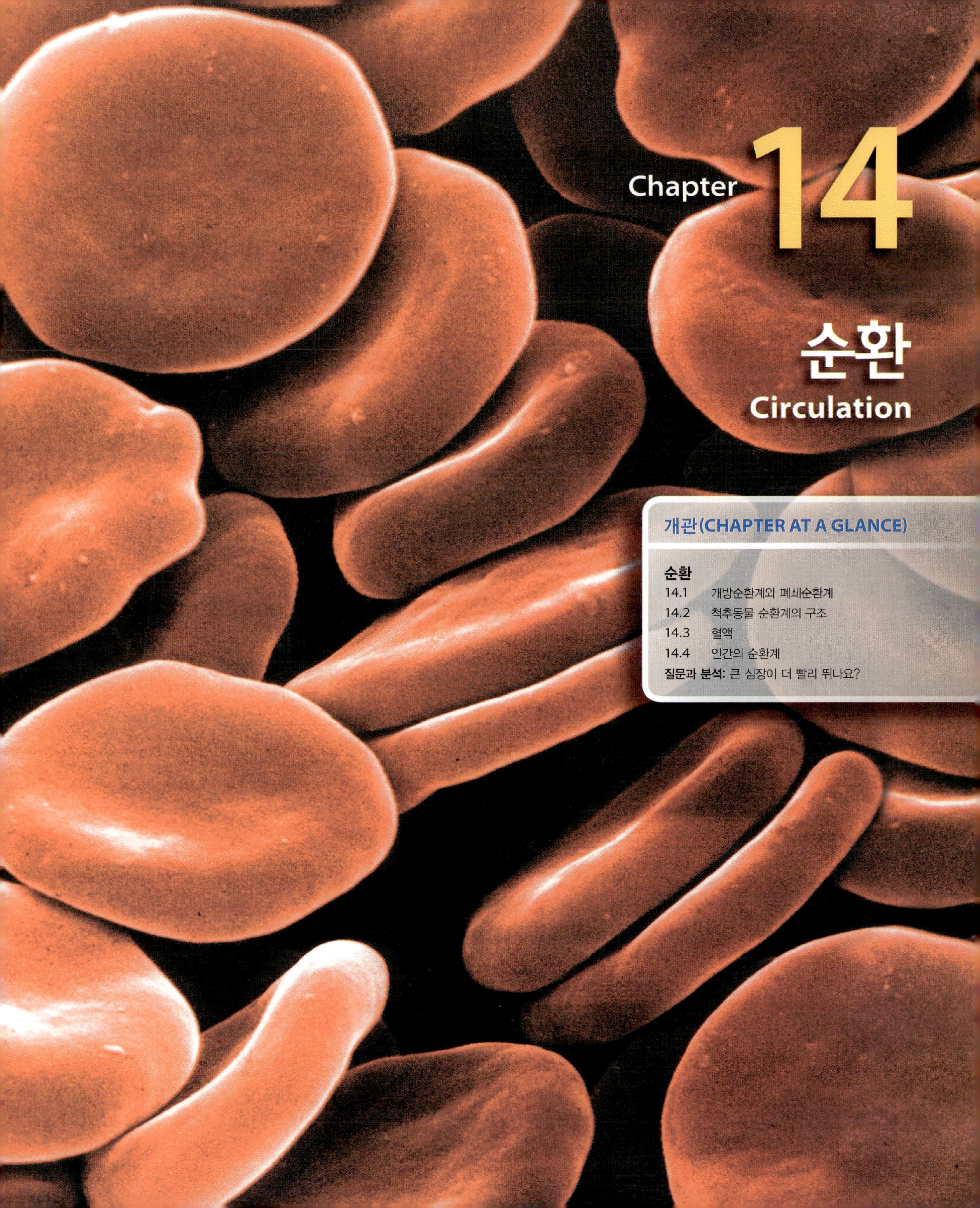

Chapter 14

순환

Circulation

개관(CHAPTER AT A GLANCE)

순환 Circulation

14.1 개방순환계와 폐쇄순환계

학습 목표 14.1.1 개방순환계와 폐쇄순환계를 대비한다.

단세포 원생생물에서 산소와 영양분은 액체상 외부환경으로부터 단순확산에 의하여 직접 획득된다. 자포동물(cnidarian)과 편형동물은 외부환경이나 소화와 순환기능을 하는 **위수강**(gastrovascular cavity)라 불리는 체강에 직접 노출된 세포를 가지고 있다. 자포동물인 히드라(Hydra)의 위수강은 촉수 내부 까지도 연장되어 있으며, *플라나리아*(*Planaria*; 편형동물의 일종)의 위수강은 산소와 소화에 의해 획득된 영양분을 모든 세포에 공급할 수 있는 방대한 가지를 가지고 있다(그림 14.1*a*). 대형동물은 그러나 여러 층 두께의 조직을 가지고 있으며, 대부분의 세포는 환경과 직접 물질을 교환하기에는 체표면이나 소화강으로부터 너무 멀리 떨어져 있다. 대신에, 산소와 영양분은 환경과 소화강으로부터 세포로 **순환계**(circulatory system) 내의 내부액체에 의하여 운반된다.

자포동물의 위수관에서 물이 산소를 체강을 들여오며, 산소는 확산에 의하여 체강에 늘어선 세포 안으로 전달된다. 음식은 체강으로 들어와서 효소에 의하여 분해된다. 소화의 산물 또한 세포에 의하여 흡수된다.

순환계에는 **개방순환계**(open circulatory system)와 폐쇄순환계의 2가지 주된 유형이 있다. 개방순환계는, 절지동물과 많은 연체동물에서 나타나는데, 순환되는 액체(**혈림프**; hemolymph)와 신체 조직의 세포외액 사이에 구분이 없다. 그림 14.1*b*의 파리와 같은 곤충은 신체의 강에 비우는(아래 방향의 화살표) 개방된 통로를 가지는 망을 통하여 혈림프를 펌프하는 심장기능을 하는 근육관을 가지고 있다. 그곳에서 혈림프는 신체의 세포에 영양분을 배달한다. 혈림프는 심장의 작은 구멍을 통하여 순환계로 재진입한다(위 방향 화살표). 심장이 펌프될 때 구멍은 닫혀서 체강으로 혈림프가 다시 흘러나가는 것을 방지한다.

폐쇄순환계(closed circulatory system)에서 순환하는 액체 또는 혈액(blood)은 항상 심장으로부터 혈액을 운반하고 다시 되돌리는 혈관 내에 봉해져 있다. 환형동물과 모든 척추동물은 폐쇄순환계를 가지고 있다. 그림 14.1*c*의 지렁이와 같은 환형동물에서 등쪽 혈관과 5개의 측면 심장은 펌프기능을 하기 위하여 율동적으로 수축한다.

척추동물에서 혈관은 혈액이 심장으로부터 신체의 모든 세포로 그리고 다시 심장으로 흐를 수 있도록 하는 관모양의 그물구조를 형성한다. *동맥*(artery)은 심장으로부터 혈액을 운반하며, *정맥*(vein)은 심장으로 혈액을 되돌린다. 혈액은 *모세혈관*(capillary)에서 동맥계에서 정맥계로 전달되며, 혈압에 의해서 일부 액체가 모세혈관 벽 밖으로 빠져나온다. 이렇게 유도된 액체를 **간질액**(interstitial fluid)이라고 한다. 간질액의 일부는 직접 모세혈관으로 들어가고, 일부는 혈관 주위의 연결조직에 위치한 림프관으로 들어간다. 이 액체는 이제 *림프*(lymph)라고 하며, 특정한 부위에서 정맥혈로 돌아간다.

개념의 적용

여러분이 폐쇄순환계 대신에 개방혈관계를 가지고 있다면, 여러분의 신체는 다르게 작동할까요? 토의하시오.

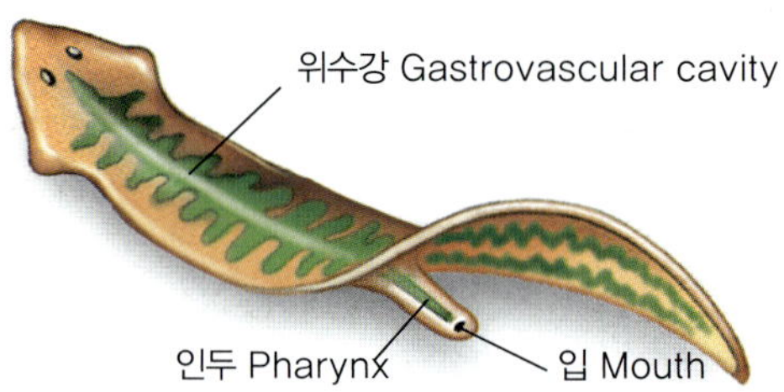

(a) *Planaria*: 위수강

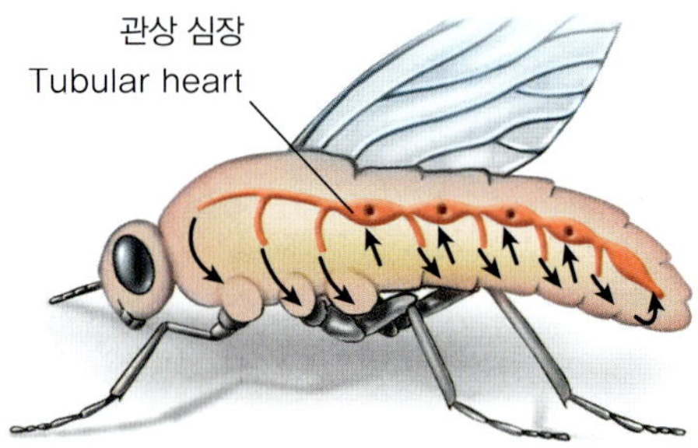

(b) 곤충: 개방순환계

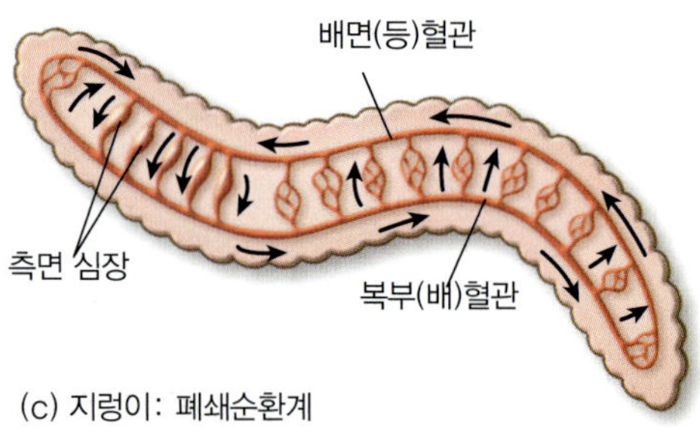

(c) 지렁이: 폐쇄순환계

그림 14.1 동물계에서 발견되는 3가지 유형의 순환계.

(a) Planaria의 위수강은 소화계와 순환계의 두 가지 역할을 하며, 소화강으로부터 확산에 의하여 조직세포에 직접 영양분과 산소를 운반한다. (b) 곤충의 개방순환계에서 혈림프는 관상심장으로부터 펌프되어 곤충 신체의 체강으로 들어간다. 혈림프는 심장으로 되돌아가서 재순환된다. (c) 지렁이의 폐쇄순환계에서 심장으로부터 펌프된 혈액은 다시 심장으로 되돌아가는 혈관 내에 머무른다. 모든 척추동물도 폐쇄순환계를 가지고 있다.

척추동물 순환계의 기능

학습 목표 14.1.2 **척추동물 순환계의 3가지 주된 기능에 대해 토의한다.**

순환계의 기능은 운반, 조절, 그리고 보호의 3가지 영역으로 나눌 수 있다.

1. ***운반(Transportation).*** 세포 기능에 필수적인 물질들이 순환계에 의하여 운반되며, 다음과 같이 분류할 수 있다.

   호흡(Respiratory). 적혈구(erythrocyte)는 산소를 조직세포로 운반한다. 허파나 지느러미의 모세혈관에서 산소는 적혈구 내에 있는 헤모글로빈 분자에 부착하며 산소호흡을 위하여 세포로 운반된다. 세포호흡에 의하여 생성된 이산화탄소는 허파나 지느러미에서 혈액에 의하여 운반되어 제거된다.

   > 세포는 ATP를 생산하기 위하여 산소를 필요로 한다. 산소는 전자전달계에서 최종 전자수용체이다(7장 4절). 이산화탄소는 세포호흡의 노폐물이며, 크렙스 회로에서 피루브산을 산화할 때 생성된다.

   영양(Nutritive). 소화계는 영양분이 장벽을 통하여 흡수되어 순환계의 혈관으로 들어갈 수 있도록 음식물을 분해하는 책임이 있다. 혈액은 흡수된 소화산물을 신체의 세포로 운반한다.

   배설(Excretory). 대사 노폐물, 과잉의 수분과 이온, 그리고 혈장(plasma; 혈액의 액체부분)이 다른 분자들은 신장의 모세혈관에서 여과되어 오줌으로 배설된다.

   내분비(Endocrine). 혈액은 내분비샘으로부터 분비되는 호르몬을 내분비샘이 조절하는 멀리 떨어진 표적기관으로 운반한다.

2. ***조절(Regulation).*** 심혈관계는 체온을 조절한다.

   온도조절(Temperature regulation). 온혈동물 또는 항온동물(homeotherm)에서는 주변 온도에 상관없이 일정한 체온이 유지된다. 주변 온도가 차가우면 표면의 혈관은 수축되어 따뜻한 혈액을 심층 혈관으로 전환시켜 열손실을 감소시킨다. 주변 온도가 따뜻하면, 표면 혈관이 팽창하여 혈액의 온기가 복사에 의하여 손실될 수 있다. 일부 척추동물은 추운 환경에서 역류형 열 교환(countercurrent heat exchange)을 이용하여 열을 보유할 수 있다. 그림 14.2는 범고래의 지느러미 모양의 발에서 역류형 열 교환이 어떻게 작동하는지를 보여준다. 이 과정에서 밖으로 나가는 따뜻한 피는 체표면에서 돌아오는 차가운 피를 가열하여, 안정된 핵심 체온을 유지하도록 도와준다.

3. ***보호(Protection).*** 순환계는 부상이나 체내로 도입된 외부 미생물이나 독성에 대하여 보호한다.

   혈액의 응고(Blood clotting). 응고기작은 혈관이 손상되었을 때 혈액이 손실되는 것을 보호한다. 이 응고기작은 혈장과 혈소판이라고 하는 혈액 세포구조물 둘 모두에서 오는 단백질들이 연관되어 있다.

   면역방어(Immune defense). 혈액에는 단백질과 백혈구(leukocyte)가 포함되어 있으며, 이들은 많은 질병을 유발하는 매개체에 대항하여 면역을 제공한다. 일부 백혈구는 식세포작용을 하며, 일부는 항체를 생산하고, 일부는 신체를 보호하기 위하여 다른 작용을 한다.

개념의 적용

만약 심장이 정지한다면, 혈액도 순환을 정지하게 되는데, 위의 기능 중 어느 것이 작동을 정지할까요?

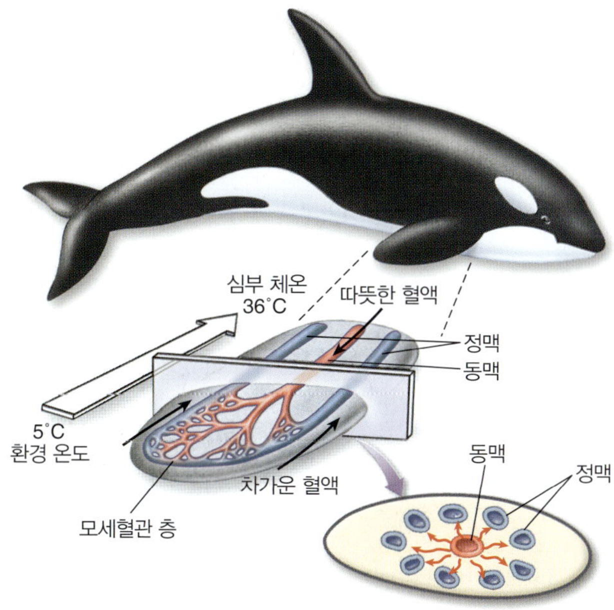

그림 14.2 **역류형 열 교환.**

그림의 범고래와 같은 많은 해양포유류는 동맥과 정맥사이에 열교환을 할 수있도록 해주는 역류형 흐름으로 찬물에서 열손실을 제한한다. 신체 내에서 펌프되는 동맥의 따뜻한 혈액은 피부로부터 돌아오는 정맥의 차가운 혈액을 데워서, 찬물 내에서 핵심체온이 일정하게 유지될 수 있도록 한다. 그림의 단면도는 정맥이 어떻게 동맥을 에워싸서, 동맥과 정맥사이의 열 교환을 어떻게 최대화시키는지 보여준다.

뉴스에서

진화: 왜 혈액을 가지고 걱정하는가? 여기에 나열된 많은 이점에도 불구하고 단순한 신체를 가진 대부분의 동물은 순환계가 없이도 잘 살아간다. 편형동물(Platyhelminthes 문)의 체강은 내면이나 순환하는 내부액체가 없다. 음료수 빨대 모양으로 신체 구조가 생겼다고 생각하면 된다. 내부 체강과 외부 사이의 조직 벽은 단지 몇 세포 두께밖에 되지 않기 때문에, 산소는 내강이나 주변의 물로부터 신체의 세포로 직접 확산되어 들어갈 수 있으며, 이산화탄소도 쉽게 확산되어 나갈 수 있다. 영양분은 근육성 인두에 의하여 위수관 체강으로 빨려 들어가서, 단순 확산에 의하여 신체 전체의 세포로 직접 전달된다. 모든 세포가 음식, 물, 그리고 산소를 직접 획득할 수 있기 때문에, 동물은 수송계를 필요로 하지 않게 된다. 물론 이렇게 함으로써 몇 가지의 좋은 점을 포기한다. 순환되는 액체가 없으면 체온을 조절할 방법이 없기 때문에, 동물은 바로 주변의 온도에 항상 적응해야한다. 또한 사람처럼 방어세포의 순환하는 군대가 없기 때문에 자체방어도 할 수 없고, 순환하는 호르몬에 의하여 발달을 통제할 수 없다. 인간과 같은 순환계는 확산에 의하여 부여되는 제한점을 극복하기 위하여 진화되었다.

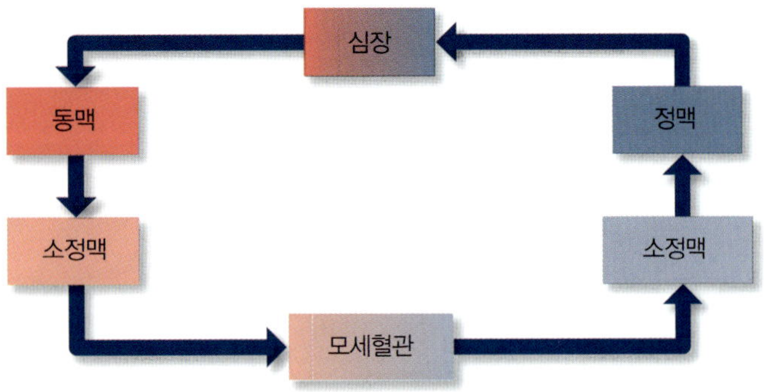

그림 14.3 순환계를 통한 혈액의 흐름

14.2 척추동물 순환계의 구조

학습 목표 14.2.1 척추동물 순환계의 요소를 서술한다.

척추동물의 순환계는 **심혈관계**(cardiovascular system)라고도 하며 (1) 혈액을 신체를 통하여 밀어내는 근육 펌프인 *심장*(heart); (2) 혈액이 이를 통하여 이동하는 관의 망상구조인 *혈관*(blood vessel), 그리고 (3) 이러한 혈관 내를 흐르는 *혈액*(blood)의 3가지 요소로 이루어져 있다.

혈액은 심장으로부터 동맥과 세동맥, 모세혈관, 그리고 세정맥과 정맥을 통하여 다시 심장으로 돌아오는 혈관계를 통하여 순환형식으로 신체를 이동한다(그림 14.3). 정맥이나 동맥과 같은 혈관의 명명은 심장에 대한 혈액 흐름의 방향에 의하여 결정되며(정맥은 심장으로 혈액을 운반하고, 동맥은 심장으로부터 멀리 혈액을 운반한다), 혈관이 산소를 가지고 있거나 산소가 결핍된 혈액을 운반하느냐에 의하여 결정되지 않는다.

혈액은 동맥으로 알려진 혈관을 통하여 심장을 떠난다. **동맥**(artery)으로부터 혈액은 작은 동맥인 **소동맥**(arteriole)으로 전달된다(그림 24.4a의 ❶). 이로부터 궁극적으로 매우 가는 관의 미세한 격자구조인 **모세혈관**(capillary; 라틴어로 capillus는 털이라는 뜻임) 그물로 강제로 통과한다. 모세혈관을 통과하면서 혈액은 기체와 대사물(포도당, 비타민, 호르몬)을 신체의 세포와 교환한다. 모세혈관을 통과한 다음에 혈액은 작은 정맥인 **소정맥**(venule)❸으로 전달된다. 소정맥의 망상구조는 순환하는 혈액을 수집하여 심장으로 다시 운반하는 큰 **정맥**(vein)으로 비워진다.

모세혈관을 통한 흐름은 *전모세혈관 괄약근*(precapillary sphincter)라고 하는 작은 고리모양의 근육의 이완이나 수축에 의하여 통제될 수 있다. 전모세혈관 괄약근이 닫히면 혈액은 모세혈관 그물로부터 우회된다(그림 14.4b).

모세혈관은 신체의 다른 혈관에 비하여 훨씬 직경이 작다. 혈액은 포유동물 심장을 큰 동맥인 대동맥(aorta)를 통하여 떠나며, 대동맥은 2 cm 정도의 직경을 가지고 있다. 혈액이 모세혈관에 도달하면, 평균직경이 단지 8 μm 밖에 되지 않으며, 이는 무려 1,250배나 직경이 감소한 것이다!

이러한 혈관 크기의 감소는 매우 중요한 결과를 가진다. 각각의 모세혈관은 매우 좁지만, 매우 많이 있어서 다른 유형의 혈관에 비하여 가장 큰 총 단면적을 가진다. 그 결과, 혈액은 주변의 세포외액과 물질을 교환하는데 많은 시간을 가질 수 있다. 혈액이 모세혈관의 끝에 도달할 무렵에는, 산소와 영양분을 배출하고 이산화탄소와 다른 노폐물을 흡수하였다. 혈액은 모세혈관을 통과하면서 압력과 속도를 대부분 잃고, 정맥으로 들어갈 때는 압력이 매우 낮아지게 된다.

개념의 적용

소정맥은 정맥과 어떻게 다른가? 어느 것이 먼저 혈액을 받게 되나요?

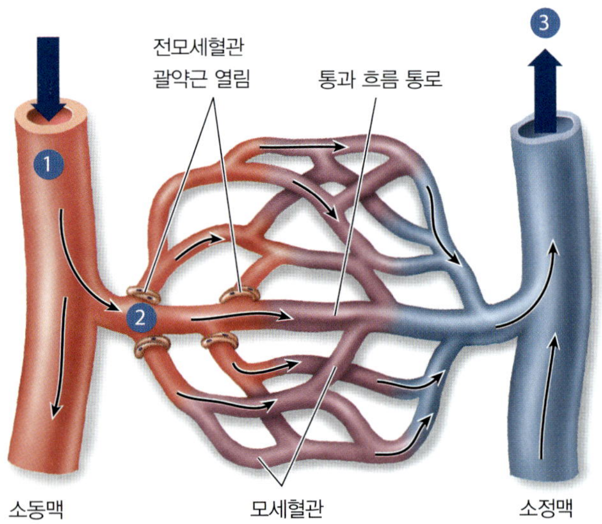

(a) 혈액이 모세혈관 망상조직을 통하여 흐른다.

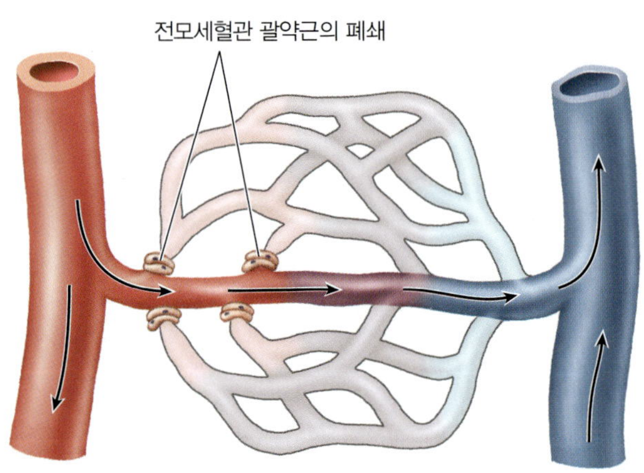

(b) 모새혈관 그물망의 혈액 흐름이 제한된다.

그림 14.4 모세혈관의 망상구조는 동맥을 정맥에 연결한다.

통과통로는 소동맥을 직접 소정맥으로 연결한다. 통과통로로부터 모세혈관이 분지된다. 신체조직과 적혈구사이의 대부분의 교환은 이 모세혈관 망상조직에서 일어난다. 모세혈관으로의 혈액의 흐름은 전모세혈관 괄약근의 띠에 의하여 통제된다. (a) 괄약근이 열리면 혈액은 모세혈관을 따라 흐른다. (b) 괄약근이 수축되면 모세혈관은 닫힌다.

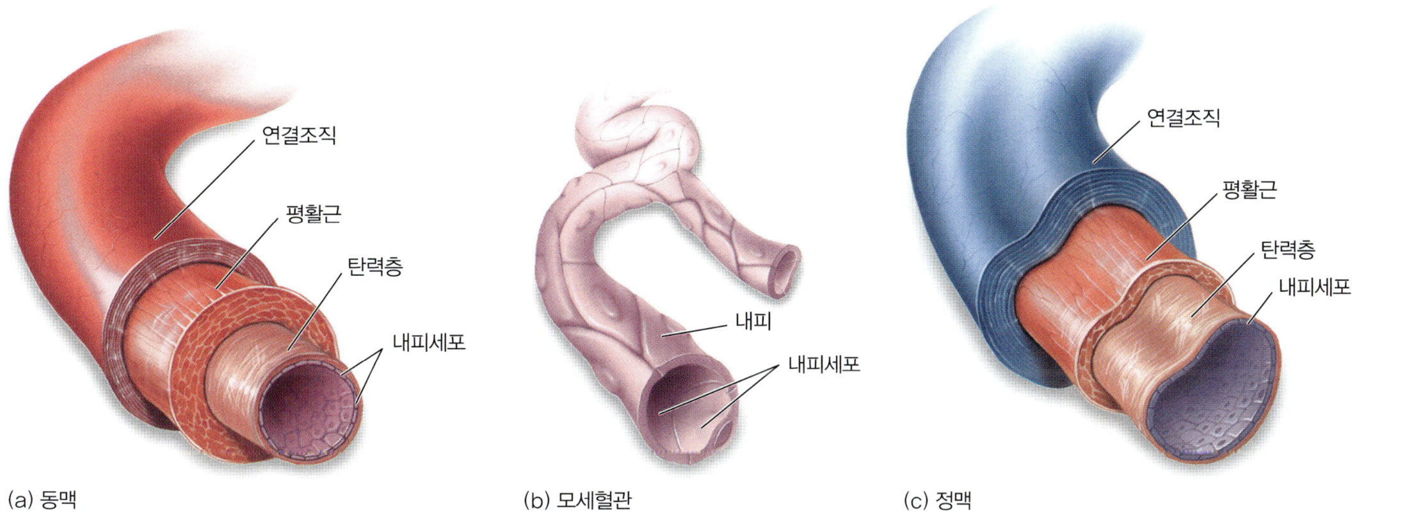

그림 14.5 혈관의 구조.

(A) 동맥은 심장으로부터 혈액을 멀리 운반하며, 신축성이 있고 여러 층의 조직으로 구성되어 있다. (b) 모세혈관은 얇은 벽이 혈액과 신체 세포사이의 물질교환을 용이하게 해주는 단순한 관이다. (c) 정맥은 혈액을 심장으로 다시 운반하며, 동맥처럼 튼튼할 필요가 없다. 정맥의 벽은 동맥에 비하여 얇은 근육층을 가지며, 비어있으면 찌부러진다. 주의, 이 그림은 축적에 맞게 그리지 않았다. 동맥은 직경이 2cm까지 될 수 있으며, 모세혈관은 직경이 8㎛에 불과하고, 정맥은 직경이 3cm에 이를 수 있다.

동맥: 심장으로부터의 고속도로

학습 목표 14.2.2 동맥은 왜 확장되어야 하며 어떻게 확장하는지 설명한다.

동맥계는 동맥과 소동맥으로 이루어져 있으며 심장으로부터 혈액을 멀리 운반한다. 동맥은 단순한 관 이상이다. 혈액은 심장으로부터 부드러운 흐름이 아니라 파동의 형태로 오며, 심장이 수축할 때마다 내용물을 분출하기 때문에 큰 산탄의 형태로 혈액을 동맥으로 밀어낸다. 동맥은 매번 심장이 수축할 때의 압력을 견딜 수 있도록 팽창할 수 있어야 한다. 따라서 동맥은 확장될 수 있는 관이며, 벽은 내피세포, 탄력층, 평활근의 두꺼운 층, 그리고 보호하는 연결조직의 4개의 층으로 이루어져 있다(그림 14.5*a*). 동맥은 심장이 수축할 때 부피를 상당히 확장할 수 있어, 관모양의 풍선이 공기를 불어 넣으면 팽창하는 것처럼 동맥에 새로운 혈액을 펌프할 수 있다. 평활근 층의 안정된 수축은 혈관벽이 과팽창하는 것을 방지한다.

소동맥은 동맥과 2가지 점에서 차이가 난다. 소동맥은 직경이 가늘고, 소동맥을 둘러싸는 근육층은 호르몬의 영향으로 이완되어 직경을 크게 할 수 있다. 직경이 증가하면 혈류량도 증가하여 신체의 활동이 활발한 시기에 이점이 된다(그림 14.6). 대부분의 소동맥은 신경섬유와도 접촉한다. 이러한 신경에 의하여 자극을 받으면, 소동맥에 나열된 근육이 수축하여 혈관의 직경을 압축시킨다. 이러한 수축은 온도가 낮거나 스트레스를 받을 때 혈액의 흐름을 극도로 제한한다. 여러분이 겁먹거나 추울 때는 피부의 소동맥이 압축되기 때문에 창백하게 변한다. 바로 반대되는 이유로 얼굴이 붉혀진다. 과열되거나 당혹했을 때, 소동맥을 둘러싸는 근육에 연결된 신경섬유가 저해되어, 평활근이 이완되어 피부의 소동맥이 확장되어, 열을 표면으로 운반하여 탈출할 수 있도록 한다.

개념의 적용

소동맥은 동맥과 어떻게 차이가 나나요? 어떤 것이 혈액을 먼저 받게 되나요?

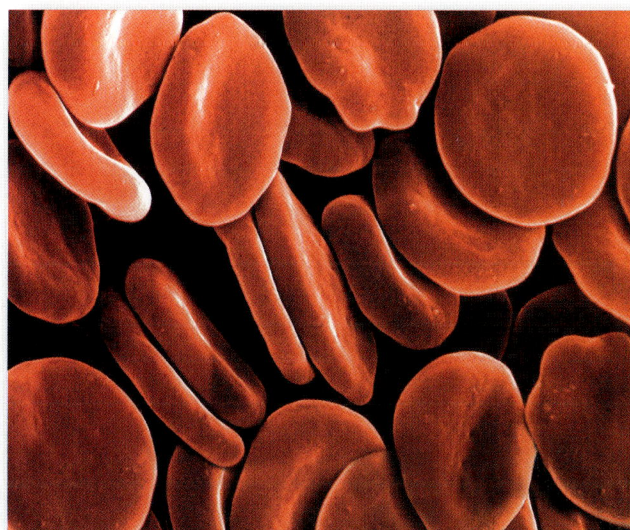

그림 14.6 혈액은 생명의 강이라고 불리어져왔다.

모든 척추동물 신체의 조직 중에서 혈액이 유일한 액체조직이며, 기체, 영양분, 호르몬, 항체, 그리고 노폐물을 몸 전체로 운반하는 액체 고속도로이다. 혈액을 액체로 만드는 물질은 혈액의 55%를 차지하는 혈장(plasma)이라고 하는 단백질이 풍부한 액체이다. 나머지 45%는 대부분 적혈구와 백혈구로 이루어져 있다. 위 그림의 적혈구는 척추동물 순환계에서 산소운반자이다. 혈액 1㎕에 5백만 개 정도의 적혈구가 있다. 적혈구는 둥그런 방석처럼 생겼으며, 가운데가 찌그러져 있으며, 철을 포함하는 분자인 혈액에 붉은색을 띠게 하는 헤모글로빈(hemoglobin)이라고 하는 단백질로 가득 차있다. 산소는 헤모글로빈의 철에 쉽게 결합하며, 적혈구를 효율적인 산소운반자가 되게 한다. 하나의 적혈구는 2억5천만 개의 헤모글로빈 분자를 포함하고 있으며, 각각의 적혈구 세포는 한번에 1조개 분자의 산소를 운반할 수 있다. 적혈구의 평균 수명은 120일에 불과하며, 죽거나 낡은 적혈구를 대체하기 위하여 골수에서 매초 2백만 개의 적혈구가 생성된다.

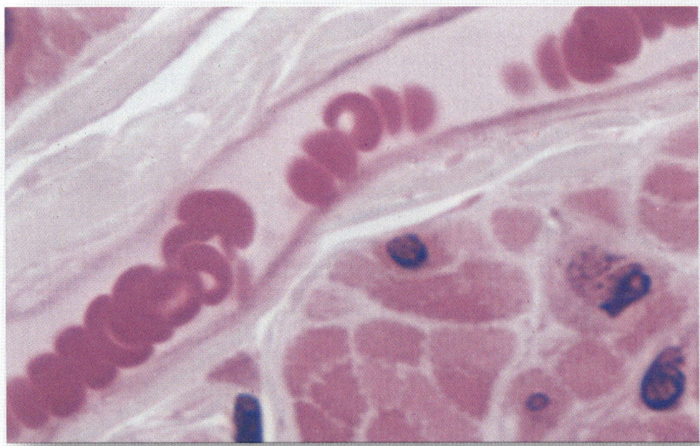

그림 14.7 모세혈관 내의 적혈구

이 모세혈관의 적혈구는 일렬로 통과한다. 적혈구는 자신의 직경보다 좁은 모세혈관도 심장의 펌프압에 밀려서 통과할 수 있다.

여러분에게 의미하는 것

여러분 신체의 혈액 부피는 전형적인 성인이라면 약 5 리터이다. 0.5 리터의 혈액을 수혈한다면 전체 혈액의 몇%를 주는 것인가요?

모세혈관: 교환이 일어나는 장소

학습 목표 14.2.3 모세혈관의 작은 직경이 왜 기능에 결정적인지 설명한다.

모세혈관은 산소와 음식 분자가 혈액으로부터 신체의 세포로 전달되고 대사 노폐물과 이산화탄소가 수집되는 곳이다. 이러한 교환 작용을 용이하게 하기 위하여, 모세혈관은 기체와 대사물질이 쉽게 통과할 수 있도록 가늘고 얇은 벽을 가지고 있다. 모세혈관은 심혈관계에서 가장 단순한 구조를 가진 요소이다. 모세혈관은 음료수 빨대처럼 생겼으며, 세포 하나의 두께의 벽을 가진 단순한 관이다(그림 14.5*b*). 평균적인 모세혈관은 길이가 약 1 mm이며 소동맥을 소정맥과 연결한다. 모든 모세혈관은 내경이 약 8㎛로서 적혈구의 직경(5~7 μm)보다 조금 크다. 이 설계는 모세혈관의 기능에 결정적이다. 적혈구가 통과하면서 혈관의 벽에 부딪혀(그림 14.7), 모세혈관 벽과 가깝게 접촉하게 되어 교환이 용이하게 된다.

척추동물 신체의 거의 대부분의 세포는 모세혈관으로부터 100 μm 이상 떨어져 있지 않다. 어느 순간에도 순환하는 혈액의 5% 정도가 모세혈관에 있으며, 이 망상구조는 전체 길이가 수천 km에 해당한다. 여러분 몸의 모든 모세혈관을 한 줄로 연결하면 미국을 횡단할 수 있다! 각각의 모세혈관은 작은 직경으로 인하여 흐름에 높은 저항을 가진다. 그러나 방대한 모세혈관 그물망의 전체 단면적은 동맥보다 크다. 그 결과 혈압은 동맥보다 모세혈관에서 훨씬 낮다. 이 사실은 중요한데, 그 이유는 모세혈관의 벽이 강하지 않기 때문에 동맥이 통상적으로 견디는 압력에 노출되면 모세혈관은 파열될 것이다.

개념의 적용

모세혈관이 그렇게 좁은데, 혈압은 왜 훨씬 덜 좁은 동맥에서보다 모세혈관에서 더 낮게 나타나나요?

정맥: 심장으로 혈액을 되돌림

학습 목표 14.2.4 정맥의 직경이 동맥의 직경에 비하여 왜 훨씬 더 큰지 설명한다.

정맥은 혈액을 심장으로 되돌려주는 혈관이다. 정맥은 동맥처럼 박동치는 압력에 순응할 필요가 없는데, 그 이유는 심장박동 힘의 대부분이 모세혈관 그물망의 높은 저항에 의하여 약화되기 때문이다. 이러한 이유로 정맥의 벽은 훨씬 얇은 층의 근육과 탄력섬유를 가지고 있다(그림 14.5*c*). 비어있는 동맥은 관처럼 열려있지만, 정맥이 비게 되면 빈 풍선처럼 벽이 붕괴하게 된다.

정맥 내부를 흐르는 혈액의 압력이 낮기 때문에, 혈액이 심장으로 되돌아가는데 충분한 압력이 부족하지 않도록 하기 위하여 더 이상 흐름에 저항을 회피하는 것이 중요하게 된다. 넓은 관은 좁은 관에 비하여 훨씬 작은 저항을 나타내기 때문에, 정맥의 내부 통로는 종종 매우 크다. 인체의 가장 큰 정맥인 대정맥(venae cavae)의 직경은 무려 3 cm에 달하며 이는 여러분의 엄지손가락보다 넓다! 정맥은 혈액이 거꾸로 흐르지 않도록 방지하여 혈액이 심장으로 되돌아가도록 보장해주는 단일 방향성의 판막(그림 14.8)을 가지고 있다.

개념의 적용

왜 빈 동맥은 붕괴되지 않지만 빈 정맥을 붕괴되나요?

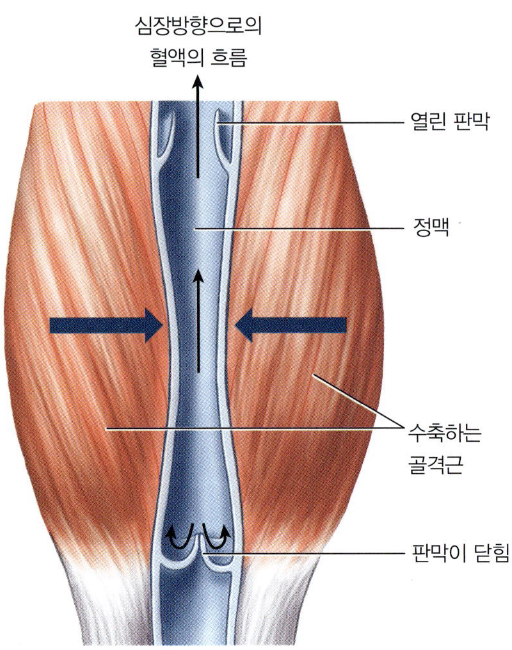

그림 14.8 정맥을 통한 혈액의 흐름.

정맥판막은 혈액이 심장으로 돌아가는 한 방향으로만 정맥을 통하여 이동하도록 보장한다. 이 혈액의 이동은 정맥을 둘러싸고 있는 골격근의 수축에 의하여 도움을 받는다.

14.3 혈액

혈액은 신체의 연결조직이며, 13장 3절에서 설명된 것처럼, 연결조직은 기질 내부의 세포로 구성되어 있다. 혈액조직의 세포는 적혈구와 백혈구이며, 기질은 액체 혈장이다.

신체 질량의 약 5% 정도가 여러분 신체의 동맥, 정맥, 그리고 모세혈관을 통하여 순환되는 혈액으로 이루어져 있다. 이 혈액은 **혈장**(plasms)이라고 하는 액체와 그 안에서 순환하는 물질과 세포로 구성되어 있다.

혈장: 혈액의 액체

학습 목표 14.3.1 혈장에 용해된 물질들을 서술한다.

혈장은 3가지 다른 종류의 물질이 용해되어 있는 물의 복잡한 용액이다.

1. **대사물과 노폐물(Metabolites and wastes).** 순환계가 척추동물의 고속도로라면, 혈액은 고속도로 상에서 통행하는 교통량을 포함한다. 혈장 내에 용해되어 있는 것은 신체의 세포 사이를 순환하는 포도당, 비타민, 호르몬, 그리고 노폐물이다.

2. **염과 이온(Salts and ions).** 혈장은 묽은 소금 용액이다. 주된 플라스마 이온은 나트륨, 염소, 그리고 중탄산염이다. 추가하여 칼슘과 마그네슘 같은 다른 염과, 구리, 칼륨, 아연과 같은 금속 이온도 혈장에 존재한다. 혈장의 조성은 해수와 상이하지 않다.

3. **단백질(Proteins).** 혈장은 90%가 물이다. 신체의 모든 세포를 지나가면서 혈액은 통과하는 세포와 같은 농도의 단백질을 포함하고 있지 않으면 삼투에 의하여 금방 대부분의 물을 잃게 될 것이다. 혈장의 단백질 중 일부는 면역계에서 활동하는 항체이다. 세포의 단백질 함량에 균형을 맞추어주는 단백질의 절반 이상은 혈청 알부민이라고 하는 하나의 단백질로 이루어져 있으며, 알부민은 삼투 반대 힘으로서 혈액에서 순환한다. 인간의 혈액은 리터당 46g의 혈청 알부민을 포함하고 있으며, 전체 몸에는 220g 이상이 된다. 기아와 단백질 결핍은 혈액에서 단백질 수준의 감소를 초래한다. 이러한 혈장단백질의 부족은 신체의 세포가 혈액에 비하여 높은 수준의 단백질을 가지고 있기 때문에, 알부민이 결핍된 혈액에서 물을 흡수하여, 신체가 부어오르게 된다. 콰시오커(kwashiorkor; 단백열량 부족증)와 같은 단백질 결핍증의 증상은, 다른 요인이 일으킬 수도 있지만, 조직이 부어오르는 부종(edema)이다.

   간은 알부민을 포함한 대부분의 혈장 단백질을 생산한다. 지질과 스테로이드 호르몬을 운반자로 작용하는 알파글로불린과 베타글로불린, 혈액 응고에 요구되는 *피브리노겐*(fibinogen)이다. 시험관 내의 혈액이 응고될 때 피브리노겐은 덩어리의 일부가 되는 *피브린*(fibrin)의 불용성 실로 변환된다. 그림 14.9에서 혈액응고가 형성되는 것을 볼 수 있다. 판 형태의 세포인 적혈구는 피브린의 실에 갇히게 된다. 남겨진 액체는 피브리노겐이 없어서 응고될 수 없는데, 이를 혈청이라고 한다.

개념의 적용

약 220g 정도의 혈청 알부민 단백질이 어느 순간에도 여러분의 혈류를 순환한다. 알부민 단백질이 하는 역할을 무엇인가요?

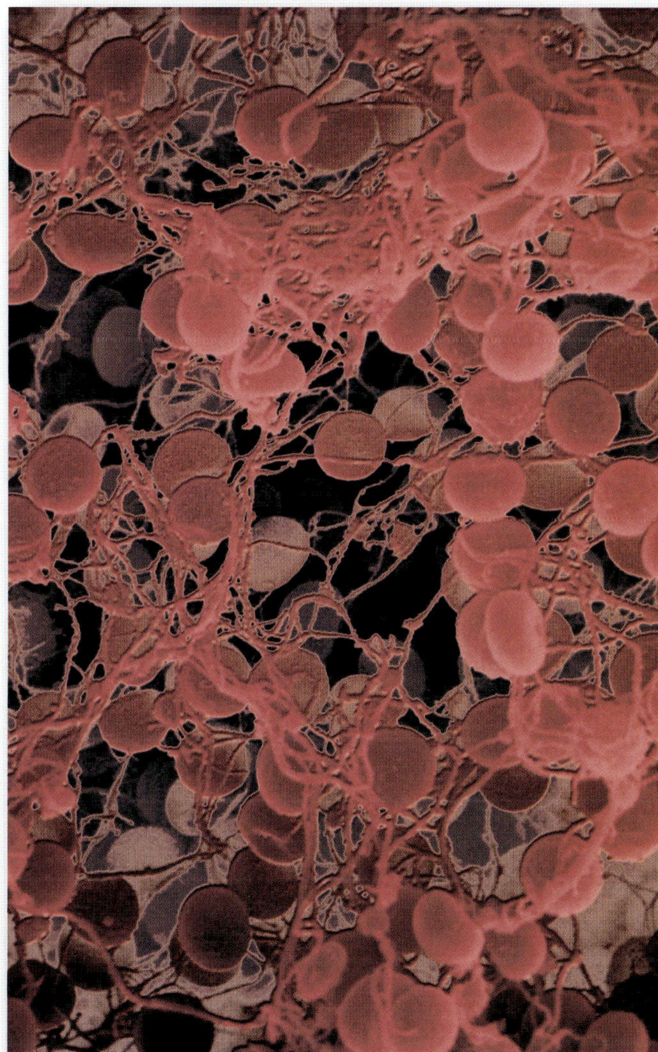

그림 14.9 피브린의 실

이 주서전자현미경 사진(x1,430)은 적혈구 사이의 피브린 실을 보여준다. 피브린은 용해성 단백질인 피브리노겐으로부터 형성되며, 혈관이 손상을 입으면 혈장에서 혈액 응고를 생성한다.

여러분에게 의미하는 것

2007년 록펠러 대학(Rockefeller University)의 연구자들은 알츠하이머병 환자의 뇌에서 피브린 수준이 상승하는 것을 보고하였다. 여러분은 이러한 종류의 상승이 여러분의 뇌에 어떠한 영향을 미치리라고 생각하나요? 여러분은 이 변화를 감지할 수 있다고 생각하나요?

혈액세포	혈액 내에서 수명	기능
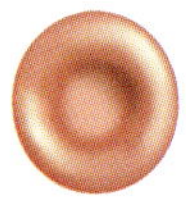 적혈구 Erythrocyte	120 일	O2와 CO2 운반
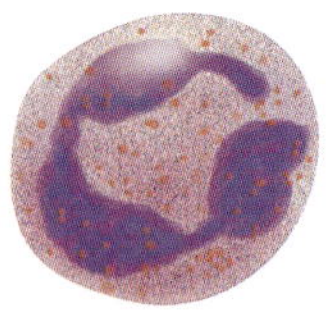 호중구 Neutrophil	7 시간	면역 방어
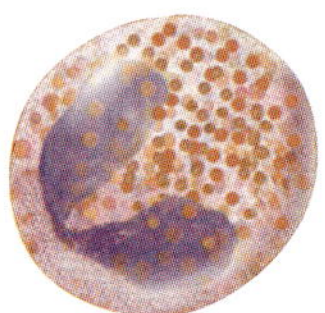 호산성구 Eosinophil	미상	기생충에 대한 방어
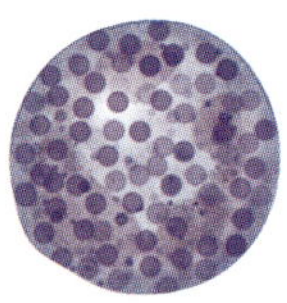 호염기구 Basophil	미상	염증반응
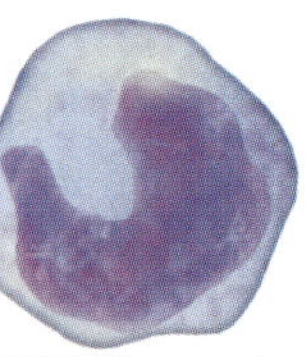 단핵구 Monocyte	3 일	면역 감시 (조직 거식세포의 전구체)
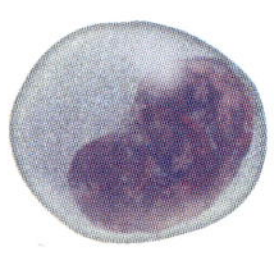 B 림프구 B lymphocyte	미상	항체 생산 (형질세포의 전구체)
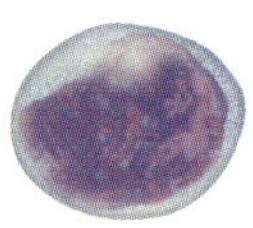 T 림프구 T lymphocyte	미상	세포면역 반응
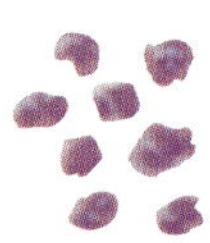 혈소판 Platelets	7- 8 일	혈액 응고

그림 24.10 혈액 세포의 유형

적혈구, 백혈구(호중구, 호산성구 호염기구, 단핵구, 그리고 림프구)와 혈소판은 척추동물 혈액의 주된 세포 구성요소이다.

혈액 세포: 신체를 순환하는 세포

학습 목표 14.3.2 혈액의 3가지 주된 세포성분을 열거하고 그들의 기능을 설명한다.

혈액은 액체이지만, 체적의 절반 가까이는 세포에 의하여 실제로 점유되어 있다. 혈액의 3가지 주요한 세포성분은 적혈구(erythrocyte), 백혈구(leukocyte), 그리고 혈소판이라고 하는 세포의 파편이다. 적혈구에 의하여 점유되는 혈액 전체 부피에서 적혈구가 차지하는 비율을 혈액의 헤마토크릿(hematocrit)이라고 한다. 인간의 헤마토크릿은 보통 약 45%이다.

적혈구는 헤모글로빈을 운반한다. 혈액 1 μℓ에는 약 5백만 개의 적혈구가 포함되어 있다. 각각의 인간 적혈구(그림 14.10의 맨위)는 도넛의 구멍이 완전히 뚫리지 않은 것처럼 생긴, 양쪽의 중앙이 들어간 편평한 판이다. 적혈구는 신체의 세포에 산소를 운반한다. 적혈구의 거의 전체 내부는 헤모글로빈으로 꽉차있으며, 헤모글로빈은 허파에서 산소와 결합하여 신체의 세포로 산소를 운반한다.

> 헤모글로빈은 4개의 소단위로 이루어진 커다란 분자이다. 15.4절에 논의되듯이 각각의 소단위는 산소를 결합하는 중심 헴기를 포함한다. 따라서 각각의 헤모글로빈 분자는 4분자의 산소를 운반할 수 있다.

성숙한 포유류의 적혈구는 트럭이라기보다는 유개화차처럼 기능한다. 엔진이 없는 차량처럼, 적혈구는 단백질을 만들기 위한 핵이나 다른 기구를 가지고 있지 않다. 핵이 없기 때문에 적혈구는 자신을 수선할 수 없으며 따라서 비교적 짧은 생명을 가지고 있다. 인간의 적혈구는 4개월 정도밖에 생존할 수 없다. 새로운 적혈구는 뼈의 연한 내부 골수세포에서 합성되어 혈액으로 방출된다.

백혈구는 신체를 방어한다. 포유류 혈액의 1% 미만이 **백혈구**(leukocyte)이다. 그림 14.10에서 볼 수 있듯이 많은 다른 종류의 백혈구가 존재한다. 백혈구는 크거나 또는 이상한 형태의 핵을 가진 어느 정도 투명한 세포이다. 대부분 적혈구보다 크다. 백혈구는 헤모글로빈을 포함하지 않고 있으며 본질적으로 색깔이 없다. 각각의 유형의 백혈구는 다른 기능을 가진다. *호중구*(Neutrophil)가 백혈구 중에서 가장 많으며, 다음으로 림프구(lymphocyte), *단핵구*(monocyte), 호산성구(eosinophil), 그리고 호염기구(basophil) 순이다. 호중구는 가미가제처럼 공격하며, 자신을 포함한 주변에 있는 모든 세포를 사멸시키는 화학물질을 방출하여 외부 세포에 대하여 반응한다. 단핵구는 거식세포를 형성하여, 외부 세포를 공격하고 섭취하여 살해한다. 림프구(lymphocyte)는 항체를 형성하는 *B 세포*와 감염된 세포를 살해하는 *T 세포*를 포함한다.

혈소판은 혈액이 응고되도록 돕는다. 골수 내에 있는 거대핵세포(megakaryocyte)는 정기적으로 세포질의 일부를 잘라낸다. 이러한 세포 파편은 **혈소판**(platelet)이라고 하며(그림 14.10의 맨 아래), 핵을 가지고 있지 않다. 혈류에 들어가면 혈액 응고에 핵심적인 역할을 한다. 핏덩이 내에서 피브린 단백질 섬유의 끈적끈적한 망은(그림 14.9) 혈소판을 서로 부착시켜 혈관이 파열된 곳을 막는 덩어리를 형성한다. 핏덩어리는 튜브가 없는 타이어의 내부 라이닝이 구멍을 밀폐하듯이, 단단하고 강한 밀폐를 제공한다. 핏덩어리를 형성하는 피브린은 순환하는 혈소판이 상처부위를 처음 접할 때 시작되는 일련의 반응을 통하여 형성된다. 손상된 혈관에서 방출되는 화학물질에 반응하여, 혈소판은 응고과정을 시작하는 단백질 인자를 혈액으로 방출한다.

개념의 적용

적혈구(erythrocyte)와 백혈구(leukocyte)의 차이점은 무엇인가?

14.4 인간의 순환계

학습 목표 14.4.1 인간의 심장을 통한 혈액의 경로와 어떻게 감시되는지를 서술한다.

인간과 다른 포유류는 하나의 단위 내에 함께 작용하는 실질적으로 2개의 독립적인 펌프 시스템인 4개의 방을 가진 심장을 가지고 있다. 하나의 시스템은 허파로 혈액을 펌프하고, 다른 하나는 신체의 나머지 부분으로 혈액을 펌프한다. 왼쪽은 연결된 2개의 방을 가지고 있으며, 오른쪽도 마찬가지이지만, 왼쪽과 오른쪽은 서로 연결되어 있지 않다.

심장을 통한 순환

그림 14.11a의 허파로부터 심장으로 들어가는 산소가 풍부한 혈액의 유입부터 시작하여 인간 심장을 통한 혈액의 여행을 따라가 보자. 허파로부터 산소가 공급된 혈액(분홍색 화살)은 심장의 왼쪽 편으로 들어가며, **폐정맥**(pulmonary vein)이라고 하는 커다란 혈관을 통하여 **좌심방**(left atrium)에 직접 비운다. 심방으로부터 혈액은 열린 구멍을 통하여 인접한 방인 **좌심실**(left ventricle)로 흘러내려간다. 이 흐름의 대부분인 대략 70%는 심장이 이완되었을 때 일어난다. 심장이 수축하기 시작하면, 심방이 먼저 수축하며, 나머지 30%의 혈액을 심실로 밀어낸다.

약간의 지연 뒤에 심실이 수축한다. 심실의 벽은 심방의 벽에 비하여 훨씬 더 근육이 많으며(단면도를 참고), 이 수축이 더 강하다. 이 수축은 한 번의 강한 맥동으로 심실에서 대부분의 혈액을 밀어낸다. 이 혈액은 심실이 수축할 때 2개의 판이 밀려 닫히는 **이첨판(승모판**; bicuspid valve, mitral valve) 또는 좌측 방실판이라고 하는 커다란 일방통행의 판막에 의하여 심방으로 되돌아가는 것이 방지된다.

그림 14.11 인간의 심장과 순환

(a) 포유류와 조류에서 심장은 심실을 왼쪽과 오른쪽 심실로 나누는 격막을 가지고 있다. 허파로부터의 산소가 포함된 혈액은 폐정맥을 통하여 좌심방으로 들어간다. 이 혈액은 좌심실로 들어가서, 대동맥을 통과하여 신체 전체를 순환하여 조직에 산소를 운반한다. 기체교환이 조직에서 일어나면, 정맥은 혈액을 심장으로 되돌린다. 상대정맥과 하대정맥을 통하여 우심방으로 들어온 다음에, 산소가 결핍된 혈액은 우심실로 전달되어 폐동맥에 의하여 폐동맥 판막을 통해 허파로 들어간다. (b) 인간 순환계의 일부 주된 동맥과 정맥을 보여준다.

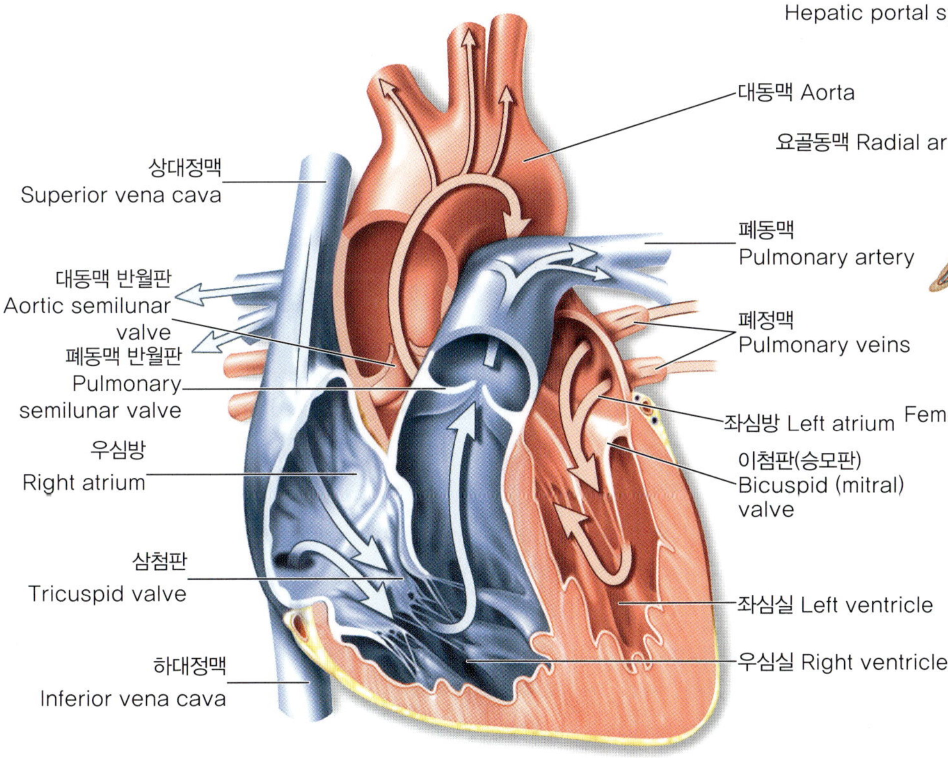

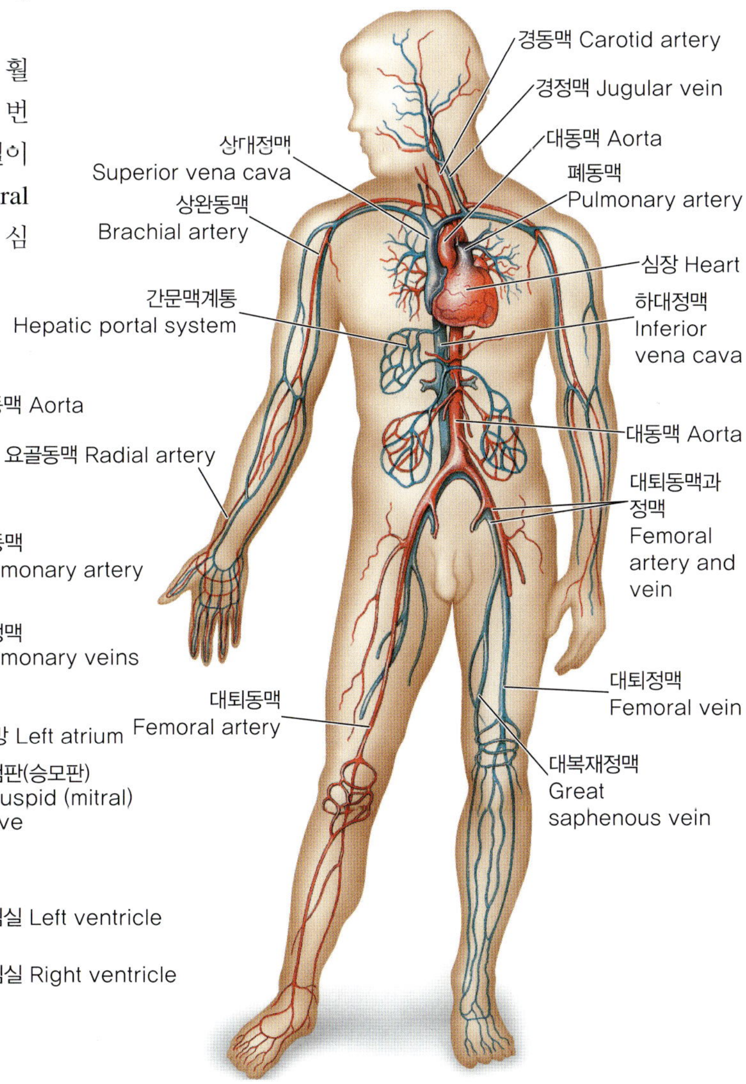

뉴스에서

심장마비를 예측하고 예방하기. 2008년 11월 연구자들은 놀라운 결과를 보고하였다. 18,000명에 가까운 심장이 건강한 성인이 관련된 거대하고 매우 고비용의 세계적인 임상연구에서, 연구자들은 심근경색의 위험은 콜레스테롤을 저하시키는 스타틴(statin) 약을 복용한 환자에서 위약을 복용한 사람에 비하여 절반으로 감소되었다는 것을 발견하였다. 이 연구에 참여한 사람들은 심장질환의 병력이 없으며 정상적인 콜레스테롤 수준을 가지고 있었다. 그러면 왜 스타틴이 효과가 있었을까요? 심장 조직이 손상을 받게 되면, 일반적으로 심근마비 수년 전에 일어나지만, 여러분의 신체는 손상을 수선하기 위하여 C-반응성 단백질(CRP)라고 하는 분자를 포함한 화학물질을 격렬하게 방출한다. 간단한 혈액검사는 CRP 수준을 측정할 수 있다. 이를 이용하여 의사들은 CRP 수준이 높은 사람은 심근경색을 겪을 확률이 두세 배 높은 것을 발견하였다. 증가된 CRP는 실제적으로 심혈관계 질환을 예측하는데 있어서 높은 콜레스테롤에 비하여 더 나은 지표이다. 이제 여러분은 최근의 보고서가 그러한 흥분을 일으켰는지 알 수 있다. 고 콜레스테롤을 치료하기 위하여 사용되는 약인 스타틴은 염증 또한 감소시키며, CRP 수준을 낮추어주고 심근경색의 위험을 크게 감소시킨다. 심장 염증을 감소시키기 위하여 스타틴을 복용해야할 사람을 확인하는 CRP 검사는 이제 더 흔하게 될 것이며, 심장질환에 대한 전쟁에서 하나의 무기가 더 생겼다.

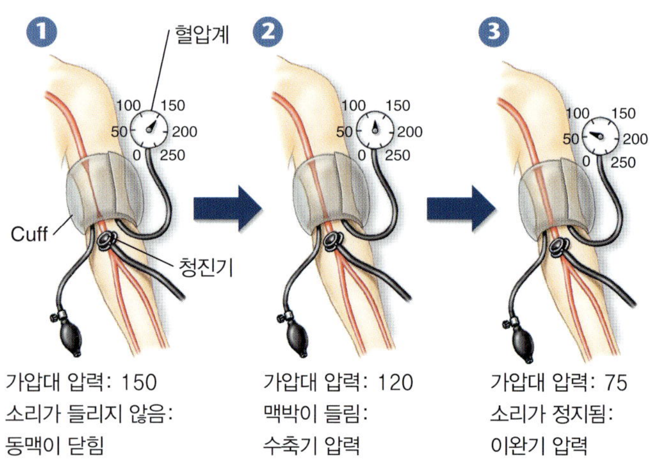

그림 14.12 혈압을 측정하기

혈압 가압대는 상완동맥을 통한 혈류를 정지시키기 위하여 꽉 조여진다❶. 가압대가 느슨해지면 맥박이 청진지를 통하여 들릴 때 수축기 압력이 기록된다❷. 소리가 더 이상 들리지 않을 때 이완기 압력을 기록한다❸.

심방으로 다시 들어가는 것이 방지된 수축하는 좌심실의 혈액은 유일한 다른 출구를 찾는다(큰 파란색 혈관으로 일부 가려진). 혈액은 **대동맥**(aorta)이라고 하는 큰 혈관으로 이어진 두 번째 열린 곳을 통하여 이동한다. 대동맥은 일방통행의 판막인 **대동맥 반월판**(aortic semilunar valve)에 의하여 좌심실로부터 분리되어 있다. 대동맥 판막은 심실로부터 혈액의 흐름이 나가는 것을 허용하도록 향하고 있다. 이러한 외부방향의 흐름이 일어나면, 대동맥 판막은 닫히고, 혈액이 심장으로 다시 들어가는 것을 방지한다. 대동맥과 많은 분관은 신체의 모든 부분으로 산소가 풍부한 혈액을 운반한다.

궁극적으로 이 혈액은 화물인 산소를 신체의 세포에 운반한 다음에 심장으로 되돌아온다. 돌아오면서 혈액은 점점 더 커지는 일련의 정맥을 통과하여, 우심방으로 들어가는 2개의 큰 정맥에서 끝난다.

심장의 오른쪽도 왼쪽과 유사한 조직을 가진다. 혈액(파란색의 화살)은 **우심방**(right atrium)으로부터 **삼첨판**(tricuspid valve) 또는 우측 방실판의 일방통행 판막을 통하여 **우심실**(right ventricle)로 들어간다. 혈액은 수축하는 우심실로부터 두 번째 판막인 폐동맥 **반월판**(pulmnary seminular valve)을 통하여, 산소가 결핍된 혈액을 허파로 운반하는 **폐동맥**(pulmonary artiery)으로 들어간다. 혈액은 이제 허파로부터 새로운 산소를 싣고 심장의 왼쪽으로 되돌아와서, 신체의 나머지 부분으로 펌프된다. 그림 14.11b는 인체의 주된 정맥과 동맥을 보여준다. 정맥은 심장으로 혈액을 운반하고 동맥은 심장으로부터 멀리 혈액을 운반한다.

심장의 성능을 감시하기

심장박동을 감시하는 가장 간단한 방법은 청진기를 이용하여 심장이 작동하는 것을 듣는 것이다. 처음 들리는 것은 저음의 *lub*인데, 이는 심실이 수축하기 시작할 때 이첨판과 삼첨판이 닫히는 소리이다. 잠시 후에 고음의 *dub*을 들을 수 있는데, 이는 심실 수축의 마지막에 폐동맥판막과 대동맥판막이 닫히는 소리이다. 판막이 완전히 닫히지 않거나 불완전하게 열릴 경우, 심장 내에서 교란이 생성된다. 이 교란은 *심장잡음*(heart murmur)이라고 하는 액체가 튀어 오르는 것 같은 소리로 들린다.

심박동의 사건을 진찰하는 두 번째 방법은 혈압을 관찰하는 것이다. 이는 혈압계(sphygmomanometer)를 이용하여 관찰할 수 있다(그림 14.12). 윗 팔의 둘레를 감싸는 가압대를 팔의 아래 부분에 혈액의 흐름을 차단하기에 충분할 정도로 단단히 조인다❶. 가압대를 풀어주면, 혈액은 팔의 동맥을 통하여 고동치며, 청진기를 이용하여 탐지할 수 있다. 2가지의 측정치를 기록한다. 맥박이 들릴 때 수축기 압력❷을 기록하며, 가압대의 압력이 낮아서 소리가 들리지 않을 때 이완기 압력❸을 기록한다.

심장 박동의 처음 부분에 심방이 채워진다. 이 때 심장의 왼쪽편으로부터 신체의 조직으로 나가는 동맥의 압력은 약간 감소한다. 낮은 압력을 **이완기**(diastolic) 압력이라고 한다. 좌심실의 수축시에 혈액의 파동이 조직의 동맥 시스템으로 밀려들어가기 때문에, 이 혈관들의 혈압이 즉각 상승한다. 밀어내는 시기에 생성되는 높은 혈압은 **수축기**(systolic) 압력이라고 하며, 대동맥 판막이 닫히면 끝나게 된다. 정상적인 혈압 수치는 이완기에 70에서 90이며 수축기에는 110에서 130이다. 동맥 내벽에 지방이 축적되면, *동맥경화증*(atherosclerosis)이라는 상태이며, 통로의 직경이 좁아진다. 이러한 현상이 발생하면 수축기 혈압이 상승한다.

개념의 적용

폐정맥을 순환하는 혈액은 산소가 풍부한가요? 그 이유를 설명하시오.

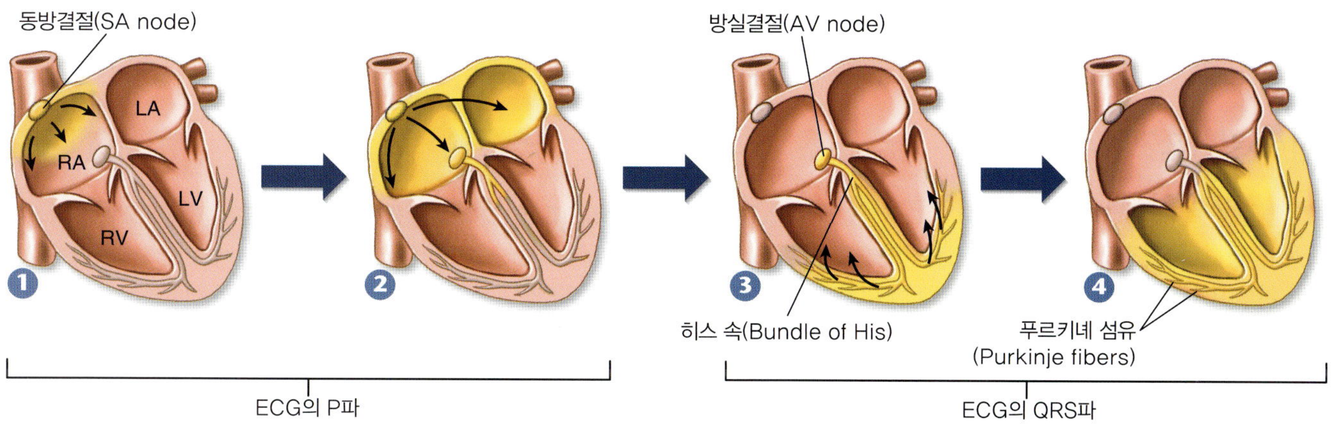

심장은 어떻게 수축하는가

학습 목표 14.4.2 심전도계(electrocardiogram; EKG)의 특징적인 피크를 서술하고 각각이 어떤 의미를 가지는지 설명한다.

심장의 수축은 면밀하게 조화된 일련의 근육 수축으로 이루어진다. 먼저 두 개의 심방이 동시에 수축한다. 그리고 짧은 시간 간격을 두고 두 개의 심실이 동시에 수축한다. 수축은 **동방결절**(sinoatrial node; SA node)에 의하여 개시된다(그림 14.13 ①). 동방결절의 막은 자발적으로 탈분극되어, 심장 박동의 리듬을 결정하는 규칙적인 리듬을 가진 전기 신호를 생성한다. 이러한 방식으로 SA 결절은 심장의 *맥박조정기*(pacemaker)로서 작용한다. 맥박조정기 내에서 개시된 각각의 전기 신호는 좌심방과 우심방을 거의 동시에 덮는 파동처럼 심근세포 사이에서 신속히 전달된다(그림 14.12의 ①과 ②의 노란색 표시).

그러나 전기 신호는 심실로는 즉각 전파되지 않는다. 심장의 아래 절반이 수축하기 전에 휴식이 있다. 이러한 지연의 이유는 심방들이 전기 신호를 전달하지 않는 연결조직으로 심실로부터 분리되어 있기 때문이다. 신호는 **방실결절**(atrioventricular node' AV node ③)라고 하는 심근의 가느다란 연결부를 제외하고는 심실로 전달되지 않는다. 방실결절은 간극을 가로질러 방실다발 또는 **히스다발**(히스 속; Bundle of His)로 알려진 전문화된 근육섬유와 연결된다. 다발의 가지는 신속히 전도하는 푸르키녜 섬유**(Purkinje fiber)**로 분할되며, 이는 심방이 수축한 뒤 약 0.1초 뒤에 우심실과 좌심실의 모든 세포가 거의 동시에 수축하도록 개시한다. 이 지연은 심실들이 수축을 시작하기 전에 심방들이 내용물을 대응하는 심실에 비우는 것을 끝마칠 수 있도록 한다. 심실의 수축은 푸르키녜 섬유의 탈분극이 전기신호를 시작하는 정점(apex; 심장의 밑바닥)에서 시작된다. 수축은 심방 쪽으로 위로 확산된다(③와 ④). 그 결과 심실이 쥐어짜져서 혈액을 위로 그리고 심장의 바깥쪽으로 밀어낸다.

신체는 매우 많은 수분을 포함하고 있기 때문에, 전기 신호를 비교적 잘 전달한다. 이러한 탈분극은 **심전도계**(electrocardiogram, ECG, **EKG**로 더 일반적으로 알려져 있음)를 이용하여 측정될 수 있는 전류를 발생한다. 전기 충격은 EKG 상에 그림 14.13처럼 편향되어 기록된다.

개념의 적용

만약 여러분의 히스 다발이 절단되면, 이는 EKG 상에 어떠한 효과를 나타낼까요?

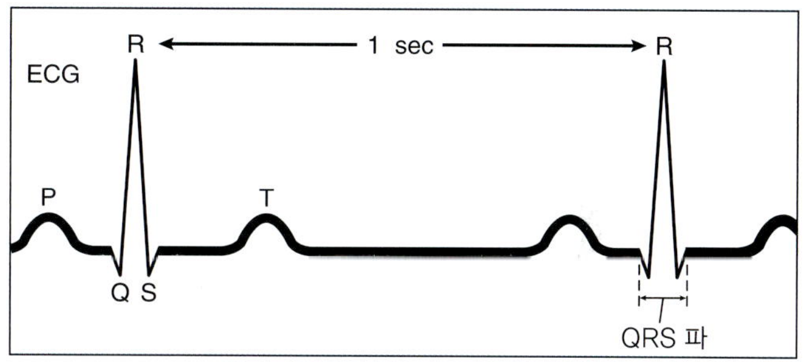

그림 14.13 포유동물 심장은 어떻게 수축하는가?

심장의 주기는 심장의 수축과 이완의 하나의 순서로 구성되어 있다. ① 포유동물 심장의 수축은 SA 결절에서 시작되는 전기신호(노란색으로 강조되었음)에 의하여 개시된다. ② 우심방과 좌심방에 전달되어 수축을 일으킨 다음에, ③ 신호는 AV 결절에 도착하여 히스 다발에 의하여 심실로 전달된다. ④ 신호는 이제 심실의 표면 위로 푸르키녜 섬유라고 부르는 가는 섬유의 집합에 의하여 빠르게 전도되어, 심실이 수축되도록 한다. 심장의 표면을 통과하는 전기 신호는 신체 전반에 파도처럼 전달되는 전류를 생성한다. 이 전기 파동의 크기는 매우 작지만, 표면에 장치한 감지기에 의하여 탐지될 수 있다. 위의 기록은 심전도(electrocardiogram; ECG 또는 EKG)라고 하며, 심장 주기 동안에 심장 세포가 전기적으로 어떻게 반응하는지를 나타낸다. ECG 상의 글자는 심장의 다른 부분의 전기적 자극에 상응한다. P파는 심방의 자극이며, QRS파는 심실의 자극이다. ECG의 T파는 심실의 이완에 상응한다. ECG는 심박동수가 분당 60회라고 나타낸다. 피크 사이의 시간은 심박동수에 따라 변화한다.

여러분에게 의미하는 것

심혈관계의 건강을 증진하기 위하여, 휴식기의 심박동수인 분당 60~70에서 운동기의 목표 심박동수인 분당 100~150회로 늘려서 20분 동안 유지할 필요가 있다. 이러한 운동을 하는 동안에 여러분의 ECG가 측정된다면 어떻게 변화하리라고 예상하나요?

큰 심장이 더 빨리 뛰나요?

작은 동물은 커다란 동물에 비하여 훨씬 빠른 속도로 생활한다. 더 빨리 번식하고, 짧은 삶은 산다. 일반적으로 작은 동물들은 더 빨리 움직이는 경향이 있으며, 따라서 단위 체중당 더 많은 산소를 소비한다. 흥미롭게도 크고 작은 포유동물은 신체의 크기에 비교하여 질량의 0.6% 정도의 거의 동일한 크기의 심장을 가진다. 모든 포유류 심장이 동일한 속도로 박동하는지 알아보는 것은 흥미로울 것이다. 7,000 kg에 달하는 아프리카 수코끼리의 심장은 20g인 생쥐의 심장보다 훨씬 많은 양의 혈액을 신체를 통하여 밀어내야한다. 그러나 코끼리는 혈류에 훨씬 적은 저항을 부과하는 훨씬 큰 직경의 동맥을 가지고 있기 때문에 가능하다. 근육에 더 많은 산소를 운반하기 위하여 코끼리의 심장이 더 빨리 뛰나요, 아니면 생쥐가 더 빨리 뛰나요? 어쩌면 좁은 혈관을 통하여 흘러서 저항이 크기 때문에 생쥐의 심장이 더 늦게 뛸지도 모른다.

오른쪽의 그래프는 상이한 신체 크기를 가진 많은 포유류의 박동수를 나타낸다. x축과 y축 모두 로그 눈금을 사용하는 것을 주목하시오. 비교를 위하여 휴식 중인 성인의 심박동수는 분당 약 70회이다. 가장 큰 포유류는 136 t의 신체 질량을 가진 대형 밴 크기의 청고래이고, 가장 작은 것은 백분의 수g의 신체 질량을 가진 바퀴벌레보다 작은 소뒤쥐이다.

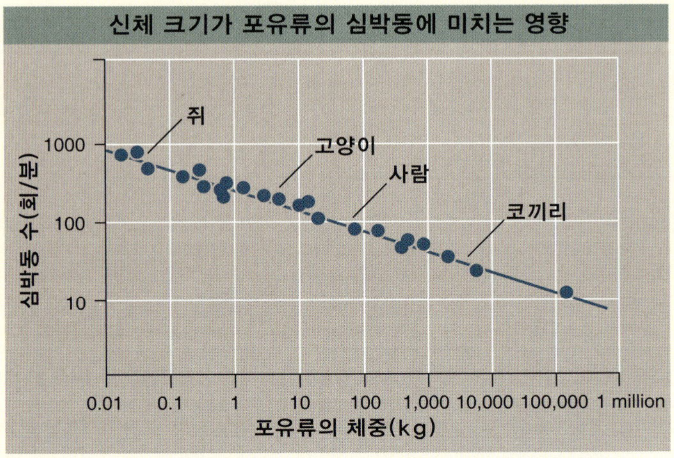

분석

1. **개념의 적용**: 모든 포유류는 자신의 신체크기에 상대적으로 동일한 크기의 심장을 가지고 있다. 박동도 동일한 속도로 뛸까요?
2. **자료의 해석**
   a. 7,000 kg인 아프리카 수코끼리의 휴식기 심박동수는 얼마인가요?
   b. 20 g인 생쥐의 휴식기 심박동수는 어떻게 되나요? 초당 몇 번이나 박동을 하나요?
   c. 포유류에서 심박동수에 대한 신체 크기의 영향에 대하여 어떠한 일반적인 진술을 할 수 있을까요?
3. **추론하기**
   a. 대수 좌표에 나타낸 그래프의 자료는 직선에 잘 맞아떨어진다. 1차원 좌표에 표시하면 그래프는 어떻게 보일 것으로 예상하나요?
   b. 그래프의 왼쪽에서 오른쪽으로 진행하면 선이 내려가며, 이를 음의 기울기라고 한다. 선의 음의 기울기는 어떠한 의미를 가지나요?
4. **결론의 도출**: 여러분이 신체 질량과 휴식기 산소소모를 측정한 실험자료를 도표로 나타낸다면, 이 그래프에서 보여주는 선과 정확히 동일한 경사를 얻을 것이다. 이는 포유류에서 왜 신체의 크기가 왜 심장박동에 영향을 미치는지에 대하여 무엇을 말해줄 수 있나요?

학습 결과의 요약

순환

개방순환계와 폐쇄순환계

14.1.1 동물세포는 환경에서 산소를 획득하고 영양분은 먹는 식품에서 취하지만, 모든 동물들이 동일한 방식으로 하지는 않는다. 자포동물과 편형동물은 기체교환과 소화산물을 순환하는 위수관의 체강을 가지고 있다.

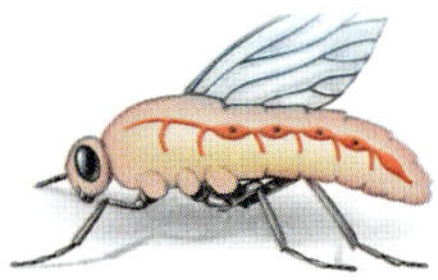

연체동물과 절지동물은 개방순환계를 가지고 있다. 혈림프는 **그림 14.1b**처럼 체강으로 개방된 혈관을 통하여 관상 심장에 의하여 펌프된다. 혈림프는 산소와 영양분을 세포로 운반하며 관상 심장에 있는 구멍을 통하여 순환계로 다시 진입한다.

환형동물과 모든 척추동물은 폐쇄순환계를 가지고 있다. 혈액은 온 몸에 퍼져있는 폐쇄된 혈관 내에 머무른다. 혈액은 심장의 펌핑에 의하여 신체를 통하여 추진된다.

척추동물에서, 동맥은 심장으로부터 멀리 혈액을 운반하며 정맥은 심장으로 혈액을 다시 가져온다. 모세혈관은 동맥과 정맥을 연결하는 작은 혈관이다. 혈액이 모세혈관을 통하여 이동할 때, 혈액은 기체를 교환하고 영양분을 세포에 전달한다.

액체도 모세혈관 벽을 가로질러 나오게 되며 간질액으로 조직에 축적된다. 간질액은 직접 혈액으로 되돌아가거나 림프관을 통하여 되돌아간다.

14.1.2 척추동물 순환계는 몇 가지 기능을 가지고 있다. 순환계는 호흡의 기체, 소화의 영양분, 배설의 대사 노폐물, 그리고 내분비 기능의 호르몬 등을 포함하는 물질을 신체 곳곳에 운반하는 기능을 한다. 순환계는 또한 체온을 조절하는 기능을 하는데, 표면으로 따뜻한 혈액을 운반하여 소산되게 하거나 또는 따뜻한 혈액으로 더 차가운 혈액을 가열한다. 순환계는 또한 혈액 응고와 면역을 통하여 신체를 보호하는 기능을 한다. 혈소판은 혈액 내에서 순환하며 따라서 상처를 입은 혈관을 밀봉하는 혈액 덩어리를 형성할 수 있으며, 혈액 내에서 순환하는 백혈구는 감염에 대하여 보호한다.

척추동물 순환계의 구조

14.2.1 척추동물에서 혈액은 동맥과 소동맥을 통하여 모세혈관으로 순환한다. 혈액은 모세혈관으로부터 소동맥과 큰 동맥을 통하여 심장으로 흘러 돌아온다.

모세혈관은 기체, 영양분, 그리고 노폐물의 교환 장소이다. 모세혈관 그물은 전모세관 괄약근의 수축에 의하여 닫혀서 그 지역의 혈액의 흐름을 제한한다.

14.2.2 혈관은 두꺼운 벽을 가진 동맥으로부터 단일 세포층의 모세혈관까지 크기와 구조에서 변화한다. 동맥은 심장의 강한 수축에 의하여 생성되는 힘을 흡수하는 부드러운 근육의 두꺼운 층을 가지고 있다. 탄력성 조직의 층이 혈류의 힘에 의하여 동맥이 팽창될 수 있도록 한다.

14.2.3 모세혈관 벽은 단지 단일세포 층의 두께이며 직경이 작아서. 주변 조직과 기체와 영양분의 교환을 도와준다.

14.2.4 정맥은 혈액을 심장으로 다시 운반한다. 혈액은 골격근의 수축과 혈액이 혈관 내에서 거꾸로 흐르는 것을 방지하는 일방통행의 판막의 도움으로 정맥을 통과하여 흐른다.

혈액

14.3.1 혈액은 순환계에서 신체를 통하여 흐르는 세포가 풍부한 액체이다. 혈액은 대사물, 노폐물, 염과 이온, 그리고 단백질을 포함하는 혈장(plasma)이라고 하는 액체로 구성되어 있다. 이러한 물질들은 혈액에서 삼투 균형을 유지하는 것을 도와준다.

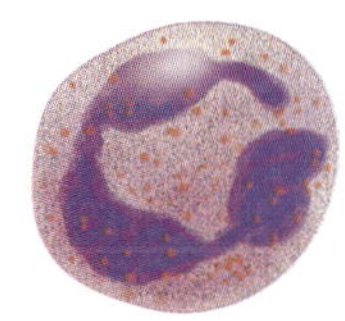

14.3.2 기체 교환에 연관된 적혈구와, 감염에 대항하여 신체를 보호하는 다양한 유형의 백혈구(leukocyte) 등 다양한 세포들 또한 혈장 내에서 순환한다. 혈액에는 호중구, 거식세포, B 림프구, T 림프구 등 많은 다양한 유형의 백혈구가 있다. 혈소판은 혈액 내에서 순환하고 혈액응고에 연관된 세포의 파편이다.

인간의 순환계

14.4.1 인간의 심장은 이행정 펌프로 기능하는 4개의 방을 가진다. 하나는 심장에서 허파로 혈액을 펌프하고, 다른 하나는 산소를 포함한 혈액을 심장에서 신체의 나머지 부분으로 펌프한다.

허파로부터 산소를 공급받은 혈액은 폐정맥을 통하여 왼쪽 심장으로 들어가서 좌심실에 비운다. 좌심실로부터 혈액은 좌심방으로 전달되어 신체로 펌프되 나간다. 신체의 조직에 산소를 배달한 다음에, 산소가 결핍된 혈액은 심장으로 흘러 돌아와서 우심방으로 들어간다. 우심방에서 혈액은 우심실로 전달되며, 심실이 수축할 때 혈액은 허파로 펌프된다.

심장의 활동을 관찰하는 비교적 쉬운 방법은 청진기를 이용하는 것이다. lub-dub처럼 들리는 소리는 심장 판막이 닫히는 것이다. 심장의 활동은 또한 혈압을 측정하여 관찰할 수 있다. 수축기와 이완기 압력을 측정하면 심장이 신체를 통하여 혈액을 펌프하는데 얼마나 힘들게 작동하는가를 나타낸다.

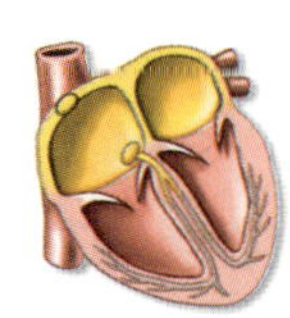

14.4.2 동방결절(SA node)라고 하는 맥박조정기가 심박동수를 통제한다. SA 결절에서 시작되는 전기 자극이 심방의 근육을 수축하게 한다. 전기 자극은 심방을 통하여 저달되어 방실결절(AV node)을 자극한다. 전기 자극은 AV 결절로부터 심장의 정점으로 내려가서 근육 수축의 또 다른 파동을 개시한다. 심장의 전기 자극은 심전도기(electrocardiogram; EKG)로 탐지되고 기록될 수 있다.

이해의 측정

14.1.1 곤충의 순환계에서 발견되는 것을 바르게 서술한 것은?

a. 산소와 영양분을 포함한 액체가 위수관 체강으로 들어가서 모든 신체 세포가 액체에 노출된다.

b. 혈액이 혈관계에서 신체 전체로 펌프되며, 혈액은 혈관을 절대 떠나지 않는다.

c. 일련의 관상 심장이 혈림프를 체강으로 펌프한다.

d. 혈액이 신체의 조직으로 펌프되고 림프 모세혈관을 통하여 순환계로 되돌아온다.

14.1.2 다음 중 어느 것이 척추동물 순환계의 기능이 아닌가?

a. 체온의 조절

b. 상처와 질병을 유발하는 미생물로부터 보호

c. 신체 내에서 물질의 운반

d. 위의 모든 것이 순환계의 기능이다.

14.1.2 일부 척추동물은 추운 환경에서 어떻게 체온을 유지하나요?

a. 심장에서 차가운 혈액을 따뜻한 혈액과 혼합하여

b. 더 많은 따뜻한 혈액을 말단으로 펌프하여

c. 혈액을 데우기 위하여 말단의 차가운 혈액 가까이에 따뜻한 혈액을 전달하여

d. 위의 모든 것이 차가운 환경에서 척추동물에 의하여 사용된다.

14.2.1 노폐물, 산소, 이산화탄소, 그리고 염과 음식 분자와 같은 대사산물의 교환은 어디에서 일어나나요?

a. 모세혈관 **c.** 소동맥

b. 소정맥 **d.** 동맥

14.3.2 가장 많은 유형의 혈액 세포는 무엇인가?

a. 대식세포 **c.** 혈소판

b. 백혈구 **d.** 적혈구

14.4.1 폐동맥이 대동맥과 차이가 나는 점은?

a. 산소가 결핍된 혈액을 운반한다.

b. 역류를 방지하는 판막을 가지고 있다.

c. 심장으로 혈액을 운반한다.

d. 세포가 아니라 액체만을 운반한다.

14.4.1 심장의 폐동맥 반월판이 완전히 닫히지 않으면 무슨 일이 일어날까요?

a. 그 사람은 심장마비를 겪게 될 것이다.

b. 신체로 흘러가는 혈액의 양이 감소될 것이다.

c. 좌심실로부터 과도한 양의 혈액이 펌프되어 나갈 것이다.

d. 혈액이 우심실로 거꾸로 흘러들어갈 것이다.

14.4.1 다음 어느 것이 신체를 통한 혈액의 순환을 바르게 서술하고 있나요?

a. 심장 → 정맥 → 소정맥 → 모세혈관 → 소동맥 → 동맥 → 심장

b. 허파 → 정맥 → 심장 → 동맥 → 소동맥 → 모세혈관 → 소정맥 → 정맥 → 심장 → 동맥 → 허파

c. 허파 → 모세혈관 → 소동맥 → 동맥 → 정맥 → 소정맥 → 모세혈관 → 심장

d. 심장 → 정맥 → 허파 → 동맥 → 심장 → 동맥 → 소동맥 → 모세혈관 → 소정맥 → 정맥 → 심장

14.4.1 다음 중 어느 것이 잘못된 진술인가?

a. 동맥만이 산소를 포함한 혈액을 운반한다.

b. 동맥과 정맥은 모두 평활근의 층을 가지고 있다.

c. 모세혈관 그물은 동맥과 정맥 사이에 위치한다.

d. 괄약근은 모세혈관을 통한 혈류를 조절한다.

14.4.1 심장의 박동을 관찰하는 가장 간단한 방법은 어느 장비인가?

a. 심전도기(electrocardiogram; ECG)

b. 청진기(stethoscope)

c. 혈압계(sphygmomanometer)

d. 혈압 가압대(blood pressure cuff)

이해의 적용

14.2.4 오로지 소파에 누어 TV를 보거나 비디오 게임 중독자는 순환기 질환을 초래할 수 있다고 제시되었다. 이러한 일이 어떻게 일어날 수 있는지 설명하시오.

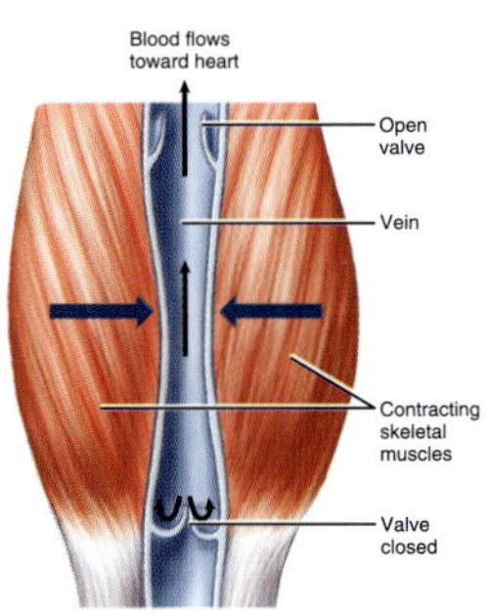

14.4.1 기억술은 사람이 정보를 기억하거나 상기하도록 돕는 학습도구이다. 기억술에서 “VAVA 허파, VAVA 신체”가 종종 인간의 혈액의 경로를 상기하는데 이용된다. 여러분은 이제 심장의 해부를 알기 때문에, 이 기억술에 대하여 설명할 수 있나요?

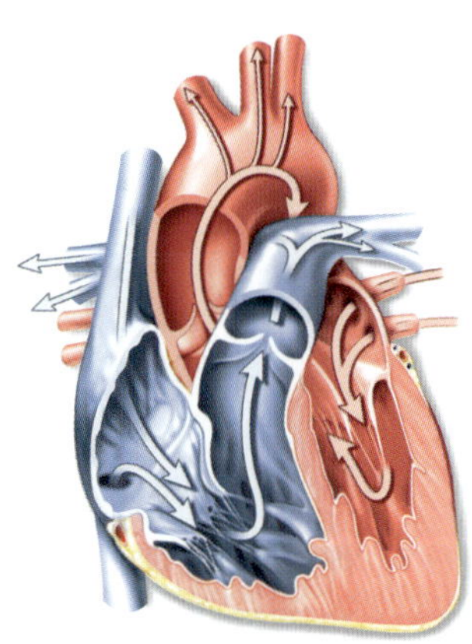

학습 내용의 종합

14.4.1 주요 동맥이 플라크 침적물로 부분적으로 차단되면, 심장의 좌심실은 충분한 혈액을 펌프하기 위하여 더욱더 힘들게 작동해야 하기 때문에, 심장은 결국에는 약해져서 고장나게 된다. 이러한 상태는 울혈성 심부전(congestive heart failure)라고 하는데, 종종 치명적인 폐부종(액체의 축적)을 일으킬 수 있다. 그 이유를 설명하시오.

14.4.1 청색아라고 하는 아기가 심장의 좌우심실 사이에 작은 구멍을 가지고 태어난다. 여러분은 그 아기들이 왜 “청색”으로 불리는지 생각해볼 수 있나요? [힌트: 이 구멍이 아이의 심장에 의한 일반적인 순환에서 펌프되는 산소의 함량에 어떻게 영향을 미치게 될까요?]

Chapter 15

호흡

Respiration

개관(CHAPTER AT A GLANCE)

호흡 Respiration

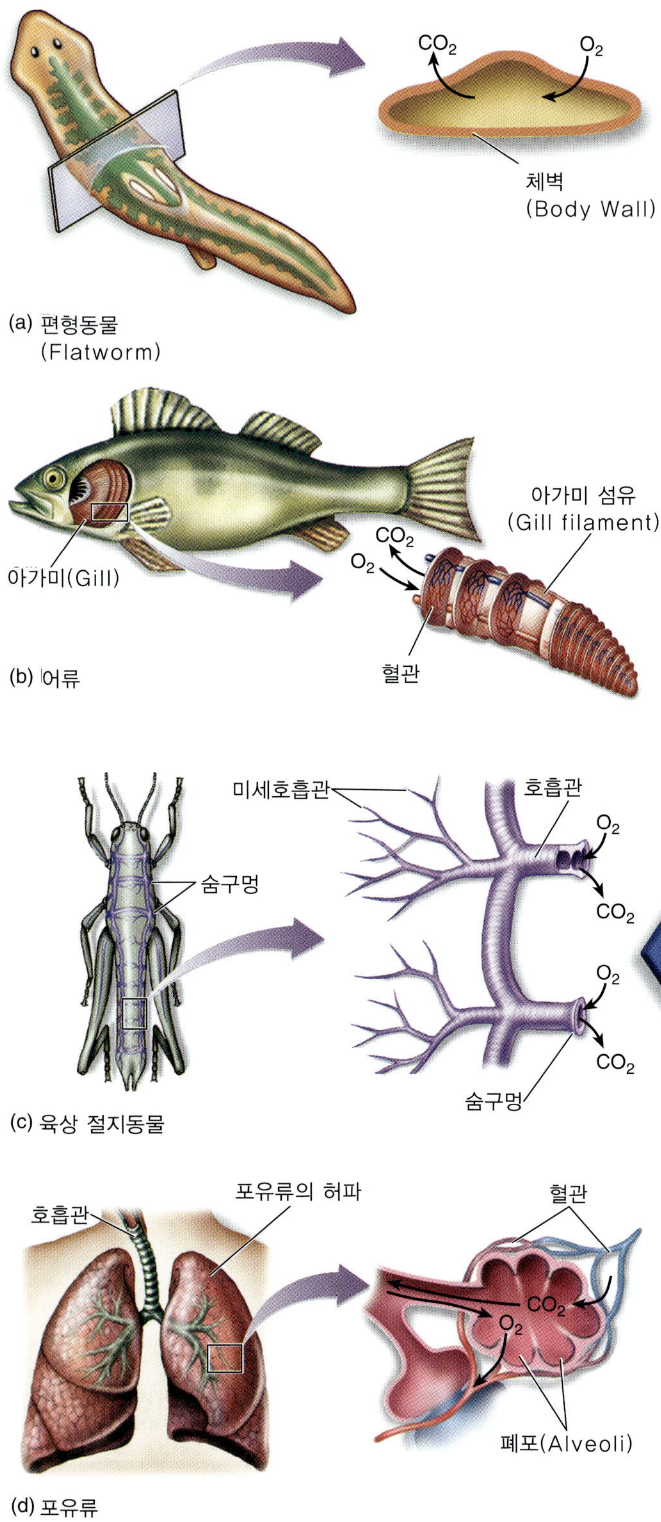

그림 15.1 동물에서 기체교환.

(a) 기체는 대부분의 무척추동물과 양서류의 몇몇 종에서 체벽을 가로질러 직접 확산된다. (b) 어류의 아가미는 매우 큰 호흡 표면을 제공한다. (c) 육상 절지동물은 호흡관(trachea)을 통하여 호흡하며, 호흡관은 숨구멍(spiracle)을 통하여 외부로 개방되어 있다. (d) 인간 허파의 폐포는 커다란 호흡 표면적을 제공한다.

15.1 호흡계의 유형

Types of Respiratory Systems

학습 목표 15.1.1 척추동물 사이의 호흡을 비교하고, 호흡기관을 식별하고 묘사한다.

6장에서 논의하였듯이, 동물은 필요로 하는 에너지를 유기분자의 에너지가 풍부한 전자를 수확하여, 이 전자를 ATP와 다른 분자의 합성을 구동하는데 이용한다. 이 과정은 산화적 호흡이라고 하는데, 소비된 전자가 산소기체(O_2)에 공여되어 물(H_2O)을 형성하기 때문에 산소를 필요로 한다. 남겨진 탄소원자는 이산화탄소(CO_2)로 방출되며, 이 과정의 노폐물 부산물이다. 산소를 흡수하고 이산화탄소를 방출하는 것을 함께 **호흡**(respiration)이라고 하며, 어떻게 산소를 획득하고 이산화탄소를 처분할지에 대한 모든 동물들이 당면하고 있는 주된 진화적인 도전의 하나를 깔끔하게 정의하였다.

대부분의 원시적인 생물은 용존 산소를 포함하고 있는 수서환경으로부터의 직접 확산을 통하여 산소를 획득한다. 해면, 자포동물, 대부분의 편형동물과 선충, 그리고 일부 환형동물이 주변의 물로부터 확산에 의하여 산소를 획득한다. 산소와 이산화탄소는 그림 15.1*a*의 편형동물에서 보여지는 것처럼 세포벽을 가로질러 확산된다. 유사하게, 척추동물의 양서강(calss Amphibia)의 일부도 습기가 있는 피부를 통한 직접 확산에 의하여 기체교환을 수행한다.

더 진화한 해양 무척추동물(연체동물, 절지동물, 그리고 극피동물)들과 어류는 **아가미**(gill)라고 하는 특별한 호흡기관을 보유하고 있다. 아가미는 기본적으로 물을 통하여 나부끼는 조직의 얇은 판이다. 아가미는 단순할 수도 있고, 그림 15.1*b*의 고도로 말려있는 아가미처럼 복잡할 수도 있다. 대부분의 경골어류에서, 아가미는 아감딱지라고 하는 덮개에 의하여 보호된다. 이로 인하여 아가미는 물에서 나부끼지 않는다. 대신에 물이 아가미 위로 펌프되어 아가미에 포함된 모세혈관 벽을 가로질러 기체교환이 일어난다.

> 아가미덮개의 펌프작용은 경골어류의 핵심적인 적응이며, 어류가 물속에 정지해 있으면서도 물이 아가미 위로 지나갈 수 있도록 한다.

육상의 절지동물은 아가미와 같은 단일의 주된 호흡기관을 가지고 있지 않다. 대신에 **호흡관(trachea;** 기관; 그림 15.1*c*의 보라색 부분)에서 시작되어 점점 작은 관으로 분지되는 기관의 그물망이 신체의 모든 부분에 공기를 운반한다. 도관은 **숨구멍**(spiracle; 분기공)이라고 하는 구조를 통하여 외부로 개방되어 있으며, 닫히고 열릴 수 있다.

육상의 척추동물은, 일부 양서류만을 제외하고, **허파**(lung; 폐)라고 하는 한 쌍의 호흡기관을 가지고 있다. 허파에서의 기체교환은 모세혈관과 공기 주머니 사이의 벽을 가로질러 일어나며, 공기주머니는 포유류에서 *폐포*(alveoli)라고 한다(그림 15.1*d*의 확대그림).

개념의 적용

만약 어류가 해수에서 산소를 추출할 수 있다면, 우리는 왜 바닷물에 익사하는가?

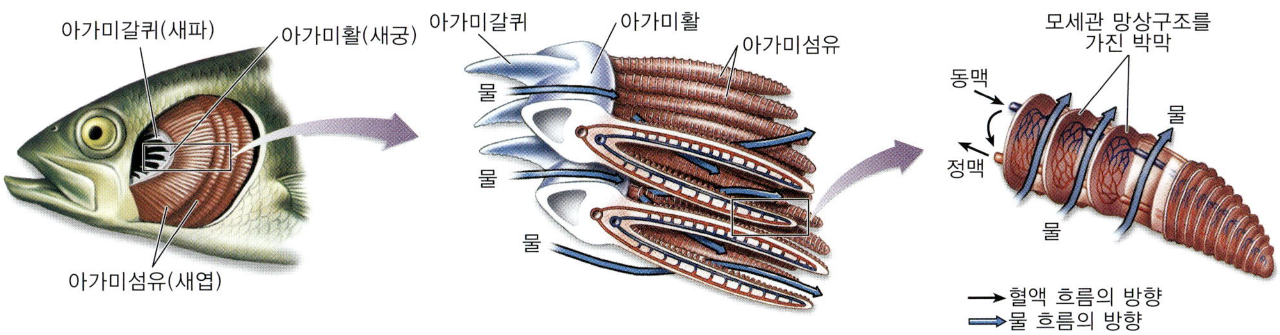

그림 15.2 어류 아가미의 구조.

물은 활모양의 아가미로부터 필라멘트 위로 통과한다(가운데 그림의 왼쪽에서 오른쪽으로). 물은 항상 박막을 동일한 방향으로 통과하며, 이는 박막을 가로질러 순환하는 혈액방향과 반대이다(맨 오른쪽 그림).

15.2 수서 척추동물에서의 호흡

Respiration in Aquatic Vertebrates

학습 목표 15.2.1 어류의 아가미 구조가 어떻게 역류 흐름을 가능하게 하는지 서술한다.

헤엄치는 어류의 얼굴을 가까이에서 본 적이 있나요? 헤엄치는 물고기는 연속적으로 주둥이를 여닫아서 물을 구강을 통하여 입 뒤쪽에 있는 틈새로 밀어내는데, 이때 한방향의 여행에서 아가미를 지나친다(이것이 가장 중요하다).

이 삼키는 과정은 매우 서투르게 보이지만, 어류의 아가미 설계에서 크나큰 진보의 중심에 있다. 삼키는 것이 중요한 이유는 항상 한 방향으로 물이 어류의 아가미를 지나 이동하게 한다는 것이다. 같은 방향으로 아가미를 지나쳐 물을 이동하는 것은 **역류흐름**(countercurrent flow)이 일어나게 하며, 이는 산소를 추출하는 매우 효율적인 방식이다.

이것이 어떻게 작동하는가를 보여준다. 각각의 아가미는 2열의 아가미 필라멘트로 구성되어 있다(그림 15.2). 아가미 필라멘트는 **박막**(lamella)라고 하는 서로 포개져 쌓여서 물의 흐름에 돌출된 얇은 막의 판으로 이루어져 있다. 물이 필라멘트를 지나 흐르면서, 산소는 물로부터 아가미 필라멘트 내부에서 순환하는 혈액으로 확산된다. 각각의 필라멘트 내에서 혈액은 물과 반다방향으로 흐른다(모세혈관을 통하여 동맥에서 정맥으로). 역류시스템의 장점은 아가미 필라멘트의 모세혈관에 있는 혈액이 항상 높은 산소농도를 가지고 있는 물과 접촉한다는 것이며, 따라서 혈액으로 산소가 확산되어 들어간다. 이를 이해하기 위하여 역류교환 시스템(그림 15.3*a*)과 병류교환 시스템(그림 15.3*b*)을 비교한다. 역류시스템에서 혈액은 물과 반대방향으로 흐르며, 바닥에서 초기 산소농도의 차이는 크기 않지만(혈액은 10%이고 물은 15%), 그러나 산소의 확산에는 충분하다. 혈액이 혈관을 따라 흘러가면서, 산소 농도가 증가하지만, 연속적으로 더 높은 산소농도를 함유하는 물과 접촉한다. 혈액의 산소 농도가 85%에서도, 산소 농도가 100%인 물과 접촉하게 된다. 병류교환 시스템에서는, 처음에는 혈액과 물 사이의 산소농도 차이가 크기 때문에(0% 대 100%) 산소가 빨리 확산되지만, 50% 포화도에서 차이가 평형에 도달하면서 빠르게 둔화된다.

역류흐름으로 인하여 어류 아가미의 혈액은 아가미에 들어가는 물과 같은 농도로 산소를 축적할 수 있다. 경골어류의 아가미는 생물에서 진화된 가장 효율적인 호흡기계이다.

개념의 적용

물이 한방으로만 어류 아가미를 가로질러 흐르는 것이 왜 핵심이 되는가?

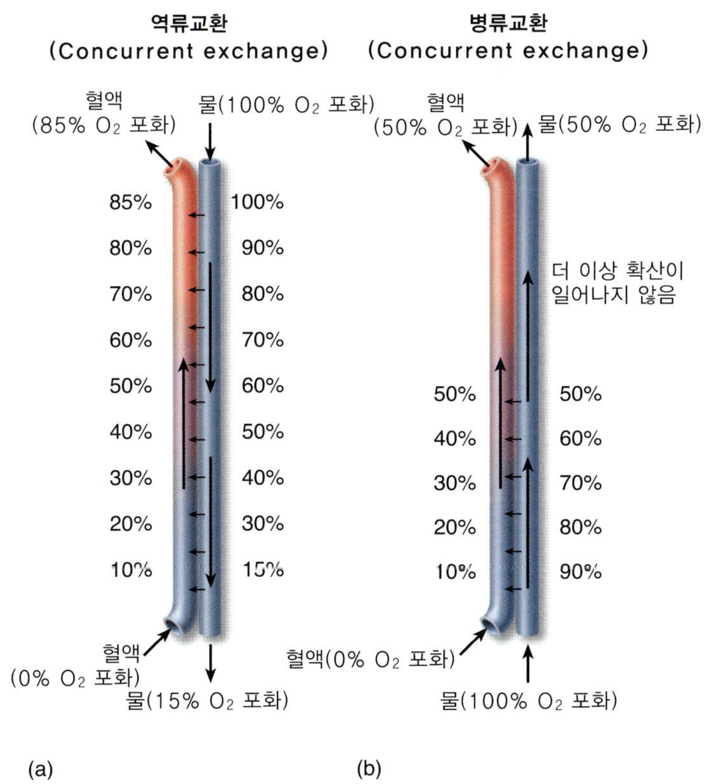

그림 15.3 역류흐름(Countercurrent flow).

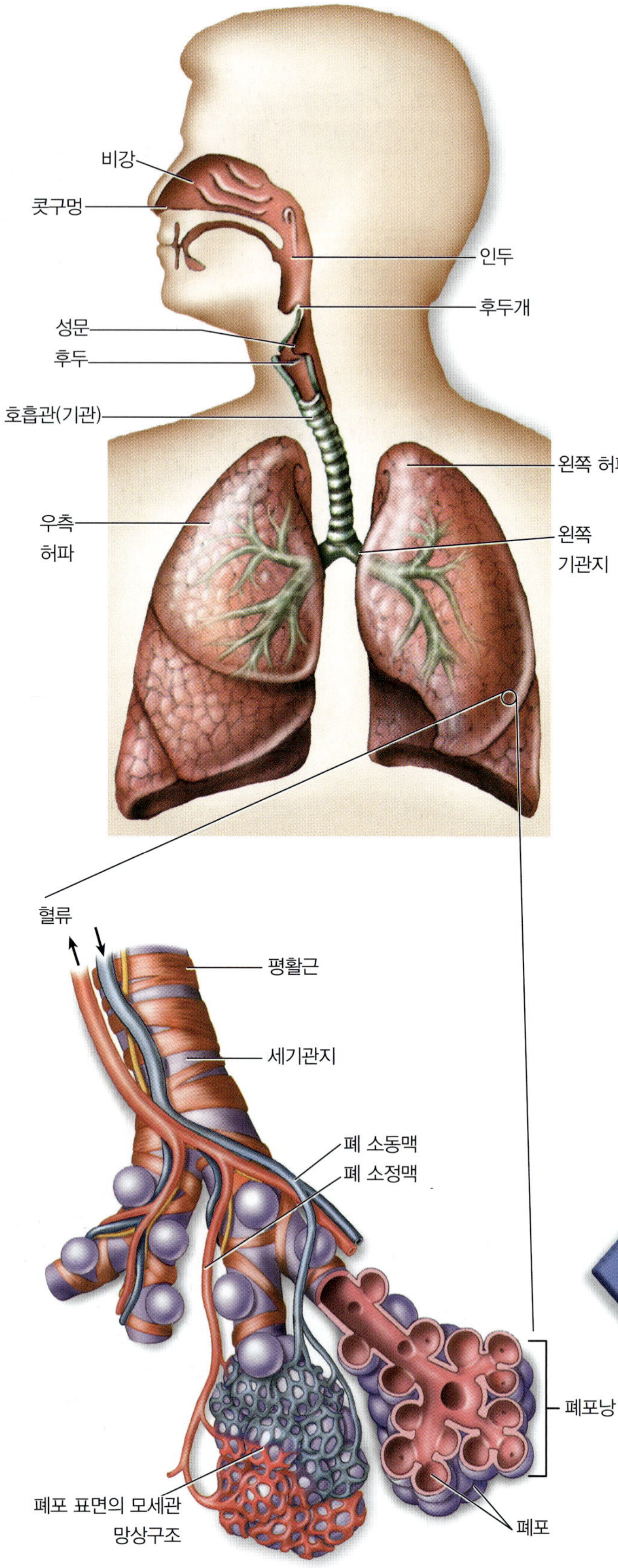

그림 15.4 인간의 호흡계.

호흡계는 허파와 허파로 인도하는 통로들로 이루어져 있다.

15.3 포유류의 호흡계

The Mammalian Respiratory System

학습 목표 15.3.1 포유류 호흡계의 구성요소를 기술하고, 흉막과 횡격막의 기능을 설명한다.

포유류의 산소를 모드는 기작은 어류의 아가미에 비하여 효율성이 낮지만, 포유류를 육상 서식처에 잘 적응하도록 하였다. 포유류는 다른 모든 육상 척추동물과 마찬가지로, 대사에 필요한 산소를 21%의 산소를 포함하고 있는 대기로부터 획득한다. 한 쌍의 허파가 가슴의 **흉강**(thoracic cavity) 내부에 위치하고 있다. 그림 15.4에서 볼 수 있듯이, 2개의 허파가 흉강에 자유롭게 달려있으며, 신체의 다른 부분과 허파의 혈관과 공기관이 진입하는 한 곳에서만 연결되어 있다. 이 공기관을 **기관지**(bronchus, 복수형은 bronchi)라고 부른다. 기관지는 각각의 허파를 **호흡관**(trachea, 기관)연결하며, 호흡관은 위로 통과하여 입의 뒷부분으로 열려있다. 호흡관(기관)과 좌우 기관지는 C자 모양으로 생긴 연골로 지탱된다.

공기는 보통 콧구멍을 통하여 비강으로 들어가며, 비강에서 습기가 추가되고 가온된다. 추가적으로 콧구멍에는 먼지와 다른 입자들을 여과하는 털이 배열되어 있다. 그 이후 공기는 입 뒤쪽으로 전달되어, 인두(pharynx, 음식과 공기의 공통적인 통로)와 후두(larynx, 성대)를 거쳐서 호흡관으로 진행한다. 공기는 목의 뒤에서 음식과 교차되기 때문에, 후두개(epiglottis)라고 하는 특별한 덮개가 음식물이 삼켜질 때마다 호흡관을 덮어서, 음식물이 잘못된 관으로 내려가는 것을 방지한다. 호흡관으로부터 공기는 허파의 기관지의 여러 분지로 전달되어 내려가며, 궁극적으로 폐포로 연결되는 세기관지로 전달된다. 호흡관과 기관지의 점액을 분비하는 섬모세포는 외부 입자를 포획하여 인두로 올려보내 삼켜질 수 있도록 한다. 허파는 포도와 이 뭉쳐진 미소한 주머니인 수백만 개의 폐포(alveoli)를 가지고 있다. 공기와 혈액 사이의 모든 기체교환은 모세혈관 벽과 폐포 사이를 가로질러 확산에 의하여 일어난다.

후두개는 매우 중요한 구조이다. 삼킬 때 후두개가 기도 위를 닫는 기작은 그림 16.10에 서술되어있다.

포유류의 호흡장치는 구조가 간단하다. 흉강은 갈비뼈에 의하여 옆이 연결되어 있으며, 아래쪽은 흉강과 복강을 분리하는 **횡격막**(diaphragm)에 의하여 연결되어 있다. 횡격막은 뒤쪽으로 접혀서 흉강의 내벽에 배열되어 허파가 매달리도록 한다. 이 막의 2층 사이의 공간은 매우 작으며 액체로 채워져 있다. 이 액체는 얇은 수막이 2장의 유리를 함께 모을 수 있듯이 2개의 막이 서로 부착되도록 하며, 효과적으로 허파를 흉강 벽에 결합한다.

흉강의 내벽에 허파가 부착되는 것은 흉막을 감싸고 있는 물의 수소결합(2.4절)에 의하여 기인된다.

폐포의 내부 표면에 있는 액체의 얇은 막은 그 공기주머니가 붕괴되게 할 수 있다. 붕괴되지 않는 이유는 폐포에 배열된 상피세포가 계면활성제라고 하는 지단백 분자의 혼합물을 표면에 분비하여, 폐포가 붕괴되게 할 수 있는 표면장력을 감소시켜주기 때문이다.

허파는 간단한 1행정기관의 펌프처럼 작동한다. 공기는 음압(허파의 압력이 대기압보다 낮음)을 형성하여 허파로 빨려들어 간다. 허파의 부피가 증

필수 생물학적 과정 15A

호흡하기

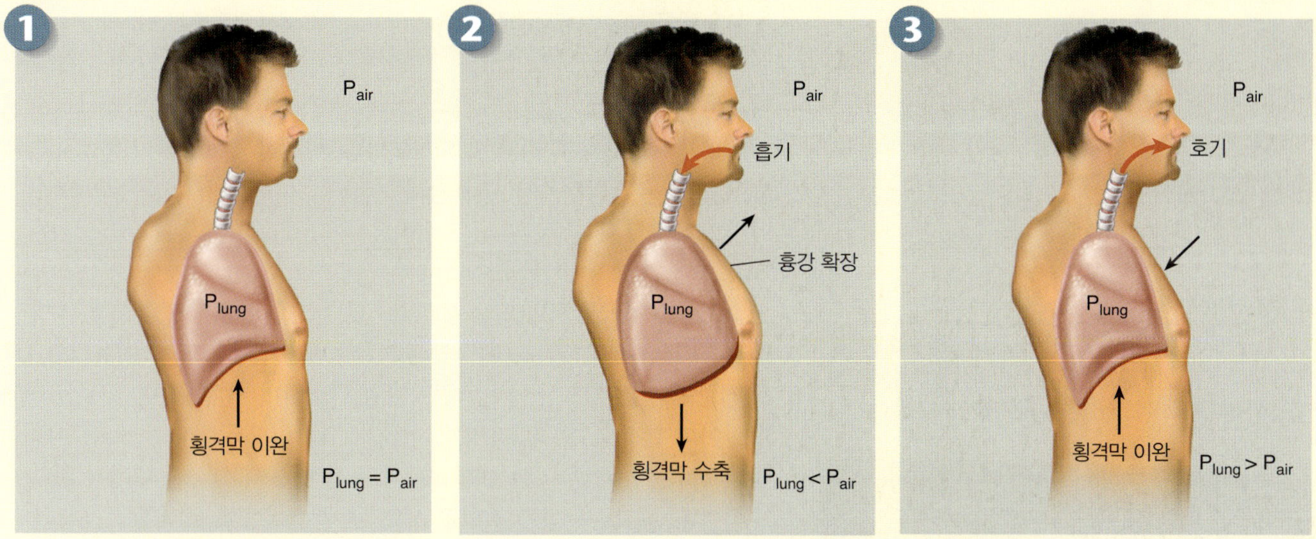

1. 들이쉬기 전에는 허파의 공기압(P_{lung})은 대기압(P_{air})과 동일하다.

2. 들이쉴 때, 횡격막이 수축하며, 흉강은 아래쪽과 바깥쪽으로 확장된다. 이는 흉강과 허파의 체적을 증가시켜, 허파 내부의 공기압을 감소시키며, 공기가 신체 외부에서 허파로 흘러 들어 간다.

3. 내쉴 때는, 횡격막이 이완되며, 흉강의 체적이 감소한다. 허파 내부의 압력이 증가하여, 허파로부터 공기를 밀어낸다.

가하면 허파의 압력은 감소한다. 이는 풀무나 아코디언이 작용하는 것과 비슷하다. 두 경우 모두 주름상자가 확장되면 내부 부피가 증가하여 공기가 빨려 들어가도록 한다. 허파에서는 이러한 일이 어떻게 일어나나요? 허파의 부피는 흉강을 에워싸는 근육이 수축하면 증가하며, 흉강의 크기가 증가되도록 한다.

호흡의 기작 The Mechanics of Breathing

허파로 활발하게 공기를 드나들게 펌프하는 것을 호흡이라고 한다. 숨을 들이쉴 때(*흡기*; inhalation), 근육이 수축하여 흉곽이 바깥쪽과 위쪽으로 움직이게 한다. *필수 생물학적 과정 15A*에서 붉은색으로 표시된 허파의 아래쪽 경계인 횡격막은 이완되었을 때는 반구형이지만(그림판 1) 수축시에는 아래로 이동하여 편평해진다(그림판 2). 흉곽의 운동은 흉강을 확장시켜서, 대기압에 비하여 허파의 공기압을 감소시킨다($P_{lung} < P_{air}$). 이러한 현상이 일어나면 공기가 허파로 흘러들어 간다. 요컨대, 흡기는 허파로 공기를 빨아들인다.

숨을 내쉴 때(*호기*; exhalation)(그림판 3), 갈비뼈와 횡격막은 원래의 휴식 상태로 되돌아 간다. 이렇게 함으로써, 허파에 압력을 가한다. 이 압력은 허파의 전체 표면에 균등하게 전파되어 공기가 내강으로부터 대기로 다시 나오게 한다. 허파는 신선한 공기와 산소가 결핍된 공기가 혼합되어 채워지기 때문에, 포유류 허파의 호흡 효율은 많이 떨어진다.

개념의 적용

흉막 층 사이의 공간에 왜 물이 존재하는가?

생물학과 여러분

천식(Asthma). 미국 아동의 9% 이상이 기도가 종종 수축되는 호흡계의 만성질환인 천식의 영향을 받고 있다. 천식은 호흡 곤란, 기침, 그리고 어떤 경우에는 생명을 위협하는 호흡곤란을 유발한다. 천식은 감기와 같은 바이러스 감염, 스트레스, 대기 중의 알레르기원, 연기, 그리고 운동을 포함하는 다양한 사건에 의하여 유발될 수 있다. 연구자들은 아직 천식의 원인을 완전히 이해하지 못하고 있으며, 왜 점점 더 흔해지는지 모르고 있다. 많은 유전적 요인과 환경적 요인이 서로 복잡하게 상호작용하여 이러한 흔한 질병을 일으키는 것으로 보인다. 최소한 25종류의 유전자가 연관되어 있으며, 일부 유전자는 특정한 환경적인 자극과 결합될 때만 천식을 유발한다. 증상은 수축된 기소를 확장시키는 기관지확장제를 흡입하여 치료될 수 있다. 장기적인 예방약인 피질스테로이드(corticosteroid)를 흡입하면 기도 벽의 염증을 감소시켜 천식의 공격을 억제한다. 가장 효과적인 천식 환자 치료법은 애완동물이나 아스피린 같은 자극요인을 확인하여 노출을 제한하는 것이다. 어린이가 성장하여 어른이 되면 54% 정도의 환자는 천식 유발물질에 감수성을 상실하지만, 나머지 운이 덜한 사람들은 평생 동안 천식으로 고통 받는다.

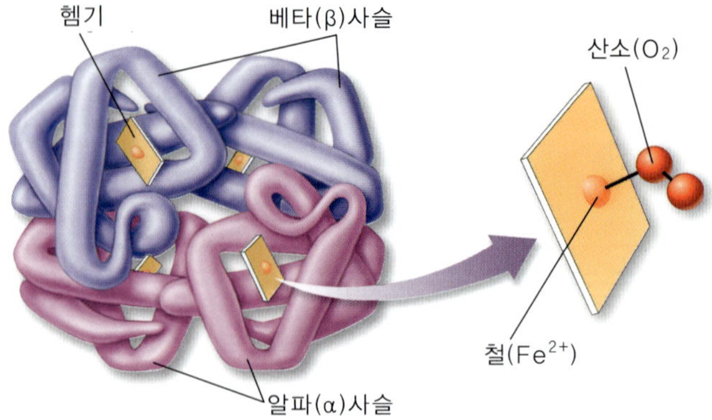

그림 15.5 헤모글로빈 분자.

헤모글로빈 분자는 실제로 2개의 알파사슬과 2개의 베타사슬인 4개의 단백질 사슬 소단위로 구성되어 있다. 각각의 사슬은 헴기와 연합되어 있으며, 각각의 헴기는 하나의 산소분자와 결합할 수 있는 중심의 철 원자를 가지고 있다.

생물학과 여러분

딸꾹질(Hiccup). 딸꾹질은 1분에 여러 차례 반복되는 횡격막의 경련적인 수축이다. 종이봉지에 숨을 쉬어 호흡되는 CO_2를 증가시키면 딸꾹질을 멈추게 할 수 있는데, 이는 딸꾹질이 초기 양서류 호흡의 진화적인 자취일지 모른다는 흥미로운 이유에서이다. 개구리와 다른 양서류는 횡격막을 가지고 있지 않으며, 그 대신 여러분의 딸꾹질 반사와 아주 비슷하게 단순한 운동반사를 통하여 공기를 삼킨다. 개구리가 삼키는 공기는 CO_2에 의하여 저해되는데, 이는 딸꾹질과 동일하다. 인간에 있어서 딸꾹질 운동 경로는 태아발달의 초기에 형성되며, 이는 정상적인 호흡을 구동하는 운동경로보다 훨씬 이전이다. 허파의 운동경로가 완전히 기능을 하기 전에 태어난 조숙아는 2.5% 정도의 시간을 딸꾹질하는데 사용하며, 양서류와 똑 같이 공기를 삼킨다.

그림 15.6 고래는 여러분과 똑같이 공기를 호흡한다.

표면에서 호흡하는 이 혹등고래(humpback whale)는 대기로의 짧은 경로 동안에 막대한 양의 호흡을 들이쉰다. 여러분처럼 고래도 허파를 가지고 있는 포유류이며, 아가미를 가진 어류가 아니다. 고래는 5천만 년 전에 살았던 하마 같은 초식동물의 후손이다. 고래의 신체는 급격한 변화를 거쳤지만, 허파는 본질적으로 변하지 않았으며, 여러분의 허파와 똑같이 들이쉴 때 공기로부터 O_2를 포획하고, 내쉴 때 신체의 대사작용에 의하여 생성된 CO_2를 배출한다.

15.4 호흡은 어떻게 작용하는가: 기체 교환 How Respiration Works: Gas Exchange

학습 목표 15.4.1 헤모글로빈 분자가 포유류 호흡에서 어떻게 기능을 하는지 서술하고, 효율적인 CO_2 운반에서 탄산탈수효소(carbonic anhydrase)의 역할을 설명한다.

산소가 공기로부터 허파의 내부 표면에 배열된 습기찬 세포로 확산되어 들어갈 때, 산소의 여행은 이제 막 시작되었다. 이러한 세포로부터 혈액으로 전달되어, 산소는 순환계에서 신체 전체를 통하여 여행한다(13장 순환 참조).

O_2 운반 O_2 Transport

산소(O_2)는 **헤모글로빈**(hemoglobin) 단백질에 편승하여 순환계 내에서 이동한다. 철을 함유하는 단백질인 헤모글로빈은 산소를 결합한다(그림 15.5). 헤모글로빈 분자는 산소의 스펀지처럼 작용하며, 적혈구 내에서 산소를 빨아들이며 혈장으로부터 더 많은 산소가 확산되도록 한다. 산소는 가역적인 방식으로 결합하며, 이는 신체 조직에 도달했을 때 산소를 내리기 위하여 필수적이다. 헤모글로빈은 적혈구 세포 내에서 형성되며 적혈구 세포를 절대 떠나지 않고, 짐을 실은 선박과 같이 혈류 내에서 순환한다. 허파에서 O_2 농도가 높을 때에는(*필수 생물학적 과정 15B*의 그림판 1), 대부분의 헤모글로빈 분자는 산소 원자를 완전히 채운다. 조직에서, 이산화탄소(CO_2)의 존재는 헤모글로빈 분자의 구조를 산소를 포기하기 용이한 구조로 변경시킨다(그림판 3). 산소를 하역하는데 CO_2의 영향은 중요한데, 그 이유는 CO_2가 세포대사를 통하여 조직에서 생성되기 때문이다. 이러한 이유로, 혈액은 대사작용이 일어나는 조직 내에서 더 용이하게 산소를 하역할 수 있다.

CO_2 운반 CO_2 Transport

그림판 3에서 적혈구가 산소를 하역할 때 동시에 조직으로부터 CO_2를 흡수한다. 혈액 중 CO_2의 약 8% 정도가 혈장에 단순히 용해되어 있다. 다른 20%는 헤모글로빈에 결합되어 있다. 그러나 CO_2는 철을 포함하는 헴기가 아니라 헤모글로빈 분자의 다른 부위에 결합되기 때문에, 산소결합과 경쟁하지 않는다. 나머지 72%의 CO_2는 적혈구 세포로 확산되어 들어간다. CO_2를 적혈구로부터 CO_2 농도가 낮은 혈장으로 다시 확산되어 나가는 것을 방지하기 위하여, *탄산탈수효소*(carbonic anhydrase)는 세포 내에서 CO_2 분자를 물 분자와 결합하여 **탄산**(carbonic acid)을 형성한다. 탄산은 **중탄산**(bicarbonate; HCO_3^-)과 수소이온(H^+)으로 해리된다. H^+ 이온은 헤모글로빈에 결합한다. 적혈구 세포의 막에 있는 운반단백질은 중탄산을 적혈구 세포로부터 혈장으로 이동한다. 이 운반단백질은 *염소 전위*(chloride shift)라는 과정을 통하여 중탄산 하나에 대하여 염소 이온(Cl^-) 하나를 교환한다. 이 반응은 혈장 내의 CO_2 농도를 낮게 유지시켜, 주변 조직으로부터 더 많은 CO_2가 혈장으로 용이하게 확산되도록 한다. 이러한 촉진은 CO_2 제거에 결정적인데, 그 이유는 혈액과 조직 사이의 CO_2 농도차가 크지 않기 때문이다(단지 5% 차이임). 탄산과 중탄산의 형성은 이 분자들이 완충역할을 하기 때문에 혈액의 산-염기 균형을 유지하는 에도 또한 중요하다.

2.5절에서 논의하였듯이, 완충제는 용액에서 H^+ 농도를 조절하는 분자의 산-염기 짝이며, 따라서 pH를 통제한다. 탄산과 중탄산 사이의 가역적인 반응은 혈액에서 H^+의 양을 조절하여, 신체의 pH 수준을 조정한다.

필수 생물학적 과정 15B

호흡하는 동안의 기체교환

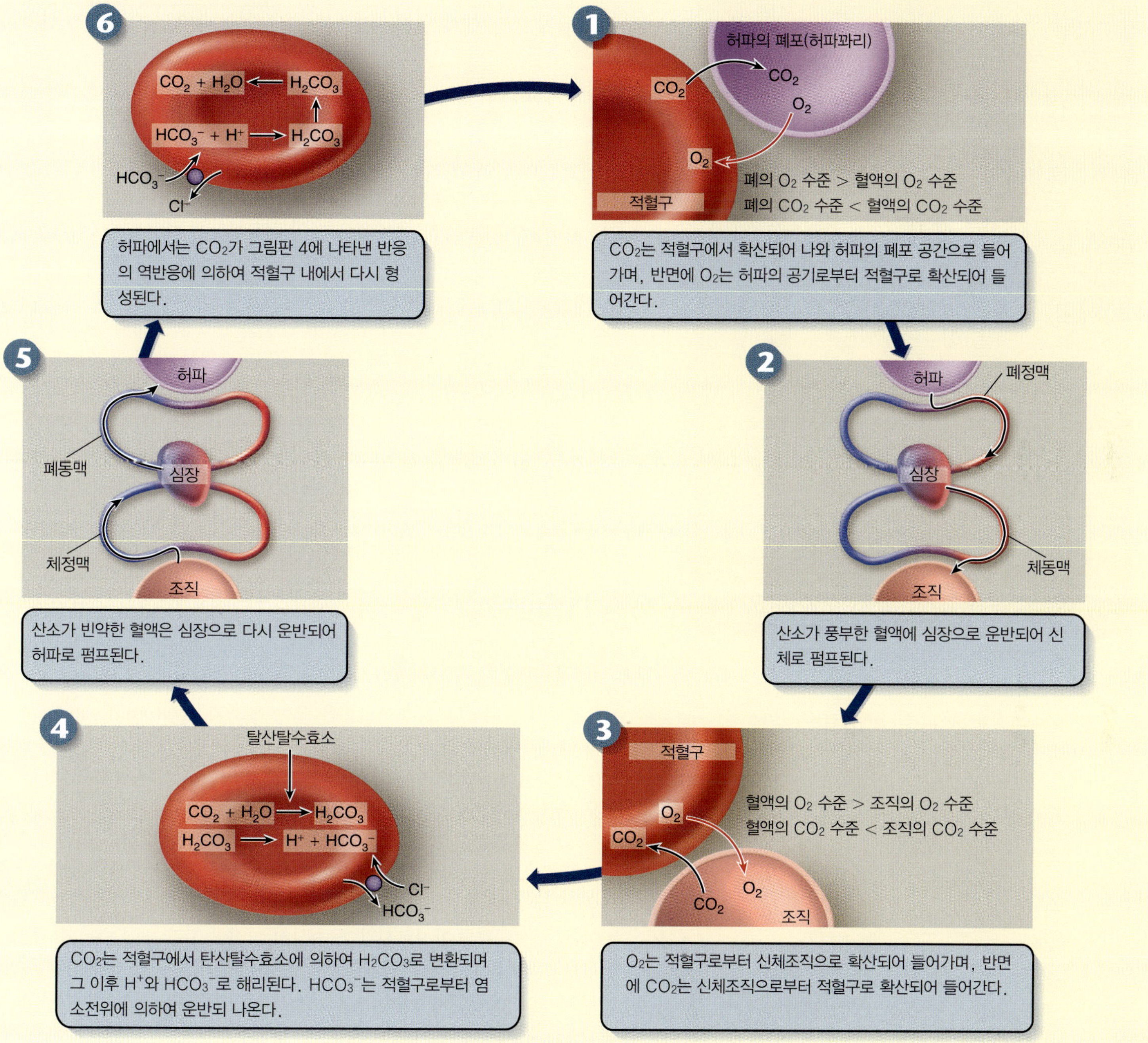

혈장은 중탄산 이온을 다시 허파로 운반한다. 허파 내부 공기의 낮은 CO_2 농도는 탄산탈수효소가 반대방향으로 진행하도록 하여(그림판 6), CO_2를 방출하고, 혈액으로부터 폐포로 확산되어 나가도록 한다. 다음 번 호기에 의하여, 이 CO_2는 신체 밖으로 나간다. 적혈구로부터 CO_2가 확산되 나가는 것은 세포 내의 헤모글로빈이 결합한 CO_2를 방출하고 그 대신 O_2를 흡수하도록 한다. 새로 O_2를 하적한 세포는 다음 호흡의 여행을 시작한다(그림 15.6).

개념의 적용

무엇이 CO_2가 적혈구에서 혈장으로 확산되어 나가는 것을 중지시키는가?

폐암과 흡연 Lung Cancer and Smoking

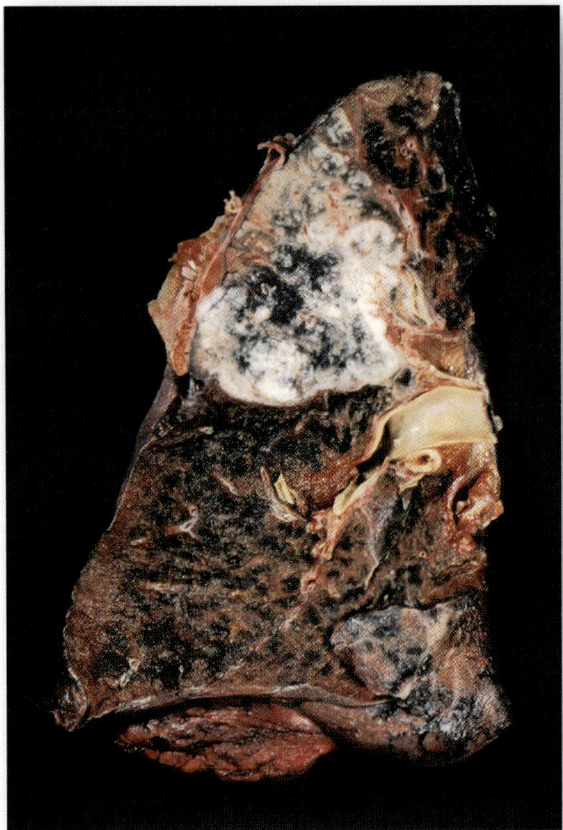

그림 15.7 폐암.

암성 종양이 이 허파의 상부 절반을 거의 완전히 점령하였으며, 검은 담배 타르가 폐조직의 대부분을 손상하였다.

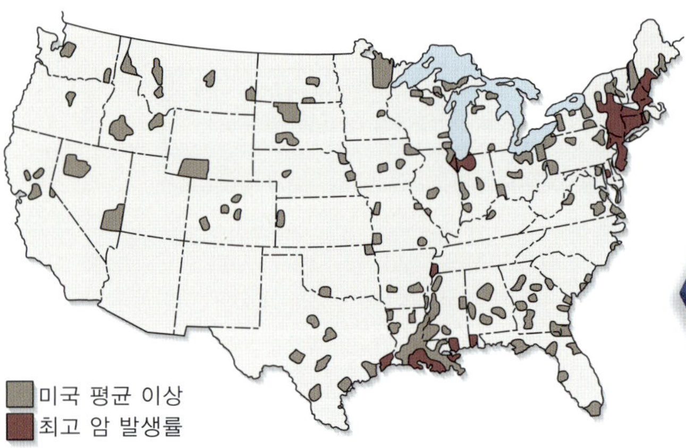

그림 15.8 미국의 암.

천 명당 암의 발생은 미국 내에서 균일하지 않다. 암은 화학물질의 제조가 흔한 곳과 미시시피 삼각주에 집중되어 있다.

15.5 폐암의 본질 The Nature of Lung Cancer

학습 목표 15.5.1 흡연이 폐암을 유발한다는 증거를 평가한다.

인간의 모든 질병 중에서 암이 가장 두려운 것이다(7장 참조). 2011년 미국의 사망원인 중 거의 1/4이 암에 의하여 기인하였다. 미국암협회(American Cancer Society)는 2011년 571,950명이 암으로 인하여 사망하였다고 추산한다. 이중 27%인 154,715명이 폐암으로 사망하였다(그림 15.7). 1980년대에 매년 14만 명이 암으로 진단받았으며, 이준 90%가 3년 내에 사망하였다. 무엇이 폐암이 미국에서 주된 살인자가 되도록 하였을까요?

폐암과 같은 암의 원인을 탐색하여 암과 관련된 것으로 보이는 많은 환경요인을 발견하였다. 예를 들어 천명 당 암 발생률은 미국 내에서 일정하지 않다. 그보다는 인구밀도가 높은 미국 동북부(그림 15.8의 붉은색 지역)과 미시시피강 삼각주의 도시에 집중되어있다(그림 15.8의 붉은색과 갈색 지역). 이는 오염과 살충제 유출과 같은 환경요인이 암을 유발할 수 있다는 것을 시사한다. 암과 연관된 많은 환경요인을 분석하면, 명백한 양상이 드러난다. 대부분의 암 유발 물질 또는 발암물질(carcinogen)은 강력한 돌연변이원의 특성을 공유하고 있다. 11장에서 돌연변이원은 유전자를 파괴하거나 변형시켜서 DNA에 손상을 끼치는 화학물질이다(DNA의 변화를 돌연변이라고 함). 암이 돌연변이에 의하여 유발된다는 것은 헤아릴 수 없이 많은 증거에 의하여 지지되고 있다.

어떠한 종류의 유전자가 돌연변이를 일으키나요? 지난 수년간 연구자들은 정상적으로 분열하는 세포를 암세포로 변환시키는 데에는 단지 몇 개 유전자의 돌연변이가 필요하다는 것을 발견하였다. 이러한 암유발 유전자를 확인하고 분리하면서, 조사자들은 모두 세포의 증식(proliferation; 세포가 얼마나 빨리 성장하고 분열하는가)을 조절하는데 연관되어 있다는 것을 알게 되었다. 이 조절에서 핵심적인 요소는 종양이 형성되는 것을 적극적으로 방지하는 유전자인 소위 암 억제자이다.

암 억제유전자는 어떻게 작용하나요? **p53 단백질**은 세포의 수호천사라고 불리기도 하는 종양억제자인데, 세포가 분열하기 전에 DNA를 검사한다. p53이 손상되거나 외부 DNA를 탐지하면, 세포분열을 중지시키고 세포의 DNA 수선체계를 활성화시킨다. 손상이 일정한 시간 내에 수선되지 않으면, p53은 생명유지장치를 제거하고 세포를 사멸시키는 사건을 유발한다. 이러한 방식으로 암을 유발하는 돌연변이는 수선되거나 돌연변이를 포함하는 세포가 제거된다. p53 단백질을 생산하는 유전자가 돌연변이에 의하여 파괴되면, 암을 유발하는 돌연변이를 포함한 그 이후의 손상은 수선되지 않고 축적된다. 50%에 달하는 모든 암은 고장난 p53 유전자를 가지고 있다.

> p53 유전자의 단백질 산물은 종양 억제자로서 기능한다. p53 유전자는 손상된 DNA를 가진 세포가 분열되지 않도록 하고 DNA를 수선할 수 없으면 파괴한다. p53의 작용은 7장 "암의 치료"에서 논의되었다.

흡연이 폐암을 유발한다 Smoking Causes Lung Cancer

만약 암이 성장조절 유전자의 손상에 의하여 유발된다면, 무엇이 미국에서 폐암의 급속한 증가를 가져왔는가? 2가지 계열의 증거가 특히 그럴 듯하다. 첫 번째는 흡연자 사이의 암발생률에 대한 상세한 정보로 이루어진다. 비흡연자 사이에서 폐암의 발생은 연간 10만 명당 수명에서 하루에 30개비를 피우는 흡연자에서는 10만 명당 300명으로 어마어마하게 증가한다.

두 번째 계열의 증거는 흡연습관의 변화를 반영하는 폐암 발생의 변화로 이루어진다. 그림 15.9의 자료를 자세히 살펴보세요. 위의 그래프는 남성에 대한 자료로부터 축적된 것으로 1900년 이래 미국에서 흡연(파란색 선)과 폐암(붉은색 선)의 발생을 나타낸 것이다. 남성의 흡연율이 증가하고 30년쯤 후에 폐암이 증가하기 시작하였다. 아래 그래프는 여성에 대한 자료를 나타낸 것이다. 사회적 관행으로 인하여, 사회적 관습이 변하기 시작한 2차 세계대전 전까지는 상당히 많은 수의 여성이 흡연을 하지 않았다(파란색 선). 여성의 흡연빈도가 증가하면서, 폐암의 발생도 증가하였는데(붉은색 선), 이 또한 약 30년의 지연을 나타냈다. 현재 여성은 남자와 동등한 개비의 흡연을 하고 있으며, 폐암에 의한 사망도 남성 사망률에 빠르게 접근하고 있다. 2008년 71,000명의 미국 여성이 폐암으로 사망하였다.

흡연은 어떻게 암을 유발하나요? 담배연기는 많은 강력한 돌연변이원을 포함하고 있으며, 이 중에는 벤조피렌(benzopyrene)이 있는데 흡연은 이러한 돌연변이원을 폐 조직에 도입한다. 예를 들어 벤조피렌은 p53 유전자의 3부위에 결합하여 유전자를 불활성화시키는 돌연변이를 이 부위에 유발한다. 1997년 이 종양억제자 유전자를 연구하던 과학자들은 흡연과 폐암사이에 직접적인 연결을 증명하였다. 그들은 폐암에 의하여 p53 유전자가 70% 불활성화된다는 것을 발견하였다. 이러한 불활성화된 p53 유전자를 검사하였을 때, 과학자들은 벤조피렌이 결합하는 3부위에서만 돌연변이가 일어난다는 것을 증명하였다. 명백하게 담배연기에 있는 벤조피렌 화학물질은 폐암에 책임이 있었다.

특정한 화학물질과 암 사이의 연관은 200년 이상 전에 최초로 알려졌으며, 10장의 "생물학과 건강한 삶: 여러분의 유전자를 보호하기"에서 토의되었다.

이러한 사실을 직면하고서도, 왜 그렇게 많은 사람들이 계속 흡연을 할까요? 그 이유는 담배연기에 있는 니코틴이 중독성이 있는 약이기 때문입니다. 연구자들은 뇌 뉴런에서 니코틴이 결합하는 수용체를 확인하였으며, 흡연이 두뇌에서 이러한 수용체의 수를 감소시켜서, 더 많은 담배를 갈망하도록 한다는 것을 알아냈다. 한번 사람이 중독되면, 끊는 것이 어렵다. 금연을 시도하는 사람 중 절반만이 궁극적으로 성공한다.

명백하게 폐암을 방지하는 효과적인 방법은 금연하는 것이다. 통계적으로 한 개비의 담배를 피우면 기대수명을 10.7분 감소시킨다(이는 담배를 피우는데 걸리는 시간보다 길다!). 20개비의 담배 갑에는 적혀져있지 않은 표지가 있다: *이 담배 갑을 피우는 대가는 여러분의 수명의 세 시간 반에 해당합니다.* 담배를 피우는 것은 총을 가지고 있는 사람이 있는 완전히 깜깜한 방에 들어가서 가만히 서있는 것과 같다. 총을 가진 사람은 여러분을 볼 수 없고, 여러분이 어디 있는지 알지 못하며, 가끔 무작위 방향으로 총을 쏜다. 맞추는 것이 쉽지 않고, 대부분은 맞지 않을 것이다. 그러나 그 사람이 계속 사격을 하면, 명중될 가능성은 더 높아진다. 유사하게, 어떤 사람이 담배를 피울 때마다, 돌연변이원이 유전자를 맞출 확률이 높아진다. 담배를 더 많이 피울수록, 유전자가 손상을 입을 가능성이 높아진다.

개념의 적용

2010년 남성과 거의 비슷한 수의 여성이 폐암으로 사망하였지만, 50년 전에는 여성은 폐암 사망자의 10명 중 한명에 불과하였다. 지난 50년 동안에 어떤 일이 일어났나요?

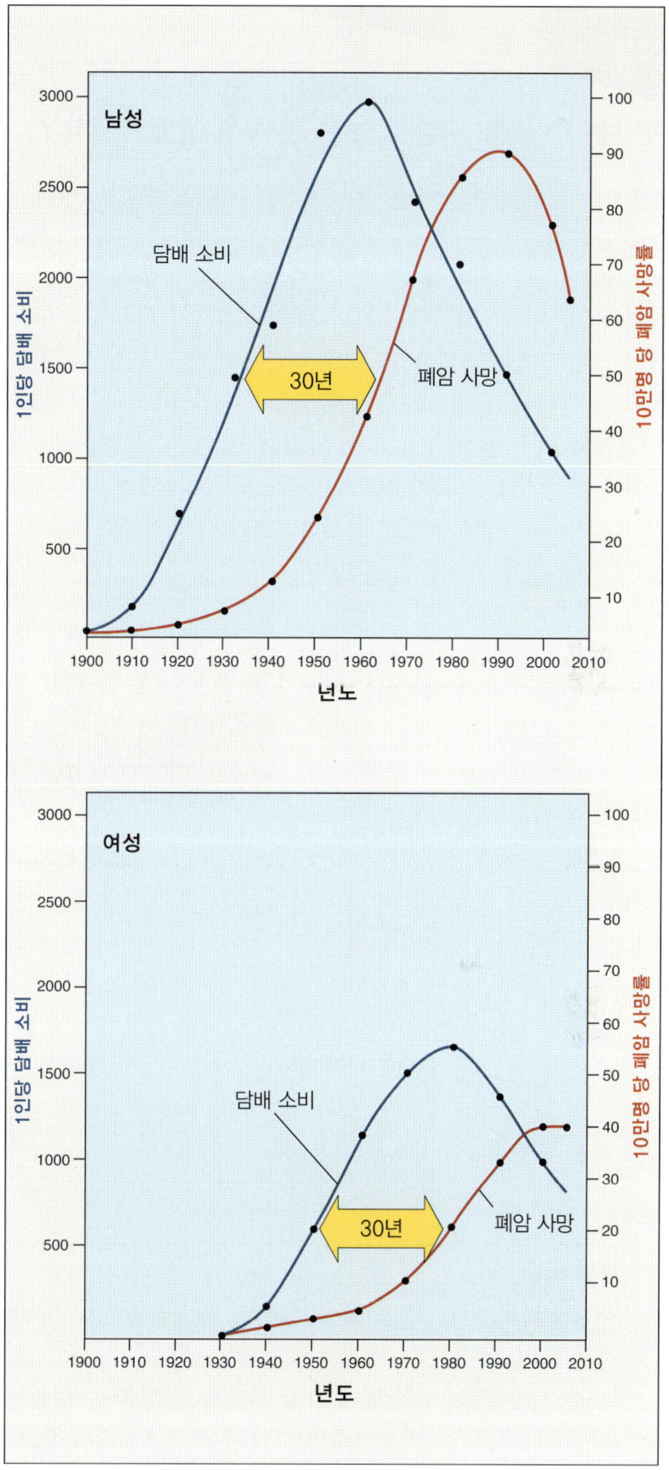

그림 15.9 남성과 여성에서 폐암의 발생.

폐암은 1세기 전까지만 해도 희귀한 질병이었다. 1900년대 초에 미국에서 남성의 흡연이 증가하면서, 폐암의 발생도 증가하였다. 여성도 남성을 따라서 2008년에는 10만 명당 40명꼴인 71,000명의 여성이 폐암으로 사망하였다. 그 해에 여성의 20%가 흡연을 하였으며 남성은 25%가 흡연을 하였다.

질문과 분석

라마는 어떻게 그렇게 높은 곳에서 생활하나요?

혼합으로 인하여 동물이 숨 쉬는 공기는 지구 표면에서 100 km 올라간 하늘까지 어느 곳에서도 21%의 산소를 가지고 있다. 그러나 고도에 따라 공기의 양(단위 체적당 분자수)은 위 그림에서 볼 수 있듯이 급격히 감소한다. 이러한 공기의 부족은 등산가들이 알 듯이 사람에게 심각한 문제를 제기한다. 공기 중 산소의 양은(산소의 분압으로 측정됨) 낮아져서, 등산가의 근육에 공급하기에 산소가 너무 없게 된다. 이 문제와 싸우기 위하여, 고산 등산가들은 높은 고도에 적응하기 위하여 보통 수개월을 소비하며, 이 기간 동안 적혈구에 있는 헤모글로빈의 양이 신체 내에서 크게 증가하고 따라서 적혈구가 포획할 수 있는 산소의 양이 증가된다. 라마와 야생 라마는 남아메리카의 안데스 산맥의 때로는 5천m가 넘는 높은 곳에서 생활한다. 이들은 저산소에 대하여 헤모글로빈 수준을 증가시키는 동일한 방식으로 대처를 하나요, 아니면 다른 해답이 있을까요?

오른쪽 아래의 그래프는 헤모글로빈이 산소와 결합하는 효율을 보여주는 3가지 산소부하 곡선을 나타낸다. 결합이 더 효과적일수록 헤모글로빈이 완전히 채워지는데 더 작은 양의 산소가 필요하다. 그래프에서 %헤모글로빈 포화도(얼마나 많은 헤모글로빈이 산소와 결합되어 있는가)는 y축에, 산소분압(헤모글로빈 분자가 이용할 수 있는 산소양의 척도)은 x축에 나타내었다. 해수면에서 생활하는 인간, 안데스 산맥의 5천m 위에서 생활하는 라마와 야생 라마에 대한 3종류의 포유류에 대하여 산소부하 곡선을 나타냈다.

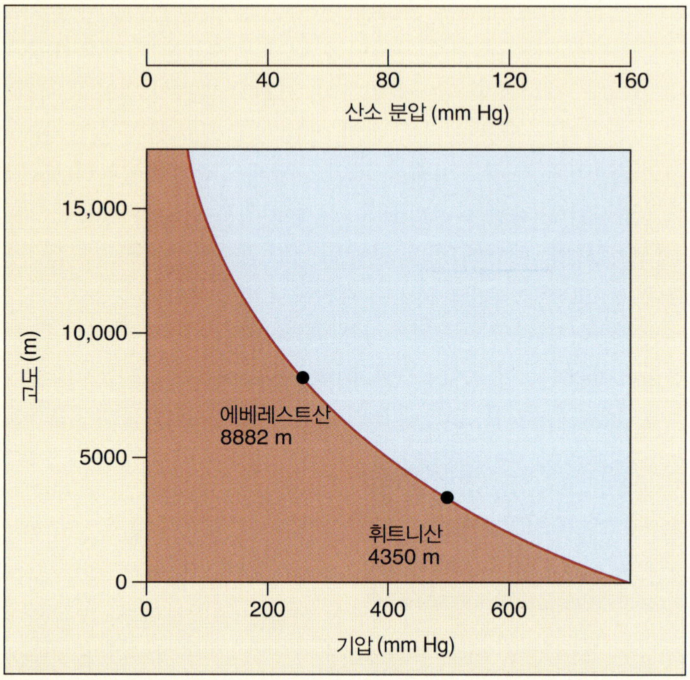

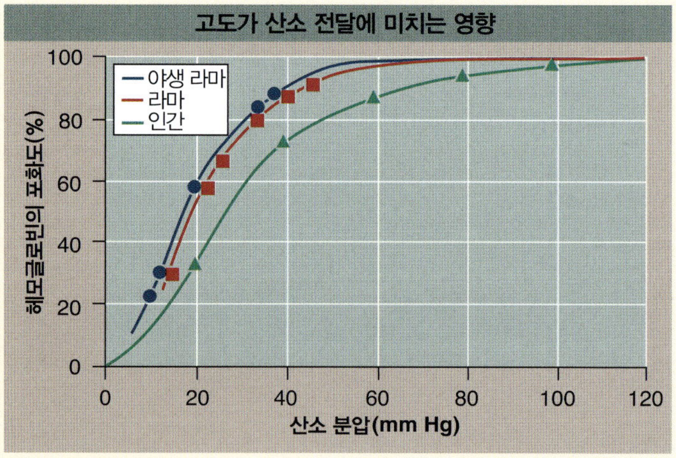

분석

1. **개념 적용**

   곡선의 비교. 아래 그래프를 외삽하면, 해수면 분압(160 mm Hg)에서 셋 중 어떤 종이 가장 산소를 잘 실을 수 있나요? 셋 중 어느 것이 에베레스트 산에서 가장 산소를 잘 실을 수 있는 헤모글로빈을 가지고 있나요? 산소의 분압은 위 그래프에서 찾으시오.

2. **자료의 해석**

   a. 해수면의 인간 근육조직에서 산소의 분압은 약 40 mm Hg이다. 이 분압에서 세 종은 각각 몇 %의 헤모글로빈이 O_2와 결합하나요? 인간 헤모글로빈의 몇 %가 산소를 방출했나요? 라마는? 야생 야마는?

   b. 높은 고도에서 생활하는 2종의 헤모글로빈 포화값에는 유의성 있는 차이가 있나요?

3. **추론하기:** 5천m 고도에서 산소의 분압은 80 mm Hg(해수면의 절반)이다. 이 고도에서 인간 헤모글로빈의 어느 정도가 산소와 결합하는가? 라마와 야생 라마의 헤모글로빈은 각각 어느 정도가 산소와 결합하는가?

4. **결론의 도출:** 산소부하곡선을 왼쪽으로 이동하면 어떠한 결과가 나타나나요? 이 3종에서 헤모글로빈의 산소 친화도에 관하여 어떠한 일반적인 진술을 할 수 있나요? 여러분은 태어나서부터 워싱턴 DC의 국립동물원에서 자란 라마의 포화값이 어떠하리라 예상하나요? 그렇게 예상한 이유는 무엇인가요?

학습 결과의 요약

호흡

호흡계의 유형

15.1.1 에너지를 획득하기 위하여, 모든 동물은 세포호흡에 연료를 공급하기 위하여 산소를 필요로 하며, 세포호흡의 노폐물인 이산화탄소를 배출해야만 한다. 그러나 동물들은 기체교환을 다른 방식으로 수행한다.

수서동물은 물에 용해된 산소를 추출한다. 일부는 그림 15.1과 같이 체표면을 가로질러 직접 획득하며, 다른 동물은 기체교환을 위한 표면적을 크게 증가시키는 아가미를 이용한다. 아가미의 복잡성은 수서동물에서 단순한 구조로부터 고도로 말려있는 어류의 아가미까지 크게 변화한다.

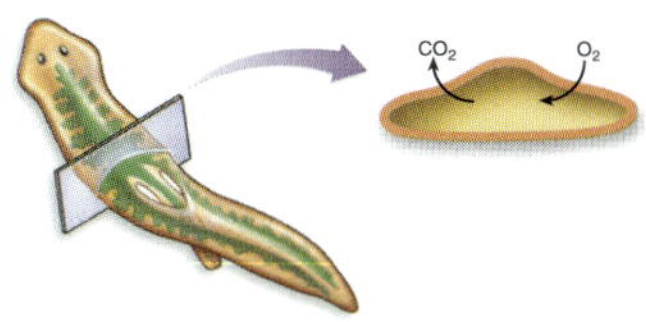

육상동물은 호흡관(trachea)나 허파를 이용하여 공기로부터 산소를 추출한다. 절지동물의 기관계는 숨구멍(spiracle)이라고 하는 밖으로 개방된 공기도관의 망상구조이다. 다른 육상동물은 기체교환이 모세혈관 벽과 폐포라고 하는 공기 주머니를 가로질러 일어나는 허파를 이용한다.

수서 척추동물에서의 호흡

15.2.1 어류의 아가미는 역류흐름 시스템으로 인하여 물로부터 산소를 추출하는데 매우 효율적이다(그림 15.2). 물은 아가미 필라멘트를 지나 역류흐름이라고 하는 모세혈관의 혈액흐름의 반대방향으로 한 방향으로 펌프된다. 이러한 흐름 양상으로 인하여, 아가미 위를 지나가는 물은 아래 혈액의 산소농도에 비하여 항상 높은 산소농도를 가지게 된다. 농도 차이는 산소가 혈액으로 확산되도록 추진한다.

포유류의 호흡계

15.3.1 포유류의 허파는 흉강이라고 하는 내강에 위치한다(그림 15.4). 기관지(bronchus)라고 하는 기도는 각각의 허파의 호흡관(trachea; 기관)과 연결되어 있다. 호흡관은 구강의 뒤쪽으로 시장되어 있는 관이다.

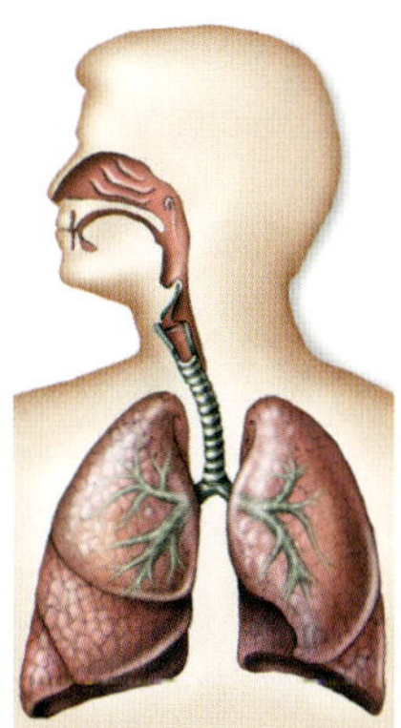

공기는 콧구멍을 통하여 들어가고 비강과 호흡관을 통과하여 내려가면서 덥혀지고 여과된다. 목구멍의 뒤에서 공기는 음식의 경로와 교차된다. 음식을 삼킬 때 후두개라고 하는 덮개가 호흡관 위를 닫아서 음식이 호흡관으로 내려가지 않도록 한다.

포유류 허파의 기도는 폐포에서 끝나며, 폐포는 모세혈관에 의하여 둘러싸여 있다. 기체교환은 폐포의 단일 세포층과 모세혈관 벽을 가로질러 일어난다.

허파의 외부와 흉강의 내부 층은 흉막으로 배열되어 있다. 이 두 막사이의 액체는 허파가 흉강의 벽에 달라붙도록 한다. 흉강에 배열된 근육의 수축은 허파의 공간을 확장시켜서, 공기가 허파로 빨려 들어가도록 한다. 근육의 이완은 공기가 나가도록 한다.

호흡은 어떻게 작용하는가: 기체 교환

15.4.1 산소는 적혈구 내에 있는 헤모글로빈 단백질에 의하여 운반되어 순환계를 따라 이동하며, 헤모글로빈은 허파에서 신체의 세포로 산소를 운반한다. 산소 농도가 높은 허파에서, 산소는 혈액의 적혈구로 확산되어 들어간다. 산소는 헤모글로빈의 헴기 내에 포함되어 있는 철 원자와 결합한다. 산소는 산소가 낮은 신체의 지역으로 운반된다. 산소는 주변 조직의 세포로 농도경사를 따라 낮은 곳으로 확산되어 들어간다.

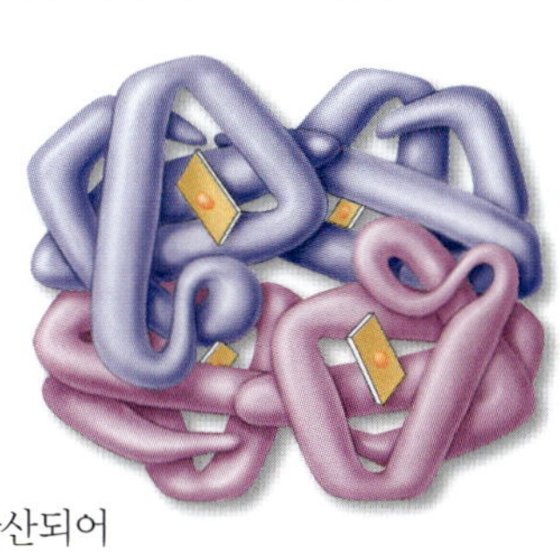

적혈구가 산소를 내려놓으면서, 이산화탄소를 흡수한다. CO_2는 주로 중탄산과 수소이온 형태로 운반된다. CO_2는 적혈구로 들어가서 탄소탈수효소에 의하여 탄산으로 변환된다. 탄산은 중탄산과 수소이온으로 해리된다. 중탄산은 염소이온의 역수송에 의하여 세포로부터 혈장으로 운반된다. 이 현상을 염소전이라고 한다.

CO_2를 중탄산으로 변환하는 것은 세포로부터 혈액으로 확산속도를 증가시켜준다. 허파에서는 탄산탈수효소의 각용이 거꾸로 작용하여, 중탄산과 수소이온을 이산화탄소로 변환시키며, 이산화탄소는 농도 경사를 따라 혈액에서 나와 폐포로 들어간다. 허파로 들어가면 CO_2는 날숨을 통해 신체에서 빠져나간다.

폐암과 흡연

폐암의 본질

15.5.1 암은 세포분열을 조적하는 책임이 있는 유전자의 손상을 일으키는 돌연변이로부터 초래된다. 이러한 돌연변이는 환경의 화학물질에 의하여 유발된다. 많은 양의 환경오염물질이 있는 지역에서 암의 발생도 높게 나타난다(그림 15.8).

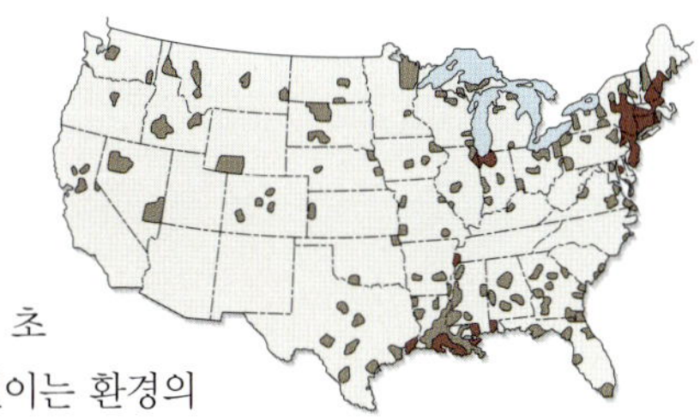

대부분의 암은 핵심적인 종양 억제자 유전자인 p53의 돌연변이와 연결되어 있다. 이 유전자의 단백질 산물은 세포분열을 통제하며, 분열해야하지 않을 때 세포가 분열하는 것을 방지한다. 만약 돌연변이가 이 유전자에 손상을 끼치면, 세포는 통제할 수 없이 분열할 수 있다.

폐암은 담배연기의 화학물질에 의하여 유발되는 돌연변이에 의하여 초래된다. 흡연과 폐암의 발생은 30년 정도의 간격을 두고 반영되는데, 이 기간은 암을 일으키는 돌연변이의 축적에 소요되는 시간이다.

이해의 측정

15.1.1 다음 어느 호흡기 구조가 수서동물에서 나타나리라 예상하는가?

a. 아가미 **c.** 폐포

b. 기관(호흡관) **d.** 숨구멍

15.2.1 어느 호흡 구조가 가장 효율적인가?

a. 양서류의 피부 **c.** 곤충의 호흡관

b. 어류의 아가미 **d.** 포유류의 허파

15.2.1 어류의 아가미에서, 역류흐름은?

a. 동물의 혈액이 계속적으로 낮은 산소농도의 물에 노출되도록 한다.

b. 동물의 혈액이 계속적으로 동일한 산소농도의 물에 노출되도록 한다.

c. 동물의 혈액이 계속적으로 높은 산소농도의 물에 노출되도록 한다.

d. 기체교환이 일어나도록 넓은 표면을 제공한다.

15.3.1 다음의 어느 경로가 허파로의 공기흐름을 맞게 나타내는가?

a. 비강 → 기관지 → 호흡관(기관) → 폐포→ 모세혈관

b. 호흡관(기관) → 기관지 → 모세혈관 → 폐포

c. 콧구멍 → 비강 → 호흡관(기관) → 기관지 → 폐포

d. 콧구멍 → 기관지 → 호흡관(기관) → 폐포

15.3.1 여러분이 심호흡을 하면, 가슴은 왜 움직이는가?

a. 들어오는 공기가 흉강을 확장하기 때문에.

b. 복근을 수축하는 것은 흉강이 밖으로 움직이게 하기 때문에.

c. 흉강 주변의 근육을 수축하는 것이 가슴을 밖으로 당기기 때문에.

d. 허파에 양압이 축적되어, 흉강이 확장되고 가슴을 밖으로 밀기 때문에.

15.4.1 산소는 무엇에 의하여 운반되나요?

a. 적혈구의 헤모글로빈.

b. 혈장에 용해되어서.

c. 혈장의 단백질에 결합되어서.

d. 혈장의 혈소판에 의해서.

15.4.1 이산화탄소는 대부분 어떻게 운반되나요?

a. 적혈구의 헤모글로빈에 의하여.

b. 혈장의 중탄산 형태로.

c. 혈장의 단백질에 의하여.

d. 적혈구 세포의 탄산 형태로.

15.4.1 다음 중 헤모글로빈이 운반하지 않는 것은?

a. 중탄산 **c.** 이산화탄소

b. 산소 **d.** 모두 헤모글로빈에 의하여 운반된다.

15.4.1 포유류 호흡에 연관되지 않은 것은?

a. 산소의 확산

b. 이산화탄소의 능동적인 운반

c. 음압의 생성

d. 염소전이

15.5.1 다음 중 어느 것이 암을 일으킬 수 있나요?

a. 흡연 **c.** p53의 돌연변이

b. 오염 **d.** 위의 모든 것.

이해의 적용

15.4.1 어떤 사람이 탄소탈수효소의 작용을 차단하는 화학물질로 중독되었다면 이산화탄소 운반에 어떠한 일이 발생할지 설명하시오.

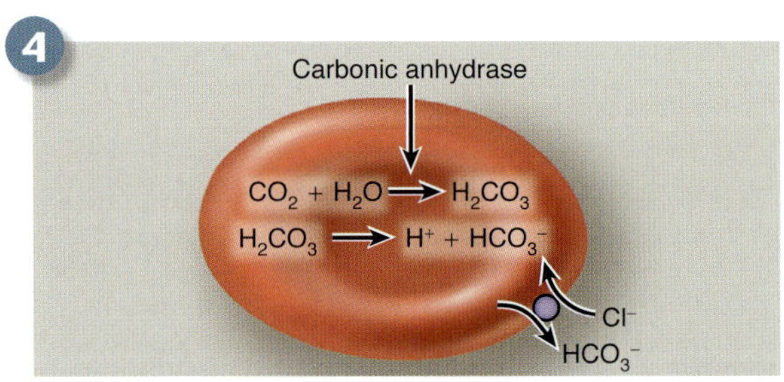

CO_2 is converted to H_2CO_3 in the red blood cell by carbonic anhydrase and then dissociates into H^+ and HCO_3^-. HCO_3^- is transported out of the red blood cell by "chloride shift."

15.5.1 여러분은 흡연과 여성의 건강사이에 어떠한 결론을 도출할 수 있나요? 그 이유를 설명하시오.

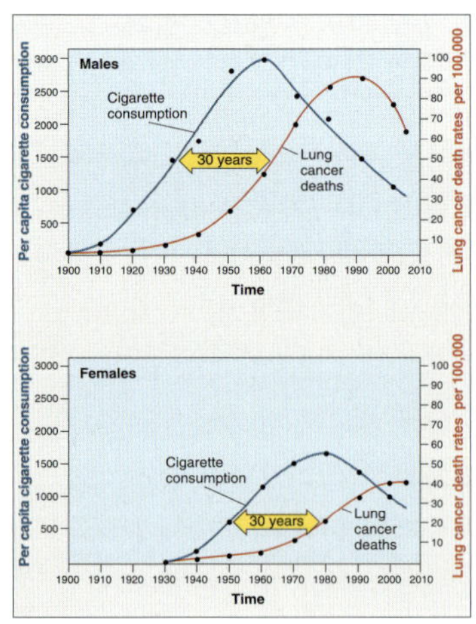

학습 내용의 종합

15.3.1 사람들이 먹을 때 가끔 너무 큰 조각을 취하거나 또는 완전히 씹어지지 않아서, 삼킬 때 후두개(epiglottis; 삼킬 때 호흡관을 덮는 덮개) 부근의 식도에 부분적으로 걸리는 경우가 있다. 이 위치에 음식이 걸리면, 사람은 보통 호흡을 할 수 없다. 이러한 일이 발생한 사람을 도와주기 위하여, 하임릭 응급법(Heimlich maneuver)이라고 하는 횡격막을 빠르게 눌러서 허파를 압박하는 방법을 사용하도록 교육받았다. 이것이 어떻게 도와줄까요?

15.5.1 흡연이 단지 폐암만이 아니라 다른 많은 종류의 암 발생이 증가하는 것과 어떻게 연관될 수 있을까요?

Chapter 16

동물 체내를 통한 음식의 경로

The Path of Food Through the Animal Body

개관(CHAPTER AT A GLANCE)

음식 에너지와 필수 영양분 Food Energy and Essential Nutrients

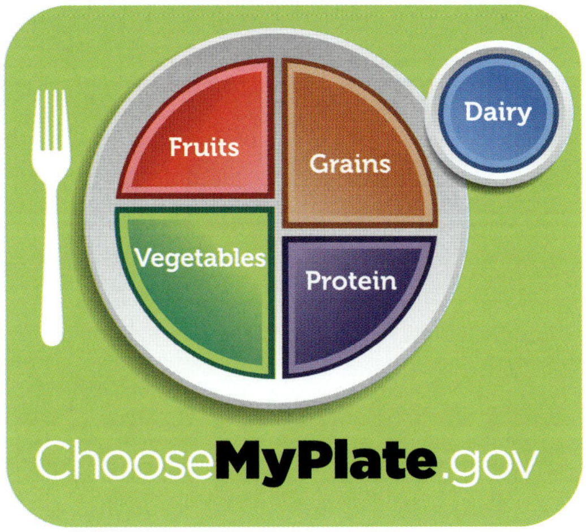

그림 16.1 영양요리접시.

미국 농무성(Department of Agriculture)의 건강한 식단의 지침은 사람이 먹는 방식으로 조직화된 음식접시 기호를 이용한다. 여러분의 식단 접시의 절반은 과일과 야채로 채워지고, 나머지 절반은 알곡과 살코기의 단백질로 채워질 것이 권장된다. 지방은 모든 경우 회피해야 한다. 옆에 표시된 유제품은 지방을 제거한 우유와 요구르트와 같은 저지방 제품을 선호해야 한다. 접시의 절반을 과일과 야채로 채우는 것은 열량을 줄여준다. 접시는 비타민, 섬유소, 그리고 철분과 같은 영양분이 제거된 흰쌀이나 흰빵과 같은 가공된 곡물보다 알곡을 강조한다.

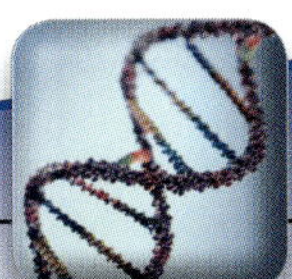

뉴스에서

땅콩버터 논란. 매년 아프리카와 남아시아에서 2천만 명 정도의 어린이에서 심각한 영양실조가 발생한다. 새로운 유형의 바로 이용할 수 있는 식품이 심각한 영양실조를 치료하는 방법을 변화시키고 있다. 치유급식소에서 어린이들은 신속히 건강을 진단하여, 영양실조일 경우 은빛의 봉투를 준다. 봉투를 열어서 진한 땅콩버터처럼 보이는 갈색의 반죽 92g을 짜서 먹는다. 불룩한 견과(Plumpy'Nut)이라고 하는데, 이는 식물성 기름, 우유가루, 설탕, 그리고 미네랄과 비타민 혼합물과 결합된 구어서 가루로 만든 땅콩으로 이루어져 있다. 한 번의 차림에는 550 Cal의 열량과 풍부한 단백질, 비타민, 그리고 미네랄이 포함되어 있다. Plumpy'Nut는 저장수명이 길고, 분말우유처럼 물과 혼합할 필요가 없으며(그 지역에는 물이 없거나 건강에 좋지 않다), 어머니가 집에서 아기에게 먹이기가 간단하며, 어린애들도 달콤하고 끈끈한 물질을 좋아한다. 극심한 영양실조인 어린이의 80%가 Pumpy'Nut을 섭취하고 회복되었다. Plumpy'Nut과 같은 땅콩버터 같은 반죽을 영양실조의 위험에 처해있는 아이들에게 더 널리 분배해야 할까요? 이러한 방법으로 영양실조를 방지하기 위해 시도하는 비용은 고가이다(2007년 한 어린이당 6만원 꼴인 $55였음). 많은 사람들은 이 접근방법이 비용효과적이 아니며 널리 확산하는 것은 빈곤한 나라가 전적으로 외부원조에 의존하게 만든다고 논쟁한다. 한 가지 해결책은, 세계보건기구(World Health Organization)에 의하여 2008년에 논의되었듯이, Plumpy'Nut을 예를 들면 가장 비싼 성분인 분말우유를 콩으로 대체하여, 그 지역에서 보다 저렴하게 생산하는 것이다.

16.1 에너지와 생장을 위한 음식

학습 목표 16.1.1 균형 잡힌 식단이 어떻게 BMI에 영향을 미치고 왜 중요한지 논의한다.

동물이 섭취하는 음식은 에너지원이면서 동시에 동물 신체가 스스로 합성할 수 없는 아미노산과 지방과 같은 필수 분자를 제공한다. 최선의 식단은 그림 16.1의 연방정부가 권장하는 영양요리접시처럼 과일, 채소, 곡물, 단백질, 그리고 유제품의 등을 균형 있게 포함한다. 이 요리접시는 사람이 섭취해야 할 일반적인 지침을 제공하기 위한 목적이다. 사람 식단의 절반 정도는 과일과 채소이어야 하고, 나머지 절반은 단백질, 알곡, 그리고 유제품을 포함해야 한다. 지방은 에너지가 풍부한 수많은 탄소-수소 결합을 가지고 있어서 탄수화물이나 단백질에 비하여 단위 g 당 훨씬 높은 에너지를 가지고 있기 때문에 소량만 섭취할 것이 권장된다.

탄수화물은 주로 곡물(갈색 부분), 과일(붉은색 부분), 그리고 채소(녹색 부분)로부터 획득된다. 평균적으로 탄수화물은 g당 4.1 Cal를 함유하고 있으며, 지방은 탄수화물과 견주어보면 2배가 넘는 g당 9.3 Cal의 열량을 포함하고 있다. 식이지방은 기름, 마아가린, 그리고 버터로부터 획득되며 튀김음식, 고기, 그리고 감자 칩과 크래커 같은 가공된 간식용 음식에 다량으로 포함되어 있다. 탄수화물과 같이 단백질도 g당 4.1Cal의 열량을 함유하고 있으며, 유제품, 가금류, 육류(푸른색과 자주색 부분), 그리고 곡물과 같은 많은 음식으로부터 획득될 수 있다.

심각한 과체중은 종종 지방이 총 열량흡수의 35% 이상을 차지하는 고지방 식단의 결과이다. 적절한 체중의 국제적인 표준척도인 신체비만지수(BMI; body mass index)는 여러분의 kg 체중을 m 신장의 제곱으로 나눈 것이다. 그림 16.2에 BMI 도표를 나타내었다. 여러분의 BMI를 결정하기 위하여 왼쪽 열에서 여러분의 신장을 찾고, 체중으로 가로지르시오. BMI 값이 25(진한 파란색 상자) 이상이면 과체중이고 30 이상이면 비만으로 간주된다. 미국에서 국립보건원(National Institute of Health)은 2004년 미국 성인의 66%인 1억 3천3백6십만 명의 미국인이 신체비만지수가 25 이상인 과체중으로 추정하였다. 이러한 사람들 중에서 6천3백6십만 명이 신체비만지수가 30 이상인 비만으로 간주되었다. 과체중은 관상심장질환, 당뇨, 그리고 많은 다른 질환과 높은 상관관계를 보인다. 그러나 BMI 지수 18.5 미만도, 종종 신경성 식욕부진(anorexia nervosa) 같은 섭식장애로 나타나는데, 또한 건강하지 않다.

모든 동물은 먹어야만 한다. 완전히 쉬고 있는 동물도 대사작용을 지탱하기 위하여 에너지를 요구한다. 이러한 에너지 소비의 최소속도는 기초대사율(BMR; basic metabolic rate)이라고 하며, 개인별로 비교적 일정하다. 운동은 기초수준 이상으로 물질 대사율을 높이며, 따라서 일일 신체가 요구하는 에너지의 양은 BMR뿐 아니라 신체적 활동의 수준에 의해서도 결정된다. 물질 대사나 운동에 의하여 이용되지 않은 에너지는 지방으로 저장된다. 따라서 에너지 요구는 식단의 선택(열량의 흡수)와 운동에 의하여 소비된 에너지의 양에 의하여 변경될 수 있다.

개념의 적용

여러분의 개인적인 신체비만지수를 계산하시오. 여러분은 과체중인가요?

25 과체중 한계 　 과체중

WEIGHT / HEIGHT	100	105	110	115	120	125	130	135	140	145	150	155	160	165	170	175	180	185	190	195	200	205
5' 0"	20	21	21	22	23	24	25	26	27	28	29	30	31	32	33	34	35	36	37	38	39	40
5' 1"	19	20	21	22	23	24	25	26	26	27	28	29	30	31	32	33	34	35	36	37	38	39
5' 2"	18	19	20	21	22	23	24	25	26	27	27	28	29	30	31	32	33	34	35	36	37	37
5' 3"	18	19	19	20	21	22	23	24	25	26	27	27	28	29	30	31	32	33	34	35	35	36
5' 4"	17	18	19	20	21	21	22	23	24	25	26	27	27	28	29	30	31	32	33	33	34	35
5' 5"	17	17	18	19	20	21	22	22	23	24	25	26	27	27	28	29	30	31	32	32	33	34
5' 6"	16	17	18	19	19	20	21	22	23	23	24	25	26	27	27	28	29	30	31	31	32	33
5' 7"	16	16	17	18	19	20	20	21	22	23	23	24	25	26	27	27	28	29	30	31	31	32
5' 8"	15	16	17	17	18	19	20	21	21	22	23	24	24	25	26	27	27	28	29	30	30	31
5' 9"	15	16	16	17	18	18	19	20	21	21	22	23	24	24	25	26	27	27	28	29	30	30
5' 10"	14	15	16	17	17	18	19	19	20	21	22	22	23	24	24	25	26	27	27	28	29	29
5' 11"	14	15	15	16	17	17	18	19	20	20	21	22	22	23	24	24	25	26	26	27	28	29
6' 0"	14	14	15	16	16	17	18	18	19	20	20	21	22	22	23	24	24	25	26	26	27	28
6' 1"	13	14	15	15	16	16	17	18	18	19	20	20	21	22	22	23	24	24	25	26	26	27
6' 2"	13	13	14	15	15	16	17	17	18	19	19	20	21	21	22	22	23	24	24	25	26	26
6' 3"	12	13	14	14	15	16	16	17	17	18	19	19	20	21	21	22	22	23	24	24	25	26
6' 4"	12	13	13	14	15	16	16	16	17	18	18	19	19	20	21	21	22	23	23	24	24	25

그림 16.2 여러분은 과체중인가요?

이 도표는 누가 과체중인지를 결정하기 위하여 연방보건당국에 의하여 사용되는 신체비만지수(BMI; body mass index)를 나타낸다. 여러분의 신체비만지수는 신장과 체중이 교차되는 지점이다.

생장에 필수적인 물질 Essential Substances for Growth

학습 목표 16.1.2 우리가 왜 필수아미노산, 미량원소, 그리고 비타민을 요구하는지 설명한다.

진화과정을 거치면서, 많은 동물들은 자신들이 필요로 하는 특정한 물질을 제조하는 능력을 상실하였다. 예를 들어 모기는 콜레스테롤을 생산할 수 없기 때문에 음식에서 획득하여야만 하며, 인간의 혈액에는 콜레스테롤이 풍부하다. 인간은 단백질을 합성하기 위하여 이용되는 20가지 아미노산 중에서 리신, 트립토판, 트레오닌, 메티오닌, 페닐알라닌, 류신, 이소류신, 그리고 발린과 같은 8가지 아미노산을 생산할 수 없다. 이러한 아미노산을 필수아미노산이라고 하며, 따라서 우리가 섭취하는 식품에 있는 단백질로부터 획득해야 한다.

미량원소(Trace Elements). 에너지를 공급하는 것에 추가하여, 음식은 아주 작은 양만 필요한 다양한 종류의 **미량원소**(trace element)를 공급해야만 한다. 미량원소에는 요오드(갑상선 호르몬의 성분), 코발트(비타민 B12의 성분), 아연과 몰리브덴(효소의 성분), 망간, 그리고 셀레늄이 포함된다.

비타민(Vitamin). 미량으로 이용되는 유기물질을 **비타민**(vitamin)이라고 한다. 예를 들어 인간, 원숭이, 그리고 모르모트는 아스코르브산(비타민 C)을 합성할 수 없으며, 식단에 비타민 C가 공급되지 않으면 괴혈병이라고 하는 약하고 스펀지 같은 잇몸, 그리고 피부와 점질 막의 출혈을 일으키는 치명적인 질병을 발생하게 된다.

개념의 적용

20종류의 아미노산 중에서 왜 8종류만을 필수아미노산이라고 하나요?

생물학과 여러분

비타민 보조제: 알약 속의 영양분? 오늘날 어디를 가든지 우리는 식품보조제의 건강상 혜택에 대하여 권유하는 수많은 광고의 폭격에 접하게 된다. 비타민 C를 대량으로 섭취하면 감기에 걸리지 않게 도와주고, 항산화 비타민(A, C, 그리고 E)는 심장마비와 암을 방지하는 것을 돕는다고 이야기된다. 이것 중 어느 하나라도 사실인가요? 식이보조제는 우리를 건강하게 해주나요? 대부분의 건강전문가에 의하면 답은 "아니다"입니다. 미국심장협회(American Cancer Society)는 건강한 사람은 건강한 식단을 섭취하여 적절한 영양분을 획득한다고 이야기하며, 보조제를 권장하지 않는다. 비타민 항산화제를 더 많이 섭취하면 전반적인 혜택이 있는지에 대한 임상실험이 진행 중에 있는데, 초기의 결과는 위약 대조군과 비교하여 비타민 E의 혜택이 전혀 없는 것으로 나타났다. 여러분이 채식주의자이거나 하루에 1,600 Cal 미만을 섭취한다면 식이보조제가 필요할지 모르지만, 대부분에게 이러한 보조제들은 허비되는 것으로 보인다. 유일한 예외는 심장질환의 위험을 감소시키는 것으로 알려진 오메가-3 지방산이다. 여러분이 연어, 청어, 그리고 송어와 같은 오메가-3가 풍부한 생선을 섭취하지 않는다면, 미국심장협회는 이러한 보조제가 가치가 있을 수 있다고 시사한다.

소화 Digestion

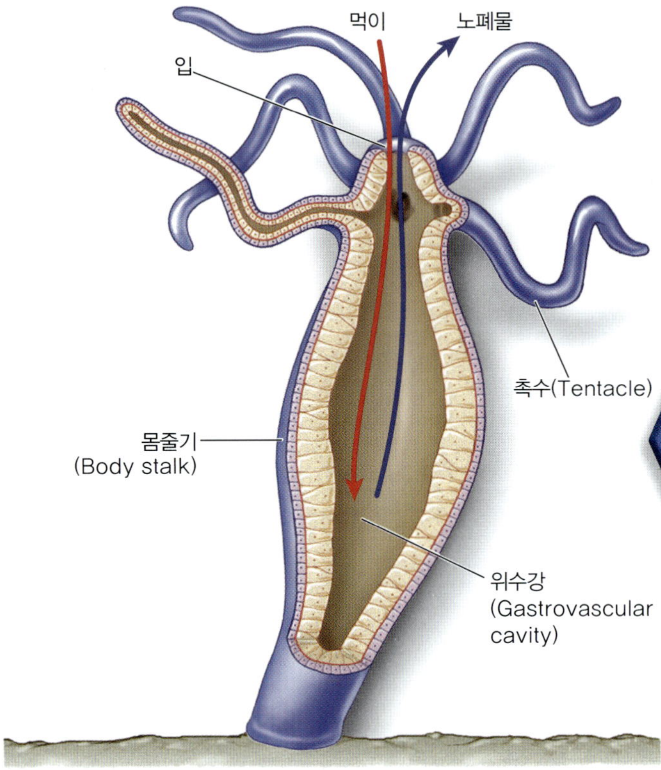

그림 16.3 히드라의 위수강(gastrovascular cavity).

16.2 소화계의 유형 Types of Digestive Systems

학습 목표 16.2.1 세포내소화와 세포외소화를 대비하고, 소화관에 대해 서술한다.

종속영양생물은 음식원에 기초하여 3개의 집단으로 구분할 수 있다. 식물만을 배타적으로 섭취하는 것을 **초식동물**(herbivore)이라고 하며 소, 말, 토끼, 그리고 참새가 포함된다. 고양이, 독수리, 송어, 그리고 개구리는 고기를 먹으며 **육식동물**(carnivore)이라고 불린다. **잡식동물**(omnivore)은 식물과 다른 동물을 다 먹는 동물이다. 사람은 돼지, 곰, 그리고 까마귀처럼 잡식동물이다.

> 해면동물(sponge)의 음식을 흡수하고 분해하는 세포의 유형은 깃세포(choanocyte)이다. 편모를 쳐서 물과 음식을 세포 쪽으로 가져와, 음식 입자를 잡아서 세포로 들여와 소화한다.

단세포 생물과 해면과 같은 하등 동물은 세포내에서 음식을 소화하며, 세포 내부에 있는 소화효소를 이용하여 음식물 입자를 분해한다. 다른 동물들은 음식을 세포외부에서 소화강 내에서 소화한다. 이 경우 소화효소는 동물의 내부환경과 연속되어 있는 체강으로 분비된다. 편형동물(*Planaria*와 같은)과 그림 16.3의 히드라 같은 자포동물에서 소화강은 윗부분에 동시에 입(붉은색 화살표)과 항문(파란색 화살표) 역할을 하는 하나의 개구부만을 가지고 있다. *위수강*(gastrovascular cavity)이라고 하는 이러한 유형의 소화계는 전문화가 되어 있지 않는데, 그 이유는 모든 세포들이 음식호화의 모든 단계에 노출되기 때문이다.

전문화는 소화관(alimentary track)이 분리된 입과 항문을 가지고 있을 때 나타나며, 따라서 음식물의 운반은 일방통행이다. 그림 16.4에 3가지 예를 나타내었다. 가장 단순한 소화관은 선충류(Nematoda 문)에서 나타나며, 단순히 상피 막으로 배열된 관상의 *창자*(gut)이다. 지렁이(환형동물; Annelida 문)는 소화, 저장(crop; 절단설), 분절(모래주머니), 소화, 그리고 음식의 흡수(장)과 같이 소화의 다른 부분에 전문화된 소화관을 가지고 있다. 도롱뇽 같은 더 고등한 동물에서도 유사한 전문화를 볼 수 있다.

섭취된 음식은 소화관의 특화된 지역에 저장되거나, 먼저 이빨의 저작작용이나(많은 척주동물의 구강에서) 또는 자갈의 연마작용(지렁이와 새의 모래주머니)을 통하여 물리적으로 단편화된다. 화학적인 소화의 과정은 장에서 일어나며, 다당류, 지방, 그리고 단백질을 작은 소단위로 분해한다. 화학적 소화는 음식으로부터 주로 단당류, 아미노산, 그리고 지방산의 형태의 소단위로 가수분해하여 방출하는 반응을 포함한다. 이러한 화학적 소화의 산물은 창자의 상피세포를 통과하여 전달되어 흡수라는 과정을 통하여 궁극적으로 혈액으로 들어간다. 흡수되지 않은 분자는 동물에 의하여 이용될 수 없다. 노폐물은 항문을 통하여 신체에서 배설된다.

> 3장에서 논의되었듯이, 탄수화물, 단백질, 그리고 지방의 화학결합은 가수분해라고 하는 물 분자의 추가에 의하여 분해된다.

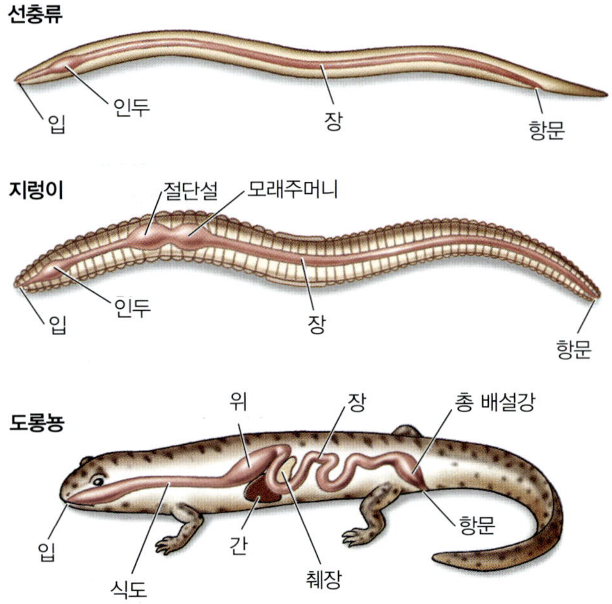

그림 16.4 일방통행의 소화관.
소화관을 통한 일방통행의 운동은 소화계의 다른 부분이 다른 기능으로 전문화될 수 있도록 한다.

개념의 적용

전문화는 지렁이에서는 일어나는데, 편형동물의 소화관 내에서는 일어나지 않나요? (그림 14.1을 참조하시오).

16.3 척추동물 소화계

Vertebrate Digestive Systems

학습 목표 16.3.1 척추동물 소화계의 요소와 소화관의 층에 대하여 서술한다.

사람과 다른 척추동물에서 소화계는 관상의 위장관과 부속 소화기관으로 이루어져 있다(그림 16.5). 위에서부터 내려오면서 위장관의 최초 구성요소는 입과 인두이며, 이는 구강과 비강의 공통적인 통로이다. 인두는 음식을 위로 운반하는 근육으로 이루어진 관인 식도로 연결된다. 일부 예지적인 소화가 일어나는 위로부터 음식은 소장의 첫 부분으로 전달되며, 그 곳에서 한 벌의 소화효소가 소화과정을 계속한다. 간, 쓸개, 그리고 췌장과 같은 보조 소화기관은 소화를 돕는다. 소화산물은 소장의 벽을 가로질러 혈류로 들어간다. 소장은 남은 것을 대장(colon)으로 비우며, 대장에서는 수분과 미네랄이 계속하여 흡수된다. 포유류를 제외한 대부분의 동물에서, 대장에서 나온 노폐물은 총배설강(cloaca)이라는 체강으로 들어가며(그림 16.4의 도롱뇽을 보시오), 총배설강은 비뇨기계와 생식계의 생성물도 받아들인다. 포유류에서 비뇨생식기계의 생성물은 대장의 대변과 분리된다. 대변물질은 직장으로 들어가서 항문을 통하여 방출된다.

척추동물의 관상 위장관은 특징적인 층상 구조를 가진다(그림 16.6). 내부(내강; lumen)로부터 바깥쪽으로 보면, 가장 내부층이 내강에 배열된 점막(mucosa)이다. 다음의 주된 조직층은 연결조직으로 이루어진 점막하조직(submucosa)이다. 점막하조직의 바로 바깥쪽에 평활근의 이중층인 근육층(muscularis)이 있다. 내부층의 근육은 고리모양(환상; circular)의 배열을 가지고 있으며, 바깥층의 근육은 세로로 배열되어 있다. 장막(serosa)이라고 하는 외부 연결조직층은 관의 외부 표면을 덮고 있다. 신경총(plexus)이라는 지역에 얽혀있는 신경은 점막하조직에 위치하며 위장의 활동을 조절하는 것을 도와준다.

일반적으로, 육식동물은 초식동물에 비하여 크기에 비하여 짧은 장을 가지고 있다. 짧은 장은 육식동물에게는 적합하지만, 초식동물은 소화가 잘 되지 않는 대량의 식물 셀룰로오스를 소화한다. 이러한 초식동물은 길고 말려 있는 소장을 가지고 있다. 추가적으로 풀과 다른 식생을 소비하는 *반추동물*(ruminant; 소와 같은 동물)이라 불리는 포유류는 여러 방으로 이루어진 위를 가지고 있으며, 미생물이 셀룰로오스의 소화를 돕는다. 이러한 동물은 *혹위*(rumen)의 내용물을 반추하여 다시 씹어서, 셀룰로오스를 더욱 더 분해한다. 이 활동을 반추(rumination) 또는 새김질한다고 한다. 새김질한 물질은 위의 다른 방으로 가서 소화가 계속된다. 토끼와 말과 같은 다른 초식동물은 *맹장*(cecum)이라고 하는 대장의 시작점에 위치한 끝이 막힌 주머니에서 세균의 도움으로 셀룰로오스를 분해한다. 맹장은 위를 지나서 위치하기 때문에 내용물을 반추하는 것은 불가능하다. 그러나 설치류와 토끼는 자신의 배설물을 먹어서, 음식을 소화관으로 두 번째로 통과시켜 소화된 셀룰로오스가 흡수될 수 있도록 한다.

개념의 적용

혹위의 기능은 맹장과 어떻게 상이한가?

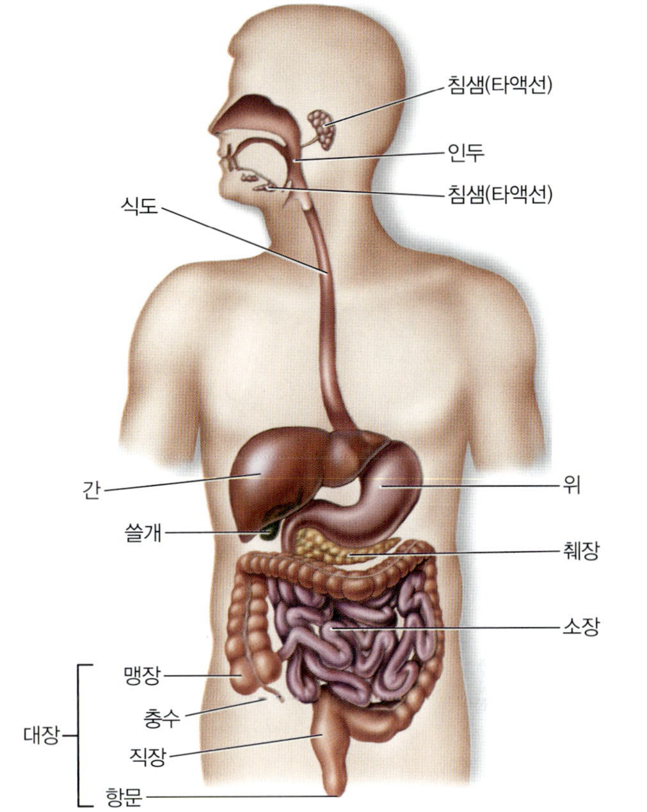

그림 16.5 인간의 소화계.
관상의 위장관과 보조 소화기관을 나타내었다. 대장은 맹장에서 항문까지 연장된다.

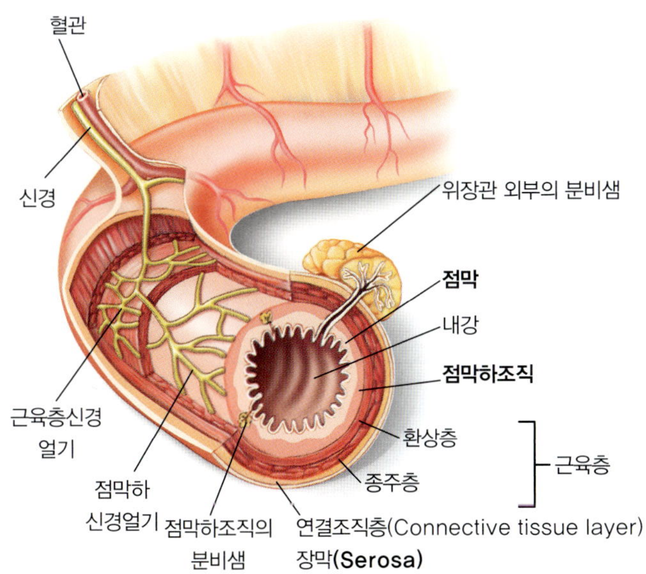

그림 16.6 위장관의 층.
점막은 배열된 상피를 포함하녀, 점막하 조직은 외부 장막층과 마찬가지로 연결조직으로 구성되어 있으며, 근육층은 평활근으로 구성되어 있다.

그림 16.7 소화 여행의 시작.

광합성을 하는 동물은 없다. 모든 동물은 생존하기 위하여 연속적으로 식물이나 다른 동물을 소비해야한다. 음식이 포유류로 들어가서 통과하는 여행은 치아에서 시작된다. 이 들개의 입에 있는 풀은 소화되기 전에 씹히고 소화되어 들개의 세포 내에서 신체조직, 에너지, 그리고 찌꺼기로 변환될 것이다.

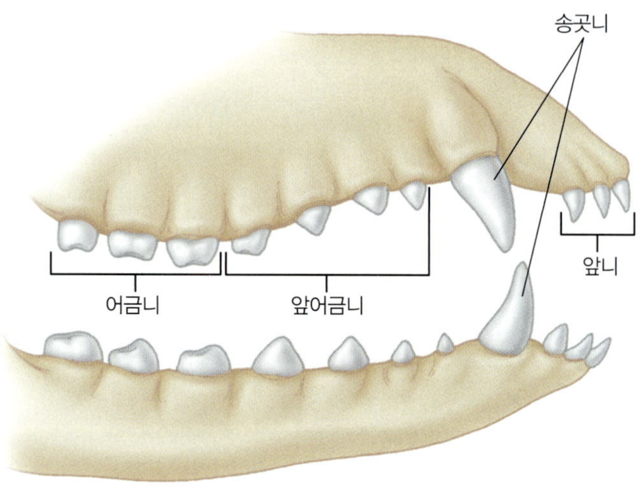

그림 16.8 이치형 치열의 그림.

다른 포유류는 동물이 초식동물인지, 육식동물인지, 아니면 잡식동물인지에 따라 이치의 정의에 특정한 변화를 가지고 있다. 이 육식동물의 경우, 음식을 잡아 뜯고 찢을 수 있도록 적응되어 송곳니가 현저하며, 작은 어금니와 어금니가 뾰족하다. 초식동물에서는 일부 앞니가 크고, 송곳니는 축소되거나 없으며, 작은 어금니와 어금니는 편평하게 되어, 식물을 물고 으깨도록 적응되어 있다.

16.4 구강과 치아 The Mouth and Teeth

다양한 척추동물의 소화계의 전문화는 그러한 동물들이 생활하는 차이를 반영한다. 대부분의 척추동물은 치아(그림 16.7)를 가지고 있으며, 씹는 것(저작; mastication)은 음식을 잘게 쪼개고 액체 분비물과 혼합한다. 새들은 치아가 없기 때문에 모래주머니라고 하는 위의 방에서 음식을 쪼갠다. 모래주머니는 새가 섭취한 작은 자갈을 포함하고 있으며, 근육의 작용에 의하여 음식과 함께 휘젓는다. 이러한 휘젓음은 열매와 다른 단단한 식물물질을 장에서 더 용이하게 소화될 수 있는 작은 조각으로 으스러뜨린다.

척추동물의 치아 Vertebrate Teeth

학습 목표 16.4.1 치아의 내부구조와 4종류의 척추동물 치아의 기능을 서술한다.

포유류와 어류는 모든 치아가 동일한 동치형(homodont)의 치열을 가지고 있다. 그러나 대부분의 포유류는 상이한 전문화된 유형의 이를 가진 이치형(heterodont) 치열을 가지고 있다. 앞니는 물고 물어뜯는데 이용되는 끌 모양의 치아이며; 송곳니는 음식을 찢는데 이용되는 날카롭고 뾰족한 치아이며; 작은 어금니와 어금니는 갈고 으깨는데 이용되는 편평하고 융기가 있는 표면을 가지고 있다. 포유류의 위와 아래턱에 있는 전면 치아가 앞니이다. 앞니의 양쪽에 있는 것이 송곳니이다. 송곳니 뒤쪽에 자은 어금니와 어금니가 있다.

이러한 이치형 치열의 일반적인 양상은 다른 동물에서 먹이에 따라 변형된다(그림 16.8). 예를 들면 육식성 포유류에서는 송곳니가 현저하며, 작은 어금니와 어금니는 칼날처럼 생겨서 날카로운 가장자리가 자르고 베는데 적응되어 있다. 육식동물은 종종 먹이를 조각으로 찢지만 씹을 필요는 거의 없는데, 그 이유는 소화효소가 동물세포에 직접 작용할 수 있기 때문이다. (여러분들은 고양이나 개가 먹이를 꿀꺽꿀꺽 삼키는 것을 본적이 있나요?) 대조적으로 소와 말 같이 풀을 먹는 초식동물은 소화하기 전에 식물조직의 셀룰로오스로 이루어진 세포벽을 분쇄해야한다. 이러한 포유류에서 앞니는 풀과 다른 식물을 자르는데 이용되고, 송곳니는 축소되거나 존재하지 않으며, 앞어금니와 어금니는 크고 으깨기 위하여 복잡한 융기를 가진 편평한 치아이다.

사람은 잡식동물이며, 사람의 치아는 식물과 동물 음식 모두를 먹을 수 있도록 적응되어 있다. 간단히 보면, 입의 앞부분은 육식동물이며 뒷부분은 초식동물이다. 어린이는 단지 20개의 치아를 가지고 있지만, 이 일시적인 유치는 어린 시절에 32개의 성치로 대체된다. 세 번째 어금니는 사랑니 또는 지치(wisdom teeth)라고 하며 보통 사람이 어느 정도의 지혜를 얻게 되는 10대 후반이나 20대 초반에 성장한다.

그림 16.9에서 볼 수 있듯이, 치아는 살아있는 기관이며, 연결조직, 신경, 그리고 혈관으로 이루어져 있으며, 치아를 턱에 고정시켜주는 뼈 같은 물질인 시멘트질에 의하여 자리를 잡는다. 치아의 내부는 치근관까지 연장되고 신경과 혈관을 포함하고 있는 치수(pulp)라고 하는 연결조직을 포함하고 있다. 상아질(dentin)이라고 하는 칼슘화된 조직층이 치수강을 둘러싸고 있다. 잇몸 위로 돌출된 치아의 부분을 치관(crown)이라고 하며 법랑질(enamel)이라고 하는 매우 단단하고 죽어있는 물질로 덮여져 있다. 법랑질은 마멸과 구강에 서식하는 세균에 의하여 생성되는 산으로부터 치아를 보호한다. 충

치는 세균의 산이 법랑질을 분해할 때 형성되며, 세균이 치아의 내부 조직을 감염할 수 있도록 한다.

개념의 적용

치아를 양치질 하는 것은 왜 충치를 방지하나요?

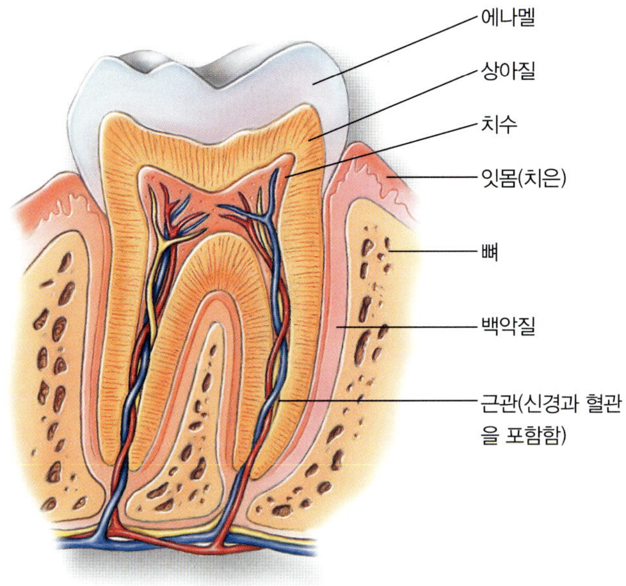

그림 16.9 인간의 치아.

척추동물의 치아는 살아있으며, 신경과 혈관을 포함하고 있는 중앙의 치수(pulp)를 가지고 있다. 실제로 씹는 표면은 치아의 몸체를 형성하는 연한 상아질 위의 법랑질 층이다.

구강에서 음식의 처리 Processing Food in the Mouth

학습 목표 16.4.2 타액(침)의 역할과 삼키는 과정의 단계를 묘사한다.

입 내부에서 혀는 음식을 타액(침; saliva)이라고 하는 점액성 용액과 혼합한다. 인간에서 입의 점액 배열에 있는 도관을 통하여 침을 입으로 분비하는 3쌍의 침샘이 있다. 침은 음식을 축축하게 하고 윤활하여 삼키기 쉽게하고 식도를 통하여 내려가면서 조직을 마모하지 않게 한다. 침은 타액 아밀라아제라고하는 가수분해 효소를 포함하고 있는데, 아밀라아제는 다당류 녹말을 이당류 맥아당으로의 분해를 시작한다. 그러나 이 소화는 사람에서 최소한 일어나는데, 그 이유는 대부분의 사람이 음식을 오래 동안 씹지 않기 때문이다.

침샘의 분비는 신경계에 의하여 통제되는데, 입에 음식이 없을 때 사람은 분당 0.5 ml의 침이 일정하게 흐르도록 유지된다. 이러한 연속적인 분비는 입이 축축하도록 유지시켜 준다. 입에 음식이 존재하면 타액의 분비가 증가되도록 유발하는데, 입의 미각에 민감한 뉴런이 두뇌에 자극을 보내서 두뇌는 침샘을 자극한다. 가장 강력한 자극은 레몬주스와 같은 산성용액인데 타액의 분비 속도를 8배까지 증가시킬 수 있다. 시각, 청각, 또는 음식의 냄새도 개에서 타액의 분비를 현저하게 자극할 수 있는데, 사람에게는 이러한 자극이 음식을 생각하거나 음식에 대하여 이야기하는 것보다 훨씬 효과가 작다.

삼키기 Swallowing

음식을 삼킬 준비가 되면, 혀는 음식을 입의 뒤쪽으로 운반한다. 포유류에서 삼키는 과정의 시작은 연구개가 올라가서 인두의 뒤쪽 벽을 밀면서 시작된다(그림 16.10). 연구개의 상승은 비강을 밀폐하여 음식이 들어가는 것을 방지한다❶. 인두에 대한 압력은 그 벽 내부에 있는 뉴런을 자극하며, 이 자극은 두뇌의 연하중추에 자극을 보낸다. 이에 반응하여 근육은 수축되도록 자극되며 후두(larynx)가 올라간다. 이는 후두에서 호흡관(기관; trachea)으로 열린 *성문*(glottis)을 *후두개*(epiglottis)라고 하는 조직의 판막에 대하여 밀어낸다❷. 이러한 작용은 호흡관에 음식이 없도록 하고 대신 식도로 향하게 한다❸.

15장 3절에서 호흡계도 입과 인두를 사용한다는 것에 대하여 토의하였다. 연구개의 상승과 후두개의 호흡관 위로의 이동은 호흡과 연하작용을 분리하여 유지할 수 있도록 도와준다.

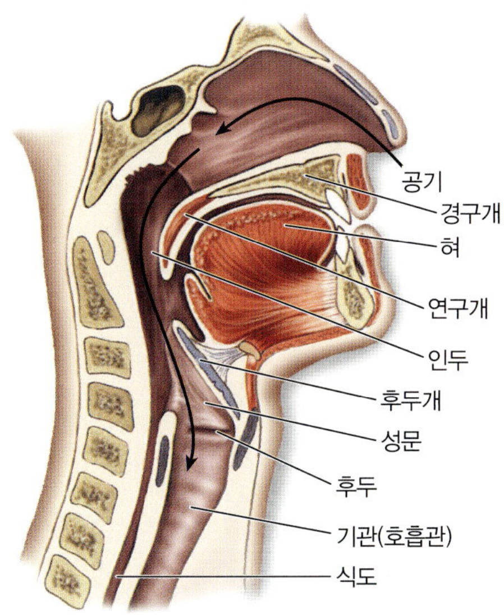

개념의 적용

여러분이 입으로 숨을 쉴 때, 공기는 목구멍으로 내려가 허파로 들어간다. 그러나 입으로 마실 때 목구멍을 따라 내려가는 액체는 허파로 들어가지 않는다? 왜 허파로 가지 않을까요?

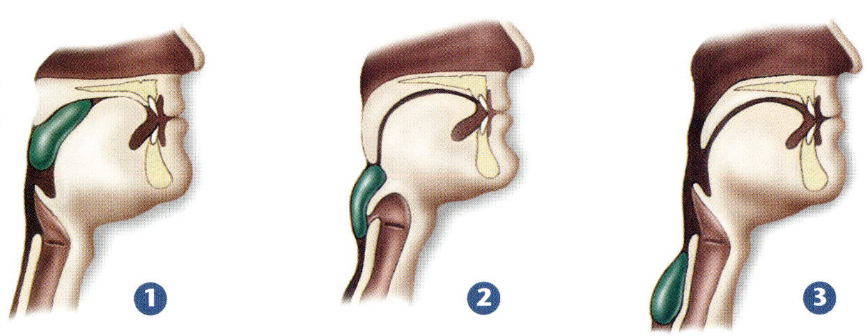

그림 16.10 인간의 인두, 구개, 그리고 후두.

삼키는 것은 호흡관 위로 후두개가 닫히도록 하여, 음식과 액체가 호흡관으로 들어가는 것을 방지한다.

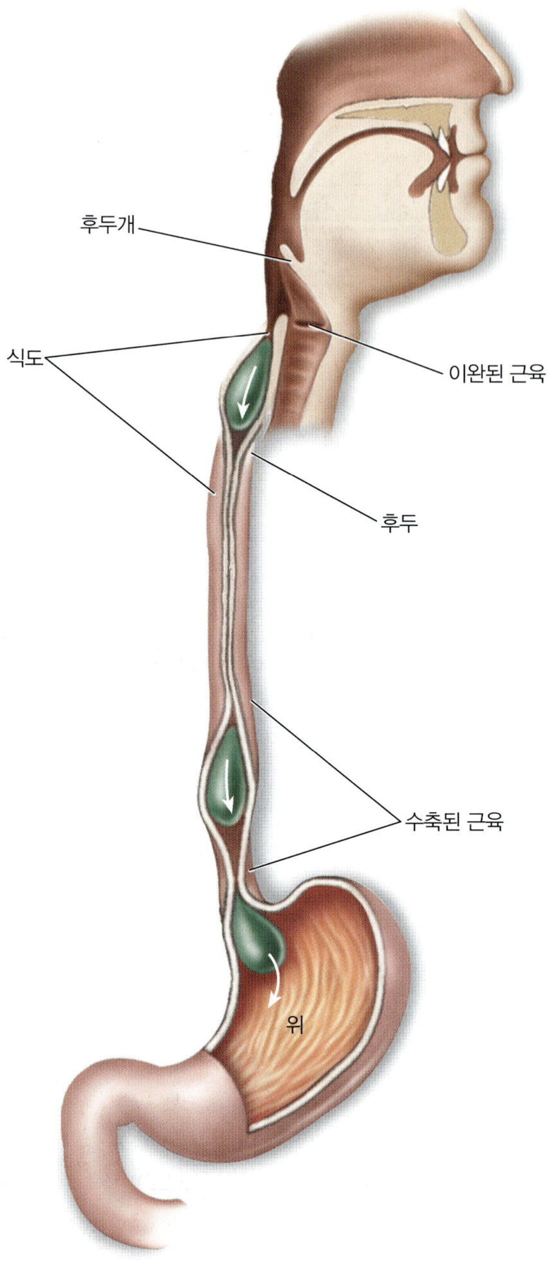

그림 16.11 식도와 연동작용

16.5 식도와 위 The Esophagus and Stomach

학습 목표 16.5.1 식도와 위의 구조와 기능에 대한 개요를 나타낸다.

식도의 구조와 기능 Structure and Function of the Esophagus

삼켜진 음식은 인두와 위를 연결하는 식도라고 하는 근육으로 이루어진 관으로 들어간다. 성인에서 식도는 약 25 cm의 길이이며, 상부 1/3은 삼키는 것을 자발적(수의적)으로 통제할 수 있도록 골격근으로 둘러싸여 있으며, 반면에 하부 2/3은 불수의적인 평활근으로 둘러싸여 있다. 음식 앞부분의 근육은 이완되어 음식이 자유롭게 통과할 수 있도록 하고, 음식 뒷부분은 수축되어 밀어 내린다(그림 16.11). 이러한 근육수축의 율동적인 파동은 **연동운동**(peristalsis)라고 하며, 사람이나 다른 척추동물들이 거꾸로 있더라도 음식을 삼킬 수 있도록 한다.

위의 내용물은 토할 때 **괄약근**(sphincter; 위와 식도 사이에 있는 환상의 평활근 고리)이 이완되고 위 내용물이 입으로 강제로 분출될 때 다시 나올 수 있다. 괄약근의 이완은 식도로 위산을 이동시켜 가슴앓이라고 하는 자극을 유발할 수 있다. 만성적이고 심한 가슴앓이는 위산의 역류라고 하는 상태이다.

위의 구조와 기능 Structure and Function of the Stomach

위(stomach)는 소화관의 주머니(낭, sac) 같은 부분이다(그림 16.12). 위의 내부 표면은 고도로 말려있어서 비어있을 때는 접히고 음식으로 채워지며 팽창하는 풍선처럼 펼쳐지게 된다. 따라서 비어있을 때 인간의 위는 약 50 ml 밖에 되지 않지만, 가득차면 2-4 리터의 음식을 수용하도록 팽창할 수 있다.

위는 음식을 휘젓고 점막에서 관상의 위샘에 의하여 분비되는 산성의 *위액*(gastric juice)과 혼합하도록 추가적인 평활근의 층을 포함하고 있다. 위샘은 깊게 들어간 *위오목*(위소와, gastric pit)의 바닥에 위치한다(그림 16.12). 이러한 외분비 샘은 염산(HCl)을 분비하는 *벽세포*(parietal cell)과 활성화되기 위해서는 매우 낮은 pH가 필요한 약한 단백질 분해효소인 펩시노겐을 분비하는 *주세포*(chief cell)의 2종류 분비세포를 포함하고 있다. 낮은 pH는 염산에 의하여 제공된다. 활성화된 펩시노겐 분자는 서로 특정한 부위에서 잘라내서 훨씬 더 활성이 강한 단백질 분해효소인 펩신을 생성한다. 이러한 비교적 불활성의 효소를 분비하여 세포 밖에서 활성이 더 강한 효소로 변환하는 과정은 주세포가 자신을 소화하는 것을 방지한다. 위에서는 단백질만이 부분적으로 소화된다는 것을 주목하시오. 탄수화물이나 지방은 위에서 소화되지 않는다.

산의 작용 Action of Acid

인간의 위는 매일 약 2 리터의 염산과 다른 위 분비물을 생산하여, 위 내부에 매우 강한 산성용액을 형성한다. 이 용액의 HCl 농도는 약 10 mM이며 pH 2에 상응한다. 따라서 위산은 정상적인 pH가 7.4인 혈액보다 25만 배 더 산성이다. 위의 낮은 pH는 음식의 단백질을 변성시키도록 도와서 소화하기 쉽게 하며, 펩신에 최대로 활성을 가지도록 한다.

pH가 낮은 용액은 높은 농도의 수소이온(H^+)를 포함한다(2장 5절 참조). 위의 HCl은 해리되어 높은 농도의 H^+를 생성하며, 이는 수소결합을 파괴하여 단백질이 변성되도록 한다(그림 3.8).

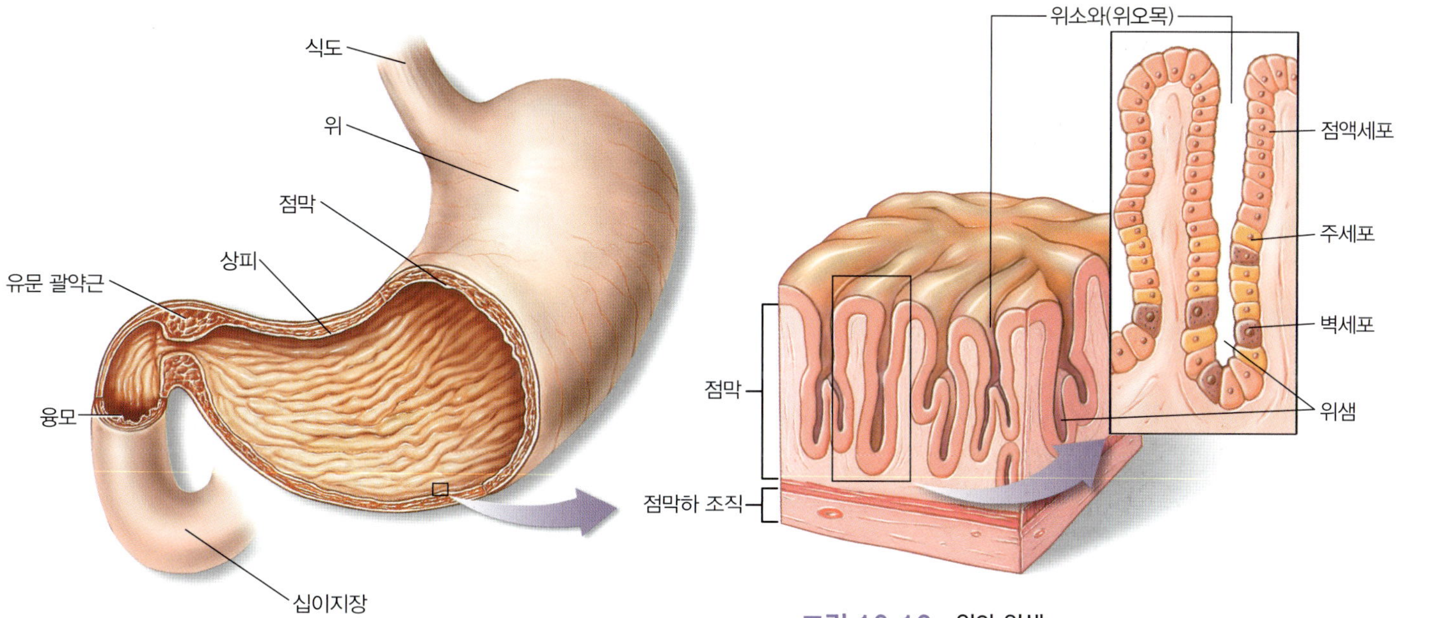

그림 16.12 위와 위샘.

음식은 식도로부터 위로 들어간다. 위의 상피벽은 위소와로 점재되어 있으며, 위소와는 염산(HCl)과 펩시노겐 효소를 분비하는 분비샘을 포함하고 있다. 위샘은 점막 세포와, 펩시노겐을 분비하는 주세포, 그리고 HCl을 분비하는 벽세포로 구성되어 있다. 위소와는 위샘의 열린 부분이다.

활성 펩신은 음식의 단백질을 짧은 사슬의 폴리펩티드로 가수분해하며 혼합물이 소장에 들어가서 완전히 소화된다. 부분적으로 소화된 음식과 위액의 혼합물을 **유미즙**(chyme)이라고 한다.

궤양 Ulcer

위가 너무 많은 산을 생산하지 않는 것은 중요하다. 만약 그랬을 경우, 신체는 나중에 소화의 마지막으로 필수적인 단계인 소장에서 산을 중화시킬 수 없다. 산의 생산은 호르몬에 의해 통제된다. 이러한 호르몬은 위의 벽 내부에 산재되어 있는 내분비 세포에 의하여 생산된다. 가스트린(gastrin) 호르몬은 위소와의 벽세포에 의한 HCl의 합성을 조절하여, 위의 pH가 1.5 이상일 때만 HCl이 생산되도록 한다.

위산의 과잉생산은 종종 위벽을 통하여 구멍을 낼 수 있다. 그러나 이러한 **위궤양**(gastric ulcer)은 점막의 상피세포가 알칼리성 점액층에 의하여 보호되고, 이러한 세포들은 세포분열에 의하여 빠르게 대체되기 때문에 흔하지 않다. 위 상피세포는 2-3일마다 대체된다. 위장 궤양의 90% 이상이 소장의 궤양인 **십이지장궤양**(duodenal ulcer)이다. 이러한 궤양은 자체 소화에 대한 장벽이 *Helicobacter pylori* 세균의 감염에 의하여 약화될 때 생성될 수 있다. 현대의 항생제 치료는 증상을 경감시키고 종종 궤양을 치료할 수 있다.

위를 떠나기 Leaving the Stomach

유미즙은 위의 기저부로부터 *유문괄약근*(pyloric sphincter)을 통하여 위를 떠나서 소장으로 들어간다. 소장에서 탄수화물, 지방, 그리고 단백질의 모든 최종 소화가 일어나는 곳이며, 소화산물인 아미노산, 포도당, 그리고 지방산이 혈액으로 흡수되는 곳이다.

개념의 적용

산은 궤양과 가슴앓이를 유발한다. 항생제는 왜 하나는 치료할 수 있지만 다른 하나는 치료하지 못하는가?

뉴스에서

미생물이 미국사람을 비만하게 만드나요? 과체중 미국인의 숫자가 급격히 증가하고 있다. 현재의 초대형 즉석식품과 "빅걸프(big gulp)"음료수는 신체적 운동의 결여와 결합되어 열량을 태우지 않고 더 많이 섭취하게 한다. 그러나 이것만이 전부는 아닌 것으로 보인다. 연구자들은 최근에 우리의 종합적인 체중 문제의 두 번째 잠재적인 문제에 마주치고 있다. 여러분의 소화계는 수백 조의 세균으로 가득 차있으며, 과체중인 사람이 여윈 사람보다 더 많은 종류의 세균을 가지고 있는 것으로 보인다. 장세균에는 피르미쿠트(Firmicutes)와 박테리오이데트(Bacteriodetes)의 2종류의 기본적인 문이 있는데, 비만한 사람이 여윈 사람에 비하여 피르미쿠트의 비율이 높은 것으로 나타났다. 비만한 사람이 다이어트를 통하여 체중을 줄이면, 세균의 균형은 야윈 사람처럼 전이된다. 연구자들은 과체중의 사람이 항상 많이 먹어서 체중이 증가하는 것이 아니라, 피르미쿠트가 다당류를 신체가 지방으로 저장하는 단순 당으로 분해하는데 더 효율적이기 때문이라는 것을 발견하였다. 추가적으로 피르미쿠트는 지방세포가 지방을 저장하는 것을 방지하는 "단식에 의하여 유도되는 지방 요소(Fiaf; fast-induced adipose factor)"라고 하는 물질을 생성하는 능력을 억제한다. Fiaf를 억제함으로써, 피르미쿠트는 지방세포의 문을 열어두어 생성된 과잉의 당이 지방으로 바로 전달될 수 있도록 한다. 즉석식품과 운동의 부족은 누구든 과체중을 만들 수 있지만, 피르미쿠트 장내 미생물은 이 과정을 가속시키는 것으로 보인다. 우리는 우리가 먹는 것만이 아니라, 먹는 것을 누가 도와주느냐에 의하여 결정되는 것으로 보인다.

16.6 소장과 대장 The Small and Large Intestines

학습 목표 16.6.1 십이지장, 공장, 회장 그리고 대장의 위치와 역할을 대비한다.

소화와 흡수: 소장

소화관은 위에서 나와 큰 분자들이 작은 분자로 분해되는 **소장**(small intestine; 그림 16.13)으로 들어간다. 한 번에 비교적 소량의 음식만이 소장으로 들어가며, 이는 산이 중화되고(췌장에서 배출되는 중탄산염을 이용함) 효소가 작용할 시간을 허용하기 위해서이다. 소장은 신체에서 주된 소화기관이다. 소장 내에서 탄수화물은 단순 당으로, 단백질은 아미노산으로, 그리고 지방은 지방산으로 분해된다. 이러한 작은 분자들이 일단 생성되면, 그들은 소장의 상피 벽을 가로질러 혈류로 들어간다.

이러한 소화과정에 필수적인 몇몇의 효소는 소장 벽의 세포에 의하여 분비된다. 그러나 대부분의 효소는 *췌장(이자; pancreas)*이라고 하는 위와 소장 사이의 접합점 부근에 위치한 커다란 분비샘에서 생성된다(16장 7절에서 논의됨). 췌장은 신체에서 주된 외분비샘(도관을 통하여 분비함)의 하나이다. 췌장은 도관을 통하여 소장으로 분비물을 내보내며 이 부분은 **십이지장**(duodenum)이라고 하는 소장이 시작하는 부분이다. 여러분의 소장은 약 6 m 길이이며, 풀어서 늘어뜨리면 여러분의 키보다 훨씬 크다! 소장의 4%인 앞부분 25 cm 정도만이 십이지장이다. 이곳이 대부분의 소화가 일어나는 췌장 효소들이 소장으로 들어가는 초기 부분이다.

척추동물의 신체가 수확하는 대부분의 음식에너지는 지방으로부터 획득된다. 지방의 소화는 *담즙염*(bile salt)이라고 알려진 간으로부터 췌장으로 분비되는 분자의 집합체에 의하여 수행된다(16장 7절에서 논의됨). 지방은 물에 용해되지 않기 때문에, 수분이 있는 유미즙 내에서 방울로 소장으로 들어간다. 담즙염은 일부는 지용성이고 일부는 수용성인데 세제와 유사하게 작용한다. 담즙염은 지방과 결합하여 유화(emulsification)하는 과정으로 현비경적인 작은 방울을 형성한다. 이러한 매우 작은 방울은 리파아제(lipase)라고 하는 지방을 분해하는 효소가 작용할 수 있도록 넓은 표면적을 가지고 있다. 이는 지방의 분해가 더 빨리 일어날 수 있도록 한다. 소화된 지방은 먼저 유미관(lacteal)이라고 하는 림프관으로 흡수되어 혈류로 들어간다.

소장의 나머지 90%를 구성하는 지역은 **공장**(jejunum)과 **회장**(ileum)이다. 소화는 공장까지 계속되지만, 회장은 물과 소화산물을 혈류로 흡수하는데 몰두한다. 소장의 안쪽은 그림 16.13 처럼 융기로 접혀있다. 이러한 융기는 **융모**(villi; 단수형은 villus)라고 하는 손가락 같은 돌기로 덮여있으며, 돌기를 덮고 있는 세포는 외부 표면이 **미세융모**(microvilli)라고 하는 세포질의 돌기로 덮여있다. 융모를 확대하면 상피세포가 융모에 배열되어 있는 것을 볼 수 있으며, 이 세포를 더 확대하면 세포의 표면에 미세융모를 볼 수 있다. 그림 16.14의 주사전자현미경과 투과전자현미경 사진은 미세융모의 다른 관점을 보여준다. 융

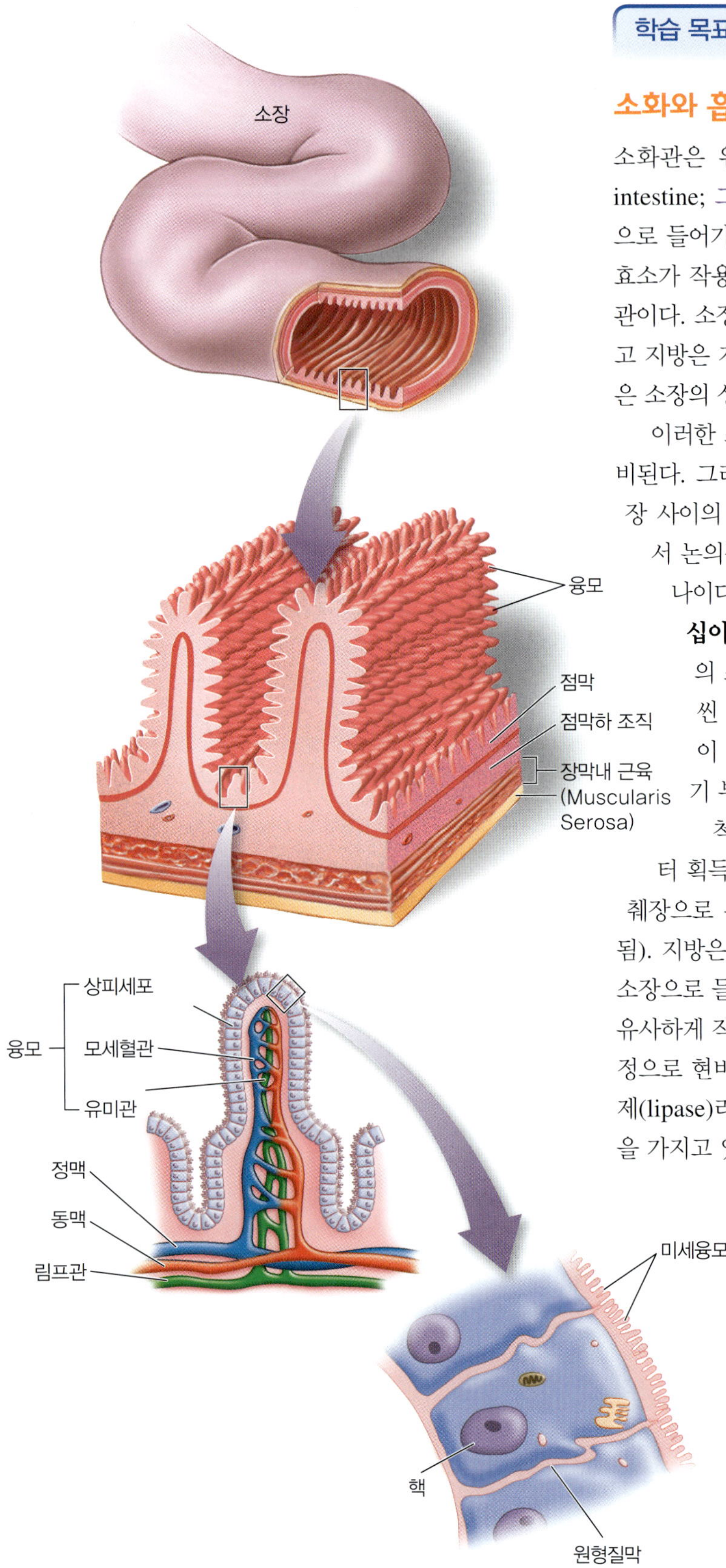

그림 16.13 소장.
소장의 단면도는 융모와 미세융모의 구조를 보여준다.

모와 미세융모는 소장 내부의 흡수표면적을 크게 증가시켜준다. 성인 소장의 평균 표면적은 약 300 m^2이며, 이는 대부분의 수영장의 표면보다 넓다!

소장을 통과하는 물질의 양은 놀라울 만큼 크다. 사람은 평균적으로 800 g의 고형음식과 1,200 ml의 물을 소비하여 총 약 2 리터의 부피를 소비한다. 이 양에 침샘에서 약 1.5 리터의 액체, 위 분비물 2 리터, 췌장에서 1,5 리터, 간에서 0.5 리터, 그리고 장 분비액 1.5 리터가 추가된다. 모두 합하면 9 리터라는 여러분 신체의 10%가 넘는 놀랄만한 양이 된다! 그러나 총량은 크기만 순수 통과량은 작다. 이러한 액체와 고체의 거의 대부분은 소장을 통과하면서 재흡수 된다. 소장의 벽을 가로질러 8.5 리터가 그리고 대장의 벽을 가로질러 0.35 리터가 재흡수 된다. 매일 소화관으로 들어가는 800g의 고체와 9 리터의 액체 중에서, 단지 50g의 고체와 100 ml의 액체가 분변으로 신체를 떠나간다.

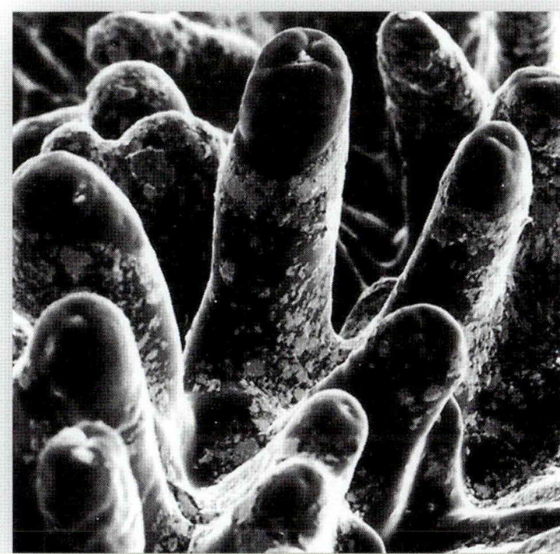

(a)

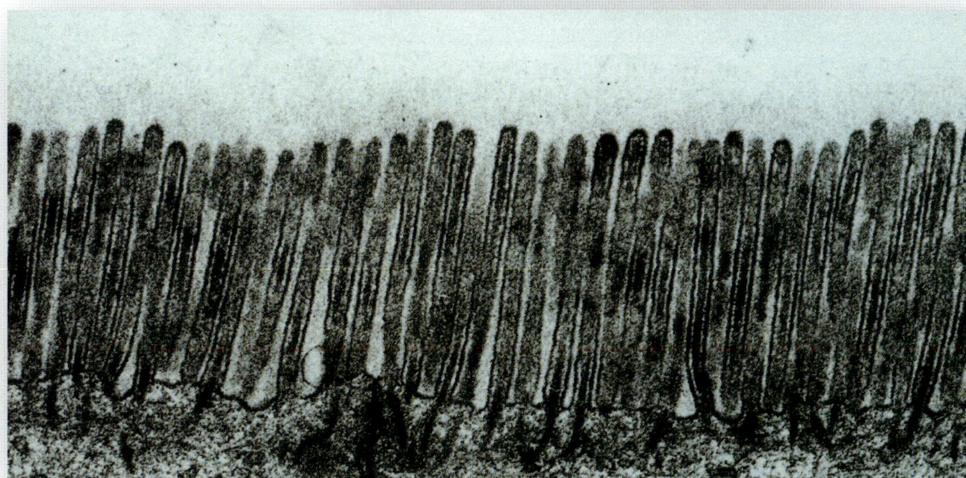

(b)

그림 16.14 소장의 미세융모.

(a) 주사전자현미경 사진으로 보여진 미세융모는 매우 밀집되어 있으며, 소장에 막대한 표면적을 제공하며, 이는 효율적인 흡수를 위하여 매우 중요하다.
(b) 소장의 미세융모의 투과전자현미경 사진이다.

고형물의 농축: 대장 Concentration of Solids: The Large Intestine

대장(large intestine; colon)은 길이가 약 1 m로 소장보다 훨씬 짧지만, 직경이 크기 때문에 대장이라고 불린다. 소장은 맹장과 충수가 위치한 접합부에서 대장으로 비운다. 맹장과 충수는 인간에서 더 이상 활발하게 이용되지 않는 구조이다(그림 16.5). 대장에서는 소화가 일어나지 않으며, 단지 액체 흡수의 6-7%만이 그곳에서 일어난다. 대장은 감겨있지 않고, 대신에 3부분의 비교적 직선부분으로 놓여 있으며, 내부 표면에는 융모가 없다. 그 결과 대장은 소장의 1/30 밖에 디지 않는 흡수표면적을 가지고 있다. 대장 벽을 통하여 일부 물, 나트륨, 그리고 비타민 K가 흡수되지만, 대장의 주된 기능은 폐기물은 내버리는 것이다. 대장의 내부에서는 많은 양의 식물 섬유와 셀룰로오스를 포함하는 소화되지 않은 물질이 압축되고 저장된다. 많은 세균이 대장 내에서 서식하고 활발하게 분해하며 세균은 소화되지 않은 물질을 **분변**(feces)이라고 하는 최종 배설물로 처리하는 역할을 한다. 세균의 발효는 인간의 대장 내에서 하루에 500 ml의 가스를 생성한다. 이 속도는 콩이나 야채를 섭취한 후에 소화되지 않은 식물물질(섬유소)가 대장을 통과하면서 발효를 위한 기질을 제공하기 때문에 크게 증가한다.

소화관의 마지막 부분은 **직장**(rectum)이라고 하는 대장의 짧은 연장부이다. 대장 내부의 압축된 고체는 대장을 둘러싸고 있는 근육의 연동수축에 의하여 직장을 통과하며, **항문**(anus)을 통하여 신체 밖으로 배출된다.

개념의 적용

여러분이 매일 800 g의 고체를 섭취하고 단지 50 g만 배설한다면, 여러분은 왜 체중이 크게 증가하지 않을까요?

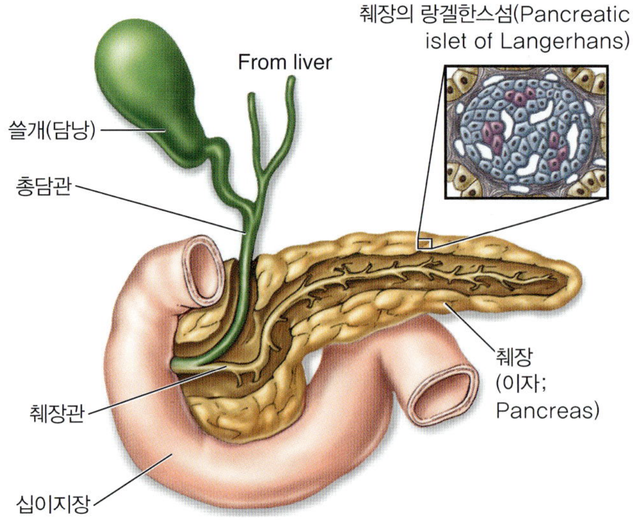

그림 16.15 췌장과 담관은 십이지장으로 비운다.

16.7 부속 소화기관 Accessory Digestive Organs

학습 목표 16.7.1 췌장, 간, 그리고 쓸개의 기능을 서술한다.

췌장 pancreas

췌장(pancreas)은 위와 소장의 접합부위 부근에 위치하며(그림 16.5), 소화관에 분비하는 부속기관 중 하나이다. 췌장의 액체는 췌장관을 통하여 십이지장으로 분비된다(그림 16.15). 이 액체는 단백질, 전분, 그리고 지방을 분해하는 많은 효소들을 포함하고 있다. 췌장 효소는 단백질을 작은 폴리펩티드로, 다당류를 짧은 사슬의 당으로, 지방을 지방산과 다른 산물로 분해한다.

췌장 액체는 또한 중탄산염을 포함하고 있으며, 중탄산염은 위의 HCl을 중화하여 십이지장의 유미즙이 약알칼리성 pH를 가지도록 한다. 소화에서 외분비 역할을 하는데 추가하여, 췌장은 내분비샘으로도 기능을 하여 포도당과 다른 영양분의 혈액 농도를 통제하는 몇 종류의 호르몬을 혈액으로 분비한다. 이러한 호르몬들은 췌장에 분산되어 있는 내분비 세포의 집단인 **랑겔한스섬**(islets of Langerhans)에서 생성된다(그림 16.15). 2종류의 췌장 호르몬인 인슐린과 글루카곤은 17장과 20장에서 논의된다.

> 내분비샘은 산물인 호르몬을 직접 혈류로 방출하며(20장 1절), 반면에 외분비샘은 산물을 부근의 구조와 연결된 도관으로 방출한다. 췌장 호르몬은 20장 4절에서 논의된다.

간과 쓸개 The Liver and Gallbladder

간(liver)은 신체에서 가장 큰 내부기관이다. 성인에서 간은 약 1.5 kg 정도의 무게를 가지며 축구공 크기이다. 간의 주된 외분비 물질은 식사를 소화할 때 십이지장으로 운반되는 *담즙색소*(bile pigment)와 *담즙염*(bile salt)으로 이루어진 혼합 액체인 **담즙**(bile)이다. 담즙염은 세제처럼 작용하며, 지방의 커다란 방울을 작은 방울의 미세한 현탁액으로 분산시킨다. 이러한 지방을 작은 방울로 쪼개기 또는 유화(emulsification)는 리파아제가 작용할 수 있는 넓은 표면적을 생성하며, 따라서 지방의 소화가 더 빠르게 진행될 수 있도록 한다.

간에서 생성된 후에 담즙은 쓸개에서 저장되고 농축된다(그림 16.15의 녹색 기관). 십이지장에 지방 음식이 도달하면 쓸개가 수축하도록 자극하여, 공통의 담관을 통하여 담즙이 십이지장으로 주입될 수 있도록 한다.

간의 조절 기능 Regulatory Functions of the Liver

커다란 정맥이 위와 장으로부터 간으로 직접 혈액을 운반하며, 이는 위장관에서 흡수된 물질의 첫 번째 정류장이다. 간은 일종의 정화공장으로 작용한다. 흡수된 알코올과 다른 약들은 간세포에서 대사된다. 이것이 간이 알코올과 약 남용으로 인하여 종종 손상을 입는 이유이다. 간은 또한 독소, 살충제, 발암물질, 그리고 다른 독을 제거하여 독성이 덜한 형태로 변환한다. 간과 모든 소화기관들은 함께 작용한다(그림 16.16).

개념의 적용

만약 여러분의 간이 기능을 정지하면(간 기능부전), 여러분을 심각하게 아프게 하는 무슨 일이 일어나나요?

생물학과 여러분

절대 채식주의자(Vegans). 우리 인간은 다양한 범주의 식물과 동물 조직을 먹을 수 있는 잡식동물이지만, 인간 모두가 그렇게 선택하지는 않는다. 어떤 사람은 시금치를 좋아하지 않고 스테이크를 좋아하지만, 반면에 채식주의자라고 하는 다른 사람들은 육류를 먹지 않는다. 일부는 채식이 더 건강한 식단이라고 판단하기 때문에 채식주의자가 되었으며, 식물은 심장질환과 연관된 포화지방이 적다. 다른 사람들은 가축농업과 관련된 동물권 문제에 민감한 윤리적인 선택을 한다. 또 다른 사람들은 단순히 육류를 좋아하지 않는다. 가장 극단적인 형태의 채식주의 식단은 절대 채식주의(vegan) 식단이다. 절대채식주의자들은 붉은 육류, 가금류, 어류, 계란, 또는 우유를 먹지 않는다. 대신에 그들은 곡물, 야채, 과일, 콩과 식물, 견과, 그리고 열매로부터 모든 단백질과 영양분을 획득한다. 절대채식주의 식단은 인간의 초기 조상을 반영하며 이는 매우 도전적인데, 그 이유는 어느 하나의 과일, 야채, 또는 곡물도 인간이 식단에 필요로 하는 모든 필수아미노산을 모두 포함하고 있지 않기 때문이다. 식물성 음식은 필요한 균형을 제공하기 위해서는 반드시 특정한 조합에 의하여 섭취하여야 한다. 칼슘의 경우 보통 우유로부터 획득되며, 절대채식주의자는 브로콜리나 시금치 같은 녹색잎을 가진 야채를 꼭 섭취해야만 한다. 실제적으로 절대채식주의자가 다양한 종류의 식물을 섭취한다면 이러한 균형을 유지하는 것은 어렵지 않다.

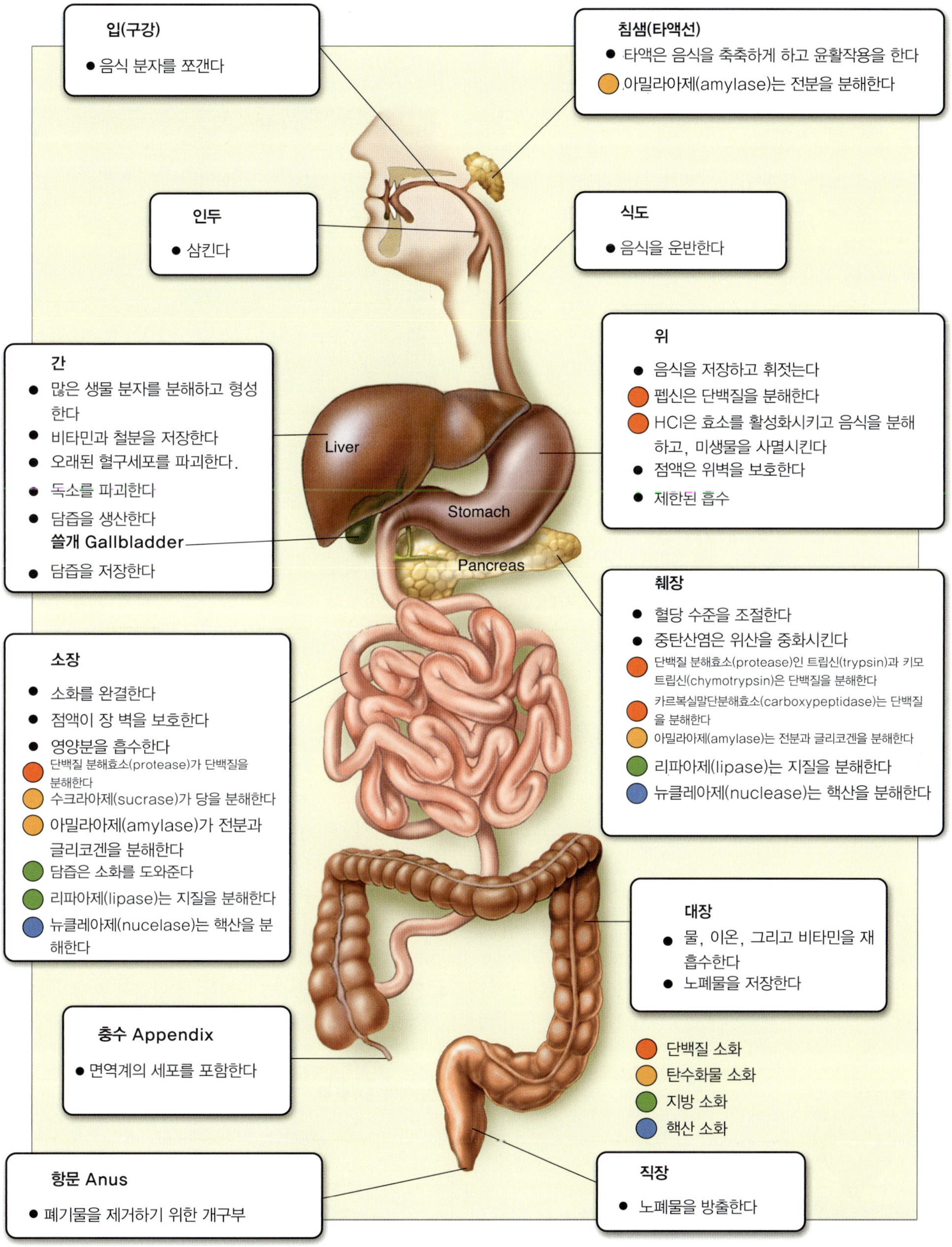

그림 16.16 소화계의 기관과 기능.

소화계는 소비하는 음식에 작용하는 19여 종의 기관을 포함하며, 입에서 시작하여 항문에서 끝난다. 이러한 모든 기관들은 신체가 영양분을 효과적으로 획득하기 위하여 적절하게 작동해야한다.

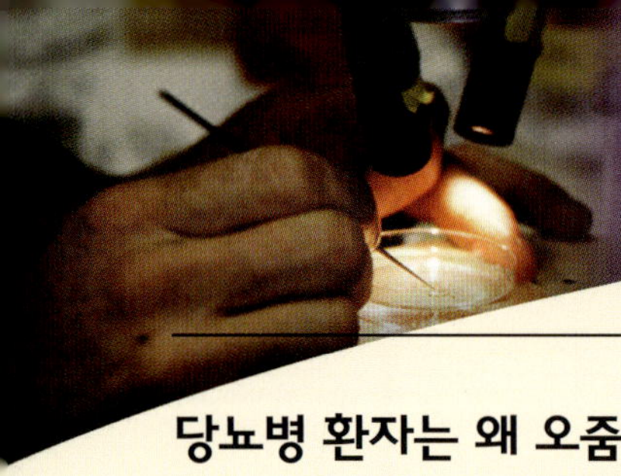

질문과 분석

당뇨병 환자는 왜 오줌에 포도당을 분비하나요?

늦게 시작되는 당뇨병은 신체의 세포가 포도당의 흡수를 유발하는데 필요한 호르몬인 인슐린에 대하여 반응할 수 있는 능력을 잃게 되는 심각하고 더욱 흔해지고 있는 질환이다. 아래에 나타내듯이 인슐린이 원형질막에 있는 수용체에 결합하는 것은 원형질막에 포도당 운반 통로를 신속하게 삽입하여 세포가 포도당을 흡수할 수 있도록 허용한다. 그러나 당뇨병 환자에서는 포도당 분자가 혈액에 축적되고 반면에 신체의 세포는 포도당이 결핍된다. 가벼운 경우에는 혈당 수준이 정상치인 4 mM의 몇 배까지 상승하지만, 심각한 치료하지 않은 경우에는 혈당 수준이 정상치의 25배까지 엄청나게 상승할 수 있다. 경미한 당뇨라 할지라도 특징적인 증상은 오줌에 많은 양의 포도당이 배설되는 것이다. 이 질환은 *진성 당뇨병*(diabetes mellitus)이라고 하며, 이는 단 오줌의 과도한 분비라는 의미이다. 정상적인 사람에서는 대조적으로 미량의 포도당만이 분비된다. 신장은 포도당을 신장을 통과하는 액체로부터 매우 효율적으로 재흡수한다. 당뇨병 환자는 왜 그렇게 하지 않는가?

위 오른쪽의 그래프는 정상인(파란색 선)과 당뇨병 환자(붉은색 선)의 포도당 내성 곡선을 보여준다. 하룻밤 음식을 먹지 않고, 각 개인은 물에 용해된 100 g의 시험 복용을 마신다. 혈당 수준을 30분 이후부터 한 시간 간격으로 측정한다. 점선은 신장의 포도당 운반 통로가 완전히 이용되고 있을 때 신장이 신장을 통과하는 액체로부터 회수할 수 있는 혈당분자의 최대 농도(약 10 mM)인 신장역치를 보여준다.

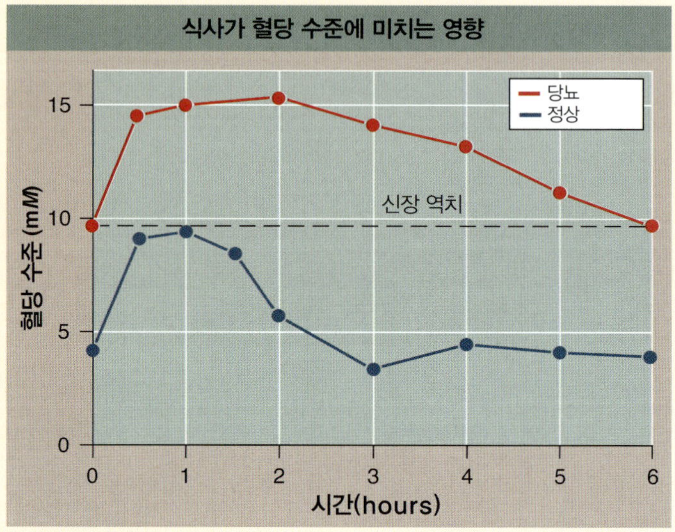

분석

1. **개념의 적용**

   곡선을 읽기. 포도당을 시험 복용하였을 때 정상적인 개인의 혈당 수준에 즉각적인 영향은 무엇인가? 정상적인 사람의 혈당 수준이 시험 복용을 하기 전의 수준으로 되돌아가는 데는 얼마나 소요되는가?

   곡선의 비교. 그 영향은 당뇨병 환자에게 차이가 있나요? 당뇨병 환자의 혈당 수준이 시험 복용을 하기 전의 수준으로 되돌아가는데 얼마나 소요되나요?

2. **자료의 분석**

   a. 정상적인 사람의 혈당 수준이 신장역치를 초과하는 시점이 있나요?

   b. 당뇨병 환자의 혈당 수준이 신장역치를 초과하지 않는 시점이 있나요?

3. **추론하기**

   a. 여러분은 당뇨병 환자가 시험 복용으로부터 회복하는데 왜 그렇게 오래 걸린다고 생각하나요?

   b. 여러분은 정상적인 사람이 포도당을 배설하리라 예상하나요? 그 이유를 설명하시오. 당뇨병 환자는? 그 이유를 설명하시오.

4. **결론의 도출:** 당뇨병 환자는 왜 달콤한 오줌을 분비하나요?

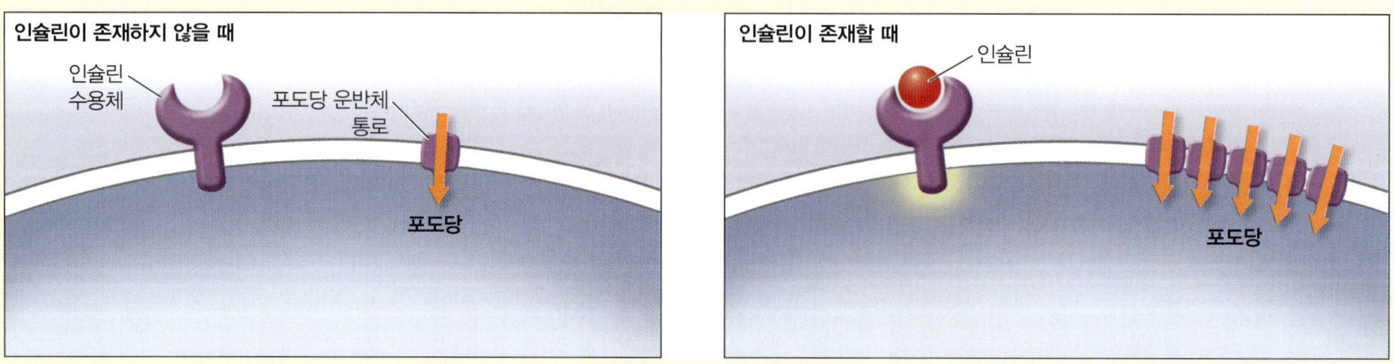

학습 결과의 요약

음식 에너지와 필수 영양분

에너지와 생장을 위한 음식

16.1.1 동물은 에너지원으로서 그리고 필수 분자와 미네랄 원으로 음식을 소비한다. 인간에게 과일, 야채, 곡물, 단백질, 그리고 유제품의 균형 있는 식단이 권장되며, 그림 16.1의 영양요리접시에 나타내었다.

음식의 에너지는 대사활동(BMR과 운동)을 통하여 사용되거나 지방세포에 지방으로 저장된다. 지방은 탄수화물과 단백질의 g당 4.1 Cal에 비교하여 9.3 Cal로 높은 에너지 함량을 가지고 있다. 사람이 많은 열량을 소비하고, 특히 지방의 형태로, 운동을 통하여 이러한 열량을 운동을 통하여 태우지 않으면, 에너지는 지방으로 저장된다. 신체비만지수(BMI; body mass index)라고 하는 척도는 사람이 과체중인지 또는 비만인지를 쉽게 측정할 수 있게 하는 지침이다.

16.1.2 대부분의 동물은 신체가 필요로 하지만 스스로 생성할 수 없는 필수아미노산, 미네랄, 그리고 비타민을 포함하고 있는 음식을 소비해야만 한다.

소화

소화계의 유형

16.2.1 모든 동물은 종속영양생물이다. 종속영양생물은 무엇을 먹느냐에 따라 3개의 집단으로 나뉜다. 초식동물을 배타적으로 식물만 먹으며, 육식동물을 고기를 먹으며, 잡식동물은 식물과 고기를 모두 포함하는 식단을 가지고 있다.

단세포 생물과 해면과 같은 하등동물은 음식을 세포내에서 소화한다. 음식은 개별 세포에 의하여 흡수되어 세포 내부에서 분해된다.

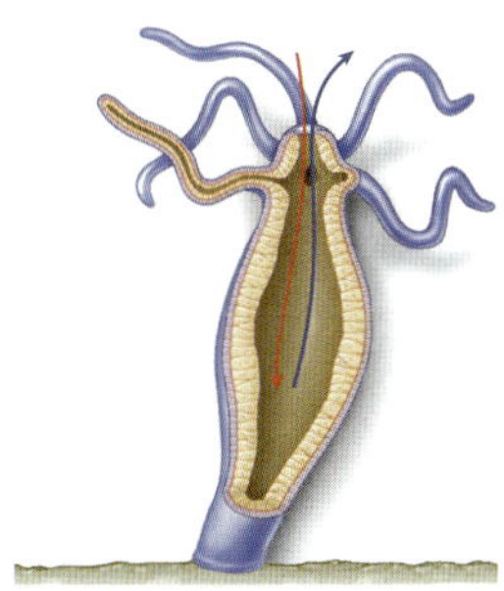

모든 다른 동물들은 세포외부에서 음식을 소화한다. 소화효소는 음식의 분해가 일어나는 체강이나 관으로 분비되어 들어간다. 소화산물은 신체의 세포에 의하여 흡수된다. 편형동물과 히드라 같은 자포동물의 소화강은 위수강이라고 불린다.

일방통행의 소화관의 진화는 소화관의 전문화를 가져왔으며, 소화관의 다른 부분은 상이한 소화기능과 연관되어 있다.

척추동물 소화계

16.3.1 척추동물의 소화는 상이한 소화기능에 대하여 전문화된 영역을 가지는 관상의 위장관에서 일어난다. 전문화된 소화영역의 크기와 구조는 동물의 식단에 따라 다른 동물집단에서 변이를 보인다.

구강과 치아

16.4.1 척추동물에서 음식은 먼저 입으로 들어간다. 파충류와 포유류는 치아로 음식을 찢고 으깬다. 조류는 소화계의 구획인 모래주머니에서 음식을 분해한다. 모래주머니에서 음식은 새가 삼킨 자갈과 함께 휘저어지고 갈아진다. 다른 척추동물에서는 치아가 음식을 씹고 작은 부분으로 쪼개는데 이용된다.

16.4.2 씹혀진 음식은 입에서 타액(침)과 혼합된다. 타액은 음식을 축축하게 하고 윤활시키며 전분의 소화를 시작하는 타액 아밀라아제라고 하는 효소를 포함한다. 축축해진 음식은 삼켜져서, 입으로부터 식도로 전달된다. 후두개라고 하는 덮개가 호흡관을 닫아서 음식이 숨통으로 들어가지 않고 식도로 내려가도록 한다.

식도와 위

16.5.1 음식은 근육 수축의 연동파동에 의하여 식도를 따라 위로 이동한다. 괄약근이라고 하는 평활근의 고리는 위로부터 식도를 닫아서 음식이 거꾸로 올라오는 것을 방지한다.

위에서 근육의 수축은 음식을 염산과 염산에 의하여 활성화되는 단백질 소화효소인 펩신을 포함하고 있는 위액과 휘젓는다. 위액은 2종류의 위샘에 의하여 생산된다. 이러한 위의 내부벽에 배열된 외분비샘은 HCl을 분비하는 벽세포와 펩시노겐을 분비하는 주세포 2종류의 분비세포를 포함한다. HCl로 인한 위의 낮은 pH는 펩시노겐을 펩신으로 활성화시킨다.

단백질은 펩신에 의하여 위에서 부분적으로 소화된다. 위의 산성 조건은 단백질이 소장에서 소화되기 쉽도록 변성을 돕는다. 위에서 떠나는 부분적으로 소화된 음식과 위액을 유미즙이라고 한다.

소장과 대장

16.6.1 대부분의 소화는 십이지장이라고 하는 소장의 초기 윗부분에서 일어난다. 위에서 온 산성 유미즙은 십이지장을 통과하며 중화되고 다른 소화효소와 혼합된다. 일부 효소는 소장의 벽에 배열된 세포에 의하여 분비되지만, 대부분의 효소와 다른 소화물질은 췌장이나 다른 보조기관에서 생성된다. 소장의 나머지 부분은 음식 분자와 물의 흡수와 연관되어 있다. 소장의 내부는 융모라고 하는 손가락 같은 돌기로 덮여 있는 융기로 접혀져 있다(그림 16.13). 융모에 배열된 세포의 표면은 자체가 세포질 돌기인 미세융모로 덮여 있다. 융모와 미세융모는 흡수를 위한 표면적을 증가시킨다.

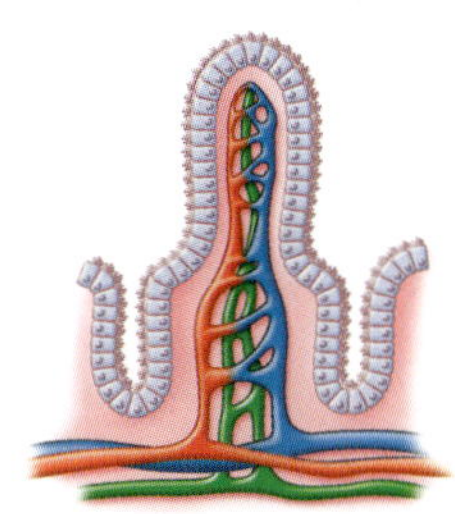

대장은 고체 노폐물을 수집하고 압축하여, 직장과 항문을 통하여 배출한다.

부속 소화기관

16.7.1 췌장(그림 16.15)은 단백질 소화효소, 전분 소화효소, 그리고 지방 소화효소를 생성한다. 췌장액은 또한 산성의 유미즙을 중화시키는 중탄산염을 포함하고 있다.

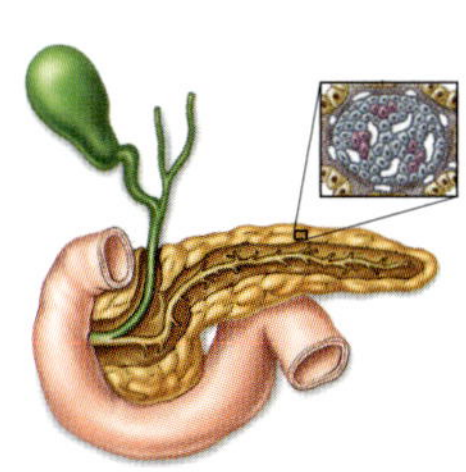

간은 담즙(담즙 색소와 담즙염의 혼합물)을 생성하며 지방을 분해한다. 담즙은 쓸개에 저장되며 소장으로 방출된다.

소화계의 모든 기관들은 함께 작용한다.

이해의 측정

16.2.1 많은 동물의 소화계를 통한 음식의 일방통행은 다음의 어느 것을 가능하게 하는가?
a. 세포내 소화.
b. 소화계의 다른 지역의 전문화.
c. 창자로 소화효소의 방출.
d. 세포외 소화.

16.3.1 소화하기 어려운 음식의 분해를 도와주는 긴 소화계를 가진 생물은?
a. 초식동물(herbivore)
b. 육식동물(carnivore)
c. 잡식동물(omnivore)
d. 부식성생물(detritivore)

16.4.1 치아와 같이 모래주머니의 목적은?
a. 먹이를 잡아준다.
b. 음식의 화학적 소화를 시작한다.
c. 효소를 방출한다.
d. 음식의 물리적 소화를 시작한다.

16.4.2 포유류가 음식을 삼키면 음식은 무엇에 의하여 비강으로 들어가는 것이 방지되나요?
a. 식도(esophagus).
b. 혀(tongue).
c. 연구개(soft palate).
d. 후두개(epiglottis).

16.5.1 소화계에서 단백질의 소화가 최초로 일어나는 부위는?
a. 입 **c.** 위
b. 식도 **d.** 소장

16.6.1 다음 중 어느 문장이 틀리나요?
a. 융모와 미세융모는 소장의 흡수효율을 증진한다.
b. 대장의 표면적은 소장의 표면적보다 크다.
c. 소화는 주로 십이지장에서 일어난다.
d. 액체 흡수의 6-7%는 대장에서 일어난다.

16.6.1 음식분자 흡수의 대부분은 어느 장소에서 일어나나요?
a. 위
b. 간
c. 소장
d. 대장

16.6.1 소장의 융모와 미세융모의 목적은?
a. 위산을 중화한다.
b. 담즙을 생산한다.
c. 소화효소를 생산한다.
d. 흡수를 위하여 소장의 표면적을 증가시킨다.

16.6.1 대장의 주된 기능은?
a. 지방의 분해와 흡수.
b. 수분의 흡수.
c. 고형 노폐물의 농축.
d. 비타민 C의 흡수.

16.7.1 _______은 소화를 돕기 위하여 소장으로 소화효소와 중탄산염 용액을 분비한다.
a. 췌장 **c.** 쓸개
b. 간 **d.** 위의 모든 것.

이해의 적용

16.4.1 "입에 음식이 가득 있을 때는 말하지 말라"는 부모의 충고는 사회적인 이유(매너)뿐 아니라 의학적인 이유로도 중요하다. 먹으면서 말하면 질식할 수 있다. 이것이 어떻게 발생할 수 있는지 설명하시오.

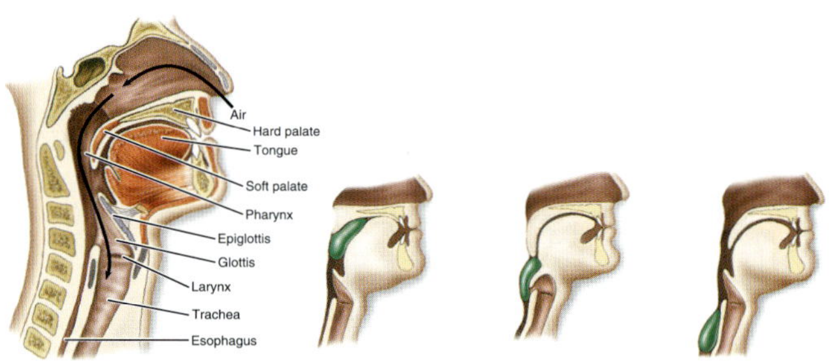

16.7.1 여기에 나타낸 회색의 기관과 녹색의 기관의 기능은 무엇인가?

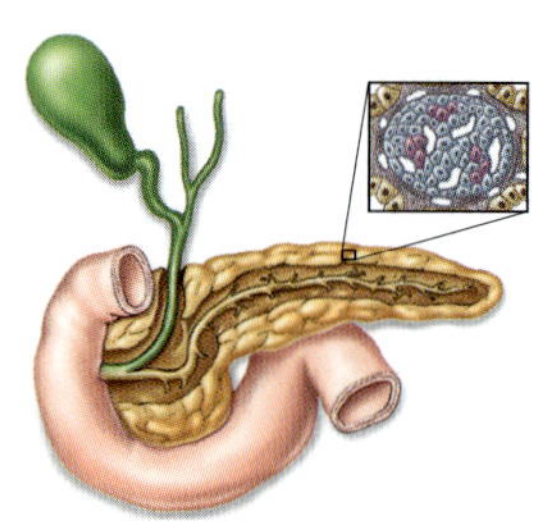

학습 내용의 종합

16.6.1 포파이와 여러분에게 왜 녹색 잎을 가진 야채(시금치, 근대, 순무, 녹색 겨자, 브로콜리, 꽃양배주, 배추)를 먹는 것이 왜 그렇게 중요할까요?

16.1.1 여러분은 세 친구와 함께 배낭여행을 떠난다. 리사는 초콜릿 컵케이크의 산책용 간식을 챙기기를 원하고, 크리스는 육포(beef jerky)를 가져가기를 원한다. 안드레는 GORP(good old raisins and peanuts – 건포도와 땅콩이 들어 있는 혼합 스낵)을 모두 챙길 것을 주장한다. 친구들이 여러분에게 결정하라고 넘겼다. 긴 하이킹에 에너지를 유지시키기 위한 즉석 간식으로 어느 것이 가장 좋은지, 그리고 그 이유를 설명하시오.

Chapter 17

내부환경을 유지하기

Maintaining the Internal Environment

개관(CHAPTER AT A GLANCE)

항상성 Homeostasis

17.1 동물의 신체는 어떻게 항상성을 유지하는가 How the Animal Body Maintains Homeostasis

학습 목표 17.1.1 항상성을 정의하고 음성 되먹임 고리가 어떻게 항상성을 유지하도록 도와주는지 설명한다.

동물의 신체는 정교한 기계이며, 많은 종류의 세포들이 정확한 역할을 수행하도록 미세하게 조율되어 있다. 이러한 세포 기능의 전문화는 세포외 조건이 좁은 범위 내에서 유지될 때만 가능하다. 온도, pH, 포도당과 산소의 농도, 그리고 다른 많은 요소들이 세포가 효율적으로 기능하기 위해서는 일정하게 유지되어야 한다.

항상성(Homeostasis)은 내부환경의 동적인 불변성으로 정의될 수 있다. 동적(dynamic)이라는 용어는 조건이 결코 절대적으로 일정할 수 없지만, 좁은 한계 내에서 연속적으로 변동하기 때문에 사용된다. 항상성은 생명에 필수적이다.

음성 되먹임 고리 Negative Feedback Loops

내부의 불변성을 유지하기 위하여, 척추동물의 신체는 내부 환경 각각의 조건을 측정할 수 있는 **감지기**(sensor)를 가져야만 한다(그림 17.1의 연녹색 상자). 감지기는 끊임없이 세포외부 조건을 측정하여 이 정보(보통 신경신호를 통하여)를 *설정치*(set point; 그 조건에 대하여 적절한 값)를 포함하고 있는 **통합센터**(integrating center)에 전달한다. 이 설정치는 집에 있는 온도조절장치의 온도 설정과 유사하다. 신체에는 온도, 혈당 농도, 힘줄의 장력 등에 대한 설정점이 있다. 통합센터는 종종 두뇌나 척수의 특정한 지역이지만, 어떤 경우에는 내분비샘의 세포일 수도 있다. 통합센터는 여러 감지기로부터 신로를 받아서, 각각 감지기 입력의 상대적인 강도를 비교하여, 그 조건의 값이 설정치에서 벗어났는지를 결정한다. 벗어난 것이 발생하면 통합센터는 특정한 효과기의 활동을 증가시키거나 감소시키는 신호를 보낸다. **효과기**(effector; 그림의 파란색 상자)는 일반적으로 근육이나 분비샘이며, 조건의 값을 설정치로 되돌리도록 변화시킬 수 있으며, 이를 반응이라고 한다.

예를 들어, 인간의 체온이 설정치인 37°C를 초과하면, 두뇌는 이 정보를 통합센터(두뇌에 위치함)에 전달하고, 통합센터는 땀샘과 같은 효과기를 자극하여 체온을 낮추도록 작용한다. 이러한 반응은 통합센터로 다시 전달되어, 효과기의 자극을 중지시킨다. 효과기의 활동은 그들이 생산하는 효과에 의하여 영향을 받기 때문에, 이러한 유형의 통제 체계를 **음성 되먹임 고리**(negative feedback loop)라고 한다(그림 17.1).

음성 되먹임 고리의 본질은 집에 있는 온도조절장치와의 유사성을 적용하면 명백해진다. 에어컨이 얼마동안 작동한 뒤에는 방 온도는 온도조절장치의 설정치 아래로 상당히 떨어질 수 있다. 이러한 현상이 발생하면, 에어컨은 꺼질 것이다. 효과기(에어컨)은 높은 온도에 의하여 켜지며; 작동되면 음의 변화(온도를 낮추는)를 생성하여 궁극적으로 효과기가 꺼지도록 한다.

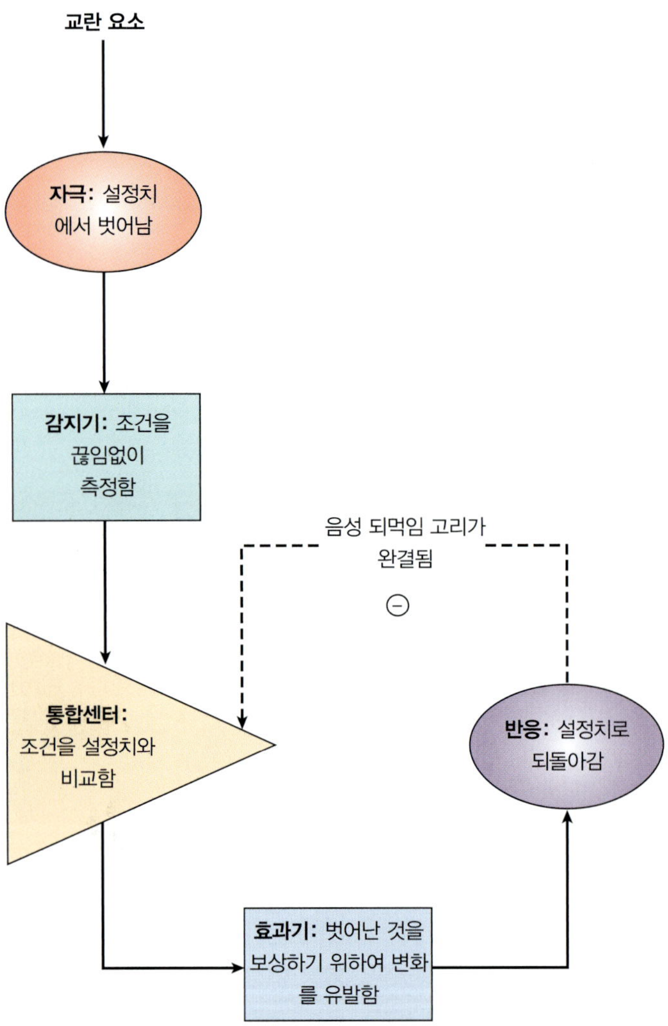

그림 17.1 음성 되먹임 고리의 일반화된 도표.

음성 되먹임 고리는 설정치로 부터 벗어난 것을 교정하여 항상성을 유지하거나, 또는 외부환경의 동적인 불변성을 유지한다.

개념의 적용

음성 되먹임 고리가 어떻게 겨울철에 온수 방열판에 의하여 덥혀지는 집에서 온도를 유지하기 위하여 이용될 수 있는지 그려보시오.

체온을 조절하기 Regulating Body Temperature

학습 목표 17.1.2 동물이 어떻게 체온과 혈당 수준을 비교적 좁은 범위 내에서 유지하는지 논의한다.

인간, 다른 포유류, 그리고 조류는 모두 외부 온도와 무관하게 비교적 일정한 체온을 유지할 수 있는 온혈성(endothermic)이다. 여러분 혈액의 온도가 37°C를 초과하면, 두뇌의 일부인 시상하부(hypothalamus; 19장에서 논의됨)에 있는 뉴런은 온도변화를 탐지한다. 뉴런의 통제에 의하여 작용하는 시상하부는 땀의 발산(그림 17.2), 피부 혈관의 확장, 그리고 다른 기작에 의하여 열의 분산을 촉진하여 반응한다. 이 반응은 체온의 상승에 반대로 작용한다. 체온이 떨어지면, 시상하부는 떨림이나 피부의 혈관을 수축하는 것과 같은 체온을 상승하도록 하고 항상성을 유지시키도록 도와주는 다른 종류의 반응을 통합한다.

시상하부는 통합센터로 기능하는 두뇌의 부분이다. 19.4절에서 논의되겠지만, 시상하부는 체온, 혈압, 호흡, 그리고 심장박동을 조절하는데 연관된 신체의 내부 활동을 통합한다.

포유류와 조류를 제외한 척추동물은 체온이 어느 정도 환경온도에 의존하는 변온성(ectothermic)이다. 그러나 많은 변온성 척추동물은 햇빛과 그늘의 다양한 장소에 자신을 위치시키는 것과 같은 행동을 통하여 일정한 체온을 유지하려고 시도한다. 그것이 여러분이 종종 도마뱀이 햇볕을 쬐는 것을 볼 수 있는 이유이다. 대부분의 무척추동물은 체온을 조절하기 위하여 행동을 변경한다.

예를 들면, 대부분의 나비는 날수 있으려면 체온이 특정한 온도에 노날해야함 한다. 아침에 차가울 때는 나비는 햇빛을 최대한 흡수할 수 있도록 신체의 방향을 향한다. 나방과 다른 곤충은 나는 근육을 덥히기 위하여 떠는 반사작용을 이용한다.

그림 17.2 땀을 흘리는 것은 여러분을 시원하게 유지시킨다.

이 사람은 땀을 흘리고 있는데, 이는 우리 신체가 운동이나 과도한 열에 의하여 과열되었을 때 일어난다. 땀의 증발은 피부를 냉각시키는데, 이는 과도한 열을 제거하는 현명한 기작이다.

혈당을 조절하기 Regulating Blood Glucose

여러분이 탄수화물을 포함한 식사를 소화하면, 포도당을 혈액으로 흡수한다. 이러한 일시적인 혈당의 상승은 어떻게 통제될까요? 혈당 수준은 췌장의 랑게르한스섬이라고 하는 세포인 감지기에 의하여 끊임없이 측정된다. 포도당 수준이 증가하면(그림 17.3*a*), 랑게르한스섬은 *인슐린*(insulin) 호르몬을 분비하여, 근육, 간, 그리고 지방세포로의 혈당 흡수를 자극한다. 근육과 간은 포도당을 다당류인 글리코겐으로 변환한다. 지방세포는 포도당을 지방으로 변환한다. 이러한 작용은 혈당을 내리게 한다. 충분한 혈당이 흡수되면, 설정치에 도달하고, 인슐린의 방출이 중지된다. 역으로, 식사중간, 단식하는 기간, 그리고 운동할 때와 같이. 혈당 수준이 설정치 아래로 감소하면(그림 17.3*b*), 간은 혈액으로 포도당을 분비한다. 이 포도당은 일부는 간의 글리코겐에서 획득된다. 간의 글리코겐은 랑게르한스섬에서 분비되는 *글루카곤*(glucagon) 호르몬이나, 부신에서 분비되는 아드레날린 호르몬의 2가지 방법에 의하여 분해가 촉진된다.

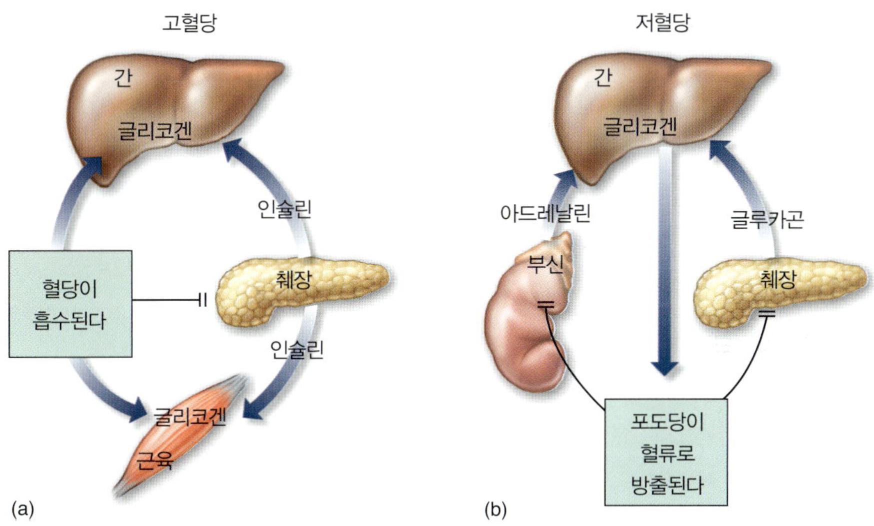

그림 17.3 혈당 수준의 통제.

(a) 혈당 수준이 높을 때, 췌장 내의 세포는 인슐린 호르몬을 생산하며, 인슐린은 간과 근육에 혈당을 글리코겐으로 변환하도록 자극한다. (b) 혈당 수준이 낮을 때, 췌장의 다른 세포는 글루카곤 호르몬을 혈류로 방출한다. 추가적으로 부신 내의 세포도 아드레날린 호르몬을 혈류로 방출한다. 간에 도달하면 두 종류의 호르몬은 간에서 글리코겐이 포도당으로 분해되는 것을 증가시키도록 작용한다.

개념의 적용

여러분의 체온이 37°C를 초과하면 무엇이 잘못인가요?

삼투조절 Osmoregulation

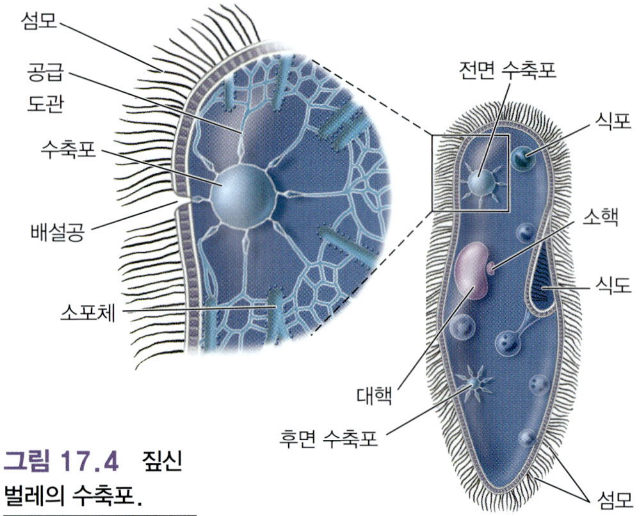

그림 17.4 짚신벌레의 수축포.

17.2 신체의 수분 함량을 조절하기

학습 목표 17.2.1 혈액의 삼투 농도가 원생생물, 편형동물, 환형동물, 곤충, 그리고 척추동물에서 어떻게 유지되는지 대조한다.

동물은 신체의 수분 함량을 면밀하게 측정해야만 한다. 최초의 동물은 해수에서 진화하였으며, 모든 동물의 생리는 이러한 기원을 반영한다. 모든 척추동물 신체의 약 2/3은 물이다. 만약 척추동물 신체의 물의 양이 이 아래로 떨어지면 동물은 사망하게 된다. 동물은 **삼투조절**(osmoregulation)을 위하여 다양한 기작을 이용하는데, 이는 신체의 삼투 조성을 조절하거나, 또는 얼마나 많은 물과 염을 포함하는 것이다. 많은 척추동물 기관계의 올바른 작동을 위해서는 혈액에 용해되어 있는 용질의 농도인 혈액의 삼투농도가 좁은 범위 내에서 유지되어야 한다.

동물은 물 균형의 문제를 극복하기 위하여 다양한 기작을 진화하였다. 대부분의 동물과 단세포 생물에서, 신체에서 물 또는 염을 제거하는 것은 배설계를 통한 대사 노폐물의 제거와 결합되어 있다. 그림 17.4의 *짚신벌레*(Paramecium)과 같은 원생생물은 이 목적을 위하여 수축포를 사용하며, 해면의 세포도 마찬가지이다. 물과 대사 노폐물은 소포체에 의하여 수집되어 공급 도관을 통하여 수축포로 전달된다. 물과 노폐물은 수축포가 수축하여 내용물을 구멍을 통하여 방출할 때 제거된다.

다세포동물은 신체로부터 액체와 노폐물을 제거하는 배설소관 체계를 가지고 있다. 편형동물에서, 이러한 소관을 *원신관*(protonephridia)이라고 한다(그림 17.5의 녹색 구조). 원신관은 신체 전체에 걸쳐 구형의 **불꽃세포**(flame cell)로 가지 친다. 이러한 단순한 배설 구조는 체내가 아니라 체외로 개방되어 있다. 불꽃세포 내부의 섬모의 치는 운동은 신체로부터 액체를 끌어들여 수집관으로 전달한다. 물과 대사물은 다시 흡수되고, 배설될 물질은 배설공을 통하여 방출된다.

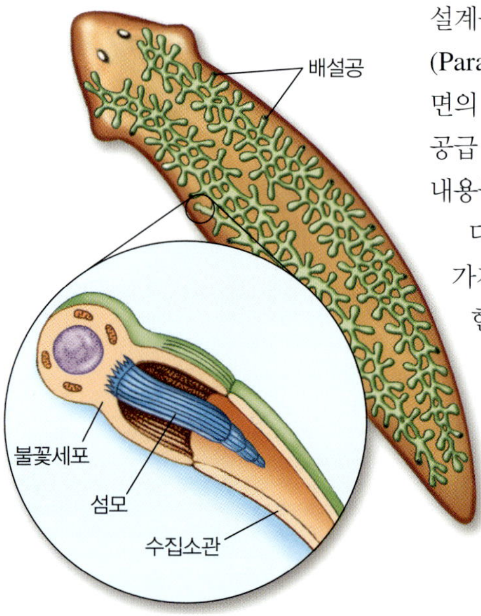

그림 17.5 편형동물의 원신관.

소관의 분지 체계인 구형의 불꽃세포와 배설공은 편형동물의 원신관을 형성한다.

다른 무척추동물들은 신체의 내부와 외부로 모두 개방된 소관 체계를 가지고 있다. 지렁이에서 이러한 소관은 *신관*(nephridia)이라고 하며 그림 17.6의 파란색 구조이다. 신관은 *신구*(nephrostome)라고 하는 깔때기 모양의 구조로 여과하는 과정을 통하여 체강으로부터 액체를 획득한다. *여과*(filtration)라는 용어는 액체가 압력 하에서 작은 구멍을 통과하며 형성되기 때문에 사용되며, 따라서 특정한 크기보다 큰 분자는 배제된다. 여과된 액체는 체강액과 등장액(isotonic; 동일한 삼투 농도를 가짐)이지만, 신관의 소관을 통과하여 전달되기 때문에 NaCl이 능동수송 과정에 의하여 제거된다. 염은 여과액으로부터 재흡수되기 때문에, 분비되는 소변은 체액에 비하여 더 묽다(저장액; hypotonic).

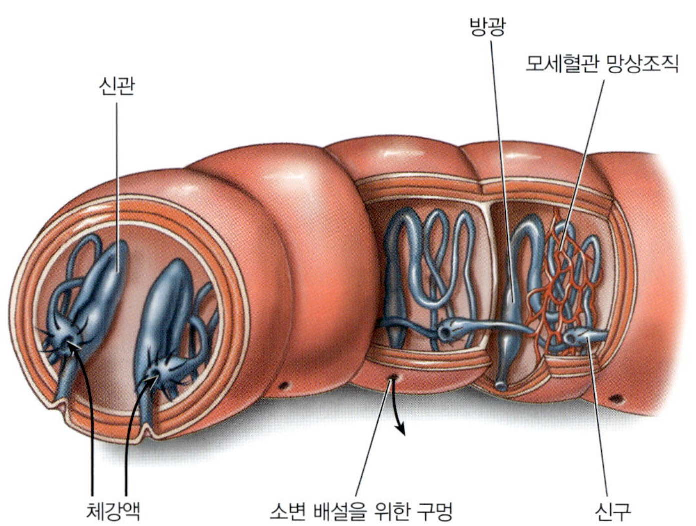

그림 17.6 환형동물의 신관.

대분의 무척추동물은, 여기에 보인 환형동물처럼, 신관을 가지고 있다. 신관은 체강액으로부터 여과액을 받아들이는 소관으로 구성되어 있으며, 여과액은 깔때기 모양의 신구로 들어간다. 이 소관들로부터 염은 재흡수될 수 있으며, 남겨진 액체인 소변은 외부환경으로 구멍으로부터 방출된다.

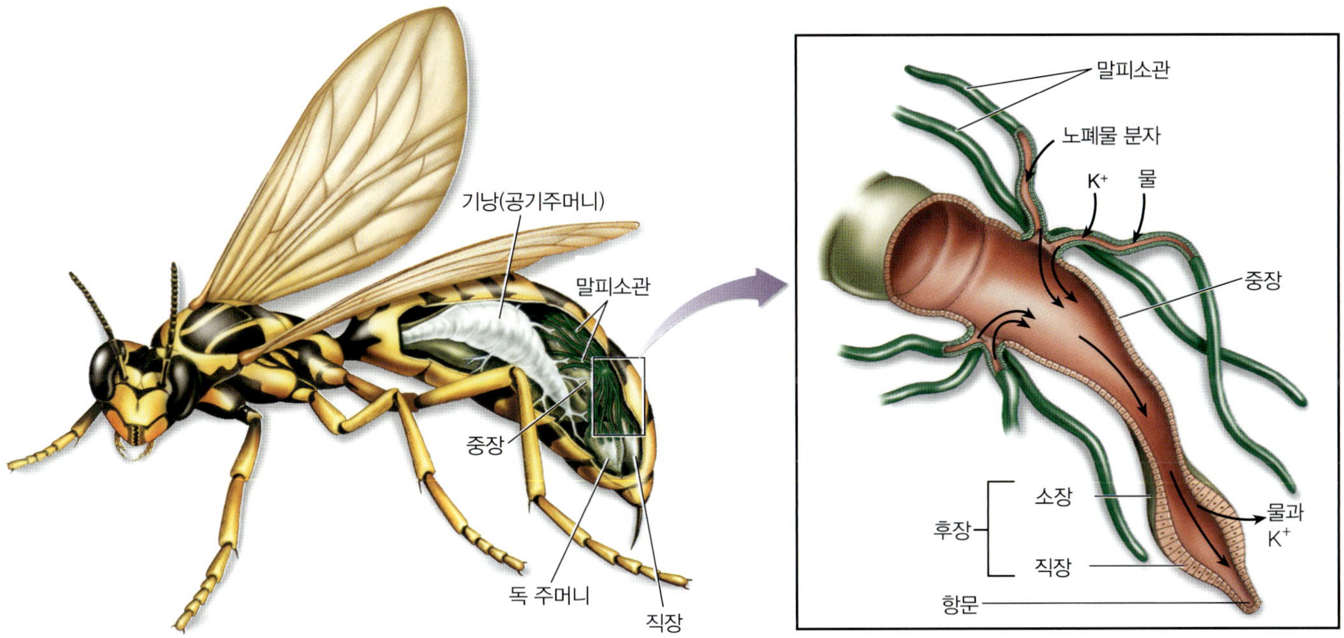

(a) (b)

그림 17.7 곤충의 말피 소관(Malpighian tubule).

(a) 곤충의 말피 소관은 신체의 순환계로부터 물과 노폐물을 수집하는 소화관의 연장이다. (b) K^+는 이러한 소관으로 분비되며, 삼투적으로 물을 함께 끌어당긴다. 이 물과 K^+의 대부분은 후장(hindgut)의 벽을 가로질러 재흡수된다.

곤충의 배설기관은 **말피 소관**(Malpighian tubule)이라 불리며, 그림 17.7의 녹색 구조이다. 말피 소관은 앞에서 후장으로 분지되는 소화관의 연장이다. 이러한 소관에서는 소변이 여과에 의해 형성되지 않는데, 그 이유는 체강과 소관 사이에 압력 차이가 전혀 없기 때문이다. 대신에 노폐물 분자와 칼륨이온(K^+)은 능동수송에 의하여 소관으로 분비되어 들어간다. 분비(secretion)에서는 이온과 분자가 체액으로부터 소관으로 운반된다. K^+의 분비는 신체의 개방순환계로부터 삼투에 의하여 물이 소관으로 들어가도록 하는 삼투 경사를 생성한다. 대부분의 물과 K^+는 그 후에 후장의 상피를 통하여 순환계로 재흡수되며, 분변과 함께 직장으로부터 배설되는 작은 분자와 노폐물만 남긴다. 말피 소관은 따라서 물을 보존하는 매우 효율적인 수단을 제공한다.

신장(kidney)은 척추동물의 배설기관이며 이장의 나머지 주제이다. 곤충의 말피 소관과 달리, 신장은 압력 하에서 혈액을 여과하여 관의 액체를 생성한다. 노폐물과 물을 포함하는 것에 추가하여, 여과액은 포도당, 아미노산, 그리고 비타민을 포함하는 동물에 가치 있는 많은 작은 분자들을 포함한다. 이러한 분자들과 대부분의 물은 소관으로부터 혈액으로 재흡수되며, 노폐물은 여과액에 잔류한다. 추가적인 노폐물이 소관에서 분비되어 여과액에 포함될 수 있고, 최종 노폐물인 소변이 신체로부터 제거된다.

척추동물 신장이 혈장으로부터 거의 대부분을 여과시키고(여과되기에는 너무 큰 단백질을 제외하고) 신체가 필요로 하는 것을 에너지를 이용하여 재흡수하는 것은 이상하게 보일 수 있다. 그러나 선택적 재흡수는 커다란 유연성을 제공한다. 다양한 척추동물 집단은 특정한 서식처에 특히 소중한 다른 분자들을 재흡수할 수 있는 능력을 진화하였다. 이 유연성은 척추동물에 의해 다양한 환경에서 성공적으로 정착할 수 있도록 하는데 기초가 되는 핵심적인 요소이다.

개념의 적용

불꽃세포, 신관, 그리고 말피소관을 대조하시오.

진화

말피 소관을 다른 용도로 사용하기. 주로 배설과 삼투 조절에 이용되지만, 말피 소관은 일부 곤충에서 아주 다른 기능을 하도록 진화하였다. 뉴질랜드 개똥벌레인 *Arachnocampa luminosa*의 유충은 팽창한 끝이 청녹색 빛을 발생하도록 말피 소관이 변경되었다. 유충은 나무나 동굴의 천장에 매달리는 점액으로 둘러싸인 끈을 생성한다. 그들은 ATP를 소비하여 생성된 빛을 이용하여 점액으로 둘러싸인 함정 줄로 먹이를 유인한다. 유충은 운 나쁘게 줄에 달라붙은 호기심이 많은 먹이 곤충을 공격하여 잡아먹는다.

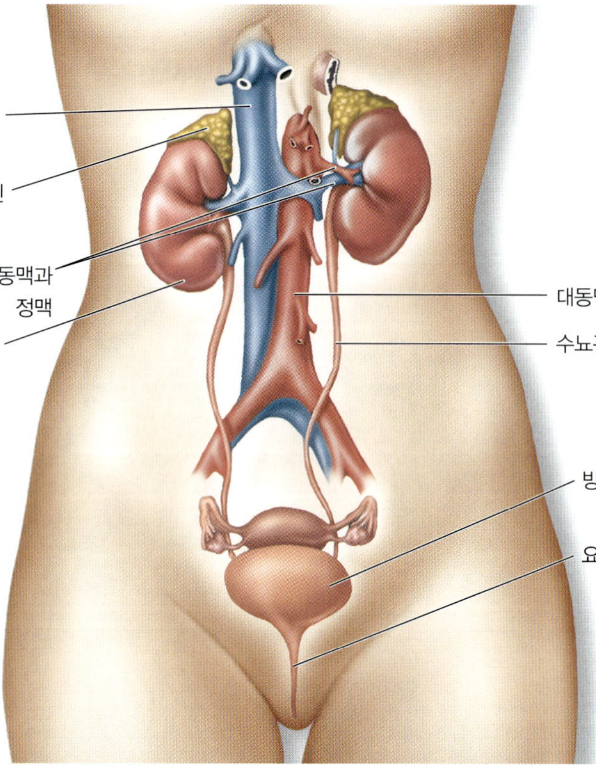

그림 17.8 **포유류의 비뇨계는 2개의 신장을 포함한다.**

비뇨계는 신장, 신장에서 방광으로 소변을 운반하는 수뇨관, 신체 밖으로 소변을 운반하는 요도로 구성되어 있다.

생물학과 여러분

신장결석. 여러분의 신장은 순환계로부터 대사 노폐물과 미네랄을 여과한다. 불행히도, 소변에 있는 일부 미네랄은 결정을 형성하여 신장 벽에 부착되는 고형 침적물을 형성할 수 있다. 신장결석이라고 하는 이러한 고체는 증상을 유발하지 않고 보통 오줌 흐름에 섞여서 신체에서 제거된다. 그러나 결석이 곡물이나 모래 크기 정도인 3mm 이상으로 커지게 되면 수뇨관을 차단하여, 오줌이 정체되어 상당한 통증을 유발한다. 6mm 미만의 결석은 며칠이면 통과하지만, 커다란 결석은 초음파나 수술로 제거해야한다. 미국에서 성인의 15% 정도가 신장결석 진단을 받으며, 이 중 3/4 정도가 남성이다. 무엇이 이러한 신장결석을 유발하나요? 신장결석의 80%는 옥살산 칼슘으로 구성되어 있다. 식단에 과다한 옥살산이 신장에 옥살산 칼슘의 침전을 촉진하는 것으로 보인다. 신장결석이 재발하는 것을 막기 위해서는, 차, 시금치, 그리고 순무와 같은 옥살산이 많이 포함되어 있는 음식의 섭취를 제한할 것을 강권한다.

17.3 포유류의 신장 The Mammalian Kidney

학습 목표 17.3.1 포유류 신장의 4가지 기능적 구역을 서술한다.

사람에서 신장은 아래쪽 등 부근에 위치한 주먹크기의 기관이다(그림 17.8). 각각의 신장은 신동맥으로부터 혈액을 공급받으며, 이 피로부터 소변이 생성된다. 소변은 **수뇨관**(ureter)을 통하여 각각의 신장으로부터 배수되며, 수뇨관은 소변을 **방광**(urinary bladder)으로 운반한다. 신장 내에서(그림 17.9*a*의 단면도) 수뇨관의 입구는 벌어져서 신우라고 하는 깔때기 모양의 구조를 형성한다. 신우는 다시 신장 조직으로부터 소변을 받아들이는 컵 모양의 연장부를 가지고 있다. 이 조직은 외부의 **신피질**(renal cortex)과 내부의 **신수질**(renal medulla)로 나뉜다. 여과, 재흡수, 그리고 분비 기능을 수행하는 신장의 구조를 **네프론**(신단위; nephron)이라고 한다.

포유류 신장은 대략 1백만 개의 네프론으로 구성되어 있다(그림 17.9*b*). 각각의 네프론은 4구역으로 이루어져 있다.

1. **여과기(filter).** 각각의 네프론 꼭대기에 있는 여과장치를 **사구체낭**(Bowman's capsule; **보먼 주머니**)이라고 한다. 각각의 사구체낭 내에 소동맥이 들어가서 **사구체**(glomerulus)라고 하는 모세혈관의 미세한 망상 구조로 갈라진다(그림 17.9*b*의 ❶). 이 모세혈관의 벽이 여과기로 작용한다. 혈압은 모세혈관 벽을 통하여 액체에 압력을 가한다. 이 벽은 혈액에 단백질과 다른 큰 분자들은 놔두고, 대사의 주된 노폐물인 물, 작은 분자, 이온, 그리고 요소를 통과시킨다. 이 여과액이 사구체낭으로 들어간다.
2. **근위(근위곡뇨)세관(Proximal tubule).** 사구체낭은 근위소관으로 내용물을 비우며, 근위소관은 대부분의 물과(75%), 포도당과 다양한 이온과 같은 신체에 유용한 분자들을 회수한다.
3. **신(콩팥뇨)세관(Renal tubule).** 근위세관은 신세관이라고 하는 길고 가는 관으로 연결되며(❷-❹), 가운데서 뒤로 굽어져 있다. **헨레 고리**(loop of Henle)라고 하는 기다란 머리핀 모양의 고리는 재흡수 장치이다. 여과액에 통과하면서, 신장세관은 하향 고리에서 10%의 물을 추가로 추출한다.
4. **집합관(Collecting duct).** 신세관은 **집합관**(collecting duct)으로 비운다(❺) 집합관은 물을 보존하는 장치로소 작동하며, 신체에서 손실되지 않도록 여과액에서 14%의 물을 추가로 회수한다. 인간은 혈장에 비하여 4배 정도 농축된 소변을 생산하며, 이는 집합관이 신장을 통하여 지나가는 여과액으로부터 그만큼의 물을 제가한다는 것이다. 여러분의 신장은 단순하지만 훌륭하게 고안된 기작을 이용하여 이렇게 놀라운 정도의 물의 보존을 달성한다. 신세관을 따라 도관이 뒤로 굽혀지며 이는 요소를 투과한다. 요소는 확산에 의하여 집합관으로부터 빠져나온다. 이는 관을 둘러싸고 있는 조직의 국부적인 염(요소) 농도를 크게 증가시키며, 삼투에 의하여 관으로부터 여과액의 물이 통과해 나오도록 한다. 염도가 높은 조직은 여과액으로부터 압지처럼 물을 빨아들이며, 혈류로 다시 운반하는 혈관에 전달한다. 집합관에 남겨진 여과액을 소변이라고 한다.

개념의 적용

물은 왜 헨레 고리를 통하여 지나가면서 여과액을 남기는가?

신장의 작용 The Kidney at Work

학습 목표 17.3.2 포유류 신장에서 소변 형성을 가져오는 5단계를 확인하고 서술한다.

포유류 신장 내에서 소변의 형성은 네프론과 이를 둘러싸고 있는 모세혈관 사이에 몇 종류 분자의 이동을 포함한다. 그림 17.9*b*에 나타냈듯이 5단계가 관련되어 있다. ❶ 압력여과, ❷ 물의 재흡수, ❸ 이온의 선택적 재흡수, ❹ 관의 분비, 그리고 ❺ 물의 추가적인 재흡수이다.

압력 여과(Pressure Filtration). 혈압에 의해 추진되어, 작은 분자는 사구체의 얇은 막을 가로질러 사구체낭의 내부로 밀려난다❶. 혈구세포와 단백질과 같은 큰 분자는 통과할 수 없으며, 그 결과 사구체로 들어가는 혈액은 2가지 경로로 나뉜다. 여과되지 않고 보유되는 혈액 성분은 혈류를 따라 사구체를 떠나가며, 여과되는 성분은 사구체를 가로질러 떠나간다. 여과될 수 있는 흐름은 사구체 여과액이라고 하며, 물, 질소성 노폐물(주로 요소), 포도당과 아미노산 같은 영양분, 그리고 다양한 이온을 포함한다.

물의 재흡수(Reabsorption of Water). 사구체의 여과액은 근위 소관을 통과하여 내려가 헨레 고리의 하향 가지로 들어간다. 이 하향 가지의 벽은 염이나 요소에는 불투과성이지만 물은 자유롭게 투과할 수 있다. 주변의 조직은 높은 요소 농도를 가지고 있기 때문에, 물은 삼투에 의하여 하향 가지를 통과하여 나가고❷, 뒤에 더 농축된 여과액을 남기게 된다.

> 4장 9절의 확산과 삼투에서, 삼투가 낮은 용질 농도를 가진 곳에서 높은 용질 농도를 가진 곳으로 물이 통과하는 과정을 서술한다는 것을 상기하시오.

선택적 재흡수(Selective Reabsorption). 헨레 고리가 회전하는 곳에서, 소관의 벽은 염에 투과성을 나타내게 되지만 물에는 훨씬 더 투과하지 않게 된다. 이 농축된 여과액이 상향 가지를 올라가면서, 영양분은 주변 조직으로 통과하여 빠져나가며❸, 그곳에서 혈관에 의하여 멀리 운반된다. 상향 가지의 윗부분에는 염(NaCl)을 펌프에 내는 능동수송 통로가 있다. 여과액에 남겨지는 것은 최초에 사구체를 통하여 전달되었던 질소성 노폐물인 요소이다. 소관의 이 지점에서 요소의 농도는 매우 높아진다.

관상 분비(Tubular Secretion). 원위 소관에서 관상 분비라는 과정에 의하여 물질이 소변에 추가된다❹. 이 능동수송 과정은 요산과 암모니아 같은 다른 질소성 노폐물을 소변에 분비한다.

물의 추가적인 재흡수(Further Reabsorption of Water). 소관은 신장 조직을 통하여 뒤로 통과하는 집합관으로 비운다. 소관과 달리, 집합관의 아래 부분은 요소에 투과성이 있으며, yth의 일부는 주변 조직으로 확산되어 나간다(이로 인하여 그림의 진한 분홍색으로 표시되듯이 헨레 고리의 하향 가지를 둘러싸고 있는 조직이 높은 요소 농도를 보이게 된다). 조직의 높은 요소 농도는 더 많은 물이 삼투에 의하여 여과액으로부터 바깥쪽으로 빠져나가게 된다❺. 염, 영양분, 그리고 물이 제거되고 남은 여과액이 소변이다. 이 소변은 체액보다 높은 삼투압을 가질 수 있다. 고장액의 소변을 생성할 수 있는 능력이 포유류와 조류가 작은 양의 물로 노폐물을 배설할 수 있도록 하며, 따라서 신체에 더 많은 물을 보유할 수 있다.

개념의 적용

헨레 고리와 집합관의 역할을 대조하시오.

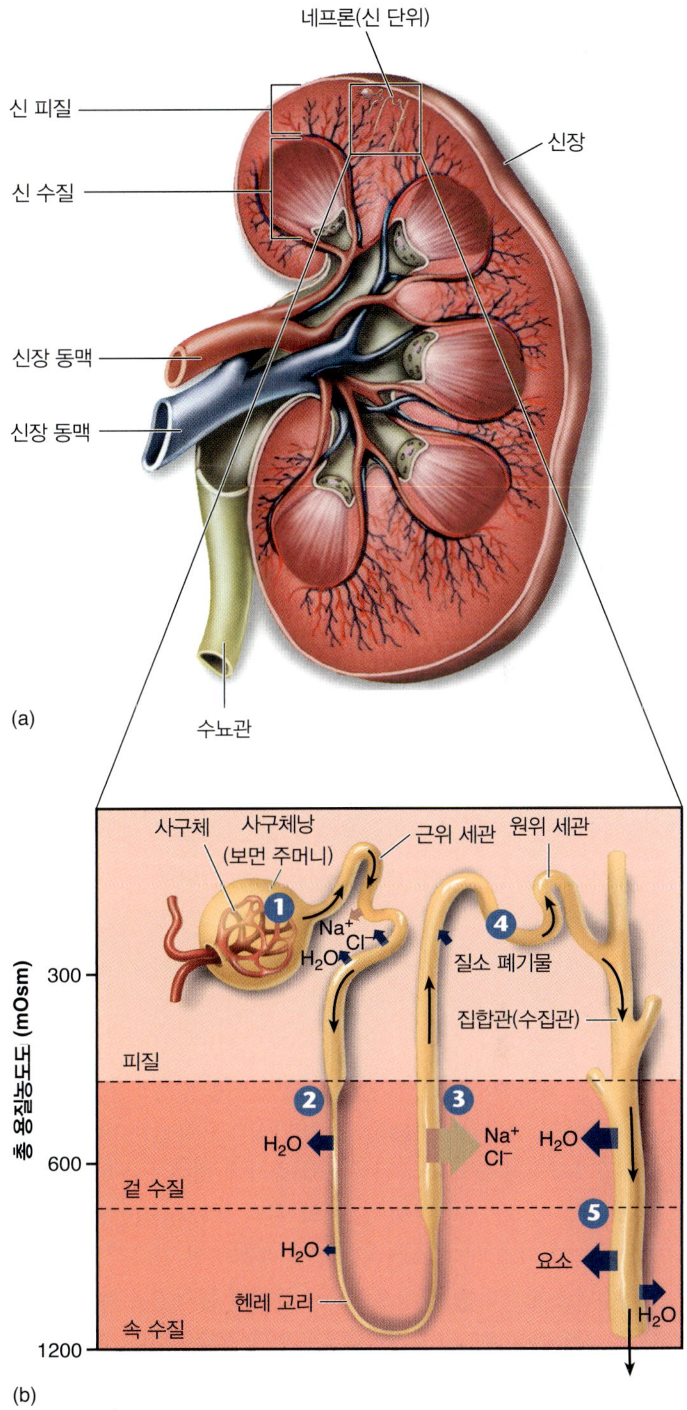

그림 17.9 신장과 네프론의 구조.

(a) 신피질에 약 1백만개의 네프론이 존재한다. (b) 사구체는 사구체낭(보먼 주머니)라고 하는 수집 장치 내에 싸여져 있다. 혈압은 혈액의 액체를 사구체를 통과하여 네프론의 근위 소관으로 밀어내며, 그곳에서 포도당과 작은 단백질은 여과액으로부터 재흡수된다. 여과액은 그 후 헨레 고리라고 하는 원위소관을 구성하는 고리모양 배열을 통과하여, 집합관으로 들어가는데, 모두 여과액으로부터 물을 제거하기 위한 작용을 한다. 물은 혈관에 의하여 수집되며 신장에서 운반되어 나와 신체의 순환으로 들어간다.

생물학과 건강한 삶

호르몬이 어떻게 신장의 기능을 통제하는가

모든 포유류나 조류와 마찬가지로 여러분의 소변에 분비되는 물의 양은 신체의 변화하는 요구에 따라 변화한다. 이 장에 설명된 기작에 의하여 작용하면서, 여러분의 신장은 신체가 물을 보존할 필요가 있을 때 고장액의 소변을 배설한다. 여러분이 물을 많이 마시면, 신장은 저장액의 소변을 배설할 것이다. 그 결과 혈액의 부피, 혈압, 그리고 혈장의 염 농도는 얼마나 많은 물을 마시던 관계없이 모두 신장에 의하여 비교적 일정하게 유지된다. 신장은 또한 혈장의 Na^+와 K^+ 농도 그리고 혈액의 pH를 좁은 범위 내에서 조절한다. 신장의 이러한 항상성 기능은, 신체의 한부분에서 생산되어 다른 부분의 사건에 영향을 미치는 화학적 신호인, 호르몬에 의하여 근본적으로 조절된다. 호르몬은 20장의 주제이다.

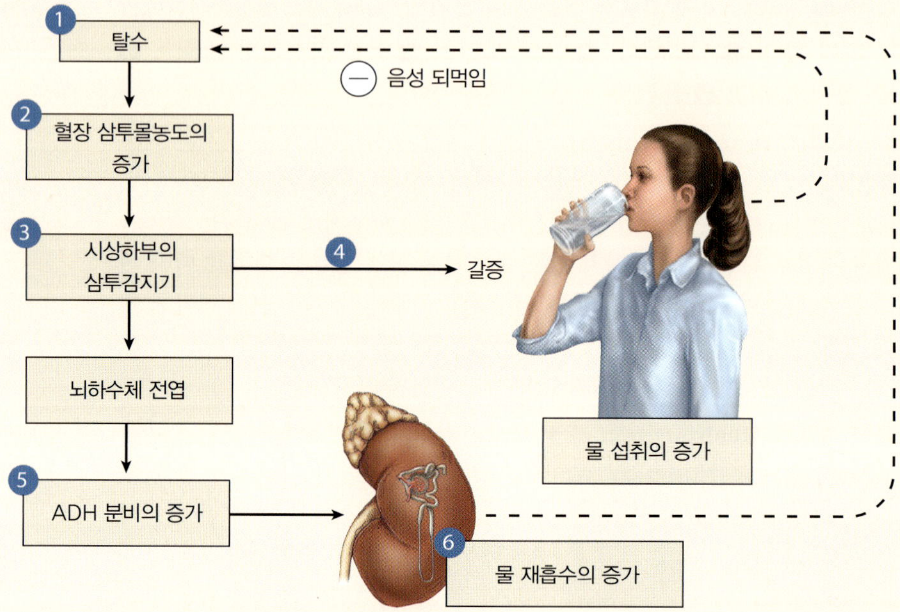

항이뇨 호르몬은 신장에 의한 물의 재흡수를 자극한다.

이 작용은 음성 되먹임 고리를 완결하며 혈액의 양과 삼투몰농도의 항상성을 유지하도록 돕는다.

항이뇨 호르몬(Antidiuretic Hormone). 항이뇨 호르몬(ADH)는 두뇌의 시상하부라고 하는 부분에서 생산되어 뇌하수체 전엽이라고 하는 두뇌의 다른 부분에 저장된다. 혈류로 분비되는 ADH의 주된 자극은 혈장의 삼투몰농도(osmolarity; 염의 농도)를 증가시키는 것이다. 혈장 단위 체적당 염은 여러분이 탈수되거나 짠 음식을 먹을 때 증가한다. 그림에 나타낸 것처럼 탈수의 자극을 고려해보세요. 탈수❶는 혈액의 용질 농도를 증가시킨다❷. 시상하부의 삼투감지기❸는 갈증의 느낌을 유발하여❹ ADH의 분비를 증가시켜❺ 혈액 삼투몰농도의 증가에 대해 반응한다.

ADH는 신장(그림 17.9*b* 참조)의 원위 소관과 집합관의 벽을 물에 더 투과성이 있게 하여 소변이 신장을 통과하여 지나갈 때 더 많은 물이 흡수되도록 한다❻. 신장으로부터 증가된 물의 흡수는 삼투감지기에 되먹임 작용을 하여(점선) ADH의 분비를 감소시킨다. ADH의 분비가 감소되면, 벽은 덜 투과성이 되어 소변으로 더 많은 물을 배설한다.

ADH의 분비가 최대일 때는 고도로 농축된 소변을 하루에 600 ml 밖에 배설하지 않는다. ADH가 결여된 사람은 요붕증(diabetes insipidus)이라고 하는 빈번히 많은 양의 묽은 소변을 배설하는 질환을 가지게 된다. 요붕증의 사람은 심각하게 탈수가 되며 위험할 정도의 저혈압으로 죽게 된다.

알도스테론(Aldosterone). 나트륨 이온은 여러분의 혈장에서 주된 용질이다. 혈액의 Na^+ 농도가 떨어지면, 혈액의 삼투몰농도도 따라서 떨어진다. 이러한 삼투몰농도의 감소는 ADH 분비를 저해하며, 집합관에 더 많은 물이 남도록 하여 소변으로 배설되도록 한다. 그 결과 혈액 부피와 혈압은 감소한다. 세포 밖 Na^+의 감소도 삼투에 의하여 더 많은 물이 세포로 들어가도록 하여, 부분적으로 혈장 삼투몰농도의 감소를 상쇄하지만 그러나 혈액 부피와 혈압을 더욱 감소시킨다. 만약 Na^+ 결핍이 심각하다면, 혈액의 부피가 너무 감소하여 생명을 유지하기에 충분한 혈압을 생성할 수 없게 된다. 이러한 이유로 소금은 생명에 필수적이다. 많은 동물들은 소금에 배고프며 적극적으로 소금을 얻으려고 한다.

혈액 Na^+ 농도의 감소는 보통 알도스테론이라고 하는 두뇌에 의하여 분비되는 다른 호르몬의 영향을 받는 신장에 의하여 보상된다. 그뿐 아니라 알도스테론이 최대로 분비되는 조건에서는 소변에 Na^+가 완전히 존재하지 않을 수도 있다. Na^+의 재흡수는 Cl^-와 물의 재흡수가 뒤따르기 때문에, 알도스테론은 소금과 물을 모두 보유할 수 있도록 촉진하는 순 효과를 가진다. 따라서 알도스테론은 혈액의 부피, 삼투몰농도, 그리고 압력을 유지할 수 있도록 도와준다.

17.4 질소성 노폐물을 제거하기

학습 목표 17.4.1 어류, 파충류, 그리고 포유류가 신체로부터 질소성 노폐물을 제거하는 방법을 대조한다.

아미노산과 핵산은 질소를 함유하는 분자이다. 동물이 이러한 분자를 에너지를 얻기 위하여 대사작용으로 분해하거나 탄수화물 또는 지질로 변환시킬 때, 신체로부터 반드시 제거되어야만 하는 *질소성 노폐물*(nitrogenous wastes)이라고 하는 질소를 포함하는 부산물이 생성된다.

아미노산과 핵산 대사의 첫 단계는 간에서 아미노기(—NH_2)를 제거하고 H^+와 결합하여 **암모니아**(ammonia; NH_3^+)를 형성하는 것이다(그림 17.10의 ①). 암모니아는 세포에 상당한 독성을 가지며 따라서 매우 묽은 농도에서만 안전하다. 암모니아의 배설은 경골어류와 올챙이에게는 문제가 되지 않는데, 그들은 암모니아를 대부분은 아가미를 통한 확산과 일부는 매우 묽은 소변으로 제거하기 때문이다②. 상어, 성체 양서류, 그리고 포유류에서는 질서성 노폐물이 훨씬 독성이 덜한 형태인 **요소**(urea)로 제거된다③. 요소는 수용성이고 따라서 소변에 대량으로 분비될 수 있다. 요소는 합성된 장소인 간에서 신장까지 혈류에 포함되어 운반되며, 신장에서 소변으로 배설된다.

파충류, 조류, 그리고 곤충은 질소성 노폐물을 물에 조금밖에 용해되지 않는 **요산**(uric acid)의 형태로 배설한다④. 이러한 낮은 용해도로 인하여 요산은 침전을 형성하며 따라서 매우 작은 물을 이용하여 배설될 수 있다. 요산은 새똥에서 반죽 같은 흰색 물질을 형성한다.

개념의 적용

새는 포유동물처럼 질소성 노폐물을 요소로 제거하지 않음으로써 어떠한 이익을 얻나요?

진화

캥거루 쥐의 건조한 생활. 캥거루 쥐(*Dipodomys* 속)는 북미 사막이 원산지이며, 그곳에서 거의 물이 없이 살 수 있도록 진화하였다. 실제로 캥거루 쥐는 매우 효율적으로 물을 획득하고 보존하기 때문에 물을 전혀 마시지 않아도 된다. 성숙한 캥거루 쥐는 전체 일생을 통하여 한모금의 물도 전혀 마시지 않지만, 신체는 사막의 다른 포유류와 거의 동일한 수분함량을 가지고 있다. 비밀이 무엇일까요? 바로 물 관리입니다. 캥거루 쥐는 물이 없는 자신이 먹는 음식으로부터 물을 얻는다. 6장에서 세포호흡의 화학적 부산물로 물이 생성된다는 것을 상기하시오. 사람은 숨 쉴 때 방출하는 이 대사수(metabolic water)를 캥거루 쥐는 차가운 비강 통로에서 수집하여 삼켜서 신체로 되돌린다. 건조한 생활양식에 다른 결정적인 적응은 캥거루 쥐의 신장인데, 신장을 통하여 전달되는 물의 대부분을 소변으로 방출되기 전에 되찾을 수 있도록 설계되었다. 캥거루 쥐에서는 사람과 마찬가지로, 물은 헨레 고리와 네프론의 집합관에서 신체에 의하여 선택적으로 재흡수된다. 그러나 캥거루 쥐의 헨레 고리 길이는 사람과 다른 포유류에 비하여 5배 정도 길다! 소변이 신장 깊숙이 들어가면서, 더욱 많은 물이 네프론으로부터 주변 조직으로 빠져나와 다시 혈류로 들어가며, 소변은 인간에 비하여 4–5배 정도 훨씬 고농도로 농축된다.

그림 17.10 질소성 노폐물.

아미노산과 핵산이 대사될 때, 바로 발생하는 질소 부산물은 암모니아이며①, 매우 독성이 강하지만 경골어류의 아가미를 통하여 제거될 수 있다②. 포유류는 암모니아를 독성이 덜한 요소로 변환한다③. 조류와 육상 파충류는 그 대신 요산으로 변환하며④, 요산은 물에 용해되지 않는다.

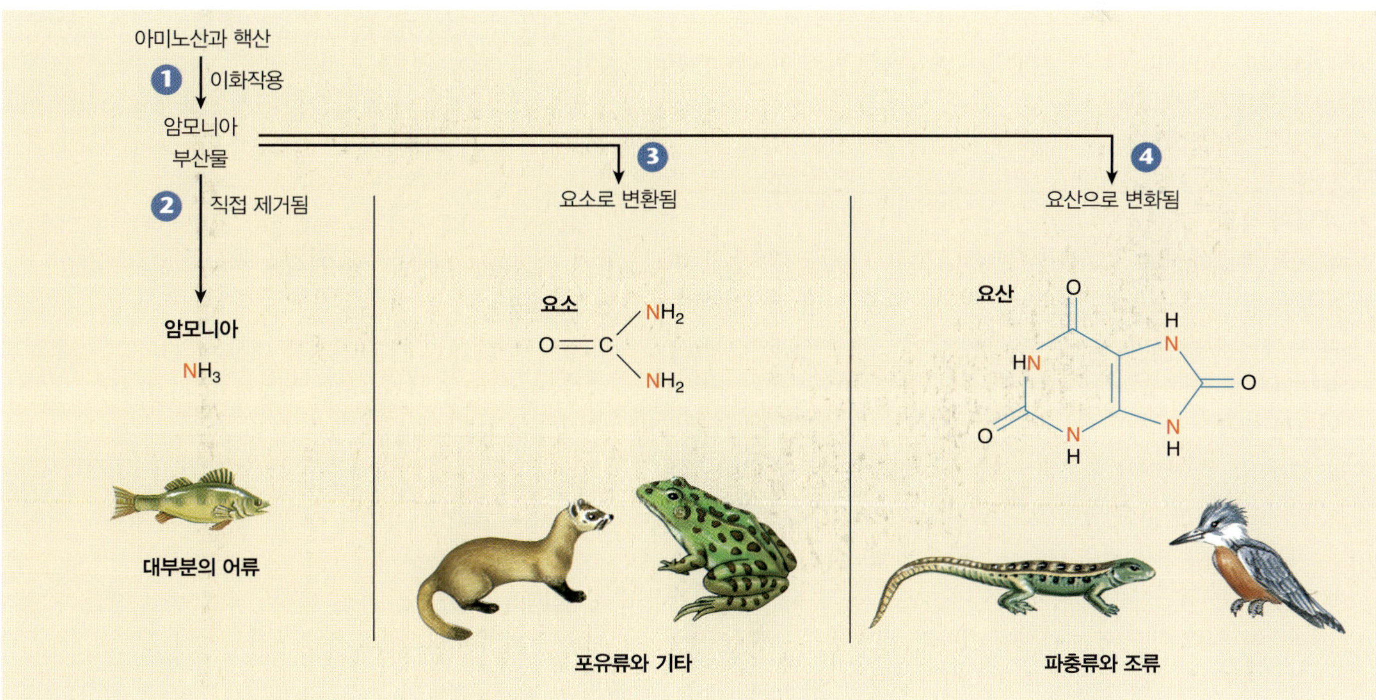

질문과 분석

잠자는 새는 어떻게 체온을 따뜻하게 유지하나요?

포유류와 조류는 온혈성이다. 그들은 주변의 온도와 상관없이 비교적 일정한 체온을 유지한다. 이는 외부 온도가 떨어지더라도 그들이 대사작용을 확실하게 수행할 수 있도록 해준다. 효소에 의해 촉매되는 반응의 속도는 대부분 온도가 10°C 떨어질 때마다 2-3배 감소한다. 여러분의 신체는 37°C에서 좁은 한계 내에서 유지되며, 조류는 더 높은 온도를 유지한다. 이처럼 따뜻하게 유지하기 위하여 포유류와 조류는 열을 발생하는 산화대사를 연속적으로 수행한다. 이는 대사속도를 여러 배 증가시키며, 이는 특히 동물이 활동을 하지 않을 때 비용이 많이 든다. 논리적인 해결책은 휴면(torpor)이라고 하는 상태로 따뜻하게 유지하려고 하는 투쟁을 포기하고 잠자는 동안에 체온이 떨어지게 두는 것이다. 인간은 이 접근방법을 채택하지 않지만, 많은 다른 포유류와 조류는 휴면을 한다. 이는 흥미로운 물음을 제기한다. 무엇이 휴면상태에서 잠자는 새가 얼어붙는 것을 방지하나요? 새의 신체는 단순히 주변에 적응하나요, 아니면 어느 것을 회피하기 위하여 그 이하로 내려가면 대사적 가열이 시작되는 특정한 체온이 있나요?

오른쪽의 그래프는 열대성 벌새인 *Eulampis*의 조직을 조사한 실험을 보여준다. 이 연구는 감소하는 대기온도가 대사율(산소의 소비로 측정)에 미치는 영향을 조사하였다. 3°부터 37°C 범위의 대기온도에서 2가지의 대조적인 생리적 상태에 대하여 산소소비를 측정하였다. 파란색의 자료는 새가 깨어있을 때 수집하였으며, 붉은색의 자료는 자고 있는 휴면상태의 새에서 수집하였다. 파란색 선과 붉은색 선은 회귀선이라고 하며, 자료의 최적선을 제공하는 곡선 맞춤(curve-fitting) 통계를 이용하였다.

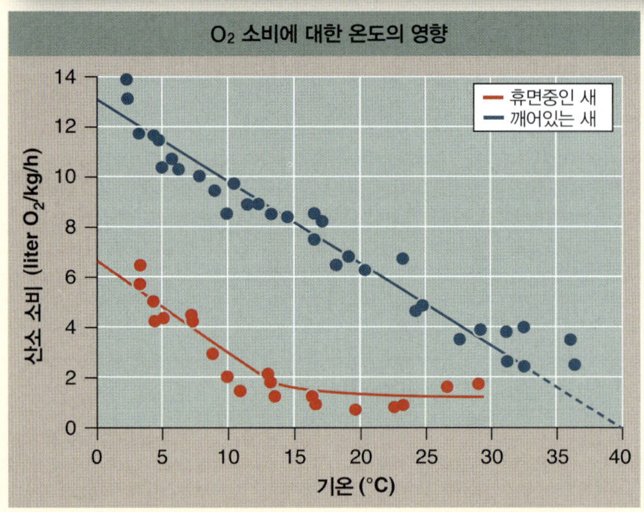

분석

1. **개념의 적용**

   세트의 자료의 비교. 깨어있는 벌새는 모든 기온에서 동일한 대사율을 유지하나요? 자고 있는 휴면하는 새는? 어떤 주어진 온도에서 깨어 있는 새와 잠자는 새 중에서 어느 것이 높은 대사율을 보이나요?

2. **자료의 해석**

   a. 깨어있는 벌새의 산소소비는 기온이 떨어지면서 어떻게 변화하나요? 왜 이러한 일이 생긴다고 생각하나요? 그 변화는 조사된 기온의 전체 범위 내에서 일관성이 있나요?

   b. 자고 있는 휴면하는 새의 산소보비는 기온이 떨어지면 어떻게 변화하나요? 이 변화는 조사된 기온의 전체 범위 내에서 일관성이 있나요? 여러분이 간파한 차이를 설명하시오.

   c. 15°C 아래에서 두 회귀선의 기울기에는 유의성 있는 차이가 있나요? 이것은 여러분에게 무엇을 시사하나요?

3. **추론하기**

   a. 각각의 5°C 기온 간격에 대하여, 깨어있는 새와 잠자는 새에 대한 평균 산소소비를 추정하고, 이 차이를 기온의 함수로 그래프를 그리세요.

   b. 이 곡선에 근거하여, 여러분은 기온이 30°에서 20°C, 길고 15°에서 5°C로 떨어질 때 잠자는 새의 체온이 어떻게 되리라고 예상하나요?

4. **결론의 도출:** *Eulampis* 벌새는 추운 밤에 잠잘 때 냉각되는 것을 어떻게 회피하나요?

학습 결과의 요약

항상성 Homeostasis

동물의 신체는 어떻게 항상성을 유지하나요

17.1.1 동물은 항상성이라고 하는 과정인 비교적 일정한 내부 조건을 유지한다. 항상성은 좁은 범위 내에서의 내부 환경의 동적인 불변성을 가리킨다.

신체는 내부 상태를 측정하기 위하여 감지기를 이용한다. 측정값은 통합센터로 보내진다. 통합센터는 측정값을 그 특정한 상태에 대한 설정치와 비교한다. 만약 측정치가 설정치에서 벗어나면, 신체는 근육이나 분비샘 같은 효과기를 통하여 설정치로 신체를 되돌리기 위하여 조정을 한다.

이러한 유형의 통제 체계는 편차를 교정하기 위한 반응이 상태를 설정치로 되돌리기 위하여 역방향 또는 음의 방향이기 때문에 음성되먹임(negative feedback) 고리라고 불린다.

17.1.2 항상성의 예는 체온과 혈당 수준의 조절을 포함한다. 포유류와 조류는 온혈성이며, 이는 비교적 일정한 체온을 유지한다는 것을 의미한다. 온도감지기가 체온의 변화를 탐지하면, 신체는 체온을 감소시키기 위하여 땀을 흘리거나 표면 혈관을 확장하여 반응하거나, 또는 체온을 증가시키기 위하여 떨거나 표면혈관을 수축하여 반응한다. 변온성 동물은 이러한 방법으로 체온을 통제할 수 없지만, 근육을 덥히기 위하여 햇볕에 앉아있는 것과 같은 행동 수장을 통하여 약간의 조정을 할 수 있다.

인체는 호르몬의 작용에 의하여 비교적 일정한 혈당 수준을 유지한다. 식후와 같이 혈당 수준이 상승하면, 췌장은 인슐린 호르몬을 분비하며, 이는 근육, 간, 그리고 지방세포에 의한 포도당의 흡수를 활발하게 한다. 식사 전이나 운동할 때와 같이 혈당 수준이 저하되면, 글루카곤 호르몬이 췌장에서 분비되거나 부신에서 아드레날린이 방출된다. 이 호르몬들은 간으로부터 저장된 포도당이 방출되도록 유발한다.

삼투조절 Osmoregulation

신체의 수분 함량을 조절하기

17.2.1 생물은 물의 균형을 통제하기 위하여 다양한 기작을 진화하였다. 짚신벌레(Paramecium)와 같은 일부 단세포 동물은 수축포를 이용하여 액체를 수집하여 구멍을 통하여 방출한다. 많은 무척추동물은 소관 체계를 이용하여 액체를 수집하고 그 후 이온과 물을 재흡수하여, 배설을 위한 노폐물을 남긴다. 편형동물은 원신관이라고 하는 소관의 망상조직을 이용한다. 지렁이에서 발견되는 것 같은 신관(배설관)은 액체를 여과하고 신체가 NaCl을 재흡수할 수 있도록 허용한다. 노폐물과 액체는 구멍을 통하여 소변으로 배출된다. 곤충은 말피 소관으로 K^+를 분비하여 삼투 경사를 생성하며, 물이 삼투에 의하여 소관으로 들어가도록 한다. 물과 K^+는 후장의 상피를 통하여 재흡수된다.

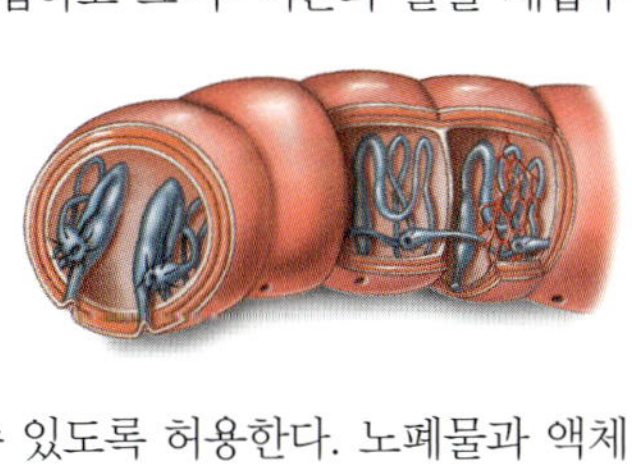

신장은 척추동물의 배설기관이다. 신장은 압력하에서 액체를 여과하며 신체에 중요한 분자를 여과액으로부터 재흡수한다.

포유류의 신장

17.3.1 포유류의 신장은 여과기를 통하여 작은 분자를 밀어내며 찌꺼기 소변을 제거하기 전에 여과액으로부터 물과 유용한 대사산물을 회수한다.

각각의 신장은 약 1백만 개의 신단위(네프론; nephron)로 구성되어 있다. 각각의 네프론은 사구체낭(보먼 주머니; Bowman's capsule), 헨레 고리, 그리고 집합관을 포함한다. 네프론의 기능은 혈액으로부터 여과액을 수집하고, 이온과 물을 선택적으로 재흡수하고, 신체로부터 노폐물을 제거하는 것이다.

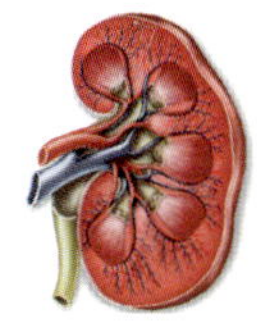

17.3.2 혈액은 먼저 사구체낭(보먼 주머니)으로 불리는 구조에 의하여 둘러싸인 모세혈관의 망상조직인 사구체로부터 여과된다. 물, 작은 분자, 이온, 그리고 요소는 사구체낭으로 전달되어 들어간다. 사구체낭은 선택된 분자와 이온이 신체에 의하여 재흡수되는 긴 소관으로 연결되어 있다. 소관은 헨레 고리라고 하는 머리핀 같은 고리를 형성한다. 소관은 집합관으로 비우며, 집합관은 여과액으로부터 추가적으로 물을 회수한다.

헨레 고리의 다른 구역은 다른 물질에 대하여 투과성을 보인다. 근위 소관에서는 많은 물과 중요한 분자들이 회수된다. 헨레 고리의 하향 가지에서는 물이 삼투에 의하여 주변 조직으로 다시 전달되어 들어가지만, 이 지점의 고리는 염이나 요소에는 불투과성이다. 고리가 회전하는 부분에서 벽은 염과 다른 분자에 투과성이 되어, 소관에서 빠져나와 주변 조직으로 전달되어 들어간다. 이는 네프론 소관을 둘러싸고 있는 조직에 용질의 농도가 높아지도록 한다.

여과액이 집합관으로 전달되어 들어갈 때, 벽이 물에 투과성을 보이기 때문에, 물은 삼투에 의하여 조직으로 재흡수되어 들어간다. 상향 고리로부터 재흡수된 이온과 다른 분자들의 용질로 주변조직이 고도로 농축되어 있기 때문에 삼투가 일어난다.

집합관에 남아있는 액체는 수뇨관으로 전달되어 신체에서 배설되는 매우 고장성 소변이다.

질소성 노폐물을 제거하기

17.4.1 아미노산과 핵산의 대사적 분해는 간에서 암모니아를 생성한다. 암모니아는 질소를 포함하는 노폐물이며 독성이 있기 때문에 신체에서 필히 제거되어야 한다. 상이한 동물은 상이한 배설 방법을 이용한다(그림 17.10).

암모니아는 경골어류와 올챙이에서는 아가미를 통하고 희석된 소변으로 직접 배설된다.

상어, 성장한 양서류, 그리고 포유류에서 암모니아는 독성이 덜한 요소로 변환된다. 요소는 수용성이며 혈류를 따라 신장으로 운반되어 소변으로 배설된다.

파충류, 조류, 그리고 곤충은 요산으로 질소성 노폐물을 제거한다. 요산은 독성이 약하며 물에 미량만 용해되기 때문에 작은 양의 물을 이용하여 배설될 수 있다. 요산은 새똥에 있는 반죽 같은 흰색 물질이다.

이해의 측정

17.1.1 온도와 pH 같은 신체의 내부 조건을 측정하고 조절하는 것은?
a. 체외온도조절 **c.** 삼투압조절
b. 항상성 **d.** 변온성

17.1.1 효과기의 반응이 설정치로 조건을 돌려주는 조절 방법은?
a. 저해조절 **c.** 양성 되먹임 고리
b. 항상성 **d.** 음성 되먹임 고리

17.1.2 혈당이 너무 낮으면, 글루카곤 호르몬이 췌장에 의하여 방출된다. 이 호르몬이 하는 역할은?
a. 인슐린을 방출한다.
b. 글리코겐이 분해되도록 한다.
c. 글리코겐이 형성되도록 한다.
d. 지방이 형성되도록 한다.

17.2.1 다음 중 어느 것이 삼투조절에 관련되지 않나요?
a. 췌장 **c.** 말피 소관
b. 배설관(신관) **d.** 불꽃 세포

17.2.1 다음 중 어느 동물이 배설을 위하여 말피 소관을 이용하나요?
a. 조류 **c.** 캥거루 쥐
b. 개미 **d.** 지렁이

17.3.1 신장의 구조 중에서 삼투조절을 수행하는 것은?
a. 수뇨관(ureter). **c.** 요도(urethra).
b. 네프론(신단위; nephron) **d.** 여과액(filtrate)

17.3.1 네프론의 어느 곳에서 여과가 일어나는가?
a. 사구체(glomerulus) **c.** 헨레 고리(loop of Henle)
b. 신관(renal tube) **d.** 집합관(collecting duct)

17.3.2 여과액 성분의 선택적인 재흡수가 일어나는 곳은 어디인가?
a. 사구체낭(Bowman's capsule)
b. 사구체(glomerulus)
c. 헨레 고리(loop of Henle)
d. 수뇨관(ureter)

17.3.2 물은 신장 여과액으로부터 어떠한 과정에 의해 제거되나요?
a. 확산 **c.** 촉진확산
b. 능동수송 **d.** 삼투

17.4.1 인간은 과잉의 질소 노폐물을 어떤 형태로 배설하나요?
a. 요산의 결정
b. 단백질을 포함하는 화합물
c. 암모니아
d. 요소

이해의 적용

17.1.1 이 도표를 이용하여 혈당 수준의 조절에 대하여 설명하시오. 먼저 다양한 구성요소를 확인하고, 식후 고혈당을 가정하고, 자극이 탐지된 다음 각각의 구성요소에 어떤 일이 일어나는지 서술하시오.

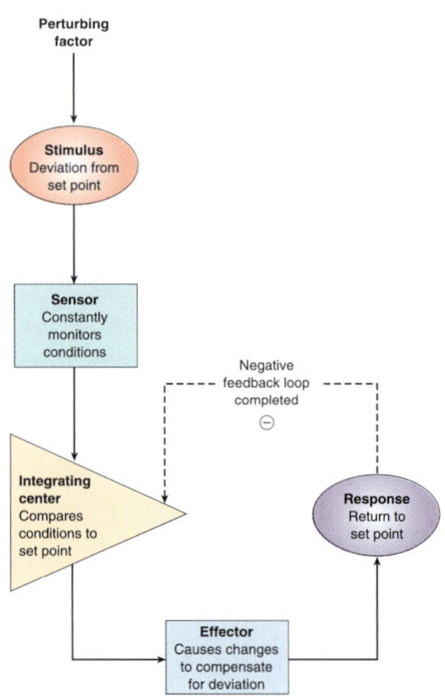

17.3.2 신체가 탈수되면, 신체는 ADH라는 호르몬을 생산한다(생물학과 건강을 유지하기 참조). ADH는 신장의 집합관이 물에 더 투과성이 되도록 하여 신체에 영향을 미친다. 이것이 탈수된 사람을 어떻게 도와줄 수 있나요? 탈수된 사람의 소변은 어떻게 영향을 받을까요?

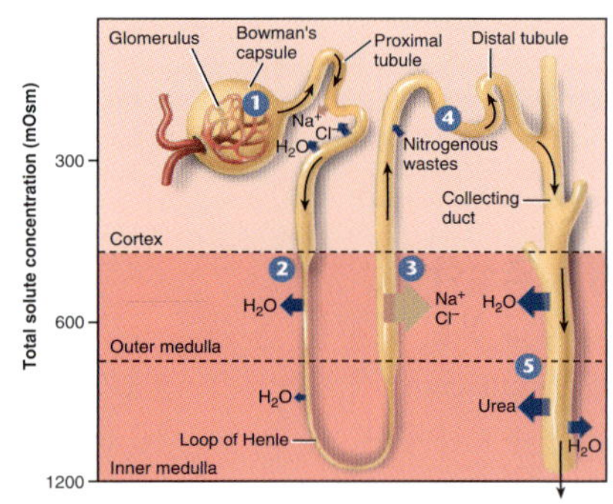

학습 내용의 종합

17.1.2 포유류의 조절된 체온의 범위는 36℃에서 40℃이고, 반면에 조류는 약간 높은 38℃에서 42℃로 생명에 적합한 한도에 가깝다. 여러분은 조류가 왜 포유류보다 높은 체온을 유지한다고 상상하나요? 여러분은 독수리와 벌새가 동일한 체온을 유지한다고 생각하나요? 그 이유를 설명하시오.

17.2.1 사구체는 신체가 필요로 하는 막대한 양의 물과 분자를 여과해 내며, 이들은 신장에서 신체에 의해 반드시 재흡수되어야 한다. 곤충의 말피 소관이 더 논리적으로 기능하는 것처럼 보이는데, 그 이유는 배설될 필요가 있는 노폐물만 주로 분비하기 때문이다. 인간과 다른 포유류의 여과-재흡수 과정이 곤충에서 나타나는 제거의 엄격한 분비과정에 비하여 어떠한 이점을 가지고 있나요?

17.4.1 벌새, 주머니쥐, 그리고 어린 치리카우아 표범 개구리는 모두 거의 같은 크기이며, 모두 미국 남서부 사막에서 서식한다. 그들의 질소성 노폐물을 비교하고 서로 대조하고, 그들의 소변에 왜 그러한 차이가 있는지 설명하시오.

Chapter 18

동물 신체는 어떻게 자신을 방어하는가

How the Animal Body Defends Itself

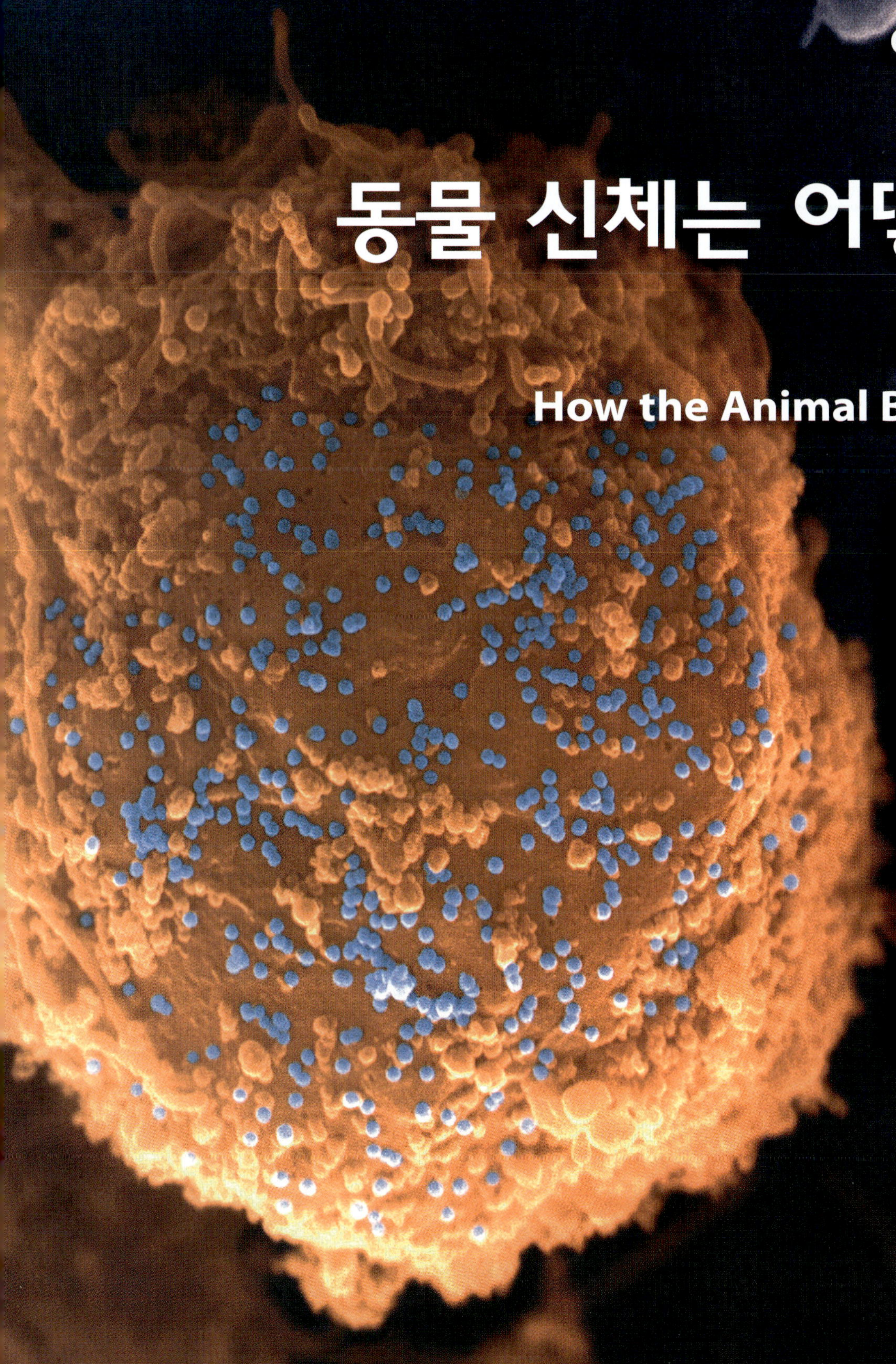

개요(CHAPTER AT A GLANCE)

3단계 방어 Three Lines of Defense

그림 18.1 피부는 척추동물 신체의 1차 방어선이다.

이 어린 코끼리는 부상당하지 않고 무리를 따라 무성한 덤불을 헤쳐 나갈 수 있도록 해주는 허리띠보다 두꺼운 질기고 가죽으로 된 피부를 가지고 있다.

생물학과 여러분

여드름. 사람은 대부분 십대 때 얼굴이 결점으로 곰보가 되는 여드름(acne, pimple)이 발생한다. 여드름은 피부의 구멍이 막혀서 발생한다. 무엇이 여드름을 유발하나요? 여러분이 잡지에서 읽었을지도 모르지만, 그럼에도 불구하고 스트레스는 아니다. 얼굴 피부 구멍의 내부에는 사춘기 때 활성화되는 피지선이 있는데, 소년 소녀의 부신에서 분비되는 남성호르몬에 의하여 자극된다. 이 분비샘은 활성화되면 피지라고 하는 기름을 분비하여 노화되는 피부를 보호한다. 불행히도 여러분 피부의 외부층이 죽게 되면, 가끔 남겨진 죽은 피부세포가 피지에 의하여 함께 접착되어 구멍을 막히게 한다. 이러한 현상이 일어나면, 피지는 피지샘에 의하여 계속 생산되어 막힌 곳의 뒷부분에 축적되어, 여드름이 형성되게 한다. 세균이 여드름 내의 지방에서 생장하여 주변조직에 염증을 일으킨다. 기금이 표면으로 뚫고 나오면, 비립종(표면이 흰색 또는 노란색을 띤 여드름)을 일으킨다. 기름이 멜라닌 색소를 축적하거나 산화되면, 검정색으로 변화하여 위가 검은 여드름이 된다. 위가 검은 여드름은 불결하지 않고, 위생이 나쁜 것을 나타내는 것은 아니다. 어떻게 여드름을 치료하나요? 영향을 받은 지역을 청결하게 유지하기 위하여 자주 씻어야 하며, 피부가 쉽게 허물을 벗도록 도와주는 과산화벤조일이나 살리실산 같은 처방이 필요 없는 약, 그리고 인내이다. 시간에 따라 여드름은 사라지지만, 심한 경우는 의사와 상의해야한다.

18.1 피부: 1차 방어선

Skin: The First Line of Defense

학습 목표 18.1.1 피부의 2개 층이 어떻게 감염으로부터 신체를 보호할 수 있는지 서술한다.

다세포 신체는 작은 단세포 생물에 그들이 생장하고 번식할 수 있는 따뜻하고 보호된 환경뿐 아니라 영양염의 진수성찬을 제공한다. 우리는 세균과 바이러스와 같은 미생물로 꽉차있는 세상에서 살고 있다. 일부는 신체에 질병을 유발하고 대파괴를 가져오는 **병원체**(pathogen)이다. 어떤 동물도 병원체의 맹공격으로부터 보호받지 않고서는 오래 버틸 수 없다. 동물은 이러한 부단한 공격에 대하여 매우 효과적인 다양한 방어수단을 가지고 있다.

3단계 방어의 개요 Overview of the Three Lines of Defense

척추동물 신체는 기사들이 중세 도시를 방어하였던 것과 동일한 방법으로 감염으로부터 방어되고 있다. "성벽과 해자"는 진입을 어렵게 하고; "배회하는 순찰"은 외부사람을 공격하며; "보초"는 올바른 신원이 제시되지 않으면 방랑자와 결투하고 공격 신호를 한다.

1. **성벽과 해자(Walls and moats).** 척추동물 신체의 최외곽 층인 피부는 미생물의 침입에 대한 첫 번째 장벽이다. 호흡관과 소화관의 점액성 막도 또한 침입으로부터 신체를 보호하는 중요한 장벽이다.
2. **배회하는 순찰(Roaming patrol).** 첫 번 째 방어선이 침투되면, 신체의 반응은 미생물을 사멸시키는 일련의 세포와 화학물질을 이용하여 *세포역공*(cellular counterattack)을 취하는 것이다. 이러한 방어는 감염이 시작되고 나서 매우 빠르게 작용한다.
3. **보초(Guards).** 마지막으로 신체는 혈류에서 순환하고 접촉하는 모든 세포의 표면을 검사하는 세포에 의하여 경비된다. 그들은 *특이한 면역반응*(specific immune response)의 부분이다. 한 종류의 면역세포는 외부 세포나 바이러스에 감염된 세포를 적극적으로 공격하여 살해하며, 다른 유형은 외부 세포나 바이러스에 표지를 하여 배회하는 순찰에 의하여 제거될 수 있도록 한다.

피부 Skin

그림 18.1의 코끼리의 두껍고 강한 피부와 같은 피부는 미생물의 침입에 대한 척추동물 신체의 1차 방어선을 제공한다. 피부는 신체의 가장 큰 기관이며 전체 체중의 15% 정도를 차지한다. 팔뚝 피부 1 cm^2(100원 짜리 동전 크기 정도)는 200개의 신경 말단, 10개의 털과 근육, 100개의 땀샘, 15개의 기름샘, 3개의 혈관, 12개의 온각 감지기, 2개의 냉각 감지기, 그리고 25개의 압력감지기를 포함하고 있다. 그림 18.2의 피부 단면은 외부의 **표피**(epidermis)와 그 아래 **진피**(dermis) 2개의 뚜렷한 층을 가지고 있다. 외부 표피세포는 끊임없이 닳아 없어지고 아래에서 올라오는 세포에 의하여 대체되며, 여러분

피부의 외피 바깥부분은 13장 2절에서처럼 층으로 이루어진 상피세포로 구성되어 있다. 세포의 층은 피부를 보호하고 완충 작용을 제공한다.

의 신체는 한 시간에 약 150만개의 피부세포가 손실되고 대체된다.

표피는 얇은 종이 한 장 두께인 10-30세포 두께이다. 외부 층은 **각질층**(stratum corneum)이라고 하며 팔이나 얼굴을 볼 때 보이는 부분이다. 이 층의 세포는 항상 손상을 받게 된다. 신체의 많은 활동에 의하여 마모되고, 상처를 입고, 마찰과 스트레스에 의하여 낡게 된다. 신체는 이러한 손상을 수선이 아니라 교체를 하여 해결한다. 각질층의 세포는 연속적으로 벗겨지며, 표피 내부의 깊은 곳(표피와 진피 경계면의 진한 세포층)에서 생성되는 새로운 세포로 교체된다. 이 내부 기저층의 세포는 척추동물 신체에서 가장 활발하게 분열하는 세포 중의 하나이다. 그곳에서 형성된 새로운 세포는 위로 이동하며, 이동하면서 단단하게 만들어주는 케라틴 단백질을 제조한다. 각각의 세포는 표면에서 한달 정도 머무르고 벗겨져서 다른 세포로 교체된다.

피부는 거의 불투과성인 장벽을 제공하여 신체를 보호할 뿐 아니라, 피부의 진피층에 있는 구조에 포함된 화학물질로 이러한 방어를 증강한다. 예를 들어, 털의 축과 땀샘을 따라 나타나는 지방샘은 피부 표면을 강산성(pH가 4-5.5)으로 만들어주는 화학물질을 분비하며, 이는 많은 미생물의 생장을 저해한다. 땀도 많은 세균의 세포벽을 공격하여 소화시키는 리소자임 효소를 가지고 있다.

피부에 추가하여 눈과 같은 다른 표면도 외부에 노출되어 있다. 땀과 마찬가지로 눈을 적시고 있는 눈물도 세균 감염과 싸우는 리소자임를 포함하고 있다. 소화환과 호흡관도 세균과 바이러스가 침입할 수 있는 다른 잠재적인 길이다. 음식에 있는 미생물은 침(리소자임을 가지고 있음), 위의 산성환경(pH 2), 그리고 장의 소화효소에 의하여 사멸된다. 흡입되는 공기에 존재하는 미생물은 허파에 도달하기 전에 기관지와 세기관지에 배열된 세포에 의하여 분비되는 끈적끈적한 점질층에 의하여 체포된다. 이 통로에 배열된 다른 세포는 섬모를 가지고 점액을 에스컬레이터처럼 목구멍으로 청소하여 올려 보내며, 목구멍에서 미생물은 삼켜져서 사멸된다.

피부에 의하여 제공되는 표면 방어는 매우 효과적이지만, 가끔 돌파된다. 숨쉬거나, 먹거나, 베이거나 잘린 곳을 통하여 세균과 바이러스는 아무 때나 신체로 들어갈 수 있다. 이러한 침입자들이 조직의 깊은 곳에 도달하면 세포역습이라고 하는 2차 방어선이 작용을 한다.

개념의 적용

산성 피부는 왜 세균 감염에 대하여 보호를 하나요?

그림 18.2 **인간 피부의 단면.**

피부는 땀샘과 피지샘으로 장벽을 제공하여 신체를 보호하며, 그들의 분비물은 미생물의 성장을 저해하기에 충분하도록 피부 표면을 산성으로 만든다.

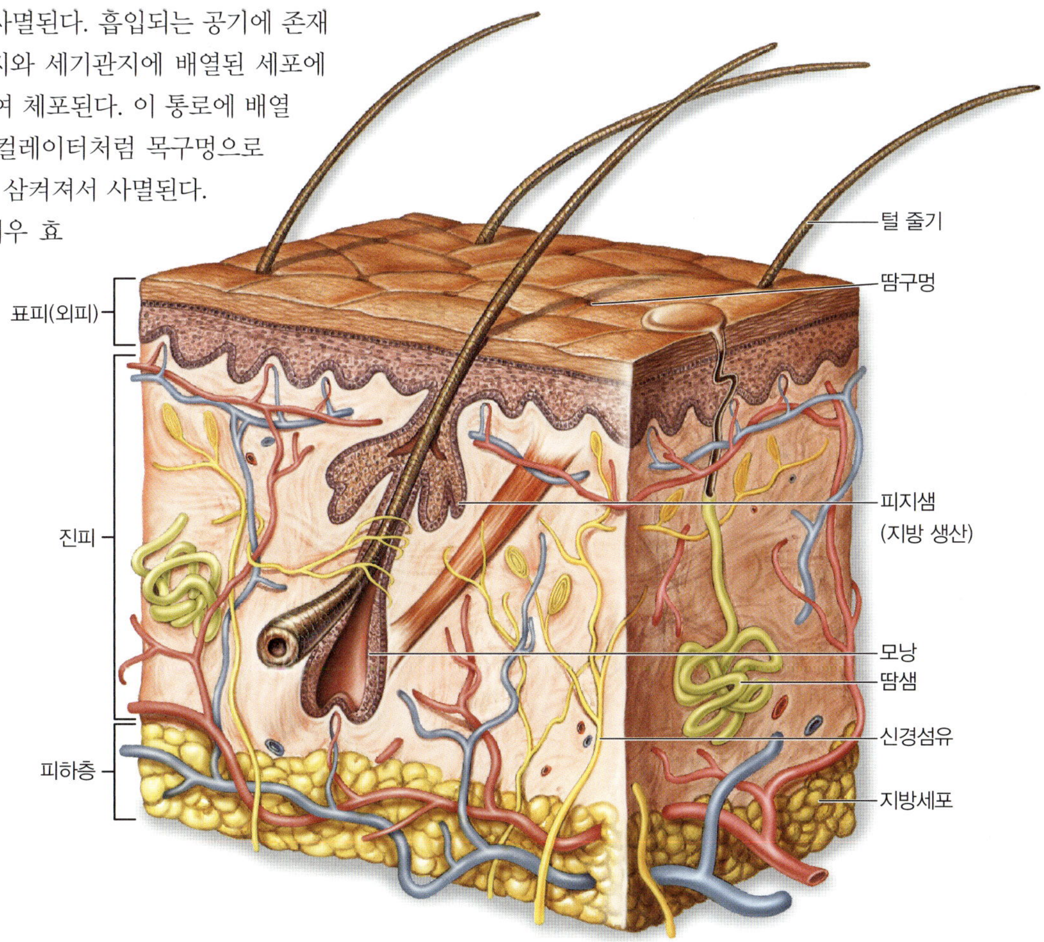

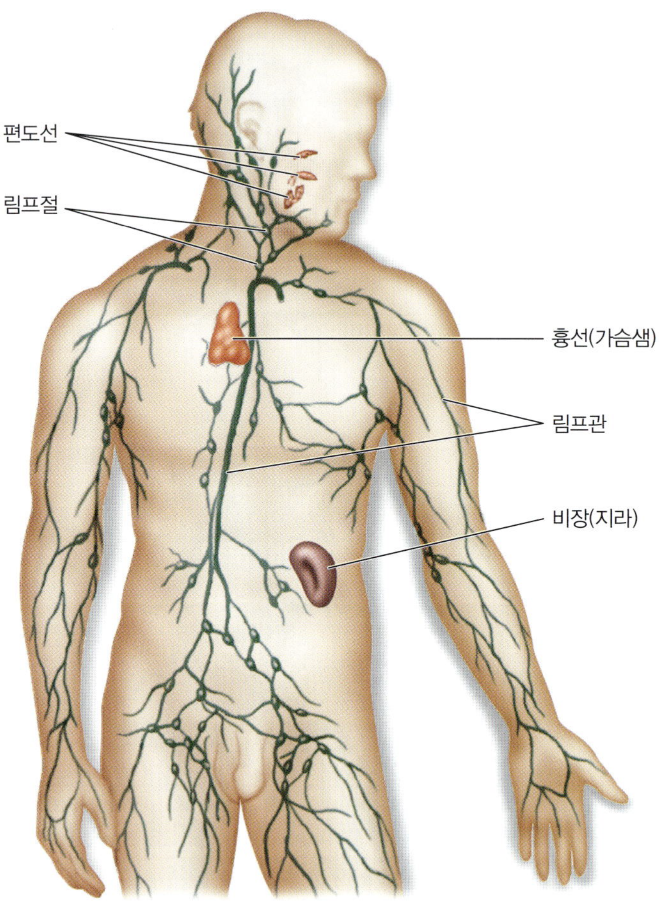

그림 18.3 림프계.

면역계 세포와 단백질은 신체를 통하여 돌아다니며 림프계에 저장되고 분배된다. 림프계는 림프절, 림프기관, 그리고 순환계로 다시 비우는 림프관으로 배출되는 림프모세관의 망으로 구성되어 있다.

그림 18.4 대식세포의 작용.

이 전자현미경 사진에서 대식세포는 막대모양의 세균을 낚고 있다.

18.2 세포의 역공: 2차 방어선

Cellular Counterattack: The Second Line of Defense

신체의 내부가 침범되면, 수많은 세포방어와 화학적 방어가 활동을 시작한다. 그 중 특히 중요한 4가지는 다음과 같다. (1) 침범하는 미생물을 사멸시키는 세포; (2) 침범하는 미생물을 사멸시키는 단백질; (3) 온도 반응, 체온의 상승은 침범하는 세균의 성장을 둔화시킴; 그리고 (4) 감염 부위로 방어세포들을 신속하게 보내는 염증 반응 등이다. 이러한 세포와 단백질은 신체 전체를 통하여 돌아다니지만, 림프계에 저장되어 분배된다. 림프계는 그림 18.3에 나타낸 구조로 구성되어 있다.

침범하는 미생물을 사멸시키는 세포

Cells That Kill Invading Microbes

학습 목표 18.2.1 감염에 의하여 활성화되는 세포 방어를 서술한다.

감염에 대한 가장 중요한 역공은 침범하는 미생물을 공격하는 백혈구 세포에 의하여 시작된다. 백혈구는 혈류를 순찰하며 조직 내에서 침입자를 기다린다. 사멸세포의 3가지 기본적인 종류는 식세포인 대식세포와 호중구, 그리고 자연살해세포이다. 자연살해세포는 신체의 세포는 자신을 식별하는 MHC 단백질을 가지고 있기 때문에 신체의 세포(자기; self)를 외부세포(비자기; nonself)로부터 구별할 수 있다.

대식세포(Macrophage). 대식세포라고 하는 백혈구는 아메바가 먹이 입자를 섭취하는 것과 매우 유사하게 세균을 섭취하여 사멸시킨다. 그림 18.4의 대식세포는 소시지 모양의 세균을 잡아서 세포 내로 끌어당겨 삼키게 하는 길고 끈적끈적한 세포질 연장부를 내보내고 있다. 일부 대식세포는 특정한 기관 내에 고정되어 있지만, 대부분은 혈액, 림프, 그리고 세포 간질액에 단핵구라는 전구세포로서 순환하면서 신체를 순찰한다.

호중구(Neutrophil). 호중구라고 하는 백혈구는 카미카제처럼 작용한다. 미생물을 섭취하는 것에 추가하여, 전체 지역을 제압하는 화학물질(집에서 사용하는 표백제와 동일한)을 방출하여 이 과정에서 주변의 모든 세균과 호중구 자신을 사멸시킨다. 호중구는 감염부위에 던져진 수류탄과 같다. 호중구는 주변의 모든 것을 사멸시킨다. 대조적으로 대식세포는 한 번에 단지 하나 또는 몇 개의 침입하는 세포를 사명시키지만 자신은 생존하여 계속 수행한다.

자연살해 세포(Natural Killer Cell). 세 번째 유형의 백혈구는 자연살해 세포라고 하며, 침입한 미생물을 공격하는 대신에 미생물에 감염된 신체의 세포를 공격한다. 자연살해 세포는 감염된 표적세포를 퍼포린(perforin)이라고 하는 분자로 막에 구멍을 뚫는다. 그림 18.5의 자연살해 세포는 말뚝 울타리의 판처럼 감염된 세포의 막에 퍼포린 분자를 삽입하여, 물이 밀려들어갈 수 있도록 하는 구멍을 형성하여, 세포가 부풀어 파열되도록 한다. 자연살해 세포는 특히 바이러스에 감염된 신체세포를 탐지하고 공격하는데 효과적이다. 자연살해 세포는 또한 암에 대하여 가장 강력한 신체의 방어 중 하나이다.

개념의 적용

대식세포는 왜 바이러스 감염에 대하여 방어할 수 없나요?

침범하는 미생물을 사멸시키는 단백질

학습 목표 18.2.2 감염에 의하여 활성화되는 화학적 방어를 서술한다.

척추동물의 세포 방어는 **보체계**(complement system)라고 하는 매우 효과적인 방어에 의하여 보완된다. 보체계는 불활성 상태로 혈장을 자유롭게 순환하는 약 20종류의 단백질로 구성되어 있다. 보체계 단백질의 방어활동은 그들이 세균이나 진균의 세포벽과 마주쳤을 때 유발된다. 보체단백질은 활성화되면 *막공격 복합체*(membrane attack complex)라고 하는 외부 세포의 원형질막에 삽입되는 집합체를 형성하여, 자연살해 세포에 의하여 형성되는 것과 같은 구멍을 형성한다. 퍼포린에 의한 구멍과 마찬가지로, 그림 18.6의 막공격 복합체는 물이 외부 세포로 들어갈 수 있도록 하여, 세포가 팽창하여 파열되도록 한다. 차이점은 자연살해 세포에서 방출되는 퍼포린은 감염된 숙주세포를 공격하는데 반해서, 자유로이 떠도는 보체는 외부 세포를 직접 공격한다는 것이다. 보체단백질의 집합체는 침범하는 미생물에 항체의 결합에 의해서도 유발된다.

온도 반응 Temperature Response

인간 병원성 세균은 고온에서 잘 생장하지 않는다. 따라서 대식세포가 반격을 시작하면, 두뇌에 체온을 상승시키는 신호를 보내서 승률을 높인다. 신체의 온도조절기로 작용하는 두뇌세포의 집단은 화학적 신호에 반응하여 정상 체온인 37°C 보다 몇 도 상승시키는 반응을 한다. 정상보다 높은 체온을 발열(fever)이라고 한다. 발열은 미생물 생장을 저해하는데 상당한 효과가 있지만, 매우 높은 발열은 중요한 세포 효소를 불활성화 시킬 수 있기 때문에 위험하다. 일반적으로 39.4°C 이상이 되면 위험하고, 40.6°C 이상이 되면 종종 치명적이다.

염증반응 Inflammatory Response

감염에 대한 적극적인 세포역공과 화학적 역공은 **염증반응**(inflammatory response)에 의하여 더 효과적이 된다. 염증반응은 3단계로 나눌 수 있다.

1. 먼저, 감염되거나 상해를 입은 세포는 히스타민과 프로스타글란딘 같은 화학적 경보신호를 방출한다.
2. 이러한 화학적 경보신호는 혈관이 확장되도록 하며, 감염이나 손상 부위의 혈류량을 증가시키고, 얇은 혈관벽을 늘려서 모세혈관이 더 투과성이 되도록 한다. 이는 감염에 종종 연관된 적열과 부어오름을 일으킨다.
3. 더 커지고 투과성이 된 모세혈관을 통한 혈류의 증가는 감염 부위의 혈액으로부터 식세포들이 이동해서 모세혈관 벽의 세포 사이로 비집고 들어가도록 한다. 호중구가 먼저 도착하여 미생물과 주변의 조직세포 그리고 호중구 자신을 사멸시키는 화학물질을 쏟아낸다. 단핵구가 뒤따라와서 대식세포가 되며, 병원균과 모든 죽은 세포의 잔재물을 삼킨다. 이 역공은 막대한 희생이 소요된다. 감염과 연관된 고름은 죽은 호중구, 세포, 그리고 병원체의 혼합물이다.

개념의 적용

퍼포린과 보체를 비교해고 대조하시오.

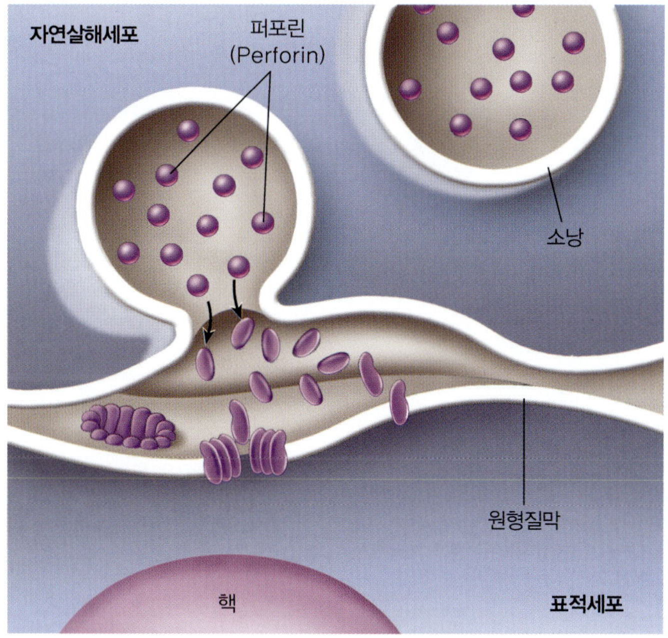

그림 18.5 자연살해 세포는 표적세포를 공격한다.

자연살해 세포가 표적세포에 단단히 결합되면, 퍼포린 분자로 채워진 액포가 외부 원형질 막으로 이동하여, 표적 위의 세포간 공간으로 내용물을 방출하는 일련의 사건을 유발한다.

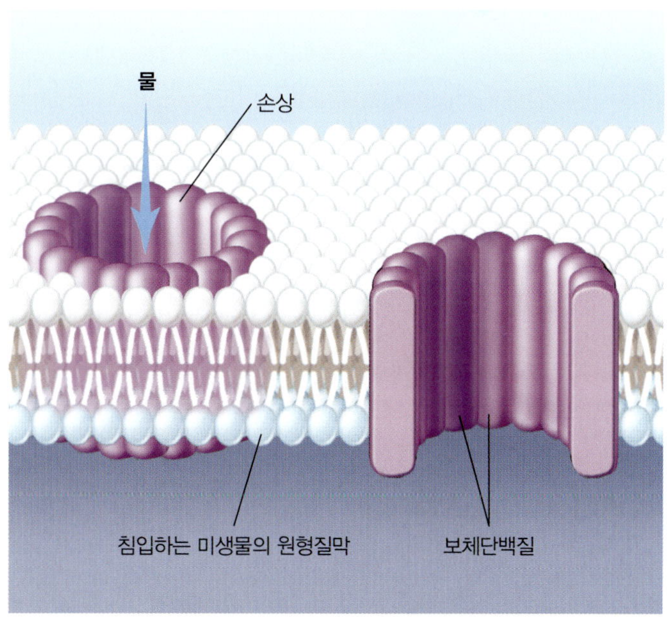

그림 18.6 보체 단백질은 침입자를 공격한다.

보체 단백질은 자연살해 세포가 만든 퍼포린에 의한 상해와 닮은 막투과 통로를 형성하지만, 보체 단백질은 자유로이 떠다니며, 침입하는 미생물에 직접 부착하지만, 퍼포린 분자는 감염된 신체 세포에 삽입된다.

표 18.1 면역계의 세포

세포 유형		기능
조력 T 세포	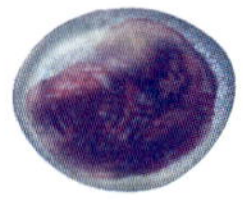	면역반응의 지휘관; 감염을 탐지하고 경보를 울리며, T 세포와 B 세포의 반응을 개시한다.
기억 T 세포		신체가 전에 접촉하였던 항원에 대하여 신속하고 효과적인 반응을 제공한다.
세포독성 T 세포		감염된 신체 세포를 탐지하고 사멸시킨다. 조력 T 세포에 의하여 동원된다.
억제 T 세포		T 세포와 B 세포의 활동을 둔화시킨다. 감염이 억제된 이후에 방어를 축소한다.
B 세포	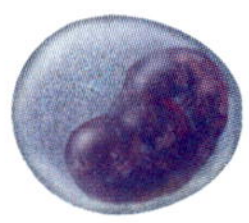	형질세포와 기억세포의 전구체. 특정한 외부 항원을 인식하는데 전문화되어 있음.
기억 B 세포		과거에 신체가 마주친 항원에 대하여 신속하고 효과적인 반응을 제공한다.
호중성 백혈구	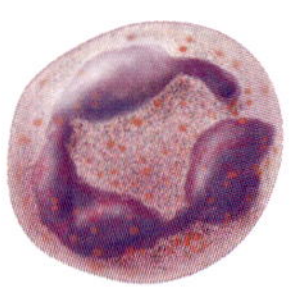	침입하는 세균을 삼치고 주변의 세균을 살해하는 화학물질을 방출한다.
형질세포	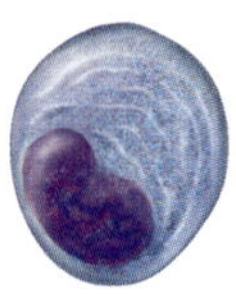	특정한 외부 항원을 목표로 하는 항체의 생산을 전담하는 생화학적 공장
비만 세포	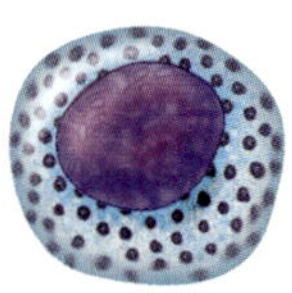	염증 반응의 기폭제이며, 감염부위로 백혈구가 도달하는 것을 도와준다. 히스타민을 분비하며 알레르기 반응에 중요하다.
단핵구	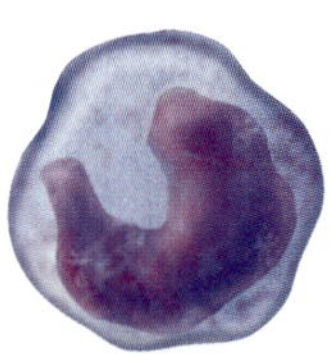	대식세포의 전구체
대식세포	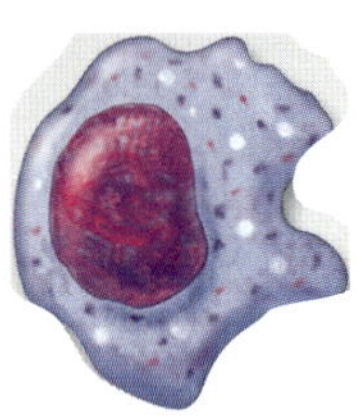	신체 방어의 최초 세포계열이며, B 새포와 T 세포에 항원제시 세포로 작용하며 항체로 뒤덮인 세포를 삼킨다.
자연살해 세포		감염된 신체세포를 인식하고 사멸시킨다. 자연살해 세포는 다양한 침입자에 의하여 감염된 세포를 탐지하고 살해한다.

18.3 특이적 면역: 3차 방어선

Specifi c Immunity: The Third Line of Defense

학습 목표 18.3.1 T 세포와 B 세포의 기원을 대조하고, 각각이 어떻게 감염에 대하여 반응하는지 서술한다.

2단계 방어는 화학적 무기와 세포 무기를 모두 가지고 있으며, 미생물 감염에 대하여 정교한 방어를 제공한다. 아주 드물게 세균이나 바이러스가 이 방어를 압도한다. 이러한 일이 발생하면, 3단계 방어에 직면하게 되는데, 이는 훨씬 더 침범하기 어렵다. 이 특이성 면역반응은 신체의 방어 중에서 가장 정교하다.

신체의 특이적 면역방어 기작은 백혈구(leukocyte)의 작용과 관련된다. 백혈구는 10-100조의 신체 세포에서 100개중 2개를 차지하는 매우 많은 수를 가지고 있다. 대식세포도 백혈구이며, 호중구와 자연살해 세포도 백혈구이다. 추가적으로 T 세포, B 세포, 형질세포, 비만세포, 그리고 단핵구가 있다(표 18.1). T 세포와 B 세포는 **림프구**(lymphocyte)라고 불리며 특이적 면역반응에 결정적이다.

골수에서 기원한 **T 세포**(T cell)는 심장 바로 위에 있는 분비샘인 흉선(가슴샘; Thymus로부터 T가 유래하였음)으로 이동한다(그림 18.3). 흉선에서 T 세포는 미생물이나 바이러스에 감염된 세포를 인식할 수 있는 능력을 발달한다. 감염된 세포는 표면에 감염하고 있는 미생물이나 바이러스에 의하여 생산된 항원을 제시한다. 항원(antigen)은 단백질과 같은 크고 복잡한 분자이며, 보통 세균에아 바이러스에 속하는 일반적으로 신체에 이질물이다. 수천만 종류의 다른 T 세포가 생성되며, 각각은 하나의 특정한 항원을 인식하도록 전문화되어 있다. 어느 침입자도 최소한 몇 종류의 T 세포에 의하여 인식되지 않고 회피할 수 없다. T 세포에는 4가지 주요한 종류가 있다. 조력 T 세포는 면역 반응을 개시하며, *기억 T 세포*는 과거에 접촉한 항원에 대하여 신속한 반응을 제공하며, *세포독성 T 세포*는 미생물에 의하여 감염된 세포를 분해하며, *억제 T 세포*는 면역반응을 종결한다.

T 세포와 달리 **B 세포**는 흉선으로 가지 않고, 골수에서 성숙을 완료한다. 골수로부터 B 세포는 방출되어 혈액과 림프에서 순환한다. 개별 B 세포는 T 세포처럼 특정한 외부 항원을 인식하도록 전문화되어 있다. B 세포가 표적으로 삼는 항원과 만나면, 신속하게 분열을 시작하여, 딸세포가 형질세포와 기억세포로 분화된다. 각각의 형질세포는 *항체*(antibody)라고 하는 표지를 생산하는 작은 공장이다. 이러한 항체는 신체의 어느 곳에서 나타나든 항원에 깃발 간은 것을 꽂는 커다란 단백질이며, 항원을 가지고 있는 어떠한 세포도 파괴하도록 표지를 한다. 따라서 B 세포는 외부 침입자를 직접 살해하지 않고, 더러운 작업을 하는 다른 백혈구에 의하여 더 쉽게 인식되도록 이러한 세포에 표지를 한다.

B 세포와 T 세포는 또한 과거에 노출되었던 항원을 상기하여 매우 신속하게 항원에 대하여 공격을 개시할 수 있는 능력을 신체에 제공하는 기억세포를 생산할 수 있다. 처음으로 마주치는 항원에 대한 초기 특이적 면역반응은 지연되기 때문에, 병원체가 신체를 감염시킬 수 있는 시간을 허용한다. 두 번째 감염은 병원체에 대하여 더 신속하게 반응하는 기억 세포가 있기 때문에 훨씬 초기에 정지된다.

개념의 적용

어떤 세포들이 신체에 특이적 면역을 제공하나요?

면역반응 Immune Response

18.4 면역반응의 개시

Initiating the Immune Response

학습 목표 18.4.1 면역반응을 개시하는 세포들을 확인하고, MHC 단백질, 조력 T 세포, 그리고 인터류킨-1의 역할을 설명한다.

독감(influenza)은 신체에 침입하는 바이러스에 의하여 유발된다. 독감바이러스는 표면에 신체에 의하여 즉각 탐지되지 않고 따라서 면역반응이 지연될 수 있는 독특한 항원조합을 가지고 있을 수 있다.

3단계 방어가 어떻게 작용하는지 이해하기 위하여, 여러분이 방금 독감을 걸렸다고 상상해보시오. 독감 바이러스는 호흡계로 흡입된 작은 물방울로 신체로 들어간다. 바이러스가 호흡계에 배열된 상피(1단계 방어)를 통과할 수 있고, 대식세포(2단계 방어)에 의한 멸실을 회피할 수 있다면, 바이러스는 점막세포를 감염한다.

이 시점에서 T 세포와 대식세포가 면역반응을 개시한다. 외부 입자가 신체를 감염할 때, 세포내 이입에 의하여 세포로 들어가서 리소좀에 의하여 부분적으로 소화된다. 세포 내부에서 바이러스 항원은 처리되어 원형질막의 표면으로 이농한다(그림 18.7*c*). 이러한 기능을 수행하는 세포들 **항원제시세포**(antigen-presenting cell)라고 하며 보통 대식세포이다.

T 세포는 만나는 모든 세포의 표면을 검사한다. 신체의 모든 세포는 표면에 **주요조직적합 단백질**(major histocompatibility protein; MHC protein)이라고 하는 특별한 표지단백질을 가지고 있다. 이 MHC 단백질은 지문과 마찬가지로 개인에 따라 모두 상이하다. 그림 18.7*a*의 세포위의 MHC는 그 사람 신체의 모든 세포에서는 정확하게 동일하다. 그 결과 조직세포 상에 있는 MHC 단백질은 개인의 면역체계가 자신의 세포를 외부 세포로부터 구별할 수 있도록 하는 "자기(self)"표지 역할을 한다. 예를 들어 그림 18.7*b*의 외부 미생물은 항원으로 인식되는 상이한 표면 단백질을 가지고 있다. 막에서 감염하는 미생물의 항원이 MHC 단백질과 복합체를 형성한다. 이 과정은 T 세포의 기능에 결정적인데, 그 이유는 T 세포 수용체는 항원이 이 방식으로 제시될 때만 작용하도록 소집될 수 있기 때문이다(그림 18.7*d*). B 세포는 자유 항원과 직접 상호작용한다.

병원체와 마주치는 대식세포는, 병원체가 MHC 단백질이 결여된 세균세포와 같은 외부 세포이거나 또는 폭로된 바이러스 단백질이 표면에 튀어나온 바이러스 감염된 세포이든 간에, 화학적 경보신호를 분비하여 반응한다. 이 경보신호는 **인터류킨-1**(interleukin-1; 라틴어로 "백혈구 사이"라는 의미임)을 자극한다. **조력 T 세포**(helper T cell)는 인터류킨-1의 경보에 반응하여, T 세포에 의하여 수행되는 세포면역반응과 B 세포에 의하여 수행되는 항체 또는 체액성 면역반응의 2가지 상이한 평행선의 면역체계 방어를 동시에 개시한다. T 세포에 의하여 수행되는 면역반응은 T 림프구가 항원을 가지고 있는 세포를 공격하기 때문에 *세포반응*(cellular response)라고 불린다. B 세포 반응은 항체가 혈액과 체액에 분비되기 때문에 *체액반응*(humoral response; humor는 체액을 의미함)이라고 불린다.

개념의 적용

대식세포는 언제 인터류킨을 방출하여 면역반응을 개시할지를 어떻게 아나요?

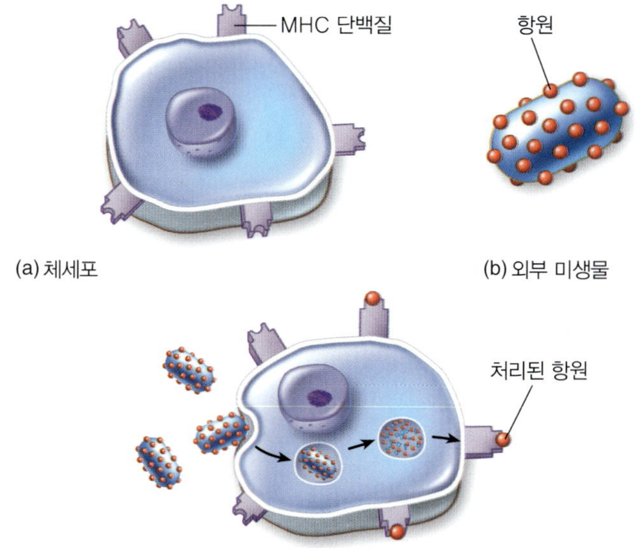

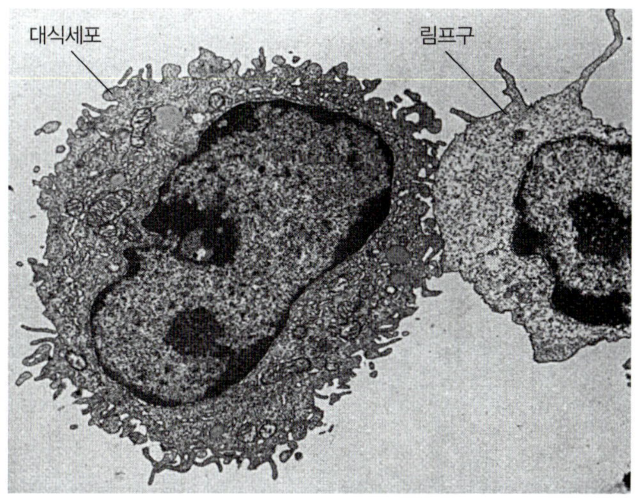

그림 18.7 항원은 어떻게 제시되는가.

(a) 신체의 세포는 표면에 "자기"세포로 확인하도록 하는 MHC 단백질을 가지고 있다. (b) 외부 세포 또는 미생물은 그들의 표면에 항원을 가지고 있다. (c) T 세포는 항원이 처리도고 항원제시 세포의 표면에 있는 MHC 단백질과 복합체를 형성된 다음에만 공격을 개시하도록 항원과 결합할 수 있다. B 세포는 항원을 직접 결합하기 때문에, 항원제시세포를 필요로 하지 않는다. (d) 전자현미경 사진에서, 림프구(오른쪽)은 항원제시세포인 대식세포(왼쪽)를 접촉한다.

18.5 T 세포: 세포반응

T Cells: The Cellular Response

학습 목표 18.5.1 세포 면역반응의 5단계를 서술한다.

대식세포가 외부 항원을 처리할 때, **세포면역반응**(cellular immune response)을 유발한다(그림 18.8). 대식세포는 인터류킨-1을 분비하며❶, 이는 T 세포의 세포분열과 증식을 자극한다. 조력 T 세포는 MHC 단백질과 대식세포에 의하여 제시된 항원의 복합체와 결합될 때 활성화된다. 조력 T 세포는 인터류킨-2를 분비하며❷, 이는 세포독성 T 세포의 증식을 자극하며❸, 세포독성 T 세포는 NHC 단백질과 함께 외부 항원을 제시하는 감염된 신체 세포를 인식하고 파괴한다❹.

신체는 수백만 종의 변형된 T 세포를 생산한다. 각 변형은 외부에 항원제시세포의 특정한 항원-MHC 단백질 복합체에 결합할 수 있는 수용체인 하나의 독특한 수용체 단백질을 가지고 있다. 신체에 제시된 특정한 항원-MHC 단백질 복합체에 들어맞는 수용체를 가지는 모든 세포독성 T 세포가 빠르게 증식하기 시작한다. 많은 수의 감염된 세포는 빠르게 제거될 수 있는데, 침입한 바이러스를 인식할 수 있는 하나의 T 세포는 증폭되어 모두 공격을 수행할 수 있는 동일한 T 세포의 대규모 복제물을 형성하기 때문이다. 바이러스 감염의 흔적을 가지고 있는 신체의 모든 세포는 파괴된다. 세포독성 T 세포가 감염된 신체세포를 사멸시키기 위하여 이용하는 방법은 자연살해 세포와 보체가 이용하는 것과 비슷하게, 감염된 세포의 원형질막에 구멍을 형성한다. 감염 이후에, 일부 활성화된 T 세포는, 신체에 남아서 항원이 다시 마주치게 되면 신속하게 공격을 개시할 수 있는 준비가 된, 기억 T 세포를 생성한다.

개념의 적용

T 세포가 인터류킨-1과 인터류킨-2에 어떻게 반응하는지 대조하시오.

그림 18.8 T 세포 면역 방어.

대식세포는 항원을 처리한 다음에, 조력 T 세포가 항원-MHC 단백질 복합체와 결합하도록 하는 신호를 보내는, 인터류킨-1을 방출한다. 이는 조력 T 세포가 인터류킨-2를 방출하도록 하며, 이는 세포독성 T 세포의 증식을 자극한다. 추가적으로, 세포독성 T 세포의 증식은, 항원제시세포에 의하여 제시되는 항원에 적합한 수용체를 가지는 T 세포가 항원-MHC 단백질 복합체에 결합할 때 자극된다. 항원에 의하여 감염된 신체의 세포는 세포독성 T 세포에 의하여 파괴된다.

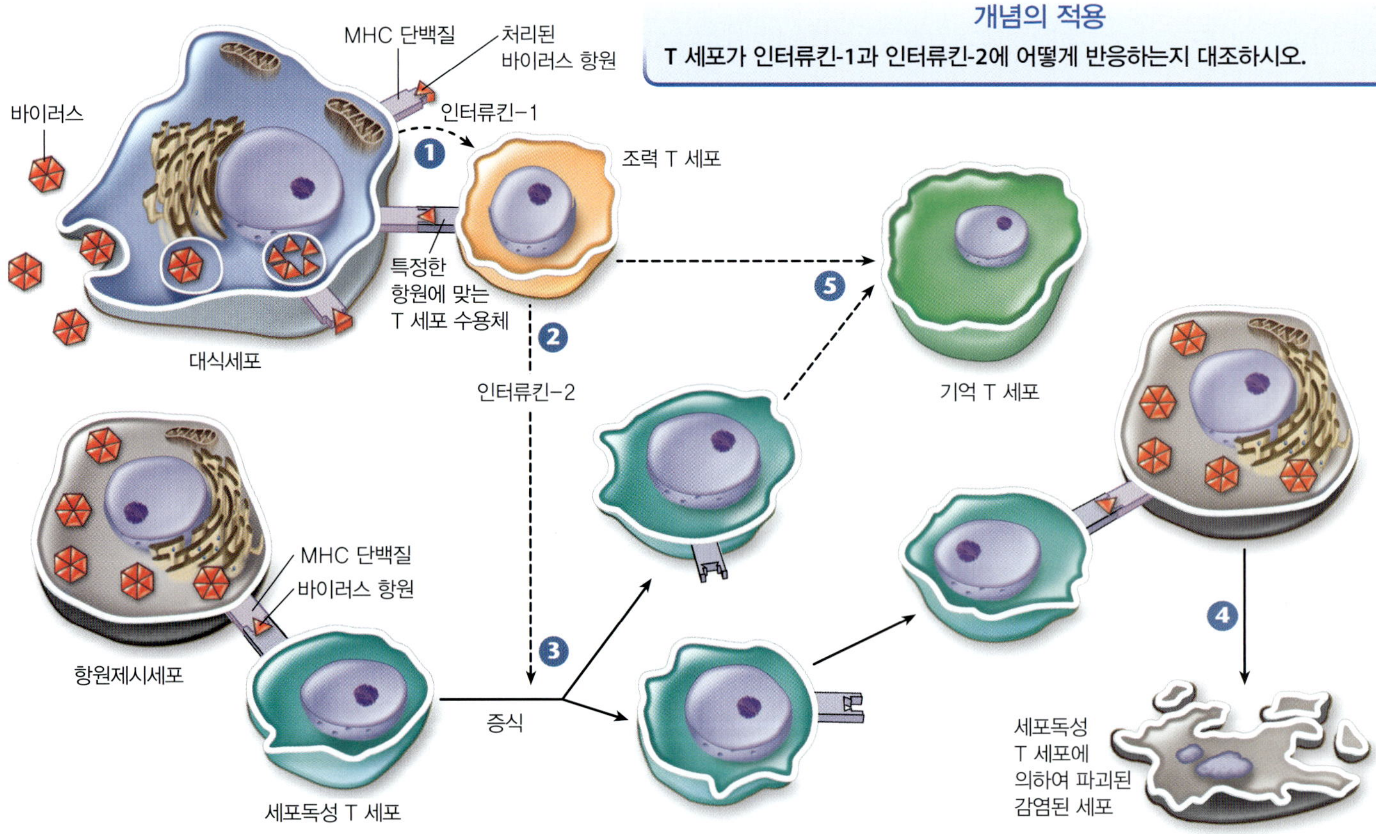

18.6 B 세포: 체액반응

B Cells: The Humoral Response

학습 목표 18.6.1 항체가 어떻게 병원균이 파괴되도록 표지를 하는지를 서술한다.

B 세포도 인터류킨-1에 의하여 활성화된 조력 T 세포에 반응한다. 세포독성 T 세포와 마찬가지로, B 세포도 표면에 수용체 단백질을 가지고 있으며, 다른 변형의 B 세포에 대하여 다른 수용체를 가진다. B 세포는 침입한 미생물을 세포독성 T 세포가 감염된 세포를 인식하는 것과 유사하게 인식하지만, 세포독성 T 세포와는 달리 자신이 직접 공격을 하지 않는다. 대신에 B 세포는 자신의 신원확인 체계를 갖추고 있지 않은 기작을 이용하여 병원체가 파괴될 수 있도록 표지를 한다. **체액성 면역반응**(humoral immune response)으로 불리는 면역반응의 초기에, B 세포에 의하여 설치된 표지는 보체단백질이 표지를 가지고 있는 세포를 공격하도록 경고한다. 이 반응의 후기에 B 세포에 의하여 설치된 표지는 대식세포와 자연살해 세포를 활성화시킨다.

B 세포가 표지를 하는 방식은 단순하고 실수가 없다. 항원제시세포의 항원-MHC 단백질 복합체에만 결합하는 T 세포 상의 수용체와는 달리, B 세포 수용체는 그림 18.9의 ❶단계에 보여준 것처럼, 자유로운 처리되지 ksg은 항원에 결합할 수 있다. B 세포가 항원과 마주치면, 항원입자는 세포내이입에 의하여 B 세포로 들어가서 처리되어 MHC 단배질과 복합체를 형성하여 표면에 설치된다. 조력 T 세포는 특정한 항원을 인식하고, B 세포상의 항원-MHC 단백질 복합체에 결합하여❷, B 세포의 분열을 자극하는 인터류킨-2를 방출한다. 추가적으로, 자유롭고 처리되지 않은 항원이 B 세포 표면의 항체(녹색의 Y자형 구조)에 달라붙는다. 이 항원의 노출은 B 세포가 더

생물학과 여러분

수동면역(Passive Immunity). 여러분의 체액성 면역반응은 시작 때만을 제외하고 평생 동안 여러분을 보호한다. 신생아 때 여러분은 사전에 미생물에 노출된 적이 없었기 때문에 감염에 특히 취약하였다. 운좋게 어머니에 의해서 몇 층의 수동적인 보호가 제공되었다. 임신기에 IgG라고 하는 특정한 유형의 항체가 태반을 가로질러 어머니로부터 여러분에게 운반되어, 태어날 때 보호 항원이 높은 수준으로 존재하여 어머니의 체액성 면역이 어머니 자신에게 제공하는 것과 동일한 보호를 여러분에게 제공하였다. 출생 이후에, 이 보호는 여러분이 자신의 항체를 합성할 수 있을 때 까지, 항체를 포함하고 있는 모유에 의하여 신생아인 여러분에게 이 보호가 제공되었다. 이 세상으로의 위험한 진입을 하게 되는 처음 수개월 동안, 여러분은 실제로 아무런 보호 항체를 만들지 않았고 단지 빌려왔을 따름이다.

그림 18.9 B 세포 면역 방어.

침입하는 입자는 B 세포와 결합하며, 이는 조력 T 세포와 상호작용하여 분열하도록 활성화된다. 이 증식하는 B 세포는 항체를 분비하는 기억 B 세포 또는 형질세포를 생산하며, 항체는 침입하는 미생물에 결합하여 대식세포에 의하여 파괴되도록 표지를 한다.

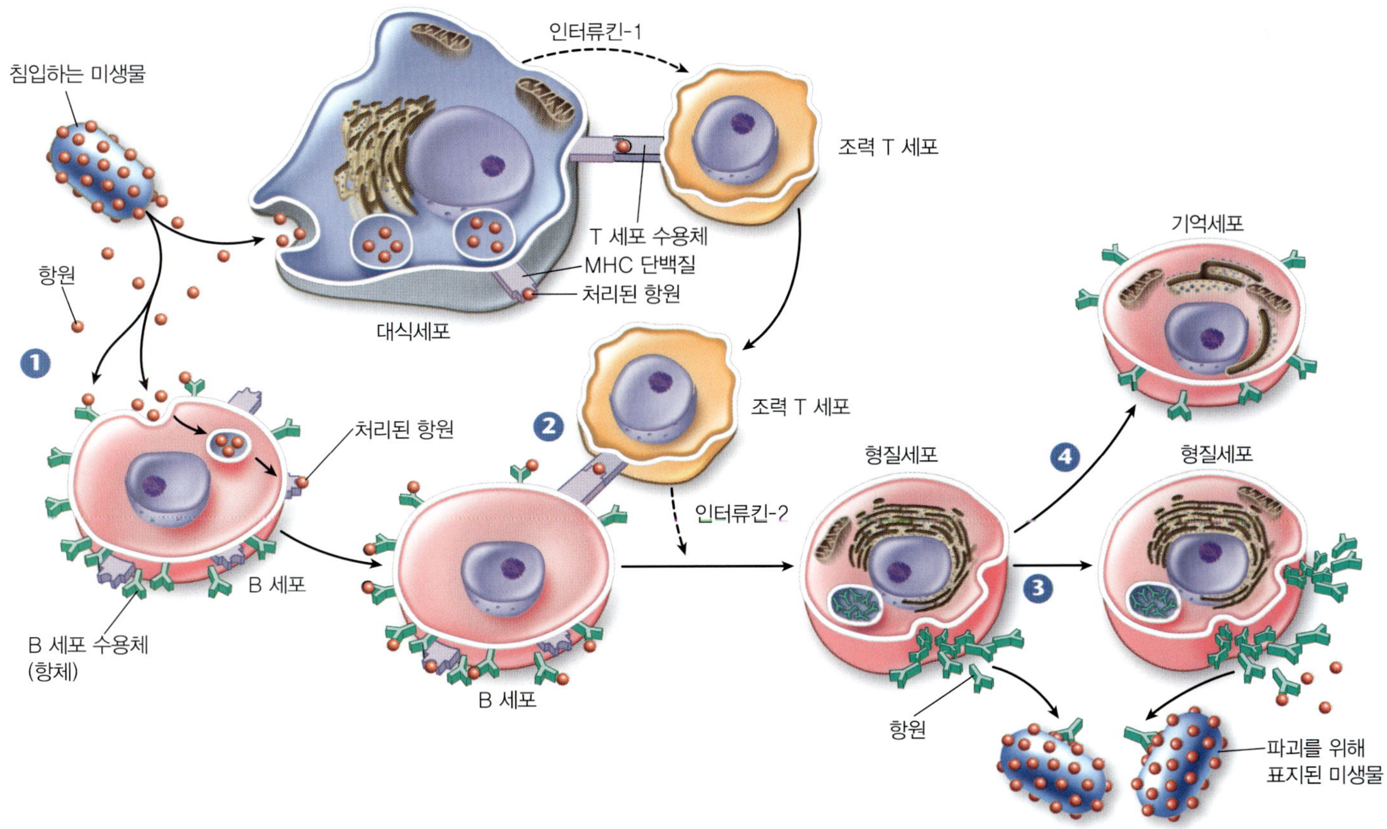

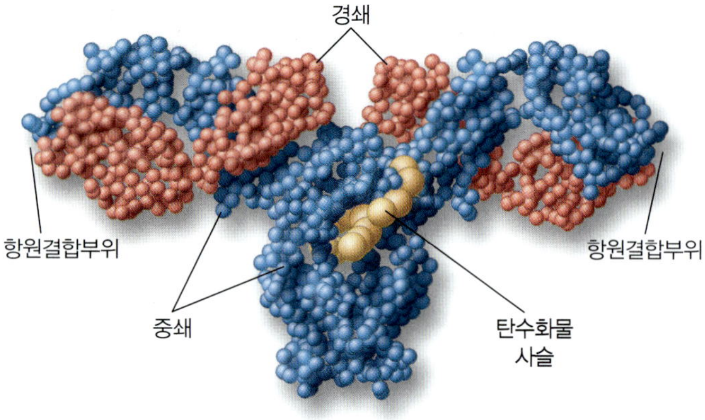

그림 18.10 항체 분자.

이 항체분자의 분자 모형에서, 각각의 아미노산은 작은 구로 표시되더 있다. 각각의 분자는 2개의 경쇄(*붉은색*)와 2개의 중쇄(*파란색*)으로 구성된 4개의 단백질 사슬로 이루어져 있다. 이 4개의 단백질 사슬은 서로 감겨서 Y자 형태를 형성한다. 항원이라고 하는 외부 분자는 Y의 가지에 결합한다.

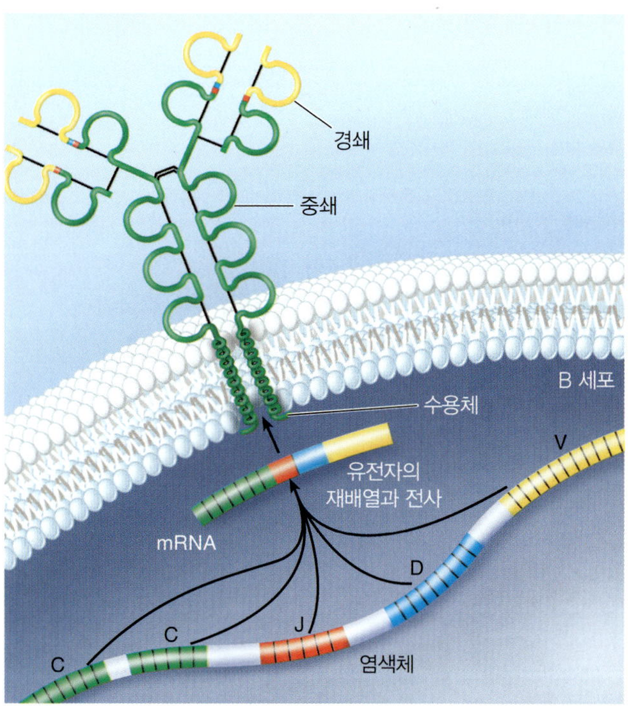

그림 18.11 항체 분자는 합성 유전자에 의하여 생산된다.

DNA의 다른 지역은 항체의 다른 지역(C, 불변영역; J, 결합영역; D, 다양성 영역; 그리고 V, 가변영역)을 암호화하며, 항체를 암호화하는 복합 유전자를 형성하기 위하여 함께 결합된다. 다른 단편을 결합하여 막대한 수의 다른 항체가 생산될 수 있다.

많이 증식하도록 유발한다. B 세포는 분열하여 짧은 수명을 가지는 항원 공장역할을 하는 형질세포❸와 오랜 수명을 가지는 기억 B 세포❹를 생산하며, 기억 B 세포는 최초의 감염 이후에 신체에 남아서 항원이 신체로 다시 들어오면 신속한 공격을 개시할 수 있도록 이용된다.

B 세포로부터 유도된 **형질세포**(plasma cell)는 초기 면역반응에서 항원과 결합할 수 있는 동일한 특이 항체를 대량으로 생산한다. **항체**(Antibody)는 경쇄라고 하는 짧은 사슬 부분 2개와, 중쇄라고 하는 긴 사슬 2부분으로 이루어져 있으며, 전체가 Y자 형태의 분자를 형성하도록 결합된다(그림 18.10). 혈류를 통하여 범람하면서, 이러한 항체단백질은 항원을 제시하는 어떠한 세포나 미생물의 항원에 달라붙어서, 이러한 세포와 미생물이 파괴되도록 깃발을 단다. 그러면 보체단백질, 대식세포, 또는 자연살해 세포가 항체로 표지된 세포와 미생물을 파괴한다.

B 세포 방어는 초기 병원체와의 조우를 수백만 배 증폭하기 때문에 매우 강력하다. 증식하는 B 세포의 일부가 항원생산자가 되지 않기 때문에 매우 수명이 긴 방어이다. 대신에 그들은 계속하여 신체의 조직을 순찰하는 **기억 B 세포** 계열이 되어, 혈액과 림프를 오랜 기간 동안, 때로는 평생 동안을 순환한다.

개념의 적용

침입한 세포는 항체로 표지된 다음에 어떻게 살해되는가?

항체의 다양성 Antibody Diversity

학습 목표 18.6.2 항체의 다양성을 가져다주는데 원인이 있는 과정을 서술한다.

척추동물 면역계는 수백만 종류의 상이한 항원으로 제시되는 어떠한 비자기 분자도 실질적으로 이질물로 인식할 수 있는 능력을 가지고 있다. 척추동물 염색체는 단지 수백 개만의 수용체 암호 유전자를 가지고 있지만, 인간의 B 세포는 10^6에서 10^9 가지의 다른 항체분자를 생성할 수 있다. 척추동물은 그들의 염색체가 이러한 수용체를 단지 수백 가지밖에 만들 수 없는 유전자를 가지고 있는데, 어떻게 수백만 종류의 많은 다른 항원 수용체를 생산할 수 있을까요?

이 질문에 대한 답은 수백만의 면역 수용체 유전자가 뉴클레오티드의 단일 서열로 존재하지 않는다는 것이다. 그보다는 그들은 수용체 분자의 다른 부분을 암호화하는 DNA 단편의 서너 개를 함께 연결하여 조립되어 있다. 항체가 조립될 때, DNA의 다른 서열들이 전사되어 함께 결합되어 항체의 각각의 중쇄와 경쇄의 다른 4부분을 암호화하는 복합 유전자를 형성한다(그림 18.11). 이 과정을 **체세포 재배열**(somatic rearrangement)이라고 한다.

세포는 성숙하면서 어느 중쇄와 어느 경쇄 유전자와도 결합될 수 있기 때문에, 가능한 상이한 항체의 전체 수는 엄청나다. 16,000 중쇄 조합 × 1,200 경쇄 조합 = 1천 9백만 종류의 다른 항체를 생산할 수 있도록 한다. 세포가 분열하면서 돌연변이에 의하여 추가적인 변화를 계산한다면, 전체는 2억 종류를 넘게 될 수 있다! 이 논의가 B 세포와 수용체에 중심을 두고 있지만, T 세포상의 수용체도 유사한 체세포 재배열과 돌연변이를 받을 수 있기 때문에, B 세포상의 수용체 만큼 다양하다.

개념의 적용

16,000 가지의 조합을 생산하기 위하여 필요한 4개의 중쇄지역의 최소 변형 수는 얼마인가?

18.7 클론 선택을 통한 능동면역

Active Immunity Through Clonal Selection

학습 목표 18.7.1 클론 선택을 정의하고, 1차와 1차 면역반응 사이의 차이를 구분한다.

앞에서 논의하였듯이, B 세포와 T 세포는 특정한 항원을 인식하고 결합하는 수용체를 표면에 가지고 있다. 특정한 항원이 신체로 들어가면, 항체는 우연에 의하여 필히 면역반응을 유발하기 위하여 적절한 수용체를 가지고 있는 특정한 림프구를 만나게 된다. 병원균이 신체를 처음 침입하였을 때는, 침입자의 항원을 인식할 수 있는 수용체를 가지는 B 세포나 T 세포는 별로 없다. 그러나 림프구 표면상의 수용체에 항원이 결합하여 세포분열을 자극하여 클론(유전적으로 동일한 세포의 집단)을 생산한다. 이 과정을 **클론 선택**(clonal selection)이라고 한다. 예를 들어, 그림 18.12의 수두 바이러스와 처음 마주치면 면역반응을 개시할 수 있는 세포는 몇 개가 되지 않으며, 반응은 비교적 약하다. 이를 첫 번째 곡선에 나타낸 **1차 면역반응**(primary immune response)이라고 하고, 바이러스에 노출되어 생산된 항체의 초기 양을 나타낸다.

> 클론은 유사분열을 통하여 생산된다. 8장 4절에 서술되었듯이 유사분열을 통하여 생산되는 딸세포는 어버이 세포와 유전적으로 동일하다. 이러한 방식으로 클론 선택은 유전적으로 동일한 세포의 큰 집단을 생성한다.

1차 면역반응은 B 세포가 연관되어 있으며, 따라서 일부 세포는 항체를 분비하는 형질세포가 되고(신체에서 수두 바이러스를 제거하는데 10일에서 14일 정도 소요됨), 일부는 기억세포가 된다. 1차 면역반응에 연관된 일부 T 세포도 기억세포가 된다. 그 항원에 특이적인 기억세포의 클론은 1차 반응 이후에 발달되기 때문에, 동일한 병원체에 의한 두 번째 반응에 대한 면역반응은 그림의 두 번째 곡선에 나타난 것과 같이 더욱 신속하고 더 강하다. 다음번 신체가 동일한 병원체에 의하여 침범되면, 면역반응은 준비되어 있다. 첫 번째 감염의 결과로, 이제 그 병원체를 인식할 수 있는 림프구의 클론이 많이 있다. 이러한 항원에 대한 후속적인 노출에 의하여 유도되는, 더 효과적인 반응을 **2차 면역반응**(secondary immune response)이라고 한다. 이 장 마지막의 "질문과 분석"에서 2차 면역반응의 성질에 대하여 더 탐구한다.

기억세포는 수십 년간 생존할 수 있으며, 그 것이 사람이 수두를 한번 앓으면 두 번째는 거의 걸리지 않는 이유이다. 어린 시절의 질병을 유발하는 바이러스는 해가 지나더라도 거의 변하지 않는 표면항원을 가지고 있어서, 동일한 항체가 수십 년 동안 효과적이다. 독감과 같은 다른 질병은 표면단백질을 암호화하는 유전자가 빠르게 돌연변이되는 바이러스에 의하여 유발된다. 이러한 빠른 유전적 변화는 거의 매년 새로운 변종이 나타나도록 하여 그전 감염의 기억세포에 의하여 인식될 수 없게 된다.

전반적으로, 세포성 면역반응과 체액성 면역반응은 신체에서 동시에 일어나며 신체의 1차면역반응과 2차면역반응을 생성하기 위하여 함께 작용한다.

개념의 적용

2차 면역반응은 1차면역반응에 비하여 왜 더 크게 나타나는가?

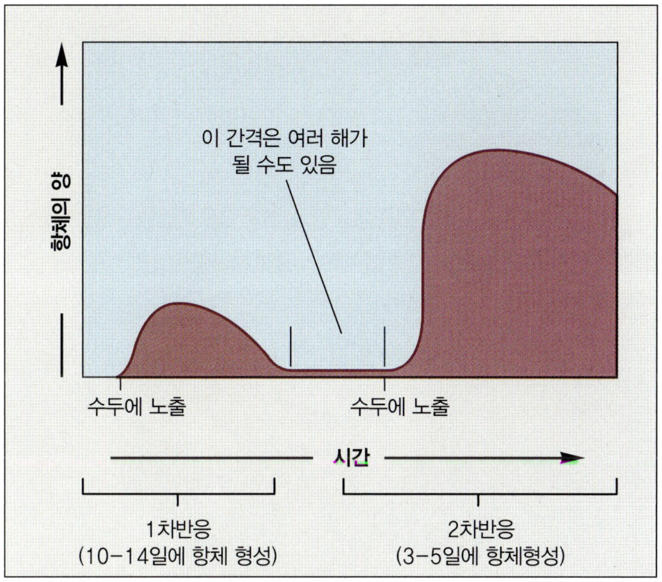

그림 18.12 능동면역의 발달.

수두에 대한 면역은 최초의 노출이 수두 바이러스의 수용체를 가지고 있는 림프구 클론을 발달하도록 자극하기 때문에 발생한다. 클론 선택의 결과로, 두 번째 노출은 면역계가 많은 양의 항체를 전에 비하여 더 신속하게 생산하도록 자극하여, 사람이 다시 아프게 되는 것을 방지한다.

뉴스에서

그러나 안전한가요? 뉴저지는 미국에서 어린 학생들에게 독감예방주사를 요구한 최초의 주가 되었다. 2009년 1월부로 6개월에서 다섯 살 사이의 허가된 탁아소와 유치원에 다니는 모든 어린이는 독감 백신을 받아야만 하게 되었다. 이는 보건 공무원에 의하면, 전체 인구를 보호하는데, 그 이유는 어린이가 학교에서 서로 부주의하게 감염시켜, 이 감염을 집과 다른 곳으로 운반할 수 있기 때문이다. 강제적인 예방접종은 새로운 것이 아니다. 뉴저지 미취학 어린이들은 이미 폐렴에 대하여 예방접종을 받아야만 한다. 나중에 6학년 때 아동들은 수막염, 파상풍, 디프테리아, 그리고 백일해에 대하여 보호하는 수많은 다른 예방접종을 해야만 한다. 많은 뉴저지 부모는 새로운 법에 대하여 불만이 있는데, 이는 예방접종이 안전하지 않다는 두려움 때문이다. 많은 부모들은 예방접종이 자폐증을 일으킬 수 있다고 이야기하는데, 많은 연구는 아무런 연관관계를 밝혀내지 못하였다. 이렇게 생각하는 부모의 어린이는 예방접종의 요구에서 면제되어야만 할까요? 뉴저지 보건 공무원은 그렇지 않다고 이야기하는데, 그 이유는 여러분이 아이의 예방접종을 하지 않으면 다른 아이를 위험에 처하게 하기 때문이다.

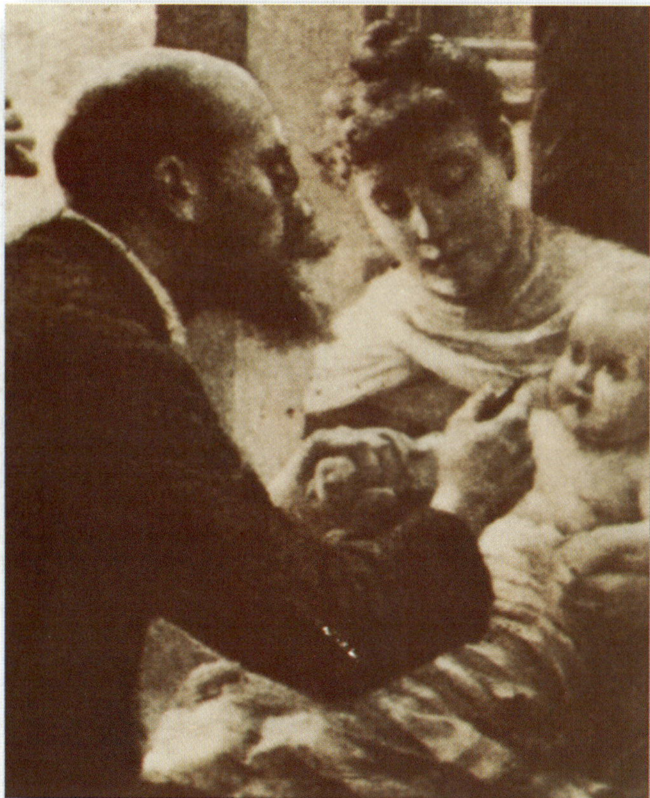

그림 18.13 면역학의 탄생.

이 유명한 그림은 제너(Edward Jenner)가 1970년 우두로 환자를 접종하여 천연두로부터 보호하는 것을 보여준다.

그림 18.14 1918년의 독감 유행은 18개월 동안에 2천만 명의 사망자를 발생하였다.

독감 유행 기간에 미국인만 2천 5백만 명 이상이 감염되었으며, 모든 사람을 보살피는 것이 어려웠다. 적십자는 종종 24시간 동안 일하였다.

18.8 예방접종 Vaccination

학습 목표 18.8.1 예방접종이 어떻게 감염으로부터 보호하는지 설명한다.

1996년 제너(Edward Jenner)라고 하는 영국의 시골의사는 면역학 연구의 시작을 기록한 실험을 수행하였다. 천연두는 그 당시 흔하고 치명적인 질병이었다. Jenner는 그러나 우두라고 하는 훨씬 가벼운 형태의 발진에 걸렸던 젖 짜는 여자는 천연두에 거의 걸리지 않는다는 것을 관찰하였다. Jenner는 우두가 천연두에 대한 보호를 제공한다는 생각을 검증하기 위하여 가벼운 우두로 사람을 감염시켰다(그림 18.13). Jenner가 예측한대로 그들의 대부분이 천연두에 면역이 되었다.

이제 우리는 천연두와 우두가 2종의 다르지만 유사한 바이러스에 의하여 유발된다는 사실을 알고 있다. 우두 바이러스를 주사 맞은 Jenner의 환자는 나중에 천연두 바이러스 감염에 대해서도 효과가 있는 방어를 가지게 되었다. Jenner의 위험한 미생물에 대한 저항성을 부여하는 해가 없는 미생물을 주입하는 과정을 예방접종이라고 한다. 예방접종(Vaccination)은 신체에 죽거나 불활성화된 병원체, 또는 현재 더 흔하게 표면에 병원체 단백질을 나타낸 무해한 미생물을 도입하는 것이다. 예방접종은 감염이 전혀 발생하지 않게 병원체에 대한 면역반응을 유발하는 것이다. 그 후 예방접종을 받은 사람은 그 특정한 병원체를 표적으로 하는 B 세포와 T 세포의 기억세포를 가지게 된다. 예방접종을 받은 사람은 그 질병에 대하여 면역되었다고 한다.

유전공학을 통하여 과학자들은 이제 일상적으로 편승하는(piggyback) 또는 소단위 백신을 생산할 수 있다. 이러한 백신은 병원체의 표면에 보통 노출되는 단백질을 암호화하는 유전자인 병원체에서 잘라낸 단일 유전자를 자신의 DNA에 포함하고 있는 무해한 바이러스로 만들어진다. 병원체 유전자를 무해한 숙주의 DNA에 합쳐 이어서, 숙주는 표면에 단백질이 발현되도록 유도된다. 병원체 단백질을 나타내는 무해한 바이러스는 늑대의 탈을 쓴 양과 같이, 여러분에게 해를 끼칠 수는 없지만 해를 끼칠 수 있는 것처럼 경보를 발령한다. 여러분의 신체는 병원체가 여러분의 신체에 들어오게 되면 면역계에 대한 경보처럼 작용하는 병원체 단백질에 대하여 경보로 작용하는 항체를 만들어서, 이 단백질의 존재에 대하여 반응한다.

기억세포의 작용이 장래의 감염에 대하여 그렇게 효과적인 방어를 제공한다면, 독감과 같은 일부 질병은 한번 이상 걸리게 되는가? 독감에 대하여 면역이 유지되지 않는 이유는 독감 바이러스가 면역계를 회피할 수 있는 방법을 진화하였기 때문이다. 독감 바이러스는 변화한다! 독감 바이러스의 표면 단백질을 암호화하는 유전자는 신속하게 변경된다. 여러분의 기억세포는 변경된 표면 단백질을 가지는 바이러스를 이미 성공적으로 패퇴시켰거나 예방접종이 이루어진 동일한 바이러스로 인식하지 않는데, 그 이유는 기억세포의 수용체가 독감 표면 단백질의 새로운 형태에 더 이상 맞지 않기 때문이다.

독감의 새로운 변종은 매우 치명적일 수 있다. 1918년 조류독감에서 돌연변이가 발생하였을 때 이 독감 바이러스가 감염된 사람에서 다른 사람으로 쉽게 전달될 수 있도록 하여, 18개월 동안에 미국과 유럽에서 2천만 명 이상이 사망하였다(그림 18.14). 독감 바이러스의 표면 단백질에 덜 심각한 변화가 주기적으로 일어나, 우리가 면역이 되지 않은 새로운 독감 균주를 생산한다. 그 해의 독감 예방주사는 이러한 새로운 균주에 대한 백신이다. 연구자들은 전 세계에 걸친 전 해의 독감 보고를 검토하여 올해의 균주를 예측할 수 있으며 올해의 균주에 대한 백신을 준비할 수 있다.

개념의 적용

과거에 독감에 걸렸는데 어떻게 다시 독감에 걸릴 수 있나요?

18.9 의학적 진단에서 항체

Antibodies in Medical Diagnosis

학습 목표 18.9.1 ABO와 Rh 혈액형 체계의 항원을 서술하고, 수혈에서 혈액형의 잠재적인 영향을 서술한다.

혈액형 분류 Blood Typing

개인의 혈액형은 적혈구 표면에서 발견되는 항원의 종류를 나타낸다. 적혈구 항원은 수혈시 제공자와 수혈자의 사이에 혈액형이 일치되어야 하기 때문에 임상적으로 중요하다. 적혈구 항원에는 몇 가지 유형이 있지만, 주요한 유형은 **ABO식 분류법**이다. 적혈구 표면에 존재하는 항원 관점에서 개인은 *A형*(A 항원만 가지고 있음), *B형*(B 항원만 가지고 있음), *AB형*(A 항원과 B 항원 모두 가지고 있음), 또는 *O형*(A 항원 B 항원 모두 가지고 있지 않음)으로 나뉠 수 있다.

인간의 ABO 혈액형은 그림 9.7에서 토의되었듯이 유전적으로 결정된다. ABO 혈액형의 유전은 공동우성의 한 예이다. A 유전자와 B 유전자를 모두 유전받은 사람은 적혈구 상에 두 항원을 모두 발현한다.

면역계는 자신의 적혈구 항원에 대해서는 내성이 있지만 비자기 혈액 항원에 대해서는 항체를 생산한다. 예를 들면, A형의 사람은 반A 항체를 생산하지 않지만, B 항원에 대해서는 항체를 만든다. AB형의 사람은 두 항원에 대하여 내성을 발달하며 따라서 항A 항체나 항B 항체를 모두 생산하지 않는다. O형인 사람은 항A 항체와 항B 항체를 모두 만든다.

A형 혈액이 유리판 위에서 B형 혈액을 가진 사람의 혈청과 혼합되면, 혈청의 항A 항체는 A형 혈구세포가 서로 달아 붙어 응집되도록 한다(그림 18.15의 오른쪽 위 그림판). 이러한 검사는 수혈 전에 혈액형을 일치시켜, 혈관에서 염증과 기관 손상을 가져올 수 있는 응집이 일어나지 않도록 한다.

Rh 인자. 대부분의 적혈구에서 발견되는 다른 집단의 항원은 Rh 인자이다. 이러한 항원을 가진 사람은 Rh 양성이라고 하고, 항원을 가지지 않은 사람을 Rh 음성이라고 한다. Rh 음성 대립유전자는 인구 중에서 덜 흔하다. Rh 인자는 Rh 음성의 어머니가 Rh 양성인 아기를 출산하였을 때 특히 중요하다(오른쪽의 "생물학과 여러분"참조).

단일클론 항체 Monoclonal Antibody

단일클론 항체는 임상실험실의 시험에서 사용되는 상업적으로 준비된 항체이다. 예를 들면 현대의 임신테스트트는 임신 호르몬(hCG, 21장 참조)에 대하여 생산된 단일클론 항체로 뒤덮여 있는 입자를 항원으로 이용한다. 혈액 임신테스트에서 이러한 입자는 임신한 여인의 시료와 혼합된다. 시료가 hCG 호르몬을 상당 수준 포함하고 있다면, 항체와 반응하여 볼 수 있는 입자의 응집을 유발하며, 양성의 측정결과를 나타낸다. 처방이 필요 없는 임신 테스트도 이와 유사한 방법으로 작동한다. 임신한 여성의 소변에 있는 hCG는 테스트 줄에 있는 단일클론 항체와 결합하여 양성의 결과를 나타낸다.

개념의 적용

O형 혈액의 수혈은 AB형 혈액의 수혈에 비하여 더 많은 항체를 유도하나요 아니면 더 적은 항체를 유도하나요?

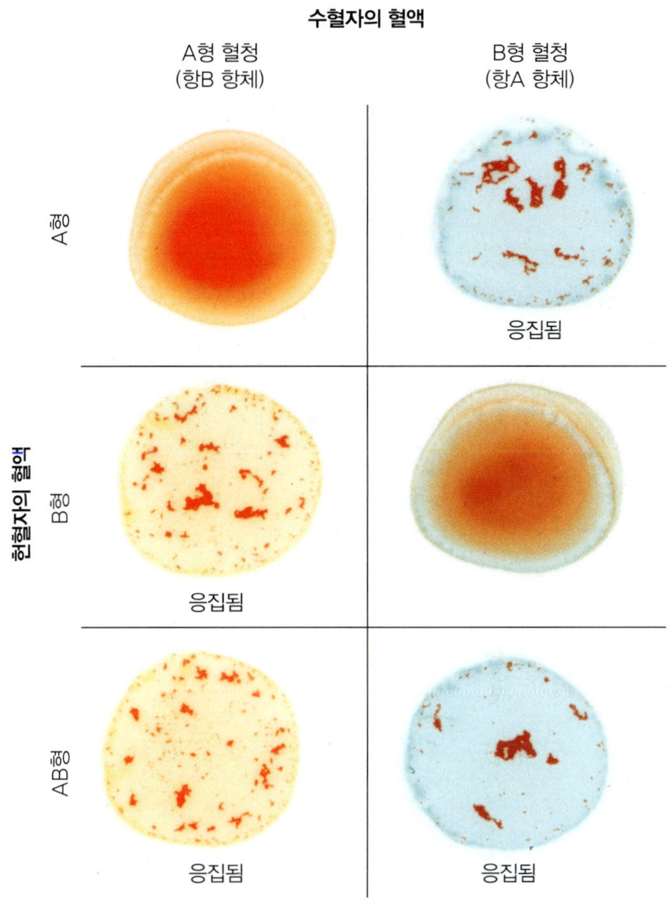

그림 18.15 혈액형 분류.

적혈구의 응집은 A 항원과 B 항원에 대한 항체를 포함하는 혈청을 가진 혈액이 혼합될 때 일어난다. O형의 공여자 혈액이 사용되면 응집이 일어나지 않는다.

생물학과 여러분

태아 적아구증(Erythroblastosis). 태아와 어머니의 혈액은 보통 태반을 가로질러 분리되어 유지되기 때문에(21장), Rh 음성의 어머니는 일반적으로 임신 기간 동안에 Rh 양성 태아의 Rh 항원에 노출되지 않는다. 그러나 출생시에 나양한 성노의 노출이 발생할 수 있으며, Rh 음성 어머니의 면역계가 감작되어 Rh 항원에 대한 항체를 생산할 수 있다. 그렇게 되면, 이러한 항체는 다음의 임신 때 태반을 가로질러 태아 적아구증 또는 신생아의 용혈병이라는 태아의 Rh 양성 적혈구가 용혈되게 할 수 있다. 태아 적아구증은 Rh 음성의 어머니에게 Rh 양성의 아이가 태어난 직후에 항체준비물을 주입하여 예방될 수 있다. 주입된 항체는 Rh 항원을 불활성화시켜 어머니가 항원에 대하여 능동적으로 면역되는 것을 방지한다.

면역계의 패배 Defeat of the Immune System

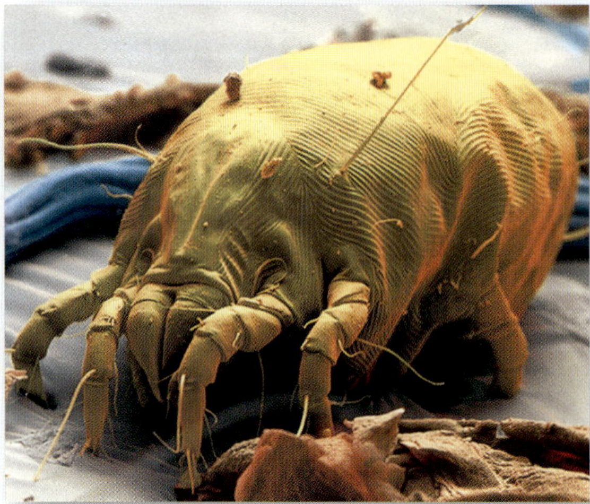

그림 18.16 집먼지진드기.

이 미소한 동물인 *Dermatophagoides*는 많은 사람에게 알레르기 반응을 유발한다. 먼지 진드기는 침대요와 베개에서 생활하며 우리가 탈피하는 다량의 죽은 피부세포를 먹는다.

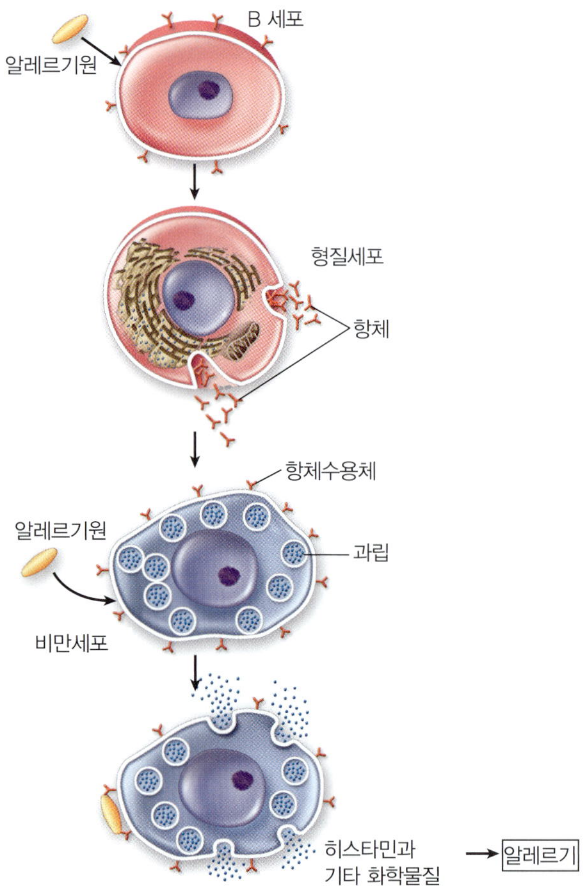

그림 18.17 알레르기 반응.

알레르기 반응에서, B 세포는 비만세포의 원형질막에 부착하는 항체를 분비하며, 비만세포는 항원-항체 결합에 반응하여 히스타민을 분비한다.

18.10 과잉면역계 Overactive Immune System

학습 목표 18.10.1 자가면역 질환과 과민반응(allergy)을 비교하고, 비만세포와 히스타민의 역할을 설명한다.

면역계가 척추동물 신체에서 가장 정교한 시스템 중의 하나이지만 여전히 완벽하지는 않다. 우리가 직면하는 여러 주요한 질병과 일부 심각하지 않은 과민증상도 과잉반응 면역계를 반영한다.

자가면역 질환 Autoimmune Disease

T 세포와 B 세포가 여러분 자신의 "자기"세포를 비자기 세포로부터 구별할 수 있는 능력은 여러분 신체의 3단계 방어를 매우 효과적으로 만들어주는 면역계의 핵심적인 능력이다. 어떠한 질환에서 이 능력이 파괴되어, 신체가 자신의 조직을 공격한다. 이러한 질환을 **자가면역 질환**(autoimmune disease)이라고 한다. 우리가 이해하지 못하는 원인으로 인하여 자가면역 질환은 남성보다 여성에서 훨씬 더 흔하다.

다발성 경화증은 보통 20-40세의 사람에게 나타나는 자가면역 질환이다. 다발성 경화증에서 면역계는 전선을 싸고 있는 고무처럼 운동신경을 절연하는 미엘린이라는 지방성 물질의 덮개(수초)를 공격하여 파괴한다. 미엘린초의 퇴화는 신경 자극의 전달을 방해하여 궁극적으로는 자극이 전혀 전달되지 않게 된다. 사지의 운동과 같은 수의적인 기능과 방광 통제와 같은 불수의적 운동이 상실되고, 결국은 마비되어 사망에 이른다. 과학자들은 무엇이 면역계가 미엘린을 공격하도록 자극하는지 알지 못하고 있다.

다른 자가면역 질환은 I형 당뇨증인데, 췌장의 인슐린 생산세포에 대한 면역 공격의 결과로 생각된다. 또한 류머티스성 관절염도 관절 조직에 대한 면역계의 공격이며, 낭창도 연결조직과 신장에 대한 자가면역 공격이며, 그레이브스병(Graves' disease; 바제도병)은 갑상선이 공격받는다.

알레르기 Allergy

여러분의 면역계가 병원체에 대하여 매우 효과적인 보호를 제공하지만, 때로는 역할을 너무 잘해서, 항원을 제거하기에 필요한 것보다 더 큰 면역반응을 개시한다. 이경우의 항원을 **알레르기원**(allergen)이라고 하며, 이러한 면역반응을 **알레르기**(allergy)라고 한다. 꽃가루에 민감한 건초열은 알레르기의 익숙한 예이다. 많은 사람은 집안 먼지 입자에 살고 있는 미소한 진드기의 분변에서 방출되는 단백질에 대해서도 알레르기 반응을 보인다(그림 18.16).

알레르기 반응을 불쾌하게 하고 때로는 위험하게 만드는 것은, 비만세포라고 하는 백혈구의 일종에 부착된 항체의 연관성이다. 면역반응에서 비만세포는 염증반응을 개시하는 역할을 한다(그림 18.17). 비만세포가 그들의 항체와 일치하는 물질을 만나면, 모세혈관이 팽창하게 하는 히스타민과 다른 화학물질을 방출한다. 히스타민은 또한 점막세포에 의하여 생산되는 점액을 증가시켜서, 콧물과 코 막힘을 유발한다. 대부분의 알레르기 약은 이러한 증상을 히스타민의 작용을 차단하는 화학물질인 항히스타민제로 경감시킨다.

개념의 적용

비만세포가 우리를 그렇게 불쾌하게 하는데, 왜 비만세포를 가지고 있는가?

18.11 AIDS: 면역계의 붕괴

AIDS: Immune System Collapse

학습 목표 18.11.1 HIV가 어떻게 면역방어를 무력화시키는지 서술한다.

AIDS(acquired immunodeficiency syndrome; 후천성 면역 결핍증)는 1981년 최초로 질환으로 확인되었다. 2007년 말까지 미국에서 583,298명이 AIDS로 사망하였으며, 백만 명 이상이 **HIV**(human immunodeficiendy virus; 인간 면역결핍 바이러스)에 감염된 것으로 생각된다. 세계적으로 3천 3백만 명 이상이 감염되었고, 2천 5백만 명이 사망하였다. HIV는 아프리카에서 침팬지를 감염하는 매우 유사한 바이러스로부터 진화된 것이 명백해 보이는데, 돌연변이가 일어나 바이러스가 CD4라고 하는 인간 세포 표면의 수용체를 인식할 수 있게 하였다. 이 수용체는 인체의 특정한 면역세포 그중에서도 특히 대식세포와 조력 T 세포 상에 존재한다. 이러한 면역계의 정체(동일성)가 AIDS의 황폐시키는 성질을 가져온다.

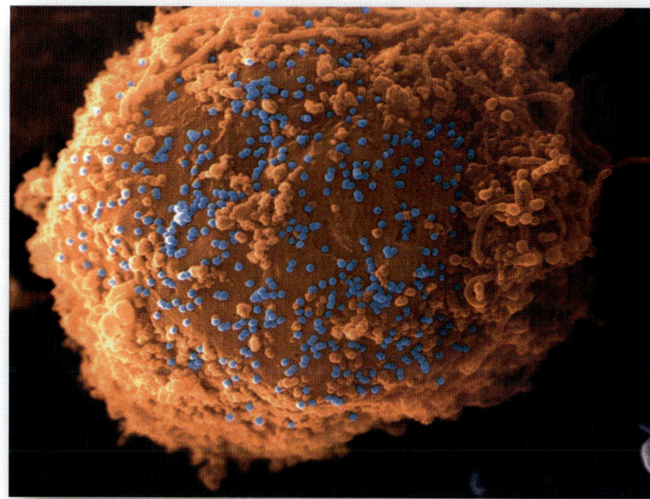

그림 18.18 HIV에 감염된 인간세포.

여기에 보이는 세포는 AIDS를 유발하는 바이러스인 HIV에 감염된 인간 면역계 세포인 대식세포이다. HIV 바이러스의 자손(파란색으로 인공적으로 색깔을 입힌 것)이 감염된 세포로부터 방출되어, 표면에서 출아되어 나오고 있다.

HIV가 어떻게 면역계를 공격하는가

HIV는 조력 T 세포를 포함한 CD4 수용체를 가지고 있는 세포($CD4^+$ 세포)를 표적으로 하여 면역계를 무력화시킨다. 조력 T 세포를 사멸시키는 것의 중요성은 면역계가 어떠한 외부 항원에 대해서도 반응을 개시할 수 없도록 하는 것이다. AIDS는 바로 이러한 이유로 인하여 치명적인 질환이다.

$CD4^+$ 세포에 대한 HIV의 공격은 점진적으로 면역계를 무력화시키는데, 그 이유는 HIV 감염된 세포가 다른 $CD4^+$ 세포를 감염시키는 복제된 바이러스를 방출한 다음에 사멸하기 때문이다. 시간이 지남에 따라 신체의 모든 $CD4^+$ T 세포가 파괴된다. 정상적인 개인에서 $CD4^+$ T 세포는 순환하는 T 세포의 60%에서 80%를 차지하지만, AIDS 환자에서 $CD4^+$ T 세포는 탐지할 수 없을 정도로 매우 희귀하게 되어, 특이적 면역반응을 완전히 파괴한다. 감염에 대한 방어가 거의 없기 때문에, 어떠한 종류의 통상적인 감염도 치명적이 된다. 따한 암세포가 발생하여도 인식하고 파괴할 수 있는 능력이 없기 때문에, 암에 의한 사망도 훨씬 더 높아진다. 많은 AIDS 희생자들은 다른 질병보다 암에 의하여 사망한다.

AIDS의 사망률은 100%이다. AIDS 증상을 나타낸 환자 중 아무도 회복하지 못하였다. 이 질환은 전염성이 높지는 않는데, 그 이유는 성교 때 전형적으로 정액이나 질액을 통하여 그리고 약을 사용할 때 바늘의 혈액을 통한 것과 같은 내부 체액의 전달을 통하여 한 개인에서 다른 개인으로만 전파되기 때문이다. 그러나 AIDS 증상은 HIV에 감염된 이후 보통 수년간 나타나지 않는데, 이는 미국에서 최초 HIV에 감염된 이후(그림 18.19의 녹색선) AIDS 발병(붉은색 선)의 지연을 보면 명백하다. 이러한 무증상 지연으로 인하여, 감염된 개인은 알지 못하고 종종 다른 사람에게 바이러스를 전파한다. AIDS 경각심을 높이는 운동은 새로운 사례의 숫자를 감소시키는데 도움이 되었다.

시험관 내에서 다양한 약이 HIV를 저해한다. 여기에는 바이러스 핵산의 복제를 저해하는 AZT와 유사물질이 있고 또한 기능이 있는 바이러스 생산을 저해하는 프로테아제 저해제가 있다 프로테아제 저해제와 2종류의 AZT 유사물질을 조합한 약은 많은 환자의 혈류에서 HIV 바이러스를 완전히 제거하였다. 이 조합 치료법은 1990년대 중반에 도입된 이후 AIDS 사망률을 거의 2/3 정도 감소시켰는데, 1995년 51,414명의 AIDS에 의한 사망에서 1996년에는 38,074명으로 감소하였고, 그리고 13년 뒤인 2009년에도 약 17,000명 사망으로 낮게 유지되었다.

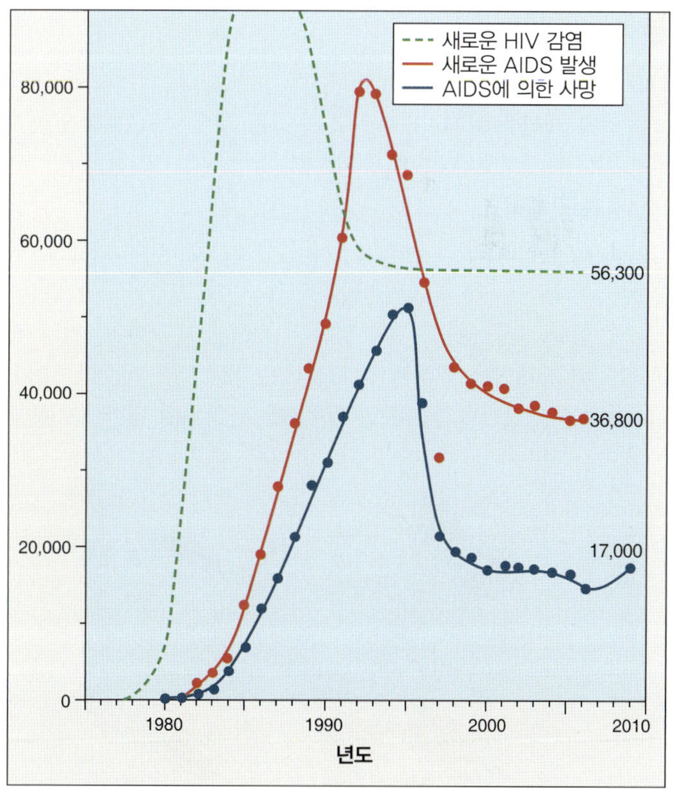

그림 18.19 미국에서 AIDS 유행병의 역사.

미국 질병통제센터(Centers for Disease Control; CDC)는 2006년 36,600명의 새로운 AIDS 환자가 발생하였고, AIDS가 시작되고 총 백만 명이 넘는 발병 사례와 60만 명 가까이 사망하였다고 보고하였다. 미국에서 백만 명 이상이 그리고 세계적으로 3천 3백만 명 이상이 HIV 바이러스에 감염된 것으로 생각된다.

개념의 적용

HIV는 한사람으로부터 다른 사람으로 어떻게 전파되나요?

질문과 분석

면역은 항원 특이성인가요?

면역반응은 이전의 경험을 기억할 수 있기 때문에 감염에 대하여 중요한 보호를 제공한다. 사람은 한차례의 어린 시절 노출 이후에 많은 감염성 질환에 대하여 평생 동안의 면역을 발달한다. 이러한 장기 면역이 백신이 작용하는 이유이다. 면역 보호에 대한 핵심적인 질문은 면역의 특이성이다. 하나의 병원체에 대한 노출은 단지 그 하나에 대해서만 면역을 제공하나요, 아니면 여러분이 획득한 면역은 다양한 감염으로부터 보호하는 더 일반적인 반응인가요?

오른 쪽의 그래프는 이 질문에 대답하기 위하여 고안된 실험의 결과를 나타내다. 집토끼 군집을 항원 A로 한차례 면역시켰으며, 이 항원에 대한 항체의 수준을 각 개체에 대하여 측정하였다. 40일 이후에 각각의 집토끼는 재접종되었는데, 일부는 A항원으로 다른 일부는 B 항원을 주입하여, 재주입된 항원에 대한 항체를 측정하였다. 붉은색 선은 A 항원에 대한 전형적인 결과이며, 파란색 선은 B 항원에 대한 결과이다.

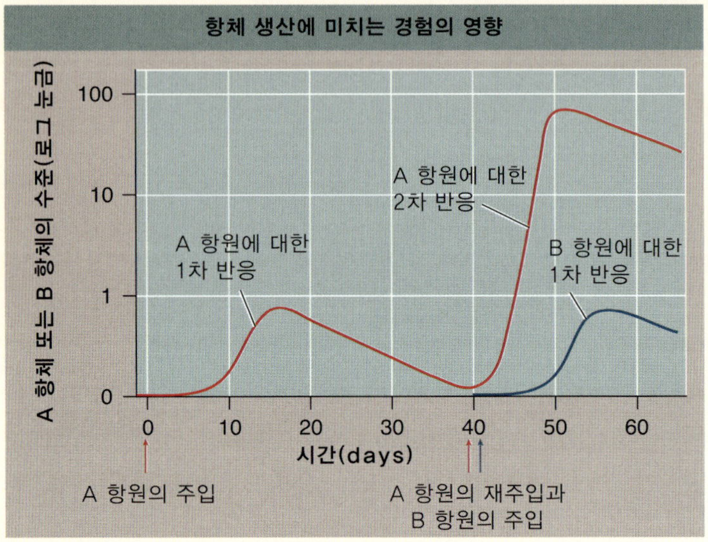

분석

1. 개념의 적용

연속 곡선을 읽기. A 항원의 주입은 각각 탐지될 수 있는 항체의 생산을 가져오나요? B 항원은?

2. 자료의 해석

a. A 항원에 대한 최초의 반응을 1차 반응이라고 하며, 투약 후 40일 이후의 A 항원에 대한 두 번째 반응을 2차 반응이라고 한다. 1차 반응과 2차 반응의 속도를 비교하고, 어느 것이 최대 항체반응에 더 빨리 도달하는가?

b. 1차 면역반응과 2차 면역반응의 A 항원에 대한 크기를 비교하시오. 비슷한가요, 아니면 어느 하나의 반응의 크기가 더 큰가요?

3. 추론하기

a. 두 번째 A 항원 노출에 의하여 유도되는 2차 반응은 왜 1차 반응과 다른가요?

b. B 항원에 대한 반응은 A 항원에 대한 1차 반응과 2차 반응 중 어느 것과 더 유사한가요?

4. 결론의 도출

a. A 항원에 대한 사전 노출은 B 항원에 대한 1차 반응의 속도나 크기에 어떠한 영향을 미치나요?

b. 이러한 항원들에 대한 면역반응은 항원특이성을 보이나요?

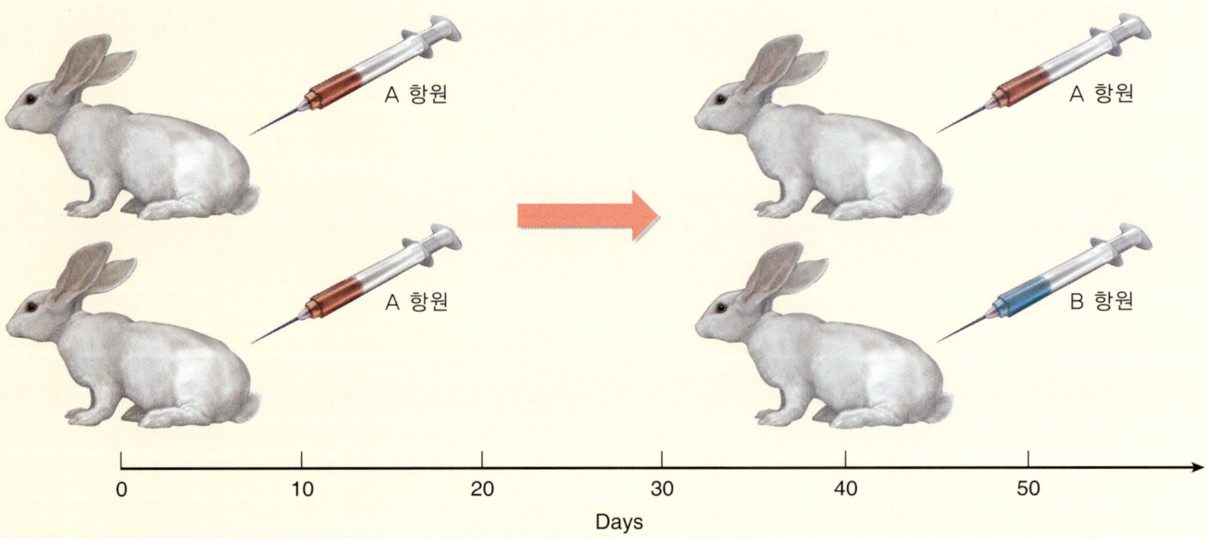

학습 결과의 요약

3단계 방어

피부: 1차 방어선

18.1.1 신체는 감염에 대하여 3단계 방어를 가지고 있으며, 첫 번째는 피부이다. 피부는 병원체에 대하여 장벽을 형성한다.

세포의 역공: 2차 방어선

18.2.1 방어의 2단계는 비특이적 세포공격이다. 이 방어선에서 이용되는 세포와 화학물질은 그들이 마주치는 모든 외부 물질을 공격한다.

대식세포와 호중구는 신체의 세포를 감염하기 전에 침입하는 병원체를 삼켜서 공격한다. 자연살해 세포는 감염된 세포를 공격하며, 병원체가 다른 세포에 전파되기 전에 감염된 세포를 살해한다. 자연살해 세포는 원형질막에 퍼포린 단백질을 삽입하여 세포가 파열되게 하여 살해한다.

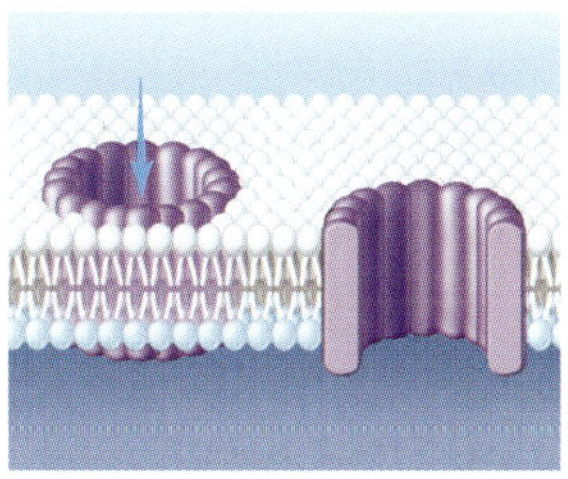

18.2.2 보체라고 불리는 혈액 내에서 자유롭게 떠다니는 단백질은 외부 세포의 막에 삽입되어 그림 18.6에서 보이는 것처럼 세포를 살해한다.

온도와 염증반응 또한 2단계 방어의 부분이다. 체온이 상승하면 세균의 생장이 둔화되고, 염증은 면역세포를 감염 부위로 모은다.

특이적 면역: 3차 방어선

18.3.1 방어의 3단계는 특이적 면역반응이며 대식세포, 호중구, 그리고 자연살해 세포 외의 다른 세포가 연관된다. T 세포와 B 세포라 불리는 림프구는 특정한 항원의 노출에 프로그램되었으며, 한번 프로그램되면 항원이나 그 항원을 가지고 있는 세포를 탐색하여 파괴한다.

면역반응

면역반응의 개시

18.4.1 침입하는 미생물은 사람의 MHC 단백질과 상이한 단백질을 표면에 나타낸다. 대식세포는 "자기"MHC 단백질을 찾아 세포를 탐색한다. 비자기 단백질을 나타내는 세포나 바이러스는 대식세포에 의하여 삼켜져서 부분적으로 소화된다. 미생물의 항원은 대식세포의 표면에 삽입되어 대식세포는 항원제시 세포로 불린다. 이 항원제시 세포는 T 세포에 이러한 항원을 제시하여 T 세포의 반응을 활성화시킨다. 이 세포는 또한 인터류킨-1을 분비한다. 인터류킨-1은 면역반응을 유발하는 조력 T 세포를 자극한다.

T 세포: 세포반응

18.5.1 세포성 반응은 T 세포에 의하여 수행된다. 항원제시 세포는 조력 T 세포를 활성화시키며, 조력 T 세포는 인터류킨-2을 방출하여 반응한다. 인터류킨-2는 특정한 항원을 나타내는 감염된 세포를 인식하고 살해하는 세포독성 T 세포의 복제를 자극한다. 감염 이후에, 기억 T 세포가 형성되어 체내에 남아서 다음의 감염에 대하여 싸운다.

B 세포: 체액반응

18.6.1 인터류킨-2는 B 세포도 활성화시킨다. 체액성 면역에서 B 세포는 병원체, 바이러스 감염된 세포, 또는 암세포 상에 있는 항원을 보체 단백질, 자연살해 세포, 그리고 대식세포가 파괴할 수 있도록 표지하는 항체로 표지한다.

18.6.2 척추동물 면역계는 항체 수용체 단백질을 암호화하는 단지 수백 종류의 유전자 변형으로부터 109개 종류의 항체를 생산할 수 있다. 이는 항체분자의 다른 부분을 암호화하는 유전자의 체세포 재배열을 통하여 성취된다(그림 18.10). 다양한 항체가 합성 유전자로부터 생산된다.

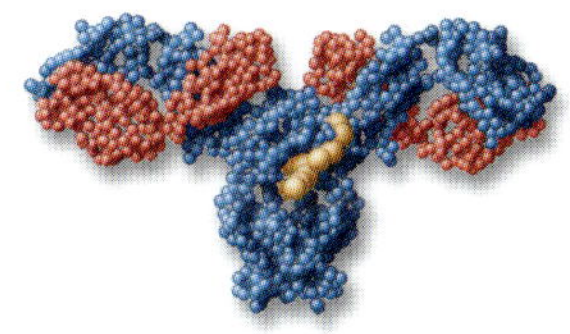

클론 선택을 통한 능동면역

18.7.1 감염에 의하여 유발되는 초기 면역반응을 1차 반응이라고 한다. B 세포와 T 세포는 분열하도록 자극되어 세포의 복제물을 생성한다. 이를 클론 선택이라고 한다. 1차 면역반응은 지연되며 약간 약한 반응이다. 그러나 클론 선택에 의하여 신체에 많은 기억세포가 존재하게 되며, 동일한 항원에 의한 두 번째 감염은 2차 반응이라고 하는 더 신속하고 커다란 반응을 유발한다.

기억세포는 수십년 동안 생존할 수 있어서, 특정한 병원체에 대한 기억세포를 보유하고 있는 사람에게 질병에 대한 면역을 제공한다.

예방접종

18.8.1 예방접종은 1차 면역반응과 2차 면역반응의 기작을 이용한다. 백신은 질병을 유발하지 않는 방식으로 병원체 항원을 신체에 도입한다. 이는 1차 면역반응을 유발한다. 나중에 실제로 감염되었을 때, 신체는 신속하고 큰 면역반응을 개시한다.

의학적 진단에서 항체

18.9.1 항체는 항원의 예민한 탐지자이며, 따라서 혈액형 분류와 같은 다양한 의학적 진단에 적용된다.

면역계의 패배

과잉면역계

18.10.1 때때로 면역계는 외부 또는 병원성이 아닌 항원을 공격한다. 자가면역 반응에서, 신체는 자신의 세포를 공격한다. 알레르기 반응에서는 알레르기원이라고 하는 무해한 물질에 대하여 공격을 개시한다. 그림 18.16의 미소한 진드기는 많은 사람에게 알레르기 반응을 유발한다. 알레르기 반응은 히스타민을 방출하는 비만세포의 활성화를 포함한다. 히스타민은 알레르기 증상을 초래하는 염증반응을 유발한다.

AIDS: 면역계의 붕괴

18.11.1 AIDS는 HIV 바이러스 감염에 의하여 유발되는 치명적인 질환이다. HIV는 대식세포와 조력 T 세포를 공격하여, 궁극적으로 다른 감염으로부터 신체를 보호하는 T 세포를 파괴한다.

이해의 측정

18.1.1 피부는 물리적 장벽이지만 다음으로부터 발생되는 화학적 보호도 제공한다.

a. 땀샘과 지방샘. **c.** 피부의 기저층.
b. 점액. **d.** 피부의 각질층.

18.2.2 염증반응의 목적은 무엇인가?

a. 감염된 지역의 온도를 상승시킨다.
b. 감염된 지역의 통증을 경감시킨다.
c. 감염된 지역의 면역계 세포의 수를 증가시킨다.
d. 감염된 지역 주위에 장벽을 형성한다.

18.2.2 체온을 상승시키는 것, 즉 발열을 유발하는 것은 왜 면역계를 도와주나요?

a. 온도의 증가는 면역계에 의하여 이용되는 화학반응을 가속시킨다.
b. 고온에서는 병원성 세균이 잘 생장하지 않는다.
c. 온도의 상승은 신체세포의 단백질을 변성시킨다.
d. 위의 모든 것이 맞다.

18.3.1 특정한 항원에 맞추어진 면역반응은 무엇이 연관되어 있나요?

a. T 세포 **c.** 보체
b. 대식세포 **d.** 호중구

18.4.1 면역계가 혈류에 있는 외부 세포를 확인할 수 있는 이유는?

a. 외부 세포가 면역계에 의하여 다른 세포를 파괴하는 것을 관찰하기 때문이다.
b. 외부 세포가 신체의 세포표면 수용체와 다른 표면단백질을 가지고 있기 때문이다.
c. 외부세포가 T 세포와 유사한 CD4 수용체를 가지고 있기 때문이다.
d. 위의 모든 것이 다 옳다.

18.5.1 세포독성 T 세포의 역할은?

a. 항체를 생산한다.
b. 병원체를 직접 파괴한다.
c. 혈류에서 자유롭게 떠도는 외부 항원을 파괴한다.
d. 병원체에 의하여 감염된 세포를 파괴한다.

18.6.1 항체의 생산이 일어나는 장소는?

a. T 세포. **c.** B 세포.
b. 자연살해 세포. **d.** 비만세포.

18.7.1 특정한 병원체의 장래 침입에 대한 면역은 다음 무엇의 생산에 의하여 달성되나요?

a. 형질세포 **c.** 조력 T 세포
b. 기억 T 세포와 기억 B 세포 **d.** 단핵구

18.10.1 신체의 면역계가 신체 자신의 세포를 공격하는 것은 무엇인가?

a. 염증반응. **c.** 자가면역 반응.
b. 온도반응. **d.** 알레르기 반응.

18.11.1 AIDS가 진행된 HIV 감염된 사람은 보통 감염성 질환이나 암으로 사망한다. 그 이유는 HIV가 다음 무엇을 공격하기 때문이다.

a. 조력 T 세포 **c.** 기억 T 세포와 기억 B 세포
b. 호중구 **d.** 비만세포

이해의 적용

18.7.1 홍역, 볼거리, 그리고 수두와 같은 특정한 질환은 주로 "어린 시절" 질환으로 간주되는데, 어렸을 때 한번 그러한 질병에 걸린 사람은 부모가 되어서 그 병에 걸린 자식을 돌보더라도 다시 걸리지 않는다. 그래프를 이용하여 이유를 설명하시오.

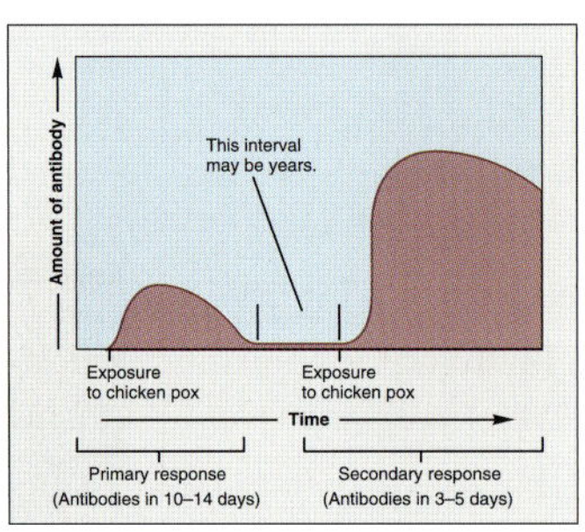

18.11.1 AIDS 사례가 1980년대 초반에서 1992년 사이에 크게 증가하였다, 감소하여, 이제는 안정되어 지난 10년간 크게 증가하지도 감소하지도 않은 이유는 무엇일까요?

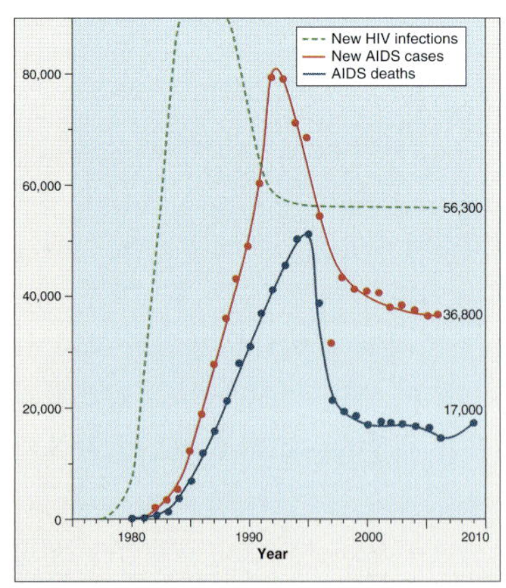

학습 내용의 종합

18.2.2 베인 상처를 치료하지 않으면 고금이 가득차서 표면이 부풀어 오르게 된다. 고름은 무엇이고, 벤 부위에 축적되는 이유는 무엇인가요?

18.2.2 여러분의 친구가 어제 스케이트보드를 타다가 넘어져서 철사조각으로 인해서 팔뚝을 깊게 베게 되었다. 그녀는 당신에게 상처를 보여주면서 얼마나 아픈지 불평한다. 상처가 빨간 것과 작은 구멍이 난 상처 주위가 부어오른 것을 볼 수 있다. 그녀에게 무엇이 일어나고 있는지 설명해주세요.

18.6.1 효소의 활성부위와 유사하게 항체분자의 부분은 어떻게 항원과 상호작용하나요? 차이점은 무엇인가요?

18.7.1 나이가 들어가면서 수두에 걸리는 것을 회피하는 방법은 2가지가 있는데, 하나는 어렸을 때 수두에 걸리는 것이고 다른 하나는 예방접종을 받는 것이다. 이 방법들이 어떻게 작용하고, 둘 사이에는 어느 방식에서든 유사한 점이 있나요?

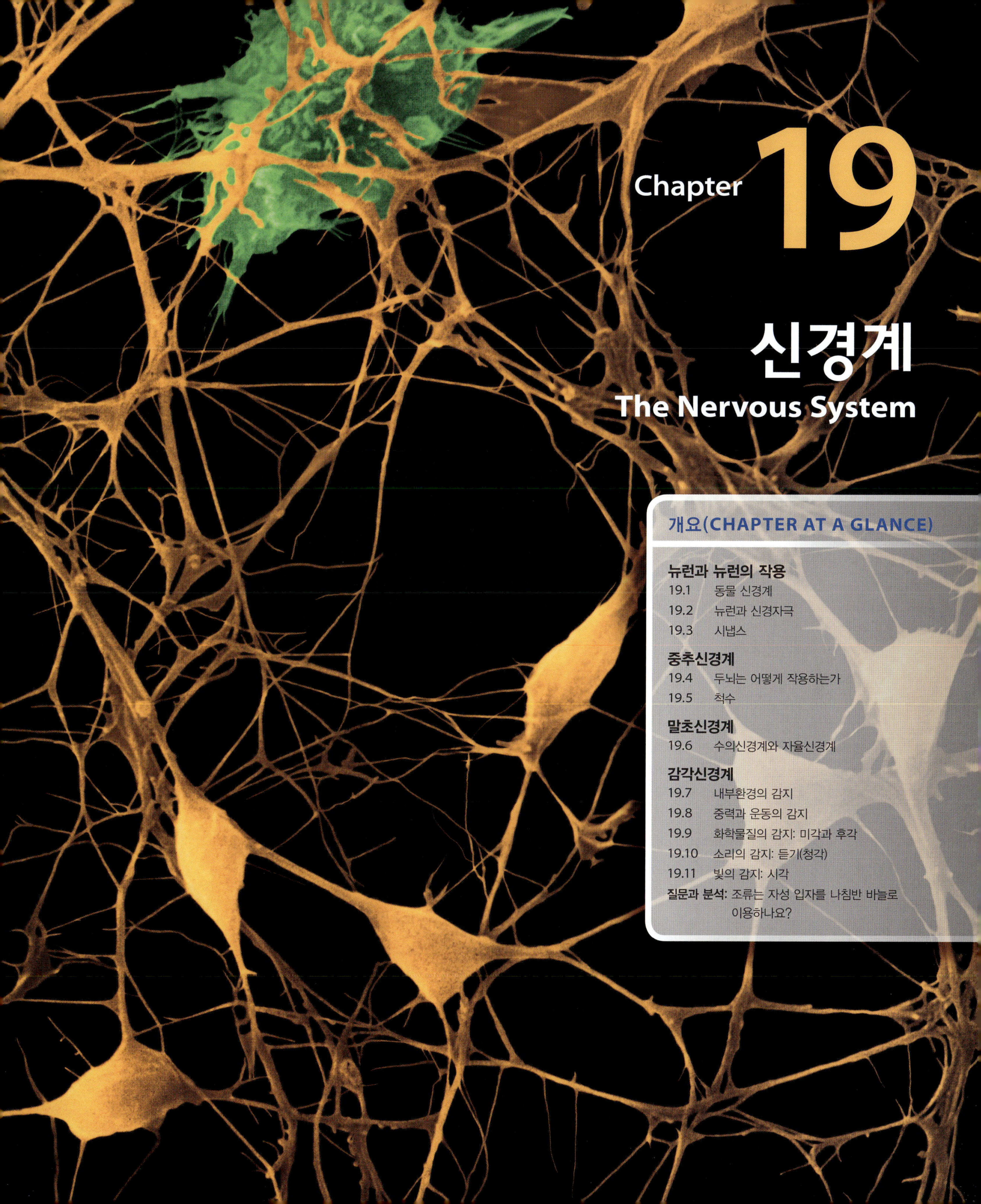

Chapter 19

신경계
The Nervous System

개요(CHAPTER AT A GLANCE)

뉴런과 뉴런의 작용 Neurons and How They Work

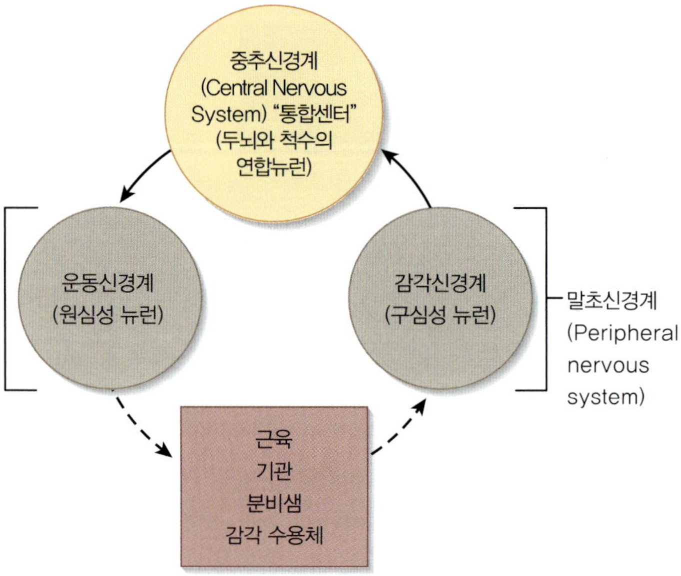

그림 19.1 척추동물 신경계의 조직.

중추신경계는 두뇌와 척수로 구성되어 있으며, 운동신경계를 통하여 명령을 내리고 감각신경계로부터 정보를 받아들인다. 운동신경계와 감각신경계는 함께 말초신경계를 구성한다.

19.1 동물 신경계 The Animal Nervous System

학습 목표 19.1.1 동물 신경계에서 3가지 유형의 뉴런을 확인하고 그들의 기능에 대하여 서술한다.

동물은 환경 자극에 대하여 반응을 할 수 있어야만 한다. 이를 위하여 동물은 자극을 탐지할 수 있는 감각 수용체와 자극에 대하여 반응할 수 있는 운동 효과기를 가져야만 한다. 대부분의 무척추동물 문과 모든 척추동물 강에서, 감각 수용체와 운동 효과기는 신경계에 의하여 연결되어 있다(그림 19.1). 13장에서 서술되었듯이, 신경계는 뉴런과 지지세포로 구성되어 있다. 연합뉴런(association neuron 또는 interneuron)이라고 하는 한 유형의 뉴런이 대부분의 무척추동물과 모든 척추동물의 신경계에 존재한다. 척추동물에서 이러한 뉴런은 두뇌와 척수에 위치하며, 두뇌와 척수를 중추신경계(Central nervous system)라고 한다(그림 19.1의 노란색 원). 중추신경계는 더 복잡한 반사를 제공하도록 하며, 두뇌의 경우에는 학습과 기억등 많은 감각 입력의 통합을 필요로 하는 고도의 연합기능을 한다.

뉴런에는 다른 두 종류가 더 있다. 감각(또는 구심성)뉴런(Sensory neuron; 그림 19.2의 ❶)은 감각수용체로부터 자극을 CNS로 운반한다. 운동(또는 원심성)뉴런(Motor; ❸)은 CNS로부터 근육과 분비샘 같은 효과기로 자극을 전달한다. 연합뉴런(❷)은 이 두 가지 유형의 뉴런을 CNS에서 함께 연결한다. 운동뉴런과 감각뉴런은 함께 척추동물의 말초신경계(Peripheral nervous system; PNS)를 구성한다(그림 19.1의 괄호 쳐진 황갈색 원).

개념의 적용

감각신경은 자극을 CNS 쪽으로 운반하나요 아니면 CNS로부터 운반하나요?

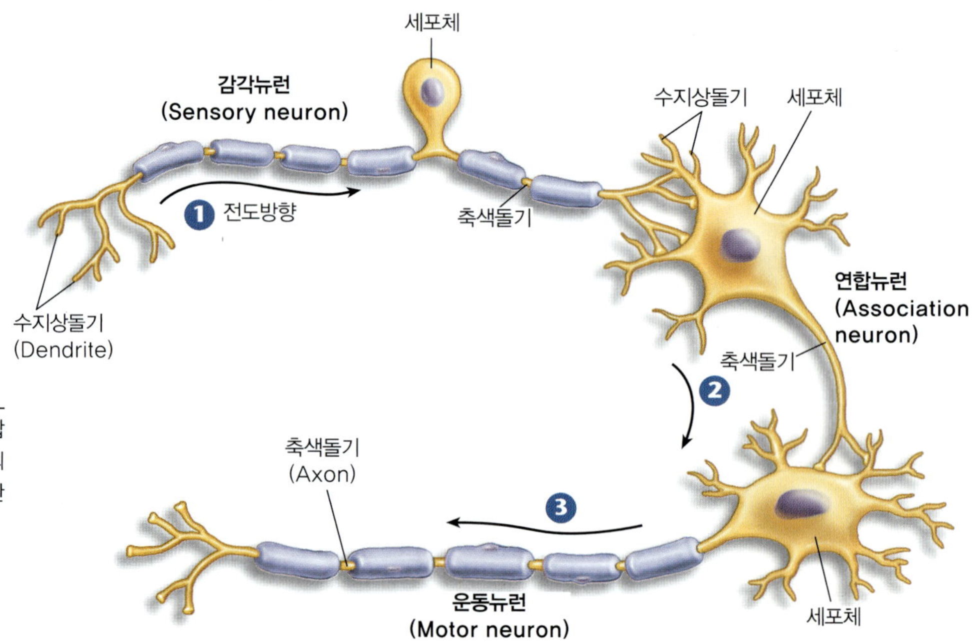

그림 19.2 뉴런의 3가지 유형.

감각뉴런은 환경에 대한 정보를 두뇌와 척수로 운반한다. 연합뉴런은 두뇌와 척수에서 발견되며 감각뉴런과 운동뉴런 사이의 연결을 제공한다. 운동뉴런은 근육과 분비샘에 자극을 전달한다(효과기).

19.2 뉴런과 신경자극

Neurons and Nerve Impulses

학습 목표 19.2.1 뉴런의 기본 구조를 서술하고, 지지세포, 미엘린, 그리고 랑비에 결절의 기능에 대하여 설명한다.

뉴런 Neuron

중추신경계, 운동신경계, 감각신경계를 막론하고 신경계의 기본 구조단위는 신경세포 또는 뉴런(neuron)이다. 모든 뉴런은 그림 19.2의 3가지 유형의 세포를 비교하고 그림 19.3a의 일반적인 세포에서 동일한 기본구조를 가지고 있다는 것을 볼 수 있다. 그림 19.3a의 세포체(cell body)는 핵을 포함하고 있는 뉴런의 편평한 지역이다. 수지상돌기(dendrite)라고 하는 짧고 가는 가지가 뉴런 세포체의 한쪽 끝에서 연장되어 나온다. 수지상돌기는 입력 통로이다. 신경 신호는 수지상돌기를 따라 안쪽으로 전달되어 세포체로 들어간다. 운동뉴런과 연합뉴런은 고도로 분지된 수지상돌기를 풍부하게 가지고 있으며, 세포가 동시에 수많은 다른 출처로부터 정보를 받을 수 있도록 한다. 세포체의 다른쪽 끝에서는 하나의 길고 관 같은 축색돌기(axon)가 뻗어 나온다. 축색돌기는 출력 통로이다. 신경 자극은 축색돌기를 따라 밖으로 전달되어 세포체로부터 근육이나 분비샘, 또는 다른 뉴런으로 전달된다.

대부분의 뉴런은 홀로 오랫동안 생존할 수 없으며, 지지세포에 의하여 제공되는 영양공급을 필요로 한다. 인간 신경계의 절반 이상의 부피는 지지세포로 구성되어 있으며 가장 중요한 2가지는 **슈반세포**(신경 섬유초 세포; Schwann cell)와 **희 돌기 신경 교세포**(oligodendrocyte)이다. 이러한 세포들은 뉴런의 축색돌기를 미엘린이라고 하는 전기적 절연체로서 작용하는 지방질의 수초로 포장한다. 슈반세포는 PNS에서 미엘린을 생산하며, 희 돌기 신경 교세포는 CNS에서 미엘린을 생산한다. 발달과정에 이러한 세포는 축삭돌기와 연합하여(그림 19.3b의 맨위), 축색돌기 주위에 자신을 여러 차례 감기 시작하여, 여러 층의 막으로 구성된 절연 덮개인 **미엘린초**(myelin sheath)를 형성한다. 미엘린초를 가지고 있는 축색돌기를 미엘린화 되었다고 하고, 그렇지 않은 부분은 미엘린화 되지 않았다고 한다. 미엘린초는 간격을 두고 중단되는데, 절연되지 않고 남겨진 틈새를 **랑비에 결절**(nodes of Ranvier)이라고 한다. 신경자극은 결절에서 결절로 도약하면서, 축색돌기를 따라 내려가는 속도를 빠르게 한다. 18장에서 논의된 다발성 경화증은 미엘린초의 퇴화에서 초래된 쇠약화 되는 임상 질병이다.

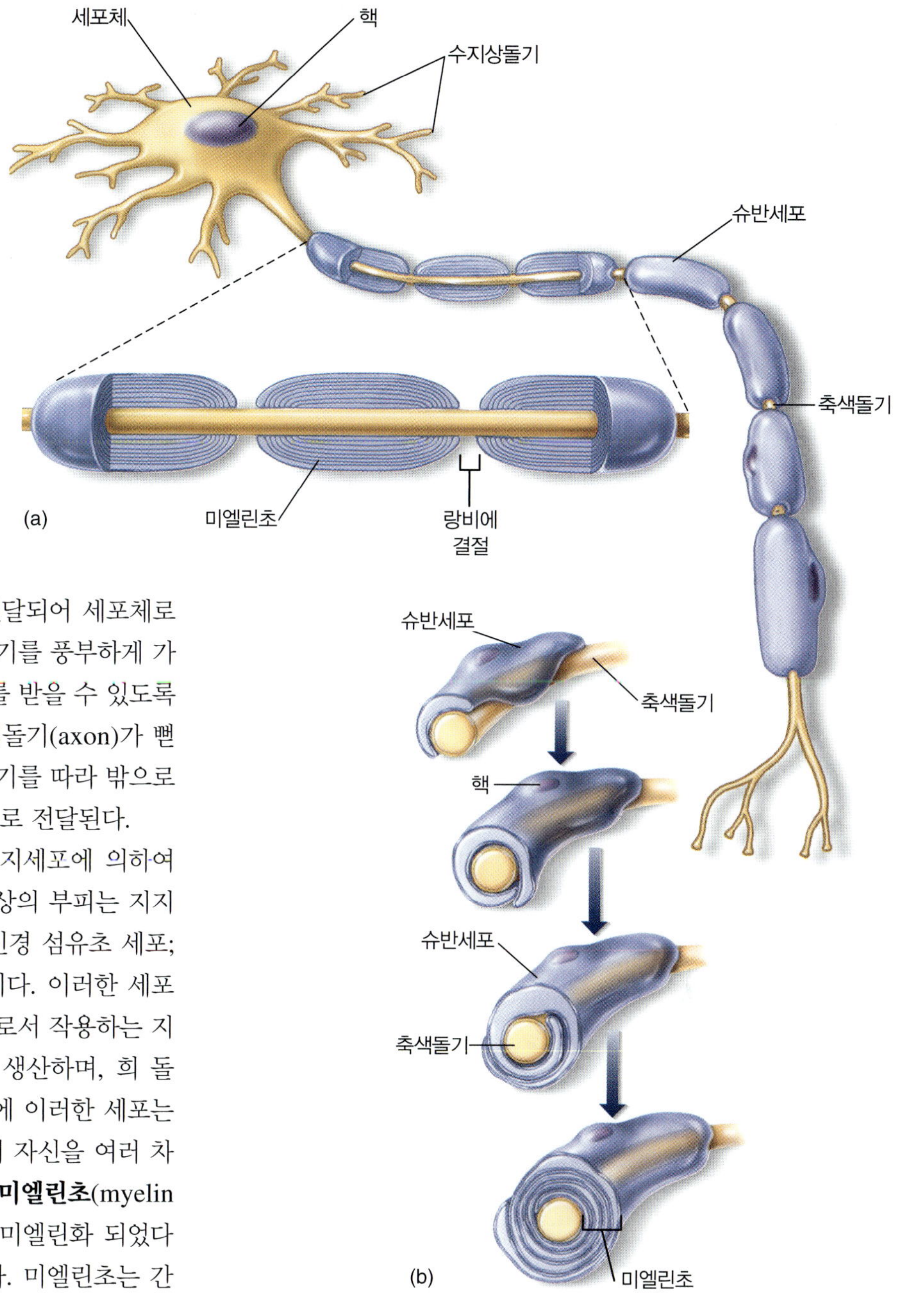

그림 19.3 전형적인 뉴런의 구조와 미엘린초의 형성.

(a) 세포체에서 수많은 수상돌기가 뻗어 나오는데, 수상돌기는 정보를 수용하고 세포체로 운반한다. 하나의 축색돌기는 세포체로부터 자극을 멀리 전달한다. 대부분의 축색돌기는 미엘린초에 의하여 싸여져 있는데, 미엘린초의 다중막 층은 자극이 신속하게 전달되도록 용이하게 한다. 미엘린초는 랑비에 결절이라고 하는 작은 틈새에 의하여 규칙적인 간격으로 중단된다. 말초신경계에서 미엘린초는 지지하는 슈반세포에 의하여 형성된다. (b) 미엘린초는 축색돌기 주위에 슈반세포 막이 연속적으로 포장하여 형성된다.

개념의 적용

미엘린을 파괴하는 질환은 왜 마비를 초래하는가?

신경자극 The Nerve Impulse

학습 목표 19.2.2 이온의 이동이 어떻게 작용전위를 생성하고 신경자극을 전파하는지 설명한다.

뉴런이 자극을 운반하지 않는 휴지기 때, 뉴런의 원형질막의 능동수송 단백질은 나트륨 이온(Na^+)를 세포 밖으로 운반하고 칼륨이온(K^+)을 세포 내로

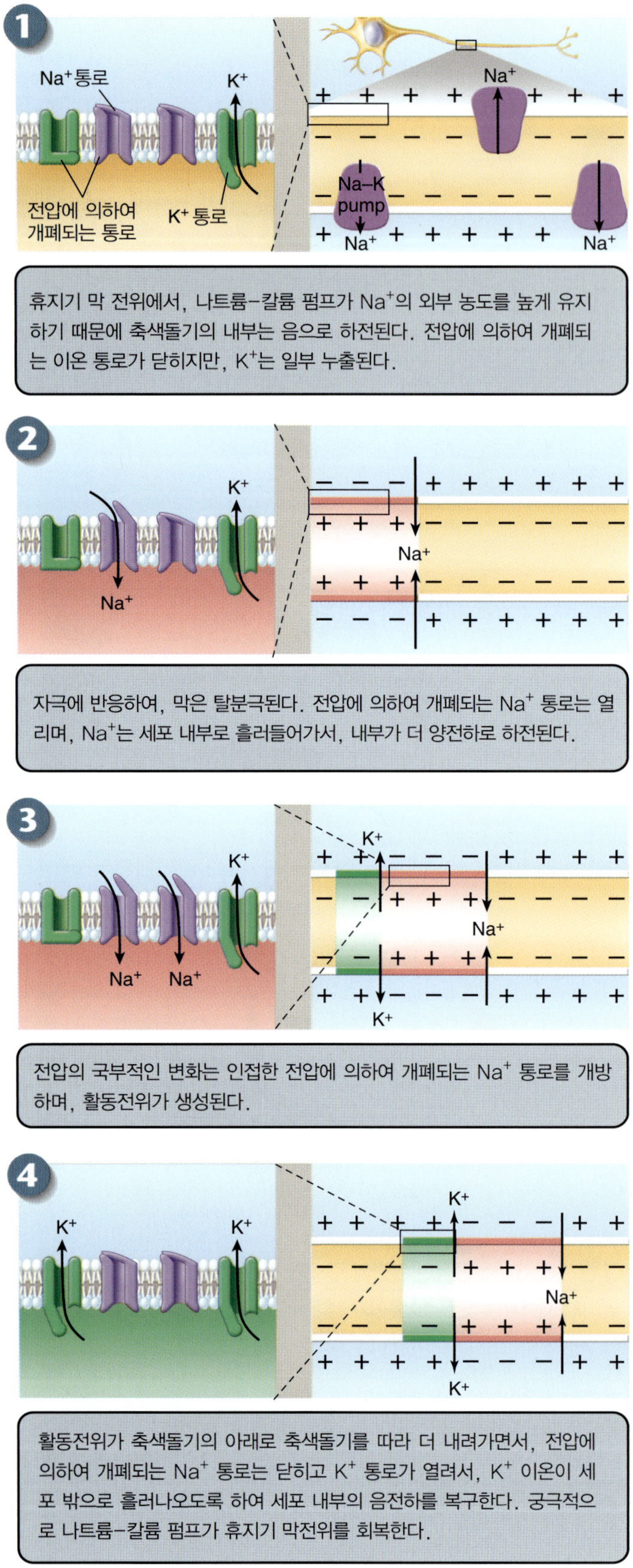

그림 19.4 활동전위가 어떻게 작용하는가.

운반한다. 이 나트륨-칼륨 펌프는 4장에서 서술되었는데, 기능하기 위하여 에너지의 소비가 필요하다. 나트륨 이온은 일단 세포에서 펌프되어 나오면 쉽게 다시 들어가기 어렵기 때문에, 나트륨 이온의 농도는 세포 밖에 축적된다. 유사하게 칼륨 이온은 세포 내부에 축적되지만, 많은 칼륨 이온은 개방된 통로를 통하여 확산되어 나올 수 있기 때문에 그렇게 높게 축적되지는 않는다. 이 결과 뉴런의 외부가 내부에 비하여 더 양전하를 띠게 되는데, 이를 휴지기 전위라고 하는 상태로 불리며, 그림 19.4의 그림판 1에 노란색으로 표시되어 있다. 휴지기 원형질막은 "분극(polarized)"되었다고 이야기한다.

뉴런은 휴지기 막전위를 유지하기 위하여 나트륨 이온을 세포 밖으로 펌프해내기 위해 끊임없이 에너지를 소비한다. 정교한 장비를 이용하여, 과학자들은 뉴런의 내부와 외부의 전압차이를 −70 mV라고 측정할 수 있었다. 휴지기 막전위는 신경자극의 시작점이다. 신경자극은, **전압에 의하여 개폐되는 단백질 통로**(voltage-gated channel)를 통하여 드나드는 이온에 의하여 발생되는 전류의 형태로서, 축색돌기와 수상돌기를 따라 진행한다. 자극은 압력이나 다른 감각 입력이 뉴런의 원형질막을 교란하여 수상돌기의 나트륨 통로가 열리게 할 때 시작된다(그림판 2의 자주색 통로). 그 결과, 나트륨 이온은 농도 경사를 따라 내려가 외부로부터 내부로 넘쳐 들어가서, 축색돌기의 인접한 부분이 더 양으로 하전되는 막의 내부가 국부적으로 잠깐 동안 탈분극(depolarized)을 일으킨다(그림판 3의 자주색으로 표시된 부분).

탈분극된 작은 조각의 나트륨 이온 통로는 0.5 ms(millisecond)동안만 열려있다. 그러나 전압의 변화가 충분히 커서 **역치전위**(threshold potential)에 도달하면, 전압에 의하여 개폐되는 주변의 나트륨 통로와 칼륨 통로를 개방한다(그림판 3). 나트륨 통로가 먼저 열려서 뉴런을 따라 탈분극의 파가 시작되도록 한다. 개폐되는 통로의 개방은 쓰러지는 도미노의 사슬과 같이 전압에 의하여 개폐되는 인접한 통로가 개방되도록 한다. 축색돌기를 따라 내려가는 이러한 전압의 역전을 **활동전위**(action potential)라고 한다. 활동전위는 실무율 법칙(all-or-none law)을 따른다. 충분한 크기의 탈분극은 완전한 활동전위를 일으키거나 또는 전혀 전위를 발생하지 않는데, 그 이유는 전압에 의하여 개폐되는 Na^+ 통로가 완전히 열리거나 아니면 전혀 열리지 않기 때문이다. 일단 열리면 활동전위가 발생한다. 약간의 지연 뒤에, 전압에 의하여 개폐되는 칼륨 통로가 열리고 K^+ 이온이 농도경사를 따라 세포 밖으로 흘러나와서 세포 내부가 더 음전하를 띠게 한다. 더 증가한 음전하의 막전위는(그림판 4의 녹색) 전압에 의하여 개폐되는 나트륨 통로가 다시 찰칵 닫히게 한다. 활동전위가 통화하고 휴지기 막전위가 회복되기 전까지의 시간을 *불응기*(refractory period)라고 한다. 불응기 동안의 두 번째 활동전위는 작용할 수 없으며, 휴지기 전위가 먼저 나트륨-칼륨 펌프의 작용에 의하여 회복되어야만 한다.

휴지기 막전위의 탈분극과 회복에는 약 5 ms만 소요된다. 한마디 말을 하는데 소요되는 시간에 이러한 주기가 연달아 100번 이상 발생할 수 있다.

개념의 적용

휴지기 전위, 역치 전위, 그리고 활동전위 사이의 차이점은 무엇인가요?

19.3 시냅스 The Synapse

학습 목표 19.3.1 시냅스를 묘사하고, 신경전달물질이 어떻게 시냅스를 가로질러 신경자극을 전파하는지 설명한다.

신경 자극은 보통 다른 뉴런, 근육세포, 또는 분비샘에 매우 가까이 위치한 축색돌기의 끝에 도달할 때까지 뉴런을 따라 진행한다. 축색돌기는 그러나 다른 세포와 직접 접촉하지는 않는다. 대신에 10-20 nm 정도가 되는 *시냅스 균열*(연접 틈새; synaptic cleft)이라고 하는 좁은 틈새가 축색돌기 말단과 표적세포를 분리한다. 축색돌기와 다는 세포와의 연결부를 시냅스(연접; synapse)라고 한다. 시냅스의 축색돌기 쪽에 있는 세포를 **시냅스 전 뉴런**(presynaptic neuron)이라고 하고(그림 19.5의 왼쪽), 시냅스의 받아들이는 쪽에 있는 세포를 **시냅스 후 세포**(postsynaptic cell)라고 한다.

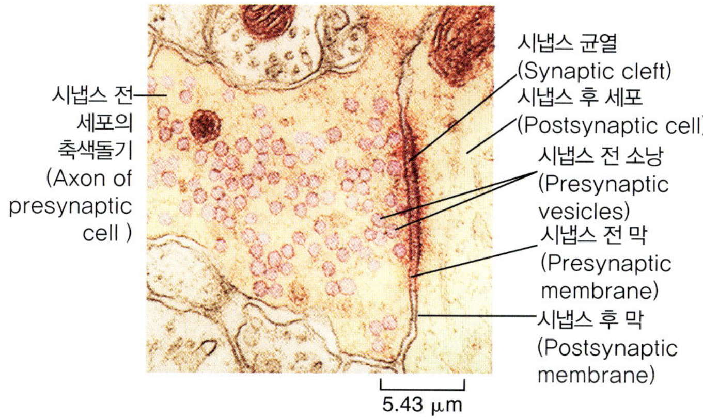

그림 19.5 두 뉴런 사이의 시냅스.

이 현미경사진은 시냅스 균열이라고 하는 시냅스 전 막과 시냅스 후 막 사이의 공간을 명확하게 보여준다.

신경전달물질 Neurotransmitters

신경자극이 축색돌기의 말단에 도달하면, 그 메시지는 계속되기 위해서는 시냅스를 가로질러야만 한다. 메시지는 시냅스를 뛰어서 가로지르지 않는다. 대신에 메시지는 **신경전달물질**(neurotransmitter)이라고 하는 화학적 전령에 의하여 가로질러 운반된다. 이러한 화학물질은 작은 주머니인 액포에 포장되어 축색돌기의 끝부분에 위치한다. 신경자극이 끝에 도달하면, 주머니가 내용물을 시냅스로 방출하도록 한다(그림 19.6*a*). 신경전달물질은 시냅스 균열을 가로질러 확산되어 시냅스 후 막에 있는 수용체(자주색 구조)에 결합한다. 신호는 신경전달물질의 결합이 특별한 이온 통로를 개방하여 시냅스 후 세포로 전달되어, 이온이 시냅스 후 세포로 들어가서 막을 가로지르는 전하에 변화를 유발한다. 그림 19.6a의 확대된 개관은 통로가 어떻게 열리고 이온(노란색 공)이 어떻게 세포로 들어가는지를 보여준다. 이러한 통로는 화학적으로 자극되었을 때 열리기 때문에 화학적으로 *개폐된다*(chemically gated)고 한다.

왜 이 모든 고생을 하는 것일까요? 왜 뉴런을 직접 연결하지 않나요? 이는 여러분 집의 전선이 모두 연결되어있지 않고 많은 스위치로 분리되어 있는 것과 같은 이유이다. 여러분이 등 스위치 하나를 켰을 때, 집안의 모든 불이 켜지고, 토스터는 가열되기 시작하고, 텔레비전이 켜지는 것을 원하지 않는다. 만약 여러분 신체의 모든 뉴런이 모든 다른 뉴런에 연결되어 있다면, 동시에 신체의 모든 다른 부분을 움직이지 않고서 손만 움직이는 것은 불가능할 것이다. 시냅스는 신경계의 통제스위치이다. 그러나 통제스위치는 어떤 지점에서는 신경전달물질을 제거하여 꺼져야만 하며, 그렇지 않으면 시냅스 후 세포는 자극된 채로 유지되어 활동전위를 계속 발생할 것이다. 어떤 경우에는 신경전달물질 분자는 시냅스로부터 확산되어 사라진다. 다른 경우에는 신경전달물질이 시냅스 전 세포에 의하여 재흡수 되거나 시냅스 균열에서 분해된다.

개념의 적용

신호전달물질이 신호를 전달한다면, 신호전달물질을 시냅스로부터 왜 제거해야 하는가?

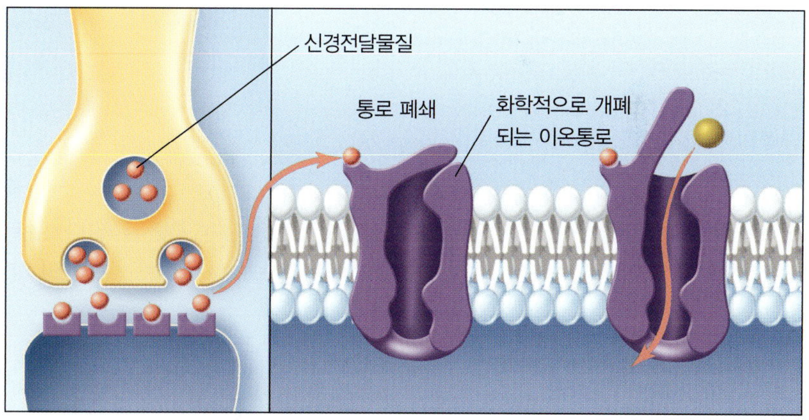

(a)

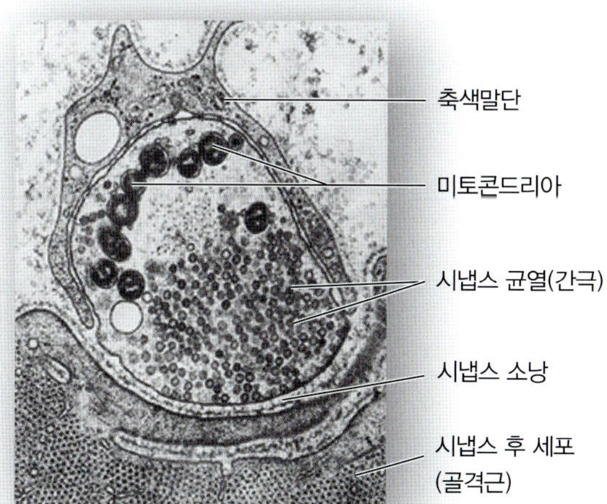

(b)

그림 19.6 시냅스에서의 사건.

(a) 신경자극이 축색돌기 말단에 도달하면, 신경자극은 시냅스 균열로 신경전달물질을 방출한다. 신경전달물질은 시냅스를 가로질러 확산하여 시냅스 후 세포 상에 있는 수용체와 결합하여, 이온 통로를 개방한다. (b) 시냅스 소낭으로 가득 차있는 축색돌기 끝의 투과전자 현미경 사진.

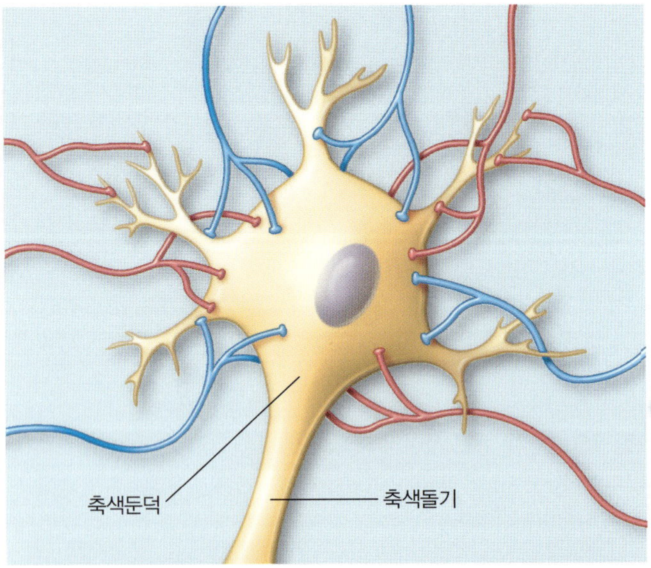

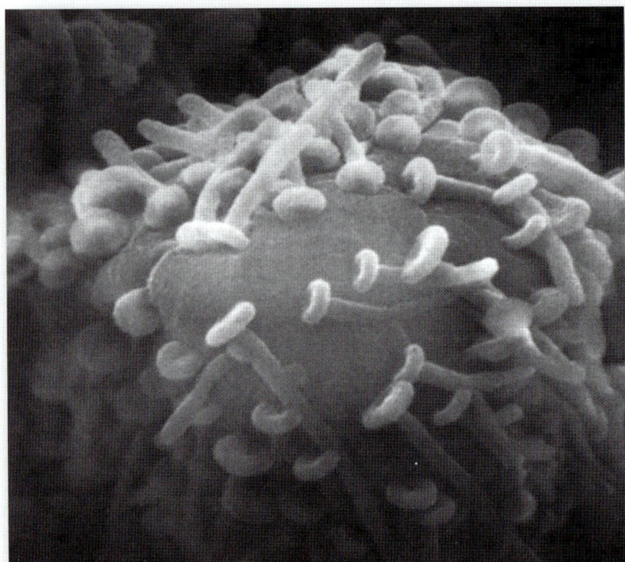

그림 19.7 통합.

많은 상이한 축색돌기는 여기에 나타낸 시냅스 후 뉴런의 세포체와 수상돌기와 시냅스를 형성한다. 흥분 시냅스는 붉은색으로 저해 시냅스는 파란색으로 나타냈다. 축색돌기둔덕(axon hillock)이라고 하는 축색돌기의 기저에서 그들 입력치의 통합된 영향은 신경자극이 아래로 연장된 축색돌기로 보내질 것인지 아닌지를 결정한다. 주사전자현미경 사진은 수많은 시냅스를 가지고 있는 뉴런의 세포체를 보여준다.

시냅스의 종류 Kinds of Synapses

학습 목표 19.3.2 흥분 시냅스와 저해 시냅스를 대조하고, 이들이 어떻게 함께 작용하여 신경통합을 생산하는지 설명한다.

척추동물의 신경계는 십여 종의 다른 신경전달물질을 사용하며, 각각은 받아들이는 세포에 있는 특정한 수용체에 의하여 인식된다. 신경전달물질은 시냅스 후 세포를 흥분시키느냐 또는 저해하느냐에 따라 2가지 계열로 구분된다. *흥분 시냅스*(excitatory synapse)에서 수용체 단백질은 보통 화학적으로 개폐되는 나트륨 통로이다. 형태가 서로 맞는 신경전달물질과 결합되면, 나트륨 통로는 열려서 나트륨 이온이 안쪽으로 밀려들어가도록 한다.

> 이 경우 나트륨 통로는 신경전달물질의 결합으로 인하여 열리지만, 일단 열리면 Na^+가 확산에 의하여 세포로 이동하며, 이는 4장 11절에서 토의되었듯이 농도경사를 따라 내려가는 것이다.

저해 시냅스(inhibitory synapse)에서 수용체 단백질은 화학적으로 개폐되는 칼륨 또는 염소 통로이다. 신경전달물질과 결합되면 통로가 열리고, 양으로 하전된 칼륨이온이 유출되거나 또는 음으로 하전된 염소이온이 유입되어 받아들이는 세포의 내부가 더 음으로 하전된다. 이는 활동전위의 시작을 저해하는데, 그 이유는 내부의 음전압 변화는 전압에 의하여 개폐되는 나트륨 통로가 활동전위를 시작하여 도미노 효과가 시작되기 위해서는, 더 많은 나트륨 통로가 개방되어야 한다는 것을 의미하기 때문이다.

개별 신경세포는, 그림 19.7의 뉴런과 같이, 다른 신경세포로 두 종류의 시냅스 연결을 모두 가지고 있다. 그림에서 흥분 시냅스는 붉은색으로 저해 시냅스는 파란색으로 표시하였다. 흥분 시냅스와 저해 시냅스의 신호가 함께 뉴런의 세포체에 도달하면, 흥분 효과(내부 전하가 음으로 덜 하전되게 함)와 저해효과(내부가 더 음으로 하전되도록 함)가 서로 상호작용을 한다. 그 결과는 **통합**(integration) 과정이라고 하는 다양한 흥분과 저해 전기효과가 서로 상쇄하거나 서로 강화하는 경향이다. 통합의 결과가 탈분극을 일으킬 만큼 충분히 클 경우(세포의 내보가 더 양으로 하전됨), 활동전위가 시작된다. 뉴런은 종종 많은 입력을 수용한다. 척수의 하나의 운동뉴런은 5만개까지의 많은 시냅스를 가지고 있다.

신경전달물질과 기능 Neurotransmitters and Their Functions

아세틸콜린(Acetylcholine; ACh)은 뉴런과 근섬유사이에 형성되는 시냅스인 신경근육 결합에서 방출되는 신경전달물질이다. ACh는 골격근과 흥분 시냅스를 형성하지만 심근에 대해서는 저해 시냅스를 형성하는 반대의 효과를 가진다.

글리신(Glycine)과 GABA는 저해 신경전달물질이다. 이 저해 효과는 신체운동과 다른 두뇌기능의 뉴런 통제에 매우 중요하다. 흥미롭게도 디아제팜(diazepam; 발륨) 약은 GABA가 수용체에 결합하는 것을 증강시켜 진정효과와 또 다른 효과들을 유발한다.

생물 기원의 아민은 신체의 운동을 통제하는데 중요한 *도파민*(dopamine), 자율신경계에 연관된 *노르에프네프린*(norepinephrine)과 *에피네프린*(epinephrine) 호르몬, 그리고 수면과 감정 상태에 관련된 *세로토닌*(serotonin)을 포함하는 신경전달물질의 집단이다.

개념의 적용

흥분 시냅스 또는 저해 시냅스 중에서 어느 것이 나트륨 통로를 이용하나요?

중추신경계 The Central Nervous System

19.4 두뇌는 어떻게 작용하는가

How the Brain Works

학습 목표 19.4.1 대뇌피질, 시상, 시상하부, 소뇌, 그리고 뇌간의 주된 역할을 서술한다.

척추동물 두뇌의 구조와 기능은 오랫동안 과학적 탐구의 주제였다. 진행되고 있는 연구에도 불구하고, 과학자들은 두뇌가 어떻게 기능의 많은 부분을 수행하는지 아직도 확신을 하지 못하고 있다. 예를 들면, 과학자들은 두뇌가 기억을 저장하는데 채용하는 기작을 계속 탐색하고 있으며, 어떻게 일부 기억이 "잠겨져서"스트레스를 받을 때만 떠오르는지를 이해하지 못한다. 두뇌는 현재까지 진화한 가장 복잡한 척추동물 기관이며, 당혹할 정도로 다양한 복잡한 기능을 수행할 수 있다.

대뇌는 두뇌의 통제소이다.

The Cerebrum Is the Control Center of the Brain

척추동물 두뇌는 다른 구성요소의 상대적인 중요성에서 차이가 날 수 있기는 하지만, 인간의 두뇌는 척추동물 두뇌가 어떻게 기능하는지에 대한 좋은 모델이다. 인간 두뇌의 약 85%가 대뇌로 이루어져 있다(그림 19.8의 황갈색으로 얽힌 지역). 대뇌는 홈에 의하여 대뇌 반구라고 불리는 오른쪽과 왼쪽의 반구로 나뉘어 있는 두뇌의 크고 둥근 지역이다. 그림 19.8의 두뇌 단면도는 중앙 홈을 따라서 잘랐으며, 왼쪽 반구가 제거되고 오른쪽 반구를 보여준다. 대뇌는 언어, 의식적인 생각, 기억, 인격 발달, 시력, 그리고 "생각과 느낌"이라고 하는 수많은 다른 활동에 기능을 한다. 대뇌는 주름진 버섯처럼 보이며, 손이 주먹을 감싸듯이 두뇌의 다른 부분 위에 둘러싸고 위치한다. 대뇌의 대부분의 신경활동은 **대뇌 피질**(cerebral cortex; cortex는 라틴어로 나무의 껍질이라는 뜻임)이라고 하는 수 mm 두께의 얇은 외부 회색층 내부에 나타난다. 이 층은 신경세포체로 밀집하여 포장되어 있어 회색으로 보인다. 인간의 대뇌피질은 두뇌 전체 뉴런의 약 10%에 해당하는 10조 이상의 신경세포의 세포체를 포함하고 있다(그림 19.9). 대뇌 피질의 표면에 있는 주름은 표면적(그리고 세포체의 수)을 3배 증가시킨다. 피질의 아래에는 피질과 두뇌의 나머지 부분 사이에 정보를 전달해주는 미엘린화 된 신경섬유의 단단한 백질이 있다.

대뇌의 우반구와 좌반구는 *삭*(tract)이라고 하는 뉴런의 다발로 연결되어 있다. 이 다발은 정보 고속도로 역할을 하며, 두뇌의 한쪽 반구에 다른 쪽 반구가 무엇을 하는지 알려준다. 이 다발은 *뇌량*(corpus callosum; 그림 19.8의 파란색 띠)이라는 지역에서 교차되기 때문에, 각각의 반구는 신체의 반대쪽 편의 근육과 분비샘을 통제한다. 따라서 오른손의 접촉은 왼쪽 대뇌반구로 전달되며, 이는 접촉에 대하여 움직임 또는 다른 유형의 반응을 개시한다.

연구자들은 대뇌의 양면은 2개의 다른 두뇌처럼 작동할 수 있다는 것을 발견하였다. 예를 들면, 어떤 사람에서 두 반구 사이의 다발이 사고나 수술에 의하여 잘렸다. 실험실 실험에서 이러한 분리된 두뇌를 가진 개인의 한쪽 눈을 가리고 모르는 사람이 소개된다. 만약 다른 쪽 눈을 대신 가리면, 그 사

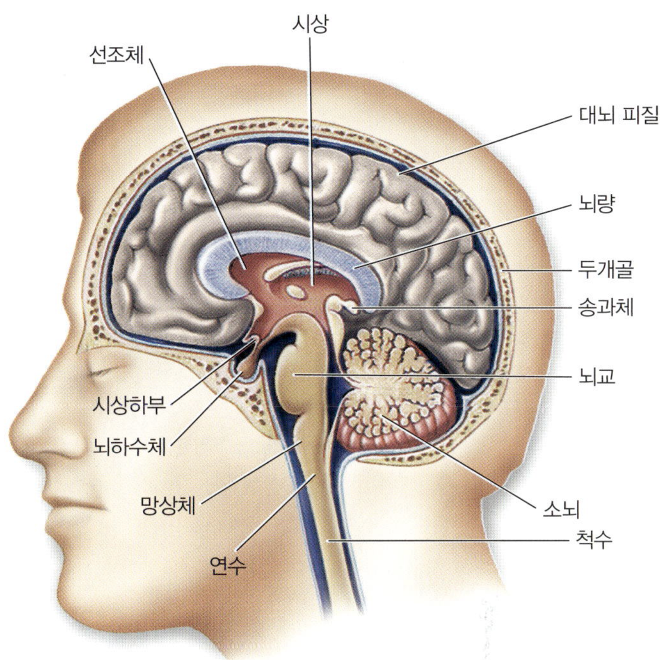

그림 19.8 인간 두뇌의 단면도.

대뇌는 두뇌의 대부분을 점유한다. 외부층인 대뇌 피질만 표면에서 보인다.

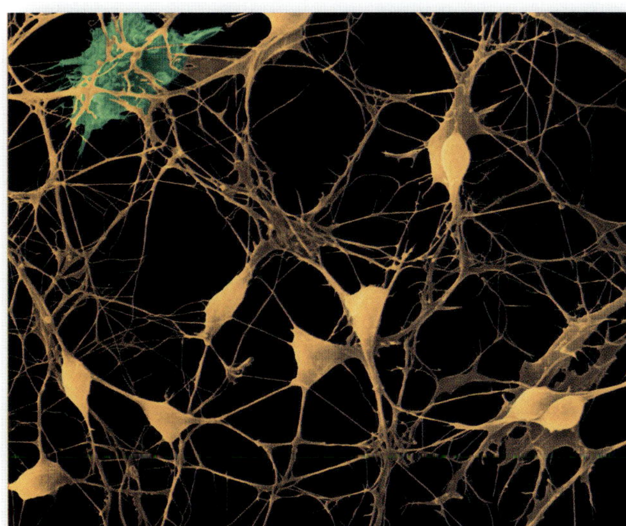

그림 19.9 대뇌 피질은 놀랍도록 복잡한 신경의 그물구조이다.

여기에 보여진 수천 배로 확대된 뉴런의 그물구조는 두뇌의 외부 표면에 단지 수mm 정도의 두께를 가진 회색물질의 층인 대뇌 피질 내부에서 신호를 전파한다. 뉴런으로 밀집하게 포장되고 고도로 감겨있으며, 여러분이 이 글을 읽고 이해하는 것과 같은 고등 정신활동의 부위이다.

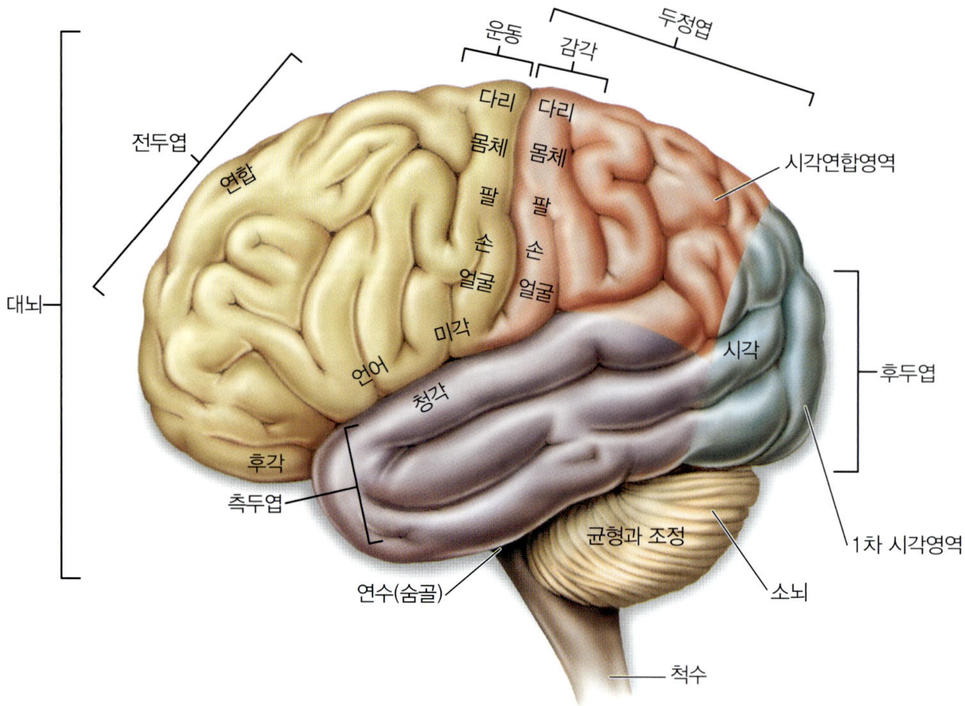

그림 19.10 인간 두뇌의 주요 기능 지역
대뇌피질의 특정한 영역은 신체의 다른 지역과 기능과 연관되어 있다.

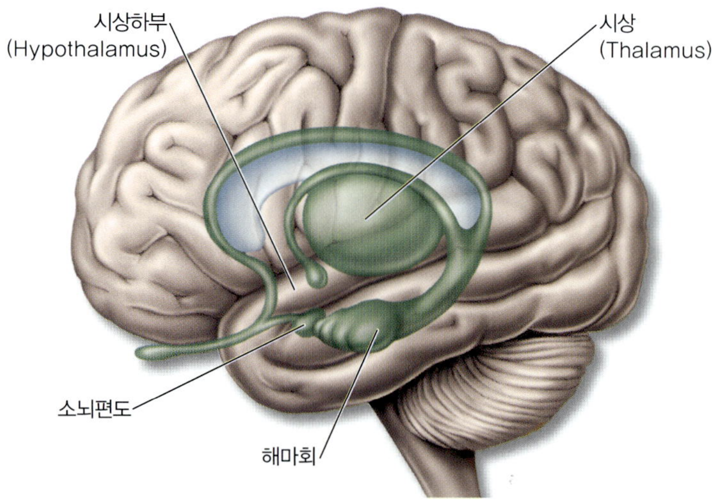

그림 19.11 변연계.
해마회와 소뇌편도는 변연계의 주요 구성요소이며, 깊이 자리하고 있는 충동과 감정을 대부분 통제한다.

람은 방금 소개받은 모르는 사람을 인식하지 못한다.

때때로 두뇌의 혈관이 혈전(응혈; blood clot)에 의하여 차단되면, *뇌졸중*(stroke)이 발생한다. 뇌졸중 동안에 두뇌의 일부지역에 대한 순환이 차단되고 두뇌 조직이 괴사한다. 대뇌의 한쪽 면에 심각한 뇌졸중이 오면 종종 신체의 반대쪽 면에 마비를 초래한다.

그림 19.10은 두뇌의 일반적인 영역과 그들이 통제하는 기능을 보여준다. 대뇌의 반구는 전두엽, 두정엽, 후두엽, 그리고 측두엽으로 나뉜다.

시상과 시상하부는 정보를 처리한다

대뇌 아래에는 시상과 시상하부가 있으며, 정보를 처리하는 중요한 중심이다. 시상은 두뇌에서 감각을 처리하는 주된 부위이다. 청각, 시가, 그리고 감각수용체로부터 다른 정보가 시상으로 들어가서 대뇌 피질의 감각영역으로 전달된다(그림 19.10에 표시되어 있음). 시상은 또한 균형도 통제한다. 근육으로부터 도출된 자세에 대한 정보, 그리고 귀 내부에 있는 감각기로부터 도출된 방향에 대한 정보는 대뇌의 정보와 결합되어 시상으로 전달된다. 시상은 정보를 처리하여 대뇌 피질에 있는 적합한 운동 중심으로 전달한다.

시상하부는 신체의 보든 내부 활동을 통합한다. 시상하부는 뇌간의 중앙을 통제하며 차례로 뇌간은 체온, 혈압, 호흡, 그리고 심박을 조절한다. 시상하부는 또한 두뇌의 주된 호르몬을 생성하는 분비샘인 뇌하수체의 분비를 지휘한다. 시상하부는 방대한 뉴런의 그물조직으로 대뇌피질의 다른 영역과 연결되어 있다. 이 그물조직은 시상하부의 부분과 뇌의 다른 부분인 *해마회*(hippocampus)와 *소뇌편도*(amygdala)와 함께 **변연계**(limbic system)를 형성한다. 변연계의 작용은 소뇌편도에 중심을 두고 있는 고통, 분노, 성욕, 배고픔, 갈증, 그리고 쾌락과 같은 대부분 깊이 자리하고

내분비계에서 시상하부의 역할은 매우 중요하다(그림 20.9 참조). 시상하부는 뇌하수체로부터 호르몬의 방출을 지시하며, 일부 호르몬은 시상하부에서 생성되기도 한다.

있는 충동과 감정에 책임이 있다. 변연계는 또한 코카인과 같은 약에 의하여 영향을 받는 두뇌의 부분이며, 해마회는 기억에 관련되어 있다.

소뇌는 근육운동을 조화시킨다

두뇌의 기저부에서 뒤쪽으로 연장되어 **소뇌**(cerebellum)라고 알려진 구조가 있다. 소뇌는 균형, 자세, 그리고 근육의 조화를 통제한다. 이 작은 콜리플라워 형태의 구조는 인간과 다른 포유류에서 잘 발달되어 있지만, 조류에서 더욱 발달되어 있다. 조류는 인간에 비하여 훨씬 복잡한 균형의 곡예를 수행하는데, 이는 공중에서 3차원 운동을 하기 때문이다. 새가 나뭇가지에 내리기 위하여 부딪히지 않고 정확하게 정지하기 위하여 요구되는 균형과 조화의 종류를 상상해보세요.

뇌간은 생명유지에 필요한 신체 과정을 통제한다.

중뇌, 뇌교, 연수를 집합적으로 지칭하는 용어인 **뇌간**(brain stem)은 뇌의 나머지 부분을 척수에 연결한다. 이 별 같은 구조는 호흡, 삼키기, 그리고 소화과정 뿐 아니라 심장의 박동과 혈관의 직경까지 통제하는 신경을 포함한다. 신경의 그물구조인 *망상체*(reticular formation)는 뇌간을 통과하여 두뇌의 다른 부분과 연결한다. 망상체의 광범위한 연결은 이러한 신경이 의식, 자각, 그리고 수면에 필수적이다. 망상체의 일부는 감각입력을 여과하여 교통과 같은 반복되는 소음 속에서도 잠을 잘 수 있도록 하지면 전화벨이 울리면 바로 깨게 한다.

언어와 기타 고등 기능 Language and Other Higher Functions

대뇌 반구 둘은 구조적으로 유사해 보이지만, 그들은 다른 활동에 책임이 있다. 가장 철저하게 조사된 이러한 기능의 편재성(lateralization)은 언어이다. 왼쪽 반구는 언어의 지배적인 반구이며, 언어와 관련된 대부분의 신경 처리가 수행되는 곳이다(그림 19.12).

언어의 지배적인 반구가 문장을 형성하는데 필요한 것과 같은 순차적인 추론에 숙달되어 있는 반면에, 비지배적 반구(대부분의 사람은 오른쪽 반구)는 퍼즐을 구성하거나 그림을 그리는 데에 필요한 종류의 추론인 공간적 추론에 숙달되어 있다. 또한 음악적 능력에 주로 관련되어 있는 반구이다. 왼쪽 반구의 언어영역에 손상을 입은 사람은 말을 할 수는 없을지 모르지만 노래할 수 있는 능력은 보유할 수 있다.

두뇌의 가장 큰 신비 중의 하나는 기억과 학습의 기초이다. 두뇌에는 기억의 모든 면이 존재하는 것으로 보이는 부분이 전혀 없다. 기억은 두뇌의 일부, 특히 측두엽이 제거되면 장애가 있지만, 완전히 손실되지는 않는다. 이러한 손상에도 불구하고 많은 기억이 지속되며, 그 기억에 접근할 수 있는 능력은 시간에 따라 점진적으로 회복된다. 따라서 기억의 물리적인 기작을 탐지하기 위하여 시도하였던 조사자들은 종종 그림자를 움켜잡고 있는 것 같이 느꼈다.

개념의 적용

변연계를 망상체와 대비하시오.

그림 19.12 두뇌의 다른 부분은 다양한 활동을 통제한다.

색깔은 인간 피실험자가 말해진 단어를 듣거나, 동일한 단어를 소리없이 읽거나, 단어를 크게 반복하거나, 그리고 처음과 관련된 단어를 말하거나 등을 요구받았을 때, 두뇌가 어떻게 반응하는가를 나타낸다. 흰색, 빨간색, 그리고 노란색 순으로 활동의 강도를 나타낸다.

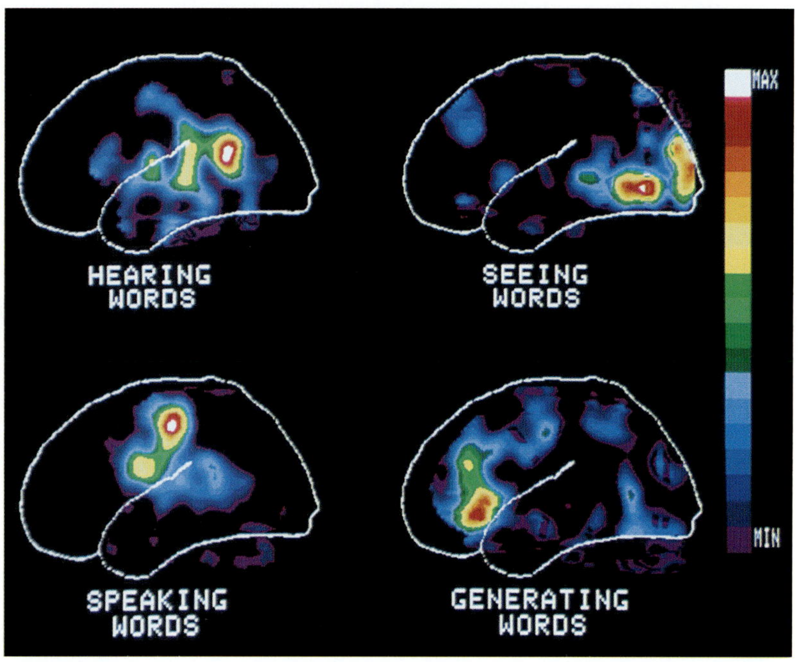

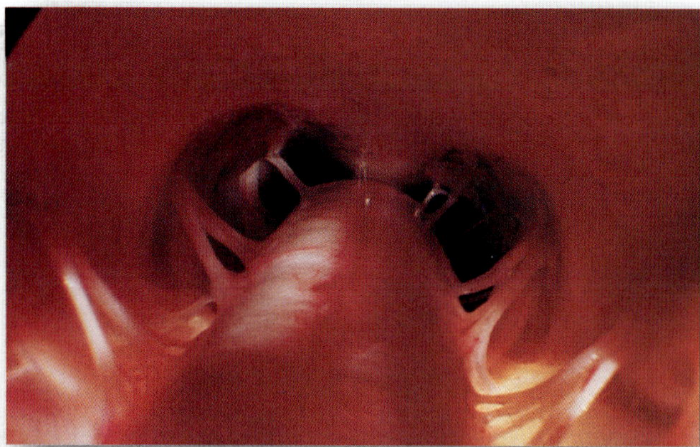

그림 19.13 인간 척수의 하향 관찰

척수로부터 연장되어 나오는 척추 신경 쌍을 볼 수 있다. 이 신경을 따라서 두뇌와 척수는 신체와 교신을 한다.

19.5 척수 The Spinal Cord

학습 목표 19.5.1 척수의 구조를 서술하고 일반적인 기능에 대해 설명한다.

척수(spinal cord)는 두뇌에서 척추까지 뻗어 있는 뉴런의 밧줄이다(그림 19.13). 그림 19.14의 척수를 통과하여 나타낸 단면도는 중앙에 뉴런 세포체로 구성된 진한 회색을 보여주는데, 이것이 척수를 따라 길이로 내려가는 기둥을 형성한다. 이 기둥은 축색돌기와 수상돌리로 둘러싸여 있으며, 이들은 미엘린으로 피복되어 있어 척수의 외부 가장자리가 흰색으로 보이게 한다. 척수는 척추골이라고 하는 일련의 뼈로 둘러싸여 보호되어 있다. 척수 신경은 척추골 사이에서 신체로 빠져나온다. 신체와 두뇌 사이의 메시지는 정보고속도로처럼 척수를 오르내린다.

각각의 뼈가 다른 뼈의 위에 쌓여있는 척추골은 그림 13.13처럼 척주를 형성한다. 척주는 일련의 뼈로 이루어져 있기 때문에, 유연성이 있어서 동물이 등을 굽힐 수 있도록 하면서, 또한 척수를 보호한다.

척추의 각 부분에는, 운동신경이 척수를 빠져나와 근육으로 신장된다. 척수로부터의 운동신경은 머리 아래의 대부분의 근육을 통제한다. 이것이 척수의 손상이 종종 신체의 하부를 마비시키는 이유이다. 운동뉴런이 손상되면 근육은 마비되어 움직일 수 없다.

척수의 재생 Spinal Cord Regeneration

과거에 과학자들은 절단된 척수를 신체 다른 부분의 신경을 설치하여 간격을 연결하고 척수가 재생될 수 있는 안내로 사용하려는 시도를 하였다. 그러나 이러한 실험은 신경 다리가 백질에서 회백질로 가지 않아서 대부분 실패하였다. 섬유아세포 생장인자가 신경 생장을 자극한다는 것을 발견한 이후에, 신경생물학자들은 섬유아세포 생장인자와 혼합한 섬유소로, 백질에서 회백질로, 신경을 접착시키려고 하였다. 3개월 뒤에 신경 다리를 가진 쥐는 신체하부에 운동을 보이기 시작하였다. 실험동물의 추가적인 분석에서, 염색 측정은 척수 신경이 간격의 양쪽에서 다시 생장하였다는 것을 보여주었다. 많은 과학자들은 인간 의학에 유사한 치료의 잠재적인 이용에 고무되어 있다. 그러나 인간에서 대부분의 척수 부상은 완전히 절단된 척수를 포함하지 않고, 종종 신경이 절단되기 보다는 으깨진다. 또한 신경 다리를 가진 쥐가 일부 운동능력을 회복하였지만, 시험결과 그들은 간신히 걷거나 서기도 할 수 없었다.

그림 19.14 척추동물 신경계

척수는 두뇌의 기저로 연결되며, 신경은 척수로부터 심체의 모든 부분으로 연장되어 나온다.

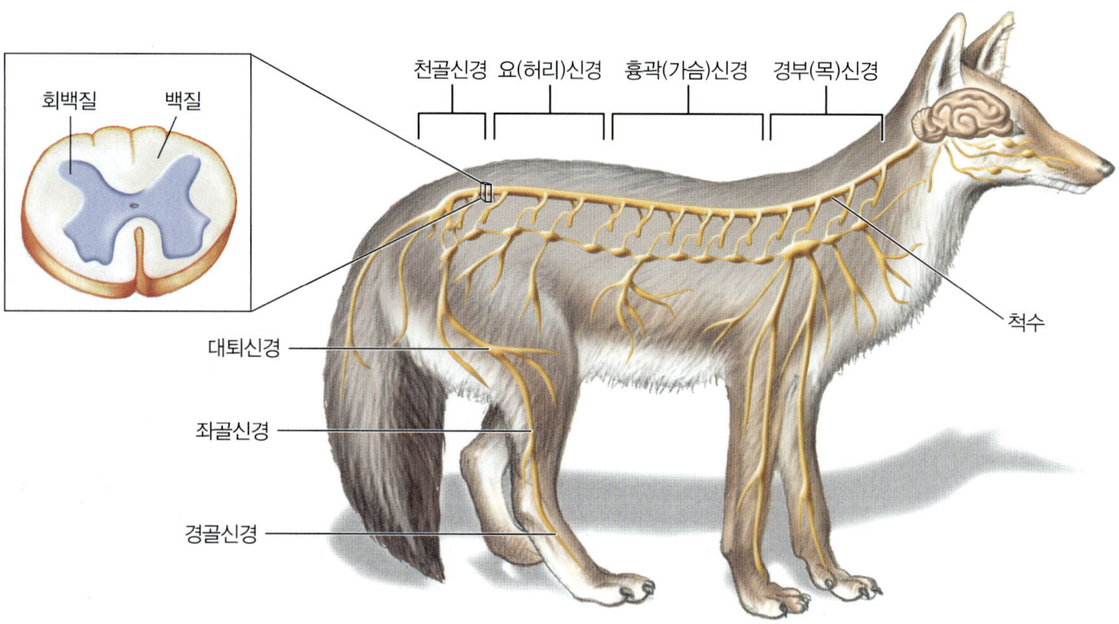

개념의 적용

절단된 척추는 왜 수리될 수 없나요?

말초신경계 The Peripheral Nervous System

19.6 수의신경계와 자율신경계

The Voluntary and Autonomic Nervous Systems

학습 목표 19.6.1 수의신경계와 자율신경계를 대조하고, 교감신경계와 비교감신경계의 반대되는 작용을 서술한다.

19.1절의 시작에서 배웠듯이 신경계는 중추신경계(그림 19.15의 붉은색 상자)와 말초신경계(파란색 상자)의 2개의 주된 부분으로 나뉜다. 척추동물 말초신경계의 운동경로는 골격근으로 명령을 전달하는 **체성(수의) 신경계**[somatic (voluntary) nervous system]와, 분비샘을 자극하고 신체의 평활근과 심근에 명령을 전달하는 **자율(불수의) 신경계**[autonomic (involuntary) nervous system]로 더 세분화될 수 있다. 수의신경계는 의식적인 생각에 의하여 통제될 수 있다. 예를 들면, 여러분은 손을 움직이도록 명령할 수 있다. 자율신경계는 반면에, 의식적인 생각에 의하여 통제될 수 없다. 예를 들면, 여러분은 소화관의 평활근을 빠르게 작용하도록 명령할 수 없다. 중추신경계는 수의신경계와 자율신경계 모두에게 명령을 발하지만, 여러분은 수의적인 명령만 의식한다.

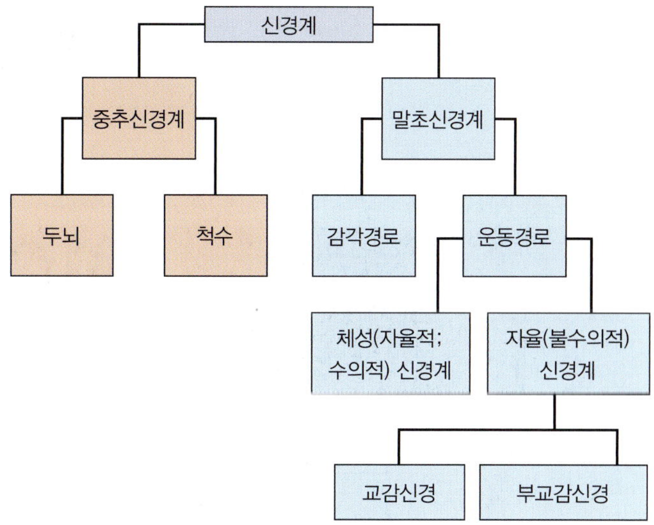

그림 19.15 척추동물 신경계의 구분.

말초신경계의 운동 경로는 체성(수의적) 신경계와 자율신경계이다.

수의신경계 Voluntary Nervous System

수의신경계의 운동뉴런은 골격근이 2가지 방식으로 수축하도록 자극한다. 먼저, 운동뉴런은 의식적인 명령에 반응하여 신체의 골격근이 수축하도록 자극한다. 예를 들어, 여러분이 농구공을 튀기고 싶다면, CNS는 여러분의 팔과 손의 근육에 운동뉴런을 통하여 메시지를 보낸다. 그러나 골격근은 의식적인 통제를 필요로 하지 않는 반사의 일부로서도 자극될 수 있다.

반사는 빠른 행동을 가능하게 한다. 신체의 운동뉴런은 신체가 동물이 위협을 의식적으로 인지하기 전에도, 위험에 처했을 때 특히 빠르게 행동할 수 있도록 연결되어 있다. 이러한 갑작스런, 불수의적인 운동을 반사라고 한다. **반사**(reflex)는 위협에 대한 정보를 가져오는 감각뉴런이 운동뉴런으로 직접 정보를 전달하기 때문에 자극에 대하여 신속한 운동반응을 생성한다. 신체에서 가장 빈번하게 이용되는 반사 중 하나는 눈을 깜빡이는 것이며, 이는 눈을 보호하는 반사이다. 곤충이나 먼지와 같은 어떤 것이라도 눈으로 접근하면, 여러분이 무엇이 일어났는지를 깨닫기도 전에 눈꺼풀이 깜빡여서 닫힌다. 반사는 대뇌가 눈이 위험에 처해있다는 것을 알아차리기 전에 일어난다.

반사는 매우 작은 수의 뉴런에만 정보를 전달하기 때문에 매우 빠르다. 대부분의 반사는 두뇌에 절대 도달하지 않는다. "위험"신경자극은 척수까지만 진행하며 바로 운동반응으로 되돌아간다. 대부분의 반사는 감각뉴런과 운동뉴런 사이의 단하나의 결합하는 연합뉴런을 포함한다. 일부는 무릎반사와 같이(그림 19.16), 단일시냅스 반사궁이다. 그림에서 보듯이 근육에 내포된 신장력 수용체인 감각뉴런은 힘줄을 툭툭 두드리면 근육이 늘어나는 것을 감지한다. 이 늘어남은 근육을 손상시킬 수 있기 때문에 신경자극이 척수로 보내져서 직접 운동뉴런과 연접되며, 그들 사이에는 연합뉴런이 없다. 유사하게, 여러분이 날카로운 것 위에 올라서면 다리는 위험으로부터 경련하

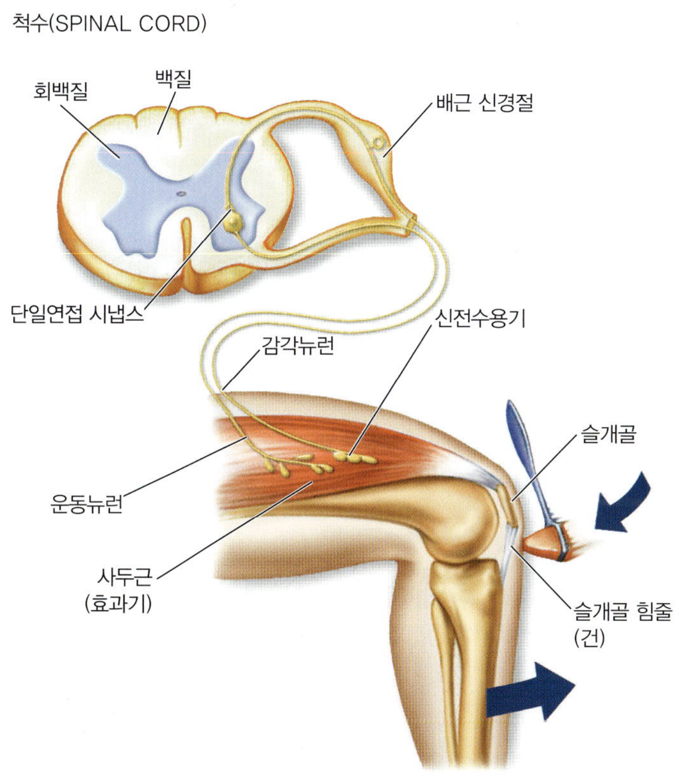

그림 19.16 무릎 반사

가장 유명한 불수의적 반응인 무릎반사는 대퇴 사두근의 신장력 수용체를 활성화시켜 생성된다. 고무망치가 슬개건을 두드리면, 근육과 근육의 신장력 수용체가 늘어난다. 신호는 감각뉴런을 올라가 척수로 가며, 척수에서 감각뉴런은 운동뉴런을 자극하여, 운동뉴런은 대퇴 사두근에 수축 신호를 보낸다.

듯 멀어진다. 찌르는 것은 감각뉴런에 신경자극을 유발하며, 척수를 거쳐 운동뉴런으로 전달되며, 이는 다리 근육을 수축시켜, 다리가 위로 움츠려지게 한다.

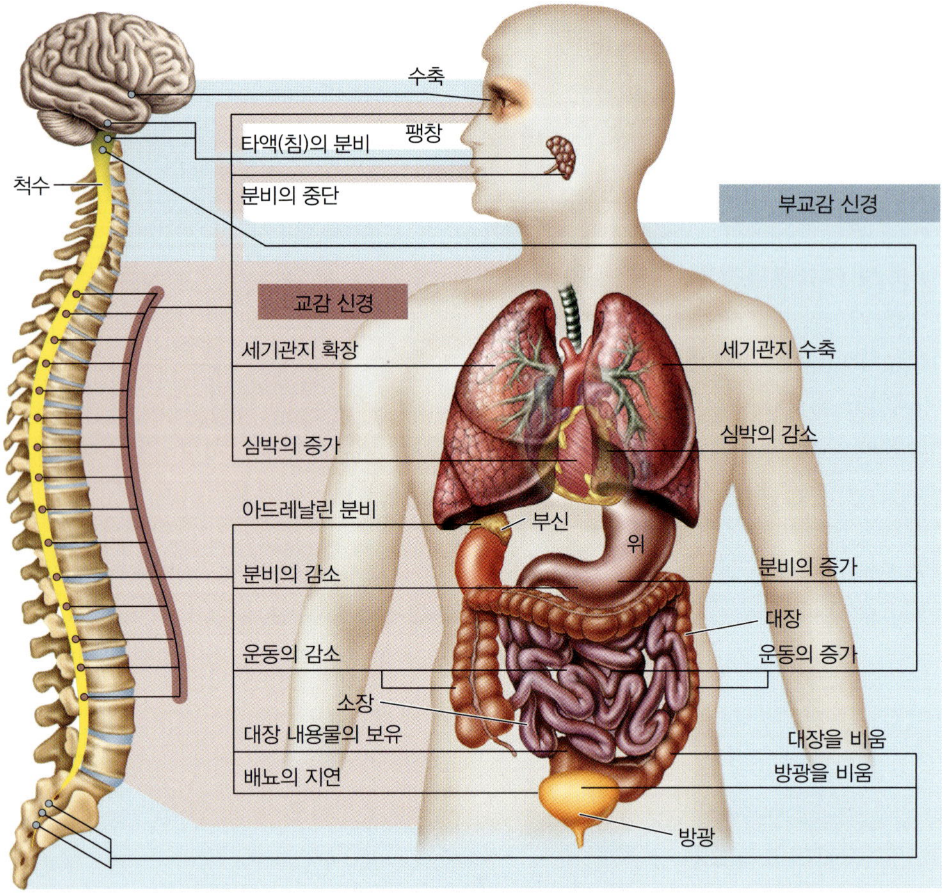

그림 19.17 교감신경계와 부교감신경계는 어떻게 상호작용하는가.

신경경로는 두 신경계로부터 교감신경계만 분포하는 부신을 제외하고 모든 기관으로 향한다.

자율신경계

Autonomic Nervous System

일부 운동뉴런은 항상 활동하고 있다. 이러한 뉴런은 CNS가 활동하지 않더라도 신체를 유지시키는 메시지를 CNS로부터 전달한다. 이러한 뉴런은 자율신경계를 구성한다. 자율신경계는 동물이 눈치채지 못하게 작용하는 근육과 분비샘에 메시지를 운반한다.

자율신경계는 CNS가 신체의 항상성을 유지하기 위하여 이용하는 명령의 그물구조이다. 이를 이용하여 CNS는 심박을 조절하고 혈관벽의 근육 수축을 통제한다. 자율신경계는 혈압, 호흡, 그리고 소화관을 통한 음식의 이동을 통제하는 근육을 지휘한다. 자율신경계는 또한 분비샘이 눈물, 점액, 그리고 소화효소를 분비하도록 자극을 돕는 메시지도 운반한다.

자율신경계는 서로 반대로 작용하는 2개의 조로 구성되어 있다. 한 조는 **교감신경계**(sympathetic nervous system)이며 스트레스를 받을 때 지배한다. 교감신경은 공격 도피 반응(fight-or-flight reaction)을 통제하며, 혈압, 심박률, 호흡률, 그리고 근육으로의 혈액의 흐름을 증가시킨다. 교감신경은 그림 19.17에서 분홍색으로 표시되었으며, 뉴런이 척수의 중앙부에서 연장되어 나온다. 신경절로부터 연장되는 긴 운동뉴런은 각각 표적기관으로 간다. 다른 조는 **부교감신경계**(parasympathetic nervous system)이며, 반대의 효과를 나타낸다. 부교감신경계는 심박과 호흡률을 감소시키고 소화와 제거를 촉진하여 에너지를 보존한다. 부교감신경계는 그림에서 파란색으로 표시하였으며, 뉴런은 척수의 상부와 하부에서 연장되어 나온다.

대부분의 분비샘, 평활근, 그리고 심근은 두 계통 모두로부터 부단한 입력을 얻는다. CNS는 기관을 자극할지 또는 저해할지를 이 두 신호의 비율을 변화시켜 활동을 통제한다.

생물학과 여러분

생물학적 되먹임(Biofeedback). 생물학적 되먹임은 여러분이 심박수, 혈압, 근장력, 그리고 피부 온도와 같은 자율신경계의 지배하에 있는 불수의적 신체 과정에 영향을 미치도록 훈련을 받는 기술이다. 이러한 과정은 전극으로 측정되어 모니터 상에 나타나, 여러분에게 실시간으로 신체의 내부 작동에 대한 피드백을 제공한다. 이러한 생물학적 되먹임은 어떻게 작동하나요? 과학자들은 확신을 하지 못한다. 이는 모든 사람에게 작동하지 않고, 생물학적 되먹임 치료로 혜택을 받은 사람들의 대부분은 스트레스에 의해 유발되거나 악화된 상태를 가지고 있다. 이러한 이유로 만은 과학자들은 성공적인 생물학적 되먹임 치유를 위해서는 긴장을 푸는 것이 핵심이라고 믿는다. 생물학적 되먹임이 무엇에 좋은가요? 이는 1천 5백만 미국인에 영향을 미치는 요실금에 상당한 희망을 보여준다. 생물학적 되먹임은 또한 주의력 결핍 과잉행동 장애(ADHD; attention deficit/ hyperactivity disorder)에 대하여 가능한 치료법이 되고 있다.

개념의 적용

자율신경계의 교감신경과 부교감신경 중에서 어느 요소가 심박을 늦추도록 작용하는가?

감각신경계 The Sensory Nervous System

19.7 내부환경의 감지

Sensing the Internal Environment

학습 목표 19.7.1 **신체의 감각수용체가 어떻게 자신의 내부환경 측면에 반응하는지 서술한다.**

내부감각수용체(interoceptor)라고 하는 신체 내부의 감각 수용체는 CNS에 신체의 상태에 대한 정보를 제공한다. 이러한 정보의 대부분은 신체의 항상성에 책임이 있는 시상하부로 전달된다. 척추동물 신체는 자신의 내부환경의 상이한 측면에 반응하기 위하여 다양한 감각수용체를 이용한다.

온도 변화. 피부에는 냉각에 자극되는 신경말단과 온각에 자극되는 신경말단의 2가지 유형의 신경말단이 온도의 변화에 민감하다. 이 두 신경말단으로부터의 정보를 비교하여, CNS는 온도가 어떻게 되거 어떻게 변화하는지를 알 수 있다.

혈액 화학. 동맥벽에 있는 수용체는 혈액의 CO_2 수준을 감지한다. 두뇌는 이 정보를 이용하여 신체의 호흡률을 조절하는데, CO_2 수준이 정상보다 올라가면 호흡을 증가시킨다.

통증. 조직에 대한 손상은 조직 내, 보통 손상이 가장 나타나기 쉬운 표면 부근에 있는, 특별한 신경말단을 이용하여 탐지된다. 이러한 신경말단이 물리적으로 손상되거나 변형되면, CNS는 신체부분을 반사적으로 움츠리거나 때로는 심박과 혈압을 변화시켜 반응한다.

근육 수축. 근육 내부 깊숙이 신장력 수용체라고 하는 감각수용체가 파묻혀 있다. 각각은 그림 19.18의 수용체 처럼 감각뉴런의 말단이 근육섬유 주위를 감싸고 있다. 근육이 늘어나면, 섬유가 길어지며, 나선상의 신경말단을 잡아당겨서 반복적인 신경자극을 유발하여 두뇌로 보낸다. 이러한 신호로부터 두뇌는 어떤 순간에라도 근육 길이의 변화율을 측정할 수 있다. CNS는 이 정보를 이용하여 호흡이나 운동을 수행하는 것과 같은 여러 근육의 결합된 작용이 필요한 움직임을 통제한다.

혈압. 혈압은 주요 동맥벽 내에 고도로 분지된 신경말단을 가지고 있는 압력수용체라고 하는 뉴런에 의하여 감지된다. 혈압이 증가하면, 그림 19.19처럼 동맥벽이 늘어나서 감각뉴런이 CNS에 신경자극을 보내는 속도를 증가시킨다. 동맥벽이 늘어나지 않으면, 감각뉴런의 활동은 감소한다. 따라서 자극의 빈도가 혈압에 대한 연속적인 측정치를 CNS에 제공한다.

촉각. 촉각은 피부 표면 아래에 묻힌 압력 수용체에 의하여 감지된다. 압력 수용체에는 다양한 유형이 있는데, 어떤 것은 압력의 빠른 변화를 탐지하는데 전문화되어 있으며, 다른 것은 압력이 작용하는 기간과 정도를 측정하며, 다른 나머지는 진동에 민감하다.

개념의 적용

두뇌는 들어오는 감각자극이 온도인지, 압력인지, 또는 통증인지를 어떻게 식별하나요?

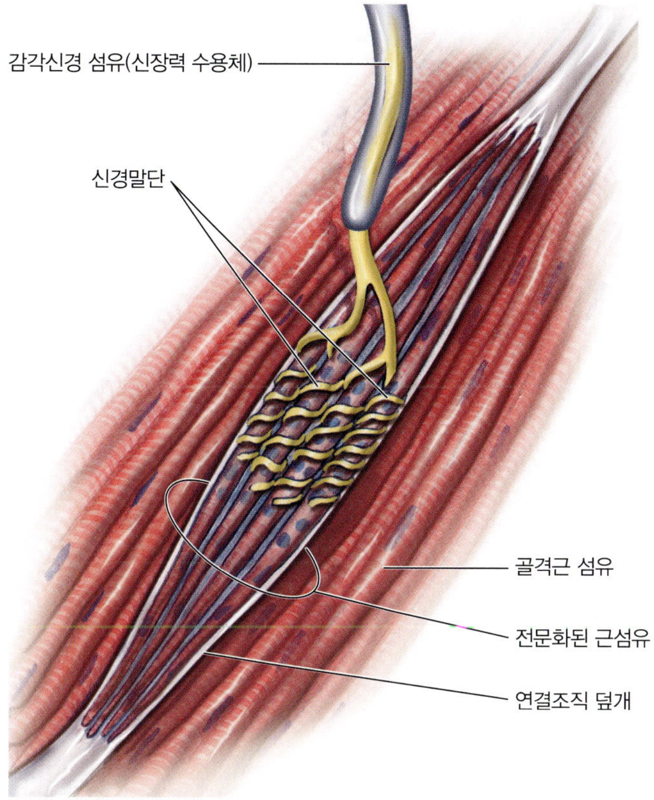

그림 19.18 **골격근 내부에 묻혀있는 신장력 수용체.**

근육을 신장하면 전문화된 근육 섬유를 늘이며, 이는 신경말단을 변형시켜서 신경섬유를 따라 신경자극을 보내도록 한다.

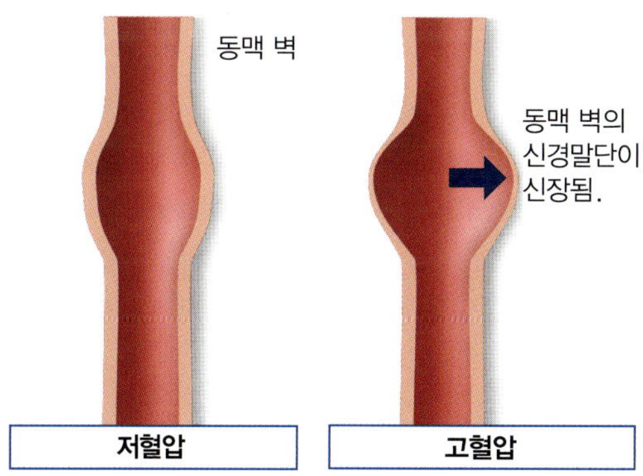

그림 19.19 **압력수용체는 어떻게 작동하는가.**

신경말단의 그물구조는 동맥벽이 얇은 지역을 덮고 있다. 높은 혈압은 벽이 풍선처럼 부풀도록 하며, 신경말단이 늘어나게 하여 자극을 보내도록 한다.

19.8 중력과 운동의 감지

Sensing Gravity and Motion

학습 목표 19.8.2 내이가 어떻게 중력과 가속도를 감지하는지 서술한다.

귀에 있는 2가지 유형의 수용체는 두뇌에 신체가 3차원적으로 어디에 있는지 정보를 제공한다. 이 지식은 동물이 자유롭게 움직이고 균형을 유지할 수 있도록 한다. 그림 19.20은 내이의 해부도와 이러한 수용체의 위치를 보여준다.

균형. 신체의 균형을 유지하기 위해서 두뇌는 평가의 기준체계가 필요하며, 중력이 이 역할을 한다. 중력을 탐지하는 감각수용체는 내이의 난형낭과 구형낭 내부에 있는 유모세포이다(그림 19.20❶). 유모세포의 끝은 **이석**(otolith❷)이라고 하는 입자가 묻혀 있는 아교질 기질 안으로 돌출된다. 이 수용체가 어떻게 작동하는지 보기 위하여, 유리잔에 서 있는 연필을 상상해보세요. 유리잔을 어느 방향으로 기울이더라도, 연필은 중력의 당김에 의하여 가장자리를 따라 구르며, 유리잔의 언저리에 압력을 가한다. 유리잔이 어느 방향으로 기울어 있는지를 알고 싶으면, 가장자리의 어느 부분에 압력이 작용하는지만 알면된다. 유사하게 난형낭과 구형낭에 있는 이석도 중력의 인력에 반응하여 기질 내에서 이동하여 유모세포를 자극할 것이다. 두뇌는 유모세포로부터의 정보를 이용하여 수직적 위치를 측정한다.

운동. 두뇌는 내부에서 액체가 유모세포의 섬모를 운동의 반대방향으로 편향시키는 수용체를 이용하여 운동을 감지한다. 내이의 내부에는 액체로 채워진 **반고리관**(semicircular canal) 3개가 있으며, 각각은 서로 직각으로 다른 평면상에 배열되어❶ 어느 방향의 운동도 탐지될 수 있다. 관 내부로 감각 유모세포의 섬모 집단이 돌출되어 있다. 각 세포의 섬모는 *달팽이꼭대기*(cupula)라고 하는 천막 같은 집합으로 배열되어 있으며❸, 이는 반고리관의 액체가 머리의 운동과 반대방향으로 움직일 때 밀리게 된다. 3개의 관은 모든 3개의 면에 배열되어 있기 때문에, 어느 방향의 운동이라도 최소한 하나의 관에 의하여 감지되며, 두뇌는 각각의 관으로부터의 감각입력을 비교하여 신체의 운동을 분석할 수 있다.

반고리관은 신체가 직선으로 운동하면 관의 액체가 움직이지 않기 때문에 반응하지 않는다. 이는 자동차나 비행기를 타고 일정한 속도로 한 방향으로 여행하면 운동을 전혀 느끼지 못하는 이유이다.

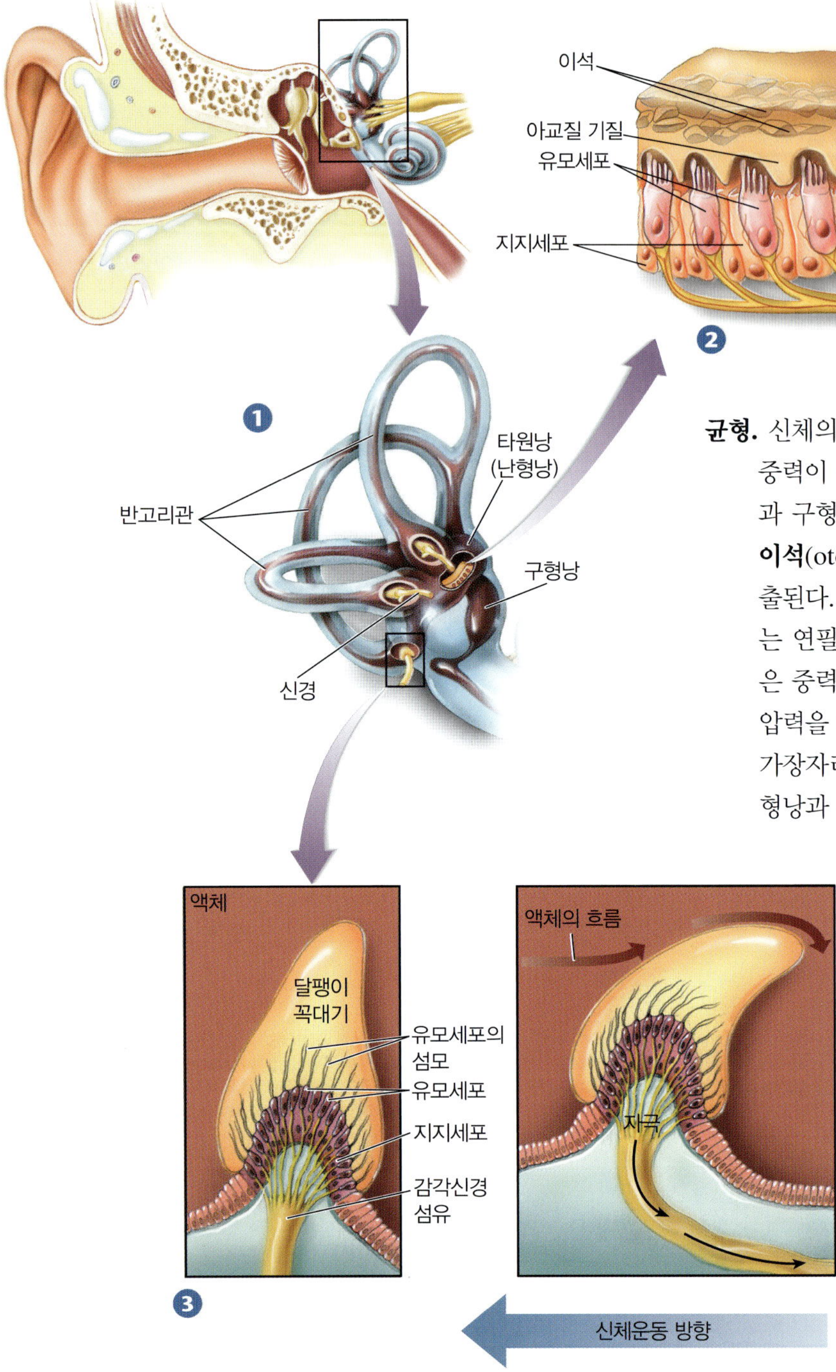

그림 19.20 내이가 어떻게 중력과 운동을 감지하는가.

❶ 반고리관은 내이의 일부이다. ❷ 난형낭과 구형낭의 확대 단면도. 아교성 기질에 묻혀있는 이석은 중력의 당김에 반응하여 움직인다. ❸ 반고리관의 달팽이꼭대기는 액체로 둘러싸여 있으며 유모세포를 가지고 있다. 특정한 방향으로 움직이면 그 평면에 있는 반고리관의 액체가 움직이도록 하며, 달팽이꼭대기가 옮겨져 유모세포를 자극한다.

개념의 적용

높은 유리창에서 떨어지는 사람은 운동을 느끼는데, 승강기를 타고 내려오는 사람은 느끼지 못하는 이유는 무엇일까요?

19.9 화학물질의 감지: 미각과 후각

Sensing Chemicals: Taste and Smell

학습 목표 19.9.1 맛(미각)과 냄새(후각)를 대조한다.

척추동물은 공기와 음식에 있는 많은 화학물질을 탐지할 수 있다.

맛(미각; Taste). 혀의 표면에 묻혀 *미각유두*(papilla) *내부에 미뢰*(taste bud)가 있다(그림 19.21). 양파처럼 생긴 미뢰는 많은 미각 수용체 세포를 포함하는데, 각각은 미각공이라고 하는 열린 곳으로 돌출된 손가락 같은 미세융모를 가지고 있다. 음식의 화학물질은 타액에 용해되어 미각공을 통하여 미각세포와 접촉한다. 음식의 화학물질은 미뢰에 의하여 다른 방식으로 감지되기 때문에 짠맛, 신맛, 단맛, 쓴맛, 그리고 우마미(고기맛, 감칠맛)이 감지된다. 혀가 화학물질과 마주치면 미각세포로부터의 정보가 감각뉴런으로 전달되며, 감각뉴런은 신호를 두뇌로 보낸다.

미세융모는 세포의 표면적을 증가시키는 원형질막의 머리카락 같은 연장부이다. 소장 벽에 늘어서 있는 상피세포는 표면적을 증가시키는 내강(lumen) 표면상에 흡수를 위하여 미세융모를 포함하고 있다.

냄새(후각; Smell). 코는 세포체가 비강의 상피 내에 세포체가 묻혀 있는 화학적으로 민감한 뉴런을 포함하고 있다(그림 19.22). 화학물질을 탐지하면, 이 감각뉴런은(확대된 그림에서 붉은색 세포) 후각 정보가 처리되고 분석되는 두뇌의 부위에 정보를 보낸다. 인간은 5가지의 맛만 느낄 수 있지만, 수천 종류의 냄새를 맡을 수 있다. 냄새의 다른 수용체 단백질에 대하여 암호화하는 수천 개의 다른 유전자가 있을 것으로 보인다. 주어진 향기에 대하여 반응하는 특정한 뉴런의 조합은 두뇌가 향기를 감정하는데 사용하는 "지문"역할을 할 수 있다. 많은 척추동물에서, 개가 친근한 예이지만, 이러한 뉴런은 사람에서보다 훨씬 더 예민하다.

냄새와 맛은 동물에게 음식에 대하여 이야기해주는 매우 중요한 감각이다. 그 때문에 감기가 걸려서 코가 막히면 음식이 맛이 없게 되는 것이다. 다른 수용체도 또한 역할을 한다. 예를 들어, 고추와 같은 매운 느낌은 화학 수용체가 아니라 고통 수용체에 의하여 탐지된다.

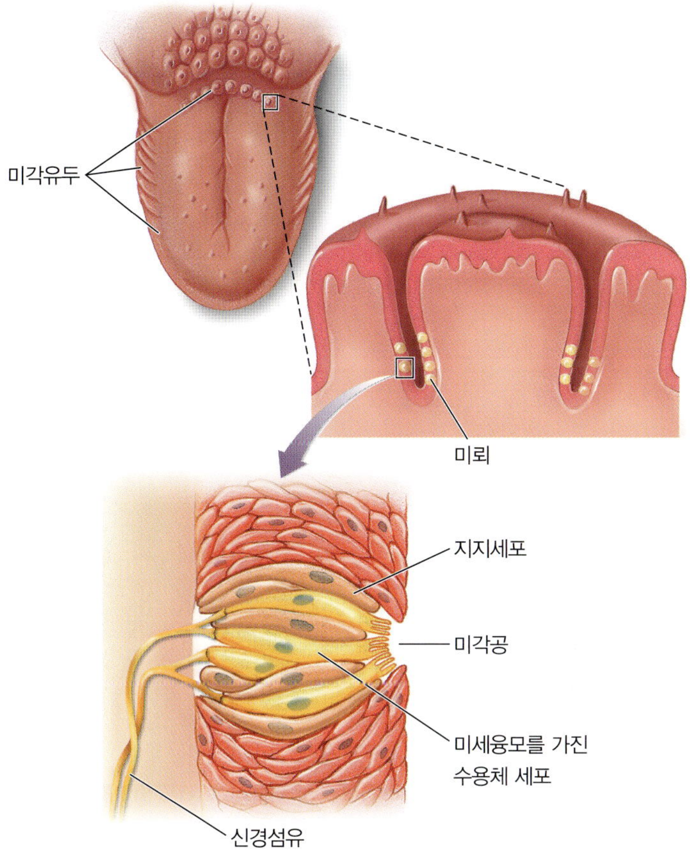

그림 19.21 맛(미각).

사람의 혀에 있는 미뢰는 보통 미각유두라고 하는 돌기로 모여 있다. 각각의 미뢰는 구형으로 생긴 미각공을 통하여 입으로 열려있는 미각 수용체세포의 집단이다.

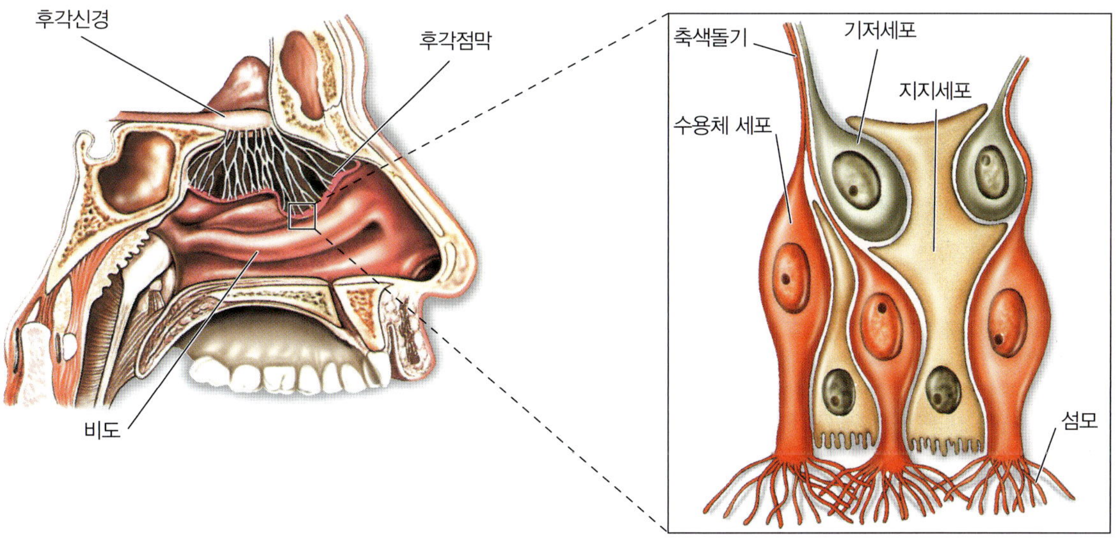

그림 19.22 냄새(후각).

인간은 비도의 안쪽에 위치한 수용체 세포를 이용하여 냄새를 맡는다. 수용체 세포는 뉴런이다. 이 수용체세포의 축색돌기는 후각 신경을 통하여 뒤로 돌출하여 직접 두뇌로 간다.

개념의 적용

여러분의 개는 왜 여러분보다 냄새를 더 잘 맡을까요? 단지 코가 크기때문일까요?

19.10 소리의 감지: 듣기(청각)

Sensing Sounds: Hearing

학습 목표 19.10.1 귀의 달팽이관 내부에 있는 소리 수용체가 어떻게 다른 주파수와 다른 세기를 가진 소리를 구분하는지 설명한다.

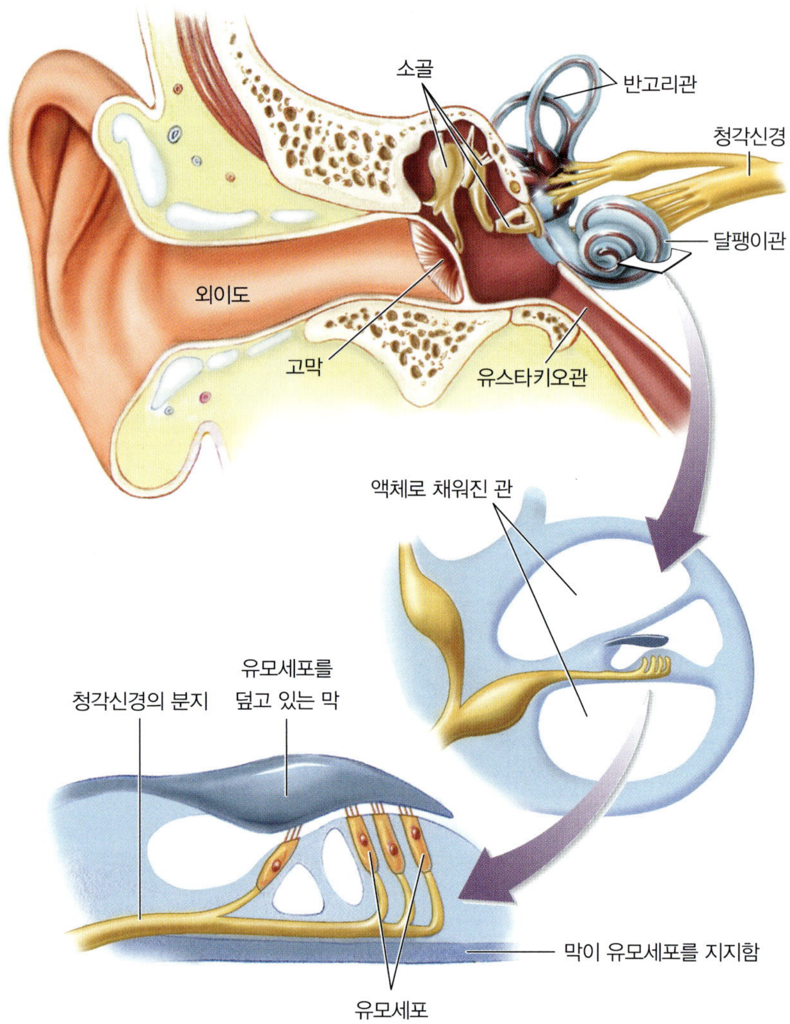

그림 19.23 **인간 귀의 구조와 기능.**

외이도를 통하여 전달되는 음파는 고막을 때리며, 소골이라고 하는 3개의 작은 뼈를 내막으로 민다. 이는 달팽이관 내부의 액체로 채워진 관에 파의 운동을 시작한다. 그 파동은 유모세포를 덮고 있는 막을 유모세포에 대하여 앞뒤로 움직이게 하며, 이는 연관된 뉴런이 자극을 발생하도록 한다.

여러분이 소리를 들을 때, 고막이라고 하는 막을 안팎으로 미는, 즉, 귀에 대하여 때리는 공기의 압력파인 공기의 진동을 탐지하는 것이다. 그림 19.23에서 볼 수 있듯이, 고막의 내부면에는 소골이라고 하는 3개의 작은 뼈가 있는데, 그들은 진동의 힘을 증가시키는 지렛대 작용을 한다. 소골은 두 번째 막을 통하여 증폭된 진동을 내이 내부의 액체로 전달한다. 내이의 액체로 채워진 방은 단단히 꼬인 달팽이 껍질처럼 생겨서 달팽이관(cochlea; 라틴어로 달팽이)이라고 한다. 중이는 소골이 있는 곳이며, 유스타키오 관에 의하여 목구멍과 연결되어 중이와 외부 사이에 압력 차이가 없다. 그것이 여러분의 귀가 비행기가 착륙할 때 가끔 뻥 뚫리는 것을 느끼는데, 이는 고막 양쪽의 압력이 같아지는 것이다. 고막이 작동하기 위해서는 양쪽의 압력이 동일해야만 한다.

달팽이관 내의 소리 수용체는 나선모양의 방의 가운데를 오르내리는 막에 기대어 있는 유모세포이다. 나선 모양의 방은 둘로 나뉘어 확대된 그림에서 액체로 채워진 상부와 하부 관으로 되어 있는 것을 볼 수 있다. 유모세포는 달팽이관의 액체로 채워진 관으로 돌출되지 않고, 대신 두 번째 막으로 덮여있다(그림의 진한 파란색 막). 음파가 달팽이관으로 들어가면, 방에 있는 액체가 움직이게 한다. 움직이는 액체는 이 막이 끼어서 진동하게 하며, 털을 구부려서 상부막을 누르며 감각뉴런으로 신경자극을 보내서 두뇌까지 전달한다.

다른 주파수를 가진 소리는 달팽이관에서 다른 거리를 내려가며 막의 다른 부분이 진동하도록 한다. 막의 각 지역은 다른 감각뉴런의 조합을 자극하며, 작용하는 감각뉴런의 정체가 CNS에 소리의 주파수를 알려준다. 초당 2만번 이상 진동하는 음파(2만 Hz)는 달팽이관으로 멀리 진행하지 못하며 막을 중이의 가장 가까운 지역으로 움직인다. 2,000 Hz 정도의 중간 길이의 주파수는 더 멀리 진행하여 달팽이관의 중간 부분까지 막을 움직인다. 500 Hz 정도의 저주파 음파는 막을 달팽이관의 끝부분까지 움직인다.

소리의 강도는 뉴런이 *얼마나 자주* 작동하느냐에 의하여 결정된다. 우리가 들을 수 있는 능력은 달팽이관 내의 막의 유연성에 관계한다. 사람은 20 Hz 미만의 저음은 들을 수 없지만, 일부 척추동물은 들을 수 있다. 어렸을 때는 20,000 Hz까지의 고음을 들을 수 있지만, 나이가 들어가면서 이 능력은 감소한다. 다른 척추동물들은 훨씬 높은 주파수의 소리도 들을 수 있다. 개는 40,000 Hz의 소리도 들을 수 있어서 인간에게는 들리지 않는 높은 음조의 개 휘파람도 들을 수 있다.

진화

눈을 감고 사냥하기. 오리너구리는 밤에 사냥을 하는데, 곤충 유충을 포획하기 위하여 눈을 감고 개울로 다이빙한다! 오리너구리는 부리를 1초에 2–3회 이쪽저쪽으로 흔들면서, 곤충 유생이 접근하는 오리너구리를 피하기 위하여 움직일 때, 먹이의 근육운동으로부터 발생되는 아주 작은 전류를 부리가 감지할 때까지, 꾸준하게 수영을 한다. 무엇이 진행되는지를 일단 알고 나면, 이것을 증명하는 것은 쉽다. 단순히 1.5 volt 건전지를 개울에 떨어뜨려 보세요. 오리너구리는 30 cm 밖에서부터 까지 바로 먹이를 향해서 공격할 것이다. 진흙이 자욱한 물에서, 먹이의 근육운동을 감지하는 것이 신체를 보려고 하는 것보다 훨씬 우수하며, 이것이 오리너구리가 눈을 감고 사냥하는 방법이다.

개념의 적용

귀는 소리의 주파수를 어떻게 구분하나요?

19.11 빛의 감지: 시각 Sensing Light: Vision

척추동물 눈의 구조 Structure of the Vertebrate Eye

학습 목표 19.11.1 인간의 눈 구조를 도해하고, 눈 요소들의 기능을 설명한다.

척추동물 눈은 렌즈 초점을 맞추는 사진기와 비슷하게 작동한다. 빛은 먼저 **각막**(cornea; 그림 19.24의 연한 파란색 층)이라고 하는 투명한 보호막을 통과하며, 이는 눈의 뒤쪽에 빛을 집중하기 시작한다. 빛의 빔은 **수정체**(lens)를 통과하며 이는 초점을 완전히 맞춘다. 수정체는 끈 같은 *현수 인대*(suspensory ligament)에 의하여 **모양체근**(ciliary muscle)에 부착된다. 모양체근이 수축하고 이완될 때, 수정체의 형태를 변화시켜 눈이 가까이 있거나 멀리 있는 물체를 볼 수 있도록 한다. 눈으로 들어가는 빛의 양은 홍채(iris; 눈의 색깔있는 부분)라고 하는, 각막과 수정체 사이에 있는 개폐기에 의하여 조절된다. 홍채 중앙의 투명한 지역인 **동공**(pupil)은 어두운 빛에서는 커지고 밝은 빛에서는 작아진다. 동공은 눈이 가까운 물체를 볼 때에도 작아진다.

동공을 통과하는 빛은 수정체에 의하여 눈의 뒤편에 초점이 맞추어진다. 빛에 민감한 일련의 수용체 세포가 **망막**(retina)이라고 하는 눈의 뒤 표면에 배열하고 있다. 망막은 눈의 빛을 감지하는 부위이다. 척추동물의 망막은 **간상세포**(rod)와 **원추상세포**(cone)라고 하는 2종류의 광수용체를 포함하고 있으며, 이들은 빛에 의하여 자극되면 신경자극을 발생하여, 시신경 이라고 하는 짧고 굵은 신경경로를 따라 두뇌로 간다. 간상세포는 그림 19.25의 길고 편평한 윗면을 가진 세포이며, 빛에 극히 민감한 수용체 세포이며 희미한 빛에서도 따양한 회색의 명암을 탐지할 수 있다. 그러나 간상세포는 색깔을 구분하지 못하며, 가장자리를 잘 탐지하지 못하기 때문에, 뚜렷하지 않은 영상을 생성한다. 원추상세포는 뾰족한 꼭대기를 가진 세포이며, 색깔을 탐지하고 가장자리에 민감한 수용체이기 때문에 뚜렷한 영상을 생성한다. 척추동물 망막의 중앙에는 **안와**(fovea)라고 하는 3백만 개의 원추상세포가 빽빽하게 들어선 작은 구멍을 포함한다. 이 부분이 가장 선명한 영상을 생성하며, 우리가 명확히 보고자 하는 물체의 이미지가 이 지역에 오도록 눈을 움직이는 것이다.

개념의 적용
모양체근은 어떻게 눈의 초점을 맞추나요?

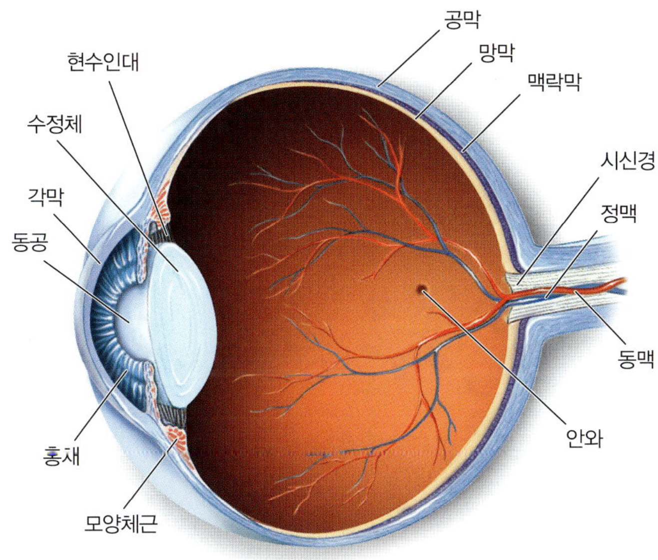

그림 19.24 인간 눈의 구조.
빛은 투명한 각막을 통과하며 수정체에 의하여 눈 뒷면인 망막에 초점이 맞추어진다. 망막은 광수용체가 풍부하며, 안와에서 가장 높은 밀도를 나타낸다.

눈은 어떻게 빛을 감지하는가 How the Eye Senses Light

학습 목표 19.11.2 빛의 광자가 어떻게 감각신경자극을 개시하는지 설명한다.

눈의 간상세포나 원추상세포는 단 하나의 광자도 탐지할 수 있다. 어떻게 그렇게 민감할 수 있나요? 시각의 주된 감각 사건은 색소에 의하여 광자를 흡수하는 것이다. 간상세포와 원추상세포의 색소는 카로티노이드라고 하는 식물 색소로 이루어져 있다. 이는 당근을 먹으면 밤에 잘 볼 수 있는 이유인데, 당근의 주황색은 카로틴이라고 하는 카로티노이드의 존재에 기인한다. 인간 눈의 시각 색소는 카로틴의 조각인 cis-레티날(cis-retinal)이다. 이 색소는 옵신이

색소는 특정한 파장의 빛을 흡수한다. 식물의 주된 광합성 색소는 엽록소이며, 이는 붉은색과 파란색 파장을 흡수하기 때문에, 식물은 녹색으로 보인다.

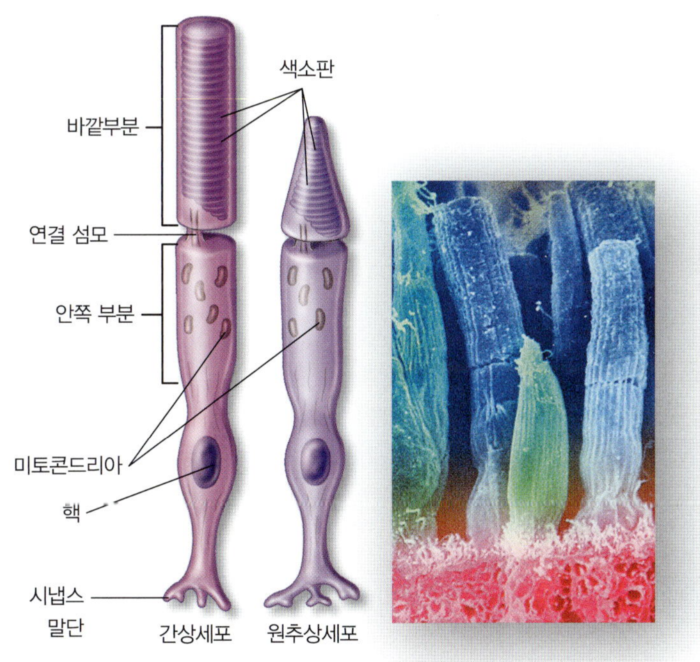

그림 19.25 간상세포와 원추상세포.
왼쪽의 넓은 관모양의 세포가 간상세포이다. 짧고 끝이 뾰족한 세포가 원추상세포이다. 간상세포와 원추상세포의 전자현미경 사진도 나타내었다.

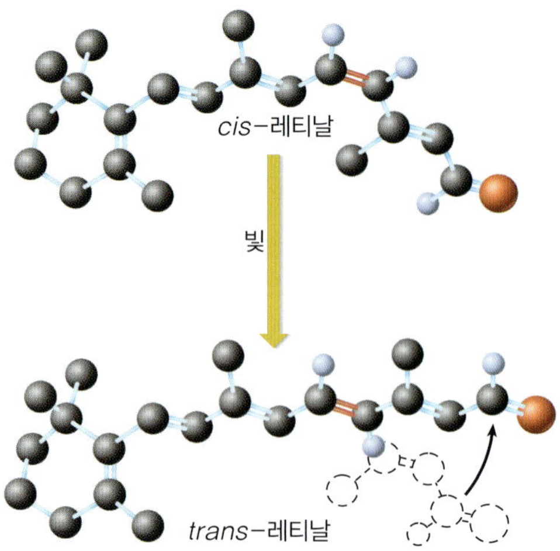

그림 19.26 빛의 흡수

빛이 *cis*–레티날에 의하여 흡수되면, 색소는 형태변화를 통하여 *trans*–레티날이 된다.

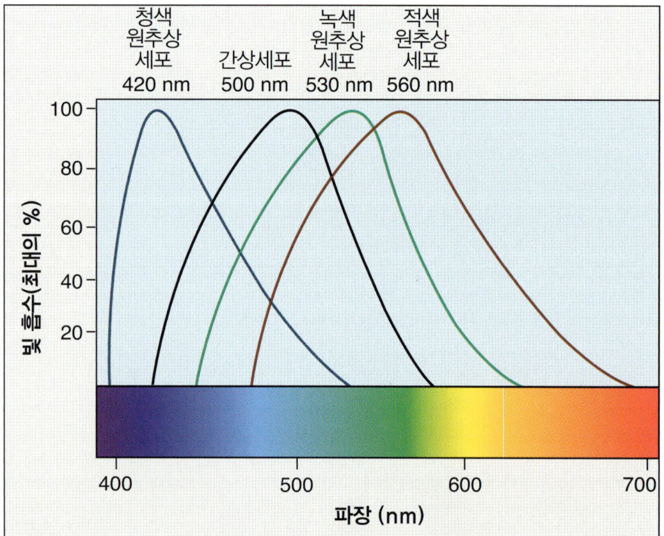

그림 19.27 색 시각.

cis–레티날의 흡수 스펙트럼은 간상세포의 특징적인 500 nm에서 원추상세포에서는 이동한다. 이동되는 양은 원추상세포가 흡수하는 색깔을 결정한다. 420 nm는 파란색 흡수; 530 nm는 녹색 흡수; 그리고 560 nm는 붉은색을 흡수한다. 붉은색 원추세포는 붉은색에서 최대흡수를 하지 않지만, 스펙트럼의 가장 끝 부분인 적색 부분을 흡수하는 유일한 원추세포이다.

라는 단백질에 부착되어 로돕신(rhodopsin)이라고 하는 빛을 탐지하는 복합체를 형성한다.

로돕신이 광자를 받아들이면, 색소는 형태가 변화된다. 이 형태의 변화는 부착된 옵신 단백질의 형태를 변경하기에 충분히 커야만 한다. 빛이 *cis*-레티날 색소에 의하여 흡수되면(그림 19.26의 위쪽 분자), 분자의 직선 말단은 위쪽으로 예리하게 회전하여, 분자의 그쪽 말단을 직선으로 만든다. 새로운 형태의 색소를 *trans*-레티날이라고 하며, 점선의 윤곽은 빛에 의하여 자극되기 전의 형태를 보여준다. 이러한 색소 형태의 급진적인 변화는 색소가 부착되어 있는 단백질인 옵신의 형태에 변화를 유도하며, 신경자극을 발생하는 연쇄반응을 개시한다.

각각의 로돕신은 트랜스듀신이라고 하는 단백질 분자를 수백개 활성화시킨다. 각각의 트랜스듀신은 수백 분자의 효소를 활성화시켜, 효소의 생성물이 매초 1,000회의 속도로 광수용 체막의 나트륨 통로를 자극한다.

개념의 적용

눈은 왜 *cis*-레티날 색소가 소진되지 않나요?

색 시각(색각) Color Vision

학습 목표 19.11.3 간상세포와 원추상세포를 구분하고, 원추상세포가 어떻게 색 시각을 생성하는지 설명한다.

세 종류의 원추상 세포가 색 시각을 제공한다. 각각의 세포는 다른 변형의 옵신 단백질을 가지고 있다. 이러한 형태의 차이는 부착된 레티날 색소의 유연성에 영향을 미쳐, 흡수하는 빛의 파장을 이동한다. 그림 19.27의 흡수 스펙트럼은 각각의 원추상 세포와 간상세포에 의하여 흡수되는 빛의 파장을 보여준다. 간상세포에서 빛은 500 nm(nanometer)에서 흡수된다. 원추상세포에서 옵신의 3가지 변형은 빛을 420 nm(파란색 흡수), 530 nm(녹색 흡수), 또는 560 nm(빨간색 흡수)에서 흡수한다. 이 세가지 유형의 원추세포에서 오는 신호의 상대적인 강도를 비교하여, 두뇌는 다른 색깔의 강도를 계산할 수 있다.

일부 사람은 *색맹*(color blindness)이라고 3가지 색깔을 모두 보지는 못한다. 색맹은 보통 하나 또는 그 이상의 원추상세포가 유전적으로 결여되어 기인한다. 두 가지 유형의 원추세포만 가지고 있는 사람은 세 번째 색깔을 탐지할 수 있는 능력이 결여된다. 예를 들면, 적색 원추세포가 결여된 적록색맹은 녹색으로부터 붉은색을 구별하는 것이 어렵다(그림 19.28). 색맹은 성관련 형질이며, 남성이 여성에 비하여 색맹이 훨씬 많다.

> 성연관 형질은 X 염색체 상에 있는 유전자에 의하여 통제된다(10.7절). 남성은 단지 하나의 X 염색체만을 가지고 있기 때문에(다른 하나의 성염색체는 Y 염색체임), X 염색체 상에 보유되는 유전자는 모두 발현된다.

대부분의 척추동물, 특히 주행성 동물은, 색각을 가지고 있으며, 많은 곤충도 그렇다. 실로 꿀벌은 사람 눈에는 보이지 않는 근자외선의 빛도 볼 수 있다. 색 시각은 다른 수용체 세포에 하나 이상의 빛 색소를 요구하지만, 색 시각을 가진 모든 동물이 인간과 다른 유인원의 특징인 3가지 원추를 가지고 있지는 않다. 어류, 거북이, 그리고 조류는 4-5종류

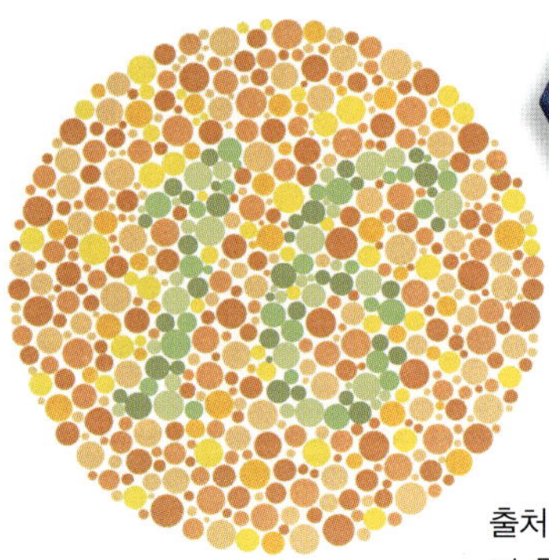

그림 19.28 색맹의 측정.

정상적인 색 시각을 가진 사람은 숫자 16을 볼 수 있지만, 적록색맹인 사람은 단지 점만 볼 수 있고 식별할 수 있는 숫자를 보지 못한다.

출처: 이 이미지는 Tokyo의 KANEHARA TRADING INC.에 의하여 출판된 "색 결핍증의 이시하라 측정(Ishihara's Tests for Color Deficiency)"으로부터 복제되었다.

의 원추세포를 가지고 있으며, 이런 추가적인 원추세포는 근자외선 빛을 볼 수 있도록 한다. 다람쥐와 같은 많은 포유류는 단지 2가지 유형의 원추세포만 가지고 있다.

개념의 적용

간상세포는 왜 색 시각을 생성할 수 없나요?

빛 정보를 두뇌로 전달하기

Conveying the Light Information to the Brain

학습 목표 19.11.4 인간의 눈을 통한 빛의 경로를 추적한다.

각각의 눈을 통한 빛의 경로는 여러분이 기대하는 것과 반대이다. 간상세포와 원추상세포는 망막의 앞이 아니라 뒤에 있다. 빛의 경로를 추적하면 빛이 간상세포나 원추상세포에 도달하기 전에 여러 층의 신경절과 양극 세포를 통과한다는 것을 볼 수 있다(그림 19.29). 일단 광수용체가 활성화되면, 양극세포를 자극하여, 양극세포는 신경절세포를 자극한다. 망막에서 신경자극의 방향은 따라서 빛의 방향과 반대이다.

신경절 세포의 축색돌기를 따라 전파되는 활동전위는 시상의 *외측 슬상핵*(lateral geniculate nuclei)이라고 하는 구조를 통하여 전달되며 대뇌 피질의 후두엽에 투사된다. 후두엽에서 두뇌는 이 정보를 눈의 수용영역의 특정한 곳에서 온 빛으로 해석한다. 망막을 가로지르는 신경절 세포 사이의 활동 양상은 수용 영역의 섬 대 섬(point-to-point) 지도를 암호화하며, 망막과 두뇌가 가시 공간에 물체를 영상화할 수 있도록 한다. 부가하여, 각각의 신경절 세포의 자극의 빈도는 각 점에서의 빛의 강도에 대한 정보를 제공하며, 반면에 세 가지 유형의 원추상세포에 연결된 신경절세포의 상대적인 활성도는 색 정보를 제공한다.

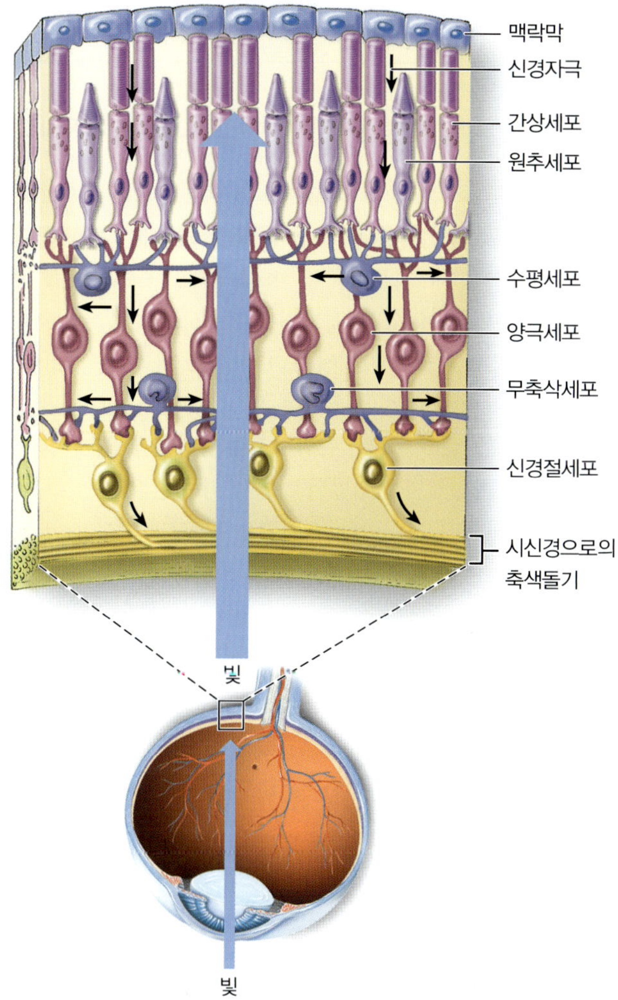

그림 19.29 망막의 구조.

간상세포와 원추상세포는 망막의 뒤쪽에 있다. 빛은 간상세포와 원추상세포에 도달하기 전에 다른 4가지 유형의 세포를 통과한다. 그 다음에 신경자극은 양극세포를 통과하여 신경절세포를 지나서 시신경으로 진행한다(검정색 화살로 표시되었음).

쌍안시 Binocular Vision

인간을 포함하는 영장류와 대부분의 포식자는 얼굴의 한쪽에 하나씩 두 눈을 가지고 있다. 두 눈을 동일한 물체로 향하게 하면, 각각의 눈이 보는 영상은 서로 다른 각도에서 물체를 보기 때문에 약간 차이가 난다. 이 약간의 영상 변위가 3차원적 영상을 인식하고 물체의 깊이와 거리를 감지할 수 있게 하는 능력인 **쌍안시**(binocular vision)를 가능하게 한다. 눈을 정면으로 향하게 하는 것이 겹치는 영역을 최대로 하여 입체적인 시각이 가능하도록 한다(그림 19.30의 사람에서 파란색 삼각형이 겹치는 부분). 삼각형은 각각의 눈의 시야를 나타낸다.

대조적으로 먹이가 되는 동물은 일반적으로 머리의 옆에 위치한 눈을 가지고 있어, 쌍안시를 방해하지만 전반적인 감지 지역을 확대한다. 깊이 지각은 먹이에게는 어느 각도에서에서든 나타날 수 있는 잠재적인 적을 탐지하는 것보다 덜 중요하다. 미국 누른도요는 두개골의 반대쪽에 위치해 있어서 머리를 돌리지 않고도 360도 시야를 가진다!

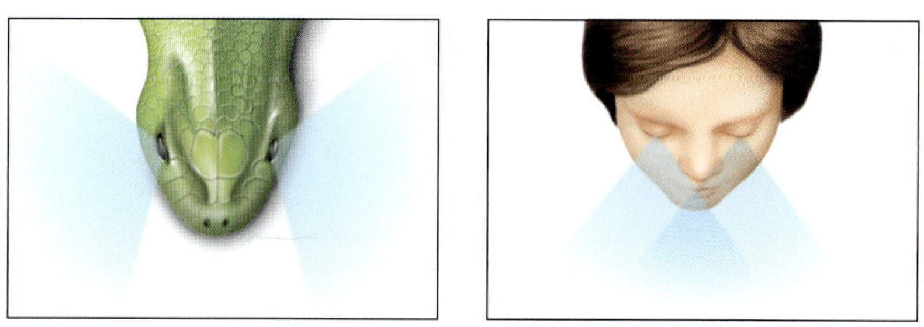

그림 19.30 쌍안시.

눈이 머리의 옆에 위치하면(왼쪽), 두 시야는 겹치지 않고 쌍안시는 나타나지 않는다. 두 눈이 머리의 앞쪽에 위치하면(오른쪽) 두 시야가 겹쳐서 깊이가 감지될 수 있다.

개념의 적용

빛은 원추상세포의 수용체를 뾰족한 끝으로부터 기저부로 통과하나요, 아니면 기저부로부터 위로 나와서 끝으로 통과하나요?

질문과 분석

조류는 자성 입자를 나침반 바늘로 이용하나요?

시력이 모든 척추동물에 의하여 이용되는 주된 감각이지만, 새는 다른 신호를 이용하여 환경을 감지한다. 일부 회유하는 새는 방향을 잡기 위하여 초저주파를 이용한다. 다른 새들은 편광의 각도나 일몰 방향과 같은 시각적인 단서를 이용할 수 있다. 장거리를 이동하는 대부분의 조류는 나침반 정보의 근원으로 지구의 자기장을 이용한다. 가려진 방향 새장(아래 사진)의 자기장이 인공 자석에 의하여 시계방향으로 120도 편향된다면, 평상시에는 북쪽을 향하는 새는 동남향으로 방향을 잡을 것이다.

이러한 새들의 자기 나침반의 기초가 되는 감각계는 감각생물학의 가장 큰 수수께끼 중의 하나이다. 여기에는 2가지의 경쟁하는 가설이 있다.

자기 가설(magnetic hypothesis). 하나의 가설은 이주하는 새의 두뇌 세포 내부에 있는 자기 미네랄인 자철광(magnetite)의 결정이 작은 나침반 바늘과 같이 작용한다는 것이다. 미소량의 자철광이 실제로 일부 두뇌 세포에 존재하기는 하지만, 집중적으로 연구를 하였지만 이러한 세포 내부에 있는 자철광 입자의 방향에 대한 정보가 두뇌의 다른 세포로 전파된다는 정보를 확인하는데에는 실패하였다.

광감수체 가설(photoreceptor hypothesis). 대체가설은 나침반의 기초가 되는 주된 과정은 대신에 새의 눈에 있는 광감수체 내부에서 일어나는 자기적으로 민감한 화학반응이라는 것이다. 지구의 자기장에 대한 광색소 분자의 배열은 방향 정보를 획득하는데 이용될 수 있는 시각 패턴을 바꿀 수 있다는 것이다.

어느 가설이 옳은가요? 실험에 의하여 가려진 새장의 새가 이용하는 자기 탐지지가 빛에 민감하며, 이는 광수용체 나침반이 그래야만 하지만, 그러나 이는 빛에 의하여 활성화되는 자철광 나침반에서도 또한 사실이다.

2004년 어바인 캘리포니아 대학(University of California Irvine) 연구자들은 이 두 가설을 구분하기 위하여 멋진 실험을 고안하였다. 그들은 방향성 새장에 가두어 놓은 이주하는 유럽 울새가 적합한 이주 방향으로 뛰기 위하여, 나침반 정보의 출처로 자기장을 이용하는 방식을 연구하였다. 그들은 울새가 봄 이주시기에는 북쪽으로 16도를 향하는 것을 발견하였으며, 이는 적합한 방향이다. 자철광과 광감수체 가설을 식별하기 위하여, 새장의 울새를, 자기장을 감지하는데 관련된 어떤 빛흡수 광감수체 분자의 에너지 상태를 교란할 수 있지만, 자철광 입자의 배열에는 영향을 미치지 않는, 진동하는 저수준의 라디오파(7 MHz)에 노출시켰다.

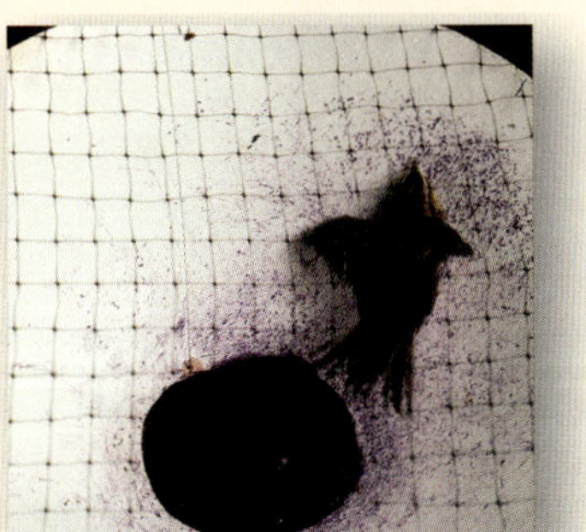

위의 도표는 이 연구의 결과를 보여준다. 각각의 입력자료는 측정값 3개의 평균이다. 각각의 기록에 대하여, 새들은 90 cm의 종이로 씌운 원추형 방향 새장에 두었고, 새가 처음 종이와 접촉한 방향 위치인 vector는 자북에 대한 상대적인 값으로 기록하였다(북쪽 = 360도; 동쪽 = 90도; 남쪽 = 180도; 서쪽 = 270도).

방향에 대한 라디오파 교란의 영향

새	평균 방향(도) 지자기장만 있을 때	라디오 교란
1	26	110
2	20	126
3	4	86
4	350	17
5	15	162
6	1	330
7	18	297
8	20	220
9	354	58
10	24	261
11	358	278
12	37	3

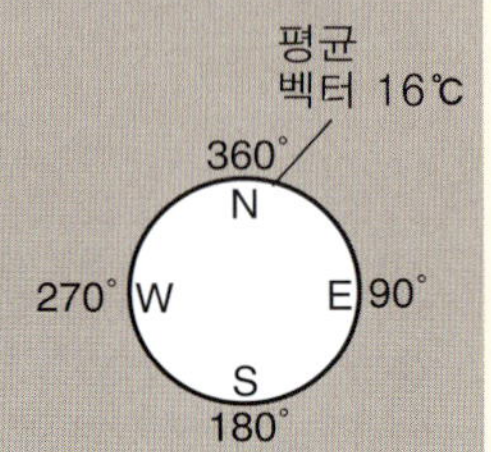

분석

1. **자료의 해석:** 각각의 세로줄의 값을 원에 도표로 나타내시오. 라디오 방해가 없이 지구 자기장에 대하여 방향을 잡은 새에 대하여, 기록된 벡터와 평균 벡터인 16도와의 가장 큰 차이는 몇 도인가요? 7 Mz 라디오 간섭을 받은 새의 경우에 대해서는 어떠한가요?
2. **추론하기**
   - **a.** 라디오 간섭이 없이 지자기장에 대하여 방향을 잡은 새에 대하여, 12마리의 새 중에서 평균 벡터인 16도에 대하여 +/− 30도의 정확도로 방향을 잡은 새는 몇 마리인가요? 7 MHz 간섭을 받은 새 중에서 +/− 30도의 정확도로 방향을 잡은 새는 몇 마리인가요?
   - **b.** 여러분이 임의로 새를 선택한다면, 라디오파의 간섭이 없을 때 이동 방향(북쪽 16도)의 +/− 30도 이내로 방향을 잡을 확률은 어떻게 될까요? 라디오파의 간섭이 있다면 어떻게 될까요?
3. **결론의 도출:** 유럽 울새가 지자기장에 대하여 정확하게 방향을 잡을 수 있는 능력은 7 MHz의 라디오 주파수로 교란되었나요? 새의 나침반 감각이 광감수체와 같은 라디오 교란에 민감한 분자와 관련되어 있다고 결론을 내리는 것이 올바른가요? 새가 라디오 교란에 민감하지 않은 입자를 가지고 있지 않다고 결론을 내리는 것은 올바른가요?

학습 결과의 요약

뉴런과 뉴런의 작용

동물의 신경계

19.1.1 신경계는 신체의 통신망이다. 동물의 신경계는 두뇌와 척수 그리고 연관된 뉴런을 포함하는 중추신경계와, 감각뉴런과 운동뉴런을 포함하는 말초신경계로 조직화되어 있다.

뉴런과 신경자극

19.2.1 뉴런은 전기 자극을 전달하는 세포이지만, 슈반세포와 희돌기 신경교세포와 같은 신경교세포에 의하여 지지된다. 이러한 세포들은 축색돌기와 밀접하게 연합되어, 미엘린이라고 하는 지방 물질로 감싸고 있다.

19.2.2 전기신호는 수상돌기에서 시작되어 축색돌기를 따라 내려간다. 신경자극은 원형질막을 가로질러 전압에 의하여 개폐되는 통로를 통하여 움직이는 Na^+와 K^+ 이온에 의하여 초래된다. 막의 한 지역에서 Na^+의 이동은 탈분극이라고 하는 전기 성질의 변화를 초래하며, 이는 인접한 이온 통로가 열리도록 한다. 탈분극이 충분히 크면 축색돌기를 따라 아래로 전파되는 활동전위를 유발한다. Na^+/K^+ 펌프의 작용은 휴지기 막전위를 복구한다.

시냅스

19.3.1 시냅스는 축색돌기와 다른 세포와의 접합부이다. 신경자극이 축색돌기의 말단에 도달하면, 시냅스 균열(연접틈새)이라고 하는 작은 틈새를 가로질러 통과하는 신경전달물질의 방출을 유발한다. 신경전달물질 분자는 시냅스 후 세포의 수용체에 결합하여 화학적으로 개폐되는 이온통로를 개방한다. 이온은 원형질막을 가로질러 흘러서 시냅스 후 세포에 전기 자극을 생성한다.

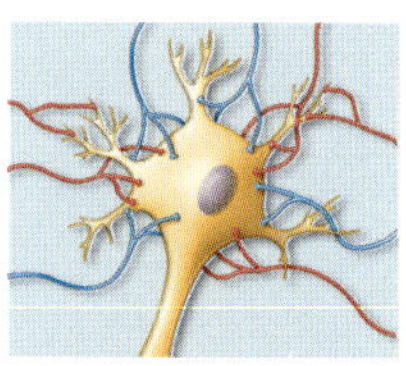

19.3.2 세포 내부로 흘러들어가는 이온의 유형에 따라서, 시냅스는 흥분 또는 저해를 하게된다. 모든 신경입력은 시냅스 후 세포에서 통합되어(그림 19.7), 막 전위에 종합적으로 양전하 또는 음전하의 변화를 생성한다.

중추신경계

두뇌는 어떻게 작동하는가

19.4.1 두뇌의 연합작용은 대뇌 피질에 집중되어 있으며, 대뇌피질은 대뇌 위에 있으며 언어, 의식적인 생각, 기억, 개성의 발달, 그리고 다른 많은 고수준 활동과 같은 신경활동이 일어나는 부위이다.

시상과 시상하부는 대뇌의 아래에 위치하는데, 정보를 처리하고 신체의 기능을 통합한다. 시상하부 지역은 또한 변연계의 일부이며, 변연계는 통증, 분노, 성욕, 배고픔, 갈증, 그리고 쾌락과 같은 깊이 자리 잡은 충동과 감정에 연관되어 있다.

소뇌는 균형, 자세, 그리고 근육의 조화를 통제한다. 뇌간은 호흡, 연하(삼키기), 심박, 그리고 소화와 같은 생명유지 기능을 통제한다. 언어, 기억, 그리고 학습은 대뇌에 국부적으로 편재되어 있다. 기억과 학습의 기작에 대해서는 잘 이해하지 못하고 있다.

척수

19.5.1 척수는 두뇌로부터 뒤쪽으로 내료와 척추의 경골 등뼈에 둘러싸여 있는 뉴런의 밧줄이다. 운동신경은 두뇌와 척수로부터 자극을 신체로 내보내며, 감각신경은 신체로부터 자극을 두뇌와 척수로 운반한다.

말초신경계

수의신경계와 자율신경계

19.6.1 수의신경계는 CNS와 골격근 사이의 명령을 전달하며 의식적으로 통제될 수 있다. 그러나 무릎반사와 같은 반사는 의식적인 통제 없이 작동한다(그림 19.16). 자율신경계는 무의식적으로 CNS와 근육과 분비선 사이에 명령을 전달하는, 서로 반대적인 교감신경과 부교감신경으로 구분된다.

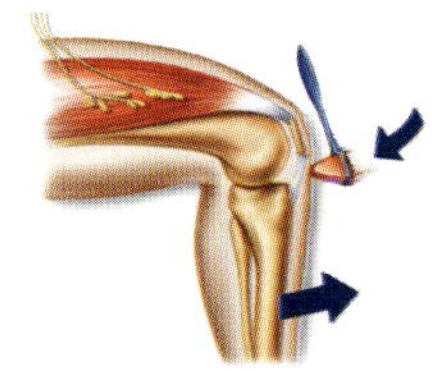

감각신경계

내부환경의 감지

19.7.1 다른 종류의 내부수용기가 있지만, 모두 CNS에 신체의 내부 상태에 대한 정보를 제공하는 기능을 한다. 예를 들면, 근육의 신장력 수용체는 CNS가 근육운동을 통제할 수 있도록 하며, 혈관의 압력 수용체는 CNS에 혈압의 연속적인 측정값을 제공한다.

중력과 운동의 감지

19.8.1 내이의 감각수용체는 중력과 가속도를 감지한다. 이석 감각수용체는 아교액 같은 기질에서 이석의 움직임에 의하여 기인하는 유모세포의 편향에 의하여 중력을 감지한다. 운동은 반고리관의 달팽이꼭대기에 있는 유모세포의 편향에 의하여 탐지된다.

화학물질의 감지: 미각과 후각

19.9.1 화학물질은 혀에 있는 미뢰를 이용하여 미각을 통하거나, 비강에 배열된 후각수용체를 이용하여 후각을 통하여 탐지된다. 다른 맛과 냄새는 다른 화학물질이 혀와 비강에 있는 다른 수용체를 자극하기 때문에 탐지된다.

소리의 감지: 듣기(청각)

19.10.1 소리 수용체는 내이에 있는 유모세포의 편향을 통하여 공기의 진동을 탐지한다. 음파는 고막이 진동하도록 한다. 그 진동은 중이에 있는 뼈에 의하여 증폭되며, 이는 내이의 액체를 옮긴다. 이러한 액체의 운동은 유모세포의 편향을 유발한다.

빛의 감지: 시각

19.11.1 눈의 감각수용체는 수정체를 이용하여 색소를 포함하고 있는 수용체에 빛을 집중시킨다.

19.11.2 시각 색소인 레티날을 타격하는 빛은 광수용체에 있는 나트륨 통로를 개방하는 반응의 폭포를 개시한다.

19.11.3 간상세포는 빛의 강도를 탐지하고, 반면에 원추상세포는 빛의 다른 색깔을 탐지한다.

19.11.4 빛은 망막의 뒤에 있는 간상세포와 원추상세포에 도달하기 전에 여러 층의 세포를 통과한다. 쌍안시는 깊이 지각을 할 수 있도록 하지만, 시야는 훨씬 제한된다.

이해의 측정

19.1.1 다음 중 어느 것이 말초신경계에서 발견되지 않나요?
a. 축색돌기 **c.** 연합뉴런
b. 감각뉴런 **d.** 운동뉴런

19.2.2 활동전위는 신경세포막의 빠른 탈분극에 의하여 유발되는데 이는 무엇으로부터 결과하는가?
a. 나트륨 이온의 유입.
b. Na^+/K^+ 펌프의 작용.
c. 칼륨 이온의 유입.
d. 위의 모든 것이 다 옳다.

19.3.1 신경전달물질에 관하여 옳은 설명은?
a. 시냅스 후 세포에서 방출된다.
b. 시냅스 균열(연접틈새) 안으로 방출된다.
c. 방출되어 시냅스 전 세포의 수용체에 결합한다.
d. 위의 모든 것이 다 옳다.

19.3.2 흥분 신경전달물질은 시냅스 후 뉴런에서 활동전위를 개시하기 위하여 무엇을 개방하나요?
a. 시냅스 후 세포에서 나트륨 이온 통로.
b. 시냅스 후 세포에서 칼륨 이온 통로.
c. 시냅스 후 세포에서 염소 이온 통로.
d. 시냅스 후 세포에서 칼슘 이온 통로.

19.4.1 신체의 내부활동을 통합하는 것은 무엇에 의하여 통제되나요?
a. 대뇌 **c.** 시상하보
b. 소뇌 **d.** 뇌간

19.6.1 자율신경계의 목적이 아닌 것은?
a. 분비샘을 자극한다.
b. 골격근으로 메지지를 전달한다.
c. 심근과 평활근으로 메시지를 전달한다.
d. 신체의 항상성을 조절한다.

19.7.1 운동 후 팔 근육이 아프면, 이 통증을 감지하는 것은?
a. 신경전달물질 **c.** 연합뉴런
b. 내부수용체 **d.** 외부수용체

19.8.1 귀는 다른 자극을 감지한다. 운동과 중력을 감지하는 것과 연관된 귀의 구조는?
a. 달팽이관 **c.** 반고리관
b. 이석 **d.** 고막

19.9.1 다음 중 어느 것이 화학 감지계인가요?
a. 운동 **c.** 맛
b. 신장력 수용체 **d.** 시각

19.11.1 다음 문장 중 옳지 않은 것은?
a. 척추동물은 수정체의 형태를 변화시켜 초점을 맞춘다.
b. 쌍안시는 깊이의 지각을 개선한다.
c. 간상세포는 다른 색을 탐지하고 원추세포는 회색의 다른 명암을 탐지하며 약한 빛에서 볼 수 있도록 한다.
d. 빛은 *cis*-레티날을 *trans*-레티날로 변화시킨다.

이해의 적용

19.3.1 시냅스에서, 어느 구성요소의 구조에 돌연변이가 신호가 전달될지 않을지에 대해 영향을 미칠 것이지만, 얼마나 강할지에 대해서는 영향을 미치지 않을 것이다. 그 이유를 설명하시오.

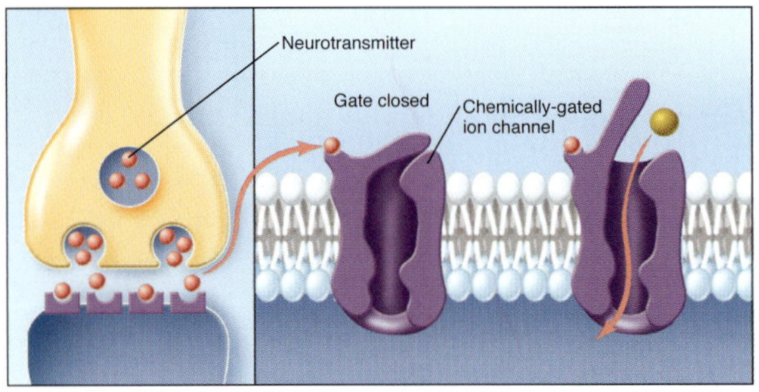

19.7.1 여러분의 아주머니께서 저녁 식사자리에서 갑자기 일어나다가 기절하였다. 너무 빨리 일어서면서 졸도한 것은 어느 감각수용체의 문제와 관련이 있을까요?

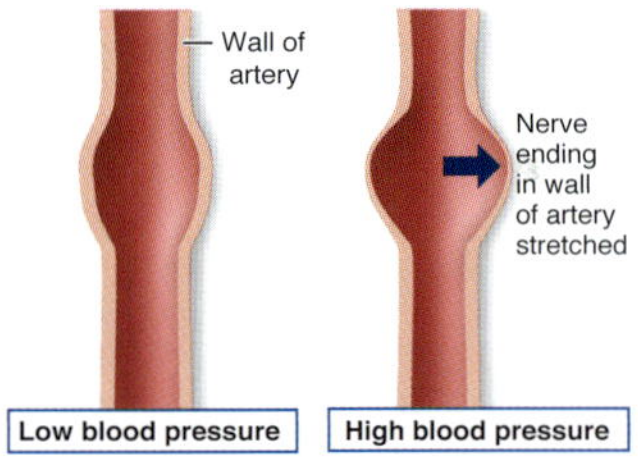

학습 내용의 종합

19.2.2 청산칼리는 미토콘드리아 효소인 시토크롬 c 산화제를 저해하여 세포호흡을 정지시키는 치명적인 독이다. 열대 아프리카에서 카사바 뿌리를 주요한 음식원으로 이용하는 사람에 의하여 낮은 수준의 청산칼리에 만성적으로 노출되는 것은 영구적인 마비를 초래할 수 있는데, 이는 청산칼리가 Na^+/K^+ 펌프를 무력화시킬 수 있기 때문이다. 이 저해가 어떻게 마비를 가져올 수 있는지 설명하시오.

19.3.2 보톡스는 치명적인 식중독을 유발할 수 있는 보툴리눔 독소의 유도체인데, 신경근육 접합부에서 아세틸콜린의 방출을 저해하여 작용한다. 어떤 사람의 얼굴을 독소로 치료하는 것은 어떻게 원하는 미용효과를 가져올 수 있을까요?

19.3.2 연구자가 축색돌기의 중간을 전극으로 접촉하여 자극하였을 때, 활동전위는 양쪽 방향으로 발생된다. 만약에 대신 연구자가 세포체와 만나는 축색돌기 부분을 자극하면, 활동전위는 축색돌기 말단으로 바깥쪽으로만 진행하고 세포체 위쪽의 내부로는 진행하지 않는다. 여러분은 더 이상 활동전위가 통과하지 않게 방지하는 축색돌기와 세포체의 연접부에서 어떤 일이 일어나고 있는지 설명할 수 있나요?

Chapter 20

동물 신체 내부에서의 화학적 신호

Chemical Signaling Within the Animal Body

개요(CHAPTER AT A GLANCE)

신경내분비계 The Neuroendocrine System

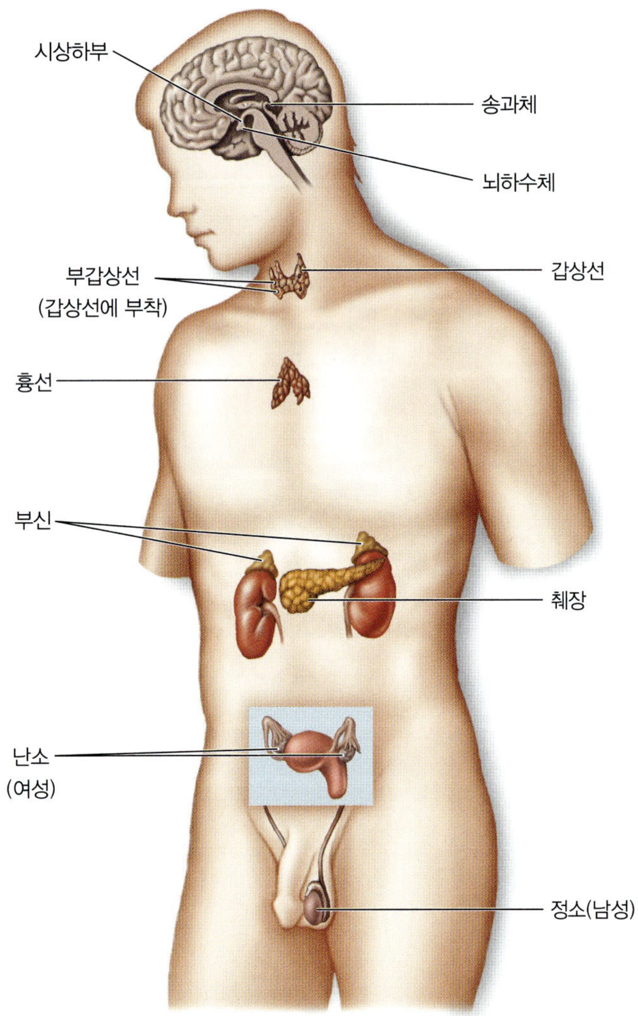

그림 20.1 인간 내분비계의 주된 분비샘.

호르몬을 분비하는 세포들은 내분비샘에 집단을 이루고 있다. 뇌하수체와 각각 부신은 2개의 분비샘으로 구성되어 있다.

20.1 호르몬 Hormone

학습 목표 20.1.1 신경에 의한 것보다 호르몬으로 교신하는 것의 장점을 설명하고, 이러한 교신을 조화시키는 데 있어서 시상하부의 역할을 설명한다.

호르몬(hormone)은 생산된 곳에서 멀리 떨어진 곳까지 활성이 있는 형태로 운반되기에 충분히 안정되고 보통 먼 부위에 작용하는 신체의 한부분에서 생산되는 화학적 신호이다. 신체의 기관을 통제하는 데 신속한 전기신호(신경에서 이용되는 것처럼)를 이용하기보다는 화학적 호르몬을 전령으로 이용하는 데에는 3가지의 커다란 이점이 있다. 첫 번째로, 화학 분자는 혈액을 통하여 모든 조직으로 퍼뜨릴 수 있으며(모든 세포를 신경으로 연결한다고 생각해보세요!) 보통 소량만이 필요하다. 두 번째로, 화학적 신호는 전기적 신화에 비하여 훨씬 오랫동안 지속될 수 있으며, 이는 생장과 발달과 같은 느린 과정을 통제하는 호르몬에 대한 커다란 이점이다. 세 번째로, 호르몬으로 작용할 수 있는 많은 종류의 화학물질이 있기 때문에, 다른 호르몬은 다른 조직을 표적으로 할 수 있다. 이러한 모든 이유로 호르몬은 광범위하고, 서서히 개시되고, 오래 지속되는 반응에 탁월한 전령이다.

호르몬은 일반적으로 분비샘에서 생산되며, 대부분의 분비샘은 중추신경계에 의하여 통제된다. 이러한 분비샘은 외부로 비우는 관을 가지고 있는 것이 아니라 조직 내에 완전히 에워싸여져 있기 때문에, 내분비샘(endocrine gland; 그리스어로 endon은 내부라는 의미임)이라고 한다. 호르몬은 분비되어 직접 혈류로 들어간다(이는 땀샘처럼 도관을 가지고 있는 외분비샘(exocrine gland)과 대조된다). 여러분의 신체는 함께 내분비계를 구성하는 10여개 이상의 내분비샘을 가지고 있다(**그림 20.1**).

내분비계(endocrine system)와 *운동신경계*(motor nervous system)는 CNS가 신체의 기관에 명령을 발하는데 이용하는 2가지 주된 통로이다. 이 둘은 서로 매우 가까이 연결되어 있기 때문에 **신경내분비계**(neuroendocrine system)라는 하나의 체계로 종종 간주된다. **시상하부**(hypothalamus)는 신경내분비계의 주된 교환대로 간주될 수 있다. 시상하부는 항상성이라고 하는 일정한 신체내부의 환경을 유지하기 위하여 신체 내부의 상태를 끊임없이 확인한다. 신체가 너무 뜨겁거나 너무 차가운가요? 신체가 연료가 떨어져 가나요? 혈압이 너무 높은가요? 만약 항상성이 더 이상 유지되지 않으며, 시상하부는 이를 다시 바르게 할 수 있는 몇 가지 수단을 가지고 있다. 예를 들어 시상하부가 심박동을 빠르게 할 필요가 있으면, 시상하부는 연수(숨골)에 신경신호를 보낼 수 있으며, 또는 화학적 명령을 이용할 수 있는데, 부신이 에피네프린 호르몬을 생산하도록 하며, 이 또한 심박을 빠르게 한다.

명령의 사슬 The Chain of Command

시상하부는 인접한 뇌하수체에 명령을 내리며, 뇌하수체는 차례로 다양한 호르몬을 생산하는 신체의 분비샘에 화학적 신호를 보낸다. CNS는 명령의 사슬을 통하여 신체의 호르몬을 조절한다. 시상하부에 의하여 생산되는 "방출"호르몬은 뇌하수체가 상응하는 뇌하수체 호르몬을 합성하도록 하며, 뇌하수체 호르몬은 멀리 떨어진 내분비샘으로 가서 그 분비샘의 특정한 내분비 호르몬을 생산하기 시작하게 한다.

개념의 적용

내분비샘과 외분비샘의 차이점은 무엇인가요?

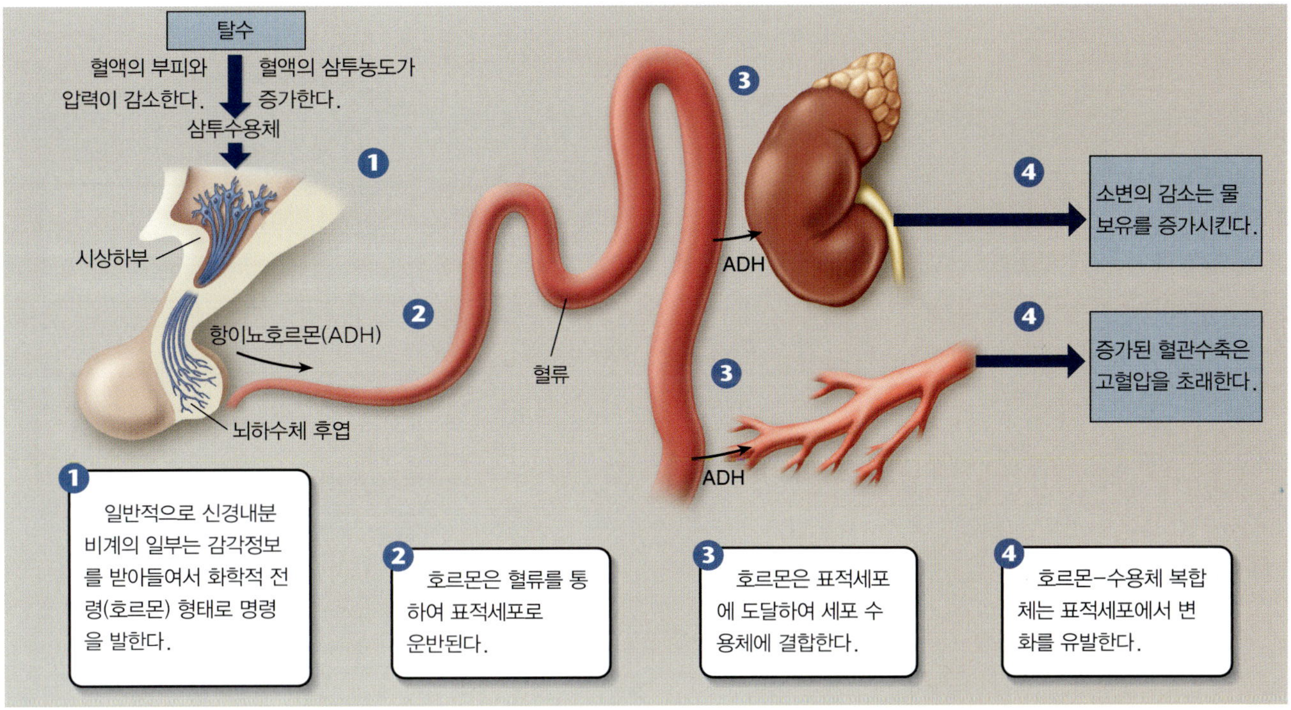

그림 20.2 호르몬 교신이 어떻게 작동하는가.

호르몬은 어떻게 작동하는가 How Hormones Work

학습 목표 20.1.2 호르몬 신호 4단계의 윤곽을 그린다.

호르몬은 주로 특정한 호르몬은 특정한 표적세포에 영향을 미칠 수 있기 때문에 신체 내에서 효과적인 전령이다. 표적세포는 어떻게 그 호르몬을 인식하고 다른 모든 것은 무시하나요? 원형질막에 내포되거나 또는 표적세포의 내부에는 손이 장갑에 맞듯이 잠재적인 신호 호르몬의 형태에 부합하는 수용체 단백질이 있다. 이 체계는 신체의 세포가 그 호르몬에만 적합하고 다른 것에는 맞지 않는 수용체 단백질을 가지고, 특정한 호르몬에 반응하도록 표적화되어 있기 때문에 매우 특이적이다. 따라서 신체 내부의 화학적 교신은 분자신호(호르몬)와 표적세포 상 또는 내부의 단백질 수용체의 2가지 요소를 포함한다.

호르몬 신호가 취하는 교신경로는 **그림 20.2**처럼 일련의 단순한 단계로 시각화될 수 있다.

1. **명령을 내리기.** 시상하부의 세포에서 생성되는 일부 호르몬은 뇌하수체 전엽에 저장되어 두뇌의 신호에 반응하여 혈류로 방출된다.
2. **신호의 운반.** 호르몬은 혈류를 따라 표적세포로 이동한다.
3. **표적에 적중하기.** 호르몬이 표적세포라고 하는 부합되는 수용체를 가진 세포와 만나게 되면, 호르몬은 그 수용체에 결합한다.
4. **효과를 가져오기.** 호르몬이 수용체 단백질에 결합하면, 단백질은 형태를 변경시켜 반응하여 세포의 변화를 유발한다.

개념의 적용

여러분은 시상하부에서 생성된 호르몬이 어떻게 뇌하수체에 도달하도록 방출된다고 생각하나요?

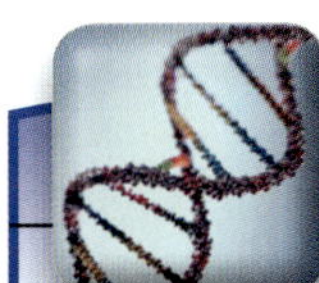

뉴스에서

사랑을 강화하는 약? 신경과학자들은 우울증과 불안 같은 정서상태에 영향을 미치는 많은 약을 개발하였는데, 사랑에 대한 약은 없나요? 신경과학자들은 사랑하는 사람의 사진을 볼 때 도파민과 관련된 두뇌의 보상 영역이 활성화된다고 보고하였는데, 이 영역은 행복감을 생성하는 니코틴과 코카인 같은 약과, 짝 결합을 자극하는 옥시토신 호르몬에 의하여 자극되는 곳과 동일한 영역이다. 암컷 포유류는 두뇌에 옥시토신이 주입되면 가장 가까이 있는 수컷에 애착을 갖게 된다. 인터넷 기업들은 데이트의 성공을 높여준다고 주장하는 옥시토신이 가미된 분무기를 판매하기 시작하였다. 이 분무기는 효과가 있을 것 같지 않지만, 사람들은 미래에 신경과학의 진보가 사랑을 조절가능한 상태로 변형시킬 수 있을 것이라고 지적한다. 여러분은 이것에 대하여 어떻게 생각하나요?

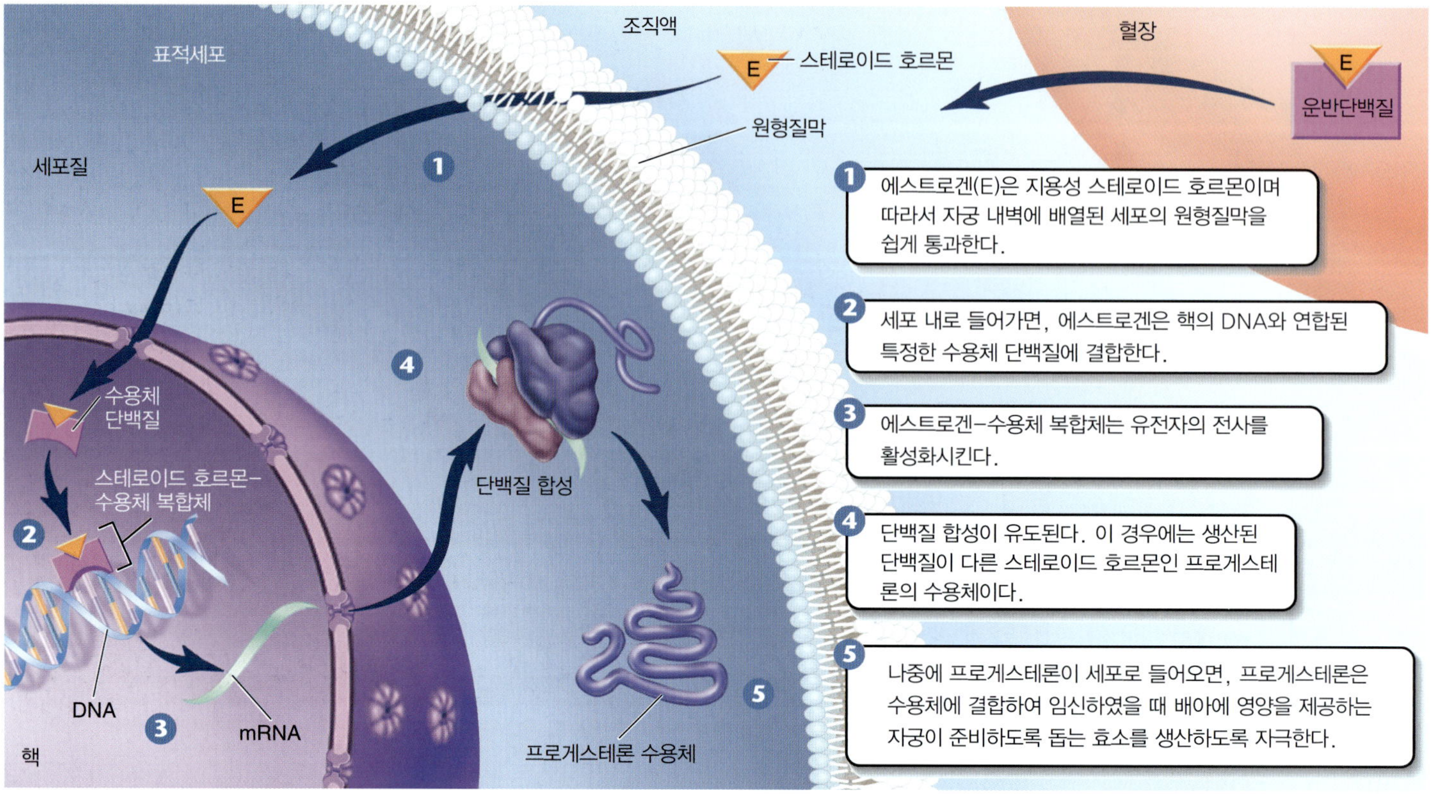

그림 20.3 스테로이드 호르몬은 어떻게 작동하나요.

20.2 호르몬은 어떻게 세포를 표적화하는가 How Hormones Target Cells

스테로이드 호르몬은 세포로 들어간다. Steroid Hormones Enter Cells

학습 목표 20.2.1 스테로이드 호르몬의 구조와 작용 방식을 서술한다.

호르몬을 인식하도록 고안된 일부 단백질 수용체는 표적세포의 세포질이나 핵에 위치한다. 이러한 경우의 호르몬은 보톤 지용성 스테로이드 호르몬(steroid hormone)이다. 모든 스테로이드 호르몬은 4개의 고리로 구성된 복잡한 분자인 콜레스테롤로부터 제조되었다. 스테로이드는 테스토스테론, 에스트로겐, 그리고 프로게트테론과 같은 2차 성징의 발달을 촉진하는 호르몬을 포함한다(21장에서 자세히 논의함).

> 스테로이드는 3장 5절에서 토의되었듯이 지질의 한가지 종류이다. 지질은 소수성이기 때문에 스테로이드는 지질 2중층의 소수성 내막층을 통과할 수 있어서 세포 내부로 직접 통과해 들어간다.

에스트로겐(그림 20.3의 "E")과 같은 스테로이드 호르몬은 세포 원형질막 ❶의 지질 이중층을 가로질러 세포 내부에 있는, 에스트로겐의 경우는 핵 내부에 있는, 수용체에 결합한다. 호르몬-수용체 복합체는 핵의 DNA와 결합하여❷, 프로게스테론 수용체 단백질의 유전자를 활성화시켜서 전사되게 한다 ❸. 단백질이 합성되고❹, 수용체는 프로게스테론이 세포로 들어오면 결합될 수 있도록 가용하며❺, 프로게스테론은 다른 조합의 유전자를 활성화시킨다.

단백동화 스테로이드(anabolic steroid)는 남성 성호르몬인 테스토스테론과 유사한 합성 화합물이다. 단백동화 스테로이드를 근육에 주입하면 유전자를 활성화시켜 근육세포가 단백질을 더 많이 생산하게 하여 근육이 커

생물학과 여러분

실력을 증진시키는 스포츠 보조제. 많은 운동선수, 감독, 그리고 팬은 실력을 증진시키기 위하여 단백동화 스테로이드와 다른 물질을 사용하는 것이 스포츠에서 비윤리적이라고 느낀다. 반면에, 비타민 보조제를 복용하는 것에 대해서는 아무도 비윤리적이라고 이야기하지 않는다. 이 두 극단 사이에는 많은 종류의 제품이 있다. "실력을 증진시키는 다이어트 보조제"로 널리 판매되고 있는 물질은 많은 감독들이 찬성하지 않으며 안전성이나 효과에 대한 연구가 제한적이다. 예를 들면, 크레아틴은 단거리 경주와 역도를 향상시키고, 에페드린은 힘과 지구력을 개선하고, 그리고 글리코사민은 연골의 형성을 촉진시킨다고 주장되지만, 그러나 그러한 주장이 사실이라는 증거는 없다. 모든 것을 고려해보면, 의심스러우면 복용하지 마세요.

지고 힘이 증가한다. 그러나, 단백동화 스테로이드는 간 손상, 심장질환, 그리고 고혈압 같은 많은 위험한 부작용을 나타낸다. 단백동화 스테로이드는 불법이며, 많은 스포츠의 운동선수들은 사용여부를 측정한다.

가념의 적용

스테로이드 호르몬은 세포로 들어간 다음에 무슨 일을 하나요?

펩티드 호르몬은 세포 표면에서 작용한다

Peptide Hormones Act at the Cell Surface

학습 목표 20.2.2 펩티드 호르몬의 구조와 작용방식에 대하여 서술한다.

다른 호르몬 수용체는 원형질막에 내포되어 있으며, 인식부위가 세포표면으로부터 밖으로 향해있다. 그림 20.4의 수용체에 결합된 것 같은 펩티드 **호르몬**(peptide hormone①)은 보통 짧은 펩티드 사슬이다(일부는 커다란 단백질이기는 하지만). 펩티드 호르몬이 수용체에 결합하면 수용체 단백질의 원형질 끝에 변화를 유발한다. 이 변화는 세포질 내에서 사건을 유발하는데, 보통 **2차 전령**(secondary messenger②)이라고 하는 중간 세포 내 신호를 통하며, 이는 원래의 신호를 크게 증폭하고 세포 내에서 변화를 초래한다③.

2차 전령은 어떻게 호르몬의 신호를 증폭하나요? 2차 전령은 효소를 활성화시킨다. 2차 전령 중 가장 흔한 것은 고리형 AMP(cAMP)이며, 그의 작용은 그림 20.5에 나타내었다. 원형질막의 수용체에 결합한 단 한 분자의 호르몬은 세포질에 많은 2차 전령의 형성을 초래할 수 있다. 각각의 2차 전령은 특정한 효소의 많은 분자를 활성화시킬 수 있으며, 때로는 이 효소는 차례로 다른 많은 효소를 활성화시킬 수 있다. 따라서 2차 전령은 호르몬 분자가 세포 내부에서 엄청난 영향을 미칠 수 있도록 한다.

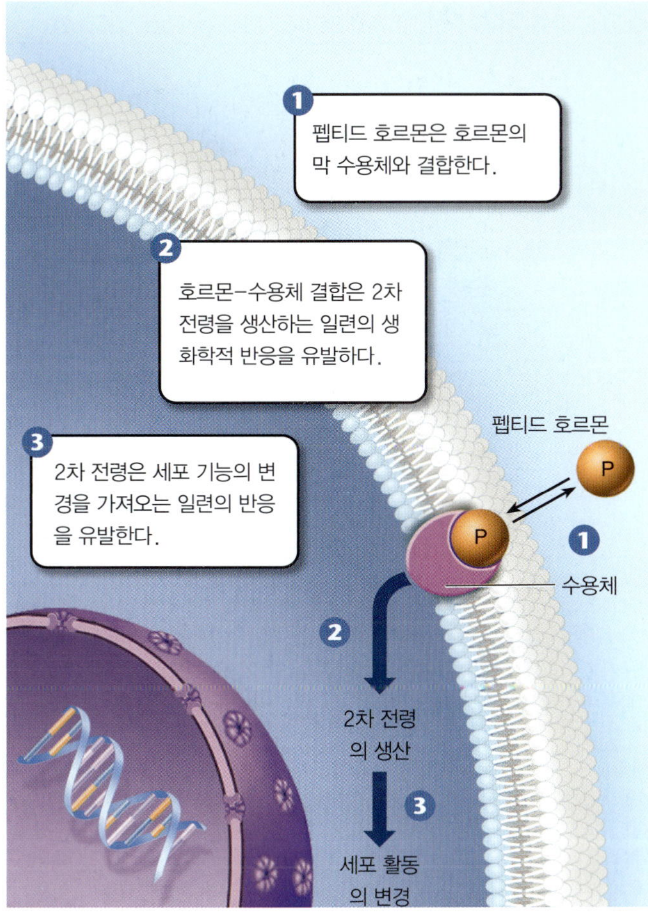

그림 20.4 펩티드 호르몬이 어떻게 작동하는가.

개념의 적용

2차 전령은 어떻게 호르몬 신호를 증폭시키나요?

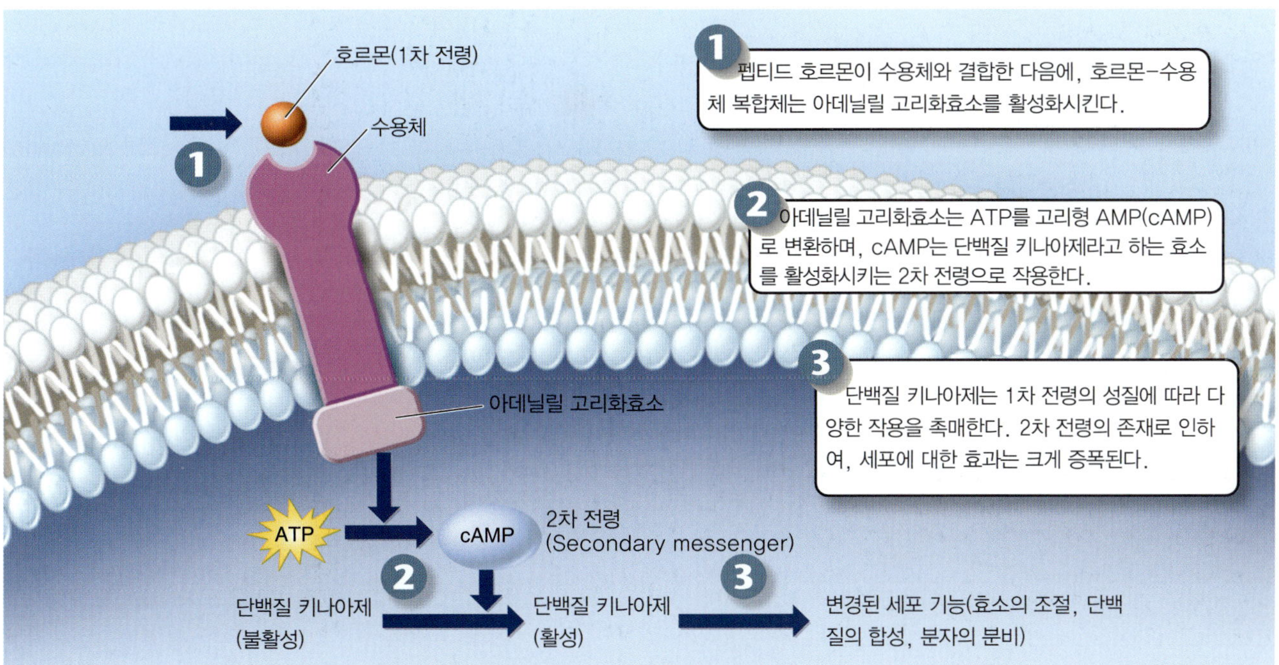

그림 20.5 2차 전령은 어떻게 작동하는가

주요 내분비샘 The Major Endocrine Glands

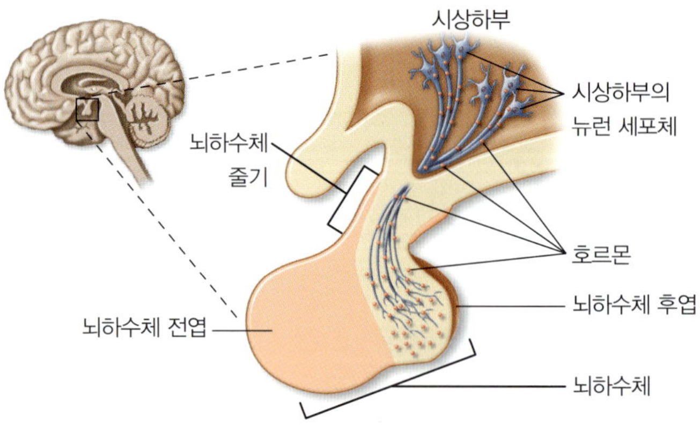

그림 20.6 뇌하수체 후엽은 시상하부에서 기원하는 세포를 포함하고 있다.

신경세포의 관이 시상하부에서 유래하여 뇌하수체 줄기를 따라 신장되어 내려와서 뇌하수체 후엽에서 끝난다. 뉴런의 세포체는 호르몬을 생산하고, 이는 축색돌기를 따라 진행하여 내려와서 뇌하수체 후엽에 저장된다. 따라서 뇌하수체 후엽에서 방출되는 호르몬은 실제로는 시상하부의 뉴런에서 합성된 것이다.

20.3 시상하부와 뇌하수체

The Hypothalamus and the Pituitary

학습 목표 20.3.1 뇌하수체 후엽과 뇌하수체 전엽을 대조한다.

시상하부는 신경내분비계의 "통제소"이며, 두뇌의 뼈가 오목한 시상하부 바로 아래에 위치한 **뇌하수체**(pituitary gland)에 영향을 미치는 호르몬을 방출하여 통제를 발휘한다. 뇌하수체는 차례로 신체의 다른 내분비샘에 영향을 미치는 호르몬을 생산한다. 뇌하수체의 뒷부분 또는 *후엽*(posterior lobe)에서 생산되는 호르몬은 물의 보존과, 여성에서 젖 생산의 감퇴와 자궁수축을 조절한다. 뇌하수체의 앞부분 또는 *전엽*(anterior lobe)에서 생산되는 호르몬은 다른 내분비샘을 조절한다.

뇌하수체 후엽 The Posterior Pituitary

뇌하수체 후엽은 뇌하수체 내부의 세포체에서 기원하는 축색돌기를 포함하고 있다. 뇌하수체 후엽에서 방출되는 호르몬은 실제로는 뇌하수체에 위치한 뉴런 세포체에서 생산된다. 이 호르몬은 축색돌기 도관을 통하여 뇌하수체 후엽으로 운반되어 저장되고 뇌하수체 후엽으로부터 방출된다(그림 20.6).

뇌하수체 후엽의 역할은 1912년 괄목할만한 의학적 사례가 보고되었을 때 최초로 명백해졌다. 머리에 총을 맞은 사람이 놀라운 질환을 발생했는데, 그는 쉬지 않고 매 30분마다 소변을 보았다. 총알이 그의 뇌하수체에 박혔는데, 차후의 연구에 의하여 수술로 뇌하수체를 제거하면 이러한 이상한 증상을 나타내는 것이 증명되었다. 뇌하수체 추출물은 신장이 물을 보존하도록 하는 물질을 포함하고 있다는 것을 보여주었으며, 1950년대 초반에 펩티드 호르몬인 바소프레신[이제는 일반적으로 **항이뇨 호르몬**(antidiuretic hormone; ADH)로 불림]이 분리되었다. 17장에서 배웠듯이, ADH는 신장이 물을 보존하는 것을 조절한다. ADH가 없으면, 신장은 물을 보유할 수 없으며, 이것이 총알이 과잉 소변을 유발한 원인이다. 과다한 알코올과 카페인의 소비는, ADH의 분비를 저해하여 유사한 효과를 나타낸다.

뇌하수체 후엽은 또한 두 번째 호르몬인 **옥시토신**(oxytosin)도 방출하는데, ADH와 옥시토신은 9개의 아미노산으로 구성된 짧은 펩티드이며 매우 유사한 구조를 가지고 있다. 그러나 옥시토신은 매우 상이한 기능을 하는데, 옥시토신은 출산 때 자궁의 수축과 어머니의 젖 분리를 개시한다. 젖의 분비가 일어나는 방식은 다음과 같다. 어머니 젖꼭지에 있는 감각수용체는 젖을 빨 때 자극되어, 시상하부가 뇌하수체 후엽으로부터 옥시토신이 방출되도록 자극한다. 옥시토신은 혈류를 따라 유방으로 진행하여, 유선이 젖을 분비하는 도관 주위 근육의 수축을 자극한다.

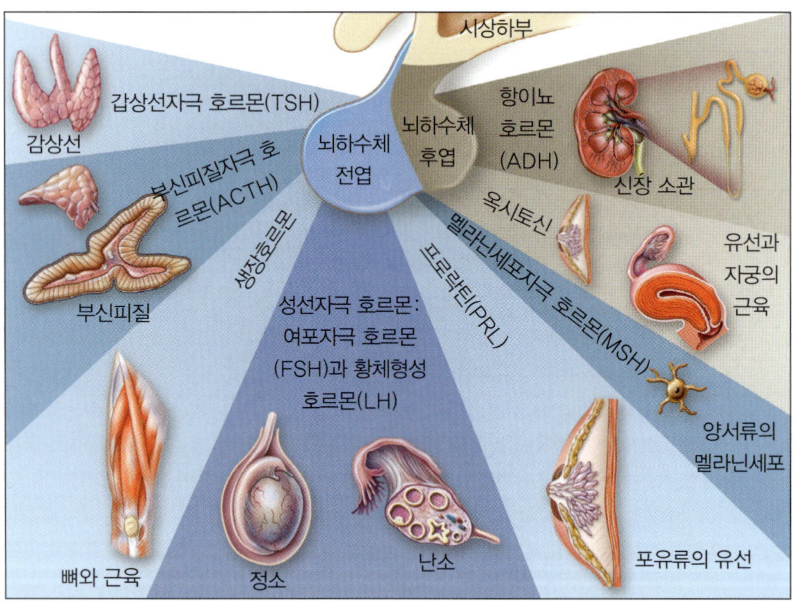

그림 20.7 뇌하수체의 역할.

개념의 적용

뇌하수체의 손상은 왜 과잉 배뇨를 일으키나요?

뇌하수체 전엽 The Anterior Pituitary

학습 목표 20.3.2 뇌하수체 전엽이 생산하는 7종류의 펩티드 호르몬을 열거하고, 시상하부가 어떻게 이 호르몬들의 방출을 조절하는지 설명한다.

뇌하수체 전엽은 7종류의 주요한 호르몬을 생산하는데, 각각은 시상하부에서 분비되는 특정한 방출 신호에 의하여 통제된다.

1. **갑상선자극 호르몬(Thyroid-stimulating hormone; TSH).** TSH는 갑상선을 자극하여 갑상선 호르몬인 티록신을 생산하도록 하며, 티록신은 차례로 산화적 호흡을 자극한다.
2. **부신피질자극 호르몬(Adrenocorticotropic hormone; ACTH).** ACTH는 부신을 자극하여 다양한 스테로이드 호르몬을 생산하도록 한다. 일부는 포도당의 생산을 조절하며, 나머지는 혈액에서 나트륨과 칼륨의 균형을 조절한다.
3. **생장호르몬(Growth hormone; GH).** GH는 신체 전반에 걸쳐 근육과 뼈의 생장을 자극한다.
4. **여포자극 호르몬(Follicle-stimulating hormone; FSH).** FSH는 난자의 성숙을 유발하고 에스트로겐의 방출을 자극하여 여성의 생리주기에 중요하다. 남성에서 FSH는 정소의 세포를 자극하여 정자의 발생을 조절한다.
5. **황체형성 호르몬(Luteinizing hormone; LH).** LH는 성숙한 난자를 방출하는 배란을 유발하여 여성의 생리주기에서 중요한 역할을 한다. LH는 또한 남성의 고환이 테스토스테론을 생산하도록 자극한다.
6. **프로락틴(Prolactin; PRL).** 프로락틴은 유방이 젖을 생산하도록 자극하며, 젖은 옥시토신에 반응하여 분비된다.
7. **멜라닌세포자극 호르몬(Melanocyte-stimulating hormone; MSH).** 파충류와 양서류에서, MSH는 표피의 색깔 변화를 자극한다(그림 20.8). 사람에서 MSH의 기능은 아직 잘 이해되지 않고 있다.

여포자극 호르몬과 황체형성 호르몬은 신체의 다른 곳에서 생산되는 에스트로겐과 프로게스테론과 함께 여성 생식 주기를 조절하며, 이에 대해서는 21장 4절에서 자세하게 다루게 된다.

시상하부가 어떻게 뇌하수체 전엽을 통제하는가

시상하부는 특별한 호르몬의 집단을 이용하여 뇌하수체 전엽 호르몬의 생사과 분비를 통제한다. 시상하부의 뉴런은 이러한 방출호르몬과 저해호르몬을 시상하부의 기저에 있는 모세혈관으로 방출한다. 그림 20.9는 시상하부에서 뇌하수체 후엽으로 신장되어 들어가고, 그곳에 저장과 방출을 위하여 호르몬을 배달하는 뉴런(그림에서 파란색)과, 방출호르몬과 저해호르몬을 생산하여 모세혈관으로 방출하는 시상하부의 다른 뉴런(그림에서 노란색)과의 관계를 보여준다.

이러한 모세혈관에 의하여 뇌하수체 전엽으로 전달되는 각각의 방출호르몬은 특이한 뇌하수체 후엽 호르몬의 분비를 조절한다. 예를 들면, 갑상선자극 호르몬 방출호르몬(TRH)은 TSH의 방출을 자극하며, 생장호르몬방출호르몬(GHRH)은 GH의 방출을 자극한다.

개념의 적용

시상하부는 왜 호르몬을 그냥 혈류로 직접 방출하지 않을까요? 왜 번거롭게 방출호르몬을 사용하나요?

그림 20.8 호르몬의 작용.
멜라닌세포자극호르몬은 파충류와 양서류의 색깔 변화를 자극한다. 위 사진의 녹색 아놀도마뱀(*Anolis carolinensis*)은 한경 신호에 반응하여 아래 사진의 황갈색으로 변화하였다.

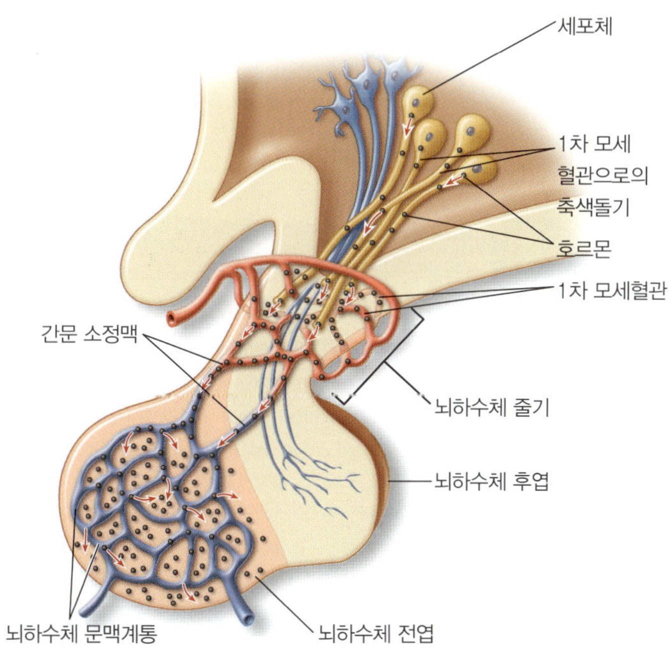

그림 20.9 시상하부에 의한 뇌하수체 전엽의 호르몬 통제.

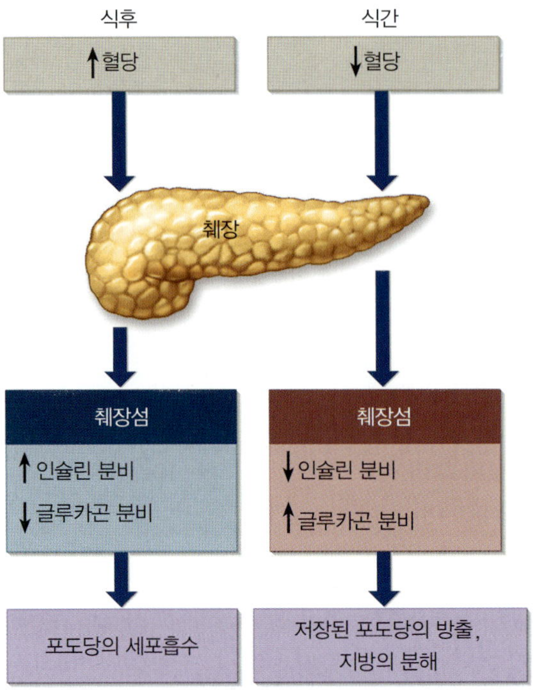

그림 20.10 췌장에서 분비되는 인슐린과 글루카곤은 혈당 수준을 조절한다.

식후에 췌장 랑게르한스섬의 베타세포에서 분비되는 인슐린은 포도당이 혈액에서 조직세포로 이동하도록 촉진한다. 식사 사이에는 랑게르한스섬의 알파세포에서 글루카곤의 분비가 증가되고 인슐린의 분비는 감소하여, 저장된 포도당의 방출과 지방의 분해를 유발한다.

뉴스에서

췌장암. 암 중에서 가장 치명적인 것이 췌장의 악성종양이다. 매년 미국에서 약 37,700명이 췌장암으로 진단을 받고, 34,300명이 췌장암으로 인하여 사망한다. 5% 미만이 진단 후 5년간 생존하고, 50%는 6개월 이내에 사망한다. 췌장암은 아무른 증상을 나타내지 않기 때문에 종종 "침묵의 살인자"라고 불리며, 따라서 췌장암은 많이 진행되기 전까지 종종 진단되지 않는다. 불행하게도, 무엇이 췌장암을 유발하는지에 대하여 우리는 많은 아이디어를 가지고 있지 않다. 60세 이상에서 더 흔하며, 흡연자, 당뇨병 환자, 그리고 비만한 사람에서 약간 더 흔하지만, 췌장암을 방지하는 확립된 지침은 전혀 없다.

20.4 췌장 The Pancreas

학습 목표 20.4.1 췌장에서 생산되는 호르몬을 확인하고, 그들이 혈당 수준을 조절하기 위하여 어떻게 상호작용하는지 서술한다.

췌장 분비샘은 위의 뒤쪽에 위치하며 좁은 관으로 소장의 전단부와 연결되어 있다. 췌장은 이 관을 통하여 소화관 내로 다양한 소화효소를 분비하며, 오랫동안 오로지 외분비샘으로 생각되어왔다. 그러나 1869년 독일 의과대학생인 랑게르한스(Paul Langerhans) 췌장 전반에 걸쳐 색다른 세포의 집단이 분산되어 있는 것을 기술하였다. 1893년 의사들은 나중에 랑게르한스섬(islets of Langerhans)으로 명명된 이 세포들의 집단이 진성당뇨병을 방지하는 물질을 생산한다고 결론지었다. **진성당뇨병**(Diabetes mellitus)은 혈당이 매우 높은데도 불구하고, 질환에 걸린 개인의 세포가 혈액으로부터 포도당을 흡수할 수 없는 심각한 질환이다. 일부 개인은 체중이 감소되고 문자 그대로 굶주리며; 다른 사람은 혈액순환이 되지 않아 때로는 순환이 제한되어 사지를 절단하기도 한다. 당뇨병은 성인이 눈이 멀게되는 주요한 원인이며, 모든 신장 기능부전의 1/3을 차지한다. 당뇨병은 미국에서 사망원인의 7번째이다.

췌장의 랑게르한스섬은 상호작용하여 혈액의 포도당 수준을 지배하는 2종류의 호르몬을 생산한다. 이 호르몬은 인슐린과 글루카곤이다. 인슐린은 저장호르몬이며, 배고플 때를 대비해 양분을 저축하도록 설계되었다. 인슐린은 간에서 인슐린을 축적하고 지방세포에서 트리글리세리드를 축적하도록 촉진한다. 음식을 먹으면(그림 20.10의 왼쪽), 랑게르한스섬의 베타세포는 인슐린을 분비하여, 신체의 세포가 포도당을 흡수하여 글리코겐과 트리글리세리드로 저장하여 나중에 이용하도록 한다. 신체의 활동이 포도당을 연료로 사용하여 혈당 수준이 저하되면(그림 20.10의 오른쪽), 알파세포라고 하는 췌장의 다른 세포가 글루카곤을 분비하며, 글루카곤은 간세포가 저장된 포도당을 방출하고 지방세포가 트리글리세리드를 분해하여 에너지로 이용할 수 있도록 한다. 이 두 호르몬은 함께 작용하여 혈당 수준을 좁은 범위 내에서 유지한다.

2천 6백만의 사람이 미국에서, 그리고 2억 4천 6백만 명의 사람이 전 세계적으로 **당뇨병**(diabetes)을 가지고 있다. 진성당뇨병에는 2종류가 있다. 당뇨병을 앓는 사람의 5-10% 정도가 면역계가 랑게르한스섬을 공격하여 비정상적으로 낮은 인슐린 분비를 초래하는 자가면역질환인 I 유형의 당뇨로 고통 받고 있다. 유년기 발병 당뇨라고 하는 이 유형의 당뇨병은 보통 20세 이전에 발병한다. 질환을 앓는 환자는 매일 인슐린 주사를 맞아 치료될 수 있다. 랑게르한스섬을 이식하는 가능성에 대한 활발한 연구는 I 유형 당뇨병 환자의 영구적인 치료에 희망을 주고 있다.

II 유형의 당뇨병에서는, 혈액의 인슐린 수준이 종종 정상보다 높지만, 세포가 인슐린에 반응하지 않는다. 이 유형의 당뇨병은 보통 40세 이상의 사람에서 발생한다. 이는 거의 대부분 과체중의 결과이다. 미국에서 II 유형의 당뇨병이 발병하는 사람의 80%가 비만이다. 일부 II 유형 당뇨병 환자의 세포는 음식으로 압도되어, 포도당에 대한 욕구를 하향 조절하는데, 인슐린 수용체의 수를 감소하여 인슐린에 대한 감수성을 감소시킨다. 이르 보상하기 위하여 췌장은 더 많은 인슐린을 펌프해 낸다. II 유형의 당뇨는 보통 다이어트와 운동에 의하여 치료될 수 있으며, 대부분의 환자는 매일 인슐린을 투여할 필요가 없다.

개념의 적용

유형 I과 유형 II 당뇨병을 구분하시오.

생물학과 건강한 삶

II 유형 당뇨병의 유행

미국인은 먹는 것을 사랑하지만, 질병통제 및 예방센터(Center for Disease Control and Prevention)에서 너무 많이 먹어서 당뇨병 유행이 되고 있다고 경고하는 보고서를 배포하였다. 1991년 당뇨병은 7백만 미국인에 영향을 끼쳤다. 2010년 말에 그 숫자는 2천 6백만 명 이상으로, 모든 미국인의 8%가 넘으며, 이는 단지 19년 사이에 놀라운 증가이다!

당뇨병의 동일한 폭발이 세계적으로 나타나고 있다. 당뇨병은 현재 2억 4천 6백만명에 영향을 끼치고 있으며, 매년 3백 8십만 명이 당뇨병으로 사망한다. 10초마다 당뇨병으로 한 사람이 사망한다. 또한 10초 동안에 두 사람 더 당뇨병이 발병한다.

당뇨병은 신체의 세포가 혈액으로부터 포도당을 흡수하지 못하는 질환이다. 포도당에 굶주린 세포로 수척해진 조직은 자신의 단백질을 소비하도록 강요된다. 당뇨병은 신장 기능부전, 장님, 그리고 성인의 사지절단의 주요한 원인이다. 지난 10년 동안의 모든 당뇨병 증가의 대부분은 90%가 II 유형으로 고통 받는 성인에 발병하는 당뇨병이다. 이러한 개인은 인슐린 호르몬을 이용할 수 있는 능력이 결여되어 있다.

여러분의 신체는 세포에 고수준의 포도당이 곧 온다는 경고의 방법으로 식후에 인슐린을 제조한다. 인슐린 신호는 세포 표면의 특별한 수용체에 부착하며, 이는 세포가 포도당 운반 기작을 켜도록 한다. II 유형의 당뇨병을 앓고 있는 일부 개인은 혈액에 정상적인 또는 심지어는 상승된 인슐린 수준을 가지고 있고, 정상적인 인슐린 수용체를 가지고 있지만, 어떠한 이유로 인하여 세포 수용체에 인슐린이 부착되어도 포도당을 운반하는 기작이 켜지지 않는다. 30년간 연구자들은 왜 켜지지 않는지를 알아내기 위하여 노력하고 있다.

인슐린은 어떻게 정상세포의 포도당 운반 기작을 켜도록 작용하나요? IRS(insulin receptor substrate)라고 하는 단백질은 세포 내부에서 인슐린 수용체에 달라붙는다. 인슐린이 수용체 단백질에 부착되면, 수용체는 IRS 분자에 인산기를 추가하여 반응한다. 빨갛게 달구어진 부지깽이에 닿은 것처럼, 이는 IRS 분자가 작용하도록 자극한다. 기세 좋게 IRS 분자는 포도당 운반 기작을 켜는 효소를 포함하여 다양한 과정을 활성화시킨다.

IRS 유전자가 소위 K.O.된 생쥐처럼 고의로 작용을 못하게 되면, II 유형의 당뇨병이 초래된다. IRS 단백질의 유전자 결함이 II 유형 당뇨병에 책임이 있나요? 아마도 아닐 것이다. 연구자들이 유전된 II 유형 당뇨병환자의 IRS 유전자 돌연변이를 조사하였을 때, 돌연변이를 찾을 수 없었다. IRS 유전자는 정상이었다.

이는 II 유형 당뇨병에서 무엇인가가 IRS 단백질의 작용을 간섭한다는 것을 암시한다. 그것이 무엇일까요? 유형 II 당뇨병이 발병한 사람의 80% 정도가 비만이며, 이는 관심을 끌게 하는 단서이다. 그래프를 보시오. 당뇨병이 폭발적으로 증가를 한 시기와 같은 기간에, 비만율도 미국 인구의 6%에서 34% 이상으로 증가하였다.

당뇨병과 비만사이의 연결고리는 무엇인가요? 최근의 연구는 이 핵심적인 질문에 대하여 해답을 암시한다. 펜실베이니아 의과대학의 과학자 팀은 티아졸리디네디온(TZDs; thiazolidinediones)라고 하는 약의 계열이 당뇨병과 싸우게 돕는 것을 연구하였다. 그들은 TZDs가 신체의 세포가 인슐린을

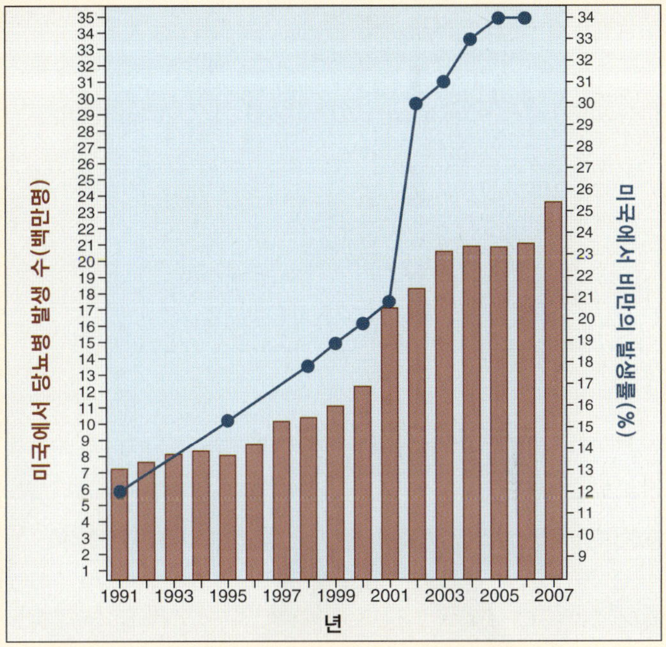

효과적으로 이용하도록 한다는 것을 발견하였으며, 이는 TZD 약이 호르몬을 표적으로 할지 모른다고 시사한다.

연구자들은 그러한 호르몬을 생쥐에서 찾을 수 있을지 알아보았다. 단서를 찾기 위하여, 그들은 TZD에 의하여 어떤 생쥐 유전자가 활성화되거나 불활성화되는지를 찾기 시작하였다. 몇 개의 유전자가 있었다. 그 유전자들을 조사하여, 과학자들은 그들이 찾던 호르몬에 조준할 수 있었다. 레지스틴(resistin)이라고 이름 붙인 호르몬은 지방세포에 의하여 생산되며 조직이 인슐린에 내성을 가지도록 촉구한다. 동일한 레지스틴 유전자가 사람에게도 존재한다. 연구자들은 레지스틴이 신체가 공복기에 대처하는 것을 돕기 위하여 진화되었을 것으로 추측한다.

연구자들이 레지스틴을 투여한 생쥐는 혈당을 흡수할 수 있는 능력을 대부분 상실하였다. 레지스틴 수준을 감소시키는 약을 투여하였을 때, 생쥐는 잃어버렸던 포도당 운반 능력을 회복하였다. 연구자들은 아직 레지스틴이 어떻게 인슐린 감수성을 저하시키도록 작용하는지 모르고 있지만, IRS 단백질의 작용을 차단하는 것이 그럴듯한 가능성으로 보인다.

중요하게, 과식으로 인하여 비만한 생쥐에서 극적으로 높은 호르몬 수준이 발견되었다. 이러한 종류의 결과를 발견한 것은 당뇨병 연구자들에게 저녁식사 종을 울리는 것과 같다. 만약 비만이 인간의 레지스틴 농도를 높게 한하여 II 유형 당뇨병을 일으킨다면, 레지스틴을 낮추는 약은 당뇨병 치료를 제공할 수 있을 것이다!

무언가 중요한 단서를 찾아서, 레지스틴 연구자들은 노력을 생쥐에서 사람으로 옮겨가고 있다. 생쥐에서 작동한 것이 인간에게도 동일한 방식으로 작용하리라는 보장이 전혀 없기 때문에 많은 것들을 점검해야 한다. 아직까지 흥분은 확실하다.

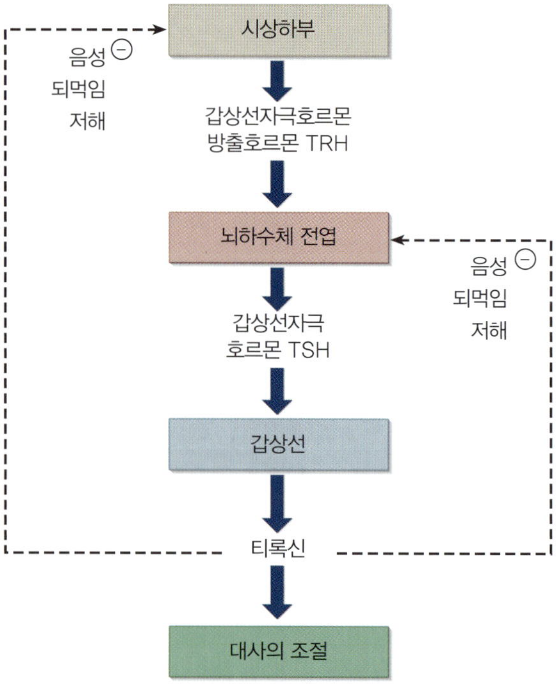

(a)

(b)

그림 20.11 갑상선은 티록신을 분비한다.

(a) 티록신은 시상하부와 뇌하수체 전엽에 음성 되먹임 통제를 행사한다. (b) 갑상선종은 식단에서 요오드의 결핍으로 기인하며, 이는 티록신 분비의 감소를 유발한다. 그 결과 음성 되먹임이 감소하여, TSH는 갑상선을 자극하는 것으로부터 저해되지 않으며, 갑상선이 확대된다.

여러분에게 의미하는 것

여러분은 이 여인의 갑상선종을 요오드를 투여하여 치료할 수 있다고 생각하나요? 그 이유를 설명하시오.

20.5 갑상선, 부갑상선, 그리고 부신

The Thyroid, Parathyroid, and Adrenal Glands

학습 목표 20.5.1 갑상선, 부갑상선, 그리고 부신의 위치를 알아내고, 그들이 생산하는 호르몬을 확인하고, 이러한 호르몬이 어떻게 기능하는지 토의한다.

갑상선: 대사의 온도조절장치

갑상선(hyroid gland)은 방패처럼 생겼으며 결후(Adam's apple) 바로 아래 목의 앞부분에 놓여있다. 갑상선은 여러 종류의 호르몬을 생산하는데, 2가지 가장 중요한 것은 대사속도를 증진시키고 생장을 촉진하는 **티록신**(thyroxine)과, 뼈로부터 칼슘의 방출을 저해하는 **칼시토닌**(calcitonin)이다.

티록신은 신체의 대사수준을 몇 가지 중요한 방식으로 조절한다. 적절한 티록신이 없으면 생장이 지체된다. 예를 들어 갑상선의 활성이 저하된 어린이는 탄수화물의 분해와 단백질의 합성을 정상적인 속도로 수행할 수 없기 때문에, 크레틴병(cretinism)이라고 하는 발육정지가 나타난다. 정신지체도 또한 나타날 수 있는데, 그 이유는 중추신경계의 정상적인 발달을 위하여 티록신이 필요하기 때문이다.

> 음성 되먹임 고리는 17.1절에서 논의되었듯이 많은 신체 기능을 통제한다. 호르몬 조절의 경우, 호르몬 자신이 효과기(분비샘)에 되먹이는 반응일 수 있으며, 호르몬 자체의 생산을 증가시키거나 감소시킨다.

갑상선은 시상하부에 의하여 티록신을 생산하도록 자극되며, 시상하부는 음성 되먹임 작용을 통하여 티록신에 의하여 저해된다. 그림 20.11*a*의 점선은 티록신이 어떻게 시상하부와 뇌하수체로부터 각각 TRH와 TSH의 방출을 저해하는지 보여준다.

티록신은 요오드를 포함하고 있으며, 식사의 요오드 양이 너무 낮으면, 갑상선은 시상하부가 저해되도록 하는 적절한 양의 티록신을 만들 수 없다. 그러면 시상하부는 계속하여 갑상선을 자극하여, 갑상선은 부질없이 더 많은 티록신을 생산하기 위하여 커지게 될 것이다. 그러한 결과로 갑상선종(goiter)이라고 하는 엄청나게 확대된 갑상선이 초래된다(그림 20.11*b*). 식단에 요오드가 필요한 것은 식염에 요오드를 첨가하는 이유이다. 칼시토닌도 갑상선에 의하여 생산되는데, 신체에서 적절한 칼슘 수준을 유지하는데 핵심적인 역할을 한다.

부갑상선: 칼슘의 조절 The Parathyroids: Regulating Calcium

부갑상선(parathyroid gland)은 갑상선에 부착된 4개의 작은 분비샘이다. 작고 눈에 잘 띄지 않아서, 부갑상선은 지난 세기에 접어들 때까지 연구자들에 의하여 무시되었다. 부갑상선이 호르몬을 생산한다는 최초의 암시는 개에서 제거한 실험으로부터 나왔다. 개의 혈중 칼슘 농도가 정상의 절반 이하로 수직으로 떨어졌다. 그러나 부갑상선의 추출물을 투여하면 칼슘 수준은 정상으로 되돌아왔다. 과량으로 투여하였을 때 혈액의 칼슘수분은 너무 높아졌으며, 개의 뼈는 추출되어 글자 그대로 완전히 분해되었다. 부갑상선이 칼슘에 작용하여 뼈로 흡수와 뼈로부터 방출을 조절하는 호르몬을 생산한다는 것이 명백하였다.

부갑상선에 의하여 생산되는 호르몬은 **부갑상선 호르몬**(parathyroid hormone; PTH)이다. PTH는 신체에서 생존에 절대적으로 필수적인 2개의 호르몬 중의 하나이다(다른 하나는 부신에 의하여 생산되는 알도스테론이다). PTH는 혈액의 칼슘 수준을 조절한다. 칼슘 이온은 근육 수축에 필요하며, 칼슘의 방출을 개시하여 신경자극은 근육이 주축하도록 한다. 척추동물은 심장을 펌프하고 신체를 추진하는 금육이 없이는 생존할 수 없으며, 이러한 근육은 칼슘 수준이 좁은 한계 내에서 유지되지 않으면 기능할 수 없다.

PTH는 칼슘 수준이 절대 너무 낮게 떨어지지 않도록 확실하게 하는 자동안전장치로서 작용한다. PTH는 혈류로 방출되어, 뼈로 이동하여, 뼈 내부의 파골세포(파란색 세포)에 작용하여, 뼈 조직을 해체하여 혈류로 칼슘을 분비하도록 자극한다. PTH는 또한 신장에 작용하여 여과액으로부터 칼슘을 재흡수하도록 하며, 장에서 칼슘을 흡수하는데 필수적인 비타민 D를 활성화시킨다. 비타민 D가 결핍된 식단은 구루병이라고 하는 뼈의 형성이 빈약한 질병을 초래한다. 칼시토닌 호르몬은 갑상선에서 방출되며 PTH의 작용에 반대되는 역할을 한다. 혈중 칼슘 수준이 상승하면(그림 20.12*b*), 칼시토닌은 조골세포를 활성화시켜(주황색 세포) 칼슘을 흡수하여 뼈를 재건하게 한다.

조골세포는 새로운 뼈 조직을 조립하는 뼈 세포이며, 파골세포는 뼈 조직을 분해하는 효소를 분비하는 뼈 세포이다. 2가지 세포 모두 그림 13.5의 뼈의 개조에 관련되어 있다.

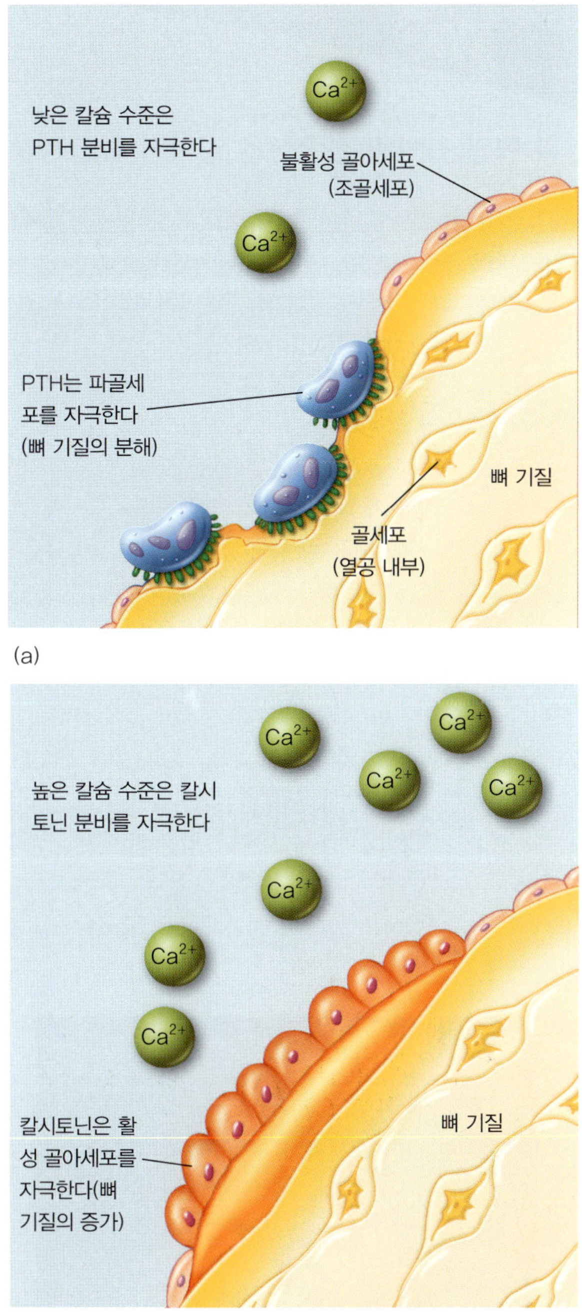

그림 20.12 혈액의 절절한 칼슘 수준을 유지하기.

(a) 혈액의 칼슘 수준이 너무 낮아질 때, 부갑상선은 PTH를 추가적으로 생산하며, 이는 뼈의 분해를 촉진하여 칼슘을 방출한다. (b) 반대로, 혈액의 칼슘 수준이 비정상적으로 높으면 갑상선이 칼시토닌을 분비하도록 유도되어 뼈로부터 칼슘의 방출을 저해하며, 조골세포가 혈액에서 칼슘을 제거하는 활동을 촉진시켜 뼈에 축적하도록 한다.

부신: 하나로 합쳐진 두 분비샘 The Adrenals: Two Glands in One

포유류는 각각의 신장 바로 위에 위치한 2개의 **부신**(adrenal glands)을 가지고 있다(그림 20.1 참조). 각각의 부신은 2개의 부분으로 구성되어 있다. (1) **수질**(medulla)이라고 하는 내부핵심은 에피네프린(아드레날린이라고도 불림)과 노르에피네프린 호르몬을 분비하며; 그리고 (2) **피질**(cortex)이라고 하는 외부 껍질은 코르티솔과 알도스테론의 스테로이드계통 호르몬을 생산한다.

부신수질(Adrenal Medulla): 비상사태를 경고하는 사이렌. 부신수질은 스트레스를 받을 때 **에피네프린**(epinephrine)과 **노르에피네프린**(norepinephrine)을 방출한다. 이 호르몬들은 신체의 연료를 신속하게 배치하도록 자극하는 비상신호의 역할을 한다. 이러한 호르몬들이 신체 전체를 통하여 생산하는 "경보"반응은 교감신경계에 의하여 개별적인 효과가 달성되는 것과 동일하지만, 훨씬 오래 지속된다. 그들의 효과에는 심박의 가속, 혈압의 상승, 혈당의 증가, 그리고 심장으로 증가된 혈류 등이 포함된다.

부신피질(Adrenal Cortex): 염증, 스트레스, 그리고 염의 적절한 양을 유지하기. 부신피질은 코티솔이라고 하는 스테로이드계통 호르몬을 생산한다. 코르티솔(하이드로코티손이라고도 불림)은 영양적으로 안녕을 유지하기 위하여 신체의 많은 다양한 세포에 작용한다. 코르티솔은 탄수화물 대사를 촉진하며 염증을 줄여준다. 프레드니손 같은 이 호르몬의 합성 유도체는 항염증제(소염제)로 의학적으로 널리 이용되고 있다. 코르티솔은 스트레스 호르몬(stress hormone)으로 불리기도 하며, 신체가 급성 스트레스를 해결하기 위하여 스트레스를 받을 때 방출된다. 신체가 만성적인 스트레스를 경험하고 신체에서 코르티솔 수준이 높게 유지될 때 문제가 발생한다. 이는 고혈압, 면역기능의 감소, 지방의 축적, 그리고 혈당의 유지와 같은 것을 포함하는 다양한 문제를 일으킬 수 있다. 이러한 코르티솔의 만성적인 효과는 건강에 좋지 않다.

부신피질은 또한 **알도스테론**(aldosterone)을 생성한다. 알도스테론은 주로 신장에서 소변으로부터 나트륨과 다른 염의 흡수를 촉진하는 작용을 하며, 이는 또한 물의 재흡수를 증가시킨다. 알도스테론은 PTH와 함께 생존에 필수적인 내분비 호르몬이다. 부신을 제거하는 것은 반드시 치명적이다.

개념의 적용

생산이 중지되면 여러분이 죽게 되는 인간의 생존에 그렇게도 중요한 2가지의 호르몬은 무엇인가요. 그들은 왜 그렇게도 중요한가요?

질문과 분석

흡연과 폐암 사이의 관련성은 얼마나 강한가요?

미국에서 모든 암 사례의 1/3은 직접적으로 흡연에 기인한다. 흡연과 암 사이의 관련성은 폐암에 대하여 특히 현저하다. 아래 사진에서 보이는 허파는 암으로 가득차 있으며 흡연자의 허파이다. 암 종양이 상부 절반을 거의 완전히 차지하였으며, 검정색으로 변한 것은 타르 때문이다. 암세포는 허파로부터 림프와 혈관으로 전이되어 신체 전체로 퍼져나간다. 폐암의 많은 희생자는 두뇌와 같이 신체의 다른 부분에 형성되는 2차 종양으로 사망한다. 2011년 50만 명 이상이 암으로 사망하였으며, 이중 27%가 폐암으로 사망하였다.

모든 미국인은 사망한다. 이 통계의 비극은 너무 많은 사람이 불필요하게 일찍 죽는다는 것이다. 폐암 사망자의 87%가 흡연자였다. 흡연은 미국인에게 인기 있는 기분전환이다. 미국에서 21%의 성인과 23%의 십대가 흡연을 하며, 2005년 흡연자들은 389조 개비의 담배를 소비하였다. 담배에서 방출되는 연기는 3천여 종의 화학성분을 함유하고 있으며, 여기에는 염화비닐, 벤조피렌, 그리고 N-니트로소노르니코닌과 같은 유력한 돌연변이원이 포함된다. 흡연은 이러한 돌연변이원이 허파의 조직과 직접 접촉하도록 하며, 암은 잠재적인 결과이다.

하루에 피우는 담배 개비 수와 폐암의 발생 사이에는 얼마나 강한 상관관계가 있나요? 이를 알아보기 위하여, 미국 남성의 폐암 발생과 하루에 피우는 담배 개비 수 사이에 상세한 연구를 수행하였다. 그 결과를 위의 그래프에 나타내었다.

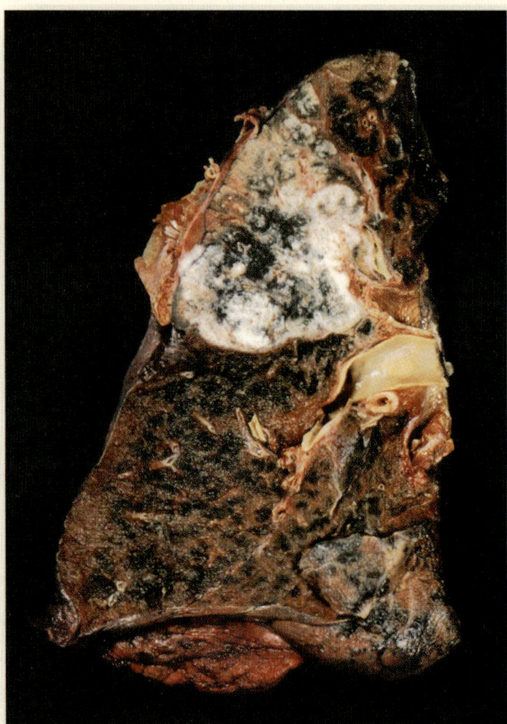

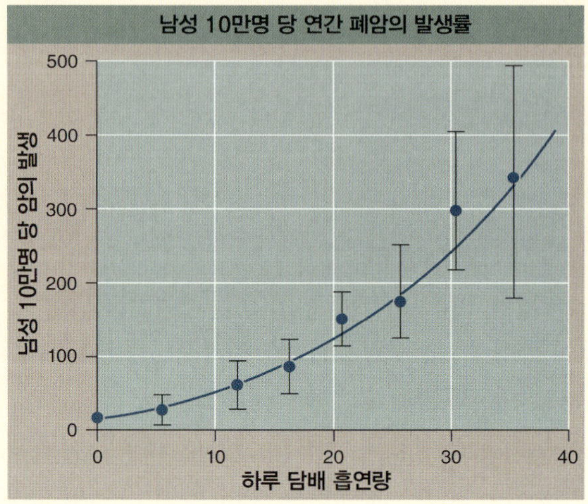

분석

1. **개념의 적용:** 그래프의 점을 통과하여 그린 수직선은 "오차 막대(error bar)"이다. 어느 정도의 추정 오차가 하루에 20개비를 피우는 사람의 암 발생 추정과 연관되어 있나요? 30개비를 피우는 사람의 경우에는 어떠한가요?
2. **자료의 해석**
   - **a.** 10만 명당 암의 발생이 100이라면, 암을 가진 사람은 몇 %나 되나요?
   - **b.** 그래프에서 오차 막대의 크기에 경향을 볼 수 있나요? 무엇이 이에 대한 설명을 해줄 수 있을까요?
3. **추론하기**
   - **a.** 담배 한 갑에는 20개비가 있다. 하루에 한 갑을 피우는 사람의 암 발생률은 어떻게 되나요?
   - **b.** 비흡연자 사이에서 폐암의 발병률은 어떻게 되나요?
   - **c.** 하루에 한 갑을 피우는 사람이 폐암에 걸릴 위험성을 비흡연자의 위험성과 비교하시오.
   - **d.** 하루에 피는 담배의 양과 폐암 발생의 관계는 직선인가요? 여러분은 왜 관계가 그러하다고 생각하나요? 여러분은 담배를 훨씬 많이 피우는 경우 위험은 어떻게 증가한다고 생각하나요?
4. **결론의 도출:** 이러한 결과는 흡연이 암을 유발한다는 가설을 지지하나요? 그 이유를 설명하시오.

학습 결과의 요약

신경내분비계

호르몬

20.1.1 호르몬은 분비샘과 다른 내분비 조직에서 생산되어 신체의 먼 부위로 운반되는 화학적 신호이다. 내분비샘은 호르몬을 생산하여 혈액으로 방출한다.

20.1.2 대부분의 내분비샘과 조직은 중추신경계의 통제하에 있다. 시상하부는 종종 뇌하수체로부터 호르몬의 방출을 유발한다. 호르몬은 그 특정한 호르몬에 반응하는 수용체를 가지고 있는 세포만 반응하기 때문에 효과적인 신호이다. 호르몬은 그러한 "표적세포"상에 있는 수용체와 결합하여 세포 내에서 반응을 유도하는데, 이는 종종 세포활동의 변화이거나 유전자 발현이다.

호르몬은 어떻게 세포를 표적화하는가

20.2.1 스테로이드 호르몬은 지용성 분자이다. 그들은 표적세포의 원형질막을 통과하여 세포질 또는 핵에 있는 수용체에 결합한다. 호르몬-수용체 복합체는 DNA에 결합하여, 세포의 기능을 변경시키는 유전자 발현에 변화를 유발한다.

20.2.2 펩티드 호르몬은 원형질막을 통과할 수 없다. 대신에 펩티드 호르몬은 막의 단백질 수용체에 결합한다. 호르몬의 결합은(그림 20.5) 2차 전령을 활성화시키는 수용체의 내부 면의 변화를 유발한다. 고리형 AMP와 같은 2차 전령은 세포의 효소를 활성화시킨다. 효소는 그 이후 세포 활동의 변화를 유발한다. 2차 전령 체계는 신호를 증폭하고 세포활동의 변화를 용이하게 하는 반응의 폭포이다.

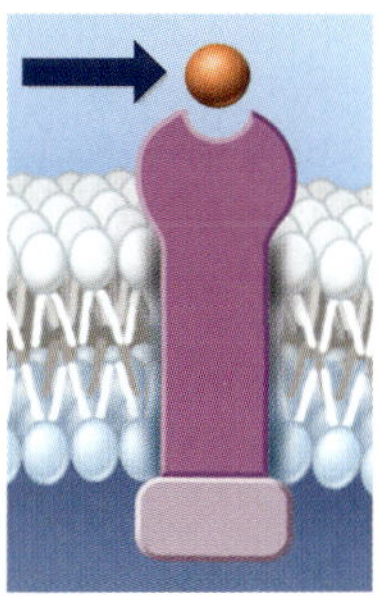

주요 내분비샘

시상하부와 뇌하수체

20.3.1 뇌하수체는 실질적으로 뇌하수체 후엽과 뇌하수체 전엽의 2개의 분비샘이다. 뇌하수체 후엽으 시상하부의 연장으로서 발달하며 시상하부의 세포체에서 연장된 축색돌기를 포함하고 있다.

뇌하수체 후엽에서 방출되는 호르몬들은 실질적으로 시상하부에서 생성되어 축색돌기에 의하여 저장과 방출을 위하여 뇌하수체 후엽으로 운반된다. 뇌하수체 후엽의 호르몬은 신장에서 물의 보유를 조절하는 항이뇨 호르몬(ADH)과, 출산 때 자궁의 수축을 개시하고 어머니의 젖 분비를 개시하는 옥시토신을 포함한다.

20.3.2 뇌하수체 전엽은 상피조직에서 기원하며 자신이 방출하는 호르몬을 생산한다. 뇌하수체 후엽에서는 7가지 종류의 호르몬이 생산된다. 여기에는 갑상선자극 호르몬(TSH), 부신피질자극 호르몬(ACTH), 생장호르몬(GH), 여포자극 호르몬(FSH), 황체형성 호르몬(LH), 프로락틴(PRL), 그리고 멜라닌세포자극 호르몬(MSH)이 있다. 시상하부는 뇌하수체 전엽을 통제한다. 시상하부는 뇌하수체 줄기를 둘러싸고 있는 모세혈관으로 방출되는 호르몬을 생산한다. 호르몬은 뇌하수체 전엽으로 짧은 거리를 진행한다(그림 20.9).

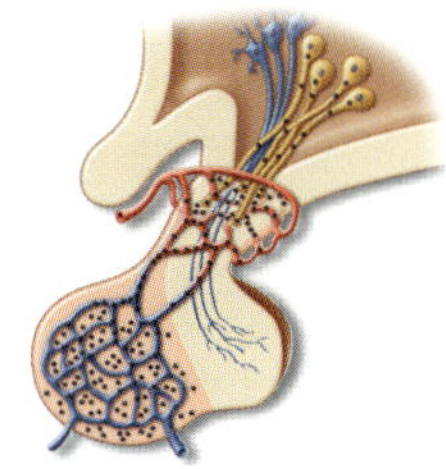

췌장

20.4.1 췌장은 인슐린과 글루카곤 2종류의 호르몬을 혈액으로 분비한다. 이 호르몬들은 혈당 수준을 안정되기 유지하기 위하여 상호작용한다. 인슐린은 혈액으로부터 포도당의 흡수를 자극한다. 글루카곤은 글리코겐의 포도당으로의 분해를 자극한다. 랑게르한스섬의 2가지 다른 유형의 세포가 인슐린과 글루카곤을 생산한다.

인슐린과 글루카곤은 서로 반대로 작동한다. 혈당 수중의 증가는 인슐린의 방출을 유발하고 혈당 수준의 감소는 글루카곤의 방출을 유발한다. 인슐린이 없거나 세포가 인슐린에 반응하지 못할 때, 진성당뇨병이 초래될 수 있다.

갑상선, 부갑상선, 그리고 부신

20.5.1 갑상선은 결후 바로 아래 목의 앞부분에 놓여있는 방패모양의 기관이다. 갑상선은 몇 종류의 호르몬을 만들지만, 갑상선이 생산하는 가장 중요한 2가지 호르몬은 대사작용과 생장을 증가시키는 티록신과, 뼈에 의한 칼슘 흡수를 자극하는 칼시토닌이다. 티록신은 음성 되먹임 작용에 의하여 통제된다. 호르몬이 충분히 방출되면, 호르몬은 호르몬을 생산하는 과정으로 되돌아가서 저해한다.

티록신이 적게 생산되면 일련의 건강문제가 발생할 수 있다. 어린이에게 티록신이 적게 생산되면 생장을 위축시키고 지적장야를 가져올 수 있다. 티록신이 충분하지 않을 경우에는 시상하부가 계속해서 갑상선을 자극하여 갑상선종의 형성이 초래된다.

부갑상선은 갑상선에 부착된 4개의 작은 분비샘이다. 부삽상선은 부갑상선 호르몬(PTH)를 생산한다. PTH는 혈액의 칼슘 수준을 조절한다. 낮은 칼슘 농도는 부갑상선으로부터 PTH의 방출을 자극한다. PTH는 뼈에 작용하여 뼈 조직의 해체를 유발하여 혈액으로 Ca^{2+}를 방출한다(그림 20.12). Ca^{2+} 수준이 다시 증가하면, 갑상선으로부터 칼시토닌이 방출되어 뼈세포에 의한 Ca^{2+}의 흡수와 새로운 뼈 조직의 합성을 자극한다.

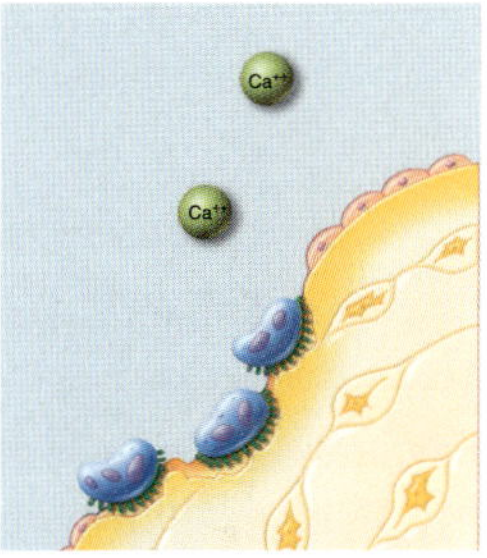

부신은 실제로 2개의 분비샘이다. 부신수질이 내부 핵이며, 부신피질은 외부 껍질이다. 부신수질은 신체의 비상사태 반응을 자극하는 에피네프린과 노르에피네프린을 분비한다. 부신피질은 염증반응과 포도당의 조절 그리고 스트레스 반응에 연관된 코르티솔을 분비한다. 부신피질은 또한 소변으로부터 나트륨과 물의 흡수를 촉진하는 알도스테론을 분비한다.

이해의 측정

20.1.1 화학적 신호가 전기적 신호에 대한 이점 중 하나는?
- **a.** 자극에 대한 반응이 매우 빨리 일어난다.
- **b.** 많은 양의 화학물질이 소요되기는 하지만, 화학적 신호가 효과적이다.
- **c.** 화학적 신호는 전기적 신호에 비하여 오래 남아있으며 느린 과정에 이용될 수 있다.
- **d.** 화학적 신호는 외부 자극에 대해서만 반응한다.

20.1.1 일부 내분비계에 대한 조정 센터는?
- **a.** 시상하부.
- **b.** 부신.
- **c.** 갑상선.
- **d.** 췌장.

20.1.2 호르몬이 신체의 효과적인 전령 역할을 할 수 있는 이유는?
- **a.** 특별히 자신에게 형체를 갖춘 수용체와 들어맞기 때문에.
- **b.** 단백질이기 때문에.
- **c.** 시냅스 소낭에서 방출되기 때문에.
- **d.** 위의 모든 것이 맞다.

20.2.2 스테로이드 호르몬의 작용이 펩티드 호르몬의 작용과 다른 이유는?
- **a.** 펩티드 호르몬은 작용을 시작하기 위하여 세포 내로 들어가야만 하지만, 스테로이드 호르몬은 세포막의 외부 표면에서 작용을 시작해야만 하기 때문이다.
- **b.** 스테로이드 호르몬은 작용을 시작하기 위하여 세포 내로 들어가야만 하지만, 펩티드 호르몬은 세포막의 외부 표면에서 작용을 시작해야만 하기 때문이다.
- **c.** 펩티드 호르몬은 직접 DNA 상에 작용하는 호르몬-수용체 복합체를 생산하지만, 반면에 스테로이드 호르몬은 효소를 유발하는 2차 전령을 방출하도록 하기 때문이다.
- **d.** 위의 어느 것도 옳지 않다.

20.3.1 소변의 물 농도를 조절하는 호르몬은 어디에서 방출되나요?
- **a.** 갑상선.
- **b.** 흉선.
- **c.** 뇌하수체 전엽.
- **d.** 뇌하수체 후엽.

20.3.2 _________은 수많은 스테로이드 호르몬을 생산하도록 부신을 자극하는 호르몬이다.
- **a.** ACTH
- **b.** LH
- **c.** TSH
- **d.** MSH

20.4.1 I 형 당뇨병은 어느 곳의 내분비 세포가 비정상일 때 유발되는가?
- **a.** 췌장.
- **b.** 흉선.
- **c.** 부신.
- **d.** 시상하부.

20.5.1 갑상선 호르몬의 방출은 무엇에 의하여 유발되나요?
- **a.** 혈액에 포도당이 너무 많을 때.
- **b.** 혈액에 나트륨이 너무 많을 때.
- **c.** 혈액에 칼슘이 너무 많을 때.
- **d.** 혈액에 요오드가 너무 많을 때.

20.5.1 에피네프린은 어떤 것의 효과를 흉내 내나요?
- **a.** 체성신경계.
- **b.** 중추신경계.
- **c.** 부교감신경계.
- **d.** 교감신경계.

20.5.1 다음 중 어느 호르몬이 스트레스를 받았을 때 부신피질에서 방출되나요?
- **a.** 코르티솔
- **b.** 알도스테론
- **c.** 에피네프린
- **d.** 생장호르몬

이해의 적용

20.1.1 신체 체계의 일부는 주로 신체의 한 부분에 위치하고 있거나, 명백하게 연결되어 있다. 예를 들면 호흡계는 머리와 신체의 상부에 위치한다. 골격계는 관절로 연결되어 있으며, 거의 대부분의 뼈가 서로 연결되어 있다. 그러나 내분비계는 분산되어 있으며, 서로 연결되어 보이지 않는 분비샘의 집단이다. 왜 내분비계는 이러한지 숙고해보세요.

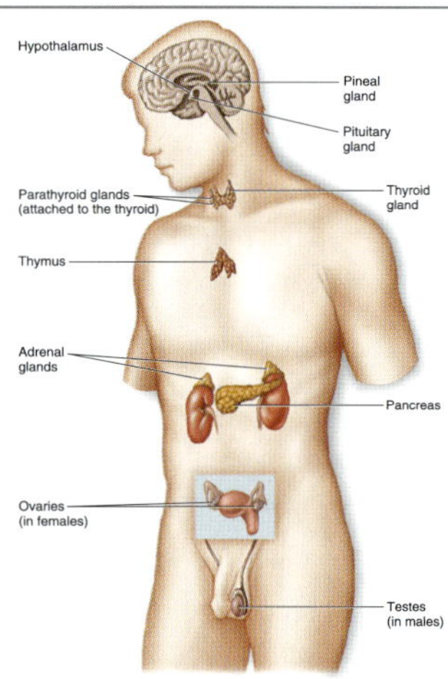

20.3.1 가상의 환자는 시상하부가 "저해"호르몬을 더 이상 분비할 수 없는 질환을 가지고 있다. 뇌하수체 전엽의 어느 호르몬이 영향을 받게 될까요?

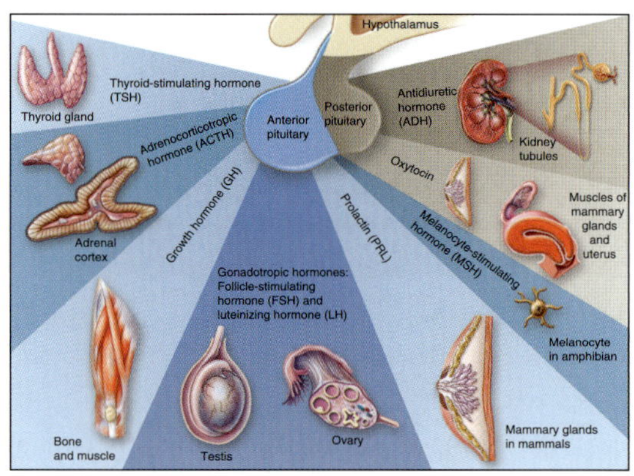

학습 내용의 종합

20.2.1 여러분 친구의 동생이 고등학교의 스포츠 스타가 되기를 희망한다. 이제 중학교 2학년이지만, 그는 다음 해를 위하여 체격을 키우기 위하여 친구로부터 얻은 스테로이드를 복용하고 있다고 자랑한다. 그는 여러분이 그 나이의 어린이에게 어떤 문제점이 있는지 들어본 적이 있느냐고 물어본다. 그는 그의 가족이 그를 대학에 보낼 수 있도록 하기 위하여 축구 장학금을 받는데 2년 정도만 소요되기를 원한다. 여러분은 그에게 어떠한 조언을 할 수 있을까요?

20.5.1 여러분의 뼈가 그렇게 중요하다면, 여러분의 신체는 글자 그대로 뼈 조직을 분해하는 파골세포를 포함하는 체계가 도대체 왜 필요할까요?

Chapter 21

생식과 발생
Reproduction and Development

개요(CHAPTER AT A GLANCE)

생식의 형태 Modes of Reproduction

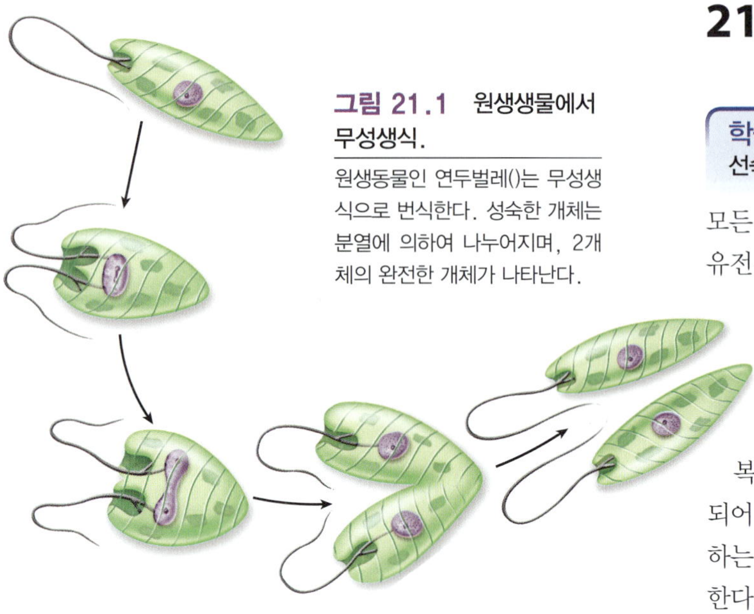

그림 21.1 원생생물에서 무성생식.

원생동물인 연두벌레()는 무성생식으로 번식한다. 성숙한 개체는 분열에 의하여 나누어지며, 2개체의 완전한 개체가 나타난다.

21.1 무성생식과 유성생식

Asexual and Sexual Reproduction

학습 목표 21.1.1 무성생식과 유성생식을 대조하고, 단성생식, 자웅동체, 자성선숙, 그리고 웅성 선숙을 구별한다.

모든 생식에 양 부모가 관련되는 것은 아니다. 무성생식은 자손이 어버이와 유전적으로 동일한데, 이는 원생생물, 자포동물, 그리고 피낭동물에서 주된 생식 수단이며, 일부 더 복잡한 동물에서도 나타난다.

유사분열을 통하여 하나의 어버이 세포에서 유전적으로 동일한 세포들이 생성된다. 이는 그림 21.1의 *연두벌레*(*Euglena*)에서 생물의 **분열**(fission)에 의하여 무성생식이 일어날 수 있도록 한다. DNA 복제가 일어나고 편모와 같은 세포구조가 복사된다. 핵은 동일하게 분열되어 각각의 딸세포로 간다. 자포동물은 보통 **출아**(budding)에 의하여 생식하는데, 어버이 신체의 일부가 나머지로부터 분리되어 새로운 개체로 분화한다. 새로운 개체는 독립적인 동물이 되거나 또는 어버이에 계속 부착되어 군체를 형성한다.

무성생식과는 달리, 유성생식은 새로운 개체가 두 세포의 연합에 의하여 형성된다. 이 세포들을 **배우체**(gamete)라고 하며, 결합되는 2종류는 일반적으로 *정자*(sperm)와 *난자*(egg; 또는 ovum)라고 한다. 정자와 난자의 결합은 수정된 난자 또는 **접합체**(zygote)를 생성하며. 이는 유사분열에 의하여 새로운 다세포 생물로 발생한다. 접합체와 유사분열에 의하여 형성되는 세포는 배수체이며, 염색체 각각의 상동짝을 둘 다 가지고 있다. 배우체는 성기관인 *정소*(testes)와 *난소*(ovary)의 **생식선**(gonad)에서 감수분열에 의하여 형성되며, 반수체이다(8장 참조). 정자형성(spermatogenesis)과 난자형성(oogenesis)은 다음 절에서 서술한다.

성에 대한 상이한 접근 Different Approaches to Sex

자손이 미수정 난자로부터 생성되는 생식의 유형인 **단성생식**(또는 처녀생식; Parthenogenesis)은 절지동물의 많은 종에서 보편적이다. 어떤 종은 전적으로 단성생식이며, 반면에 다른 종들은 다른 세대에서 유성생식과 단성생식이 교대로 나타난다. 꿀벌의 예를 들면, 여왕벌은 단 한번만 교미를 하며 정자를 저장한다. 그리고 여왕벌은 정자의 방출을 통제할 수 있다. 정자가 방출되지 않으면 알은 단성생식에 의하여 수컷인 수벌로 발생하고, 정자가 난자에 수정되면 수정란은 암컷인 여왕벌이나 일벌로 발생한다. 단성생식은 일부 도마뱀 속의 개체군에서도 나타난다.

생식 전략의 또 다른 변형인 **자웅동체**(Hermaphroditism)는 한 개체가 정소와 난소를 둘 다 가지고 있어 정자와 난자를 모두 생산할 수 있는 것이다. 그림 21.2*a*의 햄릿 농어는 난자와 정자를 모두 생산하는 자웅동체이다.

(a)

(b)

그림 21.2 자웅동체와 자성선숙.

(a) 햄릿 농어(*Hypoplectrus* 속)는 자웅동체의 심해어류이다. 혼자 짝짓기를 하는 과정에서, 한 마리 농어는 네 차례까지 성적 역할을 변경할 수 있다. 여기에서 수컷으로 역할을 하는 고기는 움직이지 않는 짝의 주위를 돌아다니면서 위로 떠오르는 알에 수정한다. (b) 파란머리 놀래기과 어류인 *Thalassoma bifasciatium*는 자성선숙이다. 여기에서 큰 수컷 또는 성 전환된 암컷을 보통 훨씬 크기가 작은 중에서 볼 수 있다.

교미할 때에 각각의 물고기는 짝에 의하여 수정되는 난자를 생산하다가, 짝의 난자를 수정하는 정자 생산으로 전환한다. 촌충은 자웅동체이며 교차 수정뿐 아니라 스스로 수정할 수도 있으며, 이는 숙주 내에 또 다른 촌충이 살고 있을 가능성이 희박하기 때문에 유용한 전략이다. 대부분의 자웅동체 동물은 그렇지만 생식을 위해서 다른 개체를 필요로 한다. 지렁이도 생식을 위하여 농어처럼 2개체가 필요하며, 각각은 암컷과 수컷으로 기능한다. 각각은 수정된 난자를 만들고 만남에서 헤어진다.

수많은 어류 속은 순차적 자웅동체(sequential hermaphroditism)라고 하는, 사회적 조건 또는 환경조건에 반응하여 개체가 성을 변화시킬 수 있는 종을 포함하고 있다. 예를 들면, 산호초 고기 중에는 **자성선숙**(protogyny; 암컷에서 수컷으로 변함)과 **웅성선숙**(protandry; 수컷에서 암컷으로 변함)이 모두 나타난다. 파란머리 놀래기과 어류의 자성선숙에서는(그림 21.2*b*), 성이 사회적인 통제 하에 있는 것으로 보인다. 이 어류는 보통 큰 집단 또는 떼를 지어 생활하는데, 성공적인 생식은 보통 한 마리에서 몇 마리의 지배적인 수컷에 제한되어 있다. 이러한 수컷들이 제거되면, 가장 큰 암컷이 성을 전환하여 지배적인 수컷이 된다(그림의 파란 머리를 가진 고기).

개념의 적용

단성생식(처녀생식) 동물의 예를 들어보세요.

성의 결정 Sex Determination

학습 목표 21.1.2 포유류의 성 결정에 대하여 토의한다.

포유류에서 성은 배아 발생의 초기에 결정된다. 인간 남성과 여성의 생식계는 임신 후 처음 40일 동안에는 비슷하게 보인다. 이 시간 동안에, 난자나 정자를 생성하게 될 세포는 배아의 생식선으로 이동하며, 이는 잠재적으로 여성의 난소나 남성의 정소가 될 잠재력을 가진다. 배아가 XY면, Y 염색체 상에 생식소를 정소로 변환시킬 수 있는 단백질을 생산하는 유전자를 가지고 있는 남성이다(그림 21.3의 왼쪽). 여성은 배아가 XX이며, Y 염색체 유전자와 이 유전자가 암호화하는 단백질이 결여되어 생식선은 난소가 된다(오른쪽 그림). 최근의 증거에 의하면 성결정 유전자는 ***SRY***("성을 결정하는 Y 염색체 상의 지역"이라는 뜻인 "sex-determining region of the Y chromosome")로 알려진 유전자라는 것을 시사한다. *SRY* 유전자는 상이한 척추동물 집단의 진화과정에서 고도로 보존된 것으로 보인다.

배아에서 일단 정소가 형성되면, 남성의 외부 생식기와 다른 부속 생식기관(그림의 파란색 상자에 나타낸)의 발생을 촉진하는 테스토스테론과 다른 호르몬을 분비한다. 정소가 형성되지 않으며, 배아는 여성의 외부 생식기와 부속 생식기관을 발생한다. 난소는 이 단계에서는 기능을 하지 않기 때문에 여성 기관의 이러한 발생을 촉진하지 않는다. 바꾸어 말하면, 모든 포유류 배아는 정소의 분비물에 의하여 남성화되지 않으면, 자동적으로 여성의 부속 성기관과 외부 생식기관을 방생한다.

개념의 적용

만약 유전공학에 의하여 *SRY* 유전자를 X 염색체에 전달할 수 있다면, 정상적인 X 염색체와 이 *SRY*-X 염색체를 가지고 있는 접합체는 여성일까요 아니면 남성일까요? 그 이유를 설명하시오.

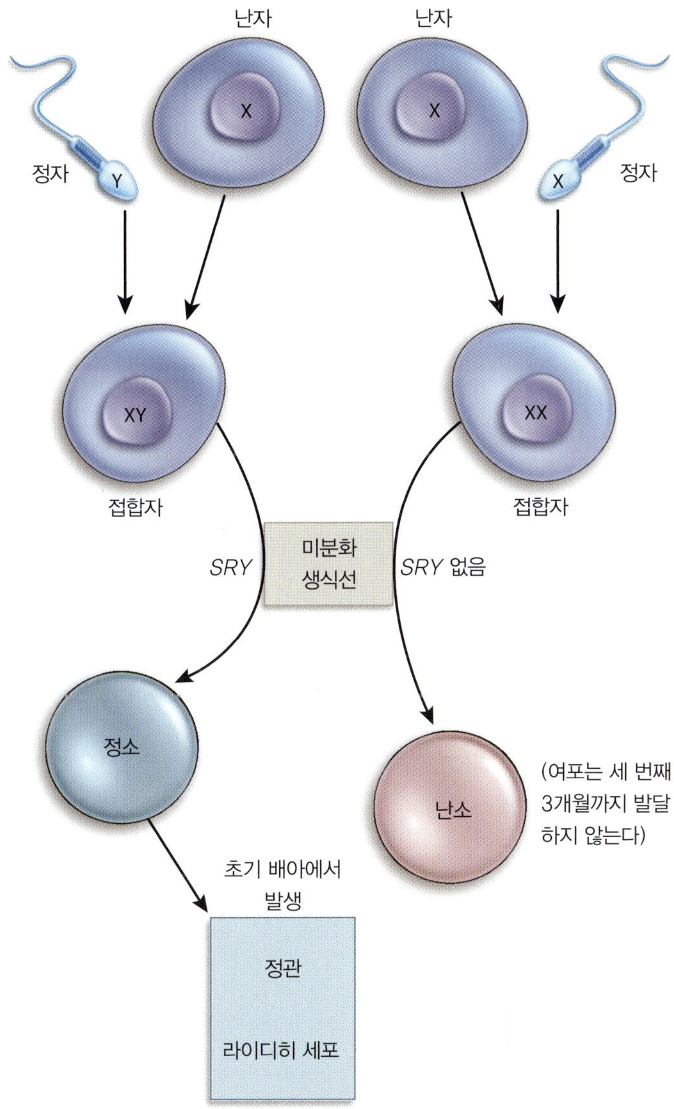

그림 21.3 성의 결정.

포유류의 성 결정은 SRY라고 이름 붙여진 Y 염색체 상의 유전자에 의하여 이루어진다. Y 염색체와 SRY가 있을 때 정소가 형성되며, 이들이 없을 때 난소가 형성된다.

인간의 생식계 The Human Reproductive System

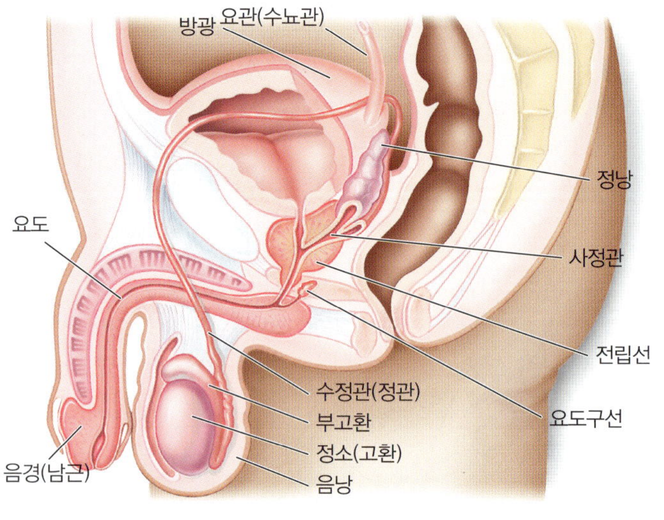

그림 21.4 남성의 생식기관.

정소는 정자가 형성되는 장소이다. 정소 위에 컵 모양으로 정자가 성숙을 완료하는 고도로 꼬여있는 통로인 부고환이 있다. 부고환으로부터 수정관이라고 하는 긴 관이 연장되어 나온다.

21.2 남성 Males

학습 목표 21.2.1 남성의 생식계를 서술하고, 정자가 어떻게 형성되고 운반되는지 설명한다.

인간의 남성 배우체인 **정자**(sperm)는 유전정보의 운반자라는 역할을 하기 위하여 고도로 전문화되었다. 감수분열에 의하여 생성되는 정자세포는 남성 신체의 다른 세포에서 발견되는 46개의 염색체 대신에 23개의 염색체를 가지고 있다. 정자는 정상적인 인간 체온인 37°C에서 성공적으로 발생을 끝마치지 않는다. 정자를 생산하는 기관인 **정소**(testis; 복수형은 testes)는 태아 발생기 도중에 음낭이라고 하는 주머니로 이동하며(그림 21.4), 음낭은 남성 다리 사이에 매달려 있으며, 신체의 다른 부위에 비하여 2개의 음낭을 약 3°C 정도 시원하게 유지한다. 정소는 남성 성호르몬인 **테스토스테론**(testosterone)을 분비하는 세포를 포함하고 있다.

남성의 배우체는 정소에서 형성된다 Male Gametes Are Formed in the Testes

그림 21.5❶의 정소의 내부 모습은 수백 개의 구획으로 구성되어 있는 것을 보여주며, 각각은 **정세관**(seminiferous tubule❷)이라고 하는 많은 수의 단단히 꼬인 관으로 가득 차있다. *정자의 생산*(정자발생; permatogenesis)은 이 소관 내부에서 일어난다. 정자발생 과정은 소관의

그림 21.5는 정자 발생 동안의 감수분열 과정의 개관을 보여준다. 감수분열 단계의 자세한 설명은 9.3절에서 찾아볼 수 있다.

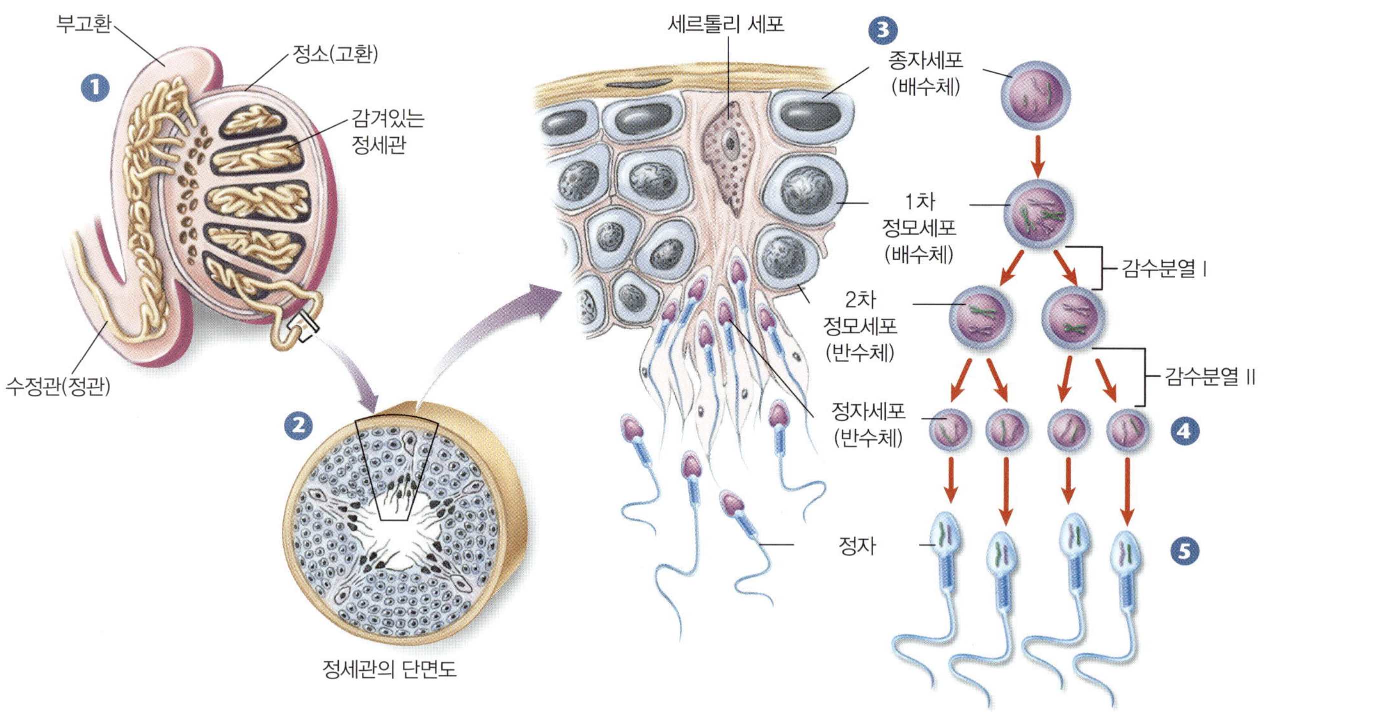

그림 21.5 정소와 정자의 형성.

정소 ❶내부에서, 정세관 ❷이 정자가 형성되는 부위이다. 정세관의 종자세포(germinal cell) ❸는 1차 정모세포(배수체)를 초래하며, 이는 감수분열을 통하여 반수체인 정자세포(spermatid) ❹를 형성한다. 정자세포는 운동성이 있는 정자(spermatozoa; sperm) ❺로 발달한다. 세르톨리 세포(Sertoli cell)는 정세관 벽 내부의 비배아 세포이다. 세르톨리 세포는 정자세포를 정자로 변환하는 것을 돕는 것과 같이 여러 방식으로 정자의 형성을 보조한다.

바깥쪽 종자세포(배종세포; germinal cell)에서 시작된다❸. 세포가 감수분열을 수행하면서, 종자세포는 소관의 내강(lumen) 쪽으로 이동하며❹, 정자가 소관으로 방출된다. 생산되는 정자의 수는 실로 믿을 수 없다. 일반적인 성인 남성은 일생동안 매일 수억 개의 정자를 생성한다! 신체에서 사정되지 않은 정자는 분해되며, 물질은 재흡수되어 재사용된다.

감수분열의 중간 단계를 통하여 정소 내부에서 정자가 제조되면, 정자는 **부고환**(epididymis)이라고 하는 길고 감겨있는 관으로 운반된다(그림 21.5). 정자는 부고환에 도달했을 때 운동성이 없으며, 운동성이 발달되기 위해서는 최소한 18시간을 머물러야 한다. 성숙한 정자는 비교적 단순한 세포이며, 머리, 몸체, 그리고 꼬리로 구성되어 있다(그림 21.6). 머리는 압축된 핵을 에워싸고 있으며 *첨체*(acrosome)라고 하는 소낭으로 씌워져 있다. 첨체는 난사를 둘러싸고 있는 보호층을 관통하는 것을 도와주는 효소를 포함하고 있다. 몸체와 꼬리는 추진 기작을 제공한다. 꼬리 내에는 편모가 있으며, 몸체 내부에는 편모의 기저체 역할을 하는 중심립이 있고, 편모 운동에 필요한 에너지를 생산하는 미토콘드리아가 있다.

부고환으로부터 정자는 **수정관**(vas deferens)이라고 하는 다른 긴 관으로 배달된다. 정자가 방출되면, 수정관으로부터 관을 통과하여 **요도**(urethra)로 이동하며, 이곳에서 생식관과 소변관이 연결되고, 음경을 통하여 비워진다. 정자는 **정액**(semen)이라고 하는 액체 내에서 방출되며, 정액은 대부분 정낭과 전립선에서 기원하는 정자에 에너지원을 제공하는 분비물도 포함하고 있다. 남성이 70세가 되면 90% 정도에서 전립선의 양성 확장이 나타나는데, 이는 암으로 될 수 있다. 전립선암은 남성에서 두 번째로 흔한 암이며 전파되기 전에 신체검사에서 조기에 탐지되면 효과적으로 치료될 수 있다.

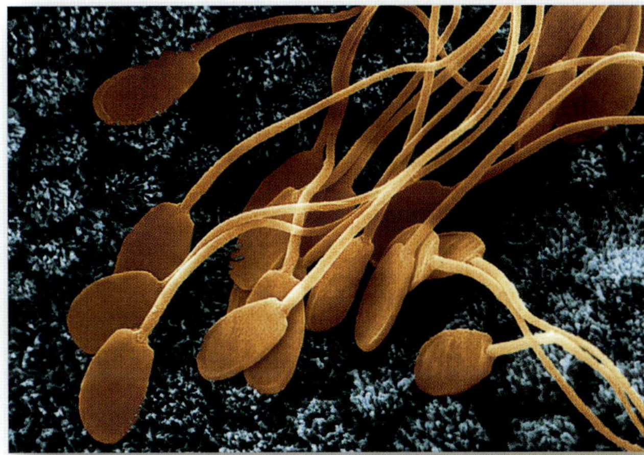

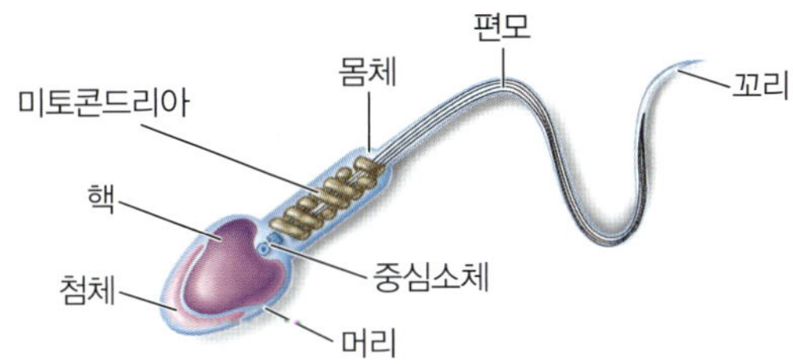

그림 21.6 인간의 정자세포.

각각의 정자는 정자를 추진하는 긴 꼬리와 핵을 포함하는 머리를 가지고 있다. 끝부분인 첨체(acrosome)는 정자세포가 수정을 위하여 난자로 들어가는 통로를 소화하는 것을 도와주는 효소를 포함하고 있다.

남성 배우체는 음경에 의하여 운반된다

사람과 일부 다른 포유류의 경우, **음경**(penis)은 해면조직으로 이루어진 2개의 긴 원통이 나란히 배열된 외부 관이다(그림 21.7). 요도의 중앙에 해면조직으로 된 세 번째 원통이 있으며, 이를 통하여 정액(사정할 때)과 소변(소변을 눌 때)이 모두 통과한다. 왜 이렇게 유별나게 고안되었을까요? 음경은 팽창하도록 설계되었다. 3개의 원통을 구성하는 해면조직은 세포 사이에 작은 공간으로 인하여 구멍투성이로 되어 있으며, CNS로부터의 신경자극이 이 조직으로 들어가는 소동맥을 확장시켜, 혈액이 이 공간에 수집된다. 풍선을 부는 것처럼, 이는 음경이 발기되고 단단하게 만든다.

발기는 음경에 어떠한 물리적인 자극을 가하지 않아도 달성될 수 있지만, 정액이 운반되기 위해서는 물리적인 자극이 필요하다. 음경의 자극은 여성의 질에 반복적으로 밀어 넣어 생기는 것처럼, 먼저 정자의 이동을 가져온다. 이 과정에서 수정관을 따라 요도로 정자가 들어간다. 요도구선도 또한 잔류하는 소면의 산성을 중화시키고 음경의 머리를 윤활해주는 투명하고 미끄러운 액체를 분비한다. 음경을 더욱 자극하면 2-5 ml의 정액이 강하게 분사되는 **사정**(ejaculation)이 일어난다. 이 작은 5 ml의 정액에는 수억 개의 정자가 있다. 하나의 정자가 난자로의 여정을 성공적으로 완료하고 수정하기에는 그 가능성이 극히 낮기 때문에, 성공적인 수정을 위해서는 매우 많은 정자 수가 필요하다. 남성의 정액 ml 당 정자의 수가 2천만 개 미만이면 일반적으로 불임으로 간주된다.

개념의 적용

전립선의 기능은 무엇인가?

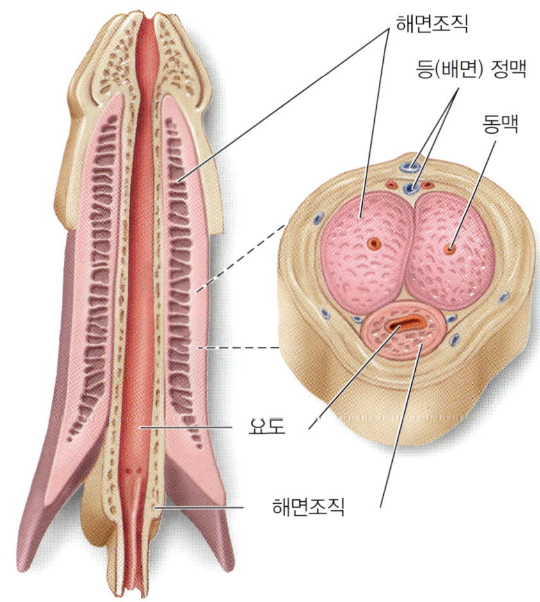

그림 21.7 음경의 구조.

(*왼쪽*) 종단면; (*오른쪽*) 횡단면.

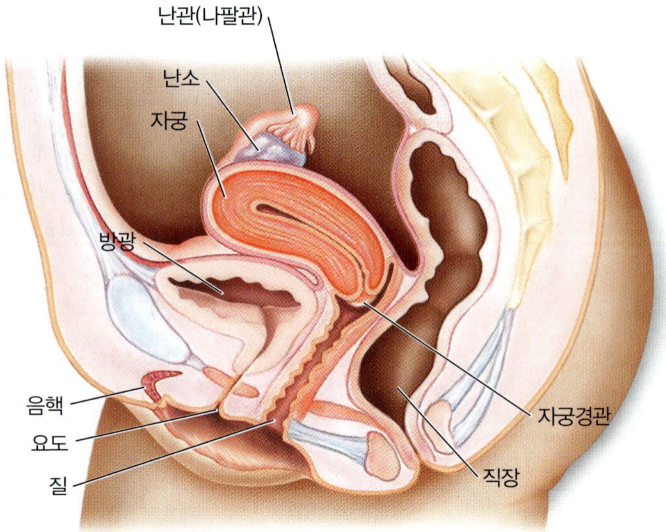

그림 21.8 여성의 생식계.

여성 생식계의 기관은 배우체를 생산하고 배우체가 수정되었을 때 배아의 발생을 위한 부위를 제공하도록 전문화되었다.

21.3 여성 Females

학습 목표 21.3.1 여성의 생식계를 도해하고, 난자가 어디에서 그리고 어떻게 형성되고 수정되는지 서술한다.

여성에서 난자는 **난모세포**(oocyte)에서 발생하며, 난모세포는 복강 내부의 밀집된 세포의 덩어리인 **난소**(ovary)의 외부 층에 위치한다(그림 21.8). 난성에서는 배우체를 생성하는 세포가 끊임없이 분열한다는 것을 상기하세요. 여성에서는 일생동안 필요한 모든 난모세포가 출생시 이미 존재하고 있다. 각각의 생식주기 동안에, 이러한 난모세포 중 하나 또는 몇 개가 **배란**(ovulation)이라고 하는 과정에서 발생을 계속하도록 개시되며, 나머지 난모세포는 발생이 휴지된 상태로 유지된다.

매월 보통 단 하나의 여성 배우체가 성숙한다 Usually Only One Female Gamete Matures Each Month

출생 시, 여성의 난소는 약 2백만 개의 난모세포를 포함하고 있으며, 모두 첫 번째 감수분열을 시작하였다. 이 단계의 난모세포를 1차 난모세포라고 한다(그림 21.9의 ❶). 각각의 1차 난모세포는 감수분열을 진행하기 전에 적절한 발생의 "진행"신호를 기다린다. 그때 까지는, 감수분열은 첫 번째 감수

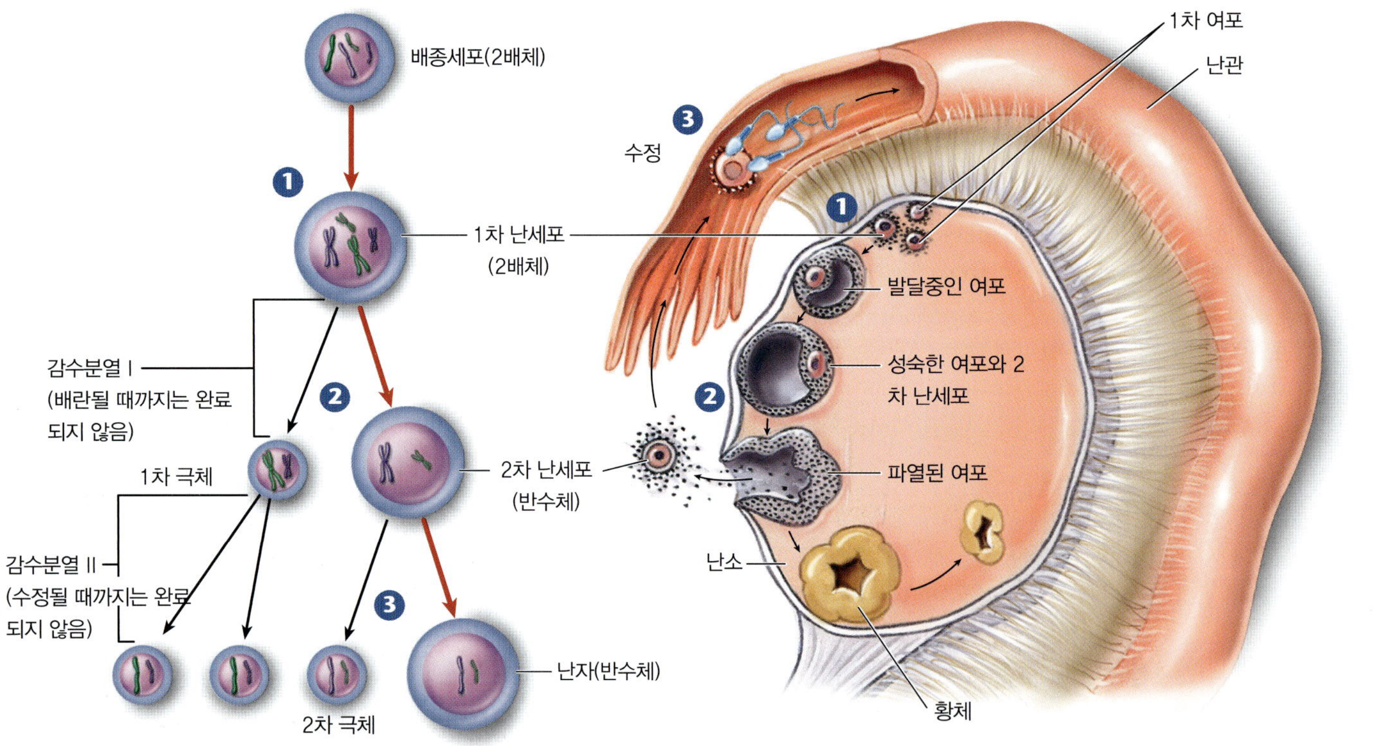

그림 21.9 난소와 난자의 형성.

이 그림에서 감수분열을 통한 난자의 성숙은 왼쪽에 나타내었으며, 난자의 발생 여정은 오른 쪽에, 각각에 단계에 대하여 상응하는 번호를 매겼다. 출생 시에, 인간 여성의 난소는 2백만 개 정도의 난모세포라고 하는 난자를 형성하는 세포를 가지고 있으며, 그들은 첫 번째 감수분열을 시작하여 정지되어 있다. 이 단계에서의 난모세포를 1차 난모세포라고 하며❶, 더 이상의 발생은 FSH와 LH 호르몬인 적절한 발생 신호를 받을 때 까지 정지되어 있다. 사춘기에 시작되어 한달 주기의 호르몬 분비가 확립된다. FSH와 LH 호르몬이 방출되면, 몇 개의 난모세포에서 감수분열이 재개되지만, 단지 하나의 난모세포만이 보통 성숙을 계속하고 나머지는 퇴화된다. 1차 난모세포(배수체)는 첫 번째 감수분열을 완료하며, 하나의 분열 생성물은 극체가 된다. 2차 난모세포인 다른 생성물은 극체와 함께 배란 시에 방출된다❷. 2차 난모세포는 수정이 될 때 까지는 두 번째 감수분열을 완료하지 않으며❸, 두 번째 감수분열은 기능이 없는 극체를 두 개도 생산하고 하나의 반수체 알인 난자를 생성한다. 수정할 때 반수체 난자와 반수체 정자의 융합에 의하여 배수체 접합체가 생산된다.

분열의 전기에서 정지되어 머문다. 극히 일부의 난모세포만이 기다리던 신호인 뇌하수체 호르몬이 FSH와 LH를 받게 된다(20장 참조).

사춘기가 시작되면서, 여성은 성적으로 성숙한다. 이 시기에, FSH와 LH가 방출되어 몇 개의 난모세포에서 첫 번째 감수분열이 재개되도록 한다. 첫 번째 감수분열은 *2차 난모세포*(secondary oocyte)와 기능이 *없는 극체*(polar body)를 생성한다❷. 인간에서 단지 하나만의 난모세포가 배란되고 나머지는 퇴화된다. 어떤 경우에는 하나 이상의 난모세포가 발생하며, 둘 다 수정되는 경우에는 이란성 쌍생아가 된다. 약 28일 이후에, 또 다른 난모세포가 성숙해서 배란되지만, 정확한 시기는 매월 바뀔 수 있다. 여성이 태어날 때 가지고 있던 약 2백만 개의 난모세포 중 단지 400여 개만이 일생동안 배란된다.

수정은 수란관에서 일어난다.

Fertilization Occurs in the Oviducts

수란관(oviduct; 또는 **fallopian tube**, 나팔관)은 난자를 난소로부터 **자궁**(uterus)으로 운반한다. 사람의 자궁은 주먹크기의 근육성의 서양배 모양의 기관이며, 질로 이어지는 **자궁경부**(cervix)라고 불리는 근육질 고리로 좁아진다. 영장류를 제외한 포유류는 자궁의 일부가 나뉘어 자궁 뿔을 형성하는 복잡한 암컷 생식도관을 가지고 있다. 자궁은 **자궁내막**(endometrium)이라고 하는 층상으로 이루어진 상피막으로 내부가 배열되어 있다. 자궁내막의 표면은 약 한 달에 한 번씩 월경 시에 떨어져 나오며, 아래 부분은 남아서 다음 주기에 새로운 표면을 생성한다.

배란이 되면, 나팔관 내부에 배열된 평활근이 율동적으로 수축하여, 소화계를 통하여 음식이 내려가듯이(16장 참조) 난자를 관을 통하여 자궁으로 이동시키며, 뒷부분의 관을 쥐어짜서 밀어내린다. 나팔관을 통한 난자의 여정은 느리며, 완료하는 데에는 5-7일이 소요된다. 그러나 난자가 배란 후 24시간 내에 수정이 되지 않으면 발생의 능력을 상실하게 된다.

성교 시 정자는 자궁의 입구로 연결되는 약 7 cm 길이의 얇은 벽을 가지고 있는 근육성 관인 질의 내부로 들어간다. 자궁으로 들어가는 정자는 편모를 이용해서 헤엄쳐서 나팔관으로 들어간다. 정자는 여성 생식관 내에서 6일까지 생존할 수 있다. 성교가 배란 전 5일이나 배란 후 하루 사이에 일어나면, 성장 가능한 난자가 나팔관의 훨씬 위쪽에 존재하고 있다. 사정된 수억 개의 정자 중에서, 수십 개만이 난자까지 도달한다. 정자가 난자에 도달하면 2차 난모세포를 둘러싸고 있는 2개의 보호층을 뚫고 들어가야만 한다(그림 21.10*b*❶). 한 층은 과립막 세포이며 다른 한 층은 투명대라고 한다. 정자의 첨체 뚜껑 내부에 있는 효소는 두 번째 층인 투명대의 소화를 도와준다❷. 두 번째 층을 최초로 통과한 정자는 난모세포가 다른 정자의 진입을 차단하도록 자극하며❸, 감수분열 II를 완료하도록 자극한다. 감수분열 II는 **난자**(ovum; 복수형은 ova)와 2개의 기능이 없는 극체를 생성한다(그림 21.9❸). 난자 내부의 여성 반수체 핵이 남성 반수체 핵과 결합하면, 난자는 수정되어 접합체가 된다. 접합체는 나팔관을 따라 내려가면서 일련의 세포분열을 시작한다. 약 6일 후에, 접합체는 자궁에 도착하며, 자궁내막의 안벽에 부착하여, 궁극적으로 아이의 출산에 이르는 기나긴 발생의 여정을 계속한다.

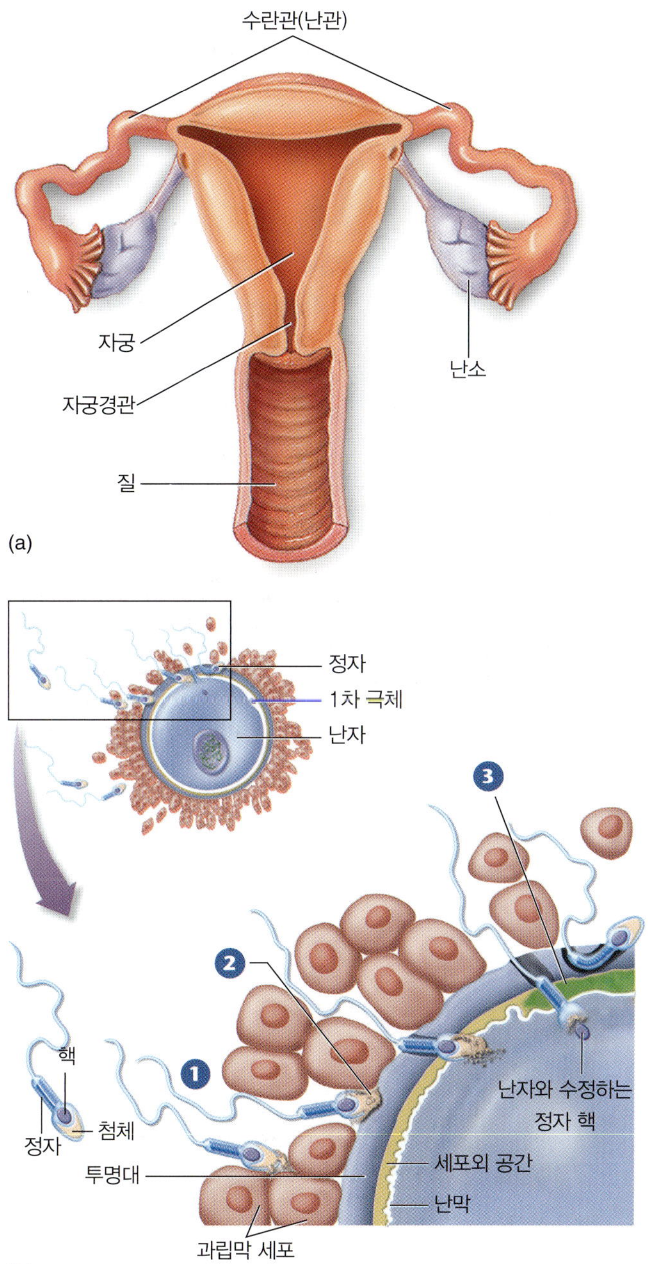

그림 21.10 수정은 수란관에서 일어난다.

(a) 수란관은 자궁으로부터 연장되어 나온다. 정자는 질에 침적되어 수란관으로 진행한다. (b) 수정은 정자가 난세포의 외부층을 침투할 때 수란관 내에서 일어난다.

개념의 적용

자궁내막은 어디에서 나타나나요? 자궁내막은 무엇을 하며 언제 하나요?

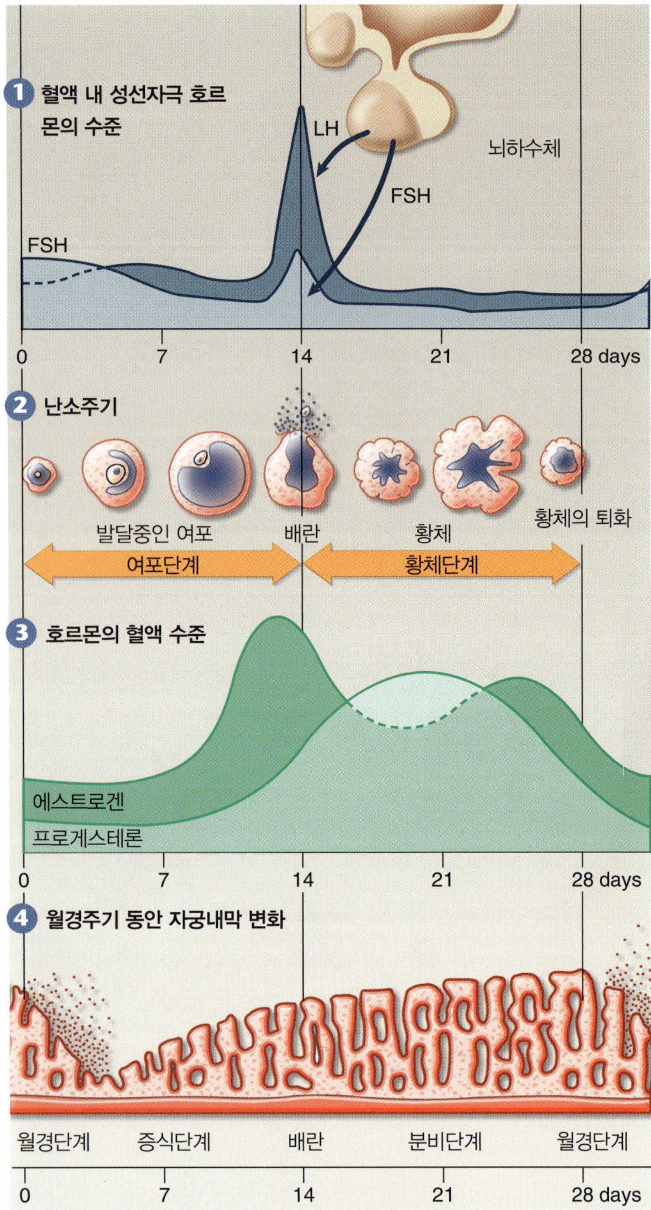

그림 21.11 인간의 월경주기.

배란과 착상을 위한 자궁내막의 준비는 월경주기 동안에 4종류 호르몬의 집단에 의하여 통제된다.

여러분에게 의미하는 것.

남성은 생식주기를 나타내지 않으며 한 달 중 어느 때라도 정자를 공여할 수 있다. 여러분은 왜 진화가 여성에서 월경주기의 발생을 선호하였다고 생각하나요? 여러분은 월경주기 없이 인간의 여성의 진화가 가능하였으리라고 생각하나요? 여러분이 내린 결론의 근거는 무엇인가요?

21.4 호르몬은 생식주기를 조화시킨다

Hormones Coordinate the Reproductive Cycle

학습 목표 21.4.1 월경주기의 2상(phase)을 서술하고, 네 종류의 호르몬이 어떻게 이를 조절하는지 설명한다.

월경주기(menstrual cycle)라고 하는 여성의 생식주기는, 난자가 성숙하여 배란되는 *여포상*(follicular phase)과, 신체가 임신을 위한 준비를 계속하는 *황체상*(luteal phase)의, 2개의 뚜렷한 상으로 구성되어 있다. 이 상들은 호르몬의 집단에 의하여 조화된다. 호르몬은 인간의 생식에 많은 역할을 한다. 성적인 발달은 뇌하수체 전엽과 난소에서 방출되는 호르몬들에 의하여 개시되며, 이들은 많은 종류의 조직에서 동시적인 성적 발달을 조화한다. 배우체의 생성도 또 다른 밀접하게 편성된 과정이며, 세심하게 시간이 정해진 일련의 발생 사건들이 관련되어 있다. 성공적인 수정은 아직 또 다른 발생 계획을 개시하는데, 이는 여성의 신체가 임신이라는 많은 변화에 대하여 계속하여 준비하는 과정이다.

시상하부는 신경내분비계의 통제소이다. 19.4절에서 논의하였듯이, 시상하부는 신경연결을 통하여 신체의 모든 내부 활동을 통합한다. 시상하부는 그림 20.9에서와 같이 뇌하수체에 대한 통제도 행사한다.

이러한 모든 과정을 지시하는 성 호르몬의 생성은 시상하부에 의하여 조화되며, 시상하부는 뇌하수체에 방출호르몬을 보내서 뇌하수체가 특정한 성호르몬을 생산하도록 한다. 17장과 20장에서 논의한 음성 되먹임 작용이 시상하부의 이러한 활동을 조절하는데 핵심적인 역할을 한다. 표적기관이 뇌하수체 호르몬을 받아들이면, 표적기관은 자신의 호르몬을 생산하기 시작하며, 이는 다시 시상하부로 순환해 돌아가서 뇌하수체 호르몬의 생산을 중단시킨다. 이 외에도 양성 되먹임 작용도 또한 역할을 한다. 이 경우에는 호르몬이 시상하부로 순환되어 돌아가서 뇌하수체 호르몬의 생산을 증가시킨다.

난자의 성숙을 유발하기 Triggering the Maturation of an Egg

월경주기의 첫 번째 상인 여포상은 그림 21.11의 0일부터 14일에 해당한다. 이 시기 동안에, 몇 개의 여포(난모세포와 주변 조직을 포함하는 것)가 자극을 받아 발달한다. 이 발달은 호르몬에 의하여 세심하게 조절된다. 뇌하수체 전엽은 시상하부로부터 GnRH 호르몬의 화학적 신호를 받은 다음에, 소량의 **여포자극호르몬**(follicle-stimulating hormone; FSH)과 **황체형성호르몬**(luteinizing hormone; LH)을 분비하여 주기를 시작한다❶. 이러한 호르몬은 여포의 생장을 자극하고❷, 발달하는 여포로부터 여성 성호르몬인 전문적으로 말하면 *에스트라디올*(estradiol)이라고 하는 **에스트로겐**(estrogen)을 분비한다. FSH의 자극을 받아서 몇 개의 여포가 성장하게 된다.

에스트로겐은 스테로이드 호르몬이며, 그림 20.3에서 보듯이, 스테로이드 호르몬은 원형질막을 통과할 수 있으며 세포 내부의 수용체에 결합한다. 에스트로겐에 수용체에 결합하면 프로게스테론의 수용체 단백질의 전사를 활성화시킨다.

처음에 비교적 낮은 수준의 에스트로겐은 FSH와 LH 분비에 음성 되먹임 효과를 가진다. 낮지만 상승하는 혈류의 에스트로겐 수준은 시상하부에 되먹임을 하며, 시상하부는 뇌하수체가 FSH와 LH의 생산을 감소하게 하는 명령으로 상승하는 에스트로겐에 반응한다. FSH 수준이 떨어지면서, 보통 단 하나의 여포만 성숙을 달성한다. 여포상의 후반기에, 혈액의 에스트로겐 수준을 극적으로 증가하며, 이러한 고수준의 에

스트로겐은 FSH와 LH 분비에 양성 되먹임 효과를 나타낸다. 에스트로겐 수준의 상승은 월경주기의 여포상의 완료를 나타내는 신호이다.

수정을 위하여 신체를 준비하기

월경주기의 두 번째 상인 황체상(14일부터 28일까지)은 처음부터 부드럽게 따라간다. 고수준의 에스트로겐에 대한 양성 되먹임 반응으로, 시상하부는 뇌하수체 전엽이 대량의 LH와 FSH를 신속하게 분비하도록 한다(그림 21.11❶). LH의 급상승이 FSH의 급상승보다 크고 24시간까지 지속될 수 있다. LH 분비의 최고치는 배란을 촉진한다. LH는 여포의 벽이 파열되게 하고, 여포 내부의 난자는 난소에서 자궁으로 연장되는 나팔관 중의 하나로 방출된다(그림 21.12의 ❶ 참조).

난자가 방출되고 떠나간 다음, 에스트로겐 수준은 감소하며, LH가 파열된 여포의 수선을 지시하고, 여포는 채워져서 노란색을 띄게 된다. 이 상태에서 여포를 황체(corpus luteum)라고 하며 이는 라틴어로 노란 물체라는 의미이다. 황체는 곧 낮은 수준의 에스트로겐에 추가하여 프로게스테론을 분비하기 시작한다(그림 21.11❸의 연한 녹색곡선). 프로게스테론과 에스트로겐 수준의 증가는 FSH와 LH의 분비에 음성 되먹임 효과를 가지기 때문에, 더 이상의 배란을 방지한다. 프로게스테론은 자궁 내막을 두껍게 하는 것을 포함하여(그림 21.11❹) 수정을 위하여 신체가 자궁을 준비하는 것을 완료한다. 배란이 되고 바로 수정이 일어나지 않으면, 그러나, 프로게스테론의 생산은 감소되어 궁극적으로 정지되는데, 이는 황체상의 끝을 나타낸다. 프로게스테론 수준의 감소는 혈액이 풍부한 조직의 두꺼워진 층이 떨어져 나가도록 하며, 이 과정에서 생리와 연관된 출혈이 발생한다. **월경**(Menstruation) 또는 월경기를 가진다고 하는 것은, 보통 다음 배란과의 중간쯤에 나타난다(그림 21.11의 28일째).

황체상의 말기에는 에스트로겐이나 프로게스테론이 분비되지 않는다. 그들이 없을 때 뇌하수체 전엽은 다시 FSH와 LH의 생산을 개시할 수 있으며, 따라서 또 다른 생식주기를 시작한다. 각각의 주기는 전주기가 끝나면 바로 시작된다. 한 주기는 한달에 한번보다 조금 더 빈번하게 매 28일마다 일어나지만, 이는 개인에 따라 변한다. 달(월)은 라틴어로 "mens"이며, 이로 인하여 생식주기를 월경주기 또는 달(월) 주기라고 한다.

수정은 나팔관의 위쪽 높은 곳에서 일어나며(그림 21.12*a*의 ❷), 접합체는 자궁 쪽으로 진행하면서 분할이라고 하는 일련의 세포분열을 겪게 된다 ❸. 배반포 단계에서, 접합체는 자궁벽에 착상한다❹. 미소한 배아는 인간 융모성 고나도트로핀(hCG)이라고 하는 LH와 유사한 호르몬을 분비하는데, 이는 황체를 유지시켜 준다. 황체를 유지함으로써 hCG는 에스트로겐과 프로게스트론 수준을 높게 유지하며, 그로 인하여 임신을 종결시킬 수 있는 월경을 방지한다. hCG는 산모에서 오는 것이 아니라 배아에서 오기 때문에, 임신 측정에서 측정되는 것이 hCG이다.

18장 9절에서 토의되었듯이, 임신 검사는 hCG를 항원으로 이용하여 생산된 단일클론 항체를 이용한다. 검사 띠는 hCG 단일클론 항체로 피복되어 있다. hCG가 소변에 존재하면 이는 항체와 반응하여 양성 결과를 생산할 것이다.

개념의 적용

월경주기의 어느 시기에 황체형성 호르몬이 최고에 달하나요?

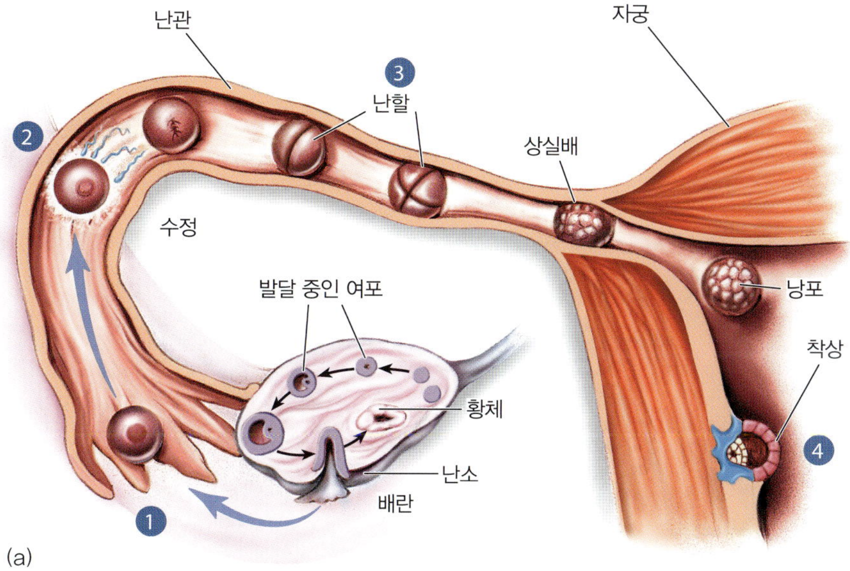

(a)

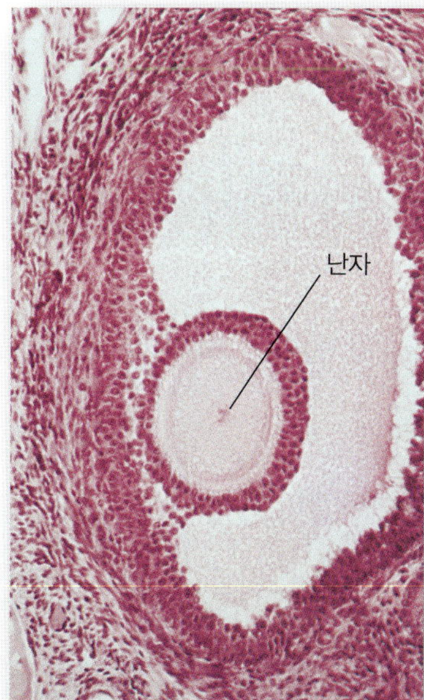

(b)

그림 21.12 난자의 여정.

(a) 여포 내부에서 생성되어 배란 시에 방출되는 난자는 나팔관으로 쓸려 올라가❶ 관벽의 수축파에 의하여 아래로 운반된다. 수정은 위로 올라가는 정자에 의하여 관 내부에서 일어난다❷. 수정된 난자가 분할을 겪게 되고 나팔관 아래로 진행해 나가면서 몇 차례의 유사분열이 일어나며❸, 먼저 상실배(morula)가 되고 그 후 배반포가 된다. 배반포는 자궁의 벽 내부에 착상되며❹, 그곳에서 발달을 계속한다. (b) 난소 여포 내부에서 성숙된 난자. 각 월경주기에, 몇 개의 여포가 FSH와 LH의 영향 하에 자극되지만, 보통 단 하나의 여포만 완전히 성숙하여 배란된다.

발생의 과정 The Course of Development

21.5 배아의 발달 Embryonic Development

학습 목표 21.5.1 분할, 낭배형성, 그리고 신경관형성이 어떻게 신체의 구조를 결정하는지 개요를 나타낸다.

분할(Cleavage): 발생을 위한 준비를 하기

수정은 세심하게 편성된 일련의 발생 사건을 시작한다. **표 21.1**은 포유류 발생의 주된 단계를 수정에서 부터 시작하여 추적한다. 이 표를 따라 내려가면서 발생의 단계를 설명한다.

인간 배아발생의 첫 번째 주요한 사건은 접합체가 신속히 분열하여 더 많고 더 작은 수의 세포로, 즉 2, 4, 8, ...로 되는 것이다. 이러한 분열은 난자가 정자와 결합되고 30시간 후에 처음 일어나며, 두 번째고 30시간 이후에 일어난다. **분할**(cleavage)이라고 하는 이러한 분열 시기에, 전체적인 크기는 접합체의 크기에서 증가하지 않는다. 분할의 결과로 나타나는 약 32세포의 단단히 꽉 찬 덩어리를 **상실배**(morula)라고 하며, 상실배의 각각의 세포를 **난할구**(blastomere)라고 한다. 상실배의 세포는 계속하여 분열하고, 각각의 세포는 세포 덩어리의 중앙에 액체를 분비한다. 궁극적으로 500에서 2,000 세포의 중앙이 비어있는 공이 형성된다. 이것을 **배반포**(blastocyst)라고 하며, 내부의 액체로 채워진 공동을 **분할강**(blastocoel; 또는 포배강)이라고 한다(**그림 21.13*a***). 각각의 공 내부에는 *내부 세포체*(inner cell mass)가 극의 한쪽에 밀집되어 발생 배아를 형성하게 된다. 세포의 외부 구를 *영양막*(trophoblast)이라고 하며 앞에서 논의되었던 hCG 호르몬을 분비한다.

분할 동안에 상실배는 어머니의 나팔관을 따라 내려간다. 약 6일쯤 되면, 배반포가 형성되며 자궁에 도달한다. 배반포는 자궁벽에 부착되며 벽의 조직 안으로 침투한다. 배반포는 이제 빠르게 성장하기 시작하며, 나중에 에워싸고, 보호하고, 영양을 공급해줄 막들을 형성하기 시작한다. 이 막들 중에서 **양막**(amnion)은 발생하는 배아를 에워싸고, 다른 막인 **융모막**(chorion)은 영양막으로부터 형성되는데, 영양막은 자궁 조직과 상호작용하여 생장하는 배아에 영양을 공급할 **태반**(placenta)을 형성한다(**그림 21.15**). 태반은 발생하는 배아를 어머니의 혈액공급에 연결한다. 64세포기의 61개의 세포는 모두 영양막으로 발달하며, 단지 3개의 세포만 진정한 배아로 발생한다.

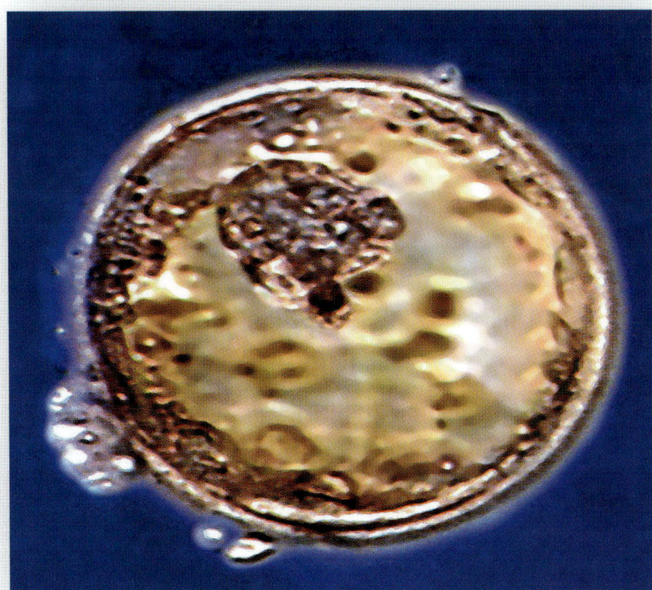

(a)

외배엽	표피, 중추신경계, 감각기관, 신경관
중배엽	골격, 근육, 혈관, 심장, 생식선
내배엽	소화관과 호흡관의 안쪽, 간, 췌장

(b)

그림 21.13 인간 발생의 시작.

(a) 인간의 배반포. 배반포의 형성은 접합체가 분할을 겪어 속이 비어있는 세포의 공을 생성할 때 일어난다. 내부 세포 덩어리는 나중에 배아의 다른 조직으로 분화할 것이다. (b) 3가지 주요한 배엽의 운명.

낭배형성: 발생 변화의 시작

수정이 되고나서 10일에서 11일 사이에, 특정한 집단의 세포가 세심하게 편성된 이동인 **낭배형성**(gastrulation) 과정에서 세포 덩어리의 표면으로부터 안쪽으로 이동한다. 먼저, 배반포의 아래쪽 세포층이 3종류의 주요한 배아조직의 하나인 **내배엽**(endoderm)으로 분화되며, 위층은 **외배엽**(ectoderm)으로 분화된다. 바로 뒤이어 **중배엽**(mesoderm)의 대부분이 세포 덩어리의 상부 층으로부터, 원시선조라고 하는 배아의 중앙에 나타나는 고랑의 가장자리를 따라, 안쪽으로 이동하는 세포의 함입에 의하여 발생한다.

낭배기 중에, 배반포 세포 덩어리의 약 절반 정도의 세포는 인간 배아의 내부로 이동해 들어간다. 이 이동이 배아의 장래 발생을 주로 결정한다. 낭배기 끝 무렵에, 세포를 3개의 주요 배엽으로 배분하는 것은 완료되었다. 외배엽은 상피와 신경조직을 형성하는 것으로 예정된다. 중배엽은 연결조직, 근육, 그리고 도관 요소를 형성하는 것으로 예정된다. 내배엽은 내장의 내벽과 그로부터 파생된 기관을 형성한다 (그림 21.13*b*).

신경관 형성: 신체 구조의 결정

배아발생의 3주차에, 3가지 주요 세포 유형은 신체의 조직과 기관으로 발달하기 시작한다. 발생의 이 단계를 **신경관형성**(neurulation)이라고 한다.

첫 번째로 형성되는 척추동물의 특성은 유연성 있는 막대인 **척삭**(notochord)이다. 신경관형성이 완료되고 나서 바로, 배아의 등 표면 아래에 중앙선을 따라서 중배엽 조직으로부터 척삭이 형성된다. 척삭이 형성되고 나서, 두 번째 척추동물의 특징인 **신경관**(管; neural tube)이 척삭의 바로 위에 위치한 외배엽 영역으로부터 형성되며 나중에 척수와 두뇌로 분화된다. 신경관이 닫히기 직전에, 세포의 2가닥 선이 떨어져 나와서 **신경관**(冠; neural crest)을 형성한다. 이러한 신경관(冠)은 척추동물 신체에서 나타나는 신경구조를 낳는다.

신경관(管)이 외배엽으로부터 형성되지만, 신체의 나머지 기본 구조는 중배엽의 변화에 의해 빠르게 결정된다. 발생하는 척삭의 양쪽에서 분절된 조직의 구획이 형성된다. 궁극적으로 이러한 구획 또는 **체절**(somite)은 근육, 척추, 그리고 연결조직을 발생한다. 발생이 진행되면서 더 많은 체절이 형성된다. 체절과 나란히 형성되는 다른 중배엽의 선 내부에, 신장, 부신, 그리고 생식선을 포함하는 신체의 만흥 주요 분비샘이 발달한다. 나머지 중배엽 층은 밖으로 내부 중배엽 주위 세포로 이동해 나가 내부 중배엽 세포주위를 완전히 둘러싼다. 그 결과 중배엽은 2층을 이룬다. 외부층은 신체의 벽과 연관이 되어있으며 내부층은 내장과 연관되어 있다. 2층의 중배엽 사이가 **체강**(coelom)이며 성인의 체강이 된다.

셋째주가 끝나갈 때, 수십 개의 체절이 뚜렷해지며, 혈관과 내장이 발생하기 시작한다. 이 시점에서 배아는 약 2 mm 길이이다.

개념의 적용

중배엽 세포는 성인 신체의 어떤 조직을 발생하는가?

표 21.1 포유류 발생의 단계

	단계(나이)	서술
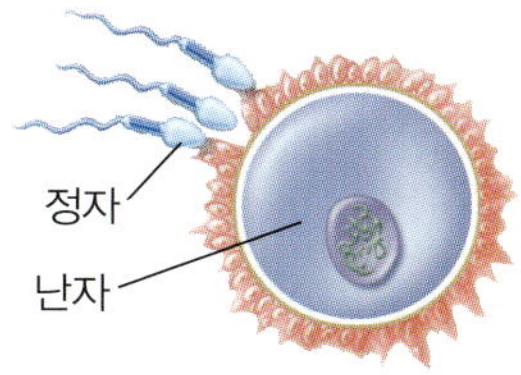	수정 (1일)	반수체 암수 배우체는 융합하여 배수체 접합자를 형성한다.
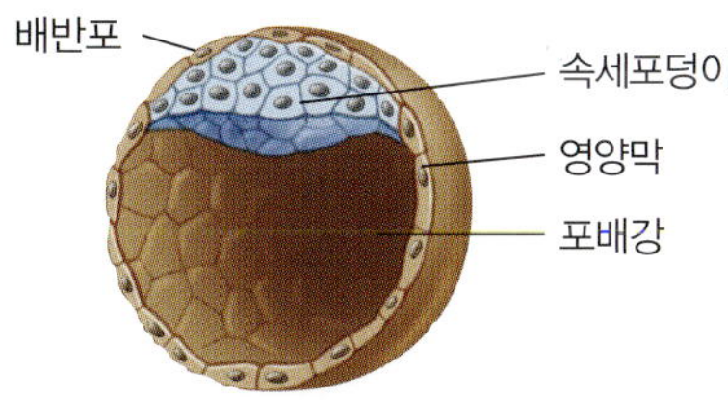	분할 (2-10일)	접합자는 빠르게 분열하여 여러 세포를 형성하며, 전체 크기는 증가하지 않는다. 이러한 분열은 장래 발생에 영향을 미치는데, 그 이유는 다른 세포들이 난자 세포질의 다른 부분을 받기 때문에 다른 조절 신호를 받게 되기 때문이다.
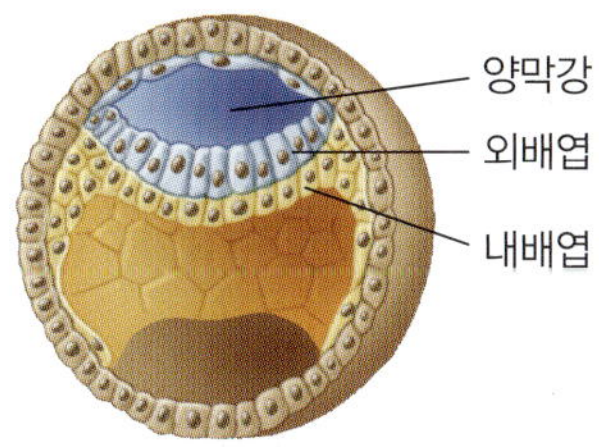	낭배형성 (11-15일)	배아의 세포는 이동하여 3개의 1차 배종층을 형성한다. 외배엽과 내배엽이 먼저 형성되고, 중배엽이 마지막에 형성된다.
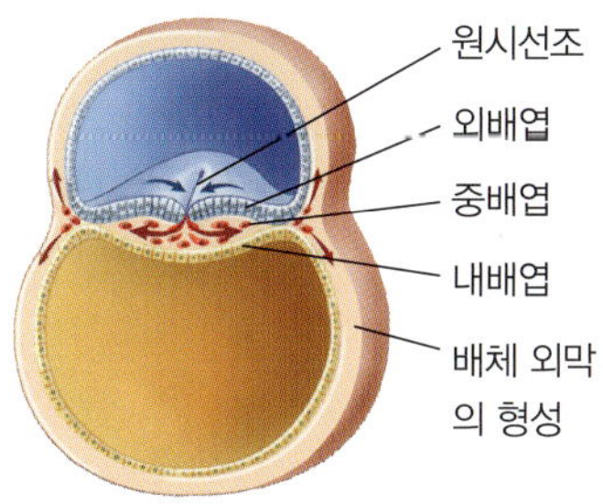	신경관 형성 (16-25일)	모든 척색동물에서 처음 형성되는 기관은 척삭이고, 다음이 긴경관이다.
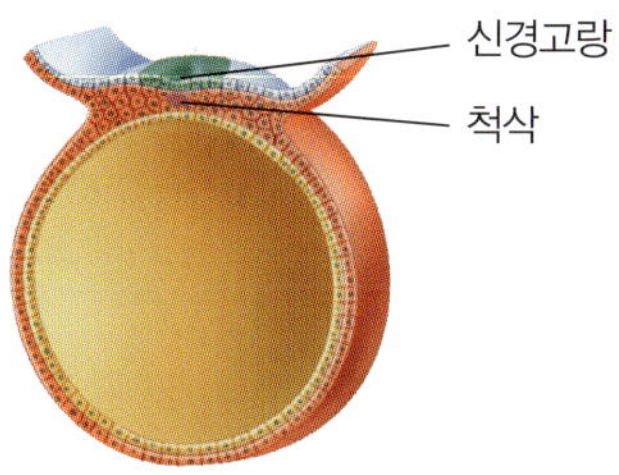		
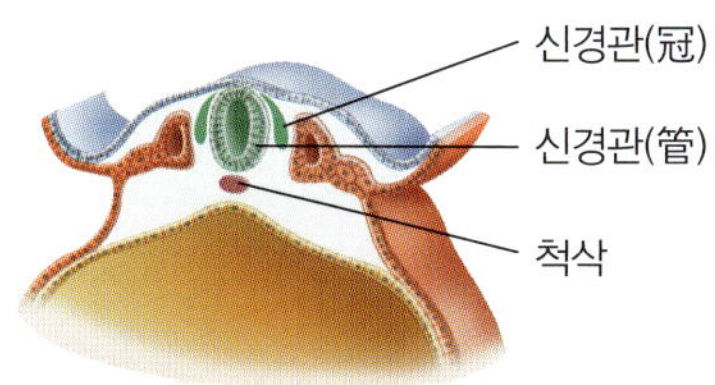		신경관 형성 시기에, 신경관(管)이 형성되면서 신경관(冠)이 형성된다. 신경관(冠)은 감각뉴런, 교감뉴런, 슈반세포, 그리고 다른 세포 유형과 같은 몇 종류의 독특한 척추동물 구조의 단서가 된다.
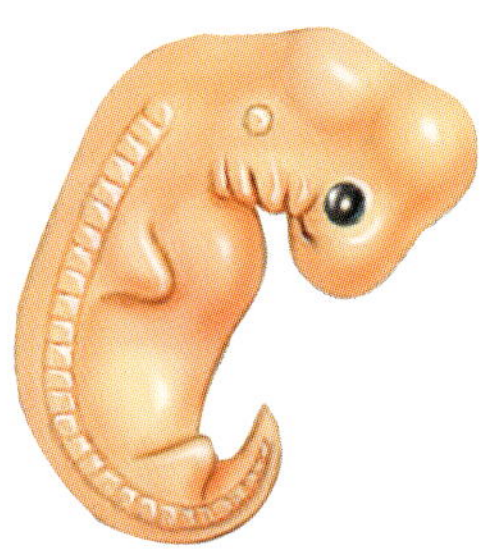	기관 발생 (26일+)	3종류 주된 세포층의 세포는 다양한 방식으로 결합하여 신체의 기관을 생성한다.

첫 번째 달과 두 번째 달: 기관형성

The First and Second Months: Organogenesis

학습 목표: 21.5.2 배아가 어떻게 형태를 취하는지 서술한다.

임신 4주차에 신체기관이 형성되며 이를 **기관형성**(organogenesis)이라고 한다(그림 21.14*a*). 눈이 형성되며, 심장은 율동적인 박동을 시작하고 4개의 방을 발생한다. 분당 70회 박동하는 작은 심장은 70년 동안의 일생에 2조 5천번 이상을 박동하도록 운명지어져 있다. 30쌍 이상의 체절이 4주가 끝날 때쯤에 보이며, 팔과 다리의 아체(bud)도 형성되기 시작한다. 이 기간 종안에 배아는 길이가 두배 이상 증가하여 약 5 mm에 도달한다. 4주가 끝날 때쯤이면 발생의 전개는 매우 전진하지만, 대부분의 여성들은 자신이 임신이라는 사실을 아직 알지 못한다.

그림 21.14 발생하는 인간.

발생하는 인간의 사진(위)와 그림(아래)은 (a) 4주째 배아, (b) 7주째 배아, (c) 3개월째 태아, 그리고 (d) 4개월째 태아를 보여준다.

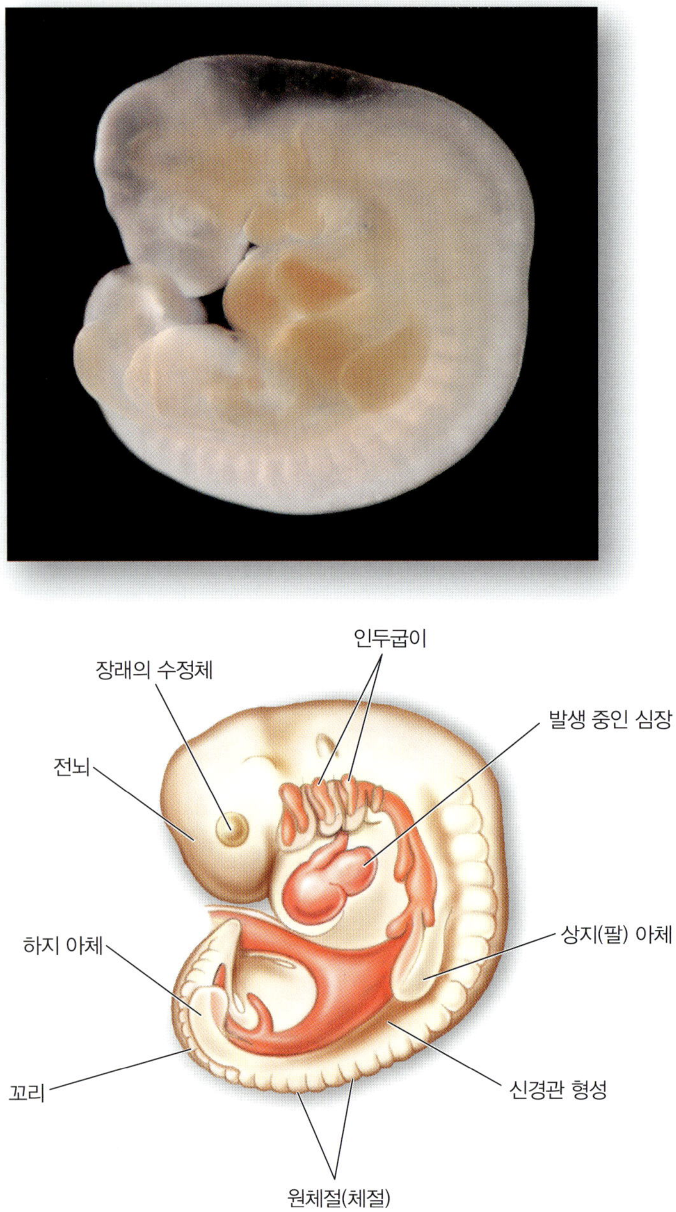

(a)

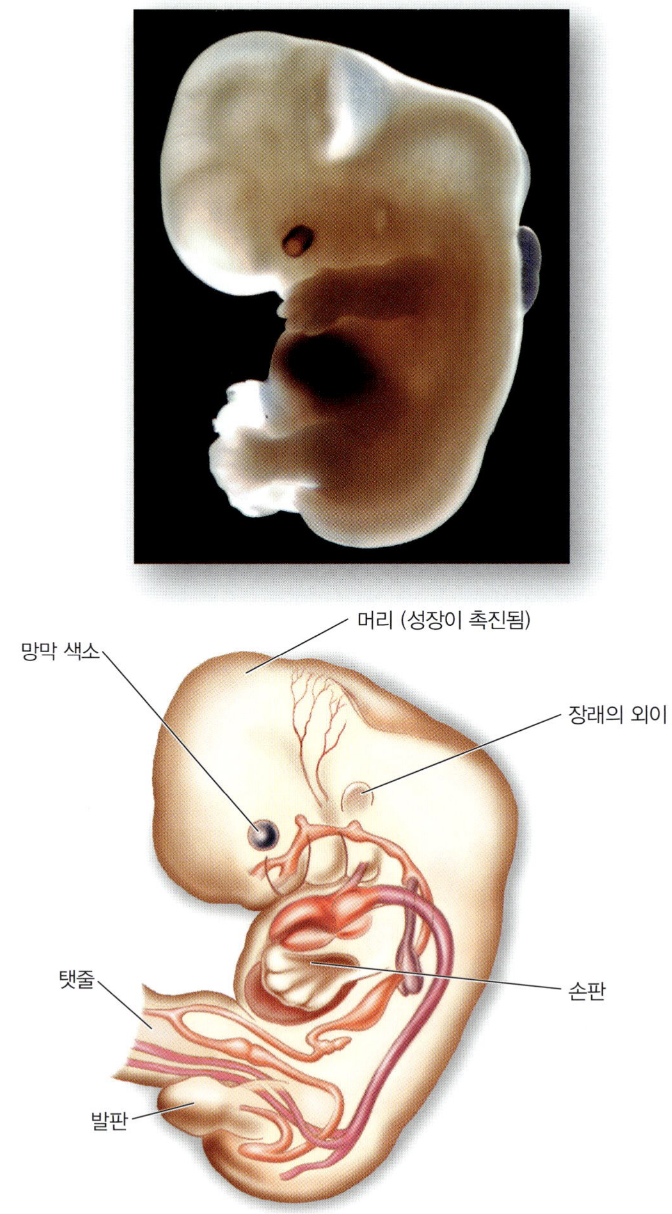

(b)

임신의 2달째 배아가 형태를 형성하면서 형태적으로 커다란 변화가 일어난다(그림 21.14*b*). 배아의 작은 사지는 성인의 형상을 띠게 된다. 팔, 다리, 무릎, 팔꿈치, 손가락, 그리고 발가락뿐 아니라 짧고 뼈가 있는 꼬리도 볼 수 있다. 배아 꼬리의 뼈는 과거 진화의 흔적이며, 나중에 융합되어 미저골(꼬리뼈; coccyx)을 형성한다. 체강 내에 간과 췌장을 포함한 주요한 내부 기관이 명백하다. 두 번째 달의 끝 무렵에 배아는 길이기 25 mm로 성장한다. 무게는 1 g 정도이며 뚜렷하게 인간처럼 보이기 시작한다.

개념의 적용

여러분이 2개월째의 배아 때에는 가지고 있던 꼬리에 무슨 일이 일어났나요?

생물학과 여러분

태아기 알코올 증후군(Fetal Alcohol Syndrome). 임신의 첫 8주는 적절한 사건의 과정이 쉽게 중단될 수 있기 때문에 인간 발생에 있어서 중요한 시기이다. 예를 들어 임신 처음 한 달 동안에 임산부가 알코올을 소비하는 것은 출산 결함을 유발하며, 아기가 변형된 얼굴과 때로는 심한 정신박약을 보이는 태아 알코올 증후군을 생성한다. 미국에서 250명의 신생아 중에서 한명 꼴로 태아기 알코올 증후군의 영향을 받는다.

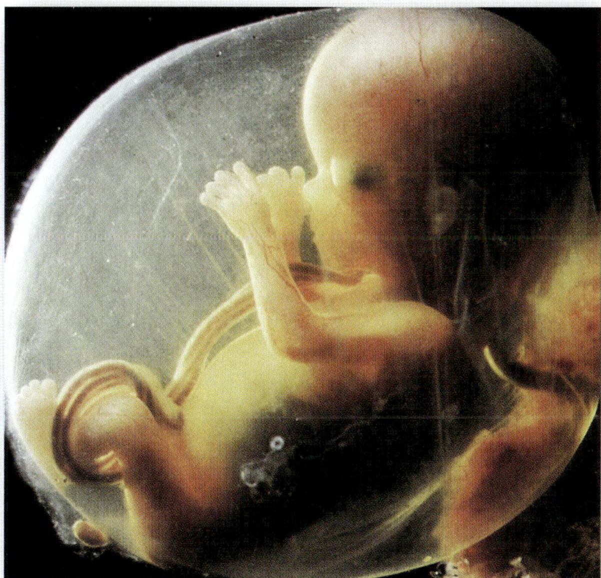

발생이 본질적으로 완료된다.

발생 중인 인간은 이제 태아라고 한다.

얼굴 표현과 원시적인 반사가 수행된다.

신체의 모든 주요한 기관이 확립되었다.

팔과 다리가 움직이기 시작한다.

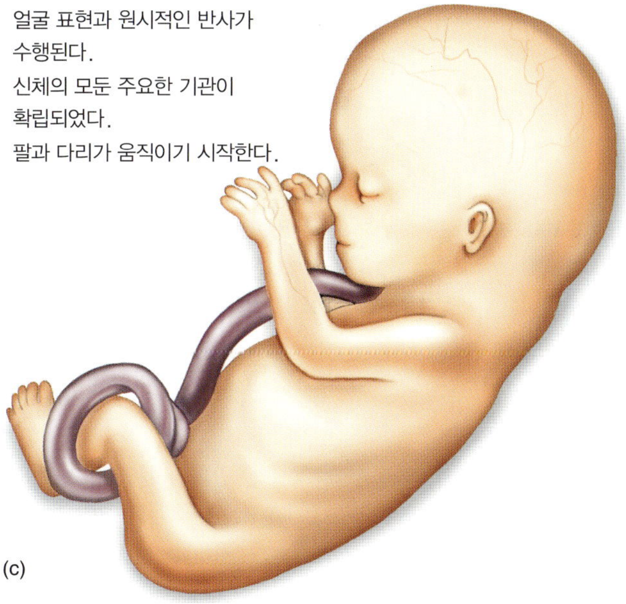

(c)

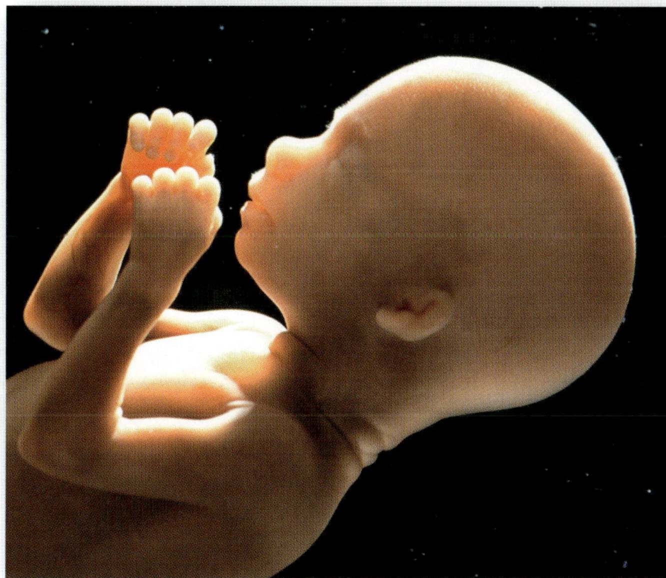

뼈가 활발하게 확장된다.

어머니는 아기가 차는 것을 느낄 수 있다.

빠르게 성장하는 시기를 뒤이어, 태아가 출생한다.

출생 이후에도 신경의 성장은 계속된다.

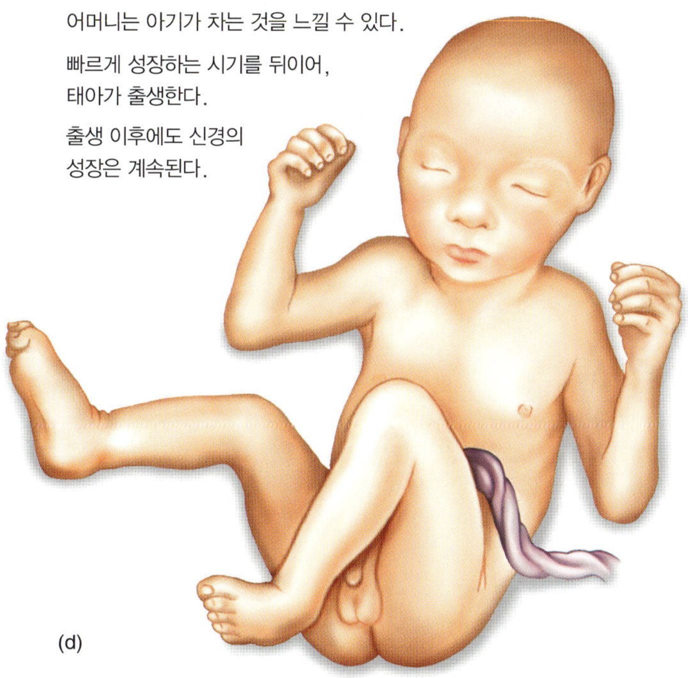

(d)

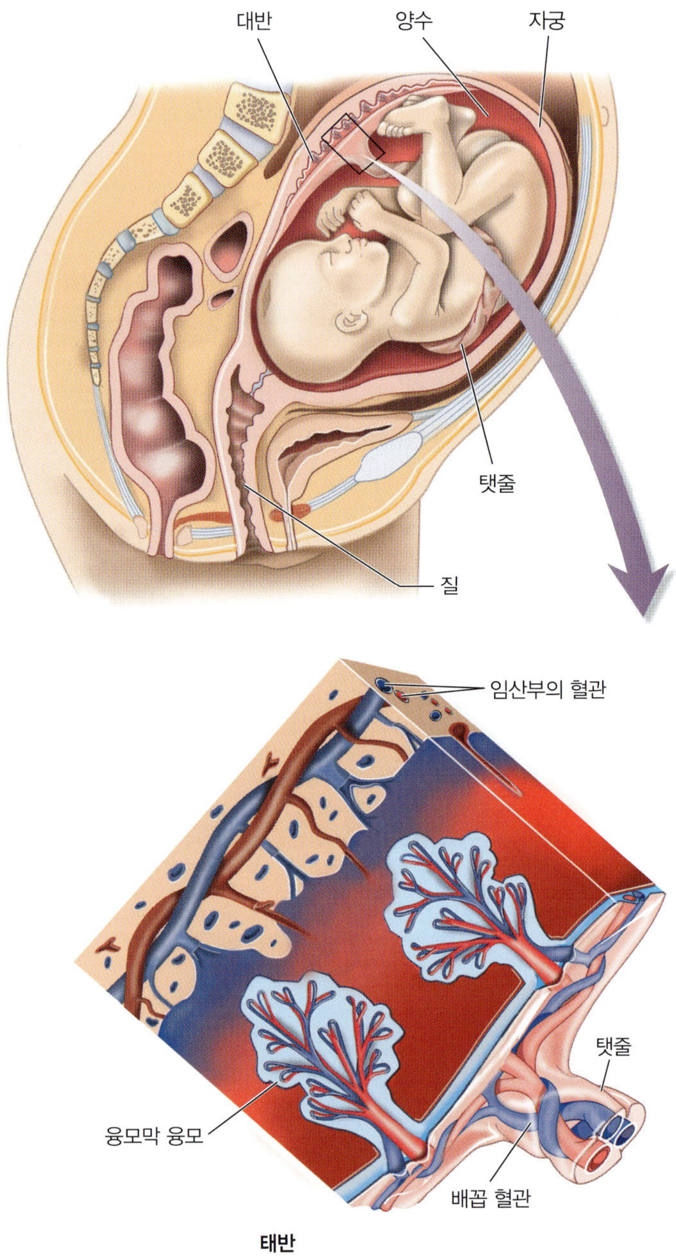

그림 21.15 태반의 구조.

태반은 태아와 산모의 조직을 모두 포함하고 있다. 융모막융모라고 하는 융모막의 연장부는 태아의 혈관을 포함하고 있으며 임산부의 혈액에 잠겨 있는 모체의 조직으로 침투한다. 산소와 영양분은 확산에 의하여 모체의 혈액으로부터 태아의 혈액으로 들어갈 수 있다. 노폐물도 또한 확산에 의하여 태아의 혈액으로부터 임산부의 혈액으로 들어간다.

21.6 태아의 발달 Fetal Development

학습 목표 21.6.1 두 달째의 끝부터 출생 시까지 일어나는 사건들을 간략하게 설명한다.

3개월째: 발생의 완결

배아의 발생은 허파와 두뇌만을 제외하고 본질적으로 완결된다. 허파는 세 번째 3개월까지 발생이 완결되지 않으며, 두뇌는 출생 이후에도 계속된다. 이 시점에서부터 발생 중인 인간을 배아라기보다는 **태아**(fetus)라고 한다. 3개월째에 신경계와 감각기관이 발달한다. 태아는 얼굴 표정을 나타내기 시작하며 놀람 반사와 빠는 것 같은 원시적인 반사작용을 수행한다. 3개월의 끝 무렵이 되면 신체의 모든 주요기관은 확립되고 팔과 다리가 움직이기 시작한다(그림 21.4c).

두 번째 3개월: 태아는 본격적으로 생장한다

두 번째 3개월은 생장의 시기이다. 임신 4개월(그림 21.14*d*)과 5개월 때 태아는 175 mm 정도로 생장하고 체중은 약 225 g이 된다. 임신 4개월 때 뼈의 형성이 활발하게 일어난다. 임신 5개월째 머리와 신체가 가는 털로 덮인다. 이 솜털(lanugo)은 발달과정의 후반부에 상실되는 또 다른 진화의 흔적이다. 4개월 끝 무렵 쯤에는 임산부는 아기가 차는 것을 느낄 수 있으며, 5개월이 끝날 때쯤에는 생장이 가속화된다. 6개월이 끝나갈 때 아기는 0.3 m 이상 키가 크고 0.6 kg의 체중을 가지게 되지만, 출생 전 생장은 아직 시작일 따름이다. 이 단계에서 태아는 특별한 의학적 중재가 없으면 자궁 밖에서 생존할 수 없다.

세 번째 3개월: 생장의 속도가 가속화된다

세 번째 3개월은 빠르게 생장하는 시기이다. 임신 7, 8, 9개월 째에 태아의 체중은 배 이상 증가한다. 이러한 부피의 성장은 유일한 종류의 생장이 아니다. 이 시기에 대부분의 신경관이 두뇌 내부에서 형성되고, 새로운 두뇌 세포도 형성된다.

이러한 모든 생장은 임산부의 혈류에서 공급되며, 태반 내부에 있는 태아의 혈액 공급으로 전달된다. 태반 내에서(그림 21.15) 태아의 혈관은 탯줄로부터 신장되어 자궁 내벽에 배열된 조직으로 들어간다. 임산부의 혈액은 이 조직을 담그고 있으며 따라서 영양분은 모체와 태아의 혈액이 전혀 섞이지 않으면서 임산부의 혈액으로부터 태아의 혈관으로 전달될 수 있다.

세 번째 3개월의 마지막 무렵, 태아의 신경 생장이 완결되려면 아직 멀었지만, 이때쯤이면 태아가 임산부나 태아에 손상 없이 골반을 통하여 분만될 수 있을 정도로 충분히 생장하였다. 아이를 가져본 여성은 누구나 증언할 수 있지만, 이는 꽉 들어맞는다. 출생은 생존의 확률이 높아지면 바로 일어난다.

출생 Birth

마지막 월경주기로부터 약 40주에 임산부의 호르몬 변화가 분만의 시작을 개시할 때 출생의 과정이 시작된다. 출산과 분만 때 자궁경부가 점진적으로 팽창하여(구멍이 점점 커진다), 양막이 파열되어 양수가 질을 통하여 흘러나오도록 하며, 자궁의 수축은 강하고 주기적이 되며, 보통 태아가 자궁으로부터 추방되도록 한다. **옥시토신**(oxytocin)과 **프로스타글란딘**(prostaglandin)이라고 하는 호르몬들은 양성 되먹임 작용으로 작용하여 자궁의 수축을 자극하고 증가시킨다. 태아는 보통 임신의 말기에 이르면 머리가 아래로 향하는 자세를 취한다. 질을 통한 출산에서 태아는 자궁경부를 통하여 밀려 내려와 질을 통하여 나온다(그림 21.16). 탯줄은 아직 아기에 부착되어 있으며, 의사, 간호사, 또는 부모가 탯줄을 죄어서 절단한다. 아기는 액체 환경의 생활에서 기체 환경의 생활로 전환되며, 태아의 기관계는 대부분 주요한 변화를 겪게 된다. 태아가 출생한 이후에, 지속되는 자궁의 수출근 태반과 관련된 막들을 방출하는데 이를 통틀어서 후산(afterbirth)이라고 한다. 질을 통한 분만이 태아나 산모에 해를 끼칠 수 있는 일부 경우에는, 태아와 태반이 *제왕절개*(caesarian section; C-section)라는 수술을 통하여 자궁으로부터 제거될 수 있다.

임산부에서 임신 후기의 호르몬은 출생 후 아기에 영양을 공급할 *유선*(젖샘; mammary gland)을 준비한다. 출생 후 처음 며칠간은 유선은 *초유*(colostrum)라고 하는 단백질(항체를 포함한)과 젖당을 포함하지만 지방은 거의 없는 액체를 생산한다. 그 이후 젖의 생산은 **프로락틴**(prolactin)이라고 하는 뇌하수체 후엽 호르몬에 의하여 자극되며, 이는 보통 분만 사흘 뒤가 된다. 유아가 가슴을 빨 때(그림 21.17), 뇌하수체 후엽 호르몬인 옥시토신이 방출되며, 젖의 방출을 시작한다.

출산 후 발생 Postnatal Development

출생 후에도 성장이 빠르게 계속된다. 아기는 수개월 내에 체중이 배 이상 증가한다. 그러나 다른 기관들은 다른 속도로 생장하며, 유아의 신체비율은 성인의 신체비율과 상이하다. 예를 들어 머리는 신생아에서 불균형적으로 크지만, 출생 이후에는 신체의 다른 부분에 비하여 더디게 생장한다. 상이한 구성요소가 다른 속도로 증가하는 이러한 생장의 양상을 *상대성장*(allometric growth)이라고 한다.

인간의 두뇌가 처음 수년간의 출산 후 시기에 현저하게 생장을 계속하는 것은 이 시기에 충분한 영양과 안전한 환경이 특히 중요하다는 것을 의미한다.

개념의 적용

배아와 태아의 차이를 구분하시오.

그림 21.17 아기에게 수유하는 산모.

아기에게 젖을 주는 엄마의 얼굴에서 볼 수 있는 경이와 기쁨의 표정에서 따스한 감정을 느끼지 않기는 어렵다,

그림 21.16 출산의 단계.

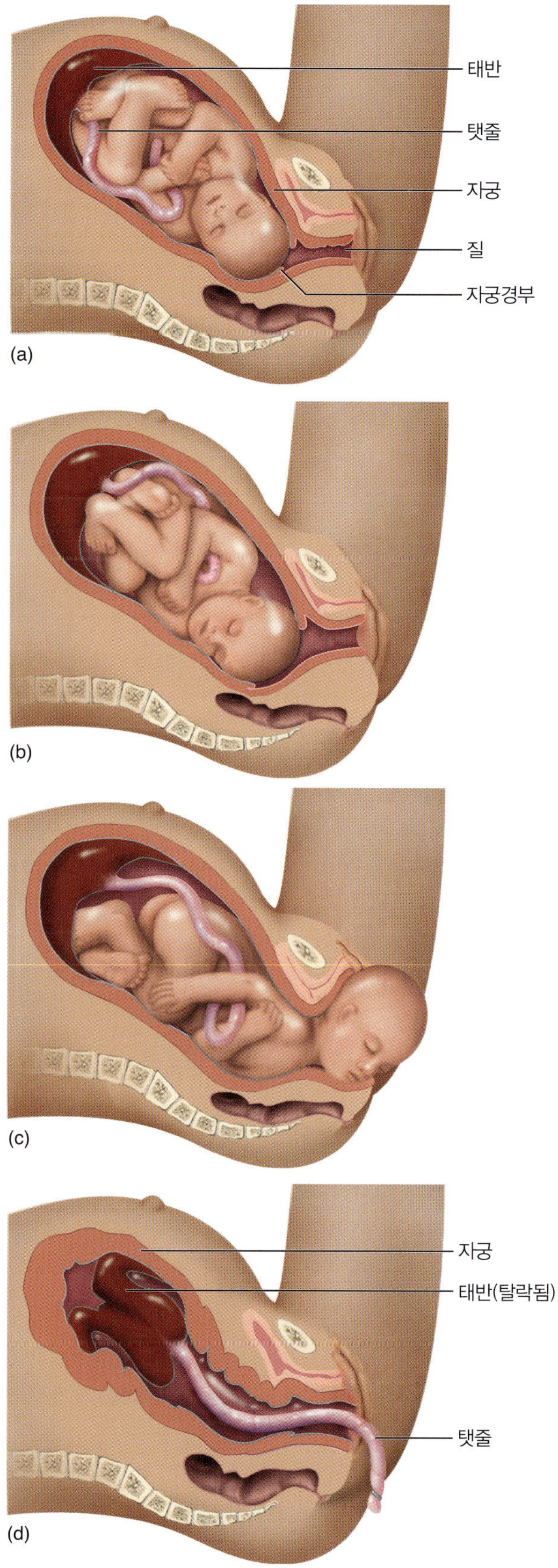

산아제한과 성병 Birth Control and Sexually Transmitted Diseases

21.7 피임과 성병

Contraception and Sexually Transmitted Diseases

학습 목표 21.7.1 피임의 5가지 방법의 효과를 평가한다.

피임 Contraception

모든 부부가 매번 성교를 할 때마다 임신하기를 원하지는 않지만, 성교는 함께하는 감정적 생활에 필요하고 중요한 부분이다. 이 딜레마에 대한 해결이 성교를 회피하지 않고 생식을 회피하는 방법을 찾는 것이데, 이것이 **산아제한**(birth control) 또는 **피임**(contraception)이라고 하는 접근방법이다.

금욕(Abstinence). 임신을 피할 수 있는 간단하고 가장 신뢰할 수 있는 방법은 성교를 전혀 하지 않는 것이다. 산아제한의 모든 방법 중이서 이 방법이 가장 확실하지만, 가장 제한적인데, 그 이유는 부부의 성관계에 의한 감정적 지지를 부정하기 때문이다. 이 접근방법의 변형은 성공적인 수정이 일어날 수 있는 날에만 성교를 피하는 것이다. 그 외의 성주기는 성교에 비교적 안전하다고 간주된다. 이 접근방법은 주기피임법이라고 하거나, 다른 지표가 함께 측정될 때는 자연적인 가족계획이라고 하는데, 원칙적으로는 납득이 가지만 적용하기에는 어려운데 그 이유는 배란을 예측하기가 쉽지 않고 기대와 다르게 배란될 수 있기 때문이다. 실패율은 20-30%로 높다.

난자성숙의 방지(Prevention of Egg Maturation). 미국에서 널리 이용되는 산아제한은 호르몬 또는 **경구피임약**(birth control pill)을 섭취하는 것이다(그림 21.18*a*). 이러한 피임약은 에스트로겐과 프로게스테론을 포함하고 있는데, 이는 뇌하수체 호르몬인 FSH와 LH의 생산을 억제한다. 난자의 여포는 FSH가 없으면 성숙하지 않으며, LH가 없으면 배란이 일어나지 않는다. 호르몬을 전달하는 다른 방법은 3개월마다 메드록시 프로게스테론(medroxy progesterone; Depo-Provera)을 주사하는 것, 피부를 통하여 호르문을 방출하는 산아제한 패치를 매주 붙이는 것, 그리고 호르몬을 뱅출하는 캡슐을 수술로 이식하는 것 등이 있다. 실패율은 2% 미만이다. **Plan B** 또는 "다음날 아침의 경구약"이라고 하는 비상 피임법은 보호되지 않은 성교 직후 섭취하면 배란을 차단하는 고용량의 프로게스테론 경구약이다. 이 방법의 실패율은 가변적이며, 산아제한의 주요한 방법으로 이용되어서는 안된다.

배아 착상의 방지(Prevention of Embryo Implantation). 자궁에 코일이나 다른 불규칙하게 생긴 물체를 삽입하는 것은 산아제한의 효과적인 방법이다. 자궁에의 자극은 자궁 멱에서 내려오는 배아의 착상을 방지한다. 이러한 **자궁 내 피임기구**(intrauterine devices; IUDs)는 한 번 삽입하면 잊어버려도 되기 때문에 매우 효과적이다. 배아의 착생을 방지하거나 조기 임신을 끝내는 화학적인 방법은 RU-486이다. 이 경구약은 프로게스테론의 작용을 차단하여, 자궁 내막이 떨어져 나오게 한다. **RU-486**은 잠재적으로 심각한 부작용이 있기 때문에 의사의 처방에 따라 투약하여야 한다.

정자의 차단(Sperm Blockage). 정자가 없이는 수정이 일어날 수 없다. 정자의 운반을 차단하는 한 가지 방법은 음경을 고무주머니 또는 **콘돔**(condom)

생물학과 여러분

RU-486. "다음날 아침의 경구약"(Plan B)와 같은 비상 피임법은 널리 선전된 RU-486(Mifepristone)과 혼돈되어서는 안된다. RU-486은 비상 피임법이 아니며, 실제로는 전혀 피임약이 아니다. 이는 수태 후에 원하지 않는 임신을 끝내는 것이다. 효과가 있기 위해서는 RU-486은 마지막 월경주기 첫 날의 49일(7주) 이내에 복용해야 한다. RU-486에 의하여 종결되는 임신은 이틀 간격으로 두가지의 약을 먹는다. 첫 번째 약은 RU-486(Mifepristone)이라는 자궁에서 프로게스테론 수용체를 차단하는 합성 스테로이드 화합물이다. 프로게스테론의 자극이 없으면 자궁 내막은 퇴화되어 떨어져 나오며, 떨어져 나오는 자궁의 내벽과 함께 배아를 방출한다. RU-486 하나만으로는 배아 제거를 유도하는 효과가 60% 밖에 되지 않기 때문에, 미소프로스톨(misoprostol)이라고 하는 프로스타글란딘을 이틀 뒤에 두 번째 약으로 복용하는데, 이는 자궁의 수축을 강력하게 유발하여 배아를 강제로 배제한다. RU-486은 수많은 부작용을 가지고 있으며 일부는 패혈증을 포함하여 매우 심각하기 때문에, 반드시 의사의 처방에 의하여 복용하여야 한다.

으로 감싸는 것이다(그림 21.18b). 원리적으로 이 방법은 이 방법이 적용하기 쉬어보이지만, 실제에 있어서는 잘못된 이용으로 인하여 효과가 떨어지는 것으로 나타났으며, 실패율은 15% 까지 된다. 정자의 진입을 차단하는 두 번째 방법은 자궁경부를 피임용 **페서리**(diaphragm)라고 하는 고무 덮개로 덮는 것이며(그림 21.18c), 성교 직전에 삽입한다. 개인의 자궁경부의 크기가 다르기 때문에, 의사에 의하여 맞추어야 한다. 실패율은 평균 20%이다.

정자의 파괴(Sperm Destruction). 산아제한의 다른 접근방식은 질 내부에서 정자를 파괴하는 것이다. 정자는 **살정젤리**(spermicidal jelly), **좌약**(suppository), 그리고 **거품**(foam)을 성교 직전에 적용하여 파괴할 수 있다. 실패율은 10-25% 범위에서 크게 변화한다. 살정제를 콘돔이나 피임용 페서리와 함께 이용하면 따로 사용하는 것보다 효과가 증가된다.

개념의 적용

콘돔의 실패율은 얼마인가? 산아제한 경구약의 실패율은?

성병 Sexually Transmitted Disease

학습 목표 21.7.2 6가지 중요한 성병에 대하여 서술한다.

성병(성접촉에 의한 질병; Sexually transmitted diseases; STDs)는 성적인 접촉에 의하여 한 사람에서 다른 사람으로 전파되는 질병이다. 18장에서 토의된 AIDS는 치명적인 바이러스성 성병이다. 다른 중요한 성병은 다음과 같다.

임질(Gonorrhea). 세균인 *Neisseria gonorrhoeae*에 의하여 발생하는 임질의 주요한 증상은 음경이나 질에서 나오는 고름이다. 임질은 항생제에 의하여 치료될 수 있다. 여성의 경우 치료하지 않으면, 나팔관이 상처를 입고 폐쇄될 수 있는 골반 내 염증성 질환(pelvic inflammatory disease; PID)를 유발할 수 있다. PID는 결국에는 불임을 유발할 수 있다.

클라미디아(Chlamydia). 세균인 *Chlamydia trachomatis*에 의하여 유발되는 이 질병은 때로 "침묵의 성병"으로 불리는데 그 이유는 여성이 감염이 정착될 때까지 아무런 증상을 느끼지 못하기 때문이다. 임질과 마찬가지로 클라미디아도 치료하지 않으면 PID를 유발할 수 있다.

매독(Syphilis). 세균인 *Treponema pallidum*에 의하여 발병하는 이 질병은 잠재적으로 가장 파괴적인 성병이다. 치료하지 않으면, 이 질환은 진행하여 심장질환, 정신박약, 그리고 운동기능의 상실과 눈을 멀게하는 것을 포함하는 신경 손상을 가져온다.

음부 헤르페스(Genital herpes). 헤르페스 단순 바이러스 2유형(HSV-2)에 의하여 발병되는 이 병은 미국에서 가장 흔한 성병이다. 바이러스는 음경 위나 음순, 질, 또는 자궁에 딱지가 지는 붉은 물집을 형성한다.

자궁경부암(Cervical cancer). 자궁경부암의 약 70%는 성접촉에 의하여 전파되는 바이러스인 HPV(인간 파필로마바이러스)에 의하여 발병한다. 아직 바이러스에 노출되지 않은 여성에서 HPV를 차단하는 새로 개발된 백신인 가르다실(Gardasil)은 매년 전 세계적으로 29만 명의 여성의 사망을 줄일 수 있다.

개념의 적용

미국에서 어떤 성병이 가장 흔한가?

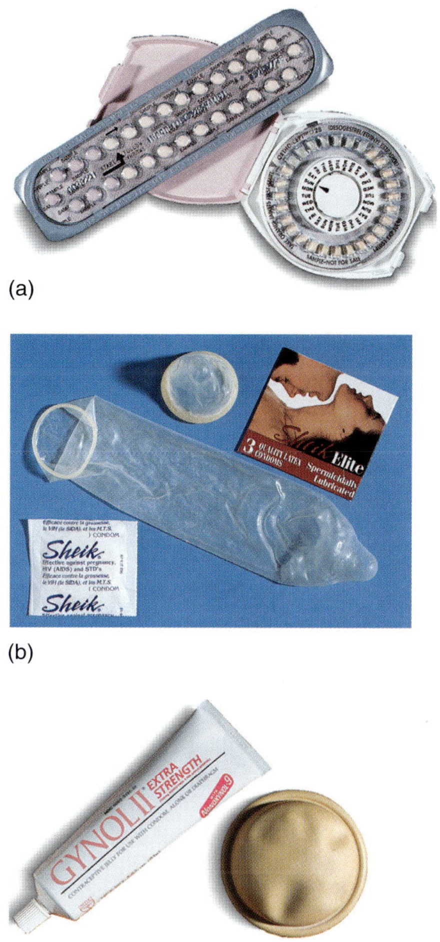

(a) (b) (c)

그림 21.18 3종류의 흔한 산아제한 방법.

(a) 경구 피임약; (b) 콘돔; (c) 피임 페사리와 살정젤리

질문과 분석

성병은 왜 빈도가 변하는가?

일반적으로, 성병의 발생은 보호되지 않은 성교가 증가하면 증가하리라 예상된다. AIDS의 출현으로 열띤 홍보와 교육으로 이러한 위험한 행동이 약화되었다. 지난 10년간 미국에서 성 파트너의 수와 보호되지 않은 성교의 빈도는 현저하게 감소하였다. 그러면 매독, 임질, 그리고 클라미디아와 같은 성병의 빈도를 감소하게 할 것이다.

그러나 어떤 성병은 증가하고 반면에 다른 성병은 감소한다. 이로부터 무엇을 알 수 있을까요? 이러한 차이에 대한 가장 단순한 설명은 두 성병이 다른 집단에서 발생하며, 한 집단은 성적인 활동의 수준이 증가하는 반면, 다른 집단는 감소하는 것이다. 그러나 전국적인 통계는 모든 군집의 아집단을 포함하고 있으며. 아집단이 다른 성병을 가지고 있다고 기대할 이유가 전혀 없다. 분명히 각각의 주된 아집단은 위에서 언급한 모든 3종류의 주요 성병을 포함하고 있다. 따라서 이는 하나의 성병은 빈도가 증가하는데 다른 성병은 감소하는 설명으로 적절하지 않다.

두 번째 가능한 설명은 성병 중 하나의 감염성의 변화이다. 감염성이 낮은 성병은 집단에서 빈도가 감소하게 되는데, 이는 성교에 의하여 감염되는 경우가 적기 때문이다. 이 가능성을 평가하기 위하여 각각의 성병을 더 면밀히 조사해보아야 한다.

매독은 초기단계에 가장 감염성이 강하지만, 이 단계는 단지 1개월 정도 지속된다. 대부분의 전파는 입안에 분홍색 발진과 종기가 형성되는 훨씬 긴 2단계에서 일어난다. 세균은 이 단계에서 키스나 체액의 공유에 의하여 전파될 수 있다. 이 성병의 감염성이 조금이라도 떨어지더라도 이 단계를 줄일 수 있지만, 그러한 단축은 관찰되지 않았다.

임질은 감염된 개인과 다양한 형태의 성적인 접촉에 의하여 감염의 어느 시기에도 전파될 수 있다. 성교 회수에 대한 감염성의 감소는 전혀 보고되지 않았다.

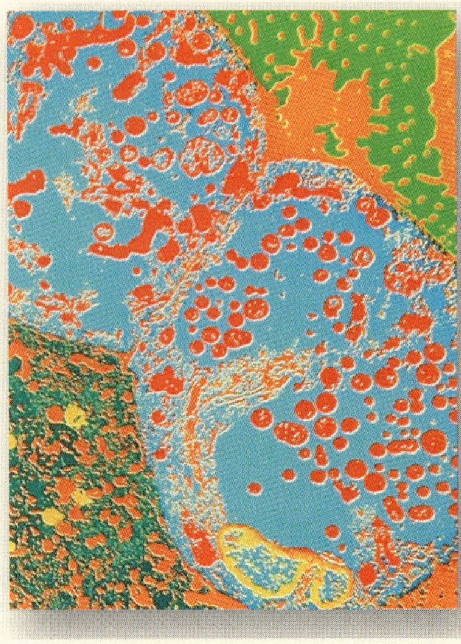

클라미디아는 색다른 성질로 인하여 감염성의 변화에 대한 가장 흥미로운 가능성을 제공하다. *Chlamydia trachomatis*는 유전적으로는 세균이지만, 바이러스처럼 절대 세포내 기생성으로, 살아있는 인간의 세포 내에서만 번식할 수 있다. 사진의 붉은색 구조는 인간 세포내에 있는 클라미디아 세균이다. 임질과 마찬가지로 클라미디아도 감염된 사람과 질, 항문, 또는 구강성교에 의하여 전파된다. 클라미디아는 전혀 증상을 보이지 않을 수도 있다. 질병 매개체가 세포 내부에 살기 때문에, 성교 중에 성 파트너가 노출될 수 있는 감염된 개인의 세포 수가 변하지 않으면 감염성이 변화하리라 기대할 수 없지만, 이는 매우 가능성이 낮다.

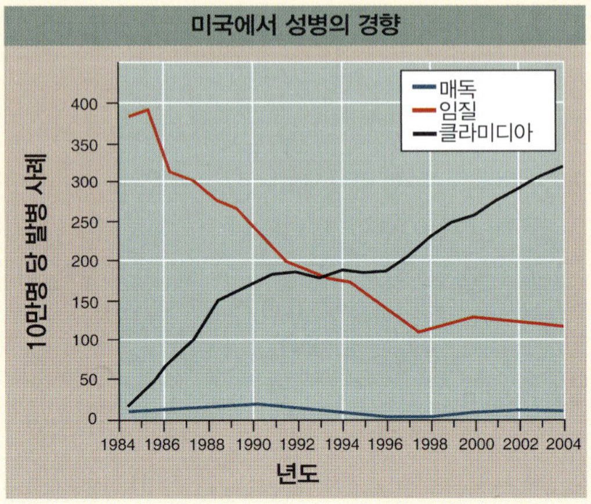

따라서 감염성의 감소는 전혀 그럴법하지 않다. 그러나 하나의 성병의 빈도가 군집에서 증가하지만, 동일한 군집에서 다른 성병의 빈도가 감소할 수 있는 세 번째의 가능한 설명이 있다. 이 세 번째 가능한 설명을 이해하기 위해서는 미국에서 임질, 클라미디아, 그리고 매독의 발생 경향을 세밀하게 검토할 필요가 있다. 자세한 년도 별 통계를 위의 그래프에 나타내었다.

분석

1. 추론하기

a. 임질: 1985년의 발생빈도는 어떻게 되는가? 2004년에는? 빈도는 감소하였나요 아니면 증가하였나요? 일반적으로 개인은 성병을 전파하였을 때 자신이 감염되었다는 것을 알고 있었나요?

b. 클라미디아: 1986년의 발생빈도는 어떻게 되나요? 2004년에는? 빈도는 감소하였나요 아니면 증가하였나요? 일반적으로 개인은 성병을 전파하였을 때 자신이 감염되었다는 것을 알고 있었나요?

2. 결론의 도출: 고양된 대중의 인식은 임질의 수준이 클라미디아의 수준과 다른 경향을 보인다는 것을 어떻게 설명할 수 있을까요?

학습결과의 요약

생식의 형태

무성생식과 유성생식

21.1.1 분열과 출아에 의한 무성생식은 원생생물과 일부 동물의 주요한 번식수단이지만, 대부분의 동물은 유성생식으로 번식한다.

동물에서 가장 흔한 번식 형태는 유성생식이지만, 단성생식과 자웅동체도 두 종류의 변형이다. 단성생식에서 자손은 수정되지 않은 난자에서 생성된다. 자웅동체는 한 개체가 난소와 정소를 모두 가지고 있으며, 정자와 난자를 모두 생산한다. 일부 자웅동체 동물은 자가수정을 할 수 있다. 동물의 일부 종에서는 사회적인 환경이 개체의 성을 변경할 수 있는데, 수컷이 귀할 때 암컷이 수컷으로 변하는 순차적 자웅동체가 그 예이다.

21.1.2 포유류에서 성은 유전적으로 결정되며 배아 발생기에 나타난다. XY의 배아는 수컷으로 발달하고 XX의 배아는 암컷으로 발달한다.

인간의 생식계

남성

21.2.1 남성의 정소는 계속해서 남성 배우체인 정자를 생성한다. 정소는 정세관이라고 하는 단단하게 꼬인 관을 많이 포함하고 있으며, 이곳에서 정자형성이라는 과정을 통하여 정자가 발생한다. 정자가 발달하고 감수분열을 겪으면서, 정자는 소관의 내강으로 이동하여 부고환 안으로 전달된다. 일단 성숙되면 정자는 수정관에 저장된다. 성교 때 정자는 음경을 통하여 여성에게 전달된다.

여성

21.3.1 여성 배우체인 알 또는 난자는 난소에서 난모세포로부터 발생한다. 난소는 복부 아래쪽에 위치한다. 여성은 약 2백만 개의 난모세포를 가지고 태어나며, 모든 난모세포는 첫 번째 감수분열 단계에서 정지되어 있다. FSH와 LH 호르몬은 몇 개의 난모세포에서 감수분열 I이 재개되도록 개시하지만, 그러나 매달 보통 단 하나만의 난모세포가 발생을 완성한다.

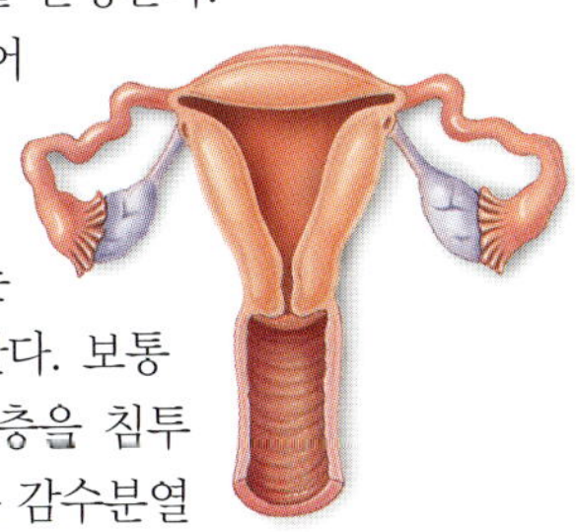

난자는 배란시 난소에서 파열되어 나팔관으로 들어간다. 질에 침적된 정자는 자궁경부를 거쳐 자궁으로 진행해 올라가서 나팔관 또는 수란관으로 들어가 난자에 도달한다. 보통 단 하나만의 정자가 난자의 보호층을 침투할 수 있다. 이 시점에 난모세포는 감수분열 II를 완성하고, 수정이 일어난다. 수정된 난자는 접합체라고 하며, 수란관을 통하여 자궁으로 운반된다. 접합체는 자궁의 자궁 내막의 내벽에 부착하며 그곳에서 발생을 완성한다.

호르몬은 생식주기를 조화시킨다

21.4.1 인간의 생식주기는 월경주기라고 하며, 여포상과 황체상의 2가지 상으로 구분된다. 여포상은 FSH와 LH가 분비되면서 시작되며, 이들은 난모세포 발생의 재개와 에스트론의 분비를 촉진한다. 에스트로겐은 뇌하수체 전엽으로부터 FSH의 분비를 중지시키는 음성 되먹임 신호로 작용한다.

에스트로겐의 수준이 증가하면서 에스트로겐은 FSH와 LH에 양성 되먹임 효과를 가지기 시작한다. 황체상은 LH의 급격한 증가로 시작되며, 이는 배란과 황체의 형성을 유발한다. 황체는 프로게스테론을 분비하기 시작하며, 이는 자궁이 접합체의 착상에 준비하도록 작용한다.

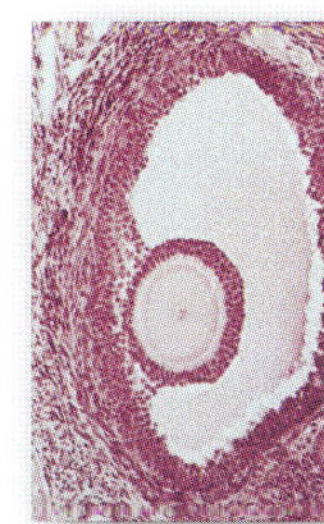

수정이 일어나지 않으면, 에스트로겐과 프로게스테론 수준이 떨어지고 자궁 내막의 내벽이 떨어져 월경이 일어나며, 새로운 주기기 시작된다.

접합체가 자궁의 내벽에 착상되면, 배아로부터 인간 융모성 고나드로핀(hCG)이 방출되기 때문에 에스트로겐과 프로게스테론 수준이 높게 남아있다. 자궁도 유지되고 더 이상의 난자 성숙되 일어나지 않는다.

발생의 과정

배아의 발달

21.5.1 척추동물 배아는 3단계로 일어난다. 첫 번째 단계는 분할이라고 하며 수백회의 세포분열에 의하여 궁극적으로 배반포라고 하는 가운데가 비어있는 세포의 공이 생산되는 것이다. 두 번째 단계는 낭배형성이라고 하며, 편성된 세포의 이동을 포함하며 내배엽, 외배엽, 그리고 중배엽의 3종류 배엽을 형성한다. 세 번째 단계는 신경관형성이며 척색과 신경관이 형성된다.

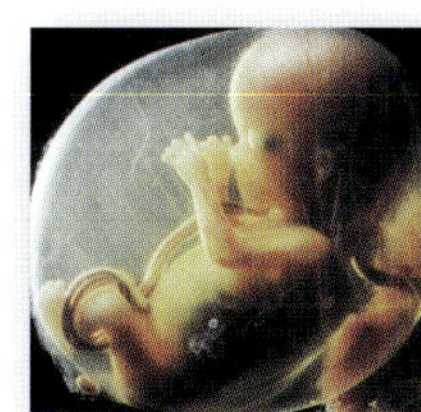

21.5.2 기관은 4주째에 형성되기 시작하며, 2개월 끝 무렵에는 배아가 명백하게 사람처럼 보인다. 3개월 말에는 두뇌와 허파를 제외한 모든 주요 기관이 발생한다(그림 21.14).

태아의 발달

21.6.1 인간 발생의 대부분의 핵심적인 사건은 첫 번째 3개월에 발생한다. 두 번째와 세 번째 3개월은 현저한 생장의 시기이며, 태아는 태반으로부터 양분을 받는다.

출산과 분만 시에 태아와 태반이 자궁으로부터 방출된다. 호르몬은 신생아에 영양을 공급하기 위한 산모에서의 젖의 생산을 조정한다.

산아제한과 성병

피임과 성병

21.7.1 다양한 산아제한 방법이 가용하며 난자성숙의 방지, 배아착상의 방지, 그리고 정자의 차단이나 살해를 통하여 작용한다.

21.7.2 성병은 성적인 접촉을 통하여 전파된다. AIDS는 치명적인 성병이다. 다른 성병들은 AIDS 만큼은 치명적이지는 않지만, 특히 치료를 하지 않으면 매우 파괴적이다.

이해의 측정

21.1.1 자손들이 서로 또는 부모와 유전적으로 동일하지 않을 때 그 생물은 어떤 방법으로 번식하나요?
a. 분열 **c.** 출아
b. 유성생식 **d.** 위의 모든 것이 다 맞다.

21.1.1 _______에서 동물은 난소와 정소를 모두 가지고 있어서 난자와 정자를 모두 생산할 수 있다.
a. 단성생식(처녀생식)
b. 무성생식
c. 자웅동체(암수한몸)
d. 출아

21.1.2 포유류에서 배아의 생식소가 난소로 발생하는 경우는?
a. SRY 유전자가 발현될 때
b. 성염색체 둘 다 X일 때
c. 성염색체가 X와 Y일 때
d. 40일 이내외

21.2.1 인간 남성 정소를 신체의 다른 부분에 비하여 3℃ 정도 낮아지게 하는 것은?
a. 정세관 **c.** 수정관
b. 부고환 **d.** 음낭

21.3.1 인간 난모세포의 발생은 어떠한 호르몬을 필요로 하나요?
a. 에스트로겐과 테스토스테론
b. FSH와 LH
c. 프로게스테론과 테스토스테론
d. 옥시토신과 프로락틴

21.4.1 임신이 일어나면, 자궁 내막은 무엇에 의하여 유지되나요?
a. hCG를 방출하는 배아
b. 프로게스테론 수준의 감소
c. GnRH를 방출하는 시상하부
d. FSH 수준의 증가

21.5.1 인간 배아는 3개의 배엽으로 형성되어 있는데 이로부터 모든 조직이 언제 형성되나요?
a. 포배가 형성될 때
b. 신정관이 완성될 때
c. 배반포가 형성될 때
d. 낭배형성이 완성될 때

21.5.1 발생 중인 인간에서 가장 최초로 형성되는 조직은?
a. 골격 **c.** 신경
b. 근육 **d.** 소화

21.6.1 출산 중 자궁의 수축을 자극하는 호르몬은?
a. 에스트로겐 **c.** 옥시토신
b. 프로락틴 **d.** 프로게스테론

21.7.1 다음 중 피임법이 아닌 것은?
a. 난자의 파괴
b. 난자 성숙의 방지
c. 정자의 차단
d. 배아 착상의 방지

이해의 적용

21.1.2 수정되고 40일까지는 배아의 성별이 확인되지 않는다. 그 이후 *SRY* 유전자를 가지는 배아에 어떠한 일이 일어나나요?

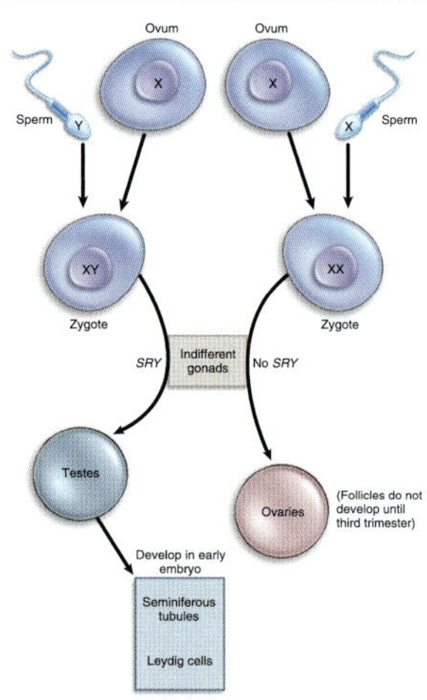

21.3.1 때때로 접합체가 자궁이 아니라 나팔관에 착상된다. 이를 자궁외 임신이라고 한다. 자궁 외 임신은 임산부의 생명을 위협하게 하고 태아가 생존할 수 없기 때문에 중절시켜야만 한다. 왜 어머니의 생명이 위험하고 태아는 왜 생존할 수 없는지 설명하시오.

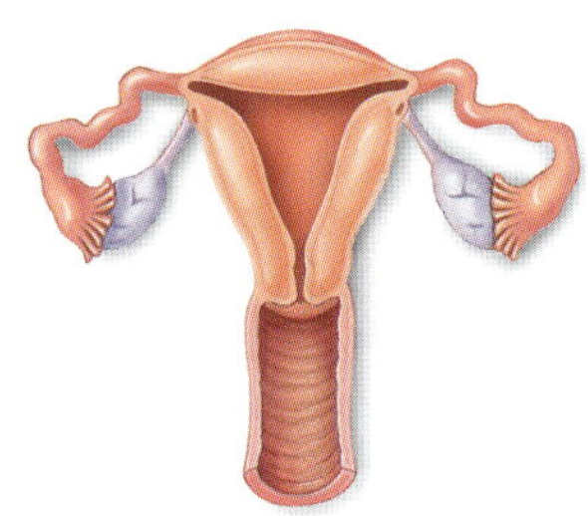

학습 내용의 종합

21.1.1 왜 단성생식(처녀생식) 자손의 모든 부모는 암컷인가요?

21.2.1 남성은 정자를 평생에 걸쳐 생산하지만, 여성은 성 발달의 한 시기에 모든 난자를 생산한다. 여러분은 신생아의 유전자 돌연변이의 대부분이 아버지로부터 기원하리라 예상하나요, 아니면 양 부모가 돌연변이에 비슷한 위험도를 기여할까요? 그 이유를 설명하시오.

21.5.1 난생(oviparity; 수정된 난자가 모체 밖에서 발생하는 것)은 동물계의 법칙이다. 이는 곤충, 어류, 양서류, 그리고 파충류에서 흔하며, 조류에서는 보편적이다. 포유류에서는 가장 원시적인 바늘두더지와 오리너구리가 난생이다. 그러나 나중에 진화한 포유류인 유대목(캥거루)과 태반동물은 태생이여, 자식이 어미의 내부에서 발생한다. 여러분은 무엇이 이러한 번식전략의 주요한 변화에 책임이 있다고 생각하나요?

부록

이해의 측정 문제 해답

Chapter 1

1.1.1 a. kingdoms 1.2.1 c. cellular organization
1.3.1 b. atom, molecule, organelle, cell, tissue, organ, organ system, organism, population, species, community, ecosystem
1.3.2 d. emergent properties 1.4.1 b. evolution, energy flow, cooperation, structure determines function, and homeostasis
1.5.1-1 b. test each hypothesis, using appropriate controls, to rule out as many as possible
1.5.1-2 c. After sufficient testing, you can accept it as probable, being aware that it may be revised or rejected in the future 1.7.1 d. all living organisms consist of cells, and all cells come from other cells
1.7.2 c. is contained in a long molecule called DNA
1.7.4 c. Darwin

Chapter 2

2.1.1 b. an atom 2.2.1 c. an ion 2.3.1 d. ionic, covalent, and hydrogen 2.3.3-1 b. it can form four single covalent bonds 2.3.3-2 d. All of the above
2.4.1 a. hydrogen bonds between the individual water molecules
2.4.3 c. heat storage and heat of vaporization
2.4.4 a. cohesion 2.5.1-1 a. (1) acids and (2) bases
2.5.1-2 c. A buffer stops water from ionizing.

Chapter 3

3.1.1 b. proteins, carbohydrates, lipids, and nucleic acids 3.1.2 c. polypeptides 3.2.2 d. All of the above
3.2.5 c. structure, function 3.3.1 d. are information storage devices found in body cells
3.3.3 a. Adenine forms hydrogen bonds with thymine
3.4.1-1 a. structure and energy 3.4.1-2 a. glycogen
3.5.1-1 d. All of these are characteristics of fat molecules.
3.5.1-2 c. energy storage and some hormones

Chapter 4

4.1.1 a. cells are the smallest living things; nothing smaller than a cell is considered alive
4.2.1 d. prokaryotes, eukaryotes
4.4.1 b. a double lipid layer with proteins inserted in it, which surrounds every cell individually
4.5.1 a. a nucleolus 4.6.1 c. endoplasmic reticulum and the Golgi complex 4.7.1 d. mitochondria and the chloroplasts 4.8.1. b. cristae
4.9.1 d. slowly disperse throughout the water; this is because of diffusion
4.10.1 b. endocytosis and phagocytosis 4.11.2 c. energy and specialized pumps or carrier proteins

Chapter 5

5.1.1 c. energy 5.2.1 d. says that energy can change forms, but cannot be created or destroyed
5.2.2 b. says that entropy, or disorder, continually increases in a closed system
5.3.1 a. exergonic and release energy
5.4.1 b. enzymes 5.4.2 c. temperature and pH
5.5.1-1 d. All of the above 5.5.1-2 c. an inhibitor molecule competes with the substrate for the active site on the enzyme 5.6.1-1 a. active site
5.6.1-2 a. the breaking of phosphate bonds in ATP

Chapter 6

6.1.1 a. breaking down the organic molecules that were consumed 6.2.1-1 c. substrate-level phosphorylation 6.2.1-2 b. glycolysis
6.2.1-3 b. makes ATP by splitting a molecule of glucose in half and capturing the energy
6.3.1 c. mitochondria of the cell and are broken down in the presence of O_2 to make more ATP
6.3.2 b. NAD$^+$, electron transport chain
6.4.2 d. during the electron transport chain
6.5.1-1 b. fermentation 6.5.1-2 a. pyruvate
6.6.1 c. each type of macromolecule is broken down into its subunits, which enter the oxidative respiration pathway

Chapter 7

7.1.1 a. copying DNA, then undergoing binary fission 7.2.1 c. the production of genetically identical daughter cells
7.3.1-1 c. most eukaryotes have between 10 and 50 pairs of chromosomes
7.3.1-2 c. carry information about the same traits located in the same places on the chromosomes
7.3.2 d. All of the above 7.4.1 b. metaphase
7.4.2 c. cytokinesis 7.4.3 d. interphase/DNA replication 7.5.1-1 a. growth factors
7.5.1-2 b. cancer

Chapter 8

8.1.1-1 d. the egg and sperm have only half the number of chromosomes found in the parents because of meiosis 8.1.1-2 d. 23
8.2.1 a. 1*n* gametes (haploid), followed by 2*n* zygotes (diploid) 8.3.1-1 a. homologous chromosomes exchange sections of chromosomes
8.3.1-2 b. Homologous chromosomes randomly orient themselves on the metaphase plate, called independent assortment. 8.3.1-3 a. prophase I
8.3.2 c. The duplicated sister chromatids separate
8.4.1-1 c. homologous chromosomes become closely associated 8.4.1-2 a. cells that are genetically identical to the parent cell/haploid cells
8.4.1-3 d. All of the above

Chapter 9

9.1.2 d. All of the above
9.2.1-1 a. all purple flowers 9.2.1-2 c. $^3/_4$ purple and $^1/_4$ white flowers
9.3.1 b. some factor, or information, about traits to their offspring and it may or may not be expressed
9.4.1 a. dihybrid cross 9.6.1-1 d. multiple genes
9.6.1-2 c. codominant traits
9.7.1 b. sex-linked eye color in fruit flies
9.8.1 d. All of the above.
9.11.1 b. chromosome karyotyping

Chapter 10

10.1.1 b. hereditary information can be added to cells from other cells 10.2.2 d. DNA
10.3.1-1 a. structure of DNA
10.3.1-2 c. the type of nitrogen base
10.3.1-3 d. adenine and guanine
10.4.1 b. TAACGTA 10.4.2 b. splits down the middle into two single strands, and each one then acts as a template to build its complement
10.4.3 a. a primer 10.5.1-1 c. by mutation or by transformation
10.5.1-2 a. germ-line tissues and are passed on to future generations

Chapter 11

11.1.1-1 a. nRNA (nuclear RNA)
11.1.1-2 a. a promoter 11.2.1 c. transcription
11.3.1-1 d. a codon 11.3.1-2 c. a codon consists of

three nucleotides 11.3.2 c. AUG 11.3.3 d. translation 11.4.1 d. All of the above 11.5.1 d. Some genes remain off as long as a repressor is bound 11.6.2 c. translating a gene as it is being transcribed

Chapter 12

12.1.1 c. genome 12.2.1 b. the exons used to make a specific mRNA can be rearranged to form different proteins. 12.3.1 c. restriction enzyme 12.3.2 b. exposing the mRNA of the desired eukaryotic gene to reverse transcriptase 12.3.3 c. DNA fingerprinting becomes more and more reliable as more probes are used 12.4.1 a. the drug to be produced in far larger amounts than in the past 12.5.1 a. increased yield 12.5.3 d. harm to the crop itself from mutations 12.8.1 a. immunological rejection of the tissue by the patient 12.9.1 c. viruses

Chapter 13

13.1.1 c. the thoracic cavity 13.1.2 a. cells, tissues, organs, organ systems, organism 13.2.1 c. move the body 13.3.1 d. red blood cells 13.3.2 c. osteoblasts; osteoclasts 13.4.1 a. skeletal 13.5.1 b. neuro-transmitters 13.6.2 b. axial skeleton 13.7.1 a. a single muscle can only pull and not push 13.7.2 c. to reset the myosin head so that it can reattach to the actin

Chapter 14

14.1.1 c. A series of tubular hearts pump hemolymph into cavities of the body 14.1.2-1 d. All of the above are functions of the circulatory system 14.1.2-2 c. by passing warm blood near cold blood in the extremities to warm the blood 14.2.1 a. capillaries 14.3.2 d. erythrocyte 14.4.1-1 a. carries deoxygenated blood 1 4.4.1-2 d. Blood would flow back into the right ventricle. 14.4.1-3 b. lungs → veins → heart → arteries → arteriole → capillaries → venules → veins → heart → arteries → lungs 14.4.1-4 a. Only arteries carry oxygenated blood 14.4.1-5 b. a stethoscope

Chapter 15

15.5.1 a. gills 15.2.1-1 b. fish gills 15.2.1-2 c. the animal's blood to be continually exposed to water of higher oxygen concentration 15.3.1-1 c. nostrils → nasal cavity → trachea → bronchus → alveoli 15.3.1-2 c. contracting the muscles around the thoracic cavity pulls your chest out 15.4.1-1 a. hemoglobin in red blood cells 15.4.1-2 b. as bicarbonate in the blood plasma 15.4.1-3 a. bicarbonate 15.4.1-4 b. active transport of carbon dioxide 15.5.1 d. All of the above

Chapter 16

16.2.1 b. specialization of different regions of the digestive system 16.3.1 a. herbivores 16.4.1 d. begin the physical digestion of food 16.4.2 c. soft palate 16.5.1 c. stomach 16.6.1-1 b. The surface area of the large intestine is greater than that of the small intestine. 16.6.1-2 c. small intestine 16.6.1-3 d. increase the surface area of the small intestine for absorption of nutrients 16.6.1-4 c. the concentration of solid wastes 16.7.1 a. pancreas

Chapter 17

17.1.1-1 b. homeostasis 17.1.1-2 d. negative feedback loop 17.1.2 b. glycogen to break down 17.2.1-1 a. pancreas 17.2.1-2 b. ants 17.3.1-1 b. nephron 17.3.1-2 a. glomerulus 17.3.2-1 c. loop of Henle 17.3.2-2 d. osmosis 17.4.1 d. urea

Chapter 18

18.8.1 a. sweat and oil glands 18.2.2-1 c. increase the number of immune system cells in an infected area 18.2.2-2 b. pathogenic bacteria do not grow well at high temperatures 18.3.1 a. T cells 18.4.1 b. have cell surface proteins that are different from the body's own cell surface receptors 18.5.1 d. destroy cells infected by pathogens 18.6.1 c. B cells 18.7.1 b. memory T and B cells 18.10.1 c. an autoimmune response 18.11.1 a. helper T cells

Chapter 19

19.1.1 c. association neurons 19.2.2 a. the influx of sodium ions 19.3.1 b. into the synaptic cleft 19.3.2 a. sodium ion gates in the postsynaptic cell 19.4.1 c. hypothalamus 19.6.1 b. relay messages to skeletal muscles 19.7.1 b. interoceptors 19.8.1 c. semicircular canals 19.9.1 c. taste 19.11.1 c. Rod cells detect different colors and cone cells detect different shades of gray, allowing vision in dim light.

Chapter 20

20.1.1-1 c. chemical signals stick around longer than electrical signals and can be used for slow processes 20.1.1-2 a. hypothalamus 20.1.2 a. fit into receptors specifically shaped for them 20.2.2 b. steroid hormones must enter the cell to begin action, whereas peptide hormones must begin action on the external surface of the cell membrane 20.3.1 d. posterior pituitary gland 20.3.2 a. ACTH 20.4.1 a. pancreas 20.5.1-1 c. too much calcium in the blood 20.5.1-2 d. sympathetic nervous system 20.5.1-3 a. cortisol

Chapter 21

21.1.1-1 b. sexual reproduction 21.1.1-2 c. hermaphroditism 21.1.2 b. if both sex chromosomes are X 21.2.1 d. scrotum 21.3.1 b. FSH and LH 21.4.1 a. embryo releasing hCG 21.5.1-1 d. gastrulation is complete 21.5.1-2 c. neural 21.6.1 c. oxytocin 21.7.1 a. destruction of the egg

Glossary

용어와 개념

A

absorption (L. *absorbere,* to swallow down) The movement of water and substances dissolved in water into a cell, tissue, or organism.

acid Any substance that dissociates to form H^+ ions when dissolved in water. Having a pH value less than 7.

acoelomate (Gr. *a,* not + *koiloma,* cavity) A bilaterally symmetrical animal not possessing a body cavity, such as a flatworm.

actin (Gr. *actis,* ray) One of the two major proteins that make up myofilaments (the other is myosin). It provides the cell with mechanical support and plays major roles in determining cell shape and cell movement.

action potential A single nerve impulse. A transient all-or-none reversal of the electrical potential across a neuron membrane. Because it can activate nearby voltage-sensitive channels, an action potential propagates along a nerve cell.

activation energy The energy a molecule must acquire to undergo a specific chemical reaction.

activator A regulatory protein that binds to the DNA and makes it more accessible for transcription.

active site The region of an enzyme surface to which a specific set of substrates binds, lowering the activation energy required for a particular chemical reaction and so facilitating it.

active transport The transport of a solute across a membrane by protein carrier molecules to a region of higher concentration by the expenditure of chemical energy. One of the most important functions of any cell.

adaptation (L. *adaptare,* to fit) Any peculiarity of structure, physiology, or behavior that promotes the likelihood of an organism's survival and reproduction in a particular environment.

adenosine triphosphate (ATP) A molecule composed of ribose, adenine, and a triphosphate group. ATP is the chief energy currency of all cells. Cells focus all of their energy resources on the manufacture of ATP from ADP and phosphate, which requires the cell to supply 7 kilocalories of energy obtained from photosynthesis or from electrons stripped from foodstuffs to form 1 mole of ATP. Cells then use this ATP to drive endergonic reactions.

adhesion (L. *adhaerere,* to stick to) The molecular attraction exerted between the surfaces of unlike bodies in contact, as water molecules to the walls of the narrow tubes that occur in plants.

aerobic (Gr. *aer,* air + *bios,* life) Oxygen-requiring.

allele (Gr. *allelon,* of one another) One of two or more alternative forms of a gene.

allele frequency The relative proportion of a particular allele among individuals of a population. Not equivalent to gene frequency, although the two terms are sometimes confused.

allopatric species (Gr. *allos*, other + *patra*, fatherland, country) Closely related species that do not live in the same geographical area.

allosteric interaction (Gr. *allos,* other + *stereos,* shape) The change in shape that occurs when an activator or repressor binds to an enzyme. These changes result when specific, small molecules bind to the enzyme, molecules that are not substrates of that enzyme.

alternation of generations A reproductive life cycle in which the multicellular diploid phase produces spores that give rise to the multicellular haploid phase and the multicellular haploid phase produces gametes that fuse to give rise to the zygote. The zygote is the first cell of the multicellular diploid phase.

altruism Self-sacrifice for the benefit of others; in formal terms, the behavior that increases the fitness of the recipient while reducing the fitness of the altruistic individual.

alveolus, *pl.* alveoli (L. *alveus,* a small cavity) One of the many small, thin-walled air sacs within the lungs in which the bronchioles terminate.

amino acid The subunit structure from which proteins are produced, consisting of a central carbon atom with a carboxyl group (—COOH), an amino group (—NH_2), a hydrogen, and a side group (R group); only the side group differs from one amino acid to another.

amniotic egg An egg that is isolated and protected from the environment by a more or less impervious shell. The shell protects the embryo from drying out, nourishes it, and enables it to develop outside of water.

anaerobic (Gr. *an,* without + *aer,* air + *bios,* life) Any process that can occur without oxygen. Includes glycolysis and fermentation. Anaerobic organisms can live without free oxygen.

anaphase In mitosis and meiosis II, the stage initiated by the separation of sister chromatids, during which the daughter chromosomes move to opposite poles of the cell; in meiosis I, marked by separation of replicated homologous chromosomes.

aneuploidy An abnormal number of chromosomes.

angiosperms The flowering plants, one of five phyla of seed plants. In angiosperms, the ovules at the time of pollination are completely enclosed by tissues.

anterior (L. *ante,* before) Located before or toward the front. In animals, the head end of an organism.

anther (Gr. *anthos,* flower) The part of the stamen of a flower that bears the pollen.

antibody (Gr. *anti,* against) A protein substance produced by a B cell lymphocyte in response to a foreign substance (antigen) and released into the bloodstream. Binding to the antigen, antibodies mark them for destruction by other elements of the immune system.

anticodon The three-nucleotide sequence of a tRNA molecule that is complementary to, and base pairs with, an amino acid-specifying codon in mRNA.

antigen (Gr. *anti,* against + *genos,* origin) A foreign substance, usually a protein, that stimulates lymphocytes to proliferate and secrete specific antibodies that bind to the foreign substance, labeling it as foreign and destined for destruction.

aorta (Gr. *aeirein*, to lift) The major artery of vertebrate systemic blood circulation; in mammals, carries oxygenated blood away from the heart to all regions of the body except the lungs.

apical meristem (L. *apex,* top + Gr. *meristos,* divided) In vascular plants, the growing point at the tip of the root or stem.

aposematic coloration An ecological strategy of some organisms that "advertise" their poisonous nature by the use of bright colors.

archaea A group of prokaryotes that are among the most primitive still in existence, characterized by the absence of peptidoglycan in their cell walls, a feature that distinguishes them from bacteria.

artery (L. *arteria*, artery) Any blood vessel that carries blood away from the heart.

arthropod (Gr. *arthros*, jointed + *podes*, feet) An animal of the phylum Arthropoda, which includes the arachnids, crustaceans, centipedes, millipedes, and insects.

asexual reproduction Reproducing without forming gametes. Asexual reproduction does not involve sex. Its outstanding characteristic is that an individual offspring is genetically identical to its parent.

atom (Gr. *atomos,* indivisible) A core (nucleus) of protons and neutrons surrounded by an orbiting cloud of electrons. The chemical behavior of an atom is largely determined by the distribution of its electrons, particularly the number of electrons in its outermost level.

atomic number The number of protons in the nucleus of an atom. In an atom that does not bear an electric charge (that is, one that is not an ion), the atomic number is also equal to the number of electrons.

autonomic nervous system (Gr. *autos,* self + *nomos,* law) The motor pathways that carry commands from the central nervous system to regulate the glands and nonskeletal muscles of the body. Also called the involuntary nervous system.

autosome (Gr. *autos,* self + *soma,* body) Any of the 22 pairs of human chromosomes that are similar in size and morphology in both males and females.

autotroph (Gr. *autos,* self + *trophos,* feeder) An organism that can harvest light energy from the sun or from the oxidation of inorganic compounds to make organic molecules.

axial skeleton The skeleton of the head and trunk of the human body containing 80 bones.

axon (Gr., axle) A process extending out from a neuron that conducts impulses away from the cell body.

B

B cell A lymphocyte that recognizes invading pathogens much as T cells do, but instead of attacking the pathogens directly, it marks them with antibodies for destruction by the nonspecific body defenses.

bacterium, *pl.* bacteria (Gr. *bakterion,* dim. of *baktron,* a staff) The most common type of prokaryotic organism. Cell walls contain peptidoglycan. Play many important ecological roles.

basal body In eukaryotic cells that contain flagella or cilia, a form of centriole that anchors each flagellum.

base Any substance that combines with H^+ ions thereby reducing the H^+ ion concentration of a solution. Having a pH value above 7.

bilateral symmetry (L. *bi,* two + *lateris,* side; Gr. *symmetria,* symmetry) A body form in which the right and left halves of an organism are approximate mirror images of each other.

binary fission (L. *binarius,* consisting of two things or parts + *fissus,* split) Asexual reproduction of a cell by division into two equal, or nearly equal, parts. Bacteria divide by binary fission.

binding site The site on a substrate or reactant that binds to an enzyme.

binomial system (L. *bi,* twice, two + Gr. *nomos,* usage, law) A system of nomenclature that uses two words. The first names the genus, and the second designates the species.

biomass (Gr. *bios,* life + *maza,* lump or mass) The total weight of all of the organisms living in an ecosystem.

biome (Gr. *bios,* life + *-oma,* mass, group) A major terrestrial assemblage of plants, animals, and microorganisms that occur over wide geographical areas and have distinct characteristics. The largest ecological unit.

blastocyst (Gr. *blastos,* germ + *kystis,* bladder) Embryonic stage in mammals that consists of a hollow ball of cells and inner cell mass surrounding a fluid-filled cavity.

buffer A substance that takes up or releases hydrogen ions (H^+) to maintain the pH within a certain range.

C

calorie (L. *calor, heat*) The amount of energy in the form of heat required to raise the temperature of 1 gram of water 1 degree Celsius.

calyx (Gr. *kalyx,* a husk, cup) The sepals collectively. The outermost flower whorl.

cancer Unrestrained invasive cell growth. A tumor or cell mass resulting from uncontrollable cell division.

capillary (L. *capillaris,* hairlike) A blood vessel with a very small diameter. Blood exchanges gases and metabolites across capillary walls. Capillaries join the end of an arteriole (small artery) to the beginning of a venule (small vein).

carbohydrate (L. *carbo,* charcoal + *hydro,* water) An organic compound consisting of a chain or ring of carbon atoms to which hydrogen and oxygen atoms are attached in a ratio of approximately 1:2:1. A compound of carbon, hydrogen, and oxygen having the generalized formula $(CH_2O)_n$, where *n* is the number of carbon atoms.

carcinogen (Gr. *karkinos,* cancer + -gen) Any cancer-causing agent.

cardiovascular system (Gr. *kardia,* heart + L. *vasculum,* vessel) The blood circulatory system and the heart that pumps it. Collectively, the blood, heart, and blood vessels.

carpel (Gr. *karpos,* fruit) A leaflike organ in angiosperms that encloses one or more ovules.

carrying capacity The maximum population size that a habitat can support.

Casparian strip In plants, a band that encircles the cell wall of root endodermal cells. Adjacent cells' strips connect, forming a layer through which water cannot pass; therefore, all water entering roots must pass through cell membranes and cytoplasm.

catabolism (Gr. *katabole,* throwing down) A process in which complex molecules are broken down into simpler ones.

catalysis (Gr. *katalysis,* dissolution + *lyein, to* loosen) The enzyme-mediated process in which the subunits of polymers are positioned so that their bonds undergo chemical reactions.

catalyst (Gr. *kata,* down + *lysis,* a loosening) A general term for a substance that speeds up a specific chemical reaction by lowering the energy required to activate or start the reaction. An enzyme is a biological catalyst.

cell (L. *cella,* a chamber or small room) The smallest unit of life. The basic organizational unit of all organisms. Composed of a nuclear region containing the hereditary apparatus within a larger volume called the cytoplasm bounded by a lipid membrane.

cell cycle The repeating sequence of growth and division through which cells pass each generation.

cellular respiration The process in which the energy stored in a glucose molecule is released by oxidation. Hydrogen atoms are lost by glucose and gained by oxygen.

central nervous system (CNS) The brain and spinal cord, the site of information processing and control within the nervous system.

centriole (Gr. *kentron,* center of a circle + L. *ola,* small) A cytoplasmic organelle located outside the nuclear membrane, identical in structure to a basal body; found in animal cells and in the flagellated cells of other groups; divides and organizes spindle fibers during mitosis and meiosis.

centromere (Gr. *kentron,* center + *meros,* a part) A constricted region of the chromosome joining two sister chromatids, to which the kinetochore is attached.

chemical bond The force holding two atoms together. The force can result from the attraction of opposite charges (ionic bond) or from the sharing of one or more pairs of electrons (a covalent bond).

chemiosmosis The cellular process responsible for almost all of the adenosine triphosphate (ATP) harvested from food and for all the ATP produced by photosynthesis.

chemoautotroph An autotrophic bacterium that uses chemical energy released by specific inorganic reactions to power its life processes, including the synthesis of organic molecules.

chiasma, *pl.* chiasmata (Gr. a cross) In meiosis, the points of crossing over where portions of chromosomes have been exchanged during synapsis. A chiasma appears as an X-shaped structure under a light microscope.

chlorophyll (Gr. *chloros,* green + *phyllon,* leaf) The primary type of light-absorbing pigment in photosynthesis. Chlorophyll *a* absorbs light in the violet-blue and the red ranges of the visible light spectrum; chlorophyll *b* is an accessory pigment to chlorophyll *a*, absorbing light in the blue and red-orange ranges. Neither pigment absorbs light in the green range, 500–600 nm.

chloroplast (Gr. *chloros,* green + *plastos,* molded) A cell-like organelle present in algae and plants that contains chlorophyll (and usually other pigments) and is the site of photosynthesis.

choanocyte (Gr. *choane,* funnel + *kytos,* hollow vessel) A type of flagellated cell that lines the body cavity of a sponge.

chromatid (Gr. *chroma,* color + L. *-id,* daughters of) One of two daughter strands of a duplicated chromosome that is joined by a single centromere.

chromatin (Gr. *chroma,* color) The complex of DNA and proteins of which eukaryotic chromosomes are composed.

chromosome (Gr. *chroma,* color + *soma,* body) The vehicle by which hereditary information is physically transmitted from one generation to the next. In a eukaryotic cell, long threads of DNA that are associated with protein and that contain hereditary information.

cilium, *pl.* cilia (L. eyelash) Refers to flagella that are numerous and organized in dense rows. Cilia propel cells through water. In human tissue, they move water or mucus over the tissue surface.

cladistics A taxonomic technique used for creating hierarchies of organisms based on derived characters that represent true phylogenetic relationship and descent.

class A taxonomic category ranking below a phylum (division) and above an order.

clone (Gr. *klon,* twig) A line of cells, all of which have arisen from the same single cell by mitotic division. One of a population of individuals derived by asexual reproduction from a single ancestor. One of a population of genetically identical individuals.

cnidarian (Gr. *knide,* nettle) An animal of the phylum Cnidaria, which includes hydra, jellyfish, corals, and sea anemones.

cnidocyte (Gr. *knide,* nettle + *kytos,* hollow vessel) Modified cell of cnidarians that holds the nematocyst.

codominance In genetics, a situation in which the effects of both alleles at a particular locus are apparent in the phenotype of the heterozygote.

codon (L. code) The basic unit of the genetic code. A sequence of three adjacent nucleotides in DNA or mRNA that codes for one amino acid or for polypeptide termination.

coelom (Gr. *koilos,* a hollow) A body cavity formed between layers of mesoderm and in which the digestive tract and other internal organs are suspended.

coenzyme A cofactor of an enzyme that is a nonprotein organic molecule.

coevolution (L. *co-,* together + *e-,* out + *volvere,* to fill) A term that describes the long-term evolutionary adjustment of one group of organisms to another.

cohesion (L. *cohaes,* to cohere) The molecular attraction between the surfaces of like bodies in contact, such as that between water molecules and other water molecules.

commensalism (L. *cum,* together with + *mensa,* table) A symbiotic relationship in which one species benefits while the other neither benefits nor is harmed.

community (L. *communitas,* community, fellowship) The populations of different species that live together and interact in a particular place.

competition Interaction between individuals for the same scarce resources. Intraspecific competition is competition between individuals of a single species. Interspecific competition is competition between individuals of different species.

competitive exclusion The hypothesis that if two species are competing with one another for the same limited resource in the same place, one will be able to use that resource more efficiently than the other and eventually will drive that second species to extinction locally.

complement system The chemical defense of a vertebrate body that consists of a battery of proteins that insert in bacterial and fungal cells, causing holes that destroy the cells.

concentration gradient The concentration difference of a substance as a function of distance. In a cell, a greater concentration of its molecules in one region than in another.

condensation The coiling of the chromosomes into more and more tightly compacted bodies begun during the G_2 phase of the cell cycle.

conjugation (L. *conjugare,* to yoke together) An unusual mode of reproduction in unicellular organisms in which genetic material is exchanged between individuals through tubes connecting them during conjugation.

consumer In ecology, a heterotroph that derives its energy from living or freshly killed organisms or parts thereof. Primary consumers are herbivores; secondary consumers are carnivores or parasites.

cortex (L. bark) In vascular plants, the primary ground tissue of a stem or root, bounded externally by the epidermis and internally by the central cylinder of vascular tissue. In animals, the outer, as opposed to the inner, part of an organ, as in the adrenal, kidney, and cerebral cortexes.

cotyledon (Gr. *kotyledon,* a cup-shaped hollow) Seed leaf. Monocot embryos have one cotyledon, and dicots have two.

countercurrent flow In organisms, the passage of heat or of molecules (such as oxygen, water, or sodium ions) from one circulation path to another moving in the opposite direction. Because the flow of the two paths is in opposite directions, a concentration difference always exists between the two channels, facilitating transfer.

covalent bond (L. *co-,* together + *valare,* to be strong) A chemical bond formed by the sharing of one or more pairs of electrons.

crista, *pl.* cristae (L. *crista,* crest) A folded extension of the inner membrane of a mitochondrion. Mitochondria contain numerous cristae.

crossing over An essential element of meiosis occurring during prophase when nonsister chromatids exchange portions of DNA strands.

cuticle (L. *cutis,* skin) A very thin film covering the outer skin of many plants.

cytokinesis (Gr. *kytos,* hollow vessel + *kinesis,* movement) The C phase of cell division in which the cell itself divides, creating two daughter cells.

cytoplasm (Gr. *kytos,* hollow vessel + *plasma,* anything molded) A semifluid matrix that occupies the volume between the nuclear region and the cell membrane. It contains the sugars, amino acids, proteins, and organelles (in eukaryotes) with which the cell carries out its everyday activities of growth and reproduction.

cytoskeleton (Gr. *kytos,* hollow vessel + *skeleton,* a dried body) In the cytoplasm of all eukaryotic cells, a network of protein fibers that supports the shape of the cell and anchors organelles, such as the nucleus, to fixed locations.

D

deciduous (L. *decidere,* to fall off) In vascular plants, shedding all the leaves at a certain season.

dehydration reaction Water-losing. The process in which a hydroxyl (OH) group is removed from one subunit of a polymer and a hydrogen (H) group is removed from the other subunit, linking the subunits together and forming a water molecule as a by-product.

demography (Gr. *demos,* people + *graphein,* to draw) The statistical study of population. The measurement of people or, by extension, of the characteristics of people.

deoxyribonucleic acid (DNA) The basic storage vehicle or central plan of heredity information. It is stored as a sequence of nucleotides in a linear nucleotide polymer. Two of the polymers wind around each other like the outside and inside rails of a circular staircase.

depolarization The movement of ions across a cell membrane that wipes out locally an electrical potential difference.

detritivore (L. *detri,* a rubbing away + *vorare,* to devour) An organism that feeds on or breaks down dead organisms.

deuterostome (Gr. *deuteros,* second + *stoma,* mouth) An animal in whose embryonic development the anus forms from or near the blastopore, and the mouth forms later on another part of the blastula. Also characterized by radial cleavage.

dicot Short for dicotyledon; a class of flowering plants generally characterized by having two cotyledons, netlike veins, and flower parts in fours or fives.

diffusion (L. *diffundere,* to pour out) The net movement of molecules to regions of lower concentration as a result of random, spontaneous molecular motions. The process tends to distribute molecules uniformly.

dihybrid (Gr. *dis,* twice + L. *hibrida,* mixed offspring) An individual heterozygous for two genes.

dioecious (Gr. *di,* two + *eikos,* house) Having male and female flowers on separate plants of the same species.

diploid (Gr. *diploos,* double + *eidos,* form) Having two sets of chromosomes ($2n$), in contrast to haploid (n).

directional selection A form of selection in which selection acts to eliminate one extreme from an array of phenotypes. Thus, the genes promoting this extreme become less frequent in the population.

disaccharide (Gr. *dis,* twice + *sakcharon,* sugar) A sugar formed by linking two monosaccharide molecules together. Sucrose (table sugar) is a disaccharide formed by linking a molecule of glucose to a molecule of fructose.

disruptive selection A form of selection in which selection acts to eliminate rather than favor the intermediate type.

diurnal (L. *diurnalis,* day) Active during the day.

domain In taxonomy, the level higher than kingdom. The three domains currently recognized are Bacteria, Archaea, and Eukarya.

dominant allele An allele that dictates the appearance of heterozygotes. One allele is said to be dominant over another if an individual heterozygous for that allele has the same appearance as an individual homozygous for it.

dorsal (L. *dorsum,* the back) Toward the back, or upper surface. Opposite of ventral.

double fertilization A process unique to the angiosperms, in which one sperm nucleus fertilizes the egg and the second one fuses with the polar nuclei. These two events result in the formation of the zygote and the primary endosperm nucleus, respectively.

E

ecdysis (Gr. *ekdysis,* stripping off) The shedding of the outer covering or skin of certain animals. Especially the shedding of the exoskeleton by arthropods.

echinoderm (Gr. *echinos,* sea urchin, hedgehog + *derma,* skin) An animal of the phylum Echinodermata, which includes the sea stars, sea urchins, sea cucumbers, and sand dollars.

ecology (Gr. *oikos,* house + *logos,* word) The study of the relationships of organisms with one another and with their environment.

ecosystem (Gr. *oikos,* house + *systema,* that which is put together) A community, together with the nonliving factors with which it interacts.

ectoderm (Gr. *ecto,* outside + *derma,* skin) One of three embryonic germ layers that forms in the gastrula; giving rise to the outer epithelium and to nerve tissue.

ectothermic Referring to animals whose body temperature is regulated by their behavior or their surroundings.

electron A subatomic particle with a negative electrical charge. The negative charge of one electron exactly balances the positive charge of one proton. Electrons orbit the atom's positively charged nucleus and determine its chemical properties.

electron transport chain A collective term describing the series of membrane-associated electron carriers embedded in the inner mitochondrial membrane. It puts the electrons harvested from the oxidation of glucose to work driving proton-pumping channels.

electron transport system A collective term describing the series of electron carriers embedded in the thylakoid membrane of the chloroplast. It puts the electrons harvested from water molecules and energized by photons of light to work driving proton-pumping channels.

element A substance that cannot be separated into different substances by ordinary chemical methods.

embryonic stem cell A cell that is derived from the inner cell mass of an early embryo and is able to develop into any tissue or to give rise to an adult organism when injected into a blastocyst.

emergent properties Novel properties in the hierarchy of life that were not present at the simpler levels of organization.

endergonic (Gr. *endon,* within + *ergon,* work) Reactions in which the products contain more energy than the reactants and require an input of usable energy from an outside source before they can proceed. These reactions are not spontaneous.

endocrine gland (Gr. *endon,* within + *krinein,* to separate) A ductless gland producing hormonal secretions that pass directly into the bloodstream or lymph.

endocytosis (Gr. *endon,* within + *kytos,* cell) The process by which the edges of plasma membranes fuse together and form an enclosed chamber called a vesicle. It involves the incorporation of a portion of an exterior medium into the cytoplasm of the cell by capturing it within the vesicle.

endoderm (Gr. *endon,* outside + *derma,* skin) One of three embryonic germ layers that forms in the gastrula; giving rise to the epithelium that lines internal organs and most of the digestive and respiratory tracts.

endoplasmic reticulum (ER) (L. *endoplasmic,* within the cytoplasm + *reticulum,* little net) An extensive network of membrane compartments within a eukaryotic cell; attached ribosomes synthesize proteins to be exported.

endoskeleton (Gr. *endon,* within + *skeletos,* hard) In vertebrates, an internal scaffold of bone or cartilage to which muscles are attached.

endosperm (Gr. *endon,* within + *sperma,* seed) A nutritive tissue characteristic of the seeds of angiosperms that develops from the union of a male nucleus and the polar nuclei of the embryo sac. The endosperm is either digested by the growing embryo or retained in the mature seed to nourish the germinating seedling.

endosymbiotic (Gr. *endon,* within + *bios,* life) theory A theory that proposes how eukaryotic cells arose from large prokaryotic cells that engulfed smaller ones of a different species. The smaller cells were not consumed but continued to live and function within the larger host cell. Organelles that are believed to have entered larger cells in this way are mitochondria and chloroplasts.

endothermic The ability of animals to maintain an elevated body temperature using their metabolism.

energy The capacity to bring about change, to do work.

enhancer A site of regulatory protein binding on the DNA molecule distant from the promoter and start site for a gene's transcription.

entropy (Gr. *en,* in + *tropos,* change in manner) A measure of the disorder of a system. A measure of energy that has become so randomized and uniform in a system that the energy is no longer available to do work.

enzyme (Gr. *enzymos,* leavened; *from en,* in + *zyme,* leaven) A protein capable of speeding up specific chemical reactions by lowering the energy required to activate or start the reaction but that remains unaltered in the process.

epidermis (Gr. *epi,* on or over + *derma,* skin) The outermost layer of cells. In vertebrates, the nonvascular external layer of skin of ectodermal origin; in invertebrates, a single layer of ectodermal epithelium; in plants, the flattened, skinlike outer layer of cells.

epigenetics The conditioning of gametic DNA by the parent; also called gene reprogramming.

epistasis (Gr. *epistasis,* a standing still) An interaction between the products of two genes in which one modifies the phenotypic expression produced by the other.

epithelium (Gr. *epi,* on + *thele,* nipple) A thin layer of cells forming a tissue that covers the internal and external surfaces of the body. Simple epithelium consists of the membranes that line the lungs and major body cavities and that are a single cell layer thick. Stratified epithelium (the skin or epidermis) is composed of more complex epithelial cells that are several cell layers thick.

erythrocyte (Gr. *erythros,* red + *kytos,* hollow vessel) A red blood cell, the carrier of hemoglobin. Erythrocytes act as the transporters of oxygen in the vertebrate body. During the process of their maturation in mammals, they lose their nuclei and mitochondria, and their endoplasmic reticulum is reabsorbed.

estrus (L. *oestrus,* frenzy) The period of maximum female sexual receptivity. Associated with ovulation of the egg. Being "in heat."

estuary (L. *aestus,* tide) A partly enclosed body of water, such as those that often form at river mouths and in coastal bays, where the salinity is intermediate between that of saltwater and freshwater.

ethology (Gr. *ethos,* habit or custom + *logos,* discourse) The study of patterns of animal behavior in nature.

eukaryote (Gr. *eu,* true + *karyon,* kernel) A cell that possesses membrane-bounded organelles, most notably a cell nucleus, and chromosomes whose DNA is associated with proteins; an organism composed of such cells. The appearance of eukaryotes marks a major event in the evolution of life, as all organisms on earth other than bacteria and archaea are eukaryotes.

eumetazoan (Gr. *eu,* true + *meta,* with + *zoion,* animal) A "true animal." An animal with a definite shape and symmetry and nearly always distinct tissues.

eutrophic (Gr. *eutrophos,* thriving) Refers to a lake in which an abundant supply of minerals and organic matter exists.

evaporation The escape of water molecules from the liquid to the gas phase at the surface of a body of water.

evolution (L. *evolvere,* to unfold) Genetic change in a population of organisms over time (generations). Darwin proposed that natural selection was the mechanism of evolution.

exergonic (L. *ex,* out + Gr. *ergon,* work) Any reaction that produces products that contain less free energy than that possessed by the original reactants and that tends to proceed spontaneously.

exocytosis (Gr. *ex,* out of + *kytos,* cell) The extrusion of material from a cell by discharging it from vesicles at the cell surface. The reverse of endocytosis.

exon (Gr. *exo,* outside) A segment of DNA that is both transcribed into RNA and translated into protein.

exoskeleton (Gr. *exo,* outside + *skeletos,* hard) An external hard shell that encases a body. In arthropods, comprised mainly of chitin.

experiment The test of a hypothesis. An experiment that tests one or more alternative hypotheses and those that are demonstrated to be inconsistent with experimental observation are rejected.

F

facilitated diffusion The transport of molecules across a membrane by a carrier protein in the direction of lowest concentration.

family A taxonomic group ranking below an order and above a genus.

feedback inhibition A regulatory mechanism in which a biochemical pathway is regulated by the amount of the product that the pathway produces.

fermentation (L. *fermentum,* ferment) A catabolic process in which the final electron acceptor is an organic molecule.

fertilization (L. *ferre,* to bear) The union of male and female gametes to form a zygote.

fitness The genetic contribution of an individual to succeeding generations, relative to the contributions of other individuals in the population.

flagellum, *pl.* flagella (L. *flagellum,* whip) A fine, long, threadlike organelle protruding from the surface of a cell. In bacteria, a single protein fiber capable of rotary motion that propels the cell through the water. In eukaryotes, an array of microtubules with a characteristic internal 9 + 2 microtubule structure that is capable of vibratory but not rotary motion. Used in locomotion and feeding. Common in protists and motile gametes. A cilium is a short flagellum.

food web The food relationships within a community. A diagram of who eats whom.

founder effect The effect by which rare alleles and combinations of alleles may be enhanced in new populations.

frequency In statistics, defined as the proportion of individuals in a certain category, relative to the total number of individuals being considered.

fruit In angiosperms, a mature, ripened ovary (or group of ovaries) containing the seeds.

G

gamete (Gr. wife) A haploid reproductive cell. Upon fertilization, its nucleus fuses with that of another gamete of the opposite sex. The resulting diploid cell (zygote) may develop into a new diploid individual, or in some protists and fungi, may undergo meiosis to form haploid somatic cells.

gametophyte (Gr. *gamete,* wife + *phyton,* plant) In plants, the haploid (n), gamete-producing generation, which alternates with the diploid ($2n$) sporophyte.

ganglion, *pl.* ganglia (Gr. a swelling) A group of nerve cells forming a nerve center in the peripheral nervous system.

gastrulation The inward movement of certain cell groups from the surface of the blastula.

gene (Gr. *genos,* birth, race) The basic unit of heredity. A sequence of DNA nucleotides on a chromosome that encodes a polypeptide or RNA molecule and so determines the nature of an individual's inherited traits.

gene expression The process in which an RNA copy of each active gene is made, and the RNA copy directs the sequential assembly of a chain of amino acids at a ribosome.

gene frequency The frequency with which individuals in a population possess a particular gene. Often confused with allele frequency.

genetic code The "language" of the genes. The mRNA codons specific for the 20 common amino acids constitute the genetic code.

genetic drift Random fluctuations in allele frequencies in a small population over time.

genetic map A diagram showing the relative positions of genes.

genetics (Gr. *genos,* birth, race) The study of the way in which an individual's traits are transmitted from one generation to the next.

genome (Gr. *genos,* offspring + L. *oma,* abstract group) The genetic information of an organism.

genomics The study of genomes as opposed to individual genes.

genotype (Gr. *genos,* offspring + *typos,* form) The total set of genes present in the cells of an organism. Also used to refer to the set of alleles at a single gene locus.

genus, *pl.* genera (L. race) A taxonomic group that ranks below a family and above a species.

germination (L. *germinare,* to sprout) The resumption of growth and development by a spore or seed.

gland (L. *glandis,* acorn) Any of several organs in the body, such as exocrine or endocrine, that secrete substances for use in the body. Glands are composed of epithelial tissue.

glomerulus (L. a little ball) A network of capillaries in a vertebrate kidney, whose walls act as a filtration device.

glycolysis (Gr. *glykys,* sweet + *lyein,* to loosen) The anaerobic breakdown of glucose; this enzyme-catalyzed process yields two molecules of pyruvate with a net of two molecules of ATP.

golgi complex Flattened stacks of membrane compartments that collect, package, and distribute molecules made in the endoplasmic reticulum.

granum, *pl.* grana A stacked column of flattened, interconnected disks (thylakoids) that are part of the thylakoid membrane system in chloroplasts.

gravitropism (L. *gravis,* heavy + *tropes,* turning) The response of a plant to gravity, which generally causes shoots to grow up and roots to grow down.

greenhouse effect The process in which carbon dioxide and certain other gases, such as methane, that occur in the earth's atmosphere transmit radiant energy from the sun but trap the longer wavelengths of infrared light, or heat, and prevent them from radiating into space.

guard cells Pairs of specialized epidermal cells that surround a stoma. When the guard cells are turgid, the stoma is open; when they are flaccid, it is closed.

gymnosperm (Gr. *gymnos,* naked + *sperma,* seed) A seed plant with seeds not enclosed in an ovary. The conifers are the most familiar group.

H

habitat (L. *habitare,* to inhabit) The place where individuals of a species live.

half-life The length of time it takes for half of a radioactive substance to decay.

haploid (Gr. *haploos,* single + *eidos,* form) Having only one set of chromosomes (n), in contrast to diploid ($2n$).

Hardy-Weinberg equilibrium After G. H. Hardy, English mathematician, and G. Weinberg, German physician. A mathematical description of the fact that the relative frequencies of two or more alleles in a population do not change because of Mendelian segregation. Allele and genotype frequencies remain constant in a random-mating population in the absence of inbreeding, selection, or other evolutionary forces. Usually stated as: If the frequency of allele A is p and the frequency of allele a is q, then the genotype frequencies after one generation of random mating will always be $(p + q)^2 = p^2 + 2pq + q^2$.

Haversian canal After Clopton Havers, English anatomist. Narrow channels that run parallel to the length of a bone and contain blood vessels and nerve cells.

helper T cell A class of white blood cells that initiates both the cell-mediated immune response and the humoral immune response; helper T cells are the targets of the AIDS virus (HIV).

hemoglobin (Gr. *haima,* blood + L. *globus,* a ball) A globular protein in vertebrate red blood cells and in the plasma of many invertebrates that carries oxygen and carbon dioxide.

hemolymph (Gr. *haima,* blood + L. *lympha,* water) Circulating fluid in the coelom of some invertebrates, such as insects.

herbivore (L. *herba,* grass + *vorare,* to devour) Any organism that eats only plants.

heredity (L. *heredis,* heir) The transmission of characteristics from parent to offspring.

heterokaryon (Gr. *heteros,* other + *karyon,* kernel) A fungal hypha that has two or more genetically distinct types of nuclei.

heterotroph (Gr. *heteros,* other + *trophos,* feeder) An organism that does not have the ability to produce its own food. *See also* autotroph.

heterozygote (Gr. *heteros,* other + *zygotos,* a pair) A diploid individual carrying two different alleles of a gene on its two homologous chromosomes.

histone (Gr. *histos,* tissue) A complex of small, very basic polypeptides rich in the amino acids arginine and lysine. A basic part of chromosomes, histones form the core around which DNA is wrapped.

homeostasis (Gr. *homeos,* similar + *stasis,* standing) The maintaining of a relatively stable internal physiological environment in an organism or steady-state equilibrium in a population or ecosystem.

homeotherm (Gr. *homeo,* similar + *therme,* heat) An organism, such as a bird or mammal, capable of maintaining a stable body temperature.

hominid (L. *homo,* man) Human beings and their direct ancestors. A member of the family Hominidae. *Homo sapiens* is the only living member.

homologous chromosome (Gr. *homologia,* agreement) One of the two nearly identical versions of each chromosome. Chromosomes that associate in pairs in the first stage of meiosis. In diploid cells, one chromosome of a pair that carries equivalent genes.

homology (Gr. *homologia,* agreement) A condition in which the similarity between two structures or functions is indicative of a common evolutionary origin.

homozygote (Gr. *homos,* same or similar + *zygotos,* a pair) A diploid individual whose two copies of a gene are the same. An individual carrying identical alleles on both homologous chromosomes is said to be homozygous for that gene.

hormone (Gr. *hormaein,* to excite) A chemical messenger, often a steroid or peptide, produced in a small quantity in one part of an organism and then transported to another part of the organism, where it brings about a physiological response.

hybrid (L. *hybrida,* the offspring of a tame sow and a wild boar) A plant or animal that results from the crossing of dissimilar parents.

hybridization The mating of unlike parents of different taxa.

hydrogen bond A molecular force formed by the attraction of the partial positive charge of one hydrogen atom of a water molecule with the partial negative charge of the oxygen atom of another.

hydrolysis reaction (Gr. *hydro,* water + *lyse,* break) The process of tearing down a polymer by adding a molecule of water. A hydrogen is attached to one subunit and a hydroxyl to the other, which breaks the covalent bond. Essentially the reverse of a dehydration reaction.

hydrophilic (Gr. *hydro,* water + *philic,* loving) Describes polar molecules, which form hydrogen bonds with water and therefore are soluble in water.

hydrophobic (Gr. *hydro,* water + *phobos,* hating) Describes nonpolar molecules, which do not form hydrogen bonds with water and therefore are not soluble in water.

hydroskeleton (Gr. *hydro,* water + *skeletos,* hard) The skeleton of most soft-bodied invertebrates that have neither an internal nor an external skeleton. They use the relative incompressibility of the water within their bodies as a kind of skeleton.

hypertonic (Gr. *hyper,* above + *tonos,* tension) A solution surrounding a cell that contains a higher concentration of solutes than does the cell.

hypha, *pl.* hyphae *(Gr. hyphe,* web) A filament of a fungus. A mass of hyphae comprises a mycelium.

hypothalamus (Gr. *hypo,* under + *thalamos,* inner room) The region of the brain under the thalamus that controls temperature, hunger, and thirst and that produces hormones that influence the pituitary gland.

hypothesis (Gr. *hypo,* under + *tithenai,* to put) A proposal that might be true. No hypothesis is ever proven correct. All hypotheses are provisional—proposals that are retained for the time being as useful but that may be rejected in the future if found to be inconsistent with new information. A hypothesis that stands the test of time—often tested and never rejected—is called a theory.

hypotonic (Gr. *hypo,* under + *tonos,* tension) A solution surrounding a cell that has a lower concentration of solutes than does the cell.

I

inbreeding The breeding of genetically related plants or animals. In plants, inbreeding results from self-pollination. In animals, inbreeding results from matings between relatives. Inbreeding tends to increase homozygosity.

incomplete dominance The ability of two alleles to produce a heterozygous phenotype that is different from either homozygous phenotype.

independent assortment Mendel's second law: The principle that segregation of alternative alleles at one locus into gametes is independent of the segregation of alleles at other loci. Only true for gene loci located on different chromosomes or those so far apart on one chromosome that crossing over is very frequent between the loci.

industrial melanism (Gr. *melas,* black) The evolutionary process in which a population of initially light-colored organisms becomes a population of dark organisms as a result of natural selection.

inflammatory response (L. *inflammare,* to flame) A generalized nonspecific response to infection that acts to clear an infected area of infecting microbes and dead tissue cells so that tissue repair can begin.

integument (L. *integumentum,* covering) The natural outer covering layers of an animal. Develops from the ectoderm.

interneuron A nerve cell found only in the CNS that acts as a functional link between sensory neurons and motor neurons. Also called association neuron.

interphase That portion of the cell cycle preceding mitosis. It includes the G_1 phase, when cells grow, the S phase, when a replica of the genome is synthesized, and a G_2 phase, when preparations are made for genomic separation.

interstitial fluid (L. *inter*, among + *sistere*, to stand) Fluid situated in the extracellular spaces of tissues.

intron (L. *intra,* within) A segment of DNA transcribed into mRNA but removed before translation. These untranslated regions make up the bulk of most eukaryotic genes.

ion An atom in which the number of electrons does not equal the number of protons. An ion carries an electrical charge.

ionic bond A chemical bond formed between ions as a result of the attraction of opposite electrical charges.

isolating mechanisms Mechanisms that prevent genetic exchange between individuals of different populations or species.

isotonic (Gr. *isos,* equal + *tonos,* tension) A solution having the same concentration of solutes as the cell.

isotope (Gr. *isos,* equal + *topos,* place) An atom that has the same number of protons but different numbers of neutrons.

J

joint The part of a vertebrate where one bone meets and moves on another.

K

karyotype (Gr. *karyon,* kernel + *typos,* stamp or print) The particular array of chromosomes that an individual possesses.

kinetic energy The energy of motion.

kinetochore (Gr. *kinetikos,* putting in motion + *choros,* chorus) A disk of protein bound to the centromere to which microtubules attach during cell division, linking chromatids to the spindle.

kingdom The chief taxonomic category. This book recognizes six kingdoms: Archaea, Bacteria, Protista, Fungi, Animalia, and Plantae.

L

lamella, *pl.* lamellae (L. a little plate) A thin, platelike structure. In chloroplasts, a layer of chlorophyll-containing membranes. In bivalve mollusks, one of the two plates forming a gill. In vertebrates, one of the thin layers of bone laid concentrically around the Haversian canals.

ligament (L. *ligare,* to bind) A band or sheet of connective tissue that links bone to bone.

linkage The patterns of assortment of genes that are located on the same chromosome. Important because if the genes are located relatively far apart, crossing over is more likely to occur between them than if they are close together.

lipid (Gr. *lipos,* fat) A loosely defined group of molecules that are insoluble in water but soluble in oil. Oils such as olive, corn, and coconut are lipids, as well as waxes, such as beeswax and earwax.

lipid bilayer The basic foundation of all biological membranes. In such a layer, the nonpolar tails of phospholipid molecules point inward, forming a nonpolar zone in the interior of the bilayers. Lipid bilayers are selectively permeable and do not permit the diffusion of water-soluble molecules into the cell.

littoral (L. *litus,* shore) Referring to the shoreline zone of a lake or pond or the ocean that is exposed to the air whenever water recedes.

locus, *pl.* loci (L. place) The position on a chromosome where a gene is located.

loop of Henle After F. G. J. Henle, German anatomist. A hairpin loop formed by a urine-conveying tubule when it enters the inner layer of the kidney and then turns around to pass up again into the outer layer of the kidney.

lymph (L. *lympha,* clear water) In animals, a colorless fluid derived from blood by filtration through capillary walls in the tissues.

lymphatic system An open circulatory system composed of a network of vessels that function to collect the water within blood plasma forced out during passage through the capillaries and to return it to the bloodstream. The lymphatic system also returns proteins to the circulation, transports fats absorbed from the intestine, and carries bacteria and dead blood cells to the lymph nodes and spleen for destruction.

lymphocyte (Gr. *lympha,* water + Gr. *kytos,* hollow vessel) A type of white blood cell. A cell of the immune system that either synthesizes antibodies (B cells) or attacks virus-infected cells (T cells).

lyse (Gr. *lysis,* loosening) To disintegrate a cell by rupturing its plasma membrane.

lysosome (Gr. *lysis*, loosening + *soma*, body) A membrane-bounded vesicle containing digestive enzymes that is produced by the Golgi apparatus in eukaryotic cells.

M

macromolecule (Gr. *makros,* large + L. *moliculus,* a little mass) An extremely large molecule. Refers specifically to carbohydrates, lipids, proteins, and nucleic acids.

macrophage (Gr. *makros,* large + *-phage,* eat) A phagocytic cell of the immune system able to engulf and digest invading bacteria, fungi, and other microorganisms, as well as cellular debris.

Malpighian tubules Blind tubules opening into the hindgut of terrestrial arthropods and functioning primarily as excretory organs.

marrow The soft tissue that fills the cavities of most bones and is the source of red blood cells.

mass flow The overall process by which materials move in the phloem of plants.

mass number The mass number of an atom consists of the combined mass of all of its protons and neutrons.

matrix (L. *mater*, mother) In mitochondria, the fluid in the interior space surrounded by the cristae that contains the enzymes and other molecules involved in oxidative respiration; more generally, that part of a tissue within which an organ or process is embedded.

megaspore (Gr. *megas*, large + *spora*, seed) In plants, a haploid reproductive cell that develops into a female gametophyte; in most groups, megaspores are larger than microspores.

meiosis (Gr. *meioun,* to make smaller) A special form of nuclear division that precedes gamete formation in sexually reproducing eukaryotes. It results in four haploid daughter cells.

Mendelian ratio After Gregor Mendel, Austrian monk. Refers to the characteristic 3:1 segregation ratio that Mendel observed, in which pairs of alternative traits are expressed in the F_2 generation in the ratio of three-fourths dominant to one-fourth recessive.

menstruation (L. *mens,* month) Periodic sloughing off of the blood-enriched lining of the uterus when pregnancy does not occur.

meristem (Gr. *merizein,* to divide) In plants, a zone of unspecialized cells whose only function is to divide.

mesoderm (Gr. *mesos,* middle + *derma,* skin) One of the three embryonic germ layers that form in the gastrula. Gives rise to muscle, bone, and other connective tissue; the peritoneum; the circulatory system; and most of the excretory and reproductive systems.

mesophyll (Gr. *mesos,* middle + *phyllon,* leaf) The photosynthetic parenchyma of a leaf, located within the epidermis. The vascular strands (veins) run through the mesophyll.

metabolism (Gr. *metabole,* change) The process by which all living things assimilate energy and use it to grow.

metaphase (Gr. *meta,* middle + *phasis,* form) The stage of mitosis characterized by the alignment of the chromosomes on a plane in the center of the cell.

metastasis, *pl.* metastases (Gr. to place in another way) The spread of cancerous cells to other parts of the body, forming new tumors at distant sites.

microevolution (Gr. *mikros,* small + L. *evolvere,* to unfold) Refers to the evolutionary process itself. Evolution within a species. Also called adaptation.

microspore (Gr. *mikros*, small + spora, seed) In plants, a haploid reproductive cell that develops into a male gametophyte.

microtubule (Gr. *mikros,* small + L. *tubulus,* little pipe) In eukaryotic cells, a long, hollow cylinder about 25 nanometers in diameter and composed of the protein tubulin. Microtubules influence cell shape, move the chromosomes in cell division, and provide the functional internal structure of cilia and flagella.

mimicry (Gr. *mimos,* mime) The resemblance in form, color, or behavior of certain organisms (mimics) to other more powerful or more protected ones (models), which results in the mimics being protected in some way.

mitochondrion, *pl.* mitochondria (Gr. *mitos,* thread + *chondrion,* small grain) A tubular or sausage-shaped organelle 1 to 3 micrometers long. Bounded by two membranes, mitochondria closely resemble the aerobic bacteria from which they were originally derived. As chemical furnaces of the cell, they carry out its oxidative metabolism.

mitosis (Gr. *mitos,* thread) The M phase of cell division in which the microtubular apparatus is assembled, binds to the chromosomes, and moves them apart. This phase is the essential step in the separation of the two daughter cell genomes.

mole (L. *moles,* mass) The atomic weight of a substance, expressed in grams. One mole is defined as the mass of 6.0222×10^{23} atoms.

molecule (L. *moliculus,* a small mass) The smallest unit of a compound that displays the properties of that compound.

mollusk (L. *molluscus,* soft) An animal of the phylum Mollusca, which includes snails and slugs, bivalves (such as clams and oysters), and cephalopods (octopuses, squids, and nautiluses).

monocot Short for monocotyledon; flowering plant in which the embryos have only one cotyledon, the flower parts are often in threes, and the leaves typically are parallel-veined.

monomers (Gr. *mono,* single + *meris,* part) Simple molecules that can join together to form polymers.

monosaccharide (Gr. *monos,* one + *sakcharon,* sugar) A simple sugar.

morphogenesis (Gr. *morphe,* form + *genesis,* origin) The formation of shape. The growth and differentiation of cells and tissues during development.

multicellularity A condition in which the activities of the individual cells are coordinated and the cells themselves are in contact. A property of eukaryotes alone and one of their major characteristics.

muscle (L. *musculus,* mouse) The tissue in the body of humans and animals that can be contracted and relaxed to make the body move.

muscle cell A long, cylindrical, multinucleated cell that contains numerous myofibrils and is capable of contraction when stimulated.

muscle spindle A sensory organ that is attached to a muscle and sensitive to stretching.

mutagen (L. *mutare,* to change) A chemical capable of damaging DNA.

mutation (L. *mutare,* to change) A change in a cell's genetic message.

mutualism (L. *mutuus,* lent, borrowed) A symbiotic relationship in which both participating species benefit.

mycelium, *pl.* mycelia (Gr. *mykes,* fungus) In fungi, a mass of hyphae.

mycology (Gr. *mykes,* fungus) The study of fungi. A person who studies fungi is called a mycologist.

mycorrhiza, *pl.* mycorrhizae (Gr. *mykes,* fungus + *rhiza,* root) A symbiotic association between fungi and plant roots.

myelin sheath (Gr. *myelos*, marrow) A fatty layer surrounding the long axons of motor neurons in the peripheral nervous system of vertebrates.

myofibril (Gr. *myos,* muscle + L. *fibrilla,* little fiber) An elongated structure in a muscle fiber, composed of myosin and actin.

myosin (Gr. *myos,* muscle + *in,* belonging to) One of two protein components of myofilaments. (The other is actin.)

N

natural selection The differential reproduction of genotypes caused by factors in the environment. Leads to evolutionary change.

nematocyst (Gr. *nema,* thread + *kystos,* bladder) A coiled, threadlike stinging structure of cnidarians that is discharged to capture prey and for defense.

nephron (Gr. *nephros*, kidney) The functional unit of the vertebrate kidney. A human kidney has more than 1 million nephrons that filter waste matter from the blood. Each nephron consists of a Bowman's capsule, glomerulus, and tubule.

nerve A bundle of axons with accompanying supportive cells, held together by connective tissue.

nerve impulse A rapid, transient, self-propagating reversal in electrical potential that travels along the membrane of a neuron.

neuromodulator A chemical transmitter that mediates effects that are slow and longer lasting and that typically involve second messengers within the cell.

neuromuscular junction The structure formed when the tips of axons contact (innervate) a muscle fiber.

neuron (Gr. nerve) A nerve cell specialized for signal transmission.

neurotransmitter (Gr. *neuron,* nerve + L. *trans,* across + *mitere,* to send) A chemical released at an axon tip that travels across the synapse and binds a specific receptor protein in the membrane on the far side.

neurulation (Gr. *neuron,* nerve) The elaboration of a notochord and a dorsal nerve cord that marks the evolution of the chordates.

neutron (L. *neuter,* neither) A subatomic particle located within the nucleus of an atom. Similar to a proton in mass, but as its name implies, a neutron is neutral and possesses no charge.

neutrophil An abundant type of white blood cell capable of engulfing microorganisms and other foreign particles.

niche (L. *nidus,* nest) The role an organism plays in the environment; realized niche is the niche that an organism occupies under natural circumstances; fundamental niche is the niche an organism would occupy if competitors were not present.

nitrogen fixation The incorporation of atmospheric nitrogen into nitrogen compounds, a process that can be carried out only by certain microorganisms.

nocturnal (L. *nocturnus,* night) Active primarily at night.

node of Ranvier After L. A. Ranvier, French histologist. A gap formed at the point where two Schwann cells meet and where the axon is in direct contact with the surrounding intercellular fluid.

nondisjunction The failure of homologous chromosomes to separate in meiosis I. The cause of Down syndrome.

nonrandom mating A phenomenon in which individuals with certain genotypes sometimes mate with one another more commonly than would be expected on a random basis.

notochord (Gr. *noto,* back + L. *chorda,* cord) In chordates, a dorsal rod of cartilage that forms between the nerve cord and the developing gut in the early embryo.

nucleic acid A nucleotide polymer. A long chain of nucleotides. Chief types are deoxyribonucleic acid (DNA), which is double-stranded, and ribonucleic acid (RNA), which is typically single-stranded.

nucleolus A region inside the nucleus where rRNA and ribosomes are produced.

nucleosome (L. *nucleus,* kernel + *soma,* body) The basic packaging unit of eukaryotic chromosomes, in which the DNA molecule is wound around a ball of histone proteins. Chromatin is composed of long strings of nucleosomes, like beads on a string.

nucleotide A single unit of a nucleic acid, composed of a phosphate, a five-carbon sugar (either ribose or deoxyribose), and a purine or a pyrimidine.

nucleus (L. kernel, dim. Fr. *nux,* nut) A spherical organelle (structure) characteristic of eukaryotic cells. The repository of the genetic information that directs all activities of a living cell. In atoms, the central core, containing positively charged protons and (in all but hydrogen) electrically neutral neutrons.

O

oligotrophic (Gr. *oligo*, little, few + *trophein*, to nourish) Containing a scarcity of organic material and nutrients, and having a high oxygen content; in reference to a body of water, such as a lake.

oncogene (Gr. *onkos*, protuberance, tumor + *genos*, decent) Any of a number of genes that when inappropriately activated can cause unrestrained cell growth (cancer).

oocyte (Gr. *oion,* egg + *kytos,* vessel) A cell in the outer layer of the ovary that gives rise to an ovum. A primary oocyte is any of the 2 million oocytes a female is born with, all of which have begun the first meiotic division.

operculum (L. cover) A flat, bony, external protective covering over the gill chamber in fish.

operon (L. *operis,* work) A cluster of functionally related genes transcribed onto a single mRNA molecule. A common mode of gene regulation in prokaryotes; it is rare in eukaryotes other than fungi.

order A taxonomic category ranking below a class and above a family.

organ (L. *organon,* tool) A complex body structure composed of several different kinds of tissue grouped together in a structural and functional unit.

organ system A group of organs that function together to carry out the principal activities of the body.

organelle (Gr. *organella,* little tool) A specialized compartment of a cell. Mitochondria are organelles.

organism Any individual living creature, either unicellular or multicellular.

osmoregulation The maintenance of a constant internal solute concentration by an organism, regardless of the environment in which it lives.

osmosis (Gr. *osmos,* act of pushing, thrust) The diffusion of water across a membrane that permits the free passage of water but not that of one or more solutes. Water moves from an area of low solute concentration to an area with higher solute concentration.

osmotic pressure The increase of hydrostatic water pressure within a cell as a result of water molecules that continue to diffuse inward toward the area of lower water concentration (the water concentration is lower inside than outside the cell because of the dissolved solutes in the cell).

osteoblast (Gr. *osteon,* bone + *blastos,* bud) A bone-forming cell.

osteoclast (Gr. *osteon*, bone + *klan*, to break) A bone-dissolving cell.

osteocyte (Gr. *osteon*, bone + *kytos,* hollow vessel) A mature osteoblast.

outcross A term used to describe species that interbreed with individuals other than those like themselves.

ovary (L. *ovum*, egg) (1) In animals, the organ in which eggs are produced. (2) In flowering plants, the enlarged basal portion of a carpel that contains the ovule(s); the ovary matures to become the fruit.

oviparous (L. *ovum,* egg + *parere,* to bring forth) Refers to reproduction in which the eggs are developed after leaving the body of the mother, as in reptiles.

ovulation The successful development and release of an egg by the ovary.

ovule (L. *ovulum,* a little egg) A structure in a seed plant that becomes a seed when mature.

ovum, *pl.* ova (L. egg) A mature egg cell. A female gamete.

oxidation (Fr. *oxider,* to oxidize) The loss of an electron during a chemical reaction from one atom to another. Occurs simultaneously with reduction. Is the second stage of the 10 reactions of glycolysis.

oxidative metabolism A collective term for metabolic reactions requiring oxygen.

oxidative respiration Respiration in which the final electron acceptor is molecular oxygen.

P

pancreas (Gr. *pan*, all + *kreas*, flesh) A gland located near the stomach that secretes digestive enzymes into the small intestine and hormones into the blood.

parasitism (Gr. *para,* beside + *sitos,* food) A symbiotic relationship in which one organism benefits and the other is harmed.

parthenogenesis (Gr. *parthenos,* virgin + Eng. *genesis,* beginning) The development of an adult from an unfertilized egg. A common form of reproduction in insects.

partial pressures (P) The components of each individual gas—such as nitrogen, oxygen, and carbon dioxide—that together constitute the total air pressure.

pathogen (Gr. *pathos,* suffering + Eng. *genesis,* beginning) A disease-causing organism.

pedigree (L. *pes,* foot + *grus,* crane) A family tree. The patterns of inheritance observed in family histories. Used to determine the mode of inheritance of a particular trait.

peptide (Gr. *peptein,* to soften, digest) Two or more amino acids linked by peptide bonds.

peptide bond A covalent bond linking two amino acids. Formed when the positive (amino, or NH_2) group at one end and a negative (carboxyl, or COOH) group at the other end undergo a chemical reaction and lose a molecule of water.

peristalsis (Gr. *peri,* around + *stellein,* to wrap) The rhythmic sequences of waves of muscular contraction in the walls of a tube.

pH Refers to the concentration of H^+ ions in a solution. The numerical value of the pH is the negative of the exponent of the molar concentration. Low pH values indicate high concentrations of H^+ ions (acids), and high pH values indicate low concentrations (bases).

phagocyte (Gr. *phagein,* to eat + *kytos,* hollow vessel) A cell that kills invading cells by engulfing them. Includes neutrophils and macrophages.

phagocytosis (Gr. *phagein,* to eat + *kytos,* hollow vessel) A form of endocytosis in which cells engulf organisms or fragments of organisms.

phenotype (Gr. *phainein,* to show + *typos,* stamp or print) The realized expression of the genotype. The observable expression of a trait (affecting an individual's structure, physiology, or behavior) that results from the biological activity of proteins or RNA molecules transcribed from the DNA.

pheromone (Gr. *pherein,* to carry + [hor]mone) A chemical signal emitted by certain animals as a means of communication.

phloem (Gr. *phloos,* bark) In vascular plants, a food-conducting tissue basically composed of sieve elements, various kinds of parenchyma cells, fibers, and sclereids.

phosphodiester bond The bond that results from the formation of a nucleic acid chain in which individual sugars are linked together in a line by the phosphate groups. The phosphate group of one sugar binds to the hydroxyl group of another, forming an—O—P—O bond.

phospholipid A macromolecule similar in structure to a fat, but having only two fatty acids attached to the glycerol backbone, with the third space linked to a phosphorylated molecule; contains a polar hydrophilic "head" end (phosphate group) and a nonpolar hydrophobic "tail" end (fatty acids).

photon (Gr. *photos,* light) The unit of light energy.

photoperiodism (Gr. *photos,* light + *periodos,* a period) A mechanism that organisms use to measure seasonal changes in relative day and night length.

photorespiration A process in which carbon dioxide is released without the production of ATP or NADPH. Because it produces neither ATP nor NADPH, photorespiration acts to undo the work of photosynthesis.

photosynthesis (Gr. *photos,* light + *-syn,* together + *tithenai,* to place) The process by which plants, algae, and some bacteria use the energy of sunlight to create from carbon dioxide (CO_2) and water (H_2O) the more complicated molecules that make up living organisms.

photosystem An organized complex of chlorophyll, other pigments, and proteins that traps light energy as excited electrons. Plants have two linked photosystems in the thylakoid membrane of chloroplasts.

phototropism (Gr. *photos,* light + *trope,* turning to light) A plant's growth response to a unidirectional light source.

phylogeny (Gr. *phylon,* race, tribe) The evolutionary relationships among any group of organisms.

phylum, *pl.* phyla *(Gr. phylon,* race, tribe) A major taxonomic category, ranking above a class.

physiology (Gr. *physis,* nature + *logos,* a discourse) The study of the function of cells, tissues, and organs.

pigment (L. *pigmentum,* paint) A molecule that absorbs light.

pili (pilus) Short flagella that occur on the cell surface of some prokaryotes.

pinocytosis (Gr. *pinein,* to drink + *kytos,* cell) A form of endocytosis in which the material brought into the cell is a liquid containing dissolved molecules.

pistil (L. *pistillum,* pestle) Central organ of flowers, typically consisting of ovary, style, and stigma; a pistil may consist of one or more fused carpels and is more technically and better known as the gynoecium.

pituitary gland (L. *pituitarius,* mucus) Endocrine gland at the base of the hypothalamus, composed of anterior and posterior lobes. Pituitary hormones affect a wide variety of processes in vertebrates.

plankton (Gr. *planktos,* wandering) The small organisms that float or drift in water, especially at or near the surface.

plasma (Gr. form) The fluid of vertebrate blood. Contains dissolved salts, metabolic wastes, hormones, and a variety of proteins, including antibodies and albumin. Blood minus the blood cells.

plasma membrane A lipid bilayer with embedded proteins that control the cell's permeability to water and dissolved substances.

plasmid (Gr. *plasma,* a form or something molded) A small fragment of DNA that replicates independently of the bacterial chromosome.

plasmodesmata (Gr. *plasma*, form + *desma*, bond) In plants, cytoplasmic connections between adjacent cells.

platelet (Gr. dim of *plattus,* flat) In mammals, a fragment of a white blood cell that circulates in the blood and functions in the formation of blood clots at sites of injury.

pleiotropy (Gr. *pleros,* more + *trope,* a turning) A gene that produces more than one phenotypic effect.

polar molecule A molecule with positively and negatively charged ends. One portion of a polar molecule attracts electrons more strongly than another portion, with the result that the molecule has electron-rich (–) and electron-poor (+) regions, giving it magnetlike positive and negative poles. Water is one of the most polar molecules known.

polarization The charge difference of a neuron so that the interior of the cell is negative with respect to the exterior.

pollen (L. fine dust) A fine, yellowish powder consisting of grains or microspores, each of which contains a mature or immature male gametophyte. In flowering plants, pollen is released from the anthers of flowers and fertilizes the pistils.

pollen tube A tube that grows from a pollen grain. Male reproductive cells move through the pollen tube into the ovule.

pollination The transfer of pollen from the anthers to the stigmas of flowers for fertilization, as by insects or the wind.

polygyny (Gr. *poly,* many + *gyne,* woman, wife) A mating system in which a male mates with more than one female.

polymer (Gr. *polus,* many + *meris,* part) A large molecule formed of long chains of similar molecules called monomers.

polymerase chain reaction (PCR) A process by which DNA polymerase is used to copy a sequence of DNA repeatedly, making millions of copies of the same DNA.

polymorphism (Gr. *polys,* many + *morphe,* form) The presence in a population of more than one allele of a gene at a frequency greater than that of newly arising mutations.

polynomial system (Gr. *polys,* many + [bi]nomial) Before Linnaeus, naming a genus by use of a cumbersome string of Latin words and phrases.

polyp A cylindrical, pipe-shaped cnidarian usually attached to a rock with the mouth facing away from the rock on which it is growing. Coral is made up of polyps.

polypeptide (Gr. *polys,* many + *peptein,* to digest) A general term for a long chain of amino acids linked end to end by peptide bonds. A protein is a long, complex polypeptide.

polysaccharide (Gr. *polys,* many + *sakcharon,* sugar) A sugar polymer. A carbohydrate composed of many monosaccharide sugar subunits linked together in a long chain.

population (L. *populus,* the people) Any group of individuals of a single species, occupying a given area at the same time.

posterior (L. *post,* after) Situated behind or farther back.

potential difference A difference in electrical charge on two sides of a membrane caused by an unequal distribution of ions.

potential energy Energy with the potential to do work. Stored energy.

predation (L. *praeda,* prey) The eating of other organisms. The one doing the eating is called a predator, and the one being consumed is called the prey.

primary growth In vascular plants, growth originating in the apical meristems of shoots and roots, as contrasted with secondary growth; results in an increase in length.

primary plant body The part of a plant that arises from the apical meristems.

primary producers Photosynthetic organisms, including plants, algae, and photosynthetic bacteria.

primary structure of a protein The sequence of amino acids that makes up a particular polypeptide chain.

primordium, *pl.* primordia *(L. primus,* first + *ordiri,* begin) The first cells in the earliest stages of the development of an organ or structure.

productivity The total amount of energy of an ecosystem fixed by photosynthesis per unit of time. Net productivity is productivity minus that which is expended by the metabolic activity of the organisms in the community.

prokaryote (Gr. *pro,* before + *karyon,* kernel) A simple organism that is small, single-celled, and has little evidence of internal structure.

promoter An RNA polymerase binding site. The nucleotide sequence at the end of a gene to which RNA polymerase attaches to initiate transcription of mRNA.

prophase (Gr. *pro,* before + *phasis,* form) The first stage of mitosis during which the chromosomes become more condensed, the nuclear envelope is reabsorbed, and a network of microtubules (called the spindle) forms between opposite poles of the cell.

protein (Gr. *proteios,* primary) A long chain of amino acids linked end to end by peptide bonds. Because the 20 amino acids that occur in proteins have side groups with very different chemical properties, the function and shape of a protein is critically affected by its particular sequence of amino acids.

protist (Gr. *protos,* first) A member of the kingdom Protista, which includes unicellular eukaryotic organisms and some multicellular lines derived from them.

proton A subatomic particle in the nucleus of an atom that carries a positive charge. The number of protons determines the chemical character of the atom because it dictates the number of electrons orbiting the nucleus and available for chemical activity.

protostome (Gr. *protos,* first + *stoma,* mouth) An animal in whose embryonic development the mouth forms at or near the blastopore. Also characterized by spiral cleavage.

pseudocoel (Gr. *pseudos,* false + *koiloma,* cavity) A body cavity similar to the coelom except that it forms between the mesoderm and endoderm.

punctuated equilibrium A hypothesis of the mechanism of evolutionary change that proposes that long periods of little or no change are punctuated by periods of rapid evolution.

purine (L. *purus*, pure + *urina*, urine) The larger of the two general kinds of nucleotide base found in DNA and RNA; a nitrogenous base with a double-ring structure, such as adenine or guanine.

pyrimidine (alter. of pyridine, from Gr. *pyr*, fire + *id*, adj. suffix + *ine*) The smaller of two general kinds of nucleotide base found in DNA and RNA; a nitrogenous base with a single-ring structure, such as cytosine, thymine, or uracil.

Q

quaternary structure of a protein A term to describe the way multiple protein subunits are assembled into a whole.

R

radial symmetry (L. *radius,* a spoke of a wheel + Gr. *summetros,* symmetry) The regular arrangement of parts around a central axis so that any plane passing through the central axis divides the organism into halves that are approximate mirror images.

radioactivity The emission of nuclear particles and rays by unstable atoms as they decay into more stable forms. Measured in curies, with 1 curie equal to 37 billion disintegrations a second.

radula (L. scraper) A rasping, tonguelike organ characteristic of most mollusks.

recessive allele An allele whose phenotype effects are masked in heterozygotes by the presence of a dominant allele.

recombination The formation of new gene combinations. In bacteria, it is accomplished by the transfer of genes into cells, often in association with viruses. In eukaryotes, it is accomplished by reassortment of chromosomes during meiosis and by crossing over.

reducing power The use of light energy to extract hydrogen atoms from water.

reduction (L. *reductio,* a bringing back; originally, "bringing back" a metal from its oxide) The gain of an electron during a chemical reaction from one atom to another. Occurs simultaneously with oxidation.

reflex (L. *reflectere,* to bend back) An automatic consequence of a nerve stimulation. The motion that results from a nerve impulse passing through the system of neurons, eventually reaching the body muscles and causing them to contract.

refractory period The recovery period after membrane depolarization during which the membrane is unable to respond to additional stimulation.

renal (L. *renes,* kidneys) Pertaining to the kidney.

repression (L. *reprimere,* to press back, keep back) The process of blocking transcription by the placement of the regulatory protein between the polymerase and the gene, thus blocking movement of the polymerase to the gene.

repressor (L. *reprimere,* to press back, keep back) A protein that regulates transcription of mRNA from DNA by binding to the operator and so preventing RNA polymerase from attaching to the promoter.

resolving power The ability of a microscope to distinguish two points as separate.

respiration (L. *respirare,* to breathe) The utilization of oxygen. In terrestrial vertebrates, the inhalation of oxygen and the exhalation of carbon dioxide.

resting membrane potential The charge difference that exists across a neuron's membrane at rest (about 70 millivolts).

restriction enzyme (restriction endonuclease) A special kind of enzyme that can recognize and cleave DNA molecules into fragments. One of the basic tools of genetic engineering.

retrovirus (L. *retro,* turning back) A virus whose genetic material is RNA rather than DNA. When a retrovirus infects a cell, it makes a DNA copy of itself, which it can then insert into the cellular DNA as if it were a cellular gene.

ribonucleic acid (RNA) A class of nucleic acids characterized by the presence of the sugar ribose and the pyrimidine uracil; includes mRNA, tRNA, rRNA, and siRNA.

ribose A five-carbon sugar.

ribosome A cell structure composed of protein and RNA that translates RNA copies of genes into protein.

RNA interference A type of gene silencing in which the mRNA transcript is prevented from being translated; small interfering RNAs (siRNAs) have been found to bind to mRNA and target its degradation prior to its translation.

RNA polymerase The enzyme that transcribes RNA from DNA.

root The usually descending axis of a plant, normally belowground, which anchors the plant and serves as the major point of entry for water and minerals.

S

saltatory conduction A very fast form of nerve impulse conduction in which the impulses leap from node to node over insulated portions.

sarcoma (Gr. *sarx,* flesh) A cancerous tumor that involves connective or hard tissue, such as muscle.

sarcomere (Gr. *sarx,* flesh + *meris,* part of) The fundamental unit of contraction in skeletal muscle. The repeating bands of actin and myosin that appear between two Z lines.

sarcoplasmic reticulum (Gr. *sarx,* flesh + *plassein,* to form, mold; L. *reticulum,* network) The endoplasmic reticulum of a muscle cell. A sleeve of membrane that wraps around each myofilament.

scientific creationism A view that the biblical account of the origin of the earth is literally true, that the earth is much younger than most scientists believe, and that all species of organisms were individually created just as they are today.

second messenger An intermediary compound that couples extracellular signals to intracellular processes and also amplifies a hormonal signal.

secondary growth In vascular plants, growth that results from the division of a cylinder of cells around the plant's periphery. Secondary growth causes a plant to grow in diameter.

secondary structure of a protein The folding and bending of a polypeptide chain, which is held in place by hydrogen bonds.

seed A structure that develops from the mature ovule of a seed plant. Contains an embryo and a food source surrounded by a protective coat.

selection The process by which some organisms leave more offspring than competing ones and their genetic traits tend to appear in greater proportions among members of succeeding generations than the traits of those individuals that leave fewer offspring.

self-fertilization The transfer of pollen from an anther to a stigma in the same flower or to another flower of the same plant.

sepal (L. *sepalum,* a covering) A member of the outermost whorl of a flowering plant. Collectively, the sepals constitute the calyx.

septum, *pl.* septa *(L. saeptum,* a fence) A partition or cross-wall, such as those that divide fungal hyphae into cells.

sex chromosomes In humans, the X and Y chromosomes, which are different in the two sexes and are involved in sex determination.

sex-linked characteristic A genetic characteristic that is determined by genes located on the sex chromosomes.

sexual reproduction Reproduction that involves the regular alternation between syngamy and meiosis. Its outstanding characteristic is that an individual offspring inherits genes from two parent individuals.

shoot In vascular plants, the aboveground parts, such as the stem and leaves.

sieve cell In the phloem (food-conducting tissue) of vascular plants, a long, slender sieve element with relatively unspecialized sieve areas and with tapering end walls that lack sieve plates. Found in all vascular plants except angiosperms, which have sieve-tube members.

soluble Refers to polar molecules that dissolve in water and are surrounded by a hydration shell.

solute The molecules dissolved in a solution. *See also* solution, solvent.

solution A mixture of molecules, such as sugars, amino acids, and ions, dissolved in water.

solvent The most common of the molecules in a solution. Usually a liquid, commonly water.

somatic cells (Gr. *soma,* body) All the diploid body cells of an animal that are not involved in gamete formation.

somite A segmented block of tissue on either side of a developing notochord.

species, *pl.* species (L. kind, sort) A group of interbreeding organisms that are reproductively isolated from all other such groups; a taxonomic unit ranking below a genus and designated by a two-part scientific name consisting of its genus and the species name.

sperm (Gr. *sperma,* sperm, seed) A sperm cell. The male gamete.

spindle The mitotic assembly that carries out the separation of chromosomes during cell division. Composed of microtubules and assembled during prophase at the centrioles of the dividing cell.

spore (Gr. *spora,* seed) A haploid reproductive cell, usually unicellular, that is capable of developing into an adult without fusion with another cell. Spores result from meiosis, as do gametes, but gametes fuse immediately to produce a new diploid cell.

sporophyte (Gr. *spora,* seed + *phyton,* plant) The spore-producing, diploid ($2n$) phase in the life cycle of a plant having alternation of generations.

stabilizing selection A form of selection in which selection acts to eliminate both extremes from a range of phenotypes.

stamen (L. thread) The part of the flower that contains the pollen. Consists of a slender filament that supports the anther. A flower that produces only pollen is called staminate and is functionally male.

steroid (Gr. *stereos,* solid + L. *ol,* from oleum, oil) A kind of lipid. Many of the molecules that function as messengers and pass across cell membranes are steroids, such as the male and female sex hormones and cholesterol.

steroid hormone A hormone derived from cholesterol. Those that promote the development of the secondary sexual characteristics are steroids.

stigma (Gr. mark) A specialized area of the carpel of a flowering plant that receives the pollen.

stoma, *pl.* stomata (Gr. mouth) A specialized opening in the leaves of some plants that allows carbon dioxide to pass into the plant body and allows water vapor and oxygen to pass out of them.

stratum corneum The outer layer of the epidermis of the skin of the vertebrate body.

stroma (Gr. *stroma,* anything spread out) In chloroplasts, the semiliquid substance that surrounds the thylakoids and that contains the enzymes needed to assemble organic molecules from CO_2.

style (Gr. *stylos,* column) In flowers, the slender column of carpel tissue that arises from the top of the ovary and through which the pollen tube grows.

substrate (L. *substratus,* strewn under) A molecule on which an enzyme acts.

substrate-level phosphorylation The generation of ATP by coupling its synthesis to a strongly exergonic (energy-yielding) reaction.

succession In ecology, the slow, orderly progression of changes in community composition that takes place through time. Primary succession occurs in nature on bare substrates, over long periods of time. Secondary succession occurs when a climax community has been disturbed.

sugar Any monosaccharide or disaccharide.

surface tension A tautness of the surface of a liquid, caused by the cohesion of the liquid molecules. Water has an extremely high surface tension.

surface-to-volume ratio Describes cell size increases. Cell volume grows much more rapidly than surface area.

symbiosis (Gr. *syn,* together with + *bios,* life) The condition in which two or more dissimilar organisms live together in close association; includes parasitism, commensalism, and mutualism.

sympatric species (Gr. *syn,* together with + *patra,* fatherland, country) Closely related species that occupy the same geographical area.

synapse (Gr. *synapsis,* a union) A junction between a neuron and another neuron or muscle cell. The two cells do not touch. Instead, neurotransmitters cross the narrow space between them.

synapsis (Gr. *synapsis,* contact, union) The close pairing of homologous chromosomes that occurs early in prophase I of meiosis. With the genes of the chromosomes thus aligned, a DNA strand of one homologue can pair with the complementary DNA strand of the other.

syngamy (Gr. *syn,* together with + *gamos,* marriage) Fertilization. The union of male and female gametes.

T

T cell A type of lymphocyte involved in cell-mediated immune responses and interactions with B cells. Also called a T lymphocyte.

taxon, *pl.* taxa (Gr. *taxis,* arrangement) A group of organisms at a particular level in a classification system.

taxonomy (Gr. *taxis,* arrangement + *nomos,* law) The science of the classification of organisms.

telophase (Gr. *telos,* end + *phasis,* form) The phase of cell division during which the spindle breaks down, the nuclear envelope of each daughter cell forms, and the chromosomes uncoil and decondense.

tendon (Gr. *tenon,* stretch) A strap of connective tissue that attaches muscle to bone.

tertiary structure of a protein The three-dimensional shape of a protein. Primarily the result of hydrophobic interactions of amino acid side groups and, to a lesser extent, of hydrogen bonds between them. Forms spontaneously.

testcross A cross between an individual of unknown genotype and a recessive homozygote. A procedure used to determine a dominant individual's genotype.

testis, *pl.* testes (L. witness) In animals, the sperm-producing organ.

theory (Gr. *theorein,* to look at) A well-tested hypothesis supported by a great deal of evidence.

thigmotropism (Gr. *thigma,* touch + *trope,* a turning) The growth response of a plant to touch.

thorax (Gr. a breastplate) The part of the body between the head and the abdomen.

thylakoid (Gr. *thylakos,* sac + *-oides,* like) A flattened, saclike membrane in the chloroplast of a eukaryote. Thylakoids are stacked on top of one another in arrangements called grana and are the sites of photosystem reactions.

tissue (L. *texere,* to weave) A group of similar cells organized into a structural and functional unit.

totipotent (L. *totus,* entire + *potent,* to be able, have power) The condition in which a cell has the potential to form any body tissue or an entire organism.

trachea, *pl.* tracheae (L. windpipe) In vertebrates, the windpipe.

tracheid (Gr. *tracheia,* rough) An elongated cell with thick, perforated walls that carries water and dissolved minerals through a plant and provides support. Tracheids form an essential element of the xylem of vascular plants.

transcription (L. *trans,* across + *scribere,* to write) The first stage of gene expression in which the RNA polymerase enzyme synthesizes an mRNA molecule whose sequence is complementary to the DNA.

translation (L. *trans,* across + *latus,* that which is carried) The second stage of gene expression in which a ribosome assembles a polypeptide, using the mRNA to specify the amino acids.

translocation (L. *trans,* across + *locare,* to put or place) In plants, the process in which most of the carbohydrates manufactured in the leaves and other green parts of the plant are moved through the phloem to other parts of the plant.

transpiration (L. *trans,* across + *spirare,* to breathe) The loss of water vapor by plant parts, primarily through the stomata.

transposon (L. *transponere,* to change the position of) A DNA sequence carrying one or more genes and flanked by insertion sequences that confer the ability to move from one DNA molecule to another. An element capable of transposition (the changing of chromosomal location).

trophic level (Gr. *trophos,* feeder) A step in the movement of energy through an ecosystem.

tropism (Gr. *trop,* turning) A plant's response to external stimuli. A positive tropism is one in which the movement or reaction is in the direction of the source of the stimulus. A negative tropism is one in which the movement or growth is in the opposite direction.

turgor pressure (L. *turgor,* a swelling) The pressure within a cell that results from the movement of water into the cell. A cell with high turgor pressure is said to be turgid.

U

unicellular Composed of a single cell.

urea (Gr. *ouron,* urine) An organic molecule formed in the vertebrate liver. The principal form of disposal of nitrogenous wastes by mammals.

urine (Gr. *ouron,* urine) The liquid waste filtered from the blood by the kidneys.

V

vaccination The injection of a harmless microbe into a person or animal to confer resistance to a dangerous microbe.

vacuole (L. *vacuus,* empty) A cavity in the cytoplasm of a cell that is bound by a single membrane and contains water and waste products of cell metabolism. Typically found in plant cells.

van der Waals forces Weak chemical attractions between atoms that can occur when atoms are very close to each other.

variable Any factor that influences a process. In evaluating alternative hypotheses about one variable, all other variables are held constant so that the investigator is not misled or confused by other influences.

vascular bundle In vascular plants, a strand of tissue containing primary xylem and primary phloem. These bundles of elongated cells conduct water with dissolved minerals and carbohydrates throughout the plant body.

vascular cambium In vascular plants, the meristematic layer of cells that gives rise to secondary phloem and secondary xylem. The activity of the vascular cambium increases stem or root diameter.

vein (L. *vena,* a vein) (1) In plants, a vascular bundle forming a part of the framework of the conducting and supporting tissue of a stem or leaf. (2) In animals, any blood vessel that carries blood toward the heart.

ventral (L. *venter,* belly) Refers to the bottom portion of an animal. Opposite of dorsal.

vertebrate An animal having a backbone made of bony segments called vertebrae.

vesicle (L. *vesicula,* a little ladder) Membrane-enclosed sacs within eukaryotic cells.

vessel element In vascular plants, a typically elongated cell, dead at maturity, that conducts water and solutes in the xylem.

villus, *pl.* villi (L. a tuft of hair) In vertebrates, fine, microscopic, fingerlike projections on epithelial cells lining the small intestine that serve to increase the absorptive surface area of the intestine.

virus (L. slimy liquid, poison) Any of a group of complex biochemical entities consisting of genetic material wrapped in protein; viruses can reproduce only within living host cells and are thus not considered organisms.

vitamin (L. *vita,* life + *amine,* of chemical origin) An organic substance that the organism cannot synthesize, but is required in minute quantities by an organism for growth and activity.

viviparous (L. *vivus,* alive + *parere,* to bring forth) Refers to reproduction in which eggs develop within the mother's body and young are born free-living.

voltage-gated channel A transmembrane pathway for an ion that is opened or closed by a change in the voltage, or charge difference, across the cell membrane.

W

water vascular system The system of water-filled canals connecting the tube feet of echinoderms.

wood Accumulated secondary xylem. Heartwood is the central, nonliving wood in the trunk of a tree. Hardwood is the wood of dicots, regardless of how hard or soft it actually is. Softwood is the wood of conifers.

X

xylem (Gr. *xylon,* wood) In vascular plants, a specialized tissue, composed primarily of elongate, thick-walled conducting cells, that transports water and solutes through the plant body.

Y

yolk (O.E. *geolu,* yellow) The stored substance in egg cells that provides the embryo's primary food supply.

Z

zygote (Gr. *zygotos,* paired together) The diploid ($2n$) cell resulting from the fusion of male and female gametes (fertilization).

INDEX

· 양성렬 광주대학교
· 김관천 광주보건대학교
· 나명석 광주여자대학교
· 류충호 경상대학교
· 이영미 강원대학교
· 이원제 경남대학교
· 이진종 전남과학대학교
· 조기안 초당대학교
· 진종언 동강대학교

Essentials of The Living World, 4th Edition
생명과학의 이해 정가 28,000원

인 쇄 2015년 3월 2일 초판 1쇄
발 행 2015년 3월 10일 초판 1쇄
저 자 George Johnson
역 자 양성렬·김관천·나명석·류충호·이영미
이원제·이진종·조기안·진종언
발행인 정우용
발행처 도서출판 **동화기술**
경기도 파주시 광인사길 201(문발동, 파주출판도시)
Tel (031)955-4211~6 donghwae@kornet.net
Fax (031)955-4217 www.donghwapub.co.kr
(등록) 1977년 12월 19일/9-16호

ISBN 978-89-425-1934-7